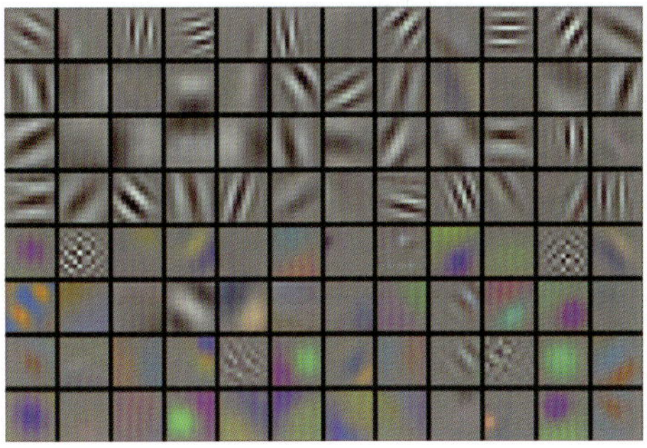

图 1

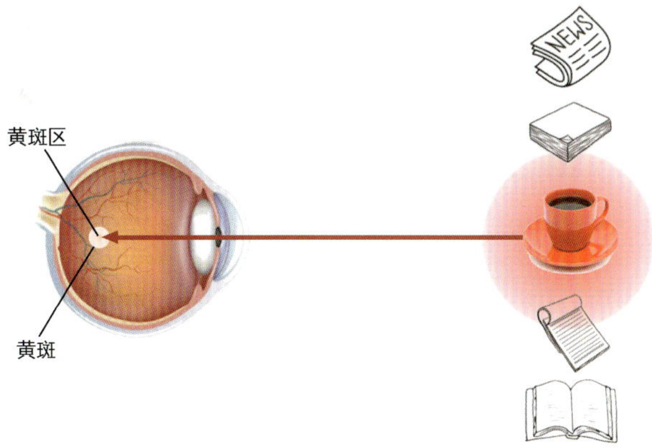

图 2

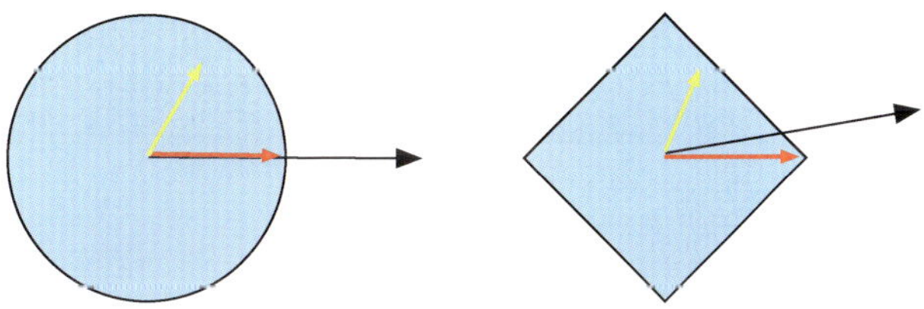

图 3

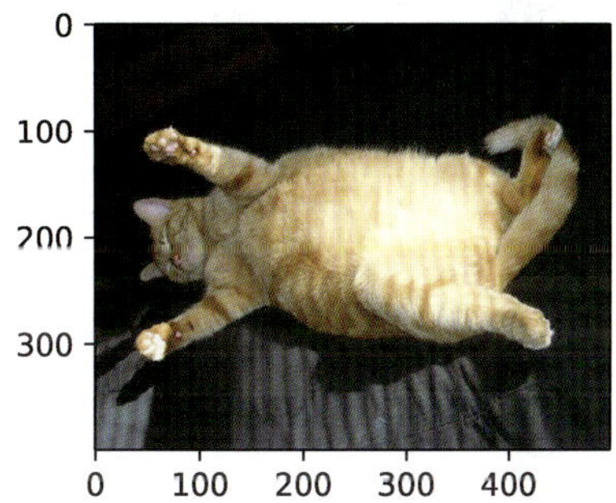

图 4

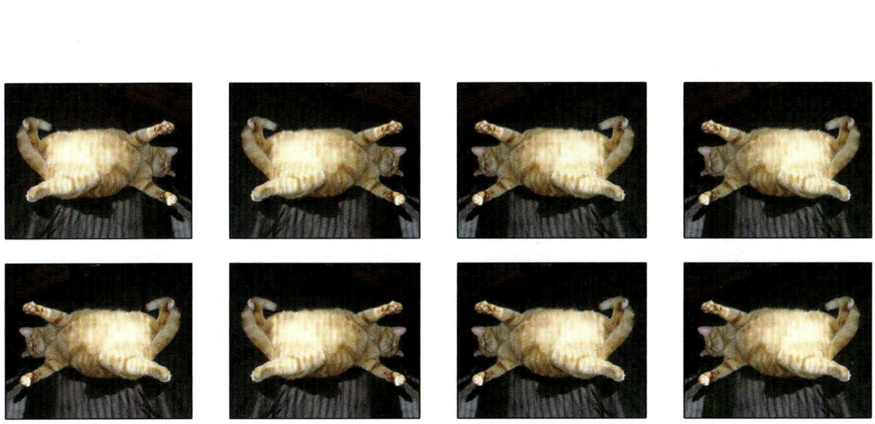

图 5

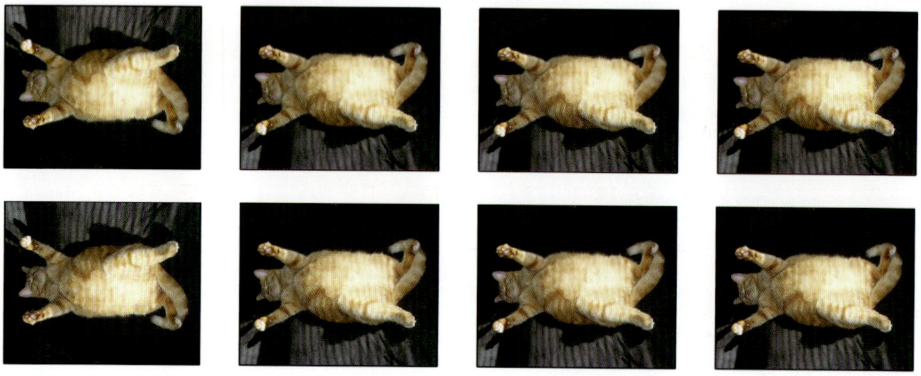

图 6

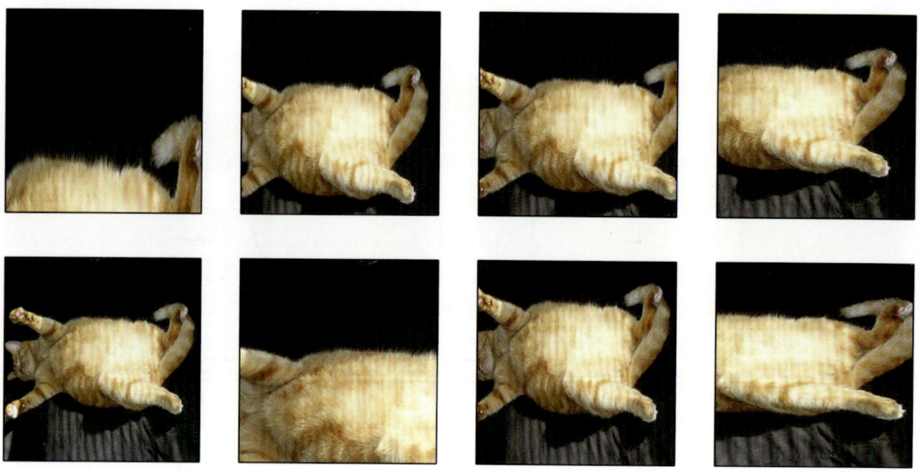

图 7

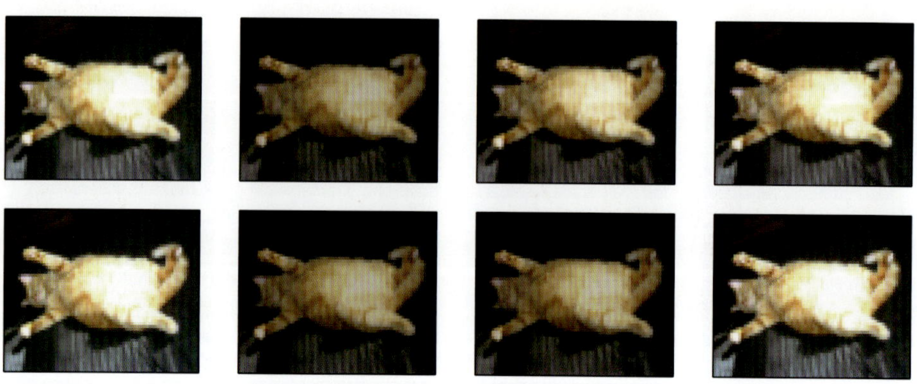

图 8

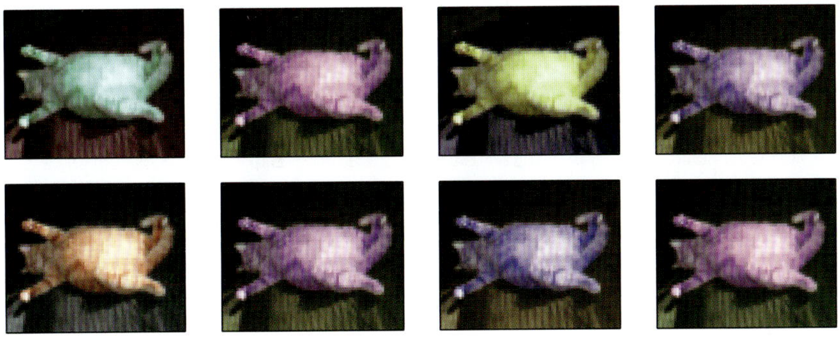

图 9

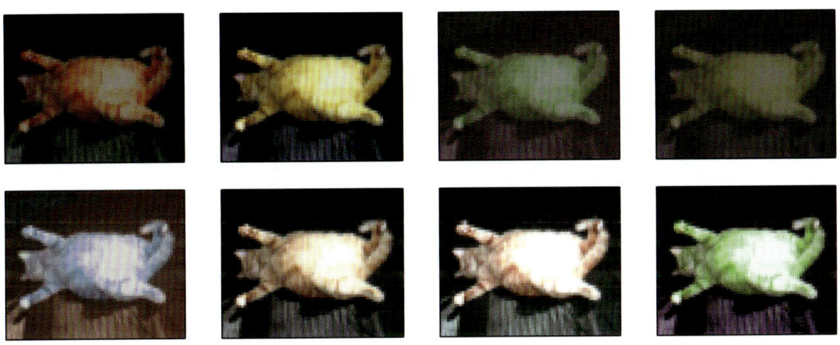

图 10

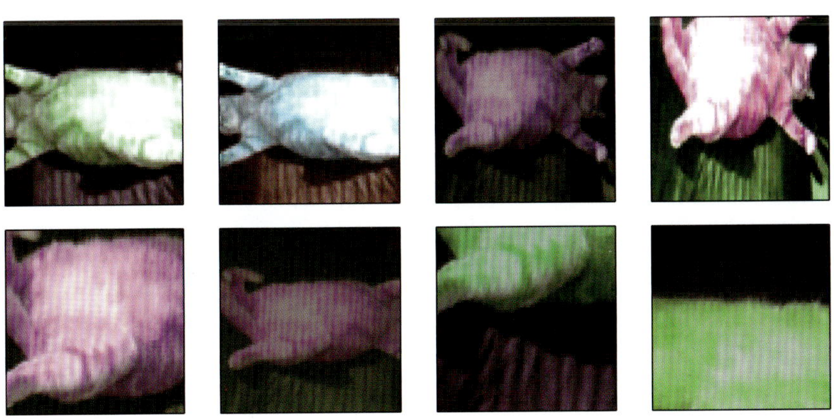

图 11

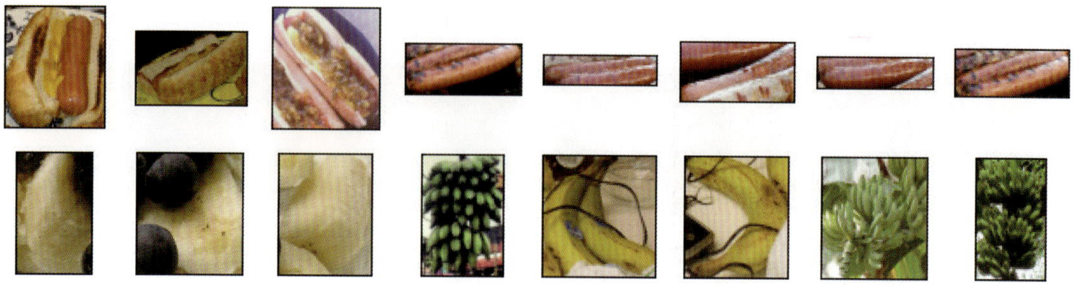

图 12

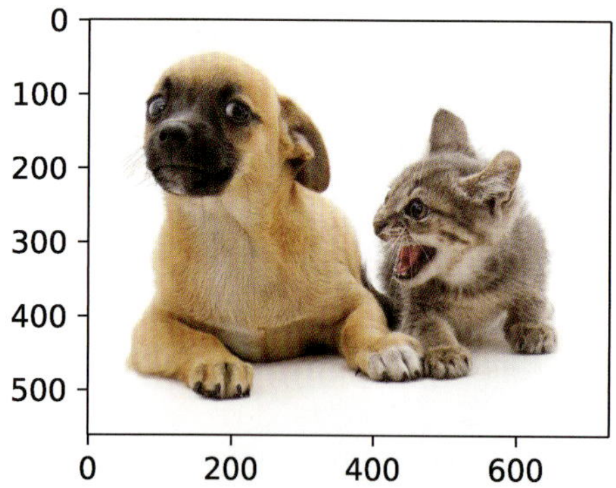

图 13

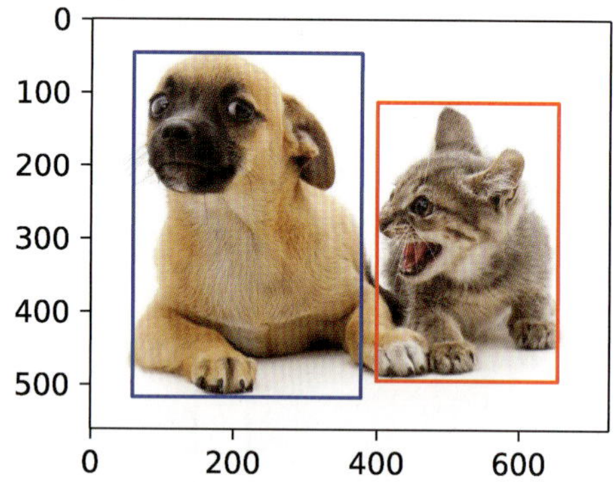

图 14

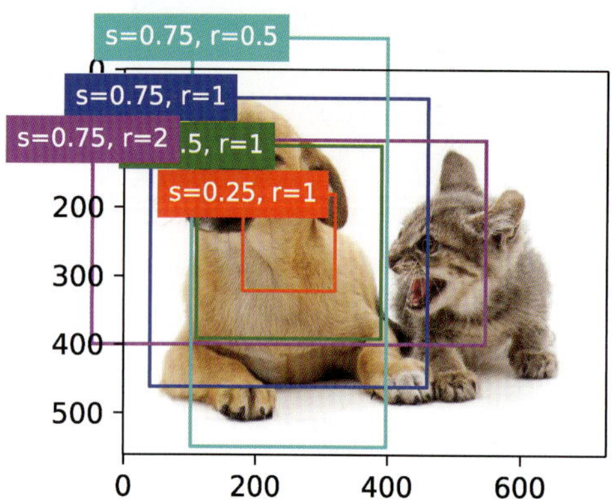

图 15

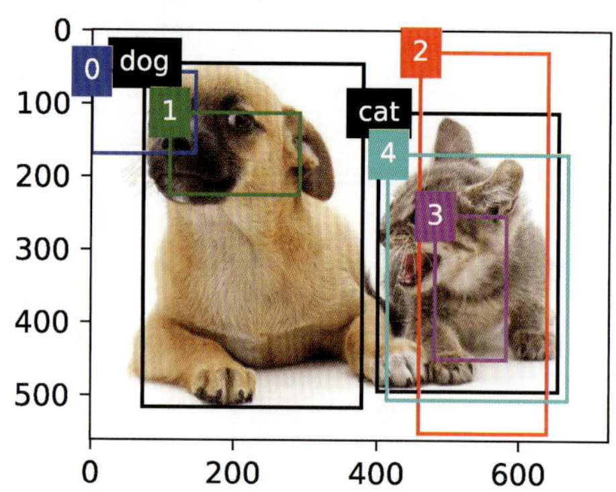

图 16

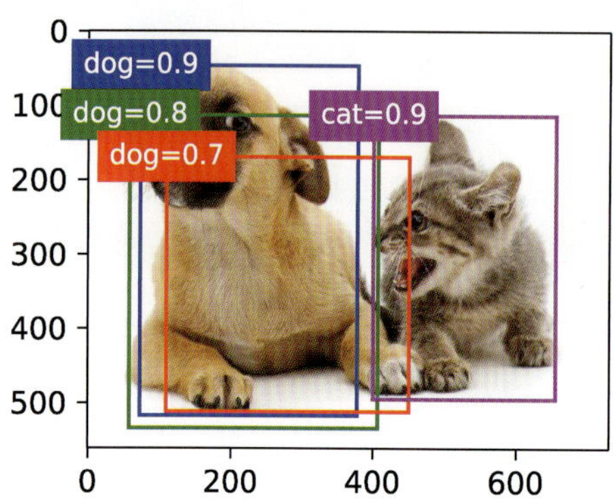

图 17

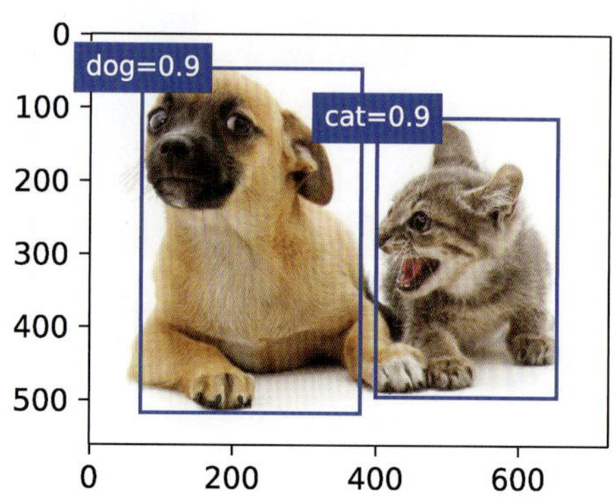

图 18

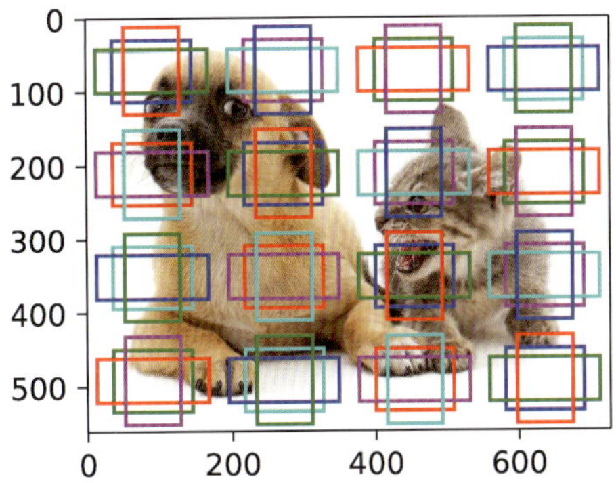

图 19

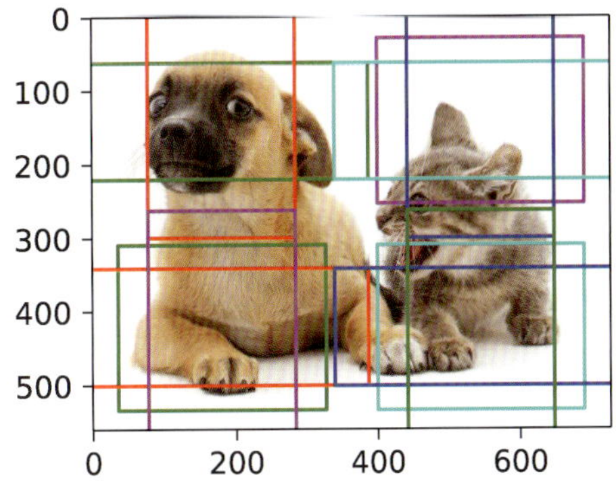

图 20

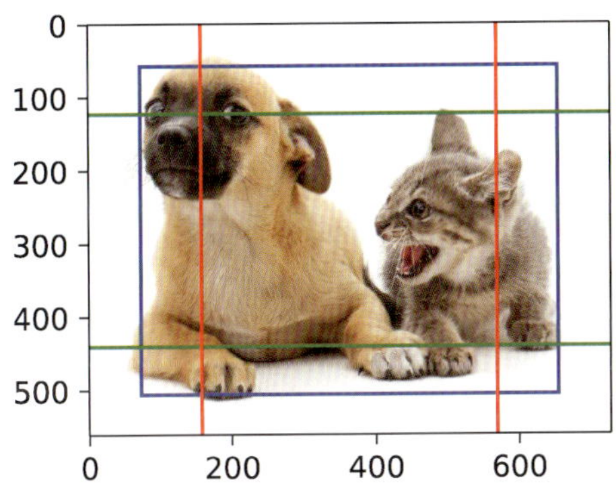

图 21

图 22

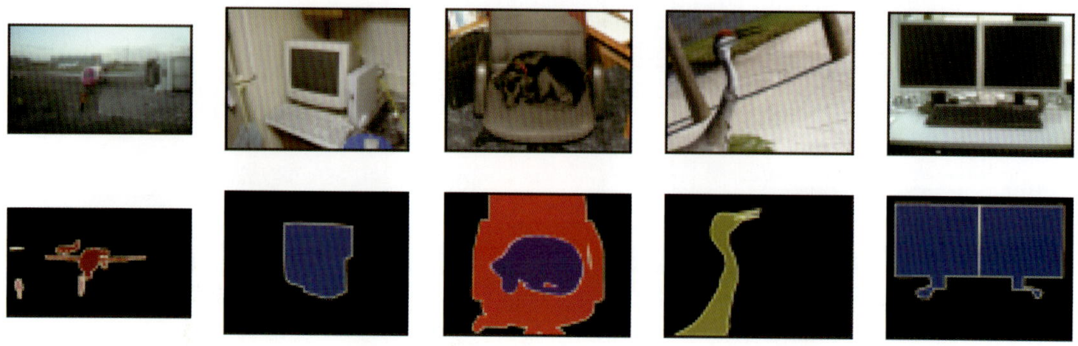

图 23

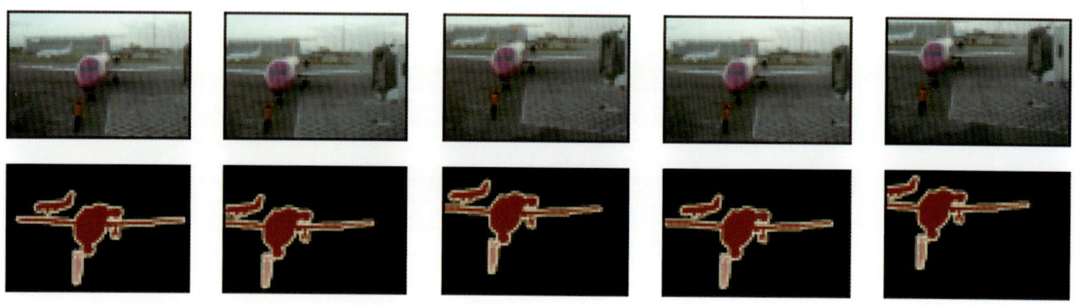

图 24

图 25

图 26

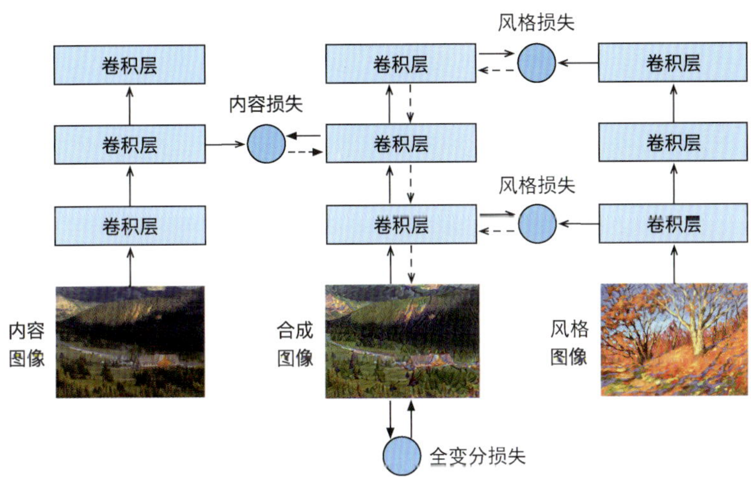

图 27

图 28

图 29

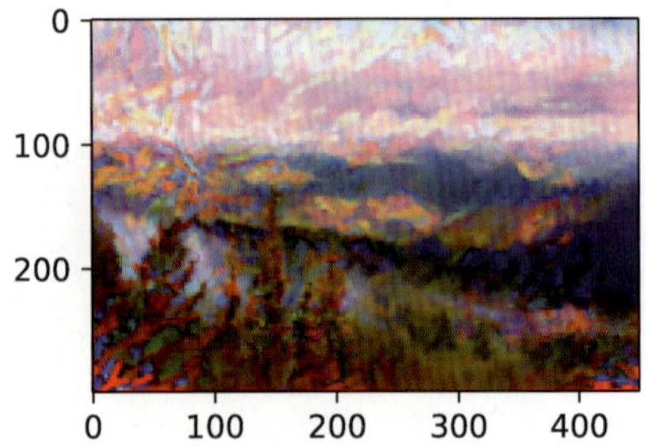
0
100
200
0
100
200
300
400

图 30

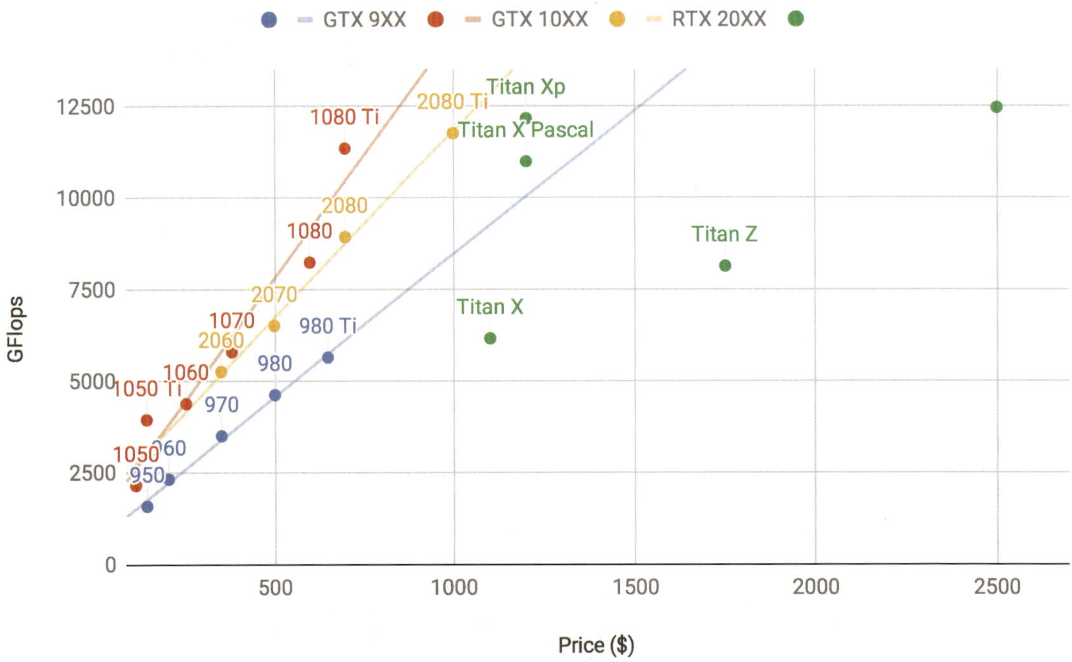
GTX 9XX
GTX 10XX
RTX 20XX
GFlops
12500
10000
7500
5000
2500
0
500
1000
1500
2000
2500
Price ($)
1080 Ti
2080 Ti
Titan Xp
Titan X Pascal
2080
1080
Titan Z
2070
1070
2060
980 Ti
Titan X
1060
980
1050 Ti
970
1050
950

图 31

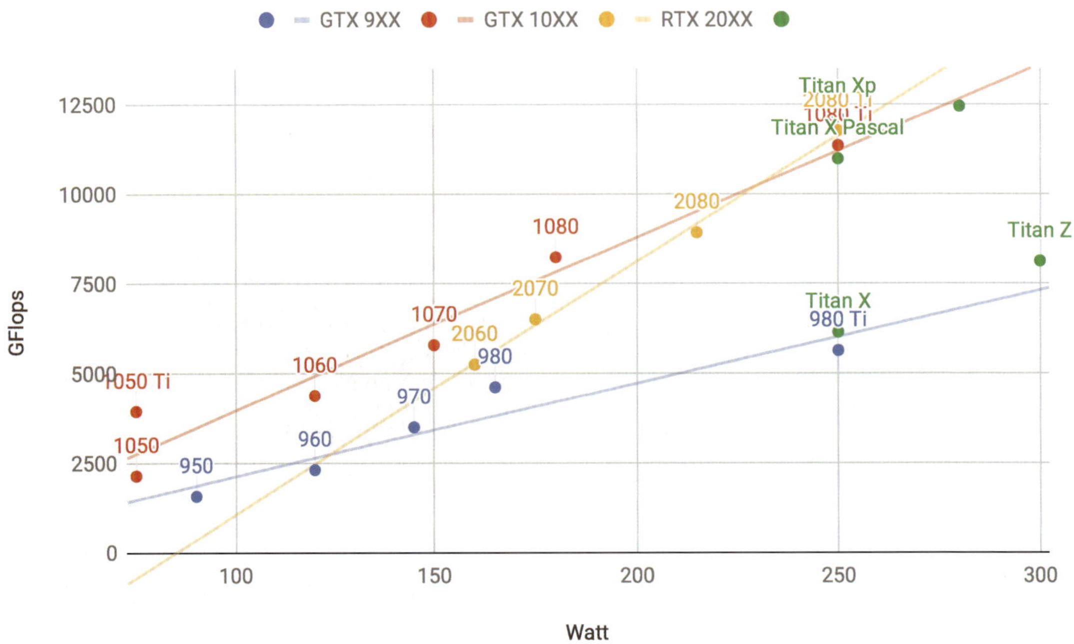
GTX 9XX
GTX 10XX
RTX 20XX
GFlops
12500
10000
7500
5000
2500
0
100
150
200
250
300
Watt
Titan Xp
Titan X Pascal
2080
1080
Titan Z
2070
Titan X
980 Ti
1070
2060
980
1060
1050 Ti
970
960
1050
950

图 32

动手学深度学习

DIVE INTO DEEP LEARNING

PyTorch版

阿斯顿·张（Aston Zhang）
[美]扎卡里·C. 立顿（Zachary C.Lipton）
李沐（Mu Li）
[德]亚历山大·J. 斯莫拉（Alexander J.Smola）
著

何孝霆（Xiaoting He）
瑞潮儿·胡（Rachel Hu）
译

人民邮电出版社
北京

图书在版编目（CIP）数据

动手学深度学习 : PyTorch版 / 阿斯顿·张等著 ; 何孝霆，瑞潮儿·胡译. -- 北京 : 人民邮电出版社, 2023.2
ISBN 978-7-115-60082-0

Ⅰ. ①动… Ⅱ. ①阿… ②何… ③瑞… Ⅲ. ①机器学习 Ⅳ. ①TP181

中国版本图书馆CIP数据核字(2022)第207888号

内 容 提 要

本书是《动手学深度学习》的重磅升级版本，选用经典的 PyTorch 深度学习框架，旨在向读者交付更为便捷的有关深度学习的交互式学习体验。

本书重新修订《动手学深度学习》的所有内容，并针对技术的发展，新增注意力机制、预训练等内容。本书包含 15 章，第一部分介绍深度学习的基础知识和预备知识，并由线性模型引出最简单的神经网络——多层感知机；第二部分阐述深度学习计算的关键组件、卷积神经网络、循环神经网络、注意力机制等大多数现代深度学习应用背后的基本工具；第三部分讨论深度学习中常用的优化算法和影响深度学习计算性能的重要因素，并分别列举深度学习在计算机视觉和自然语言处理中的重要应用。

本书同时覆盖深度学习的方法和实践，主要面向在校大学生、技术人员和研究人员。阅读本书需要读者了解基本的 Python 编程知识及预备知识中描述的线性代数、微分和概率等基础知识。

◆ 著　阿斯顿·张（Aston Zhang）
[美] 扎卡里·C.立顿（Zachary C. Lipton）
李沐（Mu Li）
[德] 亚历山大·J.斯莫拉（Alexander J. Smola）
译　何孝霆（Xiaoting He）
瑞潮儿·胡（Rachel Hu）
责任编辑　刘雅思
责任印制　王　郁　胡　南

◆ 人民邮电出版社出版发行　北京市丰台区成寿寺路 11 号
邮编　100164　电子邮件　315@ptpress.com.cn
网址　https://www.ptpress.com.cn
保定市中画美凯印刷有限公司印刷

◆ 开本：787×1092　1/16　彩插：4
印张：37.75　2023 年 2 月第 1 版
字数：972 千字　2025 年12月河北第25次印刷
著作权合同登记号　图字：01-2022 -5067 号

定价：109.80 元

读者服务热线：(010)81055410　印装质量热线：(010)81055316
反盗版热线：(010)81055315

对本书的赞誉

来自学术界

这是一本及时且引人入胜的书。它不仅提供了对深度学习原理的全面概述，还提供了具有编程代码的详细算法，此外，还提供了计算机视觉和自然语言处理中有关深度学习的最新介绍。如果你想钻研深度学习，请研读这本书！

韩家炜
ACM 院士、IEEE 院士
美国伊利诺伊大学香槟分校计算机系 Michael Aiken Chair 教授

这是对机器学习文献的一个很受欢迎的补充，重点是通过集成 Jupyter 记事本实现的动手经验。深度学习的学生应该能体会到，这对于熟练掌握这一技术是非常宝贵的。

Bernhard Scholkopf
ACM 院士、德国国家科学院院士
德国马克斯•普朗克研究所智能系统院院长

这本书基于深度学习框架来介绍深度学习技术，书中代码可谓“所学即所用”，为喜欢通过 Python 代码进行学习的读者接触、了解深度学习技术提供了很大的便利。

周志华
ACM 院士、IEEE 院士、AAAS 院士
南京大学计算机科学与技术系主任

这是一本基于深度学习框架的深度学习实战图书，可以帮助读者快速上手并掌握使用深度学习工具的基本技能。本书的几个作者都在机器学习领域有着非常丰富的经验。他们不光有大量的工业界实践经验，也有非常高的学术成就，所以对机器学习领域的前沿算法理解深刻。这使得作者们在提供优质代码的同时，也可以把最前沿的算法和概念深入浅出地介绍给读者。本书可以帮助深度学习实践者快速提升自己的能力。

张潼
ASA 院士、IMS 院士
香港科技大学计算机系和数学系教授

来自工业界

不到10年时间，人工智能革命已从研究实验室席卷至广阔的工业界，并触及我们日常生活的方方面面。本书是优秀的深度学习教材，值得任何想了解深度学习何以引爆人工智能革命的人关注——这场革命是我们所处时代中最强的科技力量。

黄仁勋

NVIDIA 创始人、首席执行官

虽然业界已经有不错的深度学习方面的图书，但与工业界应用实践的结合都不够紧密。我认为本书是最适合工业界研发工程师学习的，因为它把算法理论、应用场景、代码实例都完美地联系在一起，引导读者把理论学习和应用实践紧密结合，知行合一，在动手中学习，在体会和领会中不断深化对深度学习的理解。因此，我毫无保留地向广大的读者强烈推荐这本书。

余凯

地平线公司创始人、首席执行官

强烈推荐这本书！它其实远不只是一本书：它不仅讲解深度学习背后的数学原理，更是一个编程工作台与记事本，让读者可以一边动手学习一边收到反馈，它还是一个开源社区平台，让大家可以交流。作为在AI学术界和工业界都长期工作过的人，我特别赞赏这种手脑一体的学习方式，既能增强实践能力，又可以在解决问题中锻炼独立思考和批判性思维。

作者们是算法、工程兼强的业界翘楚，他们能奉献出这样的一本好的开源书，为他们点赞！

漆远

复旦大学“浩清”教授、人工智能创新与产业研究院院长

深度学习是当前人工智能研究中的热门领域，吸引了大量感兴趣的开发者踊跃学习相关的开发技术。然而对大多数学习者而言，掌握深度学习是一件很不容易的事情，需要相继翻越数学基础、算法理论、编程开发、领域应用、软硬优化等几座大山。因此学习过程不容易一帆风顺，我也看到很多学习者还没进入开发环节就在理论学习的过程中抱憾放弃了。这是一本很容易让学习者上瘾的书，它最大的特色是强调在动手编程中学习理论和培养实战能力。阅读本书最愉悦的感受是它很好地平衡了理论介绍和编程实操，内容简明扼要，衔接自然流畅，既反映了现代深度学习的进展，又兼具易学和实用特性，是深度学习爱好者难得的学习材料。特别值得称赞的是本书选择了Jupyter记事本作为开发学习环境，将教材、文档和代码统一起来，给读者提供了可以立即尝试修改代码和观察运行效果的交互式的学习体验，使学习充满了乐趣。可以说这是一本深度学习前沿实践者给深度学习爱好者带来的诚心之作，相信大家都能在阅读和实践中拥有一样的共鸣。

沈强

将门创投创始合伙人

前　言

扫码直达讨论区

几年前，在大公司和初创公司中，并没有大量的深度学习科学家开发智能产品和服务。我们中的年轻人（作者）进入这个领域时，机器学习并没有在报纸上占据头条新闻。我们的父母根本不知道什么是机器学习，更不用说为什么我们可能更喜欢机器学习，而不是从事医学或法律职业。机器学习是一门具有前瞻性的学科，在真实世界的应用范围很窄。而那些相关应用，如语音识别和计算机视觉，需要大量的领域知识，以至于它们通常被认为是完全独立的领域，而机器学习对这些领域来说只是一个小组件。因此，神经网络——我们在本书中关注的深度学习模型的前身，被认为是过时的工具。

就在过去的 5 年里，深度学习给世界带来了惊喜，推动了计算机视觉、自然语言处理、自动语音识别、强化学习和统计建模等领域的快速发展。有了这些进步，我们现在可以制造比以往任何时候都更自主的汽车（不过可能没有一些公司试图让大家相信的那么自主），可以自动起草普通邮件的智能回复系统，帮助人们从令人压抑的大收件箱中解放出来。在围棋等棋类游戏中，软件超越了世界上最优秀的人，这曾被认为是几十年后的事。这些工具已经对工业和社会产生了越来越广泛的影响，改变了电影的制作方式、疾病的诊断方式，并在基础科学中扮演着越来越重要的角色——从天体物理学到生物学。

关于本书

本书代表了我们的尝试——让深度学习平易近人，教会人们概念、背景和代码。

一种结合了代码、数学和HTML的媒介

任何一种计算技术要想发挥其全部影响力，都必须得到充分的理解，留有充分的文档记录，并得到成熟的、维护良好的工具的支持。关键思想应该被清楚地提炼出来，尽可能减少需要让新的从业者跟上时代的入门时间。成熟的库应该使常见的任务自动化，示例代码应该使从业者可以轻松地修改、应用和扩展常见的应用程序，以满足他们的需求。以动态网页应用为例，尽管许多公司，如亚马逊，在 20 世纪 90 年代开发了成功的数据库驱动网页应用程序，但在过去的 10 年里，这项技术在帮助创造性企业家方面的潜力已经得到了更大程度的发挥，部分原因是开发了功能强大、文档完整的框架。

测试深度学习的潜力带来了独特的挑战，因为任何一个应用都会将不同的学科结合在一

起。应用深度学习需要同时了解：（1）以特定方式提出问题的动机；（2）给定建模方法的数学；（3）将模型拟合数据的优化算法；（4）能够有效训练模型、克服数值计算缺陷并最大限度地利用现有硬件的工程方法。同时教授表述问题所需的批判性思维技能、解决问题所需的数学知识，以及实现这些解决方案所需的软件工具，这是一个巨大的挑战。

在我们开始写这本书的时候，没有资源能够同时满足一些条件：（1）是最新的；（2）涵盖了现代机器学习的所有领域，技术深度丰富；（3）在一本引人入胜的教科书中，人们可以在实践教程中找到干净的、可运行的，并穿插了高质量的阐述的代码。我们发现了大量关于如何使用给定的深度学习框架（例如，如何对 TensorFlow 中的矩阵进行基本的数值计算）或实现特定技术的代码示例（例如，LeNet、AlexNet、ResNet 的代码片段），这些代码示例分散在各种博客帖子和 GitHub 库中。但是，这些示例通常关注如何实现给定的方法，而忽略了对为什么做出某些算法决策的讨论。虽然一些互动资源已经零星地出现以解决特定主题，例如，在网站 Distill 上发布的引人入胜的博客帖子或个人博客，但它们仅覆盖深度学习中的选定主题，并且通常缺乏相关代码。另外，虽然已经出现了几本教科书，其中最著名的是 *Deep Learning*[45]（中文名《深度学习》），它对深度学习背后的概念进行了全面的调查，但这些资源并没有将概念的描述与概念的代码实现结合起来，有时会让读者对如何实现它们一无所知。此外，太多的资源隐藏在商业课程提供商的付费壁垒后面。

我们着手创建的资源可以：（1）每个人都免费获得；（2）提供足够的技术深度，为真正成为一名应用机器学习科学家提供起点；（3）包括可运行的代码，向读者展示如何解决实践中的问题；（4）允许我们和社区的快速更新；（5）有一个论坛①作为补充，用于技术细节的互动讨论和回答问题。

这些目标经常是相互冲突的。公式、定理和引用最好用 LaTeX 来管理和布局。代码最好用 Python 描述。网页原生是 HTML 和 JavaScript 的。此外，我们希望内容既可以作为可运行的代码访问、作为纸质书访问、作为可下载的 PDF 访问，也可以作为网站在互联网上访问。目前还没有完全适合这些需求的工具和工作流程，所以我们不得不自行组装。A.5 节中详细描述了我们的方法。我们选择 GitHub 来共享源代码并允许编辑，选择 Jupyter 记事本来混合代码、公式和文本，选择 Sphinx 作为渲染引擎来生成多个输出，并为论坛提供讨论。虽然我们的体系尚不完善，但这些选择在相互冲突的问题之间提供了一种很好的权衡。

在实践中学习

许多教科书介绍一系列的主题，每个主题都非常详细。例如，Christopher Bishop 的优秀教科书 *Pattern Recognition and Machine Learning*[8] 把每个主题都讲得很透彻，以至于读到线性回归一章需要大量的工作。尽管专家们喜欢该书正是因为它的透彻性，但对初学者来说，这一特性限制了它作为介绍性文本的实用性。

在本书中，我们将适时教授大部分概念。换句话说，读者将在需要实现某些实际目的非常时刻学习概念。虽然我们在开始时花了一些时间来教授基础的背景知识，如线性代数和概率，但我们希望读者在思考更深奥的概率分布之前，先体会一下训练模型的满足感。

除了提供基本数学背景速成课程的几节初步课程，后续的每章都介绍了适量的新概念，并提供可独立工作的例子——使用真实的数据集。这带来了内容组织上的挑战，某些模型可能在逻辑上组合在单节中，而一些想法可能最好通过连续运行几个模型来传授。此外，坚持“一个

① http://discuss.d2l.ai。

工作例子一节”的策略有一个很大的好处：读者可以利用我们的代码尽可能轻松地启动自己的研究项目，即只需复制本节的内容并开始修改。

我们将根据需要使可运行的代码与背景材料交错出现。通常，在充分解释工具之前，我们常常会在提供工具这一方面犯错误（我们将稍后解释背景）。例如，在充分解释随机梯度下降为什么有用或为什么有效之前，我们可以使用它。这有助于给从业者提供快速解决问题所需的“弹药”，同时读者需要相信我们的一些决定。

本书将从零开始教授深度学习的概念。有时，我们想深入研究模型的细节，这些细节通常会被深度学习框架的高级抽象隐藏起来。特别是在基础教程中，我们希望读者了解在给定层或优化器中发生的一切。在这些情况下，我们通常会提供两个版本的示例：一个是我们从零开始实现一切，仅依赖张量操作和自动微分；另一个是更实际的示例，我们使用深度学习框架的高级 API 编写简洁的代码。一旦我们教授了一些组件是如何工作的，就可以在随后的教程中使用高级 API 了。

内容和结构

全书大致可分为 3 个部分，在图 1 中用不同的颜色呈现。

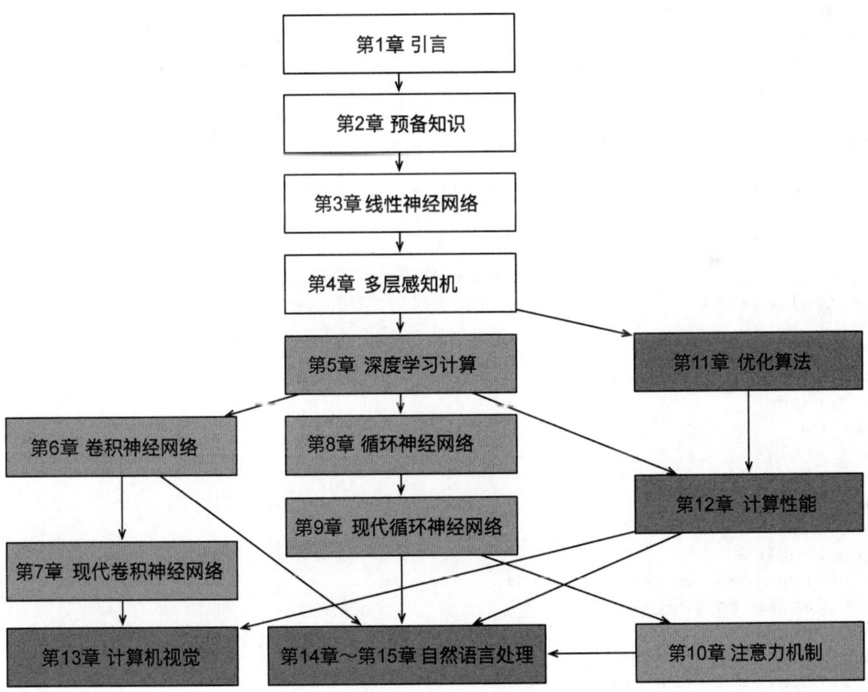

图 1　全书结构

- 第一部分（第 1 章～第 4 章）包括基础知识和预备知识。第 1 章提供深度学习的入门课程。第 2 章快速介绍实践深度学习所需的前提条件，例如，如何存储和处理数据，以及如何应用基于线性代数、微积分和概率等基本概念的各种数值运算。第 3 章和第 4 章涵盖深度学习的基本概念和技术，例如，线性回归、多层感知机和正则化。
- 第二部分（第 5 章～第 10 章）集中讨论现代深度学习技术。第 5 章描述深度学习计算的各种关键组件，并为我们随后实现更复杂的模型奠定了基础。第 6 章和第 7 章介绍卷积神经网络（convolutional neural network，CNN），这是构成大多数现代计算机视觉系统骨干的强大工具。第 8 章和第 9 章引入循环神经网络（recurrent neural network，RNN），这是一种利用数据中的时间或序列结构的模型，通常用于自然语言处理和时间序列预测。第 10 章介绍一类新的模型，它采用了一种称为注意力机制的技术，最近它们已经开始在自然语言处理中取代循环神经网络。这一部分将帮助读者快速了解大多数现代深度学习应用背后的基本工具。

- 第三部分（第 11 章～第 15 章）讨论可伸缩性、效率和应用程序。第 11 章讨论用于训练深度学习模型的几种常用优化算法。第 12 章探讨影响深度学习代码计算性能的几个关键因素。第 13 章展示深度学习在计算机视觉中的主要应用。第 14 章和第 15 章展示如何预训练语言表示模型并将其应用于自然语言处理任务。

代码

本书的大部分章节都以可运行的代码为特色，因为我们相信交互式学习体验在深度学习中的重要性。目前，我们的某些直觉只能通过试错、小幅调整代码并观察结果来培养。理想情况下，一个优雅的数学理论可能会精确地告诉我们如何调整代码以达到期望的结果。遗憾的是，这种优雅的理论目前还没有出现。尽管我们尽了最大努力，但仍然缺乏对各种技术的正式解释，这既是因为描述这些模型的数学理论可能非常困难，也是因为对这些主题的认真研究最近才进入高潮。我们希望随着深度学习理论的发展，本书的未来版本将能够在当前版本无法提供的地方提供见解。

为了避免不必要的重复，我们将本书中经常导入和引用的函数、类等封装在 `d2l` 包中。对于要保存到包中的任何代码块，比如一个函数、一个类或者多个导入，我们都会标记为 `#@save`。`d2l` 软件包是轻量级的，仅需要以下软件包和模块作为依赖：

```
#@save
import collections
import hashlib
import math
import os
import random
import re
import shutil
import sys
import tarfile
import time
import zipfile
from collections import defaultdict
import pandas as pd
import requests
from IPython import display
from matplotlib import pyplot as plt
from matplotlib_inline import backend_inline

d2l = sys.modules[__name__]
```

本书中的大部分代码都是基于 PyTorch 的。PyTorch 是一个开源的深度学习框架，在研究界非常受欢迎。本书中的所有代码都在最新版本的 PyTorch 下通过了测试。但是，由于深度学习的快速发展，一些在印刷版中的代码可能在 PyTorch 的未来版本中无法正常工作。但是，我们计划使在线版本保持最新。如果读者遇到任何此类问题，请查看安装部分以更新代码和运行时环境。

下面展示了我们如何从 PyTorch 导入模块。

```
#@save
import numpy as np
import torch
import torchvision
from PIL import Image
from torch import nn
from torch.nn import functional as F
from torch.utils import data
from torchvision import transforms
```

目标受众

本书面向学生（本科生或研究生）、工程师和研究人员，他们希望扎实掌握深度学习的实用技术。因为我们从零开始解释每个概念，所以不需要读者具备深度学习或机器学习的背景。全面解释深度学习的方法需要一些数学知识和编程技巧，但我们假设读者只了解一些基础知识，包括线性代数、微积分、概率和非常基础的 Python 编程。此外，在本书的英文在线附录①中，我们复习了本书所涵盖的大多数数学知识。大多数时候，我们会优先考虑直觉和想法，而不是数学的严谨性。有许多很棒的书可以引导感兴趣的读者走得更远，例如 Bela Bollobas 的 *Linear Analysis*[11] 对线性代数和函数分析进行了深入的研究。参考文献 [176] 是一本很好的统计学指南。如果读者以前没有使用过 Python 语言，那么可以仔细阅读 Python 教程②。

论坛

与本书相关，我们已经启动了一个论坛。当读者对本书的任何一节有疑问时，可以扫描每节开头的二维码找到相关的讨论页。

致谢

感谢本书中英文初稿的数百位撰稿人，他们帮助改进了内容并提供了宝贵的反馈。感谢 Anirudh Dagar 和唐源将部分较早版本的 MXNet 实现分别改编为 PyTorch 和 TensorFlow 实现。感谢百度团队将较新的 PyTorch 实现改编为 PaddlePaddle 实现。感谢张帅将更新的 LaTex 样式集成进 PDF 文件的编译。特别地，我们要感谢这份英文稿的每位撰稿人，是他们的无私奉献让本书变得更好。他们的 GitHub ID 或姓名是（没有特定顺序）：alxnorden、avinashingit、bowen0701、brettkoonce、Chaitanya Prakash Bapat、cryptonaut、Davide Fiocco、edgarroman、gkutiel、John Mitro、Liang Pu、Rahul Agarwal、Mohamed Ali Jamaoui、Michael (Stu) Stewart、Mike Müller、NRauschmayr、Prakhar Srivastav、sad-、sfermigier、Sheng Zha、sundeepteki、topecongiro、tpdi、vermicelli、Vishaal Kapoor、Vishwesh Ravi Shrimali、YaYaB、Yuhong Chen、Evgeniy Smirnov、lgov、Simon Corston-Oliver、Igor Dzreyev、Ha Nguyen、pmuens、Andrei Lukovenko、senorcinco、vfdev-5、dsweet、Mohammad Mahdi Rahimi、Abhishek Gupta、uwsd、DomKM、Lisa Oakley、Bowen Li、Aarush Ahuja、Prasanth Buddareddygari、brianhendee、mani2106、mtn、lkevinzc、caojilin、Lakshya、Fiete Lüer、Surbhi Vijayvargeeya、Muhyun

① 可通过搜索“Appendix: Mathematics for Deep Learning-D2L”找到该页面。

② http://learnpython.org/。

Kim、dennismalmgren、adursun、Anirudh Dagar、liqingnz、Pedro Larroy、lgov、ati-ozgur、Jun Wu、Matthias Blume、Lin Yuan、geogunow、Josh Gardner、Maximilian Böther、Rakib Islam、Leonard Lausen、Abhinav Upadhyay、rongruosong、Steve Sedlmeyer、Ruslan Baratov、Rafael Schlatter、liusy182、Giannis Pappas、ati-ozgur、qbaza、dchoi77、Adam Gerson、Phuc Le、Mark Atwood、christabella、vn09、Haibin Lin、jjangga0214、RichyChen、noelo、hansent、Giel Dops、dvincent1337、WhiteD3vil、Peter Kulits、codypenta、joseppinilla、ahmaurya、karolszk、heytitle、Peter Goetz、rigtorp、Tiep Vu、sfilip、mlxd、Kale-ab Tessera、Sanjar Adilov、MatteoFerrara、hsneto、Katarzyna Biesialska、Gregory Bruss、Duy-Thanh Doan、paulaurel、graytowne、Duc Pham、sl7423、Jaedong Hwang、Yida Wang、cys4、clhm、Jean Kaddour、austinmw、trebeljahr、tbaums、Cuong V. Nguyen、pavelkomarov、vzlamal、NotAnotherSystem、J-Arun-Mani、jancio、eldarkurtic、the-great-shazbot、doctorcolossus、gducharme、cclauss、Daniel-Mietchen、hoonose、biagiom、abhinavsp0730、jonathanhrandall、ysraell、Nodar Okroshiashvili、UgurKap、Jiyang Kang、StevenJokes、Tomer Kaftan、liweiwp、netyster、ypandya、NishantTharani、heiligerl、SportsTHU、Hoa Nguyen、manuel-arno-korfmann-webentwicklung、aterzis-personal、nxby、Xiaoting He、Josiah Yoder、mathresearch、mzz2017、jroberayalas、iluu、ghejc、BSharmi、vkramdev、simonwardjones、LakshKD、TalNeoran、djliden、Nikhil95、Oren Barkan、guoweis、haozhu233、pratikhack、315930399、tayfununal、steinsag、charleybeller、Andrew Lumsdaine、Jiekui Zhang、Deepak Pathak、Florian Donhauser、Tim Gates、Adriaan Tijsseling、Ron Medina、Gaurav Saha、Murat Semerci、Lei Mao、Zhu Yuanxiang、thebesttv、Quanshangze Du、Yanbo Chen。

感谢 Amazon Web Services，特别是 Swami Sivasubramanian、Peter DeSantis、Adam Selipsky 和 Andrew Jassy 对撰写本书的慷慨支持。如果没有可用的时间、资源、与同事的讨论和不断的鼓励，本书就不会出版。

译者简介

何孝霆（Xiaoting He）

亚马逊应用科学家，中国科学院软件工程硕士。他专注于对深度学习的研究，特别是自然语言处理的应用（包括语言模型、AIOps、OCR），相关工作落地于众多企业。他担任过 ACL、EMNLP、NAACL、EACL 等学术会议的程序委员或审稿人。

瑞潮儿·胡（Rachel Hu）

亚马逊应用科学家，美国加利福尼亚大学伯克利分校统计学硕士，加拿大滑铁卢大学数学学士。她致力于将机器学习应用于现实世界的产品。她也是亚马逊人工智能团队的讲师，教授自然语言处理、计算机视觉和机器学习商业应用等课程。她已向累计 1000 余名亚马逊工程师教授机器学习，其公开课程视频在 YouTube 和哔哩哔哩上广受好评。

学习环境配置

扫码直达讨论区

我们需要配置一个环境来运行 Python、Jupyter 记事本、相关库以及运行本书所需的代码，以快速入门并获得动手学习经验。

安装 Miniconda

最简单的方法就是安装依赖 Python 3.x 的 Miniconda。如果已安装 conda，则可以跳过以下步骤。访问 Miniconda 网站，根据 Python 3.x 版本确定适合的版本。

如果我们使用 macOS，假设 Python 版本是 3.9（我们的测试版本），将下载名称包含字符串“MacOSX”的 bash 脚本，并执行以下操作：

```
# 以Intel处理器为例，文件名可能会更改
sh Miniconda3-py39_4.12.0-MacOSX-x86_64.sh -b
```

如果我们使用 Linux，假设 Python 版本是 3.9（我们的测试版本），将下载名称包含字符串“Linux”的 bash 脚本，并执行以下操作：

```
# 文件名可能会更改
sh Miniconda3-py39_4.12.0-Linux-x86_64.sh -b
```

接下来，初始化终端 shell，以便我们可以直接运行 conda。

```
~/miniconda3/bin/conda init
```

现在关闭并重新打开当前的 shell，并使用下面的命令创建一个新的环境：

```
conda create --name d2l python=3.9 -y
```

现在激活 d2l 环境：

```
conda activate d2l
```

安装深度学习框架和d2l软件包

在安装深度学习框架之前，请先检查计算机上是否有可用的 GPU。例如，可以查看计算机是否装有 NVIDIA GPU 并已安装 CUDA。如果机器没有任何 GPU，不用担心，因为 CPU 在前几章完全够用。但是，如果想流畅地学习全部章节，请提早获取 GPU 并且安装深度学习框架的 GPU 版本。

我们可以按如下方式安装 PyTorch 的 CPU 或 GPU 版本：

```
pip install torch==1.12.0
pip install torchvision==0.13.0
```

我们的下一步是安装 `d2l` 包，以方便调取本书中经常使用的函数和类：

```
pip install d2l==0.17.6
```

下载 D2L Notebook

接下来，需要下载本书的代码。可以单击本书 HTML 页面顶部的“Jupyter 记事本”选项，下载并解压代码，或者可以按照如下方式进行下载：

```
mkdir d2l-zh && cd d2l-zh
curl https://zh-v2.d2l.ai/d2l-zh-2.0.0.zip -o d2l-zh.zip
unzip d2l-zh.zip && rm d2l-zh.zip
cd pytorch
```

注意，如果没有安装 `unzip`，则可以通过执行 `sudo apt install unzip` 命令进行安装。

安装完成后我们可以通过执行以下命令打开 Jupyter 记事本（在 Windows 系统的命令行窗口中执行以下命令前，需先将当前路径定位到刚刚下载的本书代码解压后的目录）：

```
jupyter notebook
```

现在可以在 Web 浏览器中打开 http://localhost:8888（通常会自动打开）。由此，我们可以运行本书中每个部分的代码。在运行本书代码、更新深度学习框架或 `d2l` 软件包之前，请始终运行 `conda activate d2l` 以激活运行时环境。要退出环境，请运行 `conda deactivate`。

练习

（1）在本书的论坛上注册账号。

（2）在计算机上安装 Python。

资源与支持

本书由异步社区出品，社区（https://www.epubit.com/）为您提供相关资源和后续服务。

配套资源

本书提供如下资源：

- 本书源代码；
- 全书彩色图片。

您可以扫描右侧二维码并发送“60082”获取以上配套资源。

您也可以在异步社区本书页面中单击“配套资源”，跳转到下载界面，按提示进行操作。注意：为保证购书读者的权益，该操作会给出相关提示，要求输入提取码进行验证。

如果您是教师，希望获得教学配套资源，请在社区本书页面中直接联系本书的责任编辑。

提交勘误

作者和编辑尽最大努力来确保书中内容的准确性，但难免会存在疏漏。欢迎您将发现的问题反馈给我们，帮助我们提升图书的质量。

当您发现错误时，请登录异步社区，按书名搜索，进入本书页面，单击“提交勘误”，输入勘误信息，单击“提交”按钮即可。本书的作者和编辑会对您提交的勘误进行审核，确认并接受后，您将获赠异步社区的 100 积分。积分可用于在异步社区兑换优惠券、样书或奖品。

扫码关注本书

扫描下方二维码，您将会在异步社区微信服务号中看到本书信息及相关的服务提示。

与我们联系

我们的联系邮箱是 contact@epubit.com.cn。

如果您对本书有任何疑问或建议，请您发邮件给我们，并请在邮件标题中注明本书书名，以便我们更高效地做出反馈。

如果您有兴趣出版图书、录制教学视频，或者参与图书技术审校等工作，可以发邮件给本书的责任编辑（liuyasi@ptpress.com.cn）。

如果您来自学校、培训机构或企业，想批量购买本书或异步社区出版的其他图书，也可以发邮件给我们。

如果您在网上发现有针对异步社区出品图书的各种形式的盗版行为，包括对图书全部或部分内容的非授权传播，请您将怀疑有侵权行为的链接通过邮件发给我们。您的这一举动是对作者权益的保护，也是我们持续为您提供有价值的内容的动力之源。

关于异步社区和异步图书

“异步社区”是人民邮电出版社旗下 IT 专业图书社区，致力于出版精品 IT 图书和相关学习产品，为作译者提供优质出版服务。异步社区创办于 2015 年 8 月，提供大量精品 IT 图书和电子书，以及高品质技术文章和视频课程。更多详情请访问异步社区官网 https://www.epubit.com。

“异步图书”是由异步社区编辑团队策划出版的精品 IT 专业图书的品牌，依托于人民邮电出版社的计算机图书出版积累和专业编辑团队，相关图书在封面上印有异步图书的 LOGO。异步图书的出版领域包括软件开发、大数据、AI、测试、前端、网络技术等。

异步社区　　微信服务号

主要符号表

扫码直达讨论区

本书中使用的符号如下。

数相关符号

符号	含义
x	标量
$\boldsymbol{x}$	向量
$\boldsymbol{X}$	矩阵
X	张量
$\boldsymbol{I}$	单位矩阵
x_i、$[\boldsymbol{x}]_i$	向量 $\boldsymbol{x}$ 第 i 个元素
x_{ij}、$[\boldsymbol{X}]_{ij}$	矩阵 $\boldsymbol{X}$ 第 i 行第 j 列的元素

集合论相关符号

符号	含义
$\mathcal{X}$	集合
$\mathbb{Z}$	整数集合
$\mathbb{R}$	实数集合
$\mathbb{R}^n$	n 维实数向量集合
$\mathbb{R}^{a\times b}$	包含 a 行和 b 列的实数矩阵集合
$\mathcal{A}\cup\mathcal{B}$	集合 $\mathcal{A}$ 和 $\mathcal{B}$ 的并集
$\mathcal{A}\cap\mathcal{B}$	集合 $\mathcal{A}$ 和 $\mathcal{B}$ 的交集
$\mathcal{A}\setminus\mathcal{B}$	集合 $\mathcal{A}$ 与集合 $\mathcal{B}$ 相减，$\mathcal{B}$ 关于 $\mathcal{A}$ 的相对补集

函数和运算符相关符号

符号	含义
$f(\cdot)$	函数
$\log(\cdot)$	对数函数，在代码中指自然对数函数
$\exp(\cdot)$	指数函数
$\mathbf{1}_X$	指示函数
$(\cdot)^\top$	向量或矩阵的转置
$\boldsymbol{X}^{-1}$	矩阵的逆
$\odot$	按元素相乘
$[\cdot,\cdot]$	连接
$\lvert X\rvert$	集合的基数
$\lVert\cdot\rVert_p$	L_p 正则
$\lVert\cdot\rVert$	L_2 正则
$\langle \boldsymbol{x}, \boldsymbol{y}\rangle$	向量 $\boldsymbol{x}$ 和 $\boldsymbol{y}$ 的点积
$\sum$	连加
$\prod$	连乘
$\stackrel{\text{def}}{=}$	定义

微积分相关符号

符号	含义
$\frac{\mathrm{d}y}{\mathrm{d}x}$	y 关于 x 的导数
$\frac{\partial y}{\partial x}$	y 关于 x 的偏导数
$\nabla_{\boldsymbol{x}} y$	y 关于 $\boldsymbol{x}$ 的梯度
$\int_a^b f(x)\mathrm{d}x$	f 在 a 到 b 区间上关于 x 的定积分
$\int f(x)\mathrm{d}x$	f 关于 x 的不定积分

概率与信息论相关符号

符号	含义
$P(\cdot)$	概率分布
$z \sim P$	随机变量 z 具有概率分布 P
$P(X\mid Y)$	$X\mid Y$ 的条件概率
$p(x)$	概率密度函数

续表

符号	含义
$E_x[f(x)]$	函数 f 对 x 的数学期望
$X \perp Y$	随机变量 X 和 Y 是独立的
$X \perp Y \mid Z$	随机变量 X 和 Y 在给定随机变量 Z 的条件下是独立的
$\mathrm{Var}(X)$	随机变量 X 的方差
σ_X	随机变量 X 的标准差
$\mathrm{Cov}(X, Y)$	随机变量 X 和 Y 的协方差
$\rho(X, Y)$	随机变量 X 和 Y 的相关系数
$H(X)$	随机变量 X 的熵

复杂度相关符号

符号	含义
O	大 O 标记

目　录

第1章

引言

扫码直达讨论区

时至今日，人们常用的计算机程序几乎都是软件开发人员从零开始编写的。比如，开发人员现在要编写一个程序来管理网上商城。经过思考，开发人员可能提出如下解决方案：首先，用户通过Web浏览器（或移动应用程序）与应用程序进行交互；然后，应用程序与数据库引擎进行交互，以保存历史交易记录并跟踪每个用户的动态。其中，这个应用程序的核心——“业务逻辑”，详细说明了应用程序在各种情况下进行的操作。

为了完善业务逻辑，开发人员必须细致地考虑应用程序可能遇到的所有边界情况，并为这些边界情况设计合理的规则。当用户将商品添加到购物车时，应用程序会向购物车数据库表中添加一个条目，将该用户ID与商品ID关联起来。虽然一次性编写出完美应用程序的可能性微乎其微，但在大多数情况下，开发人员可以从上述的业务逻辑出发，编写出符合业务逻辑的应用程序，并不断测试直到满足用户的需求。根据业务逻辑设计自动化系统，驱动产品和系统的正常运行，是人类认知上的一个非凡创举。

幸运的是，对日益壮大的机器学习科学家群体来说，实现很多任务的自动化不再受限于人类所能考虑到的逻辑。想象一下，假如开发人员要试图解决以下问题之一。

- 编写一个应用程序，接收地理信息、卫星图像和一些历史天气信息，并预测未来的天气。
- 编写一个应用程序，接收自然文本表达的问题，并正确回答该问题。
- 编写一个应用程序，接收一张图像，识别出该图像中的人，并在每个人周围绘制轮廓。
- 编写一个应用程序，向用户推荐他们可能喜欢，但在自然浏览过程中不太可能遇到的产品。

在这些情况下，即使是顶级程序员也无法提出完美的解决方案，原因可能各不相同。有时任务可能遵循一种随着时间推移而变化的模式，我们需要应用程序来自动调整。有时任务内的关系可能太复杂（比如像素和抽象类别之间的关系），需要数千次或数百万次的计算。即使人类的大脑能毫不费力地完成这些任务，这其中的计算也超出了人类意识的理解范畴。*机器学习*（machine learning，ML）是一类强大的可以从经验中学习的技术。通常采用观测数据或与环境交互的形式，机器学习算法会积累更多的经验，其性能也会逐步提高。相反，对于刚刚所说的电子商务平台，如果它一直执行相同的业务逻辑，无论积累多少经验，其性能都不会自动提高，除非开发人员意识到问题并更新软件。本书将带领读者开启机器学习之旅，并特别关注*深度学习*（deep learning，DL）的基础知识。深度学习是一套强大的技术，它可以推动计算机视觉、自然语言处理、医疗保健和基因组学等不同领域的创新。

1.1 日常生活中的机器学习

机器学习应用在日常生活中的方方面面。现在，假设本书的作者们一起驱车去咖啡店。阿斯顿拿起一部 iPhone，对它说道："Hey Siri!"手机的语音识别系统就被唤醒了。接着，李沐对 Siri 说道："去星巴克咖啡店。"语音识别系统就自动触发了语音转换文字的功能，并启动地图应用程序，地图应用程序在启动后筛选出若干路线，每条路线都显示了预计的通行时间……由此可见，机器学习渗透在生活中的各个方面，在短短几秒的时间里，人们与智能手机的日常互动就可能涉及数种机器学习模型。

现在，假如需要我们编写程序来响应一个"唤醒词"（如"Alexa""小爱同学""Hey Siri"）。我们试着用一台计算机和一个代码编辑器编写代码，如图 1-1 所示。问题看似很难解决：麦克风每秒将采集约 4.4 万个样本，每个样本都是声波振幅的测量值。而该测量值与唤醒词难以直接关联。那么又该如何编写程序，令其输入麦克风采集到的原始音频片段，输出{是，否}（表示该片段是否包含唤醒词）的可靠预测呢？我们对编写这个程序毫无头绪，这时就需要机器学习了。

图 1-1 识别唤醒词

通常，即使我们不知道怎样明确地告诉计算机如何从输入映射到输出，大脑也能够自己执行认知功能。换句话说，即使我们不知道如何编写计算机程序来识别"Alexa"这个词，大脑也能够自己识别它。有了这一能力，我们就可以采集一个包含大量音频样本的数据集（dataset），并对包含和不包含唤醒词的样本进行标注。利用机器学习算法，我们不需要设计一个"明确地"识别唤醒词的系统。相反，我们只需要设计一个灵活的程序算法，其输出由许多参数（parameter）决定，然后使用数据集来确定当下的"最佳参数集"，这些参数通过某种性能度量方式来达到完成任务的最佳性能。

那么到底什么是参数呢？参数可以被看作旋钮，旋钮的转动可以调整程序的行为。任一调整参数后的程序被称为模型（model）。通过操作参数而生成的所有不同程序（输入-输出映射）的集合称为"模型族"。使用数据集来选择参数的元程序被称为*学习算法*（learning algorithm）。

在开始用机器学习算法解决问题之前，我们必须精确地定义问题，确定输入（input）和输出（output）的性质，并选择合适的模型族。在本例中，模型接收一段音频作为输入，然后生成一个"是"或"否"的选择作为输出。如果一切顺利，经过一番训练，模型对于"片段是否包含唤醒词"的预测通常是正确的。

现在模型每次听到"Alexa"这个词时都会发出"是"。由于这里的唤醒词是任意选择的自然语言，因此我们可能需要一个足够丰富的模型族，使模型多元化。比如，模型族的另一个模型只在听到"Hey Siri"这个词时发出"是"。理想情况下，同一个模型族应该适合于识别"Alexa"和"Hey Siri"，因为从直觉上看，它们似乎是相似的任务。然而，如果我们想处理完全不同的输入或输出，比如：从图像映射到文本，或从英文映射到中文，可能需要一个完全不同的模型族。

但如果模型的所有旋钮（模型参数）都被随机设置，就不太可能识别出"Alexa""Hey Siri"或其他任何单词。在机器学习中，*学习*（learning）是一个训练模型的过程。通过这个过程，我们可以发现正确的参数集，从而强制使模型执行所需的行为。换句话说，我们用数据训练（train）模型。如图 1-2 所示，训练过程通常包含如下步骤。

（1）从一个随机初始化参数的模型开始，这个模型基本没有"智能"。

（2）获取一些数据样本（例如，音频片段以及对应的是或否标签）。

（3）调整参数，使模型在这些样本中表现得更好。

（4）重复步骤（2）和步骤（3），直到模型在任务中的表现令人满意。

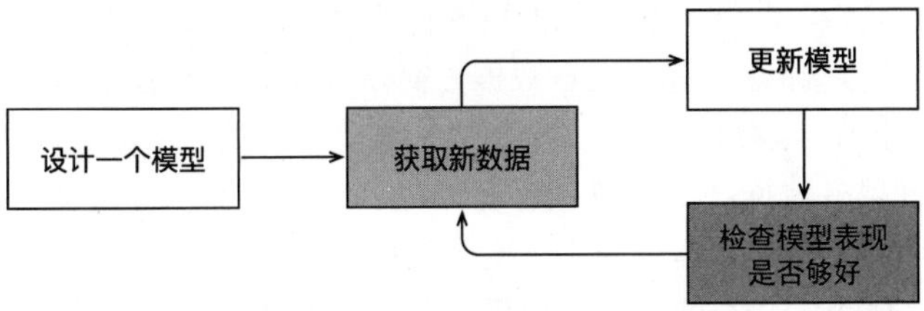

图 1-2 一个典型的训练过程

总而言之，我们没有编写唤醒词识别器，而是编写了一个"学习"程序。如果我们用一个巨大的带标签的数据集，它就很可能可以"学习"识别唤醒词。这种"通过用数据集来确定程序行为"的方法可以被看作用数据编程（programming with data）。比如，我们可以通过向机器学习系统提供许多猫和狗的图片来设计一个"猫图检测器"。检测器最终可以学会：如果输入是猫的图片就输出一个非常大的正数，如果输入是狗的图片就输出一个非常小的负数。如果检测器不确定输入的图片中是猫还是狗，它输出接近于零的数……这个例子仅仅是机器学习中的常见应用之一，而深度学习是机器学习的一个主要分支，本节的后续内容将对其进行更详细的解析。

1.2 机器学习中的关键组件

先介绍一些核心组件。无论什么类型的机器学习问题，都会用到下面这些组件：

- 可以用来学习的数据（data）；
- 如何转换数据的模型（model）；
- 一个目标函数（objective function），用来量化模型的有效性；
- 调整模型参数以优化目标函数的算法（algorithm）。

1.2.1 数据

毋庸置疑，如果没有数据，那么数据科学毫无用武之地。每个数据集由一个个样本（example, sample）组成，大多时候，它们遵循独立同分布（independently and identically distributed, IID）。样本有时也叫作数据点（data point）或数据实例（data instance），通常每个样本由一组称为特征（feature）或协变量（covariate）的属性组成。机器学习模型会根据这些属性进行预测。在上面的监督学习问题中，要预测的是一个特殊的属性，它被称为标签（label）或目标（target）。

当处理图像数据时，每张单独的照片即一个样本，它的特征由每个像素数值的有序列表表示。例如，200×200 的彩色照片由 200×200×3=120 000 个数值组成，其中的"3"对应于每个空间位置的红、绿、蓝通道的强度。再比如，对于一组医疗数据，给定一组标准的特征（如年龄、生命体征和诊断），此数据可以用来尝试预测患者能否存活。

当每个样本的特征类别数量都相同的时候，其特征向量是固定长度的，这个长度被称为数据的维数（dimensionality）。固定长度的特征向量是一个方便的属性，它可以用来量化学习大量样本。

然而，并不是所有的数据都可以用“固定长度”的向量表示。以图像数据为例，如果它们全部来自标准显微镜设备，那么“固定长度”是可取的；但是如果图像数据来自互联网，它们很难具有相同的分辨率或形状。这时，将图像裁剪成标准尺寸是一种方法，但这种办法有局限，存在丢失信息的风险。此外，文本数据更不符合“固定长度”的要求。比如，对于亚马逊等电子商务网站上的客户评论，有些文本数据很简短（比如“好极了”），有些则是长篇大论。与传统机器学习方法相比，深度学习的一个主要优势是可以处理不同长度的数据。

一般来说，拥有越多数据，工作就越容易。更多的数据可以被用来训练出更强大的模型，从而减少对预先假设的依赖。数据集的由小变大为现代深度学习的成功奠定了基础。在没有大数据集的情况下，许多令人兴奋的深度学习模型会显得黯然失色。就算一些深度学习模型在小数据集上能够工作，其性能也不比传统方法高。

注意，仅仅拥有海量的数据是不够的，我们还需要正确的数据。如果数据中充斥着错误，或者数据的特征不能预测任务目标，那么模型很可能无效。有一句古语很好地反映了这个现象：“输入的是垃圾，输出的也是垃圾。”（Garbage in, garbage out.）此外，糟糕的预测性能甚至会加倍放大情况的严重性。在一些敏感应用中，如预测性监管、简历筛选和用于贷款的风险模型，我们必须特别警惕垃圾数据带来的后果。一种常见的问题来自不均衡的数据集，比如在一个有关医疗的训练数据集中，某些人群没有相应的样本表示。想象一下，假设我们想要训练一个皮肤癌识别模型，但它（在训练数据集中）从未“见过”黑色皮肤的人群，这个模型就会顿时束手无策。

再如，如果用“过去的招聘决策数据”来训练一个筛选简历的模型，那么机器学习模型可能会无意中捕捉到历史残留的不公正，并将其自动化。然而，这一切都可能在不知情的情况下发生。因此，当数据不具有充分的代表性，甚至包含了一些偏见时，模型就很有可能有偏见。

1.2.2 模型

大多数机器学习会涉及数据的转换。比如一个“摄取照片并预测笑脸”的系统。再比如通过摄取到的一组传感器读数预测读数的正常与异常程度。虽然简单的模型能够解决如上简单的问题，但本书中关注的问题超出了经典方法所能达到的极限。深度学习与经典方法的区别主要在于：前者关注功能强大的模型，这些模型由神经网络错综复杂地交织在一起，包含层层数据转换，因此被称为*深度学习*（deep learning）。在讨论深度模型的过程中，本书也将提及一些传统方法。

1.2.3 目标函数

前面的内容将机器学习介绍为“从经验中学习”。这里所说的“学习”，是指模型自主提高完成某些任务的性能。但是，什么才算真正的提高呢？在机器学习中，我们需要定义对模型的优劣程度的度量，这个度量在大多数情况下是“可优化”的，这被称为*目标函数*（objective function）。我们通常定义一个目标函数，并希望优化它到最小值。因为越小越好，所以这些函数被称为*损失函数*（loss function，有时也使用 cost function 表示）。但这只是一个惯例，我们也可以取一个新的函数，优化到它的最大值。这两个函数本质上是相同的，只是反转一下方向。

当任务在试图预测数值时，最常见的损失函数是*平方误差*（squared error），即预测值与实际值之差的平方。当试图解决分类问题时，最常见的目标函数是最小化错误率，错误率即预测与实际情况不符的样本比率。有些目标函数（如平方误差）很容易被优化，有些目标函数（如错误率）由于不可微性或其他复杂性难以直接优化。在这些情况下，通常会优化替代目标。

通常，损失函数是根据模型参数定义的，并取决于数据集。在一个数据集上，我们可以通过最小化总损失来学习模型参数的最佳值。该数据集由一些为训练而采集的样本组成，称为训练数据集（training dataset）或训练集（training set）。然而，在训练数据集上表现良好的模型，并不一定在“新数据集”上有同样的性能，这里的“新数据集”通常称为测试数据集（test dataset）或测试集（test set）。

综上所述，可用数据集通常可以分成两部分：训练数据集用于拟合模型参数，测试数据集用于评估拟合的模型。然后我们观察模型在这两部分数据集上的性能。“一个模型在训练数据集上的性能”可以被想象成“一个学生在模拟考试中的分数”。这个分数用来作为真正的期末考试的参考，但即使分数令人欣喜，也不能保证期末考试成功。换言之，测试性能可能会显著偏离训练性能。当一个模型在训练集上表现良好，但不能推广到测试集时，这个模型被称为过拟合（overfitting）的。就像在现实生活中，尽管模拟考试考得很好，但是真正的考试不一定考得好。

1.2.4 优化算法

当我们获得了一些数据源及其表示、一个模型和一个合适的损失函数，接下来就需要一种算法，它能够搜索出最佳参数，以最小化损失函数。深度学习中，大多数流行的优化算法通常基于一种基本方法——梯度下降（gradient descent）。简而言之，在每个步骤中，梯度下降法都会检查每个参数，看看如果仅对该参数进行少量变动，训练集上的损失会朝哪个方向移动。然后，它在可以减少损失的方向上优化参数。

1.3 各种机器学习问题

在机器学习的广泛应用中，唤醒词识别的例子只是机器学习可以解决的众多问题中的一个。下面将列出一些常见的机器学习问题和应用，为本书之后的讨论做铺垫。接下来会经常引用前面提到的概念，如数据、模型和优化算法。

1.3.1 监督学习

监督学习（supervised learning）擅长在“给定输入特征”的情况下预测标签。每个“特征-标签”对都称为一个样本（example）。有时，即使标签是未知的，样本也可以指代输入特征。我们的目标是生成一个模型，该模型能够将任何输入特征映射到标签（即预测）。

举一个具体的例子：假设我们需要预测患者的心脏病是否会发作，那么观察结果“心脏病发作”或“心脏病没有发作”将是样本的标签。输入特征可能是生命体征，如心率、舒张压和收缩压等。

监督学习之所以能发挥作用，是因为在训练参数时，我们为模型提供了一个数据集，其中每个样本都有真实的标签。用概率论的术语来说，我们希望预测“估计给定输入特征的标签”的条件概率。虽然监督学习只是几大类机器学习问题之一，但是在工业环境中，大部分机器学习的成功应用都使用了监督学习。这是因为在一定程度上，许多重要的任务可以清晰地描述为：在给定一组特定的可用数据的情况下，估计未知事物的概率。比如：

- 根据计算机断层扫描（computed tomography，CT）肿瘤图像，预测是否为癌症；
- 给出一个英语句子，预测正确的法语翻译；
- 根据本月的财务报告数据，预测下个月股票的价格；

监督学习的学习过程一般可以分为 3 个步骤。

（1）从已知大量数据样本中随机选取一个子集，为每个样本获取真实标签。有时，这些样本已有标签（例如患者是否在下一年内康复）；有时，这些样本可能需要被人工标注（例如图像分类）。这些输入和相应的标签一起构成了训练数据集。

（2）选择有监督的学习算法，它将训练数据集作为输入，并输出一个“已完成学习的模型”。

（3）将之前没有见过的样本特征放到这个“已完成学习的模型”中，使用模型的输出作为相应标签的预测。

整个监督学习过程如图 1-3 所示。

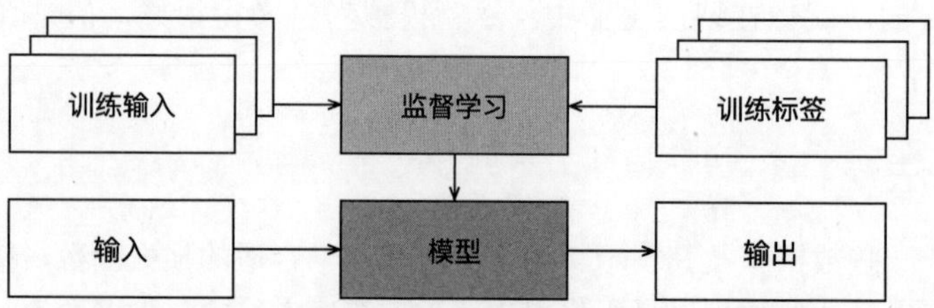

图 1-3　监督学习过程

综上所述，即使使用简单的描述给定输入特征的预测标签，监督学习也可以采取多种形式的模型，并且需要大量不同的建模决策，这取决于输入和输出的类型、大小和数量。例如，我们使用不同的模型来处理“任意长度的序列”或“固定长度的序列”。

1. 回归

回归（regression）是最简单的监督学习任务之一。假设有一个房屋销售数据表格，其中每行对应一栋房子，每列对应一个相关的属性，如房屋面积、卧室数量、浴室数量以及步行到市中心的距离等。每一行的属性构成了一个房子样本的特征向量。如果某人住在纽约或旧金山，而且他不是亚马逊、谷歌、微软或 Facebook 的首席执行官，那么他家的特征向量（房屋面积，卧室数量，浴室数量，步行距离）可能类似于：[600, 1, 1, 60]。如果某人住在匹兹堡，这个特征向量可能更接近 [3000, 4, 3, 10]……当人们在市场上寻找新房子时，可能需要估计一栋房子的公平市场价值。为什么这个任务可以归类为回归问题呢？本质上这是由输出决定的。销售价格（即标签）是一个数值。当标签取任意数值时，我们称之为回归问题，此时的目标是生成一个模型，使它的预测值非常接近实际标签值。

生活中的许多问题都可归类为回归问题。比如，预测用户对一部电影的评分可以被归类为一个回归问题。这里有一个小插曲：在 2009 年，如果有人设计了一个很棒的算法来预测电影评分，可能会赢得 100 万美元的奈飞奖。再比如，预测病人在医院的住院时间也是一个回归问题。总而言之，判断回归问题的一个很好的经验法则是，任何有关“有多少”的问题很可能就是回归问题。例如，这个手术需要多少小时；在未来 6 小时，这个镇会有多少降雨量。

即使你以前从未使用过机器学习，你也可能在不经意间已经解决了一些回归问题。例如，你让人修理了排水管，承包商花了 3 小时清理污水管道中的污物，然后他寄给你一张 350 美元的账单。而你的朋友雇了同一个承包商 2 小时，他收到了 250 美元的账单。如果有人请你估算清理污物的费用，你可以假设承包商收取一些基本费用，在此基础上按小时收费。如果这些假设成立，那么给出这两个数据样本，你就已经可以确定承包商的定价结构：50 美元上门服务费，另外每小时 100 美元。在不经意间，你就已经理解并应用了线性回归算法。

然而，以上假设有时并不成立。例如，一些差距是由于两个特征之外的几个因素造成的。在这些情况下，我们将尝试学习最小化"预测值和实际标签值的差距"的模型。本书大部分章节将关注平方误差损失函数的最小化。

2. 分类

回归模型可以很好地解决"有多少"的问题，但是很多问题并非如此。例如，一家银行希望在其移动应用程序中添加支票扫描功能。具体地说，这款应用程序能够自动理解从图像中读取的文本，并将手写字符映射到对应的已知字符上。这种"哪一个"的问题称为分类（classification）问题。分类问题希望模型能够预测样本属于哪个类别（category），其正式称为类（class）。例如，手写数字可能有 10 类，标签被设置为数字 0 ～ 9。最简单的分类问题只有两类，这被称为*二项分类*（binomial classification）。例如，数据集可能由动物图像组成，标签可能是 { 猫 , 狗 } 两类。回归是训练一个回归函数来输出一个数值；分类是训练一个分类器来输出预测的类别。

然而模型是如何判断出这种"是"或"不是"的硬性分类预测的呢？我们可以试着用概率语言来理解模型。给定一个样本特征，模型为每个可能的类分配一个概率。比如，之前的猫狗分类例子中，分类器可能会输出图像是猫的概率为 0.9。0.9 这个数字表达了什么意思呢？可以这样理解：分类器确定图像描绘的是一只猫的概率为 90%。预测类别的概率传达了模型的不确定性，本书后面章节将讨论其他运用不确定性概念的算法。

当有两个以上的类别时，我们把这个问题称为*多项分类*（multiclass classification）问题。常见的例子包括手写字符识别 {0, 1, 2, ⋯, 9, a, b, c, ⋯}。与解决回归问题不同，分类问题的常见损失函数被称为*交叉熵*（cross-entropy），3.4 节将详细阐述。

注意，最常见的类别不一定是最终用于决策的类别。举个例子，假设有一个图 1-4 所示的蘑菇。

图 1-4　死帽蕈——不能吃 !!

现在，我们想要训练一个毒蘑菇检测分类器，根据照片预测蘑菇是否有毒。假设这个分类器输出图 1-4 所示的死帽蕈的概率是 0.2。换句话说，分类器有 80% 的概率确定图中的蘑菇不是死帽蕈。尽管如此，我们也不会吃它，因为不值得冒 20% 的死亡风险。换句话说，不确定性风险的影响远大于收益。因此，我们需要将"预期风险"作为损失函数，即需要将结果的概率乘以与之相关的收益（或伤害）。在这种情况下，食用蘑菇的损失为 $0.2\times\infty + 0.8\times 0 = \infty$，而丢弃蘑菇的损失为 $0.2\times 0 + 0.8\times 1 = 0.8$。事实上，谨慎是有道理的，图 1-4 中的蘑菇实际上是一个死帽蕈。

实际的分类可能比二项分类、多项分类复杂得多。例如，有一些分类任务的变体可以用于寻找层次结构，层次结构假定在许多类之间存在某种关系。因此，并非所有的错误分类产生的影响都是均等的。人们宁愿错误地归入一个相关的类别，也不愿错误地归入一个不相关的类别，这通常被称为*层次分类*（hierarchical classification）。早期的一个例子是卡尔·林奈，他对动物进行了层次分类。

在动物分类的应用中，把一只狮子狗误认为雪纳瑞可能不会太糟糕。但如果模型将狮子狗与恐龙混淆，就滑稽至极了。层次结构的相关性可能取决于模型的使用者计划如何使用模型。例如，响尾蛇和乌梢蛇在血缘上可能很接近，但如果把响尾蛇误认为是乌梢蛇可能会是致命的，因为响尾蛇是有毒的，而乌梢蛇是无毒的。

3. 标注问题

有些分类问题非常适合二项分类或多项分类。例如，我们可以训练一个普通的二项分类器来区分猫和狗。运用前沿的计算机视觉算法，这个模型可以很轻松地被训练。尽管如此，无论模型有多精确，当分类器遇到新的动物时也可能会束手无策。比如图1-5所示的这张“不来梅的城市音乐家”的图像（这是一个流行的德国童话故事），图中有一只猫、一只公鸡、一只狗和一头驴，背景是一些树。如果分类问题取决于我们最终想用模型做什么，那么将其视为二项分类可能没有多大意义，因为我们可能想让模型描绘输入图像的内容，包括一只公鸡、一只猫、一只狗和一头驴。

图1-5　一只公鸡、一只猫、一只狗和一头驴

学习预测不相互排斥的类别的问题称为*多标签分类*（multi-label classification）。举个例子，人们在技术博客上贴的标签，比如“机器学习”“技术”“小工具”“编程语言”“Linux”“云计算”“亚马逊云科技”。一篇典型的文章可能会用5～10个标签，这些概念是相互关联的。关于“云计算”的帖子可能会提到“亚马逊云科技”，而关于“机器学习”的帖子也可能涉及“编程语言”。

此外，在处理生物医学文献时，我们也会遇到这类问题。正确地标注文献很重要，这有利于研究人员对文献进行详尽的审查。在美国国家医学图书馆（The United States National Library of Medicine），一些专业的注释员会检查每一篇在PubMed中被索引的文章，以便将其与Mesh中的相关术语相关联（Mesh是一个约有2.8万个标签的集合）。这是一个十分耗时的过程，注释器通常在归档和标注之间有一年的延迟。在此期间，机器学习算法可以提供临时标签，直到每一篇文章都经过严格的人工审核。事实上，近几年来，BioASQ组织已经举办比赛来完成这项工作。

4. 搜索

有时，我们不仅仅希望输出一个类别或一个实值。在信息检索领域，我们希望对一组项目进行排序。以网络搜索为例，目标不是简单的“查询（query）- 网页（page）”分类，而是在海量搜索结果中找到用户最需要的那部分。搜索结果的排序也十分重要，学习算法需要输出有序的元素子集。换句话说，如果要求我们输出字母表中的前5个字母，则返回“A、B、C、D、E”和“C、A、B、E、D”是不同的。即使结果集是相同的，结果集内的顺序有时也很重要。

该问题的一种可能的解决方案：首先为集合中的每个元素分配相应的相关性评分，然后检索评分最高的元素。PageRank——谷歌搜索引擎背后最初的秘密武器，就是这种评分系统的早期例子，它的奇特之处在于它不依赖实际的查询。在这里，依靠一个简单的相关性过滤来识别一组相关条目，然后根据 PageRank 对包含查询条件的结果进行排序。如今，搜索引擎使用机器学习和用户行为模型来获取网页相关性评分，很多学术会议也致力于这一主题。

5. 推荐系统

另一类与搜索和排序相关的问题是*推荐系统*（recommender system），它的目标是向特定用户进行“个性化”推荐。例如，对于电影推荐，科幻迷和喜剧爱好者的推荐结果页面可能会有很大不同。类似的应用也会出现在零售产品、音乐和新闻等的推荐系统中。

在某些应用中，用户会提供明确反馈，表达他们对特定产品的喜爱程度。例如，亚马逊网站上的产品评级和评论。在其他一些情况下，用户会提供隐性反馈。例如，某用户跳过播放列表中的某些歌曲，这可能说明这些歌曲对此用户不大合适。总的来说，推荐系统会为“给定用户和产品的匹配性”打分，这个“分数”可能是估计的评级或购买的概率。由此，对于任何给定的用户，推荐系统都可以检索得分最高的对象集，然后将其推荐给用户。以上只是简单的算法，而工业生产中的推荐系统要先进得多，它会将详细的用户活动和项目特征考虑在内。推荐系统算法经过调整，可以捕捉一个人的偏好。比如，图 1-6 是亚马逊基于个性化算法推荐的深度学习书籍，成功地捕获了作者的偏好。

图 1-6 亚马逊推荐的深度学习书籍

尽管推荐系统具有巨大的应用价值，但单纯用它作为预测模型仍存在一些缺陷。首先，我们的数据只包含“审查后的反馈”：用户更倾向于给他们感觉强烈的产品打分。例如，在五分制电影评分中，会有许多五星级和一星级评分，三星级却明显很少。其次，推荐系统有可能形成反馈循环：推荐系统会优先推送一个购买量较大（可能被认为更好）的商品，然而目前用户的购买习惯往往是遵循推荐算法，但学习算法并不总是考虑到这一细节，进而更频繁地推荐。综上所述，关于如何处理审查、激励和反馈循环等许多问题都是重要的开放性研究问题。

6. 序列学习

以上大多数问题都具有固定大小的输入并产生固定大小的输出。例如，在预测房价的问题中，我们考虑一组固定的特征：房屋面积、卧室数量、浴室数量、步行到市中心的时间。图像分类问题中，输入为固定大小的图像，输出则为固定数量（有关每一个类别）的预测概率。在这些情况下，模型只会将输入作为生成输出的"原料"，而不会"记住"输入的具体内容。

如果输入的样本之间没有任何关系，以上模型可能完美无缺。但是如果输入是连续的，模型就可能需要具有"记忆"功能。比如，我们该如何处理视频片段呢？在这种情况下，每个视频片段可能由不同数量的帧组成。通过前一帧的图像，我们可能对后一帧中发生的事情更有把握。语言也是如此，机器翻译的输入和输出都为文字序列。

再比如，在医学上序列的输入和输出就更为重要。设想一下，假设一个模型被用来监控重症监护病人，如果病人在未来24小时内死亡的风险超过某个阈值，这个模型就会发出警报。我们绝不希望丢弃过去每小时有关病人病史的所有信息，而仅根据最近的测量结果做出预测。

这些问题是序列学习的实例，是机器学习最令人兴奋的应用之一。序列学习需要摄取输入序列或预测输出序列，或两者兼而有之。具体来说，输入和输出都是可变长度的序列，例如机器翻译和从语音中转录文本。虽然不可能考虑所有类型的序列转换，但以下特殊情况值得一提。

（1）**标记和解析**。这涉及用属性注释文本序列。换句话说，输入和输出的数量基本上是相同的。例如，我们可能想知道主语和谓语在哪里，或者哪些单词是命名实体。通常，目标是基于结构和语法假设对文本进行分解，以获得一些注释。这听起来比实际情况要复杂得多。下面是一个非常简单的示例，它使用"标记"来注释一个句子，该标记指示哪些单词引用命名实体。标记为 Ent，是实体（entity）的简写。

```
Tom has dinner in Washington with Sally
Ent  -    -    -     Ent      -    Ent
```

（2）**自动语音识别**。在语音识别中，输入序列是说话人的录音（如图1-7所示），输出序列是说话人所说内容的文本记录。它的挑战在于，与文本相比，音频帧多得多（声音通常以8kHz或16kHz采样）。也就是说，音频和文本之间不具有1 : 1的对应关系，因为数千个样本可能对应一个单词。这也是"序列到序列"的学习问题，其中输出比输入短得多。

图1-7　-D-e-e-p- L-ea-r-ni-ng- 在录音中

（3）**文本到语音**。这与自动语音识别相反。换句话说，输入是文本，输出是音频文件。在这种情况下，输出比输入长得多。虽然人类很容易判断发音别扭的音频，但这对计算机来说并不是那么简单。

（4）**机器翻译**。在语音识别中，输入和输出的出现顺序基本相同。而在机器翻译中，颠倒输入和输出的顺序非常重要。换句话说，虽然机器翻译仍是将一个序列转换成另一个序列，但是输入和输出的数量以及相应序列的顺序大都不会相同。比如下面这个例子，"错误的对齐"反映了德国人喜欢把动词放在句尾的特殊倾向。

```
德语:          Haben Sie sich schon dieses grossartige Lehrwerk angeschaut?
英语:          Did you already check out this excellent tutorial?
错误的对齐:  Did you yourself already this excellent tutorial looked-at?
```

其他学习任务也有序列学习的应用。例如，确定“用户阅读网页的顺序”是二维布局分析问题。再比如，对话问题对序列的学习更为复杂：确定下一轮对话，需要考虑对话的历史状态以及真实世界的知识。如上这些都是序列学习研究的热门领域。

1.3.2 无监督学习

到目前为止，所有的例子都与监督学习有关，即需要向模型提供巨大数据集：每个样本包含特征和相应的标签值。打个比喻，“监督学习”模型像一个雇工，有一份极其专业的工作和一位极其平庸的老板。老板站在身后，准确地告诉模型在每种情况下应该做什么，直到模型学会从情况到行动的映射。要使这位老板满意很容易，只需尽快识别出模式并模仿它们的行为。

相反，如果工作没有十分具体的目标，就需要“自发”地去学习了。比如，老板可能会给我们一大堆数据，然后要求用它做一些数据科学研究，却没有对结果有要求。这类数据中不含有“目标”的机器学习问题通常被称为*无监督学习*（unsupervised learning），本书后面的章节将讨论无监督学习技术。那么无监督学习可以解决什么样的问题呢？我们来看看下面的例子。

- *聚类*（clustering）问题：在没有标签的情况下，我们是否能给数据分类呢？比如，给定一组照片，我们能把它们分成风景、狗、婴儿、猫和山峰的照片吗？同样，给定一组用户的网页浏览记录，我们能否将具有相似行为的用户聚类呢？
- *主成分分析*（principal component analysis）问题：我们能否找到少量的参数来准确地捕捉数据的线性相关属性？比如，一个球的运动轨迹可以用球的速度、直径和质量来描述。再比如，裁缝们已经开发出了一小部分参数，这些参数相当准确地描述了人体的形态，以适应衣服的尺寸。另一个例子：在欧几里得空间中是否存在一种（任意结构的）对象的表示，使其符号属性能够很好地匹配？这可以用来描述实体及其关系，例如“罗马” − “意大利” + “法国” = “巴黎”。
- *因果关系*（causality）和*概率图模型*（probabilistic graphical model）问题：我们能否描述观察到的许多数据的根本原因？例如，如果我们有关于房价、污染、犯罪、地理位置、教育和工资的人口统计数据，我们能否简单地根据经验数据发现它们之间的关系？
- *生成对抗网络*（generative adversarial networks）：为我们提供一种合成数据的方法，甚至对于像图像和音频这样复杂的非结构化数据。潜在的统计机制是检查真实数据和虚假数据是否相同的测试，它是无监督学习的另一个重要而令人兴奋的领域。

1.3.3 与环境互动

有人一直心存疑虑：机器学习的输入（数据）来自哪里？机器学习的输出又将去往何方？到目前为止，不管是监督学习还是无监督学习，我们都会预先获取大量数据，然后启动模型，不再与环境交互。这里所有的学习都是在算法与环境断开后进行的，被称为*离线学习*（offline learning）。对于监督学习，从环境中收集数据的过程类似于图 1-8。

这种简单的离线学习有其优缺点。优点是，我们可以孤立地进行模式识别，而不必分心于其他问题。缺点是，能解决的问题相当有限。这时我们可能会期望人工智能不仅能够做出预测，而且能够与真实环境交互。与预测不同，“与真实环境互动”实际上会影响环境。这里的人工智能是“智能代理”，而不仅是“预测模型”。因此，我们必须考虑到它的行为可能会影响未来的观测结果。

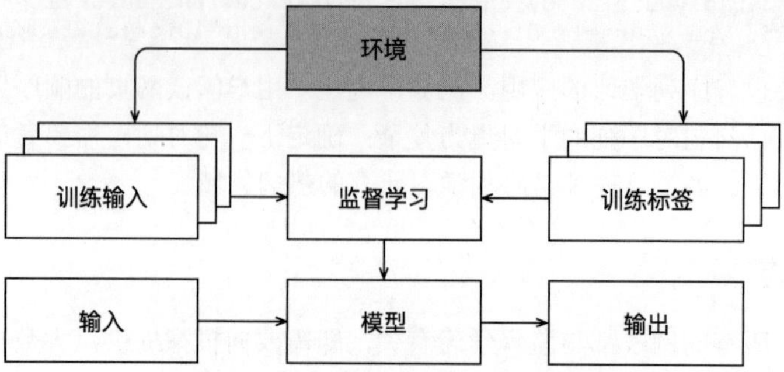

图 1-8 从环境中为监督学习收集数据

考虑"与真实环境互动"将打开一整套新的建模问题。以下是几个例子。

- 环境还记得我们以前做过什么吗?
- 环境是否有助于我们建模?例如,用户将文本读入语音识别器。
- 环境是否想要打败模型?例如,一个对抗性的设置,如垃圾邮件过滤或玩游戏?
- 环境是否重要?
- 环境是否会变化?例如,未来的数据是否总是与过去相似,还是随着时间的推移会发生变化?如果发生变化,是自然变化还是响应我们的自动化工具而发生变化?

当训练数据和测试数据不同时,最后一个问题提出了*分布偏移*(distribution shift)的问题。接下来的内容将简要描述强化学习问题,这是一类明确考虑与环境交互的问题。

1.3.4 强化学习

如果你对使用机器学习开发与环境交互并采取行动感兴趣,那么最终可能会专注于*强化学习*(reinforcement learning)。这可能包括应用到机器人、对话系统,甚至开发视频游戏的人工智能(AI)。*深度强化学习*(deep reinforcement learning)将深度学习应用于强化学习的问题,是非常热门的研究领域。突破性的深度 *Q 网络*(Q-networks)在雅达利游戏中仅使用视觉输入就击败了人类,以及 AlphaGo 程序在棋盘游戏围棋中击败了世界冠军,是两个突出强化学习的例子。

在强化学习问题中,*智能体*(agent)在一系列的时间步骤上与环境交互。在每个特定时间点,智能体从环境接收一些*观测*(observation),并且必须选择一个*动作*(action),然后通过某种机制(有时称为执行器)将其传输回环境,最后智能体从环境中获得*奖励*(reward)。此后新一轮循环开始,智能体接收后续观测,并选择后续动作,依次类推。强化学习的过程在图 1-9 中进行了说明。注意,强化学习的目标是产生一个好的*策略*(policy)。强化学习智能体选择的"动作"受策略控制,即一个从环境观测映射到动作的功能。

强化学习框架的通用性十分强大。例如,我们可以将任何监督学习问题转化为强化学习问题。假设我们有一个分类问题,可以创建一个强化学习智能体,每个分类对应一个"动作"。然后,我们可以创建一个环境,该环境给予智能体奖励。这个奖励与原始监督学习问题的损失函数是一致的。

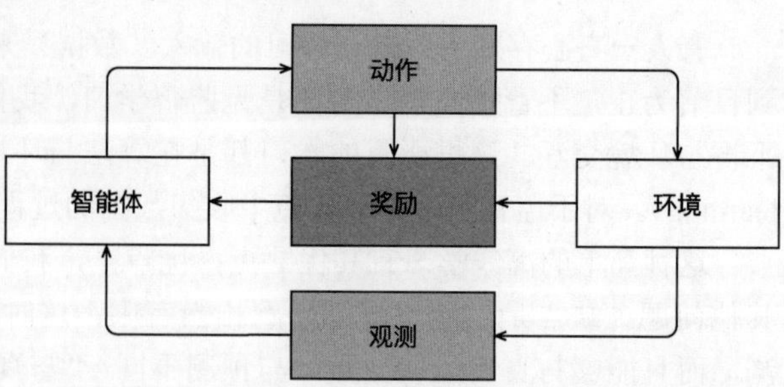

图 1-9 强化学习和环境之间的相互作用

当然，强化学习还可以解决许多监督学习无法解决的问题。例如，在监督学习中，我们总是希望输入与正确的标签相关联。但在强化学习中，我们并未假设环境告知智能体每个观测的最优动作。一般来说，智能体只是得到一些奖励。此外，环境甚至可能不会告知是哪些动作导致了奖励。

以强化学习在国际象棋的应用为例。唯一真正的奖励信号出现在游戏结束时：当智能体获胜时，智能体可以得到奖励 1；当智能体失败时，智能体将得到奖励 -1。因此，强化学习者必须处理学分分配（credit assignment）问题：决定哪些动作是值得奖励的，哪些动作是需要惩罚的。就像一个员工晋升一样，这次晋升很可能反映了该员工前一年的大量的动作。要想在未来获得更多的晋升，就需要弄清楚这一过程中哪些动作导致了晋升。

强化学习可能还必须处理部分可观测性问题。也就是说，当前的观测结果可能无法阐述有关当前状态的所有信息。例如，一个清洁机器人发现自己被困在一所有许多相同壁橱的房子里。推断机器人的精确位置（从而推断其状态），需要在进入壁橱之前考虑它之前的观测结果。

最后，在任何时间点上，强化学习智能体可能知道一个好的策略，但可能有许多更好的策略从未尝试过。强化学习智能体必须不断地做出选择：是应该利用当前最好的策略，还是探索新的策略空间（放弃一些短期奖励来换取知识）。

一般的强化学习问题是一个非常普遍的问题。智能体的动作会影响后续的观测，而奖励只与所选的动作相对应。环境可以是完整观测到的，也可以是部分观测到的，解释所有这些复杂性可能会对研究人员要求太高。此外，并不是每个实际问题都表现出所有这些复杂性。因此，学者们研究了一些特殊情况下的强化学习问题。

当环境可被完全观测到时，强化学习问题被称为*马尔可夫决策过程*（Markov decision process）。当状态不依赖之前的动作时，我们称该问题为*上下文老虎机*（contextual bandit problem）。当没有状态，只有一组最初未知奖励的可用动作时，这个问题就是经典的*多臂老虎机*（multi-armed bandit problem）。

1.4 起源

为了解决各种各样的机器学习问题，深度学习提供了强大的工具。虽然许多深度学习方法直到最近才有了重大突破，但使用数据和神经网络编程的核心思想已经出现了几个世纪。事实上，人类长期以来就有分析数据和预测未来结果的愿望，而大部分自然科学都植根于此。例如，伯努利分布是以雅各布·伯努利（1654—1705）命名的。而高斯分布是由卡尔·弗里德里希·高斯（1777—1855）发现的，他发明了最小均方算法，至今仍用于解决从保险计算到医疗诊断的许多问题。这些工具算法催生了自然科学中的一种实验方法——例如，欧姆定律可以用线性模型完美地描述。

即使在中世纪，数学家对*估计*（estimation）也有敏锐的直觉。例如，雅各布·科贝尔（1460—1533）的几何学书籍举例说明，通过 16 名成年男性的脚的平均长度，可以得出一英尺（1 英尺 = 0.3048 m）的长度。

图 1-10 说明了这个估计器是如何工作的。16 名成年男性被要求脚连脚排成一行，然后将他们的脚的总长度除以 16，得到现在一英尺的估计值。这个算法后来被改进以处理畸形的脚——将拥有最短脚和最长脚的两个人移除，对其余的人取平均值。这是最早的修剪均值估计的例子之一。

图 1-10 估计一英尺的长度

随着数据的收集和可获得性，统计数据真正实现了腾飞。机器学习的第一个影响来自罗纳德·费舍尔（1890—1962），他对统计理论和该理论在遗传学中的应用做出了重大贡献。他的许多算法（如线性判别分析）和公式（如费舍尔信息矩阵）至今仍被频繁使用。甚至，费舍尔在 1936 年发布的鸢尾花数据集，有时仍然被用来解读机器学习算法。他也是优生学的倡导者。

机器学习的第二个影响来自克劳德·香农（1916—2001）的信息论和艾伦·图灵（1912—1954）的计算理论。图灵在他著名的论文《计算机器与智能》[169] 中提出了“机器能思考吗？”的问题。在他所描述的图灵测试中，如果人类评估者很难根据文本交互区分机器和人类的回答，那么机器就可以被认为是“智能的”。

第三个影响可以在神经科学和心理学中找到。其中，最古老的算法之一是唐纳德·赫布（1904—1985）开创性的著作《行为的组织》[60]。他提出神经元通过积极强化学习，是 Rosenblatt 感知器学习算法的原型，被称为“赫布学习”。这个算法也为当今深度学习的许多随机梯度下降算法奠定了基础：强化期望行为和减少不良行为，从而在神经网络中获得良好的参数设置。

神经网络（neural networks）的得名源于生物灵感。一个多世纪以来（可追溯到 1873 年亚历山大·贝恩和 1890 年詹姆斯·谢林顿的模型），研究人员一直试图组装类似于相互作用的神经元网络的计算电路。随着时间的推移，对生物学的解释变得不再肤浅，但仍然沿用了这个名字。其核心是当今大多数网络中都可以找到的几个关键原则：

- 线性和非线性处理单元的交替，通常称为层（layer）；
- 使用链式规则（也称为反向传播）一次性调整网络中的全部参数。

经过最初的快速发展，神经网络的研究从 1995 年左右开始停滞不前，直到 2005 年才稍有起色，这主要有两个原因。首先，训练网络（在计算上）非常昂贵。在 20 世纪末，随机存取存储器（RAM）非常强大，而计算能力却很弱。其次，数据集相对较小。事实上，费舍尔 1932 年的鸢尾花数据集是测试算法有效性的流行工具，而 MNIST 数据集的 6 万个手写数字的数据集被认为是巨大的。考虑到数据和计算的稀缺性，核方法（kernel method）、决策树（decision tree）和图模型（graph model）等强大的统计工具（在经验上）被证明是更为理想的。与神经网络不同的是，这些算法不需要数周的训练，而且有很强的理论依据，可以提供可预测的结果。

1.5 深度学习的发展

大约从 2010 年开始，那些在计算上看起来不可行的神经网络算法变得热门起来，实际上是以下两点导致的：其一，随着互联网公司的出现，由于数亿在线用户使用服务，大规模数据集变得触手可及；其二，廉价又高质量的传感器、廉价的数据存储（克莱德定律）以及廉价计算（摩尔定律）的普及，特别是 GPU 的普及，使大规模算力唾手可得。这一点在表 1-1 中得到了说明。

表 1-1 数据规模与计算机内存和计算能力

年代	数据规模	内存	每秒浮点运算
20 世纪 70 年代	100B（鸢尾花）	1 KB	100 KF（Intel 8080）
20 世纪 80 年代	1 KB（波士顿房价）	100 KB	1 MF（Intel 80186）
20 世纪 90 年代	10 KB（光学字符识别）	10 MB	10 MF（Intel 80486）
21 世纪 00 年代	10 MB（网页）	100 MB	1 GF（Intel Core）
21 世纪 10 年代	10 GB（广告）	1 GB	1 TF（Nvidia C2050）
21 世纪 20 年代	1 TB（社交网络）	100 GB	1 PF（Nvidia DGX-2）

很明显，随机存取存储器没有跟上数据增长的步伐。与此同时，算力的增长速度已经超过了现有数据规模的增长速度。这意味着统计模型需要提高内存效率（这通常是通过添加非线性单元来实现的），同时由于计算预算的增加，能够花费更多时间来优化这些参数。因此，机器学习和统计的关注点从（广义的）线性模型和核方法转移到了深度神经网络。这也造就了许多深度学习的中流砥柱，如多层感知机 [104]、卷积神经网络 [88]、长短期记忆网络 [49] 和 Q 学习 [177]，在相对休眠了相当长一段时间之后，在过去 10 年中被“重新发现”。

最近 10 年，在统计模型、应用和算法方面的进展就像寒武纪大爆发——历史上物种飞速进化的时期。事实上，最先进的技术不仅仅是将可用资源应用于几十年前的算法的结果。下面列举了帮助研究人员在过去 10 年中取得巨大进展的想法（虽然只触及了皮毛）。

- 新的容量控制方法，如暂退法 [153]，有助于减小过拟合的风险。这是通过在整个神经网络中应用噪声注入 [7] 来实现的，出于训练目的，用随机变量来代替权重。
- 注意力机制解决了困扰统计学一个多世纪的问题：如何在不增加可学习参数的情况下增加系统的记忆和复杂性。研究人员通过使用只能被视为可学习的指针结构 [4] 找到了一个优雅的解决方案。不需要记住整个文本序列（例如用于固定维度表示中的机器翻译），所有需要存储的都是指向翻译过程的中间状态的指针。这大大提高了长序列的准确性，因为模型在开始生成新序列之前不再需要记住整个序列。
- 多阶段设计。例如，存储器网络 [156] 和神经编程器 - 解释器 [134]。它们允许统计建模者描述用于推理的迭代方法。这些工具允许重复修改深度神经网络的内部状态，从而执行推理链中的后续步骤，类似于处理器如何修改用于计算的存储器。
- 另一个关键的发展是生成对抗网络 [46] 的发明。传统模型中，密度估计和生成模型的统计方法侧重于找到合适的概率分布（通常是近似的）和抽样算法。因此，这些算法在很大程度上受到统计模型固有灵活性的限制。生成对抗网络的关键创新是用具有可微参数的任意算法代替抽样器。然后对这些数据进行调整，使得鉴别器（实际上是一个双样本测试）不能区分假数据和真实数据。通过使用任意算法生成数据的能力，为各种技术打开了密度估计的大门。驰骋的斑马[196]和假名人脸[79]的例子都证明了这一进展。即使是业余的涂鸦者也可以根据描述场景布局的草图生成照片级真实图像[118]。

- 在许多情况下，单个GPU不足以处理可用于训练的大量数据。在过去的10年中，构建并行和分布式训练算法的能力有了显著提高。设计可伸缩算法的关键挑战之一是深度学习优化的主力——随机梯度下降，它依赖于相对较小的小批量数据来处理。同时，小批量限制了GPU的效率。因此，在1024个GPU上进行训练，例如每批32张图像的小批量大小相当于总计约3.2万张图像的小批量。最近的工作，首先是由李沐[89]完成的，随后是参考文献[190]和[77]，将观测大小提高到6.4万张，将ResNet-50模型在ImageNet数据集上的训练时间减少到不到7分钟。作为比较，最初的训练时间是按天为单位的。
- 并行计算的能力也对强化学习的发展做出了相当关键的贡献。这导致计算机在围棋、雅达利游戏、星际争霸和物理模拟（例如，使用MuJoCo）中取得了超人性能的重大进展。有关如何在AlphaGo中实现这一点的说明，参见参考文献[150]。简而言之，只要有大量的三元组（状态、动作、奖励）可用，即有可能尝试很多方式来了解它们之间的关系，强化学习就会发挥很好的作用。仿真提供了这样一条途径。
- 深度学习框架在传播思想方面发挥了至关重要的作用。允许轻松建模的第一代框架包括Caffe、Torch和Theano。许多开创性的论文都是用这些工具写的。到目前为止，它们已经被TensorFlow（通常通过其高级API Keras使用）、CNTK、Caffe 2和Apache MXNet所取代。第三代工具，即用于深度学习的命令式工具，可以说是由Chainer率先推出的，它使用类似于Python NumPy的语法来描述模型。这个想法被PyTorch、MXNet的Gluon API和Jax采纳了。

“系统研究人员构建更好的工具”和“统计建模人员构建更好的神经网络”的分工大大简化了工作。例如，在2014年，对卡内基梅隆大学机器学习博士生来说，训练线性回归模型曾经是一项不容易完成的作业。而现在，这项任务只需不到10行代码就能完成，这可以让每个程序员轻松掌握它。

1.6 深度学习的成功案例

人工智能在交付结果方面有着悠久的历史，它能带来用其他方法很难实现的结果。例如，使用光学字符识别的邮件分拣系统从20世纪90年代开始部署，这是著名的手写数字MNIST数据集的来源。这同样适用于阅读银行存款支票和对申请者的信用进行评分。系统会自动检查金融交易是否存在欺诈。这成为许多电子商务支付系统（如PayPal、Stripe、支付宝、微信、苹果、Visa和万事达卡）的支柱。国际象棋的计算机程序已经竞争了几十年。机器学习在互联网上提供搜索、推荐、个性化服务和排名。换句话说，机器学习是无处不在的，尽管它经常隐藏在人们的视线之外。

直到最近，人工智能才成为人们关注的焦点，主要是因为解决了以前被认为难以解决的问题，这些问题与消费者直接相关。许多这样的进展都归功于深度学习。

- 智能助理，如苹果的Siri、亚马逊的Alexa和谷歌助手，都能够相当准确地回答口头问题。这其中涉及一些琐碎的工作，比如打开电灯开关（对残疾人来说是个福音）甚至预约理发师和提供电话支持对话。这可能是人工智能正在影响我们生活的最明显的迹象。

- 数字助理的一个关键要素是准确识别语音的能力。逐渐地，在某些应用中，此类系统的准确性已经提高到与人类同等水平的程度[188]。
- 物体识别同样也取得了长足的进步。估计图片中的物体在2010年是一项相当具有挑战性的任务。在ImageNet基准上，来自NEC实验室和伊利诺伊大学香槟分校的研究人员获得了28%的Top-5错误率[92]。到2017年，这一错误率降低到2.25%[69]。同样，在鉴别鸟类或诊断皮肤癌方面也取得了惊人的成果。
- 游戏曾经是人类智慧的堡垒。从TD-Gammon开始，一个使用时差强化学习的五子棋游戏程序，其算法和计算的进步导致了算法被广泛应用。与五子棋不同的是，国际象棋有一个复杂得多的状态空间和一组动作。深蓝公司利用大规模并行性、专用硬件和高效搜索游戏树[17]击败了Garry Kasparov。围棋由于其巨大的状态空间，难度更大。AlphaGo在2015年达到了相当于人类的棋力，使用和蒙特卡洛树抽样[150]相结合的深度学习。扑克游戏中的挑战是状态空间很大，而且无法完全观测到（我们不知道对手的牌）。在扑克游戏中，Libratus使用有效的结构化策略超过了人类的表现[15]。这些都说明游戏取得了令人瞩目的进展以及先进的算法在其中发挥了关键作用。
- 人工智能进步的另一个迹象是自动驾驶汽车和卡车的出现。虽然实现完全自主尚未触手可及，但在这个方向上已经取得了很好的进展，特斯拉（Tesla）、英伟达（NVIDIA）和Waymo等公司的产品至少实现了部分自主。让完全自主如此具有挑战性的是，正确的驾驶需要感知、推理和将规则纳入系统的能力。目前，深度学习主要应用于这些问题的计算机视觉方面，其余部分则由工程师进行大量调整。

同样，上面的示例仅仅触及了机器学习对实际应用的影响的皮毛。此外，机器人学、物流、计算生物学、粒子物理学和天文学最近取得的一些突破性进展应至少部分归功于机器学习。因此，机器学习正在成为工程师和科学家必备的工具。

关于人工智能的非技术性文章中，经常提到人工智能奇点的问题：机器学习系统会变得有感知，并独立于主人来决定那些直接影响人类生计的事情。在某种程度上，人工智能已经直接影响到人类的生计：信用度的自动评估，车辆的自动驾驶，保释决定的自动准予等。甚至，我们可以让Alexa打开咖啡机。

我们离一个能够控制人类创造者的有感知的人工智能系统还很远。首先，人工智能系统是以一种特定的、面向目标的方式设计、训练和部署的。虽然它们的行为可能会给人一种通用智能的错觉，但设计的基础是规则、启发式和统计模型的结合。其次，目前还不存在能够自我改进、自我推理、能够在试图解决一般任务的同时，修改、扩展和改进自己架构的“通用人工智能”工具。

一个更紧迫的问题是人工智能在日常生活中的应用。卡车司机和店员完成的许多琐碎的工作很可能也将是自动化的。农业机器人可能会降低有机农业的成本，它们也将使收割作业自动化。工业革命的这一阶段可能对社会的大部分地区产生深远的影响，因为卡车司机和店员是许多国家最常见的职业之一。此外，如果不加注意地应用统计模型，可能会导致种族、性别或年龄方面的偏见，如果自动驱动相应的决策，则会引起对程序公平性的合理关注。重要的是要确保谨慎使用这些算法。就我们今天所知，这比恶意超级智能毁灭人类的风险更令人担忧。

1.7 特点

到目前为止，已经广泛地讨论了机器学习，它既是人工智能的一个分支，也是人工智能的一种方法。虽然深度学习是机器学习的一个子集，但令人眼花缭乱的算法和应用程序集让人很难评估深度学习的具体成分。这就像试图确定制作披萨所需的配料一样困难，因为几乎每种成分都是可以替代的。

如前所述，机器学习可以使用数据来学习输入和输出之间的转换，例如在语音识别中将音频转换为文本。在这样做时，通常需要以适合算法的方式表示数据，以便将这种表示转换为输出。深度学习是“深度”的，模型学习了许多“层”之间的转换，每一层提供一个层次的表示。例如，靠近输入的层可以表示数据的低层细节，而接近分类输出的层可以表示用于区分的更抽象的概念。由于*表示学习*（representation learning）的目的是寻找表示本身，因此深度学习可以称为“多层表示学习”。

本章到目前为止所讨论的问题，例如，从原始音频信号中学习、图像的原始像素值，或者任意长度的句子与外语中的对应句子之间的映射，都是深度学习优于传统机器学习方法的问题。事实证明，这些多层模型能够以以前的工具所不能的方式处理低层的感知数据。毋庸置疑，深度学习方法最显著的共同点是使用端到端训练。也就是说，与其基于单独调整的组件组装系统，不如构建系统，然后联合调整系统的性能。例如，在计算机视觉中，科学家们习惯于将特征工程的过程与建立机器学习模型的过程分开。Canny 边缘检测器[18]和 SIFT 特征提取器[100]作为将图像映射到特征向量的算法，在过去的 10 年里占据了至高无上的地位。在过去的日子里，将机器学习应用于这些问题的关键部分是提出人工设计的特征工程方法，将数据转换为某种适合于浅层模型的形式。然而，与一个算法自动执行的数百万个选择相比，人类通过特征工程所能完成的事情很少。当深度学习开始时，这些特征抽取器被自动调整的滤波器所取代，产生了更高的精度。

因此，深度学习的一个关键优势是，它不仅取代了传统学习管道末端的浅层模型，还取代了劳动密集型的特征工程过程。此外，通过取代大部分特定领域的预处理，深度学习消除了以前分隔计算机视觉、语音识别、自然语言处理、医学信息学和其他应用领域的许多边界，为解决各种问题提供了一套统一的工具。

除了端到端的训练，人们正在经历从参数统计描述到完全非参数模型的转变。当数据稀缺时，人们需要依靠简化对真实的假设来获得有用的模型。当数据丰富时，可以用更精确地拟合实际情况的非参数模型来代替。在某种程度上，这反映了物理学在 20 世纪中叶随着计算机的出现所经历的进步。现在人们可以借助于相关偏微分方程的数值模拟，而不是手动来求解电子行为的参数近似。这导致了更精确的模型，尽管常常以牺牲可解释性为代价。

与以前工作的另一个不同之处是接受次优解，处理非凸非线性优化问题，并且愿意在证明之前尝试。这种在处理统计问题上新发现的经验主义，加上人才的迅速涌入，使得实用算法快速进步。尽管在许多情况下，这是以修改和重新发明存在了数十年的工具为代价的。

最后，深度学习社区引以为豪的是，他们跨越学术界和企业界共享工具，发布了许多优秀的算法库、统计模型和经过训练的开源神经网络。本书的创作是为了降低了解深度学习的门槛，希望读者能从中受益。

小结

- 机器学习研究计算机系统如何利用经验（通常是数据）来提高完成特定任务的性能。它结合了统计学、数据挖掘和优化的思想。通常，它是被用作实现人工智能解决方案的一种手段。
- 表示学习作为机器学习的一类，其研究的重点是如何自动找到合适的数据表示方式。深度学习是通过学习多层次的转换来进行的多层次的表示学习。
- 深度学习不仅取代了传统机器学习的浅层模型，而且取代了劳动密集型的特征工程。

- 最近在深度学习方面取得的许多进展，大都是由廉价传感器和互联网规模应用所产生的大量数据，以及（通过 GPU）算力的突破来触发的。
- 整个系统的优化是获得高性能的关键环节。开源有效的深度学习框架使得这一点的设计和实现变得非常容易。

练习

（1）你当前正在编写的代码的哪些部分可以“学习”，即通过学习和自动确定代码中所做的设计选择来改进？你的代码是否包含启发式设计选择？

（2）你遇到的哪些问题有许多解决它们的样本，但没有具体的自动化方法？这些可能是使用深度学习的主要候选者。

（3）如果把人工智能的发展看作一场新的工业革命，那么算法和数据之间的关系是什么？它类似于蒸汽机和煤吗？根本区别是什么？

（4）你还可以在哪里应用端到端的训练方法，比如图 1-2、物理、工程和计量经济学？

第2章 预备知识

要学习深度学习，需要先掌握一些基本技能。所有机器学习方法都涉及从数据中提取信息。因此，我们先学习一些关于数据的实用技能，包括存储、操作和预处理数据。

机器学习通常需要处理大型数据集。我们可以将某些数据集视为一个表，其中表的行对应样本，列对应属性。线性代数为人们提供了一些用来处理表格数据的方法。我们不会深究细节，而是将重点放在矩阵运算的基本原理及其实现上。

深度学习是关于优化的学习。对于一个带有参数的模型，我们想要找到其中能拟合数据的最好模型。在算法的每个步骤中，决定以何种方式调整参数需要一点微积分知识。本章将简要介绍这些知识。幸运的是，`autograd`包会自动计算微分，本章也将介绍它。

机器学习还涉及如何做出预测：给定观察到的信息，其某些未知属性可能的值是多少？要在不确定的情况下进行严格的推断，我们需要借用概率语言。

最后，官方文档提供了本书之外的大量描述和示例。在本章的结尾，我们将展示如何在官方文档中查找所需信息。

本书对读者的数学基础无过度要求，只要可以正确理解深度学习所需的数学知识即可，但这并不意味着本书中不涉及数学方面的内容。本章会快速介绍一些基本且常用的数学知识，以便读者能够理解书中的大部分数学内容。如果读者想要深入理解全部数学内容，可以进一步学习本书英文在线附录中给出的数学基础知识。

2.1 数据操作

扫码直达讨论区

为了能够完成各种数据操作，我们需要某种方法来存储和操作数据。通常，我们需要做两件重要的事：一是获取数据；二是将数据读入计算机后对其进行处理。如果没有某种方法来存储数据，那么获取数据是没有意义的。

我们先介绍n维数组（n阶数组、具有n个轴的数组），也称为张量（tensor）。使用过Python中的NumPy计算包的读者会对本部分内容很熟悉。无论使用哪个深度学习框架，它的张量类（在MXNet中为`ndarray`，在PyTorch和TensorFlow中为`Tensor`）都与NumPy的`ndarray`类似。但深度学习框架又比NumPy的`ndarray`多一些重要功能：首先，GPU很好地支持加速计算，而NumPy仅支持CPU计算；其次，张量类支持自动微分。这些功能使得张量类更适合深度学习。如果没有特殊说明，本书中所说的张量均指的是张量类的实例。

2.1.1 入门

本节的目标是帮助读者了解并运行一些在阅读本书的过程中会用到的基本数值计算工具。如果你很难理解一些数学概念或库函数，请不要担心。后面的章节将通过一些实际的例子来回顾这些内容。如果你已经具有相关经验，想要深入学习数学内容，可以跳过本节。

我们先导入 torch。注意，虽然它被称为 PyTorch，但是代码中使用 torch 而不是 pytorch。

```
import torch
```

张量表示一个由数值组成的数组，这个数组可能有多个维度（轴）。具有一个轴的张量对应数学上的向量（vector），具有两个轴的张量对应数学上的矩阵（matrix），具有两个以上轴的张量没有特定的数学名称。

我们可以使用 arange 创建一个行向量 x。这个行向量包含以 0 开始的前 12 个整数，它们被默认创建为整数，也可指定创建类型为浮点数。张量中的每个值称为张量的元素（element）。例如，张量 x 中有 12 个元素。除非额外指定，否则新的张量将存储在内存中，并采用基于 CPU 的计算。

```
x = torch.arange(12)
x
```

```
tensor([ 0,  1,  2,  3,  4,  5,  6,  7,  8,  9, 10, 11])
```

可以通过张量的 shape 属性来访问张量（沿每个轴的长度）的形状（shape）。

```
x.shape
```

```
torch.Size([12])
```

如果只想知道张量中元素的总数，即形状的所有元素乘积，可以检查它的大小（size）。因为这里在处理的是一个向量，所以它的 shape 与它的 size 相同。

```
x.numel()
```

```
12
```

要想改变一个张量的形状而不改变元素数量和元素值，可以调用 reshape 函数。例如，可以把张量 x 从形状为 (12,) 的行向量转换为形状为 (3, 4) 的矩阵。这个新的张量包含与转换前相同的值，但是它被看成一个 3 行 4 列的矩阵。要重点说明一下，虽然张量的形状发生了改变，但其元素值并没有变。注意，改变张量的形状，不会改变张量的大小。

```
X = x.reshape(3, 4)
X
```

```
tensor([[ 0,  1,  2,  3],
        [ 4,  5,  6,  7],
        [ 8,  9, 10, 11]])
```

我们不需要通过手动指定每个维度来改变形状。也就是说，如果我们的目标形状是(高度，宽度)，那么在知道宽度后，高度会被自动计算得出，不必我们自己做除法。在上面的例子中，为了获得一个 3 行的矩阵，我们手动指定它有 3 行 4 列。幸运的是，我们可以通过 -1 来调用此自动计算出形状，即我们可以用 x.reshape(-1,4) 或 x.reshape(3,-1) 来取代 x.reshape(3,4)。

有时我们想要使用全 0、全 1、其他常量或者从特定分布中随机采样的数字来初始化矩阵。我们可以创建一个形状为 (2, 3, 4) 的张量，其中所有元素都设置为 0。代码如下：

```
torch.zeros((2, 3, 4))
```

```
tensor([[[0., 0., 0., 0.],
         [0., 0., 0., 0.],
         [0., 0., 0., 0.]],

        [[0., 0., 0., 0.],
         [0., 0., 0., 0.],
         [0., 0., 0., 0.]]])
```

同样，我们可以创建一个形状为 (2, 3, 4) 的张量，其中所有元素都设置为 1。代码如下：

```
torch.ones((2, 3, 4))
```

```
tensor([[[1., 1., 1., 1.],
         [1., 1., 1., 1.],
         [1., 1., 1., 1.]],

        [[1., 1., 1., 1.],
         [1., 1., 1., 1.],
         [1., 1., 1., 1.]]])
```

有时我们想要通过从某个特定的概率分布中随机采样来得到张量中每个元素的值。例如，当我们构造数组来作为神经网络中的参数时，我们通常会随机初始化参数的值。以下代码创建一个形状为 (3, 4) 的张量。其中的每个元素都从均值为 0、标准差为 1 的标准高斯分布（正态分布）中随机采样。

```
torch.randn(3, 4)
```

```
tensor([[-1.0307,  0.6301, -0.3544,  1.1287],
        [ 1.0272,  1.3669,  0.2707,  1.3222],
        [ 0.2333, -0.2256, -0.2430, -0.3888]])
```

我们还可以通过提供包含数值的 Python 列表（或嵌套列表），来为所需张量中的每个元素赋予确定值。在这里，外层的列表对应于轴 0，内层的列表对应于轴 1。

```
torch.tensor([[2, 1, 4, 3], [1, 2, 3, 4], [4, 3, 2, 1]])
```

```
tensor([[2, 1, 4, 3],
        [1, 2, 3, 4],
        [4, 3, 2, 1]])
```

2.1.2　运算符

我们不会仅限于读取数据和写入数据，还想在这些数据上执行数学运算，其中最简单且最有用的操作是*按元素*（elementwise）运算。它们将标准标量运算符应用于数组的每个元素。对于将两个数组作为输入的函数，按元素运算将二元运算符应用于两个数组中的每对位置对应的元素。我们可以基于任何从标量到标量的函数来创建按元素函数。

在数学表示法中，我们将通过符号 $f:\mathbb{R}\rightarrow\mathbb{R}$ 来表示一元标量运算符（只接收一个输入），这意味着该函数从任何实数（$\mathbb{R}$）映射到另一个实数。同样，我们通过符号 $f:\mathbb{R},\mathbb{R}\rightarrow\mathbb{R}$ 表示二元标量运算符，这意味着该函数接收两个输入，并产生一个输出。给定同一形状的任意两个向量 $\boldsymbol{u}$ 和 $\boldsymbol{v}$ 以及二元运算符 f，我们可以得到向量 $\boldsymbol{c}=F(\boldsymbol{u}, \boldsymbol{v})$。具体计算方法是 $c_i \leftarrow f(u_i, v_i)$，其中 c_i、u_i 和 v_i 分别是向量 $\boldsymbol{c}$、$\boldsymbol{u}$ 和 $\boldsymbol{v}$ 中的元素。在这里，我们通过将标量函数升级为按元素向量运算来生成向量值 $F:\mathbb{R}^d,\mathbb{R}^d\rightarrow\mathbb{R}^d$。

对于任意具有相同形状的张量，常见的标准算术运算符（+、-、*、/ 和 **）都可以被升级为按元素运算。我们可以在同一形状的任意两个张量上执行按元素操作。在下面的例子中，我们使用逗号来表示一个具有 5 个元素的元组，其中每个元素都是按元素操作的结果。

```
x = torch.tensor([1.0, 2, 4, 8])
y = torch.tensor([2, 2, 2, 2])
x + y, x - y, x * y, x / y, x ** y  # **运算符是求幂运算
```

```
(tensor([ 3.,  4.,  6., 10.]),
 tensor([-1.,  0.,  2.,  6.]),
 tensor([ 2.,  4.,  8., 16.]),
 tensor([0.5000, 1.0000, 2.0000, 4.0000]),
 tensor([ 1.,  4., 16., 64.]))
```

“按元素”方式可以应用于更多的计算，包括像求幂这样的一元运算符。

```
torch.exp(x)
```

```
tensor([2.7183e+00, 7.3891e+00, 5.4598e+01, 2.9810e+03])
```

除了按元素计算，我们还可以执行线性代数运算，包括向量点积和矩阵乘法。我们将在2.3节中解释线性代数的重点内容。

我们也可以把多个张量连接（concatenate）在一起，把它们端对端地叠起来形成一个更大的张量。我们只需要提供张量列表，并给出沿哪个轴连接。下面的例子分别演示了当我们按行（轴0，形状的第一个元素）和按列（轴1，形状的第二个元素）连接两个矩阵时，会发生什么情况。我们可以看到，第一个输出张量的轴0长度（6）是两个输入张量轴0长度的总和（3 + 3）；第二个输出张量的轴1长度（8）是两个输入张量轴1长度的总和（4 + 4）。

```
X = torch.arange(12, dtype=torch.float32).reshape((3,4))
Y = torch.tensor([[2.0, 1, 4, 3], [1, 2, 3, 4], [4, 3, 2, 1]])
torch.cat((X, Y), dim=0), torch.cat((X, Y), dim=1)
```

```
(tensor([[ 0.,  1.,  2.,  3.],
         [ 4.,  5.,  6.,  7.],
         [ 8.,  9., 10., 11.],
         [ 2.,  1.,  4.,  3.],
         [ 1.,  2.,  3.,  4.],
         [ 4.,  3.,  2.,  1.]]),
 tensor([[ 0.,  1.,  2.,  3.,  2.,  1.,  4.,  3.],
         [ 4.,  5.,  6.,  7.,  1.,  2.,  3.,  4.],
         [ 8.,  9., 10., 11.,  4.,  3.,  2.,  1.]]))
```

有时，我们想通过*逻辑运算符*构建二元张量。以 `X == Y` 为例：对于每个位置，如果X和Y在该位置相等，则新张量中相应项的值为True，这意味着逻辑语句 `X == Y` 在该位置处为True，否则为False。

```
X == Y
```

```
tensor([[False,  True, False,  True],
        [False, False, False, False],
        [False, False, False, False]])
```

对张量中的所有元素求和，会产生一个单元素张量。

```
X.sum()
```

```
tensor(66.)
```

2.1.3 广播机制

在2.1.2节中，我们看到了如何在相同形状的两个张量上执行按元素操作。在某些情况下，即使形状不同，我们仍然可以通过调用*广播机制*（broadcasting mechanism）来执行按元素操作。这种机制的工作方式如下：

（1）通过适当复制元素来扩展一个或两个数组，以便在转换之后，两个张量具有相同的形状；

（2）对生成的数组执行按元素操作。

在大多数情况下，我们将沿着数组中长度为1的轴进行广播，如下例所示。

```
a = torch.arange(3).reshape((3, 1))
b = torch.arange(2).reshape((1, 2))
a, b
```

```
(tensor([[0],
         [1],
         [2]]),
 tensor([[0, 1]]))
```

由于a和b分别是3×1矩阵和1×2矩阵，如果让它们相加，它们的形状不匹配。我们将两个矩阵广播为一个更大的3×2矩阵，如下所示。

```
a + b
```

```
tensor([[0, 1],
        [1, 2],
        [2, 3]])
```

矩阵a将复制列，矩阵b将复制行，然后按元素相加。

2.1.4 索引和切片

就像在任何其他Python数组中一样，张量中的元素可以通过索引访问。与任何Python数组一样：第一个元素的索引是0，最后一个元素的索引是-1；可以指定范围以包含第一个元素和最后一个之前的元素。

如下所示，我们可以用[-1]选择最后一个元素，可以用[1:3]选择第二个和第三个元素：

```
X[-1], X[1:3]
```

```
(tensor([ 8.,  9., 10., 11.]),
 tensor([[ 4.,  5.,  6.,  7.],
         [ 8.,  9., 10., 11.]]))
```

除读取外，我们还可以通过指定索引来将元素写入矩阵。

```
X[1, 2] = 9
X
```

```
tensor([[ 0.,  1.,  2.,  3.],
        [ 4.,  5.,  9.,  7.],
        [ 8.,  9., 10., 11.]])
```

如果我们想为多个元素赋予相同的值，我们只需要索引所有元素，然后为它们赋值。例如，[0:2, :]访问第1行和第2行，其中“:”代表沿轴1（列）的所有元素。虽然我们讨论的是矩阵的索引，但这也适用于向量和具有超过2个轴的张量。

```
X[0:2, :] = 12
X
```

```
tensor([[12., 12., 12., 12.],
        [12., 12., 12., 12.],
        [ 8.,  9., 10., 11.]])
```

2.1.5 节省内存

执行一些操作可能会导致为结果新分配内存。例如，如果我们用Y = X + Y，我们将取消引用Y指向的张量，而是指向新分配的内存处的张量。

在下面的例子中，我们用 Python 的 `id` 函数演示了这一点，它给我们提供了内存中引用对象的确切地址。执行 `Y = Y + X` 后，我们会发现 `id(Y)` 指向另一个位置。这是因为 Python 首先计算 `Y + X`，为结果分配新的内存，然后使 `Y` 指向内存中的这个新位置。

```
before = id(Y)
Y = Y + X
id(Y) == before
```

```
False
```

这可能是不可取的，原因有以下两个。

（1）我们不想总是不必要地分配内存。在机器学习中，我们可能有数百兆的参数，并且在一秒内多次更新所有参数。通常情况下，我们希望原地执行这些更新。

（2）如果我们不原地更新，其他引用仍然会指向旧的内存位置，这样我们的某些代码可能会无意中引用旧的参数。

幸运的是，执行原地操作非常简单。我们可以使用切片表示法将操作的结果分配给先前分配的数组，例如 `Y[:] = <expression>`。为了说明这一点，我们先创建一个新的矩阵 `Z`，其形状与 `Y` 相同，使用 `zeros_like` 来分配一个全 0 的块。

```
Z = torch.zeros_like(Y)
print('id(Z):', id(Z))
Z[:] = X + Y
print('id(Z):', id(Z))
```

```
id(Z): 140470599776960
id(Z): 140470599776960
```

如果在后续计算中没有重复使用 `X`，我们也可以使用 `X[:] = X + Y` 或 `X += Y` 来减少操作的内存开销。

```
before = id(X)
X += Y
id(X) == before
```

```
True
```

2.1.6 转换为其他Python对象

将深度学习框架定义的张量转换为 NumPy 张量（`ndarray`）很容易，反之也同样容易。torch 张量和 numpy 数组将共享它们的底层内存，就地操作更改一个张量也会同时更改另一个张量。

```
A = X.numpy()
B = torch.tensor(A)
type(A), type(B)
```

```
(numpy.ndarray, torch.Tensor)
```

要将大小为 1 的张量转换为 Python 标量，我们可以调用 `item` 函数或 Python 的内置函数。

```
a = torch.tensor([3.5])
a, a.item(), float(a), int(a)
```

```
(tensor([3.5000]), 3.5, 3.5, 3)
```

小结

- 深度学习存储和操作数据的主要接口是张量（n 维数组）。它提供了各种功能，包括基本数学运算、广播、索引、切片、内存节省和转换为其他 Python 对象。

练习

（1）运行本节中的代码。将本节中的条件语句 X == Y 更改为 X < Y 或 X > Y，然后看看你可以得到什么样的张量。

（2）用其他形状（如三阶张量）替换广播机制中按元素操作的两个张量。结果是否与预期相同？

2.2 数据预处理

扫码直达讨论区

为了能用深度学习来解决真实世界的问题，我们经常从预处理原始数据开始，而不是从准备好的张量格式的数据开始。在 Python 中常用的数据分析工具中，我们通常使用 pandas 包。与庞大的 Python 生态系统中的许多其他扩展包一样，pandas 可以与张量兼容。本节将简要介绍使用 pandas 预处理原始数据，并将原始数据转换为张量格式的步骤。后面的章节将介绍更多的数据预处理技术。

2.2.1 读取数据集

举一个例子，我们先创建一个人工数据集，并存储在 CSV（逗号分隔值）文件 ../data/house_tiny.csv 中。以其他格式存储的数据也可以通过类似的方式进行处理。下面我们将数据集按行写入 CSV 文件中。

```
import os

os.makedirs(os.path.join('..', 'data'), exist_ok=True)
data_file = os.path.join('..', 'data', 'house_tiny.csv')
with open(data_file, 'w') as f:
    f.write('NumRooms,Alley,Price\n')  # 列名
    f.write('NA,Pave,127500\n')  # 每行表示一个数据样本
    f.write('2,NA,106000\n')
    f.write('4,NA,178100\n')
    f.write('NA,NA,140000\n')
```

要从创建的 CSV 文件中加载原始数据集，我们导入 pandas 包并调用 read_csv 函数。该数据集有 4 行 3 列，其中每行描述了房间数量（NumRooms）、巷子类型（Alley）和房屋价格（Price）。

```
# 如果没有安装pandas，只需取消对以下行的注释来安装pandas
# !pipinstallpandas
import pandas as pd


data = pd.read_csv(data_file)
print(data)
```

```
   NumRooms Alley   Price
0       NaN  Pave  127500
1       2.0   NaN  106000
2       4.0   NaN  178100
3       NaN   NaN  140000
```

2.2.2 处理缺失值

注意，NaN 项代表缺失值。处理缺失的数据的典型方法包括插值法和删除法，其中插值法用一个替代值弥补缺失值，而删除法则直接忽略缺失值。在这里，我们将考虑插值法。

通过位置索引 iloc，我们将 data 分成 inputs 和 outputs，其中前者为 data 的前两列，而后者为 data 的最后一列。对于 inputs 中的缺失值，我们用同一列的均值替换 NaN 项。

```
inputs, outputs = data.iloc[:, 0:2], data.iloc[:, 2]
inputs = inputs.fillna(inputs.mean())
print(inputs)
```

```
   NumRooms Alley
0       3.0  Pave
1       2.0   NaN
2       4.0   NaN
3       3.0   NaN
```

对于 inputs 中的类别值或离散值，我们将 NaN 视为一个类别。由于 Alley 列只接受两种类型的类别值 Pave 和 NaN，pandas 可以自动将此列转换为两列 Alley_Pave 和 Alley_nan。Alley 列为 Pave 的行会将 Alley_Pave 的值设置为 1，Alley_nan 的值设置为 0。缺失 Alley 列的行会将 Alley_Pave 和 Alley_nan 分别设置为 0 和 1。

```
inputs = pd.get_dummies(inputs, dummy_na=True)
print(inputs)
```

```
   NumRooms  Alley_Pave  Alley_nan
0       3.0           1          0
1       2.0           0          1
2       4.0           0          1
3       3.0           0          1
```

2.2.3 转换为张量格式

现在 inputs 和 outputs 中的所有条目都是数值类型，它们可以转换为张量格式。当数据采用张量格式后，可以通过在 2.1 节中引入的张量函数来进一步操作。

```
import torch

X, y = torch.tensor(inputs.values), torch.tensor(outputs.values)
X, y
```

```
(tensor([[3., 1., 0.],
         [2., 0., 1.],
         [4., 0., 1.],
         [3., 0., 1.]], dtype=torch.float64),
 tensor([127500, 106000, 178100, 140000]))
```

小结

- pandas 包是 Python 中常用的数据分析工具，pandas 可以与张量兼容。
- 用 pandas 处理缺失值时，我们可根据情况选择用插值法和删除法。

练习

创建包含更多行和列的原始数据集。

（1）删除缺失值最多的列。

（2）将预处理后的数据集转换为张量格式。

2.3 线性代数

在介绍完如何存储和操作数据后，接下来将简要地回顾一下部分线性代数的基本内容。这些内容有助于读者了解和实现本书中介绍的大多数模型。本节将介绍线性代数中的基本数学对象、算术和运算，并用数学符号和相应的代码实现来表示它们。

2.3.1 标量

如果你曾经在餐厅支付餐费，那么应该已经知道一些基本的线性代数，比如数值的相加或相乘。例如，北京的温度为 52 ℉（华氏度，除摄氏度外的另一种温度计量单位）。严格来说，仅包含一个数值被称为*标量*（scalar）。如果要将此华氏度值转换为更常用的摄氏度值，则可以计算表达式$c=\frac{5}{9}(f-32)$，并将f赋值为 52。在此等式中，每一项（5、9 和 32）都是标量值。符号 c 和 f 称为*变量*（variable），它们表示未知的标量值。

本书采用了数学表示法，其中标量变量由普通小写字母表示（例如，x、y 和 z）。本书用$\mathbb{R}$表示所有（连续）实数标量的空间，之后将严格定义空间（space），但现在只要记住表达式$x\in\mathbb{R}$是表示 x 是一个实数标量的正式形式。符号 $\in$ 称为“属于”，它表示“是集合中的成员”。例如，$x, y\in\{0, 1\}$ 可以用来表明 x 和 y 的值只能为 0 或 1 这两个数字。

标量由只有一个元素的张量表示。下面的代码将实例化两个标量，并执行一些熟悉的算术运算，即加法、乘法、除法和指数运算。

```
import torch

x = torch.tensor(3.0)
y = torch.tensor(2.0)

x + y, x * y, x / y, x**y
```

```
(tensor(5.), tensor(6.), tensor(1.5000), tensor(9.))
```

2.3.2 向量

向量可以被视为标量值组成的列表。这些标量值被称为向量的*元素*（element）或*分量*（component）。当向量表示数据集中的样本时，它们的值具有一定的实际意义。例如，如果我们正在训练一个模型来预测贷款违约风险，可能会将每个申请人与一个向量相关联，其分量与申请人的收入、工作年限、过往违约次数和其他因素相对应。如果我们正在研究患者可能面临的心脏病发作风险，可能会用一个向量来表示每个患者，其分量为患者最近的生命体征、胆固醇水平、每天运动时长等。在数学表示法中，向量通常记为粗体、小写的符号（例如，$\mathbf{x}$、$\mathbf{y}$ 和 $\mathbf{z}$）。

在数学上，具有一个轴的张量表示向量。一般来说，张量可以具有任意长度，这取决于机器的内存限制。

```
x = torch.arange(4)
x
```

```
tensor([0, 1, 2, 3])
```

我们可以使用下标来引用向量的任一元素，例如可以通过 x_i 来引用第 i 个元素。注意，元素 x_i 是一个标量，所以我们在引用它时不会用粗体。大量文献认为列向量是向量的默认方向，在本书中也是如此。在数学中，向量 $\mathbf{x}$ 可以写为

$$\boldsymbol{x}=\begin{bmatrix} x_1 \\ x_2 \\ \vdots \\ x_n \end{bmatrix} \tag{2.1}$$

其中，$x_1, x_2, \cdots, x_n$ 是向量的元素。在代码中，我们通过张量的索引来访问任一元素。

```
x[3]
```

```
tensor(3)
```

长度、维度和形状

向量只是一个数字数组，就像每个数组都有长度一样，向量也是如此。在数学表示法中，如果我们想表示一个向量 $\boldsymbol{x}$ 由 n 个实数标量组成，可以将其表示为$\boldsymbol{x}\in\mathbb{R}^n$。向量的长度通常称为向量的维度（dimension）。

与普通的 Python 数组一样，我们可以通过调用 Python 的内置函数 `len` 来访问张量的长度。

```
len(x)
```

```
4
```

当用张量（只有一个轴）表示一个向量时，我们也可以通过 `.shape` 属性访问向量的长度。形状是一个元素组，列出了张量沿每个轴的长度（维数）。对于只有一个轴的张量，形状只有一个元素。

```
x.shape
```

```
torch.Size([4])
```

注意，维度这个词在不同上下文中往往会有不同的含义，这经常会使人感到困惑。为清楚起见，我们在此明确一下：向量或轴的维度被用来表示向量或轴的长度，即向量或轴的元素数量。而张量的维度用来表示张量具有的轴数。在这个意义上，张量的某个轴的维数就是这个轴的长度。

2.3.3 矩阵

正如向量将标量从零阶推广到一维，矩阵将向量从一维推广到二维。矩阵我们通常用粗体、大写字母来表示（例如，$\boldsymbol{X}$、$\boldsymbol{Y}$ 和 $\boldsymbol{Z}$），在代码中表示为具有两个轴的张量。

数学表示法使用$\boldsymbol{A}\in\mathbb{R}^{m\times n}$来表示矩阵 $\boldsymbol{A}$，其由 m 行 n 列的实数标量组成。我们可以将任意矩阵$\boldsymbol{A}\in\mathbb{R}^{m\times n}$视为一个表格，其中每个元素 a_{ij} 属于第 i 行第 j 列：

$$\boldsymbol{A}=\begin{bmatrix} a_{11} & a_{12} & \cdots & a_{1n} \\ a_{21} & a_{22} & \cdots & a_{2n} \\ \vdots & \vdots & & \vdots \\ a_{m1} & a_{m2} & \cdots & a_{mn} \end{bmatrix} \tag{2.2}$$

对于任意$\boldsymbol{A}\in\mathbb{R}^{m\times n}$，$\boldsymbol{A}$ 的形状是 (m, n) 或 $m\times n$。当矩阵具有相同数量的行和列时，其形状变为正方形，因此，它被称为方阵（square matrix）。

当调用函数来实例化张量时，我们可以通过指定两个分量 m 和 n 来创建一个形状为 $m\times n$ 的矩阵。

```
A = torch.arange(20).reshape(5, 4)
A
```

```
tensor([[ 0,  1,  2,  3],
        [ 4,  5,  6,  7],
        [ 8,  9, 10, 11],
        [12, 13, 14, 15],
        [16, 17, 18, 19]])
```

我们可以通过行索引（i）和列索引（j）来访问矩阵中的标量元素 a_{ij}，例如 $[\boldsymbol{A}]_{ij}$。如果没有给出矩阵 $\boldsymbol{A}$ 的标量元素，如式（2.2）那样，我们可以简单地使用矩阵 $\boldsymbol{A}$ 的小写字母索引下标 a_{ij} 来引用 $[\boldsymbol{A}]_{ij}$。为了表示起来简单，只有在必要时才会将逗号插入单独的索引中，例如 $a_{2,3j}$ 和 $[\boldsymbol{A}]_{2i-1,3}$。

当我们交换矩阵的行和列时，结果称为矩阵的转置（transpose）。通常用 $\boldsymbol{A}^{\top}$ 来表示矩阵的转置，如果 $\boldsymbol{B}=\boldsymbol{A}^{\top}$，则对于任意 i 和 j，都有 $b_{ij}=a_{ji}$。因此，式（2.2）的转置是一个形状为 $n\times m$ 的矩阵：

$$\boldsymbol{A}^{\top}=\begin{bmatrix} a_{11} & a_{21} & \cdots & a_{m1} \\ a_{12} & a_{22} & \cdots & a_{m2} \\ \vdots & \vdots & & \vdots \\ a_{1n} & a_{2n} & \cdots & a_{mn} \end{bmatrix} \tag{2.3}$$

现在在代码中访问矩阵的转置：

```
A.T
```

```
tensor([[ 0,  4,  8, 12, 16],
        [ 1,  5,  9, 13, 17],
        [ 2,  6, 10, 14, 18],
        [ 3,  7, 11, 15, 19]])
```

作为方阵的一种特殊类型，对称矩阵（symmetric matrix）$\boldsymbol{A}$ 等于其转置：$\boldsymbol{A}=\boldsymbol{A}^{\top}$。这里定义一个对称矩阵 $\boldsymbol{B}$：

```
B = torch.tensor([[1, 2, 3], [2, 0, 4], [3, 4, 5]])
B
```

```
tensor([[1, 2, 3],
        [2, 0, 4],
        [3, 4, 5]])
```

现在我们将 B 与它的转置进行比较：

```
B == B.T
```

```
tensor([[True, True, True],
        [True, True, True],
        [True, True, True]])
```

矩阵是有用的数据结构：它们允许我们组织具有不同模式的数据。例如，我们矩阵中的行可能对应于不同的房屋（数据样本），而列可能对应于不同的属性。曾经使用过电子表格软件或已阅读过 2.2 节的人，应该对此很熟悉。因此，尽管单个向量的默认方向是列向量，但在表示表格数据集的矩阵中，将每个数据样本作为矩阵中的行向量更为常见。后面的章节将讲到这点，这种约定将支持常见的深度学习实践。例如，沿着张量的最外轴，我们可以访问或遍历小批量的数据样本。

2.3.4 张量

就像向量是标量的推广，矩阵是向量的推广一样，我们可以构建具有更多轴的数据结构。张量（本节中的“张量”指代数对象）是描述具有任意数量轴的 n 维数组的通用方法。例如，向量是一阶张量，矩阵是二阶张量。张量用特殊字体的大写字母表示（例如，X、Y 和 Z），它们的索引机制（例如，x_{ijk} 和 $[\mathsf{X}]_{1,2i-1,3}$）与矩阵类似。

当我们开始处理图像时，张量将变得更加重要，图像以 n 维数组形式出现，其中 3 个轴对应于高度、宽度，以及一个通道（channel）用于表示颜色通道（红色、绿色和蓝色）。现在先将高阶张量暂放一边，而是专注学习其基础知识。

```
X = torch.arange(24).reshape(2, 3, 4)
X
```

```
tensor([[[ 0,  1,  2,  3],
         [ 4,  5,  6,  7],
         [ 8,  9, 10, 11]],

        [[12, 13, 14, 15],
         [16, 17, 18, 19],
         [20, 21, 22, 23]]])
```

2.3.5 张量算法的基本性质

标量、向量、矩阵和任意数量轴的张量（本节中的"张量"指代数对象）有一些实用的属性。例如，从按元素操作的定义中可以注意到，任何按元素的一元运算都不会改变其操作数的形状。同样，给定具有相同形状的任意两个张量，任何按元素二元运算的结果都将是相同形状的张量。例如，将两个相同形状的矩阵相加，会在这两个矩阵上执行元素加法。

```
A = torch.arange(20, dtype=torch.float32).reshape(5, 4)
B = A.clone()  # 通过分配新内存，将A的一个副本分配给B
A, A + B
```

```
(tensor([[ 0.,  1.,  2.,  3.],
         [ 4.,  5.,  6.,  7.],
         [ 8.,  9., 10., 11.],
         [12., 13., 14., 15.],
         [16., 17., 18., 19.]]),
 tensor([[ 0.,  2.,  4.,  6.],
         [ 8., 10., 12., 14.],
         [16., 18., 20., 22.],
         [24., 26., 28., 30.],
         [32., 34., 36., 38.]]))
```

具体而言，两个矩阵的按元素乘法称为哈达玛积（Hadamard product）（数学符号 $\odot$）。对于矩阵$\boldsymbol{B} \in \mathbb{R}^{m\times n}$，其中第 i 行第 j 列的元素是 b_{ij}。矩阵 $\boldsymbol{A}$（在式（2.2）中定义）和 $\boldsymbol{B}$ 的哈达玛积为

$$\boldsymbol{A}\odot\boldsymbol{B}=\begin{bmatrix} a_{11}b_{11} & a_{12}b_{12} & \cdots & a_{1n}b_{1n} \\ a_{21}b_{21} & a_{22}b_{22} & \cdots & a_{2n}b_{2n} \\ \vdots & \vdots & & \vdots \\ a_{m1}b_{m1} & a_{m2}b_{m2} & \cdots & a_{mn}b_{mn} \end{bmatrix} \tag{2.4}$$

```
A * B
```

```
tensor([[  0.,   1.,   4.,   9.],
        [ 16.,  25.,  36.,  49.],
        [ 64.,  81., 100., 121.],
        [144., 169., 196., 225.],
        [256., 289., 324., 361.]])
```

将张量加上或乘以一个标量不会改变张量的形状，其中张量的每个元素都将与标量相加或相乘。

```
a = 2
X = torch.arange(24).reshape(2, 3, 4)
a + X, (a * X).shape
```

```
(tensor([[[ 2,  3,  4,  5],
          [ 6,  7,  8,  9],
          [10, 11, 12, 13]],

         [[14, 15, 16, 17],
          [18, 19, 20, 21],
          [22, 23, 24, 25]]]),
 torch.Size([2, 3, 4]))
```

2.3.6 降维

我们可以对任意张量进行的一个有用的操作是计算其元素的和。数学表示法使用$\sum$符号表示求和。为了表示长度为 d 的向量中元素的总和，可以记为$\sum_{i=1}^{d} x_i$。在代码中可以调用计算求和的函数：

```
x = torch.arange(4, dtype=torch.float32)
x, x.sum()
```

```
(tensor([0., 1., 2., 3.]), tensor(6.))
```

我们可以表示任意形状张量的元素和。例如，矩阵 $\boldsymbol{A}$ 中元素的和可以记为$\sum_{i=1}^{m}\sum_{j=1}^{n} a_{ij}$。

```
A.shape, A.sum()
```

```
(torch.Size([5, 4]), tensor(190.))
```

默认情况下，调用求和函数会沿所有的轴降低张量的维度，使它变为一个标量。我们还可以指定张量沿哪一个轴来通过求和降低维度。以矩阵为例，为了通过对所有行的元素求和来降维（轴 0），可以在调用函数时指定 `axis=0`。由于输入矩阵沿轴 0 降维以生成输出向量，因此输入轴 0 的维数在输出形状中消失。

```
A_sum_axis0 = A.sum(axis=0)
A_sum_axis0, A_sum_axis0.shape
```

```
(tensor([40., 45., 50., 55.]), torch.Size([4]))
```

指定 `axis=1` 将通过对所有列的元素求和来降维（轴 1）。因此，输入轴 1 的维数在输出形状中消失。

```
A_sum_axis1 = A.sum(axis=1)
A_sum_axis1, A_sum_axis1.shape
```

```
(tensor([ 6., 22., 38., 54., 70.]), torch.Size([5]))
```

沿着行和列对矩阵求和，等价于对矩阵的所有元素求和。

```
A.sum(axis=[0, 1])  # 结果和A.sum()相同
```

```
tensor(190.)
```

一个与求和相关的量是平均值（mean 或 average）。我们通过将总和除以元素总数来计算平均值。在代码中，我们可以调用函数来计算任意形状张量的平均值。

```
A.mean(), A.sum() / A.numel()
```

```
(tensor(9.5000), tensor(9.5000))
```

同样，计算平均值的函数也可以沿指定轴降低张量的维度。

```
A.mean(axis=0), A.sum(axis=0) / A.shape[0]
```

```
(tensor([ 8.,  9., 10., 11.]), tensor([ 8.,  9., 10., 11.]))
```

非降维求和

但是，有时在调用函数来计算总和或平均值时保持轴数不变会很有用。

```
sum_A = A.sum(axis=1, keepdims=True)
sum_A
```

```
tensor([[ 6.],
        [22.],
        [38.],
        [54.],
        [70.]])
```

例如，由于 sum_A 在对每行进行求和后仍保持两个轴，我们可以通过广播将 A 除以 sum_A。

```
A / sum_A
```

```
tensor([[0.0000, 0.1667, 0.3333, 0.5000],
        [0.1818, 0.2273, 0.2727, 0.3182],
        [0.2105, 0.2368, 0.2632, 0.2895],
        [0.2222, 0.2407, 0.2593, 0.2778],
        [0.2286, 0.2429, 0.2571, 0.2714]])
```

如果我们想沿某个轴计算 A 的元素的累积总和，如 axis=0（按行计算），可以调用 cumsum 函数。此函数不会沿任何轴降低输入张量的维度。

```
A.cumsum(axis=0)
```

```
tensor([[ 0.,  1.,  2.,  3.],
        [ 4.,  6.,  8., 10.],
        [12., 15., 18., 21.],
        [24., 28., 32., 36.],
        [40., 45., 50., 55.]])
```

2.3.7 点积

我们已经学习了按元素操作、求和及平均值。另一个最基本的操作之一是点积。给定两个向量$\boldsymbol{x}, \boldsymbol{y} \in \mathbb{R}^d$，它们的点积（dot product）$\boldsymbol{x}^\top \boldsymbol{y}$或（$\langle \boldsymbol{x}, \boldsymbol{y} \rangle$）。是相同位置的按元素乘积的和：$\boldsymbol{x}^\top \boldsymbol{y} = \sum_{i=1}^{d} x_i y_i$。

```
y = torch.ones(4, dtype = torch.float32)
x, y, torch.dot(x, y)
```

```
(tensor([0., 1., 2., 3.]), tensor([1., 1., 1., 1.]), tensor(6.))
```

注意，我们可以通过执行按元素乘法，然后求和来表示两个向量的点积：

```
torch.sum(x * y)
```

```
tensor(6.)
```

点积在很多场景都很有用。例如，给定一组由向量$\boldsymbol{x} \in \mathbb{R}^d$表示的值，和一组由向量$\boldsymbol{w} \in \mathbb{R}^d$表示的权重。$\boldsymbol{x}$ 中的值根据权重 $\boldsymbol{w}$ 的加权和可以表示为点积$\boldsymbol{x}^\top \boldsymbol{w}$。当权重为非负且和为 1，即$\left(\sum_{i=1}^{d} w_i = 1\right)$时，点积表示加权平均（weighted average）。将两个向量规范化得到单位长度后，点积表示它们夹角的余弦。本节后面的内容将正式介绍长度（length）的概念。

2.3.8 矩阵-向量积

现在我们知道了如何计算点积，可以开始理解矩阵-向量积（matrix-vector product）。回顾分别在式（2.2）和式（2.1）中定义的矩阵$\boldsymbol{A} \in \mathbb{R}^{m \times n}$和向量$\boldsymbol{x} \in \mathbb{R}^n$。我们将矩阵 $\boldsymbol{A}$ 用它的行向量表示：

$$\boldsymbol{A}=\begin{bmatrix}\boldsymbol{a}_1^\top\\ \boldsymbol{a}_2^\top\\ \vdots\\ \boldsymbol{a}_m^\top\end{bmatrix} \tag{2.5}$$

其中，每个$\boldsymbol{a}_i^\top\in\mathbb{R}^n$都是行向量，表示矩阵的第 i 行。矩阵向量积 $\boldsymbol{Ax}$ 是一个长度为 m 的列向量，其第 i 个元素是点积$\boldsymbol{a}_i^\top\boldsymbol{x}$：

$$\boldsymbol{Ax}=\begin{bmatrix}\boldsymbol{a}_1^\top\\ \boldsymbol{a}_2^\top\\ \vdots\\ \boldsymbol{a}_m^\top\end{bmatrix}\boldsymbol{x}=\begin{bmatrix}\boldsymbol{a}_1^\top\boldsymbol{x}\\ \boldsymbol{a}_2^\top\boldsymbol{x}\\ \vdots\\ \boldsymbol{a}_m^\top\boldsymbol{x}\end{bmatrix} \tag{2.6}$$

我们可以把一个矩阵 $\boldsymbol{A}\in\mathbb{R}^{m\times n}$ 乘法看作从 $\mathbb{R}^n$ 到 $\mathbb{R}^m$ 向量的转换。这些转换是非常有用的，例如可以用方阵的乘法来表示旋转。后续章节将讲到，我们也可以使用矩阵-向量积来描述在给定前一层的值时，求解神经网络每一层所需的复杂计算。

在代码中使用张量表示矩阵-向量积，我们使用 mv 函数。当我们为矩阵 A 和向量 x 调用 torch.mv(A, x) 时，会执行矩阵-向量积。注意，A 的列维数（沿轴 1 的长度）必须与 x 的维数（其长度）相同。

```
A.shape, x.shape, torch.mv(A, x)
```

```
(torch.Size([5, 4]), torch.Size([4]), tensor([ 14.,  38.,  62.,  86., 110.]))
```

2.3.9 矩阵-矩阵乘法

在掌握点积和矩阵-向量积的知识后，矩阵-矩阵乘法（matrix-matrix multiplication）应该很简单。

假设有两个矩阵 $\boldsymbol{A}\in\mathbb{R}^{n\times k}$ 和 $\boldsymbol{B}\in\mathbb{R}^{k\times m}$：

$$\boldsymbol{A}=\begin{bmatrix}a_{11} & a_{12} & \cdots & a_{1k}\\ a_{21} & a_{22} & \cdots & a_{2k}\\ \vdots & \vdots & \ddots & \vdots\\ a_{n1} & a_{n2} & \cdots & a_{nk}\end{bmatrix},\boldsymbol{B}=\begin{bmatrix}b_{11} & b_{12} & \cdots & b_{1m}\\ b_{21} & b_{22} & \cdots & b_{2m}\\ \vdots & \vdots & \ddots & \vdots\\ b_{k1} & b_{k2} & \cdots & b_{km}\end{bmatrix} \tag{2.7}$$

用行向量$\boldsymbol{a}_i^\top\in\mathbb{R}^k$表示矩阵 $\boldsymbol{A}$ 的第 i 行，并用列向量$\boldsymbol{b}_j\in\mathbb{R}^k$作为矩阵 $\boldsymbol{B}$ 的第 j 列。要生成矩阵积 $\boldsymbol{C}=\boldsymbol{AB}$，最简单的方法是考虑 $\boldsymbol{A}$ 的行向量和 $\boldsymbol{B}$ 的列向量：

$$\boldsymbol{A}=\begin{bmatrix}\boldsymbol{a}_1^\top\\ \boldsymbol{a}_2^\top\\ \vdots\\ \boldsymbol{a}_n^\top\end{bmatrix},\quad \boldsymbol{B}=\begin{bmatrix}\boldsymbol{b}_1 & \boldsymbol{b}_2 & \cdots & \boldsymbol{b}_m\end{bmatrix} \tag{2.8}$$

当我们简单地将每个元素 c_{ij} 计算为点积$\boldsymbol{a}_i^\top\boldsymbol{b}_j$：

$$\boldsymbol{C}=\boldsymbol{AB}=\begin{bmatrix}\boldsymbol{a}_1^\top\\ \boldsymbol{a}_2^\top\\ \vdots\\ \boldsymbol{a}_n^\top\end{bmatrix}\begin{bmatrix}\boldsymbol{b}_1 & \boldsymbol{b}_2 & \cdots & \boldsymbol{b}_m\end{bmatrix}=\begin{bmatrix}\boldsymbol{a}_1^\top\boldsymbol{b}_1 & \boldsymbol{a}_1^\top\boldsymbol{b}_2 & \cdots & \boldsymbol{a}_1^\top\boldsymbol{b}_m\\ \boldsymbol{a}_2^\top\boldsymbol{b}_1 & \boldsymbol{a}_2^\top\boldsymbol{b}_2 & \cdots & \boldsymbol{a}_2^\top\boldsymbol{b}_m\\ \vdots & \vdots & \ddots & \vdots\\ \boldsymbol{a}_n^\top\boldsymbol{b}_1 & \boldsymbol{a}_n^\top\boldsymbol{b}_2 & \cdots & \boldsymbol{a}_n^\top\boldsymbol{b}_m\end{bmatrix} \tag{2.9}$$

我们可以将矩阵-矩阵乘法 $\boldsymbol{AB}$ 看作简单地执行 m 次矩阵-向量积，并将结果连接在一起，形成一个 $n \times m$ 矩阵。在下面的代码中，我们在 A 和 B 上执行矩阵乘法，其中的 A 是一个 5 行 4 列的矩阵，B 是一个 4 行 3 列的矩阵。两者相乘后，我们得到了一个 5 行 3 列的矩阵。

```
B = torch.ones(4, 3)
torch.mm(A, B)
```

```
tensor([[ 6.,  6.,  6.],
        [22., 22., 22.],
        [38., 38., 38.],
        [54., 54., 54.],
        [70., 70., 70.]])
```

矩阵-矩阵乘法可以简单地称为矩阵乘法，不要与哈达玛积混淆。

2.3.10 范数

线性代数中最有用的一些运算符是范数（norm）。非正式地说，向量的范数表示一个向量有多大。这里考虑的大小（size）概念不涉及维度，而是分量的大小。

在线性代数中，向量范数是将向量映射到标量的函数 f。给定任意向量 $\boldsymbol{x}$，向量范数具有一些性质。第一个性质是：如果我们按常数因子 α 缩放向量的所有元素，其范数也会按相同常数因子的绝对值缩放：

$$f(\alpha \boldsymbol{x}) = |\alpha| f(\boldsymbol{x}) \tag{2.10}$$

第二个性质是熟悉的三角不等式：

$$f(\boldsymbol{x}+\boldsymbol{y}) \leqslant f(\boldsymbol{x}) + f(\boldsymbol{y}) \tag{2.11}$$

第三个性质简单地说就是范数必须是非负的：

$$f(\boldsymbol{x}) \geqslant 0 \tag{2.12}$$

这是有道理的，因为在大多数情况下，任何数的最小的大小是 0。最后一个性质要求范数最小为 0，当且仅当向量全由 0 组成：

$$\forall i, [\boldsymbol{x}]_i = 0 \Leftrightarrow f(\boldsymbol{x}) = 0 \tag{2.13}$$

范数很像距离的度量。欧几里得距离和毕达哥拉斯定理中的非负性概念以及三角不等式可能会给出一些启发。事实上，欧几里得距离是一个 L_2 范数：假设 n 维向量 $\boldsymbol{x}$ 中的元素是 $x_1, \cdots, x_n$，其 L_2 范数是向量元素平方和的平方根

$$\|\boldsymbol{x}\|_2 = \sqrt{\sum_{i=1}^{n} x_i^2} \tag{2.14}$$

其中，在 L_2 范数中常常省略下标 2，也就是说 $\|\boldsymbol{x}\|$ 等同于 $\|\boldsymbol{x}\|_2$。在代码中，我们可以按如下方式计算向量的 L_2 范数：

```
u = torch.tensor([3.0, -4.0])
torch.norm(u)
```

```
tensor(5.)
```

深度学习中经常使用 L_2 范数的平方，也会经常遇到 L_1 范数，它表示为向量元素的绝对值之和：

$$\|\boldsymbol{x}\|_1 = \sum_{i=1}^{n} |x_i| \tag{2.15}$$

与 L_2 范数相比，L_1 范数受异常值的影响较小。为了计算 L_1 范数，我们将绝对值函数和按

元素求和组合起来。

```
torch.abs(u).sum()
```

```
tensor(7.)
```

L_2 范数和 L_1 范数都是更一般的 L_p 范数的特例：

$$\|\boldsymbol{x}\|_p=\left(\sum_{i=1}^{n}|x_i|^p\right)^{1/p} \tag{2.16}$$

类似于向量的 L_2 范数，矩阵 $\boldsymbol{X}\in\mathbb{R}^{m\times n}$ 的弗罗贝尼乌斯范数（Frobenius norm）是矩阵元素平方和的平方根：

$$\|\boldsymbol{X}\|_F=\sqrt{\sum_{i=1}^{m}\sum_{j=1}^{n}x_{ij}^2} \tag{2.17}$$

弗罗贝尼乌斯范数具有向量范数的所有性质，它就像是矩阵形向量的 L_2 范数。调用以下函数将计算矩阵的弗罗贝尼乌斯范数。

```
torch.norm(torch.ones((4, 9)))
```

```
tensor(6.)
```

范数和目标

在深度学习中，我们经常试图解决优化问题：最大化分配给观测数据的概率；最小化预测值和真实观测值之间的距离。用向量表示物品（如单词、产品或新闻文章），以便最小化相似项目之间的距离，最大化不同项目之间的距离。除了数据目标或许是深度学习算法最重要的组成部分，通常被表达为范数。

2.3.11　关于线性代数的更多信息

仅用一节，我们就讲述了阅读本书所需的、用以理解现代深度学习的线性代数。线性代数还有很多内容，其中很多数学知识对于机器学习非常有用。例如，矩阵可以分解为因子，这些分解可以显示真实世界数据集中的低维结构。机器学习的整个子领域都侧重于使用矩阵分解及其向高阶张量的泛化，来发现数据集中的结构并解决预测问题。当开始动手尝试并在真实数据集上应用有效的机器学习模型，你会倾向于学习更多数学知识。因此，本节关于线性代数的讨论就到这里，本书会在后面介绍更多数学知识。

如果读者渴望了解有关线性代数的更多信息，可以参考线性代数运算的在线附录①或其他优秀资源 [154, 83, 125]。

小结

- 标量、向量、矩阵和张量是线性代数中的基本数学对象。
- 向量泛化自标量，矩阵泛化自向量。
- 标量、向量、矩阵和张量分别具有零、一、二和任意数量的轴。
- 一个张量可以通过 sum 和 mean 函数沿指定的轴降低维度。
- 两个矩阵的按元素乘法称为它们的哈达玛积。它与矩阵乘法不同。
- 在深度学习中，我们经常使用范数，如 L_1 范数、L_2 范数和弗罗贝尼乌斯范数。
- 我们可以对标量、向量、矩阵和张量执行各种操作。

① 可通过搜索“Geometry and Linear Algebraic Operations-D2L”找到该页面。

练习

（1）证明一个矩阵 $\boldsymbol{A}$ 的转置的转置是 $\boldsymbol{A}$，即 $(\boldsymbol{A}^\top)^\top=\boldsymbol{A}$。

（2）给出两个矩阵 $\boldsymbol{A}$ 和 $\boldsymbol{B}$，证明“它们转置的和”等于“它们和的转置”，即 $\boldsymbol{A}^\top+\boldsymbol{B}^\top=(\boldsymbol{A}+\boldsymbol{B})^\top$。

（3）给定任意方阵 $\boldsymbol{A}$，$\boldsymbol{A}+\boldsymbol{A}^\top$ 总是对称的吗？为什么？

（4）本节中定义了形状为 (2, 3, 4) 的张量 `X`。`len(X)` 的输出结果是什么？

（5）对于任意形状的张量 `X`，`len(X)` 是否总是对应于 `X` 特定轴的长度？这个轴是什么？

（6）运行 `A/A.sum(axis=1)`，看看会发生什么。请分析一下原因。

（7）考虑一个形状为 (2, 3, 4) 的张量，在轴 0、1、2 上的求和输出是什么形状？

（8）为 `linalg.norm` 函数提供 3 个或更多轴的张量，并观察其输出。对于任意形状的张量，这个函数计算后会得到什么？

2.4 微积分

扫码直达讨论区

在 2500 年前，古希腊人把一个多边形分成三角形，并把它们的面积相加，才找到计算多边形面积的方法。为了求出曲线形状（如圆）的面积，古希腊人在这样的形状上刻内接多边形，如图 2-1 所示，内接多边形的等长边越多，就越接近圆。这个过程也被称为逼近法（method of exhaustion）。

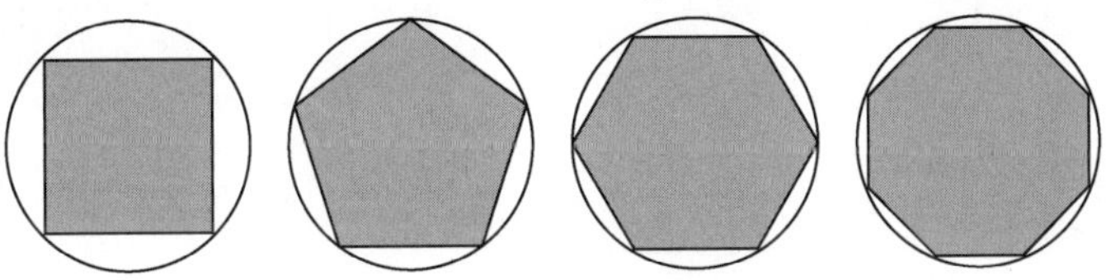

图 2-1 用逼近法求圆的面积

事实上，逼近法就是积分（integral calculus）的起源。2000 多年后，微积分的另一支——微分（differential calculus）被发明出来。在微分学中最重要的应用是优化问题，即考虑如何把事情做到最好。正如在第 1 章中讨论的那样，这种问题在深度学习中是无处不在的。

在深度学习中，我们“训练”模型，不断更新它们，使它们在见到越来越多的数据时变得越来越好。通常情况下，变得更好意味着最小化一个损失函数（loss function），即一个衡量“模型有多糟糕”这个问题的分数。最终，我们真正关心的是生成一个模型，它能够在从未见过的数据上表现良好。但“训练”模型只能将模型与我们实际能见到的数据相拟合。因此，我们可以将拟合模型的任务分解为两个关键问题。

- 优化（optimization）：用模型拟合观察数据的过程。
- 泛化（generalization）：数学原理和实践者的智慧，能够指导我们生成有效性超出用于训练的数据集本身的模型。

为了帮助读者在后面的章节中更好地理解优化问题和方法，本节提供了一个非常简短的入门教程，帮助读者快速掌握深度学习中常用的微分知识。

2.4.1 导数和微分

我们先讨论导数的计算，这是几乎所有深度学习优化算法的关键步骤。在深度学习中，我们通常选择对于模型参数可微的损失函数。简而言之，对于每个参数，如果我们把这个参数增加或减少一个无穷小的量，可以知道损失会以多快的速度增加或减少。

假设有一个函数 $f:\mathbb{R}\rightarrow\mathbb{R}$，其输入和输出都是标量。如果 f 的导数存在，这个极限被定义为

$$f'(x)=\lim_{h\rightarrow 0}\frac{f(x+h)-f(x)}{h} \tag{2.18}$$

如果 $f'(a)$ 存在，则称 f 在 a 处是可微（differentiable）的。如果 f 在一个区间内的每个数上都是可微的，则此函数在此区间内是可微的。我们可以将式（2.18）中的导数 $f'(x)$ 解释为 $f(x)$ 相对于 x 的瞬时（instantaneous）变化率。所谓的瞬时变化率是基于 x 中的变化 h，且 h 趋近 0。

为了更好地解释导数，我们做一个实验。定义 $u=f(x)=3x^2-4x$ 如下：

```
%matplotlib inline
import numpy as np
from matplotlib_inline import backend_inline
from d2l import torch as d2l

def f(x):
    return 3 * x ** 2 - 4 * x
```

通过令 x=1 并让 h 趋近 0，式（2.18）中 $\frac{f(x+h)-f(x)}{h}$ 的数值结果趋近 2。虽然这个实验不是一个数学证明，但稍后会看到，当 x=1 时，导数 u' 是 2。

```
def numerical_lim(f, x, h):
    return (f(x + h) - f(x)) / h

h = 0.1
for i in range(5):
    print(f'h={h:.5f}, numerical limit={numerical_lim(f, 1, h):.5f}')
    h *= 0.1
```

```
h=0.10000, numerical limit=2.30000
h=0.01000, numerical limit=2.03000
h=0.00100, numerical limit=2.00300
h=0.00010, numerical limit=2.00030
h=0.00001, numerical limit=2.00003
```

我们来熟悉一下导数的几个等价符号。给定 $y=f(x)$，其中 x 和 y 分别是函数 f 的自变量和因变量。以下表达式是等价的：

$$f'(x)=y'=\frac{\mathrm{d}y}{\mathrm{d}x}=\frac{\mathrm{d}f}{\mathrm{d}x}=\frac{\mathrm{d}}{\mathrm{d}x}f(x)=\mathrm{D}f(x)=\mathrm{D}_x f(x) \tag{2.19}$$

其中，符号 $\frac{\mathrm{d}}{\mathrm{d}x}$ 和 D 是微分运算符，表示微分操作。我们可以使用以下规则来对常见函数求微分：

- $\mathrm{D}C=0$（C 是一个常数）；
- $\mathrm{D}x^n=nx^{n-1}$（幂律（power rule），n 是任意实数）；
- $\mathrm{D}e^x=e^x$；
- $\mathrm{D}\ln(x)=1/x$；

为了对一个由一些常见函数组成的函数求微分，下面的一些法则方便使用。假设函数 f 和 g 都是可微的，C 是一个常数，则

常数相乘法则

$$\frac{\mathrm{d}}{\mathrm{d}x}[Cf(x)]=C\frac{\mathrm{d}}{\mathrm{d}x}f(x) \tag{2.20}$$

加法法则

$$\frac{d}{dx}[f(x)+g(x)] = \frac{d}{dx}f(x) + \frac{d}{dx}g(x) \tag{2.21}$$

乘法法则

$$\frac{d}{dx}[f(x)g(x)] = f(x)\frac{d}{dx}[g(x)] + g(x)\frac{d}{dx}[f(x)] \tag{2.22}$$

除法法则

$$\frac{d}{dx}\left[\frac{f(x)}{g(x)}\right] = \frac{g(x)\frac{d}{dx}[f(x)] - f(x)\frac{d}{dx}[g(x)]}{[g(x)]^2} \tag{2.23}$$

现在我们可以应用上述几个法则来计算$u' = f'(x) = 3\frac{d}{dx}x^2 - 4\frac{d}{dx}x = 6x - 4$。令 x=1，我们有 u'=2：在这个实验中，数值结果趋近 2，这一点得到了在本节前面的实验的支持。当 x=1 时，此导数也是曲线 u=$f(x)$ 切线的斜率。

为了对导数的这种解释进行可视化，我们将使用 `matplotlib`，这是一个 Python 中流行的绘图库。要配置 `matplotlib` 生成图形的属性，我们需要定义几个函数。在下面的代码中，`use_svg_display` 函数指定 `matplotlib` 包输出 svg 图表以获得更清晰的图像。

注意，注释 `#@save` 是一个特殊的标记，会将对应的函数、类或语句保存在 `d2l` 包中。因此，以后无须重新定义就可以直接调用它们（例如，`d2l.use_svg_display()`）。

```
def use_svg_display():  #@save
    """使用svg格式在Jupyter中显示绘图"""
    backend_inline.set_matplotlib_formats('svg')
```

我们定义 `set_figsize` 函数来设置图表大小。注意，这里可以直接使用 `d2l.plt`，因为导入语句 `from matplotlib import pyplot as plt` 已标记为保存到 `d2l` 包中。

```
def set_figsize(figsize=(3.5, 2.5)):  #@save
    """设置matplotlib的图表大小"""
    use_svg_display()
    d2l.plt.rcParams['figure.figsize'] = figsize
```

下面的 `set_axes` 函数用于设置由 `matplotlib` 生成图表的轴的属性。

```
#@save
def set_axes(axes, xlabel, ylabel, xlim, ylim, xscale, yscale, legend):
    """设置matplotlib的轴"""
    axes.set_xlabel(xlabel)
    axes.set_ylabel(ylabel)
    axes.set_xscale(xscale)
    axes.set_yscale(yscale)
    axes.set_xlim(xlim)
    axes.set_ylim(ylim)
    if legend:
        axes.legend(legend)
    axes.grid()
```

通过这 3 个用于图形配置的函数，定义一个 `plot` 函数来简洁地绘制多条曲线，因为我们需要在整本书中可视化许多曲线。

```
#@save
def plot(X, Y=None, xlabel=None, ylabel=None, legend=None, xlim=None,
         ylim=None, xscale='linear', yscale='linear',
         fmts=('-', 'm--', 'g-.', 'r:'), figsize=(3.5, 2.5), axes=None):
    """绘制数据点"""
```

```
    if legend is None:
        legend = []

    set_figsize(figsize)
    axes = axes if axes else d2l.plt.gca()

    # 如果X有一个轴，输出True
    def has_one_axis(X):
        return (hasattr(X, "ndim") and X.ndim == 1 or isinstance(X, list)
                and not hasattr(X[0], "__len__"))

    if has_one_axis(X):
        X = [X]
    if Y is None:
        X, Y = [[]] * len(X), X
    elif has_one_axis(Y):
        Y = [Y]
    if len(X) != len(Y):
        X = X * len(Y)
    axes.cla()
    for x, y, fmt in zip(X, Y, fmts):
        if len(x):
            axes.plot(x, y, fmt)
        else:
            axes.plot(y, fmt)
    set_axes(axes, xlabel, ylabel, xlim, ylim, xscale, yscale, legend)
```

现在我们可以绘制函数 $u=f(x)$ 及其在 $x=1$ 处的切线 $y=2x-3$，其中系数 2 是切线的斜率。

```
x = np.arange(0, 3, 0.1)
plot(x, [f(x), 2 * x - 3], 'x', 'f(x)', legend=['f(x)', 'Tangent line (x=1)'])
```

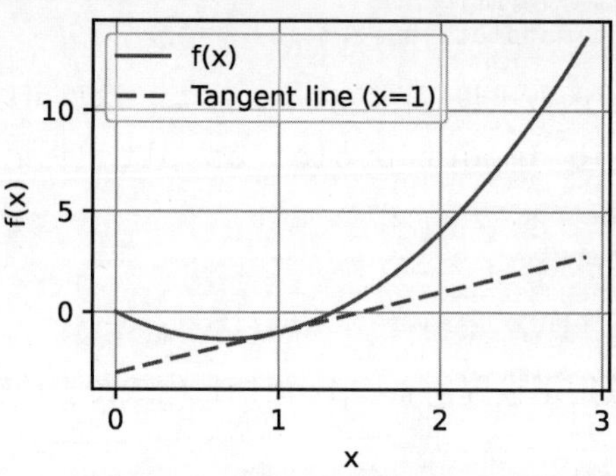

2.4.2 偏导数

到目前为止，我们只讨论了仅含一个变量的函数的微分。在深度学习中，函数通常依赖许多变量。因此，我们需要将微分的思想推广到多元函数（multivariate function）上。

设 $y=f(x_1, x_2, \cdots, x_n)$ 是一个具有 n 个变量的函数。y 关于第 i 个参数 x_i 的偏导数（partial derivative）为

$$\frac{\partial y}{\partial x_i}=\lim_{h\to 0}\frac{f(x_1,\cdots,x_{i-1},x_i+h,x_{i+1},\cdots,x_n)-f(x_1,\cdots,x_i,\cdots,x_n)}{h} \tag{2.24}$$

为了计算$\frac{\partial y}{\partial x_i}$，我们可以简单地将 $x_1, \cdots, x_{i-1}, x_{i+1}, \cdots, x_n$ 看作常数，并计算 y 关于 x_i 的导数。对于偏导数，以下表示是等价的：

$$\frac{\partial y}{\partial x_i} = \frac{\partial f}{\partial x_i} = f_{x_i} = f_i = \mathrm{D}_i f = \mathrm{D}_{x_i} f \tag{2.25}$$

2.4.3 梯度

我们可以连接一个多元函数对其所有变量的偏导数，以得到该函数的梯度（gradient）向量。具体而言，设函数 $f: \mathbb{R}^n \to \mathbb{R}$ 的输入是一个 n 维向量 $\boldsymbol{x}=[x_1, x_2, \cdots, x_n]^\top$，输出是一个标量。函数 $f(\boldsymbol{x})$ 相对于 $\boldsymbol{x}$ 的梯度是一个包含 n 个偏导数的向量：

$$\nabla_{\boldsymbol{x}} f(\boldsymbol{x}) = \left[\frac{\partial f(\boldsymbol{x})}{\partial x_1}, \frac{\partial f(\boldsymbol{x})}{\partial x_2}, \cdots, \frac{\partial f(\boldsymbol{x})}{\partial x_n}\right]^\top \tag{2.26}$$

其中，$\nabla_{\boldsymbol{x}} f(\boldsymbol{x})$ 在没有歧义时通常被 $\nabla f(\boldsymbol{x})$ 取代。

假设 $\boldsymbol{x}$ 为 n 维向量，在对多元函数求微分时经常使用以下规则：

- 对于所有 $\boldsymbol{A} \in \mathbb{R}^{m \times n}$，都有$\nabla_{\boldsymbol{x}} \boldsymbol{A}\boldsymbol{x} = \boldsymbol{A}^\top$；
- 对于所有 $\boldsymbol{A} \in \mathbb{R}^{n \times m}$，都有$\nabla_{\boldsymbol{x}} \boldsymbol{x}^\top \boldsymbol{A} = \boldsymbol{A}$；
- 对于所有 $\boldsymbol{A} \in \mathbb{R}^{n \times n}$，都有$\nabla_{\boldsymbol{x}} \boldsymbol{x}^\top \boldsymbol{A}\boldsymbol{x} = (\boldsymbol{A} + \boldsymbol{A}^\top)\boldsymbol{x}$；
- $\nabla_{\boldsymbol{x}} \|\boldsymbol{x}\|^2 = \nabla_{\boldsymbol{x}} \boldsymbol{x}^\top \boldsymbol{x} = 2\boldsymbol{x}$。

同样，对于任何矩阵 $\boldsymbol{X}$，都有$\nabla_{\boldsymbol{X}} \|\boldsymbol{X}\|_F^2 = 2\boldsymbol{X}$。正如我们之后将看到的，梯度对于设计深度学习中的优化算法有很大用处。

2.4.4 链式法则

然而，用上面的方法可能很难找到梯度。这是因为在深度学习中，多元函数通常是复合（composite）的，所以难以应用上述任何规则来对这些函数求微分。幸运的是，链式法则可以被用来对复合函数求微分。

我们先考虑单变量函数。假设函数 $y=f(u)$ 和 $u=g(x)$ 都是可微的，根据链式法则

$$\frac{\mathrm{d}y}{\mathrm{d}x} = \frac{\mathrm{d}y}{\mathrm{d}u}\frac{\mathrm{d}u}{\mathrm{d}x} \tag{2.27}$$

现在考虑一个更一般的场景，即函数具有任意数量的变量的情况。假设可微函数 y 有变量 $u_1, u_2, \cdots, u_m$，其中每个可微函数 u_i 都有变量 $x_1, x_2, \cdots, x_n$。注意，y 是 $x_1, x_2, \cdots, x_n$ 的函数。对于任意 $i=1, 2, \cdots, n$，链式法则给出

$$\frac{\mathrm{d}y}{\mathrm{d}x_i} = \frac{\mathrm{d}y}{\mathrm{d}u_1}\frac{\mathrm{d}u_1}{\mathrm{d}x_i} + \frac{\mathrm{d}y}{\mathrm{d}u_2}\frac{\mathrm{d}u_2}{\mathrm{d}x_i} + \cdots + \frac{\mathrm{d}y}{\mathrm{d}u_m}\frac{\mathrm{d}u_m}{\mathrm{d}x_i} \tag{2.28}$$

小结

- 微分和积分是微积分的两个分支，前者可以应用于深度学习中的优化问题。
- 导数可以被解释为函数相对于其变量的瞬时变化率，它也是函数曲线的切线的斜率。
- 梯度是一个向量，其分量是多变量函数对于其所有变量的偏导数。
- 链式法则可以用来对复合函数求微分。

练习

（1）绘制函数$y = f(x) = x^3 - \frac{1}{x}$和其在 $x=1$ 处切线的图像。

（2）求函数 $f(\mathbf{x}) = 3x_1^2 + 5e^{x_2}$ 的梯度。

（3）函数 $f(\mathbf{x})=\|\mathbf{x}\|_2$ 的梯度是什么？

（4）尝试写出函数 $u=f(x, y, z)$ 的链式法则，其中 $x=x(a, b)$，$y=y(a, b)$，$z=z(a, b)$。

2.5 自动微分

扫码直达讨论区

正如2.4节中所述，求导是几乎所有深度学习优化算法的关键步骤。虽然求导的计算很简单，只需要一些基本的微积分知识。但对于复杂的模型，手动进行更新是一件很痛苦的事情（而且经常容易出错）。

深度学习框架通过自动计算导数，即*自动微分*（automatic differentiation）来加快求导。实践中，根据设计好的模型，系统会构建一个*计算图*（computational graph），来跟踪计算是哪些数据通过哪些操作组合起来产生输出。自动微分使系统能够随后反向传播梯度。这里，*反向传播*（backpropagate）意味着跟踪整个计算图，填充关于每个参数的偏导数。

2.5.1 一个简单的例子

作为一个演示的例子，假设我们想对函数 $y=2\mathbf{x}^\top\mathbf{x}$ 关于列向量 $\mathbf{x}$ 求导。我们先创建变量 x 并为其分配一个初始值。

```
import torch

x = torch.arange(4.0)
x
```

```
tensor([0., 1., 2., 3.])
```

在我们计算 y 关于 $\mathbf{x}$ 的梯度之前，需要一个区域来存储梯度。重要的是，我们不会在每次对一个参数求导时都分配新的内存，因为我们经常会成千上万次地更新相同的参数，如果每次都分配新的内存可能很快就会将内存耗尽。注意，一个标量函数关于向量 $\mathbf{x}$ 的梯度是向量，并且与 $\mathbf{x}$ 具有相同的形状。

```
x.requires_grad_(True)  # 等价于x=torch.arange(4.0,requires_grad=True)
x.grad  # 默认值是None
```

现在计算 y。

```
y = 2 * torch.dot(x, x)
y
```

```
tensor(28., grad_fn=<MulBackward0>)
```

x 是一个长度为4的向量，计算 x 和 x 的点积，得到了我们赋值给 y 的标量输出。接下来，通过调用反向传播函数来自动计算 y 关于 x 的每个分量的梯度，并打印这些梯度。

```
y.backward()
x.grad
```

```
tensor([ 0.,  4.,  8., 12.])
```

函数 $y=2\mathbf{x}^\top\mathbf{x}$ 关于 $\mathbf{x}$ 的梯度应为 $4\mathbf{x}$。我们快速验证这个梯度是否计算正确。

```
x.grad == 4 * x
```

```
tensor([True, True, True, True])
```

现在计算 x 的另一个函数：

```
# 在默认情况下，PyTorch会累积梯度，我们需要清除之前的值
x.grad.zero_()
y = x.sum()
y.backward()
x.grad
```

```
tensor([1., 1., 1., 1.])
```

2.5.2 非标量变量的反向传播

当 y 不是标量时，向量 y 关于向量 x 的导数的最自然解释是一个矩阵。对于高阶和高维的 y 和 x，求导的结果可以是一个高阶张量。

然而，虽然这些更奇特的对象确实出现在高级机器学习（包括深度学习）中，但当调用向量的反向传播函数计算时，我们通常会试图计算一批训练样本中每个组成部分的损失函数的导数。这里，我们的目的不是计算微分矩阵，而是单独计算批量中每个样本的偏导数之和。

```
# 对非标量调用backward函数需要传入一个gradient参数，该参数指定微分函数关于self的梯度
# 本例只想求偏导数的和，所以传递一个1的梯度是合适的
x.grad.zero_()
y = x * x
# 等价于y.backward(torch.ones(len(x)))
y.sum().backward()
x.grad
```

```
tensor([0., 2., 4., 6.])
```

2.5.3 分离计算

有时，我们希望将某些计算移到记录的计算图之外。例如，假设 y 是作为 x 的函数计算的，而 z 则是作为 y 和 x 的函数计算的。想象一下，我们想计算 z 关于 x 的梯度，但由于某种原因，希望将 y 视为一个常数，并且只考虑 x 在 y 被计算后发挥的作用。

这里可以分离 y 来返回一个新变量 u，该变量与 y 具有相同的值，但丢弃计算图中如何计算 y 的任何信息。换句话说，梯度不会向后流经 u 到 x。因此，下面的反向传播函数计算 z=u*x 关于 x 的偏导数，同时将 u 作为常数处理，而不是计算 z=x*x*x 关于 x 的偏导数。

```
x.grad.zero_()
y = x * x
u = y.detach()
z = u * x

z.sum().backward()
x.grad == u
```

```
tensor([True, True, True, True])
```

由于记录了 y 的计算结果，因此我们可以随后在 y 上调用反向传播函数，得到 y=x*x 关于 x 的导数，即 2*x。

```
x.grad.zero_()
y.sum().backward()
x.grad == 2 * x
```

```
tensor([True, True, True, True])
```

2.5.4 Python控制流的梯度计算

使用自动微分的一个好处是：即使构建函数的计算图需要通过 Python 控制流（例如，条件、循环或任意函数调用），我们也可以计算得到变量的梯度。在下面的代码中，while 循环的迭代次数和 if 语句的结果都取决于输入 a 的值。

```
def f(a):
    b = a * 2
    while b.norm() < 1000:
        b = b * 2
    if b.sum() > 0:
        c = b
    else:
        c = 100 * b
    return c
```

我们来计算梯度。

```
a = torch.randn(size=(), requires_grad=True)
d = f(a)
d.backward()
```

我们现在可以分析上面定义的 f 函数。注意，它在其输入 a 中是分段线性的。换言之，对于任何 a，存在某个常量标量 k，使得 f(a)=k*a，其中 k 的值取决于输入 a，因此可以用 d/a 验证梯度是否正确。

```
a.grad == d / a
```

```
tensor(True)
```

小结

- 深度学习框架可以自动计算导数：我们先将梯度附加到想要对其计算偏导数的变量上，然后记录目标值的计算，执行它的反向传播函数，并访问得到的梯度。

练习

（1）为什么计算二阶导数比一阶导数的开销更大？

（2）在执行反向传播函数之后，立即再次执行它，看看会发生什么。

（3）在控制流的例子中，我们计算 d 关于 a 的导数，如果将变量 a 更改为随机向量或矩阵，会发生什么？

（4）重新设计一个求控制流梯度的例子，运行并分析结果。

（5）使 $f(x)=\sin(x)$，绘制 $f(x)$ 和 $\frac{\mathrm{d}f(x)}{\mathrm{d}x}$ 的图像，其中后者不使用 $f'(x)=\cos(x)$。

2.6 概率

扫码直达讨论区

简单地说，机器学习就是做出预测。

根据病人的临床病史，我们可能想预测他们在下一年心脏病发作的概率。在飞机喷气发动机的异常检测中，我们想要评估一组发动机读数为正常运行情况的概率。在强化学习中，我们希望智能体（agent）能在一个环境中智能地行动。这意味着我们需要考虑在每种可行的行为下获得高奖励的概率。当我们建立推荐系统时，我们也需要考虑概率。例如，假设我们为一家大型在线书店工作，我们可能希望估计某些用户购买特定图书的概率。为此，我们需要使用概率学。有完整的课程、专业、论文、职业，甚至院系，都致力于概率学的工作。所以很自然地，我们在这部分的目标不是教授整个科目。相反，我们希望教给读者基础的概率知识，使读者能够开始构建第一个深度学习模型，以便读者可以开始自己探索它。

现在我们更认真地考虑第一个例子：根据照片区分猫和狗。这听起来可能很简单，但对于机器可能是一个艰巨的挑战。首先，问题的难度可能取决于图像的分辨率。

如图 2-2 所示，虽然人类很容易以 160 像素 ×160 像素的分辨率识别猫和狗，但在 40 像素 × 40 像素下变得具有挑战性，而在 10 像素 ×10 像素下几乎是不可能的。换句话说，我们以很远的距离（从而降低分辨率）区分猫和狗的能力可能会变为猜测。概率给了我们一种正式的途径来说明我们的确定性水平。如果我们完全肯定图像是一只猫，我们说标签 y 是猫的概率表示为 $P(y=\text{猫})=1$。如果我们没有证据表明 $y=$ 猫或 $y=$ 狗，那么我们可以说这两种可能性是相等的，即 $P(y=\text{猫})=P(y=\text{狗})=0.5$。如果我们不能十分确定图像描绘的是一只猫，我们可以将概率赋值为 $0.5<P(y=\text{猫})<1$。

图 2-2 不同分辨率的图像（10 像素 × 10 像素、20 像素 × 20 像素、40 像素 × 40 像素、80 像素 × 80 像素和 160 像素 × 160 像素）

现在考虑第二个例子：给出一些天气监测数据，我们想预测明天北京下雨的概率。如果是夏天，下雨的概率是 0.5。

在这两种情况下，我们都不确定结果，但这两种情况之间有一个关键区别：在第一种情况下，结果实际上是狗或猫二选一；在第二种情况下，结果实际上是一个随机的事件。因此，概率是一种灵活的语言，用于说明确定程度，并且它可以有效地应用于广泛的领域中。

2.6.1 基本概率论

假设我们掷骰子，想知道看到 1 而不是看到另一个数字的概率。如果骰子是公平的，那么所有 6 个结果 $\{1,\cdots,6\}$ 都有相同的可能发生。因此，我们可以说 1 发生的概率为 $\frac{1}{6}$。

然而现实生活中，对于我们从工厂收到的真实骰子，我们需要检查它是否有瑕疵。检查骰子的唯一方法是多次投掷并记录结果。对于每个骰子，我们将观察到 $\{1, \cdots, 6\}$ 中的一个值。对于每个值，一种自然的方法是将它出现的次数除以投掷的总次数，即此事件（event）概率的估计值。*大数定律*（law of large numbers）告诉我们：随着投掷次数的增加，这个估计值会越来越接近真实的潜在概率。我们用代码试一试！

我们先导入必要的包。

```
%matplotlib inline
import torch
from torch.distributions import multinomial
from d2l import torch as d2l
```

在统计学中，我们把从概率分布中抽取样本的过程称为*抽样*（sampling）。笼统地说，可以把*分布*（distribution）看作对事件的概率分配，稍后我们将给出更正式的定义。将概率分配给一些离散选择的分布称为*多项分布*（multinomial distribution）。

为了抽取一个样本，即掷骰子，我们只需输入一个概率向量。输出是另一个相同长度的向量：它在索引 i 处的值是采样结果中 i 出现的次数。

```
fair_probs = torch.ones([6]) / 6
multinomial.Multinomial(1, fair_probs).sample()
```

```
tensor([0., 1., 0., 0., 0., 0.])
```

在估计一个骰子的公平性时，我们希望从同一分布中生成多个样本。如果用 Python 的 for 循环来完成这个任务，速度会慢得惊人。因此我们使用深度学习框架的函数同时抽取多个样本，以得到我们想要的任意形状的独立样本数组。

```
multinomial.Multinomial(10, fair_probs).sample()
```

```
tensor([1., 1., 2., 1., 3., 2.])
```

现在我们知道如何对骰子进行抽样，我们可以模拟 1000 次投掷。然后，我们可以统计 1000 次投掷后每个数字被投中了多少次。具体来说，我们计算相对频率，以作为对真实概率的估计。

```
# 将结果存储为32位浮点数以进行除法
counts = multinomial.Multinomial(1000, fair_probs).sample()
counts / 1000  # 相对频率作为估计值
```

```
tensor([0.1500, 0.1770, 0.1540, 0.1800, 0.1790, 0.1600])
```

因为我们是从一个公平的骰子中生成的数据，我们知道每个结果都有真实的概率$\frac{1}{6}$，约为 0.167，所以上面输出的估计值看起来不错。

我们也可以看到这些概率如何随着时间的推移收敛到真实概率。我们进行 500 组实验，每组抽取 10 个样本。

```
counts = multinomial.Multinomial(10, fair_probs).sample((500,))
cum_counts = counts.cumsum(dim=0)
estimates = cum_counts / cum_counts.sum(dim=1, keepdims=True)

d2l.set_figsize((6, 4.5))
for i in range(6):
    d2l.plt.plot(estimates[:, i].numpy(),
                 label=("P(die=" + str(i + 1) + ")"))
d2l.plt.axhline(y=0.167, color='black', linestyle='dashed')
d2l.plt.gca().set_xlabel('Groups of experiments')
d2l.plt.gca().set_ylabel('Estimated probability')
d2l.plt.legend();
```

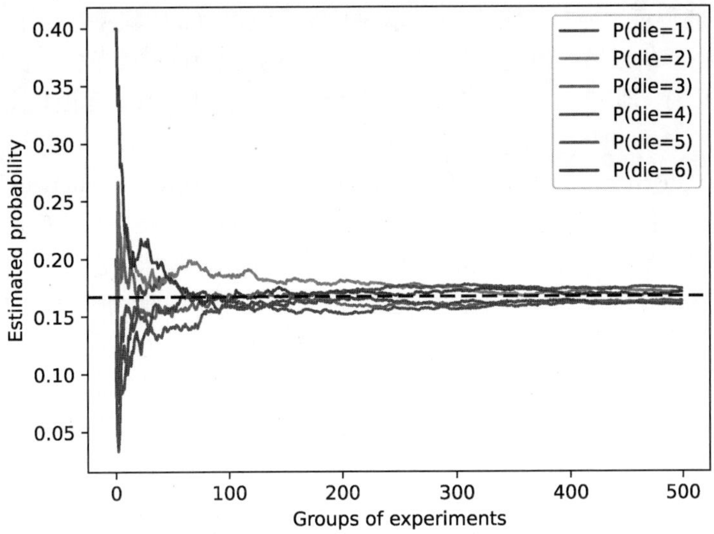

每条实线对应于骰子的 6 个值中的一个，并给出骰子在每组实验后出现值的估计概率。当我们通过更多的实验获得更多的数据时，这 6 条实体曲线向真实概率收敛。

1. 概率论公理

在处理骰子的掷出结果时，我们将集合 $S=\{1, 2, 3, 4, 5, 6\}$ 称为样本空间（sample space）或结果空间（outcome space），其中每个元素都是结果（outcome）。事件（event）是一组给定样本空间的随机结果。例如，“看到 5”（$\{5\}$）和“看到奇数”（$\{1, 3, 5\}$）都是掷骰子的有效事件。注意，如果一个随机实验的结果在 A 中，则事件 A 已经发生。也就是说，如果掷出 3 点，因为 $3\in\{1, 3, 5\}$，那么我们可以说，“看到奇数”的事件发生了。

概率（probability）可以被认为是将集合映射到真实值的函数。在给定的样本空间 S 中，事件 A 的概率表示为 $P(A)$，具有以下属性：

- 对于任意事件 A，其概率不会是负数，即 $P(A)\geqslant 0$；
- 整个样本空间的概率为 1，即 $P(S)=1$；
- 对于互斥（mutually exclusive）事件（对于所有 $i\neq j$ 都有 $A_i \cap A_j = \varnothing$）的任意一个可数序列 $A_1, A_2, \cdots$，序列中任意一个事件发生的概率等于它们各自发生的概率之和，即 $P(\bigcup_{i=1}^{\infty} A_i) = \sum_{i=1}^{\infty} P(A_i)$。

以上是概率论的公理体系，由科尔莫戈罗夫于 1933 年提出。有了这个公理体系，我们可以避免任何关于随机性的哲学争论，而可以用数学语言严格地推导。例如，假设事件 A_1 为整个样本空间，且当所有 $i>1$ 时的 $A_i=\varnothing$，那么我们可以证明 $P(\varnothing)=0$，即不可能发生事件的概率是 0。

2. 随机变量

在我们掷骰子的随机实验中，我们引入了随机变量（random variable）的概念。随机变量几乎可以取任何数值，并且它可以在随机实验的一组可能性中取一个值。考虑一个随机变量 X，其值在掷骰子的样本空间中 $S=\{1, 2, 3, 4, 5 ,6\}$ 中。我们可以将事件“看到一个 5”表示为或 $\{X = 5\}$ 或 $X = 5$，其概率表示为 $P(\{X = 5\})$ 或 $P(X = 5)$。通过 $P(X = a)$，我们可以区分随机变量 X 和 X 可以取的值（例如 a）。然而，这可能会导致烦琐的表示。为了简化符号，一方面，我们可以将 $P(X)$ 表示为随机变量 X 上的分布（distribution），分布告诉我们 X 取得某一值的概率；另一方面，我们可以简单地用 $P(a)$ 表示随机变量取值为 a 的概率。由于概率论中的事件是来自样本空间的一组结果，因此我们可以为随机变量指定值的取值范围。例如，$P(1 \leqslant X \leqslant 3)$ 表示事件 $(1 \leqslant X \leqslant 3)$，即 $\{X=1, 2, 3\}$ 的概率。等价地，$P(1 \leqslant X \leqslant 3)$ 表示随机变量 X 从 $\{1, 2, 3\}$ 中取值的概率。

注意，离散（discrete）随机变量（如骰子的每一面）和连续（continuous）随机变量（如人的体重和身高）之间存在微妙的区别。现实生活中，测量两个人是否具有完全相同的身高没有太大意义。如果我们进行足够精确的测量，最终会发现这个星球上没有两个人具有完全相同的身高。在这种情况下，询问某人的身高是否落入给定的区间，比如是否在 1.79 米～ 1.81 米更有意义。我们将这个看到某个数值的可能性量化为密度（density）。身高恰好为 1.80 米的概率为 0，但密度不是 0。在任何两个不同身高之间的区间，我们都有非零的概率。在本节的其余部分中，我们将考虑离散空间中的概率。连续随机变量的概率可以参考本书英文在线附录中随机变量[①]一节。

2.6.2 处理多个随机变量

很多时候，我们会考虑多个随机变量。比如，我们可能需要对疾病和症状之间的关系建模。给定一个疾病和一个症状，比如"流感"和"咳嗽"，以某个概率存在或不存在于某个患者身上。我们需要估计这些概率以及概率之间的关系，以便我们可以运用我们的推断来实现更好的医疗服务。

再举一个更复杂的例子：图像包含数百万像素，因此有数百万个随机变量。在许多情况下，图像会附带一个标签（label），以标识图像中的对象。我们也可以将标签视为一个随机变量。我们甚至可以将所有元数据视为随机变量，例如位置、时间、光圈、焦距、ISO 值、对焦距离和相机类型。所有这些都是联合发生的随机变量。当我们处理多个随机变量时，会有若干变量是我们感兴趣的。

1. 联合概率

第一个被称为联合概率（joint probability）$P(A=a, B=b)$。给定任意值 a 和 b，联合概率可以回答：$A=a$ 和 $B=b$ 同时满足的概率是多少？注意，对于 a 和 b 的任何取值，$P(A=a, B=b) \leqslant P(A=a)$。这点是确定的，因为要同时发生 $A=a$ 和 $B=b$，$A=a$ 就必然发生，$B=b$ 也必然发生（反之亦然）。因此，$A=a$ 和 $B=b$ 同时发生的可能性不大于 $A=a$ 或 $B=b$ 单独发生的可能性。

2. 条件概率

联合概率的不等式带给我们一个有趣的比率：$0 \leqslant \dfrac{P(A=a, B=b)}{P(A=a)} \leqslant 1$。我们称这个比率为条件概率（conditional probability），并用 $P(B=b \mid A=a)$ 表示：它是 $B=b$ 的概率，前提是 $A=a$ 已发生。

3. 贝叶斯定理

使用条件概率的定义，我们可以得出统计学中最有用的方程之一：贝叶斯定理（Bayes' theorem）。根据乘法法则（multiplication rule）可得到 $P(A, B)=P(B \mid A)P(A)$。根据对称性，可得到 $P(A, B)=P(A \mid B)P(B)$。假设 $P(B)>0$，求解其中一个条件变量，我们得到

① 可通过搜索"Random Variables-D2L"找到该页面。

$$P(A|B)=\frac{P(B|A)P(A)}{P(B)} \tag{2.29}$$

注意，这里我们使用紧凑的表示法：其中 $P(A, B)$ 是一个联合分布（joint distribution），$P(A|B)$ 是一个条件分布（conditional distribution）。这种分布可以在给定值 $A=a$, $B=b$ 上进行求值。

4. 边际化

为了能进行事件概率求和，我们需要求和法则（sum rule），即 B 的概率相当于计算 A 的所有可能选择，并将所有选择的联合概率聚合在一起：

$$P(B)=\sum_{A} P(A,B) \tag{2.30}$$

这也称为边际化（marginalization）。边际化结果的概率或分布称为边际概率（marginal probability）或边际分布（marginal distribution）。

5. 独立性

依赖（dependence）与独立（independence）也是有用的属性。如果两个随机变量 A 和 B 是独立的，意味着事件 A 的发生跟事件 B 的发生无关。在这种情况下，统计学家通常将这一点表示为 $A \perp B$。根据贝叶斯定理，马上就能同样得到 $P(A|B)=P(A)$。在所有其他情况下，我们称 A 和 B 依赖。比如，两次连续掷一个骰子的事件是相互独立的。相比之下，灯开关的位置和房间的亮度并不是相互独立的（因为可能存在灯泡损坏、电源故障，或者开关故障）。

由于$P(A|B)=\dfrac{P(A,B)}{P(B)}=P(A)$等价于 $P(A, B)=P(A)P(B)$，因此两个随机变量是独立的，当且仅当两个随机变量的联合分布是其各自分布的乘积。同样地，给定另一个随机变量 C 时，两个随机变量 A 和 B 是条件独立的（conditionally independent），当且仅当 $P(A, B|C)=P(A|C)P(B|C)$。这个情况表示为 $A \perp B|C$。

6. 应用

我们实战演练一下！假设医生对患者进行艾滋病病毒（HIV）测试。这个测试是相当准确的，如果患者健康但测试显示他患病的概率只有 1%；如果患者真的感染 HIV，永远不会测试不出。我们使用 D_1 表示诊断结果（如果呈阳性，则为 1，如果呈阴性，则为 0），H 表示感染 HIV 的状态（如果呈阳性，则为 1，如果呈阴性，则为 0）。在表 2-1 中列出了这样的条件概率。

表 2-1 条件概率为 $P(D_1 | H)$

条件概率	H=1	H=0
$P(D_1=1 \mid H)$	1	0.01
$P(D_1=0 \mid H)$	0	0.99

注意，每列的加和都是 1（但每行的加和不是），因为条件概率需要总和为 1，就像概率一样。我们计算如果患者测试呈阳性，其感染 HIV 的概率，即 $P(H=1|D_1=1)$。显然，这将取决于疾病有多常见，因为它会影响错误警报的数量。假设人口总体是相当健康的，例如，$P(H=1)=0.0015$。为了应用贝叶斯定理，我们需要运用边际化和乘法法则来确定：

$$
\begin{aligned}
&P(D_1=1)\\
&=P(D_1=1,H=0)+P(D_1=1,H=1)\\
&=P(D_1=1|H=0)P(H=0)+P(D_1=1|H=1)P(H=1)\\
&=0.011485
\end{aligned}
\tag{2.31}
$$

因此，我们得到

$$
\begin{aligned}
&P(H=1|D_1=1)\\
&=\frac{P(D_1=1|H=1)P(H=1)}{P(D_1=1)}\\
&=0.1306
\end{aligned}
\tag{2.32}
$$

换句话说，尽管使用了非常准确的测试，患者实际上患有艾滋病的概率只有 13.06%。正如我们所看到的，概率可能是违反直觉的。

患者在收到这样可怕的消息后应该怎么办？患者很可能会要求医生进行第二次测试来确定病情。第二次测试具有不同的特性，它不如第一次测试那么精确，如表 2-2 所示。

表 2-2 条件概率为 $P(D_2 | H)$

条件概率	H=1	H=0
$P(D_2=1 \mid H)$	0.98	0.03
$P(D_2=0 \mid H)$	0.02	0.97

遗憾的是，第二次测试也呈阳性。我们通过假设条件独立性来计算出应用贝叶斯定理的必要概率：

$$
\begin{aligned}
&P(D_1=1,D_2=1|H=0)\\
&=P(D_1=1|H=0)P(D_2=1|H=0)\\
&=0.0003
\end{aligned}
\tag{2.33}
$$

$$
\begin{aligned}
&P(D_1=1,D_2=1|H=1)\\
&=P(D_1=1|H=1)P(D_2=1|H=1)\\
&=0.98
\end{aligned}
\tag{2.34}
$$

现在我们可以应用边际化和乘法法则：

$$
\begin{aligned}
&P(D_1=1,D_2=1)\\
&=P(D_1=1,D_2=1,H=0)+P(D_1=1,D_2=1,H=1)\\
&=P(D_1=1,D_2=1|H=0)P(H=0)+P(D_1=1,D_2=1|H=1)P(H=1)\\
&=0.00176955
\end{aligned}
\tag{2.35}
$$

最后，鉴于两次测试呈阳性，患者患有艾滋病的概率为

$$
\begin{aligned}
&P(H=1|D_1=1,D_2=1)\\
&=\frac{P(D_1=1,D_2=1|H=1)P(H=1)}{P(D_1=1,D_2=1)}\\
&=0.8307
\end{aligned}
\tag{2.36}
$$

也就是说，第二次测试使我们能够对患病情况获得更强的信心。尽管第二次测试比第一次测试的准确性低得多，但它仍然显著提高了我们预测的概率。

2.6.3 期望和方差

为了概括概率分布的关键特征，我们需要一些测量方法。一个随机变量 X 的期望（expectation）

或平均值（average）表示为

$$E[X]=\sum_x xP(X=x) \tag{2.37}$$

当函数 $f(x)$ 的输入是从分布 P 中抽取的随机变量时，$f(x)$ 的期望为

$$E_{x\sim P}[f(x)]=\sum_x f(x)P(x) \tag{2.38}$$

在许多情况下，我们希望衡量随机变量 X 与其期望的偏差。这可以通过方差来量化：

$$\mathrm{Var}[X]=E[(X-E[X])^2]=E[X^2]-E[X]^2 \tag{2.39}$$

方差的平方根被称为标准差（standard deviation）。随机变量函数的方差衡量的是，当从该随机变量分布中抽取不同值 x 时，函数值偏离该函数的期望的程度：

$$\mathrm{Var}[f(x)]=E[(f(x)-E[f(x)])^2] \tag{2.40}$$

小结

- 我们可以从概率分布中抽样。
- 我们可以使用联合分布、条件分布、贝叶斯定理、边际化和独立性假设来分析多个随机变量。
- 期望和方差为概括概率分布的关键特征提供了实用的度量形式。

练习

（1）进行 m=500 组实验，每组抽取 n=10 个样本。改变 m 和 n 的值，观察和分析实验结果。

（2）给定两个概率分别为 $P(A)$ 和 $P(B)$ 的事件，计算 $P(A\cup B)$ 和 $P(A\cap B)$ 的上限和下限。（提示：使用友元图来展示这些情况。）

（3）假设我们有一系列随机变量，例如 A、B 和 C，其中 B 只依赖 A，而 C 只依赖 B，能简化联合概率 $P(A, B, C)$ 吗？（提示：这是一个马尔可夫链。）

（4）在 2.6.2 节中，第一个测试更准确。那么为什么不运行第一个测试两次，而是同时运行第一个和第二个测试？

2.7 查阅文档

扫码直达讨论区

由于篇幅限制，本书不可能介绍每个 PyTorch 函数和类。API 文档、其他教程和示例提供了本书之外的大量文档。本节提供了一些查看 PyTorch API 的指导。

2.7.1 查找模块中的所有函数和类

为了知道模块中可以调用哪些函数和类，可以调用 dir 函数。例如，我们可以查询随机数生成模块中的所有属性：

```
import torch

print(dir(torch.distributions))
```

```
['AbsTransform', 'AffineTransform', 'Bernoulli', 'Beta', 'Binomial',
↪'CatTransform', 'Categorical', 'Cauchy', 'Chi2', 'ComposeTransform',
↪'ContinuousBernoulli', 'CorrCholeskyTransform', 'Dirichlet', 'Distribution',
↪'ExpTransform', 'Exponential', 'ExponentialFamily', 'FisherSnedecor', 'Gamma',
↪'Geometric', 'Gumbel', 'HalfCauchy', 'HalfNormal', 'Independent',
↪'IndependentTransform', 'Kumaraswamy', 'LKJCholesky', 'Laplace', 'LogNormal',
```

```
↪'LogisticNormal', 'LowRankMultivariateNormal', 'LowerCholeskyTransform',
↪'MixtureSameFamily', 'Multinomial', 'MultivariateNormal', 'NegativeBinomial',
↪'Normal', 'OneHotCategorical', 'OneHotCategoricalStraightThrough', 'Pareto',
↪'Poisson', 'PowerTransform', 'RelaxedBernoulli', 'RelaxedOneHotCategorical',
↪'ReshapeTransform', 'SigmoidTransform', 'SoftmaxTransform', 'StackTransform',
↪'StickBreakingTransform', 'StudentT', 'TanhTransform', 'Transform',
↪'TransformedDistribution', 'Uniform', 'VonMises', 'Weibull', '__all__',
↪'__builtins__', '__cached__', '__doc__', '__file__', '__loader__', '__name__',
↪'__package__', '__path__', '__spec__', 'bernoulli', 'beta', 'biject_to', 'binomial',
↪'categorical', 'cauchy', 'chi2', 'constraint_registry', 'constraints',
↪'continuous_bernoulli', 'dirichlet', 'distribution', 'exp_family', 'exponential',
↪'fishersnedecor', 'gamma', 'geometric', 'gumbel', 'half_cauchy', 'half_normal',
↪'identity_transform', 'independent', 'kl', 'kl_divergence', 'kumaraswamy',
↪'laplace', 'lkj_cholesky', 'log_normal', 'logistic_normal', 'lowrank_multivariate_
↪normal', 'mixture_same_family', 'multinomial', 'multivariate_normal', 'negative_
↪binomial', 'normal', 'one_hot_categorical', 'pareto', 'poisson', 'register_kl',
↪'relaxed_bernoulli', 'relaxed_categorical', 'studentT', 'transform_to',
↪'transformed_distribution', 'transforms', 'uniform', 'utils', 'von_mises', 'weibull']
```

通常可以忽略以“__”（双下划线）开始和结束的函数（它们是 Python 中的特殊对象）或以“_”（单下划线）开始的函数（它们通常是内部函数）。根据剩余的函数名或属性名，我们可能会猜测到这个模块提供的各种生成随机数的方法，包括从均匀分布（uniform）、正态分布（normal）和多项分布（multinomial）中抽样。

2.7.2　查找特定函数和类的用法

有关如何使用给定函数或类的更具体说明，可以调用 help 函数查看。例如，我们来查看张量 ones 函数的用法。

```
help(torch.ones)
```

```
Help on built-in function ones:

ones(...)
    ones(*size, *, out=None, dtype=None, layout=torch.strided, device=None,
↪requires_grad=False) -> Tensor

    Returns a tensor filled with the scalar value 1, with the shape defined
    by the variable argument size.

    Args:
        size (int...): a sequence of integers defining the shape of the output tensor.
            Can be a variable number of arguments or a collection like a list or tuple.

    Keyword arguments:
        out (Tensor, optional): the output tensor.
        dtype (torch.dtype, optional): the desired data type of returned
↪tensor.
            Default: if None, uses a global default (see torch.set_
↪default_tensor_type()).
        layout (torch.layout, optional): the desired layout of returned
↪Tensor.
            Default: torch.strided.
        device (torch.device, optional): the desired device of returned tensor.
            Default: if None, uses the current device for the default tensor type
            (see torch.set_default_tensor_type()). device will be the CPU
            for CPU tensor types and the current CUDA device for CUDA tensor types.
        requires_grad (bool, optional): If autograd should record operations on the
            returned tensor. Default: False.

    Example::
```

```
>>> torch.ones(2, 3)
tensor([[ 1.,  1.,  1.],
        [ 1.,  1.,  1.]])

>>> torch.ones(5)
tensor([ 1.,  1.,  1.,  1.,  1.])
```

从文档中，我们可以看到 ones 函数创建一个具有指定形状的新张量，并将所有元素值设置为 1。下面来运行一个快速测试来确认这一解释：

```
torch.ones(4)
```

```
tensor([1., 1., 1., 1.])
```

在 Jupyter 记事本中，我们可以使用？指令在另一个浏览器窗口中显示文档。例如，list? 指令将创建与 help(list) 指令几乎相同的内容，并在新的浏览器窗口中显示它。此外，如果我们使用两个问号，如 list??，将显示实现该函数的 Python 代码。

小结

- 官方文档提供了本书之外的大量描述和示例。
- 可以通过调用 dir 和 help 函数或在 Jupyter 记事本中使用 ? 和 ?? 查看 API 用法的文档。

练习

在深度学习框架中查找任何函数或类的文档。请尝试在这个框架的官方网站上找到文档。

第 3 章 线性神经网络

在介绍深度神经网络之前，我们需要了解神经网络训练的基础知识。本章我们将介绍神经网络的整个训练过程，包括定义简单的神经网络架构、数据处理、指定损失函数和如何训练模型。为了更容易学习，我们将从经典算法——线性神经网络开始，介绍神经网络的基础知识。经典统计学习技术中的线性回归和 softmax 回归可以视为线性神经网络，这些知识将为本书其他部分中更复杂的技术奠定基础。

3.1 线性回归

扫码直达讨论区

回归（regression）是能为一个或多个自变量与因变量之间的关系建模的一类方法。在自然科学和社会科学领域，回归经常用来表示输入和输出之间的关系。

在机器学习领域中的大多数任务通常都与预测（prediction）有关。当我们想预测一个数值时，就会涉及回归问题。常见的例子包括：预测价格（房屋、股票等）、预测住院时长（针对住院病人等）、预测需求（零售销量等）。但不是所有的预测都是回归问题。在后面的章节中，我们将介绍分类问题。分类问题的目标是预测数据属于一组类别中的哪一个类别。

3.1.1 线性回归的基本元素

线性回归（linear regression）可以追溯到 19 世纪初，它在回归的各种标准工具中最简单而且最流行。线性回归基于几个简单的假设：首先，假设自变量 $\mathbf{x}$ 和因变量 y 之间的关系是呈线性的，即 y 可以表示为 $\mathbf{x}$ 中元素的加权和，这里通常允许包含观测值的一些噪声；其次，我们假设任何噪声都比较正常，如噪声遵循正态分布。

为了解释*线性回归*，我们举一个实际的例子：我们希望根据房屋的面积（平方米）和房龄（年）来估算房屋价格（元）。为了开发一个能预测房屋价格的模型，我们需要收集一个真实的数据集。这个数据集包括房屋价格、面积和房龄。在机器学习的术语中，该数据集称为*训练数据集*（training dataset）或*训练集*（training set）。每行数据（比如一次房屋交易相对应的数据）称为*数据样本*（sample），也可以称为*数据点*（data point）或*数据实例*（data instance）。我们把试图预测的目标（比如预测房屋价格）称为*标签*（label）或*目标*（target）。预测所依据的自变量（面积和房龄）称为*特征*（feature）或*协变量*（covariate）。

通常，我们使用 n 来表示数据集中的样本数。对索引为 i 的样本，其输入表示为$\boldsymbol{x}^{(i)}=[x_1^{(i)}, x_2^{(i)}]^\top$，其对应的标签是 $y^{(i)}$。

1. 线性模型

线性假设是指目标（房屋价格）可以表示为特征（面积和房龄）的加权和，如下式：

$$\text{price}=w_{\text{area}}\cdot\text{area}+w_{\text{age}}\cdot\text{age}+b \tag{3.1}$$

式（3.1）中的 w_{area} 和 w_{age} 称为权重（weight），权重决定了每个特征对我们预测值的影响。b 称为偏置（bias）、偏移量（offset）或截距（intercept）。偏置是指当所有特征都取值为 0 时，预测值应该为多少。即使现实中不会有任何房屋的面积是 0 或房龄正好是 0 年，我们仍然需要偏置项。如果没有偏置项，我们的模型的表达能力将受到限制。严格来说，式（3.1）是输入特征的一个仿射变换（affine transformation）。仿射变换的特点是通过加权和对特征进行线性变换（linear transformation），并通过偏置项进行平移（translation）。

给定一个数据集，我们的目标是寻找模型的权重 $\boldsymbol{w}$ 和偏置 b，使得根据模型做出的预测大体符合数据中的真实价格。输出的预测值由输入特征通过线性模型的仿射变换确定，仿射变换由所选权重和偏置确定。

而在机器学习领域，我们通常使用的是高维数据集，建模时采用线性代数表示法会比较方便。当我们的输入包含 d 个特征时，我们将预测结果$\hat{y}$（通常使用“尖角”符号表示 y 的估计值）表示为

$$\hat{y}=w_1x_1+\cdots+w_dx_d+b \tag{3.2}$$

将所有特征放到向量 $\boldsymbol{x}\in\mathbb{R}^d$ 中，并将所有权重放到向量 $\boldsymbol{w}\in\mathbb{R}^d$ 中，我们可以用点积形式来简洁地表示模型：

$$\hat{y}=\boldsymbol{w}^\top\boldsymbol{x}+b \tag{3.3}$$

在式（3.3）中，向量 $\boldsymbol{x}$ 对应于单个数据样本的特征。用符号表示的矩阵 $\boldsymbol{X}\in\mathbb{R}^{n\times d}$ 可以很方便地引用我们整个数据集的 n 个样本。其中，$\boldsymbol{X}$ 的每一行是一个样本，每一列是一种特征。

对于特征集合 $\boldsymbol{X}$，预测值$\hat{\boldsymbol{y}}\in\mathbb{R}^n$可以通过矩阵-向量乘法表示为

$$\hat{\boldsymbol{y}}=\boldsymbol{X}\boldsymbol{w}+b \tag{3.4}$$

这个过程中的求和将使用广播机制（广播机制在 2.1.3 节中有详细介绍）。给定训练数据特征 $\boldsymbol{X}$ 和对应的已知标签 $\boldsymbol{y}$，线性回归的目标是找到一组权重向量 $\boldsymbol{w}$ 和偏置 b：当给定从 $\boldsymbol{X}$ 的同分布中抽样的新样本特征时，这组权重向量和偏置能够使新样本预测标签的误差尽可能小。

虽然我们确信给定 $\boldsymbol{x}$ 预测 $\boldsymbol{y}$ 的最佳模型是线性的，但我们很难找到一个有 n 个样本的真实数据集，其中对于所有的 $1\leqslant i\leqslant n$，$y^{(i)}$ 恰好等于 $\boldsymbol{w}^\top\boldsymbol{x}^{(i)}+b$。无论我们使用什么方式来观测特征 $\boldsymbol{X}$ 和标签 $\boldsymbol{y}$，都可能会出现少量的观测误差。因此，即使确信特征与标签的潜在关系是呈线性的，我们也会加入一个噪声项以考虑观测误差带来的影响。

在开始寻找最佳的模型参数（model parameter）$\boldsymbol{w}$ 和 b 之前，我们还需要两个工具：（1）一种模型质量的度量方式；（2）一种能够更新模型以提高模型预测质量的方法。

2. 损失函数

在我们开始考虑如何用模型拟合（fitting）数据之前，我们需要确定拟合程度的度量。损失函数（loss function）能够量化目标的实际值与预测值之间的差距。通常我们会选择非负数作为损失，且数值越小表示损失越小，完美预测时的损失为 0。回归问题中最常用的损失函数是平

方误差函数。当样本 i 的预测值为 $\hat{y}^{(i)}$，其相应的真实标签为 $y^{(i)}$ 时，平方误差可以定义为以下公式：

$$l^{(i)}(\boldsymbol{w},b)=\frac{1}{2}\left(\hat{y}^{(i)}-y^{(i)}\right)^2 \tag{3.5}$$

常数 $\frac{1}{2}$ 不会带来本质的差别，但这样在形式上稍微简单一些（因为当我们对损失函数求导后常数系数为 1）。由于训练数据集并不受我们控制，因此经验误差只是关于模型参数的函数。为了进一步说明，来看下面的例子。我们为一维情况下的回归问题绘制图像，如图 3-1 所示。

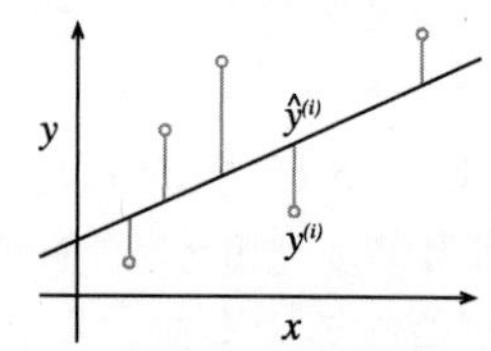

图 3-1　用线性模型拟合数据

由于平方误差函数中的二次方项，估计值 $\hat{y}^{(i)}$ 和观测值 $y^{(i)}$ 之间较大的差距将导致更大的损失。为了度量模型在整个数据集上的预测质量，我们需计算在训练集 n 个样本上的损失均值（等价于求和）：

$$L(\boldsymbol{w},b)=\frac{1}{n}\sum_{i=1}^{n}l^{(i)}(\boldsymbol{w},b)=\frac{1}{n}\sum_{i=1}^{n}\frac{1}{2}(\boldsymbol{w}^\top\boldsymbol{x}^{(i)}+b-y^{(i)})^2 \tag{3.6}$$

在训练模型时，我们希望寻找一组参数（$\boldsymbol{w}^*, b^*$），这组参数能最小化在所有训练样本上的总损失，如下式：

$$\boldsymbol{w}^*,b^*=\underset{\boldsymbol{w},b}{\operatorname{argmin}}\ L(\boldsymbol{w},b) \tag{3.7}$$

3. 解析解

线性回归恰好是一个很简单的优化问题。与我们将在本书中所讲到的其他大部分模型不同，线性回归的解可以用一个公式简单地表示，这类解叫作解析解（analytical solution）。我们先将偏置 b 合并到参数 $\boldsymbol{w}$ 中，合并方法是在包含所有参数的矩阵中附加一列。我们的预测问题是最小化 $\|\boldsymbol{y}-\boldsymbol{X}\boldsymbol{w}\|^2$。这在损失平面上只有一个临界点，这个临界点对应于整个区域的损失极小值点。将损失关于 $\boldsymbol{w}$ 的导数设为 0，得到解析解：

$$\boldsymbol{w}^*=(\boldsymbol{X}^\top\boldsymbol{X})^{-1}\boldsymbol{X}^\top\boldsymbol{y} \tag{3.8}$$

像线性回归这样的简单问题存在解析解，但并不是所有问题都存在解析解。解析解可以进行很好的数学分析，但解析解对问题的限制很严格，导致它无法广泛应用在深度学习中。

4. 随机梯度下降

即使在无法得到解析解的情况下，我们也可以有效地训练模型。在许多任务中，那些难以优化的模型效果会更好。因此，弄清楚如何训练这些难以优化的模型是非常重要的。

本书中我们用到一种称为梯度下降（gradient descent）的方法，这种方法几乎可以优化所有深度学习模型。它通过不断地在损失函数递减的方向上更新参数来降低误差。

梯度下降的最简单的用法是计算损失函数（数据集中所有样本的损失均值）关于模型参数的导数（在这里也可以称为梯度）。但实际中的执行可能会非常慢，因为在每次更新参数之前，我们必须遍历整个数据集。因此，我们通常会在每次需要计算更新的时候随机抽取一小批样本，这种变体叫作小批量随机梯度下降（minibatch stochastic gradient descent）。

在每次迭代中，我们先随机抽取一个小批量 B，它是由固定数量的训练样本组成的；然后，计算小批量的损失均值关于模型参数的导数（也可以称为梯度）；最后，将梯度乘以一个预先确定的正数 η，并从当前参数的值中减掉。

我们用下面的数学公式来表示这一更新过程（∂ 表示偏导数）：

$$(\boldsymbol{w},b) \leftarrow (\boldsymbol{w},b) - \frac{\eta}{|\mathcal{B}|}\sum_{i\in\mathcal{B}}\partial_{(\boldsymbol{w},b)} l^{(i)}(\boldsymbol{w},b) \tag{3.9}$$

总结一下，算法的步骤如下：（1）初始化模型参数的值，如随机初始化；（2）从数据集中随机抽取小批量样本且在负梯度方向上更新参数，并不断迭代这一步骤。对于平方损失和仿射变换，我们可以明确地写成如下形式：

$$\begin{aligned} \boldsymbol{w} &\leftarrow \boldsymbol{w} - \frac{\eta}{|\mathcal{B}|}\sum_{i\in\mathcal{B}}\partial_{\boldsymbol{w}} l^{(i)}(\boldsymbol{w},b) = \boldsymbol{w} - \frac{\eta}{|\mathcal{B}|}\sum_{i\in\mathcal{B}}\boldsymbol{x}^{(i)}\left(\boldsymbol{w}^\top\boldsymbol{x}^{(i)} + b - y^{(i)}\right) \\ b &\leftarrow b - \frac{\eta}{|\mathcal{B}|}\sum_{i\in\mathcal{B}}\partial_b l^{(i)}(\boldsymbol{w},b) = b - \frac{\eta}{|\mathcal{B}|}\sum_{i\in\mathcal{B}}\left(\boldsymbol{w}^\top\boldsymbol{x}^{(i)} + b - y^{(i)}\right) \end{aligned} \tag{3.10}$$

式（3.10）中的 $\boldsymbol{w}$ 和 $\boldsymbol{x}$ 都是向量。在这里，优雅的向量表示法比系数表示法（如 $w_1, w_2, \cdots, w_d$）更具可读性。$|\mathcal{B}|$ 表示每个小批量中的样本数，也称为*批量大小*（batch size）。η 表示*学习率*（learning rate）。批量大小和学习率的值通常是预先手动指定，而不是通过模型训练得到的。这些可以调整但不在训练过程中更新的参数称为*超参数*（hyperparameter）。*调参*（hyperparameter tuning）是选择超参数的过程。超参数通常是我们根据训练迭代结果来调整的，而训练迭代结果是在独立的*验证数据集*（validation dataset）上评估得到的。

在训练了预先确定的若干迭代次后（或者直到满足某些其他停止条件后），我们记录下模型参数的估计值，表示为$\hat{\boldsymbol{w}}, \hat{b}$。但是，即使我们的函数确实是线性的且无噪声，这些估计值也不会使损失函数真正地达到最小值，因为算法会使损失向最小值缓慢收敛，但不能在有限的步数内非常精确地达到最小值。

线性回归恰好是一个在整个域中只有一个最小值的学习问题。但是对像深度神经网络这样复杂的模型来说，损失平面上通常包含多个最小值。深度学习实践者很少会花费大力气寻找这样一组参数，使在训练集上的损失达到最小值。事实上，更难做到的是找到一组参数，这组参数能够在我们从未见过的数据上实现较小的损失，这一挑战称为*泛化*（generalization）。

5. 用模型进行预测

给定“已学习”的线性回归模型$\hat{\boldsymbol{w}}^\top\boldsymbol{x} + \hat{b}$，现在我们可以通过房屋面积 x_1 和房龄 x_2 来估计一个（未包含在训练数据中的）新的房屋价格。给定特征的情况下估计目标的过程通常称为*预测*（prediction）或*推断*（inference）。

本书将坚持使用*预测*这个词。虽然*推断*这个词已经成为深度学习的标准术语，但其实*推断*这个词有些不适合。在统计学中，*推断*更多地表示基于数据集估计参数。当深度学习从业者与统计学家交流时，术语的误用经常导致一些误解。

3.1.2 向量化加速

在训练我们的模型时，我们经常希望能够同时处理整个小批量的样本。为了实现这一点，需要我们对计算进行向量化，从而利用线性代数库，而不是在Python中编写开销巨大的for循环。

```
%matplotlib inline
import math
import time
import numpy as np
import torch
from d2l import torch as d2l
```

为了说明向量化为什么如此重要，我们考虑对向量相加的两种方法。我们实例化两个全为1 的 10 000 维向量。在第一种方法中，我们将使用 Python 的 `for` 循环遍历向量；在第二种方法中，我们将依赖对 + 的调用。

```
n = 10000
a = torch.ones(n)
b = torch.ones(n)
```

由于在本书中我们将频繁地进行运行时间的基准测试，因此我们定义一个计时器：

```
class Timer:  #@save
    """记录多次运行时间"""
    def __init__(self):
        self.times = []
        self.start()

    def start(self):
        """启动计时器"""
        self.tik = time.time()

    def stop(self):
        """停止计时器并将时间记录在列表中"""
        self.times.append(time.time() - self.tik)
        return self.times[-1]

    def avg(self):
        """返回平均时间"""
        return sum(self.times) / len(self.times)

    def sum(self):
        """返回时间总和"""
        return sum(self.times)

    def cumsum(self):
        """返回累计时间"""
        return np.array(self.times).cumsum().tolist()
```

现在我们可以对工作负载进行基准测试。

第一种方法是使用 for 循环，每次执行一位的加法。

```
c = torch.zeros(n)
timer = Timer()
for i in range(n):
    c[i] = a[i] + b[i]
f'{timer.stop():.5f} sec'
```

```
'0.08289 sec'
```

第二种方法是使用重载的 + 运算符来计算按元素的和。

```
timer.start()
d = a + b
f'{timer.stop():.5f} sec'
```

```
'0.00022 sec'
```

结果很明显，第二种方法比第一种方法快得多。向量化代码通常会带来数量级的加速。另外，我们将更多的数学运算放到库中，而无须自己编写如此多的计算，从而减少了出错的可能性。

3.1.3　正态分布与平方损失

接下来，我们通过对噪声分布的假设来解读平方损失目标函数。

正态分布和线性回归之间的关系很密切。**正态分布**（normal distribution），也称为**高斯分布**（Gaussian distribution），最早由德国数学家高斯应用于天文学研究。简单地说，若随机变量 x 具有均值 μ 和方差 σ^2（标准差 σ），其正态分布概率密度函数如下：

$$p(x)=\frac{1}{\sqrt{2\pi\sigma^2}}\exp\left(-\frac{1}{2\sigma^2}(x-\mu)^2\right) \tag{3.11}$$

下面我们定义一个 Python 函数来计算正态分布。

```
def normal(x, mu, sigma):
    p = 1 / math.sqrt(2 * math.pi * sigma**2)
    return p * np.exp(-0.5 / sigma**2 * (x - mu)**2)
```

我们现在可视化正态分布。

```
# 再次使用numpy进行可视化
x = np.arange(-7, 7, 0.01)

# 均值和标准差对
params = [(0, 1), (0, 2), (3, 1)]
d2l.plot(x, [normal(x, mu, sigma) for mu, sigma in params], xlabel='x',
         ylabel='p(x)', figsize=(4.5, 2.5),
         legend=[f'mean {mu}, std {sigma}' for mu, sigma in params])
```

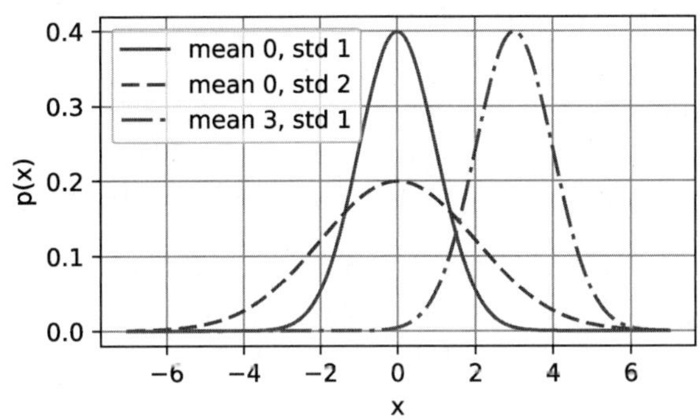

正如我们所看到的，改变均值会产生沿 x 轴的偏移，增加方差将会分散分布、降低其峰值。

均方误差损失函数（简称均方损失）可以用于线性回归的一个原因是：我们假设观测中包含噪声，其中噪声服从正态分布。噪声正态分布如下式：

$$y=\mathbf{w}^\top\mathbf{x}+b+\epsilon \tag{3.12}$$

其中，$\epsilon\sim N(0,\sigma^2)$。

因此，我们现在可以写出通过给定的 $\mathbf{x}$ 观测到特定 y 的似然（likelihood）：

$$P(y\mid\mathbf{x})=\frac{1}{\sqrt{2\pi\sigma^2}}\exp\left(-\frac{1}{2\sigma^2}(y-\mathbf{w}^\top\mathbf{x}-b)^2\right) \tag{3.13}$$

现在，根据极大似然估计法，参数 $\mathbf{w}$ 和 b 的最优值是使整个数据集的似然最大的值：

$$P(\mathbf{y}\mid\mathbf{X})=\prod_{i=1}^{n}p(y^{(i)}\mid\mathbf{x}^{(i)}) \tag{3.14}$$

根据极大似然估计法选择的估计量称为极大似然估计量。虽然使许多指数函数的乘积最大化看起来很困难，但是我们可以在不改变目标的前提下，通过最大化似然对数来简化。由于历史原因，优化通常是指最小化而不是最大化，因此我们可以改为最小化负对数似然 $-\log P(\mathbf{y}\mid\mathbf{X})$。由此可以得到的数学公式是

$$-\log P(\mathbf{y}\mid\mathbf{X})=\sum_{i=1}^{n}\frac{1}{2}\log(2\pi\sigma^2)+\frac{1}{2\sigma^2}(y^{(i)}-\mathbf{w}^\top\mathbf{x}^{(i)}-b)^2 \tag{3.15}$$

现在我们只要假设 σ 是某个固定常数就可以忽略第一项，因为第一项不依赖 $\mathbf{w}$ 和 b。第二项除常数 $\frac{1}{\sigma^2}$ 外，其余部分和前面介绍的均方误差是一样的。幸运的是，上面式子的解并不依

赖 σ。因此，在高斯噪声的假设下，最小化均方误差等价于对线性模型的极大似然估计。

3.1.4　从线性回归到深度网络

到目前为止，我们只谈论了线性模型。尽管神经网络涵盖了更多更为丰富的模型，但是我们依然可以用描述神经网络的方式来描述线性模型，从而把线性模型看作一个神经网络。下面我们用“层”符号来重写这个模型。

1. 神经网络图

深度学习从业者喜欢绘制图表来可视化模型中正在发生的事情。在图 3-2 中，我们将线性回归模型描述为一个神经网络。需要注意的是，该图只显示连接模式，即只显示每个输入如何连接到输出，隐去了权重和偏置的值。

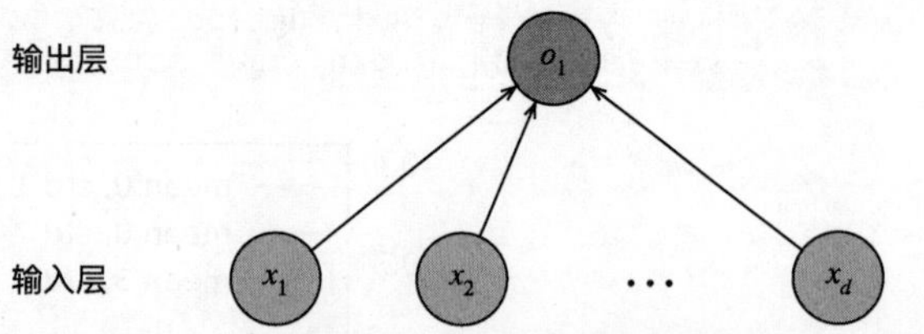

图 3-2　线性回归是一个单层神经网络

在图 3-2 所示的神经网络中，输入为 $x_1, x_2, \cdots, x_d$，因此输入层中的输入数或称为特征维度（feature dimensionality）为 d。网络的输出为 o_1，因此输出层中的输出数是 1。需要注意的是，输入值都是已经给定的，并且只有一个计算神经元。由于模型重点在发生计算的地方，因此通常我们在计算层数时不考虑输入层。也就是说，图 3-2 中神经网络的层数为 1。我们可以将线性回归模型视为仅由单个人工神经元组成的神经网络，或称为单层神经网络。

对于线性回归，每个输入都与每个输出（在本例中只有一个输出）连接，我们将这种变换（图 3-2 中的输出层）称为*全连接层*（fully-connected layer）或称为*稠密层*（dense layer）。下一章将详细讨论由这些层组成的网络。

2. 生物学

线性回归发明的时间（1795 年）早于计算神经科学，所以将线性回归描述为神经网络似乎不合适。当控制学家、神经生物学家 Warren McCulloch 和 Walter Pitts 开始开发人工神经元模型时，他们为什么将线性模型作为起点呢？我们来看图 3-3：这是一张由*树突*（dendrite）（输入端子）、*细胞核*（nucleus）（CPU）组成的生物神经元图片。*轴突*（axon）（输出线）和*轴突端子*（axon terminal）（输出端子）通过*突触*（synapse）与其他神经元连接。

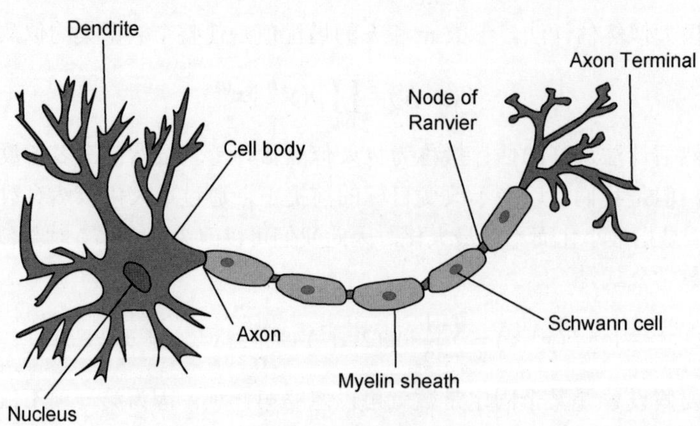

图 3-3　真实的神经元

树突中接收来自其他神经元（或视网膜等环境传感器）的信息 x_i。该信息通过突触权重 w_i 来加权，以确定输入的影响（即通过 $x_i w_i$ 来激活或抑制）。来自多个源的加权输入以加权和 $y=\sum_i x_i w_i + b$ 的形式汇聚在细胞核中，然后将这些信息发送到轴突 y 中进一步处理，通常会通过 $\sigma(y)$ 进行一些非线性处理。之后，这些信息要么到达目的地（例如，肌肉），要么通过树突进入另一个神经元。

当然，许多这样的神经元通过正确连接和正确的学习算法拼凑在一起所产生的行为会比单独的神经元所产生的行为更有趣、更复杂，这种想法归功于我们对真实生物神经系统的研究。

当今大多数深度学习的研究几乎没有直接从神经科学中获得灵感。我们援引 Stuart Russell 和 Peter Norvig 在他们的经典人工智能教科书 *Artificial Intelligence:A Modern Approach*[139] 中所述的：虽然发明飞机可能受到鸟类的启发，但几个世纪以来，鸟类学并不是航空创新的主要驱动力。同样，如今在深度学习中的灵感更多地来自数学、统计学和计算机科学。

小结

- 机器学习模型中的关键要素是训练数据集、损失函数、优化算法，以及模型本身。
- 向量化使数学表达更简洁，同时计算更快。
- 最小化目标函数和执行极大似然估计等价。
- 线性回归模型也是一个简单的神经网络。

练习

（1）假设我们有一些数据 $x_1, x_2, \cdots, x_n \in \mathbb{R}$。我们的目标是找到一个常数 b，使得最小化 $\sum_i (x_i - b)^2$。

a. 找到最优值 b 的解析解。

b. 这个问题及其解与正态分布有什么关系？

（2）推导出使用平方误差的线性回归优化问题的解析解。为了简化问题，我们可以忽略偏置 b。（通过向 $\boldsymbol{X}$ 添加所有值为 1 的一列来做到这一点。）

a. 用矩阵和向量表示法写出优化问题（将所有数据视为单个矩阵，将所有目标值视为单个向量）。

b. 计算损失关于 w 的梯度。

c. 通过将梯度设为 0 并求解矩阵方程来找到解析解。

d. 什么时候解析解方法可能比使用随机梯度下降更好？这种方法何时会失效？

（3）假定控制附加噪声 ϵ 的噪声模型呈指数分布，也就是，$p(\epsilon)=\frac{1}{2}\exp(-|\epsilon|)$。

a. 写出模型 $-\log P(\boldsymbol{y} \mid \boldsymbol{X})$ 下数据的负对数似然。

b. 请尝试写出解析解。

c. 提出一种随机梯度下降算法来解决这个问题，哪里可能出错？（提示：当我们不断更新参数时，在驻点附近会发生什么情况？）请尝试解决这个问题。

3.2 线性回归的从零开始实现

扫码直达讨论区

在了解线性回归的关键思想之后，我们可以开始通过代码来动手实现线性回归了。在本节中，我们将从零开始实现整个方法，包括数据流水线、模型、损失函数和小批量随机梯度下降优化器。虽然现代的深度学习框架几乎可以自动化地进行所有这些工作，但从零开始实现可以确保我们真正知道自己在做什么。同时，了解更细致的工作原理将方便我们自定义模型、自定义层或自定义损失函数。在本节中，我们将只使用张量和自动求导。在之后的章节中，我们会充分利用深度学习框架的优势，介绍更简洁的实现方式。

```
%matplotlib inline
import random
import torch
from d2l import torch as d2l
```

3.2.1 生成数据集

为简单起见，我们将根据带有噪声的线性模型构造一个数据集。我们的任务是使用这个有限样本的数据集来恢复这个模型的参数。我们将使用低维数据，这样可以很容易地将其可视化。在下面的代码中，我们生成一个包含 1000 个样本的数据集，每个样本包含从标准正态分布中抽样的两个特征。我们的合成数据集是一个矩阵 $\boldsymbol{X}\in\mathbb{R}^{1000\times 2}$。

我们使用线性模型参数 $\boldsymbol{w}=[2, -3.4]^\top$、$b=4.2$ 和噪声项 ϵ 来生成数据集及其标签：

$$\boldsymbol{y}=\boldsymbol{X}\boldsymbol{w}+b+\epsilon \tag{3.16}$$

ϵ 可以视为模型预测和标签的潜在观测误差。在这里我们认为标准假设成立，即 ϵ 服从均值为 0 的正态分布。为了简化问题，我们将标准差设为 0.01。下面的代码生成合成数据集。

```
def synthetic_data(w, b, num_examples):  #@save
    """生成y=Xw+b+噪声"""
    X = torch.normal(0, 1, (num_examples, len(w)))
    y = torch.matmul(X, w) + b
    y += torch.normal(0, 0.01, y.shape)
    return X, y.reshape((-1, 1))
```

```
true_w = torch.tensor([2, -3.4])
true_b = 4.2
features, labels = synthetic_data(true_w, true_b, 1000)
```

注意，`features` 中的每一行都包含一个二维数据样本，`labels` 中的每一行都包含一维标签值（一个标量）。

```
print('features:', features[0],'\nlabel:', labels[0])
```

```
features: tensor([-1.4505,  0.8176])
label: tensor([-1.4734])
```

通过生成第二个特征 `features[:, 1]` 和 `labels` 的散点图，可以直观地观察到两者之间的线性关系。

```
d2l.set_figsize()
d2l.plt.scatter(features[:, (1)].detach().numpy(), labels.detach().numpy(), 1);
```

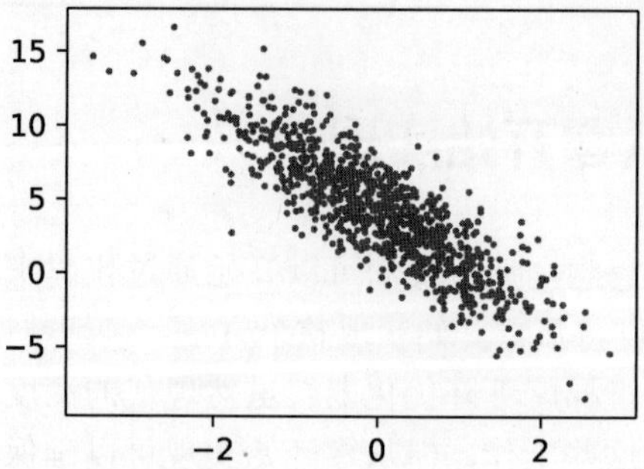

3.2.2 读取数据集

回想一下，训练模型时要对数据集进行遍历，每次抽取小批量样本，并使用它们来更新我们的模型。由于这个过程是训练机器学习算法的基础，因此有必要定义一个函数，该函数能打乱数据集中的样本并以小批量方式获取数据。

在下面的代码中，我们定义一个 data_iter 函数，该函数接收批量大小、特征矩阵和标签向量作为输入，生成大小为 batch_size 的小批量。每个小批量包含一组特征和标签。

```
def data_iter(batch_size, features, labels):
    num_examples = len(features)
    indices = list(range(num_examples))
    # 这些样本是随机读取的，没有特定的顺序
    random.shuffle(indices)
    for i in range(0, num_examples, batch_size):
        batch_indices = torch.tensor(
            indices[i: min(i + batch_size, num_examples)])
        yield features[batch_indices], labels[batch_indices]
```

通常，我们利用 GPU 并行计算的优势，处理大小合理的“小批量”。每个样本都可以被并行地进行模型计算，且每个样本损失函数的梯度也可以被并行计算。GPU 可以实现在处理几百个样本时所花费的时间不比处理单个样本时多太多。

我们直观地感受一下小批量计算：读取第一个小批量数据样本并打印。每个批量的特征维度显示批量大小和输入特征数。同样，批量的标签形状与 batch_size 相等。

```
batch_size = 10

for X, y in data_iter(batch_size, features, labels):
    print(X, '\n', y)
    break
```

```
tensor([[ 1.1892,  0.6619],
        [ 0.2680,  0.9174],
        [ 0.4009, -0.9947],
        [-0.0716,  0.7968],
        [-2.2609,  0.1363],
        [-0.5649, -0.5388],
        [-0.6956,  0.8369],
        [-0.5699, -0.6939],
        [ 0.5368,  0.6671],
        [ 0.6678, -1.4051]])
 tensor([[ 4.3189],
        [ 1.6030],
        [ 8.3899],
        [ 1.3466],
        [-0.7660],
        [ 4.9081],
        [-0.0459],
        [ 5.4242],
        [ 3.0070],
        [10.3281]])
```

当我们执行迭代时，我们会连续地获得不同的小批量，直至遍历完整个数据集。上面实现的迭代对教学来说很适合，但它的执行效率很低，可能会在实际问题中陷入麻烦。例如，它要求我们将所有数据加载到内存中，并执行大量的随机内存访问。在深度学习框架中实现的内置迭代器的效率要高得多，它可以处理存储在文件中的数据和数据流提供的数据。

3.2.3 初始化模型参数

在我们开始用小批量随机梯度下降优化我们的模型参数之前，我们需要先有一些参数。在

下面的代码中，我们通过从均值为 0、标准差为 0.01 的正态分布中抽样随机数来初始化权重，并将偏置初始化为 0。

```
w = torch.normal(0, 0.01, size=(2,1), requires_grad=True)
b = torch.zeros(1, requires_grad=True)
```

在初始化参数之后，我们的任务是更新这些参数，直到这些参数足以拟合我们的数据。每次更新都需要计算损失函数关于模型参数的梯度。有了这个梯度，我们就可以向减小损失的方向更新每个参数。因为手动计算梯度很枯燥而且容易出错，所以没有人会手动计算梯度。我们使用 2.5 节中引入的自动微分来计算梯度。

3.2.4 定义模型

接下来，我们必须定义模型，将模型的输入和参数同模型的输出关联起来。回想一下，要计算线性模型的输出，我们只需计算输入特征 $\mathbf{X}$ 和模型权重 $\mathbf{w}$ 的矩阵 - 向量乘法后加上偏置 b。注意，$\mathbf{Xw}$ 是一个向量，而 b 是一个标量。回想一下 2.1.3 节中描述的广播机制：当我们用一个向量加一个标量时，标量会被加到向量的每个分量上。

```
def linreg(X, w, b):  #@save
    """线性回归模型"""
    return torch.matmul(X, w) + b
```

3.2.5 定义损失函数

因为需要计算损失函数的梯度，所以我们应该先定义损失函数。这里我们使用 3.1 节中描述的平方损失函数。在实现中，我们需要将真实值 y 的形状转换为和预测值 y_hat 的形状相同。

```
def squared_loss(y_hat, y):  #@save
    """均方损失"""
    return (y_hat - y.reshape(y_hat.shape)) ** 2 / 2
```

3.2.6 定义优化算法

正如我们在 3.1 节中讨论的，线性回归有解析解。尽管线性回归有解析解，但本书中的其他模型没有。这里我们介绍小批量随机梯度下降。

在每一步中，使用从数据集中随机抽取的一个小批量，然后根据参数计算损失的梯度。接下来，朝着减少损失的方向更新我们的参数。下面的函数实现小批量随机梯度下降更新。该函数接收模型参数集合、学习率和批量大小作为输入。每一步更新的大小由学习率 lr 决定。因为我们计算的损失是一个批量样本的总和，所以我们用批量大小（batch_size）来规范化步长，这样步长大小就不会取决于我们对批量大小的选择。

```
def sgd(params, lr, batch_size):  #@save
    """小批量随机梯度下降"""
    with torch.no_grad():
        for param in params:
            param -= lr * param.grad / batch_size
            param.grad.zero_()
```

3.2.7 训练

现在我们已经准备好了模型训练所需的要素，可以实现主要的训练过程部分了。理解这段代码至关重要，因为从事深度学习后，相同的训练过程几乎一遍又一遍地出现。在每次迭代中，我们读取小批量训练样本，并通过我们的模型来获得一组预测。计算完损失后，我们开始反向传播，存储每个参数的梯度。最后，我们调用优化算法 `sgd` 来更新模型参数。

概括一下，我们将执行以下迭代。

（1）初始化参数。

（2）重复以下训练，直到完成：

- 计算梯度$\boldsymbol{g} \leftarrow \partial_{(\boldsymbol{w},b)} \frac{1}{|\mathcal{B}|} \sum_{i \in \mathcal{B}} l(\boldsymbol{x}^{(i)}, y^{(i)}, \boldsymbol{w}, b)$；
- 更新参数$(\boldsymbol{w}, b) \leftarrow (\boldsymbol{w}, b) - \eta \boldsymbol{g}$。

在每轮（epoch）中，我们使用 `data_iter` 函数遍历整个数据集，并将训练数据集中的所有样本都使用一次（假设样本数能够被批量大小整除）。这里的轮数 `num_epochs` 和学习率 `lr` 都是超参数，分别设为 3 和 0.03。设置超参数很棘手，需要通过反复试验进行调整。我们现在忽略这些细节，以后会在第 11 章中详细介绍。

```
lr = 0.03
num_epochs = 3
net = linreg
loss = squared_loss
```

```
for epoch in range(num_epochs):
    for X, y in data_iter(batch_size, features, labels):
        l = loss(net(X, w, b), y)  # X和y的小批量损失
        # 因为l的形状是(batch_size, 1)，而不是一个标量
        # l中的所有元素被加到一起，并以此计算关于[w,b]的梯度
        l.sum().backward()
        sgd([w, b], lr, batch_size)  # 使用参数的梯度更新参数
    with torch.no_grad():
        train_l = loss(net(features, w, b), labels)
        print(f'epoch {epoch + 1}, loss {float(train_l.mean()):f}')
```

```
epoch 1, loss 0.041582
epoch 2, loss 0.000159
epoch 3, loss 0.000050
```

因为我们使用的是自己合成的数据集，所以我们知道真实的参数是什么。因此，我们可以通过比较真实参数和通过训练学习的参数来评估训练的成功程度。事实上，真实参数和通过训练学习的参数确实非常接近。

```
print(f'w的估计误差: {true_w - w.reshape(true_w.shape)}')
print(f'b的估计误差: {true_b - b}')
```

```
w的估计误差: tensor([ 0.0003, -0.0004], grad_fn=<SubBackward0>)
b的估计误差: tensor([0.0007], grad_fn=<RsubBackward1>)
```

注意，我们不应该想当然地认为我们能够完美地求解参数。在机器学习中，我们通常不太关心恢复真实的参数，而更关心如何高度准确地预测参数。幸运的是，即使是在复杂的优化问题上，随机梯度下降通常也能找到非常令人满意的解，这其中的一个原因是，在深度网络中存在许多参数组合能够实现高度准确的预测。

小结

- 我们学习了深度网络是如何实现和优化的。在这一过程中只使用张量和自动微分，不需要定义层或复杂的优化器。
- 本节只触及了表面知识。在下面的部分中，我们将基于刚才介绍的概念描述其他模型，并学习如何更简洁地实现其他模型。

练习

（1）如果我们将权重初始化为零，会发生什么？算法仍然有效吗？

（2）假设试图为电压和电流的关系建立一个模型。自动微分可以用来学习模型的参数吗？

（3）能基于普朗克定律使用光谱能量密度来确定物体的温度吗？

（4）计算二阶导数时可能会遇到什么问题？这些问题可以如何解决？

（5）为什么在 squared_loss 函数中需要使用 reshape 函数？

（6）尝试使用不同的学习率，观察损失函数值下降的快慢程度。

（7）如果样本数不能被批量大小整除，data_iter 函数的行为会有什么变化？

3.3 线性回归的简洁实现

扫码直达讨论区

在过去的几年里，出于对深度学习的极大兴趣，许多公司、学者和业余爱好者开发了各种成熟的开源框架。这些框架可以使基于梯度的学习算法中的重复性工作实现自动化。在 3.2 节中，我们只运用了：（1）通过张量来进行数据存储和线性代数运算；（2）通过自动微分来计算梯度。实际上，由于数据迭代器、损失函数、优化器和神经网络层很常用，现代深度学习库为我们实现了这些组件。

本节将介绍如何通过使用深度学习框架来简洁地实现 3.2 节中的线性回归模型。

3.3.1 生成数据集

与 3.2 节中类似，我们先生成数据集。

```
import numpy as np
import torch
from torch.utils import data
from d2l import torch as d2l
```

```
true_w = torch.tensor([2, -3.4])
true_b = 4.2
features, labels = d2l.synthetic_data(true_w, true_b, 1000)
```

3.3.2 读取数据集

我们可以调用框架中现有的 API 来读取数据。我们将 features 和 labels 作为 API 的参数传递，并通过数据迭代器指定 batch_size。此外，布尔值 is_train 表示是否希望数据迭代器对象在每轮内打乱数据。

```
def load_array(data_arrays, batch_size, is_train=True):  #@save
    """构造一个PyTorch数据迭代器"""
    dataset = data.TensorDataset(*data_arrays)
    return data.DataLoader(dataset, batch_size, shuffle=is_train)
```

```
batch_size = 10
data_iter = load_array((features, labels), batch_size)
```

使用 data_iter 的方式与我们在 3.2 节中使用 data_iter 函数的方式相同。为了验证是否正常工作，我们读取并打印第一个小批量样本。与 3.2 节不同，这里我们使用 iter 函数构造 Python 迭代器，并使用 next 函数从迭代器中获取第一项。

```
next(iter(data_iter))
```

```
[tensor([[-0.4817,  0.8278],
         [-0.0982, -0.3375],
         [ 1.1793,  0.9578],
         [ 0.3434, -0.5482],
         [-0.5838, -0.2156],
         [-0.2448,  0.0619],
         [ 0.2999, -0.8907],
         [ 0.8625,  0.1571],
         [-0.7118, -0.6981],
         [-0.3346, -0.9983]]),
 tensor([[0.4317],
         [5.1476],
         [3.3021],
         [6.7464],
         [3.7578],
         [3.4960],
         [7.8226],
         [5.3797],
         [5.1347],
         [6.9338]])]
```

3.3.3 定义模型

我们在 3.2 节中实现线性回归时，明确定义了模型参数变量，并编写了计算的代码，这样通过基本的线性代数运算得到输出。但是，如果模型变得更加复杂，且我们几乎每天都需要实现模型，自然会想简化这个过程。这种情况类似于为自己的博客从零开始编写网页，做一两次是有益的，但如果每个新博客都需要工程师花一个月的时间重新编写网页，那么效率并不高。

对于标准深度学习模型，我们可以使用框架的预定义好的层。这使我们只需关注使用哪些层来构造模型，而不必关注层的实现细节。我们先定义一个模型变量 `net`，它是一个 `Sequential` 类的实例。`Sequential` 类将多个层串联在一起。当给定输入数据时，`Sequential` 实例将数据传入第一层，然后将第一层的输出作为第二层的输入，以此类推。在下面的例子中，我们的模型只包含一个层，因此实际上不需要 `Sequential`。但是由于以后几乎所有的模型都是多个层的，在这里使用 `Sequential` 会让你熟悉“标准的流水线”。

回顾图 3-2 中的单层网络架构，这一单层称为*全连接层*（fully-connected layer），因为它的每个输入都通过矩阵-向量乘法得到它的每个输出。

在 PyTorch 中，全连接层在 `Linear` 类中定义。值得注意的是，我们将两个参数传递到 `nn.Linear` 中。第一个参数指定输入特征形状，即 2。第二个参数指定输出特征形状，输出特征形状为单个标量，因此为 1。

```
# nn是神经网络的缩写
from torch import nn

net = nn.Sequential(nn.Linear(2, 1))
```

3.3.4 初始化模型参数

在使用 `net` 之前，我们需要初始化模型参数，如在线性回归模型中的权重和偏置。深度学习框架通常有预定义的方法来初始化参数。在这里，我们指定每个权重参数应该从均值为 0、标准差为 0.01 的正态分布中随机抽样，偏置参数将初始化为零。

正如我们在构造 `nn.Linear` 时指定输入和输出的尺寸一样，现在我们能直接访问参数以设定它们的初始值。我们通过 net[0] 选择网络中的第一层，然后使用 weight.data 和 bias.data 方法访问参数。我们还可以使用替换方法 normal_ 和 fill_ 来重写参数值。

```
net[0].weight.data.normal_(0, 0.01)
net[0].bias.data.fill_(0)
```

```
tensor([0.])
```

3.3.5 定义损失函数

计算均方误差使用的是 MSELoss 类，其也称为平方 L_2 范数。默认情况下，它返回所有样本损失的平均值。

```
loss = nn.MSELoss()
```

3.3.6 定义优化算法

小批量随机梯度下降算法是一种优化神经网络的标准工具，PyTorch 在 optim 模块中实现了该算法的许多变体。当我们实例化一个 SGD 实例时，我们要指定优化的参数（可通过 net.parameters() 从我们的模型中获得）以及优化算法所需的超参数字典。小批量随机梯度下降只需要设置 lr 的值，这里设置为 0.03。

```
trainer = torch.optim.SGD(net.parameters(), lr=0.03)
```

3.3.7 训练

通过深度学习框架的高级 API 来实现我们的模型只需要相对较少的代码。我们不必单独分配参数、不必定义我们的损失函数，也不必手动实现小批量随机梯度下降。当我们需要更复杂的模型时，高级 API 的优势将极大显现。当我们有了所有的基本组件，训练过程的代码与我们从零开始实现时的非常相似。

回顾一下：在每轮里，我们将完整遍历一次数据集（train_data），不断地从中获取一个小批量的输入和相应的标签。对于每个小批量，我们会执行以下步骤。

- 通过调用 net(X) 生成预测并计算损失 l（前向传播）。
- 通过反向传播来计算梯度。
- 通过调用优化器来更新模型参数。

为了更好地度量训练效果，我们计算每轮后的损失，并打印出来监控训练过程。

```
num_epochs = 3
for epoch in range(num_epochs):
    for X, y in data_iter:
        l = loss(net(X) ,y)
        trainer.zero_grad()
        l.backward()
        trainer.step()
    l = loss(net(features), labels)
    print(f'epoch {epoch + 1}, loss {l:f}')
```

```
epoch 1, loss 0.000291
epoch 2, loss 0.000096
epoch 3, loss 0.000097
```

下面我们比较生成数据集的真实参数和通过有限数据训练获得的模型参数。要访问参数，我们首先从 net 访问所需的层，然后读取该层的权重和偏置。正如在从零开始实现中那样，我们估计得到的参数与生成数据集的真实参数非常接近。

```
w = net[0].weight.data
print('w的估计误差：', true_w - w.reshape(true_w.shape))
b = net[0].bias.data
print('b的估计误差：', true_b - b)
```

```
w的估计误差： tensor([ 0.0006, -0.0006])
b的估计误差： tensor([0.0009])
```

小结

- 我们可以使用 PyTorch 的高级 API 更简洁地实现模型。
- 在 PyTorch 中，data 模块提供了数据处理工具，nn 模块定义了大量的神经网络层和常见损失函数。
- 我们可以通过以“_”结尾的方法将参数替换，从而初始化参数。

练习

（1）如果将小批量的总损失替换为小批量损失的平均值，需要如何更改学习率？

（2）查看深度学习框架文档，它们提供了哪些损失函数和初始化方法？用胡伯尔损失替代原损失，即

$$l(y,y')=\begin{cases}|y-y'|-\dfrac{\sigma}{2}, & \text{若}\ |y-y'|>\sigma\\ \dfrac{1}{2\sigma}(y-y')^2, & \text{其他情况}\end{cases}\tag{3.17}$$

（3）如何访问线性回归的梯度？

3.4 softmax回归

扫码直达讨论区

在 3.1 节中我们介绍了线性回归。在 3.2 节中我们从零开始实现线性回归，在 3.3 节中我们使用深度学习框架的高级 API 简洁地实现线性回归。

回归可以用于预测多少的问题，例如，预测房屋出售价格、棒球队可能获胜的场数或者患者住院的天数。

事实上，我们也对分类问题感兴趣：不是问“多少”，而是问“哪一个”。

- 某个电子邮件是否属于垃圾邮件文件夹？
- 某个用户可能注册还是不注册订阅服务？
- 某张图像描绘的是驴、狗、猫，还是鸡？
- 某人接下来最有可能看哪部电影？

通常，机器学习实践者用分类这个词来描述两个有微妙差别的问题：（1）如果我们只对样本的“硬性”类别感兴趣，就属于某个类别；（2）如果我们希望得到“软性”类别，就属于某个类别的概率。这两者的界限往往很模糊，其中的一个原因是：即使我们只关心硬性类别，我们也仍然使用软性类别的模型。

3.4.1 分类问题

我们从一个图像分类问题开始。假设每次输入是一个 2 像素 ×2 像素的灰度图像。我们可

以用一个标量表示每个像素值，每张图像对应 4 个特征 x_1、x_2、x_3 和 x_4。此外，假设每张图像属于类别猫、鸡和狗中的一个。

接下来，我们要选择如何表示标签。我们有两个明显的选择。最直接的想法是选择 $y \in \{1, 2, 3\}$，其中整数分别对应狗、猫、鸡。这是在计算机上存储此类信息的有效方法。如果类别间有一定的自然顺序，例如我们试图预测 { 婴儿, 儿童, 青少年, 中老人, 老年人 }，那么这个问题可以转变为回归问题，并且保留这种格式是有意义的。

但是一般的分类问题并不与类别之间的自然顺序有关。幸运的是，统计学家很早以前就发明了一种表示分类数据的简单方法：*独热编码*（one-hot encoding）。独热编码是一个向量，它的分量和类别一样多。类别对应的分量设置为 1，其他所有分量设置为 0。在我们的例子中，标签 y 将是一个三维向量，其中 (1, 0, 0) 对应猫，(0, 1, 0) 对应鸡，(0, 0, 1) 对应狗：

$$y \in \{(1,0,0),(0,1,0),(0,0,1)\} \tag{3.18}$$

3.4.2　网络架构

为了估计所有可能类别的条件概率，我们需要一个有多个输出的模型，每个类别对应一个输出。为了解决线性模型的分类问题，我们需要和输出一样多的*仿射函数*（affine function）。每个输出对应于它自己的仿射函数。在我们的例子中，由于我们有 4 个特征和 3 个可能的输出类别，我们将需要 12 个标量来表示权重（带下标的 w），3 个标量来表示偏置（带下标的 b）。下面我们为每个输入计算 3 个*未规范化的预测*（logit）：o_1、o_2 和 o_3：

$$\begin{aligned}
o_1 &= x_1 w_{11} + x_2 w_{12} + x_3 w_{13} + x_4 w_{14} + b_1 \\
o_2 &= x_1 w_{21} + x_2 w_{22} + x_3 w_{23} + x_4 w_{24} + b_2 \\
o_3 &= x_1 w_{31} + x_2 w_{32} + x_3 w_{33} + x_4 w_{34} + b_3
\end{aligned} \tag{3.19}$$

我们可以用神经网络图来描述这个计算过程，如图 3-4 所示。与线性回归一样，softmax 回归也是一个单层神经网络。由于计算每个输出 o_1、o_2 和 o_3 取决于所有输入 x_1、x_2、x_3 和 x_4，因此 softmax 回归的输出层也是全连接层。

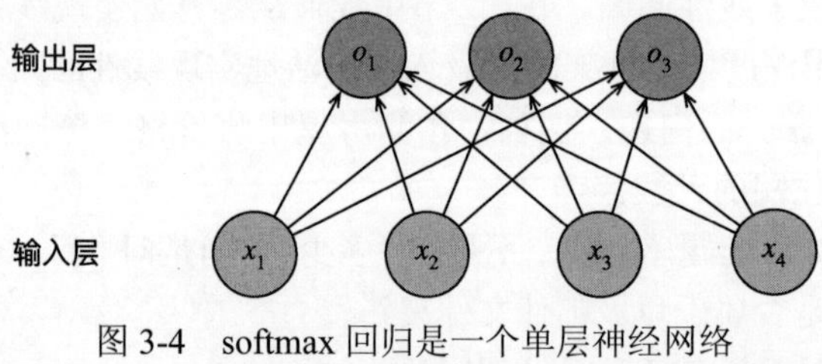

图 3-4　softmax 回归是一个单层神经网络

为了更简洁地表达模型，我们仍然使用线性代数符号。通过向量形式表示为 $\mathbf{o}=\mathbf{W}\mathbf{x}+\mathbf{b}$，这是一种更适合数学和编写代码的形式。由此，我们已经将所有权重放到一个 3×4 矩阵中。对于给定数据样本的特征 $\mathbf{x}$，我们的输出是由权重与输入特征进行矩阵-向量乘法再加上偏置 $\mathbf{b}$ 得到的。

3.4.3　全连接层的参数开销

正如我们将在后续章节中看到的，在深度学习中，全连接层无处不在。然而，顾名思义，全连接层是“完全”连接的，可能有很多可学习的参数。具体来说，对于任何具有 d 个输入和 q 个输出的全连接层，参数开销为 $O(dq)$，这个数字在实践中可能高得令人望而却步。幸运的是，将 d 个输入转换为 q 个输出的成本可以减少到$O(dq/n)$，其中超参数 n 可以由我们灵活指定，以在实际应用中在参数节省和模型有效性 [193] 之间进行权衡。

3.4.4 softmax运算

现在我们将优化参数以最大化观测数据的概率。为了得到预测结果，我们将设置一个阈值，如选择具有最大概率的标签。

我们希望模型的输出$\hat{y}_j$可以视为属于类 j 的概率，然后选择具有最大输出值的类别 $\text{argmax}_j y_j$ 作为我们的预测。例如，如果$\hat{y}_1$、$\hat{y}_2$和$\hat{y}_3$分别为 0.1、0.8 和 0.1，那么我们预测的类别是 2，在我们的例子中代表“鸡”。

然而我们能否将未规范化的预测 o 直接视作我们感兴趣的输出呢？答案是否定的。因为将线性层的输出直接视为概率时存在一些问题：一方面，我们没有限制这些输出数值的总和为 1；另一方面，根据输入的不同，输出可以为负值。这些违反了 2.6 节中所述的概率论基本公理。

要将输出视为概率，我们必须保证在任何数据上的输出都是非负的且总和为 1。此外，我们需要一个训练的目标函数，来激励模型精准地估计概率。例如，在分类器输出 0.5 的所有样本中，我们希望这些样本中刚好有一半实际上属于预测的类。这个属性叫作校准（calibration）。

社会科学家 Duncan Luce 于 1959 年在选择模型（choice model）理论的基础上发明的 softmax 函数正是这样做的：softmax 函数能够将未规范化的预测变换为非负数并且总和为 1，同时让模型保持可导的性质。为了实现这一目标，我们首先对每个未规范化的预测求幂，这样可以确保输出非负值。为了确保最终输出的概率值总和为 1，我们再让每个求幂后的结果除以结果的总和，如下式：

$$\hat{\boldsymbol{y}} = \text{softmax}(\boldsymbol{o})，\text{其中} \quad \hat{y}_j = \frac{\exp(o_j)}{\sum_k \exp(o_k)} \tag{3.20}$$

这里，对于所有的 j 总有 $0 \leqslant \hat{y}_j \leqslant 1$。因此，$\hat{\boldsymbol{y}}$可以视为一个正确的概率分布。softmax 运算不会改变未规范化的预测 $\boldsymbol{o}$ 之间的大小次序，只会确定分配给每个类别的概率。因此，在预测过程中，我们仍然可以用下式来选择最有可能的类别：

$$\underset{j}{\text{argmax}}\, \hat{y}_j = \underset{j}{\text{argmax}}\, o_j \tag{3.21}$$

尽管 softmax 是一个非线性函数，但 softmax 回归的输出仍然由输入特征的仿射变换决定。因此，softmax 回归是一个线性模型（linear model）。

3.4.5 小批量样本的向量化

为了提高计算效率并且充分利用 GPU，我们通常会针对小批量样本的数据执行向量计算。假设我们读取了一个批量的样本 $\boldsymbol{X}$，其中特征维度（输入数量）为 d，批量大小为 n。此外，假设我们在输出中有 q 个类别。那么小批量样本的特征为 $\boldsymbol{X}\in\mathbb{R}^{n\times d}$，权重为 $\boldsymbol{W}\in\mathbb{R}^{d\times q}$，偏置为 $\boldsymbol{b}\in\mathbb{R}^{1\times q}$。softmax 回归的向量计算表达式为

$$\begin{aligned} \boldsymbol{O} &= \boldsymbol{XW} + \boldsymbol{b} \\ \widehat{\boldsymbol{Y}} &= \text{softmax}(\boldsymbol{O}) \end{aligned} \tag{3.22}$$

相对于一次处理一个样本，小批量样本的向量化加快了 $\boldsymbol{XW}$ 的矩阵-向量乘法。由于 $\boldsymbol{X}$ 中的每一行代表一个数据样本，softmax 运算可以按行（rowwise）执行：对于 $\boldsymbol{O}$ 的每一行，我们先对所有项进行幂运算，然后通过求和对它们进行标准化。在式（3.22）中，$\boldsymbol{XW}+\boldsymbol{b}$ 的求和会

使用广播机制，小批量的未规范化预测 $\boldsymbol{O}$ 和输出概率$\hat{\boldsymbol{Y}}$都是形状为 $n\times q$ 的矩阵。

3.4.6　损失函数

接下来，我们需要一个损失函数来度量预测的效果。我们将使用极大似然估计，这与在线性回归（3.1.3 节）中的方法相同。

1．对数似然

softmax 函数给出了一个向量$\hat{\boldsymbol{y}}$，我们可以将其视为“对给定任意输入 $\boldsymbol{x}$ 的每个类的条件概率”。例如，$\hat{y}_1=P(y=\text{猫}\mid x)$。假设整个数据集 $\{\boldsymbol{X}, \boldsymbol{Y}\}$ 具有 n 个样本，其中索引 i 的样本由特征向量 $\boldsymbol{x}^{(i)}$ 和独热标签向量 $\boldsymbol{y}^{(i)}$ 组成。我们可以将估计值与实际值进行比较：

$$P(\boldsymbol{Y}\mid\boldsymbol{X})=\prod_{i=1}^{n}P(\boldsymbol{y}^{(i)}\mid\boldsymbol{x}^{(i)}) \tag{3.23}$$

根据极大似然估计，我们最大化 $P(\boldsymbol{Y}\mid\boldsymbol{X})$，相当于最小化负对数似然：

$$-\log P(\boldsymbol{Y}\mid\boldsymbol{X})=\sum_{i=1}^{n}-\log P(\boldsymbol{y}^{(i)}\mid\boldsymbol{x}^{(i)})=\sum_{i=1}^{n}l(\boldsymbol{y}^{(i)},\hat{\boldsymbol{y}}^{(i)}) \tag{3.24}$$

其中，对于任何标签 $\boldsymbol{y}$ 和模型预测$\hat{\boldsymbol{y}}$，损失函数为

$$l(\boldsymbol{y},\hat{\boldsymbol{y}})=-\sum_{j=1}^{q}y_j\log\hat{y}_j \tag{3.25}$$

在本节稍后的内容中会讲到，式（3.25）中的损失函数通常称为*交叉熵损失*（cross-entropy loss）。因为 $\boldsymbol{y}$ 是一个长度为 q 的独热编码向量，所以除一个项以外的其他项 j 都消失了。由于所有$\hat{y}_j$都是预测的概率，它们的对数永远不会大于 0。因此，如果正确地预测实际标签，即实际标签 $P(\boldsymbol{y}|\boldsymbol{x})=1$，则损失函数不能进一步最小化。注意，这往往是不可能的，因为数据集中可能存在标签噪声（比如某些样本可能被误标），或输入特征没有足够的信息来完美地对每个样本分类。

2．softmax 及其导数

由于 softmax 和相关的损失函数很常见，因此我们需要更好地理解它的计算方式。将式（3.20）代入式（3.25）中。利用 softmax 的定义，我们得到

$$\begin{aligned}l(\boldsymbol{y},\hat{\boldsymbol{y}})&=-\sum_{j=1}^{q}y_j\log\frac{\exp(o_j)}{\sum_{k=1}^{q}\exp(o_k)}\\&=\sum_{j=1}^{q}y_j\log\sum_{k=1}^{q}\exp(o_k)-\sum_{j=1}^{q}y_jo_j\\&=\log\sum_{k=1}^{q}\exp(o_k)-\sum_{j=1}^{q}y_jo_j\end{aligned} \tag{3.26}$$

考虑相对于任何未规范化的预测 o_j 的导数，我们得到

$$\partial_{o_j}l(\boldsymbol{y},\hat{\boldsymbol{y}})=\frac{\exp(o_j)}{\sum_{k=1}^{q}\exp(o_k)}-y_j=\mathrm{softmax}(\boldsymbol{o})_j-y_j \tag{3.27}$$

换句话说，导数是我们 softmax 模型分配的概率与实际发生的情况（由独热标签向量表示）之间的差距。从这个意义上讲，这与我们在回归中看到的非常相似，其中梯度是观测值 $\boldsymbol{y}$ 和估计值$\hat{\boldsymbol{y}}$之间的差距。这不是巧合，在任何指数族分布模型中（参见本书英文在线附录中关于数

学分布的一节[①]），对数似然的梯度正是由此得出的。这使梯度计算在实践中变得容易很多。

3. 交叉熵损失

现在我们考虑整个结果分布的情况，即观察到的不仅仅是一个结果。对于标签 $\mathbf{y}$，我们可以使用与以前相同的表示形式。唯一的区别是，我们现在用一个概率向量表示，如（0.1, 0.2, 0.7），而不是仅包含二元项的向量（0, 0, 1）。我们使用式（3.25）来定义损失 l，它是所有标签分布的预期损失值。此损失称为交叉熵损失（cross-entropy loss），它是分类问题最常用的损失之一。本节我们将通过介绍信息论基础来理解交叉熵损失。如果想了解信息论的更多细节，请进一步参考本书英文在线附录中关于信息论的一节[②]。

3.4.7 信息论基础

信息论（information theory）涉及编码、解码、发送以及尽可能简洁地处理信息或数据。

1. 熵

信息论的核心思想是量化数据中的信息内容。在信息论中，该数值被称为分布 P 的熵（entropy）。可以通过下式得到：

$$H(P) = \sum_j -P(j)\log P(j) \tag{3.28}$$

信息论的基本定理之一指出，为了对从分布 P 中随机抽取的数据进行编码，我们至少需要 $H(P)$“纳特”（nat）对其进行编码。纳特相当于比特（bit），但是对数的底为 e 而不是 2。因此，一个纳特是$\frac{1}{\log(2)} \approx 1.44$比特。

2. 信息量

压缩与预测有什么关系呢？想象一下，我们有一个要压缩的数据流。如果我们很容易预测下一个数据，那么这个数据就很容易压缩。为什么呢？举一个极端的例子，假如数据流中的每个数据完全相同，这会是一个非常无趣的数据流。由于数据是相同的，我们总是知道下一个数据是什么。所以，传输数据流的内容时我们不必传输任何信息。也就是说，“下一个数据是×××”这个事件毫无信息量。

但是，如果我们不能完全预测每个事件，那么我们有时可能会感到“惊异”。克劳德·香农决定用信息量$\log \frac{1}{P(j)} = -\log P(j)$来量化这种惊异程度。在观测一个事件 j 时，赋予它（主观）概率$P(j)$。当我们赋予一个事件较低的概率时，我们的惊异程度会较大，该事件的信息量也就较大。在式（3.28）中定义的熵，是当分配的概率真正匹配数据生成过程时的信息量的期望。

3. 重新审视交叉熵

如果把熵 $H(P)$ 想象为“知道真实概率的人所经历的惊异程度”，那么什么是交叉熵呢？交叉熵从 P 到 Q，记为 $H(P, Q)$。我们可以把交叉熵想象为“主观概率为 Q 的观察者在看到根据概率 P 生成的数据时的预期惊异”。当 $P=Q$ 时，交叉熵达到最小值。在这种情况下，从 P 到 Q 的交叉熵为 $H(P, P)= H(P)$。

① 可通过搜索“Distributions-D2L”找到该页面。

② 可通过搜索“Information Theory-D2L”找到该页面。

简而言之，我们可以从两方面来考虑交叉熵分类目标：（1）最大化观测数据的似然；（2）最小化传达标签所需的惊异。

3.4.8 模型预测和评估

在训练 softmax 回归模型后，给出任何样本特征，我们就可以预测每个输出类别的概率。通常我们使用预测概率最高的类别作为输出类别。如果预测与实际类别（标签）一致，则预测是正确的。在接下来的实验中，我们将使用精度（accuracy）来评估模型的性能。精度等于正确预测数与预测总数的比率。

小结

- 通过 softmax 运算获取一个向量并将其映射为概率。
- softmax 回归适用于分类问题，它使用了 softmax 运算中输出类别的概率分布。
- 交叉熵是一个两个概率分布之间差异的很好的度量，它测量给定模型编码数据所需的比特数。

练习

（1）我们可以更深入地探讨指数族与 softmax 之间的联系。

a. 计算 softmax 交叉熵损失 $l(\boldsymbol{y}, \hat{\boldsymbol{y}})$ 的二阶导数。

b. 计算 softmax($\boldsymbol{o}$) 给出的分布方差，并与上面计算的二阶导数匹配。

（2）假设我们有 3 个类别出现的概率相等，即概率向量是$\left(\frac{1}{3}, \frac{1}{3}, \frac{1}{3}\right)$。

a. 如果我们尝试为它设计二进制编码，有什么问题？

b. 请设计一个更好的编码。（提示：如果我们尝试为两个独立的观测结果编码会发生什么，如果我们为 n 个观测值联合编码怎么办？）

（3）softmax 是对上面介绍的映射的误称（虽然深度学习领域中很多人都使用这个名字）。真正的 softmax 被定义为 ReakSiftMax(a,b)=log(exp(a)+exp(b))。

a. 证明 RealSoftMax(a,b) > max(a,b)。

b. 证明 λ^{-1}RealSoftMax(λa, λb)>max(a, b) 成立，前提是 λ>0。

c. 证明对于 $\lambda \to \infty$，有 λ^{-1}RealSoftMax(λa, λb) → max(a, b)。

d. softmin 会是什么样子？

e. 将其扩展到两个以上的数字。

3.5 图像分类数据集

扫码直达讨论区

MNIST 数据集 [88] 是图像分类中广泛使用的数据集之一，但作为基准数据集过于简单。我们将使用类似但更复杂的 Fashion-MNIST 数据集 [186]。

```
%matplotlib inline
import torch
import torchvision
from torch.utils import data
from torchvision import transforms
from d2l import torch as d2l

d2l.use_svg_display()
```

3.5.1 读取数据集

我们可以通过框架中的内置函数将 Fashion-MNIST 数据集下载并读取到内存中。

```
# 通过ToTensor实例将图像数据从PIL类型变换成32位浮点数形式
# 并除以255使得所有像素的数值均为0～1
trans = transforms.ToTensor()
mnist_train = torchvision.datasets.FashionMNIST(
    root="../data", train=True, transform=trans, download=True)
mnist_test = torchvision.datasets.FashionMNIST(
    root="../data", train=False, transform=trans, download=True)
```

Fashion-MNIST 由 10 个类别的图像组成，每个类别由训练数据集（train dataset）中的 6 000 张图像和测试数据集（test dataset）中的 1 000 张图像组成。因此，训练集和测试集分别包含 60 000 和 10 000 张图像。测试数据集不会用于训练，只用于评估模型性能。

```
len(mnist_train), len(mnist_test)
```

```
(60000, 10000)
```

每个输入图像的高度和宽度均为 28 像素。数据集由灰度图像组成，其通道数为 1。为简洁起见，本书将高度为 h 像素、宽度为 w 像素的图像的形状记为 (h, w) 或 $h×w$。

```
mnist_train[0][0].shape
```

```
torch.Size([1, 28, 28])
```

Fashion-MNIST 中包含的 10 个类别分别为 `t-shirt`（T 恤）、`trouser`（裤子）、`pullover`（套衫）、`dress`（连衣裙）、`coat`（外套）、`sandal`（凉鞋）、`shirt`（衬衫）、`sneaker`（运动鞋）、`bag`（包）和 `ankle boot`（短靴）。以下函数用于在数字标签索引及其文本名称之间进行转换。

```
def get_fashion_mnist_labels(labels):  #@save
    """返回Fashion-MNIST数据集的文本标签"""
    text_labels = ['t-shirt', 'trouser', 'pullover', 'dress', 'coat',
                   'sandal', 'shirt', 'sneaker', 'bag', 'ankle boot']
    return [text_labels[int(i)] for i in labels]
```

我们现在可以创建一个函数来可视化这些样本。

```
def show_images(imgs, num_rows, num_cols, titles=None, scale=1.5):  #@save
    """绘制图像列表"""
    figsize = (num_cols * scale, num_rows * scale)
    _, axes = d2l.plt.subplots(num_rows, num_cols, figsize=figsize)
    axes = axes.flatten()
    for i, (ax, img) in enumerate(zip(axes, imgs)):
        if torch.is_tensor(img):
            # 图像张量
            ax.imshow(img.numpy())
        else:
            # PIL图像
            ax.imshow(img)
        ax.axes.get_xaxis().set_visible(False)
        ax.axes.get_yaxis().set_visible(False)
        if titles:
            ax.set_title(titles[i])
    return axes
```

下面是训练数据集中前几个样本的图像及其相应的标签：

```
X, y = next(iter(data.DataLoader(mnist_train, batch_size=18)))
show_images(X.reshape(18, 28, 28), 2, 9, titles=get_fashion_mnist_labels(y));
```

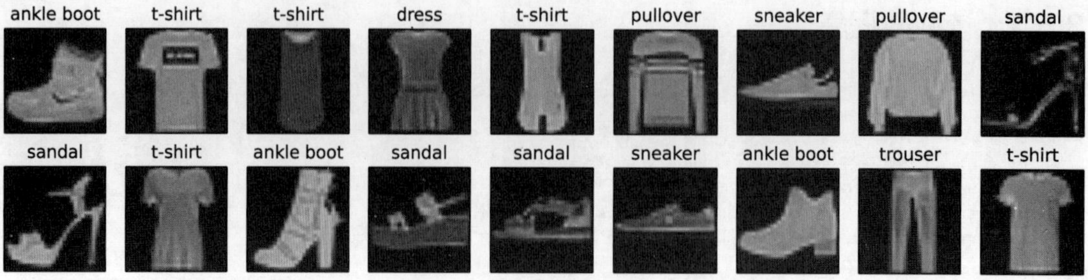

3.5.2 读取小批量

为了使我们在读取训练集和测试集时更容易，我们使用内置的数据迭代器，而不是从零开始创建。回顾一下，在每次迭代中，数据加载器都会读取一小批量数据，大小为 batch_size。通过内置的数据迭代器，我们可以随机打乱所有样本，从而无偏见地读取小批量。

```
batch_size = 256

def get_dataloader_workers():  #@save
    """使用4个进程来读取数据"""
    return 4

train_iter = data.DataLoader(mnist_train, batch_size, shuffle=True,
                             num_workers=get_dataloader_workers())
```

我们看一下读取训练数据所需的时间。

```
timer = d2l.Timer()
for X, y in train_iter:
    continue
f'{timer.stop():.2f} sec'
```

```
'1.81 sec'
```

3.5.3 整合所有组件

现在我们定义 load_data_fashion_mnist 函数，用于获取和读取 Fashion-MNIST 数据集，这个函数返回训练集和验证集的数据迭代器。此外，这个函数还接收一个可选参数 resize，用来将图像调整为另一种形状。

```
def load_data_fashion_mnist(batch_size, resize=None):  #@save
    """下载Fashion-MNIST数据集，然后将其加载到内存中"""
    trans = [transforms.ToTensor()]
    if resize:
        trans.insert(0, transforms.Resize(resize))
    trans = transforms.Compose(trans)
    mnist_train = torchvision.datasets.FashionMNIST(
        root="../data", train=True, transform=trans, download=True)
    mnist_test = torchvision.datasets.FashionMNIST(
        root="../data", train=False, transform=trans, download=True)
    return (data.DataLoader(mnist_train, batch_size, shuffle=True,
                            num_workers=get_dataloader_workers()),
            data.DataLoader(mnist_test, batch_size, shuffle=False,
                            num_workers=get_dataloader_workers()))
```

下面，我们通过指定 resize 参数来测试 load_data_fashion_mnist 函数的图像大小调整功能。

```
train_iter, test_iter = load_data_fashion_mnist(32, resize=64)
for X, y in train_iter:
    print(X.shape, X.dtype, y.shape, y.dtype)
    break
```

```
torch.Size([32, 1, 64, 64]) torch.float32 torch.Size([32]) torch.int64
```

我们现在已经准备好使用 Fashion-MNIST 数据集，以便于在后续章节中调用来评估各种分类算法。

小结

- Fashion-MNIST 是一个服装分类数据集，由 10 个类别的图像组成。我们将在后续章节中使用此数据集来评估各种分类算法。
- 我们将高度为 h 像素、宽度为 w 像素的图像的形状记为 (h, w) 或 $h \times w$。
- 数据迭代器是获得更高性能的关键组件。依靠实现良好的数据迭代器，利用高性能计算来避免减慢训练过程。

练习

（1）减小 batch_size（如减小到 1）是否会影响读取性能？

（2）数据迭代器的性能非常重要。当前的实现足够快吗？探索各种选择来改进。

（3）查阅框架的在线 API 文档，还有哪些其他数据集可用？

3.6 softmax回归的从零开始实现

扫码直达讨论区

就像从零开始实现线性回归一样，我们认为 softmax 回归也是重要的基础，因此应该了解实现 softmax 回归的细节。本节我们将使用在 3.5 节中引入的 Fashion-MNIST 数据集，并设置数据迭代器的批量大小为 256。

```
import torch
from IPython import display
from d2l import torch as d2l
```

```
batch_size = 256
train_iter, test_iter = d2l.load_data_fashion_mnist(batch_size)
```

3.6.1 初始化模型参数

和之前线性回归的例子一样，这里的每个样本都将用固定长度的向量表示。原始数据集中的每个样本都是 28 像素 ×28 像素的图像。本节将展平每张图像，把它们看作长度为 784 的向量。在后面的章节中，我们将讨论能够利用图像空间结构的特征，但现在我们暂时只把每个像素位置看作一个特征。

回想一下，在 softmax 回归中，我们的输出与类别一样多。因为我们的数据集有 10 个类别，所以网络输出维度为 10。因此，权重将构成一个 784×10 的矩阵，偏置将构成一个 1×10 的行向量。与线性回归一样，我们将使用正态分布初始化权重 `W`，偏置初始化为 `0`。

```
num_inputs = 784
num_outputs = 10
```

```
W = torch.normal(0, 0.01, size=(num_inputs, num_outputs), requires_grad=True)
b = torch.zeros(num_outputs, requires_grad=True)
```

3.6.2 定义softmax操作

在实现 softmax 回归模型之前，我们简要回顾一下 sum 运算符如何沿着张量中的特定维度操作。如 2.3.6 节所述，给定一个矩阵 X，我们可以对所有元素求和（默认情况下），也可以只求同一个轴上的元素，即同一列（轴 0）或同一行（轴 1）。如果 X 是一个形状为 (2, 3) 的张量，我们对列进行求和，则结果将是一个形状为 (3,) 的向量。当调用 sum 运算符时，我们可以指定保持在原始张量的轴数，而不折叠求和的维度。这将产生一个形状为 (1, 3) 的二维张量。

```
X = torch.tensor([[1.0, 2.0, 3.0], [4.0, 5.0, 6.0]])
X.sum(0, keepdim=True), X.sum(1, keepdim=True)
```

```
(tensor([[5., 7., 9.]]),
 tensor([[ 6.],
         [15.]]))
```

回想一下，实现 softmax 由以下 3 个步骤组成：

（1）对每个项求幂（使用 exp）；

（2）对每一行求和（小批量中的每个样本是一行），得到每个样本的规范化常数；

（3）将每一行除以其规范化常数，确保结果的和为 1。

在查看代码之前，我们回顾一下以下表达式：

$$\mathrm{softmax}(\boldsymbol{X})_{ij} = \frac{\exp(\boldsymbol{X}_{ij})}{\sum_k \exp(\boldsymbol{X}_{ik})} \tag{3.29}$$

分母或规范化常数有时也称为配分函数（其对数称为对数 - 配分函数）。该名称来自统计物理学中一个模拟粒子群分布的方程。

```
def softmax(X):
    X_exp = torch.exp(X)
    partition = X_exp.sum(1, keepdim=True)
    return X_exp / partition  # 这里应用了广播机制
```

正如上述代码，对于任何随机输入，我们将每个元素转变成一个非负数。此外，依据概率论原理，每行总和为 1。

```
X = torch.normal(0, 1, (2, 5))
X_prob = softmax(X)
X_prob, X_prob.sum(1)
```

```
(tensor([[0.0549, 0.2768, 0.0432, 0.4267, 0.1984],
         [0.1442, 0.0452, 0.2908, 0.1262, 0.3936]]),
 tensor([1.0000, 1.0000]))
```

注意，虽然这在数学上看起来是正确的，但我们在代码实现中有点草率。矩阵中的非常大或非常小的元素可能造成数值上溢或下溢，但我们没有采取措施来防止这点。

3.6.3 定义模型

定义 softmax 操作后，我们可以实现 softmax 回归模型。下面的代码定义了输入如何通过网络映射到输出。注意，将数据传递到模型之前，我们使用 reshape 函数将每个原始图像展平为向量。

```
def net(X):
    return softmax(torch.matmul(X.reshape((-1, W.shape[0])), W) + b)
```

3.6.4 定义损失函数

接下来，我们实现 3.4 节中引入的交叉熵损失函数。这可能是深度学习中最常见的损失函数，因为目前分类问题的数量远超过回归问题的数量。

回顾一下，交叉熵采用实际标签的预测概率的负对数似然。这里我们不使用 Python 的 for 循环迭代预测（这往往是低效的），而是通过一个运算符选择所有元素。下面，我们创建一个数据样本 `y_hat`，其中包含 2 个样本在 3 个类别上的预测概率，以及它们对应的标签 `y`。有了 `y`，我们知道在第一个样本中，第一个类别是正确的预测；而在第二个样本中，第三个类别是正确的预测。然后使用 `y` 作为 `y_hat` 中概率的索引，我们选择第一个样本中第一个类别的概率和第二个样本中第三个类别的概率。

```
y = torch.tensor([0, 2])
y_hat = torch.tensor([[0.1, 0.3, 0.6], [0.3, 0.2, 0.5]])
y_hat[[0, 1], y]
```

```
tensor([0.1000, 0.5000])
```

现在我们只需一行代码就可以实现交叉熵损失函数。

```
def cross_entropy(y_hat, y):
    return - torch.log(y_hat[range(len(y_hat)), y])

cross_entropy(y_hat, y)
```

```
tensor([2.3026, 0.6931])
```

3.6.5 分类精度

给定预测概率分布 `y_hat`，当我们必须输出硬预测（hard prediction）时，我们通常选择预测概率最高的类别。许多应用程序都要求我们做出选择，如 Gmail 必须将电子邮件分类为 Primary（主要邮件）、Social（社交邮件）、Updates（更新邮件）或 Forums（论坛邮件）。Gmail 做分类时可能在内部估计概率，但最终它必须在分类中选择一个类别。

当预测与分类标签 `y` 一致时是正确的。分类精度是正确预测数与预测总数之比。虽然直接优化精度可能很困难（因为精度的计算不可导），但精度通常是我们最关心的性能度量标准，我们在训练分类器时几乎总会关注它。

为了计算精度，我们执行以下操作。首先，如果 `y_hat` 是矩阵，那么假定第二个维度存储每个类别的预测分数。我们使用 `argmax` 获得每行中最大元素的索引来获得预测类别。然后我们将预测类别与真实 `y` 元素进行比较。由于等式运算符“==”对数据类型很敏感，因此我们将 `y_hat` 的数据类型转换为与 `y` 的数据类型一致。结果是一个包含 0（错）和 1（对）的张量。最后，我们求和会得到预测正确的数量。

```
def accuracy(y_hat, y):  #@save
    """计算预测正确的数量"""
    if len(y_hat.shape) > 1 and y_hat.shape[1] > 1:
        y_hat = y_hat.argmax(axis=1)
    cmp = y_hat.type(y.dtype) == y
    return float(cmp.type(y.dtype).sum())
```

我们将继续使用之前定义的变量 `y_hat` 和 `y` 分别作为预测的概率分布和标签。可以看到，第一个样本的预测类别是 2（该行的最大元素为 0.6，索引为 2），这与实际标签 0 不一致。第二个样本的预测类别是 2（该行的最大元素为 0.5，索引为 2），这与实际标签 2 一致。因此，这两个样本的分类精度为 0.5。

```
accuracy(y_hat, y) / len(y)
```

```
0.5
```

同样，对于任意数据迭代器 data_iter 可访问的数据集，我们可以评估在任意模型 net 上的精度。

```
def evaluate_accuracy(net, data_iter):  #@save
    """计算在指定数据集上模型的精度"""
    if isinstance(net, torch.nn.Module):
        net.eval()  # 将模型设置为评估模式
    metric = Accumulator(2)  # 正确预测数、预测总数
    with torch.no_grad():
        for X, y in data_iter:
            metric.add(accuracy(net(X), y), y.numel())
    return metric[0] / metric[1]
```

这里定义一个实用程序类 Accumulator，用于对多个变量进行累加。在上面的 evaluate_accuracy 函数中，我们在 Accumulator 实例中创建了两个变量，分别用于存储正确预测数和预测总数。当我们遍历数据集时，两者都将随着时间的推移而累加。

```
class Accumulator:  #@save
    """在n个变量上累加"""
    def __init__(self, n):
        self.data = [0.0] * n

    def add(self, *args):
        self.data = [a + float(b) for a, b in zip(self.data, args)]

    def reset(self):
        self.data = [0.0] * len(self.data)

    def __getitem__(self, idx):
        return self.data[idx]
```

由于我们使用随机权重初始化 net 模型，因此该模型的精度应接近于随机猜测。例如，在有 10 个类别情况下的精度接近 0.1。

```
evaluate_accuracy(net, test_iter)
```

```
0.0985
```

3.6.6 训练

通过 3.2 节中的线性回归实现，softmax 回归的训练过程代码看起来应该非常眼熟。在这里，我们重构训练过程的实现以使其可复用。首先，我们定义一个函数来训练一轮。注意，updater 是更新模型参数的常用函数，它接收批量大小作为参数。它可以是 d2l.sgd 函数，也可以是框架的内置优化函数。

```
def train_epoch_ch3(net, train_iter, loss, updater):  #@save
    """训练模型一轮（定义见第3章）"""
    # 将模型设置为训练模式
    if isinstance(net, torch.nn.Module):
        net.train()
```

```
    # 训练损失总和、训练准确度总和、样本数
    metric = Accumulator(3)
    for X, y in train_iter:
        # 计算梯度并更新参数
        y_hat = net(X)
        l = loss(y_hat, y)
        if isinstance(updater, torch.optim.Optimizer):
            # 使用PyTorch内置的优化器和损失函数
            updater.zero_grad()
            l.mean().backward()
            updater.step()
        else:
            # 使用定制的优化器和损失函数
            l.sum().backward()
            updater(X.shape[0])
        metric.add(float(l.sum()), accuracy(y_hat, y), y.numel())
    # 返回训练损失和训练精度
    return metric[0] / metric[2], metric[1] / metric[2]
```

在展示训练函数的实现之前，我们定义一个在动画中绘制图表的实用程序类 `Animator`，它能够简化本书其余部分的代码。

```
class Animator:  #@save
    """在动画中绘制数据"""
    def __init__(self, xlabel=None, ylabel=None, legend=None, xlim=None,
                 ylim=None, xscale='linear', yscale='linear',
                 fmts=('-', 'm--', 'g-.', 'r:'), nrows=1, ncols=1,
                 figsize=(3.5, 2.5)):
        # 增量地绘制多条线
        if legend is None:
            legend = []
        d2l.use_svg_display()
        self.fig, self.axes = d2l.plt.subplots(nrows, ncols, figsize=figsize)
        if nrows * ncols == 1:
            self.axes = [self.axes, ]
        # 使用lambda函数捕获参数
        self.config_axes = lambda: d2l.set_axes(
            self.axes[0], xlabel, ylabel, xlim, ylim, xscale, yscale, legend)
        self.X, self.Y, self.fmts = None, None, fmts

    def add(self, x, y):
        # 向图表中添加多个数据点
        if not hasattr(y, "__len__"):
            y = [y]
        n = len(y)
        if not hasattr(x, "__len__"):
            x = [x] * n
        if not self.X:
            self.X = [[] for _ in range(n)]
        if not self.Y:
            self.Y = [[] for _ in range(n)]
        for i, (a, b) in enumerate(zip(x, y)):
            if a is not None and b is not None:
                self.X[i].append(a)
                self.Y[i].append(b)
        self.axes[0].cla()
        for x, y, fmt in zip(self.X, self.Y, self.fmts):
            self.axes[0].plot(x, y, fmt)
        self.config_axes()
        display.display(self.fig)
        display.clear_output(wait=True)
```

接下来我们实现一个训练函数，它会在 `train_iter` 访问的训练数据集上训练一个模型 `net`。该训练函数将会运行多轮（由 `num_epochs` 指定）。在每轮结束时，利用 `test_iter`

访问的测试数据集对模型进行评估。我们将利用 Animator 类来可视化训练进度。

```
def train_ch3(net, train_iter, test_iter, loss, num_epochs, updater):  #@save
    """训练模型（定义见第3章）"""
    animator = Animator(xlabel='epoch', xlim=[1, num_epochs], ylim=[0.3, 0.9],
                        legend=['train loss', 'train acc', 'test acc'])
    for epoch in range(num_epochs):
        train_metrics = train_epoch_ch3(net, train_iter, loss, updater)
        test_acc = evaluate_accuracy(net, test_iter)
        animator.add(epoch + 1, train_metrics + (test_acc,))
    train_loss, train_acc = train_metrics
    assert train_loss < 0.5, train_loss
    assert train_acc <= 1 and train_acc > 0.7, train_acc
    assert test_acc <= 1 and test_acc > 0.7, test_acc
```

作为一个从零开始的实现，我们使用 3.2 节中定义的小批量随机梯度下降来优化模型的损失函数，设置学习率为 0.1。

```
lr = 0.1

def updater(batch_size):
    return d2l.sgd([W, b], lr, batch_size)
```

现在，我们训练模型 10 轮。注意，轮数（num_epochs）和学习率（lr）都是可调整的超参数，通过更改它们的值，可以提高模型的分类精度。

```
num_epochs = 10
train_ch3(net, train_iter, test_iter, cross_entropy, num_epochs, updater)
```

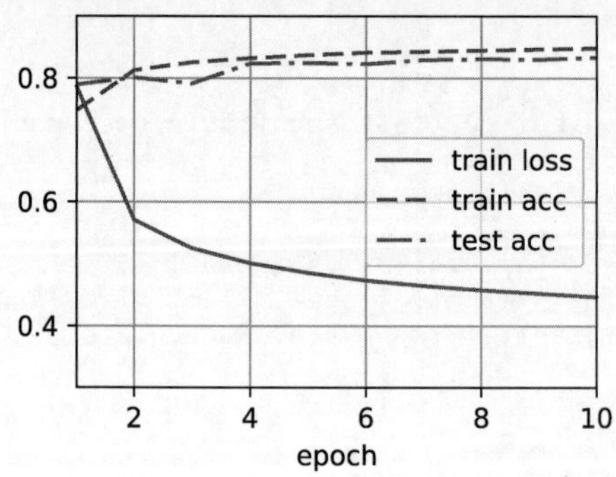

3.6.7　预测

现在训练已经完成，我们的模型已经准备好对图像进行分类预测。给定一系列图像，我们将比较它们的实际标签（文本输出的第一行）和模型预测（文本输出的第二行）。

```
def predict_ch3(net, test_iter, n=6):  #@save
    """预测标签（定义见第3章）"""
    for X, y in test_iter:
        break
    trues = d2l.get_fashion_mnist_labels(y)
    preds = d2l.get_fashion_mnist_labels(net(X).argmax(axis=1))
    titles = [true +'\n' + pred for true, pred in zip(trues, preds)]
    d2l.show_images(
        X[0:n].reshape((n, 28, 28)), 1, n, titles=titles[0:n])

predict_ch3(net, test_iter)
```

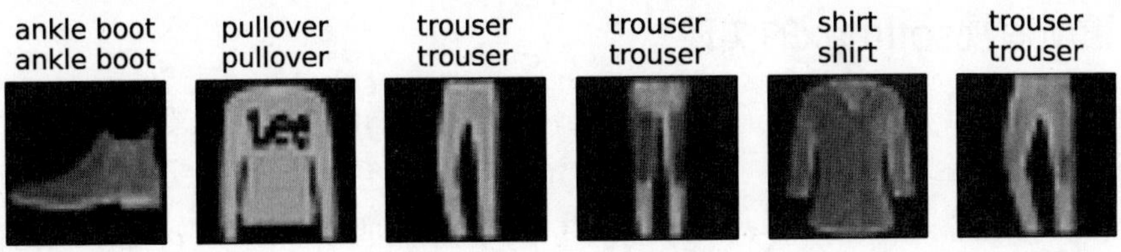

小结

- 借助 softmax 回归，我们可以训练多分类的模型。
- 训练 softmax 回归循环模型与训练线性回归模型非常相似：先读取数据，再定义模型和损失函数，然后使用优化算法训练模型。大多数常见的深度学习模型都有类似的训练过程。

练习

（1）本节直接实现了基于数学定义 softmax 运算的 `softmax` 函数。这可能会导致什么问题？（提示：尝试计算 exp(50) 的大小。）

（2）本节中的 `cross_entropy` 函数是根据交叉熵损失函数的定义实现的。它可能有什么问题？（提示：考虑对数的定义域。）

（3）请提出一个解决方案来解决上述两个问题。

（4）返回概率最大的分类标签总是最优解吗？例如，在医疗诊断场景下可以这样做吗？

（5）假设我们使用 softmax 回归来预测下一个单词，可选取的单词数过多可能会带来哪些问题？

3.7 softmax回归的简洁实现

扫码直达讨论区

在 3.3 节中，我们发现通过深度学习框架的高级 API 能够使实现线性回归变得更加容易。同样，通过深度学习框架的高级 API 也能更方便地实现 softmax 回归模型。本节与在 3.6 节中一样，继续使用 Fashion-MNIST 数据集，并保持批量大小为 256。

```
import torch
from torch import nn
from d2l import torch as d2l
```

```
batch_size = 256
train_iter, test_iter = d2l.load_data_fashion_mnist(batch_size)
```

3.7.1 初始化模型参数

如在 3.4 节中所述，softmax 回归的输出层是一个全连接层。因此，为了实现模型，我们只需在 `Sequential` 中添加一个有 10 个输出的全连接层。同样，在这里 `Sequential` 并不是必需的，但它是实现深度模型的基础。我们仍然以均值 0 和标准差 0.01 随机初始化权重。

```
# PyTorch不会隐式地调整输入的形状
# 因此，我们在线性层前定义了展平层（flatten）来调整网络输入的形状
net = nn.Sequential(nn.Flatten(), nn.Linear(784, 10))

def init_weights(m):
    if type(m) == nn.Linear:
        nn.init.normal_(m.weight, std=0.01)

net.apply(init_weights);
```

3.7.2　重新审视softmax的实现

在 3.6 节的例子中，我们计算了模型的输出，然后将此输出传递到交叉熵损失函数中。从数学上讲，这是一件完全合理的事情。然而，从计算的角度来看，指数可能会造成数值稳定性问题。

回想一下 softmax 函数$\hat{y}_j = \frac{\exp(o_j)}{\sum_k \exp(o_k)}$，其中$\hat{y}_j$是预测的概率分布。$o_j$ 是未规范化的预测 $\boldsymbol{o}$ 的第 j 个元素。如果 o_k 中的一些数值非常大，那么 $\exp(o_k)$ 可能大于数据类型容许的最大数字，即上溢（overflow）。这将使分母或分子变为 `inf`（无穷大），最后得到的$\hat{y}_j$是 `0`、`inf` 或 `nan`（不是数字）。在这些情况下，我们无法得到一个明确定义的交叉熵值。

解决上述问题的一个技巧是：在继续 softmax 运算之前，先从所有 o_k 中减去 $\max(o_k)$。这里可以看到每个 o_k 按常数进行的移动不会改变 softmax 的返回值：

$$
\begin{aligned}
\hat{y}_j &= \frac{\exp(o_j - \max(o_k))\exp(\max(o_k))}{\sum_k \exp(o_k - \max(o_k))\exp(\max(o_k))} \\
&= \frac{\exp(o_j - \max(o_k))}{\sum_k \exp(o_k - \max(o_k))}
\end{aligned} \tag{3.30}
$$

在执行减法和规范化步骤之后，可能有些$o_j - \max(o_k)$具有较大的负值。由于精度受限，$\exp(o_j - \max(o_k))$将有接近零的值，即下溢（underflow）。这些值可能会四舍五入为零，使$\hat{y}_j$为零，并且使$\log(\hat{y}_j)$的值为 `-inf`。反向传播几步后，我们会发现可能面对满屏的 `nan`。

尽管我们要计算指数函数，但我们最终在计算交叉熵损失时会取它们的对数。通过将 softmax 和交叉熵结合在一起，可以避免反向传播过程中可能会困扰我们的数值稳定性问题。如下面的等式所示，我们可以避免计算$\exp(o_j - \max(o_k))$，而可以直接使用$o_j - \max(o_k)$，因为$\log(\exp(\cdot))$ 等价于 · 。

$$
\begin{aligned}
\log(\hat{y}_j) &= \log\left(\frac{\exp(o_j - \max(o_k))}{\sum_k \exp(o_k - \max(o_k))}\right) \\
&= \log(\exp(o_j - \max(o_k))) - \log\left(\sum_k \exp(o_k - \max(o_k))\right) \\
&= o_j - \max(o_k) - \log\left(\sum_k \exp(o_k - \max(o_k))\right)
\end{aligned} \tag{3.31}
$$

我们希望保留传统的 softmax 函数，以备需要评估通过模型输出的概率。但是，我们没有将 softmax 概率传递到损失函数中，而是在交叉熵损失函数中传递未规范化的预测，并同时计算 softmax 及其对数，这是一种类似于“LogSumExp 技巧”的聪明方式。

```
loss = nn.CrossEntropyLoss(reduction='none')
```

3.7.3　优化算法

在这里，我们使用学习率为 0.1 的小批量随机梯度下降作为优化算法，与我们在线性回归例子中的相同，这说明了优化器的通用性。

```
trainer = torch.optim.SGD(net.parameters(), lr=0.1)
```

3.7.4　训练

接下来我们调用 3.6 节中定义的训练函数来训练模型。

```
num_epochs = 10
d2l.train_ch3(net, train_iter, test_iter, loss, num_epochs, trainer)
```

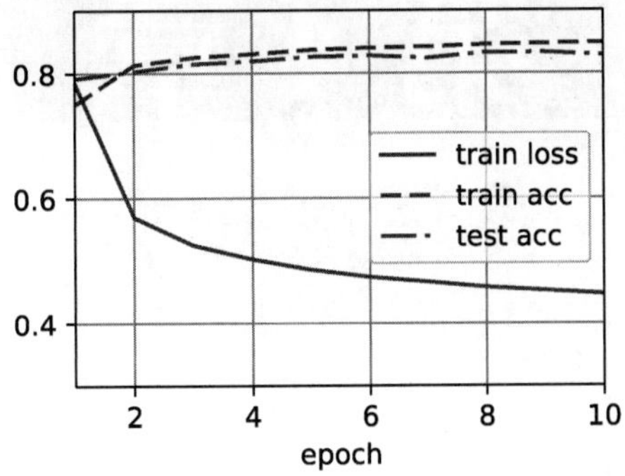

和之前一样，这个算法使结果收敛到相当高的精度，而且这次的代码比之前精简了。

小结

- 通过使用深度学习框架的高级 API，我们可以更简洁地实现 softmax 回归。
- 从计算的角度来看，实现 softmax 回归比较复杂。在许多情况下，深度学习框架在技巧之外采取了额外的预防措施，以确保数值的稳定性。这使我们避免了在实践中从零开始编写模型代码时可能遇到的陷阱。

练习

（1）尝试调整超参数，例如批量大小、轮数和学习率，并查看结果。

（2）增加轮数，为什么测试精度会在一段时间后降低？我们如何解决这个问题？

第4章 多层感知机

在本章中，我们将第一次介绍真正的深度神经网络。最简单的深度神经网络称为*多层感知机*。多层感知机由多层神经元组成，每一层与它的上一层相连，从中接收输入；同时每一层也与它的下一层相连，影响当前层的神经元。当训练容量较大的模型时，我们面临着*过拟合*的风险。因此，本章将从基本的概念开始讲起，包括*过拟合*、*欠拟合*和模型选择。为了应对这些问题，本章将介绍*权重衰减*（weight decay）和*暂退法*（dropout）等正则化技术。我们还将讨论数值稳定性和参数初始化相关的问题，这些问题是成功训练深度神经网络的关键。在本章的末尾，我们将把所介绍的内容应用到一个真实的示例：房价预测。关于模型计算性能、可伸缩性和效率相关的问题，我们将放在后面的章节中讨论。

4.1 多层感知机

扫码直达讨论区

在第3章中，我们介绍了softmax回归（3.4节），然后我们从零开始实现了softmax回归（3.6节），接着使用高级API实现了算法（3.7节），并训练分类器从低分辨率图像中识别10类服装。在这个过程中，我们学习了如何处理数据，如何将输出转换为有效的概率分布，并根据模型参数应用适当的损失函数最小化损失。我们已经在简单的线性模型的背景下掌握了这些知识，现在可以开始探索深度神经网络，这也是本书主要涉及的一类模型。

4.1.1 隐藏层

我们在3.1.1节中描述了仿射变换，它是一种带有偏置项的线性变换。首先回想一下如图3-4所示的softmax回归的模型架构。该模型通过单个仿射变换将输入直接映射到输出，然后进行softmax操作。如果我们的标签通过仿射变换后确实与输入数据相关，那么这种方法确实够用了。但是，仿射变换中的*线性*是一个很强的假设。

1. 线性模型可能会不适用

例如，线性意味着*单调*假设：任何特征的增大都会导致模型输出的增大（如果对应的权重为正）或者模型输出的减小（如果对应的权重为负）。有时这是有道理的。例如，如果我们试图预测一个人是否会偿还贷款。我们可以认为，在其他条件不变的情况下，收入较高的申请人比收入较低的申请人更有可能偿还贷款。不过，虽然收入与还款概率存在单调性，但它们不是线性相关的，收入从0增加到5万元，可能比从100万元增加到105万元带来更大的还款可能性。处理这一问题的一种方法是对数据进行预处理，使线性变得更合理，如使用收入的对数作为特征。

然而我们可以很容易找出违反单调性的例子。例如，我们想要根据体温预测死亡率。对体温高于37摄氏度的人来说，体温越高风险越高。而对体温低于37摄氏度的人来说，体温越高则风险越低。在这种情况下，我们也可以通过一些巧妙的预处理来解决问题。例如，我们可以使用与37摄氏度的差距作为特征。

但是，如何对猫和狗的图像进行分类呢？增加位置(13, 17)处像素的强度是否总是会增大（或减小）图像描绘狗的似然？对线性模型的依赖对应于一个隐含的假设，即区分猫和狗的唯一要求是评估单个像素的强度。在对一张图像反色后依然保留类别的世界里，这种方法注定会失败。

与前面的例子相比，这里的线性很不合理，而且我们难以通过简单的预处理来解决这个问题。这是因为任何像素的重要性都以复杂的方式取决于该像素的上下文（周围像素的值）。我们的数据可能会有一种表示，这种表示会考虑到特征之间的相关交互作用，在此表示的基础上建立一个线性模型可能是合适的，但我们不知道如何手动计算这种表示。对于深度神经网络，我们使用观测数据来联合学习隐藏层表示和应用于该表示的线性预测器。

2. 在网络中加入隐藏层

我们可以通过在网络中加入一个或多个隐藏层来突破线性模型的限制，使其能处理更普遍的函数关系类型。要做到这一点，最简单的方法是将许多全连接层堆叠在一起。每一层都输出到其上面的层，直到生成最后的输出。我们可以把前L-1层看作表示，把最后一层看作线性预测器。这种架构通常称为*多层感知机*（multilayer perceptron，MLP）。下面，我们以图的方式描述多层感知机，如图4-1所示。

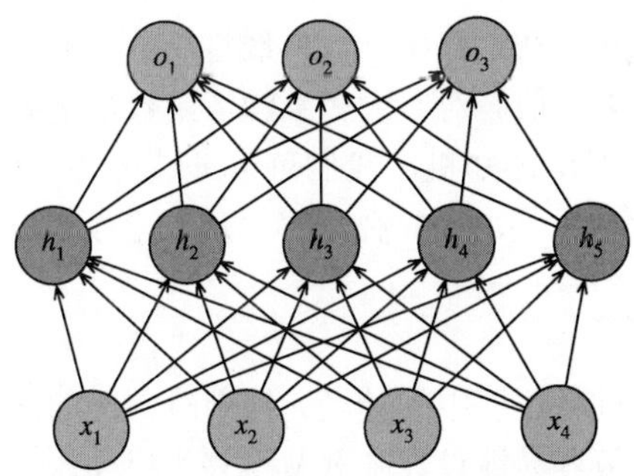

图4-1 一个单隐藏层多层感知机，包含5个隐藏单元

这个多层感知机有4个输入、3个输出，其隐藏层包含5个隐藏单元（即神经元）。输入层不涉及任何计算，因此使用此网络生成输出只需要实现隐藏层和输出层的计算。因此，这个多层感知机中的层数为2。注意，这两个层都是全连接的。每个输入都会影响隐藏层中的每个神经元，而隐藏层中的每个神经元又会影响输出层中的每个神经元。

然而，正如3.4.3节所述，具有全连接层的多层感知机的参数开销可能会高得令人望而却步。即使在不改变输入或输出大小的情况下，也需要在参数节省和模型有效性之间进行权衡[193]。

3. 从线性到非线性

同之前的章节一样，我们通过矩阵$\boldsymbol{X}\in\mathbb{R}^{n\times d}$来表示有$n$个样本的小批量，其中每个样本具

有 d 个输入特征。对于具有 h 个隐藏单元的单隐藏层多层感知机，用 $\boldsymbol{H}\in\mathbb{R}^{n\times h}$ 表示隐藏层的输出，称为隐藏表示（hidden representation）。在数学或代码中，$\boldsymbol{H}$ 也称为隐藏层变量（hidden-layer variable）或隐藏变量（hidden variable）。因为隐藏层和输出层都是全连接的，所以我们有隐藏层权重 $\boldsymbol{W}^{(1)}\in\mathbb{R}^{d\times h}$ 和隐藏层偏置 $\boldsymbol{b}^{(1)}\in\mathbb{R}^{1\times h}$ 以及输出层权重 $\boldsymbol{W}^{(2)}\in\mathbb{R}^{h\times q}$ 和输出层偏置 $\boldsymbol{b}^{(2)}\in\mathbb{R}^{1\times q}$。形式上，我们按如下方式计算单隐藏层多层感知机的输出 $\boldsymbol{O}\in\mathbb{R}^{n\times q}$：

$$\begin{aligned}\boldsymbol{H} &= \boldsymbol{X}\boldsymbol{W}^{(1)}+\boldsymbol{b}^{(1)}\\ \boldsymbol{O} &= \boldsymbol{H}\boldsymbol{W}^{(2)}+\boldsymbol{b}^{(2)}\end{aligned} \tag{4.1}$$

注意，在添加隐藏层之后，模型现在需要追踪并更新额外的参数，那么我们能从中获得什么益处呢？在上面定义的模型里，没有益处！原因很简单：上面的隐藏单元由输入的仿射函数给出，而输出（softmax 操作前）只是隐藏单元的仿射函数。仿射函数的仿射函数本身还是仿射函数，但是我们之前的线性模型已经能够表示任何仿射函数。

我们可以证明这一等价性，即对于任意权重值，我们只需合并隐藏层，便可产生具有参数 $\boldsymbol{W}=\boldsymbol{W}^{(1)}\boldsymbol{W}^{(2)}$ 和 $\boldsymbol{b}=\boldsymbol{b}^{(1)}\boldsymbol{W}^{(2)}+\boldsymbol{b}^{(2)}$ 的等价单层模型：

$$\boldsymbol{O}=(\boldsymbol{X}\boldsymbol{W}^{(1)}+\boldsymbol{b}^{(1)})\boldsymbol{W}^{(2)}+\boldsymbol{b}^{(2)}=\boldsymbol{X}\boldsymbol{W}^{(1)}\boldsymbol{W}^{(2)}+\boldsymbol{b}^{(1)}\boldsymbol{W}^{(2)}+\boldsymbol{b}^{(2)}=\boldsymbol{X}\boldsymbol{W}+\boldsymbol{b} \tag{4.2}$$

为了发挥多层架构的潜力，我们还需要一个额外的关键要素：在仿射变换之后对每个隐藏单元应用非线性的激活函数（activation function）σ。激活函数的输出（例如，$\sigma(\cdot)$）称为激活值（activation）。一般来说，有了激活函数，就不可能再将我们的多层感知机退化成线性模型：

$$\begin{aligned}\boldsymbol{H} &= \sigma(\boldsymbol{X}\boldsymbol{W}^{(1)}+\boldsymbol{b}^{(1)})\\ \boldsymbol{O} &= \boldsymbol{H}\boldsymbol{W}^{(2)}+\boldsymbol{b}^{(2)}\end{aligned} \tag{4.3}$$

由于 $\boldsymbol{X}$ 中的每一行对应于小批量中的一个样本，出于记号习惯的考虑，我们定义非线性函数 σ 也以按行的方式作用于其输入，即一次计算一个样本。我们在 3.4.5 节中以相同的方式使用了 softmax 符号来表示按行操作。但是本节应用于隐藏层的激活函数时通常不仅按行操作，而且按元素操作。这意味着在计算每一层的线性部分之后，我们可以计算每个激活值，而不需要查看其他隐藏单元所取的值。对于大多数激活函数都是如此。

为了构建更通用的多层感知机，我们可以继续堆叠这样的隐藏层，例如 $\boldsymbol{H}^{(1)}=\sigma_1(\boldsymbol{X}\boldsymbol{W}^{(1)}+\boldsymbol{b}^{(1)})$ 和 $\boldsymbol{H}^{(2)}=\sigma_2(\boldsymbol{H}^{(1)}\boldsymbol{W}^{(2)}+\boldsymbol{b}^{(2)})$，一层叠一层，从而生成更有表达力的模型。

4. 通用近似定理

多层感知机可以通过隐藏层中的神经元捕获输入之间复杂的相互作用，这些神经元依赖每个输入的值。我们可以很容易地设计隐藏节点来执行任意计算。例如，在一对输入上进行基本逻辑操作时多层感知机是通用近似器。即使网络只有一个隐藏层，如果给定足够的神经元和正确的权重，我们就可以对任意函数建模，尽管实际应用中学习该函数是很困难的。神经网络有点像 C 语言。C 语言和任何其他现代编程语言一样，能够表达任何可计算的程序，但实际上，设计出符合规范的程序才是最困难的部分。

此外，虽然一个单隐藏层网络能学习任何函数，但并不意味着我们应该尝试使用单隐藏层网络来解决所有问题。事实上，通过使用更深（而不是更广）的网络，可以更容易地逼近许多函数。我们将在后面的章节中进行更细致的讨论。

4.1.2 激活函数

激活函数（activation function）通过计算加权和并加上偏置来确定神经元是否应该被激活，

它们将输入信号转换为输出的可微运算。大多数激活函数都是非线性的。由于激活函数是深度学习的基础，下面简要介绍一些常见的激活函数。

```
%matplotlib inline
import torch
from d2l import torch as d2l
```

1. ReLU 函数

最受欢迎的激活函数是修正线性单元（rectified linear unit，ReLU），因为它实现起来简单，同时在各种预测任务中表现良好。ReLU 提供了一种非常简单的非线性变换。给定元素 x，ReLU 函数被定义为该元素与 0 中的最大值：

$$\mathrm{ReLU}(x) = \max(x, 0) \tag{4.4}$$

通俗地说，ReLU 函数通过将相应的激活值设为 0，仅保留正元素并丢弃所有负元素。为了直观感受一下，我们可以绘制出函数的曲线图。正如从图中所看到的，激活函数是分段呈线性的。

```
x = torch.arange(-8.0, 8.0, 0.1, requires_grad=True)
y = torch.relu(x)
d2l.plot(x.detach(), y.detach(), 'x', 'relu(x)', figsize=(5, 2.5))
```

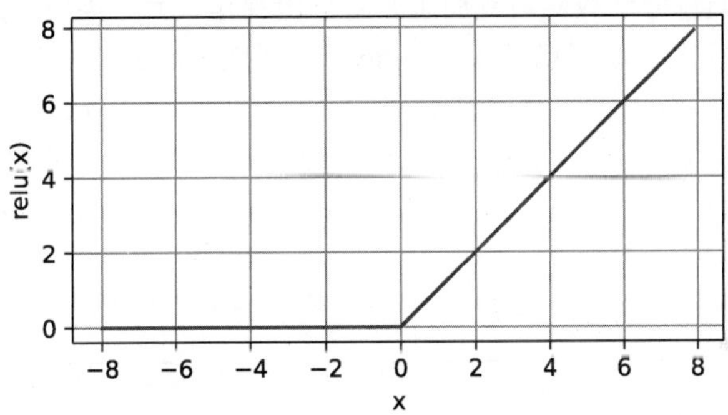

当输入为负时，ReLU 函数的导数为 0，而当输入为正时，ReLU 函数的导数为 1。注意，当输入值精确等于 0 时，ReLU 函数不可导。此时，我们默认使用左侧的导数，即当输入为 0 时导数为 0。我们可以忽略这种情况，因为输入可能永远都不会是 0。这里引用一个经典的观点“如果微妙的边界条件很重要，那么我们很可能是在研究数学而非工程”，这个观点正好适用于这里。下面我们绘制 ReLU 函数的导数的图像。

```
y.backward(torch.ones_like(x), retain_graph=True)
d2l.plot(x.detach(), x.grad, 'x', 'grad of relu', figsize=(5, 2.5))
```

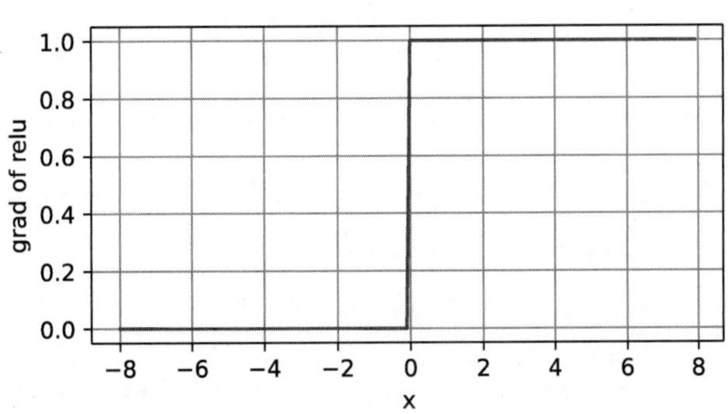

使用 ReLU 的原因是，它的求导表现特别好：要么让参数消失，要么让参数通过。这使得优化表现更好，并且 ReLU 缓解了以往神经网络的梯度消失问题（稍后将详细介绍）。

注意，ReLU 函数有许多变体，包括参数化 ReLU（parameterized ReLU，pReLU）函数 [54]，该变体为 ReLU 添加了一个线性项，因此即使参数是负的，某些信息也仍然可以通过：

$$\mathrm{pReLU}(x)=\max(0,x)+\alpha\min(0,x) \tag{4.5}$$

2. sigmoid 函数

对于一个定义域在 ℝ 上的输入，sigmoid 函数将输入变换为区间 (0, 1) 上的输出。因此，sigmoid 通常称为挤压函数（squashing function）：它将范围 (–inf, inf) 上的任意输入压缩到区间 (0, 1) 上的某个值：

$$\mathrm{sigmoid}(x)=\frac{1}{1+\exp(-x)} \tag{4.6}$$

在最早的神经网络中，科学家们感兴趣的是对“激活”或“不激活”的生物神经元进行建模。因此，这一领域的先行者可以一直追溯到人工神经元的发明者麦卡洛克和皮茨，他们专注于阈值单元。阈值单元在其输入低于某个阈值时取值 0，在其输入高于阈值时取值 1。

当人们逐渐关注基于梯度的学习时，sigmoid 函数是一个自然的选择，因为它是一个平滑的、可微的阈值单元的近似函数。当我们想要将输出视作二元分类问题的概率时，sigmoid 仍然被广泛用作输出单元上的激活函数（sigmoid 可以视为 softmax 的特例）。然而，sigmoid 在隐藏层中已经较少使用，大部分时候它被更简单、更容易训练的 ReLU 所取代。在后面关于循环神经网络的章节中，我们将描述利用 sigmoid 单元来控制时序信息流的架构。

下面我们绘制 sigmoid 函数。注意，当输入接近 0 时，sigmoid 函数接近线性变换。

```
y = torch.sigmoid(x)
d2l.plot(x.detach(), y.detach(), 'x', 'sigmoid(x)', figsize=(5, 2.5))
```

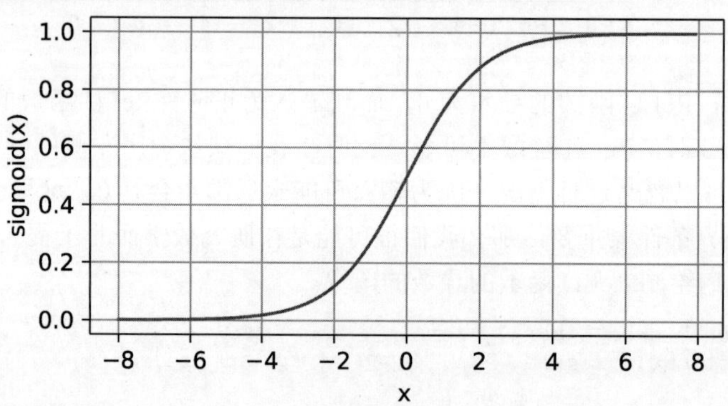

sigmoid 函数的导数是

$$\frac{\mathrm{d}}{\mathrm{d}x}\mathrm{sigmoid}(x)=\frac{\exp(-x)}{(1+\exp(-x))^2}=\mathrm{sigmoid}(x)\left(1-\mathrm{sigmoid}(x)\right) \tag{4.7}$$

sigmoid 函数的导数图像如下所示。注意，当输入为 0 时，sigmoid 函数的导数达到最大值 0.25，输入在任一方向上越远离 0 点，导数越接近 0。

```
# 清除以前的梯度
x.grad.data.zero_()
y.backward(torch.ones_like(x),retain_graph=True)
d2l.plot(x.detach(), x.grad, 'x', 'grad of sigmoid', figsize=(5, 2.5))
```

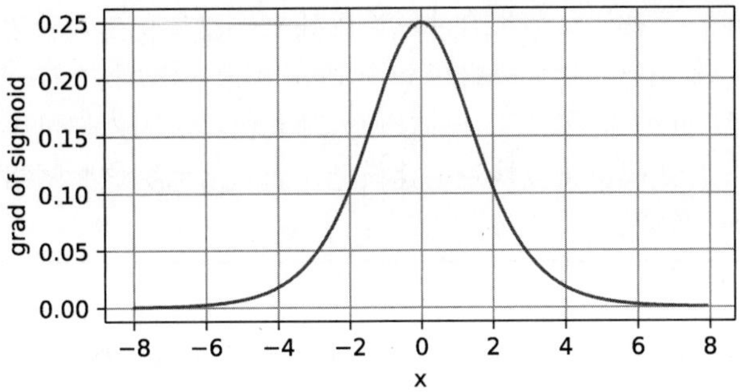

3. tanh 函数

与 sigmoid 函数类似，tanh（双曲正切）函数也能将其输入压缩转换到区间 (-1, 1) 上。tanh 函数如下：

$$\tanh(x) = \frac{1-\exp(-2x)}{1+\exp(-2x)} \tag{4.8}$$

下面我们绘制 tanh 函数的图像。注意，当输入在 0 附近时，tanh 函数接近线性变换。函数的形状类似于 sigmoid 函数，不同的是 tanh 函数关于坐标系原点中心对称。

```
y = torch.tanh(x)
d2l.plot(x.detach(), y.detach(), 'x', 'tanh(x)', figsize=(5, 2.5))
```

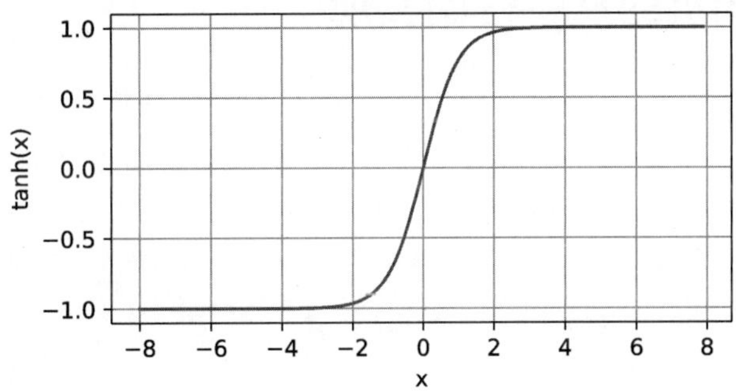

tanh 函数的导数是

$$\frac{\mathrm{d}}{\mathrm{d}x}\tanh(x) = 1-\tanh^2(x) \tag{4.9}$$

tanh 函数的导数的图像如下所示。当输入接近 0 时，tanh 函数的导数接近最大值 1。与我们在 sigmoid 函数的图像中看到的类似，输入在任一方向上越远离 0 点，导数越接近 0。

```
# 清除以前的梯度
x.grad.data.zero_()
y.backward(torch.ones_like(x),retain_graph=True)
d2l.plot(x.detach(), x.grad, 'x', 'grad of tanh', figsize=(5, 2.5))
```

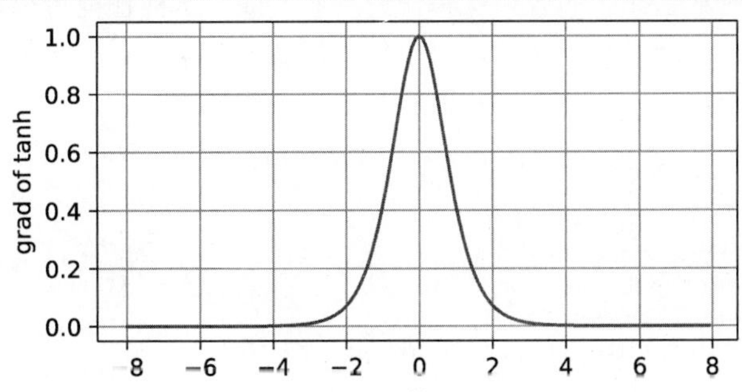

总结一下，我们现在了解了如何结合非线性函数来构建具有更强表达力的多层神经网络架构。顺便说一句，这些知识已经让你掌握了一个 1990 年前后深度学习从业者所需的类似工具。在某些方面，你比在 20 世纪 90 年代工作的任何人都有优势，因为你可以利用功能强大的开源深度学习框架，只需几行代码就可以快速构建模型，而以前训练这些网络需要研究人员编写数千行的 C 代码或 Fortran 代码。

小结

- 多层感知机在输出层和输入层之间增加一个或多个全连接隐藏层，并通过激活函数转换隐藏层的输出。
- 常用的激活函数包括 ReLU 函数、sigmoid 函数和 tanh 函数。

练习

（1）计算 pReLU 激活函数的导数。

（2）证明一个仅使用 ReLU（或 pReLU）的多层感知机构造了一个连续的分段线性函数。

（3）证明 $\tanh(x)+1=2\text{sigmoid}(2x)$。

（4）假设我们有一个非线性单元，将它一次应用于一个小批量的数据，这会导致什么样的问题？

4.2 多层感知机的从零开始实现

扫码直达讨论区

我们已经在 4.1 节中描述了多层感知机（MLP），现在我们尝试自己实现一个多层感知机。为了与之前 softmax 回归（3.6 节）获得的结果进行比较，我们将继续使用 Fashion-MNIST 图像分类数据集（3.5 节）。

```
import torch
from torch import nn
from d2l import torch as d2l
```

```
batch_size = 256
train_iter, test_iter = d2l.load_data_fashion_mnist(batch_size)
```

4.2.1 初始化模型参数

回想一下，Fashion-MNIST 中的每张图像由 28×28=784 个灰度像素值组成。所有图像共分为 10 个类别。忽略像素的空间结构，我们可以将每张图像视为具有 784 个输入特征和 10 个类别的简单分类数据集。首先，我们将实现一个具有单隐藏层的多层感知机，它包含 256 个隐藏单元。注意，我们可以将层数和隐藏单元数这两个变量都视为超参数。由于内存在硬件中的分配和寻址方式，我们通常选择 2 的若干次幂作为层的宽度，这样往往可以在计算上更高效。

我们用几个张量来表示参数。注意，对于每一层我们都要记录一个权重矩阵和一个偏置向量。跟以前一样，我们要为损失关于这些参数的梯度分配内存。

```
num_inputs, num_outputs, num_hiddens = 784, 10, 256

W1 = nn.Parameter(torch.randn(
    num_inputs, num_hiddens, requires_grad=True) * 0.01)
b1 = nn.Parameter(torch.zeros(num_hiddens, requires_grad=True))
W2 = nn.Parameter(torch.randn(
    num_hiddens, num_outputs, requires_grad=True) * 0.01)
```

```
b2 = nn.Parameter(torch.zeros(num_outputs, requires_grad=True))

params = [W1, b1, W2, b2]
```

4.2.2 激活函数

为了确保我们对模型的细节了如指掌，我们将实现 ReLU 激活函数，而不是直接调用内置的 relu 函数。

```
def relu(X):
    a = torch.zeros_like(X)
    return torch.max(X, a)
```

4.2.3 模型

因为忽略了空间结构，所以我们调用 reshape 函数将每个二维图像转换为一个长度为 num_inputs 的向量。只需几行代码就可以实现模型。

```
def net(X):
    X = X.reshape(-1, num_inputs)
    H = relu(X@W1 + b1)  # 这里@代表矩阵乘法
    return (H@W2 + b2)
```

4.2.4 损失函数

由于我们已经从零实现了 softmax 函数（3.6 节），因此在这里我们直接使用高级 API 中的内置函数来计算 softmax 和交叉熵损失。回想一下我们之前在 3.7.2 节中对这些复杂问题的讨论。我们鼓励感兴趣的读者查看损失函数的源代码，以加深对实现细节的了解。

```
loss = nn.CrossEntropyLoss(reduction='none')
```

4.2.5 训练

幸运的是，多层感知机的训练过程与 softmax 回归的训练过程完全相同。可以直接调用 d2l 包的 train_ch3 函数（参见 3.6 节），将轮数设置为 10，并将学习率设置为 0.1。

```
num_epochs, lr = 10, 0.1
updater = torch.optim.SGD(params, lr=lr)
d2l.train_ch3(net, train_iter, test_iter, loss, num_epochs, updater)
```

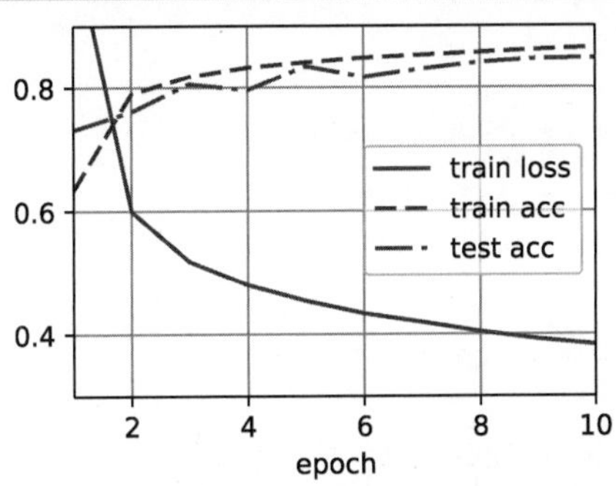

为了对已学习的模型进行评估，我们将在一些测试数据上应用这个模型。

```
d2l.predict_ch3(net, test_iter)
```

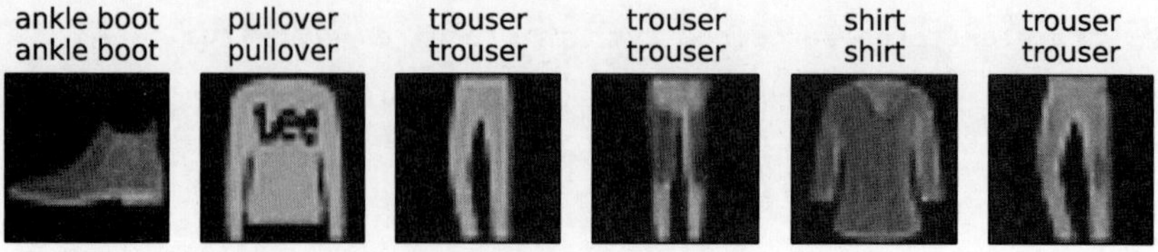

小结

- 手动实现一个简单的多层感知机是很容易的。然而，如果有大量的层，从零开始实现多层感知机会变得很麻烦（例如，要命名和记录模型的参数）。

练习

（1）在所有其他参数保持不变的情况下，更改超参数 num_hiddens 的值，并查看此超参数值的变化对结果有何影响。确定此超参数的最佳值。

（2）尝试添加更多的隐藏层，并查看对结果有何影响。

（3）改变学习率会如何影响结果？保持模型架构和其他超参数（包括轮数）不变，学习率设置为多少会带来最佳结果？

（4）通过对所有超参数（学习率、轮数、隐藏层数、每层的隐藏单元数）进行联合优化，可以得到的最佳结果是什么？

（5）描述为什么涉及多个超参数更具挑战性。

（6）如果想要构建多个超参数的搜索方法，请设计一个聪明的策略。

4.3 多层感知机的简洁实现

扫码直达讨论区

本节将介绍通过高级 API 更简洁地实现多层感知机。

```
import torch
from torch import nn
from d2l import torch as d2l
```

模型

与 softmax 回归的简洁实现（3.7 节）相比，唯一的区别是我们添加了两个全连接层（之前我们只添加了一个全连接层）。第一层是隐藏层，它包含 256 个隐藏单元，并使用了 ReLU 激活函数。第二层是输出层。

```
net = nn.Sequential(nn.Flatten(),
                    nn.Linear(784, 256),
                    nn.ReLU(),
                    nn.Linear(256, 10))

def init_weights(m):
    if type(m) == nn.Linear:
        nn.init.normal_(m.weight, std=0.01)

net.apply(init_weights);
```

训练过程的实现与我们实现 softmax 回归时完全相同，这种模块化设计使我们能够将与模型架构有关的内容独立出来。

```
batch_size, lr, num_epochs = 256, 0.1, 10
loss = nn.CrossEntropyLoss(reduction='none')
trainer = torch.optim.SGD(net.parameters(), lr=lr)
```

```
train_iter, test_iter = d2l.load_data_fashion_mnist(batch_size)
d2l.train_ch3(net, train_iter, test_iter, loss, num_epochs, trainer)
```

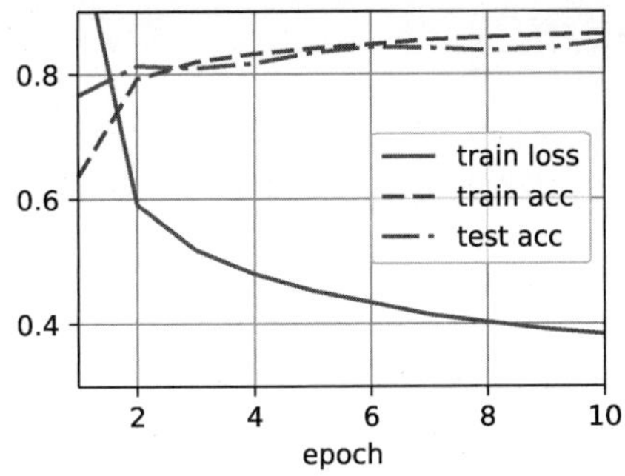

小结

- 我们可以使用高级 API 更简洁地实现多层感知机。
- 对于相同的分类问题，多层感知机的实现与 softmax 回归的实现相同，区别是多层感知机的实现里增加了带有激活函数的隐藏层。

练习

（1）尝试添加不同数量的隐藏层（也可以修改学习率），怎样设置效果最好？

（2）尝试不同的激活函数，哪个激活函数效果最好？

（3）尝试不同的方案来初始化权重，什么方案效果最好？

4.4 模型选择、欠拟合和过拟合

扫码直达讨论区

机器学习的目标是发现模式（pattern）。但是，我们如何才能确定模型是真正发现了一种泛化的模式，而不是简单地记住了数据呢？例如，我们想要在患者的基因数据与痴呆状态之间寻找模式，其中标签是从集合 { 痴呆 , 轻度认知障碍 , 健康 } 中提取的。因为基因可以唯一确定每个个体（不考虑双胞胎），所以在这个任务中是有可能记住整个数据集的。我们不想让模型只会做这样的事情："那是鲍勃！我记得他！他有痴呆症！"，原因很简单：当我们将来部署该模型时，模型需要判断从未见过的患者。只有当模型真正发现了一种泛化模式时，才能作出有效的预测。

更正式地说，我们的目标是发现某些模式，这些模式捕获到了训练集潜在的总体规律。如果成功做到了这点，即使是对以前从未遇到过的个体，模型也可以成功地评估风险。如何发现可以泛化的模式是机器学习的根本问题。

这其中的困难在于，当我们训练模型时，只能访问数据集中的小部分样本。最大的公开图像数据集包含大约 100 万张图像。而在大多数时候，我们只能从数千或数万个数据样本中学习。在大型医院系统中，我们可能会访问数十万份医疗记录。当我们使用有限的样本时，可能会遇到这样的问题：当收集到更多的数据时，会发现之前找到的相关关系并不成立。

将模型在训练数据上拟合的比在潜在分布中更接近的现象称为过拟合（overfitting），用于对抗过拟合的技术称为*正则化*（regularization）。在前面的章节中，有些读者在用 Fashion-MNIST 数据集做实验时可能已经观察到了这种过拟合现象。在实验中调整模型架构或超参数时会发现：如果有足够多的神经元、层和训练轮数，模型最终可以在训练集上达到完美的精度，而此时测试集的准确性却下降了。

4.4.1 训练误差和泛化误差

为了进一步讨论这一现象，我们需要了解训练误差和泛化误差。*训练误差*（training error）是指模型在训练数据集上计算得到的误差。*泛化误差*（generalization error）是指模型应用在同样从原始样本的分布中抽取的无限多数据样本时，模型误差的期望。这里的问题是，我们永远不能准确地计算出泛化误差，这是因为无限多的数据样本是一个虚构的对象。在实际应用中，我们只能通过将模型应用于一个独立的测试集来估计泛化误差，该测试集由随机抽取的、未曾在训练集中出现的数据样本构成。

下面的 3 个思维实验将有助于更好地说明这种情况。假设一个学生正在努力准备期末考试。一个勤奋的学生会努力做好练习，并利用往年的考试题目来测试自己的能力。尽管如此，他在往年的考试题目的测试中取得好成绩并不能保证他会在真正考试时发挥出色。例如，该学生可能试图通过死记硬背考题的答案来做准备。他甚至可以完全记住过去考试的答案。另一个学生可能会通过试图理解给出某些答案的原因来做准备。在大多数情况下，后者会考得更好。

类似地，考虑一个简单地使用查表法来回答问题的模型。如果允许的输入集合是离散的并且相当小，那么也许在查看许多训练样本后，该方法将执行得很好。但当这个模型面对从未见过的例子时，它的表现可能和随机猜测差不多。这是因为输入空间太大了，模型远不可能记住每一个可能的输入所对应的答案。例如，考虑 28 像素 ×28 像素的灰度图像。如果每个像素可以取 256 个灰度值中的一个，则有 256^{784} 个可能的图像。这意味着指甲大小的低分辨率灰度图像的数量比宇宙中的原子要多得多。即使我们可能遇到这样的数据，也不可能存储整个查找表。

最后，考虑对掷硬币的结果（类别 0 为正面，类别 1 为反面）进行分类的问题。假设硬币是公平的，无论我们设计什么算法，泛化误差始终是 1/2。然而，对于大多数算法，我们应该期望训练误差会更小（取决于运气）。考虑数据集 {0, 1, 1, 1, 0, 1}。我们的算法不需要额外的特征，将倾向于总是预测*多数类别*，从我们有限的样本来看，似乎是类别 1 占主流。在这种情况下，总是预测类别 1 的模型将产生 1/3 的误差，这比我们的泛化误差要低得多。当我们逐渐增加数据量，正面比例明显偏离 1/2 的可能性将会降低，训练误差将与泛化误差接近。

1. 统计学习理论

由于泛化是机器学习中的基本问题，许多数学家和理论家毕生致力于研究描述这一现象的形式理论。在*同名定理*（eponymous theorem）中，格里文科和坎特利推导出了训练误差收敛到泛化误差的速率。在一系列开创性的论文中，Vapnik 和 Chervonenkis 将这一理论扩展到更一般种类的函数。这项工作为统计学习理论奠定了基础。

在我们目前已探讨并将在之后继续探讨的监督学习场景中，我们假设训练数据和测试数据都是从相同的分布中独立抽取的。这通常称为*独立同分布假设*（independently identical distribution assumption），意味着对数据进行抽样的过程没有进行“记忆”。换句话说，抽取的第二个样本和第三个样本的相关性，并不比抽取的第二个样本和第 200 万个样本的相关性更强。

要成为一名优秀的机器学习科学家需要具备批判性思考能力。假设是存在漏洞的，即很容易找出假设失效的情况。如果我们根据加利福尼亚大学旧金山分校医学中心的患者数据训练死亡风险预测模型，并将模型应用于马萨诸塞州综合医院的患者数据，结果会如何？这两个数据的分布可能不完全一样。此外，抽样过程可能与时间有关。比如当我们对微博的主题进行分类时，新闻周期会使得正在讨论的话题产生时间依赖性，从而违反独立性假设。

有时候我们即使轻微违背独立同分布假设，模型也仍将继续运行得非常好。比如，我们有许多有用的工具已经应用于现实，如人脸识别、语音识别和语言翻译。毕竟，几乎所有现实的应用都或多或少涉及一些违背独立同分布假设的情况。

有些违背独立同分布假设的行为肯定会带来麻烦。例如，我们试图只用来自大学生的人脸数据来训练一个人脸识别系统，然后想要用这个系统来监测疗养院中的老人。这不太可能有效，因为大学生看起来往往与老年人有很大的不同。

在接下来的章节中，我们将讨论因违背独立同分布假设而引起的问题。目前，即使认为独立同分布假设是理所当然的，理解泛化性也是困难的。此外，能够解释深度神经网络泛化性能的理论基础，也仍在继续困扰着统计学习理论领域的学者们。

当我们训练模型时，我们试图找到一个能够尽可能拟合训练数据的函数。但是如果它执行地"太好了"，而不能对尚未见到的数据做到很好地泛化，就会导致过拟合。这种情况正是我们想要避免或控制的。深度学习中有许多启发式的技术旨在防止过拟合。

2. 模型复杂性

当我们有简单的模型和大量的数据时，我们期望泛化误差与训练误差相接近。当我们有更复杂的模型和更少的样本时，我们预计训练误差会减小，但泛化误差会增大。模型的复杂性由什么构成是一个复杂的问题。一个模型是否能很好地泛化取决于很多因素。例如，具有较多参数的模型可能被认为更复杂，参数有较大取值范围的模型可能更为复杂。对于神经网络，我们通常认为需要更多训练轮数的模型比较复杂，而需要*早停*（early stopping）的模型（即需要较少训练轮数）就没那么复杂。

我们很难比较本质上属于不同大类的模型（例如，决策树与神经网络）的复杂性。就目前而言，一条简单的经验法则相当有用：统计学家认为，能够轻松解释任意事实的模型是复杂的，而表达力有限但仍能很好地解释数据的模型可能更有实际用途。在哲学上，这与波普尔的科学理论的可证伪性标准密切相关：如果一个理论拟合数据并且有特定的测试可以用来反驳这个理论，那么这就是好的理论。这一点很重要，因为所有的统计估计都是*事后归纳*。也就是说，我们在观察事实之后进行估计，因此容易受到相关谬误的影响。目前，我们将把哲学放在一边，关注更切实的问题。

本节为了给出一些直观的印象，将重点介绍几个倾向于影响模型泛化的因素。

（1）*可调整参数的数量*。当可调整参数的数量（有时称为*自由度*）很大时，模型往往更容易过拟合。

（2）*参数的取值*。当权重的取值范围较大时，模型可能更容易过拟合。

（3）*训练样本的数量*。即使模型很简单，也很容易过拟合只包含一两个样本的数据集。而过拟合一个有数百万个样本的数据集则需要一个极其灵活的模型。

4.4.2 模型选择

在机器学习中，我们通常在评估几个候选模型后选择最终的模型，这个过程叫作*模型选择*。有时，需要进行比较的模型在本质上是完全不同的（比如，决策树与线性模型）。有时，我们需要比较不同超参数设置下的同一类模型。

例如，训练多层感知机模型时，我们可能希望比较具有不同数量的隐藏层、不同数量的隐藏单元以及不同的激活函数组合的模型。为了确定候选模型中的最佳模型，我们通常会使用验证集。

1. 验证集

原则上，在我们确定所有的超参数之前，我们不希望用到测试集。如果我们在模型选择的过程中使用测试数据，可能会有过拟合测试数据的风险，那会很麻烦。如果我们过拟合了训练数据，还可以通过在测试数据上的评估来判断过拟合。但是如果我们过拟合了测试数据，我们又该如何知晓呢？因此，我们决不能依靠测试数据进行模型选择。然而，我们也不能仅依靠训练数据来选择模型，因为我们无法估计训练数据的泛化误差。

在实际应用中，情况会变得更加复杂。虽然理想情况下我们只会使用测试数据一次，以评估最佳模型或比较一些模型的效果，但现实是测试数据很少在使用一次后被丢弃，因为我们很难有足够的数据来对每轮实验采用全新的测试集。

解决此问题的常见做法是将我们的数据分成 3 份，除了训练数据集和测试数据集，再增加一个验证数据集（validation dataset），也称为验证集（validation set）。但现实是验证数据和测试数据之间的边界模糊得令人担忧。除非另有明确说明，否则在本书的实验中，我们实际上是在使用应该被正确地称为训练数据和验证数据的数据集，而并没有真正的测试数据集。因此，本书中每次实验报告的准确度都是验证集准确度，而不是测试集准确度。

2. *K* 折交叉验证

当训练数据稀缺时，我们甚至可能无法提供足够的数据来构成一个合适的验证集。这个问题的一个通常的解决方案是采用 K 折交叉验证。首先，原始训练数据被分成 K 个不重叠的子集；然后，执行 K 次模型训练和验证，每次在 K-1 个子集上进行训练，并在剩余的一个子集（在该轮中没有用于训练的子集）上进行验证；最后，通过对 K 次实验的结果取平均值来估计训练误差和验证误差。

4.4.3 欠拟合还是过拟合

当比较训练误差和验证误差时，我们要注意两种常见的情况。一种情况是，训练误差和验证误差都很大，但它们之间仅有一点差距。如果模型不能减小训练误差，可能意味着模型过于简单（即表达力不足），无法捕获试图学习的模式。此外，由于训练误差和验证误差之间的泛化误差很小，我们有理由相信可以用一个更复杂的模型减小训练误差。这种现象称为欠拟合（underfitting）。

另一种情况是，当我们的训练误差明显小于验证误差时要小心，这表明严重的过拟合。注意，过拟合并不总是一件坏事，特别是在深度学习领域，众所周知，最好的预测模型在训练数据上的表现往往比在保留（验证）数据上好得多。最终，我们通常更关心验证误差，而不是训练误差和验证误差之间的差距。

是过拟合还是欠拟合可能取决于模型复杂性和可用训练数据集的大小，这两点将在下面进行讨论。

1. 模型复杂性

为了说明一些关于过拟合和模型复杂性的经典直觉，我们给出一个多项式的例子。给定由单个特征 x 和对应实际标签 y 组成的训练数据，我们试图找到下面的 d 阶多项式来估计标签 y。

$$\hat{y} = \sum_{i=0}^{d} x^i w_i \tag{4.10}$$

这是一个线性回归问题，我们的特征是 x^i 给出的，模型的权重是 w_i 给出的，偏置是 w_0 给出的（因为对于所有的 x 都有 $x^0=1$）。由于这只是一个线性回归问题，我们可以使用平方误差作为损失函数。

高阶多项式函数比低阶多项式函数复杂得多，因为高阶多项式的参数较多，模型函数的选择范围较广。因此在训练数据集固定的情况下，高阶多项式函数相对于低阶多项式函数的训练误差应该始终更小（最差情况下是相等）。事实上，当数据样本包含了 x 的不同值时，函数阶数等于数据样本数的多项式函数可以完美拟合训练集。在图 4-2 中，直观地呈现出多项式函数的阶数和欠拟合、过拟合的关系。

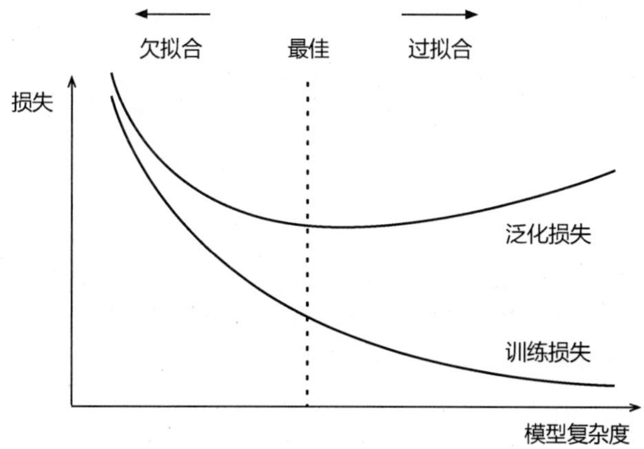

图 4-2 模型复杂度对欠拟合和过拟合的影响

2. 数据集大小

另一个重要因素是数据集的大小。训练数据集中的样本数越少，越有可能（且更严重地）过拟合。随着训练数据量的增加，泛化误差通常会减小。此外，一般来说，更多的数据不会有什么坏处。对于固定的任务和数据分布，模型复杂度和数据集大小之间通常存在一定的关系。给出更多的数据，我们就可能会尝试拟合一个更复杂的模型。能够拟合更复杂的模型可能是有益的。如果没有足够的数据量，简单的模型可能更有用。对于许多任务，深度学习只有在有数千个训练样本时才优于线性模型。从一定程度上来说，深度学习目前的兴盛要归功于廉价存储、互联设备以及数字化经济带来的海量数据集。

4.4.4 多项式回归

我们现在可以通过多项式拟合来探索这些概念。

```
import math
import numpy as np
import torch
from torch import nn
from d2l import torch as d2l
```

1. 生成数据集

给定 x，我们将使用以下三阶多项式来生成训练数据和测试数据的标签：

$$y = 5 + 1.2x - 3.4\frac{x^2}{2!} + 5.6\frac{x^3}{3!} + \epsilon, \text{ 其中} \epsilon \sim N(0, 0.1^2) \tag{4.11}$$

噪声项ϵ服从均值为 0 且标准差为 0.1 的正态分布。在优化的过程中，我们通常希望避免非常大的梯度值或损失值，这就是将特征从 x^i 调整为$\frac{x^i}{i!}$的原因，因为这样可以避免很大的 i 带来的过大指数值。我们将为训练集和测试集各生成 100 个样本。

```
max_degree = 20  # 多项式的最大阶数
n_train, n_test = 100, 100  # 训练数据集和测试数据集的大小
true_w = np.zeros(max_degree)  # 分配大量的空间
true_w[0:4] = np.array([5, 1.2, -3.4, 5.6])

features = np.random.normal(size=(n_train + n_test, 1))
np.random.shuffle(features)
poly_features = np.power(features, np.arange(max_degree).reshape(1, -1))
for i in range(max_degree):
    poly_features[:, i] /= math.gamma(i + 1)  # gamma(n)=(n-1)!
# labels的维度:(n_train+n_test,)
labels = np.dot(poly_features, true_w)
labels += np.random.normal(scale=0.1, size=labels.shape)
```

同样，存储在 poly_features 中的单项式由 gamma 函数重新缩放，其中 $\Gamma(n)=(n-1)!$。从生成的数据集中查看一下前两个样本，第一个值是与偏置相对应的常量特征。

```
# NumPyndarray转换为tensor
true_w, features, poly_features, labels = [torch.tensor(x, dtype=
    torch.float32) for x in [true_w, features, poly_features, labels]]
```

```
features[:2], poly_features[:2, :], labels[:2]
```

```
(tensor([[-0.1918],
         [-1.4481]]),
 tensor([[ 1.0000e+00, -1.9183e-01,  1.8399e-02, -1.1765e-03,  5.6423e-05,
          -2.1647e-06,  6.9210e-08, -1.8967e-09,  4.5480e-11, -9.6938e-13,
           1.8596e-14, -3.2429e-16,  5.1841e-18, -7.6497e-20,  1.0482e-21,
          -1.3405e-23,  1.6072e-25, -1.8135e-27,  1.9327e-29, -1.9514e-31],
         [ 1.0000e+00, -1.4481e+00,  1.0485e+00, -5.0612e-01,  1.8323e-01,
          -5.3068e-02,  1.2808e-02, -2.6496e-03,  4.7962e-04, -7.7172e-05,
           1.1175e-05, -1.4712e-06,  1.7754e-07, -1.9777e-08,  2.0456e-09,
          -1.9749e-10,  1.7874e-11, -1.5226e-12,  1.2249e-13, -9.3359e-15]]),
 tensor([ 4.5021, -3.2250]))
```

2. 对模型进行训练和测试

首先我们实现一个函数来评估模型在给定数据集上的损失。

```
def evaluate_loss(net, data_iter, loss):  #@save
    """评估给定数据集上模型的损失"""
    metric = d2l.Accumulator(2)  # 损失的总和,样本数量
    for X, y in data_iter:
        out = net(X)
        y = y.reshape(out.shape)
        l = loss(out, y)
        metric.add(l.sum(), l.numel())
    return metric[0] / metric[1]
```

然后定义训练函数。

```
def train(train_features, test_features, train_labels, test_labels,
          num_epochs=400):
    loss = nn.MSELoss(reduction='none')
    input_shape = train_features.shape[-1]
    # 不设置偏置，因为已经在多项式中实现了它
    net = nn.Sequential(nn.Linear(input_shape, 1, bias=False))
    batch_size = min(10, train_labels.shape[0])
```

```
train_iter = d2l.load_array((train_features, train_labels.reshape(-1,1)),
                            batch_size)
test_iter = d2l.load_array((test_features, test_labels.reshape(-1,1)),
                           batch_size, is_train=False)
trainer = torch.optim.SGD(net.parameters(), lr=0.01)
animator = d2l.Animator(xlabel='epoch', ylabel='loss', yscale='log',
                        xlim=[1, num_epochs], ylim=[1e-3, 1e2],
                        legend=['train', 'test'])
for epoch in range(num_epochs):
    d2l.train_epoch_ch3(net, train_iter, loss, trainer)
    if epoch == 0 or (epoch + 1) % 20 == 0:
        animator.add(epoch + 1, (evaluate_loss(net, train_iter, loss),
                                 evaluate_loss(net, test_iter, loss)))
print('weight:', net[0].weight.data.numpy())
```

3. 三阶多项式函数拟合（正常）

我们将首先使用三阶多项式函数，它与数据生成函数的阶数相同。结果表明，该模型能有效降低训练损失和测试损失。已学习的模型参数也接近真实值 w=[5, 1.2, −3.4, 5.6]。

```
# 从多项式特征中选择前4个维度，即1、x、x^2/2!和x^3/3!
train(poly_features[:n_train, :4], poly_features[n_train:, :4],
      labels[:n_train], labels[n_train:])
```

```
weight: [[ 4.997885   1.2145151 -3.4133592  5.5992494]]
```

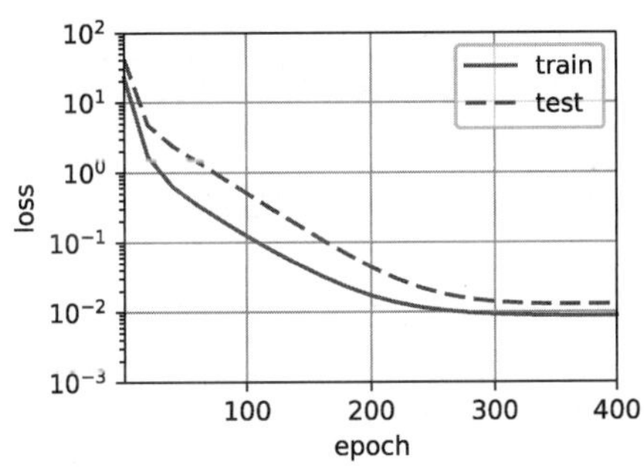

4. 线性函数拟合（欠拟合）

我们再看看线性函数拟合，降低该模型的训练损失相对困难。在最后一轮完成后，训练损失仍然很高。当用来拟合非线性模式（如这里的三阶多项式函数）时，线性模型容易欠拟合。

```
# 从多项式特征中选择前两个维度，即1和x
train(poly_features[:n_train, :2], poly_features[n_train:, :2],
      labels[:n_train], labels[n_train:])
```

```
weight: [[3.2948737 3.4582086]]
```

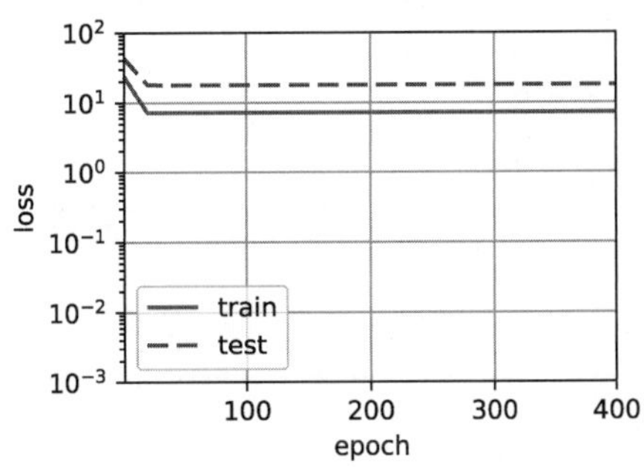

5. 高阶多项式函数拟合（过拟合）

现在，我们尝试使用一个阶数过高的多项式函数来训练模型。在这种情况下，没有足够的数据用于学习高阶系数应该具有接近于零的值。因此，这个过于复杂的模型会轻易受到训练数据中噪声的影响。虽然训练损失可以有效地降低，但测试损失仍然很高。结果表明，复杂模型对数据造成了过拟合。

```
# 从多项式特征中选取所有维度
train(poly_features[:n_train, :], poly_features[n_train:, :],
      labels[:n_train], labels[n_train:], num_epochs=1500)
```

```
weight: [[ 4.9814367   1.2621778  -3.3294122   5.27654    -0.21974602  1.0974822
   0.11710077  0.05021954 -0.15518336 -0.15186228 -0.0486815  -0.14816448
  -0.20791456  0.20397636  0.10119726  0.11073966  0.19692418  0.10853855
  -0.09730237  0.17115097]]
```

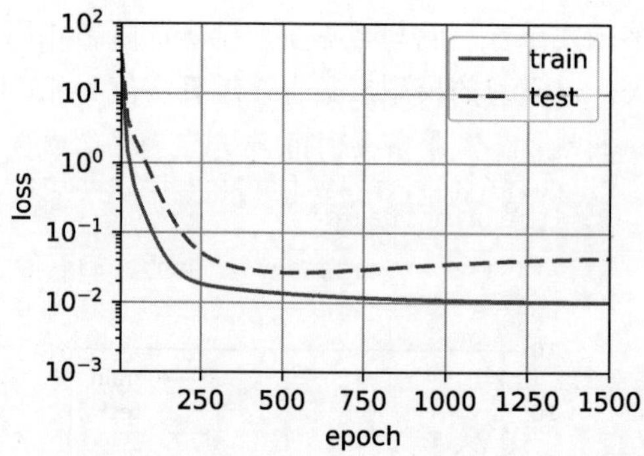

在接下来的章节中，我们将继续讨论过拟合问题和处理这些问题的方法，例如权重衰减和暂退法。

小结

- 欠拟合是指模型无法继续减小训练误差。过拟合是指训练误差远小于验证误差。
- 由于不能基于训练误差来估计泛化误差，因此简单地最小化训练误差并不一定意味着泛化误差的减小。机器学习模型需要注意防止过拟合，即防止泛化误差过大。
- 验证集可以用于模型选择，但不能过于随意地使用它。
- 我们应该选择一个复杂度适当的模型，避免使用数量不足的训练样本。

练习

（1）多项式回归问题可以准确地解出吗？（提示：使用线性代数。）

（2）考虑多项式的模型选择。

a. 绘制训练损失与模型复杂度（多项式的阶数）的关系图。从关系图中能观察到什么？需要多少阶的多项式才能将训练损失减小到 0？

b. 在这种情况下绘制测试的损失图。

c. 生成同样的图，作为数据量的函数。

（3）如果不对多项式特征 x^i 进行标准化 $(1/i!)$，会出现什么问题？能用其他方法解决这个问题吗？

（4）泛化误差可能为零吗？

4.5　权重衰减

扫码直达讨论区

在 4.4 节中我们描述了过拟合的问题，本节将介绍一些正则化模型的技术。我们总是可以通过收集更多的训练数据来缓解过拟合，但这可能成本很高，耗时颇多，或者完全失去控制，因而在短期内不可能做到。假设我们已经拥有尽可能多的高质量数据，因而可以将重点放在正则化技术上。

回想一下，在多项式回归的例子（4.4 节）中，我们可以通过调整拟合多项式的阶数来限制模型的容量。实际上，限制特征的数量是缓解过拟合的一种常用技术。然而，简单地丢弃特征对这项工作来说可能过于生硬。我们继续思考多项式回归的例子，考虑高维输入可能发生的情况。多项式对多变量数据的自然扩展称为单项式（monomial），也可以说是变量的幂的乘积。单项式的阶数是幂的和，例如，$x_1^2x_2$和$x_3x_5^2$都是三次单项式。

注意，随着阶数 d 的增加，带有阶数 d 的项数迅速增加。给定 k 个变量，阶数 d（即 k 多选 d）的个数为$\binom{k-1+d}{d-1}$。即使是阶数上的微小变化，如从 2 到 3，也会显著增加我们模型的复杂度。因此，我们经常需要一个更细粒度的工具来调整函数的复杂度。

4.5.1　范数与权重衰减

在 2.3.10 节中，我们已经描述了 L_2 范数和 L_1 范数，它们是更为一般的 L_p 范数的特例。

在训练参数化机器学习模型时，权重衰减是使用最广泛的正则化技术之一，它通常也称为 L_2 正则化。这项技术通过函数与零的距离来度量函数的复杂度，因为在所有函数中，函数$f=0$（所有输入都得到值 0）在某种意义上是最简单的。但是我们应该如何精确地测量一个函数和零之间的距离呢？没有一个准确的答案。事实上，关于函数分析和巴拿赫空间理论的研究都在致力于回答这个问题。

一种简单的方法是通过线性函数$f(\boldsymbol{x})=\boldsymbol{w}^\top\boldsymbol{x}$中的权重向量的某个范数（如 $\|\boldsymbol{w}\|^2$）来度量其复杂度。要保证权重向量较小，最常用的方法是将其范数作为惩罚项添加到最小化损失中，将原来的训练目标最小化训练标签上的预测损失，调整为最小化预测损失和惩罚项之和。现在，如果权重向量增长得过大，我们的学习算法可能会更集中于最小化权重范数 $\|\boldsymbol{w}\|^2$，这正是我们想要的。我们回顾一下 3.1 节中线性回归的例子，损失由下式给出：

$$L(\boldsymbol{w},b)=\frac{1}{n}\sum_{i=1}^{n}\frac{1}{2}(\boldsymbol{w}^\top\boldsymbol{x}^{(i)}+b-y^{(i)})^2 \tag{4.12}$$

回想一下，$\boldsymbol{x}^{(i)}$ 是样本 i 的特征，$y^{(i)}$ 是样本 i 的标签，$(\boldsymbol{w}, b)$ 是权重和偏置参数。为了惩罚权重向量的大小，我们必须以某种方式在损失函数中添加 $\|\boldsymbol{w}\|^2$，但是模型应该如何权衡这个新的额外惩罚的损失呢？实际上，我们通过正则化常数 λ 来描述这种权衡，这是一个非负超参数，我们使用验证数据拟合：

$$L(\boldsymbol{w},b)+\frac{\lambda}{2}\|\boldsymbol{w}\|^2 \tag{4.13}$$

对于 $\lambda=0$，恢复为原来的损失函数。对于 $\lambda>0$，限制 $\|\boldsymbol{w}\|$ 的大小。这里我们仍然除以 2，因为当取一个二次函数的导数时，2 和 1/2 会抵消，以确保更新表达式看起来既美观又简单。为什么在这里使用平方范数而不是标准范数（即欧几里得距离）呢？这样做是为了便于计算。通过对 L_2 范数的平方，我们去掉了平方根，留下权重向量每个分量的平方和，这使得惩罚的导数很容易计算，因为导数的和等于和的导数。

此外，为什么我们首先使用 L_2 范数，而不是 L_1 范数呢？事实上，这个选择在整个统计学领域中都是有效的和受欢迎的。L_2 正则化线性模型构成经典的*岭回归*（ridge regression）算法，L_1 正则化线性回归是统计学中类似的基本模型，通常称为*套索回归*（lasso regression）。使用 L_2 范数的一个原因是它对权重向量的大分量施加了巨大的惩罚，这使得我们的学习算法偏向于在大量特征上均匀分布权重的模型，在实践中，这可能会使它们对单个变量中的观测误差更为稳定。相比之下，L_1 惩罚会导致模型将权重集中在一小部分特征上，而将其他权重清除为零，这称为*特征选择*（feature selection），可能是其他场景下所需要的。

使用与式（3.10）中的相同符号，L_2 正则化回归的小批量随机梯度下降更新如下式：

$$\mathbf{w} \leftarrow (1-\eta\lambda)\mathbf{w} - \frac{\eta}{|\mathcal{B}|}\sum_{i\in\mathcal{B}} \mathbf{x}^{(i)}\left(\mathbf{w}^\top \mathbf{x}^{(i)} + b - y^{(i)}\right) \tag{4.14}$$

根据之前章节所述，我们根据估计值与观测值之间的差距来更新 $\mathbf{w}$。然而，我们同时也在试图将 $\mathbf{w}$ 的大小缩小到零，这就是这种方法有时称为权重衰减的原因。我们仅考虑惩罚项，优化算法在训练的每一步*衰减*权重。与特征选择相比，权重衰减为我们提供了一种连续的机制来调整函数的复杂度。较小的 λ 值对 $\mathbf{w}$ 的约束较小，而较大的 λ 值对 $\mathbf{w}$ 的约束较大。

是否对相应的偏置 b^2 进行惩罚，在不同的实践中会有所不同，在神经网络的不同层中也会有所不同。通常，网络输出层的偏置项不会被正则化。

4.5.2 高维线性回归

我们通过一个简单的例子来演示权重衰减。

```
%matplotlib inline
import torch
from torch import nn
from d2l import torch as d2l
```

首先，我们像以前一样生成一些数据：

$$y = 0.05 + \sum_{i=1}^{d} 0.01 x_i + \epsilon, \text{其中} \epsilon \sim \mathcal{N}(0, 0.01^2) \tag{4.15}$$

我们选择标签是关于输入的线性函数。标签同时被均值为 0 且标准差为 0.01 的高斯噪声破坏。为了使过拟合的效果更加明显，我们可以将问题的维数增加到 d=200，并使用一个只包含 20 个样本的小训练集。

```
n_train, n_test, num_inputs, batch_size = 20, 100, 200, 5
true_w, true_b = torch.ones((num_inputs, 1)) * 0.01, 0.05
train_data = d2l.synthetic_data(true_w, true_b, n_train)
train_iter = d2l.load_array(train_data, batch_size)
test_data = d2l.synthetic_data(true_w, true_b, n_test)
test_iter = d2l.load_array(test_data, batch_size, is_train=False)
```

4.5.3 从零开始实现

下面我们将从零开始实现权重衰减，只需将 L_2 范数的平方作为惩罚添加到原始目标函数中。

1. 初始化模型参数

首先，我们定义一个函数来随机初始化模型参数。

```
def init_params():
    w = torch.normal(0, 1, size=(num_inputs, 1), requires_grad=True)
```

```
    b = torch.zeros(1, requires_grad=True)
    return [w, b]
```

2. 定义 L_2 范数惩罚

实现这一惩罚的最方便方法是对所有项求平方后再将它们求和。

```
def l2_penalty(w):
    return torch.sum(w.pow(2)) / 2
```

3. 定义训练代码实现

下面的代码将模型拟合训练数据集，并在测试数据集上进行评估。从第 3 章以来，线性网络和平方损失没有变化，所以我们通过 d2l.linreg 和 d2l.squared_loss 导入它们。唯一的变化是损失现在包含了惩罚项。

```
def train(lambd):
    w, b = init_params()
    net, loss = lambda X: d2l.linreg(X, w, b), d2l.squared_loss
    num_epochs, lr = 100, 0.003
    animator = d2l.Animator(xlabel='epochs', ylabel='loss', yscale='log',
                            xlim=[5, num_epochs], legend=['train', 'test'])
    for epoch in range(num_epochs):
        for X, y in train_iter:
            # 增加了L2范数惩罚项
            # 广播机制使l2_penalty(w)成为一个长度为batch_size的向量
            l = loss(net(X), y) + lambd * l2_penalty(w)
            l.sum().backward()
            d2l.sgd([w, b], lr, batch_size)
        if (epoch + 1) % 5 == 0:
            animator.add(epoch + 1, (d2l.evaluate_loss(net, train_iter, loss),
                                     d2l.evaluate_loss(net, test_iter, loss)))
    print('w的L2范数是：', torch.norm(w).item())
```

4. 忽略正则化直接训练

我们现在用 lambd = 0 禁用权重衰减后运行这段代码。注意，这里训练误差有所减小，但测试误差没有减小，这意味着出现了严重的过拟合。

```
train(lambd=0)
```

```
w的L2范数是： 13.409849166870117
```

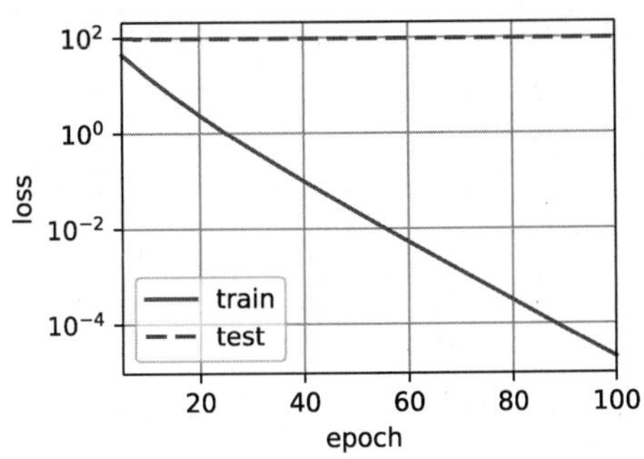

5. 使用权重衰减

下面，我们使用权重衰减来运行代码。注意，在这里训练误差增大，但测试误差减小，这正是我们期望从正则化中得到的效果。

```
train(lambd=3)
```

```
w的L2范数是：  0.3704892098903656
```

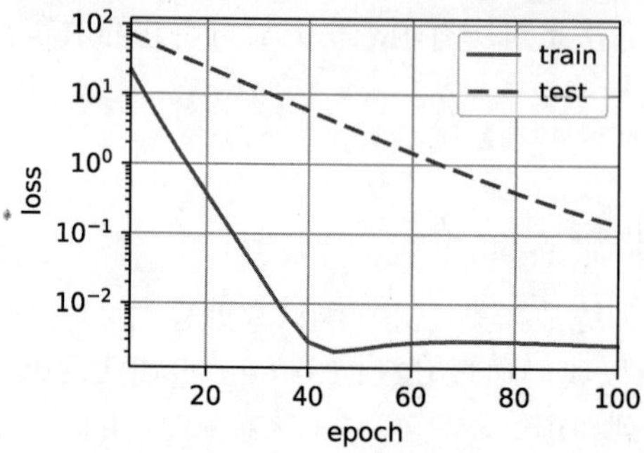

4.5.4　简洁实现

由于权重衰减在神经网络优化中很常用，因此为了便于我们使用权重衰减，深度学习框架将权重衰减集成到优化算法中，以便与任何损失函数结合使用。此外，这种集成还有计算上的好处，允许在不增加任何额外的计算开销的情况下向算法中添加权重衰减。由于更新的权重衰减部分仅依赖每个参数的当前值，因此优化器必须至少接触每个参数一次。

在下面的代码中，我们在实例化优化器时直接通过 `weight_decay` 指定 weight decay 超参数。默认情况下，PyTorch 同时衰减权重和偏置。这里我们只为权重设置了 `weight_decay`，所以偏置参数 b 不会衰减。

```
def train_concise(wd):
    net = nn.Sequential(nn.Linear(num_inputs, 1))
    for param in net.parameters():
        param.data.normal_()
    loss = nn.MSELoss(reduction='none')
    num_epochs, lr = 100, 0.003
    # 偏置参数没有衰减
    trainer = torch.optim.SGD([
        {"params":net[0].weight,'weight_decay': wd},
        {"params":net[0].bias}], lr=lr)
    animator = d2l.Animator(xlabel='epochs', ylabel='loss', yscale='log',
                            xlim=[5, num_epochs], legend=['train', 'test'])
    for epoch in range(num_epochs):
        for X, y in train_iter:
            trainer.zero_grad()
            l = loss(net(X), y)
            l.mean().backward()
            trainer.step()
        if (epoch + 1) % 5 == 0:
            animator.add(epoch + 1,
                         (d2l.evaluate_loss(net, train_iter, loss),
                          d2l.evaluate_loss(net, test_iter, loss)))
    print('w的L2范数：', net[0].weight.norm().item())
```

损失图看起来和我们从零开始实现权重衰减时的图相同。然而，它们运行得更快，更容易实现。对于更复杂的问题，这一好处将变得更加明显。

```
train_concise(0)
```

```
w的L2范数：  12.986178398132324
```

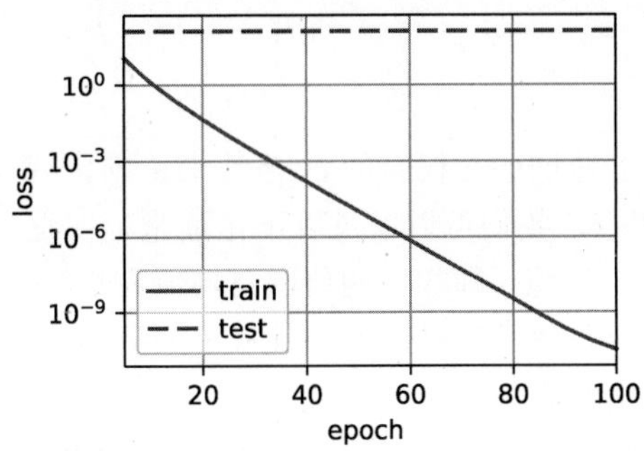


```
train_concise(3)
```

```
w的L2范数： 0.3897894024848938
```

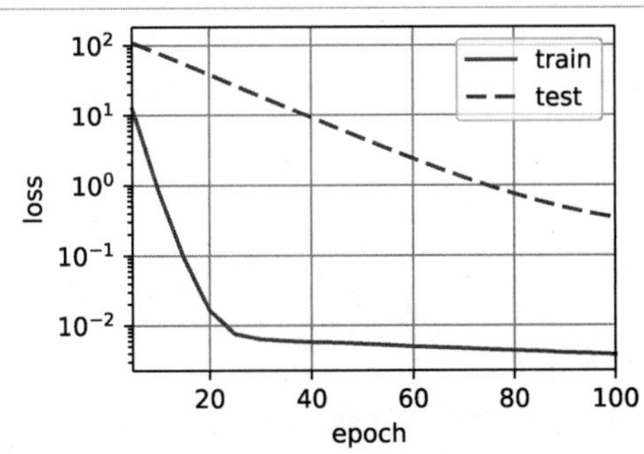

到目前为止，我们只接触到一个简单线性函数的概念。此外，由什么构成一个简单的非线性函数可能是一个更复杂的问题。例如，再生核希尔伯特空间（reproducing kernel Hilbert space，RKHS）允许在非线性环境中应用为线性函数引入的工具。遗憾的是，基于 RKHS 的算法往往难以应用于大型、高维的数据。在本书中，我们将默认使用简单的启发式方法，即在深度网络的所有层上应用权重衰减。

小结

- 正则化是处理过拟合的常用方法：在训练集的损失函数中加入惩罚项，以降低已学习的模型的复杂度。
- 保持模型简单的一个特别的选择是使用 L_2 惩罚的权重衰减，这会导致学习算法更新步骤中的权重衰减。
- 在深度学习框架的优化器中提供了权重衰减功能。
- 在同一训练代码实现中，不同的参数集可以有不同的更新行为。

练习

（1）在本节的估计问题中使用 λ 的值进行实验。绘制训练精度和测试精度关于 λ 的函数图，可以观察到什么？

（2）使用验证集来找到最优值 λ。它真的是最优值吗？

（3）如果我们使用 $\sum_i |w_i|$ 作为我们选择的惩罚（L_1 正则化），那么更新的公式会是什么样子？

（4）我们知道 $\|\mathbf{w}\|^2 = \mathbf{w}^\top \mathbf{w}$。能找到类似的矩阵方程吗？（见 2.3.10 节中的弗罗贝尼乌斯 范数）

（5）回顾训练误差和泛化误差之间的关系。除了权重衰减、增加训练数据、使用适当复杂度的模型，还有其他方法来处理过拟合吗？

（6）在贝叶斯统计中，我们使用先验和似然的乘积，通过公式 $P(w \mid x) \propto P(x \mid w) P(w)$ 得到后验。如何得到正则化的 $P(w)$？

4.6 暂退法

扫码直达讨论区

在 4.5 节中，我们介绍了通过惩罚权重的 L_2 范数来正则化统计模型的经典方法。在概率论的角度看，我们可以通过以下论证来证明这一技术的合理性：我们已经假设了一个先验，即权重的值取自均值为 0 的高斯分布。更直观的是，我们希望模型深度挖掘特征，即将其权重分散到许多特征中，而不是过于依赖少数潜在的虚假关联。

4.6.1 重新审视过拟合

当面对更多的特征而样本不足时，线性模型往往会过拟合。相反，当给出更多样本而不是特征时，通常线性模型不会过拟合。遗憾的是，线性模型泛化的可靠性是有代价的。简单地说，线性模型没有考虑到特征之间的交互作用。对于每个特征，线性模型必须指定正的或负的权重，而忽略其他特征。

泛化性和灵活性之间的这种基本权衡被描述为*偏差-方差权衡*（bias-variance tradeoff）。线性模型有很大的偏差：它们只能表示一小类函数。然而，这些模型的方差很小：它们在不同的随机数据样本上可以得出相似的结果。

深度神经网络与线性模型不同，它并不局限于单独查看每个特征，而是学习特征之间的交互。例如，神经网络可能推断“尼日利亚”和“西联汇款”一起出现在电子邮件中表示垃圾邮件，但单独出现则不表示垃圾邮件。

即使我们有比特征多得多的样本，深度神经网络也有可能过拟合。2017 年，一组研究人员在随机标注的图像上训练深度网络。这展示了神经网络的极大灵活性，因为人类很难将输入和随机标注的输出联系起来，但通过随机梯度下降优化的神经网络可以完美地标注训练集中的每张图像。想一想这意味着什么？假设标签是随机均匀分配的，并且有 10 个类别，那么分类器在测试数据上很难获得高于 10% 的精度，那么这里的泛化误差就高达 90%，出现了严重的过拟合。

深度网络的泛化性质令人费解，而这种泛化性的数学基础仍然是悬而未决的研究问题。我们鼓励喜好研究理论的读者更深入地研究这个主题。本节中我们将着重对实际工具的探究，这些工具倾向于改进深度网络的泛化性。

4.6.2 扰动的稳健性

在探究泛化性之前，我们先来定义什么是一个“好”的预测模型。我们期待“好”的预测模型能在未知的数据上有好的表现。经典泛化理论认为，为了缩小训练性能和测试性能之间的差距，应该以简单的模型为目标。简单性以较小维度的形式展现，我们在 4.4 节讨论线性模型的单项式函数时探讨了这一点。此外，正如我们在 4.5 节中讨论权重衰减（L_2 正则化）时看到的那样，参数的范数也代表了一种有用的简单性度量。

简单性的另一种角度是平滑性，即函数不应该对其输入的微小变化敏感。例如，当对图像进行分类时，我们预计向像素添加一些随机噪声应该是基本无影响的。1995 年，Christopher Bishop 证明了具有输入噪声的训练等价于吉洪诺夫正则化（Tikhonov regularization）[7]。这项工作用数学证明了“要求函数平滑”和“要求函数对输入的随机噪声具有适应性”之间的联系。

然后在 2014 年，斯里瓦斯塔瓦等人 [153] 就如何将毕晓普的想法应用于网络的内部层提出了一个想法：在训练过程中，他们建议在计算后续层之前向网络的每一层注入噪声，因为当训练一个有多层的深度网络时，注入噪声只会在输入－输出映射上增强平滑性。这个想法称为暂退法。暂退法在前向传播过程中，计算每一内部层的同时注入噪声，这已经成为训练神经网络的常用技术。这种方法之所以称为暂退法，是因为从表面上看是在训练过程中丢弃（drop out）一些神经元。在整个训练过程的每次迭代中，标准暂退法包括在计算下一层之前将当前层中的一些节点置零。

需要说明的是，暂退法的原始论文提到了一个关于有性繁殖的类比：神经网络过拟合与每一层都依赖前一层的激活值有关，这种情况称为“共适应性”。我们认为，暂退法会破坏共适应性，就像有性生殖会破坏共适应的基因一样。

那么关键的挑战就是如何注入这种噪声。一种想法是以一种无偏（unbiased）的方式注入噪声。这样在固定其他层时，每一层的期望值等于没有噪声时的值。

在毕晓普的工作中，他将高斯噪声添加到线性模型的输入中。在每次训练迭代中，他将从均值为 0 的分布$\epsilon \sim N(0, \sigma^2)$中抽样噪声并添加到输入$\boldsymbol{x}$，从而产生扰动点$\boldsymbol{x}'=\boldsymbol{x}+\epsilon$，期望是$E[\boldsymbol{x}']=\boldsymbol{x}$。

在标准暂退法正则化中，通过按保留（未丢弃）的节点的分数进行规范化来消除每一层的偏差。换言之，每个中间激活值h以暂退概率p被随机变量h'替换，如下所示：

$$h' = \begin{cases} 0, & \text{概率为 } p \\ \dfrac{h}{1-p}, & \text{其他情况} \end{cases} \tag{4.16}$$

根据此模型的设计，其期望保持不变，即$E[h']=h$。

4.6.3 实践中的暂退法

回想一下图 4-1 中带有 1 个隐藏层和 5 个隐藏单元的多层感知机。当我们将暂退法应用到隐藏层，以p的概率将隐藏单元置为零时，结果可以看作一个只包含原始神经元子集的网络。比如在图 4-3 中，删除了h_2和h_5，因此输出的计算不再依赖h_2或h_5，并且它们各自的梯度在执行反向传播时也会消失。这样，输出层的计算不能过度依赖$h_1, \cdots, h_5$中的任何一个元素。

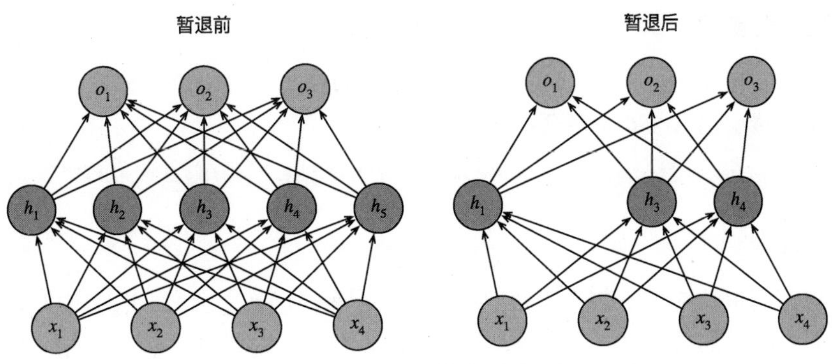

图 4-3　暂退前后的多层感知机

通常，我们在测试时不用暂退法。给定一个训练好的模型和一个新的样本，我们不会丢弃任何节点，因此不需要标准化。然而也有一些例外，一些研究人员在测试时使用暂退法，用于估计神经网络预测的“不确定性”：如果通过许多不同的暂退法遮盖后得到的预测结果都是一致的，那么我们可以说网络表现更稳定。

4.6.4 从零开始实现

要实现单层的暂退法函数，我们从均匀分布 $U[0, 1]$ 中抽取样本，样本数与这层神经网络的维度一致。然后我们保留那些对应样本大于 p 的节点，把剩下的节点丢弃。

在下面的代码中，我们实现 dropout_layer 函数，该函数以 dropout 的概率丢弃张量输入 X 中的元素，如上所述重新缩放剩余部分：将剩余部分除以（1.0 - dropout）。

```
import torch
from torch import nn
from d2l import torch as d2l

def dropout_layer(X, dropout):
    assert 0 <= dropout <= 1
    # 在本情况中，所有元素都被丢弃
    if dropout == 1:
        return torch.zeros_like(X)
    # 在本情况中，所有元素都被保留
    if dropout == 0:
        return X
    mask = (torch.rand(X.shape) > dropout).float()
    return mask * X / (1.0 - dropout)
```

我们可以通过下面几个例子来测试 dropout_layer 函数。我们将输入 X 通过暂退法操作，暂退概率分别为 0、0.5 和 1。

```
X= torch.arange(16, dtype = torch.float32).reshape((2, 8))
print(X)
print(dropout_layer(X, 0.))
print(dropout_layer(X, 0.5))
print(dropout_layer(X, 1.))
```

```
tensor([[ 0.,  1.,  2.,  3.,  4.,  5.,  6.,  7.],
        [ 8.,  9., 10., 11., 12., 13., 14., 15.]])
tensor([[ 0.,  1.,  2.,  3.,  4.,  5.,  6.,  7.],
        [ 8.,  9., 10., 11., 12., 13., 14., 15.]])
tensor([[ 0.,  0.,  4.,  0.,  0.,  0.,  0.,  0.],
        [ 0., 18., 20.,  0.,  0.,  0.,  0., 30.]])
tensor([[0., 0., 0., 0., 0., 0., 0., 0.],
        [0., 0., 0., 0., 0., 0., 0., 0.]])
```

1. 定义模型参数

同样，我们使用 3.5 节中引入的 Fashion-MNIST 数据集。我们定义具有两个隐藏层的多层感知机，每个隐藏层包含 256 个隐藏单元。

```
num_inputs, num_outputs, num_hiddens1, num_hiddens2 = 784, 10, 256, 256
```

2. 定义模型

我们可以将暂退法应用于每个隐藏层的输出（在激活函数之后），并且可以为每一层分别设置暂退概率：常见的技巧是在靠近输入层的地方设置较低的暂退概率。下面的模型将第一个和第二个隐藏层的暂退概率分别设置为 0.2 和 0.5，并且暂退法只在训练期间有效。

```
dropout1, dropout2 = 0.2, 0.5

class Net(nn.Module):
    def __init__(self, num_inputs, num_outputs, num_hiddens1, num_hiddens2,
                 is_training = True):
        super(Net, self).__init__()
```

```
        self.num_inputs = num_inputs
        self.training = is_training
        self.lin1 = nn.Linear(num_inputs, num_hiddens1)
        self.lin2 = nn.Linear(num_hiddens1, num_hiddens2)
        self.lin3 = nn.Linear(num_hiddens2, num_outputs)
        self.relu = nn.ReLU()

    def forward(self, X):
        H1 = self.relu(self.lin1(X.reshape((-1, self.num_inputs))))
        # 只有在训练模型时才使用暂退法
        if self.training == True:
            # 在第一个全连接层之后添加一个暂退层
            H1 = dropout_layer(H1, dropout1)
        H2 = self.relu(self.lin2(H1))
        if self.training == True:
            # 在第二个全连接层之后添加一个暂退层
            H2 = dropout_layer(H2, dropout2)
        out = self.lin3(H2)
        return out


net = Net(num_inputs, num_outputs, num_hiddens1, num_hiddens2)
```

3. 训练和测试

这类似于前面描述的多层感知机训练和测试。

```
num_epochs, lr, batch_size = 10, 0.5, 256
loss = nn.CrossEntropyLoss(reduction='none')
train_iter, test_iter = d2l.load_data_fashion_mnist(batch_size)
trainer = torch.optim.SGD(net.parameters(), lr=lr)
d2l.train_ch3(net, train_iter, test_iter, loss, num_epochs, trainer)
```

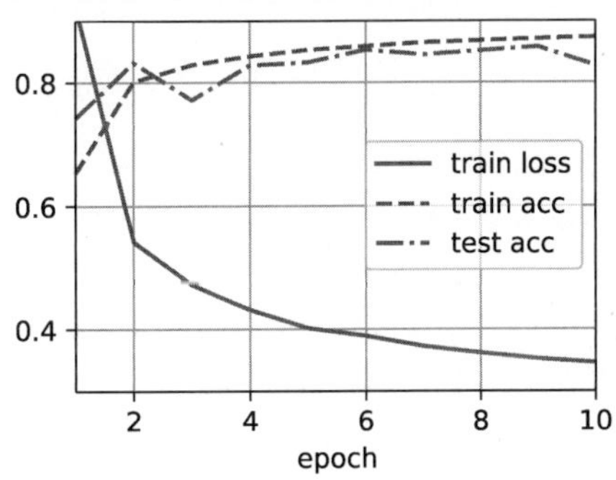

4.6.5 简洁实现

对于深度学习框架的高级 API，我们只需在每个全连接层之后添加一个暂退层，将暂退概率作为唯一的参数传递给它的构造函数。在训练时，暂退层将根据指定的暂退概率随机丢弃上一层的输出（相当于下一层的输入）。在测试时，暂退层仅传递数据。

```
net = nn.Sequential(nn.Flatten(),
        nn.Linear(784, 256),
        nn.ReLU(),
        # 在第一个全连接层之后添加一个暂退层
        nn.Dropout(dropout1),
        nn.Linear(256, 256),
        nn.ReLU(),
        # 在第二个全连接层之后添加一个暂退层
        nn.Dropout(dropout2),
        nn.Linear(256, 10))
```

```
def init_weights(m):
    if type(m) == nn.Linear:
        nn.init.normal_(m.weight, std=0.01)

net.apply(init_weights);
```

接下来，我们对模型进行训练和测试。

```
trainer = torch.optim.SGD(net.parameters(), lr=lr)
d2l.train_ch3(net, train_iter, test_iter, loss, num_epochs, trainer)
```

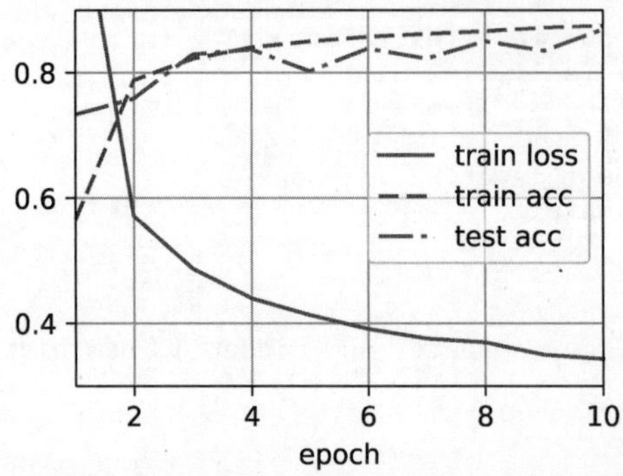

小结

- 暂退法在前向传播过程中，计算每一内部层的同时丢弃一些神经元。
- 暂退法可以避免过拟合，它通常与控制权重向量的维数和大小结合使用。
- 暂退法将激活值 h 替换为具有期望值 h 的随机变量。
- 暂退法仅在训练期间使用。

练习

（1）如果更改第一层和第二层的暂退概率，会出现什么问题？具体地说，如果交换这两个层，会出现什么问题？设计一个实验来回答这些问题，定量描述该结果，并总结定性的结论。

（2）增加训练轮数，并将使用暂退法和不使用暂退法时获得的结果进行比较。

（3）当使用或不使用暂退法时，每个隐藏层中激活值的方差是多少？绘制一个曲线图，以展示这两个模型的每个隐藏层中激活值的方差是如何随时间变化的。

（4）为什么在测试时通常不使用暂退法？

（5）以本节中的模型为例，比较使用暂退法和权重衰减的效果。如果同时使用暂退法和权重衰减，会出现什么情况？结果是累加的吗？收益是否减少（或者更糟）？它们互相抵消了吗？

（6）如果我们将暂退法应用到权重矩阵的各个权重，而不是激活值，会发生什么？

（7）开发另一种用于在每一层注入随机噪声的技术，该技术不同于标准的暂退法技术。尝试开发一种在 Fashion-MNIST 数据集（对于固定架构）上性能优于暂退法的方法。

扫码直达讨论区

4.7 前向传播、反向传播和计算图

我们已经学习了如何用小批量随机梯度下降训练模型。然而当实现该算法时，我们只考虑了通过前向传播（forward propagation）所涉及的计算。在计算梯度时，我们只调用了深度学习框架提供的反向传播函数，而不知

其所以然。

梯度的自动计算（自动微分）大大简化了深度学习算法的实现。在自动微分之前，即使是对复杂模型的微小调整也需要手动重新计算复杂的导数，学术论文也不得不分配大量页面来推导更新规则。本节将通过一些基本的数学和计算图，深入探讨反向传播的细节。首先，我们将重点放在带权重衰减（L_2 正则化）的单隐藏层多层感知机上。

4.7.1 前向传播

前向传播（forward propagation 或 forward pass）指的是：按顺序（从输入层到输出层）计算和存储神经网络中每层的结果。

我们将一步步研究单隐藏层神经网络的机制。为简单起见，我们假设输入样本是 $\boldsymbol{x}\in\mathbb{R}^d$，并且隐藏层不包括偏置项。这里的中间变量是

$$\boldsymbol{z}=\boldsymbol{W}^{(1)}\boldsymbol{x} \tag{4.17}$$

其中，$\boldsymbol{W}^{(1)}\in\mathbb{R}^{h\times d}$ 是隐藏层的权重参数。将中间变量 $\boldsymbol{z}\in\mathbb{R}^h$ 通过激活函数 ϕ 后，我们得到长度为 h 的隐藏层激活向量：

$$\boldsymbol{h}=\phi(\boldsymbol{z}) \tag{4.18}$$

隐藏层激活向量 $\boldsymbol{h}$ 也是一个中间变量。假设输出层的参数只有权重 $\boldsymbol{W}^{(2)}\in\mathbb{R}^{q\times h}$，我们可以得到输出层变量，它是一个长度为 q 的向量：

$$\boldsymbol{o}=\boldsymbol{W}^{(2)}\boldsymbol{h} \tag{4.19}$$

假设损失函数为 l，样本标签为 y，我们可以计算单个数据样本的损失项：

$$L=l(\boldsymbol{o},y) \tag{4.20}$$

根据 L_2 正则化的定义，给定超参数 λ，正则化项为

$$s=\frac{\lambda}{2}\left(\|\boldsymbol{W}^{(1)}\|_F^2+\|\boldsymbol{W}^{(2)}\|_F^2\right) \tag{4.21}$$

其中，矩阵的弗罗贝尼乌斯范数是将矩阵展平为向量后应用的 L_2 范数。最后，模型在给定数据样本上的正则化损失为

$$J=L+s \tag{4.22}$$

在下面的讨论中，我们将 J 称为目标函数。

4.7.2 前向传播计算图

绘制计算图有助于我们可视化计算中运算符和变量的依赖关系。图 4-4 是与上述简单网络相对应的计算图，其中正方形表示变量，圆圈表示运算符。左下角表示输入，右上角表示输出。注意，展示数据流的箭头方向主要是向右和向上的。

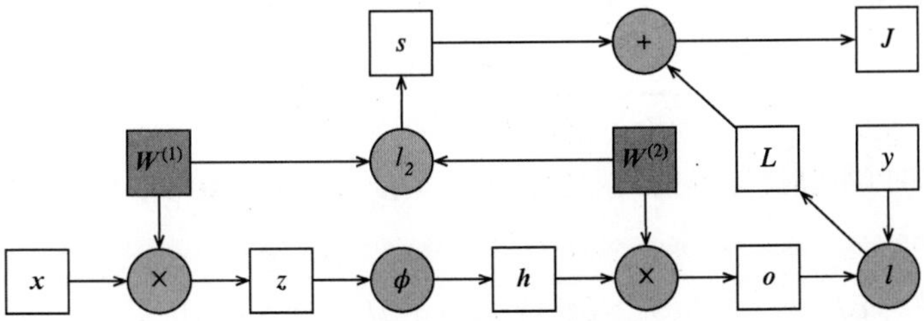

图 4-4 前向传播的计算图

4.7.3 反向传播

反向传播（backward propagation 或 backpropagation）指的是计算神经网络参数梯度的方法。简而言之，该方法根据微积分中的链式法则，按相反的顺序从输出层到输入层遍历网络。该算法存储了计算某些参数梯度时所需的任何中间变量（偏导数）。假设我们有函数 $\boldsymbol{Y}=f(\boldsymbol{X})$ 和 $\boldsymbol{Z}=g(\boldsymbol{Y})$，其中输入和输出 $\boldsymbol{X}$、$\boldsymbol{Y}$、$\boldsymbol{Z}$ 是任意形状的张量。应用链式法则，我们可以计算 $\boldsymbol{Z}$ 关于 $\boldsymbol{X}$ 的导数：

$$\frac{\partial \boldsymbol{Z}}{\partial \boldsymbol{X}}=\text{prod}\left(\frac{\partial \boldsymbol{Z}}{\partial \boldsymbol{Y}},\frac{\partial \boldsymbol{Y}}{\partial \boldsymbol{X}}\right) \tag{4.23}$$

在这里，我们使用 prod 运算符在执行必要的操作（如转置和交换输入位置）后将其参数相乘。对于向量，这很简单，它只是矩阵-矩阵乘法。对于高维张量，我们使用适当的对应项。运算符 prod 指代所有这些符号。

回想一下，在图 4-4 中的单隐藏层简单网络的参数是 $\boldsymbol{W}^{(1)}$ 和 $\boldsymbol{W}^{(2)}$。反向传播的目的是计算梯度 $\partial J/\partial \boldsymbol{W}^{(1)}$ 和 $\partial J/\partial \boldsymbol{W}^{(2)}$。为此，我们应用链式法则，依次计算每个中间变量和参数的梯度。计算的顺序与前向传播中执行的顺序相反，因为我们需要从计算图的结果开始，并朝着参数的方向努力。第一步是计算目标函数 $J=L+s$ 关于损失项 L 和正则化项 s 的梯度：

$$\frac{\partial J}{\partial L}=1,\frac{\partial J}{\partial s}=1 \tag{4.24}$$

接下来，我们根据链式法则计算目标函数关于输出层变量 $\boldsymbol{o}$ 的梯度：

$$\frac{\partial J}{\partial \boldsymbol{o}}=\text{prod}\left(\frac{\partial J}{\partial L},\frac{\partial L}{\partial \boldsymbol{o}}\right)=\frac{\partial L}{\partial \boldsymbol{o}}\in\mathbb{R}^{q} \tag{4.25}$$

然后，我们计算正则化项关于两个参数的梯度：

$$\frac{\partial s}{\partial \boldsymbol{W}^{(1)}}=\lambda\boldsymbol{W}^{(1)},\frac{\partial s}{\partial \boldsymbol{W}^{(2)}}=\lambda\boldsymbol{W}^{(2)} \tag{4.26}$$

现在我们可以计算最接近输出层的模型参数的梯度$\partial J/\partial \boldsymbol{W}^{(2)}\in\mathbb{R}^{q\times h}$。应用链式法则得出

$$\frac{\partial J}{\partial \boldsymbol{W}^{(2)}}=\text{prod}\left(\frac{\partial J}{\partial \boldsymbol{o}},\frac{\partial \boldsymbol{o}}{\partial \boldsymbol{W}^{(2)}}\right)+\text{prod}\left(\frac{\partial J}{\partial s},\frac{\partial s}{\partial \boldsymbol{W}^{(2)}}\right)=\frac{\partial J}{\partial \boldsymbol{o}}\boldsymbol{h}^{\top}+\lambda\boldsymbol{W}^{(2)} \tag{4.27}$$

为了获得关于 $\boldsymbol{W}^{(1)}$ 的梯度，我们需要继续沿着输出层到隐藏层反向传播。关于隐藏层输出的梯度$\partial J/\partial \boldsymbol{h}\in\mathbb{R}^{h}$由下式给出：

$$\frac{\partial J}{\partial \boldsymbol{h}}=\text{prod}\left(\frac{\partial J}{\partial \boldsymbol{o}},\frac{\partial \boldsymbol{o}}{\partial \boldsymbol{h}}\right)=\boldsymbol{W}^{(2)\top}\frac{\partial J}{\partial \boldsymbol{o}} \tag{4.28}$$

由于激活函数 ϕ 是按元素计算的，计算中间变量 $\boldsymbol{z}$ 的梯度 $\partial J/\partial \boldsymbol{z}\in\mathbb{R}^{h}$ 需要使用按元素乘法运算符，我们用 $\odot$ 表示：

$$\frac{\partial J}{\partial \boldsymbol{z}}=\text{prod}\left(\frac{\partial J}{\partial \boldsymbol{h}},\frac{\partial \boldsymbol{h}}{\partial \boldsymbol{z}}\right)=\frac{\partial J}{\partial \boldsymbol{h}}\odot\phi'(\boldsymbol{z}) \tag{4.29}$$

最后，我们可以得到最接近输入层的模型参数的梯度$\partial J/\partial \boldsymbol{W}^{(1)}\in\mathbb{R}^{h\times d}$。根据链式法则，我们得到

$$\frac{\partial J}{\partial \boldsymbol{W}^{(1)}}=\text{prod}\left(\frac{\partial J}{\partial \boldsymbol{z}},\frac{\partial \boldsymbol{z}}{\partial \boldsymbol{W}^{(1)}}\right)+\text{prod}\left(\frac{\partial J}{\partial s},\frac{\partial s}{\partial \boldsymbol{W}^{(1)}}\right)=\frac{\partial J}{\partial \boldsymbol{z}}\boldsymbol{x}^{\top}+\lambda\boldsymbol{W}^{(1)} \tag{4.30}$$

4.7.4 训练神经网络

在训练神经网络时，前向传播和反向传播相互依赖。对于前向传播，我们沿着依赖的方向遍历计算图并计算其路径上的所有变量。然后将这些用于反向传播，其中的计算顺序与计算图的相反。

以上述简单网络为例：一方面，在前向传播期间计算的正则化项（见式（4.21））取决于模型参数 $\boldsymbol{W}^{(1)}$ 和 $\boldsymbol{W}^{(2)}$ 的当前值，它们是由优化算法根据最近迭代的反向传播给出的。另一方面，反向传播期间参数（见式（4.27））的梯度计算，取决于由前向传播给出的隐藏变量 $\boldsymbol{h}$ 的当前值。

因此，在训练神经网络时，在初始化模型参数后，我们交替使用前向传播和反向传播，利用反向传播给出的梯度来更新模型参数。注意，反向传播重复利用前向传播中存储的中间值，以避免重复计算，其带来的影响之一是我们需要保留中间值，直到反向传播完成。这也是训练比单纯的预测需要更多的内存（显存）的原因之一。此外，这些中间值的大小与网络层的数量和批量的大小大致成正比。因此，使用更大的批量来训练更深层次的网络更容易导致内存不足。

小结

- 前向传播在神经网络定义的计算图中按顺序计算和存储中间变量，计算的顺序是从输入层到输出层。
- 反向传播按相反的顺序（从输出层到输入层）计算和存储神经网络的中间变参数的梯度。
- 在训练深度学习模型时，前向传播和反向传播是相互依赖的。
- 训练比预测需要更多的内存。

练习

（1）假设一些标量函数 $\boldsymbol{X}$ 的输入 $\boldsymbol{X}$ 是 $n \times m$ 矩阵。f 相对于 $\boldsymbol{X}$ 的梯度的维数是多少？

（2）向本节中描述的模型的隐藏层添加偏置项（不需要在正则化项中包含偏置项）。

a. 绘出相应的计算图。

b. 推导前向传播和反向传播方程。

（3）计算本节所描述的模型用于训练和预测的内存空间。

（4）假设想计算二阶导数。计算图会发生什么变化？预计计算需要多长时间？

（5）假设计算图对当前的 GPU 来说太大了。

a. 请尝试把它划分到多个 GPU 上。

b. 这与小批量训练相比，有哪些优点和缺点？

4.8 数值稳定性和模型初始化

扫码直达讨论区

到目前为止，我们实现的每个模型都是根据某个预先指定的分布来初始化模型的参数。有人会认为初始化方案是理所当然的，忽略了如何做出这些选择的细节。甚至有人可能会觉得，初始化方案的选择并不是特别重要。实际上，初始化方案的选择在神经网络学习中起着举足轻重的作用，它对保持数值稳定性至关重要。此外，这些初始化方案的选择可以与非线性激活函数的选择有趣的结合在一起。我们选择哪个函数以及如何初始化参数可以决定优化算法收敛的速度有多快。糟糕的选择可能会导致我们在训练时遇到梯度爆炸或梯度消失。本节将更详细地探讨这些主题，并讨论一些有用的启发式方法。这些启发式方法在整个深度学习过程中都很有用。

4.8.1 梯度消失和梯度爆炸

考虑一个具有 L 层、输入 $\boldsymbol{x}$ 和输出 $\boldsymbol{o}$ 的深层网络。每一层 l 由变换 f_l 定义，该变换的参数为权重 $\boldsymbol{W}^{(l)}$，其隐藏变量是 $\boldsymbol{h}^{(l)}$（令 $\boldsymbol{h}^{(0)}=\boldsymbol{x}$）。我们的网络可以表示为

$$\boldsymbol{h}^{(l)} = f_l(\boldsymbol{h}^{(l-1)}), \text{因此} \boldsymbol{o} = f_L \circ \cdots \circ f_1(\boldsymbol{x}) \tag{4.31}$$

如果所有隐藏变量和输入都是向量，我们可以将 $\boldsymbol{o}$ 关于任何一组参数 $\boldsymbol{W}^{(l)}$ 的梯度写为

$$\partial_{\boldsymbol{W}^{(l)}} \boldsymbol{o} = \underbrace{\partial_{\boldsymbol{h}^{(L-1)}} \boldsymbol{h}^{(L)}}_{\boldsymbol{M}^{(L)} \stackrel{\text{def}}{=}} \cdots \underbrace{\partial_{\boldsymbol{h}^{(l)}} \boldsymbol{h}^{(l+1)}}_{\boldsymbol{M}^{(l+1)} \stackrel{\text{def}}{=}} \underbrace{\partial_{\boldsymbol{W}^{(l)}} \boldsymbol{h}^{(l)}}_{\boldsymbol{v}^{(l)} \stackrel{\text{def}}{=}} \tag{4.32}$$

换言之，该梯度是 $L-1$ 个矩阵 $\boldsymbol{M}^{(L)} \cdots \boldsymbol{M}^{(l+1)}$ 与梯度向量 $\boldsymbol{v}^{(l)}$ 的乘积。因此，我们容易受到数值下溢问题的影响。当将过多的概率在一起相乘时，这种问题经常会出现。在处理概率时，一个常见的技巧是切换到对数空间，即将数值表示的压力从尾数转移到指数。遗憾的是，这会使上面的问题更为严重：矩阵 $\boldsymbol{M}^{(l)}$ 可能具有各种各样的特征值，它们可能很小，也可能很大，而它们的乘积可能非常大，也可能非常小。

不稳定梯度带来的风险不仅在于数值表示。也威胁到优化算法的稳定性。我们可能面临一些问题。要么是梯度爆炸（gradient exploding）问题：参数更新过大，破坏了模型的稳定收敛。要么是梯度消失（gradient vanishing）问题：参数更新过小，在每次更新时几乎不会移动，导致模型无法学习。

1. 梯度消失

曾经 sigmoid 函数 $1/(1+\exp(-x))$（4.1 节提到过）很流行，因为它类似于阈值函数。由于早期的人工神经网络受到生物神经网络的启发，神经元要么完全激活要么完全不激活（就像生物神经元）的想法很有吸引力。然而，它却是导致梯度消失的一个常见原因，我们仔细看看 sigmoid 函数为什么会导致梯度消失。

```
%matplotlib inline
import torch
from d2l import torch as d2l

x = torch.arange(-8.0, 8.0, 0.1, requires_grad=True)
y = torch.sigmoid(x)
y.backward(torch.ones_like(x))

d2l.plot(x.detach().numpy(), [y.detach().numpy(), x.grad.numpy()],
         legend=['sigmoid', 'gradient'], figsize=(4.5, 2.5))
```

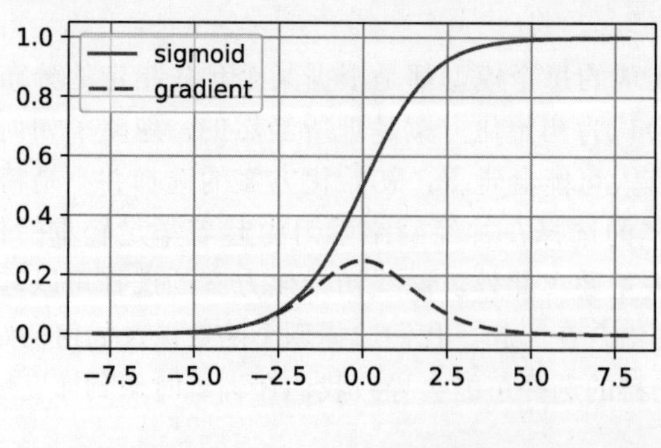

正如上图曲线所示，当 sigmoid 函数的输入很大或很小时，它的梯度会消失。此外，当反向传播通过许多层时，除非恰好在 sigmoid 函数的输入接近零的位置，否则整个乘积的梯度可能会消失。当网络有很多层时，除非我们很小心，否则在某一层可能会切断梯度。事实上，这个问题曾经困扰着深度网络的训练。因此，更稳定的 ReLU 系列函数已经成为从业者的默认选择（虽然从神经科学的角度看起来不太合理）。

2. 梯度爆炸

与梯度消失相反的梯度爆炸可能同样令人烦恼。为了更好地说明这一点，我们生成 100 个高斯随机矩阵，并将它们与某个初始矩阵相乘。对于我们选择的尺寸（方差 $\sigma^2=1$），矩阵的乘积发生了爆炸。当这种情况是由于深度网络的初始化所导致时，我们没有机会让梯度下降优化器收敛。

```python
M = torch.normal(0, 1, size=(4,4))
print('一个矩阵 \n',M)
for i in range(100):
    M = torch.mm(M,torch.normal(0, 1, size=(4, 4)))

print('乘以100个矩阵后\n', M)
```

```
一个矩阵
 tensor([[-0.9380,  0.3228, -0.6159, -0.5822],
        [-0.2853, -0.8043,  0.5361, -0.3072],
        [-0.0892,  0.6699,  0.0383,  0.4808],
        [-0.2864, -0.6960, -0.4218, -0.2292]])
乘以100个矩阵后
 tensor([[-1.8805e+23,  1.0272e+24,  2.5742e+24, -1.4422e+24],
        [ 3.9552e+23, -2.1604e+24, -5.4140e+24,  3.0331e+24],
        [ 9.9781e+22, -5.4503e+23, -1.3659e+24,  7.6521e+23],
        [-1.3593e+22,  7.4252e+22,  1.8608e+23, -1.0425e+23]])
```

3. 打破对称性

神经网络设计中的另一个问题是其参数化所固有的对称性。假设我们有一个简单的多层感知机，它有一个隐藏层和两个隐藏单元。在这种情况下，我们可以对第一层的权重 $\boldsymbol{W}^{(1)}$ 进行重排列，并且同样对输出层的权重进行重排列，可以获得相同的函数。第一个隐藏单元与第二个隐藏单元没有什么区别。换句话说，在每一层的隐藏单元之间具有排列对称性。

假设输出层将上述两个隐藏单元的多层感知机转换为仅一个输出单元。想象一下，如果我们将隐藏层的所有参数初始化为 $\boldsymbol{W}^{(1)}=c$，c 为常量，会发生什么？在这种情况下，在前向传播期间，两个隐藏单元采用相同的输入和参数，产生相同的激活值，该激活值被送到输出单元。在反向传播期间，根据参数 $\boldsymbol{W}^{(1)}$ 对输出单元进行微分，得到一个梯度，其元素都取相同的值。因此，在基于梯度的迭代（例如，小批量随机梯度下降）之后，$\boldsymbol{W}^{(1)}$ 的所有元素仍然采用相同的值。这样的迭代永远不会打破对称性，因此我们可能永远也无法实现网络的表达力。隐藏层的行为就好像只有一个隐藏单元。注意，虽然小批量随机梯度下降不会打破这种对称性，但暂退法正则化可以。

4.8.2 参数初始化

解决（或至少缓解）上述问题的一种方法是进行参数初始化，优化期间的适当正则化也可以进一步提高稳定性。

1. 默认初始化

在前面的部分中，例如在 3.3 节中，我们使用正态分布来初始化权重值。如果我们不指定初始化方法，框架将使用默认的随机初始化方法，对于中等难度的问题，这种方法通常很有效。

2. Xavier 初始化

我们看看某些没有非线性的全连接层输出（例如，隐藏变量）o_i 的分布。对于该层 n_{in} 输入 x_j 及其相关权重 w_{ij}，输出由下式给出：

$$o_i = \sum_{j=1}^{n_{\text{in}}} w_{ij} x_j \tag{4.33}$$

权重 w_{ij} 都是从同一分布中独立抽样的。此外，我们假设该分布具有均值 0 和方差 σ^2。注意，这并不意味着分布必须是高斯分布，只表示具有均值和方差。现在，我们假设层 x_j 的输入也具有均值 0 和方差 γ^2，并且它们独立于 w_{ij} 并且彼此独立。在这种情况下，我们可以按如下式计算 o_i 的均值和方差：

$$\begin{aligned}
E[o_i] &= \sum_{j=1}^{n_{\text{in}}} E[w_{ij} x_j] \\
&= \sum_{j=1}^{n_{\text{in}}} E[w_{ij}] E[x_j] \\
&= 0 \\
\text{Var}[o_i] &= E[o_i^2] - (E[o_i])^2 \\
&= \sum_{j=1}^{n_{\text{in}}} E[w_{ij}^2 x_j^2] - 0 \\
&= \sum_{j=1}^{n_{\text{in}}} E[w_{ij}^2] E[x_j^2] \\
&= n_{\text{in}} \sigma^2 \gamma^2
\end{aligned} \tag{4.34}$$

保持方差不变的一种方法是设置 $n_{\text{in}}\sigma^2=1$。现在考虑反向传播过程，我们面临着类似的问题，尽管梯度是从更靠近输出的层传播的。使用与前向传播相同的推断，我们可以看到，除非 $n_{\text{out}}\sigma^2=1$，否则梯度的方差可能会增大，其中 n_{out} 是该层的输出的数量。这使我们进退两难，因为我们不可能同时满足这两个条件，取而代之的是，我们只需满足

$$\frac{1}{2}(n_{\text{in}} + n_{\text{out}})\sigma^2 = 1 \text{或等价于} \sigma = \sqrt{\frac{2}{n_{\text{in}} + n_{\text{out}}}} \tag{4.35}$$

这就是现在标准且实用的 Xavier 初始化的基础，它以其提出者 [42] 第一作者的名字命名。通常，Xavier 初始化从均值为 0，方差 $\sigma^2=2/(n_{\text{in}}+n_{\text{out}})$ 的高斯分布中抽样权重。我们也可以将其改为从均匀分布中抽样权重时的方差。注意，均匀分布 $U(-a, a)$ 的方差为 $a^2/3$。将 $a^2/3$ 代入 σ^2 的条件中，将得到初始化值域：

$$U\left(-\sqrt{\frac{6}{n_{\text{in}} + n_{\text{out}}}}, \sqrt{\frac{6}{n_{\text{in}} + n_{\text{out}}}}\right) \tag{4.36}$$

尽管在上述数学推导中，“不存在非线性”的假设在神经网络中很容易不成立，但 Xavier 初始化方法在实践中被证明是有效的。

3. 扩展阅读

上面的推导仅触及了现代参数初始化方法的皮毛。深度学习框架通常可以实现十几种不同的启发式方法。此外，参数初始化一直是深度学习基础研究的热点领域，其中包括专门用于参数绑定（共享）、超分辨率、序列模型和其他情况下的启发式算法。例如，Xiao 等人演示了通过使用精心设计的初始化方法[187]，可以无须架构上的技巧而训练 1 万层神经网络的可能性。

如果有读者对该主题感兴趣，我们建议深入研究本模块的内容，阅读提出并分析每种启发式方法的论文，然后探索有关该主题的最新出版物。也许会偶然发现甚至发明一个聪明的想法，并为深度学习框架提供一个实现。

小结

- 梯度消失和梯度爆炸是深度网络中的常见问题。在参数初始化时需要非常小心，以确保梯度和参数可以得到很好的控制。
- 需要用启发式的初始化方法来确保初始梯度既不太大也不太小。
- ReLU 激活函数缓解了梯度消失问题，这样可以加速收敛。
- 随机初始化是保证在进行优化前打破对称性的关键。
- Xavier 初始化表明，对于每一层，输出的方差不受输入数量的影响，任何梯度的方差不受输出数量的影响。

练习

（1）除了多层感知机的排列具有对称性之外，还能设计出其他神经网络可能会表现出对称性且需要被打破的情况吗？

（2）我们是否可以将线性回归或 softmax 回归中的所有权重参数初始化为相同的值？

（3）在相关资料中查找两个矩阵乘积特征值的解析解。这对确保梯度条件合适有什么启示？

（4）如果我们知道某些项是发散的，我们能在事后修正吗？可以参考关于按层自适应速率缩放的论文[190]。

4.9 环境和分布偏移

扫码直达讨论区

前面我们学习了许多机器学习的实际应用，用模型拟合各种数据集。然而，我们从来没有想过数据最初从哪里来？以及我们计划最终如何处理模型的输出？通常情况下，开发人员会拥有一些数据且急于开发模型，而不关注这些基本问题。

许多失败的机器学习部署（即实际应用）都可以追究到这种方式。有时，根据测试集的精度度量，模型表现得非常出色，但是当数据分布突然改变时，模型在部署中会出现灾难性的失败。更隐蔽的是，有时模型的部署本身就是扰乱数据分布的催化剂。举一个有点荒谬却可能真实存在的例子。假设我们训练了一个贷款申请人违约风险模型，用来预测谁将偿还贷款或违约。这个模型发现申请人的鞋子与违约风险相关（穿牛津鞋的申请人会偿还，穿运动鞋的申请人会违约）。此后，这个模型可能倾向于向所有穿着牛津鞋的申请人发放贷款，并拒绝所有穿着运动鞋的申请人。

这种情况可能会带来灾难性的后果。首先，一旦模型开始根据鞋类做出决定，申请人就会理解并改变他们的行为。不久，所有的申请人都会穿牛津鞋，而信用度却没有相应的提高。总而言之，机器学习的许多应用中都存在类似的问题：通过将基于模型的决策引入环境，我们可能会破坏模型。

虽然我们不可能在一节内容中讨论全部的问题，但我们希望揭示一些常见的问题，并激发批判性思考，以便及早发现这些情况，减小灾难性的损害。有些解决方案很简单（要求“正确”的数据），有些解决方案在技术上很困难（实施强化学习系统），还有一些解决方案要求我们完全跳出统计预测，解决一些棘手的、与算法伦理应用有关的哲学问题。

4.9.1 分布偏移的类型

首先，我们考虑数据分布可能发生变化的各种方式，以及为提高模型性能可能采取的措施。在一个经典的场景中，假设训练数据是从某个分布 $p_S(\boldsymbol{x}, y)$ 中抽样的，但是测试数据将包含从不同分布 $p_T(\boldsymbol{x}, y)$ 中抽样的未标注样本。一个清醒的现实情况是：如果没有任何关于 p_S 和 p_T 之间相互关系的假设，学习一个分类器是不可能的。

考虑一个二元分类问题：区分狗和猫。如果分布可以以任意方式偏移，那么我们的场景允许病态的情况，即输入的分布保持不变：$p_S(\boldsymbol{x})=p_T(\boldsymbol{x})$，但标签全部翻转：$p_S(y \mid \boldsymbol{x})=1-p_T(y \mid \boldsymbol{x})$。换言之，如果将来所有的猫现在都是狗，而我们以前所说的狗现在是猫，而此时输入 $p(\boldsymbol{x})$ 的分布没有任何改变，那么我们就不可能将这种场景与分布完全没有变化的场景区分开。

幸运的是，在对未来的数据可能发生变化的一些限制性假设下，有些算法可以检测这种偏移，甚至可以动态调整，以提高原始分类器的精度。

1. 协变量偏移

在不同的分布偏移中，协变量偏移可能是研究最为广泛的。这里我们假设：虽然输入的分布可能随时间而改变，但标签函数（即条件分布 $P(y \mid \boldsymbol{x})$）没有改变。统计学家称之为协变量偏移（covariate shift），因为这个问题是由于协变量（特征）分布的变化而产生的。虽然有时我们可以在不引用因果关系的情况下对分布偏移进行推断，但在我们认为 $\boldsymbol{x}$ 导致 y 的情况下，协变量偏移是一种自然假设。

考虑一下区分猫和狗的问题：训练数据包括图 4-5 中所示的图像。

猫　猫　狗　狗

图 4-5　区分猫和狗的训练数据

在测试时，我们被要求对图 4-6 中所示的图像进行分类。

猫　猫　狗　狗

图 4-6　区分猫和狗的测试数据

训练集由真实照片组成，而测试集只包含卡通图片。假设在一个与测试集的特征有本质区别的数据集上进行训练，如果没有方法来适应新的领域，可能会有麻烦。

2. 标签偏移

标签偏移（label shift）描述了与协变量偏移相反的问题。这里我们假设标签边缘概率 $P(y)$ 可以改变，但是类别条件分布 $P(\mathbf{x} \mid y)$ 在不同的领域保持不变。当我们认为 y 导致 $\mathbf{x}$ 时，标签偏移是一个合理的假设。例如，预测患者的疾病时，我们可能根据症状来判断，即使疾病的相对流行率随着时间的推移而变化。标签偏移在这里是恰当的假设，因为疾病会引起症状。在另一些情况下，标签偏移和协变量偏移假设可以同时成立。例如，当标签是确定的，即使 y 导致 $\mathbf{x}$，协变量偏移假设也会成立。有趣的是，在这些情况下，使用基于标签偏移假设的方法通常是有利的，这是因为这些方法倾向于包含看起来像标签（通常是低维）的对象，而不是像输入（通常是高维的）对象。

3. 概念偏移

我们也可能会遇到概念偏移（concept shift），当标签的定义发生变化时，就会出现这种问题。这听起来很奇怪——一只猫就是一只猫，不是吗？然而，其他类别会随着不同时间的用法而发生变化。精神疾病的诊断标准、所谓的时髦和工作头衔等，都是概念偏移的日常映射。事实证明，假如我们环游美国，根据所在的地理位置改变数据来源，我们会发现关于“软饮”名称的分布发生了相当大的概念偏移。

如果我们要建立一个机器翻译系统，$P(y \mid \mathbf{x})$ 的分布可能会因我们的位置不同而得到不同的翻译。这个问题可能很难被发现。所以，我们最好可以利用在时间或空间上逐渐发生偏移的知识。

4.9.2 分布偏移示例

在深入研究形式体系和算法之前，我们可以讨论一些协变量偏移或概念偏移可能并不明显的具体情况。

1. 医学诊断

假设我们想设计一个检测癌症的算法，从健康人和病人那里收集数据，然后训练算法。该算法工作得很好，有很高的精度，然后我们得出了已经准备好在医疗诊断上取得成功的结论。请先别着急。

收集的训练数据的分布和在实际中遇到的数据分布可能有很大的不同。这件事在一个初创公司身上发生过，我们中的一些作者几年前和他们合作过。他们正在研究一种血液检测方法，主要针对一种影响老年男性的疾病，并希望利用他们从病人身上采集的血液样本进行研究。然而，从健康男性身上获取血液样本比从系统中已有的病人身上获取要困难得多。因此，这家初创公司向一所大学校园内的学生征集献血，作为开发测试的健康对照样本。然后这家初创公司问我们是否可以帮助他们建立一个用于检测该疾病的分类器。

正如我们向他们解释的那样，用近乎完美的精度来区分健康人群和患病人群确实很容易。然而，这可能是因为受试者在年龄、激素水平、体力活动、饮食、饮酒以及其他许多与疾病无关的因素上存在差异，这对检测疾病的分类器可能并不适用，因为这些抽样可能会遇到极端的协变量偏移。此外，这种情况不太可能通过常规方法予以纠正。简而言之，他们浪费了一大笔钱。

2. 自动驾驶汽车

对于一家想利用机器学习来开发自动驾驶汽车的公司，一个关键部件是“路沿检测器”。由于真实的注释数据的获取成本很高，他们想出了一个“聪明”的办法：将游戏渲染引擎中的合成数据用作额外的训练数据。这对从渲染引擎中抽取的“测试数据”非常有效，但应用在一辆真正的汽车上真是一场灾难。正如事实证明的那样，路沿被渲染成一种非常简单的纹理。更重要的是，所有的路沿都被渲染成了相同的纹理，路沿检测器很快就学习到了这个“特征”。

当美军第一次试图在森林中探测坦克时，也发生了类似的情况。他们在没有坦克的情况下拍摄了森林的航拍照片，然后把坦克开进森林，拍摄了另一组照片。使用这两组数据训练的分类器似乎工作得很好。遗憾的是，分类器仅学会了如何区分有阴影的树和没有阴影的树：第一组照片是在清晨拍摄的，而第二组是在中午拍摄的。

3. 非平稳分布

当分布变化缓慢并且模型没有得到充分更新时，就会出现更微妙的情况：非平稳分布（nonstationary distribution）。以下是一些典型例子。

- 训练一个计算广告模型，但没有经常更新（例如，一个 2009 年训练的模型不知道一个叫作 iPad 的不知名新设备刚刚上市）。
- 建立一个垃圾邮件过滤器，它能很好地检测到所有垃圾邮件。但是，垃圾邮件发送者们变得聪明起来，制造出新的信息，看起来不像我们以前见过的任何垃圾邮件。
- 建立一个产品推荐系统，它在整个冬天都有效，但圣诞节过后很久还会继续推荐圣诞帽。

4. 更多示例

- 建立一个人脸检测器，它在所有基准测试中都能很好地工作，但是在测试数据上失败了：有问题的例子是人脸充满了整张图像的特写镜头（训练集中没有这样的数据）。
- 为美国市场建立了一个网络搜索引擎，并希望将其部署到英国。
- 通过一个大的数据集来训练图像分类器，其中每个类别的数量在数据集上近乎是均匀分布的，例如，有 1000 个类别，每个类别由 1000 张图像表示。但是将该系统部署到真实世界中时，图像的实际标签分布显然是不均匀的。

4.9.3 分布偏移纠正

正如我们所讨论的，在许多情况下训练和测试分布 $P(\mathbf{x}, y)$ 是不同的。在某些情况下，我们很幸运，不管协变量、标签或概念如何发生偏移，模型都能正常工作。在另一些情况下，我们可以通过运用策略来应对这种偏移。本节的其余部分将着重于应对这种偏移的技术细节。

1. 经验风险与实际风险

我们先反思一下在模型训练期间到底发生了什么。训练数据 $\{(\mathbf{x}_1, y_1), \cdots, (\mathbf{x}_n, y_n)\}$ 的特征和相关的标签经过迭代，在每一个小批量之后更新模型 f 的参数。为简单起见，我们不考虑正则化，因此极大地降低了训练损失：

$$\underset{f}{\text{minimize}}\frac{1}{n}\sum_{i=1}^{n} l(f(\mathbf{x}_i), y_i) \tag{4.37}$$

其中，l 是损失函数，用来度量：给定标签 y_i，预测 $f(\mathbf{x}_i)$ 的“糟糕程度”。统计学家称式（4.37）

中的这一项为经验风险。经验风险（empirical risk）是为了近似 真实风险（true risk），整个训练数据上的平均损失，即从其真实分布 $p(\boldsymbol{x}, y)$ 中抽样的所有数据的总体损失的期望：

$$E_{p(\boldsymbol{x},y)}[l(f(\boldsymbol{x}),y)] = \iint l(f(\boldsymbol{x}),y)p(\boldsymbol{x},y)\mathrm{d}\boldsymbol{x}\mathrm{d}y \tag{4.38}$$

然而在实践中，我们通常无法获得总体数据。因此，经验风险最小化即在式（4.37）中最小化经验风险，是一种实用的机器学习策略，希望能近似最小化真实风险。

2. 协变量偏移纠正

假设对于带标签的数据 $(\boldsymbol{x}_i, y_i)$，我们要评估 $P(y \mid \boldsymbol{x})$。然而观测值 $\boldsymbol{x}_i$ 是从某些源分布 $q(\boldsymbol{x})$ 中得出的，而不是从目标分布 $p(\boldsymbol{x})$ 中得出的。幸运的是，依赖性假设意味着条件分布保持不变，即 $p(y \mid \boldsymbol{x})=q(y \mid \boldsymbol{x})$。如果源分布 $q(\boldsymbol{x})$ 是“错误的”，我们可以通过在真实风险的计算中，使用以下简单的恒等式来进行纠正：

$$\iint l(f(\boldsymbol{x}),y)p(y \mid \boldsymbol{x})p(\boldsymbol{x})\mathrm{d}\boldsymbol{x}\mathrm{d}y = \iint l(f(\boldsymbol{x}),y)q(y \mid \boldsymbol{x})q(\boldsymbol{x})\frac{p(\boldsymbol{x})}{q(\boldsymbol{x})}\mathrm{d}\boldsymbol{x}\mathrm{d}y \tag{4.39}$$

换句话说，我们需要根据数据来自正确分布与来自错误分布的概率之比，来重新衡量每个数据样本的权重：

$$\beta_i \stackrel{\text{def}}{=} \frac{p(\boldsymbol{x}_i)}{q(\boldsymbol{x}_i)} \tag{4.40}$$

将权重 β_i 代入每个数据样本 $(\boldsymbol{x}_i, y_i)$ 中，我们可以使用“加权经验风险最小化”来训练模型：

$$\underset{f}{\text{minimize}} \frac{1}{n}\sum_{i=1}^{n} \beta_i l(f(\boldsymbol{x}_i), y_i) \tag{4.41}$$

由于不知道 β_i 这个比率，我们需要估计它。有许多种方法可以估计，包括一些花哨的算子理论方法，试图直接使用最小范数或最大熵原理重新校准期望算子。对于任意一种这样的方法，我们都需要从两个分布中抽取样本：“真实”的分布 p，通过访问测试数据获取；训练集 q，通过人工合成很容易获得。注意，我们只需要特征 $\boldsymbol{x} \sim p(\boldsymbol{x})$，不需要访问标签 $y \sim p(y)$。

在这种情况下，通过使用一种非常有效的方法可以获得几乎与原始方法同样好的结果，这种方法就是逻辑斯谛回归（logistic regression），它是用于二元分类的 softmax 回归（见 3.4 节）的一个特例。综上所述，我们学习了一个分类器来区分从 $p(\boldsymbol{x})$ 抽样的数据和从 $q(\boldsymbol{x})$ 抽样的数据。如果无法区分这两个分布，则意味着相关的样本可能来自这两个分布中的任何一个。此外，任何可以很好区分的样本都应该相应地显著增加或减少权重。

为简单起见，假设我们分别从 $p(\boldsymbol{x})$ 和 $q(\boldsymbol{x})$ 这两个分布中抽取相同数量的样本。现在用 z 标签表示：从 p 抽取的数据为 1，从 q 抽取的数据为 -1。然后，混合数据集中的概率由下式给出：

$$P(z=1 \mid \boldsymbol{x}) = \frac{p(\boldsymbol{x})}{p(\boldsymbol{x})+q(\boldsymbol{x})} \text{ 且由此，} \frac{P(z=1 \mid \boldsymbol{x})}{P(z=-1 \mid \boldsymbol{x})} = \frac{p(\boldsymbol{x})}{q(\boldsymbol{x})} \tag{4.42}$$

因此，如果我们使用逻辑斯谛回归方法，其中 $P(z=1 \mid \boldsymbol{x}) = 1/(1+\exp(-h(\boldsymbol{x})))$（$h$ 是一个参数化函数），很自然地有

$$\beta_i = \frac{1/(1+\exp(-h(\boldsymbol{x}_i)))}{\exp(-h(\boldsymbol{x}_i))/(1+\exp(-h(\boldsymbol{x}_i)))} = \exp(h(\boldsymbol{x}_i)) \tag{4.43}$$

因此，我们需要解决两个问题：第一个问题是关于区分来自两个分布的数据；第二个问题是关于式（4.41）中的加权经验风险的最小化。在第二个问题中，我们将对其中的项加权 β_i。

现在，我们来看一下完整的协变量偏移纠正算法。假设我们有一个训练集 $\{(x_1, y_1), \cdots, (x_n,$

$y_n)\}$ 和一个未标注的测试集 $\{\boldsymbol{u}_1, \cdots, \boldsymbol{u}_m\}$。对于协变量偏移，我们假设 $\boldsymbol{x}_i$（$1 \leqslant i \leqslant n$）来自某个源分布，$\boldsymbol{u}_i$ 来自目标分布。以下是纠正协变量偏移的典型算法。

（1）生成一个二元分类训练集：$\{(\boldsymbol{x}_1,-1),\cdots,(\boldsymbol{x}_n,-1),(\boldsymbol{u}_1,1),\cdots,(\boldsymbol{u}_m,1)\}$。

（2）用逻辑斯谛回归训练二元分类器得到函数 h。

（3）使用$\beta_i = \exp(h(\boldsymbol{x}_i))$或更好的$\beta_i = \min(\exp(h(\boldsymbol{x}_i)),c)$（$c$ 为常量）对训练数据进行加权。

（4）使用权重 β_i 进行式（4.41）中 $\{(\boldsymbol{x}_1, y_1), \cdots, (\boldsymbol{x}_n, y_n)\}$ 的训练。

注意，上述算法依赖一个重要的假设：目标分布（例如，测试分布）中的每个数据样本在训练时出现的概率为非零，因为如果我们找到 $p(\boldsymbol{x})>0$ 但 $q(\boldsymbol{x})=0$ 的点，那么相应的重要性权重会是无穷大。

3. 标签偏移纠正

假设我们处理的是 k 个类别的分类任务。使用与上述相同的符号，q 和 p 中分别是源分布（例如，训练时的分布）和目标分布（例如，测试时的分布）。假设标签的分布随时间变化，即 $q(y) \neq p(y)$，但类别条件分布保持不变，即 $q(\boldsymbol{x} \mid y)=p(\boldsymbol{x} \mid y)$。如果源分布 $q(y)$ 是“错误的”，我们可以根据式（4.38）中定义的真实风险中的恒等式进行纠正：

$$\iint l(f(\boldsymbol{x}), y) p(\boldsymbol{x} \mid y) p(y) \mathrm{d}\boldsymbol{x}\mathrm{d}y = \iint l(f(\boldsymbol{x}), y) q(\boldsymbol{x} \mid y) q(y) \frac{p(y)}{q(y)} \mathrm{d}\boldsymbol{x}\mathrm{d}y \tag{4.44}$$

这里，重要性权重将对应于标签似然比率

$$\beta_i \stackrel{\text{def}}{=} \frac{p(y_i)}{q(y_i)} \tag{4.45}$$

标签偏移的一个好处是，如果我们在源分布上有一个相当好的模型，那么我们可以得到对这些权重的一致估计，而不需要处理周边的其他维度。在深度学习中，输入往往是高维对象（如图像），而标签通常是低维（如类别）。

为了估计目标标签分布，我们首先采用性能相当好的现成的分类器（通常基于训练数据进行训练），并使用验证集（也来自训练分布）计算其混淆矩阵。混淆矩阵 $\boldsymbol{C}$ 是一个 $k \times k$ 矩阵，其中每列对应于标签类别，每行对应于模型的预测类别。每个元素的值 c_{ij} 是验证集中真实标签为 j 而我们的模型预测为 i 的样本数的占比。

现在，我们不能直接计算目标数据上的混淆矩阵，因为我们无法看到真实环境下的样本的标签，除非我们再搭建一个复杂的实时标注流程。我们所能做的是将模型在测试时的预测取平均数，得到平均模型输出$\mu(\hat{\boldsymbol{y}}) \in \mathbb{R}^k$，其中第 i 个元素$\mu(\hat{y}_i)$是模型预测测试集中 i 的总预测分数。

结果表明，如果我们的分类器一开始就相当精确并且目标数据只包含我们以前见过的类别，以及标签偏移假设成立（这里最强的假设），我们就可以通过求解一个简单的线性系统来估计测试集的标签分布：

$$\boldsymbol{C} p(\boldsymbol{y}) = \mu(\hat{\boldsymbol{y}}) \tag{4.46}$$

因为作为一个估计，$\sum_{j=1}^{k} c_{ij} p(y_j) = \mu(\hat{y}_i)$对所有 i（$1 \leqslant i \leqslant k$）成立，其中 $p(y_j)$ 是 k 维标签分布向量$p(\boldsymbol{y})$的第j个元素。如果我们的分类器一开始就足够精确，那么混淆矩阵$\boldsymbol{C}$将是可逆的，进而我们可以得到一个解$p(\boldsymbol{y}) = \boldsymbol{C}^{-1} \mu(\hat{\boldsymbol{y}})$。

因为我们观测源数据上的标签，所以很容易估计分布 $q(y)$。那么对于标签为 y_i 的任何训练样本 i，我们可以使用估计的 $p(y_i)/q(y_i)$ 来计算权重 β_i，并将其代入式（4.41）中的加权经验风险最小化中。

4. 概念偏移纠正

概念偏移很难用原则性的方式解决。例如，在一个问题突然从“区分猫和狗”偏移为“区分白色和黑色动物”的情况下，除了从零开始收集新标签和训练，别无他法。幸运的是，在实践中这种极端的偏移是罕见的，通常情况下，概念的变化总是缓慢的，下面是一些例子。

- 在计算广告中，新产品推出后，旧产品变得不那么受欢迎了。这意味着广告的分布和受欢迎程度是逐渐变化的，任何点击率预测器都需要随之逐渐变化。
- 由于暴露在环境中易磨损，交通摄像头的镜头会逐渐老化，影响所拍摄的图像质量。
- 新闻内容逐渐变化（即新闻的更新）。

在这种情况下，我们可以使用与训练网络相同的方法，使其适应数据的变化。换言之，我们使用新数据更新现有的网络权重，而不是从零开始训练。

4.9.4 学习问题的分类法

有了如何处理分布变化的知识，我们现在可以考虑机器学习问题形式化的其他方面。

1. 批量学习

在批量学习（batch learning）中，我们可以访问一组训练特征和标签 $\{(\boldsymbol{x}_1, y_1), \cdots, (\boldsymbol{x}_n, y_n)\}$，我们使用这些特征和标签训练 $f(\boldsymbol{x})$。然后，我们部署此模型对来自同一分布的新数据 $(\boldsymbol{x}, y)$ 进行评分。例如，我们可以根据猫和狗的大量图片训练猫检测器。一旦我们训练了它，就把它作为智能猫门计算视觉系统的一部分，以控制只允许猫进入。然后这个系统会被安装在用户家中，基本再也不用更新。

2. 在线学习

除了“批量”地学习，我们还可以单个“在线”学习数据 $(\boldsymbol{x}_i, y_i)$。更具体地说，我们首先观测 $\boldsymbol{x}_i$，然后得出一个估计值 $f(\boldsymbol{x}_i)$，只有当做到这一点后，我们才观测到 y_i。然后根据我们的决定，我们会得到奖励或损失。许多实际问题都属于这一类。例如，我们需要预测明天的股票价格，这样我们就可以根据预测进行交易。在一天结束时，我们会评估我们的预测是否盈利。换句话说，在在线学习（online learning）中，我们有以下的循环。在这个循环中，给定新的观测结果，我们会不断地改进模型：

$$\text{模型 } f_t \longrightarrow \text{数据} \boldsymbol{x}_t \longrightarrow \text{估计 } f_t(\boldsymbol{x}_t) \longrightarrow \text{观测} y_t \longrightarrow \text{损失 } l(y_t, f_t(\boldsymbol{x}_t)) \longrightarrow \text{模型 } f_{t+1} \tag{4.47}$$

3. 老虎机

老虎机（bandit）是上述问题的一个特例。虽然在大多数学习问题中，我们有一个连续参数化的函数 f（例如，一个深度网络）。但在老虎机问题中，我们只有有限数量的手臂可以拉动。也就是说，我们可以采取的行动是有限的。对于这个更简单的问题，可以获得更强的最优性理论保证，这并不令人惊讶。我们之所以列出它，主要是因为这个问题经常被视为一个单独的学习问题的场景。

4. 控制

在很多情况下，环境会记住我们所做的事情，不一定是以一种对抗的方式，但它会记住，而且它的反应将取决于之前发生的事情。例如，咖啡机锅炉控制器将根据之前是否加热锅炉来观测到不同的温度。在这种情况下，比例-积分-微分（PID）控制器算法是一个流行的选择。同样，一个用户在新闻网站上的行为将取决于之前向他展示的内容（例如，大多数新闻他只阅读一次）。许多这样的算法形成了一个环境模型，在这个模型中，它们的行为使得它们的决策看起来不那么随机。近年来，控制理论（如 PID 的变体）也被用于自动调整超参数，以获得更好的解构和重建质量，提高生成文本的多样性和生成图像的重建质量 [149]。

5. 强化学习

强化学习（reinforcement learning）强调如何基于环境而行动，以获取最大化的预期利益。国际象棋、围棋、西洋双陆棋或星际争霸都是强化学习的应用实例。再比如，为自动驾驶汽车制造一个控制器，或者以其他方式对自动驾驶汽车的驾驶方式做出反应（例如，试图避开某物体，试图造成事故，或者试图合作）。

6. 考虑到环境

上述不同情况的一个关键区别是：在静态环境中可能一直有效的相同策略，在环境能够改变的情况下可能不会始终有效。例如，一个交易者发现的套利机会很可能在其开始利用它时就消失了。环境变化的速度和方式在很大程度上决定了我们可以采用的算法类型。例如，如果我们知道事情只会缓慢地变化，就可以迫使任何估计也只能缓慢地发生变化。如果我们知道环境可能会瞬间发生变化，但这种变化非常罕见，我们就可以在使用算法时考虑到这一点。当一个数据科学家试图解决的问题会随着时间的推移而发生变化时，这些类型的知识至关重要。

4.9.5 机器学习中的公平、责任和透明度

最后，重要的一点是，当我们部署机器学习系统时，不仅仅是在优化一个预测模型，而通常是在提供一个会被用来（部分或完全）进行自动化决策的工具。这些技术系统可能会通过其进行的决定而影响每个人的生活。

从考虑预测到决策的飞跃不仅产生了新的技术问题，还提出了一系列必须仔细考虑的伦理问题。如果我们正在部署一个医疗诊断系统，我们需要知道它可能适用于哪些人群，对于哪些人群可能无效。忽视对一个亚群体的幸福的可预测的风险可能会导致我们执行劣质的护理。此外，一旦我们规划整个决策系统，我们必须退后一步，重新考虑如何评估我们的技术。在这个视野变化所导致的结果中，我们会发现精度很少成为合适的度量标准。例如，当我们将预测转化为行动时，我们通常会考虑到各种方式犯错的潜在成本敏感性。例如，将图像错误地分类到某一类别可能被视为种族歧视，而错误地分类到另一个类别是无害的，那么我们可能需要相应地调整我们的阈值，在设计决策方式时考虑到这些社会价值。我们还需要注意预测系统如何导致反馈循环。例如，考虑预测性警务系统，它将巡逻人员分配到预测犯罪率较高的地区。很容易看出以下这种令人担忧的模式是如何出现的。

（1）犯罪率高的社区会分配到更多的巡逻人员。

（2）因此，在这些社区中会发现更多的犯罪行为，输入可用于未来迭代的训练数据。

（3）面对更多的积极因素，该模型预测这些社区还会有更多的犯罪行为。

（4）下一次迭代中，更新后的模型会更加倾向于针对同一个地区，这会导致更多的犯罪行为被发现等。

通常，在建模纠正过程中，模型的预测与训练数据耦合的各种机制都得不到解释，研究人

员称之为“失控反馈循环”的现象。此外，首先要注意我们是否解决了正确的问题。例如，预测算法现在在信息传播中起着巨大的中介作用，个人看到的新闻应该由他们喜欢的 Facebook 页面决定吗？这些只是在机器学习过程中可能遇到的令人感到“压力山大”的道德困境中的一小部分。

小结

- 在许多情况下，训练集和测试集并不来自同一个分布。这就是所谓的分布偏移。
- 真实风险是从真实分布中抽样的所有数据的总体损失的期望。然而，这个总体数据通常是无法获得的。经验风险是训练数据的平均损失，用于近似真实风险。在实践中，我们进行经验风险最小化。
- 在相应的假设条件下，可以在测试时检测并纠正协变量偏移和标签偏移。在测试时，不考虑这种偏移可能会成为问题。
- 在某些情况下，环境可能会记住自动操作并以令人惊讶的方式做出反应。在构建模型时，我们必须考虑到这种可能性，并继续监控实时系统，并对我们的模型和环境以意想不到的方式纠缠在一起的可能性持开放态度。

练习

（1）当我们改变搜索引擎的行为时会发生什么？用户可能会做什么？广告商呢？

（2）实现一个协变量偏移检测器。提示：构建一个分类器。

（3）实现协变量偏移纠正。

（4）除了分布偏移，还有什么因素会影响经验风险接近真实风险的程度？

4.10 实战Kaggle比赛：预测房价

扫码直达讨论区

之前几节我们学习了一些训练深度网络的基本工具和网络正则化的技术（如权重衰减和暂退法等）。本节我们将通过 Kaggle 比赛，将所学知识付诸实践。Kaggle 的房价预测比赛是一个很好的起点。Kaggle 房屋数据集由 Bart de Cock 于 2011 年收集 [28]，涵盖了 2006 ～ 2010 年期间亚利桑那州埃姆斯市的房价。这个数据集是相当通用的，不需要使用复杂的模型架构。它比 Harrison 和 Rubinfeld 的波士顿房价数据集大得多，而且有更多的特征。

本节我们将详细介绍数据预处理、模型设计和超参数选择。通过亲身实践，你将获得一手经验，这些经验将有益于数据科学家的职业成长。

4.10.1 下载和缓存数据集

在本书中，我们将下载不同的数据集，并训练和测试模型。这里我们实现几个函数来方便下载数据。首先，我们建立字典 `DATA_HUB`，它可以将数据集名称的字符串映射到数据集相关的二元组上，这个二元组包含数据集的 `url` 和验证文件完整性的 sha-1 密钥。所有类似的数据集都托管在地址为 `DATA_URL` 的站点上。

```
import hashlib
import os
import tarfile
import zipfile
```

```
import requests

#@save
DATA_HUB = dict()
DATA_URL = 'http://d2l-data.s3-accelerate.amazonaws.com/'
```

下面的 download 函数用来下载数据集，将数据集缓存在本地目录（默认情况下为 ../data）中，并返回下载文件的名称。如果缓存目录中已经存在此数据集文件，并且其 sha-1 与存储在 DATA_HUB 中的相匹配，我们将使用缓存的文件，以避免重复下载。

```
def download(name, cache_dir=os.path.join('..', 'data')):  #@save
    """下载一个DATA_HUB中的文件，返回本地文件名"""
    assert name in DATA_HUB, f"{name} 不存在于 {DATA_HUB}"
    url, sha1_hash = DATA_HUB[name]
    os.makedirs(cache_dir, exist_ok=True)
    fname = os.path.join(cache_dir, url.split('/')[-1])
    if os.path.exists(fname):
        sha1 = hashlib.sha1()
        with open(fname, 'rb') as f:
            while True:
                data = f.read(1048576)
                if not data:
                    break
                sha1.update(data)
        if sha1.hexdigest() == sha1_hash:
            return fname  # 命中缓存
    print(f'正在从{url}下载{fname}...')
    r = requests.get(url, stream=True, verify=True)
    with open(fname, 'wb') as f:
        f.write(r.content)
    return fname
```

我们还需实现两个实用函数：一个将下载并解压缩一个 zip 或 tar 文件，另一个是将本书中使用的所有数据集从 DATA_HUB 下载到缓存目录中。

```
def download_extract(name, folder=None):  #@save
    """下载并解压zip/tar文件"""
    fname = download(name)
    base_dir = os.path.dirname(fname)
    data_dir, ext = os.path.splitext(fname)
    if ext == '.zip':
        fp = zipfile.ZipFile(fname, 'r')
    elif ext in ('.tar', '.gz'):
        fp = tarfile.open(fname, 'r')
    else:
        assert False, '只有zip/tar文件可以被解压缩'
    fp.extractall(base_dir)
    return os.path.join(base_dir, folder) if folder else data_dir

def download_all():  #@save
    """下载DATA_HUB中的所有文件"""
    for name in DATA_HUB:
        download(name)
```

4.10.2 Kaggle

Kaggle 是一个当今流行的举办机器学习比赛的平台，每场比赛都以至少一个数据集为中心。许多比赛有赞助方，他们为获胜的解决方案提供奖金。该平台帮助用户通过论坛和共享代码进行互动，促进协作和竞争。虽然排行榜上的追逐往往令人失去理智，有些研究人员短视地专注于预处理步骤，而不考虑基础性问题，但一个客观的平台有巨大的价值：该平台促进了竞争方法之间的直接定量比较，以及代码共享。这便于每个人都可以学习哪些方法起作用，哪些方法没有起作用。如果我们想参加 Kaggle 比赛，首先需要注册一个账号，如图 4-7 所示。

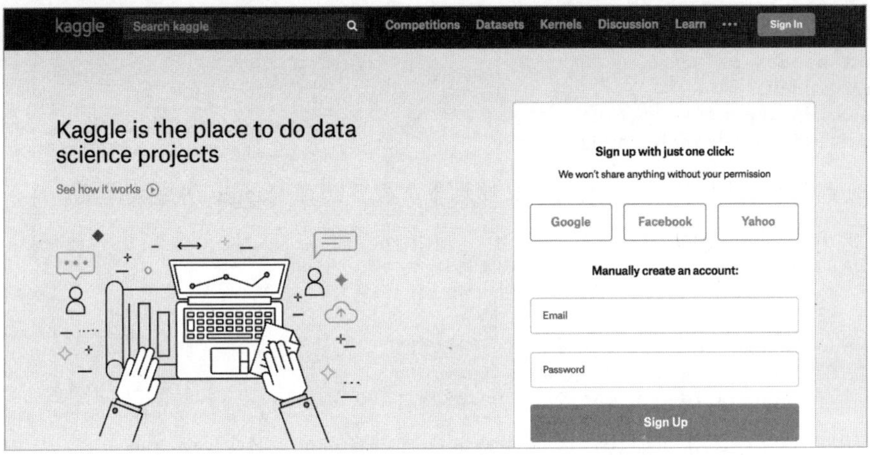

图 4-7 Kaggle 网站

在房价预测比赛页面（如图 4-8 所示）的“Data”选项卡下可以找到数据集。

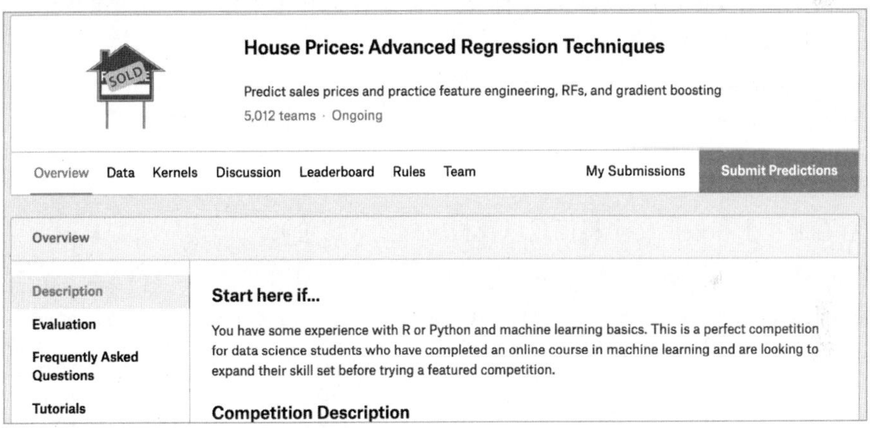

图 4-8 房价预测比赛页面

4.10.3 访问和读取数据集

注意，竞赛数据分为训练集和测试集。每条记录都包括房屋的属性和属性值，如街道类型、建筑年份、屋顶类型、地下室状况等。这些特征由各种数据类型组成，例如，建筑年份由整数表示，屋顶类型由离散值表示，其他特征由浮点数表示。这里出现了让事情变得复杂的地方，例如，一些数据完全丢失了，缺失值被简单地标注为 na；每套房子的价格只出现在训练集中（毕竟这是一场比赛）；我们希望划分训练集以创建验证集，但是在将预测结果上传到 Kaggle 之后，我们只能在官方测试集中评估我们的模型。在图 4-8 中，“Data”选项卡有下载数据的链接。

开始之前，我们将使用 pandas 读取并处理数据，这是我们在 2.2 节中引入的。因此，在继续操作之前，我们需要确保已安装 pandas。幸运的是，如果我们正在用 Jupyter 阅读该书，可以在不离开 Jupyter 记事本的情况下安装 pandas。

```
# 如果没有安装pandas，请取消下一行的注释
# !pipinstallpandas

%matplotlib inline
import numpy as np
import pandas as pd
import torch
from torch import nn
from d2l import torch as d2l
```

为方便起见，我们可以使用上面定义的脚本下载并缓存 Kaggle 房屋数据集。

```
DATA_HUB['kaggle_house_train'] = (  #@save
    DATA_URL + 'kaggle_house_pred_train.csv',
    '585e9cc93e70b39160e7921475f9bcd7d31219ce')

DATA_HUB['kaggle_house_test'] = (  #@save
    DATA_URL + 'kaggle_house_pred_test.csv',
    'fa19780a7b011d9b009e8bff8e99922a8ee2eb90')
```

我们使用 pandas 分别加载包含训练数据和测试数据的两个 CSV 文件。

```
train_data = pd.read_csv(download('kaggle_house_train'))
test_data = pd.read_csv(download('kaggle_house_test'))
```

训练数据集包含 1460 个样本，每个样本有 80 个特征和 1 个标签，而测试数据集包含 1459 个样本，每个样本有 80 个特征。

```
print(train_data.shape)
print(test_data.shape)
```

```
(1460, 81)
(1459, 80)
```

我们看看前 4 个和最后 2 个特征，以及相应标签（房价）。

```
print(train_data.iloc[0:4, [0, 1, 2, 3, -3, -2, -1]])
```

```
   Id  MSSubClass MSZoning  LotFrontage SaleType SaleCondition  SalePrice
0   1          60       RL         65.0       WD        Normal     208500
1   2          20       RL         80.0       WD        Normal     181500
2   3          60       RL         68.0       WD        Normal     223500
3   4          70       RL         60.0       WD       Abnorml     140000
```

我们可以看到，在每个样本中，第一个特征是 Id，这有助于模型识别每个训练样本。虽然这很方便，但它不带有任何用于预测的信息。因此，在将数据提供给模型之前，我们将其从数据集中移除。

```
all_features = pd.concat((train_data.iloc[:, 1:-1], test_data.iloc[:, 1:]))
```

4.10.4 数据预处理

如上所述，我们有各种各样的数据类型。在开始建模之前，我们需要对数据进行预处理。首先，我们将所有缺失值替换为相应特征的平均值。然后，为了将所有特征放在一个共同的尺度上，我们通过将特征重新缩放到零均值和单位方差来标准化数据：

$$x \leftarrow \frac{x-\mu}{\sigma} \tag{4.48}$$

其中 μ 和 σ 分别表示均值和标准差。现在，这些特征具有零均值和单位方差，即$E[(x-\mu)/\sigma]=(\mu-\mu)/\sigma=0$和$E[(x-\mu)^2]=(\sigma^2+\mu^2)-2\mu^2+\mu^2=\sigma^2$。直观地说，我们标准化数据有两个原因。

首先，它方便优化；其次，因为我们不知道哪些特征是相关的，所以我们不想将惩罚分配给一个特征的系数比分配给其他任何特征的系数大。

```
# 若无法获得测试数据，可根据训练数据计算均值和标准差
numeric_features = all_features.dtypes[all_features.dtypes != 'object'].index
all_features[numeric_features] = all_features[numeric_features].apply(
    lambda x: (x - x.mean()) / (x.std()))
# 在标准化数据之后，所有均值消失，因此我们可以将缺失值设置为0
all_features[numeric_features] = all_features[numeric_features].fillna(0)
```

接下来，我们处理离散值，这包括诸如 `MSZoning` 之类的特征，我们用独热编码替换它们，方法与前面将多类别标签转换为向量的方式相同（参见 3.4.1 节）。例如，`MSZoning` 包含值 `RL` 和 `RM`。我们将创建两个新的指示符特征 `MSZoning_RL` 和 `MSZoning_RM`，其值为 `0` 或 `1`。根据独热编码，如果 `MSZoning` 的原始值为 `RL`，则 `MSZoning_RL` 为 1，`MSZoning_RM` 为 `0`。`pandas` 包会自动为我们实现这一点。

```
# ummy_na=True将na（缺失值）视为有效的特征值，并为其创建指示符特征
all_features = pd.get_dummies(all_features, dummy_na=True)
all_features.shape
```

```
(2919, 331)
```

可以看到此转换会将特征的总数从 79 个增加到 331 个。最后，通过 `values` 属性，我们可以从 `pandas` 格式中提取 NumPy 格式，并将其转换为张量表示用于训练。

```
n_train = train_data.shape[0]
train_features = torch.tensor(all_features[:n_train].values, dtype=torch.float32)
test_features = torch.tensor(all_features[n_train:].values, dtype=torch.float32)
train_labels = torch.tensor(
    train_data.SalePrice.values.reshape(-1, 1), dtype=torch.float32)
```

4.10.5 训练

首先，我们训练一个带有损失平方的线性模型。显然，线性模型很难让我们在竞赛中获胜，但线性模型提供了一种健全性检查，以查看数据中是否存在有意义的信息。如果我们在这里不能做得比随机猜测更好，那么很可能存在数据处理错误。如果一切顺利，线性模型将作为基线（baseline）模型，它可以让我们直观地知道最好的模型比简单的模型好多少。

```
loss = nn.MSELoss()
in_features = train_features.shape[1]

def get_net():
    net = nn.Sequential(nn.Linear(in_features,1))
    return net
```

房价就像股票价格一样，我们关心的是相对数量，而不是绝对数量。因此，我们更关心相对误差$(y-\hat{y})/y$，而不是绝对误差$y-\hat{y}$。例如，如果我们估计俄亥俄州农村地区一栋房子的价格时，假设我们预测的偏差为 10 万美元，而那里一栋典型的房子的价格是 12.5 万美元，那么模型可能表现得很糟糕。然而，如果我们在加利福尼亚州豪宅区的预测出现同样 10 万美元的偏差（在那里，房价中位数超过 400 万美元），那么这可能是一个不错的预测。

解决这个问题的一种方法是用价格预测的对数来度量差异，事实上，这也是比赛中官方用来评价提交质量的误差指标，即将满足$|\log y-\log\hat{y}|\leqslant\delta$的 δ 转换为$\mathrm{e}^{-\delta}\leqslant\hat{y}-y\leqslant\mathrm{e}^{\delta}$。这使得预测价格的对数与真实标签价格的对数之间出现以下均方根误差：

$$\sqrt{\frac{1}{n}\sum_{i=1}^{n}(\log y_i - \log \hat{y}_i)^2} \tag{4.49}$$

```
def log_rmse(net, features, labels):
    # 为了在取对数时进一步稳定该值，将小于1的值设置为1
    clipped_preds = torch.clamp(net(features), 1, float('inf'))
    rmse = torch.sqrt(loss(torch.log(clipped_preds),
                           torch.log(labels)))
    return rmse.item()
```

与前面的部分不同，我们的训练函数将借助 Adam 优化器（我们将在后面章节更详细地描述它）。Adam 优化器的主要吸引力在于它对初始学习率不那么敏感。

```
def train(net, train_features, train_labels, test_features, test_labels,
          num_epochs, learning_rate, weight_decay, batch_size):
    train_ls, test_ls = [], []
    train_iter = d2l.load_array((train_features, train_labels), batch_size)
    # 这里使用的是Adam优化器
    optimizer = torch.optim.Adam(net.parameters(),
                                 lr = learning_rate,
                                 weight_decay = weight_decay)
    for epoch in range(num_epochs):
        for X, y in train_iter:
            optimizer.zero_grad()
            l = loss(net(X), y)
            l.backward()
            optimizer.step()
        train_ls.append(log_rmse(net, train_features, train_labels))
        if test_labels is not None:
            test_ls.append(log_rmse(net, test_features, test_labels))
    return train_ls, test_ls
```

4.10.6 *K*折交叉验证

我们在讨论模型选择的 4.4 节中介绍了 K 折交叉验证，它有助于模型选择和超参数调整。我们首先需要定义一个函数，在 K 折交叉验证过程中返回第 i 折的数据。具体地说，它选择第 i 个切片作为验证数据，其余部分作为训练数据。注意，这并不是处理数据的最有效方法，如果我们的数据集大得多，还有其他解决办法。

```
def get_k_fold_data(k, i, X, y):
    assert k > 1
    fold_size = X.shape[0] // k
    X_train, y_train = None, None
    for j in range(k):
        idx = slice(j * fold_size, (j + 1) * fold_size)
        X_part, y_part = X[idx, :], y[idx]
        if j == i:
            X_valid, y_valid = X_part, y_part
        elif X_train is None:
            X_train, y_train = X_part, y_part
        else:
            X_train = torch.cat([X_train, X_part], 0)
            y_train = torch.cat([y_train, y_part], 0)
    return X_train, y_train, X_valid, y_valid
```

当我们在 K 折交叉验证中训练 K 次后，返回训练和验证误差的平均值。

```
def k_fold(k, X_train, y_train, num_epochs, learning_rate, weight_decay,
           batch_size):
```

```
    train_l_sum, valid_l_sum = 0, 0
    for i in range(k):
        data = get_k_fold_data(k, i, X_train, y_train)
        net = get_net()
        train_ls, valid_ls = train(net, *data, num_epochs, learning_rate,
                                   weight_decay, batch_size)
        train_l_sum += train_ls[-1]
        valid_l_sum += valid_ls[-1]
        if i == 0:
            d2l.plot(list(range(1, num_epochs + 1)), [train_ls, valid_ls],
                     xlabel='epoch', ylabel='rmse', xlim=[1, num_epochs],
                     legend=['train', 'valid'], yscale='log')
        print(f'折{i + 1}，训练log rmse{float(train_ls[-1]):f}, '
              f'验证log rmse{float(valid_ls[-1]):f}')
    return train_l_sum / k, valid_l_sum / k
```

4.10.7 模型选择

在本例中，我们选择了一组未调优的超参数，并将其留给读者来改进模型。找到一组调优的超参数可能需要时间，这取决于优化了多少变量。有了足够大的数据集和设置合理的超参数，K 折交叉验证往往在多次测试中具有相当的稳定性。然而，如果我们尝试了不合理的超参数，可能会发现验证效果不再代表真正的误差。

```
k, num_epochs, lr, weight_decay, batch_size = 5, 100, 5, 0, 64
train_l, valid_l = k_fold(k, train_features, train_labels, num_epochs, lr,
                          weight_decay, batch_size)
print(f'{k}-折验证: 平均训练log rmse: {float(train_l):f}, '
      f'平均验证log rmse: {float(valid_l):f}')
```

```
折1，训练log rmse0.169422, 验证log rmse0.156562
折2，训练log rmse0.162226, 验证log rmse0.189638
折3，训练log rmse0.164116, 验证log rmse0.168537
折4，训练log rmse0.167681, 验证log rmse0.154342
折5，训练log rmse0.162971, 验证log rmse0.182901
5-折验证: 平均训练log rmse: 0.165283, 平均验证log rmse: 0.170396
```

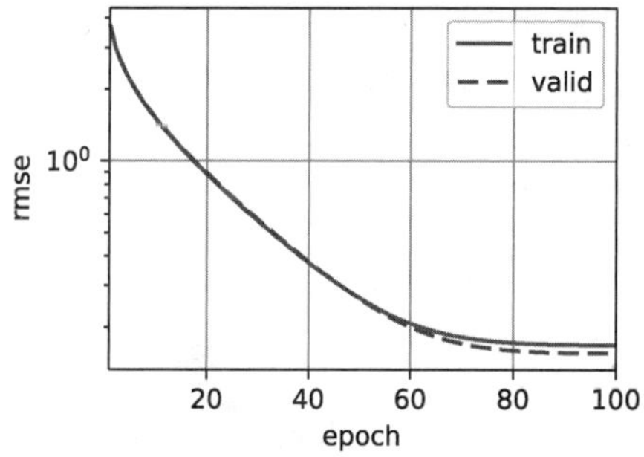

注意，有时一组超参数的训练误差可能非常低，但 K 折交叉验证的误差高得多，这表明模型过拟合了。在整个训练过程中，我们希望监控训练误差和验证误差这两个值。较小的过拟合可能表明现有数据可以支撑一个更复杂的模型，较大的过拟合可能意味着我们可以通过正则化技术来获益。

4.10.8 提交Kaggle预测

既然我们知道应该选择什么样的超参数，不妨使用所有数据对其进行训练（而不是仅使用交叉验证中使用的 1-1/K 的数据）。我们通过这种方式获得的模型可以应用于测试集。将预测保存在 CSV 文件中可以简化将结果上传到 Kaggle 的过程。

```
def train_and_pred(train_features, test_features, train_labels, test_data,
                   num_epochs, lr, weight_decay, batch_size):
    net = get_net()
    train_ls, _ = train(net, train_features, train_labels, None, None,
                        num_epochs, lr, weight_decay, batch_size)
    d2l.plot(np.arange(1, num_epochs + 1), [train_ls], xlabel='epoch',
             ylabel='log rmse', xlim=[1, num_epochs], yscale='log')
    print(f'训练log rmse：{float(train_ls[-1]):f}')
    # 将网络应用于测试集
    preds = net(test_features).detach().numpy()
    # 将其重新格式化以导出到Kaggle
    test_data['SalePrice'] = pd.Series(preds.reshape(1, -1)[0])
    submission = pd.concat([test_data['Id'], test_data['SalePrice']], axis=1)
    submission.to_csv('submission.csv', index=False)
```

如果测试集上的预测与 K 折交叉验证过程中的预测相似，就表示是时候把它们上传到 Kaggle 了。下面的代码将生成一个名为 submission.csv 的文件。

```
train_and_pred(train_features, test_features, train_labels, test_data,
               num_epochs, lr, weight_decay, batch_size)
```

```
训练log rmse：0.162511
```

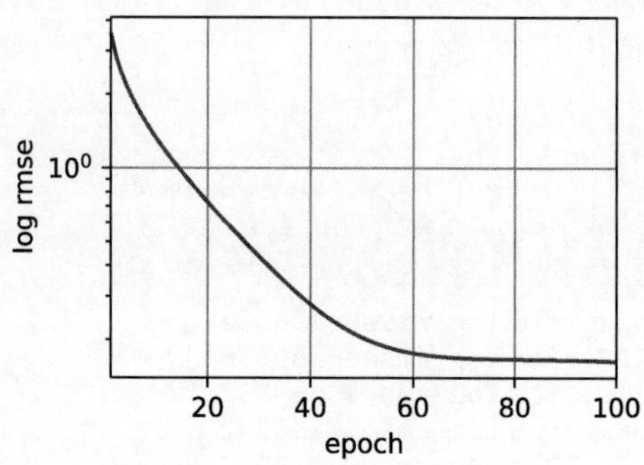

接下来，如图 4-9 所示，我们可以提交预测到 Kaggle 上，并查看在测试集上的预测与实际房价（标签）的比较情况，步骤非常简单。

（1）登录 Kaggle 网站，访问房价预测竞赛页面。

（2）单击“Submit Predictions”或“Late Submission”按钮（在撰写本文时，该按钮位于右侧）。

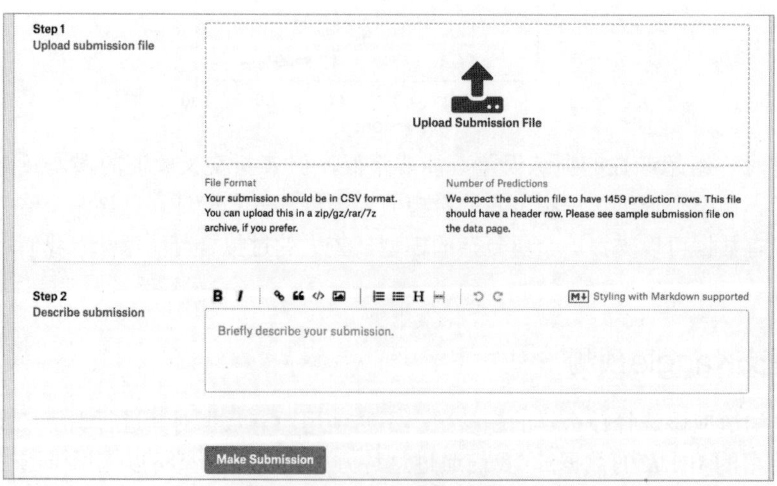

图 4-9　向 Kaggle 提交数据

（3）单击页面底部虚线框中的“Upload Submission File”按钮，选择要上传的预测文件。

（4）单击页面底部的“Make Submission”按钮，即可查看结果。

小结

- 真实数据通常混合了不同的数据类型，需要进行预处理。
- 常用的预处理方法：将实值数据重新缩放为零均值和单位方差；用平均值替换缺失值。
- 将类别特征转换为指示符特征，可以使我们把这个特征当作一个独热向量来对待。
- 我们可以使用 K 折交叉验证来选择模型并调整超参数。
- 对数对于相对误差很有用。

练习

（1）把预测提交给 Kaggle，预测结果准确性如何？

（2）能通过直接最小化价格的对数来改进模型吗？如果试图预测价格的对数而不是价格，会发生什么？

（3）用平均值替换缺失值总是好主意吗？（提示：你能构建一个不随机丢失值的情况吗？）

（4）通过 K 折交叉验证调整超参数，从而提高 Kaggle 的得分。

（5）通过改进模型（例如，层、权重衰减和暂退法）来提高分数。

（6）如果我们没有像本节所做的那样标准化连续的数值特征，会发生什么？

第 5 章 深度学习计算

除了庞大的数据集和强大的硬件，优秀的软件工具在深度学习的快速发展中发挥了不可或缺的作用。从 2007 年发布的开创性的 Theano 库开始，灵活的开源工具使研究人员能够快速开发模型原型，避免了使用标准组件所需的重复工作，同时仍然保持了对底层进行修改的能力。随着时间的推移，深度学习库已经演变成提供越来越粗粒度的抽象。就像半导体设计师从指定晶体管到逻辑电路再到编写代码一样，神经网络研究人员已经从考虑单个人工神经元的行为转变为从层的角度构思网络，通常在设计架构时考虑的是更粗粒度的块（block）。

之前我们已经介绍了一些基本的机器学习概念，并逐渐介绍了功能齐全的深度学习模型。在第 4 章中，我们从零开始实现了多层感知机的每个组件，然后展示了如何利用高级 API 轻松地实现相同的模型。为了易于学习，我们调用了深度学习库，但是跳过了它们工作的细节。在本章中，我们将深入探索深度学习计算的关键组件，即模型构建、参数访问与初始化、设计自定义层和块、将模型读写到磁盘，以及利用 GPU 实现显著的加速。这些知识将使读者从深度学习“基础用户”变为“高级用户”。本章不介绍任何新的模型或数据集，但后面有关高级模型的章节在很大程度上依赖本章的知识。

5.1 层和块

扫码直达讨论区

之前首次介绍神经网络时，我们关注的是具有单一输出的线性模型。这里，整个模型只有一个输出。注意，单个神经网络完成以下几项工作：（1）接收一些输入；（2）生成相应的标量输出；（3）具有一组相关参数（parameter），更新这些参数可以优化某目标函数。

然后，当考虑具有多个输出的网络时，我们利用向量化算法来描述整层神经元。像单个神经元一样，层完成以下几项工作：（1）接收一组输入；（2）生成相应的输出；（3）由一组可调整参数描述。当我们使用 softmax 回归时，单层本身就是模型。然而，即使随后引入了多层感知机，我们也可以认为该模型保留了上面所说的基本架构。

对多层感知机而言，整个模型及其组成层都是这种架构。整个模型接收原始输入（特征），生成输出（预测），并包含一些参数（所有组成层的参数集合）。同样，每个单独的层接收输入（由前一层提供），生成输出（到下一层的输入），并且具有一组可调参数，这些参数根据从下一层反向传播的信号进行更新。

事实证明，研究讨论“比单个层大”但“比整个模型小”的组件更有价值。例如，在计算机视觉中广泛流行的 ResNet-152 架构就有数百层，这些层是由*层组*（group of layers）的重复模式组成。这个 ResNet 架构赢得了 2015 年 ImageNet 和 COCO 计算机视觉比赛的识别和检测任务[56]。目前 ResNet 架构仍然是许多视觉任务的首选架构。在其他领域，如自然语言处理和语音，层组以各种重复模式排列的类似架构普遍存在。

为了实现这些复杂的网络，我们引入了神经网络块的概念。块（block）可以描述单个层、由多个层组成的组件或整个模型本身。使用块进行抽象的一个好处是可以将一些块组合成更大的组件，这一过程通常是递归的，如图 5-1 所示。通过定义代码来按需生成任意复杂度的块，我们可以使用简洁的代码实现复杂的神经网络。

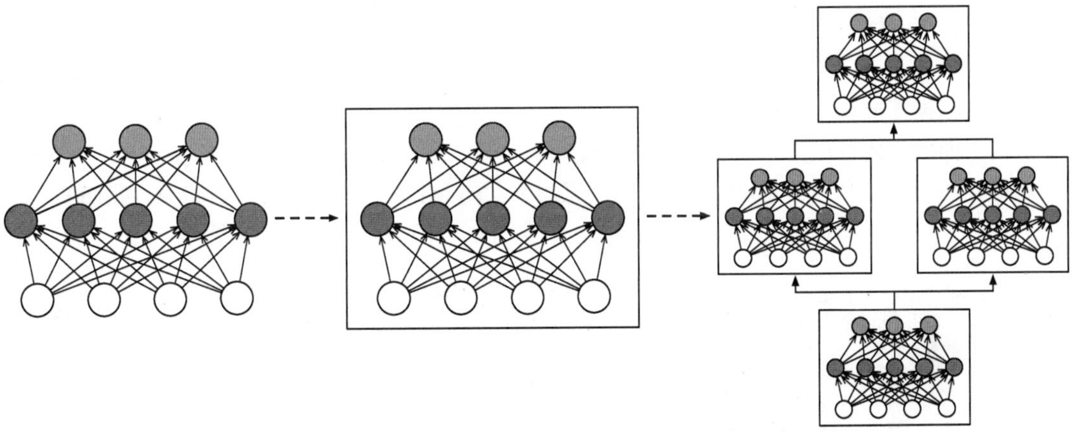

图 5-1 多个层组合成块，形成更大的模型

从编程的角度来看，块由类（class）表示，类的任何子类都必须定义一个将其输入转换为输出的前向传播函数，并且必须存储任何必需的参数。注意，有些块不需要任何参数。最后，为了计算梯度，块必须具有反向传播函数。在自定义块时，由于自动微分（在 2.5 节中引入）提供了一些后端实现，我们只需要考虑前向传播函数和必需的参数。

在构造自定义块之前，我们先回顾一下多层感知机（4.3 节）的代码。下面的代码生成一个网络，其中包含一个具有 256 个单元和 ReLU 激活函数的全连接隐藏层，以及一个具有 10 个隐藏单元且不带有激活函数的全连接输出层。

```
import torch
from torch import nn
from torch.nn import functional as F

net = nn.Sequential(nn.Linear(20, 256), nn.ReLU(), nn.Linear(256, 10))

X = torch.rand(2, 20)
net(X)
```

```
tensor([[-0.1616, -0.0376, -0.2294,  0.1398,  0.0148,  0.0364,  0.1341,  0.4105,
          0.1722, -0.0331],
        [-0.0896, -0.0148, -0.1522,  0.1400,  0.0449,  0.0368,  0.1326,  0.2794,
          0.2419, -0.1569]], grad_fn=<AddmmBackward>)
```

在这个例子中，我们通过实例化 `nn.Sequential` 来构建模型，层的执行顺序是作为参数传递的。简而言之，`nn.Sequential` 定义了一种特殊的 `Module`，即在 PyTorch 中表示一个块的类，它维护一个由 `Module` 组成的有序列表。注意，两个全连接层都是 `Linear` 类的实例，`Linear` 类本身就是 `Module` 的子类。另外，到目前为止，我们一直通过 `net(X)` 调用模型以获得模型的输出，`net(X)` 实际上是 `net.__call__(X)` 的简写。这个前向传播函数非常简单，它将列表中的每个块连接在一起，将每个块的输出作为下一个块的输入。

5.1.1 自定义块

要想直观地了解块是如何工作的，最简单的方法就是自己实现一个。在实现自定义块之前，我们简要总结一下块必须提供的基本功能。

（1）将输入数据作为其前向传播函数的参数。

（2）通过前向传播函数来生成输出。注意，输出的形状可能与输入的形状不同。例如，上面模型中的第一个全连接的层接收一个维度为 20 的输入，但是返回一个维度为 256 的输出。

（3）计算其输出关于输入的梯度，可通过其反向传播函数进行访问。通常这是自动完成的。

（4）存储和访问前向传播计算所需的参数。

（5）根据需要初始化模型参数。

在下面的代码片段中，我们从零开始编写一个块。它包含一个多层感知机，其具有 256 个隐藏单元的隐藏层和一个 10 维输出层。注意，下面的 MLP 类继承了表示块的类。我们的实现只需要提供自定义的构造函数（Python 中的 `__init__` 函数）和前向传播函数。

```
class MLP(nn.Module):
    # 用模型参数声明层这里，我们声明两个全连接的层
    def __init__(self):
        # 调用MLP的父类Module的构造函数来执行必要的初始化
        # 这样，在类实例化时也可以指定其他函数参数，例如模型参数params（稍后将介绍）
        super().__init__()
        self.hidden = nn.Linear(20, 256)  # 隐藏层
        self.out = nn.Linear(256, 10)  # 输出层

    # 定义模型的前向传播，即如何根据输入X返回所需的模型输出
    def forward(self, X):
        # 注意，这里我们使用ReLU的函数版本，其在nn.functional模块中定义
        return self.out(F.relu(self.hidden(X)))
```

首先我们看一下前向传播函数，它以 `X` 作为输入，计算带有激活函数的隐藏表示，并输出其未规范化的输出值。在这个 `MLP` 实现中，两个层都是实例变量。要了解这为什么是合理的，可以想象实例化两个多层感知机（`net1` 和 `net2`），并根据不同的数据对它们进行训练。当然，我们希望它们学习两种不同的模型。

接着我们实例化多层感知机的层，然后在每次调用前向传播函数时调用这些层。注意一些关键细节：首先，我们自定义的 `__init__` 函数通过 `super().__init__()` 调用父类的 `__init__` 函数，省去了重复编写模版代码的麻烦；然后，我们实例化两个全连接层，分别为 `self.hidden` 和 `self.out`。注意，除非实现一个新的运算符，否则我们不必担心反向传播函数或参数初始化，系统将自动生成。

我们尝试一下这个函数：

```
net = MLP()
net(X)
```

```
tensor([[-0.1261,  0.0382,  0.1890,  0.0241,  0.0579,  0.0204,  0.0226,  0.0917,
          0.0169, -0.2103],
        [-0.2161, -0.0301,  0.1489, -0.1256, -0.0040,  0.1544,  0.0356, -0.0589,
         -0.0096, -0.2564]], grad_fn=<AddmmBackward>)
```

块的一个主要优点是它的多功能性。我们可以子类化块以创建层（如全连接层的类）、整个模型（如上面的 `MLP` 类）或具有中等复杂度的各种组件。我们在接下来的章节中将充分利用这种多功能性，比如在处理卷积神经网络时。

5.1.2 顺序块

现在我们可以更仔细地看看 Sequential 类是如何工作的，回想一下 Sequential 的设计目的是把其他模块串起来。为了构建我们自己的简化的 MySequential，只需要定义下面两个关键函数。

（1）将块逐个追加到列表中的函数。

（2）前向传播函数，用于将输入按追加块的顺序传递给块组成的“链条”。

下面的 MySequential 类提供了与默认 Sequential 类相同的功能。

```
class MySequential(nn.Module):
    def __init__(self, *args):
        super().__init__()
        for idx, module in enumerate(args):
            # 这里，module是Module子类的一个实例我们把它保存在Module类的成员
            # 变量_modules中。_module的类型是OrderedDict
            self._modules[str(idx)] = module

    def forward(self, X):
        # OrderedDict保证了按照成员添加的顺序遍历它们
        for block in self._modules.values():
            X = block(X)
        return X
```

__init__ 函数将每个块逐个添加到有序字典 _modules 中。读者可能会好奇：为什么每个 Module 都有一个 _modules 属性？为什么我们使用它而不是自己定义一个 Python 列表？简而言之，_modules 的主要优点是：在模块的参数初始化过程中，系统知道在 _modules 字典中查找需要初始化参数的子块。

当 MySequential 的前向传播函数被调用时，每个添加的块都按照它们被添加的顺序执行。现在可以使用我们的 MySequential 类重新实现多层感知机。

```
net = MySequential(nn.Linear(20, 256), nn.ReLU(), nn.Linear(256, 10))
net(X)
```

```
tensor([[ 0.1728, -0.0686, -0.0562, -0.0199, -0.2265,  0.1353,  0.1907, -0.0287,
         -0.0429,  0.0282],
        [ 0.1339,  0.0800, -0.1052, -0.0592, -0.3336,  0.0137,  0.1875,  0.0402,
         -0.0133,  0.0061]], grad_fn=<AddmmBackward>)
```

注意，MySequential 的用法与之前为 Sequential 类编写的代码相同（如 4.3 节中所述）。

5.1.3 在前向传播函数中执行代码

Sequential 类使模型构造变得简单，允许我们组合新的架构，而不必定义自己的类。然而，并不是所有的架构都是简单的顺序架构。当需要更强的灵活性时，我们需要定义自己的块。例如，我们可能希望在前向传播函数中执行 Python 的控制流。此外，我们可能希望执行任意的数学运算，而不是简单地依赖预定义的神经网络层。

到目前为止，网络中的所有操作都对网络的激活值及网络的参数起作用。然而，有时我们可能希望合并既不是上一层的结果也不是可更新参数的项，我们称之为常数参数（constant parameter）。例如，我们需要一个计算函数$f(\boldsymbol{x},\boldsymbol{w}) = c \cdot \boldsymbol{w}^\top \boldsymbol{x}$的层，其中 $\boldsymbol{x}$ 是输入，$\boldsymbol{w}$ 是参数，c 是某个在优化过程中没有更新的指定常量。因此我们实现了一个 FixedHiddenMLP 类，如下所示：

```
class FixedHiddenMLP(nn.Module):
    def __init__(self):
        super().__init__()
        # 不计算梯度的随机权重参数，因此其在训练期间保持不变
        self.rand_weight = torch.rand((20, 20), requires_grad=False)
        self.linear = nn.Linear(20, 20)

    def forward(self, X):
        X = self.linear(X)
        # 使用创建的常量参数以及relu和mm函数
        X = F.relu(torch.mm(X, self.rand_weight) + 1)
        # 复用全连接层这相当于两个全连接层共享参数
        X = self.linear(X)
        # 控制流
        while X.abs().sum() > 1:
            X /= 2
        return X.sum()
```

在这个 `FixedHiddenMLP` 模型中，我们实现了一个隐藏层，其权重（`self.rand_weight`）在实例化时被随机初始化，之后为常量。这个权重不是一个模型参数，因此它永远不会被反向传播更新。然后，神经网络将这个固定层的输出通过一个全连接层。

注意，在返回输出之前，模型做了一些不寻常的事情：它运行了一个 `while` 循环，在 L_1 范数大于 1 的条件下将输出向量除以 2，直到它满足条件为止。最后，模型返回了 `X` 中所有项的和。注意，此操作可能不会常用于在任何实际任务中，我们只展示如何将任意代码集成到神经网络计算的流程中。

```
net = FixedHiddenMLP()
net(X)
```

```
tensor(0.2329, grad_fn=<SumBackward0>)
```

我们可以混合搭配各种组合块的方法。在下面的例子中，我们以一些想到的方法嵌套块。

```
class NestMLP(nn.Module):
    def __init__(self):
        super().__init__()
        self.net = nn.Sequential(nn.Linear(20, 64), nn.ReLU(),
                                 nn.Linear(64, 32), nn.ReLU())
        self.linear = nn.Linear(32, 16)

    def forward(self, X):
        return self.linear(self.net(X))

chimera = nn.Sequential(NestMLP(), nn.Linear(16, 20), FixedHiddenMLP())
chimera(X)
```

```
tensor(0.1785, grad_fn=<SumBackward0>)
```

5.1.4 效率

读者可能会开始担心操作效率的问题。毕竟，我们在一个高性能的深度学习库中进行了大量的字典查找、代码执行和许多其他的 Python 代码的执行。Python 的问题全局解释器锁是众所周知的。在深度学习环境中，我们担心速度极快的 GPU 可能要等到 CPU 执行 Python 代码后才能执行另一个作业。

小结

- 一个块可以由许多层组成；一个块可以由许多块组成。

- 块可以包含代码。
- 块负责大量的内部处理，包括参数初始化和反向传播。
- 层和块的顺序连接由 Sequential 块处理。

练习

（1）如果将 MySequential 中存储块的方式更改为 Python 列表，会出现什么样的问题？

（2）实现一个块，它以两个块为参数，例如 net1 和 net2，并返回前向传播中两个网络的串联输出。这也被称为平行块。

（3）假设我们想要连接同一网络的多个实例。实现一个函数，该函数生成同一个块的多个实例，并在此基础上构建更大的网络。

5.2 参数管理

扫码直达讨论区

在选择了架构并设置了超参数后，就进入了训练阶段。此时，我们的目标是找到使损失函数最小化的模型参数值。经过训练后，我们将需要使用这些参数来做出未来的预测。此外，有时我们希望提取参数，以便在其他环境中复用它们，并将模型保存下来，以便可以在其他软件中执行，或者为了获得科学的解释而进行检查。

之前的介绍中，我们只依靠深度学习框架来完成训练的工作，而忽略了操作参数的具体细节。本节中我们将介绍以下内容：

- 访问参数，用于调试、诊断和可视化；
- 参数初始化；
- 在不同模型组件间共享参数。

我们首先看一下具有单隐藏层的多层感知机。

```
import torch
from torch import nn

net = nn.Sequential(nn.Linear(4, 8), nn.ReLU(), nn.Linear(8, 1))
X = torch.rand(size=(2, 4))
net(X)
```

```
tensor([[0.2436],
        [0.2934]], grad_fn=<AddmmBackward>)
```

5.2.1 参数访问

我们从已有模型中访问参数。当通过 Sequential 类定义模型时，我们可以通过索引来访问模型的任意层。模型就像一个列表一样，每层的参数都在其属性中。如下所示，我们可以检查第二个全连接层的参数。

```
print(net[2].state_dict())
```

```
OrderedDict([('weight', tensor([[ 0.2032, -0.1419,  0.3099, -0.1056,  0.3433,
 ↪ -0.1819,  0.2574,  0.1055]])), ('bias', tensor([0.2728]))])
```

输出的结果展示出一些重要的信息：这个全连接层包含两个参数，分别是该层的权重和偏置，两者都存储为单精度浮点数（float32）。注意，参数名称唯一标识每个参数，即使在包含数百个层的网络中也是如此。

1. 目标参数

注意，每个参数都表示为参数类的一个实例。要对参数执行任何操作，首先我们需要访问底层的参数值。有几种方法可以做到这一点。有些方法比较简单，有些则比较通用。下面的代码从第二个全连接层（即第三个神经网络层）提取偏置，提取后返回的是一个参数类的实例，并进一步访问该参数的值。

```
print(type(net[2].bias))
print(net[2].bias)
print(net[2].bias.data)
```

```
<class 'torch.nn.parameter.Parameter'>
Parameter containing:
tensor([0.2728], requires_grad=True)
tensor([0.2728])
```

参数是复合的对象，包含值、梯度和额外信息。这就是我们需要显式参数值的原因。除了参数值，我们还可以访问每个参数的梯度。在上面这个网络中，由于我们还没有调用反向传播，因此参数的梯度处于初始状态。

```
net[2].weight.grad == None
```

```
True
```

2. 一次性访问所有参数

当我们需要对所有参数执行操作时，逐个访问它们可能会很麻烦。当我们处理更复杂的块（例如，嵌套块）时，情况可能会变得特别复杂，因为我们需要递归整棵树来提取每个子块的参数。下面我们将通过演示来比较访问第一个全连接层的参数和访问所有层的参数。

```
print(*[(name, param.shape) for name, param in net[0].named_parameters()])
print(*[(name, param.shape) for name, param in net.named_parameters()])
```

```
('weight', torch.Size([8, 4])) ('bias', torch.Size([8]))
('0.weight', torch.Size([8, 4])) ('0.bias', torch.Size([8])) ('2.weight', torch.
↪Size([1, 8])) ('2.bias', torch.Size([1]))
```

这为我们提供了另一种访问网络参数的方式：

```
net.state_dict()['2.bias'].data
```

```
tensor([0.2728])
```

3. 从嵌套块收集参数

我们来看看，如果我们将多个块嵌套，参数命名约定是如何工作的。我们首先定义一个生成块的函数（可以称为“块工厂”），然后将这些块组合到更大的块中。

```
def block1():
    return nn.Sequential(nn.Linear(4, 8), nn.ReLU(),
                         nn.Linear(8, 4), nn.ReLU())

def block2():
    net = nn.Sequential()
    for i in range(4):
        # 在这里嵌套
        net.add_module(f'block {i}', block1())
    return net
```

```
rgnet = nn.Sequential(block2(), nn.Linear(4, 1))
rgnet(X)
```

```
tensor([[-0.2348],
        [-0.2348]], grad_fn=<AddmmBackward>)
```

设计了网络后，我们看看它是如何工作的。

```
print(rgnet)
```

```
Sequential(
  (0): Sequential(
    (block 0): Sequential(
      (0): Linear(in_features=4, out_features=8, bias=True)
      (1): ReLU()
      (2): Linear(in_features=8, out_features=4, bias=True)
      (3): ReLU()
    )
    (block 1): Sequential(
      (0): Linear(in_features=4, out_features=8, bias=True)
      (1): ReLU()
      (2): Linear(in_features=8, out_features=4, bias=True)
      (3): ReLU()
    )
    (block 2): Sequential(
      (0): Linear(in_features=4, out_features=8, bias=True)
      (1): ReLU()
      (2): Linear(in_features=8, out_features=4, bias=True)
      (3): ReLU()
    )
    (block 3): Sequential(
      (0): Linear(in_features=4, out_features=8, bias=True)
      (1): ReLU()
      (2): Linear(in_features=8, out_features=4, bias=True)
      (3): ReLU()
    )
  )
  (1): Linear(in_features=4, out_features=1, bias=True)
)
```

因为层是分层嵌套的，所以我们也可以像通过嵌套列表索引那样访问层。下面我们访问第一个主要的块中第二个子块的第一层的偏置。

```
rgnet[0][1][0].bias.data
```

```
tensor([ 0.1190,  0.4042, -0.0705, -0.0321, -0.1129, -0.0101, -0.3371,  0.2748])
```

5.2.2 参数初始化

知道了如何访问参数后，现在我们看看如何正确地初始化参数。我们在 4.8 节中讨论了良好初始化的必要性。深度学习框架提供默认的随机初始化，也允许我们创建自定义的初始化方法，以满足我们通过其他规则实现初始化权重。

默认情况下，PyTorch 会根据一个范围均匀地初始化权重和偏置矩阵，这个范围是根据输入维度和输出维度计算出的。PyTorch 的 `nn.init` 模块提供了多种内置初始化方法。

1. 内置初始化

我们首先调用内置的初始化器。下面的代码将所有权重参数初始化为标准差为 0.01 的高斯随机变量，且将偏置参数设置为 0。

```python
def init_normal(m):
    if type(m) == nn.Linear:
        nn.init.normal_(m.weight, mean=0, std=0.01)
        nn.init.zeros_(m.bias)
net.apply(init_normal)
net[0].weight.data[0], net[0].bias.data[0]
```

```
(tensor([-0.0115,  0.0025,  0.0130,  0.0054]), tensor(0.))
```

我们还可以将所有参数初始化为给定的常量，如初始化为 1。

```python
def init_constant(m):
    if type(m) == nn.Linear:
        nn.init.constant_(m.weight, 1)
        nn.init.zeros_(m.bias)
net.apply(init_constant)
net[0].weight.data[0], net[0].bias.data[0]
```

```
(tensor([1., 1., 1., 1.]), tensor(0.))
```

我们还可以对某些块应用不同的初始化方法。例如，下面我们使用 Xavier 初始化方法初始化第一个神经网络层，然后将第三个神经网络层初始化为常量值 42。

```python
def init_xavier(m):
    if type(m) == nn.Linear:
        nn.init.xavier_uniform_(m.weight)
def init_42(m):
    if type(m) == nn.Linear:
        nn.init.constant_(m.weight, 42)

net[0].apply(init_xavier)
net[2].apply(init_42)
print(net[0].weight.data[0])
print(net[2].weight.data)
```

```
tensor([ 0.3791,  0.1870,  0.5027, -0.3623])
tensor([[42., 42., 42., 42., 42., 42., 42., 42.]])
```

2. 自定义初始化

有时，深度学习框架没有提供我们需要的初始化方法。在下面的例子中，我们使用以下的分布为任意权重参数 w 定义初始化方法：

$$w \sim \begin{cases} U(5,10), & \text{可能性为}\frac{1}{4} \\ 0, & \text{可能性为}\frac{1}{2} \\ U(-10,-5), & \text{可能性为}\frac{1}{4} \end{cases} \tag{5.1}$$

同样，我们实现了一个 `my_init` 函数来应用到 `net`。

```python
def my_init(m):
    if type(m) == nn.Linear:
        print("Init", *[(name, param.shape)
                        for name, param in m.named_parameters()][0])
        nn.init.uniform_(m.weight, -10, 10)
        m.weight.data *= m.weight.data.abs() >= 5

net.apply(my_init)
net[0].weight[:2]
```

```
Init weight torch.Size([8, 4])
Init weight torch.Size([1, 8])
```

```
tensor([[ 0.0000, -8.6762,  7.7551,  9.2698],
        [ 6.7178, -7.3659,  8.4065,  0.0000]], grad_fn=<SliceBackward>)
```

注意，我们始终可以直接设置参数。

```
net[0].weight.data[:] += 1
net[0].weight.data[0, 0] = 42
net[0].weight.data[0]
```

```
tensor([42.0000, -7.6762,  8.7551, 10.2698])
```

5.2.3 参数绑定

有时我们希望在多个层间共享参数：我们可以定义一个稠密层，然后使用这个稠密层的参数来设置另一个层的参数。

```
# 我们需要给共享层提供一个名称，以便可以引用它的参数
shared = nn.Linear(8, 8)
net = nn.Sequential(nn.Linear(4, 8), nn.ReLU(),
                    shared, nn.ReLU(),
                    shared, nn.ReLU(),
                    nn.Linear(8, 1))
net(X)
# 检查参数是否相同
print(net[2].weight.data[0] == net[4].weight.data[0])
net[2].weight.data[0, 0] = 100
# 确保它们实际上是同一个对象，而不只是有相同的值
print(net[2].weight.data[0] == net[4].weight.data[0])
```

```
tensor([True, True, True, True, True, True, True, True])
tensor([True, True, True, True, True, True, True, True])
```

这个例子表明第三个和第五个神经网络层的参数是绑定的。它们不仅值相等，而且由相同的张量表示。因此，如果我们改变其中一个参数，另一个参数也会改变。这里有一个问题：当参数绑定时，梯度会发生什么情况？答案是由于模型参数包含梯度，因此在反向传播期间第二个隐藏层（即第三个神经网络层）和第三个隐藏层（即第五个神经网络层）的梯度会加在一起。

小结

- 我们有多种方法可以访问、初始化和绑定模型参数。
- 我们可以使用自定义初始化方法。

练习

（1）使用 FancyMLP 模型访问各个层的参数。

（2）查看初始化模块文档以了解不同的初始化方法。

（3）构建包含共享参数层的多层感知机并对其进行训练。在训练过程中，观察模型各层的参数和梯度。

（4）为什么共享参数是个好方式？

5.3 延后初始化

扫码直达讨论区

到目前为止，我们建立网络时忽略了需要做的以下这些事情。

- 我们定义了网络架构，但没有指定输入维度。
- 我们添加层时没有指定前一层的输出维度。

- 我们在初始化参数时，甚至没有足够的信息来确定模型应该包含多少参数。

有些读者可能会对我们的代码能执行感到惊讶。毕竟，深度学习框架无法判断网络的输入维度是多少。这里的诀窍是框架的*延迟初始化*（defer initialization），即直到数据第一次通过模型传递时，框架才会动态地推断出每个层的大小。

以后，当使用卷积神经网络时，由于输入维度（即图像的分辨率）将影响每个后续层的维数，有了延迟初始化技术将更加方便。现在我们在编写代码时无须知道维度是多少就可以设置参数，这种能力可以大大简化定义和修改模型的任务。接下来，我们将更深入地研究初始化机制。

实例化网络

首先，我们实例化一个多层感知机。此时，因为输入维数是未知的，所以网络不可能知道输入层权重的维数。因此，框架尚未初始化任何参数，我们通过尝试访问参数进行确认。

接下来，我们将数据通过网络，最终使框架初始化参数。

一旦我们知道输入维数是 20，框架就可以通过代入值 20 来识别第一层权重矩阵的形状。识别出第一层的形状后，框架处理第二层，依次类推，直到所有形状都已知为止。注意，在这种情况下，只有第一层需要延迟初始化，但是框架仍是按顺序初始化的。等到知道了所有参数形状，框架就可以初始化参数。

小结

- 延迟初始化使框架能够自动推断参数形状，使修改模型架构变得容易，避免了一些常见的错误。
- 我们可以通过模型传递数据，使框架最终初始化参数。

练习

（1）如果指定了第一层的输入维度，但没有指定后续层的维度，会发生什么？是否立即进行初始化？

（2）如果指定了不匹配的维度会发生什么？

（3）如果输入具有不同的维度，需要做什么？（提示：查看参数绑定的相关内容。）

5.4 自定义层

扫码直达讨论区

深度学习成功背后的一个因素是神经网络的灵活性：我们可以用创造性的方式组合不同的层，从而设计出适用于各种任务的架构。例如，研究人员发明了专门用于处理图像、文本、序列数据和执行动态规划的层。有时我们会遇到或要自己发明一个目前在深度学习框架中尚不存在的层。在这些情况下，必须构建自定义层。本节将展示如何构建自定义层。

5.4.1 不带参数的层

首先，我们构造一个没有任何参数的自定义层。回忆一下在 5.1 节对块的介绍，这应该看起来很眼熟。下面的 `CenteredLayer` 类要从其输入中减去均值。要构建它，我们只需继承基本层类并实现前向传播功能。

```
import torch
import torch.nn.functional as F
```

```python
from torch import nn


class CenteredLayer(nn.Module):
    def __init__(self):
        super().__init__()

    def forward(self, X):
        return X - X.mean()
```

我们向 `CenteredLayer` 层提供一些数据，验证它是否能按预期工作。

```python
layer = CenteredLayer()
layer(torch.FloatTensor([1, 2, 3, 4, 5]))
```

```
tensor([-2., -1.,  0.,  1.,  2.])
```

现在，我们可以将层作为组件合并到更复杂的模型中。

```python
net = nn.Sequential(nn.Linear(8, 128), CenteredLayer())
```

作为额外的健全性检查，我们可以在向该网络发送随机数据后，检查均值是否为 0。我们处理的是浮点数，由于浮点数存储的精度，我们仍然可能会看到一个非常小的非零数。

```python
Y = net(torch.rand(4, 8))
Y.mean()
```

```
tensor(9.3132e-10, grad_fn=<MeanBackward0>)
```

5.4.2 带参数的层

我们已经知道了如何定义简单的层，下面我们继续定义具有参数的层，这些参数可以通过训练进行调整。我们可以使用内置函数来创建参数，这些函数提供了一些基本的管理功能，比如管理访问、初始化、共享、保存和加载模型参数。这样做的好处之一是：我们不需要为每个自定义层编写自定义的序列化程序。

现在，我们实现自定义版本的全连接层。回想一下，该层需要两个参数，一个用于表示权重，另一个用于表示偏置。在此实现中，我们使用修正线性单元作为激活函数。该层需要输入参数 `in_units` 和 `units`，分别表示输入数和输出数。

```python
class MyLinear(nn.Module):
    def __init__(self, in_units, units):
        super().__init__()
        self.weight = nn.Parameter(torch.randn(in_units, units))
        self.bias = nn.Parameter(torch.randn(units,))
    def forward(self, X):
        linear = torch.matmul(X, self.weight.data) + self.bias.data
        return F.relu(linear)
```

接下来，我们实例化 `MyLinear` 类并访问其模型参数。

```python
linear = MyLinear(5, 3)
linear.weight
```

```
Parameter containing:
tensor([[ 1.7291e+00,  8.7591e-01, -1.5707e-01],
        [ 4.7143e-01,  3.2767e-01, -1.6667e+00],
        [ 6.9445e-01,  4.8250e-01,  5.6723e-01],
        [-1.8766e+00, -5.1161e-01,  6.3169e-04],
        [ 1.5915e+00, -1.6746e+00, -5.9904e-01]], requires_grad=True)
```

我们可以使用自定义层直接执行前向传播计算。

```python
linear(torch.rand(2, 5))
```

```
tensor([[1.5394, 1.0068, 0.0000],
        [0.0000, 1.0624, 0.0000]])
```

我们还可以使用自定义层构建模型，就像使用内置的全连接层一样使用自定义层。

```
net = nn.Sequential(MyLinear(64, 8), MyLinear(8, 1))
net(torch.rand(2, 64))
```

```
tensor([[0.],
        [0.]])
```

小结

- 我们可以通过基本层类设计自定义层。这允许我们定义灵活的新层，其行为与深度学习框架中的任何现有层不同。
- 在自定义层定义完成后，我们就可以在任意环境和网络架构中调用该自定义层。
- 层可以有局部参数，这些参数可以通过内置函数创建。

练习

（1）设计一个接收输入并计算张量降维的层，它返回$y_k = \sum_{i,j} W_{ijk} x_i x_j$。

（2）设计一个返回输入数据的傅里叶系数前半部分的层。

5.5 读写文件

扫码直达讨论区

到目前为止，我们讨论了如何处理数据以及如何构建、训练和测试深度学习模型。然而，有时我们希望保存训练的模型，以备将来在各种环境中使用（比如在部署中进行预测）。此外，当执行一个耗时较长的训练过程时，最佳的做法是定期保存中间结果，以防止在服务器断电时，我们不会损失数天的计算结果。因此，现在是时候学习如何加载和保存权重向量和整个模型了。

5.5.1 加载和保存张量

对于单个张量，我们可以直接调用 `load` 和 `save` 函数分别读写它们。这两个函数都要求我们提供一个名称，`save` 要求将要保存的变量作为输入。

```
import torch
from torch import nn
from torch.nn import functional as F

x = torch.arange(4)
torch.save(x, 'x-file')
```

我们现在可以将存储在文件中的数据读回内存。

```
x2 = torch.load('x-file')
x2
```

```
tensor([0, 1, 2, 3])
```

我们可以存储一个张量列表，然后把它们读回内存。

```
y = torch.zeros(4)
torch.save([x, y], 'x-files')
```

```
x2, y2 = torch.load('x-files')
(x2, y2)
```

```
(tensor([0, 1, 2, 3]), tensor([0., 0., 0., 0.]))
```

我们甚至可以读取或写入从字符串映射到张量的字典。当我们要读取或写入模型中的所有权重时，这很方便。

```
mydict = {'x': x, 'y': y}
torch.save(mydict, 'mydict')
mydict2 = torch.load('mydict')
mydict2
```

```
{'x': tensor([0, 1, 2, 3]), 'y': tensor([0., 0., 0., 0.])}
```

5.5.2 加载和保存模型参数

保存单个权重向量（或其他张量）确实有用，但是如果我们想保存整个模型并在以后加载它们，单独保存每个向量会变得很麻烦。毕竟，我们可能有数百个参数散布在各处。因此，深度学习框架提供了内置函数来保存和加载整个网络。需要注意的一个重要细节是，这将保存模型的参数而不是整个模型，例如，如果有一个 3 层的多层感知机，我们需要单独指定架构。因为模型可以包含任意代码，所以模型本身难以序列化。因此，为了恢复模型，我们需要用代码生成架构，然后从磁盘加载参数。我们从熟悉的多层感知机开始尝试。

```
class MLP(nn.Module):
    def __init__(self):
        super().__init__()
        self.hidden = nn.Linear(20, 256)
        self.output = nn.Linear(256, 10)

    def forward(self, x):
        return self.output(F.relu(self.hidden(x)))

net = MLP()
X = torch.randn(size=(2, 20))
Y = net(X)
```

接下来，我们将模型的参数存储在一个叫作 mlp.params 的文件中。

```
torch.save(net.state_dict(), 'mlp.params')
```

为了恢复模型，我们实例化了原始多层感知机模型的一个备份。这里我们不需要随机初始化模型参数，而是直接读取文件中存储的参数。

```
clone = MLP()
clone.load_state_dict(torch.load('mlp.params'))
clone.eval()
```

```
MLP(
  (hidden): Linear(in_features=20, out_features=256, bias=True)
  (output): Linear(in_features=256, out_features=10, bias=True)
)
```

由于两个实例具有相同的模型参数，在输入相同的 X 时，两个实例的计算结果应该相同。我们来验证一下。

```
Y_clone = clone(X)
Y_clone == Y
```

```
tensor([[True, True, True, True, True, True, True, True, True, True],
        [True, True, True, True, True, True, True, True, True, True]])
```

小结

- save 和 load 函数可用于张量对象的文件读写。
- 我们可以通过参数字典保存和加载网络的全部参数。
- 保存架构必须在代码中完成，而不是通过参数完成。

练习

（1）即使不需要将经过训练的模型部署到不同的设备上，保存模型参数还有什么实际的好处？

（2）假设我们只想复用网络的一部分，以将其合并到不同的网络架构中。例如想在一个新的网络中使用之前网络的前两层，该怎么做？

（3）如何同时保存网络架构和参数？需要对架构加上什么限制？

5.6 GPU

扫码直达讨论区

在表 1-1 中，我们回顾了过去 20 年计算能力的快速增长。简而言之，自 2000 年以来，GPU 性能每十年增长 1000 倍。

本节中我们将讨论如何利用这种计算能力进行研究。首先是如何使用单个 GPU，然后是如何使用多个 GPU 和多台服务器（具有多个 GPU）。

我们先看看如何使用单个 NVIDIA GPU 进行计算。首先，确保至少安装了一个 NVIDIA GPU。然后，下载 NVIDIA 驱动和 CUDA 并按照提示设置适当的路径。这些准备工作完成后就可以使用 nvidia-smi 命令来查看显卡信息。

```
!nvidia-smi
```

```
Sun Feb 13 18:35:25 2022
+-----------------------------------------------------------------------------+
| NVIDIA-SMI 455.32.00    Driver Version: 455.32.00    CUDA Version: 11.1     |
|-------------------------------+----------------------+----------------------+
| GPU  Name        Persistence-M| Bus-Id        Disp.A | Volatile Uncorr. ECC |
| Fan  Temp  Perf  Pwr:Usage/Cap|         Memory-Usage | GPU-Util  Compute M. |
|                               |                      |               MIG M. |
|===============================+======================+======================|
|   0  Tesla V100-SXM2...  Off  | 00000000:00:1B.0 Off |                    0 |
| N/A   46C    P0    52W / 300W |      0MiB / 16160MiB |      0%      Default |
|                               |                      |                  N/A |
+-------------------------------+----------------------+----------------------+
|   1  Tesla V100-SXM2...  Off  | 00000000:00:1C.0 Off |                    0 |
| N/A   62C    P0   167W / 300W |   3606MiB / 16160MiB |     88%      Default |
|                               |                      |                  N/A |
+-------------------------------+----------------------+----------------------+
|   2  Tesla V100-SXM2...  Off  | 00000000:00:1D.0 Off |                    0 |
| N/A   63C    P0   188W / 300W |   3396MiB / 16160MiB |     82%      Default |
|                               |                      |                  N/A |
+-------------------------------+----------------------+----------------------+
|   3  Tesla V100-SXM2...  Off  | 00000000:00:1E.0 Off |                    0 |
| N/A   53C    P0    69W / 300W |      0MiB / 16160MiB |      0%      Default |
|                               |                      |                  N/A |
+-------------------------------+----------------------+----------------------+

+-----------------------------------------------------------------------------+
| Processes:                                                                  |
|  GPU   GI   CI        PID   Type   Process name                  GPU Memory |
|        ID   ID                                                   Usage      |
```

```
|===========================================================================|
|    1   N/A  N/A      23357      C   ...onda3/envs/d2l/bin/python     3603MiB |
|    2   N/A  N/A      23357      C   ...onda3/envs/d2l/bin/python     3393MiB |
+---------------------------------------------------------------------------+
```

在 PyTorch 中，每个数组都有一个设备，我们通常将其称为环境。默认情况下，所有变量和相关的计算都分配给 CPU。有时环境可能是 GPU。当我们跨多台服务器部署作业时，情况会变得更加棘手。通过智能地将数组分配给环境，我们可以最大限度地减少在设备之间传输数据的时间。例如，当在带有 GPU 的服务器上训练神经网络时，我们通常希望模型的参数在 GPU 上。

要运行此部分中的程序，至少需要两个 GPU。注意，对大多数桌面计算机来说，这可能是奢侈的，但在云中很容易获得，例如可以使用 Amazon EC2 的多 GPU 实例。本书的其他章节大都不需要多个 GPU，本节只是为了展示数据如何在不同的设备之间传输。

5.6.1 计算设备

我们可以指定用于存储和计算的设备，如 CPU 和 GPU。默认情况下，张量是在内存中创建的，然后使用 CPU 进行计算。

在 PyTorch 中，CPU 和 GPU 可以用 `torch.device('cpu')` 和 `torch.device('cuda')` 表示。应该注意的是，`cpu` 设备代表所有物理 CPU 和内存，这意味着 PyTorch 的计算将尝试使用所有 CPU 核。然而，`gpu` 设备只代表一个卡和相应的显存。如果有多个 GPU，我们使用 `torch.device(f'cuda:{i}')` 来表示第 i 块 GPU（i 从 0 开始）。另外，`cuda:0` 和 `cuda` 是等价的。

```
import torch
from torch import nn

torch.device('cpu'), torch.device('cuda'), torch.device('cuda:1')
```

```
(device(type='cpu'), device(type='cuda'), device(type='cuda', index=1))
```

我们可以查询可用 GPU 的数量。

```
torch.cuda.device_count()
```

```
2
```

现在我们定义了两个方便的函数，这两个函数允许在不存在所需所有 GPU 的情况下执行代码。

```
def try_gpu(i=0):  #@save
    """如果存在，则返回gpu(i)，否则返回cpu()"""
    if torch.cuda.device_count() >= i + 1:
        return torch.device(f'cuda:{i}')
    return torch.device('cpu')

def try_all_gpus():  #@save
    """返回所有可用的GPU，如果没有GPU，则返回[cpu(),]"""
    devices = [torch.device(f'cuda:{i}')
             for i in range(torch.cuda.device_count())]
    return devices if devices else [torch.device('cpu')]

try_gpu(), try_gpu(10), try_all_gpus()
```

```
(device(type='cuda', index=0),
 device(type='cpu'),
 [device(type='cuda', index=0), device(type='cuda', index=1)])
```

5.6.2 张量与GPU

我们可以查询张量所在的设备。默认情况下，张量是在 CPU 上创建的。

```
x = torch.tensor([1, 2, 3])
x.device
```

```
device(type='cpu')
```

需要注意的是，无论何时我们要对多个项进行操作，它们都必须在同一个设备上。例如，如果我们要对两个张量求和，需要确保这两个张量都位于同一个设备上，否则框架将不知道在哪里保存结果，甚至不知道在哪里执行计算。

1. 存储在 GPU 上

有几种方法可以在 GPU 上存储张量，例如，我们可以在创建张量时指定存储设备。接下来，我们在第一个 gpu 上创建张量变量 X。在 GPU 上创建的张量只消耗这个 GPU 的显存。我们可以使用 nvidia-smi 命令查看显存使用情况。一般来说，我们需要确保创建不超过 GPU 显存限制的数据。

```
X = torch.ones(2, 3, device=try_gpu())
X
```

```
tensor([[1., 1., 1.],
        [1., 1., 1.]], device='cuda:0')
```

假设我们至少有两个 GPU，下面的代码将在第二个 GPU 上创建一个随机张量。

```
Y = torch.rand(2, 3, device=try_gpu(1))
Y
```

```
tensor([[0.7586, 0.6709, 0.5089],
        [0.9959, 0.2234, 0.2473]], device='cuda:1')
```

2. 复制

如果要计算 X + Y，我们需要决定在哪里执行这个操作。例如，如图 5-2 所示，我们可以将 X 复制到第二个 GPU 并在那里执行操作。不要简单地将 X 加上 Y，因为运行时引擎不知道该怎么做：它在同一设备上找不到数据而导致失败。由于 Y 位于第二个 GPU 上，因此我们需要将 X 复制到第二个 GPU，然后才能执行加法运算。

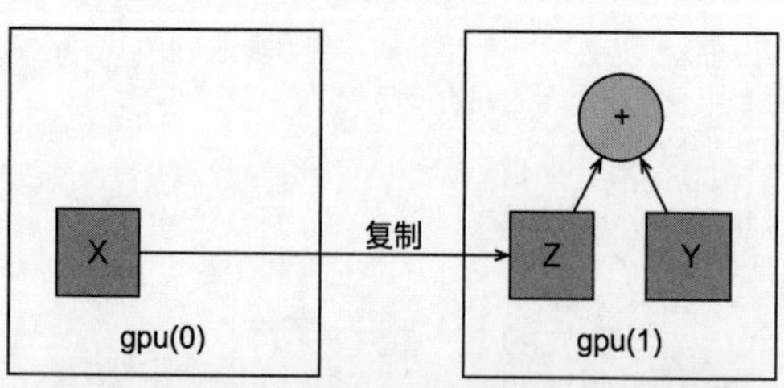

图 5-2 复制数据以在同一设备上执行操作

```
Z = X.cuda(1)
print(X)
print(Z)
```

```
tensor([[1., 1., 1.],
        [1., 1., 1.]], device='cuda:0')
tensor([[1., 1., 1.],
        [1., 1., 1.]], device='cuda:1')
```

现在数据在同一个 GPU 上（Z 和 Y 都在），我们可以将它们相加。

```
Y + Z
```

```
tensor([[1.7586, 1.6709, 1.5089],
        [1.9959, 1.2234, 1.2473]], device='cuda:1')
```

假设变量 Z 已经位于第二个 GPU 上。如果我们还是调用 Z.cuda(1) 会发生什么？它将返回 Z，而不会复制并分配新内存。

```
Z.cuda(1) is Z
```

```
True
```

3. 旁注

人们使用 GPU 来进行机器学习，因为单个 GPU 相对运行速度快，但是在设备（CPU、GPU 和其他机器）之间传输数据比计算慢得多。这也使得并行化变得更加困难，因为我们必须等待数据被发送（或者接收）完成才能继续执行更多的操作。这就是复制操作要格外小心的原因。根据经验，多个小操作比一个大操作糟糕得多。此外，一次执行几个操作比执行代码中散布的许多单个操作要好得多。如果一个设备必须等待另一个设备才能执行其他操作，那么这样的操作可能会阻塞。这有点像排队订购咖啡，而不像通过电话预先订购：当客人到店的时候，咖啡已经准备好了。

当我们打印张量或将张量转换为 NumPy 格式时，如果数据不在内存中，框架会首先将其复制到内存中，这会导致额外的数据传输开销。更糟糕的是，它现在受制于全局解释器锁，使得一切都得等待 Python 完成。

5.6.3 神经网络与GPU

类似地，神经网络模型可以指定设备。下面的代码将模型参数放在 GPU 上。

```
net = nn.Sequential(nn.Linear(3, 1))
net = net.to(device=try_gpu())
```

在接下来的几章中，我们将看到更多关于如何在 GPU 上运行模型的例子，因为它们将变得更加计算密集。

当输入为 GPU 上的张量时，模型将在同一个 GPU 上计算结果。

```
net(X)
```

```
tensor([[0.0113],
        [0.0113]], device='cuda:0', grad_fn=<AddmmBackward>)
```

我们确认模型参数存储在同一个 GPU 上。

```
net[0].weight.data.device
```

```
device(type='cuda', index=0)
```

总之，只要所有的数据和参数都在同一个设备上，我们就可以有效地学习模型。在下面的章节中，我们将看到几个这样的例子。

小结

- 我们可以指定用于存储和计算的设备，例如 CPU 或 GPU。默认情况下，数据在主内存中创建，然后使用 CPU 进行计算。
- 深度学习框架要求进行计算的所有输入数据都在同一设备上，无论是 CPU 还是 GPU。

- 不经意地移动数据可能会显著降低性能。一个典型的错误如下：计算 GPU 上每个小批量的损失，并在命令行中将其报告给用户（或将其记录在 NumPy ndarray 中）时，将触发全局解释器锁，从而使所有 GPU 阻塞。最好是为 GPU 内部的日志分配内存，并且只移动较大的日志。

练习

（1）尝试一个计算量很大的任务，比如大矩阵的乘法，看看 CPU 和 GPU 的速度差异。再尝试一个计算量很小的任务呢？

（2）我们应该如何在 GPU 上读写模型参数？

（3）测量计算 1000 个 100×100 矩阵的矩阵乘法所需的时间，并记录输出矩阵的弗罗贝尼乌斯范数，一次记录一个结果，而不是在 GPU 上保存日志并仅传输最终结果。

（4）测量同时在两个 GPU 上执行两个矩阵乘法与在一个 GPU 上按顺序执行两个矩阵乘法所需的时间。（提示：应该看到近乎线性的缩放。）

第 6 章

卷积神经网络

在前面的章节中，我们遇到过图像数据。这种数据的每个样本都由一个二维像素网格组成，每个像素可能是一个或者多个数值，取决于是黑白还是彩色图像。到目前为止，我们处理这类结构丰富的数据的方式还不够有效，仅通过将图像数据展平成一维向量而忽略了每张图像的空间结构信息，再将数据送入一个全连接的多层感知机中。因为这些网络特征元素的顺序是不变的，所以最优的结果是利用先验知识，即利用相近像素之间的相互关联性，从图像数据中学习得到有效的模型。

本章介绍的卷积神经网络（convolutional neural network，CNN）是一类强大的、为处理图像数据而设计的神经网络。基于卷积神经网络架构的模型在计算机视觉领域中已经占据主导地位，当今图像识别、目标检测或语义分割相关的几乎所有学术竞赛和商业应用都以这种方法为基础。

现代卷积神经网络的设计得益于生物学、群论和一系列的补充实验。卷积神经网络需要的参数少于全连接架构的网络，而且卷积也很容易用 GPU 并行计算。因此，卷积神经网络除了能够高效地采样从而获得精确的模型，还能够高效地计算。久而久之，从业人员越来越多地使用卷积神经网络。即使在通常使用循环神经网络的一维序列结构任务上（例如，音频、文本和时间序列分析），卷积神经网络也越来越受欢迎。通过对卷积神经网络的一些巧妙调整，也使它们在图结构数据和推荐系统中发挥作用。

在本章开始，我们将介绍构成卷积网络主干的所有基本元素，包括卷积层本身、填充和步幅的基本细节、用于在相邻区域汇聚信息的汇聚层（pooling layer）、在每一层中多通道（channel）的使用，以及有关现代卷积网络架构的深入讨论。在本章的最后，我们将介绍一个完整的、可运行的 LeNet 模型，这是第一个成功应用的卷积神经网络，比现代深度学习兴起的时间还要早。在第 7 章中，我们将深入研究一些流行的、较新的卷积神经网络架构的完整实现，这些网络架构涵盖了现代从业者通常使用的大多数经典技术。

6.1 从全连接层到卷积

我们之前讨论的多层感知机十分适合处理表格数据，其中行对应样本，列对应特征。对于表格数据，我们寻找的模式可能涉及特征之间的交互，但是我们不能预先假设任何与特征交互相关的先验结构。此时，多层感知机可能是最好的选择，然而对于高维感知数据，这种缺少结构的网络可能会变得不实用。

例如，在之前猫狗分类的例子中，假设我们有一个足够充分的照片数据集，数据集中是带有标记的照片，每张照片具有百万级像素，这意味着网络的每次输入都有一百万个维度。即使将隐藏层维度降低到 1000，这个全连接层也将有 $10^6 \times 10^3 = 10^9$ 个参数。想要训练这个模型将不可实现，因为需要有大量的 GPU、分布式优化训练的经验和超乎常人的耐心。

有些读者可能会反对这个观点，认为要求百万级像素的分辨率可能不是必要的。然而，如果分辨率减小为十万级像素，使用 1000 个隐藏单元的隐藏层可能不足以学习到良好的图像特征，在真实的系统中我们仍然需要数十亿个参数。此外，拟合如此多的参数还需要收集大量的数据。然而，如今人类和机器都能很好地区分猫和狗：这是因为图像中本就具有丰富的结构，而这些结构可以被人类和机器学习模型使用。卷积神经网络是机器学习利用自然图像中一些已知结构的创造性方法。

6.1.1　不变性

想象一下，假设我们想从一张图像中找到某个物体。合理的假设是：无论用哪种方法找到这个物体，都应该和物体的位置无关。理想情况下，我们的系统应该能够利用常识，例如猪通常不在天上飞，飞机通常不在水里游泳。但是，如果一只猪出现在图片顶部，我们还是应该认出它。我们可以从儿童游戏“沃尔多在哪里”（如图 6-1 所示）中得到灵感：在这个游戏中包含了许多充斥着活动的混乱场景，而沃尔多通常潜藏在一些不太可能的位置，读者的目标就是找出他。尽管沃尔多的装扮很有特点，但是在眼花缭乱的场景中找到他就如大海捞针。然而沃尔多的样子并不取决于他潜藏的地方，因此我们可以使用“沃尔多检测器”扫描图像。该检测器将图像分割成多个区域，并为每个区域包含沃尔多的可能性打分。卷积神经网络正是将空间不变性（spatial invariance）的这一概念系统化，从而基于这个模型使用较少的参数来学习有用的表示。

图 6-1　“沃尔多在哪里”游戏示例

现在，我们将上述想法总结一下，从而帮助我们设计适合于计算机视觉的神经网络架构。

（1）*平移不变性*（translation invariance）：不管检测对象出现在图像中的哪个位置，神经网络的前面几层应该对相同的图像区域具有相似的反应，即“平移不变性”。

（2）*局部性*（locality）：神经网络的前面几层应该只探索输入图像中的局部区域，而不过度在意图像中相隔较远区域的关系，这就是“局部性”原则。最终，可以聚合这些局部特征，以在整张图像级进行预测。

我们看看以上原则是如何转化为数学表示的。

6.1.2 多层感知机的限制

多层感知机的输入是二维图像 $\boldsymbol{X}$，其隐藏表示 $\boldsymbol{H}$ 在数学上是一个矩阵，在代码中表示为二维张量。$\boldsymbol{X}$ 和 $\boldsymbol{H}$ 具有相同的形状。为了方便理解，我们可以认为，无论是输入还是隐藏表示都具有空间结构。

使用 $[\boldsymbol{X}]_{i,j}$ 和 $[\boldsymbol{H}]_{i,j}$ 分别表示输入图像和隐藏表示中位置 (i,j) 处的像素。为了使每个隐藏神经元都能接收每个输入像素的信息，我们将参数从权重矩阵（如同我们先前在多层感知机中所做的那样）替换为四阶权重张量 W。假设 $\boldsymbol{U}$ 包含偏置参数，我们可以将全连接层形式化地表示为

$$\begin{aligned}[\boldsymbol{H}]_{i,j} &= [\boldsymbol{U}]_{i,j} + \sum_k \sum_l [\mathsf{W}]_{i,j,k,l} [\boldsymbol{X}]_{k,l} \\ &= [\boldsymbol{U}]_{i,j} + \sum_a \sum_b [\mathsf{V}]_{i,j,a,b} [\boldsymbol{X}]_{i+a,j+b}\end{aligned} \tag{6.1}$$

其中，从 W 到 V 的转换只是形式上的转换，因为在这两个四阶张量的元素之间存在一一对应的关系。我们只需重新索引下标 (k, l)，使 $k=i+a$、$l=j+b$，由此可得$[\mathsf{V}]_{i,j,a,b} = [\mathsf{W}]_{i,j,i+a,j+b}$。索引 a 和 b 通过在正偏移和负偏移之间移动覆盖了整张图像。对于隐藏表示中任意给定位置 (i,j) 处的像素值 $[\boldsymbol{H}]_{i,j}$，可以通过在 x 中以 (i,j) 为中心对像素进行加权求和得到，加权使用的权重为 $[\mathsf{V}]_{i,j,a,b}$。

1. 平移不变性

现在引用上述的第一个原则：平移不变性。这意味着检测对象在输入 $\boldsymbol{X}$ 中的平移，应该仅导致隐藏表示 $\boldsymbol{H}$ 中的平移。也就是说，V 和 $\boldsymbol{U}$ 实际上不依赖 (i,j) 的值，即 $[\mathsf{V}]_{i,j,a,b}=[\boldsymbol{V}]_{a,b}$。并且 $\boldsymbol{U}$ 是一个常数，比如 u。因此，我们可以简化 $\boldsymbol{H}$ 定义为

$$[\boldsymbol{H}]_{i,j} = u + \sum_a \sum_b [\boldsymbol{V}]_{a,b} [\boldsymbol{X}]_{i+a,j+b} \tag{6.2}$$

这就是*卷积*（convolution），我们使用系数 $[\boldsymbol{V}]_{a,b}$ 对位置 (i,j) 附近的像素 $(i+a, j+b)$ 进行加权得到 $[\boldsymbol{H}]_{i,j}$。注意，$[\boldsymbol{V}]_{a,b}$ 的系数比 $[\mathsf{V}]_{i,j,a,b}$ 少很多，因为前者不再依赖图像中的位置。这就是显著的进步！

2. 局部性

现在引用上述的第二个原则：局部性。如上所述，为了收集用来训练参数 $[\boldsymbol{H}]_{i,j}$ 的相关信息，我们不应偏离到距 (i,j) 很远的位置，这意味着在 $|a|>\Delta$ 或 $|b|>\Delta$ 的范围，我们可以设置 $[\boldsymbol{V}]_{a,b}=0$。因此，我们可以将 $[\boldsymbol{H}]_{i,j}$ 重写为

$$[\boldsymbol{H}]_{i,j} = u + \sum_{a=-\Delta}^{\Delta} \sum_{b=-\Delta}^{\Delta} [\boldsymbol{V}]_{a,b} [\boldsymbol{X}]_{i+a,j+b} \tag{6.3}$$

简而言之，式（6.3）是一个*卷积层*（convolutional layer），而卷积神经网络是包含卷积层的一类特殊的神经网络。在深度学习研究社区中，$\boldsymbol{V}$ 称为*卷积核*（convolution kernel）或*滤波器*（filter），或者简单地称为该卷积层的*权重*，通常该权重是可学习的参数。当图像处理的局部区域很小时，卷积神经网络与多层感知机的训练差异可能是巨大的：多层感知机可能需要数

十亿个参数来表示网络中的一层，而卷积神经网络通常只需要数百个参数，而且不需要改变输入或隐藏表示的维数。参数大幅减少的代价是，特征现在是平移不变的，并且当确定每个隐藏激活值时，每一层只包含局部的信息。以上所有的权重学习都将依赖归纳偏置。如果这种偏置与现实相符，我们就能得到样本有效的模型，并且这些模型能很好地泛化到未知数据中。但如果这种偏置与现实不符，比如当图像不满足平移不变性时，模型可能难以拟合训练数据。

6.1.3　卷积

在进一步讨论之前，我们先简要回顾一下为什么上面的操作称为卷积。在数学中，两个函数（比如$f,g:\mathbb{R}^d \to \mathbb{R}$）之间的“卷积”被定义为

$$(f*g)(\boldsymbol{x})=\int f(\boldsymbol{z})g(\boldsymbol{x}-\boldsymbol{z})\mathrm{d}\boldsymbol{z} \tag{6.4}$$

也就是说，卷积是当把一个函数“翻转”并移位 $\boldsymbol{x}$ 时，测量 f 和 g 之间的重叠。当为离散对象时，积分就变成求和。例如，对于从索引为 $\mathbb{Z}$ 的、平方可和的、无限维向量集合中抽取的向量，我们得到以下定义：

$$(f*g)(i)=\sum_a f(a)g(i-a) \tag{6.5}$$

对于二维张量，则为 f 的索引 (a, b) 和 g 的索引 $(i-a, j-b)$ 上的对应加和：

$$(f*g)(i,j)=\sum_a\sum_b f(a,b)g(i-a,j-b) \tag{6.6}$$

这看起来类似于式（6.3），但有一个主要区别：这里不使用 $(i+a, j+b)$，而使用差值。然而，这种区别是表面的，因为我们总是可以匹配式（6.3）和式（6.6）的符号。我们在式（6.3）中的原始定义更正确地描述了*互相关*（cross-correlation），这个问题将在 6.2 节中讨论。

6.1.4　“沃尔多在哪里”回顾

回到上面的“沃尔多在哪里”游戏，我们看看它到底是什么样子。卷积层根据滤波器 $\boldsymbol{V}$ 选取给定大小的窗口，并加权处理图像，如图 6-2 所示。我们的目标是学习一个模型，以便检测出“沃尔多”最可能出现的地方。

图 6-2　发现沃尔多

通道

然而这种方法有一个问题：我们忽略了图像一般包含 3 个通道 /3 种原色（红色、绿色和蓝色）。实际上，图像不是二维张量，而是一个由高度、宽度和颜色组成的三维张量，比如包

含 1024 像素 ×1024 像素 ×3 像素。前两个轴与像素的空间位置有关，而第三个轴可以看作每个像素的多维表示。因此，我们将 X 索引为 $[\mathsf{X}]_{i,j,k}$。由此卷积相应地调整为 $[\mathsf{V}]_{a,b,c}$，而不是 $[V]_{a,b}$。

此外，由于输入图像是三维的，我们的隐藏表示 H 也最好采用三维张量。换句话说，对于每个空间位置，我们想要采用一组而不是一个隐藏表示。这样一组隐藏表示可以想象成一些互相堆叠的二维网格。因此，我们可以把隐藏表示想象为一系列具有二维张量的通道（channel）。这些通道有时也称为特征映射（feature map），因为每个通道都向后续层提供一组空间化的学习特征。直观上可以想象在靠近输入的底层，一些通道专门识别边缘，而另一些通道专门识别纹理。

为了支持输入 X 和隐藏表示 H 中的多个通道，我们可以在 V 中添加第四个坐标，即 $[\mathsf{V}]_{a,b,c,d}$。综上所述，

$$[\mathsf{H}]_{i,j,d} = \sum_{a=-\Delta}^{\Delta}\sum_{b=-\Delta}^{\Delta}\sum_{c}[\mathsf{V}]_{a,b,c,d}[\mathsf{X}]_{i+a,j+b,c} \tag{6.7}$$

其中，隐藏表示 H 中的索引 d 表示输出通道，而随后的输出将继续以三维张量 H 作为输入进入下一个卷积层。所以，式（6.7）可以定义具有多个通道的卷积层，而其中 V 是该卷积层的权重。

然而，仍有许多问题亟待解决。例如，图像中是否到处都有存在沃尔多的可能？如何有效地计算输出层？如何选择适当的激活函数？为了训练有效的网络，如何做出合理的网络设计选择？我们将在本章的其他部分讨论这些问题。

小结

- 图像的平移不变性使我们以相同的方式处理局部图像，而不依赖它的位置。
- 局部性意味着计算相应的隐藏表示只需一小部分局部图像像素。
- 在图像处理中，卷积层通常比全连接层需要更少的参数，但依旧获得高效用的模型。
- 卷积神经网络（CNN）是一类特殊的神经网络，它可以包含多个卷积层。
- 多个输入和输出通道使模型在每个空间位置可以获取图像的多方面特征。

练习

（1）假设卷积层式（6.3），覆盖的局部区域 $\Delta=0$。在这种情况下，证明卷积核为每组通道独立地实现一个全连接层。

（2）为什么平移不变性可能也不是好主意呢？

（3）当从图像边界像素获取隐藏表示时，我们需要思考哪些问题？

（4）描述一个类似的音频卷积层的架构。

（5）卷积层也适合于文本数据吗？为什么？

（6）证明在式（6.6）中，$f*g=g*f$。

6.2 图像卷积

扫码直达讨论区

在 6.1 节中，我们解析了卷积层的原理，现在我们看看它的实际应用。由于卷积神经网络的设计用于探索图像数据，本节将以图像为例。

6.2.1 互相关运算

严格来说，卷积层是个错误的叫法，因为它所表达的运算其实是互相关（cross-correlation）

运算，而不是卷积运算。根据 6.1 节中的描述，在卷积层中，输入张量和核张量通过互相关运算生成输出张量。

我们暂时忽略通道（第三维）这一情况，看看如何处理二维图像数据和隐藏表示。在图 6-3 中，输入是高度为 3、宽度为 3 的二维张量（即形状为 3×3）。卷积核的高度和宽度都为 2，而卷积核窗口（或卷积窗口）的形状由核的高度和宽度决定（即 2×2）。

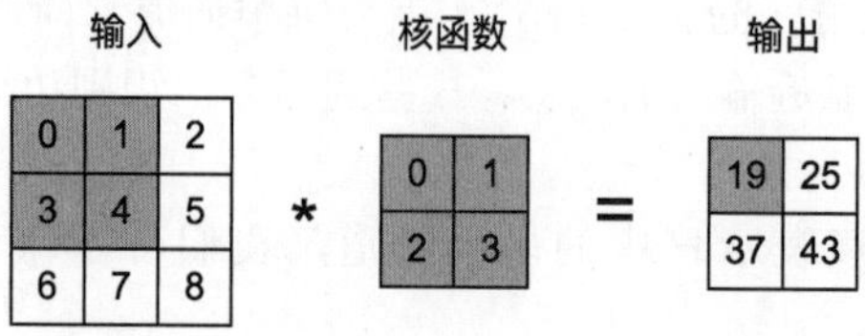

图 6-3　二维互相关运算。阴影部分是第一个输出元素以及用于计算输出的输入张量元素和核张量元素：0×0+1×1+3×2+4×3=19

在二维互相关运算中，卷积窗口从输入张量的左上角开始，从左到右、从上到下滑动。当卷积窗口滑动到一个新位置时，包含在该窗口中的部分张量与卷积核张量进行按元素相乘，得到的张量再求和得到一个单一的标量值，由此我们得出了这一位置的输出张量值。在如上例子中，输出张量的 4 个元素由二维互相关运算得到，输出张量高度为 2、宽度为 2，如下所示：

$$\begin{aligned}0\times0+1\times1+3\times2+4\times3=19\\1\times0+2\times1+4\times2+5\times3=25\\3\times0+4\times1+6\times2+7\times3=37\\4\times0+5\times1+7\times2+8\times3=43\end{aligned} \tag{6.8}$$

注意，输出大小略小于输入大小。这是因为卷积核的高度和宽度大于 1，而卷积核只与图像中每个大小完全适合的位置进行互相关运算。因此，输出大小等于输入大小 $n_h\times n_w$ 减去卷积核大小 $k_h\times k_w$，即

$$(n_h-k_h+1)\times(n_w-k_w+1) \tag{6.9}$$

这是因为我们需要足够的空间在图像上“移动”卷积核。稍后，我们将看到如何通过在图像边缘周围填充零来保证有足够的空间移动卷积核，从而保持输出大小不变。接下来，我们在 `corr2d` 函数中实现如上过程，该函数接收输入张量 X 和卷积核张量 K，并返回输出张量 Y。

```
import torch
from torch import nn
from d2l import torch as d2l
```

```
def corr2d(X, K):  #@save
    """二维互相关运算"""
    h, w = K.shape
    Y = torch.zeros((X.shape[0] - h + 1, X.shape[1] - w + 1))
    for i in range(Y.shape[0]):
        for j in range(Y.shape[1]):
            Y[i, j] = (X[i:i + h, j:j + w] * K).sum()
    return Y
```

通过图 6-3 的输入张量 X 和卷积核张量 K，我们来验证上述二维互相关运算的输出。

```
X = torch.tensor([[0.0, 1.0, 2.0], [3.0, 4.0, 5.0], [6.0, 7.0, 8.0]])
K = torch.tensor([[0.0, 1.0], [2.0, 3.0]])
corr2d(X, K)
```

```
tensor([[19., 25.],
        [37., 43.]])
```

6.2.2 卷积层

卷积层对输入和卷积核进行互相关运算，并在添加标量偏置之后产生输出。所以，卷积层中的两个被训练的参数是卷积核和标量偏置。就像之前随机初始化全连接层一样，在训练基于卷积层的模型时，我们也随机初始化卷积核权重。

基于上面定义的 corr2d 函数实现二维卷积层。在 __init__ 构造函数中，将 weight 和 bias 声明为两个模型参数。前向传播函数调用 corr2d 函数并添加偏置。

```
class Conv2D(nn.Module):
    def __init__(self, kernel_size):
        super().__init__()
        self.weight = nn.Parameter(torch.rand(kernel_size))
        self.bias = nn.Parameter(torch.zeros(1))

    def forward(self, x):
        return corr2d(x, self.weight) + self.bias
```

高度和宽度分别为 h 和 w 的卷积核可以称为 $h\times w$ 卷积核或 $h\times w$ 卷积核。我们也将带有 $h\times w$ 卷积核的卷积层称为 $h\times w$ 卷积层。

6.2.3 图像中目标的边缘检测

如下是卷积层的一个简单应用：通过找到像素变化的位置来检测图像中不同颜色的边缘。首先，我们构造一个 6 像素 ×8 像素的黑白图像。中间 4 列为黑色（0），其余像素为白色（1）。

```
X = torch.ones((6, 8))
X[:, 2:6] = 0
X
```

```
tensor([[1., 1., 0., 0., 0., 0., 1., 1.],
        [1., 1., 0., 0., 0., 0., 1., 1.],
        [1., 1., 0., 0., 0., 0., 1., 1.],
        [1., 1., 0., 0., 0., 0., 1., 1.],
        [1., 1., 0., 0., 0., 0., 1., 1.],
        [1., 1., 0., 0., 0., 0., 1., 1.]])
```

接下来，我们构造一个高度为 1、宽度为 2 的卷积核 K。当进行互相关运算时，如果水平相邻的两元素相同，则输出为零，否则输出为非零。

```
K = torch.tensor([[1.0, -1.0]])
```

然后，我们对参数 X（输入）和 K（卷积核）执行互相关运算。如下所示，输出 Y 中的 1 代表从白色到黑色的边缘，-1 代表从黑色到白色的边缘，其他情况下的输出为 0。

```
Y = corr2d(X, K)
Y
```

```
tensor([[ 0.,  1.,  0.,  0.,  0., -1.,  0.],
        [ 0.,  1.,  0.,  0.,  0., -1.,  0.],
        [ 0.,  1.,  0.,  0.,  0., -1.,  0.],
        [ 0.,  1.,  0.,  0.,  0., -1.,  0.],
        [ 0.,  1.,  0.,  0.,  0., -1.,  0.],
        [ 0.,  1.,  0.,  0.,  0., -1.,  0.]])
```

现在我们将输入的二维图像转置，再进行如上的互相关运算。其输出如下，之前检测到的垂直边缘消失了。不出所料，这个卷积核 K 只可以检测垂直边缘，无法检测水平边缘。

```
corr2d(X.t(), K)
```

```
tensor([[0., 0., 0., 0., 0.],
        [0., 0., 0., 0., 0.],
        [0., 0., 0., 0., 0.],
        [0., 0., 0., 0., 0.],
        [0., 0., 0., 0., 0.],
        [0., 0., 0., 0., 0.],
        [0., 0., 0., 0., 0.],
        [0., 0., 0., 0., 0.]])
```

6.2.4　学习卷积核

如果我们只需寻找黑白边缘，那么以上 [1, -1] 的边缘检测器足以。然而，当有了更复杂数值的卷积核，或者连续的卷积层时，我们不可能手动设计卷积核。那么我们是否可以学习由 X 生成 Y 的卷积核呢？

现在我们看看是否可以通过仅查看“输入 - 输出”对来学习由 X 生成 Y 的卷积核。我们先构造一个卷积层，并将其卷积核初始化为随机张量。接下来，在每次迭代中，我们比较 Y 与卷积层输出的平方误差，然后计算梯度来更新卷积核。为简单起见，我们在此使用内置的二维卷积层，并忽略偏置。

```
# 构造一个二维卷积层，它具有1个输出通道和形状为（1, 2）的卷积核
conv2d = nn.Conv2d(1,1, kernel_size=(1, 2), bias=False)

# 这个二维卷积层使用四维输入和输出格式（批量大小、通道、高度、宽度）
# 其中批量大小和通道数都为1
X = X.reshape((1, 1, 6, 8))
Y = Y.reshape((1, 1, 6, 7))
lr = 3e-2  # 学习率

for i in range(10):
    Y_hat = conv2d(X)
    l = (Y_hat - Y) ** 2
    conv2d.zero_grad()
    l.sum().backward()
    # 迭代卷积核
    conv2d.weight.data[:] -= lr * conv2d.weight.grad
    if (i + 1) % 2 == 0:
        print(f'epoch {i+1}, loss {l.sum():.3f}')
```

```
epoch 2, loss 7.488
epoch 4, loss 2.049
epoch 6, loss 0.668
epoch 8, loss 0.245
epoch 10, loss 0.096
```

在 10 次迭代之后，误差已经降到足够小。现在我们来看看所学习的卷积核的权重张量。

```
conv2d.weight.data.reshape((1, 2))
```

```
tensor([[ 0.9580, -1.0207]])
```

细心的读者一定会发现，我们学习到的卷积核非常接近之前定义的卷积核 K。

6.2.5　互相关和卷积

回想一下我们在 6.1 节中观察到的互相关和卷积运算之间的对应关系。为了得到正式的卷积运算输出，我们需要执行式（6.6）中定义的严格卷积运算，而不是互相关运算。幸运的是，它们差别不大，我们只需水平和垂直翻转二维卷积核张量，然后对输入张量执行互相关运算。

值得注意的是，由于卷积核是从数据中学习的，因此无论执行严格的卷积运算还是互相关运算，卷积层的输出都不会受到影响。为了说明这一点，假设卷积层执行互相关运算并学习图 6-3 中的卷积核，该卷积核在这里由矩阵 $\boldsymbol{K}$ 表示。假设其他条件不变，当这个层执行严格的卷积运算时，学习的卷积核 $\boldsymbol{K}'$ 在水平和垂直翻转之后将与 $\boldsymbol{K}$ 相同。也就是说，当卷积层对图 6-3 中的输入和 $\boldsymbol{K}'$ 执行严格的卷积运算时，将得到与互相关运算相同的输出。

为了与深度学习文献中的标准术语保持一致，我们将继续把“互相关运算”称为卷积运算，尽管严格地说，它们略有不同。此外，对于卷积核张量上的权重，我们称其为元素。

6.2.6 特征映射和感受野

如在 6.1 节中所述，图 6-3 中输出的卷积层有时称为特征映射（feature map），因为它可以被视为一个输入映射到下一层的空间维度的转换器。在卷积神经网络中，对于某一层的任意元素 x，其感受野（receptive field）是指在前向传播期间可能影响 x 计算的所有元素（来自所有之前层）。

注意，感受野可能大于输入的实际大小。我们用图 6-3 为例来解释感受野：给定 2×2 卷积核，阴影输出元素值 19 的感受野是输入阴影部分的 4 个元素。假设之前输出为 $\boldsymbol{Y}$，其大小为 2×2，现在我们在其后附加一个卷积层，该卷积层以 $\boldsymbol{Y}$ 为输入，输出单个元素 z。在这种情况下，$\boldsymbol{Y}$ 上的 z 的感受野包括 $\boldsymbol{Y}$ 的所有 4 个元素，而输入的感受野包括最初所有 9 个输入元素。因此，当一个特征图中的任意元素需要检测更大区域的输入特征时，我们可以构建一个更深的网络。

小结

- 二维卷积层的核心计算是二维互相关运算。最简单的形式是，对二维输入数据和卷积核执行互相关操作，然后添加一个偏置。
- 我们可以设计一个卷积核来检测图像的边缘。
- 我们可以从数据中学习卷积核的参数。
- 学习卷积核时，无论用严格卷积运算或互相关运算，卷积层的输出不会受太大影响。
- 当需要检测更大区域的输入特征中时，我们可以构建一个更深的卷积网络。

练习

（1）构建一个具有对角线边缘的图像 X。

a. 如果将本节中举例的卷积核 K 应用于 X，会发生什么？

b. 如果转置 X 会发生什么？

c. 如果转置 K 会发生什么？

（2）在我们创建的 Conv2D 自动求导时，会收到什么错误消息？

（3）如何通过改变输入张量和卷积核张量，将互相关运算表示为矩阵乘法？

（4）手动设计一些卷积核。

a. 二阶导数的核的形式是什么？

b. 积分的核的形式是什么？

c. 得到 d 次导数的最小核的大小是多少？

6.3 填充和步幅

扫码直达讨论区

在前面的例子图 6-3 中，输入的高度和宽度都为 3，卷积核的高度和宽度都为 2，生成的输出表征的维数为 2×2。正如我们在 6.2 节中所概括的那样，假设输入形状为 $n_h \times n_w$，卷积核形状为 $k_h \times k_w$，那么输出形状将是 $(n_h-k_h+1)\times(n_w-k_w+1)$。因此，卷积的输出形状取决于输入形状和卷积核的形状。

还有什么因素会影响输出的大小呢？本节我们将介绍*填充*（padding）和*步幅*（stride）。假设以下场景：有时，在应用了连续的卷积之后，我们最终得到的输出远小于输入。这是由于卷积核的高度和宽度通常大于 1 所导致的。例如，一个 240 像素 ×240 像素的图像，经过 10 层 5×5 的卷积后，将减少到 200 像素 ×200 像素。如此一来，原始图像的边缘就丢失了许多有用信息。*填充*是解决此问题的最有效方法。有时，我们可能希望大幅减小图像的宽度和高度，例如，我们发现原始的输入分辨率十分冗余。*步幅*可以在这类情况下提供帮助。

6.3.1 填充

如上所述，在应用多层卷积时，我们常常丢失边缘像素。由于我们通常使用小卷积核，因此对于任何单个卷积，我们可能只会丢失几像素。但随着我们应用许多连续的卷积层，累积丢失的像素数就会增多。解决这个问题的简单方法是*填充*：在输入图像的边缘填充元素（通常填充元素是 0）。例如，在图 6-4 中，我们将 3×3 输入填充到 5×5，那么它的输出就增加到 4×4。阴影部分是第一个输出元素以及用于输出计算的输入和核张量元素：0×0+0×1+0×2+0×3=0。

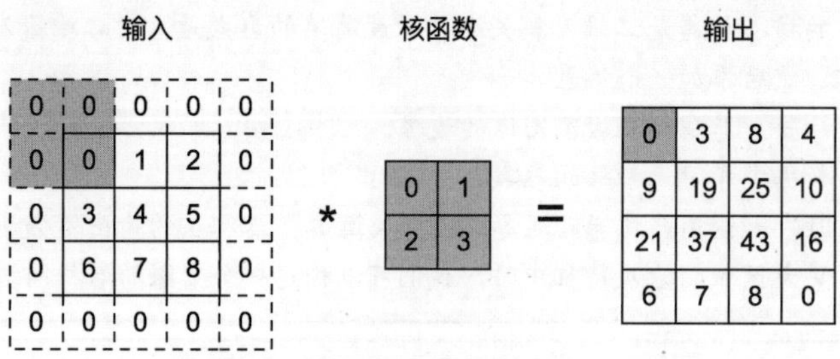

图 6-4　带填充的二维互相关运算

通常，如果我们添加 p_h 行填充（大约一半在顶部，一半在底部）和 p_w 列填充（大约一半在左侧，一半在右侧），则输出形状将为

$$(n_h - k_h + p_h + 1)\times(n_w - k_w + p_w + 1) \tag{6.10}$$

这意味着输出的高度和宽度将分别增加 p_h 和 p_w。

在许多情况下，我们需要设置 $p_h=k_h-1$ 和 $p_w=k_w-1$，使输入和输出具有相同的高度和宽度。这样可以在构建网络时更容易地预测每个层的输出形状。假设 k_h 是奇数，我们将在高度的两侧填充 $p_h/2$ 行。如果 k_h 是偶数，则一种可能性是在输入顶部填充 $\lceil p_h/2 \rceil$ 行，在底部填充 $\lfloor p_h/2 \rfloor$ 行。同理，我们填充宽度的两侧。

卷积神经网络中卷积核的高度和宽度通常为奇数，例如 1、3、5 或 7。选择奇数的好处是，保持空间维度的同时，我们可以在顶部和底部填充相同数量的行，在左侧和右侧填充相同数量的列。

此外，使用奇数的核大小和填充大小也提供了书写上的便利。对于任何二维张量 `X`，当满足卷积核的大小是奇数、所有侧边的填充行数和列数相同、输出与输入具有相同高度和宽度这3个条件时，可以得出输出 Y[i, j] 是通过以输入 X[i, j] 为中心、与卷积核进行互相关运算得到的。

例如，在下面的例子中，我们创建一个高度和宽度为 3 的二维卷积层，并在所有侧边填充 1 像素。给定高度和宽度为 8 的输入，则输出的高度和宽度也为 8。

```
import torch
from torch import nn

# 为方便起见，我们定义一个计算卷积的函数
# 此函数初始化卷积层权重，并对输入和输出扩大和缩减相应的维数
def comp_conv2d(conv2d, X):
    # 这里的(1,1)表示批量大小和通道数都是1
    X = X.reshape((1, 1) + X.shape)
    Y = conv2d(X)
    # 省略前两个维度：批量大小和通道
    return Y.reshape(Y.shape[2:])

# 注意，这里每侧边都填充了1行或1列，因此总共添加了2行或2列
conv2d = nn.Conv2d(1, 1, kernel_size=3, padding=1)
X = torch.rand(size=(8, 8))
comp_conv2d(conv2d, X).shape
```

```
torch.Size([8, 8])
```

当卷积核的高度和宽度不同时，我们可以填充不同的高度和宽度，使输出和输入具有相同的高度和宽度。在如下示例中，我们使用高度为 5、宽度为 3 的卷积核，高度和宽度两侧边的填充分别为 2 和 1。

```
conv2d = nn.Conv2d(1, 1, kernel_size=(5, 3), padding=(2, 1))
comp_conv2d(conv2d, X).shape
```

```
torch.Size([8, 8])
```

6.3.2 步幅

在计算互相关时，卷积窗口从输入张量的左上角开始向下、向右滑动。在前面的例子中，我们默认每次滑动一个元素。但是，有时候为了高效计算或是缩减采样次数，卷积窗口可以跳过中间位置，每次滑动多个元素。

我们将每次滑动元素的数量称为步幅。到目前为止，我们只使用过高度或宽度为 1 的步幅，那么如何使用较大的步幅呢？图 6-5 是垂直步幅为 3、水平步幅为 2 的二维互相关运算。着色部分是输出元素以及用于输出计算的输入和核张量元素：$0\times0+0\times1+1\times2+2\times3=8$、$0\times0+6\times1+0\times2+0\times3=6$。

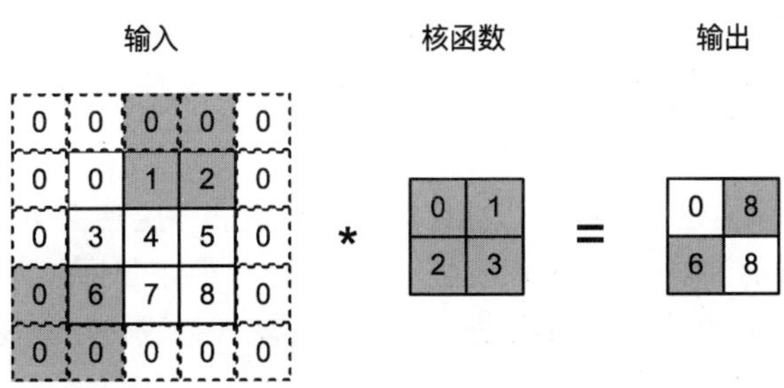

图 6-5 垂直步幅为 3、水平步幅为 2 的二维互相关运算

可以看到，为了计算输出中第一列的第二个元素和第一行的第二个元素，卷积窗口分别向下滑动 3 行和向右滑动 2 列。但是，当卷积窗口继续向右滑动两列时，没有输出，因为输入元素无法填充窗口（除非我们添加另一列填充）。

通常，当垂直步幅为 s_h、水平步幅为 s_w 时，输出形状为

$$\lfloor (n_h - k_h + p_h + s_h)/s_h \rfloor \times \lfloor (n_w - k_w + p_w + s_w)/s_w \rfloor \tag{6.11}$$

如果我们设置了 $p_h=k_h-1$ 和 $p_w=k_w-1$，则输出形状将简化为 $\lfloor (n_h + s_h - 1)/s_h \rfloor \times \lfloor (n_w + s_w - 1)/s_w \rfloor$。更进一步，如果输入的高度和宽度可以被垂直步幅和水平步幅整除，则输出形状将为 $(n_h/s_h) \times (n_w/s_w)$。

下面我们将高度和宽度的步幅设置为 2，从而将输入的高度和宽度减半。

```
conv2d = nn.Conv2d(1, 1, kernel_size=3, padding=1, stride=2)
comp_conv2d(conv2d, X).shape
```

```
torch.Size([4, 4])
```

接下来，看一个稍微复杂一点的例子。

```
conv2d = nn.Conv2d(1, 1, kernel_size=(3, 5), padding=(0, 1), stride=(3, 4))
comp_conv2d(conv2d, X).shape
```

```
torch.Size([2, 2])
```

为简洁起见，当输入高度和宽度两侧的填充数量分别为 p_h 和 p_w 时，我们称之为填充 (p_h, p_w)。当 $p_h=p_w=p$ 时，填充为 p。同理，当高度和宽度上的步幅分别为 s_h 和 s_w 时，我们称之为步幅 (s_h, s_w)。特别地，当 $s_h=s_w=s$ 时，我们称步幅为 s。默认情况下，填充为 0，步幅为 1。在实践中，我们很少使用不一致的步幅或填充，也就是说，通常有 $p_h=p_w$ 和 $s_h=s_w$。

小结

- 填充可以增加输出的高度和宽度。这常用来使输出与输入具有相同的高度和宽度。
- 步幅可以减小输出的高度和宽度，例如输出的高度和宽度仅为输入的高度和宽度的 $1/n$（n 是一个大于 1 的整数）。
- 填充和步幅可用于有效地调整数据的维度。

练习

（1）对于本节中的最后一个示例，计算其输出形状，以查看它是否与实验结果一致。

（2）在本节中的实验中，试一试其他填充和步幅的组合。

（3）对于音频信号，步幅 2 说明什么？

（4）步幅大于 1 的计算优势是什么？

6.4 多输入多输出通道

扫码直达讨论区

虽然我们在 6.1 节中描述了构成每张图像的多个通道和多层卷积层（例如，彩色图像具有标准的 RGB 通道来代表红、绿和蓝），但是到目前为止，我们仅展示了单个输入和单个输出通道的简化例子。这使得我们可以将输入、卷积核和输出看作二维张量。

当我们添加通道时，我们的输入和隐藏表示都变成了三维张量。例如，

每个 RGB 输入图像具有 $3\times h\times w$ 的形状。我们将这个大小为 3 的轴称为通道（channel）维度。本节将更深入地研究具有多输入和多输出通道的卷积核。

6.4.1　多输入通道

当输入包含多个通道时，需要构造一个具有与输入数据相同输入通道数的卷积核，以便与输入数据进行互相关运算。假设输入的通道数为 c_i，那么卷积核的输入通道数也需要为 c_i。如果卷积核的窗口形状是 $k_h\times k_w$，那么当 $c_i=1$ 时，我们可以把卷积核看作形状为 $k_h\times k_w$ 的二维张量。

然而，当 $c_i>1$ 时，卷积核的每个输入通道将包含形状为 $k_h\times k_w$ 的张量。将这些张量 c_i 连接在一起可以得到形状为 $c_i\times k_h\times k_w$ 的卷积核。由于输入和卷积核都有 c_i 个通道，我们可以对每个通道输入的二维张量和卷积核的二维张量进行互相关运算，再对通道求和（将 c_i 的结果相加）得到二维张量。这是多通道输入和多输入通道卷积核之间进行二维互相关运算的结果。

在图 6-6 中，我们演示了一个具有两个输入通道的二维互相关运算的示例。阴影部分是第一个输出元素以及用于计算这个输出的输入和核张量元素：$(1\times1+2\times2+4\times3+5\times4)+(0\times0+1\times1+3\times2+4\times3)=56$。

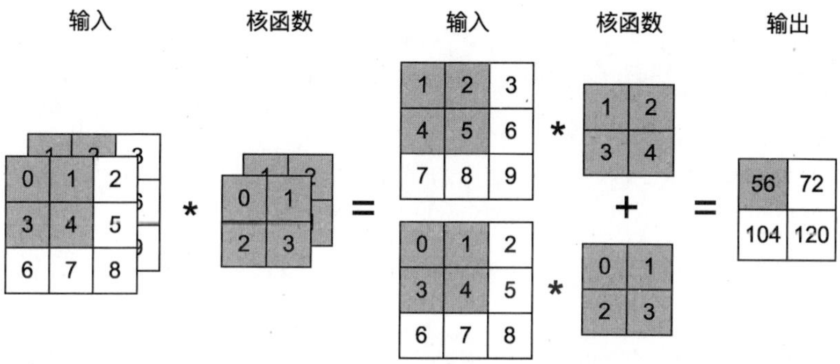

图 6-6　两个输入通道的互相关运算

为了加深理解，我们来实现多输入通道互相关运算。简而言之，我们所做的就是对每个通道执行互相关操作，然后将结果相加。

```
import torch
from d2l import torch as d2l
```

```
def corr2d_multi_in(X, K):
    # 先遍历X和K的第0个维度（通道维度），再把它们加在一起
    return sum(d2l.corr2d(x, k) for x, k in zip(X, K))
```

我们可以构造与图 6-6 中的值相对应的输入张量 X 和核张量 K，以验证互相关运算的输出。

```
X = torch.tensor([[[0.0, 1.0, 2.0], [3.0, 4.0, 5.0], [6.0, 7.0, 8.0]],
               [[1.0, 2.0, 3.0], [4.0, 5.0, 6.0], [7.0, 8.0, 9.0]]])
K = torch.tensor([[[0.0, 1.0], [2.0, 3.0]], [[1.0, 2.0], [3.0, 4.0]]])

corr2d_multi_in(X, K)
```

```
tensor([[ 56.,  72.],
        [104., 120.]])
```

6.4.2　多输出通道

到目前为止，不论有多少个输入通道，我们都只有一个输出通道。然而，正如我们在 6.1

节中所讨论的，每一层有多个输出通道是至关重要的。在最流行的神经网络架构中，随着神经网络层数的增加，我们常会增加输出通道的维数，通过减少空间分辨率获得更大的通道深度。直观地说，我们可以将每个通道看作对不同特征的响应。而现实情况可能更为复杂一些，因为每个通道不是独立学习的，而是为了共同使用而优化的。因此，多输出通道并不仅是学习多个单通道的检测器。

用 c_i 和 c_o 分别表示输入和输出通道的数量，并用 k_h 和 k_w 分别表示卷积核的高度和宽度。为了获得多个通道的输出，我们可以为每个输出通道创建一个形状为 $c_i \times k_h \times k_w$ 的卷积核张量，这样卷积核的形状为 $c_o \times c_i \times k_h \times k_w$。在互相关运算中，每个输出通道先获取所有输入通道，再以对应该输出通道的卷积核计算出结果。

如下所示，我们实现一个计算多个通道的输出的互相关函数。

```
def corr2d_multi_in_out(X, K):
    # 迭代K的第0个维度，每次都对输入X执行互相关运算
    # 最后将所有结果都叠加在一起
    return torch.stack([corr2d_multi_in(X, k) for k in K], 0)
```

通过将核张量 K 与 K+1（K 中每个元素加 1）和 K+2 连接起来，构造了一个具有 3 个输出通道的卷积核。

```
K = torch.stack((K, K + 1, K + 2), 0)
K.shape
```

```
torch.Size([3, 2, 2, 2])
```

下面我们对输入张量 X 与卷积核张量 K 执行互相关运算。现在的输出包含 3 个通道，第一个通道的结果与先前输入张量 X 和多输入单输出通道的结果一致。

```
corr2d_multi_in_out(X, K)
```

```
tensor([[[ 56.,  72.],
         [104., 120.]],

        [[ 76., 100.],
         [148., 172.]],

        [[ 96., 128.],
         [192., 224.]]])
```

6.4.3　1×1卷积层

1×1 卷积，即 $k_h=k_w=1$，看起来似乎没有多大意义。毕竟，卷积的本质是有效提取相邻像素间的相关特征，而 1×1 卷积显然没有此作用。尽管如此，1×1 仍然十分流行，经常包含在复杂深层网络的设计中。下面，我们详细地解读一下它的实际作用。

因为使用了最小窗口，1×1 卷积失去了卷积层的特有能力——在高度和宽度维度上，识别相邻元素间相互作用的能力。其实 1×1 卷积的唯一计算发生在通道上。

图 6-7 展示了使用 1×1 卷积核与 3 个输入通道和 2 个输出通道的互相关运算。这里输入和输出具有相同的高度和宽度，输出中的每个元素都是输入图像中同一位置的元素的线性组合。我们可以将 1×1 卷积层看作在每个像素位置应用的全连接层，以 c_i 个输入值转换为 c_o 个输出值。因为这仍然是一个卷积层，所以跨像素的权重是一致的。同时，1×1 卷积层需要的权重维度为 $c_o \times c_i$，再额外加上一个偏置。

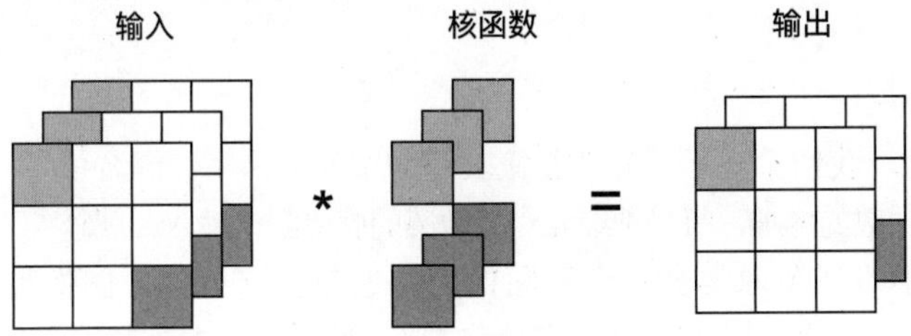

图 6-7 互相关运算使用了具有 3 个输入通道和 2 个输出通道的 1×1 卷积核。其中，输入和输出具有相同的高度和宽度

下面我们使用全连接层实现 1×1 卷积。注意，我们需要对输入和输出的数据形状进行调整。

```
def corr2d_multi_in_out_1x1(X, K):
    c_i, h, w = X.shape
    c_o = K.shape[0]
    X = X.reshape((c_i, h * w))
    K = K.reshape((c_o, c_i))
    # 全连接层中的矩阵乘法
    Y = torch.matmul(K, X)
    return Y.reshape((c_o, h, w))
```

当执行 1×1 卷积运算时，上述函数相当于先前实现的互相关函数 `corr2d_multi_in_out`。我们用一些样本数据来验证这一点。

```
X = torch.normal(0, 1, (3, 3, 3))
K = torch.normal(0, 1, (2, 3, 1, 1))
```

```
Y1 = corr2d_multi_in_out_1x1(X, K)
Y2 = corr2d_multi_in_out(X, K)
assert float(torch.abs(Y1 - Y2).sum()) < 1e-6
```

小结

- 多输入多输出通道可以用来扩展卷积层的模型。
- 当以像素为基础应用时，1×1 卷积层相当于全连接层。
- 1×1 卷积层通常用于调整网络层的通道数量和控制模型复杂性。

练习

（1）假设我们有两个卷积核，大小分别为 k_1 和 k_2（中间没有非线性激活函数）。

a. 证明运算可以用单次卷积来表示。

b. 这个等效的单个卷积核的维数是多少呢？

c. 单次卷积是否可以用两个卷积来表示呢？

（2）假设输入为 $c_i \times h \times w$，卷积核大小为 $c_o \times c_i \times k_h \times k_w$，填充为 (p_h, p_w)，步幅为 (s_h, s_w)。

a. 前向传播的计算成本（乘法和加法）是多少？

b. 内存占用空间是多大？

c. 反向传播的内存占用空间是多大？

d. 反向传播的计算成本是多少？

（3）如果我们将输入通道 c_i 和输出通道 c_o 的数量加倍，计算量会增加多少？如果我们把填充数量翻一番会怎样？

（4）如果卷积核的高度和宽度是 $k_h=k_w=1$，前向传播的计算复杂度是多少？

（5）本节最后一个示例中的变量 Y1 和 Y2 是否完全相同？为什么？

（6）当卷积窗口不是 1×1 时，如何使用矩阵乘法实现卷积？

6.5 汇聚层

扫码直达讨论区

通常处理图像时，我们希望逐渐降低隐藏表示的空间分辨率、聚合信息，这样随着神经网络中层数的增加，每个神经元对其敏感的感受野（输入）就越大。

而我们的机器学习任务通常会跟全局图像的问题有关（例如，图像是否包含一只猫），所以最后一层的神经元应该对整个输入的全局敏感。通过逐渐聚合信息，生成越来越粗粒度的映射，最终实现学习全局表示的目标，同时将卷积层的所有优势保留在中间层。

此外，当检测较低层的特征（例如 6.2 节中讨论的边缘）时，我们通常希望这些特征保持某种程度的平移不变性。例如，如果我们拍摄黑白之间轮廓清晰的图像 `X`，并将整张图像向右移动 1 像素，即 `Z[i, j] = X[i, j + 1]`，则新图像 `Z` 的输出可能大不相同。但在现实中，随着拍摄角度的移动，任何物体几乎不可能完全出现在同一像素上。即使借助三脚架拍摄一个静止的物体，由于快门的移动而引起的相机振动，可能也会使所有物体左右移动 1 像素（除非高端相机配备特殊功能来解决这个问题）。

本节将介绍汇聚层（pooling layer）①，它具有双重目的：降低卷积层对位置的敏感性，同时降低对空间降采样表示的敏感性。

6.5.1 最大汇聚和平均汇聚

与卷积层类似，汇聚层运算符由一个固定形状的窗口组成，该窗口根据其步幅大小在输入的所有区域上滑动，为固定形状窗口（有时称为汇聚窗口）遍历的每个位置计算一个输出。然而，不同于卷积层中的输入与卷积核之间的互相关运算，汇聚层不包含参数，汇聚操作是确定性的，我们通常计算汇聚窗口中所有元素的最大值或平均值，分别称为最大汇聚（maximum pooling）和平均汇聚（average pooling）。

在这两种情况下，与互相关运算符一样，汇聚窗口从输入张量的左上角开始，从左往右、从上往下在输入张量内滑动。在汇聚窗口到达的每个位置，它计算该窗口中输入子张量的最大值或平均值。计算最大值还是平均值取决于使用了最大汇聚层还是平均汇聚层。

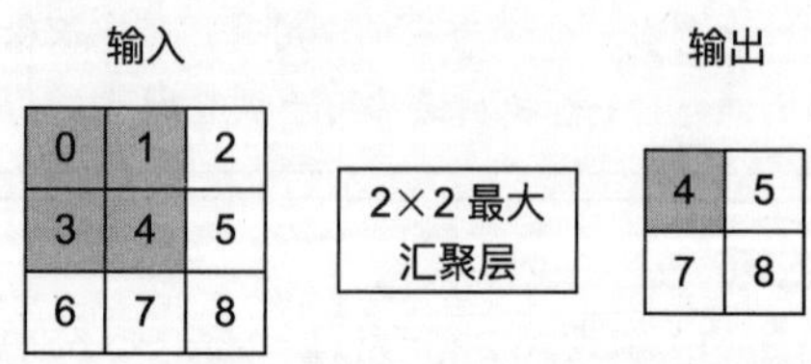

图 6-8　汇聚窗口形状为 2×2 的最大汇聚层。阴影部分是第一个输出元素以及用于计算这个输出的输入元素：max(0, 1, 3, 4)=4

图 6-8 中的输出张量的高度为 2，宽度为 2。这 4 个元素为每个汇聚窗口中的最大值：

$$
\begin{aligned}
\max(0,1,3,4) &= 4 \\
\max(1,2,4,5) &= 5 \\
\max(3,4,6,7) &= 7 \\
\max(4,5,7,8) &= 8
\end{aligned}
\tag{6.12}
$$

汇聚窗口形状为 $p \times q$ 的汇聚层称为 $p \times q$ 汇聚层，汇聚操作称为 $p \times q$ 汇聚。

回到本节开头提到的对象边缘检测示例，现在我们将使用卷积层的输出作为 2×2 最大汇聚层的输入。设置卷积层输入为 `X`，汇聚层输出为 `Y`。无论 `X[i, j]` 和 `X[i, j + 1]` 的值相同

① 在其他作品中pooling通常被译为“池化”，但本书译者认为，深度学习中的pooling层起到的是汇集、聚拢信息的作用，而“池化”一词无法体现这一作用，翻译为“汇聚”更符合实际意义。——译者注

与否或 `X[i, j + 1]` 和 `X[i, j + 2]` 的值相同与否，汇聚层始终输出 `Y[i, j] = 1`。也就是说，使用 2×2 最大汇聚层，即使在高度或宽度上移动一个元素，卷积层也仍然可以识别模式。

在下面代码的 `pool2d` 函数中，我们实现汇聚层的前向传播。这类似于 6.2 节中的 `corr2d` 函数。然而，这里没有卷积核，输出为输入中每个区域的最大值或平均值。

```
import torch
from torch import nn
from d2l import torch as d2l
```

```
def pool2d(X, pool_size, mode='max'):
    p_h, p_w = pool_size
    Y = torch.zeros((X.shape[0] - p_h + 1, X.shape[1] - p_w + 1))
    for i in range(Y.shape[0]):
        for j in range(Y.shape[1]):
            if mode == 'max':
                Y[i, j] = X[i: i + p_h, j: j + p_w].max()
            elif mode == 'avg':
                Y[i, j] = X[i: i + p_h, j: j + p_w].mean()
    return Y
```

我们可以构建图 6-8 中的输入张量 `X`，验证二维最大汇聚层的输出。

```
X = torch.tensor([[0.0, 1.0, 2.0], [3.0, 4.0, 5.0], [6.0, 7.0, 8.0]])
pool2d(X, (2, 2))
```

```
tensor([[4., 5.],
        [7., 8.]])
```

此外，我们还可以验证平均汇聚层的输出。

```
pool2d(X, (2, 2), 'avg')
```

```
tensor([[2., 3.],
        [5., 6.]])
```

6.5.2 填充和步幅

与卷积层一样，汇聚层也可以改变输出形状。和之前一样，我们可以通过填充和步幅获得所需的输出形状。下面，我们用深度学习框架中内置的二维最大汇聚层来演示汇聚层中填充和步幅的使用。我们首先构建了一个输入张量 `X`，它有 4 个维度，其中样本数和通道数都是 1。

```
X = torch.arange(16, dtype=torch.float32).reshape((1, 1, 4, 4))
X
```

```
tensor([[[[ 0.,  1.,  2.,  3.],
          [ 4.,  5.,  6.,  7.],
          [ 8.,  9., 10., 11.],
          [12., 13., 14., 15.]]]])
```

默认情况下，深度学习框架中的步幅与汇聚窗口的大小相同。因此，如果使用形状为 (3, 3) 的汇聚窗口，那么默认情况下，我们得到的步幅形状为 (3, 3)。

```
pool2d = nn.MaxPool2d(3)
pool2d(X)
```

```
tensor([[[[10.]]]])
```

填充和步幅可以手动设定。

```
pool2d = nn.MaxPool2d(3, padding=1, stride=2)
pool2d(X)
```

```
tensor([[[[ 5.,  7.],
          [13., 15.]]]])
```

当然，我们可以设定一个任意大小的矩形汇聚窗口，并分别设定填充和步幅的高度和宽度。

```
pool2d = nn.MaxPool2d((2, 3), stride=(2, 3), padding=(0, 1))
pool2d(X)
```

```
tensor([[[[ 5.,  7.],
          [13., 15.]]]])
```

6.5.3 多个通道

在处理多通道输入数据时，汇聚层在每个输入通道上单独运算，而不是像卷积层那样在通道上对输入进行汇总。这意味着汇聚层的输出通道数与输入通道数相同。下面我们就在通道维度上连接张量 `X` 和 `X + 1`，以构建具有 2 个通道的输入。

```
X = torch.cat((X, X + 1), 1)
X
```

```
tensor([[[[ 0.,  1.,  2.,  3.],
          [ 4.,  5.,  6.,  7.],
          [ 8.,  9., 10., 11.],
          [12., 13., 14., 15.]],

         [[ 1.,  2.,  3.,  4.],
          [ 5.,  6.,  7.,  8.],
          [ 9., 10., 11., 12.],
          [13., 14., 15., 16.]]]])
```

汇聚后输出通道的数量仍然是 2，如下所示。

```
pool2d = nn.MaxPool2d(3, padding=1, stride=2)
pool2d(X)
```

```
tensor([[[[ 5.,  7.],
          [13., 15.]],

         [[ 6.,  8.],
          [14., 16.]]]])
```

小结

- 对于给定的输入元素，最大汇聚层会输出该窗口内的最大值，平均汇聚层会输出该窗口内的平均值。
- 汇聚层的主要优点之一是减弱卷积层对位置的过度敏感。
- 我们可以指定汇聚层的填充和步幅。
- 使用最大汇聚层以及大于 1 的步幅，可减少空间维度（如高度和宽度）。
- 汇聚层的输出通道数与输入通道数相同。

练习

（1）尝试将平均汇聚层作为卷积层的特例情况实现。

（2）尝试将最大汇聚层作为卷积层的特例情况实现。

（3）假设汇聚层的输入大小为 $c \times h \times w$，则汇聚窗口的形状为 $p_h \times p_w$，填充为 (p_h, p_w)，步幅为 (s_h, s_w)。这个汇聚层的计算成本是多少？

（4）为什么最大汇聚层和平均汇聚层的工作方式不同？

（5）我们是否需要最小汇聚层？可以用已知函数替换它吗？

（6）除了平均汇聚层和最大汇聚层，是否还有其他函数可以考虑？（提示：回想一下 `softmax`。）为什么它不流行？

6.6 卷积神经网络（LeNet）

扫码直达讨论区

通过前几节内容的介绍，我们学习了构建一个完整的卷积神经网络所需的组件。回想一下，之前我们将 softmax 回归模型（3.6 节）和多层感知机模型（4.2 节）应用于 Fashion-MNIST 数据集中的服装图片。为了能够应用 softmax 回归和多层感知机，我们首先将每个大小为 28 像素 ×28 像素的图像展平为一个 784 维的固定长度的一维向量，然后用全连接层对其进行处理。而现在，我们已经掌握了卷积层的处理方法，可以在图像中保留空间结构。同时，用卷积层代替全连接层的另一个好处是：模型更简洁，所需的参数更少。

本节将介绍 LeNet，它是最早发布的卷积神经网络之一，因其在计算机视觉任务中的高性能而受到广泛关注。这个模型是由 AT&T 贝尔实验室的研究员 Yann LeCun 在 1989 年提出的（并以其命名），目的是识别图像 [88] 中的手写数字。当时，Yann LeCun 发表了第一篇通过反向传播成功训练卷积神经网络的研究论文，这项工作代表了十多年来神经网络研究开发的成果。

当时，LeNet 取得了与支持向量机（support vector machine）性能相媲美的成果，成为监督学习的主流方法。LeNet 被广泛用于自动取款机（ATM）中，帮助识别处理支票上的数字。时至今日，一些自动取款机仍在运行 Yann LeCun 和他的同事 Leon Bottou 在 20 世纪 90 年代编写的代码呢！

6.6.1 LeNet

总体来看，LeNet（LeNet-5）由以下两个部分组成。

- 卷积编码器：由两个卷积层组成。
- 全连接层稠密块：由 3 个全连接层组成。

该架构如图 6-9 所示。

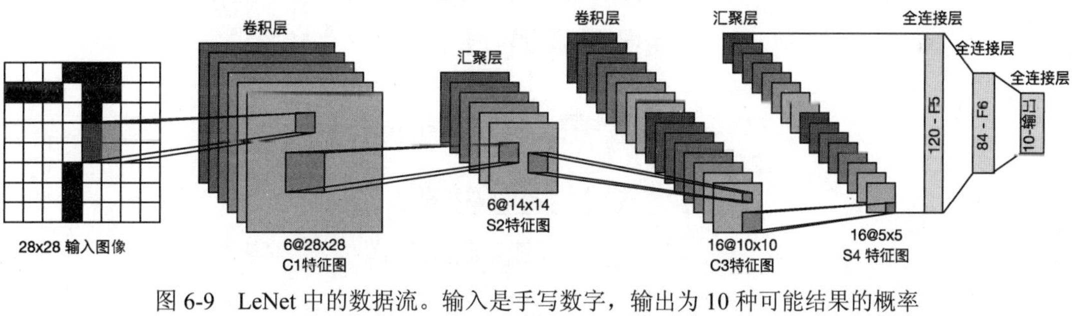

图 6-9 LeNet 中的数据流。输入是手写数字，输出为 10 种可能结果的概率

每个卷积块中的基本单元是一个卷积层、一个 sigmoid 激活函数和平均汇聚层。注意，虽然 ReLU 和最大汇聚层更有效，但它们在 20 世纪 90 年代还没有出现。每个卷积层使用 5×5 卷积核和一个 sigmoid 激活函数。这些层将输入映射到多个二维特征输出，通常同时增加通道的数量。第一个卷积层有 6 个输出通道，而第二个卷积层有 16 个输出通道。每个 2×2 汇聚操作（步幅 2）通过空间降采样将维数减少 4 倍。卷积的输出形状由批量大小、通道数、高度、宽度决定。

为了将卷积块的输出传递给稠密块，我们必须在小批量中展平每个样本。换言之，我们将这个四维输入转换成全连接层所期望的二维输入。这里的二维表示的第一个维度索引小批量中的样本，第二个维度给出每个样本的平面向量表示。LeNet 的稠密块有 3 个全连接层，分别有

120、84 和 10 个输出。因为我们在执行分类任务，所以输出层的 10 维对应于最后输出结果的数量。

通过下面的 LeNet 代码，可以看出用深度学习框架实现此类模型非常简单。我们只需要实例化一个 Sequential 块并将需要的层连接在一起。

```
import torch
from torch import nn
from d2l import torch as d2l

net = nn.Sequential(
    nn.Conv2d(1, 6, kernel_size=5, padding=2), nn.Sigmoid(),
    nn.AvgPool2d(kernel_size=2, stride=2),
    nn.Conv2d(6, 16, kernel_size=5), nn.Sigmoid(),
    nn.AvgPool2d(kernel_size=2, stride=2),
    nn.Flatten(),
    nn.Linear(16 * 5 * 5, 120), nn.Sigmoid(),
    nn.Linear(120, 84), nn.Sigmoid(),
    nn.Linear(84, 10))
```

我们对原始模型做了一点小改动，去掉了最后一层的高斯激活。除此之外，这个网络与最初的 LeNet-5 一致。

下面我们将一个大小为 28 像素 ×28 像素的单通道（黑白）图像通过 LeNet 做前向计算。通过在每一层打印输出的形状，我们可以检查模型，以确保其操作与我们期望的图 6-10 所示一致。

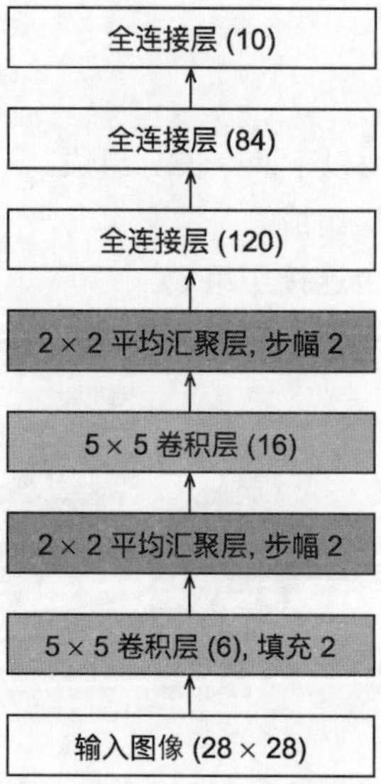

图 6-10　LeNet 的简化版

```
X = torch.rand(size=(1, 1, 28, 28), dtype=torch.float32)
for layer in net:
    X = layer(X)
    print(layer.__class__.__name__,'output shape: \t',X.shape)
```

```
Conv2d output shape:         torch.Size([1, 6, 28, 28])
Sigmoid output shape:        torch.Size([1, 6, 28, 28])
AvgPool2d output shape:      torch.Size([1, 6, 14, 14])
Conv2d output shape:         torch.Size([1, 16, 10, 10])
Sigmoid output shape:        torch.Size([1, 16, 10, 10])
AvgPool2d output shape:      torch.Size([1, 16, 5, 5])
Flatten output shape:        torch.Size([1, 400])
Linear output shape:         torch.Size([1, 120])
```

```
Sigmoid output shape:        torch.Size([1, 120])
Linear output shape:         torch.Size([1, 84])
Sigmoid output shape:        torch.Size([1, 84])
Linear output shape:         torch.Size([1, 10])
```

注意，在整个卷积块中，与上一层相比，每一层特征的高度和宽度都减小了。第一个卷积层使用 2 像素的填充，以补偿 5×5 卷积核导致的特征减少。而第二个卷积层没有填充，因此高度和宽度都减少了 4 像素。随着层数的增加，通道的数量从输入时的 1 个增加到第一个卷积层之后的 6 个，再到第二个卷积层之后的 16 个。同时，每个汇聚层的高度和宽度都减半。最后，每个全连接层减少维数，最终输出一个维数与结果分类数相匹配的输出。

6.6.2 模型训练

现在我们已经实现了 LeNet，来看看 LeNet 在 Fashion-MNIST 数据集上的表现。

```
batch_size = 256
train_iter, test_iter = d2l.load_data_fashion_mnist(batch_size=batch_size)
```

虽然卷积神经网络的参数较少，但与深度的多层感知机相比，它们的计算成本仍然很高，因为每个参数都参与更多的乘法。通过使用 GPU，可以加快训练。

为了进行评估，我们需要对 3.6 节中描述的 `evaluate_accuracy` 函数稍做修改。由于完整的数据集位于内存中，因此在模型使用 GPU 计算数据集之前，我们需要将其复制到显存中。

```
def evaluate_accuracy_gpu(net, data_iter, device=None): #@save
    """使用GPU计算模型在数据集上的精度"""
    if isinstance(net, nn.Module):
        net.eval()  # 设置为评估模式
        if not device:
            device = next(iter(net.parameters())).device
    # 正确预测的数量，总预测的数量
    metric = d2l.Accumulator(2)
    with torch.no_grad():
        for X, y in data_iter:
            if isinstance(X, list):
                # BERT微调所需的（之后将介绍）
                X = [x.to(device) for x in X]
            else:
                X = X.to(device)
            y = y.to(device)
            metric.add(d2l.accuracy(net(X), y), y.numel())
    return metric[0] / metric[1]
```

为了使用 GPU，我们还需要做一点小改动。与 3.6 节中定义的 `train_epoch_ch3` 不同，在进行前向传播和反向传播之前，需要将每个小批量数据移动到我们指定的设备（例如，GPU）上。

如下所示，训练函数 `train_ch6` 也类似于 3.6 节中定义的 `train_ch3`。由于将实现多层神经网络，因此我们主要使用高级 API。以下训练函数假定以高级 API 创建的模型作为输入，并进行相应的优化。我们使用在 5.2 节中介绍的 Xavier 初始化模型参数。与全连接层一样，我们使用交叉熵损失函数和小批量随机梯度下降。

```
#@save
def train_ch6(net, train_iter, test_iter, num_epochs, lr, device):
    """用GPU训练模型(在第6章定义)"""
    def init_weights(m):
        if type(m) == nn.Linear or type(m) == nn.Conv2d:
```

```
            nn.init.xavier_uniform_(m.weight)
    net.apply(init_weights)
    print('training on', device)
    net.to(device)
    optimizer = torch.optim.SGD(net.parameters(), lr=lr)
    loss = nn.CrossEntropyLoss()
    animator = d2l.Animator(xlabel='epoch', xlim=[1, num_epochs],
                            legend=['train loss', 'train acc', 'test acc'])
    timer, num_batches = d2l.Timer(), len(train_iter)
    for epoch in range(num_epochs):
        # 训练损失之和，训练准确率之和，样本数
        metric = d2l.Accumulator(3)
        net.train()
        for i, (X, y) in enumerate(train_iter):
            timer.start()
            optimizer.zero_grad()
            X, y = X.to(device), y.to(device)
            y_hat = net(X)
            l = loss(y_hat, y)
            l.backward()
            optimizer.step()
            with torch.no_grad():
                metric.add(l * X.shape[0], d2l.accuracy(y_hat, y), X.shape[0])
            timer.stop()
            train_l = metric[0] / metric[2]
            train_acc = metric[1] / metric[2]
            if (i + 1) % (num_batches // 5) == 0 or i == num_batches - 1:
                animator.add(epoch + (i + 1) / num_batches,
                             (train_l, train_acc, None))
        test_acc = evaluate_accuracy_gpu(net, test_iter)
        animator.add(epoch + 1, (None, None, test_acc))
    print(f'loss {train_l:.3f}, train acc {train_acc:.3f}, '
          f'test acc {test_acc:.3f}')
    print(f'{metric[2] * num_epochs / timer.sum():.1f} examples/sec '
          f'on {str(device)}')
```

现在，我们训练和评估 LeNet-5 模型。

```
lr, num_epochs = 0.9, 10
train_ch6(net, train_iter, test_iter, num_epochs, lr, d2l.try_gpu())
```

```
loss 0.455, train acc 0.829, test acc 0.830
83658.0 examples/sec on cuda:0
```

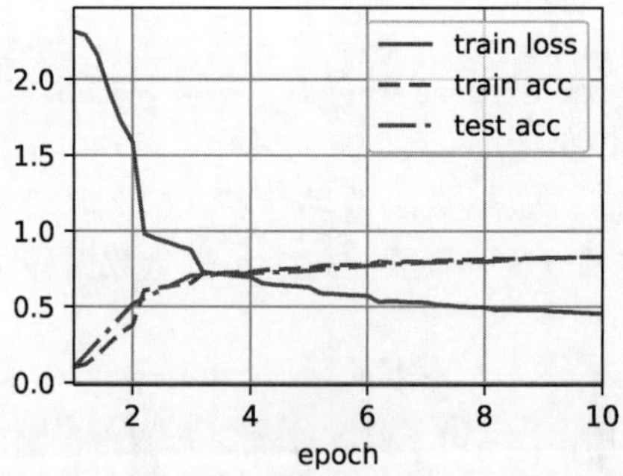

小结

- 卷积神经网络（CNN）是一类使用卷积层的网络。
- 在卷积神经网络中，我们组合使用卷积层、非线性激活函数和汇聚层。
- 为了构建高性能的卷积神经网络，我们通常对卷积层进行排列，逐渐降低其表示的空间分辨率，同时增加通道数。

- 在传统的卷积神经网络中，卷积块编码得到的表征在输出之前需由一个或多个全连接层进行处理。
- LeNet 是最早发布的卷积神经网络之一。

练习

（1）将平均汇聚层替换为最大汇聚层，会发生什么？

（2）尝试构建一个基于 LeNet 的更复杂的网络，以提高其准确性。

a. 调整卷积窗口大小。

b. 调整输出通道的数量。

c. 调整激活函数（如 ReLU）。

d. 调整卷积层的数量。

e. 调整全连接层的数量。

f. 调整学习率和其他训练细节（例如，初始化和轮数）。

（3）在 MNIST 数据集上尝试以上改进后的网络。

（4）显示不同输入（例如，毛衣和外套）时 LeNet 第一层和第二层的激活值。

第 7 章

现代卷积神经网络

第 6 章中我们介绍了卷积神经网络的基本原理，本章中我们将介绍现代卷积神经网络架构，许多现代卷积神经网络的研究都是建立在本章所讲内容的基础上的。本章中介绍的每个模型都曾一度占据主导地位，其中许多模型都是 ImageNet 竞赛的优胜者。ImageNet 竞赛自 2010 年以来，一直是计算机视觉中监督学习进展的风向标。

本章主要介绍以下几个模型。

- AlexNet：第一个在大规模视觉竞赛中击败传统计算机视觉模型的大型神经网络。
- 使用重复块的网络（VGG）：利用许多重复的神经网络块。
- 网络中的网络（NiN）：重复使用卷积层和 1×1 卷积层（用来代替全连接层）来构建深层网络。
- 含并行连接的网络（GoogLeNet）：使用并行连接的网络，通过不同窗口大小的卷积层和最大汇聚层来并行提取信息。
- 残差网络（ResNet）：通过残差块构建跨层的数据通道，是计算机视觉中最流行的体系架构。
- 稠密连接网络（DenseNet）：计算成本很高，但带来了更好的效果。

虽然深度神经网络的概念非常简单——将神经网络堆叠在一起，但是选择不同的网络架构和超参数，这些神经网络的性能会发生很大变化。本章介绍的神经网络是将人类直觉和相关数学见解结合后，经过大量研究试错后的结晶。我们会按时间顺序介绍这些模型，在追寻历史脉络的同时，帮助培养对该领域发展的直觉。这将有助于研究开发自己的架构。例如，本章介绍的批量规范化（batch normalization）和残差网络（ResNet）为设计和训练深度神经网络提供了重要的思想指导。

7.1 深度卷积神经网络（AlexNet）

扫码直达讨论区

在提出 LeNet 后，卷积神经网络在计算机视觉和机器学习领域中很有名气，但卷积神经网络并没有主导这些领域。这是因为虽然 LeNet 在小数据集上取得了很好的效果，但是在更大、更真实的数据集上训练卷积神经网络的性能和可行性还有待研究。事实上，在 20 世纪 90 年代初到 2012 年间的大部分时间里，神经网络往往被其他机器学习方法超越，如*支持向量机*（support vector machine）。

在计算机视觉中，直接将神经网络与其他机器学习方法进行比较也许不公平。这是因为，卷积神经网络的输入是由原始像素值或经过简单预处理（例如，居中、缩放）的像素值组成的，但在使用传统机器学习方法时，从业者永远不会将原始像素值作为输入。在传统机器学习方法中，计算机视觉流水线是由经过手工精心设计的特征流水线组成的。对于这些传统方法，大部分的进展都来自对特征有了更聪明的想法，并且学习到的算法往往归于事后的解释。

虽然 20 世纪 90 年代就有了一些神经网络加速卡，但仅靠它们还不足以开发出有大量参数的深层多通道多层卷积神经网络。此外，当时的数据集仍然相对较小。除了这些障碍，训练神经网络的一些关键技巧仍然缺失，包括启发式参数初始化、随机梯度下降的变体、非挤压激活函数和有效的正则化技术。

因此，与训练端到端（从像素到分类结果）系统不同，经典机器学习的流水线看起来更像下面这样。

（1）获取一个有趣的数据集。在早期，收集这些数据集需要昂贵的传感器（在当时最先进的图像只有 100 万像素）。

（2）根据光学、几何学、其他知识以及偶然的发现，手动对特征数据集进行预处理。

（3）通过标准的特征提取算法，如 SIFT（尺度不变特征变换）[100] 和 SURF（加速鲁棒特征）[5] 或其他手动调整的流水线来输入数据。

（4）将提取的特征送入最喜欢的分类器中（例如，线性模型或其他核方法），以训练分类器。

当人们和机器学习研究人员交谈时，会发现机器学习研究人员相信机器学习既重要又美丽：用优雅的理论证明各种模型的性质。机器学习是一个正在蓬勃发展、严谨且非常有用的领域。然而，当人们和计算机视觉研究人员交谈时，会听到一个完全不同的观点。计算机视觉研究人员会告知一个诡异的事实——推动领域进步的是数据特征，而不是学习算法。计算机视觉研究人员相信，从对最终模型精度的影响来说，更大或更干净的数据集或是稍加改进的特征提取方法，比任何学习算法带来的进步大得多。

7.1.1 学习表征

另一种预测这个领域发展的方法是观察图像特征的提取方法。在 2012 年前，图像特征都是机械地计算出来的。事实上，设计一套新的特征函数，改进结果并撰写论文是盛极一时的潮流。SIFT[100]、SURF[5]、HOG（定向梯度直方图）[27]、bags of visual words 和类似的特征提取方法占据了主导地位。

另一组研究人员（包括 Yann LeCun、Geoffrey Hinton、Yoshua Bengio、Andrew Ng、Shun-ichi Amari 和 Jürgen Schmidhuber）的想法则与众不同，认为特征本身应该被学习。此外，他们还认为，在合理的复杂性前提下，特征应该由多个共同学习的神经网络层组成，每个层都有可学习的参数。在机器视觉中，底层可能检测边缘、颜色和纹理。事实上，Alex Krizhevsky、Ilya Sutskever 和 Geoffrey Hinton 提出了一种新的卷积神经网络变体 AlexNet，在 2012 年 ImageNet 挑战赛中取得了轰动一时的成绩。AlexNet 以 Alex Krizhevsky 的名字命名，他是论文 [86] 的第一作者。

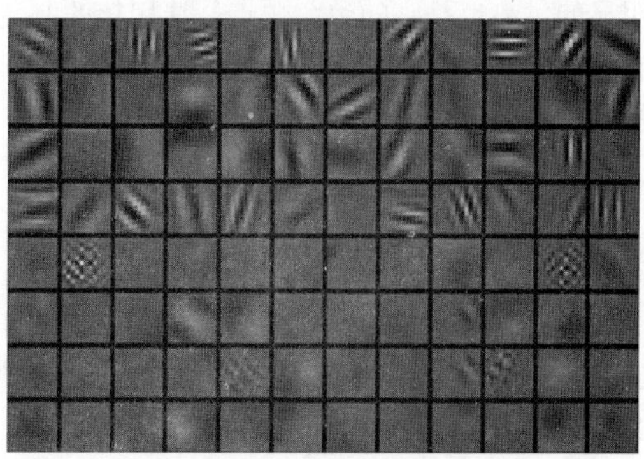

图 7-1 AlexNet 第一层学习到的特征提取器

有趣的是，在网络的底层，模型学习到了一些类似于传统滤波器的特征提取器。图 7-1 是从 AlexNet 论文 [86] 复制的，描述了底层图像特征（另见彩插图 1）。

AlexNet 的较高层建立在这些底层表示的

基础上，以表示更大的特征，如眼睛、鼻子、草叶等，而更高的层可以检测整个物体，如人、飞机、狗或飞盘。最终的隐藏神经元可以学习图像的综合表示，从而使属于不同类别的数据易于区分。尽管一直有一群执着的研究者不断钻研，试图学习视觉数据的逐级表征，然而很长一段时间里这些尝试都未有突破。深度卷积神经网络的突破出现在 2012 年。突破可归因于以下两个关键因素。

1. 缺少的成分：数据

包含许多特征的深度模型需要大量的有标签数据，才能显著优于基于凸优化的传统方法（如线性方法和核方法）。然而，限于早期计算机有限的存储资源和 20 世纪 90 年代有限的研究预算，大部分研究只基于小的公开数据集。例如，不少研究论文基于加利福尼亚大学欧文分校（UCI）提供的若干公开数据集，其中许多数据集只有几百至几千张在非自然环境下以低分辨率拍摄的图像。这一状况在 2010 年前后兴起的大数据浪潮中得到改善。2009 年，ImageNet 数据集发布，并发起 ImageNet 挑战赛：要求研究人员从 100 万个样本中训练模型，以区分 1000 个不同类别的对象。ImageNet 数据集由斯坦福大学教授李飞飞小组的研究人员开发，利用谷歌图像搜索（Google Image Search）对每类图像进行预筛选，并利用亚马逊众包（Amazon Mechanical Turk）来标注每张图像的相关类别。这种规模是前所未有的。这项被称为 ImageNet 的挑战赛推动了计算机视觉和机器学习研究的发展，挑战研究人员确定哪些模型能够在更大的数据规模下表现最好。

2. 缺少的成分：硬件

深度学习对计算资源要求很高，训练可能需要数百轮，每次迭代都需要通过代价高昂的许多线性代数层传递数据。这也是在 20 世纪 90 年代至 21 世纪初，优化凸目标的简单算法是研究人员的首选的原因。然而，用 GPU 训练神经网络改变了这一格局。图形处理器（graphics processing unit，GPU）早期用来加速图形处理，使电脑游戏玩家受益。GPU 可优化高吞吐量的 4×4 矩阵和向量乘法，从而服务于基本的图形任务。幸运的是，这些数学运算与卷积层的计算惊人地相似。由此，英伟达（NVIDIA）和 ATI 已经开始为通用计算操作优化 GPU，甚至把它们作为通用 GPU（general-purpose GPU，GPGPU）来销售。

那么 GPU 相对于 CPU 的优势表现在哪里呢？

首先，我们深度理解一下中央处理器（central processing unit，CPU）的核。CPU 的每个核都拥有高时钟频率的运行能力和高达数 MB 的三级缓存（L3 Cache）。它们非常适合执行各种指令，具有分支预测器、深层流水线和其他使 CPU 能够运行各种程序的功能。然而，这种明显的优势也是它的致命弱点：通用核的制造成本非常高。它们需要大量的芯片面积、复杂的支持结构（内存接口、内核之间的缓存逻辑、高速互连等），而且它们在任何单个任务上的性能都相对较差。现代笔记本电脑最多有 4 核，即使是高端服务器也很少超过 64 核，因为它们的性价比不高。

相比于 CPU，GPU 由 100 ～ 1000 个小的处理单元组成（NVIDIA、ATI、ARM 和其他芯片供应商各自的细节稍有不同），通常被分成更大的组（NVIDIA 称之为 warp）。虽然每个 GPU 核都相对较弱，有时甚至以低于 1GHz 的时钟频率运行，但庞大的核数量使 GPU 比 CPU 快几个数量级。例如，NVIDIA 最新一代的 Ampere GPU 架构为每个芯片提供了高达 312 TFLOPS 的浮点性能，而 CPU 的浮点性能到目前为止还没有超过 1 TFLOPS。之所以有如此大的差距，原因其实很简单：首先，功耗往往会随时钟频率呈平方级增长，对于一个 CPU 核，假设它的运行速度比 GPU 快 4 倍，但可以使用 16 个 GPU 核代替，那么 GPU 的综合性能就是 CPU 的 16×1/4=4 倍；其次，GPU 内核要简单得多，这使得它们更节能；最后深度学习中的许多操作需要相对较高的内存带宽，而 GPU 拥有 10 倍于 CPU 的带宽。

回到 2012 年，当 Alex Krizhevsky 和 Ilya Sutskever 实现了可以在 GPU 上运行的深度卷积神经网络时，该领域有了重大突破。他们意识到卷积神经网络中的计算瓶颈卷积和矩阵乘法，都是可以在硬件上并行化的操作。于是，他们使用两个显存为 3GB 的 NVIDIA GTX580 GPU 实现了快速卷积运算。他们的创新 cuda-convnet 几年来一直是行业标准，并推动了深度学习热潮。

7.1.2 AlexNet

2012 年，AlexNet 横空出世。它首次证明了学习到的特征可以超越手动设计的特征。它一举打破了计算机视觉研究的现状。AlexNet 使用了 8 层卷积神经网络，并以很大的优势赢得了 2012 年 ImageNet 图像识别挑战赛。

AlexNet 和 LeNet 的架构非常相似，如图 7-2 所示。注意，本书在这里提供的是一个稍微精简版本的 AlexNet，去除了当年需要两个小型 GPU 同时运算的设计特点。

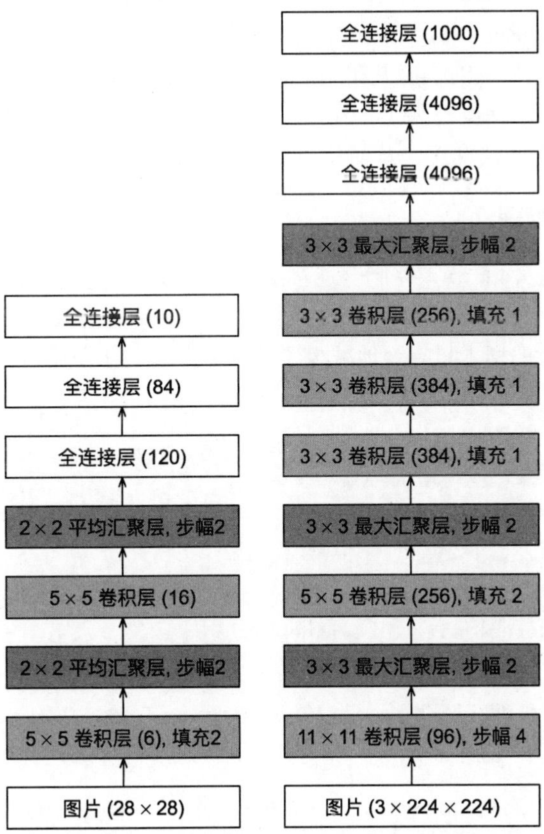

图 7-2 从 LeNet（左）到 AlexNet（右）

AlexNet 和 LeNet 的设计理念非常相似，但也存在显著差异。

（1）AlexNet 比相对较小的 LeNet5 要深得多。AlexNet 由 8 层组成：5 个卷积层、2 个全连接隐藏层和 1 个全连接输出层。

（2）AlexNet 使用 ReLU 而不是 sigmoid 作为其激活函数。

下面的内容将深入研究 AlexNet 的细节。

1. 模型设计

在 AlexNet 的第一层，卷积窗口的形状是 11×11。由于 ImageNet 中大多数图像的高和宽比 MNIST 图像的大 10 倍以上，因此，需要一个更大的卷积窗口来捕获目标。第二层中的卷积窗口形状被缩减为 5×5，然后是 3×3。此外，在第一层、第二层和第五层卷积层之后，加入窗口形状为 3×3、步幅为 2 的最大汇聚层。而且，AlexNet 的卷积通道数是 LeNet 的 10 倍。

在最后一个卷积层后有两个全连接层，分别有 4096 个输出。这两个巨大的全连接层有将近 1GB 的模型参数。由于早期 GPU 显存有限，原始的 AlexNet 采用了双数据流设计，使得每个 GPU 只负责存储和计算模型的一半参数。幸运的是，现在 GPU 显存相对充裕，所以很少需要跨 GPU 分解模型（因此，本书的 AlexNet 模型在这方面与原始论文中的模型稍有不同）。

2. 激活函数

此外，AlexNet 将 sigmoid 激活函数改为更简单的 ReLU 激活函数：一方面，ReLU 激活函数的计算更简单，它不需要如 sigmoid 激活函数那般复杂的求幂运算；另一方面，当使用不同的参数初始化方法时，ReLU 激活函数使训练模型更加容易。当 sigmoid 激活函数的输出非常接近于 0 或 1 时，这些区域的梯度几乎为 0，因此反向传播无法继续更新一些模型参数。而 ReLU 激活函数在正区间的梯度总为 1。因此，如果模型参数没有正确初始化，sigmoid 函数可能在正区间内得到几乎为 0 的梯度，从而使模型无法得到有效的训练。

3. 容量控制和预处理

AlexNet 通过暂退法（4.6 节）控制全连接层的模型复杂度，而 LeNet 只使用了权重衰减。为了进一步扩增数据，AlexNet 在训练时增加了大量的图像增强数据，如翻转、裁切和变色。这使得模型更健壮，更大的样本量有效地减少了过拟合。在 13.1 节中将更详细地讨论数据扩增。

```
import torch
from torch import nn
from d2l import torch as d2l

net = nn.Sequential(
    # 这里使用一个11×11的更大窗口来捕获对象
    # 同时，步幅为4，以减少输出的高度和宽度
    # 另外，输出通道数远大于LeNet
    nn.Conv2d(1, 96, kernel_size=11, stride=4, padding=1), nn.ReLU(),
    nn.MaxPool2d(kernel_size=3, stride=2),
    # 减小卷积窗口，使用填充为2来使得输入与输出的高和宽一致，且增大输出通道数
    nn.Conv2d(96, 256, kernel_size=5, padding=2), nn.ReLU(),
    nn.MaxPool2d(kernel_size=3, stride=2),
    # 使用3个连续的卷积层和较小的卷积窗口
    # 除了最后的卷积层，输出通道数进一步增加
    # 在前两个卷积层之后，汇聚层不用于减少输入的高度和宽度
    nn.Conv2d(256, 384, kernel_size=3, padding=1), nn.ReLU(),
    nn.Conv2d(384, 384, kernel_size=3, padding=1), nn.ReLU(),
    nn.Conv2d(384, 256, kernel_size=3, padding=1), nn.ReLU(),
    nn.MaxPool2d(kernel_size=3, stride=2),
    nn.Flatten(),
    # 这里，全连接层的输出数量是LeNet中的好几倍。使用暂退层来缓解过拟合
    nn.Linear(6400, 4096), nn.ReLU(),
    nn.Dropout(p=0.5),
    nn.Linear(4096, 4096), nn.ReLU(),
```

```
    nn.Dropout(p=0.5),
    # 最后是输出层。因为这里使用Fashion-MNIST，所以类别数为10，而非论文中的1000
    nn.Linear(4096, 10))
```

我们构造高度和宽度都为 224 的单通道数据，来观察每一层输出的形状。它与图 7-2 中的 AlexNet 架构相匹配。

```
X = torch.randn(1, 1, 224, 224)
for layer in net:
    X=layer(X)
    print(layer.__class__.__name__,'output shape:\t',X.shape)
```

```
Conv2d output shape:     torch.Size([1, 96, 54, 54])
ReLU output shape:   torch.Size([1, 96, 54, 54])
MaxPool2d output shape:  torch.Size([1, 96, 26, 26])
Conv2d output shape:     torch.Size([1, 256, 26, 26])
ReLU output shape:   torch.Size([1, 256, 26, 26])
MaxPool2d output shape:  torch.Size([1, 256, 12, 12])
Conv2d output shape:     torch.Size([1, 384, 12, 12])
ReLU output shape:   torch.Size([1, 384, 12, 12])
Conv2d output shape:     torch.Size([1, 384, 12, 12])
ReLU output shape:   torch.Size([1, 384, 12, 12])
Conv2d output shape:     torch.Size([1, 256, 12, 12])
ReLU output shape:   torch.Size([1, 256, 12, 12])
MaxPool2d output shape:  torch.Size([1, 256, 5, 5])
Flatten output shape:    torch.Size([1, 6400])
Linear output shape:     torch.Size([1, 4096])
ReLU output shape:   torch.Size([1, 4096])
Dropout output shape:    torch.Size([1, 4096])
Linear output shape:     torch.Size([1, 4096])
ReLU output shape:   torch.Size([1, 4096])
Dropout output shape:    torch.Size([1, 4096])
Linear output shape:     torch.Size([1, 10])
```

7.1.3 读取数据集

尽管原始论文中 AlexNet 是在 ImageNet 上进行训练的，但本书在这里使用的是 Fashion-MNIST 数据集。因为即使在现代 GPU 上，训练 ImageNet 模型同时使其收敛可能也需要数小时或数天的时间。将 AlexNet 直接应用于 Fashion-MNIST 的一个问题是，Fashion-MNIST 图像的分辨率（28 像素 ×28 像素）低于 ImageNet 图像。为了解决这个问题，我们将分辨率提高到 224 像素 ×224 像素（通常来讲这不是一个明智的做法，但在这里这样做是为了有效使用 AlexNet 架构）。这里需要使用 `d2l.load_data_fashion_mnist` 函数中的 `resize` 参数执行此调整。

```
batch_size = 128
train_iter, test_iter = d2l.load_data_fashion_mnist(batch_size, resize=224)
```

7.1.4 训练AlexNet

现在 AlexNet 可以开始被训练了。与 6.6 节中的 LeNet 相比，这里的主要变化是使用更低的学习率训练，这是因为网络更深更广、图像分辨率更高，训练卷积神经网络的成本更高。

```
lr, num_epochs = 0.01, 10
d2l.train_ch6(net, train_iter, test_iter, num_epochs, lr, d2l.try_gpu())
```

```
loss 0.326, train acc 0.881, test acc 0.883
4127.4 examples/sec on cuda:0
```

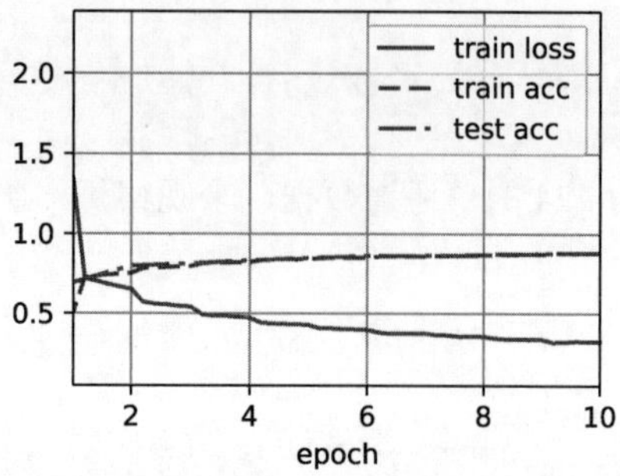

小结

- AlexNet 的架构与 LeNet 相似，但使用了更多的卷积层和更多的参数来拟合大规模的 ImageNet 数据集。
- 今天，AlexNet 已经被更有效的架构所超越，但它是从浅层网络到深层网络的关键一步。
- 尽管 AlexNet 的代码只比 LeNet 多几行，但学术界花了很多年才接受深度学习这一概念并应用其出色的实验结果。这也是由于缺乏有效的计算工具。
- 暂退法、ReLU 和预处理是提升计算机视觉任务性能的其他关键步骤。

练习

（1）尝试增加轮数。对比 LeNet 的结果有什么不同？为什么？

（2）AlexNet 对 Fashion-MNIST 数据集来说可能太复杂了。

a. 尝试简化模型以加快训练速度，同时确保准确性不会显著下降。

b. 设计一个更好的模型，可以直接在 28 像素 × 28 像素的图像上工作。

（3）修改批量大小，并观察模型精度和 GPU 显存变化。

（4）分析 AlexNet 的计算性能。

a. 在 AlexNet 中主要是哪一部分占用显存？

b. 在 AlexNet 中主要是哪一部分需要更多的计算？

c. 计算结果时显存带宽如何？

（5）将暂退法和 ReLU 应用于 LeNet-5，效果有提升吗？再试试预处理会怎么样？

7.2 使用块的网络（VGG）

扫码直达讨论区

虽然 AlexNet 证明深层神经网络卓有成效，但它没有提供一个通用的模板来指导后续的研究人员设计新的网络。在下面的几个章节中，我们将介绍一些常用于设计深层神经网络的启发式概念。

与芯片设计中工程师从放置晶体管到逻辑元件再到逻辑块的过程类似，神经网络架构的设计也逐渐变得更加抽象。开始研究人员从单个神经元的角度思考问题，后来发展到整个层，现在又转向块，重复层的模式。

使用块的想法首先出现在牛津大学的视觉几何组（visual geometry group）的 VGG 网络中。通过使用循环和子程序，可以很容易地在任何现代深度学习框架的代码中实现这些重复的架构。

7.2.1 VGG块

经典卷积神经网络的基本组成部分是下面的这个序列：

- 带填充以保持分辨率的卷积层；
- 非线性激活函数，如 ReLU；
- 汇聚层，如最大汇聚层。

而一个 VGG 块与之类似，由一系列卷积层组成，后面再加上用于空间降采样的最大汇聚层。在最初的 VGG 论文中[151]，作者使用了带有 3×3 卷积核、填充为 1（保持高度和宽度）的卷积层，以及带有 2×2 汇聚窗口、步幅为 2（每个块后的分辨率减半）的最大汇聚层。在下面的代码中，我们定义了一个名为 vgg_block 的函数来实现一个 VGG 块。

该函数有 3 个参数，分别对应于卷积层的数量 num_convs、输入通道的数量 in_channels 和输出通道的数量 out_channels。

```
import torch
from torch import nn
from d2l import torch as d2l


def vgg_block(num_convs, in_channels, out_channels):
    layers = []
    for _ in range(num_convs):
        layers.append(nn.Conv2d(in_channels, out_channels,
                                kernel_size=3, padding=1))
        layers.append(nn.ReLU())
        in_channels = out_channels
    layers.append(nn.MaxPool2d(kernel_size=2,stride=2))
    return nn.Sequential(*layers)
```

7.2.2 VGG网络

与 AlexNet、LeNet 一样，VGG 网络可以分为两部分，第一部分主要由卷积层和汇聚层组成，第二部分由全连接层组成，如图 7-3 所示。

VGG 神经网络连接图 7-3 的几个 VGG 块（在 vgg_block 函数中定义）。其中有超参数变量 conv_arch，该变量指定了每个 VGG 块中卷积层个数和输出通道数。全连接模块则与 AlexNet 中的相同。

原始 VGG 网络有 5 个卷积块，其中前 2 个块各包含一个卷积层，后 3 个块各包含两个卷积层。第一个块有 64 个输出通道，后续每个块将输出通道数翻倍，直到输出通道数达到 512。由于该网络使用 8 个卷积层和 3 个全连接层，因此它通常被称为 VGG-11。

```
conv_arch = ((1, 64), (1, 128), (2, 256), (2, 512), (2, 512))
```

下面的代码实现了 VGG-11。可以通过在 conv_arch 上执行 for 循环来简单实现。

```
def vgg(conv_arch):
    conv_blks = []
    in_channels = 1
    # 卷积层部分
    for (num_convs, out_channels) in conv_arch:
        conv_blks.append(vgg_block(num_convs, in_channels, out_channels))
        in_channels = out_channels

    return nn.Sequential(
        *conv_blks, nn.Flatten(),
        # 全连接层部分
        nn.Linear(out_channels * 7 * 7, 4096), nn.ReLU(), nn.Dropout(0.5),
        nn.Linear(4096, 4096), nn.ReLU(), nn.Dropout(0.5),
        nn.Linear(4096, 10))

net = vgg(conv_arch)
```

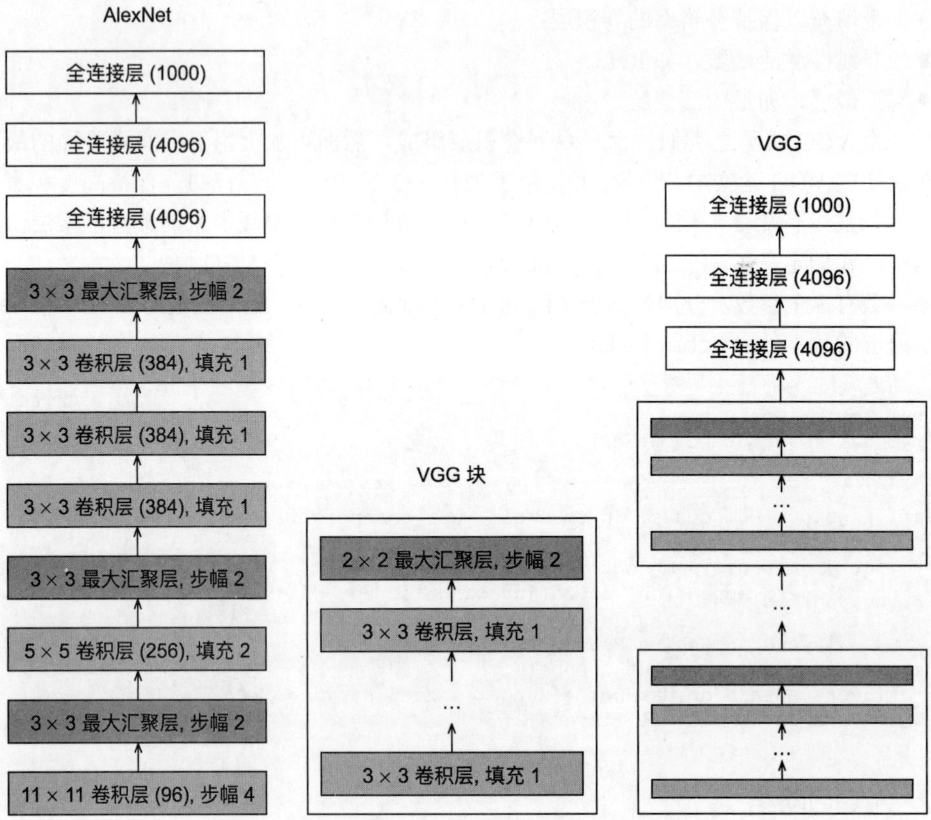

图 7-3　从 AlexNet 到 VGG，本质上都是块设计

接下来，我们将构建一个高度和宽度都为 224 的单通道数据样本，以观察每个层输出的形状。

```
X = torch.randn(size=(1, 1, 224, 224))
for blk in net:
    X = blk(X)
    print(blk.__class__.__name__,'output shape:\t',X.shape)
```

```
Sequential output shape:     torch.Size([1, 64, 112, 112])
Sequential output shape:     torch.Size([1, 128, 56, 56])
Sequential output shape:     torch.Size([1, 256, 28, 28])
Sequential output shape:     torch.Size([1, 512, 14, 14])
Sequential output shape:     torch.Size([1, 512, 7, 7])
Flatten output shape:        torch.Size([1, 25088])
Linear output shape:         torch.Size([1, 4096])
ReLU output shape:   torch.Size([1, 4096])
Dropout output shape:        torch.Size([1, 4096])
Linear output shape:         torch.Size([1, 4096])
ReLU output shape:   torch.Size([1, 4096])
Dropout output shape:        torch.Size([1, 4096])
Linear output shape:         torch.Size([1, 10])
```

正如从代码中所看到的，我们将每个块的高度和宽度减半，最终高度和宽度都为 7。最后展平表示，送入全连接层处理。

7.2.3　训练模型

由于 VGG-11 比 AlexNet 的计算量更大，因此我们构建了一个通道数较少的网络，足够用于训练 Fashion-MNIST 数据集。

```
ratio = 4
small_conv_arch = [(pair[0], pair[1] // ratio) for pair in conv_arch]
net = vgg(small_conv_arch)
```

除了使用略高的学习率，模型训练过程与 7.1 节中的 AlexNet 类似。

```
lr, num_epochs, batch_size = 0.05, 10, 128
train_iter, test_iter = d2l.load_data_fashion_mnist(batch_size, resize=224)
d2l.train_ch6(net, train_iter, test_iter, num_epochs, lr, d2l.try_gpu())
```

```
loss 0.174, train acc 0.935, test acc 0.918
2550.6 examples/sec on cuda:0
```

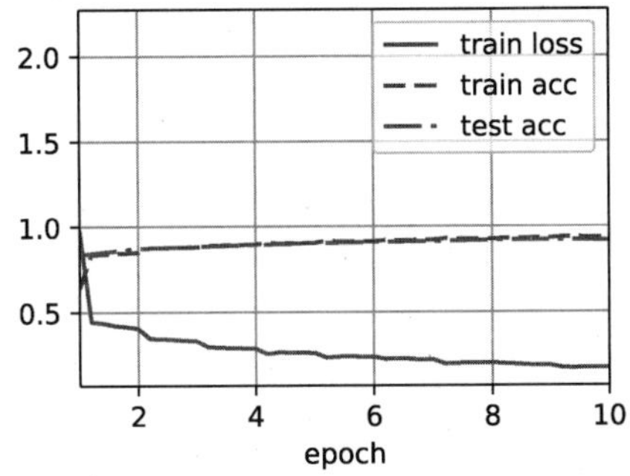

小结

- VGG-11 使用可复用的卷积块构造网络。不同的 VGG 模型可通过每个块中卷积层数量和输出通道数量的差异来定义。
- 块的使用使网络定义非常简洁。使用块可以有效地设计复杂的网络。
- 在 VGG 论文中，Simonyan 和 Ziserman 尝试了各种架构。特别是他们发现深层且窄的卷积（即 3×3）比浅层且宽的卷积更有效。

练习

（1）打印层的尺寸时，我们只看到 8 个结果，而不是 11 个结果。剩余的 3 层信息去哪了？

（2）与 AlexNet 相比，VGG 的计算要慢得多，而且还需要更多的显存。分析出现这种情况的原因。

（3）尝试将 Fashion-MNIST 数据集图像的高度和宽度从 224 改为 96。这对实验结果有什么影响？

（4）请参考 VGG 论文 [151] 中的表 1 构建其他常见模型，如 VGG-16 或 VGG-19。

7.3 网络中的网络（NiN）

扫码直达讨论区

LeNet、AlexNet 和 VGG 都有共同的设计模式：通过一系列的卷积层与汇聚层来提取空间结构特征；然后通过全连接层对特征的表征进行处理。AlexNet 和 VGG 对 LeNet 的改进主要在于如何扩大和加深这两个模块。或者，可以想象在这个过程的早期使用全连接层。然而，如果使用了全连接层，可能会完全放弃表征的空间结构。网络中的网络（NiN）提供了一个非常简单的解决方案：在每个像素的通道上分别使用多层感知机 [91]。

7.3.1 NiN块

回想一下，卷积层的输入和输出由四维张量组成，张量的每个轴分别对应样本、通道、高度和宽度。另外，全连接层的输入和输出通常是分别对应于样本和特征的二维张量。NiN 的想法是在每个像素位置（针对每个高度和宽度）应用一个全连接层。如果将权重连接到每个空间位置，我们可以将其视为 1×1 卷积层（如 6.4 节中所述），或作为在每个像素位置上独立作用的全连接层，从另一个角度看，即将空间维度中的每个像素视为单个样本，将通道维度视为不同特征（feature）。

图 7-4 说明了 VGG 和 NiN 及它们的块之间的主要架构差异。NiN 块以一个普通卷积层开始，后面是两个 1×1 的卷积层。这两个 1×1 卷积层充当带有 ReLU 激活函数的逐像素全连接层。第一层的卷积窗口形状通常由用户设置，随后的卷积窗口形状固定为 1×1。

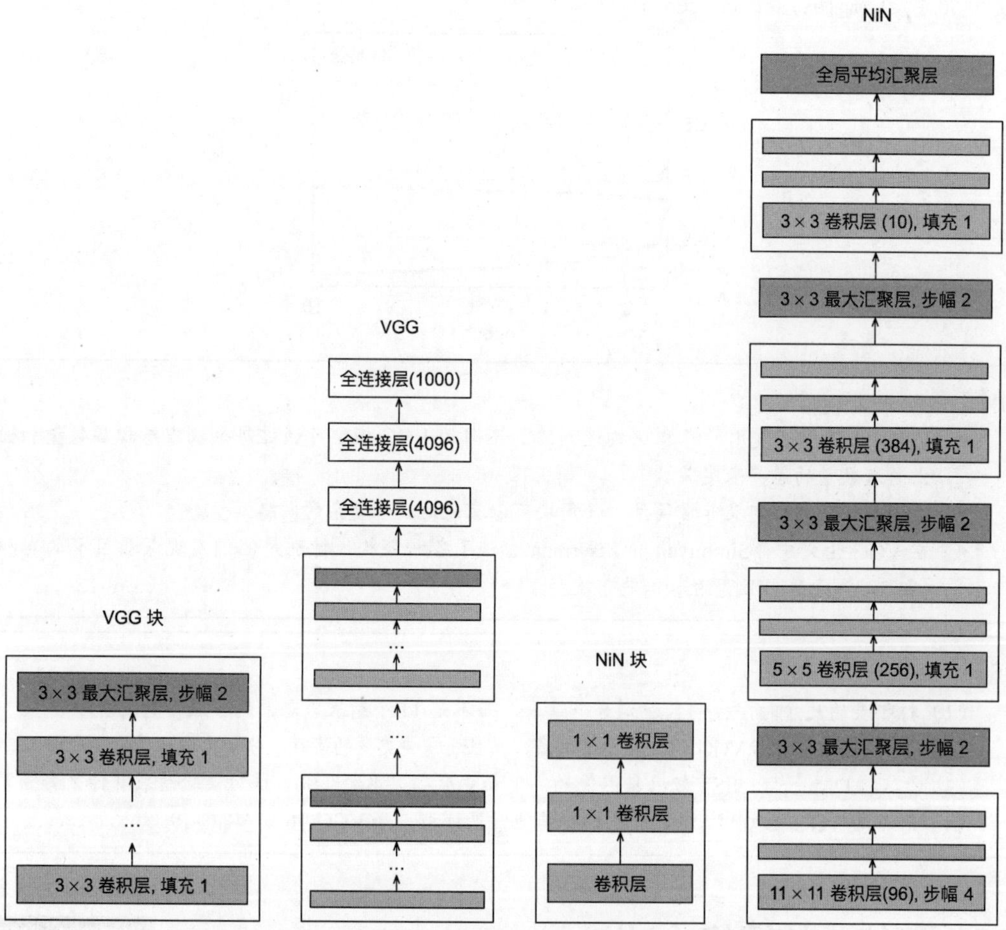

图 7-4　对比 VGG 和 NiN 及它们的块之间的主要架构差异

```python
import torch
from torch import nn
from d2l import torch as d2l

def nin_block(in_channels, out_channels, kernel_size, strides, padding):
    return nn.Sequential(
        nn.Conv2d(in_channels, out_channels, kernel_size, strides, padding),
        nn.ReLU(),
        nn.Conv2d(out_channels, out_channels, kernel_size=1), nn.ReLU(),
        nn.Conv2d(out_channels, out_channels, kernel_size=1), nn.ReLU())
```

7.3.2 NiN模型

最初的 NiN 网络是在 AlexNet 后不久提出的，显然是从 AlexNet 中得到了一些启示。NiN

使用窗口形状为 11×11、5×5 和 3×3 的卷积层，输出通道数与 AlexNet 中的相同。每个 NiN 块后有一个最大汇聚层，汇聚窗口形状为 3×3，步幅为 2。

NiN 和 AlexNet 之间的一个显著区别是 NiN 完全取消了全连接层，而使用一个 NiN 块，其输出通道数等于标签类别数。最后放一个全局平均汇聚层（global average pooling layer），生成一个对数几率（logit）。NiN 设计的一个优点是，它显著减少了模型所需参数的数量。然而，在实践中，这种设计有时会增加训练模型的时间。

```
net = nn.Sequential(
    nin_block(1, 96, kernel_size=11, strides=4, padding=0),
    nn.MaxPool2d(3, stride=2),
    nin_block(96, 256, kernel_size=5, strides=1, padding=2),
    nn.MaxPool2d(3, stride=2),
    nin_block(256, 384, kernel_size=3, strides=1, padding=1),
    nn.MaxPool2d(3, stride=2),
    nn.Dropout(0.5),
    # 标签类别数是10
    nin_block(384, 10, kernel_size=3, strides=1, padding=1),
    nn.AdaptiveAvgPool2d((1, 1)),
    # 将四维的输出转成二维的输出，其形状为(批量大小,10)
    nn.Flatten())
```

我们创建一个数据样本来查看每个块的输出形状。

```
X = torch.rand(size=(1, 1, 224, 224))
for layer in net:
    X = layer(X)
    print(layer.__class__.__name__,'output shape:\t', X.shape)
```

```
Sequential output shape:      torch.Size([1, 96, 54, 54])
MaxPool2d output shape:       torch.Size([1, 96, 26, 26])
Sequential output shape:      torch.Size([1, 256, 26, 26])
MaxPool2d output shape:       torch.Size([1, 256, 12, 12])
Sequential output shape:      torch.Size([1, 384, 12, 12])
MaxPool2d output shape:       torch.Size([1, 384, 5, 5])
Dropout output shape:         torch.Size([1, 384, 5, 5])
Sequential output shape:      torch.Size([1, 10, 5, 5])
AdaptiveAvgPool2d output shape:       torch.Size([1, 10, 1, 1])
Flatten output shape:         torch.Size([1, 10])
```

7.3.3 训练模型

和以前一样，我们使用 Fashion-MNIST 来训练模型。训练 NiN 与训练 AlexNet 和 VGG 相似。

```
lr, num_epochs, batch_size = 0.1, 10, 128
train_iter, test_iter = d2l.load_data_fashion_mnist(batch_size, resize=224)
d2l.train_ch6(net, train_iter, test_iter, num_epochs, lr, d2l.try_gpu())
```

```
loss 0.381, train acc 0.860, test acc 0.870
3193.4 examples/sec on cuda:0
```

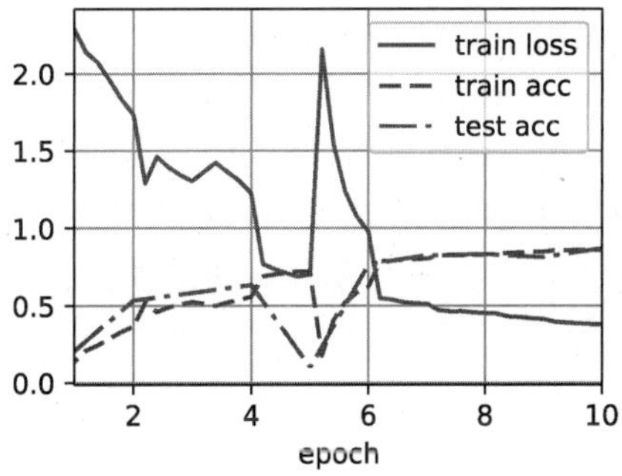

小结

- NiN 使用由一个卷积层和多个 1×1 卷积层组成的块。该块可以在卷积神经网络中使用，以允许更多的每像素非线性。
- NiN 去除了容易造成过拟合的全连接层，将它们替换为全局平均汇聚层（即在所有位置上进行求和）。该汇聚层通道数量为所需的输出数量（例如，Fashion-MNIST 的输出为 10）。
- 去除全连接层可减少过拟合，同时显著减少 NiN 的参数数量。
- NiN 的设计影响了后续许多卷积神经网络的设计。

练习

（1）调整 NiN 的超参数，以提高分类准确性。

（2）为什么 NiN 块中有两个 1×1 卷积层？删除其中一个，然后观察和分析实验现象。

（3）计算 NiN 的资源使用情况。

a. 参数的数量是多少？

b. 计算量是多少？

c. 训练期间需要多少显存？

d. 预测期间需要多少显存？

（4）一次性直接将 384×5×5 的表示缩减为 10×5×5 的表示，会存在哪些问题？

7.4 含并行连接的网络（GoogLeNet）

扫码直达讨论区

在 2014 年的 ImageNet 图像识别挑战赛中，一个名叫 GoogLeNet[160] 的网络架构大放异彩。GoogLeNet 吸收了 NiN 中串联网络的思想，并在此基础上做了改进。GoogLeNet 论文的一个重点是解决了多大的卷积核最合适的问题。毕竟，以前流行的网络使用小到 1×1，大到 11×11 的卷积核。该论文的一个观点是，有时使用不同大小的卷积核组合是有利的。本节将介绍一个稍微简化版本的 GoogLeNet：我们省略了一些为稳定训练而添加的特性。现在有了更好的训练方法，所以这些特性不是必要的。

7.4.1 Inception块

在 GoogLeNet 中，基本的卷积块称为 Inception 块（Inception block）。这很可能得名于电影《盗梦空间》（Inception），因为电影中有一句台词“我们需要走得更深”（We need to go deeper）。

如图 7-5 所示，Inception 块由 4 条并行路径组成。前 3 条路径使用窗口大小为 1×1、3×3 和 5×5 的卷积层，从不同空间大小中提取信息。中间的 2 条路径在输入上执行 1×1 卷积，以减少通道数，从而降低模型的复杂度。第 4 条路径使用 3×3 最大汇聚层，然后使用 1×1 卷积层来改变通道数。这 4 条路径都使用合适的填充以使输入与输出的高度和宽度一致，最后我们将每条路径的输出在通道维度上合并，并构成 Inception 块的输出。在 Inception 块中，通常调整的超参数是每层输出通道数。

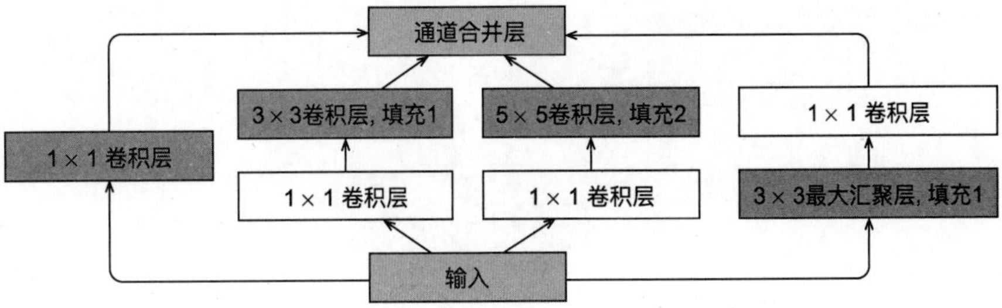

图 7-5 Inception 块的架构

```
import torch
from torch import nn
from torch.nn import functional as F
from d2l import torch as d2l


class Inception(nn.Module):
    # c1--c4是每条路径的输出通道数
    def __init__(self, in_channels, c1, c2, c3, c4, **kwargs):
        super(Inception, self).__init__(**kwargs)
        # 路径1，单1x1卷积层
        self.p1_1 = nn.Conv2d(in_channels, c1, kernel_size=1)
        # 路径2，1x1卷积层后接3x3卷积层
        self.p2_1 = nn.Conv2d(in_channels, c2[0], kernel_size=1)
        self.p2_2 = nn.Conv2d(c2[0], c2[1], kernel_size=3, padding=1)
        # 路径3，1x1卷积层后接5x5卷积层
        self.p3_1 = nn.Conv2d(in_channels, c3[0], kernel_size=1)
        self.p3_2 = nn.Conv2d(c3[0], c3[1], kernel_size=5, padding=2)
        # 路径4，3x3最大汇聚层后接1x1卷积层
        self.p4_1 = nn.MaxPool2d(kernel_size=3, stride=1, padding=1)
        self.p4_2 = nn.Conv2d(in_channels, c4, kernel_size=1)

    def forward(self, x):
        p1 = F.relu(self.p1_1(x))
        p2 = F.relu(self.p2_2(F.relu(self.p2_1(x))))
        p3 = F.relu(self.p3_2(F.relu(self.p3_1(x))))
        p4 = F.relu(self.p4_2(self.p4_1(x)))
        # 在通道维度上连接输出
        return torch.cat((p1, p2, p3, p4), dim=1)
```

那么为什么 GoogLeNet 这个网络如此有效呢？首先我们考虑一下滤波器（filter）的组合，它们可以用各种滤波器尺寸探索图像，这意味着不同尺寸的滤波器可以有效地识别不同范围的图像细节。同时，我们可以为不同的滤波器分配不同数量的参数。

7.4.2 GoogLeNet模型

如图 7-6 所示，GoogLeNet 一共使用 9 个 Inception 块和全局平均汇聚层的堆叠来生成其估计值。Inception 块之间的最大汇聚层可降低维度。第一个模块类似于 AlexNet 和 LeNet，Inception 块的组合从 VGG 继承，全局平均汇聚层避免了在最后使用全连接层。

现在，我们逐一实现 GoogLeNet 的每个模块。第一个模块使用 64 个通道、7×7 卷积层。

```
b1 = nn.Sequential(nn.Conv2d(1, 64, kernel_size=7, stride=2, padding=3),
                   nn.ReLU(),
                   nn.MaxPool2d(kernel_size=3, stride=2, padding=1))
```

第二个模块使用两个卷积层：第一个卷积层是 64 个通道、1×1 卷积层；第二个卷积层使用将通道数增加为 3 倍的 3×3 卷积层。这对应于 Inception 块中的第二条路径。

```
b2 = nn.Sequential(nn.Conv2d(64, 64, kernel_size=1),
                   nn.ReLU(),
```

```
                                nn.Conv2d(64, 192, kernel_size=3, padding=1),
                                nn.ReLU(),
                                nn.MaxPool2d(kernel_size=3, stride=2, padding=1))
```

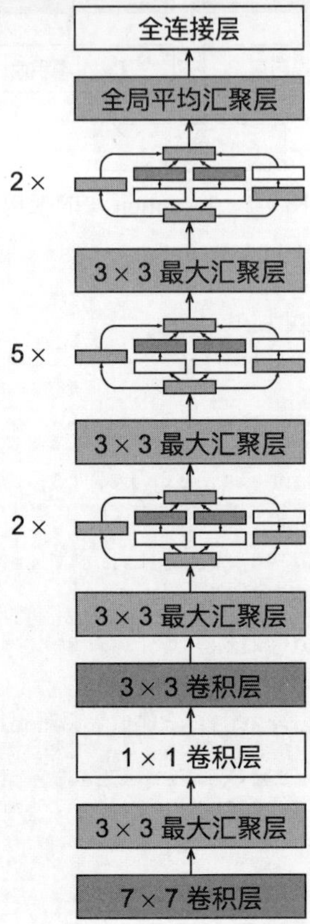

图 7-6　GoogLeNet 架构

第三个模块串联两个完整的 Inception 块。第一个 Inception 块的输出通道数为 64+128+32+32=256，4 条路径的输出通道数之比为 64∶128∶32∶32=2∶4∶1∶1。第二条和第三条路径首先将输入通道数分别减少到 96/192=1/2 和 16/192=1/12，然后连接第二个卷积层。第二个 Inception 块的输出通道数增加到 128+192+96+64=480，4 条路径的输出通道数之比为 128∶192∶96∶64=4∶6∶3∶2。第二条路径和第三条路径先将输入通道数分别减少到 128/256=1/2 和 32/256=1/8。

```
b3 = nn.Sequential(Inception(192, 64, (96, 128), (16, 32), 32),
                   Inception(256, 128, (128, 192), (32, 96), 64),
                   nn.MaxPool2d(kernel_size=3, stride=2, padding=1))
```

第四个模块更加复杂，它串联了 5 个 Inception 块，其输出通道数分别是 192+208+48+64=512、160+224+64+64=512、128+256+64+64=512、112+288+64+64=528 和 256+320+128+128=832。这些路径通道数的分配和第三个模块中的类似，首先是输出通道数最多的含 3×3 卷积层的第二条路径，其次是仅含 1×1 卷积层的第一条路径，最后是含 5×5 卷积层的第三条路径和含 3×3 最大汇聚层的第四条路径，其中第二条路径和第三条路径都会先按比例减少通道数，这些比例在各个 Inception 块中略有不同。

```
b4 = nn.Sequential(Inception(480, 192, (96, 208), (16, 48), 64),
                   Inception(512, 160, (112, 224), (24, 64), 64),
```

```
                   Inception(512, 128, (128, 256), (24, 64), 64),
                   Inception(512, 112, (144, 288), (32, 64), 64),
                   Inception(528, 256, (160, 320), (32, 128), 128),
                   nn.MaxPool2d(kernel_size=3, stride=2, padding=1))
```

第五个模块包含输出通道数为 256+320+128+128=832 和 384+384+128+128=1024 的两个 Inception 块，其中每条路径通道数的分配思路和第三个模块和第四个模块中的一致，只是在具体数值上有所不同。需要注意的是，第五个模块的后面紧跟输出层，该模块同 NiN 一样使用全局平均汇聚层，将每个通道的高度和宽度变成 1。最后我们将输出变成二维数组，再连接一个输出个数为标签类别数的全连接层。

```
b5 = nn.Sequential(Inception(832, 256, (160, 320), (32, 128), 128),
                   Inception(832, 384, (192, 384), (48, 128), 128),
                   nn.AdaptiveAvgPool2d((1,1)),
                   nn.Flatten())

net = nn.Sequential(b1, b2, b3, b4, b5, nn.Linear(1024, 10))
```

GoogLeNet 模型的计算复杂，而且不如 VGG 那样便于修改通道数。为了使 Fashion-MNIST 上的训练短小精悍，我们将输入的高度和宽度从 224 降到 96，这简化了计算。下面演示各个模块输出的形状变化。

```
X = torch.rand(size=(1, 1, 96, 96))
for layer in net:
    X = layer(X)
    print(layer.__class__.__name__,'output shape:\t', X.shape)
```

```
Sequential output shape:     torch.Size([1, 64, 24, 24])
Sequential output shape:     torch.Size([1, 192, 12, 12])
Sequential output shape:     torch.Size([1, 480, 6, 6])
Sequential output shape:     torch.Size([1, 832, 3, 3])
Sequential output shape:     torch.Size([1, 1024])
Linear output shape:         torch.Size([1, 10])
```

7.4.3 训练模型

和之前一样，我们使用 Fashion-MNIST 数据集来训练模型。在训练之前，我们将图像分辨率转换为 96 像素 × 96 像素。

```
lr, num_epochs, batch_size = 0.1, 10, 128
train_iter, test_iter = d2l.load_data_fashion_mnist(batch_size, resize=96)
d2l.train_ch6(net, train_iter, test_iter, num_epochs, lr, d2l.try_gpu())
```

```
loss 0.239, train acc 0.910, test acc 0.890
3505.0 examples/sec on cuda:0
```

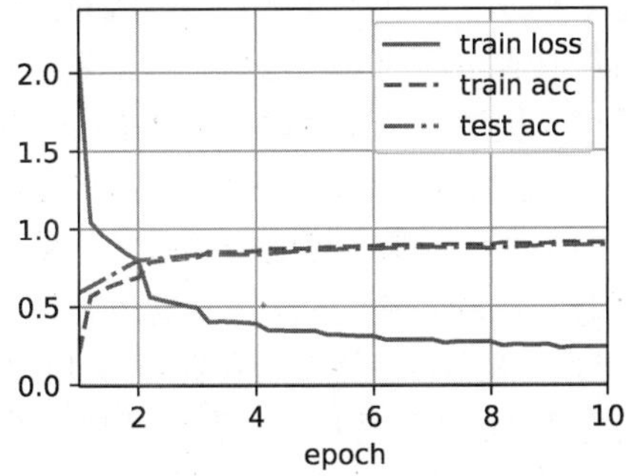

小结

- Inception 块相当于一个有 4 条路径的子网络。它通过不同窗口形状的卷积层和最大汇聚层来并行提取信息，并使用 1×1 卷积层减少像素级上的通道维数从而降低模型复杂度。
- GoogLeNet 将多个设计精细的 Inception 块与其他层（卷积层、全连接层）串联起来，其中 Inception 块的通道数分配之比是在 ImageNet 数据集上通过大量的实验得来的。
- GoogLeNet 和它的后继者们一度是 ImageNet 上最有效的模型之一：它以较低的计算复杂度提供了类似的测试精度。

练习

（1）GoogLeNet 有一些后续版本如下，尝试实现并运行它们，然后观察实验结果。

a. 添加批量规范化层 [73]（batch normalization）（将在 7.5 节中介绍）。

b. 对 Inception 块进行调整 [161]。

c. 使用标签平滑（label smoothing）进行模型正则化 [161]。

d. 加入残差连接 [159]（将在 7.6 节中介绍）。

（2）使用 GoogLeNet 的最小图像大小是多少？

（3）将 AlexNet、VGG 和 NiN 的模型参数大小与 GoogLeNet 进行比较。后两个网络架构是如何显著减少模型参数大小的？

7.5 批量规范化

训练深层神经网络是十分困难的，特别是在较短的时间内使它们收敛更加棘手。本节将介绍批量规范化（batch normalization）[73]，这是一种流行且有效的技术，可持续加速深层网络的收敛。结合在 7.6 节中将介绍的残差块，批量规范化使得研究人员能够训练 100 层以上的网络。

7.5.1 训练深层网络

为什么需要批量规范化层呢？我们来回顾一下训练神经网络时出现的以下实际挑战。

第一，数据预处理的方式通常会对最终结果产生巨大影响。回想一下我们应用多层感知机来预测房价的例子（4.10 节）。使用真实数据时，第一步是标准化输入特征，使其均值为 0，方差为 1。直观地说，这种标准化可以很好地与优化器配合使用，因为它可以将参数的量级进行统一。

第二，对于典型的多层感知机或卷积神经网络，当训练时，中间层中的变量（例如，多层感知机中的仿射变换输出）可能具有更广的变化范围：不论是沿着从输入到输出的层、同一层中的单元，还是随着时间的推移，模型参数随着训练更新而变幻莫测。批量规范化的发明者非正式地假设，这些变量分布中的这种偏移可能会阻碍网络的收敛。直观地说，我们可以猜想，如果一个层的可变值是另一层的 100 倍，那么可能需要对学习率进行补偿调整。

第三，更深层的网络很复杂，容易过拟合。这意味着正则化变得更加重要。

批量规范化应用于单个可选层（也可以应用于所有层），其原理如下：在每次训练迭代中，我们首先规范化输入，即减去其均值并除以其标准差，其中两者均基于当前小批量处理。接下来，我们应用比例系数和比例偏移。正是由于这个基于批量统计的标准化，才有了批量规范化的名称。

注意，如果我们尝试使用大小为 1 的小批量应用批量规范化，将无法学习到任何东西。这是因为在减去均值之后，每个隐藏单元将为 0。因此，只有使用足够大的小批量，批量规范化这种方法才是有效且稳定的。注意，在应用批量规范化时，批量大小的选择可能比未批量规范化时更重要。

从形式上来说，用 $\boldsymbol{x}\in B$ 表示一个来自小批量 B 的输入，批量规范化 BN 根据以下表达式转换 $\boldsymbol{x}$：

$$\mathrm{BN}(\boldsymbol{x})=\gamma\odot\frac{\boldsymbol{x}-\hat{\boldsymbol{\mu}}_B}{\hat{\boldsymbol{\sigma}}_B}+\beta \tag{7.1}$$

在式（7.1）中，$\hat{\boldsymbol{\mu}}_B$是小批量 B 的样本均值，$\hat{\boldsymbol{\sigma}}_B$是小批量 B 的样本标准差。应用标准化后，生成的小批量的均值为 0，单位方差为 1。由于单位方差（与其他一些魔法数）是一个主观的选择，因此我们通常包含拉伸参数（scale parameter）γ 和偏移参数（shift parameter）β，它们的形状与 $\boldsymbol{x}$ 相同。注意，γ 和 β 是需要与其他模型参数一起学习的参数。

由于在训练过程中，中间层的变化幅度不能过于剧烈，而批量规范化将每一层主动居中，并将它们重新调整为给定的均值和大小（通过$\hat{\boldsymbol{\mu}}_B$和$\hat{\boldsymbol{\sigma}}_B$）。

从形式上来看，我们计算出式（7.1）中的$\hat{\boldsymbol{\mu}}_B$和$\hat{\boldsymbol{\sigma}}_B$：

$$\begin{aligned}\hat{\boldsymbol{\mu}}_B&=\frac{1}{|B|}\sum_{\boldsymbol{x}\in B}\boldsymbol{x}\\ \hat{\boldsymbol{\sigma}}_B^2&=\frac{1}{|B|}\sum_{\boldsymbol{x}\in B}(\boldsymbol{x}-\hat{\boldsymbol{\mu}}_B)^2+\epsilon\end{aligned} \tag{7.2}$$

注意，我们在方差估计值中添加一个小的常量$\epsilon>0$，以确保永远不会尝试除以零，即使在经验方差估计值可能消失的情况下也是如此。估计值$\hat{\boldsymbol{\mu}}_B$和$\hat{\boldsymbol{\sigma}}_B$通过使用均值和方差的噪声（noise）估计来抵消缩放效应。乍看起来，这种噪声是一个问题，而事实上它是有益的。

事实证明，这是深度学习中一个反复出现的主题。优化中的各种噪声源通常会导致更快的训练和较少的过拟合，虽然目前尚未在理论上明确证明，这种变化似乎是正则化的一种形式。在一些初步研究中，参考文献 [165] 和 [101] 分别将批量规范化的性质与贝叶斯先验相关联。这些理论揭示了为什么批量规范化最适合解决 50 ～ 100 的中等批量大小的问题。

另外，批量规范化层在“训练模式”（通过小批量统计数据规范化）和“预测模式”（通过数据集统计规范化）中的功能不同。在训练模式下，我们无法使用整个数据集来估计均值和方差，所以只能根据每个小批量的均值和方差不断训练模型。而在预测模式下，可以根据整个数据集精确计算批量规范化所需的均值和方差。

现在，我们了解一下批量规范化在实践中是如何工作的。

7.5.2 批量规范化层

回想一下，批量规范化层和其他层之间的一个关键区别是，由于批量规范化在完整的小批量上执行，因此我们不能像之前在引入其他层时那样忽略批量大小。下面我们讨论两种情况：全连接层和卷积层，它们的批量规范化实现略有不同。

1. 全连接层

通常，我们将批量规范化层置于全连接层中的仿射变换和激活函数之间。设全连接层的输入为x，权重参数和偏置参数分别为$\boldsymbol{W}$和b，激活函数为ϕ，批量规范化的运算符为BN。那么，使用批量规范化的全连接层的输出的计算公式如下：

$$\boldsymbol{h}=\phi(\mathrm{BN}(\boldsymbol{W}\boldsymbol{x}+b)) \tag{7.3}$$

回想一下，均值和方差是在应用变换的“相同”小批量上计算的。

2. 卷积层

同样，对于卷积层，我们可以在卷积层之后和非线性激活函数之前应用批量规范化。当卷积有多个输出通道时，我们需要对这些通道的“每个”输出执行批量规范化，每个通道都有自己的拉伸参数和偏移参数，这两个参数都是标量。假设我们的小批量包含 m 个样本，并且对于每个通道，卷积的输出具有高度 p 和宽度 q，那么对于卷积层，我们在每个输出通道的 $m \cdot p \cdot q$ 个元素上同时执行每个批量规范化。因此，在计算均值和方差时，我们会收集所有空间位置的值，然后在给定通道内应用相同的均值和方差，以便在每个空间位置对值进行规范化。

3. 预测过程中的批量规范化

正如我们前面提到的，批量规范化在训练模式和预测模式下的行为通常不同：首先，将训练好的模型用于预测时，我们不再需要样本均值中的噪声以及在微批量上估计每个小批量产生的样本方差了；其次，我们可能需要使用模型对逐个样本进行预测，一种常用的方法是通过移动平均估算整个训练数据集的样本均值和方差，并在预测时使用它们得到确定的输出。可见，和暂退法一样，批量规范化层在训练模式和预测模式下的计算结果也是不一样的。

7.5.3 从零实现

下面，我们从零实现一个具有张量的批量规范化层。

```python
import torch
from torch import nn
from d2l import torch as d2l


def batch_norm(X, gamma, beta, moving_mean, moving_var, eps, momentum):
    # 通过is_grad_enabled方法来判断当前模式是训练模式还是预测模式
    if not torch.is_grad_enabled():
        # 如果是在预测模式下，直接使用传入的移动平均所得的均值和方差
        X_hat = (X - moving_mean) / torch.sqrt(moving_var + eps)
    else:
        assert len(X.shape) in (2, 4)
        if len(X.shape) == 2:
            # 使用全连接层的情况，计算特征维上的均值和方差
            mean = X.mean(dim=0)
            var = ((X - mean) ** 2).mean(dim=0)
        else:
            # 使用二维卷积层的情况，计算通道维上（axis=1）的均值和方差
            # 这里我们需要保持X的形状以便后面可以做广播运算
            mean = X.mean(dim=(0, 2, 3), keepdim=True)
            var = ((X - mean) ** 2).mean(dim=(0, 2, 3), keepdim=True)
        # 训练模式下，用当前的均值和方差做标准化
        X_hat = (X - mean) / torch.sqrt(var + eps)
        # 更新移动平均的均值和方差
        moving_mean = momentum * moving_mean + (1.0 - momentum) * mean
        moving_var = momentum * moving_var + (1.0 - momentum) * var
    Y = gamma * X_hat + beta  # 缩放和移位
    return Y, moving_mean.data, moving_var.data
```

我们现在可以创建一个正确的 BatchNorm 层。这个层将保持拉伸参数 gamma 和偏移参数 beta，这两个参数将在训练过程中更新。此外，我们的层将保存均值和方差的移动平均值，以便在模型预测期间随后使用。

撇开算法细节，注意我们实现层的基础设计模式。通常情况下，我们用一个单独的函数定义其数学原理，比如 batch_norm 函数。然后，我们将此功能集成到一个自定义层中，其代码主要处理数据移动到训练设备（如 GPU）、分配和初始化时任何所需的变量、追踪移动平均线（此处为均值和方差）等问题。为方便起见，我们并不担心在这里自动推断输入形状，因此需要指定整个特征的数量。不用担心，深度学习框架中的批量规范化 API 将为我们解决上述问题，稍后将展示这一点。

```
class BatchNorm(nn.Module):
    # num_features：全连接层的输出数量或卷积层的输出通道数
    # num_dims：2表示完全连接层，4表示卷积层
    def __init__(self, num_features, num_dims):
        super().__init__()
        if num_dims == 2:
            shape = (1, num_features)
        else:
            shape = (1, num_features, 1, 1)
        # 参与求梯度和迭代的拉伸参数和偏移参数，其分别初始化成1和0
        self.gamma = nn.Parameter(torch.ones(shape))
        self.beta = nn.Parameter(torch.zeros(shape))
        # 非模型参数的变量初始化为0和1
        self.moving_mean = torch.zeros(shape)
        self.moving_var = torch.ones(shape)

    def forward(self, X):
        # 如果X不在内存上，将moving_mean和moving_var
        # 复制到X所在的显存上
        if self.moving_mean.device != X.device:
            self.moving_mean = self.moving_mean.to(X.device)
            self.moving_var = self.moving_var.to(X.device)
        # 保存更新过的moving_mean和moving_var
        Y, self.moving_mean, self.moving_var = batch_norm(
            X, self.gamma, self.beta, self.moving_mean,
            self.moving_var, eps=1e-5, momentum=0.9)
        return Y
```

7.5.4 使用批量规范化层的 LeNet

为了更好地理解如何应用 BatchNorm，下面我们将其应用于 LeNet 模型（6.6 节）。回想一下，批量规范化是应用在卷积层或全连接层之后、相应的激活函数之前的。

```
net = nn.Sequential(
    nn.Conv2d(1, 6, kernel_size=5), BatchNorm(6, num_dims=4), nn.Sigmoid(),
    nn.AvgPool2d(kernel_size=2, stride=2),
    nn.Conv2d(6, 16, kernel_size=5), BatchNorm(16, num_dims=4), nn.Sigmoid(),
    nn.AvgPool2d(kernel_size=2, stride=2), nn.Flatten(),
    nn.Linear(16*4*4, 120), BatchNorm(120, num_dims=2), nn.Sigmoid(),
    nn.Linear(120, 84), BatchNorm(84, num_dims=2), nn.Sigmoid(),
    nn.Linear(84, 10))
```

和之前一样，我们将在 Fashion-MNIST 数据集上训练网络。这段代码与第一次训练 LeNet（6.6 节）时几乎完全相同，主要区别在于学习率大得多。

```
lr, num_epochs, batch_size = 1.0, 10, 256
train_iter, test_iter = d2l.load_data_fashion_mnist(batch_size)
d2l.train_ch6(net, train_iter, test_iter, num_epochs, lr, d2l.try_gpu())
```

```
loss 0.268, train acc 0.902, test acc 0.848
37200.8 examples/sec on cuda:0
```

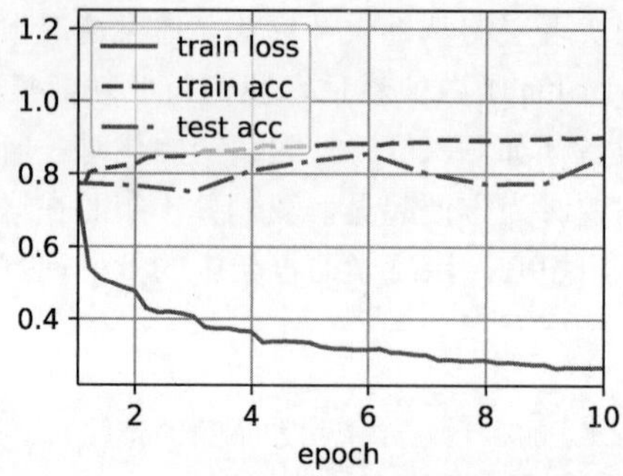

我们来看看从第一个批量规范化层中学习到的拉伸参数 gamma 和偏移参数 beta。

```
net[1].gamma.reshape((-1,)), net[1].beta.reshape((-1,))
```

```
(tensor([3.6715, 2.7277, 3.5989, 1.8567, 0.6704, 3.4185], device='cuda:0',
        grad_fn=<ViewBackward>),
 tensor([-2.3363, -2.8767,  0.5125, -0.0680, -1.3168,  3.7930], device='cuda:0',
        grad_fn=<ViewBackward>))
```

7.5.5 简明实现

除了使用刚刚定义的 BatchNorm，我们也可以直接使用深度学习框架中定义的 BatchNorm。该代码看起来几乎与上面的代码相同。

```
net = nn.Sequential(
    nn.Conv2d(1, 6, kernel_size=5), nn.BatchNorm2d(6), nn.Sigmoid(),
    nn.AvgPool2d(kernel_size=2, stride=2),
    nn.Conv2d(6, 16, kernel_size=5), nn.BatchNorm2d(16), nn.Sigmoid(),
    nn.AvgPool2d(kernel_size=2, stride=2), nn.Flatten(),
    nn.Linear(256, 120), nn.BatchNorm1d(120), nn.Sigmoid(),
    nn.Linear(120, 84), nn.BatchNorm1d(84), nn.Sigmoid(),
    nn.Linear(84, 10))
```

下面我们使用相同的超参数来训练模型。注意，通常高级 API 变体的运行速度快得多，因为它的代码已编译为 C++ 或 CUDA，而我们的自定义代码由 Python 实现。

```
d2l.train_ch6(net, train_iter, test_iter, num_epochs, lr, d2l.try_gpu())
```

```
loss 0.269, train acc 0.900, test acc 0.659
64056.1 examples/sec on cuda:0
```

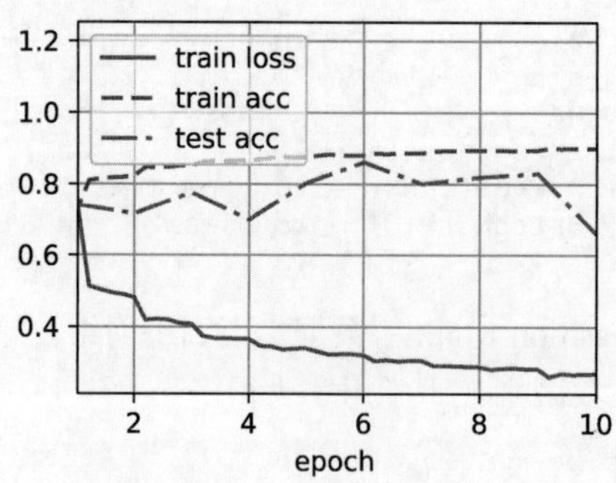

7.5.6 争议

直观地说，批量规范化被认为可以使优化地形更加平滑。然而，我们必须小心区分直觉和对我们观察到的现象的真实解释。回想一下，我们甚至不知道简单的神经网络（多层感知机和传统的卷积神经网络）为什么如此有效，即使在暂退法和权重衰减的情况下，它们仍然非常灵活，因此无法通过常规的学习理论保证来解释它们是否能够泛化到未见的数据。

在提出批量规范化的论文中，作者除了介绍了其应用，还解释了其原理：通过减少内部协变量偏移（internal covariate shift）。据推测，作者所说的内部协变量转移类似于上述的直觉，即变量值的分布在训练过程中会发生变化。然而，这种解释有两个问题：（1）这种偏移与严格定义的协变量偏移（covariate shift）非常不同，所以这个名称不够妥当；（2）这种解释只提供了一种不明确的直觉，但留下了一个有待后续挖掘的问题——为什么这项技术如此有效。本书旨在传达实践者用来发展深层神经网络的直觉。然而，重要的是将这些指导性直觉与既定的科学事实区分开来。最终，当你掌握了这些方法，并开始撰写自己的研究论文时，你会希望清楚地区分技术和直觉。

随着批量规范化的普及，内部协变量偏移的解释反复出现在技术文献，特别是关于“如何展示机器学习研究”的更广泛的讨论中。Ali Rahimi 在接受 2017 年 NeurIPS 大会的“时间检验奖”（Test of Time Award）时发表了一篇令人难忘的演讲。他将“内部协变量偏移”作为焦点，将现代深度学习的实践比作炼金术。他对该示例进行了详细回顾 [95]，阐述了机器学习中令人不安的趋势。此外，一些作者对批量规范化的成功提出了另一种解释：在某些方面，批量规范化的表现与其原始论文 [141] 中声称的行为是相反的。

然而，与机器学习文献中成千上万种类似模糊的说法相比，内部协变量偏移并不更值得批评。很可能，它作为这些辩论的焦点而产生的共鸣，要归功于目标受众对它的广泛认可。批量规范化已经被证明是一种不可或缺的方法，它适用于几乎所有图像分类器，并在学术界获得了数万次引用。

小结

- 在模型训练过程中，批量规范化利用小批量的均值和标准差，不断调整神经网络的中间输出，使整个神经网络各层的中间输出值更加稳定。
- 批量规范化在全连接层和卷积层的使用略有不同。
- 批量规范化层和暂退层一样，在训练模式和预测模式下的计算不同。
- 批量规范化有许多有益的副作用，主要是正则化。另外，“减少内部协变量偏移”的原始动机似乎不是一个有效的解释。

练习

（1）在使用批量规范化之前，我们是否可以从全连接层或卷积层中删除偏置参数？为什么？

（2）比较 LeNet 在使用和不使用批量规范化情况下的学习率。

a. 绘制训练和测试准确度的提高。

b. 学习率有多高？

（3）我们是否需要在每个层中进行批量规范化？尝试一下。

（4）可以通过批量规范化来替换暂退法吗？行为会如何改变？

（5）确定参数 `gamma` 和 `beta`，并观察和分析结果。

（6）查看高级 API 中有关 `BatchNorm` 的在线文档，以了解其他批量规范化的应用。

（7）研究思路：可以应用的其他“规范化”变换有哪些，可以应用概率积分变换吗，全秩协方差估计呢？

7.6 残差网络（ResNet）

扫码直达讨论区

随着我们设计越来越深的网络，深刻理解“新添加的层如何提升神经网络的性能”变得至关重要。更重要的是设计网络的能力，在这种网络中，添加层会使网络更具表达力，为了取得质的突破，我们需要一些数学基础知识。

7.6.1 函数类

首先，假设有一类特定的神经网络架构 F，它包括学习率和其他超参数的设置。对于所有 $f \in F$，存在一些参数集（例如，权重和偏置），这些参数可以通过在合适的数据集上进行训练而获得。现在假设 f^* 是我们真正想要找到的函数，如果 $f^* \in F$，那么可以轻而易举地通过训练得到它，但通常不会那么幸运，所以我们将尝试找到一个函数 f_F^*，这是 F 中的最佳选择。例如，给定一个具有 $\boldsymbol{X}$ 特性和 $\boldsymbol{y}$ 标签的数据集，我们可以尝试通过解决以下优化问题来找到它：

$$f_F^* := \underset{f}{\operatorname{argmin}}\, L(\boldsymbol{X}, \boldsymbol{y}, f),\ f \in F \tag{7.4}$$

那么，怎样得到更接近真正 f^* 的函数呢？唯一合理的可能是，我们需要设计一个更强大的架构 F'。换句话说，我们预计 $f_{F'}^*$ 比 f_F^*“更接近”。然而，如果 $F \not\subseteq F'$，则无法保证新的体系“更接近”。事实上，$f_{F'}^*$ 可能更糟：如图 7-7 所示，对于非嵌套函数（non-nested function）类，较复杂的函数类并不总是向“真”函数 f^* 靠拢（复杂度由 F_1 向 F_6 递增）。在图 7-7 的左侧，虽然 F_3 比 F_1 更接近 f^*，但 F_6 却离得更远了，而对于图 7-7 右侧的嵌套函数（nested function）类 $F_1 \subseteq \cdots \subseteq F_6$，我们可以避免上述问题。

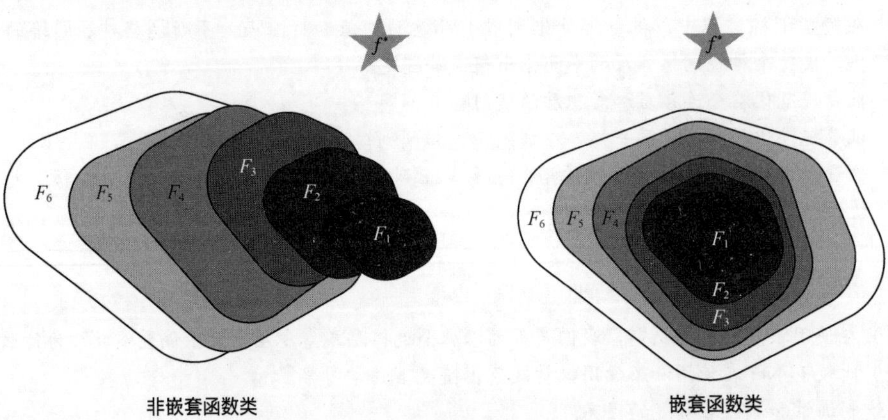

图 7-7　对于非嵌套函数类，较复杂（由较大区域表示）的函数类不能保证更接近“真”函数 f^*。这种现象在嵌套函数类中不会发生

因此，只有当较复杂的函数类包含较小的函数类时，我们才能确保提高它们的性能。对于深度神经网络，如果我们能将新添加的层训练成恒等函数（identity function）$f(\boldsymbol{x})=\boldsymbol{x}$，新模型和原模型将同样有效。同时，由于新模型可能得出更优的解来拟合训练数据集，因此添加层似乎更容易减小训练误差。

针对这一问题，何恺明等人提出了残差网络（ResNet）[56]。它在 2015 年的 ImageNet 图像识别挑战赛中夺魁，并深刻影响了后来的深度神经网络的设计。残差网络的核心思想是：每个附加层都应该更容易地包含原始函数作为其元素之一。于是，残差块（residual block）便诞生了，这个设计对如何建立深度神经网络产生了深远的影响。凭借它，ResNet 赢得了 2015 年 ImageNet 大规模视觉识别挑战赛。

7.6.2 残差块

我们聚焦于神经网络局部：如图 7-8 所示，假设原始输入为 x，而希望学习的理想映射为 $f(\boldsymbol{x})$（作为图 7-8 上方激活函数的输入）。图 7-8 左图虚线框中的部分需要直接拟合出该映射 $f(\boldsymbol{x})$，而右图虚线框中的部分则需要拟合出残差映射 $f(\boldsymbol{x})-\boldsymbol{x}$。残差映射在现实中往往更容易优化。以前面提到的恒等函数作为我们希望学习的理想映射 $f(\boldsymbol{x})$，我们只需将图 7-8 中右图虚线框内上方的加权运算（如仿射）的权重和偏置参数设置成 0，那么 $f(\boldsymbol{x})$ 即为恒等函数。实际中，当理想映射 $f(\boldsymbol{x})$ 极为接近恒等函数时，残差映射也易于捕获恒等函数的细微波动。图 7-8 右图是 ResNet 的基础架构——残差块。在残差块中，输入可通过跨层数据通路更快地向前传播。

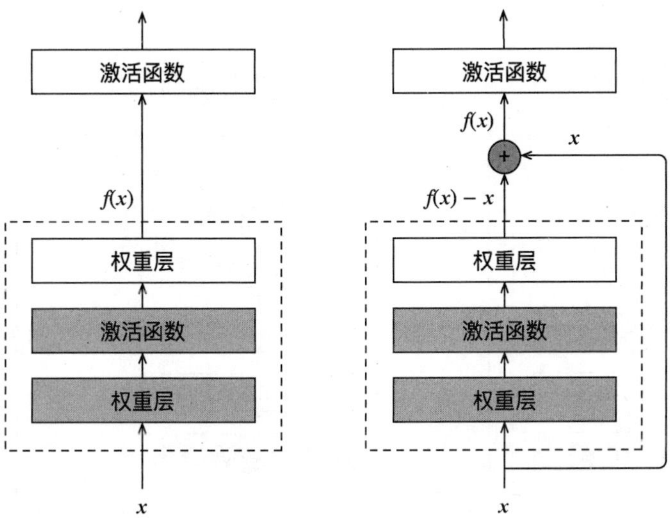

图 7-8 一个正常块（左图）和一个残差块（右图）

ResNet 沿用了 VGG 的完整 3×3 卷积层设计。残差块里首先有 2 个有相同输出通道数的 3×3 卷积层。每个卷积层后接一个批量规范化层和 ReLU 激活函数。然后我们通过跨层数据通道，跳过这 2 个卷积运算，将输入直接加在最后的 ReLU 激活函数前。这样的设计要求 2 个卷积层的输出与输入形状相同，从而使它们可以相加。如果想改变通道数，就需要引入一个额外的 1×1 卷积层来将输入变换成所需的形状后再做相加运算。残差块的实现如下：

```
import torch
from torch import nn
from torch.nn import functional as F
from d2l import torch as d2l


class Residual(nn.Module):  #@save
    def __init__(self, input_channels, num_channels,
                 use_1x1conv=False, strides=1):
        super().__init__()
        self.conv1 = nn.Conv2d(input_channels, num_channels,
                               kernel_size=3, padding=1, stride=strides)
        self.conv2 = nn.Conv2d(num_channels, num_channels,
                               kernel_size=3, padding=1)
```

```
        if use_1x1conv:
            self.conv3 = nn.Conv2d(input_channels, num_channels,
                                   kernel_size=1, stride=strides)
        else:
            self.conv3 = None
        self.bn1 = nn.BatchNorm2d(num_channels)
        self.bn2 = nn.BatchNorm2d(num_channels)

    def forward(self, X):
        Y = F.relu(self.bn1(self.conv1(X)))
        Y = self.bn2(self.conv2(Y))
        if self.conv3:
            X = self.conv3(X)
        Y += X
        return F.relu(Y)
```

如图 7-9 所示，执行此代码生成两种类型的网络：一种是当 `use_1x1conv=False` 时，应用 ReLU 非线性函数之前，将输入添加到输出；另一种是当 `use_1x1conv=True` 时，通过添加 1×1 卷积层调整通道和分辨率。

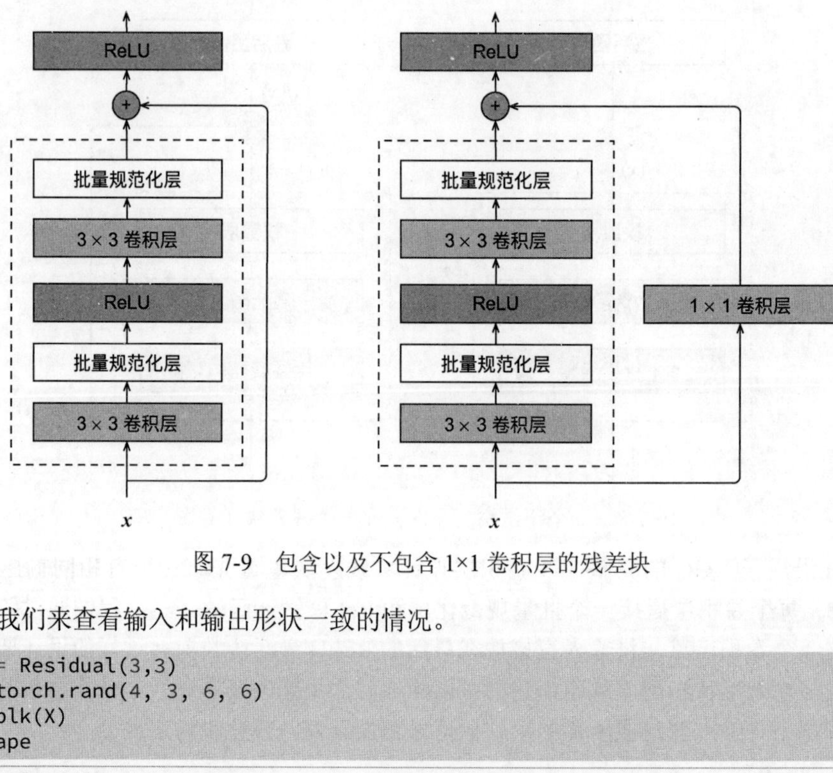

图 7-9 包含以及不包含 1×1 卷积层的残差块

下面我们来查看输入和输出形状一致的情况。

```
blk = Residual(3,3)
X = torch.rand(4, 3, 6, 6)
Y = blk(X)
Y.shape
```

```
torch.Size([4, 3, 6, 6])
```

我们也可以在增加输出通道数的同时，减半输出的高度和宽度。

```
blk = Residual(3,6, use_1x1conv=True, strides=2)
blk(X).shape
```

```
torch.Size([4, 6, 3, 3])
```

7.6.3 ResNet模型

ResNet 的前两层跟之前介绍的 GoogLeNet 中的一样：在输出通道数为 64、步幅为 2 的

7×7 卷积层后，接步幅为 2 的 3×3 的最大汇聚层。不同之处在于：ResNet 的每个卷积层后增加了批量规范化层。

```
b1 = nn.Sequential(nn.Conv2d(1, 64, kernel_size=7, stride=2, padding=3),
                   nn.BatchNorm2d(64), nn.ReLU(),
                   nn.MaxPool2d(kernel_size=3, stride=2, padding=1))
```

GoogLeNet 在后面接了 4 个由 Inception 块组成的模块。ResNet 则使用 4 个由残差块组成的模块，每个模块使用若干输出通道数相同的残差块。第一个模块的通道数同输入通道数一致。由于之前已经使用了步幅为 2 的最大汇聚层，因此无须减小高度和宽度。之后的每个模块在第一个残差块里将上一个模块的通道数翻倍，并将高度和宽度减半。

下面我们来实现这个模块。注意，我们对第一个模块做了特别处理。

```
def resnet_block(input_channels, num_channels, num_residuals,
                 first_block=False):
    blk = []
    for i in range(num_residuals):
        if i == 0 and not first_block:
            blk.append(Residual(input_channels, num_channels,
                                use_1x1conv=True, strides=2))
        else:
            blk.append(Residual(num_channels, num_channels))
    return blk
```

接着在 ResNet 加入所有残差块，这里每个模块使用 2 个残差块。

```
b2 = nn.Sequential(*resnet_block(64, 64, 2, first_block=True))
b3 = nn.Sequential(*resnet_block(64, 128, 2))
b4 = nn.Sequential(*resnet_block(128, 256, 2))
b5 = nn.Sequential(*resnet_block(256, 512, 2))
```

最后，与 GoogLeNet 一样，在 ResNet 中加入全局平均汇聚层以及全连接层输出。

```
net = nn.Sequential(b1, b2, b3, b4, b5,
                    nn.AdaptiveAvgPool2d((1,1)),
                    nn.Flatten(), nn.Linear(512, 10))
```

每个模块有 4 个卷积层（不包括恒等函数的 1×1 卷积层），加上第一个 7×7 卷积层和最后一个全连接层，共有 18 层，因此，这种模型通常被称为 ResNet-18。通过配置不同的通道数和模块里的残差块数可以得到不同的 ResNet 模型，例如更深的含 152 层的模型 ResNet-152。虽然 ResNet 的主体架构跟 GoogLeNet 类似，但 ResNet 的架构更简单，修改也更方便，这些因素都使得 ResNet 迅速被广泛使用。图 7-10 展示了完整的 ResNet-18 架构。

在训练 ResNet 之前，我们观察一下 ResNet 中不同模块的输入形状是如何变化的。在之前的所有架构中，分辨率降低，通道数增加，直到全局平均汇聚层聚合所有特征。

```
X = torch.rand(size=(1, 1, 224, 224))
for layer in net:
    X = layer(X)
    print(layer.__class__.__name__,'output shape:\t', X.shape)
```

```
Sequential output shape:     torch.Size([1, 64, 56, 56])
Sequential output shape:     torch.Size([1, 64, 56, 56])
Sequential output shape:     torch.Size([1, 128, 28, 28])
Sequential output shape:     torch.Size([1, 256, 14, 14])
Sequential output shape:     torch.Size([1, 512, 7, 7])
AdaptiveAvgPool2d output shape:      torch.Size([1, 512, 1, 1])
Flatten output shape:    torch.Size([1, 512])
Linear output shape:     torch.Size([1, 10])
```

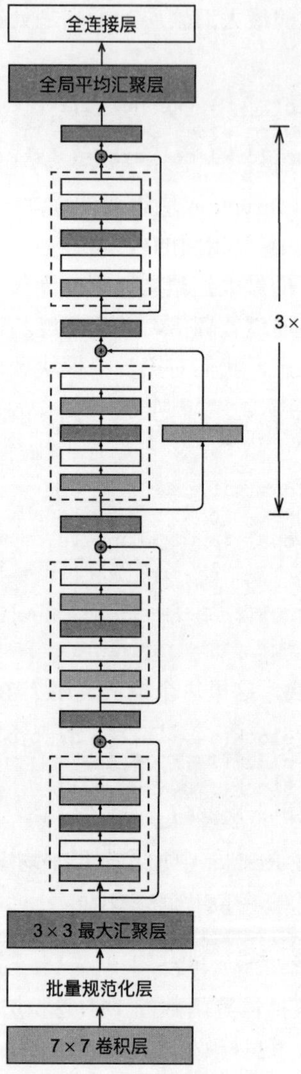

图 7-10　ResNet-18 架构

7.6.4　训练模型

同之前一样，我们在 Fashion-MNIST 数据集上训练 ResNet。

```
lr, num_epochs, batch_size = 0.05, 10, 256
train_iter, test_iter = d2l.load_data_fashion_mnist(batch_size, resize=96)
d2l.train_ch6(net, train_iter, test_iter, num_epochs, lr, d2l.try_gpu())
```

```
loss 0.011, train acc 0.997, test acc 0.897
4704.2 examples/sec on cuda:0
```

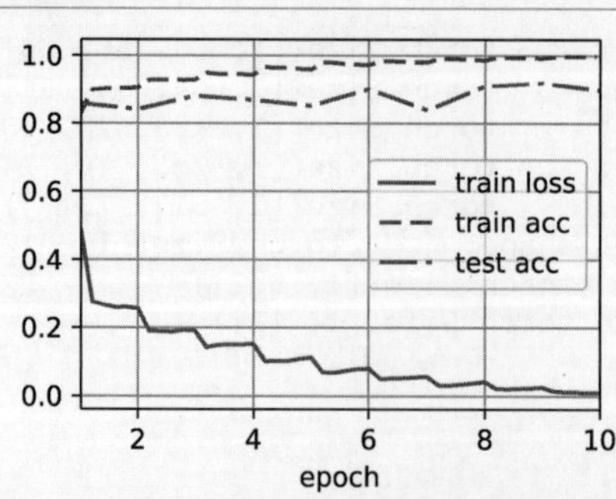

小结

- 学习嵌套函数是训练神经网络的理想情况。在深度神经网络中，学习另一层作为恒等函数较容易（尽管这是一种极端情况）。
- 残差映射可以更容易地学习同一函数，例如使权重层中的参数接近零。
- 利用残差块可以训练出一个有效的深度神经网络：输入可以通过层间的残余连接更快地向前传播。
- 残差网络（ResNet）对其后的深度神经网络设计产生了深远影响。

练习

（1）图 7-5 中的 Inception 块与残差块之间的主要区别是什么？在删除了 Inception 块中的一些路径之后，它们是如何相互关联的？

（2）参考 ResNet 论文 [55] 中的表 1，以实现不同的变体。

（3）对于更深层的网络，ResNet 引入了“bottleneck”架构来降低模型复杂度。请尝试实现它。

（4）在 ResNet 的后续版本中，作者将“卷积层、批量规范化层和激活层”架构更改为“批量规范化层、激活层和卷积层”架构。请尝试做这个改进。详见参考文献 [57] 中的图 1。

（5）为什么即使函数类是嵌套的，我们也仍然要限制增加函数的复杂度呢？

7.7 稠密连接网络（DenseNet）

扫码直达讨论区

ResNet 极大地改变了如何参数化深度网络中函数的观点。稠密连接网络（DenseNet）[71] 在某种程度上是 ResNet 的逻辑扩展。我们先从数学上了解一下。

7.7.1 从ResNet到DenseNet

回想一下任意函数的泰勒展开式（Taylor expansion），它把函数分解成越来越高阶的项。在 x 接近 0 时，

$$f(x)=f(0)+f'(0)x+\frac{f''(0)}{2!}x^2+\frac{f'''(0)}{3!}x^3+\cdots \tag{7.5}$$

同样，ResNet 将函数展开为

$$f(\boldsymbol{x})=\boldsymbol{x}+g(\boldsymbol{x}) \tag{7.6}$$

也就是说，ResNet 将 f 分解为两部分：一个简单的线性项和一个复杂的非线性项。那么再向前一步，如果我们想将 f 拓展成超过两部分呢？一种方案便是 DenseNet。

如图 7-11 所示，ResNet 和 DenseNet 的关键区别在于，DenseNet 输出是连接（用 [,] 表示）而不是如 ResNet 的简单相加。因此，在应用越来越复杂的函数序列后，我们执行从 $\boldsymbol{x}$ 到其展开式的映射：

$$\boldsymbol{x}\to\left[\boldsymbol{x},f_1(\boldsymbol{x}),f_2([\boldsymbol{x},f_1(\boldsymbol{x})]),f_3([\boldsymbol{x},f_1(\boldsymbol{x}),f_2([\boldsymbol{x},f_1(\boldsymbol{x})])]),\cdots\right] \tag{7.7}$$

最后，将这些展开式结合到多层感知机中，再次减少特征的数量。实现起来非常简单：我们不需要添加术语，而是将它们连接起来。DenseNet 这个名字由变量之间的“稠密连接”而得来，最后一层与之前的所有层紧密相连。稠密连接如图 7-12 所示。

稠密网络主要由两部分构成：稠密块（dense block）和过渡层（transition layer）。前者定义如何连接输入和输出，后者则控制通道数，使其不会太复杂。

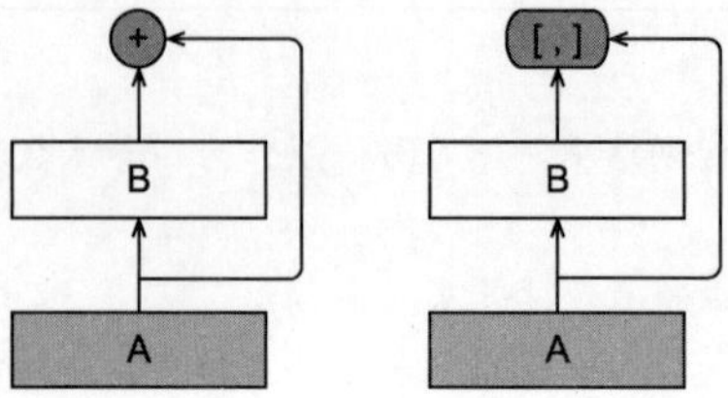

图 7-11　ResNet（左）与 DenseNet（右）在跨层连接上的主要区别：使用相加和使用连接

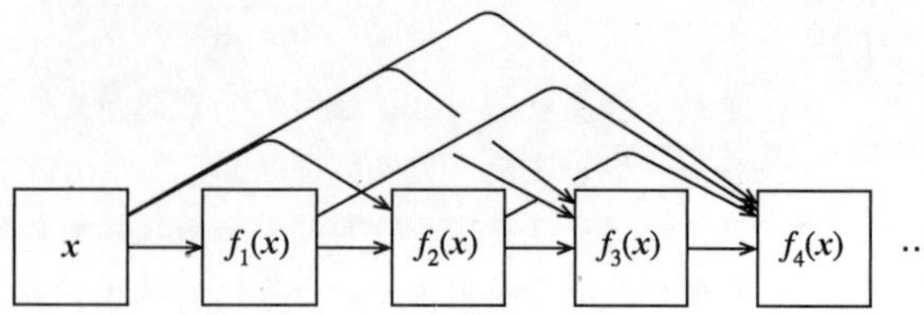

图 7-12　稠密连接

7.7.2　稠密块体

DenseNet 使用了 ResNet 改良版的“批量规范化层、激活层和卷积层”架构（参见 7.6 节中的练习）。我们首先实现这个架构。

```
import torch
from torch import nn
from d2l import torch as d2l


def conv_block(input_channels, num_channels):
    return nn.Sequential(
        nn.BatchNorm2d(input_channels), nn.ReLU(),
        nn.Conv2d(input_channels, num_channels, kernel_size=3, padding=1))
```

一个稠密块由多个卷积块组成，每个卷积块使用相同数量的输出通道。然而，在前向传播中，我们将每个卷积块的输入和输出在通道维度上连接。

```
class DenseBlock(nn.Module):
    def __init__(self, num_convs, input_channels, num_channels):
        super(DenseBlock, self).__init__()
        layer = []
        for i in range(num_convs):
            layer.append(conv_block(
                num_channels * i + input_channels, num_channels))
        self.net = nn.Sequential(*layer)

    def forward(self, X):
        for blk in self.net:
            Y = blk(X)
            # 连接通道维度上每个卷积块的输入和输出
            X = torch.cat((X, Y), dim=1)
        return X
```

在下面的例子中，我们定义一个有 2 个输出通道数为 10 的 `DenseBlock`。使用通道数为 3 的输入时，我们会得到通道数为 3+2×10=23 的输出。卷积块的通道数控制了输出通道数相对于输入通道数的增长程度，因此也被称为增长率（growth rate）。

```
blk = DenseBlock(2, 3, 10)
X = torch.randn(4, 3, 8, 8)
Y = blk(X)
Y.shape
```

```
torch.Size([4, 23, 8, 8])
```

7.7.3　过渡层

由于每个稠密块都会带来通道数的增加，因此使用过多会过于复杂化模型，而过渡层可以用来控制模型复杂度。它通过 1×1 卷积层来减小通道数，并使用步幅为 2 的平均汇聚层减半高度和宽度，从而进一步降低模型复杂度。

```
def transition_block(input_channels, num_channels):
    return nn.Sequential(
        nn.BatchNorm2d(input_channels), nn.ReLU(),
        nn.Conv2d(input_channels, num_channels, kernel_size=1),
        nn.AvgPool2d(kernel_size=2, stride=2))
```

对上一个例子中稠密块的输出使用通道数为 10 的过渡层。此时输出的通道数减为 10，高度和宽度均减半。

```
blk = transition_block(23, 10)
blk(Y).shape
torch.Size([4, 10, 4, 4])
```

7.7.4 DenseNet模型

我们来构建DenseNet模型。首先，DenseNet使用同ResNet一样的单卷积层和最大汇聚层。

```
b1 = nn.Sequential(
    nn.Conv2d(1, 64, kernel_size=7, stride=2, padding=3),
    nn.BatchNorm2d(64), nn.ReLU(),
    nn.MaxPool2d(kernel_size=3, stride=2, padding=1))
```

接下来，类似于 ResNet 使用的 4 个残差块，DenseNet 使用的是 4 个稠密块。与 ResNet 类似，可以设置每个稠密块使用多少个卷积层，这里我们设成 4，从而与 7.6 节的 ResNet-18 保持一致。稠密块里的卷积层通道数（即增长率）设为 32，所以每个稠密块将增加 128 个通道。

在每个模块之间，ResNet 通过步幅为 2 的残差块减小高度和宽度，DenseNet 则使用过渡层来减半高度和宽度，并减半通道数。

```
# num_channels为当前的通道数
num_channels, growth_rate = 64, 32
num_convs_in_dense_blocks = [4, 4, 4, 4]
blks = []
for i, num_convs in enumerate(num_convs_in_dense_blocks):
    blks.append(DenseBlock(num_convs, num_channels, growth_rate))
    # 上一个稠密块的输出通道数
    num_channels += num_convs * growth_rate
    # 在稠密块之间添加一个过渡层，使通道数减半
    if i != len(num_convs_in_dense_blocks) - 1:
        blks.append(transition_block(num_channels, num_channels // 2))
        num_channels = num_channels // 2
```

与 ResNet 类似，最后连接全局汇聚层和全连接层来输出结果。

```
net = nn.Sequential(
    b1, *blks,
    nn.BatchNorm2d(num_channels), nn.ReLU(),
    nn.AdaptiveAvgPool2d((1, 1)),
    nn.Flatten(),
    nn.Linear(num_channels, 10))
```

7.7.5 训练模型

由于这里使用了较深度的网络，本节我们将输入高度和宽度从 224 降到 96 来简化计算。

```
lr, num_epochs, batch_size = 0.1, 10, 256
train_iter, test_iter = d2l.load_data_fashion_mnist(batch_size, resize=96)
d2l.train_ch6(net, train_iter, test_iter, num_epochs, lr, d2l.try_gpu())
```

```
loss 0.138, train acc 0.949, test acc 0.893
5573.8 examples/sec on cuda:0
```

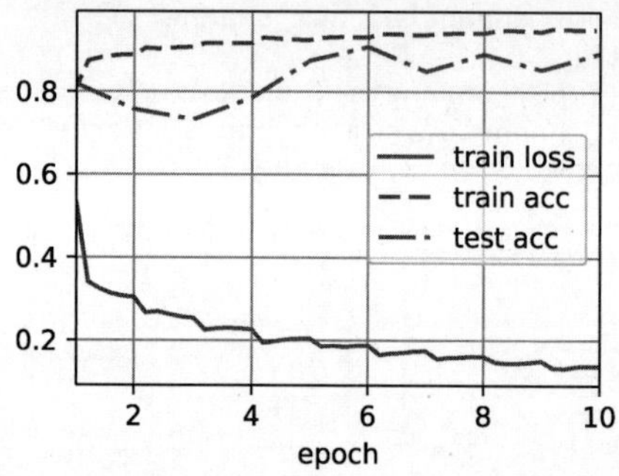

小结

- 在跨层连接上，不同于 ResNet 中将输入与输出相加，稠密连接网络（DenseNet）在通道维度上连接输入与输出。
- DenseNet 的主要构建模块是稠密块和过渡层。
- 在构建 DenseNet 时，我们需要通过添加过渡层来控制网络的维数，从而再次减少通道数。

练习

（1）为什么我们在过渡层使用平均汇聚层而不是最大汇聚层？

（2）DenseNet 的优点之一是其模型参数比 ResNet 少。为什么？

（3）DenseNet 的一个问题是内存或显存消耗过多。

a. 真的是这样吗？可以把输入形状换成 224×224，看一下实际的显存消耗。

b. 还有其他方法来减少显存消耗吗？需要改变框架吗？

（4）实现 DenseNet 论文 [71] 表 1 所示的不同 DenseNet 版本。

（5）应用 DenseNet 的思想设计一个基于多层感知机的模型，将其应用于 4.10 节中的房价预测任务。

第 8 章 循环神经网络

到目前为止，我们遇到过两种类型的数据：表格数据和图像数据。对于图像数据，我们设计了专门的卷积神经网络架构来为这类特殊的数据结构建模。换句话说，如果我们有一张图像，需要有效地利用其像素位置，假若我们对图像中的像素位置进行重排，就会对图像中内容的推断造成极大的困难。

最重要的是，到目前为止，我们默认数据都来自某种分布，并且所有样本都是独立同分布的（independently and identically distributed，iid.）。然而，大多数的数据并非如此。例如，文章中的单词是按顺序写的，如果顺序被随机地重排，就很难理解文章原本的意思。同样，视频中的图像帧、对话中的音频信号以及网站上的浏览行为都是有顺序的。因此，针对此类数据而设计特定的模型，可能效果会更好。

另一个问题来自这样一个事实：我们不仅接收一个序列作为输入，而且可能期望继续猜测这个序列的后续信息。例如，一个任务可以是继续预测 2, 4, 6, 8, 10, …。这在时间序列分析中是相当常见的，可以用来预测股市的波动、患者的体温曲线或者赛车所需的加速度。同理，我们需要能够处理这些数据的特定模型。

简而言之，如果说卷积神经网络可以有效地处理空间信息，那么本章的循环神经网络（recurrent neural network，RNN）则可以很好地处理序列信息。循环神经网络通过引入状态变量存储过去的信息和当前的输入，从而可以确定当前的输出。

许多使用循环神经网络的例子都是基于文本数据的，因此我们将在本章中重点介绍语言模型。在对序列数据进行更详细的回顾之后，我们将介绍文本预处理的实用技术。然后，我们将讨论语言模型的基本概念，并将此讨论作为循环神经网络设计的灵感。最后，我们描述循环神经网络的梯度计算方法，以探讨训练此类网络时可能遇到的问题。

8.1 序列模型

扫码直达讨论区

想象一下有人正在看网飞（Netflix）上的电影。一名忠实的用户会对每部电影都给出评价，毕竟一部好电影需要更多的支持和认可。然而事实证明，事情并不那么简单。随着时间的推移，人们对电影的看法会发生很大的变化。事实上，心理学家甚至总结了这些现象。

- *锚定效应*（anchoring effect）：基于其他人的意见做出评价。例如，奥斯卡奖颁奖后，受到关注的电影的评分会提高，尽管还是原来那部电影。这种影响将持续几个月，直到人们忘记了这部电影曾经获得的奖项。结果表明[184]，这种效应会使评分提高半个百分点以上。

- 享乐适应（hedonic adaption）：人们迅速接受并且适应一种更好或者更坏的情况作为新的常态。例如，在看了很多好电影之后，人们会强烈期望下部电影会更好。因此，在人们看过许多精彩的电影之后，即使是一部普通的电影也可能被认为是糟糕的。
- 季节性（seasonality）：少有观众喜欢在 8 月看圣诞老人的电影。
- 有时电影会由于导演或演员在制作中的不当行为变得不受欢迎。
- 有些电影因为其极度糟糕只能成为小众电影。

简而言之，电影评分不是固定不变的。因此，使用时间动力学可以得到更准确的电影推荐 [84]。当然，序列数据不仅仅是关于电影评分的。下面给出了更多的场景。

- 在使用应用程序时，许多用户都有很强的特定习惯。例如，在学生放学后社交媒体应用更受欢迎。在市场开放时股市交易软件更常用。
- 预测明天的股价要比过去的股价更困难，尽管两者都只是估计一个数字。毕竟，先见之明比事后诸葛亮难得多。在统计学中，前者（对超出已知观测范围进行预测）称为外推法（extrapolation），而后者（在现有观测值之间进行估计）称为内插法（interpolation）。
- 在本质上，音乐、语音、文本和视频都是连续的。如果它们的序列被重排，就会失去原本的意思。比如，一个文本标题“狗咬人”远没有“人咬狗”那么令人惊讶，尽管组成两句话的字完全相同。
- 地震具有很强的相关性，即大地震发生后，很可能会有几次小余震，这些余震的强度比非大地震后的余震要大得多。事实上，地震是时空相关的，即余震通常发生在很短的时间跨度和很近的距离内。
- 人类之间的互动也是连续的，这可以从微博上的争吵和辩论中看出。

8.1.1　统计工具

处理序列数据需要统计工具和新的深度神经网络架构。为简单起见，我们以图 8-1 所示的股票价格（富时 100 指数）为例。

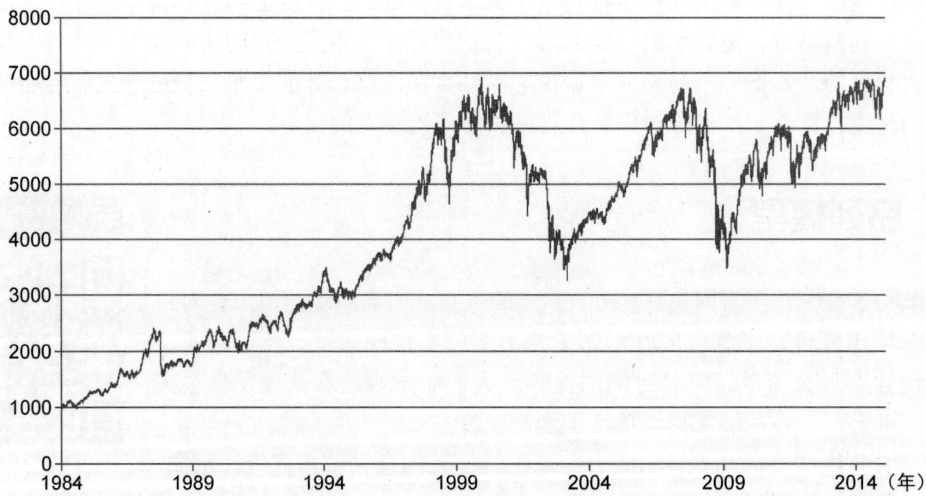

图 8-1　近 30 年的富时 100 指数

在图 8-1 中，用 x_t 表示价格，即在时间步（time step）$t \in \mathbb{Z}^+$ 时观察到的价格。注意，t 对于本书中的序列通常是离散的，并在整数或其子集上变化。假设一个交易员想在 t 日的股市中表现良好，于是通过以下途径预测 x_t：

$$x_t \sim P(x_t \mid x_{t-1}, \cdots, x_1) \tag{8.1}$$

1. 自回归模型

为了实现预测，交易员可以使用回归模型，例如，在 3.3 节中训练的模型。这里仅有一个主要问题：输入数据的数量，因为输入 $x_{t-1}, \cdots, x_1$ 本身因 t 而异。也就是说，输入数据的数量将会随着我们遇到的数据量的增加而增加，因此需要一个近似方法来使这个计算变得容易处理。本章后面的大部分内容将围绕着如何有效估计 $P(x_t \mid x_{t-1}, \cdots, x_1)$ 展开，简单地说，归结为以下两种策略。

第一种策略，假设在现实情况下相当长的序列 $x_{t-1}, \cdots, x_1$ 可能是不必要的，因此我们只需要满足某个长度为 τ 的时间跨度，即使用观测序列 $x_{t-1}, \cdots, x_{t-\tau}$。当下获得的最直接的好处就是参数的数量总是不变的，至少在 $t > \tau$ 时如此，这就使我们能够训练一个上面提及的深度网络。这种模型被称为自回归模型（autoregressive model），因为它们是对自身执行回归。

第二种策略是，如图 8-2 所示，保留一些对过去观测的总结 h_t，并且同时更新预测 $\hat{x}_t$ 和总结 h_t。这就产生了基于 $\hat{x}_t = P(x_t \mid h_t)$ 估计 x_t，以及公式 $h_t = g(h_{t-1}, x_{t-1})$ 更新的模型。由于 h_t 从未被观测到，这类模型也被称为隐变量自回归模型（latent autoregressive model）。

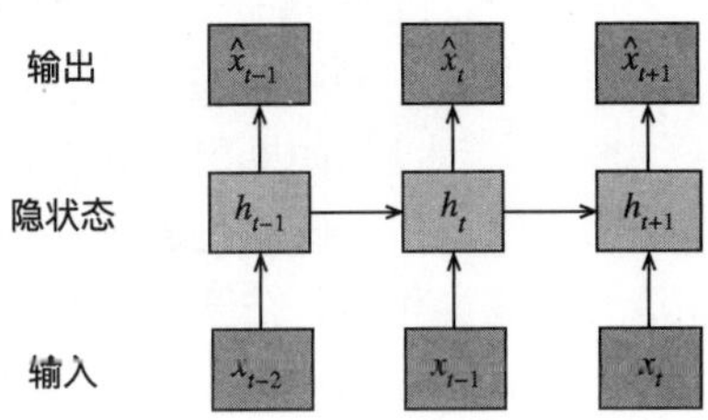

图 8-2 隐变量自回归模型

这两种策略都有一个显而易见的问题：如何生成训练数据？一个经典方法是使用历史观测来预测下一个未来观测。显然，我们并不指望时间会停滞不前。然而，一个常见的假设是虽然特定值 x_t 可能会改变，但是序列本身的动力学不会改变。这样的假设是合理的，因为新的动力学一定受新数据的影响，而我们不可能用目前所掌握的数据来预测新的动力学。统计学家称不变的动力学为平稳的（stationary）。因此，整个序列的估计值都将通过以下方式获得：

$$P(x_1, \cdots, x_T) = \prod_{t=1}^{T} P(x_t \mid x_{t-1}, \cdots, x_1) \tag{8.2}$$

注意，如果我们处理的是离散的对象（如单词），而不是连续的数字，则上述的考虑仍然有效。唯一的差别是，对于离散的对象，我们需要使用分类器而不是回归模型来估计 $P(x_t \mid x_{t-1}, \cdots, x_1)$。

2. 马尔可夫模型

回想一下，在自回归模型的近似法中，我们使用 $x_{t-1}, \cdots, x_{t-\tau}$ 而不是 $x_{t-1}, \cdots, x_1$ 来估计 x_t。只要是近似精确的，我们就说序列满足马尔可夫条件（Markov condition）。特别是，如果 $\tau=1$，得到一个一阶马尔可夫模型（first-order Markov model），$P(x)$ 由下式给出：

$$P(x_1, \cdots, x_T) = \prod_{t=1}^{T} P(x_t \mid x_{t-1})，当 P(x_1 \mid x_0) = P(x_1) \tag{8.3}$$

当 x_t 仅是离散值时，这样的模型特别棒，因为在这种情况下，使用动态规划可以沿着马尔可夫链精确地计算结果。例如，我们可以高效地计算 $P(x_{t+1} \mid x_{t-1})$：

$$\begin{aligned} P(x_{t+1} \mid x_{t-1}) &= \frac{\sum_{x_t} P(x_{t+1}, x_t, x_{t-1})}{P(x_{t-1})} \\ &= \frac{\sum_{x_t} P(x_{t+1} \mid x_t, x_{t-1}) P(x_t, x_{t-1})}{P(x_{t-1})} \\ &= \sum_{x_t} P(x_{t+1} \mid x_t) P(x_t \mid x_{t-1}) \end{aligned} \tag{8.4}$$

利用这一事实，我们只需要考虑过去观察中的一个非常短的历史：$P(x_{t+1} \mid x_t, x_{t-1}) = P(x_{t+1} \mid x_t)$。隐马尔可夫模型中的动态规划超出了本节的范围（我们会在 9.4 节再次遇到），而动态规划这些计算工具已经在控制算法和强化学习算法中广泛使用。

3. 因果关系

原则上，将$P(x_1, \cdots, x_T)$倒序展开也没什么问题。毕竟，基于条件概率公式，我们总是可以写出

$$P(x_1, \cdots, x_T) = \prod_{t=T}^{1} P(x_t \mid x_{t+1}, \cdots, x_T) \tag{8.5}$$

事实上，如果基于一个马尔可夫模型，我们还可以得到一个反向的条件概率分布。然而，在许多情况下，数据存在一个自然的方向，即在时间上是向前推进的。显然，未来的事件不能影响过去。因此，如果我们改变 x_t，可能会影响未来发生的事件 x_{t+1}，但不能反过来。也就是说，如果我们改变 x_t，基于过去事件得到的分布不会改变。因此，解释 $P(x_{t+1} \mid x_t)$ 应该比解释 $P(x_t \mid x_{t+1})$ 更容易。例如，在某些情况下，对于某些可加性噪声ϵ，显然可以找到 $x_{t+1} = f(x_t) + \epsilon$，而反之则不行 [67]。这是个好消息，因为这个向前推进的方向通常也是我们感兴趣的方向。Peters 等人 [123] 已经解释了关于这个主题的更多内容，而我们仅仅触及了它的皮毛。

8.1.2 训练

在了解了上述统计工具后，我们在实践中尝试一下！首先，我们使用正弦函数和一些可加性噪声来生成序列数据，时间步为 1, 2, ⋯, 1000。

```
%matplotlib inline
import torch
from torch import nn
from d2l import torch as d2l
```

```
T = 1000  # 总共产生1000个点
time = torch.arange(1, T + 1, dtype=torch.float32)
x = torch.sin(0.01 * time) + torch.normal(0, 0.2, (T,))
d2l.plot(time, [x], 'time', 'x', xlim=[1, 1000], figsize=(6, 3))
```

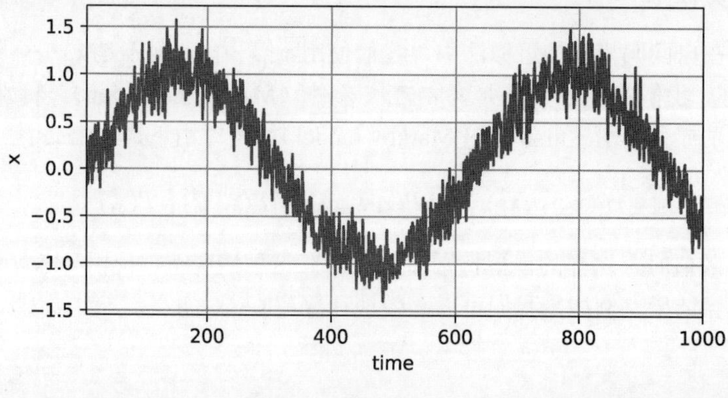

接下来，我们将这个序列转换为模型的特征－标签（feature-label）对。基于嵌入维度τ，我们将数据映射为数据对$y_t = x_t$和$\mathbf{x}_t = [x_{t-\tau}, \cdots, x_{t-1}]$。这比我们提供的数据样本少了$\tau$个，因为我们没有足够的历史记录来描述前$\tau$个数据样本。一个简单的解决办法是，只要有足够长的序列就丢弃这几项；另一个办法是，用零填充序列。在这里，我们仅使用前600个"特征－标签"对进行训练。

```
tau = 4
features = torch.zeros((T - tau, tau))
for i in range(tau):
    features[:, i] = x[i: T - tau + i]
labels = x[tau:].reshape((-1, 1))
```

```
batch_size, n_train = 16, 600
# 只有前n_train个样本用于训练
train_iter = d2l.load_array((features[:n_train], labels[:n_train]),
                            batch_size, is_train=True)
```

在这里，我们使用一个相当简单的架构训练模型：一个有两个全连接层的多层感知机，ReLU激活函数和平方损失。

```
# 初始化网络权重的函数
def init_weights(m):
    if type(m) == nn.Linear:
        nn.init.xavier_uniform_(m.weight)

# 一个简单的多层感知机
def get_net():
    net = nn.Sequential(nn.Linear(4, 10),
                        nn.ReLU(),
                        nn.Linear(10, 1))
    net.apply(init_weights)
    return net

# 平方损失注意：MSELoss计算平方误差时不带系数1/2
loss = nn.MSELoss(reduction='none')
```

现在，准备训练模型了。实现下面的训练代码的方式与前面几节（如3.3节）中的循环训练基本相同。因此，我们不会深入探讨太多细节。

```
def train(net, train_iter, loss, epochs, lr):
    trainer = torch.optim.Adam(net.parameters(), lr)
    for epoch in range(epochs):
        for X, y in train_iter:
            trainer.zero_grad()
            l = loss(net(X), y)
            l.sum().backward()
            trainer.step()
        print(f'epoch {epoch + 1}, '
              f'loss: {d2l.evaluate_loss(net, train_iter, loss):f}')

net = get_net()
train(net, train_iter, loss, 5, 0.01)
```

```
epoch 1, loss: 0.055111
epoch 2, loss: 0.052037
epoch 3, loss: 0.053736
epoch 4, loss: 0.048858
epoch 5, loss: 0.048227
```

8.1.3 预测

由于训练损失很小，因此我们期望模型能有很好的工作效果。我们看看这在实践中意味着什么。首先是检查模型预测下一个时间步的能力，也就是单步预测（one-step-ahead prediction）。

```
onestep_preds = net(features)
d2l.plot([time, time[tau:]],
         [x.detach().numpy(), onestep_preds.detach().numpy()], 'time',
         'x', legend=['data', '1-step preds'], xlim=[1, 1000],
         figsize=(6, 3))
```

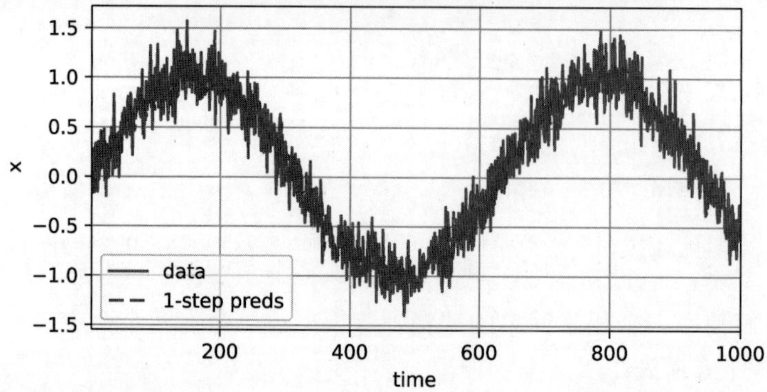

正如我们所料，单步预测效果不错。即使这些预测的时间步超过了 600+4（n_train + tau），其结果看起来也仍然是可信的。但有一个小问题——如果数据观测序列的时间步只到 604，我们需要一步一步地向前推进：

$$
\begin{aligned}
\hat{x}_{605} &= f(x_{601}, x_{602}, x_{603}, x_{604}) \\
\hat{x}_{606} &= f(x_{602}, x_{603}, x_{604}, \hat{x}_{605}) \\
\hat{x}_{607} &= f(x_{603}, x_{604}, \hat{x}_{605}, \hat{x}_{606}) \\
\hat{x}_{608} &= f(x_{604}, \hat{x}_{605}, \hat{x}_{606}, \hat{x}_{607}) \\
\hat{x}_{609} &= f(\hat{x}_{605}, \hat{x}_{606}, \hat{x}_{607}, \hat{x}_{608}) \\
&\cdots
\end{aligned} \tag{8.6}
$$

通常，对于直到 x_t 的观测序列，其在时间步 $t+k$ 处的预测输出 $\hat{x}_{t+k}$ 称为 k 步预测（k-step-ahead-prediction）。由于我们的观测已经到了 x_{604}，它的 k 步预测是 $\hat{x}_{604+k}$。换句话说，我们必须使用自己的预测（而不是原始数据）来进行多步预测。我们看看效果如何。

```
multistep_preds = torch.zeros(T)
multistep_preds[: n_train + tau] = x[: n_train + tau]
for i in range(n_train + tau, T):
    multistep_preds[i] = net(
        multistep_preds[i - tau:i].reshape((1, -1)))
```

```
d2l.plot([time, time[tau:], time[n_train + tau:]],
         [x.detach().numpy(), onestep_preds.detach().numpy(),
          multistep_preds[n_train + tau:].detach().numpy()], 'time',
         'x', legend=['data', '1-step preds', 'multistep preds'],
         xlim=[1, 1000], figsize=(6, 3))
```

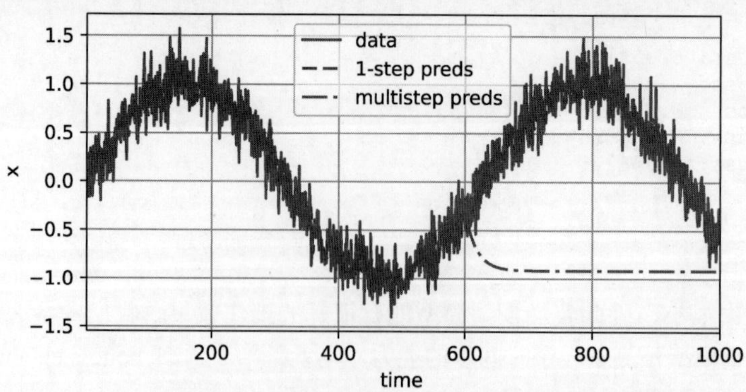

如上面的例子所示，点划线的预测显然并不理想。经过几个预测步骤之后，预测的结果很快就会衰减到一个常数。为什么这个算法效果这么差呢？事实是因为误差的累积。假设在步骤 1 之后，我们累积了一些误差$\epsilon_1 = \bar{\epsilon}$。于是，步骤 2 的输入被扰动了$\epsilon_1$，结果累积的误差依照顺序是$\epsilon_2 = \bar{\epsilon} + c\epsilon_1$，其中 c 为某个常数，后面的预测误差以此类推。因此误差可能会相当快地偏离真实的观测结果。例如，未来 24 小时的天气预报往往相当准确，但超过这一点，精度就会迅速下降。我们将在本章及后续章节中讨论如何改进这一点。

基于 $k = 1, 4, 16, 64$，通过对整个序列预测的计算，我们更仔细地看一下 k 步预测的困难。

```
max_steps = 64
```

```
features = torch.zeros((T - tau - max_steps + 1, tau + max_steps))
# 列i（i<tau）是来自x的观测，其时间步从（i+1）到（i+T-tau-max_steps+1）
for i in range(tau):
    features[:, i] = x[i: i + T - tau - max_steps + 1]

# 列i（i>=tau）是来自（i-tau+1）步的预测，其时间步从（i+1）到（i+T-tau-max_steps+1）
for i in range(tau, tau + max_steps):
    features[:, i] = net(features[:, i - tau:i]).reshape(-1)
```

```
steps = (1, 4, 16, 64)
d2l.plot([time[tau + i - 1: T - max_steps + i] for i in steps],
         [features[:, (tau + i - 1)].detach().numpy() for i in steps], 'time', 'x',
         legend=[f'{i}-step preds' for i in steps], xlim=[5, 1000],
         figsize=(6, 3))
```

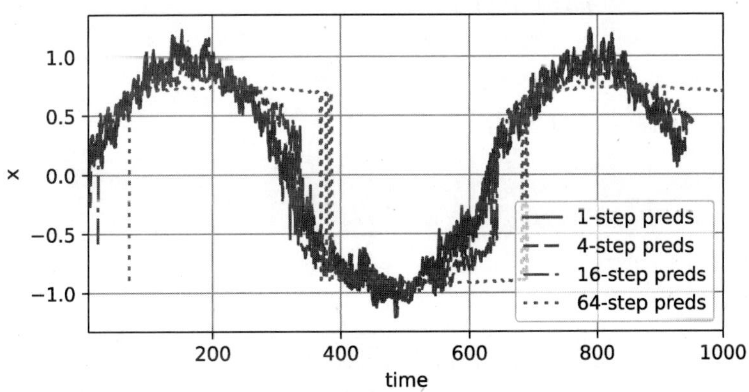

上面的例子清楚地说明了当我们试图预测更远的未来时，预测的质量是如何变化的。虽然“4 步预测”看起来仍然不错，但是超过这个跨度的任何预测几乎都是无用的。

小结

- 内插法（在现有观测值之间进行估计）和外推法（对超出已知观测范围进行预测）在实践中的难度差别很大。因此，对于所拥有的序列数据，在训练时始终要基于其时间顺序，即最好不要基于未来的数据进行训练。
- 序列模型的估计需要专门的统计工具，两种较流行的选择是自回归模型和隐变量自回归模型。
- 对于时间是向前推进的因果模型，正向估计通常比反向估计更容易。
- 对于直到时间步 t 的观测序列，其在时间步 $t+k$ 的预测输出是“k 步预测”。随着预测时间 k 值的增加，会造成误差的快速累积和预测质量的极速下降。

练习

（1）改进本节实验中的模型。

a. 是否包含了过去 4 个以上的观测结果？真实值需要多少个？

b. 如果没有噪声，需要多少个过去的观测结果？（提示：把正弦函数和余弦函数写成微分方程。）

c. 可以在保持特征总数不变的情况下合并旧的观测结果吗？这样能提高准确度吗？为什么？

d. 改变神经网络架构并评估其性能。

（2）一位投资者想要找到一种表现良好的证券来购买。他查看过去的回报，以决定哪一种证券可能是表现良好的。这一策略可能会有什么问题呢？

（3）时间是向前推进的因果模型在多大程度上适用于文本呢？

（4）举例说明什么时候可能需要隐变量自回归模型来捕获数据的动力学模型。

8.2 文本预处理

扫码直达讨论区

对于序列数据处理问题，我们在 8.1 节中评估了所需的统计工具和预测时面临的挑战。这样的数据存在许多种形式，文本是最常见的例子之一。例如，一篇文章可以被简单地看作一串单词序列，甚至是一串字符序列。本节中我们将解析文本的常见预处理步骤。这些步骤通常包括：

（1）将文本作为字符串加载到内存中；

（2）将字符串拆分为词元（如单词和字符）；

（3）建立一个词表，将拆分的词元映射到数字索引；

（4）将文本转换为数字索引序列，以方便模型操作。

```
import collections
import re
from d2l import torch as d2l
```

8.2.1 读取数据集

首先，我们从 H.G.Wells 的《时光机器》一书的英文原著 *The Time Machine*（可在 Gutenberg 网站搜索“The Time Machine by H.G.Wells”）中加载文本。这是一个相当小的语料库（即时光机器数据集），只有 30 多万个单词，但足够我们小试牛刀，而现实中的文档集合可能会包含数十亿个单词。下面的函数将数据集读取到由多个文本行组成的列表中，其中每个文本行都是一个字符串。为简单起见，我们在这里忽略了标点符号和字母大写。

```
#@save
d2l.DATA_HUB['time_machine'] = (d2l.DATA_URL + 'timemachine.txt',
                                '090b5e7e70c295757f55df93cb0a180b9691891a')


def read_time_machine():  #@save
    """将时间机器数据集加载到文本行的列表中"""
    with open(d2l.download('time_machine'), 'r') as f:
        lines = f.readlines()
    return [re.sub('[^A-Za-z]+', ' ', line).strip().lower() for line in lines]

lines = read_time_machine()
print(f'# 文本总行数:{len(lines)}')
print(lines[0])
print(lines[10])
```

```
# 文本总行数: 3221
the time machine by h g wells
twinkled and his usually pale face was flushed and animated the
```

8.2.2 词元化

下面的 `tokenize` 函数将文本行列表（`lines`）作为输入，列表中的每个元素是一个文本序列（如一个文本行）。每个文本序列又被拆分成一个词元列表（`token`），*词元*（token）是文本的基本单位。最后，返回一个由词元列表组成的列表，其中的每个词元都是一个字符串。

```
def tokenize(lines, token='word'):  #@save
    """将文本行拆分为单词或字符词元"""
    if token == 'word':
        return [line.split() for line in lines]
    elif token == 'char':
        return [list(line) for line in lines]
    else:
        print('错误：未知词元类型：' + token)

tokens = tokenize(lines)
for i in range(11):
    print(tokens[i])
```

```
['the', 'time', 'machine', 'by', 'h', 'g', 'wells']
[]
[]
[]
[]
['i']
[]
[]
['the', 'time', 'traveller', 'for', 'so', 'it', 'will', 'be', 'convenient', 'to',
 ↪'speak', 'of', 'him']
['was', 'expounding', 'a', 'recondite', 'matter', 'to', 'us', 'his', 'grey', 'eyes',
 ↪'shone', 'and']
['twinkled', 'and', 'his', 'usually', 'pale', 'face', 'was', 'flushed', 'and',
 ↪'animated', 'the']
```

8.2.3 词表

词元的类型是字符串，而模型需要的输入是数字，因此字符串类型不方便模型使用。现在，我们构建一个字典，通常也叫作*词表*（vocabulary），用来将字符串类型的词元映射到从 0 开始的数字索引中。我们先将训练集中的所有文档合并在一起，对它们的唯一词元进行统计，得到的统计结果称为*语料库*（corpus）；然后根据每个唯一词元出现的频率，为其分配一个数字索引。很少出现的词元通常被移除，这可以降低复杂度。另外，语料库中不存在或已移除的任何词元都将映射到一个特定的未知词元 `'<unk>'`。我们可以选择增加一个列表，用于保存那些被保留的词元，例如填充词元（`'<pad>'`）、序列开始词元（`'<bos>'`）、序列结束词元（`'<eos>'`）。

```
class Vocab:  #@save
    """文本词表"""
    def __init__(self, tokens=None, min_freq=0, reserved_tokens=None):
        if tokens is None:
            tokens = []
        if reserved_tokens is None:
```

```
            reserved_tokens = []
        # 按出现频率排序
        counter = count_corpus(tokens)
        self._token_freqs = sorted(counter.items(), key=lambda x: x[1],
                                   reverse=True)
        # 未知词元的索引为0
        self.idx_to_token = ['<unk>'] + reserved_tokens
        self.token_to_idx = {token: idx
                             for idx, token in enumerate(self.idx_to_token)}
        for token, freq in self._token_freqs:
            if freq < min_freq:
                break
            if token not in self.token_to_idx:
                self.idx_to_token.append(token)
                self.token_to_idx[token] = len(self.idx_to_token) - 1

    def __len__(self):
        return len(self.idx_to_token)

    def __getitem__(self, tokens):
        if not isinstance(tokens, (list, tuple)):
            return self.token_to_idx.get(tokens, self.unk)
        return [self.__getitem__(token) for token in tokens]

    def to_tokens(self, indices):
        if not isinstance(indices, (list, tuple)):
            return self.idx_to_token[indices]
        return [self.idx_to_token[index] for index in indices]

    @property
    def unk(self):  # 未知词元的索引为0
        return 0

    @property
    def token_freqs(self):
        return self._token_freqs

def count_corpus(tokens):  #@save
    """统计词元出现的频率"""
    # 这里的tokens是一维列表或二维列表
    if len(tokens) == 0 or isinstance(tokens[0], list):
        # 将词元列表展平成一个列表
        tokens = [token for line in tokens for token in line]
    return collections.Counter(tokens)
```

我们先使用时光机器数据集作为语料库来构建词表，然后打印前几个高频词元及其索引。

```
vocab = Vocab(tokens)
print(list(vocab.token_to_idx.items())[:10])
```

```
[('<unk>', 0), ('the', 1), ('i', 2), ('and', 3), ('of', 4), ('a', 5), ('to', 6),
↪('was', 7), ('in', 8), ('that', 9)]
```

现在，我们可以将每一个文本行转换成一个数字索引列表。

```
for i in [0, 10]:
    print('文本:', tokens[i])
    print('索引:', vocab[tokens[i]])
```

```
文本: ['the', 'time', 'machine', 'by', 'h', 'g', 'wells']
索引: [1, 19, 50, 40, 2183, 2184, 400]
文本: ['twinkled', 'and', 'his', 'usually', 'pale', 'face', 'was', 'flushed', 'and',
↪'animated', 'the']
索引: [2186, 3, 25, 1044, 362, 113, 7, 1421, 3, 1045, 1]
```

8.2.4 整合所有功能

在使用上述函数时，我们将所有功能打包到 load_corpus_time_machine 函数中，该函数返回 corpus（词元索引列表）和 vocab（时光机器语料库的词表）。我们在这里做了两项改变。

（1）为了简化后面章节中的训练，我们使用字符（而不是单词）实现文本词元化。

（2）时光机器数据集中的每个文本行不一定是一个句子或一个段落，还可能是一个单词，因此返回的 corpus 仅处理为单个列表，而不是使用多词元列表构成的一个列表。

```
def load_corpus_time_machine(max_tokens=-1):  #@save
    """返回时光机器数据集的词元索引列表和词表"""
    lines = read_time_machine()
    tokens = tokenize(lines, 'char')
    vocab = Vocab(tokens)
    # 因为时光机器数据集中的每个文本行不一定是一个句子
    # 或一个段落，所以将所有文本行展平到一个列表中
    corpus = [vocab[token] for line in tokens for token in line]
    if max_tokens > 0:
        corpus = corpus[:max_tokens]
    return corpus, vocab

corpus, vocab = load_corpus_time_machine()
len(corpus), len(vocab)
```

```
(170580, 28)
```

小结

- 文本是序列数据的最常见的形式之一。
- 为了对文本进行预处理，我们通常将文本拆分为词元，构建词表将词元字符串映射为数字索引，并将文本数据转换为词元索引以供模型操作。

练习

（1）词元化是一个关键的预处理步骤，它因语言而异。尝试找到另外 3 种常用的词元化文本的方法。

（2）在本节的实验中，将文本词元化为单词并更改 Vocab 实例的 min_freq 参数。这对词表大小有何影响？

8.3 语言模型和数据集

扫码直达讨论区

在 8.2 节中，我们了解了如何将文本数据映射为词元，以及可以将这些词元视为一系列离散的观测，例如单词或字符。假设长度为 T 的文本序列中的词元依次为 $x_1, x_2, \cdots, x_T$。于是，x_t（$1 \leqslant t \leqslant T$）可以被认为是文本序列在时间步 t 处的观测或标签。在给定这样的文本序列时，语言模型（language model）的目标是估计序列的联合概率

$$P(x_1, x_2, \cdots, x_T) \tag{8.7}$$

例如，只需要一次提取一个词元 $x_t \sim P(x_t \mid x_{t-1}, \cdots, x_1)$，一个理想的语言模型就能够基于模型本身生成自然文本。与猴子使用打字机完全不同的是，从这样的模型中提取的文本都将作为自然语言（例如，英语文本）来传递。只需要基于前面的对话片断中的文本，就足以生成一段有意

义的对话。显然，我们离设计出这样的系统还很遥远，因为它需要“理解”文本，而不仅仅是生成语法上合理的内容。

尽管如此，语言模型依然是非常有用的。例如，短语“to recognize speech”和“to wreck a nice beach”读音上非常相似。这种相似性会导致语音识别中的歧义，但是这很容易通过语言模型来解决，因为第二句的语义很奇怪。同样，在文档摘要生成算法中，“狗咬人”比“人咬狗”出现的频率要高得多，或者“我想吃奶奶”是一个相当匪夷所思的语句，而“我想吃，奶奶”则要正常得多。

8.3.1　学习语言模型

显而易见，我们面对的问题是如何对一个文档，甚至是一个词元序列进行建模。假设在单词级别对文本数据进行词元化，我们可以依靠在 8.1 节中对序列模型的分析。我们从基本概率规则开始：

$$P(x_1,x_2,\cdots,x_T)=\prod_{t=1}^{T}P(x_t|x_1,\cdots,x_{t-1}) \tag{8.8}$$

例如，包含 4 个单词的一个文本序列的概率是

$$\begin{aligned}P(\text{deep},\text{learning},\text{is},\text{fun})=&P(\text{deep})P(\text{learning}\mid\text{deep})P(\text{is}\mid\text{deep},\text{learning})\\&P(\text{fun}\mid\text{deep},\text{learning},\text{is})\end{aligned} \tag{8.9}$$

为了训练语言模型，我们需要计算单词出现的概率，以及给定前面几个单词后出现某个单词的条件概率。这些概率本质上就是语言模型的参数。

这里，我们假设训练数据集是一个大型的文本语料库。比如，维基百科的所有条目，或者所有发布在网络上的文本。训练数据集中单词的概率可以根据给定单词的相对词频来计算。例如，可以将估计值$\hat{P}(\text{deep})$计算为任何以单词“deep”开头的句子出现的概率。一种（稍稍不太精确的）方法是统计单词“deep”在数据集中出现的次数，然后将其除以整个语料库中的单词总数。这种方法效果不错，特别是对于频繁出现的单词。接下来，我们可以尝试估计

$$\hat{P}(\text{learning}\mid\text{deep})=\frac{n(\text{deep, learning})}{n(\text{deep})} \tag{8.10}$$

其中，$n(x)$ 和 $n(x,x')$ 分别是单个单词和连续单词对出现的次数。遗憾的是，由于连续单词对“deep learning”出现的频率低得多，因此估计这类单词出现的正确概率要困难得多。特别是对于一些不常见的单词组合，要想找到足够的出现次数来获得准确的估计可能并不容易。而对于 3 个或者更多单词的组合，情况会变得更糟。许多合理的 3 个单词组合可能是存在的，但是在数据集中找不到。除非我们提供某种解决方案，以将这些单词组合指定为非零计数，否则将无法在语言模型中使用它们。如果数据集很小，或者单词非常罕见，那么这类单词即使出现一次的机会可能也找不到。

一种常见的策略是执行某种形式的拉普拉斯平滑（Laplace smoothing），具体方法是在所有计数中添加一个小常量。用 n 表示训练集中的单词总数，用 m 表示唯一单词的数量。此解决方案有助于处理单元素问题，例如通过下式计算：

$$\begin{aligned}\hat{P}(x)&=\frac{n(x)+\epsilon_1/m}{n+\epsilon_1}\\\hat{P}(x'|x)&=\frac{n(x,x')+\epsilon_2\hat{P}(x')}{n(x)+\epsilon_2}\\\hat{P}(x''|x,x')&=\frac{n(x,x',x'')+\epsilon_3\hat{P}(x'')}{n(x,x')+\epsilon_3}\end{aligned} \tag{8.11}$$

其中，ϵ_1, ϵ_2 和ϵ_3 是超参数。以ϵ_1 为例：当$\epsilon_1 = 0$ 时，不应用平滑；当ϵ_1 接近正无穷大时，$\hat{P}(x)$接近均匀概率分布 $1/m$。上面的公式是参考文献 [183] 中公式的一个相当原始的变形。

然而，这样的模型很容易变得无效，原因表现如下几方面：首先，我们需要存储所有的计数；其次，这完全忽略了单词的意思（例如，"猫"（cat）和"猫科动物"（feline）可能出现在相关的上下文中，但是想根据上下文调整这类模型其实是相当困难的）；最后，长单词序列中的大部分是没出现过的，因此如果一个模型只是简单地统计先前"看到"的单词序列频率，那么模型面对这种问题时肯定是表现不佳的。

8.3.2 马尔可夫模型与n元语法

在讨论包含深度学习的解决方案之前，我们需要了解更多的概念和术语。回想一下我们在 8.1 节中对马尔可夫模型的讨论，并且将其应用于语言建模。如果$P(x_{t+1}|x_t,\cdots,x_1) = P(x_{t+1}|x_t)$，则序列上的分布满足一阶马尔可夫性质。阶数越高，对应的依赖关系链就越长。这种性质推导出了许多可以应用于序列建模的近似公式：

$$
\begin{aligned}
P(x_1,x_2,x_3,x_4) &= P(x_1)P(x_2)P(x_3)P(x_4) \\
P(x_1,x_2,x_3,x_4) &= P(x_1)P(x_2 \mid x_1)P(x_3 \mid x_2)P(x_4 \mid x_3) \\
P(x_1,x_2,x_3,x_4) &= P(x_1)P(x_2 \mid x_1)P(x_3 \mid x_1,x_2)P(x_4 \mid x_2,x_3)
\end{aligned}
\tag{8.12}
$$

通常，涉及 1 个、2 个和 3 个变量的概率公式分别被称为一元语法（unigram）、二元语法（bigram）和三元语法（trigram）模型。下面，我们将学习如何设计更好的模型。

8.3.3 自然语言统计

我们看看如果在真实数据上进行自然语言统计，根据 8.2 节中介绍的时光机器数据集构建词表，并打印前 10 个最常用的（出现频率最高的）单词。

```python
import random
import torch
from d2l import torch as d2l
```

```python
tokens = d2l.tokenize(d2l.read_time_machine())
# 因为每个文本行不一定是一个句子或一个段落，所以我们把所有文本行连接到一起
corpus = [token for line in tokens for token in line]
vocab = d2l.Vocab(corpus)
vocab.token_freqs[:10]
```

```
[('the', 2261),
 ('i', 1267),
 ('and', 1245),
 ('of', 1155),
 ('a', 816),
 ('to', 695),
 ('was', 552),
 ('in', 541),
 ('that', 443),
 ('my', 440)]
```

正如我们所看到的，最流行的词看起来很无趣，这些词通常被称为停用词（stop word），因此可以被过滤掉。尽管如此，它们本身是有意义的，我们仍然会在模型中使用它们。此外，还有一个明显的问题是词频衰减的速度相当快。例如，对比最常用单词的词频，第 10 个最常用单词的词频还不到第 1 个的 1/5。为了更好地理解，我们可以画出词频图：

```
freqs = [freq for token, freq in vocab.token_freqs]
d2l.plot(freqs, xlabel='token: x', ylabel='frequency: n(x)',
         xscale='log', yscale='log')
```

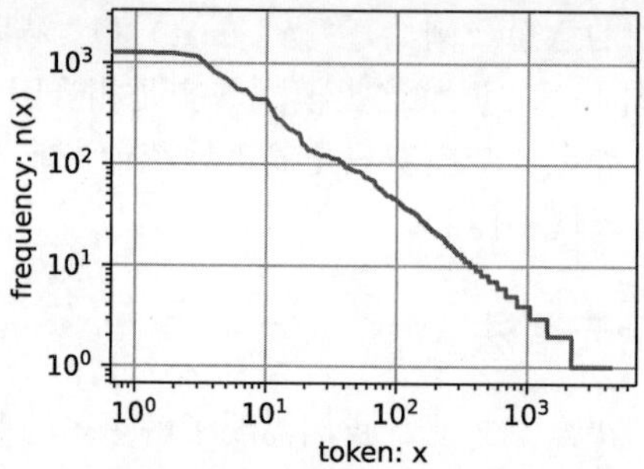

通过词频图我们可以发现：词频以一种明确的方式迅速衰减。将前几个单词作为例外去除后，剩余的所有单词与其词频的变化规律大致遵循双对数坐标图上的一条直线。这意味着单词的频率满足齐普夫定律（Zipf's law），即第 i 个最常用单词的频率 n_i 满足

$$n_i \propto \frac{1}{i^\alpha} \tag{8.13}$$

其等价于

$$\log n_i = -\alpha \log i + c \tag{8.14}$$

其中，α 是描述分布的指数，c 是常数。这告诉我们想要通过计数统计和平滑来对单词建模是不可行的，因为这样建模的结果会大大高估尾部单词的频率，也就是所谓的不常用单词。那么其他的词元组合，比如二元语法、三元语法等，又会如何呢？我们来看看二元语法的频率是否与一元语法的频率表现出相同的规律。

```
bigram_tokens = [pair for pair in zip(corpus[:-1], corpus[1:])]
bigram_vocab = d2l.Vocab(bigram_tokens)
bigram_vocab.token_freqs[:10]
```

```
[(('of', 'the'), 309),
 (('in', 'the'), 169),
 (('i', 'had'), 130),
 (('i', 'was'), 112),
 (('and', 'the'), 109),
 (('the', 'time'), 102),
 (('it', 'was'), 99),
 (('to', 'the'), 85),
 (('as', 'i'), 78),
 (('of', 'a'), 73)]
```

这里值得注意：在 10 个最常用的词对中，有 9 个是由两个停用词组成的，只有一个与“the time”有关。我们再进一步看看三元语法的频率是否表现出相同的规律。

```
trigram_tokens = [triple for triple in zip(
    corpus[:-2], corpus[1:-1], corpus[2:])]
trigram_vocab = d2l.Vocab(trigram_tokens)
trigram_vocab.token_freqs[:10]
```

```
[(('the', 'time', 'traveller'), 59),
 (('the', 'time', 'machine'), 30),
 (('the', 'medical', 'man'), 24),
 (('it', 'seemed', 'to'), 16),
 (('it', 'was', 'a'), 15),
 (('here', 'and', 'there'), 15),
 (('seemed', 'to', 'me'), 14),
```

```
 (('i', 'did', 'not'), 14),
 (('i', 'saw', 'the'), 13),
 (('i', 'began', 'to'), 13)]
```

最后，我们直观地对比 3 种模型中的词元频率：一元语法、二元语法和三元语法。

```
bigram_freqs = [freq for token, freq in bigram_vocab.token_freqs]
trigram_freqs = [freq for token, freq in trigram_vocab.token_freqs]
d2l.plot([freqs, bigram_freqs, trigram_freqs], xlabel='token: x',
         ylabel='frequency: n(x)', xscale='log', yscale='log',
         legend=['unigram', 'bigram', 'trigram'])
```

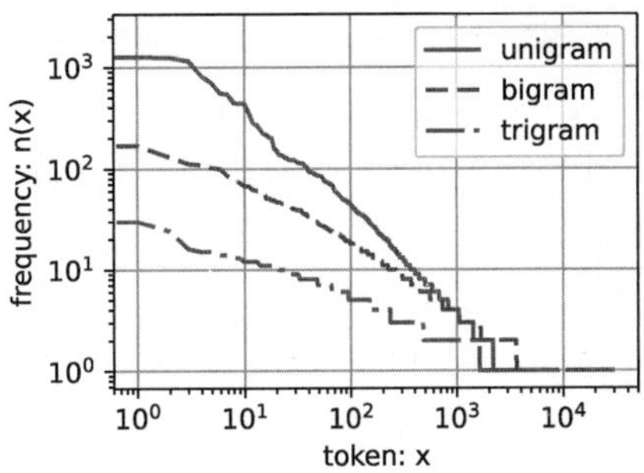

这张图非常令人振奋！原因有很多。

（1）除了一元语法，单词序列似乎也遵循齐普夫定律，尽管式（8.13）中的指数 α 更小（指数的大小受序列长度的影响）。

（2）词表中 n 元组的数量并没有那么大，这说明语言中存在相当多的结构，这些结构给了我们应用模型的希望。

（3）很多 n 元组很少出现，这使得拉普拉斯平滑非常不适合语言建模。作为替代，我们将使用基于深度学习的模型。

8.3.4 读取长序列数据

由于序列数据本质上是连续的，因此我们在处理数据时需要解决这个问题。在 8.1 节中我们以一种相当特别的方式做到了这一点：当序列过长而不能被模型一次性全部处理时，我们可能希望拆分这样的序列以方便模型读取。

在介绍该模型之前，我们看一下总体策略。假设我们将使用神经网络来训练语言模型，模型中的网络一次处理具有预定义长度（例如 n 个时间步）的一个小批量序列。现在的问题是如何随机生成一个小批量数据的特征和标签以供读取。

首先，由于文本序列可以是任意长的，例如整本 *The Time Machine*，于是任意长的序列可以被我们拆分为具有相同时间步数的子序列。当训练神经网络时，这样的小批量子序列将被输入模型中。假设网络一次只处理具有 n 个时间步的子序列。图 8-3 展示了从原始文本序列获得子序列的所有不同的方式，其中 n=5，并且每个时间步的词元对应一个字符。注意，因为我们可以选择任意偏移量来指示初始位置，所以我们有相当大的自由度。

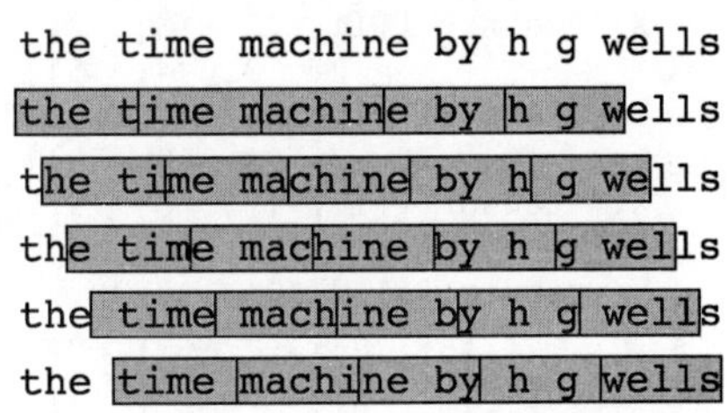

图 8-3 分割文本时，不同的偏移量会导致不同的子序列

因此，我们应该从图 8-3 中选择哪一个子序列呢？事实上，它们同样好。然而，如果我们

只选择一个偏移量，那么用于训练网络的、所有可能的子序列的覆盖范围将是有限的。因此，我们可以从随机偏移量开始拆分序列，以同时获得覆盖性（coverage）和随机性（randomness）。下面，我们将描述如何实现随机抽样（random sampling）和顺序分区（sequential partitioning）策略。

1. 随机抽样

在随机抽样中，每个样本都是在原始的长序列上任意捕获的子序列。在迭代过程中，来自两个相邻的、随机的、小批量中的子序列不一定在原始序列中相邻。对于语言建模，目标是基于到目前为止我们看到的词元来预测下一个词元，因此标签是移位了一个词元的原始序列。

下面的代码每次可以从数据中随机生成一个小批量。在这里，参数 `batch_size` 指定了每个小批量中子序列样本的数目，参数 `num_steps` 是每个子序列中预定义的时间步数。

```
def seq_data_iter_random(corpus, batch_size, num_steps):  #@save
    """使用随机抽样生成一个小批量子序列"""
    # 从随机偏移量开始对序列进行分区，随机范围包括num_steps-1
    corpus = corpus[random.randint(0, num_steps - 1):]
    # 减去1，是因为我们需要考虑标签
    num_subseqs = (len(corpus) - 1) // num_steps
    # 长度为num_steps的子序列的起始索引
    initial_indices = list(range(0, num_subseqs * num_steps, num_steps))
    # 在随机抽样的迭代过程中
    # 来自两个相邻的、随机的、小批量中的子序列不一定在原始序列中相邻
    random.shuffle(initial_indices)

    def data(pos):
        # 返回从pos位置开始的长度为num_steps的序列
        return corpus[pos: pos + num_steps]

    num_batches = num_subseqs // batch_size
    for i in range(0, batch_size * num_batches, batch_size):
        # 在这里，initial_indices包含子序列的随机起始索引
        initial_indices_per_batch = initial_indices[i: i + batch_size]
        X = [data(j) for j in initial_indices_per_batch]
        Y = [data(j + 1) for j in initial_indices_per_batch]
        yield torch.tensor(X), torch.tensor(Y)
```

下面我们生成一个从 0 到 34 的序列。假设批量大小为 2，时间步数为 5，这意味着可以生成 $\lfloor (35-1)/5 \rfloor = 6$ 个“特征－标签”子序列对。如果设置小批量大小为 2，我们只能得到 3 个小批量。

```
my_seq = list(range(35))
for X, Y in seq_data_iter_random(my_seq, batch_size=2, num_steps=5):
    print('X: ', X, '\nY:', Y)
```

```
X:  tensor([[11, 12, 13, 14, 15],
        [ 1,  2,  3,  4,  5]])
Y: tensor([[12, 13, 14, 15, 16],
        [ 2,  3,  4,  5,  6]])
X:  tensor([[16, 17, 18, 19, 20],
        [21, 22, 23, 24, 25]])
Y: tensor([[17, 18, 19, 20, 21],
        [22, 23, 24, 25, 26]])
X:  tensor([[ 6,  7,  8,  9, 10],
        [26, 27, 28, 29, 30]])
Y: tensor([[ 7,  8,  9, 10, 11],
        [27, 28, 29, 30, 31]])
```

2. 顺序分区

在迭代过程中，除了可以对原始序列随机抽样，我们还可以保证两个相邻的小批量中的子

序列在原始序列中也是相邻的。这种策略在基于小批量的迭代过程中保留了拆分的子序列的顺序，因此称为顺序分区。

```
def seq_data_iter_sequential(corpus, batch_size, num_steps):  #@save
    """使用顺序分区生成一个小批量子序列"""
    # 从随机偏移量开始拆分序列
    offset = random.randint(0, num_steps)
    num_tokens = ((len(corpus) - offset - 1) // batch_size) * batch_size
    Xs = torch.tensor(corpus[offset: offset + num_tokens])
    Ys = torch.tensor(corpus[offset + 1: offset + 1 + num_tokens])
    Xs, Ys = Xs.reshape(batch_size, -1), Ys.reshape(batch_size, -1)
    num_batches = Xs.shape[1] // num_steps
    for i in range(0, num_steps * num_batches, num_steps):
        X = Xs[:, i: i + num_steps]
        Y = Ys[:, i: i + num_steps]
        yield X, Y
```

基于相同的设置，通过顺序分区读取每个小批量的子序列的特征 X 和标签 Y。通过将它们打印出来可以发现：迭代过程中来自两个相邻的小批量中的子序列在原始序列中确实是相邻的。

```
for X, Y in seq_data_iter_sequential(my_seq, batch_size=2, num_steps=5):
    print('X: ', X, '\nY:', Y)
```

```
X:  tensor([[ 4,  5,  6,  7,  8],
        [19, 20, 21, 22, 23]])
Y: tensor([[ 5,  6,  7,  8,  9],
        [20, 21, 22, 23, 24]])
X:  tensor([[ 9, 10, 11, 12, 13],
        [24, 25, 26, 27, 28]])
Y: tensor([[10, 11, 12, 13, 14],
        [25, 26, 27, 28, 29]])
X:  tensor([[14, 15, 16, 17, 18],
        [29, 30, 31, 32, 33]])
Y: tensor([[15, 16, 17, 18, 19],
        [30, 31, 32, 33, 34]])
```

现在，我们将上面的两个抽样函数包装到一个类中，以便稍后可以将其用作数据迭代器。

```
class SeqDataLoader:  #@save
    """加载序列数据的迭代器"""
    def __init__(self, batch_size, num_steps, use_random_iter, max_tokens):
        if use_random_iter:
            self.data_iter_fn = d2l.seq_data_iter_random
        else:
            self.data_iter_fn = d2l.seq_data_iter_sequential
        self.corpus, self.vocab = d2l.load_corpus_time_machine(max_tokens)
        self.batch_size, self.num_steps = batch_size, num_steps

    def __iter__(self):
        return self.data_iter_fn(self.corpus, self.batch_size, self.num_steps)
```

最后，我们定义一个函数 load_data_time_machine，它同时返回数据迭代器和词表，与其他带有 load_data 前缀的函数（如 3.5 节中定义的 d2l.load_data_fashion_mnist）的使用方法类似。

```
def load_data_time_machine(batch_size, num_steps,  #@save
                           use_random_iter=False, max_tokens=10000):
    """返回时光机器数据集的迭代器和词表"""
    data_iter = SeqDataLoader(
        batch_size, num_steps, use_random_iter, max_tokens)
    return data_iter, data_iter.vocab
```

小结

- 语言模型是自然语言处理的关键。
- n 元语法通过截断相关性，为处理长序列提供了一种实用的模型。
- 长序列存在一个问题：它们很少出现或者不出现。
- 齐普夫定律支配着单词的分布，这个分布不仅适用于一元语法，还适用于其他 n 元语法。
- 通过拉普拉斯平滑法可以有效地处理结构丰富而频率不足的低频词词组。
- 读取长序列的主要方式是随机抽样和顺序分区。在迭代过程中，后者可以保证来自两个相邻的小批量中的子序列在原始序列中也是相邻的。

练习

（1）假设训练数据集中有 10 万个单词。一个四元语法需要存储多少个词频和相邻多词频率？

（2）我们如何对一系列对话建模？

（3）一元语法、二元语法和三元语法的齐普夫定律的指数是不一样的，能设法估计吗？

（4）想一想读取长序列数据的其他方法。

（5）考虑我们用于读取长序列的随机偏移量。

a. 为什么随机偏移量是个好主意？

b. 它真的会在文档的序列上实现完美的均匀分布吗？

c. 怎么做才能使分布更均匀？

（6）如果我们希望一个序列样本是一个完整的句子，那么这在小批量抽样中会带来怎样的问题？如何解决？

8.4 循环神经网络

扫码直达讨论区

在 8.3 节中，我们介绍了 n 元语法模型，其中单词 x_t 在时间步 t 的条件概率仅取决于前面 n−1 个单词。对于时间步 $t-(n-1)$ 之前的单词，如果我们想将其可能产生的影响合并到 x_t 上，需要增大 n，然而模型参数的数量也会随之呈指数级增长，因为词表 V 需要存储 $|V|^n$ 个数字，因此与其将 $P(x_t|x_{t-1},\cdots,x_{t-n+1})$模型化，不如使用隐变量模型：

$$P(x_t|x_{t-1},\cdots x_1)\approx P(x_t|h_{t-1}) \tag{8.15}$$

其中，h_{t-1} 是隐状态（hidden state），也称为隐藏变量（hidden variable），它存储了到时间步 t-1 的序列信息。通常，我们可以基于当前的输入 x_t 和之前的隐状态 h_{t-1} 来计算时间步 t 处的任何时间的隐状态：

$$h_t = f(x_t, h_{t-1}) \tag{8.16}$$

对于式（8.16）中的函数 f，隐变量模型不是近似值，毕竟 h_t 可以仅存储到目前为止观测到的所有数据，然而这样的操作可能会使计算和存储的成本都变得高昂。

回想一下，我们在第 4 章中讨论过的具有隐藏单元的隐藏层。值得注意的是，隐藏层和隐状态指的是两个截然不同的概念。如上所述，隐藏层是在从输入到输出的路径上（以观测角度来理解）的隐藏的层，而隐状态则是在给定步骤所做的任何操作（以技术角度来定义）的输入，并且这些状态只能通过之前时间步的数据来计算。

循环神经网络是具有隐状态的神经网络。在介绍循环神经网络模型之前，我们先回顾 4.1

节中介绍的多层感知机模型。

8.4.1 无隐状态的神经网络

我们来看一看只有单隐藏层的多层感知机。设隐藏层的激活函数为 ϕ，给定一个小批量样本 $\boldsymbol{X}\in\mathbb{R}^{n\times d}$，其中批量大小为 n，输入维度为 d，则隐藏层的输出 $\boldsymbol{H}\in\mathbb{R}^{n\times h}$ 通过下式计算：

$$\boldsymbol{H}=\phi(\boldsymbol{X}\boldsymbol{W}_{xh}+\boldsymbol{b}_h) \tag{8.17}$$

在式（8.17）中，我们拥有的隐藏层的权重参数为 $\boldsymbol{W}_{xh}\in\mathbb{R}^{d\times h}$，偏置参数为 $\boldsymbol{b}_h\in\mathbb{R}^{1\times h}$，以及隐藏单元的数目为 h。因此求和时可以应用广播机制（见 2.1.3 节）。接下来，将隐藏变量 $\boldsymbol{H}$ 用作输出层的输入。输出层由下式给出：

$$\boldsymbol{O}=\boldsymbol{H}\boldsymbol{W}_{hq}+\boldsymbol{b}_q \tag{8.18}$$

其中，$\boldsymbol{O}\in\mathbb{R}^{n\times q}$ 是输出变量，$\boldsymbol{W}_{hq}\in\mathbb{R}^{h\times q}$ 是权重参数，$\boldsymbol{b}_q\in\mathbb{R}^{1\times q}$ 是输出层的偏置参数。如果是分类问题，我们可以用 softmax($\boldsymbol{O}$) 来计算输出类别的概率分布。

这完全类似于之前在 8.1 节中解决的回归问题，因此我们省略了细节。无须多言，只要可以随机选择“特征 - 标签”对，并且通过自动微分和随机梯度下降能够学习网络参数就可以了。

8.4.2 有隐状态的循环神经网络

有了隐状态后，情况就完全不同了。假设我们在时间步 t 有小批量输入 $\boldsymbol{X}_t\in\mathbb{R}^{n\times d}$。换言之，对于 n 个序列样本的小批量，$\boldsymbol{X}_t$ 的每一行对应于来自该序列的时间步 t 处的一个样本。接下来，用 $\boldsymbol{H}_t\in\mathbb{R}^{n\times h}$ 表示时间步 t 的隐藏变量。与多层感知机不同的是，我们在这里保存了前一个时间步的隐藏变量 $\boldsymbol{H}_{t-1}$，并引入了一个新的权重参数 $\boldsymbol{W}_{hh}\in\mathbb{R}^{h\times h}$，来描述如何在当前时间步中使用前一个时间步的隐藏变量。具体地说，当前时间步的隐藏变量由当前时间步的输入与前一个时间步的隐藏变量共同计算得出：

$$\boldsymbol{H}_t=\phi(\boldsymbol{X}_t\boldsymbol{W}_{xh}+\boldsymbol{H}_{t-1}\boldsymbol{W}_{hh}+\boldsymbol{b}_h) \tag{8.19}$$

与式（8.17）相比，式（8.19）多了一项 $\boldsymbol{H}_{t-1}\boldsymbol{W}_{hh}$，从而实例化了式（8.16）。从相邻时间步的隐藏变量 $\boldsymbol{H}_t$ 和 $\boldsymbol{H}_{t-1}$ 之间的关系可知，这些变量捕获并保留了序列直到其当前时间步的历史信息，就如当前时间步中神经网络的状态或记忆，因此这样的隐藏变量被称为*隐状态*（hidden state）。由于在当前时间步中，隐状态使用的定义与前一个时间步中使用的定义相同，因此式（8.19）的计算是*循环的*（recurrent）。于是基于循环计算的隐状态神经网络被命名为*循环神经网络*（recurrent neural network）。在循环神经网络中执行式（8.19）计算的层称为*循环层*（recurrent layer）。

有许多不同的方法可以构建循环神经网络，由式（8.19）定义的有隐状态的循环神经网络是非常常见的一种。对于时间步 t，输出层的输出类似于多层感知机中的计算：

$$\boldsymbol{O}_t=\boldsymbol{H}_t\boldsymbol{W}_{hq}+\boldsymbol{b}_q \tag{8.20}$$

循环神经网络的参数包括隐藏层的权重 $\boldsymbol{W}_{xh}\in\mathbb{R}^{d\times h}$、$\boldsymbol{W}_{hh}\in\mathbb{R}^{h\times h}$ 和偏置 $\boldsymbol{b}_h\in\mathbb{R}^{1\times h}$，以及输出层的权重 $\boldsymbol{W}_{hq}\in\mathbb{R}^{h\times q}$ 和偏置 $\boldsymbol{b}_q\in\mathbb{R}^{1\times q}$。值得一提的是，即使在不同的时间步，循环神经网络也总是使用这些模型参数。因此，循环神经网络的参数开销不会随着时间步的增加而增加。

图 8-4 展示了循环神经网络在 3 个相邻时间步的计算逻辑。在任意时间步 t，隐状态的计算可以被视为：（1）连接当前时间步 t 的输入 $\boldsymbol{X}_t$ 和前一个时间步 $t-1$ 的隐状态 $\boldsymbol{H}_{t-1}$；（2）将连接的结果送入带有激活函数 ϕ 的全连接层。全连接层的输出是当前时间步 t 的隐状态 $\boldsymbol{H}_t$。

在本例中，模型参数是 $\boldsymbol{W}_{xh}$ 和 $\boldsymbol{W}_{hh}$ 的连接，以及偏置 $\boldsymbol{b}_h$，所有这些参数都来自式（8.19）。当前时间步 t 的隐状态 $\boldsymbol{H}_t$ 将参与计算下一个时间步 t+1 的隐状态 $\boldsymbol{H}_{t+1}$。而且 $\boldsymbol{H}_t$ 将送入全连接输出层，用于计算当前时间步 t 的输出 $\boldsymbol{O}_t$。

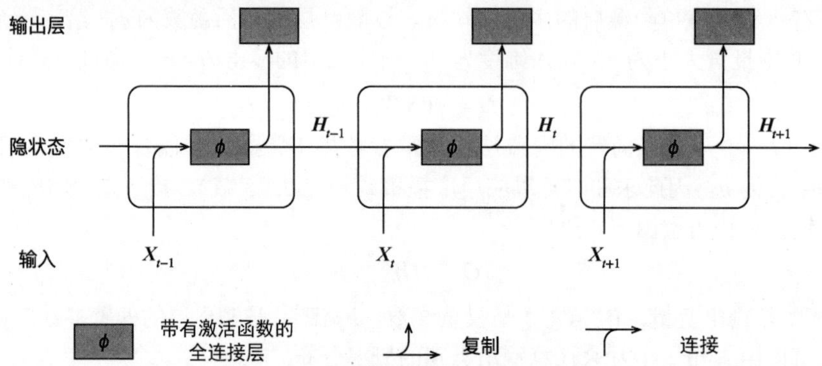

图 8-4　有隐状态的循环神经网络

我们刚才提到，隐状态中 $\boldsymbol{X}_t\boldsymbol{W}_{xh}+\boldsymbol{H}_{t-1}\boldsymbol{W}_{hh}$ 的计算，相当于 $\boldsymbol{X}_t$ 和 $\boldsymbol{H}_{t-1}$ 的连接与 $\boldsymbol{W}_{xh}$ 和 $\boldsymbol{W}_{hh}$ 的连接的矩阵乘法。虽然这个性质可以通过数学证明，但在下面我们使用简单的代码来说明一下。首先，我们定义矩阵X、W_xh、H和W_hh，它们的形状分别为 (3, 1)、(1, 4)、(3, 4) 和 (4, 4)；然后分别将 X 乘以 W_xh，将 H 乘以 W_hh，并将这两个结果相加，得到一个形状为 (3, 4) 的矩阵。

```
import torch
from d2l import torch as d2l
```

```
X, W_xh = torch.normal(0, 1, (3, 1)), torch.normal(0, 1, (1, 4))
H, W_hh = torch.normal(0, 1, (3, 4)), torch.normal(0, 1, (4, 4))
torch.matmul(X, W_xh) + torch.matmul(H, W_hh)
```

```
tensor([[-0.5813, -3.9466, -2.7411,  1.7173],
        [-0.6309, -4.3369, -1.2252,  1.2376],
        [-1.4121,  1.0888,  0.0798,  1.9315]])
```

现在，我们沿列（轴 1）连接矩阵 X 和 H，沿行（轴 0）连接矩阵 W_xh 和 W_hh。这两个连接分别产生形状 (3, 5) 和形状 (5, 4) 的矩阵。再将这两个连接的矩阵相乘，我们得到与上面形状 (3, 4) 相同的输出矩阵。

```
torch.matmul(torch.cat((X, H), 1), torch.cat((W_xh, W_hh), 0))
```

```
tensor([[-0.5813, -3.9466, -2.7411,  1.7173],
        [-0.6309, -4.3369, -1.2252,  1.2376],
        [-1.4121,  1.0888,  0.0798,  1.9315]])
```

8.4.3　基于循环神经网络的字符级语言模型

回想一下 8.3 节中的语言模型，我们的目标是根据过去的和当前的词元预测下一个词元，因此我们将原始序列移位一个词元作为标签。Bengio 等人首先提出使用神经网络进行语言建模 [6]。接下来，我们看一下如何使用循环神经网络来构建语言模型。设小批量大小为 1，批量中的文本序列为“machine”。为了简化后续部分的训练，我们考虑使用字符级语言模型（character-level language model），将文本词元化为字符而不是单词。图 8-5 展示了如何通过基于字符级语言建模的循环神经网络，使用当前的和之前的字符预测下一个字符。

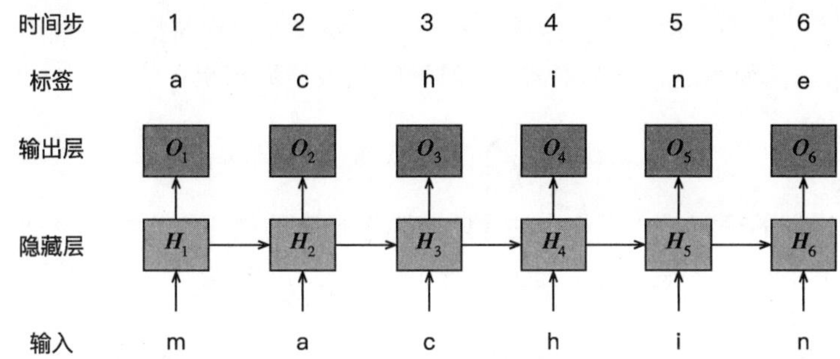

图 8-5 基于循环神经网络的字符级语言模型：输入序列和标签序列分别为“machin”和“achine”

在训练过程中，我们对每个时间步的输出层的输出进行 softmax 操作，然后利用交叉熵损失计算模型输出和标签之间的误差。由于隐藏层中隐状态的循环计算，图 8-5 中的第 3 个时间步的输出 $\boldsymbol{O}_3$ 由文本序列“m”“a”“c”确定。训练数据中这个文本序列的下一个字符是“h”，因此第 3 个时间步的损失将取决于下一个字符的概率分布，而下一个字符是基于特征序列“m”“a”“c”和第 3 个时间步的标签“h”生成的。

在实践中，我们使用的批量大小为 $n > 1$，每个词元都由一个 d 维向量表示。因此，在时间步 t 的输入 $\boldsymbol{X}_t$ 将是一个 $n \times d$ 矩阵，这与我们在 8.4.2 节中的讨论相同。

8.4.4 困惑度

最后，我们讨论如何度量语言模型的质量，这将在后续部分中用于评估基于循环神经网络的模型。一个好的语言模型能够用高度准确的词元来预测我们接下来会看到什么。考虑由不同的语言模型给出的对“It is raining...”（……下雨了）的续写。

（1）“It is raining outside”（外面下雨了）。

（2）“It is raining banana tree”（香蕉树下雨了）。

（3）“It is raining piouw;kcj pwepoiut”（piouw;kcj pwepoiut 下雨了）。

就质量而言，例 1 显然是最合乎情理，在逻辑上最连贯的。虽然这个模型可能没有很准确地反映出后续词的语义，例如，“It is raining in San Francisco”（旧金山下雨了）和“It is raining in winter”（冬天下雨了）可能才是更完美的合理扩展，但该模型已经能够捕获到跟在后面的是哪类单词。例 2 则要糟糕得多，因为其给出了一个无意义的续写。尽管如此，至少该模型已经学会了如何拼写单词，以及单词之间的某种程度的相关性。例 3 表明训练不足的模型是无法正确地拟合数据的。

我们可以通过计算序列的似然概率来度量模型的质量。然而这是一个难以理解、难以比较的数字。毕竟，较短的序列比较长的序列更有可能出现，因此评估模型产生托尔斯泰的巨著《战争与和平》的可能性不可避免地会比产生圣 - 埃克苏佩里的中篇小说《小王子》的可能性小得多。而缺少的可能性值相当于平均数。

在这里，信息论可以派上用场了。我们在引入 softmax 回归（3.4.7 节）时定义了熵、惊异和交叉熵。如果想要压缩文本，我们可以根据当前词元集预测的下一个词元。一个更好的语言模型应该能让我们更准确地预测下一个词元，它应该允许我们在压缩序列时花费更少的比特，所以我们可以通过一个序列中所有的 n 个词元的交叉熵损失的平均值来衡量：

$$\frac{1}{n}\sum_{t=1}^{n} -\log P(x_t \mid x_{t-1}, \cdots, x_1) \tag{8.21}$$

其中，P 由语言模型给出，x_t 是在时间步 t 从该序列中观测到的实际词元。这使得不同长度的文本的性能具有了可比性。由于历史原因，自然语言处理的科学家更喜欢使用一个称为困惑度（perplexity）的量。简而言之，它是对式（8.21）的指数运算结果：

$$\exp\left(-\frac{1}{n}\sum_{t=1}^{n}\log P(x_t \mid x_{t-1},\cdots,x_1)\right) \tag{8.22}$$

对困惑度的最好的理解是"下一个词元的实际选择数的调和平均数"。我们来看一些示例。

- 在最好的情况下，模型总是完美地估计标签词元的概率为 1。在这种情况下，模型的困惑度为 1。
- 在最坏的情况下，模型总是预测标签词元的概率为 0。在这种情况下，困惑度为正无穷大。
- 在基线上，该模型的预测是词表的所有可用词元上的均匀分布。在这种情况下，困惑度等于词表中唯一词元的数量。事实上，如果我们在没有任何压缩的情况下存储序列，这将是我们能做的最好的编码方式。因此，这种方式提供了一个重要的上限，而任何实际模型都无法超越这个上限。

在接下来的内容中，我们将基于循环神经网络实现字符级语言模型，并使用困惑度来评估这样的模型。

小结

- 对隐状态使用循环计算的神经网络称为循环神经网络（RNN）。
- 循环神经网络的隐状态可以捕获直到当前时间步的序列的历史信息。
- 循环神经网络模型的参数数量不会随着时间步的增加而增加。
- 我们可以使用循环神经网络创建字符级语言模型。
- 我们可以使用困惑度来评估语言模型的质量。

练习

（1）如果我们使用循环神经网络来预测文本序列中的下一个字符，那么任意输出所需的维度是多少？

（2）为什么循环神经网络可以基于文本序列中所有之前的词元，在某个时间步表示当前词元的条件概率？

（3）如果基于一个长序列进行反向传播，梯度会发生什么情况？

（4）与本节中描述的语言模型相关的问题有哪些？

8.5　循环神经网络的从零开始实现

扫码直达讨论区

本节将根据 8.4 节中的描述，从零开始基于循环神经网络实现字符级语言模型。这样的模型将在时光机器数据集上训练。和 8.3 节中介绍的一样，我们先读取数据集。

```
%matplotlib inline
import math
import torch
from torch import nn
from torch.nn import functional as F
from d2l import torch as d2l
```

```
batch_size, num_steps = 32, 35
train_iter, vocab = d2l.load_data_time_machine(batch_size, num_steps)
```

8.5.1 独热编码

回想一下，在 train_iter 中，每个词元都表示为一个数字索引，将这些索引直接输入神经网络可能会使学习变得困难。我们通常将每个词元表示为更具表达力的特征向量。最简单的表示称为独热编码，它在 3.4.1 节中介绍过。

简而言之，独热编码是将每个索引映射为相互不同的单位向量：假设词表中不同词元的数量为 N（即 len(vocab)），词元索引的范围为 $0 \sim N\text{-}1$。如果词元的索引是整数 i，那么我们将创建一个长度为 N 的全 0 向量，并将第 i 个元素设置为 1。此向量是原始词元的一个独热向量。索引为 0 和 2 的独热向量如下所示：

```
F.one_hot(torch.tensor([0, 2]), len(vocab))
```

```
tensor([[1, 0, 0, 0, 0, 0, 0, 0, 0, 0, 0, 0, 0, 0, 0, 0, 0, 0, 0, 0, 0, 0, 0, 0,
         0, 0, 0, 0],
        [0, 0, 1, 0, 0, 0, 0, 0, 0, 0, 0, 0, 0, 0, 0, 0, 0, 0, 0, 0, 0, 0, 0, 0,
         0, 0, 0, 0]])
```

我们每次抽样的小批量数据形状是二维张量，即 (批量大小, 时间步数)。one_hot 函数将这样一个小批量数据转换成三维张量，张量的最后一个维度等于词表大小（len(vocab)）。我们经常转换输入的维度，以便获得形状为 (时间步数, 批量大小, 词表大小) 的输出。这将使我们能够更方便地通过最外层的维度，一步步地更新小批量数据的隐状态。

```
X = torch.arange(10).reshape((2, 5))
F.one_hot(X.T, 28).shape
```

```
torch.Size([5, 2, 28])
```

8.5.2 初始化模型参数

接下来，我们初始化循环神经网络模型的参数。隐藏单元数 num_hiddens 是一个可调的超参数。当训练语言模型时，输入和输出来自相同的词表，因此，它们具有相同的维度，即词表的大小。

```
def get_params(vocab_size, num_hiddens, device):
    num_inputs = num_outputs = vocab_size

    def normal(shape):
        return torch.randn(size=shape, device=device) * 0.01

    # 隐藏层参数
    W_xh = normal((num_inputs, num_hiddens))
    W_hh = normal((num_hiddens, num_hiddens))
    b_h = torch.zeros(num_hiddens, device=device)
    # 输出层参数
    W_hq = normal((num_hiddens, num_outputs))
    b_q = torch.zeros(num_outputs, device=device)
    # 附加梯度
    params = [W_xh, W_hh, b_h, W_hq, b_q]
    for param in params:
        param.requires_grad_(True)
    return params
```

8.5.3 循环神经网络模型

为了定义循环神经网络模型，我们首先需要一个 init_rnn_state 函数在初始化时返回隐状态。这个函数的返回值是一个张量，张量用全 0 填充，形状为 (批量大小, 隐藏单元数)。在后面的章节中我们将会遇到隐状态包含多个变量的情况，而使用元组可以更容易地处理。

```
def init_rnn_state(batch_size, num_hiddens, device):
    return (torch.zeros((batch_size, num_hiddens), device=device), )
```

下面的 rnn 函数定义了如何在一个时间步内计算隐状态和输出。循环神经网络模型通过 inputs 最外层的维度实现循环，以便逐时间步更新小批量数据的隐状态 H。此外，这里使用 tanh 函数作为激活函数。如 4.1 节所述，当元素在实数上服从均匀分布时，tanh 函数的平均值为 0。

```
def rnn(inputs, state, params):
    # inputs的形状为(时间步数，批量大小，词表大小)
    W_xh, W_hh, b_h, W_hq, b_q = params
    H, = state
    outputs = []
    # X的形状为(批量大小，词表大小)
    for X in inputs:
        H = torch.tanh(torch.mm(X, W_xh) + torch.mm(H, W_hh) + b_h)
        Y = torch.mm(H, W_hq) + b_q
        outputs.append(Y)
    return torch.cat(outputs, dim=0), (H,)
```

定义了所需的函数之后，接下来我们创建一个类来包装这些函数，并存储从零开始实现的循环神经网络模型的参数。

```
class RNNModelScratch: #@save
    """从零开始实现的循环神经网络模型"""
    def __init__(self, vocab_size, num_hiddens, device,
                 get_params, init_state, forward_fn):
        self.vocab_size, self.num_hiddens = vocab_size, num_hiddens
        self.params = get_params(vocab_size, num_hiddens, device)
        self.init_state, self.forward_fn = init_state, forward_fn

    def __call__(self, X, state):
        X = F.one_hot(X.T, self.vocab_size).type(torch.float32)
        return self.forward_fn(X, state, self.params)

    def begin_state(self, batch_size, device):
        return self.init_state(batch_size, self.num_hiddens, device)
```

我们检查输出是否具有正确的形状。例如，隐状态的维数是否保持不变。

```
num_hiddens = 512
net = RNNModelScratch(len(vocab), num_hiddens, d2l.try_gpu(), get_params,
                      init_rnn_state, rnn)
state = net.begin_state(X.shape[0], d2l.try_gpu())
Y, new_state = net(X.to(d2l.try_gpu()), state)
Y.shape, len(new_state), new_state[0].shape
```

```
(torch.Size([10, 28]), 1, torch.Size([2, 512]))
```

我们可以看到输出形状是 (时间步数 × 批量大小, 词表大小)，而隐状态形状保持不变，即 (批量大小, 隐藏单元数)。

8.5.4 预测

我们首先定义预测函数来生成 prefix 之后的新字符，prefix 是一个用户提供的包含多个字符的字符串。在循环遍历 prefix 中的初始字符时，我们不断地将隐状态传递到下一个时间步，但是不生成任何输出。这被称为预热（warm-up）期，因为在此期间模型会自行更新（例如，更新隐状态），但不会进行预测。预热期结束后，隐状态的值通常比初始值更适合预测，从而预测字符并输出它们。

```python
def predict_ch8(prefix, num_preds, net, vocab, device):  #@save
    """在prefix后面生成新字符"""
    state = net.begin_state(batch_size=1, device=device)
    outputs = [vocab[prefix[0]]]
    get_input = lambda: torch.tensor([outputs[-1]], device=device).reshape((1, 1))
    for y in prefix[1:]:  # 预热期
        _, state = net(get_input(), state)
        outputs.append(vocab[y])
    for _ in range(num_preds):  # 预测num_preds步
        y, state = net(get_input(), state)
        outputs.append(int(y.argmax(dim=1).reshape(1)))
    return ''.join([vocab.idx_to_token[i] for i in outputs])
```

现在我们可以测试 predict_ch8 函数。我们将前缀指定为 time traveller，并基于这个前缀生成 10 个后续字符。鉴于我们还没有训练网络，它会生成荒谬的预测结果。

```python
predict_ch8('time traveller ', 10, net, vocab, d2l.try_gpu())
```

```
'time traveller wdsluajpvr'
```

8.5.5 梯度截断

对于长度为 T 的序列，我们在迭代中计算 T 个时间步上的梯度，将会在反向传播过程中产生长度为 $O(T)$ 的矩阵乘法链。如 4.8 节所述，当 T 较大时，它可能导致数值不稳定，例如可能导致梯度爆炸或梯度消失。因此，循环神经网络模型往往需要额外的方式来支持稳定训练。

一般来说，当解决优化问题时，我们对模型参数采用更新步骤。假定在向量形式的 $\boldsymbol{x}$ 中，或者在小批量数据的负梯度 $\boldsymbol{g}$ 方向上，例如，使用 $\eta>0$ 作为学习率时，在一次迭代中，我们将 $\boldsymbol{x}$ 更新为 $\boldsymbol{x}-\eta\boldsymbol{g}$。如果我们进一步假设目标函数 f 表现良好，即函数 f 在常数 L 下是利普希茨连续的（Lipschitz continuous）。也就是说，对于任意 $\boldsymbol{x}$ 和 $\boldsymbol{y}$，有

$$|f(\boldsymbol{x})-f(\boldsymbol{y})| \leqslant L\|\boldsymbol{x}-\boldsymbol{y}\| \tag{8.23}$$

在这种情况下，我们可以安全地假设：如果我们通过 $\eta\boldsymbol{g}$ 更新参数向量，则

$$|f(\boldsymbol{x})-f(\boldsymbol{x}-\eta\boldsymbol{g})| \leqslant L\eta\|\boldsymbol{g}\| \tag{8.24}$$

这意味着我们不会观测到超过 $L\eta\|\boldsymbol{g}\|$ 的变化。这既是坏事也是好事。坏的方面是它限制了取得进展的速度；好的方面是它限制了事情变糟的程度，尤其当我们朝着错误的方向前进时。

有时梯度可能很大，从而优化算法可能无法收敛。我们可以通过降低学习率 η 来解决这个问题。但是如果我们很少得到大的梯度呢？在这种情况下，这种做法似乎毫无道理。一个流行的替代方案是通过将梯度 $\boldsymbol{g}$ 投影回给定半径（例如 θ）的球来截断梯度 $\boldsymbol{g}$，如下式：

$$\boldsymbol{g} \leftarrow \min\left(1, \frac{\theta}{\|\boldsymbol{g}\|}\right)\boldsymbol{g} \tag{8.25}$$

通过这样做，我们知道梯度范数永远不会超过 θ，并且更新后的梯度方向完全与 $\boldsymbol{g}$ 的原始方向一致。它还有一个值得拥有的附带作用，即限制任何给定的小批量数据（以及其中任何给定的样本）对参数向量的影响，这赋予了模型一定程度的稳定性。梯度截断提供了一个快速修复梯度爆炸的方法，虽然它并不能完全解决问题，但它是众多有效的技术之一。

下面我们定义一个函数来截断模型的梯度，模型是从零开始实现的模型或由高级 API 构建的模型。我们在此计算所有模型参数的梯度的范数。

```
def grad_clipping(net, theta):  #@save
    """截断梯度"""
    if isinstance(net, nn.Module):
        params = [p for p in net.parameters() if p.requires_grad]
    else:
        params = net.params
    norm = torch.sqrt(sum(torch.sum((p.grad ** 2)) for p in params))
    if norm > theta:
        for param in params:
            param.grad[:] *= theta / norm
```

8.5.6 训练

在训练模型之前，我们定义一个函数在一轮内训练模型。它与我们训练 3.6 节中模型的方式有 3 个不同之处。

（1）序列数据的不同抽样方法（随机抽样和顺序分区）将导致隐状态初始化的差异。

（2）我们在更新模型参数之前截断梯度。这样操作的目的是，即使训练过程中某个点上发生了梯度爆炸，也能保证模型不会发散。

（3）我们用困惑度来评估模型。如 8.4.4 节所述，这样的度量确保了不同长度的序列具有可比性。

具体来说，当使用顺序分区时，我们只在每轮的起始位置初始化状态。由于下一个小批量数据中的第 i 个子序列样本与当前第 i 个子序列样本相邻，因此当前小批量数据的最后一个样本的隐状态，将用于初始化下一个小批量数据的第一个样本的隐状态。这样，存储在隐状态中的序列的历史信息可以在一轮内流经相邻的子序列。然而，在任何一点的隐状态的计算，都依赖同一轮内前面所有的小批量数据，这使得梯度计算变得复杂。为了减少计算量，在处理任何一个小批量数据之前，我们先分离梯度，使得隐状态的梯度计算总是限制在一个小批量数据的时间步内。

当使用随机抽样时，因为每个样本都是在一个随机位置抽样的，所以需要为每轮重新初始化状态。与 3.6 节中的 `train_epoch_ch3` 函数相同，`updater` 是更新模型参数的常用函数，它既可以是从零开始实现的 `d2l.sgd` 函数，也可以是深度学习框架中内置的优化函数。

```
#@save
def train_epoch_ch8(net, train_iter, loss, updater, device, use_random_iter):
    """训练网络一轮（定义见第8章）"""
    state, timer = None, d2l.Timer()
    metric = d2l.Accumulator(2)  # 训练损失之和,词元数量
    for X, Y in train_iter:
        if state is None or use_random_iter:
            # 在第一次迭代或使用随机抽样时初始化state
            state = net.begin_state(batch_size=X.shape[0], device=device)
        else:
            if isinstance(net, nn.Module) and not isinstance(state, tuple):
                # state对于nn.GRU是一个张量
                state.detach_()
            else:
                # state对于nn.LSTM或对于我们从零开始实现的模型是一个由张量组成的元组
                for s in state:
                    s.detach_()
        y = Y.T.reshape(-1)
```

```
        X, y = X.to(device), y.to(device)
        y_hat, state = net(X, state)
        l = loss(y_hat, y.long()).mean()
        if isinstance(updater, torch.optim.Optimizer):
            updater.zero_grad()
            l.backward()
            grad_clipping(net, 1)
            updater.step()
        else:
            l.backward()
            grad_clipping(net, 1)
            # 因为已经调用了mean函数
            updater(batch_size=1)
        metric.add(l * y.numel(), y.numel())
    return math.exp(metric[0] / metric[1]), metric[1] / timer.stop()
```

循环神经网络模型的训练函数既支持从零开始实现，也可以使用高级 API 来实现。

```
#@save
def train_ch8(net, train_iter, vocab, lr, num_epochs, device,
              use_random_iter=False):
    """训练模型（定义见第8章）"""
    loss = nn.CrossEntropyLoss()
    animator = d2l.Animator(xlabel='epoch', ylabel='perplexity',
                            legend=['train'], xlim=[10, num_epochs])
    # 初始化
    if isinstance(net, nn.Module):
        updater = torch.optim.SGD(net.parameters(), lr)
    else:
        updater = lambda batch_size: d2l.sgd(net.params, lr, batch_size)
    predict = lambda prefix: predict_ch8(prefix, 50, net, vocab, device)
    # 训练和预测
    for epoch in range(num_epochs):
        ppl, speed = train_epoch_ch8(
            net, train_iter, loss, updater, device, use_random_iter)
        if (epoch + 1) % 10 == 0:
            print(predict('time traveller'))
            animator.add(epoch + 1, [ppl])
    print(f'困惑度 {ppl:.1f}, {speed:.1f} 词元/秒 {str(device)}')
    print(predict('time traveller'))
    print(predict('traveller'))
```

现在，我们训练循环神经网络模型。因为我们在数据集中只使用了 1 万个词元，所以模型需要更多的轮数来更好地收敛。

```
num_epochs, lr = 500, 1
train_ch8(net, train_iter, vocab, lr, num_epochs, d2l.try_gpu())
```

```
困惑度 1.0, 61576.9 词元/秒 cuda:0
time traveller fire in the buin ery ot eos ano the came tor that
traveller with a slight accession ofcheerfulness really thi
```

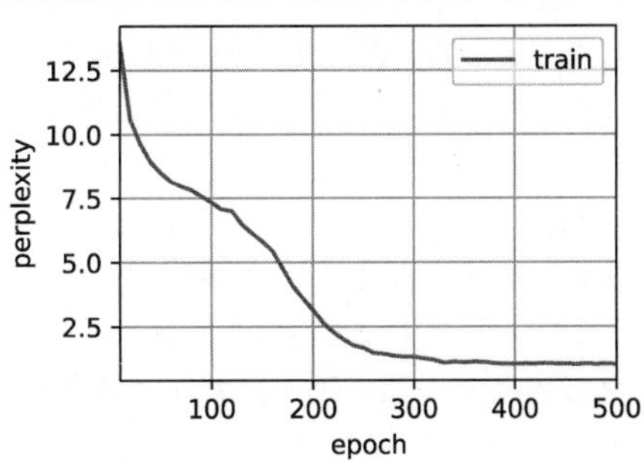

最后，我们检查一下使用随机抽样方法的结果。

```
net = RNNModelScratch(len(vocab), num_hiddens, d2l.try_gpu(), get_params,
                      init_rnn_state, rnn)
train_ch8(net, train_iter, vocab, lr, num_epochs, d2l.try_gpu(),
          use_random_iter=True)
```

```
困惑度 1.5, 60302.9 词元/秒 cuda:0
time traveller proceeded anyreal body must have extension in fou
traveller came back andfilby s anecdote collapsedthe thing
```

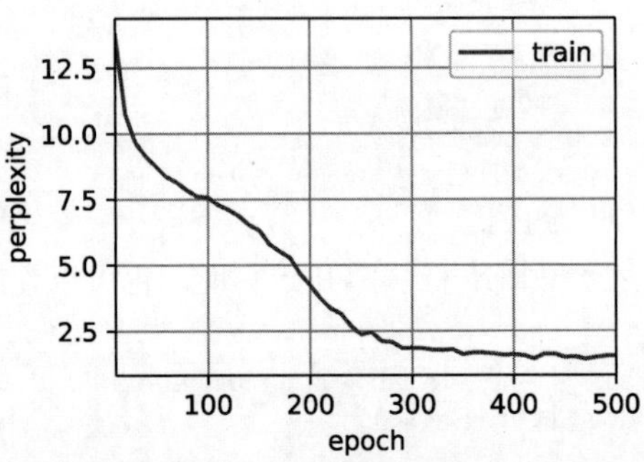

从零开始实现上述循环神经网络模型，虽然有指导意义，但是不方便。在 8.6 节中，我们将学习如何改进循环神经网络模型。例如，如何使其更容易实现，且运行速度更快。

小结

- 我们可以训练一个基于循环神经网络的字符级语言模型，根据用户提供的文本的前缀生成后续文本。
- 一个简单的循环神经网络语言模型包括输入编码、循环神经网络模型和输出生成。
- 循环神经网络模型在训练以前需要初始化状态，不过随机抽样和顺序分区使用的初始化方法不同。
- 当使用顺序分区时，我们需要分离梯度以减少计算量。
- 在进行任何预测之前，模型通过预热期自行更新（例如，获得比初始值更好的隐状态）。
- 梯度截断可以防止梯度爆炸，但不能应对梯度消失。

练习

（1）尝试说明独热编码等价于为每个对象选择不同的嵌入表示。

（2）通过调整超参数（如轮数、隐藏单元数、小批量数据的时间步数、学习率等）来改善困惑度。

a. 困惑度可以降到多少？

b. 用可学习的嵌入表示替换独热编码，是否会带来更好的表现？

c. 用 H.G.Wells 的其他书作为数据集时效果如何，例如《世界大战》一书的英文原著 *The war of the Worlds*（可在 Gutenberg 网站中搜索“The War of the Worlds by H.G.Wells”）？

（3）修改预测函数，例如使用抽样，而不是选择最有可能的下一个字符。

a. 会发生什么？

b. 调整模型使之偏向更可能的输出，例如，当 $\alpha>1$ 时，从 $q(x_t|x_{t-1},\cdots,x_1)\propto P(x_t|x_{t-1},\cdots,x_1)^\alpha$ 中抽样。

（4）在不截断梯度的情况下运行本节中的代码会发生什么？

（5）更改顺序分区，使其不会从计算图中分离隐状态。运行时间会有变化吗？困惑度呢？

（6）用 ReLU 替换本节中使用的激活函数，并重复本节中的实验。我们还需要梯度截断吗？为什么？

扫码直达讨论区

8.6 循环神经网络的简洁实现

虽然 8.5 节所述内容对了解循环神经网络的实现方式具有指导意义，但并不方便。本节将展示如何使用深度学习框架的高级 API 提供的函数更有效地实现相同的语言模型。我们仍然从读取时光机器数据集开始。

```
import torch
from torch import nn
from torch.nn import functional as F
from d2l import torch as d2l

batch_size, num_steps = 32, 35
train_iter, vocab = d2l.load_data_time_machine(batch_size, num_steps)
```

8.6.1 定义模型

高级 API 提供了循环神经网络的实现。我们构建一个具有 256 个隐藏单元的单隐藏层的循环神经网络层 `rnn_layer`。事实上，我们还没有讨论多层循环神经网络的意义（这将在 9.3 节中介绍）。现在仅需要将多层理解为一层循环神经网络的输出被用作下一层循环神经网络的输入就足够了。

```
num_hiddens = 256
rnn_layer = nn.RNN(len(vocab), num_hiddens)
```

我们使用张量来初始化状态，它的形状是 (隐藏层数, 批量大小, 隐藏单元数)。

```
state = torch.zeros((1, batch_size, num_hiddens))
state.shape
```

```
torch.Size([1, 32, 256])
```

通过一个隐状态和一个输入，我们就可以用更新后的隐状态计算输出。需要强调的是，`rnn_layer` 的“输出”（Y）不涉及输出层的计算：它是指每个时间步的隐状态，这些隐状态可以用作后续输出层的输入。

```
X = torch.rand(size=(num_steps, batch_size, len(vocab)))
Y, state_new = rnn_layer(X, state)
Y.shape, state_new.shape
```

```
(torch.Size([35, 32, 256]), torch.Size([1, 32, 256]))
```

与 8.5 节类似，我们为一个完整的循环神经网络模型定义了一个 `RNNModel` 类。注意，`rnn_layer` 只包含隐藏的循环层，我们还需要创建一个单独的输出层。

```
#@save
class RNNModel(nn.Module):
    """循环神经网络模型"""
    def __init__(self, rnn_layer, vocab_size, **kwargs):
        super(RNNModel, self).__init__(**kwargs)
        self.rnn = rnn_layer
        self.vocab_size = vocab_size
        self.num_hiddens = self.rnn.hidden_size
        # 如果RNN是双向的（之后将介绍），num_directions应该是2，否则应该是1
        if not self.rnn.bidirectional:
            self.num_directions = 1
            self.linear = nn.Linear(self.num_hiddens, self.vocab_size)
        else:
            self.num_directions = 2
            self.linear = nn.Linear(self.num_hiddens * 2, self.vocab_size)
```

```
    def forward(self, inputs, state):
        X = F.one_hot(inputs.T.long(), self.vocab_size)
        X = X.to(torch.float32)
        Y, state = self.rnn(X, state)
        # 全连接层首先将Y的形状改为(时间步数×批量大小, 隐藏单元数)
        # 它的输出形状为(时间步数×批量大小, 词表大小)
        output = self.linear(Y.reshape((-1, Y.shape[-1])))
        return output, state

    def begin_state(self, device, batch_size=1):
        if not isinstance(self.rnn, nn.LSTM):
            # nn.GRU以张量作为隐状态
            return  torch.zeros((self.num_directions * self.rnn.num_layers,
                                 batch_size, self.num_hiddens),
                                device=device)
        else:
            # nn.LSTM以元组作为隐状态
            return (torch.zeros((
                self.num_directions * self.rnn.num_layers,
                batch_size, self.num_hiddens), device=device),
                    torch.zeros((
                        self.num_directions * self.rnn.num_layers,
                        batch_size, self.num_hiddens), device=device))
```

8.6.2 训练与预测

在训练模型之前，我们基于一个具有随机权重的模型进行预测。

```
device = d2l.try_gpu()
net = RNNModel(rnn_layer, vocab_size=len(vocab))
net = net.to(device)
d2l.predict_ch8('time traveller', 10, net, vocab, device)
```

```
'time travellereoooooooooo'
```

很明显，这种模型根本不能输出理想的结果。接下来，我们使用 8.5 节中定义的超参数调用 train_ch8 函数，并且使用高级 API 训练模型。

```
num_epochs, lr = 500, 1
d2l.train_ch8(net, train_iter, vocab, lr, num_epochs, device)
```

```
perplexity 1.3, 287358.0 tokens/sec on cuda:0
time travellerit s against reason said filbycan four a werther s
travellerit the mery uf ary hald il metticassinot three the
```

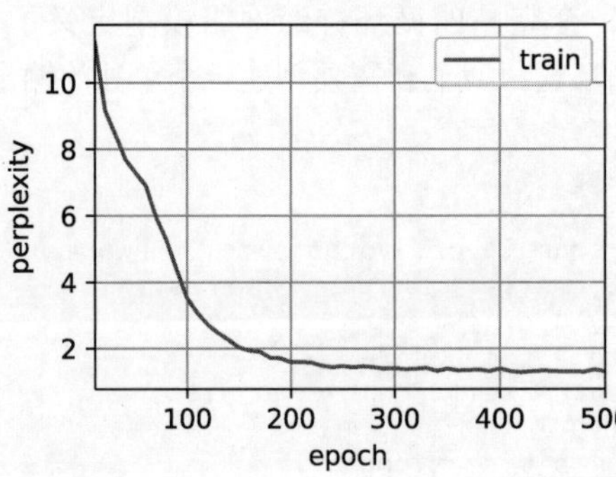

与 8.5 节相比，由于深度学习框架的高级 API 对代码进行了更多的优化，该模型在较短的时间内达到了较低的困惑度。

小结

- 深度学习框架的高级 API 提供了循环神经网络层的实现。
- 高级 API 的循环神经网络层返回一个输出和一个更新后的隐状态，我们还需要计算整个模型的输出层。
- 与从零开始实现的循环神经网络相比，使用高级 API 实现可以加速训练。

练习

（1）尝试使用高级 API，会使循环神经网络模型过拟合吗？

（2）如果在循环神经网络模型中增加隐藏层的数量会发生什么？能使模型正常工作吗？

（3）尝试使用循环神经网络实现 8.1 节的自回归模型。

8.7 通过时间反向传播

扫码直达讨论区

到目前为止，我们已经反复提到梯度爆炸或梯度消失，以及需要对循环神经网络分离梯度，例如，在 8.5 节中，我们在序列上调用了 `detach` 函数。为了能够快速构建模型并了解其工作原理，上面所说的这些概念需要进行充分的解释。本节将更深入地探讨序列模型反向传播的细节以及相关的数学原理。

当我们首次实现循环神经网络（8.5 节）时，遇到了梯度爆炸的问题。如果做了练习题，就会发现梯度截断对于确保模型收敛至关重要。为了更好地理解此问题，本节将回顾序列模型梯度的计算方式，它的工作原理不涉及新概念，毕竟我们仍然使用链式法则来计算梯度。

我们在 4.7 节中描述了多层感知机中的前向传播与反向传播以及相关的计算图。循环神经网络中的前向传播相对简单。通过时间反向传播（backpropagation through time，BPTT）[180] 实际上是循环神经网络中反向传播技术的一个特定应用。它要求我们将循环神经网络的计算图一次展开一个时间步，以获得模型变量和参数之间的依赖关系。然后，基于链式法则，应用反向传播来计算和存储梯度。由于序列可能相当长，因此依赖关系链也可能相当长。例如，某个 1000 个字符的序列，其第一个词元可能会对最后位置的词元产生重大影响。这在计算上是不可行的（它需要的时间和内存都太多了），并且还需要超过 1000 个矩阵的乘积才能得到非常难以捉摸的梯度。这个过程充满了计算与统计的不确定性。下面，我们将阐明会发生什么以及如何在实践中解决它们。

8.7.1 循环神经网络的梯度分析

我们从一个描述循环神经网络工作原理的简化模型开始，此模型忽略了隐状态及其更新方式的细节。这里的数学表示没有像原先那样明确地区分标量、向量和矩阵，因为这些细节对于分析并不重要，反而会使本节中的符号变得混乱。

在这个简化模型中，我们将时间步 t 的隐状态表示为 h_t，输入表示为 x_t，输出表示为 o_t。回想一下我们在 8.4.2 节中的讨论，输入和隐状态可以拼接后与隐藏层中的一个权重变量相乘。因此，我们使用 w_h 和 w_o 来分别表示隐藏层和输出层的权重。每个时间步的隐状态和输出可以写为

$$\begin{aligned} h_t &= f(x_t, h_{t-1}, w_h) \\ o_t &= g(h_t, w_o) \end{aligned} \tag{8.26}$$

其中，f 和 g 分别是隐藏层和输出层的变换。因此，我们有一个链 $\{\cdots, (x_{t-1}, h_{t-1}, o_{t-1}), (x_t, h_t, o_t), \cdots\}$，它们通过循环计算彼此依赖。前向传播相当简单，一次一个时间步遍历三元组 (x_t, h_t, o_t)，然后通过一个目标函数 $\boldsymbol{L}$ 在所有 T 个时间步内评估输出 o_t 和对应的标签 y_t 之间的差距：

$$L(x_1, \cdots, x_T, y_1, \cdots, y_T, w_h, w_o) = \frac{1}{T}\sum_{t=1}^{T} l(y_t, o_t) \tag{8.27}$$

对于反向传播，问题有点棘手，特别是当我们计算目标函数 L 对于参数 w_h 的梯度时。具体来说，按照链式法则

$$\begin{aligned} \frac{\partial L}{\partial w_h} &= \frac{1}{T}\sum_{t=1}^{T}\frac{\partial l(y_t, o_t)}{\partial w_h} \\ &= \frac{1}{T}\sum_{t=1}^{T}\frac{\partial l(y_t, o_t)}{\partial o_t}\frac{\partial g(h_t, w_o)}{\partial h_t}\frac{\partial h_t}{\partial w_h} \end{aligned} \tag{8.28}$$

式（8.28）中乘积的第一项和第二项很容易计算，而第三项 $\partial h_t / \partial w_h$ 是使问题变得棘手的地方，因为我们需要循环地计算参数 w_h 对 h_t 的影响。根据式（8.26）中的递归计算，h_t 既依赖 h_{t-1} 又依赖 w_h，其中 h_{t-1} 的计算也依赖 w_h。因此，使用链式法则产生

$$\frac{\partial h_t}{\partial w_h} = \frac{\partial f(x_t, h_{t-1}, w_h)}{\partial w_h} + \frac{\partial f(x_t, h_{t-1}, w_h)}{\partial h_{t-1}}\frac{\partial h_{t-1}}{\partial w_h} \tag{8.29}$$

为了导出上述梯度，假设我们有 3 个序列 $\{a_t\}$、$\{b_t\}$、$\{c_t\}$，当 $t = 1, 2, \cdots$ 时，序列满足 $a_0 = 0$ 且 $a_t = b_t + c_t a_{t-1}$。对于 $t \geqslant 1$，很容易得出

$$a_t = b_t + \sum_{i=1}^{t-1}\left(\prod_{j=i+1}^{t} c_j\right) b_i \tag{8.30}$$

基于下式替换 a_t、b_t 和 c_t：

$$\begin{aligned} a_t &= \frac{\partial h_t}{\partial w_h} \\ b_t &= \frac{\partial f(x_t, h_{t-1}, w_h)}{\partial w_h} \\ c_t &= \frac{\partial f(x_t, h_{t-1}, w_h)}{\partial h_{t-1}} \end{aligned} \tag{8.31}$$

式（8.29）中的梯度计算满足 $a_t = b_t + c_t a_{t-1}$。因此，对于每个式（8.30），我们可以使用下式移除式（8.29）中的循环计算：

$$\frac{\partial h_t}{\partial w_h} = \frac{\partial f(x_t, h_{t-1}, w_h)}{\partial w_h} + \sum_{i=1}^{t-1}\left(\prod_{j=i+1}^{t}\frac{\partial f(x_j, h_{j-1}, w_h)}{\partial h_{j-1}}\right)\frac{\partial f(x_i, h_{i-1}, w_h)}{\partial w_h} \tag{8.32}$$

虽然我们可以使用链式法则递归地计算 $\partial h_t / \partial w_h$，但当 t 很大时这个链就会变得很长。我们需要想办法来处理这一问题。

1. 完整计算

显然，我们可以计算式（8.32）中的全部总和，但这样的计算非常缓慢，并且可能会发生梯度爆炸，因为初始条件的微小变化就可能会对结果产生巨大的影响。也就是说，我们可以观察到类似于蝴蝶效应的现象。这对于我们想要估计的模型是非常不可取的。毕竟，我们正在寻找

的是能够很好地泛化高稳定性模型的估计器。因此，在实践中，这种方法几乎从未使用过。

2. 截断时间步

或者，我们可以在 τ 步后截断式（8.32）中的求和计算。这是我们到目前为止一直在讨论的内容，例如 8.5 节中的分离梯度。这会带来真实梯度的近似，只需将求和终止到 $\partial h_{t-\tau} / \partial w_h$。在实践中，这种方式工作得很好。它通常被称为截断的通过时间反向传播 [75]。这样做导致该模型主要侧重于短期影响，而不是长期影响。这在现实中是可取的，因为它会将估计值偏向更简单和更稳定的模型。

3. 随机截断

最后，我们可以用一个随机变量替换 $\partial h_t / \partial w_h$，该随机变量在预期中是正确的，但是会截断序列。这个随机变量是通过使用序列 ξ_t 来实现的，序列预定义了 $0 \leqslant \pi_t \leqslant 1$，其中 $P(\xi_t = 0) = 1-\pi_t$ 且 $P(\xi_t = \pi_t^{-1}) = \pi_t$，因此 $E[\xi_t]=1$。我们使用它来替换式（8.29）中的梯度 $\partial h_t / \partial w_h$，得到

$$z_t = \frac{\partial f(x_t, h_{t-1}, w_h)}{\partial w_h} + \xi_t \frac{\partial f(x_t, h_{t-1}, w_h)}{\partial h_{t-1}} \frac{\partial h_{t-1}}{\partial w_h} \tag{8.33}$$

从 ξ_t 的定义中推导出 $E[z_t]=\partial h_t / \partial w_h$。当 $\xi_t=0$ 时，递归计算终止在 t 这个时间步。这导致了不同长度序列的加权和，其中长序列出现很少，所以将适当地加大权重。这个想法是由塔莱克和奥利维尔 [162] 提出的。

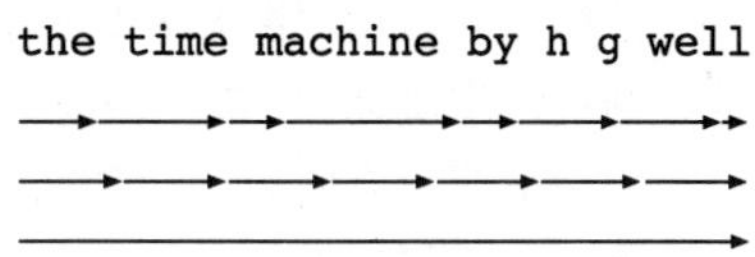

图 8-6 比较循环神经网络中计算梯度的策略，3 行自上而下分别为随机截断、常规截断和完整计算

4. 比较策略

图 8-6 说明了当基于循环神经网络使用通过时间反向传播分析时间机器数据集中前几个字符的 3 种策略。

- 第一行采用随机截断，方法是将文本拆分为不同长度的片断。
- 第二行采用常规截断，方法是将文本拆分为相同长度的子序列。这也是我们在循环神经网络实验中一直采用的。
- 第三行采用通过时间的完全反向传播，结果是产生了在计算上不可行的表达式。

遗憾的是，虽然随机截断在理论上具有吸引力，但由于多种因素很可能在实践中并不比常规截断效果好，原因有 3 个方面：第一，在对过去若干时间步经过反向传播后，观测结果足以捕获实际的依赖关系；第二，增加的方差抵消了时间步数越多梯度越精确的效果；第三，我们真正想要的是只在小范围交互的模型。因此，模型需要的正是截断的通过时间反向传播方法所具备的轻度正则化效果。

8.7.2 通过时间反向传播的细节

在讨论一般性原则之后，我们看一下通过时间反向传播问题的细节。与 8.7.1 节中的分析不同，下面我们将展示如何计算目标函数对于所有分解模型参数的梯度。为了保持简单，我们考虑一个没有偏置参数的循环神经网络，其在隐藏层中的激活函数使用恒等函数（$\phi(x)=x$）。对于时间步 t，设单个样本的输入及其对应的标签分别为 $\boldsymbol{x}_t \in \mathbb{R}^d$ 和 y_t。计算隐状态 $\boldsymbol{h}_t \in \mathbb{R}^h$ 和输出 $\boldsymbol{o}_t \in \mathbb{R}^q$ 的公式为

$$\begin{aligned} \boldsymbol{h}_t &= \boldsymbol{W}_{hx}\boldsymbol{x}_t + \boldsymbol{W}_{hh}\boldsymbol{h}_{t-1} \\ \boldsymbol{o}_t &= \boldsymbol{W}_{qh}\boldsymbol{h}_t \end{aligned} \tag{8.34}$$

其中，权重参数为 $\boldsymbol{W}_{hx}\in\mathbb{R}^{h\times d}$、$\boldsymbol{W}_{hh}\in\mathbb{R}^{h\times h}$ 和 $\boldsymbol{W}_{qh}\in\mathbb{R}^{q\times h}$。用 $l(\boldsymbol{o}_t, y_t)$ 表示时间步 t 处（即从序列开始的超过 T 个时间步）的损失函数，则我们的目标函数的总体损失是

$$L=\frac{1}{T}\sum_{t=1}^{T} l(\boldsymbol{o}_t, y_t) \tag{8.35}$$

为了在循环神经网络的计算过程中可视化模型变量和参数之间的依赖关系，我们可以为模型绘制一个计算图，如图 8-7 所示。例如，时间步 3 的隐状态 $\boldsymbol{h}_3$ 的计算取决于模型参数 $\boldsymbol{W}_{hx}$ 和 $\boldsymbol{W}_{hh}$，以及最终时间步的隐状态 $\boldsymbol{h}_2$ 以及当前时间步的输入 $\boldsymbol{x}_3$。

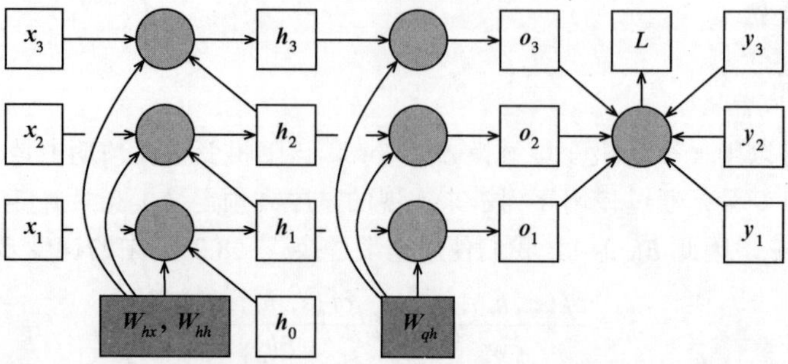

图 8-7 具有 3 个时间步的循环神经网络模型依赖关系的计算图。白色方框表示变量，阴影方框表示参数，圆圈表示运算符

正如上面所述，图 8-7 中的模型参数是 $\boldsymbol{W}_{hx}$、$\boldsymbol{W}_{hh}$ 和 $\boldsymbol{W}_{qh}$。通常，训练该模型需要对这些参数分别进行梯度计算：$\partial L / \partial \boldsymbol{W}_{hx}$、$\partial L / \partial \boldsymbol{W}_{hh}$ 和 $\partial L / \partial \boldsymbol{W}_{qh}$。根据图 8-7 中的依赖关系，我们可以沿箭头所指的反方向遍历计算图，依次计算和存储梯度。为了灵活地表示链式法则中不同形状的矩阵、向量和标量的乘法，我们继续使用如 4.7 节中所述的 prod 运算符。

首先，在任意时间步 t，目标函数关于模型输出的微分计算是相当简单的：

$$\frac{\partial L}{\partial \boldsymbol{o}_t}=\frac{\partial l(\boldsymbol{o}_t, y_t)}{T\cdot\partial \boldsymbol{o}_t}\in\mathbb{R}^q \tag{8.36}$$

现在，我们可以计算目标函数对于输出层中参数 $\boldsymbol{W}_{qh}$ 的梯度：$\partial L / \partial \boldsymbol{W}_{qh}\in\mathbb{R}^{q\times h}$。基于图 8-7，目标函数 L 通过 $\boldsymbol{o}_1, \cdots, \boldsymbol{o}_T$ 依赖 $\boldsymbol{W}_{qh}$。依据链式法则，得到

$$\frac{\partial L}{\partial \boldsymbol{W}_{qh}}=\sum_{t=1}^{T}\text{prod}\left(\frac{\partial L}{\partial \boldsymbol{o}_t},\frac{\partial \boldsymbol{o}_t}{\partial \boldsymbol{W}_{qh}}\right)=\sum_{t=1}^{T}\frac{\partial L}{\partial \boldsymbol{o}_t}\boldsymbol{h}_t^\top \tag{8.37}$$

其中，$\partial L / \partial \boldsymbol{o}_t$ 是由式（8.36）给出的。

接下来，如图 8-7 所示，在最后的时间步 T，目标函数 L 仅通过 $\boldsymbol{o}_T$ 依赖隐状态 $\boldsymbol{h}_T$。因此，我们通过使用链式法则可以很容易地得到梯度 $\partial L / \partial \boldsymbol{h}_T\in\mathbb{R}^h$：

$$\frac{\partial L}{\partial \boldsymbol{h}_T}=\text{prod}\left(\frac{\partial L}{\partial \boldsymbol{o}_T},\frac{\partial \boldsymbol{o}_T}{\partial \boldsymbol{h}_T}\right)=\boldsymbol{W}_{qh}^\top\frac{\partial L}{\partial \boldsymbol{o}_T} \tag{8.38}$$

当目标函数 L 通过 $\boldsymbol{h}_{t+1}$ 和 $\boldsymbol{o}_t$ 依赖 $\boldsymbol{h}_t$ 时，对任意时间步 $t<T$ 来说都变得更加棘手。根据链式法则，隐状态的梯度 $\partial L / \partial \boldsymbol{h}_t\in\mathbb{R}^h$ 在任何时间步 $t<T$ 时都可以递归地计算为

$$\frac{\partial L}{\partial \boldsymbol{h}_t}=\text{prod}\left(\frac{\partial L}{\partial \boldsymbol{h}_{t+1}},\frac{\partial \boldsymbol{h}_{t+1}}{\partial \boldsymbol{h}_t}\right)+\text{prod}\left(\frac{\partial L}{\partial \boldsymbol{o}_t},\frac{\partial \boldsymbol{o}_t}{\partial \boldsymbol{h}_t}\right)=\boldsymbol{W}_{hh}^\top\frac{\partial L}{\partial \boldsymbol{h}_{t+1}}+\boldsymbol{W}_{qh}^\top\frac{\partial L}{\partial \boldsymbol{o}_t} \tag{8.39}$$

为了进行分析，对于任何时间步 $1\leqslant t\leqslant T$ 展开递归计算得到

$$\frac{\partial L}{\partial \boldsymbol{h}_t}=\sum_{i=t}^{T}(\boldsymbol{W}_{hh}^\top)^{T-i}\boldsymbol{W}_{qh}^\top\frac{\partial L}{\partial \boldsymbol{o}_{T+t-i}} \tag{8.40}$$

我们从式（8.40）中可以看到，这个简单的线性例子已经展现了长序列模型的一些关键问题：它陷入了 $\boldsymbol{W}_{hh}^{\top}$ 的潜在的非常大的幂。在这个幂中，小于1的特征值将会消失，大于1的特征值将会发散。这在数值上是不稳定的，表现形式为梯度消失或梯度爆炸。解决此问题的一种方法是根据计算方便的需要截断时间步的尺寸，如8.7.1节中所述。实际上，这种截断是通过在给定数量的时间步之后分离梯度来实现的。稍后，我们将学习更复杂的序列模型（如长短期记忆模型）是如何进一步缓解这一问题的。

最后，图8-7表明：目标函数 L 通过隐状态 $\boldsymbol{h}_1, \cdots, \boldsymbol{h}_T$ 依赖隐藏层中的模型参数 $\boldsymbol{W}_{hx}$ 和 $\boldsymbol{W}_{hh}$。为了计算对于这些参数的梯度 $\partial L / \partial \boldsymbol{W}_{hx} \in \mathbb{R}^{h \times d}$ 和 $\partial L / \partial \boldsymbol{W}_{hh} \in \mathbb{R}^{h \times h}$，我们应用链式法则得到

$$
\begin{aligned}
\frac{\partial L}{\partial \boldsymbol{W}_{hx}} &= \sum_{t=1}^{T} \text{prod}\left(\frac{\partial L}{\partial \boldsymbol{h}_t}, \frac{\partial \boldsymbol{h}_t}{\partial \boldsymbol{W}_{hx}}\right) = \sum_{t=1}^{T} \frac{\partial L}{\partial \boldsymbol{h}_t} \boldsymbol{x}_t^{\top} \\
\frac{\partial L}{\partial \boldsymbol{W}_{hh}} &= \sum_{t=1}^{T} \text{prod}\left(\frac{\partial L}{\partial \boldsymbol{h}_t}, \frac{\partial \boldsymbol{h}_t}{\partial \boldsymbol{W}_{hh}}\right) = \sum_{t=1}^{T} \frac{\partial L}{\partial \boldsymbol{h}_t} \boldsymbol{h}_{t-1}^{\top}
\end{aligned}
\tag{8.41}
$$

其中，$\partial L / \partial \boldsymbol{h}_t$ 是由式（8.38）和式（8.39）递归计算得到的，是影响数值稳定性的关键量。

正如我们在4.7节中所解释的那样，由于通过时间反向传播是反向传播在循环神经网络中的应用方式，训练循环神经网络时交替使用前向传播和通过时间反向传播。通过时间反向传播依次计算并存储上述梯度。具体而言，存储的中间值会被重复使用，以避免重复计算，例如存储 $\partial L / \partial \boldsymbol{h}_t$，以便在计算 $\partial L / \partial \boldsymbol{W}_{hx}$ 和 $\partial L / \partial \boldsymbol{W}_{hh}$ 时使用。

小结

- “通过时间反向传播”仅适用于反向传播具有隐状态的序列模型。
- 截断是计算方便性和数值稳定性的需要。截断包括：常规截断和随机截断。
- 矩阵的高次幂可能导致神经网络特征值的发散或消失，将以梯度爆炸或梯度消失的形式表现。
- 为了确保计算的效率，“通过时间反向传播”在计算期间会缓存中间值。

练习

（1）假设我们有一个对称矩阵 $\boldsymbol{M} \in \mathbb{R}^{n \times n}$，其特征值为 λ_i，对应的特征向量是 $\boldsymbol{v}_i (i-1, \cdots, n)$。通常情况下，假设特征值的序列顺序为 $|\lambda_i| \geqslant |\lambda_{i+1}|$。

a. 证明 $\boldsymbol{M}^k$ 拥有特征值 λ_i^k。

b. 证明对于一个随机向量 $\boldsymbol{x} \in \mathbb{R}^n$，$\boldsymbol{M}^k \boldsymbol{x}$ 将有较高概率与 $\boldsymbol{M}$ 的特征向量 $\boldsymbol{v}_1$ 在一条直线上。形式化这个证明过程。

c. 上述结果对于循环神经网络中的梯度意味着什么？

（2）除了梯度截断，还有其他方法来应对循环神经网络中的梯度爆炸吗？

第 9 章

现代循环神经网络

在第 8 章中，我们介绍了循环神经网络的基础知识，这种网络可以更好地处理序列数据。我们在文本数据上实现了基于循环神经网络的语言模型，但是对于当今各种各样的序列学习问题，这些技术可能并不够用。

例如，循环神经网络在实践中的一个常见问题是数值不稳定。尽管我们已经应用了梯度截断等技巧来缓解这个问题，但是仍需要通过设计更复杂的序列模型才可以进一步处理它。具体来说，我们将引入两个广泛使用的网络，即门控循环单元（gated recurrent unit，GRU）和长短期记忆网络（long short-term memory，LSTM）。然后，我们将基于一个单向隐藏层来扩展循环神经网络架构。我们将描述具有多个隐藏层的深层架构，并讨论基于正向和后向循环计算的双向设计。现代循环神经网络经常采用这种扩展。在解释这些循环神经网络的变体时，我们将继续考虑第 8 章中的语言建模问题。

事实上，语言建模只揭示了序列学习能力的冰山一角。在各种序列学习问题中，如自动语音识别、文本到语音的转换和机器翻译，输入和输出都是任意长度的序列。为了阐述如何拟合这种类型的数据，我们将以机器翻译为例介绍基于循环神经网络的“编码器－解码器”架构和束搜索，并用它们来生成序列。

9.1 门控循环单元（GRU）

扫码直达讨论区

在 8.7 节中，我们讨论了如何在循环神经网络中计算梯度，以及矩阵的连续乘积可以导致梯度消失或梯度爆炸的问题。下面我们简单思考一下这种梯度异常在实践中的情况：

- 早期观测值对预测所有未来观测值具有非常重要的意义。考虑一种极端情况，其中第一个观测值包含一个校验和，目的是在序列的末尾检查校验和是否正确。在这种情况下，第一个词元的影响至关重要。我们希望有某些机制能够在一个记忆元里存储重要的早期信息。如果没有这样的机制，我们将不得不给这个观测值指定一个非常大的梯度，因为它会影响所有后续的观测值。
- 一些词元没有相关的观测值。例如，在对网页内容进行情感分析时，可能有一些辅助 HTML 代码与网页传达的情绪无关。我们希望有一些机制来跳过隐状态表示中的此类词元。
- 序列的各个部分之间存在逻辑上的中断。例如，书的章节之间可能会有过渡存在，或者证券的熊市和牛市之间可能会有过渡存在。在这种情况下，最好有一种方法来重置内部状态表示。

在学术界已经提出了许多方法来解决这类问题，其中最早的方法是长短期记忆网络（LSTM）[66]，我们将在 9.2 节中讨论。门控循环单元（GRU）[21] 是一个稍微简化的变体，通常能够提供同等的效果，并且计算 [24] 的速度明显更快。由于门控循环单元更简单，我们从它开始解读。

9.1.1 门控隐状态

门控循环单元与普通的循环神经网络之间的关键区别在于：前者支持隐状态的门控。这意味着模型有专门的机制来确定应该何时更新隐状态，以及应该何时重置隐状态。这些机制是可学习的，并且能够解决上面列出的问题。例如，如果第一个词元非常重要，模型将学习在第一次观测之后不更新隐状态。同样，模型也可以学习跳过不相关的临时观测。最后，模型还将学习在需要的时候重置隐状态。下面我们将详细讨论各类门控。

1. 重置门和更新门

我们首先介绍重置门（reset gate）和更新门（update gate）。我们把它们设计成 (0, 1) 区间内的向量，这样我们就可以进行凸组合。重置门允许我们控制“可能还想记住”的过去状态的数量；更新门允许我们控制新状态中有多少个是旧状态的副本。

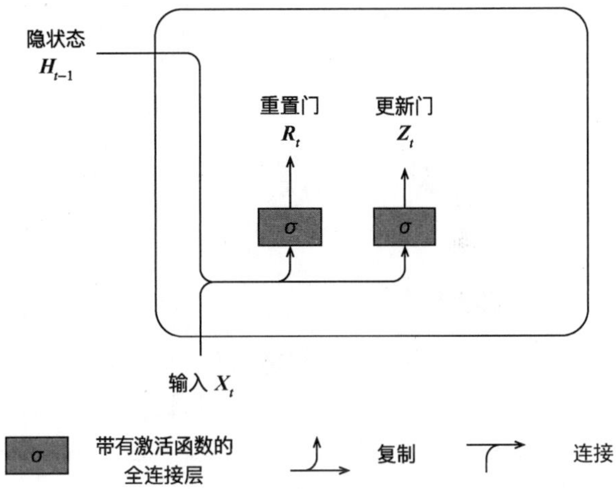

图 9-1 在门控循环单元模型中计算重置门和更新门

我们从构建这些门控开始。图 9-1 描述了门控循环单元中的重置门和更新门的输入，输入由当前时间步的输入和前一个时间步的隐状态给出。两个门的输出由使用带有 sigmoid 激活函数的两个全连接层给出。

我们来看一下门控循环单元的数学表达式。对于给定的时间步 t，假设输入是一个小批量 $\boldsymbol{X}_t \in \mathbb{R}^{n\times d}$（样本数 n，输入数 d），前一个时间步的隐状态是 $\boldsymbol{H}_{t-1} \in \mathbb{R}^{n\times h}$（隐藏单元数 h）。那么，重置门 $\boldsymbol{R}_t \in \mathbb{R}^{n\times h}$ 和更新门 $\boldsymbol{Z}_t \in \mathbb{R}^{n\times h}$ 的计算如下所示：

$$
\begin{aligned}
\boldsymbol{R}_t &= \sigma(\boldsymbol{X}_t \boldsymbol{W}_{xr} + \boldsymbol{H}_{t-1} \boldsymbol{W}_{hr} + \boldsymbol{b}_r) \\
\boldsymbol{Z}_t &= \sigma(\boldsymbol{X}_t \boldsymbol{W}_{xz} + \boldsymbol{H}_{t-1} \boldsymbol{W}_{hz} + \boldsymbol{b}_z)
\end{aligned} \tag{9.1}
$$

其中，$\boldsymbol{W}_{xr}$、$\boldsymbol{W}_{xz} \in \mathbb{R}^{d\times h}$ 和 $\boldsymbol{W}_{hr}$、$\boldsymbol{W}_{hz} \in \mathbb{R}^{h\times h}$ 是权重参数，$\boldsymbol{b}_r$、$\boldsymbol{b}_z \in \mathbb{R}^{1\times h}$ 是偏置参数。注意，在求和过程中会触发广播机制（参见 2.1.3 节）。我们使用 sigmoid 函数（参见 4.1 节）将输入值转换到区间 (0, 1) 内。

2. 候选隐状态

接下来，我们将重置门 $\boldsymbol{R}_t$ 与式（8.19）中的常规隐状态更新机制集成，得到在时间步 t 的候选隐状态（candidate hidden state）$\widetilde{\boldsymbol{H}}_t \in \mathbb{R}^{n\times h}$：

$$
\widetilde{\boldsymbol{H}}_t = \tanh(\boldsymbol{X}_t \boldsymbol{W}_{xh} + (\boldsymbol{R}_t \odot \boldsymbol{H}_{t-1}) \boldsymbol{W}_{hh} + \boldsymbol{b}_h) \tag{9.2}
$$

其中，$\boldsymbol{W}_{xh} \in \mathbb{R}^{d\times h}$ 和 $\boldsymbol{W}_{hh} \in \mathbb{R}^{h\times h}$ 是权重参数，$\boldsymbol{b}_h \in \mathbb{R}^{1\times h}$ 是偏置参数，符号 $\odot$ 是哈达玛积（按元素乘积）运算符。在这里，我们使用非线性激活函数 tanh 来确保候选隐状态中的值在区间 (-1, 1) 内。

与式（8.19）相比，式（9.2）中的 $\boldsymbol{R}_t$ 和 $\boldsymbol{H}_{t-1}$ 的元素相乘可以减少以往状态的影响。当重

置门 $\boldsymbol{R}_t$ 中的项接近 1 时，我们恢复一个如式（8.19）中的普通的循环神经网络。对于重置门 $\boldsymbol{R}_t$ 中所有接近 0 的项，候选隐状态是以 $\boldsymbol{X}_t$ 为输入的多层感知机的结果。因此，任何预先存在的隐状态都会被重置为默认值。

图 9-2 说明了应用重置门之后的计算流程。

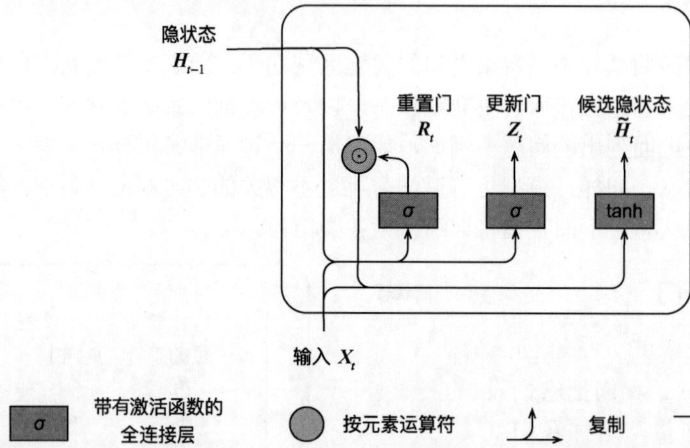

图 9-2　在门控循环单元模型中计算候选隐状态

3. 隐状态

上述计算结果只是候选隐状态，我们仍然需要结合更新门 $\boldsymbol{Z}_t$ 的效果。这一步确定新的隐状态 $\boldsymbol{H}_t \in \mathbb{R}^{n\times h}$ 在多大程度上来自旧的隐状态 $\boldsymbol{H}_{t-1}$ 和新的候选隐状态 $\widetilde{\boldsymbol{H}}_t$。更新门 $\boldsymbol{Z}_t$ 仅需要在 $\boldsymbol{H}_{t-1}$ 和 $\widetilde{\boldsymbol{H}}_t$ 之间进行按元素的凸组合就可以实现这个目标。这就得出了门控循环单元的最终更新公式：

$$\boldsymbol{H}_t = \boldsymbol{Z}_t \odot \boldsymbol{H}_{t-1} + (1-\boldsymbol{Z}_t) \odot \widetilde{\boldsymbol{H}}_t \tag{9.3}$$

当更新门 $\boldsymbol{Z}_t$ 接近 1 时，模型就会倾向只保留旧的隐状态。此时，来自 $\boldsymbol{X}_t$ 的信息基本上被忽略，从而有效地跳过了依赖链中的时间步 t。相反，当 $\boldsymbol{Z}_t$ 接近 0 时，新的隐状态 $\boldsymbol{H}_t$ 就会接近候选隐状态 $\widetilde{\boldsymbol{H}}_t$。这些设计可以帮助我们处理循环神经网络中的梯度消失问题，并更好地捕获时间步很长的序列的依赖关系。例如，如果整个子序列的所有时间步的更新门都接近 1，则无论序列的长度如何，在序列起始时间步的旧的隐状态都将很容易保留并传递到序列结束。

图 9-3 说明了更新门起作用后的计算流。

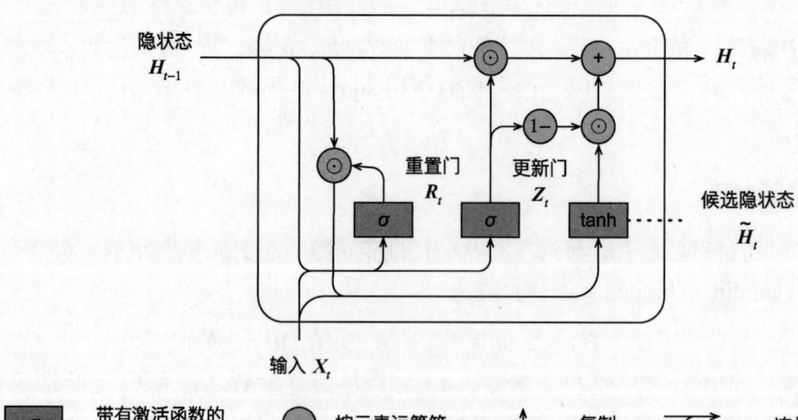

图 9-3　计算门控循环单元模型中的隐状态

总之，门控循环单元具有以下两个显著特征。

- 重置门有助于捕获序列中的短期依赖关系。
- 更新门有助于捕获序列中的长期依赖关系。

9.1.2 从零开始实现

为了更好地理解门控循环单元模型，我们从零开始实现它。我们首先读取 8.5 节中使用的时间机器数据集：

```
import torch
from torch import nn
from d2l import torch as d2l

batch_size, num_steps = 32, 35
train_iter, vocab = d2l.load_data_time_machine(batch_size, num_steps)
```

1. 初始化模型参数

接下来是初始化模型参数。我们从标准差为 0.01 的高斯分布中提取权重，并将偏置设为 0，超参数 `num_hiddens` 定义隐藏单元的数量，实例化与更新门、重置门、候选隐状态和输出层相关的所有权重和偏置。

```
def get_params(vocab_size, num_hiddens, device):
    num_inputs = num_outputs = vocab_size

    def normal(shape):
        return torch.randn(size=shape, device=device)*0.01

    def three():
        return (normal((num_inputs, num_hiddens)),
                normal((num_hiddens, num_hiddens)),
                torch.zeros(num_hiddens, device=device))

    W_xz, W_hz, b_z = three()  # 更新门参数
    W_xr, W_hr, b_r = three()  # 重置门参数
    W_xh, W_hh, b_h = three()  # 候选隐状态参数
    # 输出层参数
    W_hq = normal((num_hiddens, num_outputs))
    b_q = torch.zeros(num_outputs, device=device)
    # 附加梯度
    params = [W_xz, W_hz, b_z, W_xr, W_hr, b_r, W_xh, W_hh, b_h, W_hq, b_q]
    for param in params:
        param.requires_grad_(True)
    return params
```

2. 定义模型

现在我们将定义隐状态的初始化函数 `init_gru_state`。与 8.5 节中定义的 `init_rnn_state` 函数一样，此函数返回一个形状为 (批量大小, 隐藏单元数) 的张量，张量的值全部为零。

```
def init_gru_state(batch_size, num_hiddens, device):
    return (torch.zeros((batch_size, num_hiddens), device=device), )
```

下面我们准备定义门控循环单元模型，模型的架构与基本的循环神经网络单元是相同的，只是权重更新公式更为复杂。

```
def gru(inputs, state, params):
    W_xz, W_hz, b_z, W_xr, W_hr, b_r, W_xh, W_hh, b_h, W_hq, b_q = params
    H, = state
    outputs = []
    for X in inputs:
        Z = torch.sigmoid((X @ W_xz) + (H @ W_hz) + b_z)
        R = torch.sigmoid((X @ W_xr) + (H @ W_hr) + b_r)
        H_tilda = torch.tanh((X @ W_xh) + ((R * H) @ W_hh) + b_h)
        H = Z * H + (1 - Z) * H_tilda
        Y = H @ W_hq + b_q
        outputs.append(Y)
    return torch.cat(outputs, dim=0), (H,)
```

3. 训练与预测

训练和预测的工作方式与 8.5 节中的完全相同。训练结束后，我们分别打印输出训练集的困惑度，以及前缀“time traveller”和“traveller”的预测序列上的困惑度。

```
vocab_size, num_hiddens, device = len(vocab), 256, d2l.try_gpu()
num_epochs, lr = 500, 1
model = d2l.RNNModelScratch(len(vocab), num_hiddens, device, get_params,
                            init_gru_state, gru)
d2l.train_ch8(model, train_iter, vocab, lr, num_epochs, device)
```

```
perplexity 1.1, 24993.9 tokens/sec on cuda:0
time traveller came back andfilby s anecdote collapsedthe thing
travelleryou can show black is white by argument said filby
```

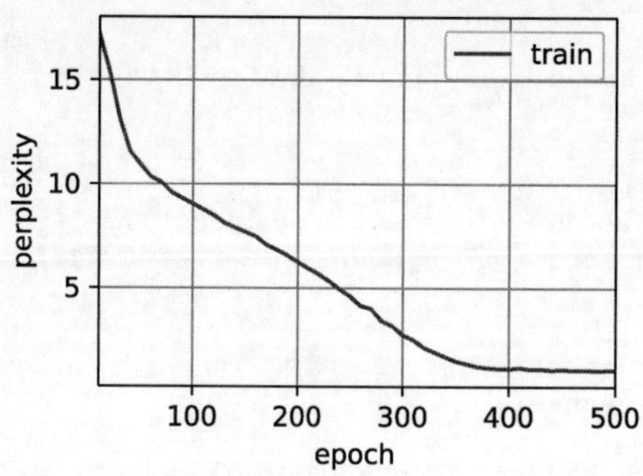

9.1.3 简洁实现

高级 API 包含了前文介绍的所有配置细节，所以我们可以直接实例化门控循环单元模型。以下这段代码的运行速度要快得多，因为它使用的是编译好的运算符而不是 Python 代码来处理之前阐述的许多细节。

```
num_inputs = vocab_size
gru_layer = nn.GRU(num_inputs, num_hiddens)
model = d2l.RNNModel(gru_layer, len(vocab))
model = model.to(device)
d2l.train_ch8(model, train_iter, vocab, lr, num_epochs, device)
```

```
perplexity 1.0, 303226.3 tokens/sec on cuda:0
time travelleryou can show black is white by argument said filby
travelleryou can show black is white by argument said filby
```

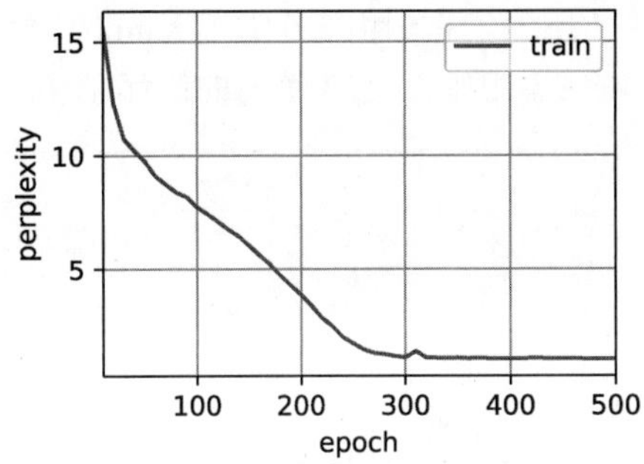

小结

- 门控循环神经网络可以更好地捕获时间步很长的序列上的依赖关系。
- 重置门有助于捕获序列中的短期依赖关系。
- 更新门有助于捕获序列中的长期依赖关系。
- 重置门打开时，门控循环单元包含基本循环神经网络；更新门打开时，门控循环单元可以跳过子序列。

练习

（1）假设我们只想使用时间步 t' 的输入来预测时间步 $t > t'$ 的输出。对于每个时间步，重置门和更新门的最佳值是什么？

（2）调整和分析超参数对运行时间、困惑度和输出顺序的影响。

（3）比较 `rnn.RNN` 和 `rnn.GRU` 的不同实现对运行时间、困惑度和输出字符串的影响。

（4）如果仅实现门控循环单元的一部分，例如，只有一个重置门或一个更新门会怎样？

9.2 长短期记忆网络（LSTM）

扫码直达讨论区

长期以来，隐变量模型存在着长期信息保存和短期输入缺失的问题。解决这一问题的最早方法之一是长短期记忆网络（LSTM）[66]。它有许多与门控循环单元（参见 9.1 节）一样的属性。有趣的是，长短期记忆网络的设计比门控循环单元稍微复杂一些，却比门控循环单元早出现了近 20 年。

9.2.1 门控记忆元

可以说，长短期记忆网络的设计灵感来自计算机的逻辑门。长短期记忆网络引入了记忆元（memory cell），或简称为单元（cell）。有些文献认为记忆元是隐状态的一种特殊类型，它们与隐状态具有相同的形状，其设计目的是用于记录附加的信息。为了控制记忆元，我们需要许多门。其中一个门用来从记忆元中输出条目，我们将其称为输出门（output gate）。另一个门用来决定何时将数据读入记忆元，我们将其称为输入门（input gate）。我们还需要一种机制来重置记忆元的内容，由遗忘门（forget gate）来管理，这种设计的动机与门控循环单元相同，能够通过专用机制决定什么时候记忆或忽略隐状态中的输入。我们看看这在实践中是如何运作的。

1. 输入门、遗忘门和输出门

就如在门控循环单元中一样，当前时间步的输入和前一个时间步的隐状态作为数据送入长短期记忆网络的门中，如图 9-4 所示。它们由 3 个带有 sigmoid 激活函数的全连接层处理，以计算输入门、遗忘门和输出门的值。因此，这 3 个门的值都在 (0, 1) 范围内。

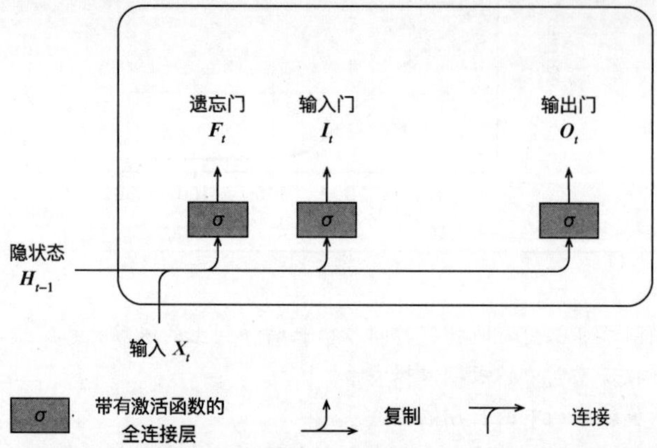

图 9-4　长短期记忆网络模型中的输入门、遗忘门和输出门

我们来细化一下长短期记忆网络的数学表达。假设有 h 个隐藏单元，批量大小为 n，输入数为 d。因此，输入为 $\boldsymbol{X}_t \in \mathbb{R}^{n\times d}$，前一个时间步的隐状态为 $\boldsymbol{H}_{t-1} \in \mathbb{R}^{n\times h}$。相应地，时间步 t 的门被定义如下：输入门是 $\boldsymbol{I}_t \in \mathbb{R}^{n\times h}$，遗忘门是 $\boldsymbol{F}_t \in \mathbb{R}^{n\times h}$，输出门是 $\boldsymbol{O}_t \in \mathbb{R}^{n\times h}$。它们的计算方法如下：

$$
\begin{aligned}
\boldsymbol{I}_t &= \sigma(\boldsymbol{X}_t \boldsymbol{W}_{xi} + \boldsymbol{H}_{t-1} \boldsymbol{W}_{hi} + \boldsymbol{b}_i) \\
\boldsymbol{F}_t &= \sigma(\boldsymbol{X}_t \boldsymbol{W}_{xf} + \boldsymbol{H}_{t-1} \boldsymbol{W}_{hf} + \boldsymbol{b}_f) \\
\boldsymbol{O}_t &= \sigma(\boldsymbol{X}_t \boldsymbol{W}_{xo} + \boldsymbol{H}_{t-1} \boldsymbol{W}_{ho} + \boldsymbol{b}_o)
\end{aligned}
\tag{9.4}
$$

其中，$\boldsymbol{W}_{xi}$、$\boldsymbol{W}_{xf}$、$\boldsymbol{W}_{xo} \in \mathbb{R}^{d\times h}$ 和 $\boldsymbol{W}_{hi}$、$\boldsymbol{W}_{hf}$、$\boldsymbol{W}_{ho} \in \mathbb{R}^{h\times h}$ 是权重参数，$\boldsymbol{b}_i$、$\boldsymbol{b}_f$、$\boldsymbol{b}_o \in \mathbb{R}^{1\times h}$ 是偏置参数。

2. 候选记忆元

因为还没有指定各种门的操作，所以先介绍候选记忆元（candidate memory cell）$\tilde{\boldsymbol{C}}_t \in \mathbb{R}^{n\times h}$。它的计算与上面描述的 3 个门的计算类似，但是使用 tanh 函数作为激活函数，函数值的范围为 (−1, 1)。下面导出在时间步 t 处的公式：

$$
\tilde{\boldsymbol{C}}_t = \tanh(\boldsymbol{X}_t \boldsymbol{W}_{xc} + \boldsymbol{H}_{t-1} \boldsymbol{W}_{hc} + \boldsymbol{b}_c)
\tag{9.5}
$$

其中，$\boldsymbol{W}_{xc} \in \mathbb{R}^{d\times h}$ 和 $\boldsymbol{W}_{hc} \in \mathbb{R}^{h\times h}$ 是权重参数，$\boldsymbol{b}_c \in \mathbb{R}^{1\times h}$ 是偏置参数。

候选记忆元如图 9-5 所示。

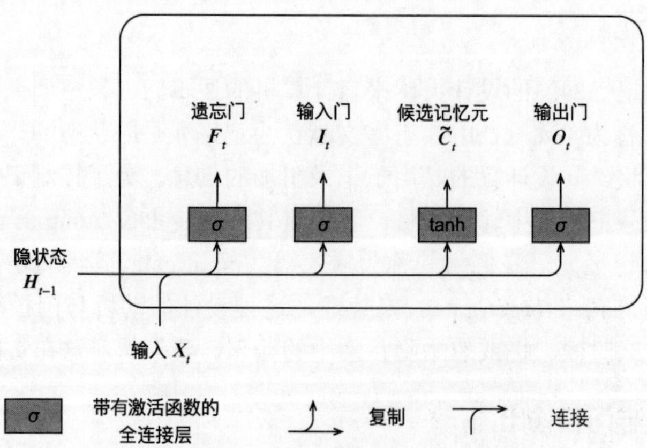

图 9-5　长短期记忆网络模型中的候选记忆元

3. 记忆元

在门控循环单元中，有一种机制来控制输入和遗忘（或跳过）。类似地，在长短期记忆网络中，也有两个门用于这样的目的：输入门 $\boldsymbol{I}_t$ 控制采用多少来自$\widetilde{\boldsymbol{C}}_t$的新数据，而遗忘门 $\boldsymbol{F}_t$ 控制保留多少过去的记忆元 $\boldsymbol{C}_{t-1}\in\mathbb{R}^{n\times h}$ 的内容。使用按元素乘法，得到

$$\boldsymbol{C}_t = \boldsymbol{F}_t \odot \boldsymbol{C}_{t-1} + \boldsymbol{I}_t \odot \widetilde{\boldsymbol{C}}_t \tag{9.6}$$

如果遗忘门始终为 1 且输入门始终为 0，则过去的记忆元 $\boldsymbol{C}_{t-1}$ 将随时间被保存并传递到当前时间步。引入这种设计是为了缓解梯度消失问题，并更好地捕获序列中的长距离依赖关系。

这样我们就得到了计算记忆元的数据流图，如图 9-6 所示。

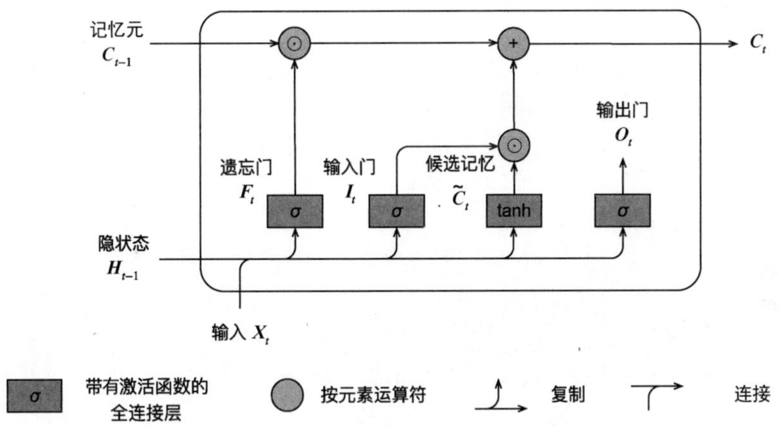

图 9-6　在长短期记忆网络模型中计算记忆元

4. 隐状态

最后，我们需要定义如何计算隐状态 $\boldsymbol{H}_t\in\mathbb{R}^{n\times h}$，这就是输出门发挥作用的地方。在长短期记忆网络中，它仅仅是记忆元的 tanh 的门控版本。这就确保了 $\boldsymbol{H}_t$ 的值始终在区间 (−1, 1) 内：

$$\boldsymbol{H}_t = \boldsymbol{O}_t \odot \tanh(\boldsymbol{C}_t) \tag{9.7}$$

只要输出门接近 1，我们就能有效地将所有记忆信息传递给预测部分，而对于输出门接近 0，我们只保留记忆元内的所有信息，而不需要更新隐状态。

图 9-7 提供了数据流的图形化演示。

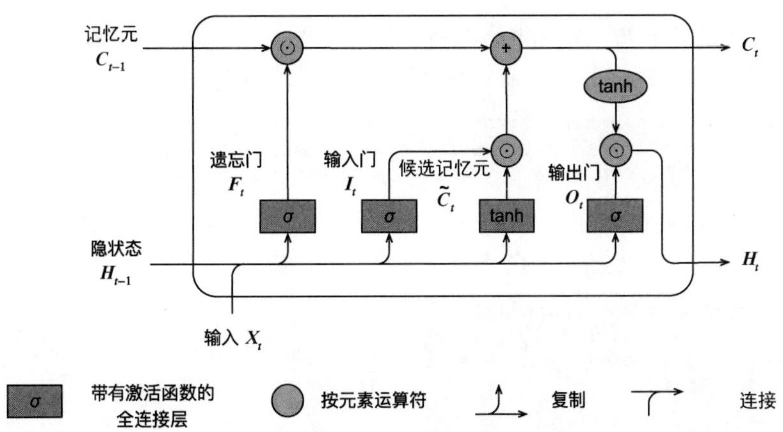

图 9-7　在长短期记忆网络模型中计算隐状态

9.2.2 从零开始实现

现在，我们从零开始实现长短期记忆网络。与 8.5 节中的实验相同，我们首先加载时光机器数据集。

```
import torch
from torch import nn
from d2l import torch as d2l

batch_size, num_steps = 32, 35
train_iter, vocab = d2l.load_data_time_machine(batch_size, num_steps)
```

1. 初始化模型参数

接下来，我们需要定义和初始化模型参数。如前所述，超参数 num_hiddens 定义隐藏单元的数量。我们按照标准差 0.01 的高斯分布初始化权重，并将偏置设为 0。

```
def get_lstm_params(vocab_size, num_hiddens, device):
    num_inputs = num_outputs = vocab_size

    def normal(shape):
        return torch.randn(size=shape, device=device)*0.01

    def three():
        return (normal((num_inputs, num_hiddens)),
                normal((num_hiddens, num_hiddens)),
                torch.zeros(num_hiddens, device=device))

    W_xi, W_hi, b_i = three()  # 输入门参数
    W_xf, W_hf, b_f = three()  # 遗忘门参数
    W_xo, W_ho, b_o = three()  # 输出门参数
    W_xc, W_hc, b_c = three()  # 候选记忆元参数
    # 输出层参数
    W_hq = normal((num_hiddens, num_outputs))
    b_q = torch.zeros(num_outputs, device=device)
    # 附加梯度
    params = [W_xi, W_hi, b_i, W_xf, W_hf, b_f, W_xo, W_ho, b_o, W_xc, W_hc,
              b_c, W_hq, b_q]
    for param in params:
        param.requires_grad_(True)
    return params
```

2. 定义模型

在初始化函数中，长短期记忆网络的隐状态需要返回一个额外的记忆元，其值为 0，形状为 (批量大小, 隐藏单元数)。因此，我们得到以下的状态初始化。

```
def init_lstm_state(batch_size, num_hiddens, device):
    return (torch.zeros((batch_size, num_hiddens), device=device),
            torch.zeros((batch_size, num_hiddens), device=device))
```

实际模型的定义与我们前面讨论的一样：提供 3 个门和一个额外的记忆元。注意，只有隐状态才会传递到输出层，而记忆元 $\boldsymbol{C}_t$ 不直接参与输出计算。

```
def lstm(inputs, state, params):
    [W_xi, W_hi, b_i, W_xf, W_hf, b_f, W_xo, W_ho, b_o, W_xc, W_hc, b_c,
     W_hq, b_q] = params
    (H, C) = state
    outputs = []
    for X in inputs:
        I = torch.sigmoid((X @ W_xi) + (H @ W_hi) + b_i)
```

```
        F = torch.sigmoid((X @ W_xf) + (H @ W_hf) + b_f)
        O = torch.sigmoid((X @ W_xo) + (H @ W_ho) + b_o)
        C_tilda = torch.tanh((X @ W_xc) + (H @ W_hc) + b_c)
        C = F * C + I * C_tilda
        H = O * torch.tanh(C)
        Y = (H @ W_hq) + b_q
        outputs.append(Y)
    return torch.cat(outputs, dim=0), (H, C)
```

3. 训练和预测

我们通过实例化 8.5 节中引入的 RNNModelScratch 类来训练一个长短期记忆网络，就如我们在 9.1 节中所做的那样。

```
vocab_size, num_hiddens, device = len(vocab), 256, d2l.try_gpu()
num_epochs, lr = 500, 1
model = d2l.RNNModelScratch(len(vocab), num_hiddens, device, get_lstm_params,
                            init_lstm_state, lstm)
d2l.train_ch8(model, train_iter, vocab, lr, num_epochs, device)
```

```
perplexity 1.1, 24441.8 tokens/sec on cuda:0
time traveller for so it will be convenient to speak of himwas e
travellericeefware clang the bearnst thicknist for dome tho
```

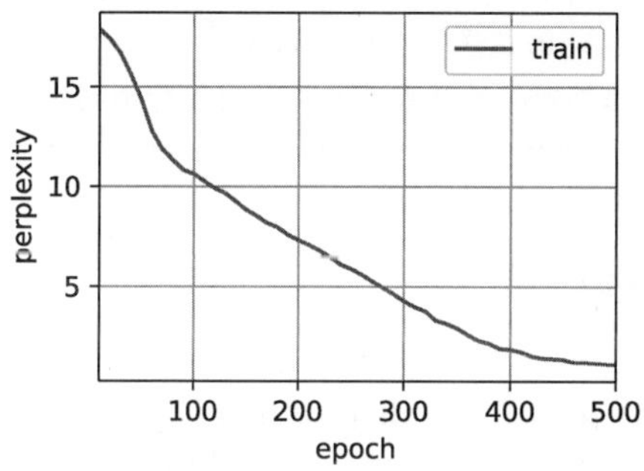

9.2.3 简洁实现

使用高级 API，我们可以直接实例化长短期记忆网络模型。高级 API 封装了前文介绍的所有配置细节。以下这段代码的运行速度要快得多，因为它使用的是编译好的运算符而不是 Python 代码来处理之前阐述的许多细节。

```
num_inputs = vocab_size
lstm_layer = nn.LSTM(num_inputs, num_hiddens)
model = d2l.RNNModel(lstm_layer, len(vocab))
model = model.to(device)
d2l.train_ch8(model, train_iter, vocab, lr, num_epochs, device)
```

```
perplexity 1.1, 309749.4 tokens/sec on cuda:0
time travelleryou can show black is white by argument said filby
travelleryou can show black is white by argument said filby
```

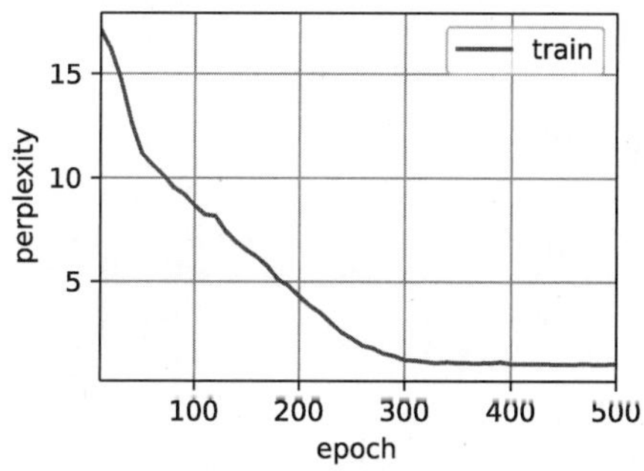

长短期记忆网络是典型的具有重要状态控制的隐变量自回归模型。多年来已经提出了其许多变体，例如，多层、残差连接、不同类型的正则化。然而，由于序列的长距离依赖性，训练长短期记忆网络和其他序列模型（例如门控循环单元）的成本是相当高的。后面我们将讲述更高级的替代模型，如 Transformer。

小结

- 长短期记忆网络有 3 种类型的门：输入门、遗忘门和输出门。
- 长短期记忆网络的隐藏层输出包括“隐状态”和“记忆元”。只有隐状态会传递到输出层，而记忆元完全属于内部信息。
- 长短期记忆网络可以缓解梯度消失和梯度爆炸。

练习

（1）调整和分析超参数对运行时间、困惑度和输出顺序的影响。

（2）如何更改模型以生成适当的单词，而不是字符序列？

（3）在给定隐藏层维度的情况下，比较门控循环单元、长短期记忆网络和常规循环神经网络的计算成本。要特别注意训练成本和推断成本。

（4）既然候选记忆元通过使用 tanh 函数来确保值范围在区间 (−1, 1) 内，那么为什么隐状态需要再次使用 tanh 函数来确保输出值范围在区间 (−1, 1) 内呢？

（5）实现一个能够基于时间序列而不是基于字符序列进行预测的长短期记忆网络模型。

9.3 深度循环神经网络

扫码直达讨论区

到目前为止，我们只讨论了具有一个单向隐藏层的循环神经网络。其中，隐变量和观测值与具体的函数形式的交互方式是相当随意的。只要交互类型建模具有足够的灵活性，这就不是一个大问题。然而，对一个单层来说，这可能具有相当的挑战性。之前在线性模型中，我们通过添加更多的层来解决这个问题。而在循环神经网络中，我们首先需要确定如何添加更多的层，以及在哪里添加额外的非线性层，因此这个问题有点棘手。

事实上，我们可以将多层循环神经网络堆叠在一起，通过对几个简单层的组合，产生一种灵活的机制。特别是，数据可能与不同层的堆叠有关。例如，我们可能希望保持有关金融市场状况（熊市或牛市）的宏观数据可用，而微观数据只记录较短期的时间动态。

图 9-8 展示了一个具有 L 个隐藏层的深度循环神经网络，每个隐状态都连续地传递到当前层的下一个时间步和下一层的当前时间步。

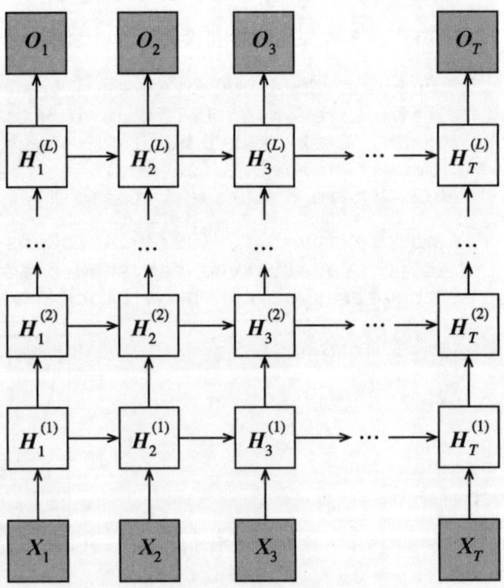

图 9-8　深度循环神经网络结构

9.3.1 函数依赖关系

我们可以将深度架构中的函数依赖关系形式化，这个架构由图 9-8 中展示的 L 个隐藏层构成。后续的讨论主要集中在经典的循环神经网络模型上，但是这些讨论也适应于其他序列模型。

假设在时间步 t 有一个小批量的输入数据 $\boldsymbol{X}_t \in \mathbb{R}^{n\times d}$（样本数：$n$，每个样本中的输入数：$d$）。同时，将第 l 个隐藏层（$l = 1, \cdots, L$）的隐状态设为$\boldsymbol{H}_t^{(l)} \in \mathbb{R}^{n\times h}$（隐藏单元数：$h$），输出层变量设为 $\boldsymbol{O}_t \in \mathbb{R}^{n\times q}$（输出数：$q$）。设置$\boldsymbol{H}_t^{(0)} = \boldsymbol{X}_t$，第 l 个隐藏层的隐状态使用激活函数 ϕ_l，则

$$\boldsymbol{H}_t^{(l)} = \phi_l(\boldsymbol{H}_t^{(l-1)}\boldsymbol{W}_{xh}^{(l)} + \boldsymbol{H}_{t-1}^{(l)}\boldsymbol{W}_{hh}^{(l)} + \boldsymbol{b}_h^{(l)}) \tag{9.8}$$

其中，权重$\boldsymbol{W}_{xh}^{(l)} \in \mathbb{R}^{h\times h}$、$\boldsymbol{W}_{hh}^{(l)} \in \mathbb{R}^{h\times h}$和偏置$\boldsymbol{b}_h^{(l)} \in \mathbb{R}^{1\times h}$都是第 l 个隐藏层的模型参数。

最后，输出层的计算仅基于第 l 个隐藏层最终的隐状态：

$$\boldsymbol{O}_t = \boldsymbol{H}_t^{(L)}\boldsymbol{W}_{hq} + \boldsymbol{b}_q \tag{9.9}$$

其中，权重 $\boldsymbol{W}_{hq} \in \mathbb{R}^{h\times q}$ 和偏置 $\boldsymbol{b}_q \in \mathbb{R}^{1\times q}$ 都是输出层的模型参数。

与多层感知机一样，隐藏层数 L 和隐藏单元数 h 都是超参数，也就是说，它们可以由我们调整。另外，用门控循环单元或长短期记忆网络的隐状态来代替式（9.8）中的隐状态进行计算，可以很容易地得到深度门控循环神经网络或深度长短期记忆神经网络。

9.3.2 简洁实现

实现多层循环神经网络所需的许多逻辑细节在高级 API 中都是现成的。为简单起见，我们仅示范使用此类内置函数的实现方式。以长短期记忆网络模型为例，其实现代码与之前在 9.2 节中使用的代码非常相似，实际上唯一的区别是我们指定了层的数量，而不是使用单一层这个默认值。像之前一样，我们从加载数据集开始。

```
import torch
from torch import nn
from d2l import torch as d2l

batch_size, num_steps = 32, 35
train_iter, vocab = d2l.load_data_time_machine(batch_size, num_steps)
```

选择超参数这类架构决策也与 9.2 节中的决策非常相似。因为我们有不同的词元，所以输入和输出都选择相同的数量，即 `vocab_size`。隐藏单元的数量仍为 256。唯一的区别是，我们现在通过 `num_layers` 的值来设定隐藏层数。

```
vocab_size, num_hiddens, num_layers = len(vocab), 256, 2
num_inputs = vocab_size
device = d2l.try_gpu()
lstm_layer = nn.LSTM(num_inputs, num_hiddens, num_layers)
model = d2l.RNNModel(lstm_layer, len(vocab))
model = model.to(device)
```

9.3.3 训练与预测

由于使用了长短期记忆网络模型来实例化两个层，因此训练速度大大降低了。

```
num_epochs, lr = 500, 2
d2l.train_ch8(model, train_iter, vocab, lr, num_epochs, device)
```

```
perplexity 1.0, 114313.3 tokens/sec on cuda:0
time travelleryou can show black is white by argument said filby
travelleryou can show black is white by argument said filby
```

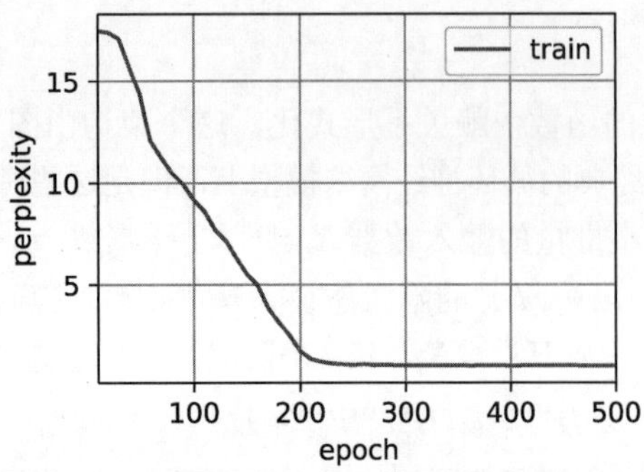

小结

- 在深度循环神经网络中，隐状态的信息被传递到当前层的下一个时间步和下一层的当前时间步。
- 有许多不同风格的深度循环神经网络，如长短期记忆网络、门控循环单元或常规循环神经网络。这些模型在深度学习框架的高级 API 中都有涵盖。
- 总体而言，深度循环神经网络需要大量的调参（如学习率和截断）来确保合适的收敛，模型的初始化也需要谨慎。

练习

（1）基于我们在 8.5 节中讨论的单层实现，尝试从零开始实现两层循环神经网络。

（2）在本节训练模型中，比较使用门控循环单元替换长短期记忆网络后模型的精度和训练速度。

（3）如果增加训练数据，能够将困惑度降到多低？

（4）在为文本建模时，是否可以将不同作者的源数据合并？如果可以，有何优劣势呢？

9.4 双向循环神经网络

扫码直达讨论区

在序列学习中，我们以往假定的目标是：在给定观测的情况下（例如，在时间序列的上下文中或在语言模型的上下文中），对下一个输出进行建模。虽然这是一个典型场景，但不是唯一的，还可能发生什么其他情况呢？我们考虑以下 3 个在文本序列中填空的任务。

- 我 ___。
- 我 ___ 饿了。
- 我 ___ 饿了，我可以吃半头牛。

根据可获得的信息，我们可以分别用不同的词填空，如“很高兴”（happy）、“不”（not）和“非常”（very）。很明显，每个短语的“下文”传达了重要信息（如果有的话），而这些信息关乎选择哪个词来填空，所以无法利用这一点的序列模型将在相关任务上表现不佳。例如，如果要做好命名实体识别（例如，识别“Green”指的是“格林先生”还是绿色），不同长度的上下文范围的重要性是相同的。为了获得一些解决问题的灵感，我们先回到概率图模型。

9.4.1 隐马尔可夫模型中的动态规划

本节是用来说明动态规划问题的，具体的技术细节对于理解深度学习模型并不重要，但它有助于我们思考为什么要使用深度学习，以及为什么要选择特定的架构。

如果我们想用概率图模型来解决这个问题，可以设计一个隐变量模型：在任意时间步 t，假设存在某个隐变量 h_t，通过概率 $P(x_t \mid h_t)$ 控制我们观测到的 x_t。此外，任何 $h_t \to h_{t+1}$ 转移都由一些状态转移概率 $P(h_{t+1} \mid h_t)$ 给出。这个概率图模型就是一个隐马尔可夫模型（hidden Markov model，HMM），如图 9-9 所示。

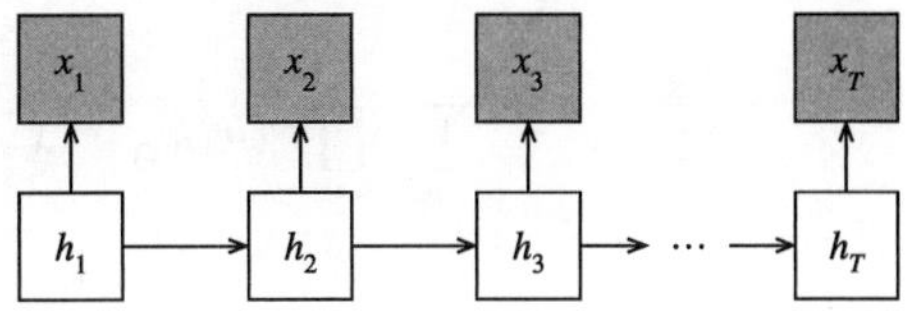

图 9-9 隐马尔可夫模型

因此，对于有 T 个观测值的序列，在观测状态和隐状态上具有以下联合概率分布：

$$P(x_1,\cdots,x_T,h_1,\cdots,h_T)=\prod_{t=1}^{T}P(h_t|h_{t-1})P(x_t|h_t),\ \text{其中}\ P(h_1|h_0)=P(h_1) \tag{9.10}$$

现在，假设除了 x_j，我们观测到所有的 x_i，并且我们的目标是计算 $P(x_j \mid x_{-j})$，其中 $x_{-j}=(x_1, \cdots, x_{j-1}, x_{j+1}, \cdots, x_T)$。由于 $P(x_j \mid x_{-j})$ 中没有隐变量，因此我们考虑对 $h_1, \cdots, h_T$ 选择构成的所有可能的组合进行求和。如果任何 h_i 可以接受 k 个不同的值（有限的状态数），就意味着我们需要对 k^T 个项求和，这个任务显然难于登天。幸运的是，有个巧妙的解决方案：动态规划（dynamic programming）。

要了解动态规划的工作方式，我们考虑对隐变量 $h_1,\cdots,h_T$ 依次求和。根据式（9.10），将得到

$$\begin{aligned}
&P(x_1,\cdots,x_T)\\
&=\sum_{h_1,\cdots,h_T}P(x_1,\cdots,x_T,h_1,\cdots,h_T)\\
&=\sum_{h_1,\cdots,h_T}\prod_{t=1}^{T}P(h_t|h_{t-1})P(x_t|h_t)\\
&=\sum_{h_2,\cdots,h_T}\underbrace{\left[\sum_{h_1}P(h_1)P(x_1|h_1)P(h_2|h_1)\right]}_{\pi_2(h_2)\stackrel{\text{def}}{=}}P(x_2|h_2)\prod_{t=3}^{T}P(h_t|h_{t-1})P(x_t|h_t)\\
&=\sum_{h_3,\cdots,h_T}\underbrace{\left[\sum_{h_2}\pi_2(h_2)P(x_2|h_2)P(h_3|h_2)\right]}_{\pi_3(h_3)\stackrel{\text{def}}{=}}P(x_3|h_3)\prod_{t=4}^{T}P(h_t|h_{t-1})P(x_t|h_t)\\
&\cdots\\
&=\sum_{h_T}\pi_T(h_T)P(x_T|h_T)
\end{aligned} \tag{9.11}$$

通常，我们将前向递归（forward recursion）写为

$$\pi_{t+1}(h_{t+1})=\sum_{h_t}\pi_t(h_t)P(x_t|h_t)P(h_{t+1}|h_t) \tag{9.12}$$

递归被初始化为 $\pi_1(h_1)=P(h_1)$。符号简化后，也可以写成 $\pi_{t+1}=f(\pi_t, x_t)$，其中 f 是可学习的函数。这看起来就像我们在循环神经网络中讨论的隐变量模型中的更新方程。

与前向递归一样，我们也可以使用后向递归对同一组隐变量求和。这将得到

$$\begin{aligned}
&P(x_1,\cdots,x_T)\\
&=\sum_{h_1,\cdots,h_T}P(x_1,\cdots,x_T,h_1,\cdots,h_T)\\
&=\sum_{h_1,\cdots,h_T}\prod_{t=1}^{T-1}P(h_t|h_{t-1})P(x_t|h_t)\cdot P(h_T|h_{T-1})P(x_T|h_T)
\end{aligned}$$

$$
\begin{aligned}
&= \sum_{h_1,\cdots,h_{T-1}} \prod_{t=1}^{T-1} P(h_t \mid h_{t-1}) P(x_t \mid h_t) \cdot \underbrace{\left[\sum_{h_T} P(h_T \mid h_{T-1}) P(x_T \mid h_T) \right]}_{\rho_{T-1}(h_{T-1}) \stackrel{\text{def}}{=}} \\
&= \sum_{h_1,\cdots,h_{T-2}} \prod_{t=1}^{T-2} P(h_t \mid h_{t-1}) P(x_t \mid h_t) \cdot \underbrace{\left[\sum_{h_{T-1}} P(h_{T-1} \mid h_{T-2}) P(x_{T-1} \mid h_{T-1}) p_{T-1}(h_{T-1}) \right]}_{\rho_{T-2}(h_{T-2}) \stackrel{\text{def}}{=}} \\
&\cdots \\
&= \sum_{h_1} P(h_1) P(x_1 \mid h_1) \rho_1(h_1)
\end{aligned} \tag{9.13}
$$

因此，我们可以将后向递归（backward recursion）写为

$$
\rho_{t-1}(h_{t-1}) = \sum_{h_t} P(h_t \mid h_{t-1}) P(x_t \mid h_t) \rho_t(h_t) \tag{9.14}
$$

初始化 $\rho_T(h_T)$ 为 1。前向递归和后向递归都允许对 T 个隐变量在 $O(kT)$（线性而不是指数）的时间范围内对 $(h_1, \cdots, h_T)$ 的所有值求和。这是使用图模型进行概率推理的巨大优势之一。它也是通用消息传递算法 [2] 的一个非常特殊的例子。结合前向递归和后向递归，我们能够计算

$$
P(x_j \mid x_{-j}) \propto \sum_{h_j} \pi_j(h_j) \rho_j(h_j) P(x_j \mid h_j) \tag{9.15}
$$

因为符号简化的需要，后向递归也可以写为 $\rho_{t-1}=g(\rho_t, x_t)$，其中 g 是一个可以学习的函数。同样，这看起来非常像一个更新方程，只是不像我们在循环神经网络中看到的那样前向计算，而是后向计算。事实上，知道未来数据何时可用对隐马尔可夫模型是有益的。信号处理学家将知道未来观测这两种情况时区分为内插和外推，有关更多详细信息，请参阅参考文献 [33]。

9.4.2 双向模型

如果我们希望在循环神经网络中拥有一种机制，使之能够提供与隐马尔可夫模型类似的前瞻能力，我们就需要修改循环神经网络的设计。幸运的是，这在概念上很容易，只需要增加一个“从最后一个词元开始从后向前运行”的循环神经网络，而不是只有一个在前向模式下“从第一个词元开始运行”的循环神经网络。*双向循环神经网络*（bidirectional RNN）添加了反向传递信息的隐藏层，以便更灵活地处理此类信息。图 9-10 展示了具有单个隐藏层的双向循环神经网络架构。

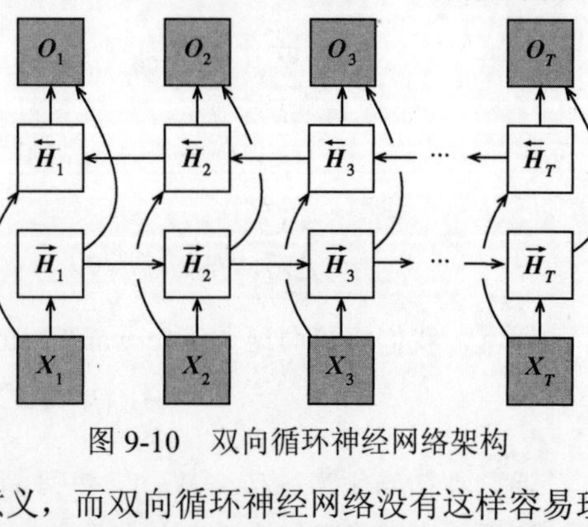

图 9-10　双向循环神经网络架构

事实上，这与隐马尔可夫模型中的动态规划的前向递归和后向递归没有太大区别。其主要区别是，在隐马尔可夫模型中的方程具有特定的统计意义，而双向循环神经网络没有这样容易理解，我们只能把它们当作通用的、可学习的函数。这种转变集中体现了现代深度网络的设计原则：首先使用经典统计模型的函数依赖类型，然后将其参数化为通用形式。

1. 定义

双向循环神经网络是由参考文献 [144] 提出的，关于各种架构的详细讨论请参阅参考文献 [49]。我们看看这样一个网络的细节。

对于任意时间步 t，给定一个小批量的输入数据 $\boldsymbol{X}_t \in \mathbb{R}^{n\times d}$（样本数 n，每个示例中的输入数 d），并且令隐藏层激活函数为 ϕ。在双向架构中，我们设该时间步的前向隐状态和反向隐状态分别为 $\overrightarrow{\boldsymbol{H}}_t \in \mathbb{R}^{n\times h}$ 和 $\overleftarrow{\boldsymbol{H}}_t \in \mathbb{R}^{n\times h}$，其中 h 是隐藏单元数。前向隐状态和反向隐状态的更新分别如下：

$$\begin{aligned}\overrightarrow{\boldsymbol{H}}_t &= \phi(\boldsymbol{X}_t \boldsymbol{W}_{xh}^{(f)} + \overrightarrow{\boldsymbol{H}}_{t-1} \boldsymbol{W}_{hh}^{(f)} + \boldsymbol{b}_h^{(f)})\\ \overleftarrow{\boldsymbol{H}}_t &= \phi(\boldsymbol{X}_t \boldsymbol{W}_{xh}^{(b)} + \overleftarrow{\boldsymbol{H}}_{t+1} \boldsymbol{W}_{hh}^{(b)} + \boldsymbol{b}_h^{(b)})\end{aligned} \tag{9.16}$$

其中，权重 $\boldsymbol{W}_{xh}^{(f)} \in \mathbb{R}^{d\times h}$、$\boldsymbol{W}_{hh}^{(f)} \in \mathbb{R}^{h\times h}$、$\boldsymbol{W}_{xh}^{(b)} \in \mathbb{R}^{d\times h}$、$\boldsymbol{W}_{hh}^{(b)} \in \mathbb{R}^{h\times h}$ 和偏置 $\boldsymbol{b}_h^{(f)} \in \mathbb{R}^{1\times h}$、$\boldsymbol{b}_h^{(b)} \in \mathbb{R}^{1\times h}$ 都是模型参数。

接下来，将前向隐状态 $\overrightarrow{\boldsymbol{H}}_t$ 和反向隐状态 $\overleftarrow{\boldsymbol{H}}_t$ 连接起来，获得需要送入输出层的隐状态 $\boldsymbol{H}_t \in \mathbb{R}^{n\times 2h}$。在具有多个隐藏层的深度双向循环神经网络中，该信息作为输入传递到下一个双向层。最后，输出层计算得到的输出为 $\boldsymbol{O}_t \in \mathbb{R}^{n\times q}$（$q$ 是输出单元数）：

$$\boldsymbol{O}_t = \boldsymbol{H}_t \boldsymbol{W}_{hq} + \boldsymbol{b}_q \tag{9.17}$$

这里，权重矩阵 $\boldsymbol{W}_{hq} \in \mathbb{R}^{2h\times q}$ 和偏置 $\boldsymbol{b}_q \in \mathbb{R}^{1\times q}$ 是输出层的模型参数。事实上，这两个方向可以拥有不同数量的隐藏单元。

2. 模型的计算成本及其应用

双向循环神经网络的一个关键特性是：使用来自序列两端的信息来估计输出。也就是说，我们使用来自过去和未来的观测信息来预测当前的观测。但是，对于对下一个词元进行预测的情况，这样的模型并不是我们所需的，因为在预测下一个词元时，我们终究无法知道下一个词元的下文是什么，所以将不会得到很高的精确度。具体地说，在训练期间，我们能够利用过去和未来的数据来估计当前空缺的词；而在测试期间，我们只有过去的数据，因此精确度将会很低。后面的实验将说明这一点。

还有一个严重问题是，双向循环神经网络的计算速度非常慢。其主要原因是网络的前向传播需要在双向层中进行前向递归和后向递归，并且网络的反向传播还依赖前向传播的结果。因此，梯度求解将经历一个非常长的链。

双向层的使用在实践中非常少，并且仅应用于部分场景。例如，填充缺失的单词、词元注释（例如用于命名实体识别）以及作为序列处理流水线中的一个步骤对序列进行编码（例如用于机器翻译）。在 14.8 节和 15.2 节中，我们将介绍如何使用双向循环神经网络对文本序列进行编码。

9.4.3 双向循环神经网络的错误应用

由于双向循环神经网络使用了过去的和未来的数据，因此我们不能盲目地将这一语言模型应用于任何预测任务。尽管模型产生的困惑度是合理的，但该模型预测未来词元的能力却可能存在严重缺陷。我们引以为戒，用下面的示例代码来说明，以防在错误的环境中使用它们。

```
import torch
from torch import nn
from d2l import torch as d2l

# 加载数据
batch_size, num_steps, device = 32, 35, d2l.try_gpu()
train_iter, vocab = d2l.load_data_time_machine(batch_size, num_steps)
# 通过设置“bidirective=True”来定义双向LSTM模型
vocab_size, num_hiddens, num_layers = len(vocab), 256, 2
num_inputs = vocab_size
```

```
lstm_layer = nn.LSTM(num_inputs, num_hiddens, num_layers, bidirectional=True)
model = d2l.RNNModel(lstm_layer, len(vocab))
model = model.to(device)
# 训练模型
num_epochs, lr = 500, 1
d2l.train_ch8(model, train_iter, vocab, lr, num_epochs, device)
perplexity 1.1, 120361.2 tokens/sec on cuda:0
time travellerererererererererererererererererererererererer
travellerererererererererererererererererererererererer
```

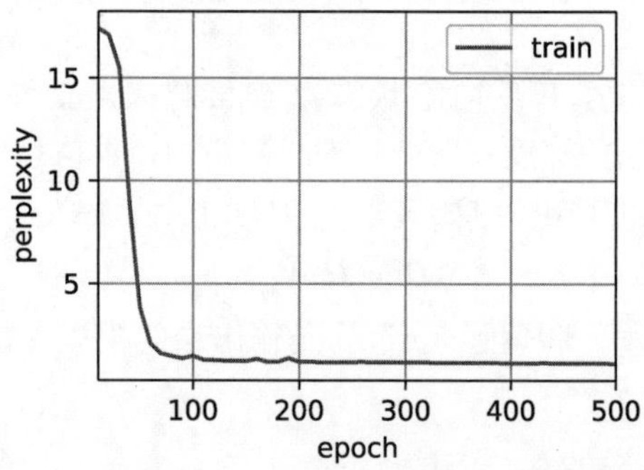

上述结果显然令人瞠目结舌。关于如何更有效地使用双向循环神经网络的讨论，参见 15.2 节中的情感分类应用。

小结

- 在双向循环神经网络中，每个时间步的隐状态由当前时间步的前后数据同时决定。
- 双向循环神经网络与概率图模型中的"前向 – 后向"算法具有相似性。
- 双向循环神经网络主要用于序列编码和给定双向上下文的观测估计。
- 由于梯度链更长，因此双向循环神经网络的训练成本非常高。

练习

（1）如果在不同方向使用不同数量的隐藏单元，$\boldsymbol{H}_t$ 的形状会发生怎样的变化？

（2）设计一个具有多个隐藏层的双向循环神经网络。

（3）在自然语言中一词多义现象很常见。例如，"bank"一词在不同的上下文"i went to the bank to deposit cash"和"i went to the bank to sit down"中有不同的含义。如何设计一个神经网络模型，使其在给定上下文序列和单词的情况下，返回该单词在此上下文中的向量表示？哪种类型的神经网络架构更适合处理一词多义？

9.5 机器翻译与数据集

扫码直达讨论区

语言模型是自然语言处理的关键，而机器翻译是语言模型最成功的基准测试，因为机器翻译正是将输入序列转换成输出序列的序列转换模型（sequence transduction model）的核心问题。序列转换模型在各类现代人工智能应用中发挥着至关重要的作用，因此我们将其作为本章剩余部分和第 10 章的重点。为此，本节将介绍机器翻译问题及其后文需要使用的数据集。

机器翻译（machine translation）指的是将序列从一种语言自动翻译成另一种语言。事实上，这个研究领域可以追溯到数字计算机发明后不久的 20 世纪 40 年代，特别是在第二次世界大战中使用计算机破译语言编码。几十年来，在使用神经网络进行端到端学习兴起之前，统计学方法在这一领域一直占据主导地位[14, 16]，因为统计机器翻译（statistical machine translation）涉及翻译模型和语言模型等组成部分的统计分析，而基于神经网络的方法通常被称为神经机器翻译（neural machine translation），用于将两种翻译模型区分开来。

本书的关注点是神经网络机器翻译方法，强调的是端到端的学习。与 8.3 节中的语料库是单一语言的语言模型问题不同，机器翻译的数据集是由源语言和目标语言的文本序列对组成的。因此，我们需要一种完全不同的方法来预处理机器翻译数据集，而不是复用语言模型的预处理程序。下面，我们看一下如何将预处理后的数据加载到小批量中用于训练。

```
import os
import torch
from d2l import torch as d2l
```

9.5.1 下载和预处理数据集

首先，搜索“Tab-delimited Bilingual Sentence Pairs”，下载一个由 Tatoeba 项目的双语句子对组成的“英语－法语”数据集，数据集中的每一行都是制表符分隔的文本序列对，序列对由英语文本序列和翻译后的法语文本序列组成。注意，每个文本序列可以是一个句子，也可以是包含多个句子的一个段落。在这个将英语翻译成法语的机器翻译问题中，英语是源语言（source language），法语是目标语言（target language）。

```
#@save
d2l.DATA_HUB['fra-eng'] = (d2l.DATA_URL + 'fra-eng.zip',
                           '94646ad1522d915e7b0f9296181140edcf86a4f5')

#@save
def read_data_nmt():
    """载入"英语-法语"数据集"""
    data_dir = d2l.download_extract('fra-eng')
    with open(os.path.join(data_dir, 'fra.txt'), 'r',
             encoding='utf-8') as f:
        return f.read()

raw_text = read_data_nmt()
print(raw_text[:75])
```

```
Go.	Va !
Hi.	Salut !
Run!	Cours !
Run!	Courez !
Who?	Qui ?
Wow!	Ça alors !
```

下载数据集后，原始文本数据需要经过几个预处理步骤。例如，我们用空格代替不间断空格（non-breaking space），用小写字母替换大写字母，并在单词和标点符号之间插入空格。

```
#@save
def preprocess_nmt(text):
    """预处理"英语-法语"数据集"""
    def no_space(char, prev_char):
        return char in set(',.!?') and prev_char != ' '

    # 用空格替换不间断空格
    # 用小写字母替换大写字母
    text = text.replace('\u202f', ' ').replace('\xa0', ' ').lower()
```

```
    # 在单词和标点符号之间插入空格
    out = [' ' + char if i > 0 and no_space(char, text[i - 1]) else char
           for i, char in enumerate(text)]
    return ''.join(out)

text = preprocess_nmt(raw_text)
print(text[:80])
```

```
go .    va !
hi .    salut !
run !   cours !
run !   courez !
who ?   qui ?
wow !   ça alors !
```

9.5.2 词元化

与 8.3 节中的字符级词元化不同，在机器翻译中，我们更喜欢单词级词元化（最先进的模型可能使用更高级的词元化技术）。下面的 `tokenize_nmt` 函数对前 `num_examples` 个文本序列对进行词元，其中每个词元要么是一个词，要么是一个标点符号。此函数返回两个词元列表：`source` 和 `target`。`source[i]` 是源语言（这里是英语）第 i 个文本序列的词元列表，`target[i]` 是目标语言（这里是法语）第 i 个文本序列的词元列表。

```
#@save
def tokenize_nmt(text, num_examples=None):
    """词元化"英语-法语"数据数据集"""
    source, target = [], []
    for i, line in enumerate(text.split('\n')):
        if num_examples and i > num_examples:
            break
        parts = line.split('\t')
        if len(parts) == 2:
            source.append(parts[0].split(' '))
            target.append(parts[1].split(' '))
    return source, target

source, target = tokenize_nmt(text)
source[:6], target[:6]
```

```
([['go', '.'],
  ['hi', '.'],
  ['run', '!'],
  ['run', '!'],
  ['who', '?'],
  ['wow', '!']],

 [['va', '!'],
  ['salut', '!'],
  ['cours', '!'],
  ['courez', '!'],
  ['qui', '?'],
  ['ça', 'alors', '!']])
```

绘制每个文本序列所包含的词元数的直方图。在这个简单的“英语-法语”数据集中，大多数文本序列的词元数少于 20 个。

```
def show_list_len_pair_hist(legend, xlabel, ylabel, xlist, ylist):
    """绘制列表长度对的直方图"""
    d2l.set_figsize()
    _, _, patches = d2l.plt.hist(
        [[len(l) for l in xlist], [len(l) for l in ylist]])
    d2l.plt.xlabel(xlabel)
```

```
    d2l.plt.ylabel(ylabel)
    for patch in patches[1].patches:
        patch.set_hatch('/')
    d2l.plt.legend(legend)

show_list_len_pair_hist(['source', 'target'], '# tokens per sequence',
                        'count', source, target);
```

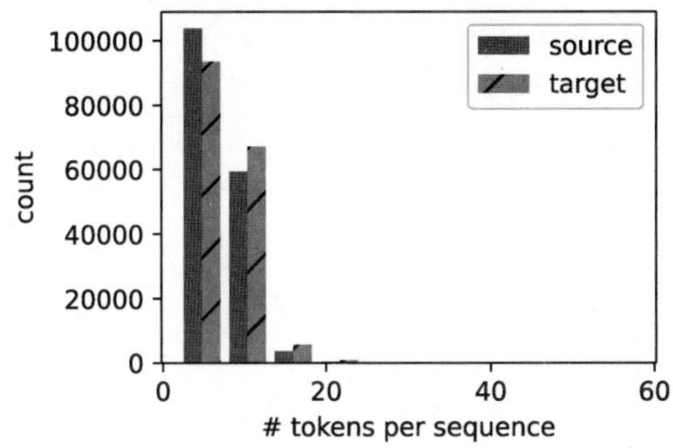

9.5.3 词表

由于机器翻译数据集由语言对组成，因此我们可以分别为源语言和目标语言构建两个词表。使用单词级词元化时，词表大小将明显大于使用字符级词元化时的词表大小。为了缓解这一问题，这里我们将出现次数少于 2 次的低频词元视为相同的未知（`'<unk>'`）词元。除此之外，我们还指定了额外的特定词元，例如在小批量时用于将序列填充到相同长度的填充词元（`'<pad>'`），以及序列的开始词元（`'<bos>'`）和结束词元（`'<eos>'`）。这些特殊词元在自然语言处理任务中比较常用。

```
src_vocab = d2l.Vocab(source, min_freq=2,
                      reserved_tokens=['<pad>', '<bos>', '<eos>'])
len(src_vocab)
```

```
10012
```

9.5.4 加载数据集

回想一下，语言模型中的序列样本都有一个固定的长度，无论这个样本是一个句子的某一部分还是跨越多个句子的一个片断。这个固定长度是由 8.3 节中的 `num_steps`（时间步数或词元数）参数指定的。在机器翻译中，每个样本都是由源和目标组成的文本序列对，其中的每个文本序列可能具有不同的长度。

为了提高计算效率，我们仍然可以通过*截断*（truncation）和*填充*（padding）方式实现一次只处理一个小批量的文本序列。假设同一个小批量中的每个序列都应该具有相同的长度 `num_steps`，那么如果文本序列的词元数少于 `num_steps` 时，我们将在其末尾添加特定的 `'<pad>'` 词元，直到其长度达到 `num_steps`；反之，我们将截断文本序列，只取其前 `num_steps` 个词元，并且丢弃剩余的词元。这样，每个文本序列将具有相同的长度，以便以相同形状的小批量进行加载。

如前所述，下面的 `truncate_pad` 函数将截断或填充文本序列。

```
#@save
def truncate_pad(line, num_steps, padding_token):
```

```
    """截断或填充文本序列"""
    if len(line) > num_steps:
        return line[:num_steps]  # 截断
    return line + [padding_token] * (num_steps - len(line))  # 填充

truncate_pad(src_vocab[source[0]], 10, src_vocab['<pad>'])
```

```
[47, 4, 1, 1, 1, 1, 1, 1, 1, 1]
```

下面我们定义一个可以将文本序列转换成小批量数据集用于训练的函数。我们将特定的 '<eos>' 词元添加到所有序列的末尾，用于表示序列的结束。当模型通过一个词元接一个词元地生成序列进行预测时，生成的 '<eos>' 词元说明完成了序列输出工作。此外，我们还记录了每个文本序列的长度，统计长度时剔除了填充词元，在稍后将要介绍的一些模型会需要这个长度信息。

```
#@save
def build_array_nmt(lines, vocab, num_steps):
    """将机器翻译的文本序列转换成小批量"""
    lines = [vocab[l] for l in lines]
    lines = [l + [vocab['<eos>']] for l in lines]
    array = torch.tensor([truncate_pad(
        l, num_steps, vocab['<pad>']) for l in lines])
    valid_len = (array != vocab['<pad>']).type(torch.int32).sum(1)
    return array, valid_len
```

9.5.5 训练模型

最后，我们定义 load_data_nmt 函数来返回数据迭代器，以及源语言和目标语言的两种词表。

```
#@save
def load_data_nmt(batch_size, num_steps, num_examples=600):
    """返回翻译数据集的迭代器和词表"""
    text = preprocess_nmt(read_data_nmt())
    source, target = tokenize_nmt(text, num_examples)
    src_vocab = d2l.Vocab(source, min_freq=2,
                          reserved_tokens=['<pad>', '<bos>', '<eos>'])
    tgt_vocab = d2l.Vocab(target, min_freq=2,
                          reserved_tokens=['<pad>', '<bos>', '<eos>'])
    src_array, src_valid_len = build_array_nmt(source, src_vocab, num_steps)
    tgt_array, tgt_valid_len = build_array_nmt(target, tgt_vocab, num_steps)
    data_arrays = (src_array, src_valid_len, tgt_array, tgt_valid_len)
    data_iter = d2l.load_array(data_arrays, batch_size)
    return data_iter, src_vocab, tgt_vocab
```

下面我们读出“英语 - 法语”数据集中的第一个小批量数据。

```
train_iter, src_vocab, tgt_vocab = load_data_nmt(batch_size=2, num_steps=8)
for X, X_valid_len, Y, Y_valid_len in train_iter:
    print('X:', X.type(torch.int32))
    print('X的有效长度:', X_valid_len)
    print('Y:', Y.type(torch.int32))
    print('Y的有效长度:', Y_valid_len)
    break
```

```
X: tensor([[99, 10,  4,  3,  1,  1,  1,  1],
        [ 7,  0,  4,  3,  1,  1,  1,  1]], dtype=torch.int32)
X的有效长度: tensor([4, 4])
Y: tensor([[0, 8, 4, 3, 1, 1, 1, 1],
        [6, 7, 0, 4, 3, 1, 1, 1]], dtype=torch.int32)
Y的有效长度: tensor([4, 5])
```

小结

- 机器翻译指的是将文本序列从一种语言自动翻译成另一种语言。
- 使用单词级词元化时的词表大小，将明显大于使用字符级词元化时的词表大小。为了缓解这一问题，我们可以将低频词元视为相同的未知词元。
- 通过截断和填充文本序列，可以保证所有的文本序列都具有相同的长度，以便以小批量的方式加载。

练习

（1）在 `load_data_nmt` 函数中尝试不同的 `num_examples` 参数值。这对源语言和目标语言的词表大小有何影响？

（2）某些语言（例如中文和日文）的文本没有单词边界指示符（例如空格）。对于这种情况，单词级词元化仍然是个好主意吗？为什么？

9.6　编码器-解码器架构

扫码直达讨论区

正如我们在 9.5 节中所讨论的，机器翻译是序列转换模型的一个核心问题，其输入和输出都是长度可变的序列。为了处理这种类型的输入和输出，我们可以设计一个包含两个主要组件的架构。第一个组件是一个编码器（encoder）：它接收一个长度可变的序列作为输入，并将其转换为具有固定形状的编码状态。第二个组件是解码器（decoder）：它将固定形状的编码状态映射到长度可变的序列。这被称为编码器-解码器（encoder-decoder）架构，如图 9-11 所示。

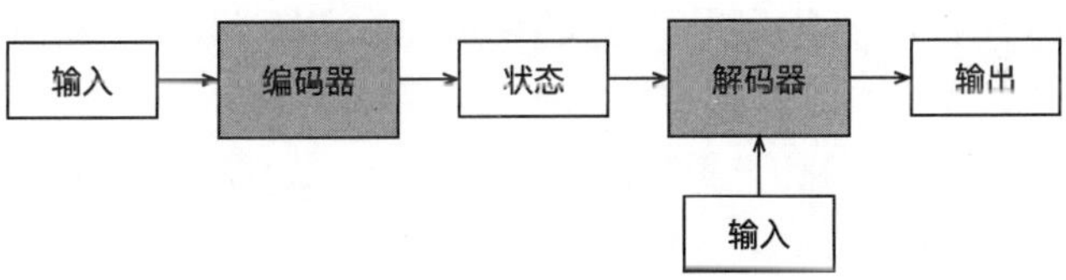

图 9-11　编码器-解码器架构

我们以英语到法语的机器翻译为例。给定一个英语输入序列“They”“are”“watching”“.”。这种编码器-解码器架构先将长度可变的输入序列编码成一个“状态”，然后对该状态进行解码，一个词元接着一个词元地生成翻译后的序列“Ils”“regordent”“.”作为输出。由于编码器-解码器架构是形成后续章节中不同序列转换模型的基础，因此本节将把这个架构转换为接口以便后面的代码实现。

9.6.1　编码器

在编码器接口中，我们只指定长度可变的序列作为编码器的输入 `X`。任何继承自 `Encoder` 基类的模型将完成代码实现。

```
from torch import nn


#@save
class Encoder(nn.Module):
    """编码器-解码器架构的基本编码器接口"""
```

```python
    def __init__(self, **kwargs):
        super(Encoder, self).__init__(**kwargs)

    def forward(self, X, *args):
        raise NotImplementedError
```

9.6.2 解码器

在下面的解码器接口中，我们新增一个 init_state 函数，用于将编码器的输出（enc_outputs）转换为编码后的状态。注意，此步骤可能需要额外的输入，例如：输入序列的有效长度，这在 9.5.4 节中进行了解释。为了逐个生成长度可变的词元序列，解码器在每个时间步都会将输入（例如在前一个时间步生成的词元）和编码后的状态映射成当前时间步的输出词元。

```python
#@save
class Decoder(nn.Module):
    """编码器-解码器架构的基本解码器接口"""
    def __init__(self, **kwargs):
        super(Decoder, self).__init__(**kwargs)

    def init_state(self, enc_outputs, *args):
        raise NotImplementedError

    def forward(self, X, state):
        raise NotImplementedError
```

9.6.3 合并编码器和解码器

总而言之，编码器-解码器架构包含了一个编码器和一个解码器，并且还拥有可选的额外参数。在前向传播中，编码器的输出用于生成编码状态，这个状态又被解码器作为其输入的一部分。

```python
#@save
class EncoderDecoder(nn.Module):
    """编码器-解码器架构的基类"""
    def __init__(self, encoder, decoder, **kwargs):
        super(EncoderDecoder, self).__init__(**kwargs)
        self.encoder = encoder
        self.decoder = decoder

    def forward(self, enc_X, dec_X, *args):
        enc_outputs = self.encoder(enc_X, *args)
        dec_state = self.decoder.init_state(enc_outputs, *args)
        return self.decoder(dec_X, dec_state)
```

编码器-解码器架构中的术语状态会启发人们使用具有状态的神经网络来实现该架构。在 9.7 节中，我们将学习如何应用循环神经网络设计基于编码器-解码器架构的序列转换模型。

小结

- 编码器-解码器架构可以将长度可变的序列作为输入和输出，因此适用于机器翻译等序列转换问题。
- 编码器将长度可变的序列作为输入，并将其转换为具有固定形状的编码状态。
- 解码器将具有固定形状的编码状态映射为长度可变的序列。

练习

（1）假设我们使用神经网络来实现编码器-解码器架构，那么编码器和解码器必须是同一类型的神经网络吗？

（2）除了机器翻译，还有其他可以适用于编码器-解码器架构的应用吗？

9.7 序列到序列学习（seq2seq）

扫码直达讨论区

正如我们在 9.5 节中看到的，机器翻译中的输入序列和输出序列都是长度可变的。为了解决这类问题，我们在 9.6 节中设计了一个通用的编码器-解码器架构。在本节中，我们将使用两个循环神经网络的编码器和解码器，并将其应用于序列到序列（sequence to sequence，seq2seq）类的学习任务[158, 22]。

遵循编码器-解码器架构的设计原则，循环神经网络编码器使用长度可变的序列作为输入，将其转换为固定形状的隐状态。换言之，输入序列的信息被编码到循环神经网络编码器的隐状态中。为了连续生成输出序列的词元，独立的循环神经网络解码器是基于输入序列的编码信息和输出序列可见的或者生成的词元来预测下一个词元。图 9-12 展示了如何在机器翻译中使用两个循环神经网络进行序列到序列学习。

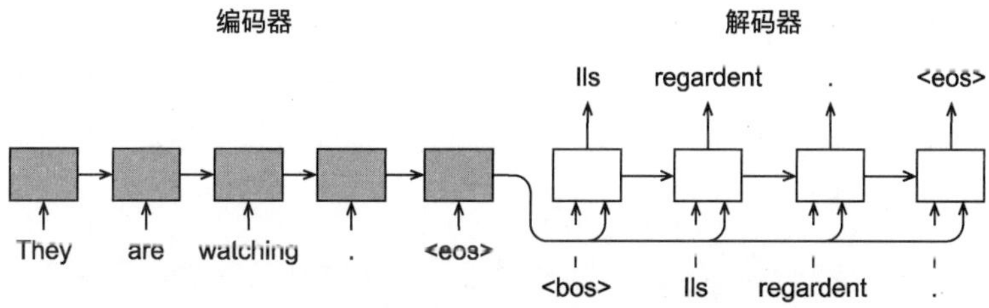

图 9-12　使用循环神经网络编码器和循环神经网络解码器的序列到序列学习

在图 9-12 中，特定的 '<eos>' 表示序列结束词元。一旦输出序列生成此词元，模型就会停止预测。在循环神经网络解码器的初始化时间步，有两个特定的设计：首先，特定的 '<bos>' 表示序列开始词元，它是解码器的输入序列的第一个词元；其次，使用循环神经网络编码器最终的隐状态来初始化解码器的隐状态。例如，在参考文献 [158] 的设计中，正是基于这种设计将输入序列的编码信息送入解码器中来生成输出序列的。在其他一些设计中[22]，如图 9-12 所示，编码器最终的隐状态在每个时间步都作为解码器的输入序列的一部分。类似于 8.3 节中语言模型的训练，可以允许标签作为原始的输出序列，从源序列词元 '<bos>'、'Ils'、'regardent'、'.' 到新序列词元 'Ils'、'regardent'、'.'、'<eos>' 来移动预测的位置。

下面，我们动手构建图 9-12 的设计，并将基于 9.5 节中介绍的"英语-法语"数据集来训练这个机器翻译模型。

```
import collections
import math
import torch
from torch import nn
from d2l import torch as d2l
```

9.7.1 编码器

从技术上讲，编码器将长度可变的输入序列转换成形状固定的上下文变量 $\boldsymbol{c}$，并且将输入序列的信息在该上下文变量中进行编码。如图 9-12 所示，可以使用循环神经网络来设计编码器。

考虑由一个序列组成的样本（批量大小是 1）。假设输入序列是 $x_1, \cdots, x_T$，其中 x_t 是输入文本序列中的第 t 个词元。在时间步 t，循环神经网络将词元 x_t 的输入特征向量 $\boldsymbol{x}_t$ 和 $\boldsymbol{h}_{t-1}$（即上一个时间步的隐状态）转换为 $\boldsymbol{h}_t$（即当前时间步的隐状态）。使用一个函数 f 来描述循环神经网络的循环层所做的转换：

$$\boldsymbol{h}_t = f(\boldsymbol{x}_t, \boldsymbol{h}_{t-1}) \tag{9.18}$$

总之，编码器通过选定的函数 q，将所有时间步的隐状态转换为上下文变量：

$$\boldsymbol{c} = q(\boldsymbol{h}_1, \cdots, \boldsymbol{h}_T) \tag{9.19}$$

例如，当选择 $q(h_1, \cdots, h_T) = \boldsymbol{h}_T$ 时（如图 9-12 所示），上下文变量仅是输入序列在最后时间步的隐状态 $\boldsymbol{h}_T$。

到目前为止，我们使用的是一个单向循环神经网络来设计编码器，其中隐状态只依赖输入子序列，这个子序列为输入序列的开始位置到隐状态所在的时间步的位置（包括隐状态所在的时间步）。我们也可以使用双向循环神经网络构建编码器，其中隐状态依赖两个输入子序列，这两个子序列分别是隐状态所在的时间步的位置之前的序列和之后的序列（包括隐状态所在的时间步），因此隐状态对整个序列的信息都进行了编码。

现在，我们实现循环神经网络编码器。注意，我们使用了*嵌入层*（embedding layer）来获得输入序列中每个词元的特征向量。嵌入层的权重是一个矩阵，其行数等于输入词表的大小（`vocab_size`），其列数等于特征向量的维度（`embed_size`）。对于任意输入词元的索引 i，嵌入层获取权重矩阵的第 i 行（从 0 开始）以返回其特征向量。另外，这里选择了一个多层门控循环单元来实现编码器。

```
#@save
class Seq2SeqEncoder(d2l.Encoder):
    """用于序列到序列学习的循环神经网络编码器"""
    def __init__(self, vocab_size, embed_size, num_hiddens, num_layers,
                 dropout=0, **kwargs):
        super(Seq2SeqEncoder, self).__init__(**kwargs)
        # 嵌入层
        self.embedding = nn.Embedding(vocab_size, embed_size)
        self.rnn = nn.GRU(embed_size, num_hiddens, num_layers,
                          dropout=dropout)

    def forward(self, X, *args):
        # 输出'X'的形状为(batch_size, num_steps, embed_size)
        X = self.embedding(X)
        # 在循环神经网络模型中，第一个轴对应于时间步
        X = X.permute(1, 0, 2)
        # 如果未提及状态，则默认为0
        output, state = self.rnn(X)
        # output的形状为(num_steps, batch_size, num_hiddens)
        # state[0]的形状为(num_layers, batch_size, num_hiddens)
        return output, state
```

循环层返回变量的说明参见 8.6 节。

下面我们实例化上述编码器的实现：我们使用一个两层门控循环单元编码器，其隐藏单元数为 16。给定一小批量的输入序列 `X`（批量大小为 4，时间步为 7）。在完成所有时间步后，最后一层的隐状态的输出是一个张量（`output` 由编码器的循环层返回），其形状为（时间步数，

批量大小，隐藏单元数）。

```
encoder = Seq2SeqEncoder(vocab_size=10, embed_size=8, num_hiddens=16,
                         num_layers=2)
encoder.eval()
X = torch.zeros((4, 7), dtype=torch.long)
output, state = encoder(X)
output.shape
```

```
torch.Size([7, 4, 16])
```

由于这里使用的是门控循环单元，因此在最后一个时间步的多层隐状态的形状是(隐藏层数, 批量大小, 隐藏单元数)。如果使用长短期记忆网络，state 中还将包含记忆元信息。

```
state.shape
```

```
torch.Size([2, 4, 16])
```

9.7.2 解码器

正如上文提到的，编码器输出的上下文变量 $\boldsymbol{c}$ 对整个输入序列 $x_1, \cdots, x_T$ 进行编码。来自训练数据集的输出序列为 $y_1, y_2, \cdots, y_{T'}$，对于每个时间步 t'（与输入序列或编码器的时间步 t 不同），解码器输出 $y_{t'}$ 的概率取决于之前的输出子序列 $y_1, \cdots, y_{t'-1}$ 和上下文变量 $\boldsymbol{c}$，即 $P(y_{t'} \mid y_1, \cdots, y_{t'-1}, \boldsymbol{c})$。

为了在序列上模型化这种条件概率，我们可以使用另一个循环神经网络作为解码器。在输出序列上的任意时间步 t'，循环神经网络将来自上一个时间步的输出 $y_{t'-1}$ 和上下文变量 $\boldsymbol{c}$ 作为其输入，然后在当前时间步将它们和上一个隐状态 $\boldsymbol{s}_{t'-1}$ 转换为隐状态 $\boldsymbol{s}_{t'}$。因此，可以使用函数 g 来表示解码器的隐藏层的变换：

$$\boldsymbol{s}_{t'} = g(y_{t'-1}, \boldsymbol{c}, \boldsymbol{s}_{t'-1}) \tag{9.20}$$

在获得解码器的隐状态之后，我们可以使用输出层和 softmax 操作来计算在时间步 t' 时输出 $y_{t'}$ 的条件概率分布 $P(y_{t'} \mid y_1, \cdots, y_{t'-1}, \boldsymbol{c})$。

根据图 9-12，当实现解码器时，我们直接使用编码器最后一个时间步的隐状态来初始化解码器的隐状态。这就要求使用循环神经网络实现的编码器和解码器具有相同数量的层和隐藏单元。为了进一步包含经过编码的输入序列的信息，上下文变量在所有的时间步与解码器的输入进行连接（concatenate）。为了预测输出词元的概率分布，在循环神经网络解码器的最后一层使用全连接层来变换隐状态。

```
class Seq2SeqDecoder(d2l.Decoder):
    """用于序列到序列学习的循环神经网络解码器"""
    def __init__(self, vocab_size, embed_size, num_hiddens, num_layers,
                 dropout=0, **kwargs):
        super(Seq2SeqDecoder, self).__init__(**kwargs)
        self.embedding = nn.Embedding(vocab_size, embed_size)
        self.rnn = nn.GRU(embed_size + num_hiddens, num_hiddens, num_layers,
                          dropout=dropout)
        self.dense = nn.Linear(num_hiddens, vocab_size)

    def init_state(self, enc_outputs, *args):
        return enc_outputs[1]

    def forward(self, X, state):
        # 输出'X'的形状为(batch_size, num_steps, embed_size)
        X = self.embedding(X).permute(1, 0, 2)
        # 广播context，使其具有与X相同的num_steps
        context = state[-1].repeat(X.shape[0], 1, 1)
        X_and_context = torch.cat((X, context), 2)
```

```
        output, state = self.rnn(X_and_context, state)
        output = self.dense(output).permute(1, 0, 2)
        # output的形状为(batch_size, num_steps, vocab_size)
        # state[0]的形状为(num_layers, batch_size, num_hiddens)
        return output, state
```

下面我们用与前面提到的编码器中相同的超参数来实例化解码器。正如所见，解码器的输出形状变为 (批量大小, 时间步数, 词表大小), 其中张量的最后一个维度存储预测的词元分布。

```
decoder = Seq2SeqDecoder(vocab_size=10, embed_size=8, num_hiddens=16,
                         num_layers=2)
decoder.eval()
state = decoder.init_state(encoder(X))
output, state = decoder(X, state)
output.shape, state.shape
```

```
(torch.Size([4, 7, 10]), torch.Size([2, 4, 16]))
```

总之，上述循环神经网络编码器-解码器模型中的各层如图 9-13 所示。

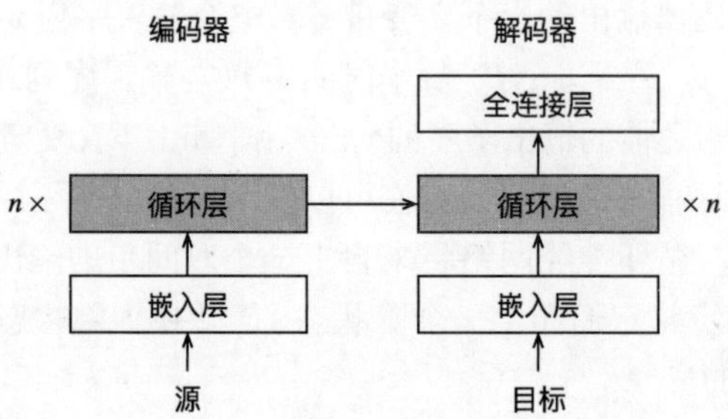

图 9-13　循环神经网络编码器-解码器模型中的各层

9.7.3　损失函数

在每个时间步，解码器预测了输出词元的概率分布。类似于语言模型，可以使用 softmax 来获得分布，并通过计算交叉熵损失函数来进行优化。回想一下 9.5 节中，特定的填充词元被添加到序列的末尾，因此不同长度的序列可以以相同形状的小批量加载。但是，我们应该将填充词元的预测在损失函数的计算中剔除。

为此，我们可以使用下面的 `sequence_mask` 函数通过零值化屏蔽不相关的项，以便后面任何不相关预测的计算都是与零的乘积，结果都等于零。例如，如果两个序列的有效长度（不包括填充词元）分别为 1 和 2，则第一个序列的第一项和第二个序列的前两项之后的剩余项将被清零。

```
#@save
def sequence_mask(X, valid_len, value=0):
    """在序列中屏蔽不相关的项"""
    maxlen = X.size(1)
    mask = torch.arange((maxlen), dtype=torch.float32,
                        device=X.device)[None, :] < valid_len[:, None]
    X[~mask] = value
    return X

X = torch.tensor([[1, 2, 3], [4, 5, 6]])
sequence_mask(X, torch.tensor([1, 2]))
```

```
tensor([[1, 0, 0],
        [4, 5, 0]])
```

我们还可以使用此函数屏蔽最后几个轴上的所有项。如果需要，也可以使用指定的非零值来替换这些项。

```
X = torch.ones(2, 3, 4)
sequence_mask(X, torch.tensor([1, 2]), value=-1)
```

```
tensor([[[ 1.,  1.,  1.,  1.],
         [-1., -1., -1., -1.],
         [-1., -1., -1., -1.]],

        [[ 1.,  1.,  1.,  1.],
         [ 1.,  1.,  1.,  1.],
         [-1., -1., -1., -1.]]])
```

现在，我们可以通过扩展 softmax 交叉熵损失函数来屏蔽不相关的预测。最初，所有预测词元的掩码都设置为 1。一旦给定了有效长度，与填充词元对应的掩码将被设置为 0。最后，将所有词元的损失乘以掩码，以过滤掉损失中填充词元产生的不相关预测。

```
#@save
class MaskedSoftmaxCELoss(nn.CrossEntropyLoss):
    """带屏蔽的softmax交叉熵损失函数"""
    # pred的形状为(batch_size, num_steps, vocab_size)
    # label的形状为(batch_size, num_steps)
    # valid_len的形状为(batch_size, )
    def forward(self, pred, label, valid_len):
        weights = torch.ones_like(label)
        weights = sequence_mask(weights, valid_len)
        self.reduction='none'
        unweighted_loss = super(MaskedSoftmaxCELoss, self).forward(
            pred.permute(0, 2, 1), label)
        weighted_loss = (unweighted_loss * weights).mean(dim=1)
        return weighted_loss
```

我们可以创建 3 个相同的序列来进行代码健全性检查，然后指定这些序列的有效长度分别为 4、2 和 0。结果是，第一个序列的损失应为第二个序列的 2 倍，而第三个序列的损失应为 0。

```
loss = MaskedSoftmaxCELoss()
loss(torch.ones(3, 4, 10), torch.ones((3, 4), dtype=torch.long),
     torch.tensor([4, 2, 0]))
```

```
tensor([2.3026, 1.1513, 0.0000])
```

9.7.4 训练

在下面的循环训练过程中，如图 9-12 所示，特定的序列开始词元（`'<bos>'`）和原始的输出序列（不包括序列结束词元 `'<eos>'`）连接在一起作为解码器的输入。这被称为强制教学（teacher forcing），因为原始的输出序列（词元的标签）被送入解码器，或者将来自上一个时间步的预测得到的词元作为解码器的当前输入。

```
#@save
def train_seq2seq(net, data_iter, lr, num_epochs, tgt_vocab, device):
    """训练序列到序列模型"""
    def xavier_init_weights(m):
        if type(m) == nn.Linear:
            nn.init.xavier_uniform_(m.weight)
        if type(m) == nn.GRU:
            for param in m._flat_weights_names:
                if "weight" in param:
                    nn.init.xavier_uniform_(m._parameters[param])

    net.apply(xavier_init_weights)
    net.to(device)
```

```
    optimizer = torch.optim.Adam(net.parameters(), lr=lr)
    loss = MaskedSoftmaxCELoss()
    net.train()
    animator = d2l.Animator(xlabel='epoch', ylabel='loss',
                     xlim=[10, num_epochs])
    for epoch in range(num_epochs):
        timer = d2l.Timer()
        metric = d2l.Accumulator(2)  # 训练损失总和，词元数量
        for batch in data_iter:
            optimizer.zero_grad()
            X, X_valid_len, Y, Y_valid_len = [x.to(device) for x in batch]
            bos = torch.tensor([tgt_vocab['<bos>']] * Y.shape[0],
                          device=device).reshape(-1, 1)
            dec_input = torch.cat([bos, Y[:, :-1]], 1)  # 强制教学
            Y_hat, _ = net(X, dec_input, X_valid_len)
            l = loss(Y_hat, Y, Y_valid_len)
            l.sum().backward()  # 损失函数的标量进行“反向传播”
            d2l.grad_clipping(net, 1)
            num_tokens = Y_valid_len.sum()
            optimizer.step()
            with torch.no_grad():
                metric.add(l.sum(), num_tokens)
        if (epoch + 1) % 10 == 0:
            animator.add(epoch + 1, (metric[0] / metric[1],))
    print(f'loss {metric[0] / metric[1]:.3f}, {metric[1] / timer.stop():.1f} '
        f'tokens/sec on {str(device)}')
```

现在，在机器翻译数据集上，我们可以创建和训练一个循环神经网络编码器-解码器模型用于序列到序列学习。

```
embed_size, num_hiddens, num_layers, dropout = 32, 32, 2, 0.1
batch_size, num_steps = 64, 10
lr, num_epochs, device = 0.005, 300, d2l.try_gpu()

train_iter, src_vocab, tgt_vocab = d2l.load_data_nmt(batch_size, num_steps)
encoder = Seq2SeqEncoder(len(src_vocab), embed_size, num_hiddens, num_layers,
                         dropout)
decoder = Seq2SeqDecoder(len(tgt_vocab), embed_size, num_hiddens, num_layers,
                         dropout)
net = d2l.EncoderDecoder(encoder, decoder)
train_seq2seq(net, train_iter, lr, num_epochs, tgt_vocab, device)
```

```
loss 0.020, 11457.6 tokens/sec on cuda:0
```

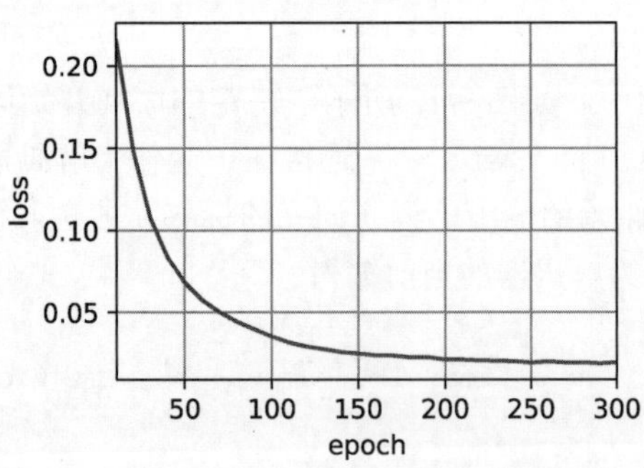

9.7.5 预测

为了采用一个接着一个词元的方式预测输出序列，每个解码器当前时间步的输入都将来自前一个时间步的预测词元。与训练类似，序列开始词元（'<bos>'）在初始时间步被输入解码器中。

```python
#@save
def predict_seq2seq(net, src_sentence, src_vocab, tgt_vocab, num_steps,
                    device, save_attention_weights=False):
    """序列到序列模型的预测"""
    # 在预测时将net设置为评估模式
    net.eval()
    src_tokens = src_vocab[src_sentence.lower().split(' ')] + [
        src_vocab['<eos>']]
    enc_valid_len = torch.tensor([len(src_tokens)], device=device)
    src_tokens = d2l.truncate_pad(src_tokens, num_steps, src_vocab['<pad>'])
    # 添加批量轴
    enc_X = torch.unsqueeze(
        torch.tensor(src_tokens, dtype=torch.long, device=device), dim=0)
    enc_outputs = net.encoder(enc_X, enc_valid_len)
    dec_state = net.decoder.init_state(enc_outputs, enc_valid_len)
    # 添加批量轴
    dec_X = torch.unsqueeze(torch.tensor(
        [tgt_vocab['<bos>']], dtype=torch.long, device=device), dim=0)
    output_seq, attention_weight_seq = [], []
    for _ in range(num_steps):
        Y, dec_state = net.decoder(dec_X, dec_state)
        # 我们使用预测可能性最大的词元，作为解码器在下一个时间步的输入
        dec_X = Y.argmax(dim=2)
        pred = dec_X.squeeze(dim=0).type(torch.int32).item()
        # 保存注意力权重（稍后讨论）
        if save_attention_weights:
            attention_weight_seq.append(net.decoder.attention_weights)
        # 一旦序列结束词元被预测，输出序列的生成就完成了
        if pred == tgt_vocab['<eos>']:
            break
        output_seq.append(pred)
    return ' '.join(tgt_vocab.to_tokens(output_seq)), attention_weight_seq
```

该预测过程如图 9-14 所示，当输出序列的预测遇到序列结束词元（'<eos>'）时，预测就结束了。

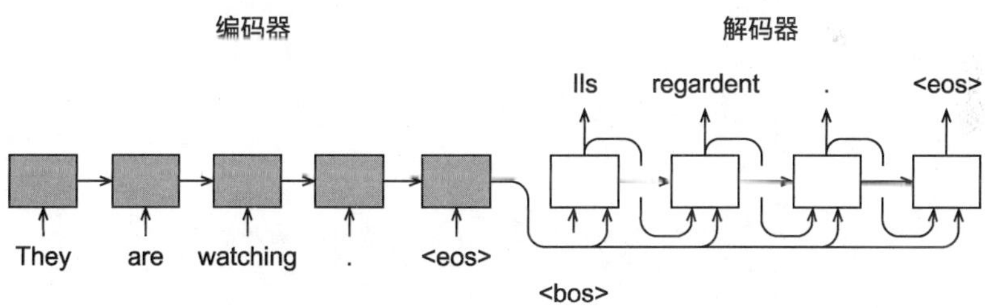

图 9-14 使用循环神经网络编码器-解码器逐个词元地预测输出序列

我们将在 9.8 节中介绍不同的序列生成策略。

9.7.6 预测序列的评估

我们可以通过与真实的标签序列进行比较来评估预测序列。虽然参考文献 [116] 中提出的 BLEU（bilingual evaluation understudy）最先被用于评估机器翻译的结果，但现在它已经被广泛用于度量许多应用的输出序列的质量。原则上讲，对于预测序列中的任意 n 元语法（n-gram），BLEU 都能评估这个 n 元语法是否出现在标签序列中。

我们将 BLEU 定义为

$$\exp\left(\min\left(0,1-\frac{\text{len}_{\text{label}}}{\text{len}_{\text{pred}}}\right)\right)\prod_{n=1}^{k}p_n^{1/2^n} \tag{9.21}$$

其中，$\mathrm{len}_{\mathrm{label}}$ 表示标签序列中的词元数，$\mathrm{len}_{\mathrm{pred}}$ 表示预测序列中的词元数，k 是用于匹配的最长的 n 元语法。另外，用 p_n 表示 n 元语法的精确率，它是两个数量的比值：第一个是预测序列与标签序列中匹配的 n 元语法的数量，第二个是预测序列中 n 元语法的数量。具体地说，给定标签序列 A、B、C、D、E、F 和预测序列 A、B、B、C、D，我们有 $p_1=4/5$、$p_2=3/4$、$p_3=1/3$ 和 $p_4=0$。

根据式（9.21）中 BLEU 的定义，当预测序列与标签序列完全相同时，BLEU 为 1。此外，由于 n 元语法越长则匹配难度越大，因此 BLEU 为更长的 n 元语法的精确率分配更大的权重。具体来说，当 p_n 固定时，$p_n^{1/2^n}$ 会随着 n 的增加而增加（原始论文使用 $p_n^{1/n}$）。而且，由于预测的序列越短获得的 p_n 值越大，因此式（9.21）中乘法项之前的系数用于惩罚较短的预测序列。例如，当 $k=2$ 时，给定标签序列 A、B、C、D、E、F 和预测序列 A、B，尽管 $p_1=p_2=1$，但是惩罚因子 $\exp(1-6/2)\approx 0.14$ 会降低 BLEU。

BLEU 的代码实现如下。

```python
def bleu(pred_seq, label_seq, k):  #@save
    """计算BLEU"""
    pred_tokens, label_tokens = pred_seq.split(' '), label_seq.split(' ')
    len_pred, len_label = len(pred_tokens), len(label_tokens)
    score = math.exp(min(0, 1 - len_label / len_pred))
    for n in range(1, k + 1):
        num_matches, label_subs = 0, collections.defaultdict(int)
        for i in range(len_label - n + 1):
            label_subs[' '.join(label_tokens[i: i + n])] += 1
        for i in range(len_pred - n + 1):
            if label_subs[' '.join(pred_tokens[i: i + n])] > 0:
                num_matches += 1
                label_subs[' '.join(pred_tokens[i: i + n])] -= 1
        score *= math.pow(num_matches / (len_pred - n + 1), math.pow(0.5, n))
    return score
```

最后，利用训练好的循环神经网络编码器-解码器模型，将几个英语句子翻译成法语，并计算 BLEU 的最终结果。

```python
engs = ['go .', "i lost .", 'he\'s calm .', 'i\'m home .']
fras = ['va !', 'j\'ai perdu .', 'il est calme .', 'je suis chez moi .']
for eng, fra in zip(engs, fras):
    translation, attention_weight_seq = predict_seq2seq(
        net, eng, src_vocab, tgt_vocab, num_steps, device)
    print(f'{eng} => {translation}, bleu {bleu(translation, fra, k=2):.3f}')
```

```
go . => va !, bleu 1.000
i lost . => j'ai perdu ., bleu 1.000
he's calm . => il est bon certain ., bleu 0.548
i'm home . => je suis libre un rouler ! foutre !, bleu 0.307
```

小结

- 根据编码器-解码器架构的设计，我们可以使用两个循环神经网络来设计一个序列到序列学习的模型。
- 在实现编码器和解码器时，我们可以使用多层循环神经网络。
- 我们可以使用屏蔽来过滤不相关的计算，例如在计算损失时。
- 在“编码器-解码器”训练中，强制教学方法将原始输出序列（而非预测结果）输入解码器。
- BLEU 是一种常用的评估方法，它通过测量预测序列和标签序列之间的 n 元语法的匹配度来评估预测。

练习

（1）尝试通过调整超参数来改善翻译效果。

（2）重新运行实验并在计算损失时不使用屏蔽，可以观察到什么结果？为什么会有这个结果？

（3）如果编码器和解码器的层数或者隐藏单元数不同，那么如何初始化解码器的隐状态？

（4）在训练中，如果用前一个时间步的预测输入解码器来代替强制教学，对性能有何影响？

（5）用长短期记忆网络替换门控循环单元重新运行实验。

（6）有没有其他方法来设计解码器的输出层？

9.8 束搜索

扫码直达讨论区

在 9.7 节中，我们逐个预测输出序列，直到预测序列中出现特定的序列结束词元 '<eos>'。本节将首先介绍贪心搜索（greedy search）策略，并探讨其存在的问题，然后对比其他替代策略：穷举搜索（exhaustive search）和束搜索（beam search）。

在正式介绍贪心搜索之前，我们使用与 9.7 节中相同的数学符号定义搜索问题。在任意时间步 t'，解码器输出 $y_{t'}$ 的概率取决于时间步 t' 之前的输出子序列 $y_1, \cdots, y_{t'-1}$ 和对输入序列的信息进行编码得到的上下文变量 $\boldsymbol{c}$。为了量化计算成本，用 Y 表示输出词表，其中包含 '<eos>'，所以这个词汇集合的基数 $|Y|$ 就是词表的大小。我们还将输出序列的最大词元数指定为 T'。因此，我们的目标是从所有 $O(|Y|^{T'})$ 个可能的输出序列中寻找理想的输出。当然，对于所有输出序列，'<eos>' 之后的部分（非本句）将在实际输出中被丢弃。

9.8.1 贪心搜索

我们先看一个简单的策略：贪心搜索。该策略已用于 9.7 节的序列预测。对于输出序列的每个时间步 t'，我们都将基于贪心搜索从 Y 中找到条件概率最大的词元，即

$$y_{t'} = \underset{y\in Y}{\operatorname{argmax}}\, P(y \mid y_1, \cdots, y_{t'-1}, \boldsymbol{c}) \tag{9.22}$$

一旦输出序列包含了 '<eos>' 或者达到其最大长度 T'，则输出完成。

如图 9-15 所示，假设输出中有 4 个词元 'A'、'B'、'C' 和 '<eos>'。每个时间步下的 4 个数字分别表示在该时间步生成 'A'、'B'、'C' 和 '<eos>' 的条件概率。在每个时间步，贪心搜索选择条件概率最大的词元。因此，将在图 9-15 中预测输出序列 'A','B','C','<eos>'。这个输出序列的条件概率是 $0.5\times0.4\times0.4\times0.6 = 0.048$。

那么贪心搜索存在的问题是什么呢？现实中，最优序列（optimal sequence）应该是最大化 $\prod_{t'=1}^{T'} P(y_{t'} \mid y_1, \cdots, y_{t'-1}, \boldsymbol{c})$ 值的输出序列，这是基于输入序列生成输出序列的条件概率。然而，贪心搜索无法保证得到最优序列。

图 9-16 中的另一个例子阐述了这个问题。与图 9-15 不同，在时间步 2，我们选择图 9-16 中的词元 'C'，它具有第二大的条件概率。由于时间步 3 所基于的时间步 1 和 2 处的输出子序列已从图 9-15 中的 'A' 和 'B' 变为图 9-16 中的 'A' 和 'C'，因此时间步 3 处的每个词元的条件概率在图 9-16 中也改变了。假设我们在时间步 3 选择词元 'B'，于是当前的时间步 4 基于前三个时间步的输出子序列 'A','C','B' 为条件，这与图 9-15 中的 'A'、'B' 和 'C' 不同。因此，在图 9-16 中的时间步 4 生成每个词元的条件概率也不同于图 9-15 中的条件概率。

结果，图 9-16 中的输出序列 `'A','C','B','<eos>'` 的条件概率为 0.5×0.3×0.6×0.6=0.054，大于图 9-15 中的贪心搜索的条件概率。这个例子说明：贪心搜索获得的输出序列 `'A','B','C','<eos>'` 不一定是最优序列。

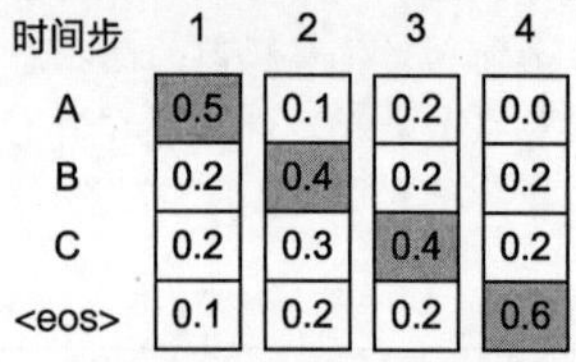

图 9-15 在每个时间步，贪心搜索选择条件概率最大的词元

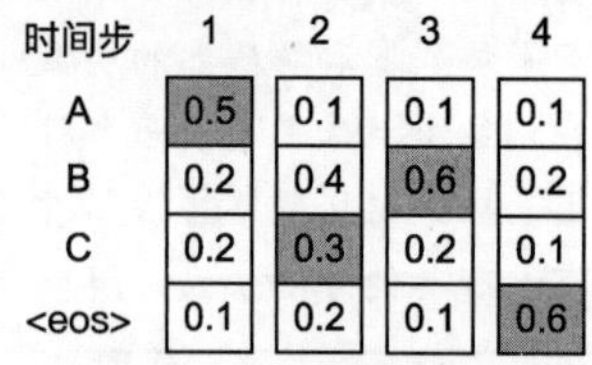

图 9-16 在时间步 2，选择条件概率第二大的词元 `'C'`（而非条件概率最大的词元）

9.8.2 穷举搜索

如果目标是获得最优序列，我们可以考虑使用*穷举搜索*（exhaustive search）：穷举地列举所有可能的输出序列及其条件概率，然后计算输出条件概率最大的那一个。

虽然我们可以使用穷举搜索来获得最优序列，但其计算量 $O(|Y|^{T'})$ 可能大得惊人。例如，当 $|Y|=10\,000$ 且 $T'=10$ 时，我们需要评估 $10\,000^{10}=10^{40}$ 个序列，这是一个极大的数，现有的计算机几乎不可能计算它。然而，贪心搜索的计算量 $O(|Y|^{T'})$ 通常显著地小于穷举搜索。例如，当 $|Y|=10\,000$ 和 $T'=10$ 时，我们只需要评估 $10\,000\times10=10^5$ 个序列。

9.8.3 束搜索

该选取哪种序列搜索策略呢？如果精确度最重要，则显然选择穷举搜索。如果计算成本最重要，则显然选择贪心搜索。束搜索的实际应用则介于这两个极端之间。

束搜索（beam search）是贪心搜索的一个改进版本。它有一个超参数，名为*束宽*（beam size）k。在时间步 1，我们选择条件概率最大的 k 个词元。这 k 个词元将分别是 k 个候选输出序列的第一个词元。在随后的每个时间步，基于上一个时间步的 k 个候选输出序列，我们将继续从 $k|Y|$ 个可能的选择中挑出条件概率最大的 k 个候选输出序列。

图 9-17 展示了束搜索的过程。

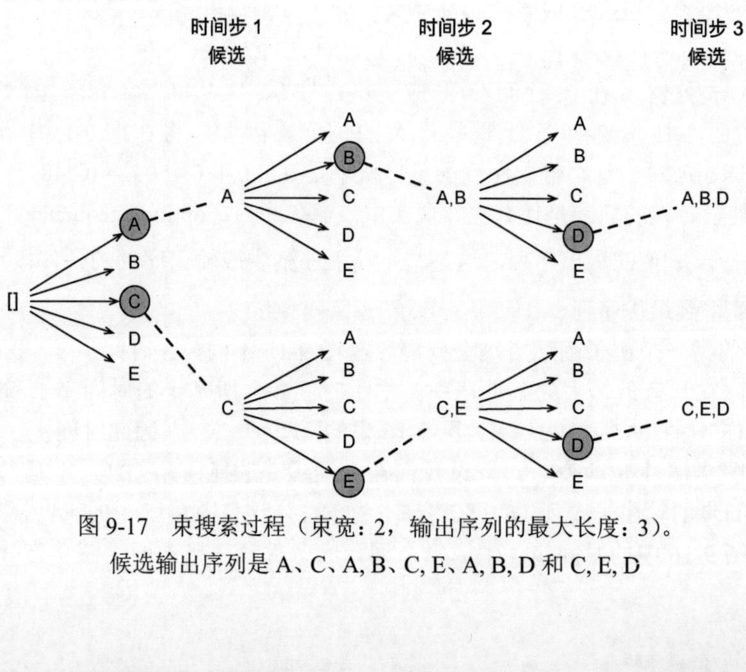

图 9-17 束搜索过程（束宽：2，输出序列的最大长度：3）。候选输出序列是 A、C、A, B、C, E、A, B, D 和 C, E, D

假设输出的词表只包含 5 个元素：Y={A, B, C, D, E}，其中有一个是 `'<eos>'`。设置束宽为 2，输出序列的最大长度为 3。在时间步 1，假设条件概率 $P(y_1 | \boldsymbol{c})$ 最大的词元是 `'A'` 和 `'C'`。在时间步 2，我们计算所有 $y_2 \in Y$：

$$\begin{aligned} P(\mathrm{A}, y_2 | \boldsymbol{c}) &= P(\mathrm{A} | \boldsymbol{c}) P(y_2 | \mathrm{A}, \boldsymbol{c}) \\ P(\mathrm{C}, y_2 | \boldsymbol{c}) &= P(\mathrm{C} | \boldsymbol{c}) P(y_2 | \mathrm{C}, \boldsymbol{c}) \end{aligned} \tag{9.23}$$

从这 10 个值中选择最大的 2 个，如 $P(\mathrm{A}, \mathrm{B} | \boldsymbol{c})$ 和 $P(\mathrm{C}, \mathrm{E} | \boldsymbol{c})$。然后在时间步 3，我们计算所有 $y_3 \in Y$：

$$\begin{aligned} P(\mathrm{A}, \mathrm{B}, y_3 | \boldsymbol{c}) &= P(\mathrm{A}, \mathrm{B} | \boldsymbol{c}) P(y_3 | \mathrm{A}, \mathrm{B}, \boldsymbol{c}) \\ P(\mathrm{C}, \mathrm{E}, y_3 | \boldsymbol{c}) &= P(\mathrm{C}, \mathrm{E} | \boldsymbol{c}) P(y_3 | \mathrm{C}, \mathrm{E}, \boldsymbol{c}) \end{aligned} \tag{9.24}$$

从这 10 个值中选择最大的 2 个，即 $P(\mathrm{A}, \mathrm{B}, \mathrm{D} | \boldsymbol{c})$ 和 $P(\mathrm{C}, \mathrm{E}, \mathrm{D} | \boldsymbol{c})$，我们会得到 6 个候选输出序列：（1）A；（2）C；（3）A, B；（4）C, E；（5）A, B, E；（6）C, E, D。

最后，基于这 6 个序列（例如丢弃包括 `'<eos>'` 和其后的部分），我们获得最终候选输出序列集合。然后我们选择其中条件概率乘积最大的序列作为输出序列：

$$\frac{1}{L^\alpha} \log P(y_1, \cdots, y_L | \boldsymbol{c}) = \frac{1}{L^\alpha} \sum_{t'=1}^{L} \log P(y_{t'} | y_1, \cdots, y_{t'-1}, \boldsymbol{c}) \tag{9.25}$$

其中，L 是最终候选序列的长度，α 通常设置为 0.75。因为一个较长的序列在式（9.25）的求和中会有更多的对数项，所以分母 L^α 用于惩罚长序列。

束搜索的计算量为 $O(k|Y|T')$，这个结果介于贪心搜索和穷举搜索之间。实际上，贪心搜索可以看作一种束宽为 1 的特殊类型的束搜索。通过灵活地选择束宽，束搜索可以在精确度和计算成本之间进行权衡。

小结

- 序列搜索策略包括贪心搜索、穷举搜索和束搜索。
- 贪心搜索所选取序列的计算量最小，但精确度相对较低。
- 穷举搜索所选取序列的精确度最高，但计算量最大。
- 束搜索通过灵活选择束宽，在精确度和计算成本之间进行权衡。

练习

（1）我们可以把穷举搜索看作一种特殊的束搜索吗？为什么？

（2）在 9.7 节的机器翻译问题中应用束搜索。束宽是如何影响预测的速度和结果的？

（3）在 8.5 节中，我们基于用户提供的前缀，通过使用语言模型来生成文本。这个例子中使用了哪种搜索策略？可以改进吗？

第 10 章 注意力机制

灵长类动物的视觉系统接收了大量的感官输入，这些感官输入远远超出了大脑能够完全处理的能力。然而，并非所有刺激的影响都是同等的。意识的汇聚和专注使灵长类动物能够在复杂的视觉环境中将注意力引向感兴趣的物体，例如猎物和天敌。只关注一小部分信息的能力对进化更加有意义，使人类得以生存和成功。

自 19 世纪以来，科学家们一直致力于研究认知神经科学领域的注意力。本章的很多节将涉及一些研究。

首先回顾一个经典注意力框架，解释如何在视觉场景中展开注意力。受此框架中的*注意力提示*（attention cue）的启发，我们将设计能够利用这些注意力提示的模型。1964 年的 Nadaraya-Waston *核回归*（Nadaraya-Waston kernel regression）正是具有*注意力机制*（attention mechanism）的机器学习的简单演示。

然后继续介绍的是注意力函数，它们在深度学习的注意力模型设计中被广泛使用。具体来说，我们将展示如何使用这些函数来设计 Bahdanau *注意力*。Bahdanau 注意力是深度学习中的具有突破性价值的注意力模型，它双向对齐并且可以微分。

最后将描述仅基于注意力机制的 Transformer 架构，该架构中使用了*多头注意力*（multi-head attention）和*自注意力*（self-attention）。自 2017 年横空出世，Transformer 架构一直普遍存在于现代深度学习应用中，例如在语言、视觉、语音和强化学习领域。

10.1 注意力提示

感谢读者对本书的关注，因为读者的注意力是一种稀缺的资源：此刻读者正在阅读本书（而忽略了其他书），因此读者的注意力是用机会成本（与金钱类似）来支付的。为了确保读者现在投入的注意力是值得的，作者尽全力（全部的注意力）创作一本好书。

自经济学研究稀缺资源分配以来，人们正处在“注意力经济”时代，即人类的注意力被视为可以交换的、有限的、有价值的且稀缺的商品。许多商业模式也被开发出来利用这一点：在音乐或视频流媒体服务上，人们要么消耗注意力在广告上，要么付钱来隐藏广告。为了在网络游戏世界成长，人们要么消耗注意力在游戏战斗中，从而帮助吸引新的玩家，要么付钱立即变得强大。总之，注意力不是免费的。

注意力是稀缺的，而环境中的干扰注意力的信息却并不少。比如人类的视觉神经系统大约每秒接收 10^8 位信息，这远远超出了大脑能够完全处理的能力。幸运的是，人类的祖先已经从经验（也称为数据）中认识到“并非感官的所有输入都是一样的”。在整个人类历史中，这种只将注意力引向感兴趣的一小部分信息的能力，使人类的大脑能够更明智地分配资源来生存、成长和社交，例如发现天敌、找寻食物和伴侣。

10.1.1 生物学中的注意力提示

注意力是如何应用于视觉世界中的呢？这要从当今十分普及的双组件（two-component）框架开始讲起：这个框架的出现可以追溯到 19 世纪 90 年代的威廉 • 詹姆斯，他被认为是“美国心理学之父”[76]。在这个框架中，受试者基于非自主性提示和自主性提示有选择性地引导注意力的焦点。

非自主性提示是基于环境中物体的突出性和易见性。想象一下，假如我们面前有 5 件物品：一份报纸、一篇研究论文、一杯咖啡、一个笔记本和一本书，如图 10-1 所示（另见彩插图 2）。所有纸制品都是黑白的，但咖啡杯是红色的。换句话说，这个咖啡杯在这种视觉环境中是突出和显眼的，不由自主地引起人们的注意。所以我们会把视觉最敏锐的部分放到咖啡杯上，如图 10-1 所示。

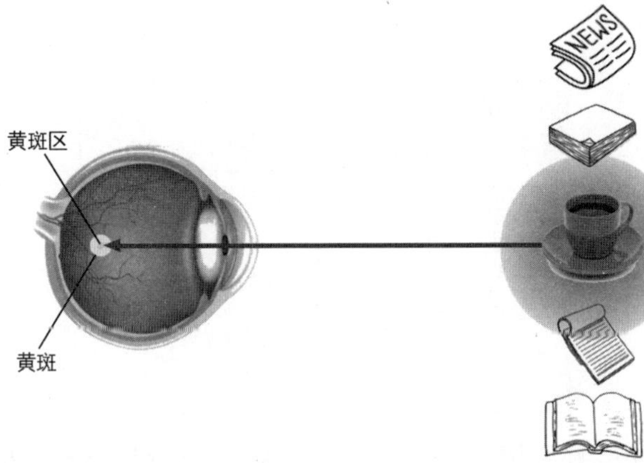

图 10-1 由于突出性的非自主性提示（红杯子），注意力不自主地指向咖啡杯

喝咖啡后，我们会变得兴奋并想读书，所以转过头，重新聚焦，然后看看书，就像图 10-2 中展示的那样。与图 10-1 中由于突出性导致的选择不同，此时选择书是受到了认知和意识的控制，因此注意力在基于自主性提示来进行辅助选择时将更为谨慎。在受试者的主观意愿推动下，选择的作用也就更大。

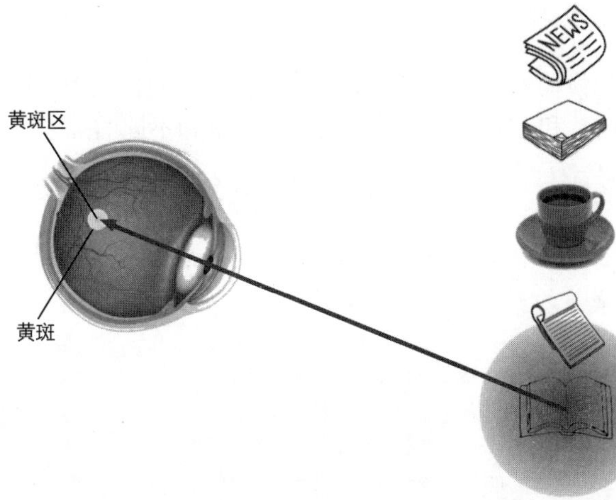

图 10-2 依赖于任务的意志提示（想读一本书），注意力被自主引导到书上

10.1.2 查询、键和值

自主性的与非自主性的注意力提示解释了人类的注意力的方式，下面来看看如何通过这两种注意力提示，用神经网络来设计注意力机制的框架。

首先，考虑一个相对简单的情况，即只使用非自主性提示。要想将选择偏向于感官输入，则可以简单地使用参数化的全连接层，甚至是非参数化的最大汇聚层或平均汇聚层。

因此，“是否包含自主性提示”将注意力机制与全连接层或汇聚层区别开来。在注意力机制的背景下，自主性提示被称为查询（query）。给定任何查询，注意力机制通过注意力汇聚（attention pooling）将选择引导至感官输入（sensory input），例如中间特征表示。在注意力机制中，这些感官输入被称为值（value）。更通俗地解释，每个值都与一个键（key）匹配，这可以想象为感官输入的非自主性提示。如图 10-3 所示，可以通过设计注意力汇聚的方式，便于给定的查询（自主性提示）与键（非自主性提示）进行匹配，这将引导得出最匹配的值（感官输入）。

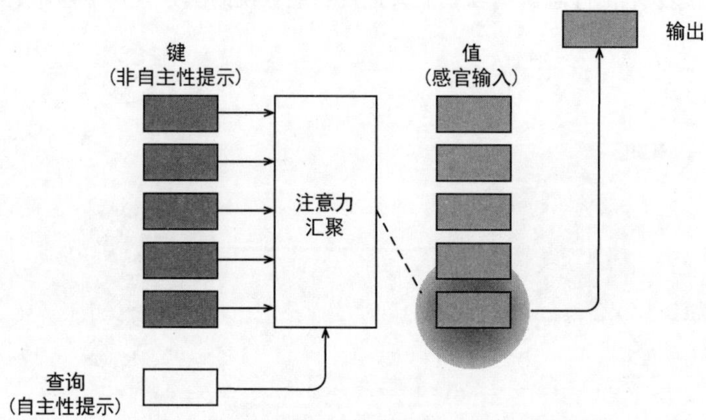

图 10-3 注意力机制通过注意力汇聚将查询（自主性提示）和键（非自主性提示）结合在一起，实现对值（感官输入）的选择倾向

鉴于上面所提框架在图 10-3 中的主导地位，这个框架下的模型将成为本章的中心。然而，注意力机制的设计有许多替代方案，例如可以设计一个不可微的注意力模型，该模型可以使用强化学习方法 [110] 进行训练。

10.1.3 注意力的可视化

平均汇聚层可以被视为输入的加权平均值，其中各输入的权重是一样的。实际上，注意力汇聚得到的是加权平均的总和，其中权重是在给定的查询和不同的键之间计算得出的。

```
import torch
from d2l import torch as d2l
```

为了可视化注意力权重，需要定义一个 `show_heatmaps` 函数。其输入 `matrices` 的形状是 (要显示的行数, 要显示的列数, 查询数, 键数)。

```
#@save
def show_heatmaps(matrices, xlabel, ylabel, titles=None, figsize=(2.5, 2.5),
                  cmap='Reds'):
    """显示矩阵热图"""
    d2l.use_svg_display()
    num_rows, num_cols = matrices.shape[0], matrices.shape[1]
    fig, axes = d2l.plt.subplots(num_rows, num_cols, figsize=figsize,
                                 sharex=True, sharey=True, squeeze=False)
```

```
    for i, (row_axes, row_matrices) in enumerate(zip(axes, matrices)):
        for j, (ax, matrix) in enumerate(zip(row_axes, row_matrices)):
            pcm = ax.imshow(matrix.detach().numpy(), cmap=cmap)
            if i == num_rows - 1:
                ax.set_xlabel(xlabel)
            if j == 0:
                ax.set_ylabel(ylabel)
            if titles:
                ax.set_title(titles[j])
    fig.colorbar(pcm, ax=axes, shrink=0.6);
```

下面使用一个简单的例子进行演示。在本例中，仅当查询和键相同时，注意力权重为 1，否则为 0。

```
attention_weights = torch.eye(10).reshape((1, 1, 10, 10))
show_heatmaps(attention_weights, xlabel='Keys', ylabel='Queries')
```

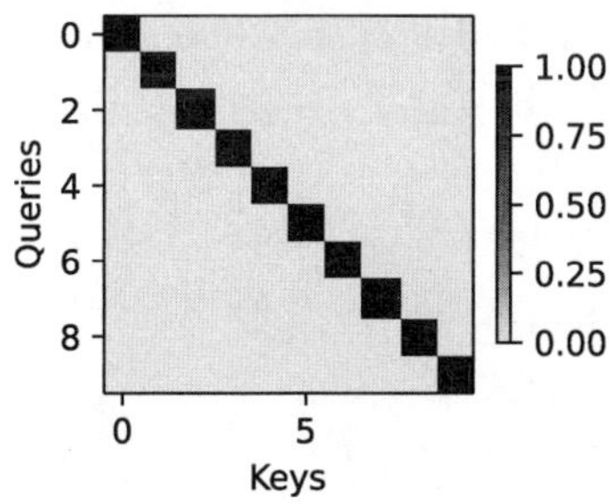

后面的章节将经常调用 `show_heatmaps` 函数来显示注意力权重。

小结

- 人类的注意力是有限的、有价值的和稀缺的资源。
- 受试者使用非自主性和自主性提示有选择性地引导注意力。前者基于突出性，后者则依赖意识。
- 注意力机制与全连接层或汇聚层的区别源于增加的自主性提示。
- 由于包含自主性提示，注意力机制与全连接层或汇聚层不同。
- 注意力机制通过注意力汇聚使选择偏向于值（感官输入），其中包含查询（自主性提示）和键（非自主性提示）。键和值是成对的。
- 可视化查询和键之间的注意力权重是可行的。

练习

（1）在机器翻译中通过解码序列词元时，其自主性提示可能是什么？非自主性提示和感官输入又是什么？

（2）随机生成一个 10×10 矩阵并使用 `softmax` 运算来确保每行都是有效的概率分布，然后可视化输出注意力权重。

10.2 注意力汇聚：Nadaraya-Watson 核回归

扫码直达讨论区

10.1 节介绍了框架下的注意力机制的主要组件（图 10-3）：查询（自主性提示）和键（非自主性提示）之间的交互形成了注意力汇聚；注意力汇聚有选择性地汇聚了值（感官输入）以生成最终的输出。本节将介绍注意力汇聚的更多细节，以便从宏观上了解注意力机制在实践中的运作方式。

具体来说，1964 年提出的 Nadaraya-Watson 核回归模型是一个简单但完整的例子，可以用于演示具有注意力机制的机器学习。

```
import torch
from torch import nn
from d2l import torch as d2l
```

10.2.1 生成数据集

为简单起见，考虑下面这个回归问题：给定成对的“输入-输出”数据集 $\{(x_1, y_1), \cdots, (x_n, y_n)\}$，如何学习 f 来预测任意新输入 x 的输出 $\hat{y} = f(x)$？

根据下面的非线性函数生成一个人工数据集：

$$y_i = 2\sin(x_i) + x_i^{0.8} + \epsilon \tag{10.1}$$

其中，ϵ为加入的噪声项，服从均值为 0 和标准差为 0.5 的正态分布。在这里生成了 50 个训练样本和 50 个测试样本。为了更好地可视化之后的注意力模式，需要将训练样本进行排序。

```
n_train = 50  # 训练样本数
x_train, _ = torch.sort(torch.rand(n_train) * 5)   # 排序后的训练样本
def f(x):
    return 2 * torch.sin(x) + x**0.8

y_train = f(x_train) + torch.normal(0.0, 0.5, (n_train,))  # 训练样本的输出
x_test = torch.arange(0, 5, 0.1)  # 测试样本
y_truth = f(x_test)  # 测试样本的真实输出
n_test = len(x_test)  # 测试样本数
n_test
```

```
50
```

下面的函数将绘制所有的训练样本（样本由圆圈表示），不带噪声项的真实数据生成函数 f（标记为 `'Truth'`），以及学习得到的预测函数（标记为 `'Pred'`）。

```
def plot_kernel_reg(y_hat):
    d2l.plot(x_test, [y_truth, y_hat], 'x', 'y', legend=['Truth', 'Pred'],
             xlim=[0, 5], ylim=[-1, 5])
    d2l.plt.plot(x_train, y_train, 'o', alpha=0.5);
```

10.2.2 平均汇聚

先使用最简单的估计器来解决回归问题。基于平均汇聚来计算所有训练样本输出值的平均值：

$$f(x) = \frac{1}{n}\sum_{i=1}^{n} y_i \tag{10.2}$$

如下图所示，这个估计器确实不够聪明。真实函数 f（`Truth`）和预测函数（`Pred`）相差很大。

```
y_hat = torch.repeat_interleave(y_train.mean(), n_test)
plot_kernel_reg(y_hat)
```

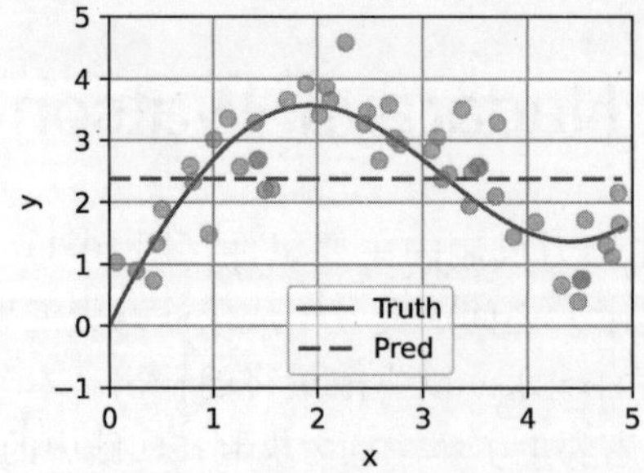

10.2.3 非参数注意力汇聚

显然，平均汇聚忽略了输入 x_i。于是 Nadaraya[112] 和 Watson[178] 提出了一个更好的想法，根据输入的位置对输出 y_i 进行加权：

$$f(x)=\sum_{i=1}^{n}\frac{K(x-x_i)}{\sum_{j=1}^{n}K(x-x_j)}y_i \tag{10.3}$$

其中，K 是核（kernel）。式（10.3）所描述的估计器被称为 Nadaraya-Watson 核回归。这里不会深入讨论核函数的细节，但受此启发，我们可以从图 10-3 中的注意力机制框架的角度重写式（10.3），使之成为一个更加通用的注意力汇聚（attention pooling）公式：

$$f(x)=\sum_{i=1}^{n}\alpha(x,x_i)y_i \tag{10.4}$$

其中，x 是查询，(x_i, y_i) 是键值对。比较式（10.2）和式（10.4），式（10.4）中的注意力汇聚是 y_i 的加权平均。将查询 x 和键 x_i 之间的关系建模为注意力权重（attention weight）$\alpha(x, x_i)$，这个权重将被分配给每个对应值 y_i。对于任何查询，模型的所有键值对注意力权重都是一个有效的概率分布：它们是非负的，并且总和为 1。

为了更好地理解注意力汇聚，下面考虑一个高斯核（Gaussian kernel），其定义为

$$K(u)=\frac{1}{\sqrt{2\pi}}\exp\left(-\frac{u^2}{2}\right) \tag{10.5}$$

将高斯核代入式（10.4）和式（10.3）可以得到

$$\begin{aligned}f(x)&=\sum_{i=1}^{n}\alpha(x,x_i)y_i\\&=\sum_{i=1}^{n}\frac{\exp\left(-\frac{1}{2}(x-x_i)^2\right)}{\sum_{j=1}^{n}\exp\left(-\frac{1}{2}(x-x_j)^2\right)}y_i\\&=\sum_{i=1}^{n}\mathrm{softmax}\left(-\frac{1}{2}(x-x_i)^2\right)y_i\end{aligned} \tag{10.6}$$

在式（10.6）中，如果一个键 x_i 越接近给定的查询 x，那么分配给这个键的对应值 y_i 的注意力权重就会越大，也就是“获得了更多的注意力”。

值得注意的是，Nadaraya-Watson 核回归是一个非参数模型。因此，式（10.6）是非参数的注意力汇聚（nonparametric attention pooling）模型。接下来，我们将基于这个非参数的注意力汇聚模型来绘制预测结果。从绘制的结果会发现新的模型预测线是平滑的，并且比平均汇聚的预测更接近真实情况。

```
# X_repeat的形状为(n_test, n_train)
# 每一行都包含相同的测试输入（例如同样的查询）
X_repeat = x_test.repeat_interleave(n_train).reshape((-1, n_train))
# x_train包含键。attention_weights的形状为(n_test, n_train)
# 每一行都包含要在给定的每个查询的值（y_train）之间分配的注意力权重
attention_weights = nn.functional.softmax(-(X_repeat - x_train)**2 / 2, dim=1)
# y_hat的每个元素都是值的加权平均值，其中的权重是注意力权重
y_hat = torch.matmul(attention_weights, y_train)
plot_kernel_reg(y_hat)
```

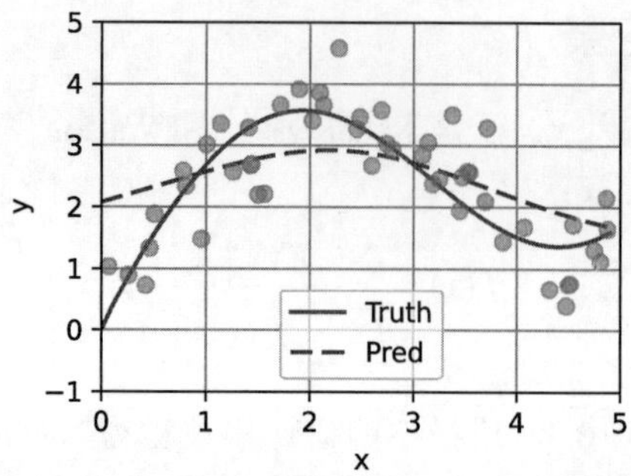

现在来观察注意力的权重。这里测试数据的输入相当于查询，而训练数据的输入相当于键。因为两个输入都是经过排序的，所以由观察可知“查询－键”对越接近，注意力汇聚的注意力权重就越高。

```
d2l.show_heatmaps(attention_weights.unsqueeze(0).unsqueeze(0),
                  xlabel='Sorted training inputs',
                  ylabel='Sorted testing inputs')
```

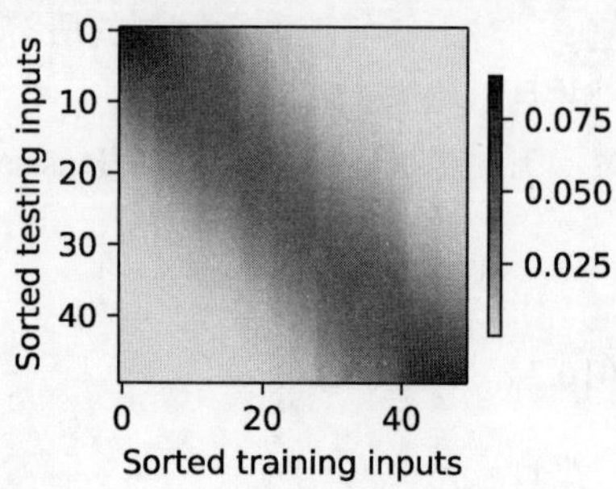

10.2.4　带参数注意力汇聚

非参数的 Nadaraya-Watson 核回归具有一致性（consistency）的优点：如果有足够的数据，此模型会收敛到最优结果。尽管如此，我们还是可以轻松地将可学习的参数集成到注意力汇聚中。

例如，与式（10.6）略有不同，将下面的查询 x 和键 x_i 之间的距离乘以可学习参数 w：

$$\begin{aligned} f(x) &= \sum_{i=1}^{n} \alpha(x, x_i) y_i \\ &= \sum_{i=1}^{n} \frac{\exp\left(-\frac{1}{2}((x - x_i)w)^2\right)}{\sum_{j=1}^{n} \exp\left(-\frac{1}{2}((x - x_j)w)^2\right)} y_i \\ &= \sum_{i=1}^{n} \operatorname{softmax}\left(-\frac{1}{2}((x - x_i)w)^2\right) y_i \end{aligned} \tag{10.7}$$

本节的剩余部分将通过训练这个模型（式（10.7））来学习注意力汇聚的参数。

1. 批量矩阵乘法

为了更有效地计算小批量数据的注意力，我们可以利用深度学习开发框架中提供的批量矩阵乘法。

假设第一个小批量数据包含 n 个矩阵 $\boldsymbol{X}_1, \cdots, \boldsymbol{X}_n$，形状为 $a \times b$，第二个小批量数据包含 n 个矩阵 $\boldsymbol{Y}_1, \cdots, \boldsymbol{Y}_n$，形状为 $b \times c$。它们的批量矩阵乘法得到 n 个矩阵 $\boldsymbol{X}_1\boldsymbol{Y}_1, \cdots, \boldsymbol{X}_n\boldsymbol{Y}_n$，形状为 $a \times c$。

因此，假定两个张量的形状分别为 (n, a, b) 和 (n, b, c)，它们的批量矩阵乘法输出的形状为 (n, a, c)。

```
X = torch.ones((2, 1, 4))
Y = torch.ones((2, 4, 6))
torch.bmm(X, Y).shape
```

```
torch.Size([2, 1, 6])
```

在注意力机制的背景下，我们可以使用小批量矩阵乘法来计算小批量数据中的加权平均值。

```
weights = torch.ones((2, 10)) * 0.1
values = torch.arange(20.0).reshape((2, 10))
torch.bmm(weights.unsqueeze(1), values.unsqueeze(-1))
```

```
tensor([[[ 4.5000]],

        [[14.5000]]])
```

2. 定义模型

基于式（10.7）中的带参数的注意力汇聚，使用小批量矩阵乘法，定义 Nadaraya-Watson 核回归的带参数版本：

```
class NWKernelRegression(nn.Module):
    def __init__(self, **kwargs):
        super().__init__(**kwargs)
        self.w = nn.Parameter(torch.rand((1,), requires_grad=True))

    def forward(self, queries, keys, values):
        # queries和attention_weights的形状为(查询数, 键-值对数)
        queries = queries.repeat_interleave(keys.shape[1]).reshape((-1,
            keys.shape[1]))
        self.attention_weights = nn.functional.softmax(
            -((queries - keys) * self.w)**2 / 2, dim=1)
        # values的形状为(查询数, 键-值对数)
        return torch.bmm(self.attention_weights.unsqueeze(1),
                         values.unsqueeze(-1)).reshape(-1)
```

3. 训练

接下来，将训练数据集变换为键和值用于训练注意力模型。在带参数的注意力汇聚模型中，任何一个训练样本的输入都会和除自身以外的所有训练样本的键-值对进行计算，从而得到其对应的预测输出。

```
# X_tile的形状为(n_train, n_train)，每一行都包含相同的训练输入
X_tile = x_train.repeat((n_train, 1))
# Y_tile的形状为(n_train, n_train)，每一行都包含相同的训练输出
Y_tile = y_train.repeat((n_train, 1))
# keys的形状为('n_train', 'n_train'-1)
keys = X_tile[(1 - torch.eye(n_train)).type(torch.bool)].reshape((n_train, -1))
# values的形状为('n_train', 'n_train'-1)
values = Y_tile[(1 - torch.eye(n_train)).type(torch.bool)].reshape((n_train, -1))
```

训练带参数的注意力汇聚模型时，使用平方损失函数和随机梯度下降。

```
net = NWKernelRegression()
loss = nn.MSELoss(reduction='none')
trainer = torch.optim.SGD(net.parameters(), lr=0.5)
animator = d2l.Animator(xlabel='epoch', ylabel='loss', xlim=[1, 5])

for epoch in range(5):
```

```
        trainer.zero_grad()
        l = loss(net(x_train, keys, values), y_train)
        l.sum().backward()
        trainer.step()
        print(f'epoch {epoch + 1}, loss {float(l.sum()):.6f}')
        animator.add(epoch + 1, float(l.sum()))
```

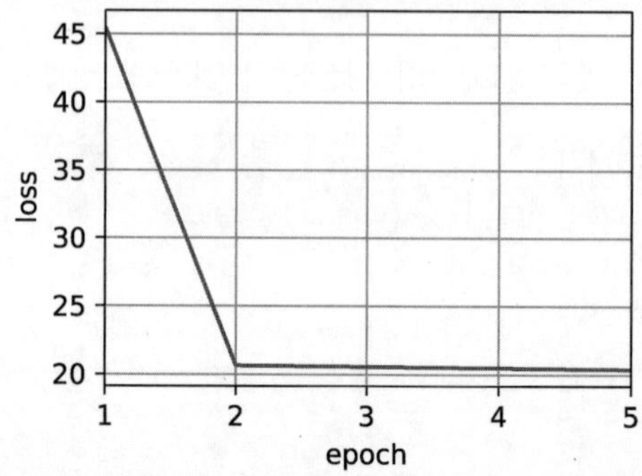

如下所示，训练带参数的注意力汇聚模型后可以发现：在尝试拟合带噪声的训练数据时，预测结果绘制的曲线不如之前非参数模型的平滑。

```
# keys的形状为(n_test, n_train)，每一行包含相同的训练输入（例如，相同的键）
keys = x_train.repeat((n_test, 1))
# value的形状为(n_test, n_train)
values = y_train.repeat((n_test, 1))
y_hat = net(x_test, keys, values).unsqueeze(1).detach()
plot_kernel_reg(y_hat)
```

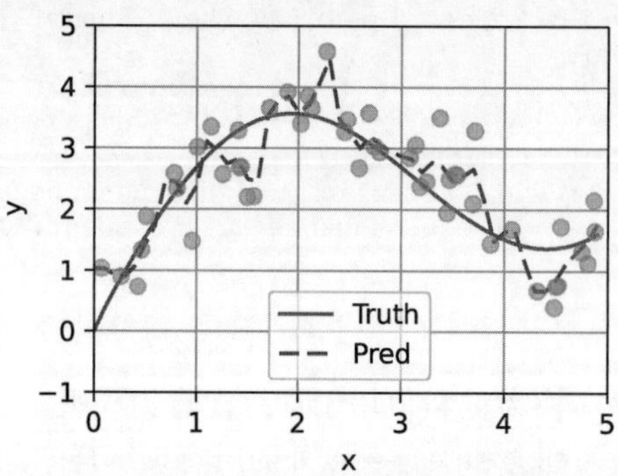

为什么新的模型更不平滑呢？下面看一下输出结果的绘制图：与非参数的注意力汇聚模型相比，带参数的模型加入可学习的参数后，曲线在注意力权重较大的区域变得更不平滑。

```
d2l.show_heatmaps(net.attention_weights.unsqueeze(0).unsqueeze(0),
                  xlabel='Sorted training inputs',
                  ylabel='Sorted testing inputs')
```

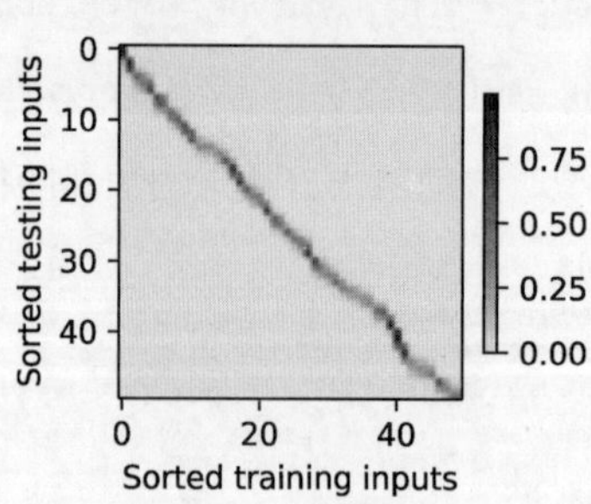

小结

- Nadaraya-Watson 核回归是具有注意力机制的机器学习范例。
- Nadaraya-Watson 核回归的注意力汇聚是对训练数据输出的加权平均。从注意力的角度来看，分配给每个值的注意力权重取决于将值所对应的键和查询作为输入的函数。
- 注意力汇聚可以分为非参数型和带参数型。

练习

（1）增加训练数据的样本数，能否得到更好的非参数的 Nadaraya-Watson 核回归模型？

（2）在带参数的注意力汇聚的实验中学习得到的参数 w 的价值是什么？为什么在可视化注意力权重时，它会使加权区域更不平滑？

（3）如何将超参数添加到非参数的 Nadaraya-Watson 核回归中以实现更好的预测结果？

（4）为本节的核回归设计一个新的带参数的注意力汇聚模型。训练这个新模型并可视化其注意力权重。

10.3 注意力评分函数

扫码直达讨论区

10.2 节使用了高斯核来对查询和键之间的关系建模。式（10.6）中的高斯核指数部分可以视为注意力评分函数（attention scoring function），简称评分函数（scoring function），然后把这个函数的输出结果输入 softmax 函数中进行运算。通过上述步骤，将得到与键对应的值的概率分布（即注意力权重）。最后，注意力汇聚的输出就是基于这些注意力权重的值的加权和。

从宏观来看，上述算法可以用来实现图 10-3 中的注意力机制框架。图 10-4 说明了如何将注意力汇聚的输出计算成为值的加权和，其中 a 表示注意力评分函数。由于注意力权重是概率分布，因此加权和在本质上是加权平均值。

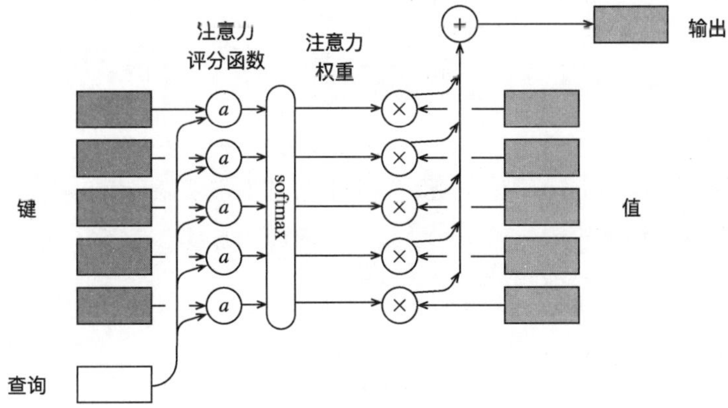

图 10-4 计算注意力汇聚的输出为值的加权和

用数学语言描述，假设有一个查询 $\boldsymbol{q}\in\mathbb{R}^q$ 和 m 个键-值对 $(\boldsymbol{k}_1, \boldsymbol{v}_1), \cdots, (\boldsymbol{k}_m, \boldsymbol{v}_m)$，其中 $\boldsymbol{k}_i\in\mathbb{R}^k$，$\boldsymbol{v}_i\in\mathbb{R}^v$。注意力汇聚函数 f 就被表示成值的加权和：

$$f(\boldsymbol{q},(\boldsymbol{k}_1,\boldsymbol{v}_1),\cdots,(\boldsymbol{k}_m,\boldsymbol{v}_m)) = \sum_{i=1}^{m}\alpha(\boldsymbol{q},\boldsymbol{k}_i)\boldsymbol{v}_i \in \mathbb{R}^v \tag{10.8}$$

其中，查询 $\boldsymbol{q}$ 和键 $\boldsymbol{k}_i$ 的注意力权重（标量）是通过注意力评分函数 a 将两个向量映射成标量，再经过 softmax 运算得到的：

$$\alpha(\boldsymbol{q},\boldsymbol{k}_i)=\mathrm{softmax}(a(\boldsymbol{q},\boldsymbol{k}_i))=\frac{\exp(a(\boldsymbol{q},\boldsymbol{k}_i))}{\sum_{j=1}^{m}\exp(a(\boldsymbol{q},\boldsymbol{k}_j))}\in\mathbb{R} \tag{10.9}$$

正如图 10-4 所示，选择不同的注意力评分函数 a 会导致不同的注意力汇聚操作。本节将介绍两个流行的评分函数，稍后将用它们来实现更复杂的注意力机制。

```
import math
import torch
from torch import nn
from d2l import torch as d2l
```

10.3.1　掩蔽softmax操作

正如上面提到的，softmax 操作用于输出一个概率分布作为注意力权重。在某些情况下，并非所有的值都应该被纳入注意力汇聚中。例如，为了在 9.5 节中高效处理小批量数据集，某些文本序列被填充了没有意义的特殊词元。为了仅将有意义的词元作为值来获取注意力汇聚，可以指定一个有效序列长度（即词元数），以便在计算 softmax 时过滤掉超出指定范围的位置。下面的 `masked_softmax` 函数实现了这样的掩蔽 softmax 操作（masked softmax operation），其中任何超出有效长度的位置都被掩蔽并置为 0。

```
#@save
def masked_softmax(X, valid_lens):
    """通过在最后一个轴上掩蔽元素来执行softmax操作"""
    # X:3D张量，valid_lens:1D或2D张量
    if valid_lens is None:
        return nn.functional.softmax(X, dim=-1)
    else:
        shape = X.shape
        if valid_lens.dim() == 1:
            valid_lens = torch.repeat_interleave(valid_lens, shape[1])
        else:
            valid_lens = valid_lens.reshape(-1)
        # 最后一个轴上被掩蔽的元素使用一个非常大的负值替换，从而其softmax输出为0
        X = d2l.sequence_mask(X.reshape(-1, shape[-1]), valid_lens,
                              value=-1e6)
        return nn.functional.softmax(X.reshape(shape), dim=-1)
```

为了演示此函数是如何工作的，考虑由两个 2×4 矩阵表示的样本，这两个样本的有效长度分别为 2 和 3。经过掩蔽 softmax 操作，超出有效长度的值都被掩蔽为 0。

```
masked_softmax(torch.rand(2, 2, 4), torch.tensor([2, 3]))
```

```
tensor([[[0.3442, 0.6558, 0.0000, 0.0000],
         [0.3996, 0.6004, 0.0000, 0.0000]],

        [[0.2491, 0.2824, 0.4685, 0.0000],
         [0.3186, 0.3252, 0.3562, 0.0000]]])
```

同样，也可以使用二维张量，为矩阵样本中的每一行指定有效长度。

```
masked_softmax(torch.rand(2, 2, 4), torch.tensor([[1, 3], [2, 4]]))
```

```
tensor([[[1.0000, 0.0000, 0.0000, 0.0000],
         [0.3396, 0.4028, 0.2576, 0.0000]],

        [[0.4636, 0.5364, 0.0000, 0.0000],
         [0.2485, 0.3450, 0.2390, 0.1675]]])
```

10.3.2 加性注意力

一般来说，当查询和键是不同长度的向量时，可以使用加性注意力作为评分函数。给定查询 $\boldsymbol{q}\in\mathbb{R}^q$ 和键 $\boldsymbol{k}\in\mathbb{R}^k$，加性注意力（additive attention）的评分函数为

$$a(\boldsymbol{q},\boldsymbol{k}) = \boldsymbol{w}_v^\top \tanh(\boldsymbol{W}_q\boldsymbol{q} + \boldsymbol{W}_k\boldsymbol{k}) \in \mathbb{R} \tag{10.10}$$

其中，可学习的参数是 $\boldsymbol{W}_q\in\mathbb{R}^{h\times q}$、$\boldsymbol{W}_k\in\mathbb{R}^{h\times k}$ 和 $\boldsymbol{w}_v\in\mathbb{R}^h$。式（10.10）中将查询和键连接起来后输入一个多层感知机（MLP）中，感知机包含一个隐藏层，其隐藏单元数是一个超参数 h。通过使用 tanh 作为激活函数，并且禁用偏置项。

下面来实现加性注意力。

```
#@save
class AdditiveAttention(nn.Module):
    """加性注意力"""
    def __init__(self, key_size, query_size, num_hiddens, dropout, **kwargs):
        super(AdditiveAttention, self).__init__(**kwargs)
        self.W_k = nn.Linear(key_size, num_hiddens, bias=False)
        self.W_q = nn.Linear(query_size, num_hiddens, bias=False)
        self.w_v = nn.Linear(num_hiddens, 1, bias=False)
        self.dropout = nn.Dropout(dropout)

    def forward(self, queries, keys, values, valid_lens):
        queries, keys = self.W_q(queries), self.W_k(keys)
        # 在维度扩展后
        # queries的形状为(batch_size, 查询数, 1, num_hidden)
        # key的形状为(batch_size, 1, 键-值对数, num_hiddens)
        # 使用广播方式求和
        features = queries.unsqueeze(2) + keys.unsqueeze(1)
        features = torch.tanh(features)
        # self.w_v仅有一个输出，因此从形状中移除最后那个维度
        # scores的形状为(batch_size, 查询数, 键-值对数)
        scores = self.w_v(features).squeeze(-1)
        self.attention_weights = masked_softmax(scores, valid_lens)
        # values的形状为(batch_size, 键-值对数, 值的维度)
        return torch.bmm(self.dropout(self.attention_weights), values)
```

用一个小例子来演示上面的 `AdditiveAttention` 类，其中查询、键和值的形状为 (批量大小, 步数或词元序列长度, 特征大小)，实际输出为 (2, 1, 20)、(2, 10, 2) 和 (2, 10, 4)。注意力汇聚输出的形状为 (批量大小, 查询的步数, 值的维度)。

```
queries, keys = torch.normal(0, 1, (2, 1, 20)), torch.ones((2, 10, 2))
# values的小批量，两个值矩阵是相同的
values = torch.arange(40, dtype=torch.float32).reshape(1, 10, 4).repeat(2, 1, 1)
valid_lens = torch.tensor([2, 6])

attention = AdditiveAttention(key_size=2, query_size=20, num_hiddens=8,
                              dropout=0.1)
attention.eval()
attention(queries, keys, values, valid_lens)
```

```
tensor([[[ 2.0000,  3.0000,  4.0000,  5.0000]],

        [[10.0000, 11.0000, 12.0000, 13.0000]]], grad_fn=<BmmBackward0>)
```

尽管加性注意力包含了可学习的参数，但由于本例中每个键都是相同的，因此注意力权重是均匀的，由指定的有效长度决定。

```
d2l.show_heatmaps(attention.attention_weights.reshape((1, 1, 2, 10)),
                  xlabel='Keys', ylabel='Queries')
```

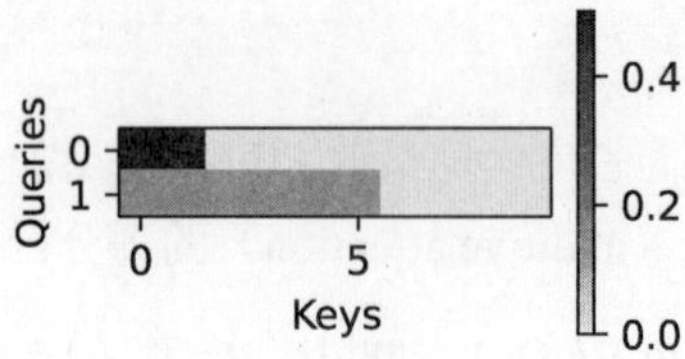

10.3.3 缩放点积注意力

使用点积可以得到计算效率更高的评分函数，但是点积操作要求查询和键具有相同的长度 d。假设查询和键的所有元素都是独立的随机变量，并且都满足零均值和单位方差，那么两个向量的点积的均值为 0，方差为 d。为确保无论向量长度如何，点积的方差在不考虑向量长度的情况下都是 1，我们再将点积除以 $\sqrt{d}$，则缩放点积注意力（scaled dot-product attention）评分函数为

$$a(\boldsymbol{q},\boldsymbol{k}) = \boldsymbol{q}^\top \boldsymbol{k} / \sqrt{d} \tag{10.11}$$

在实践中，我们通常从小批量的角度来考虑提高效率，例如基于 n 个查询和 m 个键-值对计算注意力，其中查询和键的长度为 d，值的长度为 v。查询 $\boldsymbol{Q}\in\mathbb{R}^{n\times d}$、键 $\boldsymbol{K}\in\mathbb{R}^{m\times d}$ 和值 $\boldsymbol{V}\in\mathbb{R}^{m\times v}$ 的缩放点积注意力：

$$\mathrm{softmax}\left(\frac{\boldsymbol{Q}\boldsymbol{K}^\top}{\sqrt{d}}\right)\boldsymbol{V} \in \mathbb{R}^{n\times v} \tag{10.12}$$

下面的缩放点积注意力的实现使用了暂退法进行模型正则化。

```
#@save
class DotProductAttention(nn.Module):
    """缩放点积注意力"""
    def __init__(self, dropout, **kwargs):
        super(DotProductAttention, self).__init__(**kwargs)
        self.dropout = nn.Dropout(dropout)

    # queries的形状为(batch_size，查询数，d)
    # keys的形状为(batch_size，键-值对数，d)
    # values的形状为(batch_size，键-值对数，值的维度)
    # valid_lens的形状为(batch_size，)或者(batch_size，查询数)
    def forward(self, queries, keys, values, valid_lens=None):
        d = queries.shape[-1]
        # 设置transpose_b=True是为了交换keys的最后两个维度
        scores = torch.bmm(queries, keys.transpose(1,2)) / math.sqrt(d)
        self.attention_weights = masked_softmax(scores, valid_lens)
        return torch.bmm(self.dropout(self.attention_weights), values)
```

为了演示上述的 `DotProductAttention` 类，我们使用与先前加性注意力例子中相同的键、值和有效长度。对于点积操作，我们令查询的特征维度与键的特征维度大小相同。

```
queries = torch.normal(0, 1, (2, 1, 2))
attention = DotProductAttention(dropout=0.5)
attention.eval()
attention(queries, keys, values, valid_lens)
```

```
tensor([[[ 2.0000,  3.0000,  4.0000,  5.0000]],

        [[10.0000, 11.0000, 12.0000, 13.0000]]])
```

与加性注意力演示相同，由于键包含的是相同的元素，而这些元素无法通过任何查询进行区分，因此获得了均匀的注意力权重。

```
d2l.show_heatmaps(attention.attention_weights.reshape((1, 1, 2, 10)),
                  xlabel='Keys', ylabel='Queries')
```

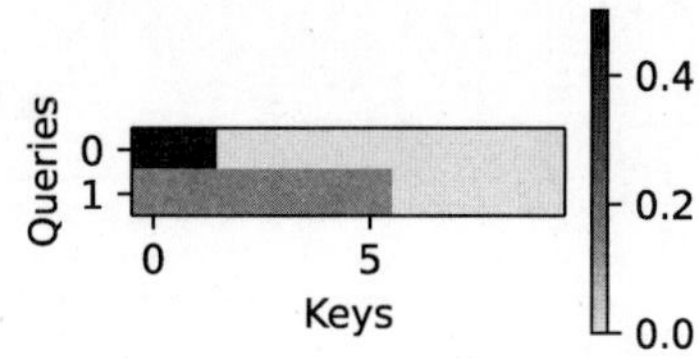

小结

- 将注意力汇聚的输出计算可以作为值的加权平均，选择不同的注意力评分函数会带来不同的注意力汇聚操作。
- 当查询和键是不同长度的向量时，可以使用加性注意力评分函数。当它们的长度相同时，使用缩放点积注意力评分函数的计算效率更高。

练习

（1）修改小例子中的键，并且可视化注意力权重，加性注意力和缩放点积注意力是否仍然产生相同的结果？为什么？

（2）只使用矩阵乘法，能否为具有不同向量长度的查询和键设计新的评分函数？

（3）当查询和键具有相同的向量长度时，向量求和作为评分函数是否比点积更好？为什么？

10.4 Bahdanau 注意力

扫码直达讨论区

9.7 节中探讨了机器翻译问题：通过设计一个基于两个循环神经网络的编码器-解码器架构，用于序列到序列学习。具体来说，循环神经网络的编码器将长度可变的序列转换为固定形状的上下文变量，然后循环神经网络的解码器根据生成的词元和上下文变量按词元生成输出（目标）序列词元。然而，即使并非所有输入（源）词元都对解码某个词元有用，在每个解码步骤中也使用编码相同的上下文变量。有什么方法能改变上下文变量呢？

我们尝试从参考文献 [48] 中找到灵感：在为给定文本序列生成手写的挑战中，Graves 设计了一种可微注意力模型，将文本字符与更长的笔迹对齐，其中对齐方式为仅向一个方向移动。受学习对齐想法的启发，Bahdanau 等人提出了一个没有严格单向对齐限制的可微注意力模型[4]。在预测词元时，如果不是所有输入词元都相关，模型将仅对齐（或参与）输入序列中与当前预测相关的部分。这是通过将上下文变量视为注意力集中的输出来实现的。

10.4.1 模型

下面描述的 Bahdanau 注意力模型将遵循 9.7 节中的符号表示。这个新的基于注意力的模型与 9.7 节中的模型相同，只不过式（9.20）中的上下文变量 $\boldsymbol{c}$ 在任何解码时间步 t' 都会被 $\boldsymbol{c}_{t'}$ 替换。假设输入序列中有 T 个词元，解码时间步 t' 的上下文变量是注意力集中的输出：

$$\boldsymbol{c}_{t'} = \sum_{t=1}^{T} \alpha(\boldsymbol{s}_{t'-1}, \boldsymbol{h}_t)\boldsymbol{h}_t \tag{10.13}$$

其中，时间步 $t'-1$ 时的解码器隐状态 $\boldsymbol{s}_{t'-1}$ 是查询，编码器隐状态 $\boldsymbol{h}_t$ 既是键，也是值，注意力权

重 α 是使用式（10.9）所定义的加性注意力评分函数计算的。

与图 9-13 中的循环神经网络编码器-解码器架构略有不同，图 10-5 描述了 Bahdanau 注意力的架构。

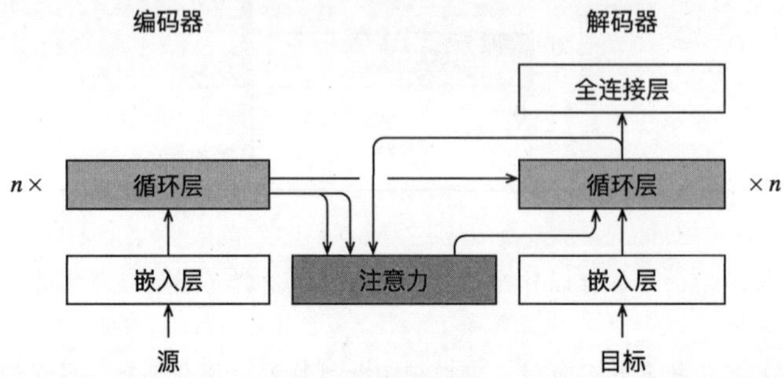

图 10-5　一个带有 Bahdanau 注意力的循环神经网络编码器-解码器模型

```
import torch
from torch import nn
from d2l import torch as d2l
```

10.4.2　定义注意力解码器

下面看看如何定义 Bahdanau 注意力，实现循环神经网络编码器-解码器。其实，我们只需重新定义解码器。为了更方便地显示可学习的注意力权重，以下 `AttentionDecoder` 类定义了带有注意力机制解码器的基本接口。

```
#@save
class AttentionDecoder(d2l.Decoder):
    """带有注意力机制解码器的基本接口"""
    def __init__(self, **kwargs):
        super(AttentionDecoder, self).__init__(**kwargs)

    @property
    def attention_weights(self):
        raise NotImplementedError
```

接下来，我们在 `Seq2SeqAttentionDecoder` 类中实现带有 Bahdanau 注意力的循环神经网络解码器。首先，初始化解码器的状态，需要下面的输入：

（1）编码器在所有时间步的最终层隐状态，将作为注意力的键和值；

（2）上一个时间步的编码器全层隐状态，将作为初始化解码器的隐状态；

（3）编码器的有效长度（剔除在注意力池中的填充词元）。

在每个解码时间步中，解码器上一个时间步的最终层隐状态将用作查询。因此，注意力输出和输入嵌入都连接为循环神经网络解码器的输入。

```
class Seq2SeqAttentionDecoder(AttentionDecoder):
    def __init__(self, vocab_size, embed_size, num_hiddens, num_layers,
                 dropout=0, **kwargs):
        super(Seq2SeqAttentionDecoder, self).__init__(**kwargs)
        self.attention = d2l.AdditiveAttention(
            num_hiddens, num_hiddens, num_hiddens, dropout)
        self.embedding = nn.Embedding(vocab_size, embed_size)
        self.rnn = nn.GRU(
            embed_size + num_hiddens, num_hiddens, num_layers,
            dropout=dropout)
        self.dense = nn.Linear(num_hiddens, vocab_size)
```

```
    def init_state(self, enc_outputs, enc_valid_lens, *args):
        # outputs的形状为(batch_size, num_steps, num_hiddens)
        # hidden_state的形状为(num_layers, batch_size, num_hiddens)
        outputs, hidden_state = enc_outputs
        return (outputs.permute(1, 0, 2), hidden_state, enc_valid_lens)

    def forward(self, X, state):
        # enc_outputs的形状为(batch_size, num_steps, num_hiddens)
        # hidden_state的形状为(num_layers, batch_size, num_hiddens)
        enc_outputs, hidden_state, enc_valid_lens = state
        # 输出X的形状为(num_steps, batch_size, embed_size)
        X = self.embedding(X).permute(1, 0, 2)
        outputs, self._attention_weights = [], []
        for x in X:
            # query的形状为(batch_size, 1, num_hiddens)
            query = torch.unsqueeze(hidden_state[-1], dim=1)
            # context的形状为(batch_size, 1, num_hiddens)
            context = self.attention(
                query, enc_outputs, enc_outputs, enc_valid_lens)
            # 在特征维度上连接
            x = torch.cat((context, torch.unsqueeze(x, dim=1)), dim=-1)
            # 将x变形为(1, batch_size, embed_size+num_hiddens)
            out, hidden_state = self.rnn(x.permute(1, 0, 2), hidden_state)
            outputs.append(out)
            self._attention_weights.append(self.attention.attention_weights)
        # 全连接层变换后，outputs的形状为(num_steps, batch_size, vocab_size)
        outputs = self.dense(torch.cat(outputs, dim=0))
        return outputs.permute(1, 0, 2), [enc_outputs, hidden_state,
                                          enc_valid_lens]

    @property
    def attention_weights(self):
        return self._attention_weights
```

接下来，使用包含 7 个时间步的 4 个序列输入的小批量测试 Bahdanau 注意力解码器。

```
encoder = d2l.Seq2SeqEncoder(vocab_size=10, embed_size=8, num_hiddens=16,
                             num_layers=2)
encoder.eval()
decoder = Seq2SeqAttentionDecoder(vocab_size=10, embed_size=8, num_hiddens=16,
                                  num_layers=2)
decoder.eval()
X = torch.zeros((4, 7), dtype=torch.long)  # (batch_size,num_steps)
state = decoder.init_state(encoder(X), None)
output, state = decoder(X, state)
output.shape, len(state), state[0].shape, len(state[1]), state[1][0].shape
```

```
(torch.Size([4, 7, 10]), 3, torch.Size([4, 7, 16]), 2, torch.Size([4, 16]))
```

10.4.3 训练

与 9.7.4 节类似，我们在这里指定超参数，实例化一个带有 Bahdanau 注意力的编码器和解码器，并对这个模型进行机器翻译训练。由于新增的注意力机制，训练要比 9.7.4 节中没有注意力机制的慢得多。

```
embed_size, num_hiddens, num_layers, dropout = 32, 32, 2, 0.1
batch_size, num_steps = 64, 10
lr, num_epochs, device = 0.005, 250, d2l.try_gpu()

train_iter, src_vocab, tgt_vocab = d2l.load_data_nmt(batch_size, num_steps)
encoder = d2l.Seq2SeqEncoder(
    len(src_vocab), embed_size, num_hiddens, num_layers, dropout)
decoder = Seq2SeqAttentionDecoder(
```

```
    len(tgt_vocab), embed_size, num_hiddens, num_layers, dropout)
net = d2l.EncoderDecoder(encoder, decoder)
d2l.train_seq2seq(net, train_iter, lr, num_epochs, tgt_vocab, device)
```

```
loss 0.020, 5580.3 tokens/sec on cuda:0
```

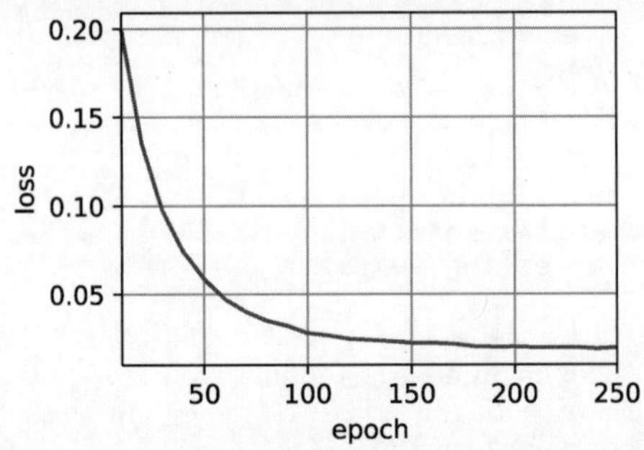

训练模型后，我们用它将几个英语句子翻译成法语并计算它们的 BLEU 分数。

```
engs = ['go .', "i lost .", 'he\'s calm .', 'i\'m home .']
fras = ['va !', 'j\'ai perdu .', 'il est calme .', 'je suis chez moi .']
for eng, fra in zip(engs, fras):
    translation, dec_attention_weight_seq = d2l.predict_seq2seq(
        net, eng, src_vocab, tgt_vocab, num_steps, device, True)
    print(f'{eng} => {translation}, ',
          f'bleu {d2l.bleu(translation, fra, k=2):.3f}')
```

```
go . => va !,  bleu 1.000
i lost . => j'ai perdu .,  bleu 1.000
he's calm . => il est riche .,  bleu 0.658
i'm home . => je suis chez moi .,  bleu 1.000
```

```
attention_weights = torch.cat([step[0][0][0] for step in dec_attention_weight_seq],
    0).reshape((
    1, 1, -1, num_steps))
```

训练结束后，下面通过可视化注意力权重会发现，每个查询都会在键值对上分配不同的权重，这说明在每个解码步中，输入序列的不同部分被选择性地汇聚在注意力池中。

```
# 加上一个包含序列结束词元
d2l.show_heatmaps(
    attention_weights[:, :, :, :len(engs[-1].split()) + 1].cpu(),
    xlabel='Key positions', ylabel='Query positions')
```

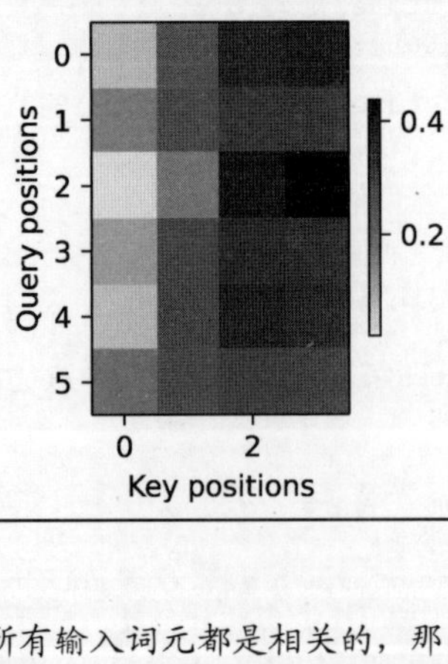

小结

- 在预测词元时，如果不是所有输入词元都是相关的，那么具有 Bahdanau 注意力的循环神经网络编码器-解码器会有选择性地统计输入序列的不同部分。这是通过将上下文变量视为加性注意力汇聚的输出来实现的。

- 在循环神经网络编码器-解码器中，Bahdanau 注意力将上一个时间步的解码器隐状态视为查询，在所有时间步的编码器隐状态同时视为键和值。

练习

（1）在实验中用 LSTM 替换 GRU。

（2）修改实验以将加性注意力评分函数替换为缩放点积注意力，它将如何影响训练效率？

10.5　多头注意力

扫码直达讨论区

在实践中，当给定相同的查询、键和值的集合时，我们希望模型可以基于相同的注意力机制学习不同的行为，然后将不同的行为作为知识组合起来，捕获序列内各种范围的依赖关系（例如，短距离依赖和长距离依赖关系）。因此，允许注意力机制组合使用查询、键和值的不同表示子空间（representation subspace）可能是有益的。

为此，与其只使用单独一个注意力汇聚，我们可以用独立学习得到的 h 组不同的线性投影（linear projection）来变换查询、键和值。然后，这 h 组变换后的查询、键和值将并行地送到注意力汇聚中。最后，将这 h 个注意力汇聚的输出连接在一起，并且通过另一个可学习的线性投影进行变换，以生成最终输出。这种设计被称为*多头注意力*（multihead attention）[172]。对于 h 个注意力汇聚输出，每个注意力汇聚被称作一个*头*（head）。图 10-6 展示了使用全连接层来实现可学习的线性变换的多头注意力。

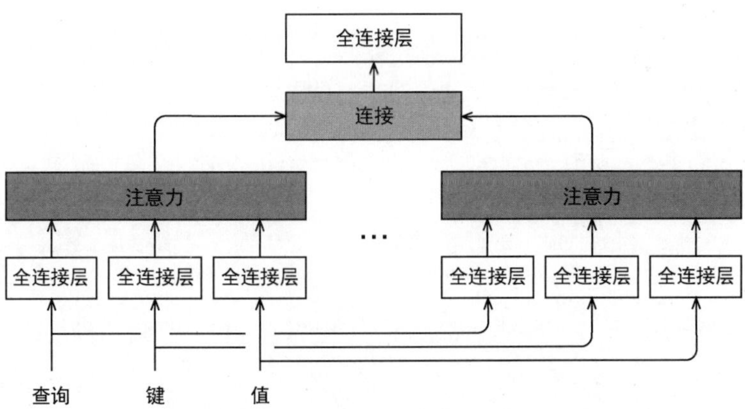

图 10-6　多头注意力：多头连接后线性变换

10.5.1　模型

在实现多头注意力之前，我们用数学语言将这个模型形式化地描述出来。给定查询 $\boldsymbol{q}\in\mathbb{R}^{d_q}$、键 $\boldsymbol{k}\in\mathbb{R}^{d_k}$ 和值 $\boldsymbol{v}\in\mathbb{R}^{d_v}$，每个注意力头 $\boldsymbol{h}_i$（$i=1,\cdots,h$）的计算方法为

$$\boldsymbol{h}_i = f(\boldsymbol{W}_i^{(q)}\boldsymbol{q},\boldsymbol{W}_i^{(k)}\boldsymbol{k},\boldsymbol{W}_i^{(v)}\boldsymbol{v})\in\mathbb{R}^{p_v} \tag{10.14}$$

其中，可学习的参数包括$\boldsymbol{W}_i^{(q)}\in\mathbb{R}^{p_q\times d_q}$、$\boldsymbol{W}_i^{(k)}\in\mathbb{R}^{p_k\times d_k}$和$\boldsymbol{W}_i^{(v)}\in\mathbb{R}^{p_v\times d_v}$，以及代表注意力汇聚的函数 f。f 可以是 10.3 节中的加性注意力和缩放点积注意力。多头注意力的输出需要经过另一个

线性转换，它对应 h 个头连接后的结果，因此其可学习参数是 $\mathbf{W}_o \in \mathbb{R}^{p_o \times h p_v}$：

$$\mathbf{W}_o \begin{bmatrix} \mathbf{h}_1 \\ \vdots \\ \mathbf{h}_h \end{bmatrix} \in \mathbb{R}^{p_o} \tag{10.15}$$

基于这种设计，每个头都可能会关注输入的不同部分，可以表示比简单加权平均值更复杂的函数。

```
import math
import torch
from torch import nn
from d2l import torch as d2l
```

10.5.2 实现

在实现过程中通常选择缩放点积注意力作为每个注意力头。为了避免计算成本和参数成本的大幅增加，我们设定 $p_q = p_k = p_v = p_o / h$。值得注意的是，如果将查询、键和值的线性变换的输出数量设置为 $p_q h = p_k h = p_v h = p_o$，则可以并行计算 h 个头。在下面的实现中，p_o 是通过参数 `num_hiddens` 指定的。

```
#@save
class MultiHeadAttention(nn.Module):
    """多头注意力"""
    def __init__(self, key_size, query_size, value_size, num_hiddens,
                 num_heads, dropout, bias=False, **kwargs):
        super(MultiHeadAttention, self).__init__(**kwargs)
        self.num_heads = num_heads
        self.attention = d2l.DotProductAttention(dropout)
        self.W_q = nn.Linear(query_size, num_hiddens, bias=bias)
        self.W_k = nn.Linear(key_size, num_hiddens, bias=bias)
        self.W_v = nn.Linear(value_size, num_hiddens, bias=bias)
        self.W_o = nn.Linear(num_hiddens, num_hiddens, bias=bias)

    def forward(self, queries, keys, values, valid_lens):
        # queries, keys, values的形状为(batch_size, 查询数或者键-值对数, num_hiddens)
        # valid_lens的形状为(batch_size, )或(batch_size, 查询数)
        # 经过变换后，输出的queries, keys, values的形状为
        # (batch_size*num_heads, 查询数或者键-值对数, num_hiddens/num_heads)
        queries = transpose_qkv(self.W_q(queries), self.num_heads)
        keys = transpose_qkv(self.W_k(keys), self.num_heads)
        values = transpose_qkv(self.W_v(values), self.num_heads)

        if valid_lens is not None:
            # 在轴0，将第一项（标量或者向量）复制num_heads次
            # 然后如此复制第二项，依次类推
            valid_lens = torch.repeat_interleave(
                valid_lens, repeats=self.num_heads, dim=0)

        # output的形状为(batch_size*num_heads, 查询数, num_hiddens/num_heads)
        output = self.attention(queries, keys, values, valid_lens)

        # output_concat的形状为(batch_size, 查询数, num_hiddens)
        output_concat = transpose_output(output, self.num_heads)
        return self.W_o(output_concat)
```

为了能够使多头并行计算，上面的 `MultiHeadAttention` 类将使用下面定义的两个转置函数。具体来说，`transpose_output` 函数反转了 `transpose_qkv` 函数的操作。

```
#@save
def transpose_qkv(X, num_heads):
    """为了多注意力头的并行计算而变换形状"""
    # 输入X的形状为(batch_size, 查询数或者键-值对数, num_hiddens)
    # 输出X的形状为(batch_size, 查询数或者键-值对数, num_heads, num_hiddens/num_heads)
    X = X.reshape(X.shape[0], X.shape[1], num_heads, -1)

    # 输出X的形状为(batch_size, num_heads, 查询数或者键-值对数, num_hiddens/num_heads)
    X = X.permute(0, 2, 1, 3)

    # 最终输出的形状为(batch_size*num_heads, 查询数或者键-值对数, num_hiddens/num_heads)
    return X.reshape(-1, X.shape[2], X.shape[3])


#@save
def transpose_output(X, num_heads):
    """反转transpose_qkv函数的操作"""
    X = X.reshape(-1, num_heads, X.shape[1], X.shape[2])
    X = X.permute(0, 2, 1, 3)
    return X.reshape(X.shape[0], X.shape[1], -1)
```

下面使用键和值相同的例子来测试我们编写的 `MultiHeadAttention` 类。多头注意力输出的形状是 (`batch_size, num_queries, num_hiddens`)。

```
num_hiddens, num_heads = 100, 5
attention = MultiHeadAttention(num_hiddens, num_hiddens, num_hiddens,
                               num_hiddens, num_heads, 0.5)
attention.eval()
```

```
MultiHeadAttention(
  (attention): DotProductAttention(
    (dropout): Dropout(p=0.5, inplace=False)
  )
  (W_q): Linear(in_features=100, out_features=100, bias=False)
  (W_k): Linear(in_features=100, out_features=100, bias=False)
  (W_v): Linear(in_features=100, out_features=100, bias=False)
  (W_o): Linear(in_features=100, out_features=100, bias=False)
)
```

```
batch_size, num_queries = 2, 4
num_kvpairs, valid_lens =  6, torch.tensor([3, 2])
X = torch.ones((batch_size, num_queries, num_hiddens))
Y = torch.ones((batch_size, num_kvpairs, num_hiddens))
attention(X, Y, Y, valid_lens).shape
```

```
torch.Size([2, 4, 100])
```

小结

- 多头注意力融合了来自多个注意力汇聚的不同知识，这些知识的不同来源于相同的查询、键和值的不同的表示子空间。
- 基于适当的张量操作，可以实现多头注意力的并行计算。

练习

（1）分别可视化这个实验中的多个头的注意力权重。

（2）假设有一个完成训练的基于多头注意力的模型，现在希望修剪最不重要的注意力头以提高预测速度。如何设计实验来度量注意力头的重要性呢？

10.6 自注意力和位置编码

扫码直达讨论区

在深度学习中，经常使用卷积神经网络（CNN）或循环神经网络（RNN）对序列进行编码。想象一下，有了注意力机制之后，我们将词元序列输入注意力汇聚中，以便同一组词元同时充当查询、键和值。具体来说，每个查询都会关注所有的键-值对并生成一个注意力输出。由于查询、键和值来自同一组输入，因此被称为*自注意力*（self-attention）[91, 172]，也被称为*内部注意力*（intra-attention）[20, 117, 119]。本节将介绍使用自注意力进行序列编码，以及如何使用序列的顺序作为补充信息。

```
import math
import torch
from torch import nn
from d2l import torch as d2l
```

10.6.1 自注意力

给定一个由词元组成的输入序列 $\mathbf{x}_1, \cdots, \mathbf{x}_n$，其中任意 $\mathbf{x}_i \in \mathbb{R}^d$（$1 \leqslant i \leqslant n$）。该序列的自注意力输出为一个长度相同的序列 $\mathbf{y}_1, \cdots, \mathbf{y}_n$，其中：

$$\mathbf{y}_i = f(\mathbf{x}_i, (\mathbf{x}_1, \mathbf{x}_1), \cdots, (\mathbf{x}_n, \mathbf{x}_n)) \in \mathbb{R}^d \tag{10.16}$$

根据式（10.4）中定义的注意力汇聚函数 f。下面的代码片段是基于多头注意力对一个张量完成自注意力的计算，张量的形状为 (批量大小, 时间步数或词元序列的长度, d)。输出与输入的张量形状相同。

```
num_hiddens, num_heads = 100, 5
attention = d2l.MultiHeadAttention(num_hiddens, num_hiddens, num_hiddens,
                                   num_hiddens, num_heads, 0.5)
attention.eval()
```

```
MultiHeadAttention(
  (attention): DotProductAttention(
    (dropout): Dropout(p=0.5, inplace=False)
  )
  (W_q): Linear(in_features=100, out_features=100, bias=False)
  (W_k): Linear(in_features=100, out_features=100, bias=False)
  (W_v): Linear(in_features=100, out_features=100, bias=False)
  (W_o): Linear(in_features=100, out_features=100, bias=False)
)
```

```
batch_size, num_queries, valid_lens = 2, 4, torch.tensor([3, 2])
X = torch.ones((batch_size, num_queries, num_hiddens))
attention(X, X, X, valid_lens).shape
```

```
torch.Size([2, 4, 100])
```

10.6.2 比较卷积神经网络、循环神经网络和自注意力

接下来比较下面几种架构，目标都是将由 n 个词元组成的序列映射到另一个长度相同的序列，其中的每个输入词元或输出词元都由 d 维向量表示。具体来说，将比较的是卷积神经网络、循环神经网络和自注意力这 3 种架构的计算复杂度、顺序操作和最大路径长度。注意，顺序操作会妨碍并行计算，而任意的序列位置组合之间的路径越短，越能更轻松地学习序列中的远距离依赖关系 [65]。

考虑一个卷积核大小为 k 的卷积层。在后面的章节将提供关于使用卷积神经网络处理序列的更多详细信息。目前只需要知道的是，由于序列长度是 n，输入和输出的通道数都是 d，因此卷积层的计算复杂度为 $O(knd^2)$。如图 10-7 所示，卷积神经网络是分层的，因此有 $O(1)$ 个顺序操作，最大路径长度为 $O(n/k)$。例如，$\boldsymbol{x}_1$ 和 $\boldsymbol{x}_5$ 处于图 10-7 中卷积核大小为 3 的双层卷积神经网络的感受野内。

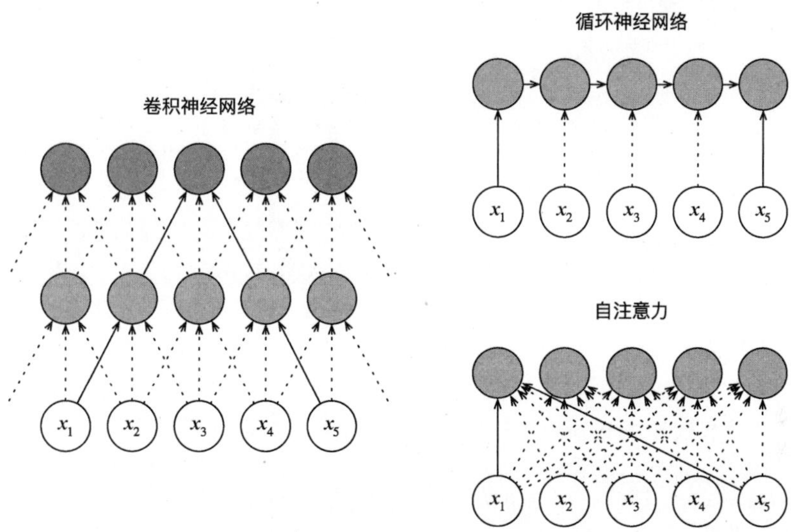

图 10-7　卷积神经网络（填充词元被忽略）、循环神经网络和自注意力这 3 种架构的比较

当更新循环神经网络的隐状态时，$d \times d$ 权重矩阵和 d 维隐状态的乘法计算复杂度为 $O(d^2)$。由于序列长度为 n，因此循环神经网络层的计算复杂度为 $O(nd^2)$。根据图 10-7，有 $O(n)$ 个顺序操作无法并行化，最大路径长度也是 $O(n)$。

在自注意力中，查询、键和值都是 $n \times d$ 矩阵。考虑式（10.12）中的缩放点积注意力，其中 $n \times d$ 矩阵乘以 $d \times n$ 矩阵，之后输出的 $n \times n$ 矩阵乘以 $n \times d$ 矩阵。因此，自注意力的计算复杂度为 $O(n^2d)$。正如图 10-7 中所展示的，每个词元都通过自注意力直接连接到任何其他词元。因此，有 $O(1)$ 个顺序操作可以并行计算，最大路径长度也是 $O(1)$。

总而言之，卷积神经网络和自注意力都具有并行计算的优势，而且自注意力的最大路径长度最短，但是因为其计算复杂度是关于序列长度的平方，所以在很长的序列中计算会非常慢。

10.6.3　位置编码

在处理词元序列时，循环神经网络是逐个重复地处理词元的，而自注意力则因为并行计算而放弃了顺序操作。为了使用序列的顺序信息，通过在输入表示中添加*位置编码*（positional encoding）来注入绝对的或相对的位置信息。位置编码可以通过学习得到，也可以直接固定。接下来描述的是基于正弦函数和余弦函数的固定位置编码 [172]。

假设输入表示 $\boldsymbol{X} \in \mathbb{R}^{n \times d}$ 包含一个序列中 n 个词元的 d 维嵌入表示。位置编码使用相同形状的位置嵌入矩阵 $\boldsymbol{P} \in \mathbb{R}^{n \times d}$ 输出 $\boldsymbol{X}+\boldsymbol{P}$，矩阵第 i 行、第 $2j$ 列和第 $2j+1$ 列上的元素分别为

$$
\begin{aligned}
p_{i,2j} &= \sin\left(\frac{i}{10000^{2j/d}}\right) \\
p_{i,2j+1} &= \cos\left(\frac{i}{10000^{2j/d}}\right)
\end{aligned}
\tag{10.17}
$$

乍一看，这种基于三角函数的设计很奇怪。在解释这个设计之前，我们先在下面的 PositionalEncoding 类中实现它。

```
#@save
class PositionalEncoding(nn.Module):
    """位置编码"""
    def __init__(self, num_hiddens, dropout, max_len=1000):
        super(PositionalEncoding, self).__init__()
        self.dropout = nn.Dropout(dropout)
        # 创建一个足够长的P
        self.P = torch.zeros((1, max_len, num_hiddens))
        X = torch.arange(max_len, dtype=torch.float32).reshape(
            -1, 1) / torch.pow(10000, torch.arange(
            0, num_hiddens, 2, dtype=torch.float32) / num_hiddens)
        self.P[:, :, 0::2] = torch.sin(X)
        self.P[:, :, 1::2] = torch.cos(X)

    def forward(self, X):
        X = X + self.P[:, :X.shape[1], :].to(X.device)
        return self.dropout(X)
```

在位置嵌入矩阵 $\boldsymbol{P}$ 中，行代表词元在序列中的位置，列代表位置编码的不同维度。从下面的例子中可以看到位置嵌入矩阵的第 6 列和第 7 列的频率高于第 8 列和第 9 列。第 6 列和第 7 列之间的偏移（第 8 列和第 9 列同理）是由于正弦函数和余弦函数的交替。

```
encoding_dim, num_steps = 32, 60
pos_encoding = PositionalEncoding(encoding_dim, 0)
pos_encoding.eval()
X = pos_encoding(torch.zeros((1, num_steps, encoding_dim)))
P = pos_encoding.P[:, :X.shape[1], :]
d2l.plot(torch.arange(num_steps), P[0, :, 6:10].T, xlabel='Row (position)',
         figsize=(6, 2.5), legend=["Col %d" % d for d in torch.arange(6, 10)])
```

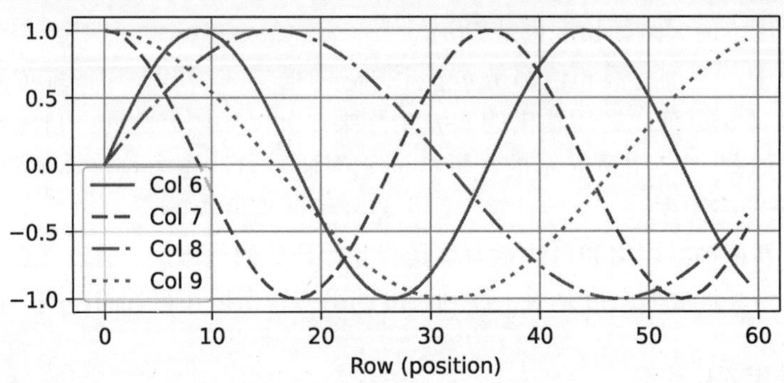

1. 绝对位置信息

为了了解沿着编码维度单调递减的频率与绝对位置信息之间的关系，我们打印出 0, 1, ⋯, 7 的二进制表示。正如所看到的，每个数字、每两个数字和每四个数字的值分别在第一个最低位、第二个最低位和第三个最低位上交替出现。

```
for i in range(8):
    print(f'{i}的二进制是：{i:>03b}')
```

```
0的二进制是：000
1的二进制是：001
2的二进制是：010
3的二进制是：011
4的二进制是：100
5的二进制是：101
```

```
6的二进制是：110
7的二进制是：111
```

在二进制表示中，较高位的交替频率低于较低位，与下面的热图相似，只是位置编码通过使用三角函数在编码维度上降低频率。由于输出是浮点数，因此此类连续表示比二进制表示更节省空间。

```
P = P[0, :, :].unsqueeze(0).unsqueeze(0)
d2l.show_heatmaps(P, xlabel='Column (encoding dimension)',
                  ylabel='Row (position)', figsize=(3.5, 4), cmap='Blues')
```

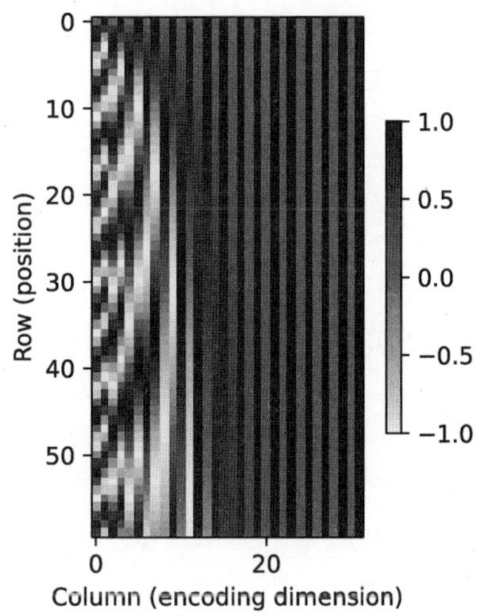

2. 相对位置信息

除了捕获绝对位置信息，上述的位置编码还允许模型学习得到输入序列中的相对位置信息。这是因为对于任何确定的位置偏移 δ，位置 $i+\delta$ 处的位置编码可以用线性投影位置 i 处的位置编码来表示。

这种投影的数学解释是，令 $\omega_j=1/10\,000^{2j/d}$，对于任何确定的位置偏移 δ，式（10.17）中的任何 $(p_{i,2j}, p_{i,2j+1})$ 都可以线性投影到 $(p_{i+\delta,2j}, p_{i+\delta,2j+1})$：

$$\begin{aligned}\begin{bmatrix}\cos(\delta\omega_j) & \sin(\delta\omega_j)\\ -\sin(\delta\omega_j) & \cos(\delta\omega_j)\end{bmatrix}\begin{bmatrix}p_{i,2j}\\ p_{i,2j+1}\end{bmatrix} &= \begin{bmatrix}\cos(\delta\omega_j)\sin(i\omega_j)+\sin(\delta\omega_j)\cos(i\omega_j)\\ -\sin(\delta\omega_j)\sin(i\omega_j)+\cos(\delta\omega_j)\cos(i\omega_j)\end{bmatrix}\\ &= \begin{bmatrix}\sin\left((i+\delta)\omega_j\right)\\ \cos\left((i+\delta)\omega_j\right)\end{bmatrix}\\ &= \begin{bmatrix}p_{i+\delta,2j}\\ p_{i+\delta,2j+1}\end{bmatrix}\end{aligned} \tag{10.18}$$

2×2 投影矩阵不依赖任何位置的索引 i。

小结

- 在自注意力中，查询、键和值都来自同一组输入。

- 卷积神经网络和自注意力都具有并行计算的优势，而且自注意力的最大路径长度最短。但是因为其计算复杂度是关于序列长度的平方，所以在很长的序列中计算会非常慢。
- 为了使用序列的顺序信息，可以通过在输入表示中添加位置编码，来注入绝对的或相对的位置信息。

练习

（1）假设设计一个深度架构，通过堆叠基于位置编码的自注意力层来表示序列，可能会存在什么问题？

（2）请设计一种可学习的位置编码方法。

10.7 Transformer

扫码直达讨论区

10.6.2 节中比较了卷积神经网络（CNN）、循环神经网络（RNN）和自注意力（self-attention）。值得注意的是，自注意力同时具有并行计算和最短最大路径长度这两个优势。因此，使用自注意力来设计深度架构是很有吸引力的。对比之前仍然依赖循环神经网络实现输入表示的自注意力模型[20, 93, 119]，Transformer 模型完全基于注意力机制，没有任何卷积层或循环神经网络层[172]。尽管 Transformer 最初应用于文本数据上的序列到序列学习，但现在已经推广到各种现代深度学习中，例如语言、视觉、语音和强化学习领域。

10.7.1 模型

Transformer 作为编码器-解码器架构的一个实例，其整体架构如图 10-8 所示。正如所见到的，Transformer 是由编码器和解码器组成的。与图 10-5 中基于 Bahdanau 注意力实现的序列到序列学习相比，Transformer 的编码器和解码器是基于自注意力的模块叠加而成的，源（输入）序列和目标（输出）序列的嵌入（embedding）表示将加上位置编码（positional encoding），再分别输入编码器和解码器中。

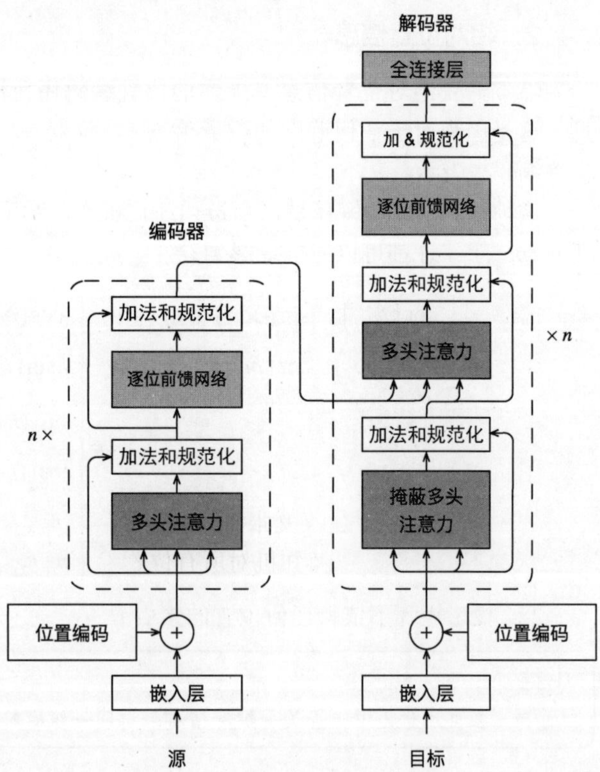

图 10-8　Transformer 架构

图 10-8 展示了 Transformer 架构。从宏观角度来看，Transformer 的编码器是由多个相同的层叠加而成的，每个层都有两个子层（子层表示为 sublayer）。第一个子层是多头自注意力（multi-head self-attention）汇聚；第二个子层是基于位置的前馈网络（positionwise feedforward network)。具体来说，在计算编码器的自注意力时，查询、键和值都来自前一个编码器层的输出。受 7.6 节中残差网络的启发，每个子层都采用了*残差连接*（residual connection）。在 Transformer 中，对于序列中任何位置的任何输入 $\boldsymbol{x}\in\mathbb{R}^d$，都要求满足 $\text{sublayer}(\boldsymbol{x})\in\mathbb{R}^d$，以便残差连接满足 $\boldsymbol{x}+\text{sublayer}(\boldsymbol{x})\in\mathbb{R}^d$。在残差连接的加法计算之后，紧接着应用*层规范化*（layer normalization）[3]。因此，对于输入序列对应的每个位置，Transformer 编码器都将输出一个 d 维表示向量。

Transformer 的解码器也是由多个相同的层叠加而成的，并且层中使用了残差连接和层规范化。除了编码器中描述的两个子层，解码器还在这两个子层之间插入了第三个子层，称为*编码器-解码器注意力*（encoder-decoder attention）层。在编码器-解码器注意力中，查询来自前一个解码器层的输出，而键和值来自整个编码器的输出。在解码器自注意力中，查询、键和值都来自上一个解码器层的输出。但是，解码器中的每个位置只能考虑该位置之前的所有位置。这种*掩蔽*（masked）注意力保留了*自回归*（auto-regressive）属性，以确保预测仅依赖已生成的输出词元。

在此之前已经描述并实现了 10.5 节中的基于缩放点积多头注意力和 10.6.3 节中的位置编码。接下来将实现 Transformer 模型的剩余部分。

```
import math
import pandas as pd
import torch
from torch import nn
from d2l import torch as d2l
```

10.7.2 基于位置的前馈网络

基于位置的前馈网络对序列中的所有位置的表示进行变换时使用的是同一个多层感知机（MLP），这就是称前馈网络是*基于位置的*（positionwise）的原因。在下面的实现中，输入 X 的形状 (*批量大小, 时间步数或序列长度, 隐单元数或特征维度*) 将被一个两层的感知机变换成形状为 (*批量大小, 时间步数*, `ffn_num_outputs`) 的输出张量。

```
#@save
class PositionWiseFFN(nn.Module):
    """基于位置的前馈网络"""
    def __init__(self, ffn_num_input, ffn_num_hiddens, ffn_num_outputs,
                 **kwargs):
        super(PositionWiseFFN, self).__init__(**kwargs)
        self.dense1 = nn.Linear(ffn_num_input, ffn_num_hiddens)
        self.relu = nn.ReLU()
        self.dense2 = nn.Linear(ffn_num_hiddens, ffn_num_outputs)

    def forward(self, X):
        return self.dense2(self.relu(self.dense1(X)))
```

下面的例子显示，改变张量的最内层维度的尺寸，会改变基于位置的前馈网络的输出尺寸。因为用同一个多层感知机对所有位置上的输入进行变换，所以当所有这些位置的输入相同时，它们的输出也是相同的。

```
ffn = PositionWiseFFN(4, 4, 8)
ffn.eval()
ffn(torch.ones((2, 3, 4)))[0]
tensor([[-0.7519,  0.0982, -0.2694,  0.9169,  0.6863, -0.9169, -1.2102, -0.9625],
        [-0.7519,  0.0982, -0.2694,  0.9169,  0.6863, -0.9169, -1.2102, -0.9625],
        [-0.7519,  0.0982, -0.2694,  0.9169,  0.6863, -0.9169, -1.2102, -0.9625]],
       grad_fn=<SelectBackward>)
```

10.7.3 残差连接和层规范化

现在我们关注图 10-8 中的加法和规范化（add&norm）组件。正如 10.7.1 节所述，这是由残差连接和紧随其后的层规范化组成的。两者都是构建有效的深度架构的关键。

7.5 节中解释了在一个小批量的样本内基于批量规范化对数据进行重新中心化和重新缩放的调整。层规范化和批量规范化的目标相同，但层规范化是基于特征维度进行规范化。尽管批量规范化在计算机视觉中被广泛应用，但在自然语言处理任务中（输入通常是变长序列）批量规范化通常不如层规范化的效果好。

以下代码对比不同维度的层规范化和批量规范化的效果。

```
ln = nn.LayerNorm(2)
bn = nn.BatchNorm1d(2)
X = torch.tensor([[1, 2], [2, 3]], dtype=torch.float32)
# 在训练模式下计算X的均值和方差
print('layer norm:', ln(X), '\nbatch norm:', bn(X))
```

```
layer norm: tensor([[-1.0000,  1.0000],
        [-1.0000,  1.0000]], grad_fn=<NativeLayerNormBackward>)
batch norm: tensor([[-1.0000, -1.0000],
        [ 1.0000,  1.0000]], grad_fn=<NativeBatchNormBackward>)
```

现在可以使用残差连接和层规范化来实现 AddNorm 类。暂退法也被作为正则化方法使用。

```
#@save
class AddNorm(nn.Module):
    """残差连接后进行层规范化"""
    def __init__(self, normalized_shape, dropout, **kwargs):
        super(AddNorm, self).__init__(**kwargs)
        self.dropout = nn.Dropout(dropout)
        self.ln = nn.LayerNorm(normalized_shape)

    def forward(self, X, Y):
        return self.ln(self.dropout(Y) + X)
```

残差连接要求两个输入的形状相同，以便加法操作后输出张量的形状相同。

```
add_norm = AddNorm([3, 4], 0.5)
add_norm.eval()
add_norm(torch.ones((2, 3, 4)), torch.ones((2, 3, 4))).shape
```

```
torch.Size([2, 3, 4])
```

10.7.4 编码器

有了 Transformer 编码器的基础组件，现在可以先实现编码器中的一个层。下面的 EncoderBlock 类包含两个子层：多头自注意力和基于位置的前馈网络，这两个子层都使用了残差连接和紧随的层规范化。

```
#@save
class EncoderBlock(nn.Module):
    """Transformer编码器块"""
    def __init__(self, key_size, query_size, value_size, num_hiddens,
                 norm_shape, ffn_num_input, ffn_num_hiddens, num_heads,
                 dropout, use_bias=False, **kwargs):
        super(EncoderBlock, self).__init__(**kwargs)
        self.attention = d2l.MultiHeadAttention(
            key_size, query_size, value_size, num_hiddens, num_heads, dropout,
            use_bias)
        self.addnorm1 = AddNorm(norm_shape, dropout)
```

```
        self.ffn = PositionWiseFFN(
            ffn_num_input, ffn_num_hiddens, num_hiddens)
        self.addnorm2 = AddNorm(norm_shape, dropout)

    def forward(self, X, valid_lens):
        Y = self.addnorm1(X, self.attention(X, X, X, valid_lens))
        return self.addnorm2(Y, self.ffn(Y))
```

正如从代码中所看到的，Transformer 编码器中的任何层都不会改变其输入的形状。

```
X = torch.ones((2, 100, 24))
valid_lens = torch.tensor([3, 2])
encoder_blk = EncoderBlock(24, 24, 24, 24, [100, 24], 24, 48, 8, 0.5)
encoder_blk.eval()
encoder_blk(X, valid_lens).shape
```

```
torch.Size([2, 100, 24])
```

下面实现的 Transformer 编码器的代码中，堆叠了 `num_layers` 个 `EncoderBlock` 类的实例。由于这里使用的是值范围在 -1 ～ 1 的固定位置编码，因此通过学习得到的输入的嵌入表示的值需要先乘以嵌入维度的平方根进行重新缩放，再与位置编码相加。

```
#@save
class TransformerEncoder(d2l.Encoder):
    """Transformer编码器"""
    def __init__(self, vocab_size, key_size, query_size, value_size,
                 num_hiddens, norm_shape, ffn_num_input, ffn_num_hiddens,
                 num_heads, num_layers, dropout, use_bias=False, **kwargs):
        super(TransformerEncoder, self).__init__(**kwargs)
        self.num_hiddens = num_hiddens
        self.embedding = nn.Embedding(vocab_size, num_hiddens)
        self.pos_encoding = d2l.PositionalEncoding(num_hiddens, dropout)
        self.blks = nn.Sequential()
        for i in range(num_layers):
            self.blks.add_module("block"+str(i),
                EncoderBlock(key_size, query_size, value_size, num_hiddens,
                             norm_shape, ffn_num_input, ffn_num_hiddens,
                             num_heads, dropout, use_bias))

    def forward(self, X, valid_lens, *args):
        # 因为位置编码值范围在-1~1，所以嵌入值乘以嵌入维度的平方根进行缩放，再与位置编码相加
        X = self.pos_encoding(self.embedding(X) * math.sqrt(self.num_hiddens))
        self.attention_weights = [None] * len(self.blks)
        for i, blk in enumerate(self.blks):
            X = blk(X, valid_lens)
            self.attention_weights[
                i] = blk.attention.attention.attention_weights
        return X
```

下面我们指定超参数来创建一个两层的 Transformer 编码器。Transformer 编码器输出的形状是 (批量大小, 时间步数, `num_hiddens`)。

```
encoder = TransformerEncoder(
    200, 24, 24, 24, 24, [100, 24], 24, 48, 8, 2, 0.5)
encoder.eval()
encoder(torch.ones((2, 100), dtype=torch.long), valid_lens).shape
```

```
torch.Size([2, 100, 24])
```

10.7.5 解码器

如图 10-8 所示，Transformer 解码器也是由多个相同的层组成。在 `DecoderBlock` 类中

实现的每个层包含 3 个子层：解码器自注意力、编码器-解码器注意力和基于位置的前馈网络。这些子层也都被残差连接和紧随的层规范化围绕。

正如前面所述，在掩蔽多头解码器自注意力层（第一个子层）中，查询、键和值都来自上一个解码器层的输出。关于序列到序列模型（sequence-to-sequence model），在训练阶段，其输出序列的所有位置（时间步）的词元都是已知的；然而，在预测阶段，其输出序列的词元是逐个生成的。因此，在解码器的任何时间步中，只有生成的词元才能用于解码器的自注意力计算中。为了在解码器中保留自回归的属性，其掩蔽自注意力设定了参数 `dec_valid_lens`，以便任何查询都只会与解码器中所有已经生成词元的位置（即直到该查询位置为止）进行注意力计算。

```
class DecoderBlock(nn.Module):
    """解码器中第i个块"""
    def __init__(self, key_size, query_size, value_size, num_hiddens,
                 norm_shape, ffn_num_input, ffn_num_hiddens, num_heads,
                 dropout, i, **kwargs):
        super(DecoderBlock, self).__init__(**kwargs)
        self.i = i
        self.attention1 = d2l.MultiHeadAttention(
            key_size, query_size, value_size, num_hiddens, num_heads, dropout)
        self.addnorm1 = AddNorm(norm_shape, dropout)
        self.attention2 = d2l.MultiHeadAttention(
            key_size, query_size, value_size, num_hiddens, num_heads, dropout)
        self.addnorm2 = AddNorm(norm_shape, dropout)
        self.ffn = PositionWiseFFN(ffn_num_input, ffn_num_hiddens,
                                   num_hiddens)
        self.addnorm3 = AddNorm(norm_shape, dropout)

    def forward(self, X, state):
        enc_outputs, enc_valid_lens = state[0], state[1]
        # 训练阶段，输出序列的所有词元都在同一时间处理
        # 因此state[2][self.i]初始化为None
        # 预测阶段，输出序列是通过词元一个接着一个解码的
        # 因此state[2][self.i]包含直到当前时间步第i个块解码的输出表示
        if state[2][self.i] is None:
            key_values = X
        else:
            key_values = torch.cat((state[2][self.i], X), axis=1)
        state[2][self.i] = key_values
        if self.training:
            batch_size, num_steps, _ = X.shape
            # dec_valid_lens的开头:(batch_size,num_steps)
            # 其中每一行是[1,2,…,num_steps]
            dec_valid_lens = torch.arange(
                1, num_steps + 1, device=X.device).repeat(batch_size, 1)
        else:
            dec_valid_lens = None

        # 自注意力
        X2 = self.attention1(X, key_values, key_values, dec_valid_lens)
        Y = self.addnorm1(X, X2)
        # 编码器-解码器注意力
        # enc_outputs的开头:(batch_size,num_steps,num_hiddens)
        Y2 = self.attention2(Y, enc_outputs, enc_outputs, enc_valid_lens)
        Z = self.addnorm2(Y, Y2)
        return self.addnorm3(Z, self.ffn(Z)), state
```

为了便于在编码器-解码器注意力中进行缩放点积计算和在残差连接中进行加法计算，编码器和解码器的特征维度都是 `num_hiddens`。

```
decoder_blk = DecoderBlock(24, 24, 24, 24, [100, 24], 24, 48, 8, 0.5, 0)
```

```
decoder_blk.eval()
X = torch.ones((2, 100, 24))
state = [encoder_blk(X, valid_lens), valid_lens, [None]]
decoder_blk(X, state)[0].shape
```

```
torch.Size([2, 100, 24])
```

现在我们构建了由 `num_layers` 个 `DecoderBlock` 实例组成的完整的 Transformer 解码器。最后，通过一个全连接层计算所有 `vocab_size` 个可能的输出词元的预测值。解码器自注意力权重和编码器-解码器注意力权重都被存储下来，以便日后用于可视化。

```
class TransformerDecoder(d2l.AttentionDecoder):
    def __init__(self, vocab_size, key_size, query_size, value_size,
                 num_hiddens, norm_shape, ffn_num_input, ffn_num_hiddens,
                 num_heads, num_layers, dropout, **kwargs):
        super(TransformerDecoder, self).__init__(**kwargs)
        self.num_hiddens = num_hiddens
        self.num_layers = num_layers
        self.embedding = nn.Embedding(vocab_size, num_hiddens)
        self.pos_encoding = d2l.PositionalEncoding(num_hiddens, dropout)
        self.blks = nn.Sequential()
        for i in range(num_layers):
            self.blks.add_module("block"+str(i),
                DecoderBlock(key_size, query_size, value_size, num_hiddens,
                             norm_shape, ffn_num_input, ffn_num_hiddens,
                             num_heads, dropout, i))
        self.dense = nn.Linear(num_hiddens, vocab_size)

    def init_state(self, enc_outputs, enc_valid_lens, *args):
        return [enc_outputs, enc_valid_lens, [None] * self.num_layers]

    def forward(self, X, state):
        X = self.pos_encoding(self.embedding(X) * math.sqrt(self.num_hiddens))
        self._attention_weights = [[None] * len(self.blks) for _ in range (2)]
        for i, blk in enumerate(self.blks):
            X, state = blk(X, state)
            # 解码器自注意力权重
            self._attention_weights[0][
                i] = blk.attention1.attention.attention_weights
            # 编码器-解码器自注意力权重
            self._attention_weights[1][
                i] = blk.attention2.attention.attention_weights
        return self.dense(X), state

    @property
    def attention_weights(self):
        return self._attention_weights
```

10.7.6 训练

下面我们依照 Transformer 架构来实例化编码器-解码器模型。在这里，指定 Transformer 的编码器和解码器都是 2 层的，都使用 4 头注意力。与 9.7.4 节类似，为了进行序列到序列学习，下面在“英语－法语”机器翻译数据集上训练 Transformer 模型。

```
num_hiddens, num_layers, dropout, batch_size, num_steps = 32, 2, 0.1, 64, 10
lr, num_epochs, device = 0.005, 200, d2l.try_gpu()
ffn_num_input, ffn_num_hiddens, num_heads = 32, 64, 4
key_size, query_size, value_size = 32, 32, 32
norm_shape = [32]

train_iter, src_vocab, tgt_vocab = d2l.load_data_nmt(batch_size, num_steps)
```

```
encoder = TransformerEncoder(
    len(src_vocab), key_size, query_size, value_size, num_hiddens,
    norm_shape, ffn_num_input, ffn_num_hiddens, num_heads,
    num_layers, dropout)
decoder = TransformerDecoder(
    len(tgt_vocab), key_size, query_size, value_size, num_hiddens,
    norm_shape, ffn_num_input, ffn_num_hiddens, num_heads,
    num_layers, dropout)
net = d2l.EncoderDecoder(encoder, decoder)
d2l.train_seq2seq(net, train_iter, lr, num_epochs, tgt_vocab, device)
```

```
loss 0.031, 5803.8 tokens/sec on cuda:0
```

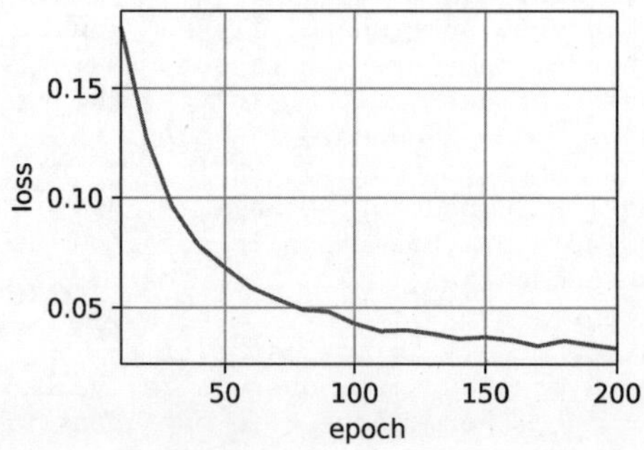

训练结束后，使用 Transformer 模型将一些英语句子翻译成法语，并且计算它们的 BLEU 分数。

```
engs = ['go .', "i lost .", 'he\'s calm .', 'i\'m home .']
fras = ['va !', 'j\'ai perdu .', 'il est calme .', 'je suis chez moi .']
for eng, fra in zip(engs, fras):
    translation, dec_attention_weight_seq = d2l.predict_seq2seq(
        net, eng, src_vocab, tgt_vocab, num_steps, device, True)
    print(f'{eng} => {translation}, ',
          f'bleu {d2l.bleu(translation, fra, k=2):.3f}')
```

```
go . => va !,  bleu 1.000
i lost . => je vous en <unk> .,  bleu 0.000
he's calm . => il est calme .,  bleu 1.000
i'm home . => je suis chez moi .,  bleu 1.000
```

当进行最后一个英语到法语的句子翻译工作时，我们可视化 Transformer 的注意力权重。编码器自注意力权重的形状为 (编码器层数, 注意力头数, `num_steps` 或查询数, `num_steps` 或键-值对数)。

```
enc_attention_weights = torch.cat(net.encoder.attention_weights, 0).reshape((
    num_layers, num_heads, -1, num_steps))
enc_attention_weights.shape
```

```
torch.Size([2, 4, 10, 10])
```

在编码器的自注意力中，查询和键都来自相同的输入序列。因为填充词元是不携带信息的，因此通过指定输入序列的有效长度可以避免查询与使用填充词元的位置计算注意力。接下来，将逐行呈现两层多头注意力的权重。每个注意力头都根据查询、键和值的不同的表示子空间来表示不同的注意力。

```
d2l.show_heatmaps(
    enc_attention_weights.cpu(), xlabel='Key positions',
    ylabel='Query positions', titles=['Head %d' % i for i in range(1, 5)],
    figsize=(7, 3.5))
```

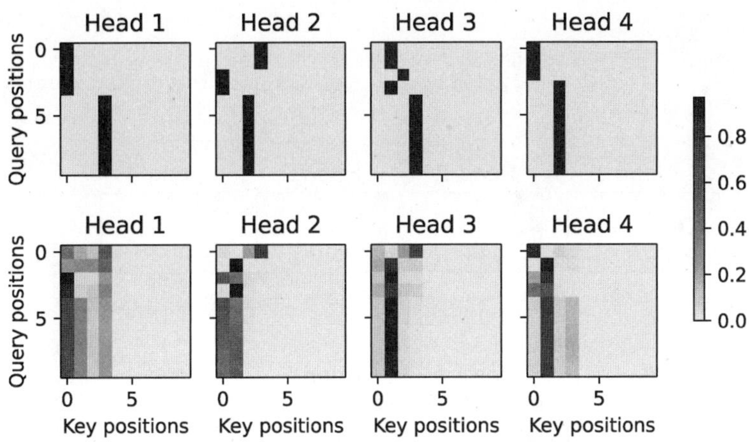

为了可视化解码器的自注意力权重和编码器-解码器的注意力权重，我们需要完成更多的数据操作。例如，用零填充被掩蔽的注意力权重。值得注意的是，解码器的自注意力权重和编码器-解码器的注意力权重都有相同的查询，即以序列开始词元（beginning-of-sequence，BOS）打头，再与后续输出的词元共同组成序列。

```
dec_attention_weights_2d = [head[0].tolist()
                            for step in dec_attention_weight_seq
                            for attn in step for blk in attn for head in blk]
dec_attention_weights_filled = torch.tensor(
    pd.DataFrame(dec_attention_weights_2d).fillna(0.0).values)
dec_attention_weights = dec_attention_weights_filled.reshape((-1, 2, num_layers,
    num_heads, num_steps))
dec_self_attention_weights, dec_inter_attention_weights = \
    dec_attention_weights.permute(1, 2, 3, 0, 4)
dec_self_attention_weights.shape, dec_inter_attention_weights.shape
```

```
(torch.Size([2, 4, 6, 10]), torch.Size([2, 4, 6, 10]))
```

由于解码器自注意力的自回归属性，查询不会对当前位置之后的键-值对进行注意力计算。

```
# Plusonetoincludethebeginning-of-sequencetoken
d2l.show_heatmaps(
    dec_self_attention_weights[:, :, :, :len(translation.split()) + 1],
    xlabel='Key positions', ylabel='Query positions',
    titles=['Head %d' % i for i in range(1, 5)], figsize=(7, 3.5))
```

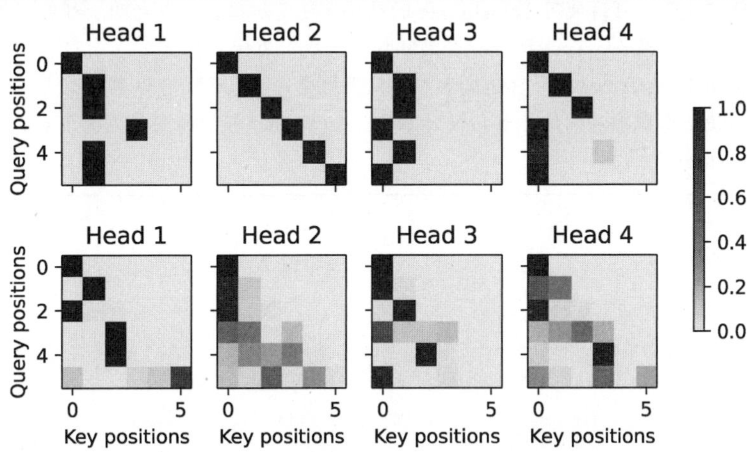

与编码器的自注意力的情况类似，通过指定输入序列的有效长度，输出序列的查询不会与输入序列中填充位置的词元进行注意力计算。

```python
d2l.show_heatmaps(
    dec_inter_attention_weights, xlabel='Key positions',
    ylabel='Query positions', titles=['Head %d' % i for i in range(1, 5)],
    figsize=(7, 3.5))
```

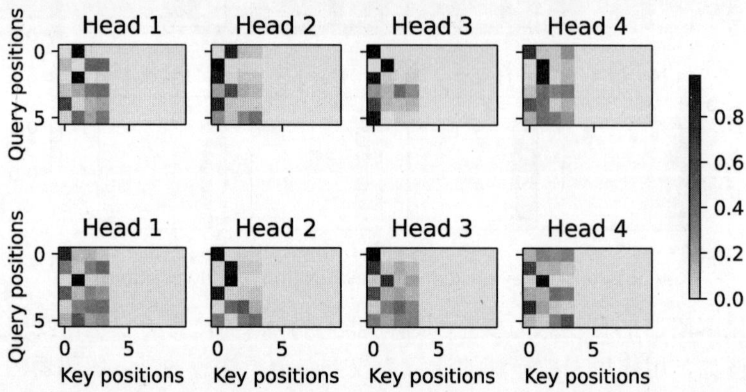

尽管 Transformer 架构是为了序列到序列的学习而提出的，但正如本书后面将提及的那样，Transformer 编码器或 Transformer 解码器通常被单独用于不同的深度学习任务中。

小结

- Transformer 是编码器-解码器架构的一个实践，尽管在实际情况中编码器或解码器可以单独使用。
- 在 Transformer 中，多头自注意力用于表示输入序列和输出序列，不过解码器必须通过掩蔽机制来保留自回归属性。
- Transformer 中的残差连接和层规范化是训练深度模型的重要工具。
- Transformer 模型中基于位置的前馈网络使用同一个多层感知机，其作用是对所有序列位置的表示进行转换。

练习

（1）在实验中训练更深的 Transformer 将如何影响训练速度和翻译效果？

（2）在 Transformer 中使用加性注意力取代缩放点积注意力是不是好办法？为什么？

（3）对于语言模型，应该使用 Transformer 的编码器还是解码器，或者两者都用？如何设计？

（4）如果输入序列很长，Transformer 会面临什么挑战？为什么？

（5）如何提高 Transformer 的计算速度和内存使用效率？（提示：可以参考论文 [164]。）

（6）如果不使用卷积神经网络，如何设计基于 Transformer 模型的图像分类任务？（提示：可以参考 Vision Transformer[32]。）

第 11 章
优化算法

截止到目前，本书已经使用了许多优化算法来训练深度学习模型。优化算法使我们能够继续更新模型参数，并使损失函数的值最小化。这就像在训练集上评估一样。事实上，任何满足于将优化视为黑盒装置，以在简单的设置中最小化目标函数的人，都可能会知道存在着一系列此类“咒语”（名称如“SGD”和“Adam”）。

但是，为了做得更好，还需要更深入的知识。优化算法对于深度学习非常重要。一方面，训练复杂的深度学习模型可能需要数小时、数天甚至数周。优化算法的性能直接影响模型的训练效率。另一方面，了解不同优化算法的原则及其超参数的作用将使我们能够以有针对性的方式调整超参数，以提高深度学习模型的性能。

在本章中，我们深入探讨常见的深度学习优化算法。深度学习中出现的几乎所有优化问题都是非凸的。尽管如此，在凸问题背景下设计和分析算法是非常有启发性的。正是出于这个原因，本章内容包括凸优化的入门，以及凸目标函数上非常简单的随机梯度下降算法的证明。

11.1 优化和深度学习

本节将讨论优化与深度学习之间的关系以及在深度学习中使用优化的挑战。对于深度学习问题，我们通常会先定义损失函数。一旦我们有了损失函数，我们就可以使用优化算法来尝试最小化损失。在优化中，损失函数通常被称为优化问题的*目标函数*。按照惯例，大多数优化算法关注的是*最小化*。如果我们需要最大化目标，那么有一个简单的解决方案：在目标函数前加负号。

11.1.1 优化的目标

尽管优化提供了一种最大限度地减小深度学习损失的方法，但本质上，优化和深度学习的根本目标是不同的。前者主要关注的是最小化目标，后者则关注在给定有限数据量的情况下寻找合适的模型。在 4.4 节中，我们详细讨论了这两个目标之间的区别。例如，训练误差和泛化误差通常不同：由于优化算法的目标函数通常是基于训练数据集的损失函数，因此优化的目标是减小训练误差。但是，深度学习（或更广义的统计推断）的目标是减小泛化误差。为了实现后者，除了使用优化算法来减小训练误差，我们还需要注意过拟合。

```
%matplotlib inline
import numpy as np
import torch
```

```
from mpl_toolkits import mplot3d
from d2l import torch as d2l
```

为了说明上述的不同目标，我们引入两个概念风险和经验风险。如 4.9.3 节所述，经验风险是训练数据集的平均损失，而风险则是所有数据的预期损失。下面我们定义两个函数：风险函数 f 和经验风险函数 g。假设我们只有有限的训练数据。因此，这里的 g 不如 f 平滑。

```
def f(x):
    return x * torch.cos(np.pi * x)

def g(x):
    return f(x) + 0.2 * torch.cos(5 * np.pi * x)
```

下图说明，训练数据集的最低经验风险可能与最低风险（泛化误差）不同。

```
def annotate(text, xy, xytext):  #@save
    d2l.plt.gca().annotate(text, xy=xy, xytext=xytext,
                           arrowprops=dict(arrowstyle='->'))

x = torch.arange(0.5, 1.5, 0.01)
d2l.set_figsize((4.5, 2.5))
d2l.plot(x, [f(x), g(x)], 'x', 'risk')
annotate('min of\nempirical risk', (1.0, -1.2), (0.5, -1.1))
annotate('min of risk', (1.1, -1.05), (0.95, -0.5))
```

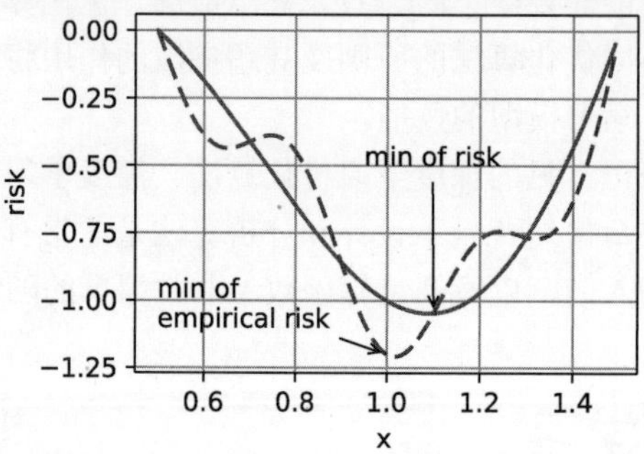

11.1.2 深度学习中的优化挑战

本章将关注优化算法在最小化目标函数方面的性能，而不是模型的泛化误差。在 3.1 节中，我们区分了优化问题中的解析解和数值解。在深度学习中，大多数目标函数都很复杂，没有解析解，我们必须使用数值优化算法。本章中的优化算法都属于此类别。

深度学习优化存在许多挑战。其中最令人烦恼的是局部极小值、鞍点和梯度消失。

1. 局部极小值

对于任何目标函数 $f(x)$，如果在 x 点对应的 $f(x)$ 值小于在 x 附近任意其他点的 $f(x)$ 值，那么 $f(x)$ 可能是局部极小值。如果 $f(x)$ 在 x 点的值是整个域中目标函数的最小值，那么 $f(x)$ 是全局最小值。

例如，给定函数

$$f(x)=x\cdot\cos(\pi x)(-1.0\leqslant x\leqslant 2.0) \tag{11.1}$$

我们可以近似该函数的局部极小值和全局最小值。

```
x = torch.arange(-1.0, 2.0, 0.01)
d2l.plot(x, [f(x), ], 'x', 'f(x)')
annotate('local minimum', (-0.3, -0.25), (-0.77, -1.0))
annotate('global minimum', (1.1, -0.95), (0.6, 0.8))
```

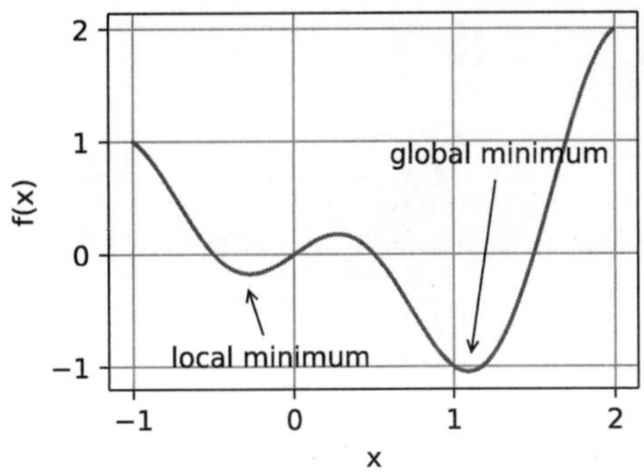

深度学习模型的目标函数通常有许多局部最优解。当优化问题的数值解接近局部最优解时，随着目标函数解的梯度接近或变为零，通过最终迭代获得的数值解可能仅使目标函数局部最优，而不是全局最优。只有一定程度的噪声才可能会使参数跳出局部极小值。事实上，这是小批量随机梯度下降的有利特性之一。在这种情况下，小批量上梯度的自然变化能够将参数从局部极小值中跳出。

2. 鞍点

除了局部极小值，鞍点是梯度消失的另一个原因。鞍点（saddle point）是指函数的所有梯度都消失但既不是全局最小值也不是局部极小值的任何位置。考虑函数 $f(x) = x^3$，它的一阶和二阶导数在 $x = 0$ 时消失，这时优化可能会停止，尽管它不是最小值的位置。

```
x = torch.arange(-2.0, 2.0, 0.01)
d2l.plot(x, [x**3], 'x', 'f(x)')
annotate('saddle point', (0, -0.2), (-0.52, -5.0))
```

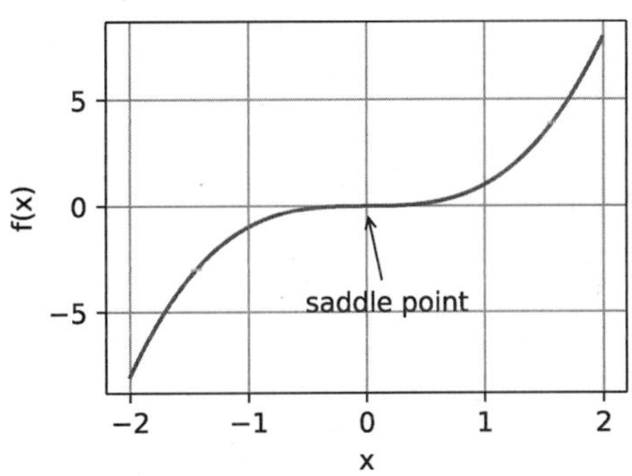

如下例所示，较高维度的鞍点甚至更加隐蔽。考虑函数 $f(x, y) = x^2 - y^2$，它的鞍点为 (0, 0)。这是关于 y 的极大值，也是关于 x 的极小值。此外，它看起来像个马鞍，这就是鞍点这个名字的由来。

```
x, y = torch.meshgrid(
    torch.linspace(-1.0, 1.0, 101), torch.linspace(-1.0, 1.0, 101))
z = x**2 - y**2

ax = d2l.plt.figure().add_subplot(111, projection='3d')
ax.plot_wireframe(x, y, z, **{'rstride': 10, 'cstride': 10})
ax.plot([0], [0], [0], 'rx')
ticks = [-1, 0, 1]
d2l.plt.xticks(ticks)
d2l.plt.yticks(ticks)
ax.set_zticks(ticks)
```

```
d2l.plt.xlabel('x')
d2l.plt.ylabel('y');
```

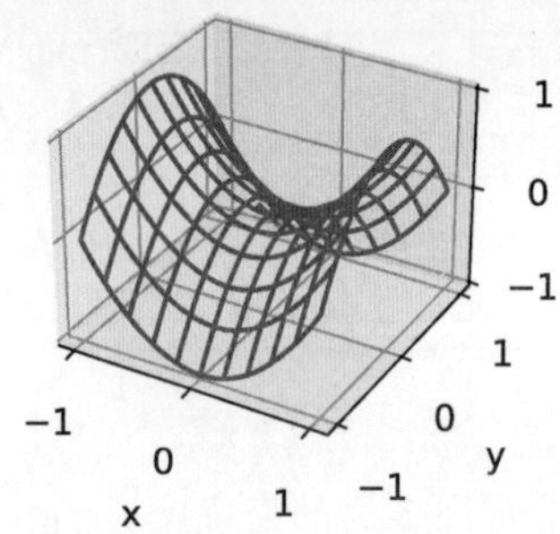

我们假设函数的输入是 k 维向量，输出是标量，因此其黑塞矩阵（Hessian matrix）将有 k 个特征值（参考特征分解的在线附录①）。函数的解可能是局部极小值、局部极大值或函数梯度为零位置处的鞍点：

- 当函数在零梯度位置处的黑塞矩阵的特征值全部为正值时，我们有该函数的局部极小值；
- 当函数在零梯度位置处的黑塞矩阵的特征值全部为负值时，我们有该函数的局部极大值；
- 当函数在零梯度位置处的黑塞矩阵的特征值为负值和正值时，我们有该函数的一个鞍点。

对于高维度问题，至少部分特征值为负的可能性相当大。这使得鞍点比局部极小值更有可能出现。我们将在 11.2 节介绍凸性时讨论这种情况的一些例外。简而言之，凸函数是黑塞函数的特征值永远不为负的函数。遗憾的是，大多数深度学习问题并不属于这一类。尽管如此，它仍然是研究优化算法的一个很好的工具。

3. 梯度消失

可能遇到的最隐蔽问题是梯度消失。回想一下我们在 4.1.2 节中常用的激活函数及其衍生函数。例如，假设我们想最小化函数 $f(x) = \tanh(x)$，我们恰好从 $x=4$ 开始。正如我们所看到的那样，f 的梯度接近零。更具体地说，$f'(x) = 1-\tanh^2(x)$，因此 $f'(4) = 0.0013$。因此，在我们取得进展之前，优化将会停滞很长一段时间。事实证明，这是在引入 ReLU 激活函数之前训练深度学习模型相当棘手的原因之一。

```
x = torch.arange(-2.0, 5.0, 0.01)
d2l.plot(x, [torch.tanh(x)], 'x', 'f(x)')
annotate('vanishing gradient', (4, 1), (2, 0.0))
```

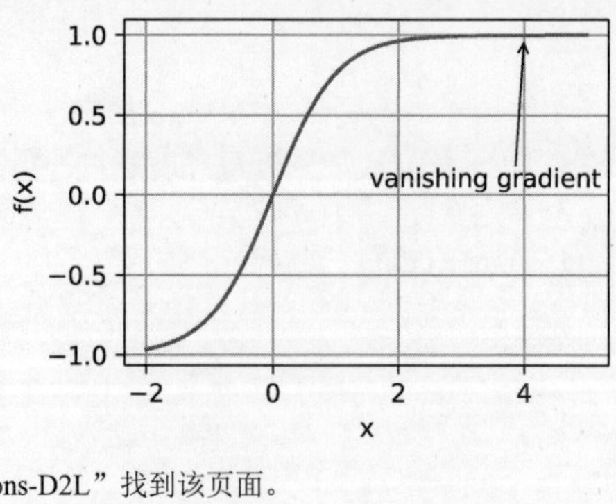

① 可通过搜索“Eigendecompositions-D2L”找到该页面。

正如我们所看到的那样，深度学习的优化充满挑战。幸运的是，有一系列强大的算法表现良好，即使对于初学者也很容易使用。此外，不一定要找到最优解，局部最优解或其近似解也非常有用。

小结

- 最小化训练误差并不能保证我们找到最佳的参数集来最小化泛化误差。
- 优化问题中可能有许多局部极小值。
- 一个问题可能有很多的鞍点，因为问题通常不是凸的。
- 梯度消失可能会导致优化停滞，重参数化通常会有所帮助。对参数进行良好的初始化也可能是有益的。

练习

（1）考虑一个简单的单隐藏层的多层感知机，其中隐藏层维度为 d，输出为 1。证明对于任何局部极小值，至少有 $d!$ 个等价解。

（2）假设我们有一个随机对称矩阵 $\boldsymbol{M}$，其中 $M_{ij} = M_{ji}$ 各自从某种概率分布 p_{ij} 中抽取。此外，假设 $p_{ij}(x) = p_{ij}(-x)$，即分布是对称的（详情参见参考文献 [181]）。

a. 证明特征值的分布也是对称的。也就是说，对于任何特征向量 $\boldsymbol{v}$，相关的特征值 λ 满足 $P(\lambda > 0) = P(\lambda < 0)$。

b. 为什么上面没有暗示 $P(\lambda > 0) = 0.5$？

（3）深度学习优化还涉及哪些挑战？

（4）假设想在马鞍上平衡放置一个真实的球。

a. 为什么这很难做到？

b. 能利用这种效应来优化算法吗？

11.2 凸性

扫码直达讨论区

凸性（convexity）在优化算法的设计中起到至关重要的作用，这主要是由于在这种情况下对算法进行分析和测试比较容易。换言之，如果算法在凸性条件下的效果很差，通常我们很难在其他条件下得到比其更好的效果。此外，即使深度学习中的优化问题通常是非凸的，它们也经常在局部极小值附近表现出一些凸性。这可能会产生一些像参考文献 [74] 这样比较有意思的新优化变体。

```
%matplotlib inline
import numpy as np
import torch
from mpl_toolkits import mplot3d
from d2l import torch as d2l
```

11.2.1 定义

在进行凸分析之前，我们需要定义凸集和凸函数。

1. 凸集

凸集（convex set）是凸性的基础。简单地说，对于任何 $a, b \in X$，如果连接 a 和 b 的线段

也位于 X 中，则向量空间中的一个集合 X 是凸（convex）的。在数学表示上，这意味着对于所有 $\lambda\in[0, 1]$，我们得到

$$\lambda a+(1-\lambda)b\in X, \text{当} a,b\in X \tag{11.2}$$

这看起来有点抽象，我们来看图 11-1 里的例子。第一组存在不包含在集合内部的线段部分，所以该集合是非凸的，而第二组、第三组则没有这样的问题。

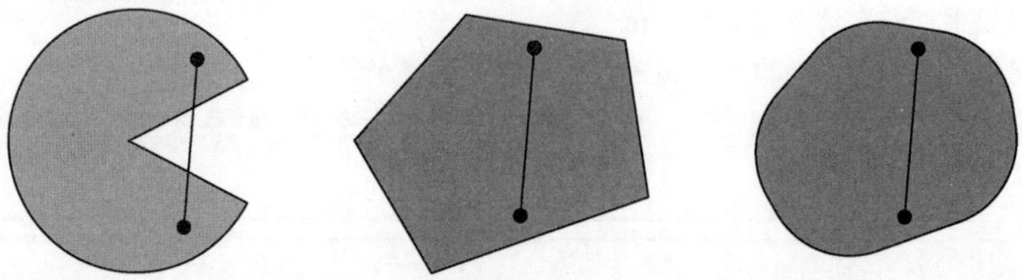

图 11-1　第一组是非凸的，第二、第三组是凸的

接下来看一下图 11-2 所示的交集。假设 X 和 Y 是凸集，那么 $X\cap Y$ 也是凸的。现在考虑任意 $a, b\in X\cap Y$，因为 X 和 Y 是凸集，所以连接 a 和 b 的线段包含在 X 和 Y 中，由此，它也需要包含在 $X\cap Y$ 中，从而证明了我们的结论。

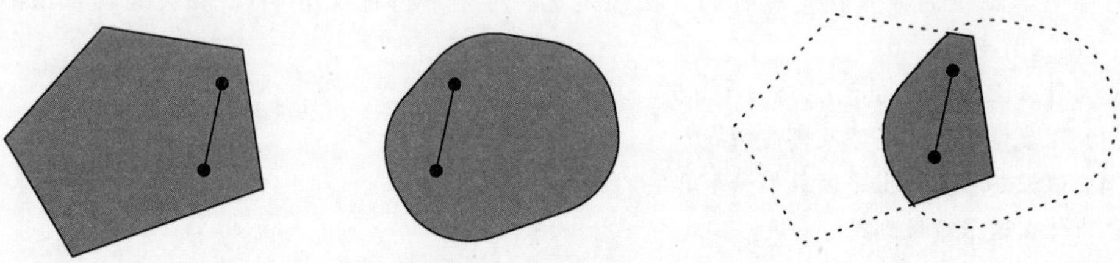

图 11-2　两个凸集的交集是凸的

我们可以毫不费力地进一步得到这样的结论：给定凸集 X_i，它们的交集 $\cap_i X_i$ 是凸的，但是反方向的结论是不正确的。

考虑两个不相交的集合 $X\cap Y=\varnothing$，取 $a\in X$ 和 $b\in Y$。由于我们假设 $X\cap Y=\varnothing$，在图 11-3 中连接 a 和 b 的线段需要包含一部分既不在 X 也不在 Y 中，因此线段也不在 $X\cup Y$ 中，由此证明了凸集的并集不一定是凸的，即非凸（nonconvex）的。

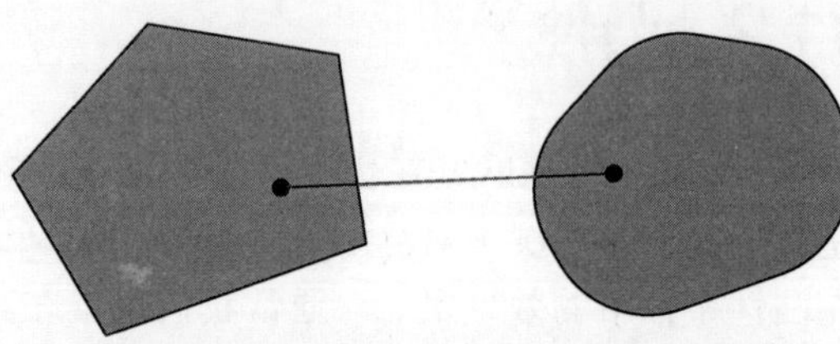

图 11-3　两个凸集的并集不一定是凸的

通常，深度学习中的问题是在凸集上定义的。例如，$\mathbb{R}^d$，即实数的 d 维向量的集合是凸集（毕竟 $\mathbb{R}^d$ 中任意两点之间的线段存在于 $\mathbb{R}^d$ 中）。在某些情况下，我们使用有界长度的变量，例如球的半径定义为 $\{\boldsymbol{x} \mid \boldsymbol{x}\in\mathbb{R}^d \text{ 且 } \|\boldsymbol{x}\|\leqslant r\}$。

2. 凸函数

现在我们有了凸集，可以引入凸函数（convex function）f。给定一个凸集 X，如果对于所有 $x, x'\in X$ 和所有 $\lambda\in[0, 1]$，函数 $f: X\to\mathbb{R}$ 是凸的，我们可以得到

$$\lambda f(x)+(1-\lambda)f(x')\geqslant f(\lambda x+(1-\lambda)x') \tag{11.3}$$

为了说明这一点，我们绘制一些函数并检查哪些函数满足要求。下面我们定义一些函数，包括凸函数和非凸函数。

```
f = lambda x: 0.5 * x**2  # 凸函数
g = lambda x: torch.cos(np.pi * x)  # 非凸函数
h = lambda x: torch.exp(0.5 * x)  # 凸函数

x, segment = torch.arange(-2, 2, 0.01), torch.tensor([-1.5, 1])
d2l.use_svg_display()
_, axes = d2l.plt.subplots(1, 3, figsize=(9, 3))
for ax, func in zip(axes, [f, g, h]):
    d2l.plot([x, segment], [func(x), func(segment)], axes=ax)
```

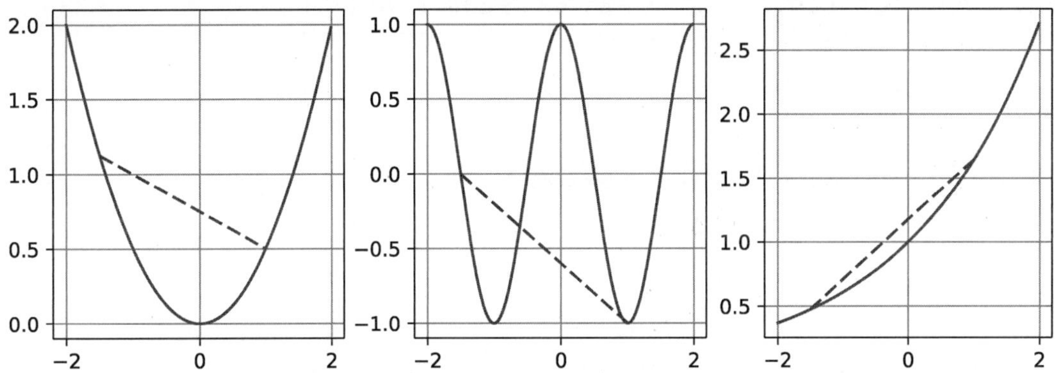

不出所料，余弦函数是非凸的，而抛物线函数和指数函数是凸的。注意，为使该条件有意义，X 是凸集的要求是必要的，否则可能无法很好地界定 $f(\lambda x+(1-\lambda)x')$ 的结果。

3. 詹森不等式

给定一个凸函数 f，最有用的数学工具之一就是*詹森不等式*（Jensen's inequality）。它是凸性定义的一种推广：

$$\sum_i \alpha_i f(x_i) \geqslant f\left(\sum_i \alpha_i x_i\right) 且 E_X[f(X)] \geqslant f\left(E_X[X]\right) \tag{11.4}$$

其中，α_i 是满足 $\sum_i \alpha_i = 1$ 的非负实数，X 是随机变量。换句话说，凸函数的期望不小于期望的凸函数，其中后者通常是一个更简单的表达式。为了证明第一个不等式，我们多次将凸性的定义应用于一次求和中的一项。

詹森不等式的一个常见应用：用一个较简单的表达式约束一个较复杂的表达式。例如，它可以应用于部分观察到的随机变量的对数似然。具体地说，由于 $\int P(Y)P(X|Y)\mathrm{d}Y = P(X)$，因此

$$E_{Y\sim P(Y)}[-\log P(X \mid Y)] \geqslant -\log P(X) \tag{11.5}$$

其中，Y 是典型的未观察到的随机变量，$P(Y)$ 是它的可能分布的最佳猜测，$P(X)$ 是将 Y 积分后的分布。例如，在聚类中 Y 可能是簇标签，而在应用簇标签时，$P(X \mid Y)$ 是生成模型。

11.2.2 性质

下面我们来看一下凸函数的一些有趣的性质。

1. 局部极小值是全局极小值

下面我们用反证法给出凸函数的局部极小值也是全局极小值这一性质的证明。

假设 $x^* \in X$ 是局部最小值，则存在一个很小的正值 p，使得当 $x \in X$ 满足 $0<|x-x^*| \leqslant p$ 时，有 $f(x^*) < f(x)$。

现在假设局部极小值 x^* 不是 f 的全局极小值：存在 $x'\in X$ 使得 $f(x') < f(x^*)$。那么存在 $\lambda\in[0, 1)$，比如 $\lambda=1-p/(x^*-x')$，使得 $0<|\lambda x^*+(1-\lambda)x'-x^*| \leqslant p$。

然而，根据凸性的性质，有

$$\begin{aligned} f(\lambda x^* + (1-\lambda)x') &\leqslant \lambda f(x^*) + (1-\lambda) f(x') \\ &< \lambda f(x^*) + (1-\lambda) f(x^*) \\ &= f(x^*) \end{aligned} \tag{11.6}$$

这与 x^* 是局部极小值矛盾。因此，不存在 $x'\in X$ 满足 $f(x') < f(x^*)$。

综上所述，局部极小值 x^* 也是全局极小值。

例如，对于凸函数 $f(x) = (x-1)^2$，有一个局部极小值 $x = 1$，它也是全局极小值。

```
f = lambda x: (x - 1) ** 2
d2l.set_figsize()
d2l.plot([x, segment], [f(x), f(segment)], 'x', 'f(x)')
```

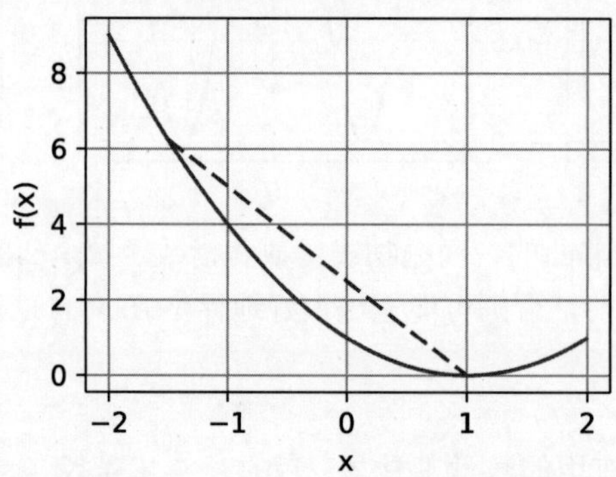

凸函数的局部极小值同时也是全局极小值这一性质是很方便的。这意味着如果最小化函数，我们就不会“卡住”。但是请注意，这并不意味着不能有多个全局极小值，或者可能不存在全局极小值。例如，函数 $f(x) = \max(|x|-1, 0)$ 在 $[-1, 1]$ 上全都是极小值。而函数 $f(x) = \exp(x)$ 在 $\mathbb{R}$ 上没有极小值。对于 $x \to -\infty$，它趋近于 0，但是没有 $f(x) = 0$ 的 x。

2. 凸函数的下水平集是凸的

我们可以方便地通过凸函数的下水平集（below set）定义凸集。具体来说，给定一个定义在凸集 X 上的凸函数 f，其任意一个下水平集

$$\mathcal{S}_b := \{x \mid x \in \mathcal{X} \text{且} f(x) \leqslant b\} \tag{11.7}$$

是凸的。

我们快速证明一下。对于任何 $x, x'\in\mathcal{S}_b$，我们需要证明：当 $\lambda\in[0, 1]$ 时，$\lambda x + (1-\lambda)x'\in\mathcal{S}_b$。因为 $f(x) \leqslant b$ 且 $f(x') \leqslant b$，所以

$$f(\lambda x + (1-\lambda)x') \leqslant \lambda f(x) + (1-\lambda) f(x') \leqslant b \tag{11.8}$$

3. 当且仅当二阶导数 $f''(x') \geqslant 0$ 时函数是凸的

当一个函数的二阶导数 $f: \mathbb{R}^n \to \mathbb{R}$ 存在时，我们很容易检查这个函数的凸性。我们需要做的是检查 $\nabla^2 f \geqslant 0$，即对于所有 $\boldsymbol{x}\in\mathbb{R}^n$，$\boldsymbol{x}^\top \boldsymbol{H}\boldsymbol{x} \geqslant 0$。例如，函数 $f(\boldsymbol{x})=1/2\|\boldsymbol{x}\|^2$ 是凸的，因为 $\nabla^2 f \geqslant \mathbf{1}$，即其导数是单位矩阵。

更正式地讲，f 为凸函数，当且仅当任意二次可微一维函数 $f''(x) \geqslant 0$。对于任意二次可微

多维函数 $f:\mathbb{R}^n \to \mathbb{R}$，它是凸的当且仅当它的黑塞矩阵 $\nabla^2 f \geqslant 0$。

首先，我们来证明一维情况。为了证明凸函数的 $f''(x) \geqslant 0$，我们使用：

$$\frac{1}{2}f(x+\epsilon)+\frac{1}{2}f(x-\epsilon) \geqslant f\left(\frac{x+\epsilon}{2}+\frac{x-\epsilon}{2}\right)=f(x) \tag{11.9}$$

因为二阶导数是由有限差分的极限给出的，所以遵循

$$f''(x)=\lim_{\epsilon \to 0}\frac{f(x+\epsilon)+f(x-\epsilon)-2f(x)}{\epsilon^2} \geqslant 0 \tag{11.10}$$

为了证明 $f'' \geqslant 0$ 可以推导 f 是凸的，我们使用这样一个事实：$f'' \geqslant 0$ 意味着 f' 是一个单调非递减函数。假设 $a<x<b$ 是 $\mathbb{R}$ 中的 3 个点，其中，$x=(1-\lambda)a+\lambda b$ 且 $\lambda \in (0, 1)$。根据中值定理，存在 $\alpha \in [a, x]$，$\beta \in [x, b]$，使得

$$f'(\alpha)=\frac{f(x)-f(a)}{x-a} \text{ 且 } f'(\beta)=\frac{f(b)-f(x)}{b-x} \tag{11.11}$$

由于单调性 $f'(\beta) \geqslant f'(\alpha)$，因此

$$\frac{x-a}{b-a}f(b)+\frac{b-x}{b-a}f(a) \geqslant f(x) \tag{11.12}$$

由于 $x=(1-\lambda)a+\lambda b$，因此

$$\lambda f(b)+(1-\lambda)f(a) \geqslant f((1-\lambda)a+\lambda b) \tag{11.13}$$

从而证明了凸性。

其次，我们需要一个引理证明多维情况：$f:\mathbb{R}^n \to \mathbb{R}$ 是凸的当且仅当对于所有 $\boldsymbol{x}, \boldsymbol{y} \in \mathbb{R}^n$，

$$g(z) \stackrel{\text{def}}{=} f(z\boldsymbol{x}+(1-z)\boldsymbol{y})\text{，其中 } z \in [0,1] \tag{11.14}$$

是凸的。

为了证明 f 的凸性意味着 g 是凸的，我们可以证明，对于所有 $a, b, \lambda \in [0, 1]$（这样有 $0 \leqslant \lambda a+(1-\lambda)b \leqslant 1$），

$$\begin{aligned}
& g(\lambda a+(1-\lambda)b) \\
&= f((\lambda a+(1-\lambda)b)\boldsymbol{x}+(1-\lambda a-(1-\lambda)b)\boldsymbol{y}) \\
&= f(\lambda(a\boldsymbol{x}+(1-a)\boldsymbol{y})+(1-\lambda)(b\boldsymbol{x}+(1-b)\boldsymbol{y})) \\
&\leqslant \lambda f(a\boldsymbol{x}+(1-a)\boldsymbol{y})+(1-\lambda)f(b\boldsymbol{x}+(1-b)\boldsymbol{y}) \\
&= \lambda g(a)+(1-\lambda)g(b)
\end{aligned} \tag{11.15}$$

为了证明这一点，我们可以证明对 [0, 1] 中的所有 λ，

$$\begin{aligned}
& f(\lambda\boldsymbol{x}+(1-\lambda)\boldsymbol{y}) \\
&= g(\lambda \cdot 1+(1-\lambda)\cdot 0) \\
&\leqslant \lambda g(1)+(1-\lambda)g(0) \\
&= \lambda f(\boldsymbol{x})+(1-\lambda)f(\boldsymbol{y})
\end{aligned} \tag{11.16}$$

最后，利用上面的引理和一维情况的结果，我们可以证明多维情况：多维函数 $f:\mathbb{R}^n \to \mathbb{R}$ 是凸函数，当且仅当 $g(z) \stackrel{\text{def}}{=} f(z\boldsymbol{x}+(1-z)\boldsymbol{y})$ 是凸的，这里 $z \in [0, 1]$，$\boldsymbol{x}, \boldsymbol{y} \in \mathbb{R}^n$。根据一维情况，此条成立的条件为，当且仅当对于所有 $\boldsymbol{x}, \boldsymbol{y} \in \mathbb{R}^n$，$g''=(\boldsymbol{x}-\boldsymbol{y})^\top \boldsymbol{H}(\boldsymbol{x}-\boldsymbol{y}) \geqslant 0$（$\boldsymbol{H} \stackrel{\text{def}}{=} \nabla^2 f$）。这相当于根据半正定矩阵的定义，$\boldsymbol{H} \geqslant 0$。

11.2.3 约束

凸优化的一个很好的特性是能够让我们有效地处理约束（constraint）。即它使我们能够解

决以下形式的约束优化（constrained optimization）问题：

$$\begin{aligned}&\underset{x}{\text{minimize}}\, f(\boldsymbol{x})\\&\text{使得所有}\, i\in\{1,\cdots,N\},\ \text{满足}\, c_i(\boldsymbol{x})\leqslant 0\end{aligned} \tag{11.17}$$

这里 f 是目标函数，c_i 是约束函数。例如，第一个约束 $c_1(\boldsymbol{x}) = \|\boldsymbol{x}\|_2-1$，则参数 $\boldsymbol{x}$ 被约束为单位球。如果第二个约束 $c_2(\boldsymbol{x}) = \boldsymbol{v}^\top \boldsymbol{x} + b$，那么这对应于半空间上的所有 $\boldsymbol{x}$。同时满足这两个约束等于选择一个球的切片作为约束集。

1. 拉格朗日函数

通常，求解一个有约束的优化问题是困难的，解决这个问题的一种方法来自物理中相当简单的直觉。想象一个球在一个盒子里，球会滚到最低的地方，球受到的重力将与盒壁对球施加的力相互平衡。简而言之，目标函数（即重力）的梯度将被约束函数的梯度所抵消（由于盒壁的“推回”作用，需要保持在盒子内）。注意，任何不起作用的约束（即球不接触盒壁）都将无法对球施加任何力。

这里我们简略拉格朗日函数 L 的推导，上述推导可以通过以下鞍点优化问题来表示：

$$L(\boldsymbol{x},\alpha_1,\cdots,\alpha_n) = f(\boldsymbol{x}) + \sum_{i=1}^{n}\alpha_i c_i(\boldsymbol{x}), \text{其中}\, \alpha_i \geqslant 0 \tag{11.18}$$

这里的变量 α_i（$i = 1, \cdots, n$）就是所谓的拉格朗日乘数（Lagrange multiplier），它确保约束被正确地执行。选择它们的大小足以确保所有 i 的 $c_i(\boldsymbol{x}) \leqslant 0$。例如，对于 $c_i(\boldsymbol{x}) < 0$ 中的任意 $\boldsymbol{x}$，我们最终会选择 $\alpha_i = 0$。此外，这是一个鞍点（saddle point）优化问题。在这个问题中，我们想要使 L 相对于 α_i 最大化（maximize），同时使它相对于 $\boldsymbol{x}$ 最小化（minimize）。有大量的文献解释了如何得出函数 $L(\boldsymbol{x}, \alpha_1, \cdots, \alpha_n)$。我们这里只需要知道 L 的鞍点是原始约束优化问题的最优解就足够了。

2. 惩罚

一种至少近似地解决约束优化问题的方法是采用拉格朗日函数 L。除了满足 $c_i(\boldsymbol{x}) \leqslant 0$，我们只需将 $\alpha_i c_i(\boldsymbol{x})$ 添加到目标函数 $f(x)$。这样可以确保不会严重违反约束。

事实上，我们一直在使用这个技巧。比如权重衰减（4.5 节），在目标函数中加入 $\lambda/2|\boldsymbol{w}|^2$，以确保 $\boldsymbol{w}$ 不会增长得太大。按照约束优化的观点，我们可以看到，对于若干半径 r，这将确保 $|\boldsymbol{w}|^2-r^2 \leqslant 0$。通过调整 λ 的值，我们可以改变 $\boldsymbol{w}$ 的大小。

通常，添加惩罚是确保近似满足约束的一种好方法。在实践中，这被证明比精确方法更可靠。此外，对于非凸问题，许多精确方法在凸情况下的性质（例如可求最优解）不再满足。

3. 投影

满足约束条件的另一种策略是投影（projection）。同样，我们之前也遇到过，例如在 8.5 节中处理梯度截断时，我们通过

$$\boldsymbol{g} \leftarrow \boldsymbol{g}\cdot\min(1, \theta/\|\boldsymbol{g}\|) \tag{11.19}$$

确保梯度的长度以 θ 为界限。

这就是 $\boldsymbol{g}$ 在半径为 θ 的球上的投影（projection）。更泛化地说，在凸集 X 上的投影被定义为

$$\text{Proj}_X(\boldsymbol{x}) = \underset{\boldsymbol{x}'\in X}{\text{argmin}}\, \|\boldsymbol{x}-\boldsymbol{x}'\| \tag{11.20}$$

它是 X 中离 $\boldsymbol{X}$ 最近的点。

投影的数学定义看起来可能有点抽象，图 11-4 可以解释得更清楚一些。图 11-4 中有两个凸集，一个圆和一个菱形。两个集合内的点（黄色）在投影期间保持不变。两个集合（黑色）之外的点投影到集合中接近原始点（黑色）的点（红色）（另见彩插图 3)。虽然对 L_2 的球面来说，方向保持不变，但一般情况下不需要这样。

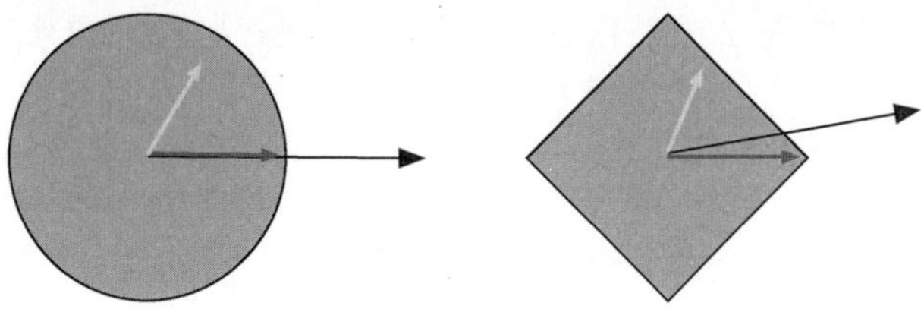

图 11-4 凸投影

凸投影的一个用途是计算稀疏权重向量。在本例中，我们将权重向量投影到一个 L_1 的球上，这是图 11-4 中菱形例子的一个广义版本。

小结

在深度学习的背景下，凸函数的主要目的是帮助我们详细了解优化算法。我们由此得出梯度下降法和随机梯度下降法是如何相应推导出来的。

- 凸集的交集是凸的，并集不一定是凸的。
- 根据詹森不等式，“一个多变量凸函数的总期望值”大于或等于“用每个变量的期望值计算这个函数的总值”。
- 一个二次可微函数是凸函数，当且仅当其黑塞矩阵（二阶导数矩阵）是半正定的。
- 凸约束可以通过拉格朗日函数来添加。在实践中，只需在目标函数中加上一个惩罚就可以了。
- 投影映射到凸集中最接近原始点的点。

练习

（1）假设我们想要通过绘制集合内点之间的所有线段并检查这些线段是否包含来验证集合的凸性。

a. 证明只检查边界上的点是充分的。

b. 证明只检查集合的顶点是充分的。

（2）用 p 范数表示半径为 r 的球，证明 $B_p[r] := \{\boldsymbol{x} \mid \boldsymbol{x} \in \mathbb{R}^d \text{且} \|\boldsymbol{x}\|_p \leqslant r\}$，$B_p[r]$ 对于所有 $p \geqslant 1$ 是凸的。

（3）已知凸函数 f 和 g 表明 $\max(f, g)$ 也是凸函数。证明 $\min(f, g)$ 是非凸的。

（4）证明 softmax 函数的规范化是凸的，即 $f(x) = \log \sum_i \exp(x_i)$ 的凸性。

（5）证明线性子空间 $X = \{\boldsymbol{x} \mid \boldsymbol{W}\boldsymbol{x} = \boldsymbol{b}\}$ 是凸集。

（6）证明在线性子空间 $\boldsymbol{b}=0$ 的情况下，对于矩阵 M 的投影 ProjX 可以写成 $\boldsymbol{M}\boldsymbol{X}$。

（7）证明凸二次可微函数 f，对于 $\xi \in [0, \epsilon]$，可以写成 $f(x+\epsilon) = f(x) + \epsilon f'(x) + 1/2\epsilon^2 f''(x+\xi)$。

（8）给定一个凸集 X 和两个向量 $\boldsymbol{x}$ 和 $\boldsymbol{y}$，证明投影不会增加距离，即 $\|\boldsymbol{x}-\boldsymbol{y}\| \geqslant \|\mathrm{Proj}_X(\boldsymbol{x}) - \mathrm{Proj}_X(\boldsymbol{y})\|$。

11.3 梯度下降

扫码直达讨论区

尽管梯度下降（gradient descent）很少直接用于深度学习，但了解它是理解 11.4 节随机梯度下降算法的关键。例如，由于学习率过高，优化问题可能会发散，这种现象早已在梯度下降中出现。同样，预处理（preconditioning）是梯度下降中的一种常用技术，而且被沿用到更高级的算法中。我们从简单的一维梯度下降开始。

11.3.1 一维梯度下降

为什么梯度下降算法可以优化目标函数呢？一维中的梯度下降给我们很好的启发。考虑一类连续可微实值函数 $f:\mathbb{R}\to\mathbb{R}$，利用泰勒展开，我们可以得到

$$f(x+\epsilon)=f(x)+\epsilon f'(x)+O(\epsilon^2) \tag{11.21}$$

即在一阶近似中，$f(x+\epsilon)$ 可通过 x 处的函数值 $f(x)$ 和一阶导数 $f'(x)$ 得出。我们可以假设在负梯度方向上移动的 ϵ 会减小 $f(x)$ 的值。为简单起见，我们选择固定步长 $\eta>0$，然后取 $\epsilon=-\eta f'(x)$。将其代入泰勒展开式可以得到

$$f(x-\eta f'(x))=f(x)-\eta f'^2(x)+O(\eta^2 f'^2(x)) \tag{11.22}$$

如果其导数 $f'(x)\neq 0$ 没有消失，我们就能继续展开，这是因为 $\eta f'^2(x)>0$。此外，我们总是可以令 η 小到足以使高阶项变得不相关，因此

$$f(x-\eta f'(x))\lessapprox f(x) \tag{11.23}$$

这意味着，如果我们使用

$$x\leftarrow x-\eta f'(x) \tag{11.24}$$

来迭代 x，函数 $f(x)$ 的值可能会减小。因此，在梯度下降中，我们首先选择初始值 x 和常数 $\eta>0$，然后使用它们连续迭代 x，直到满足停止条件。例如，当梯度 $|f'(x)|$ 的幅度足够小或迭代次数达到某个值时。

下面我们来展示如何实现梯度下降。为简单起见，我们选用目标函数 $f(x)=x^2$。尽管我们知道 $x=0$ 时 $f(x)$ 能取得极小值，但我们仍然使用这个简单的函数来观察 x 的变化。

```
%matplotlib inline
import numpy as np
import torch
from d2l import torch as d2l
def f(x):  # 目标函数
    return x ** 2

def f_grad(x):  # 目标函数的梯度(导数)
    return 2 * x
```

接下来，我们使用 $x=10$ 作为初始值，并假设 $\eta=0.2$。使用梯度下降法迭代 x 共 10 次，我们可以看到，x 的值最终将接近最优解。

```
def gd(eta, f_grad):
    x = 10.0
    results = [x]
    for i in range(10):
        x -= eta * f_grad(x)
        results.append(float(x))
    print(f'epoch 10, x: {x:f}')
```

```
    return results

results = gd(0.2, f_grad)
```

```
epoch 10, x: 0.060466
```

对进行 x 优化的过程可以绘制如下。

```
def show_trace(results, f):
    n = max(abs(min(results)), abs(max(results)))
    f_line = torch.arange(-n, n, 0.01)
    d2l.set_figsize()
    d2l.plot([f_line, results], [[f(x) for x in f_line], [
        f(x) for x in results]], 'x', 'f(x)', fmts=['-', '-o'])

show_trace(results, f)
```

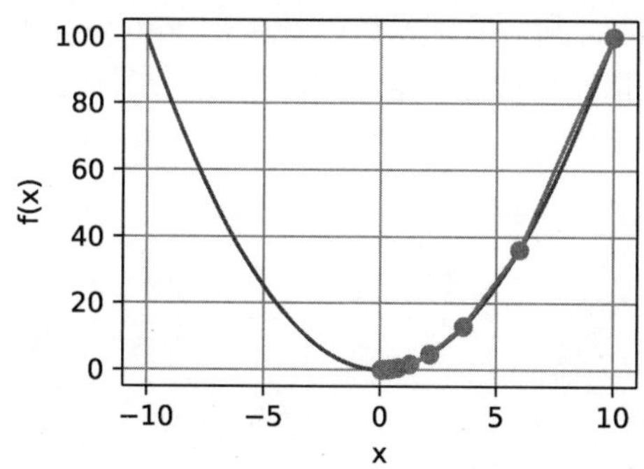

1. 学习率

学习率（learning rate）决定目标函数能否收敛到局部极小值，以及何时收敛到极小值。学习率 η 可由算法设计者设置。注意，如果我们使用的学习率太小，将导致 x 的更新非常缓慢，需要更多的迭代。例如，考虑同一优化问题中 $\eta = 0.05$ 的进度。如下所示，尽管经过了 10 个步骤，我们仍然离最优解很远。

```
show_trace(gd(0.05, f_grad), f)
```

```
epoch 10, x: 3.486784
```

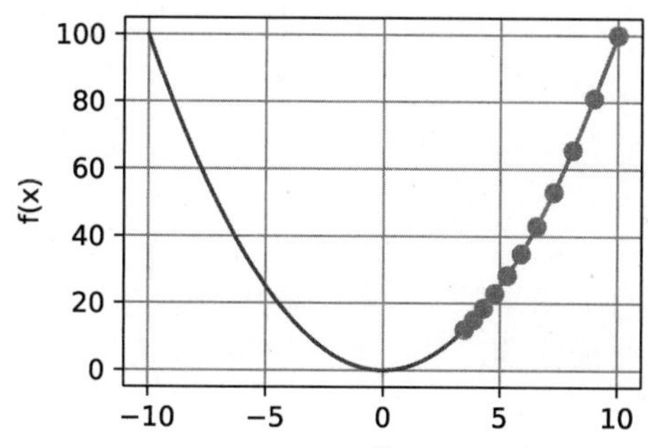

相反，如果我们使用过高的学习率，$|\eta f'(x)|$ 对于一阶泰勒展开式可能太大。也就是说，式（11.21）中的 $O(\eta^2 f'^2(x))$ 可能变得显著了。在这种情况下，x 的迭代不能保证减小 $f(x)$ 的值。例如，当学习率为 η=1.1 时，x 超出了最优解 x=0 并逐渐发散。

```
show_trace(gd(1.1, f_grad), f)
```

```
epoch 10, x: 61.917364
```

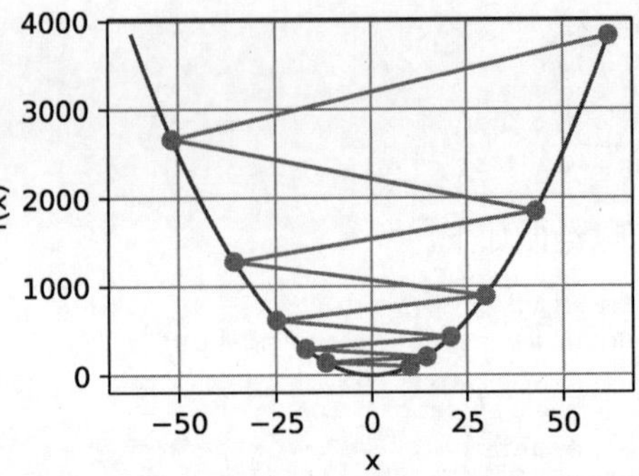

2. 局部极小值

为了演示非凸函数的梯度下降，考虑函数 $f(x) = x \cdot \cos(cx)$，其中 c 为某个常数。这个函数有无穷多个局部极小值。根据我们选择的学习率，最终可能只会得到许多解中的一个。下面的例子说明了（不切实际的）高学习率如何导致较差的局部极小值。

```
c = torch.tensor(0.15 * np.pi)

def f(x):  # 目标函数
    return x * torch.cos(c * x)

def f_grad(x):  # 目标函数的梯度
    return torch.cos(c * x) - c * x * torch.sin(c * x)

show_trace(gd(2, f_grad), f)
```

```
epoch 10, x: -1.528166
```

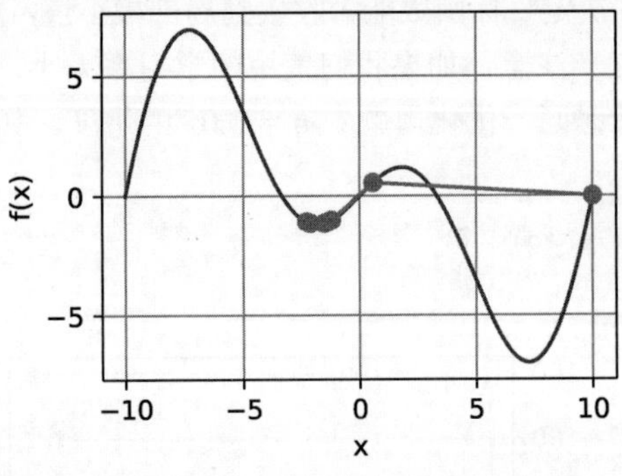

11.3.2　多元梯度下降

现在我们对单变量的情况有了更好的理解，现在考虑一下 $\boldsymbol{x}=[x_1, x_2, \cdots, x_d,]^\top$的情况，即目标函数 $f: \mathbb{R}^d \to \mathbb{R}$ 将向量映射成标量。相应地，它的梯度也是多元的，它是一个由 d 个偏导数组成的向量：

$$\nabla f(\boldsymbol{x}) = \left[\frac{\partial f(\boldsymbol{x})}{\partial x_1}, \frac{\partial f(\boldsymbol{x})}{\partial x_2}, \cdots, \frac{\partial f(\boldsymbol{x})}{\partial x_d}\right]^\top \tag{11.25}$$

梯度中的每个偏导数元素 $\partial f(\boldsymbol{x}) / \partial x_i$ 表示当输入 x_i 时 f 在 $\boldsymbol{x}$ 处的变化率。和之前单变量的情况一样，我们可以对多变量函数使用相应的泰勒近似来思考。具体来说：

$$f(\boldsymbol{x}+\boldsymbol{\epsilon}) = f(\boldsymbol{x}) + \boldsymbol{\epsilon}^\top \nabla f(\boldsymbol{x}) + O(\|\boldsymbol{\epsilon}\|^2) \tag{11.26}$$

换句话说，在ϵ的二阶项中，下降最陡的方向由负梯度 $-\nabla f(\boldsymbol{x})$ 得出。选择合适的学习率 $\eta>0$ 来生成典型的梯度下降算法：

$$\boldsymbol{x} \leftarrow \boldsymbol{x} - \eta \nabla f(\boldsymbol{x}) \tag{11.27}$$

这个算法在实践中的表现如何呢？我们构造一个目标函数 $f(\boldsymbol{x})=x_1^2+2x_2^2$，并有二维向量$\boldsymbol{x}=[x_1,x_2]^\top$ 作为输入，标量作为输出。梯度由$\nabla f(\boldsymbol{x})=[2x_1,4x_2]^\top$给出。我们将从初始位置 [-5, -2] 通过梯度下降观察 $\boldsymbol{x}$ 的轨迹。

我们还需要两个辅助函数：第一个是 update 函数，将其应用于初始值 20 次；第二个函数会显示 $\boldsymbol{x}$ 的轨迹。

```
def train_2d(trainer, steps=20, f_grad=None):  #@save
    """用定制的训练机优化二维目标函数"""
    # s1和s2是稍后将使用的内部状态变量
    x1, x2, s1, s2 = -5, -2, 0, 0
    results = [(x1, x2)]
    for i in range(steps):
        if f_grad:
            x1, x2, s1, s2 = trainer(x1, x2, s1, s2, f_grad)
        else:
            x1, x2, s1, s2 = trainer(x1, x2, s1, s2)
        results.append((x1, x2))
    print(f'epoch {i + 1}, x1: {float(x1):f}, x2: {float(x2):f}')
    return results

def show_trace_2d(f, results):  #@save
    """显示优化过程中二维变量的轨迹"""
    d2l.set_figsize()
    d2l.plt.plot(*zip(*results), '-o', color='# ff7f0e')
    x1, x2 = torch.meshgrid(torch.arange(-5.5, 1.0, 0.1),
                          torch.arange(-3.0, 1.0, 0.1))
    d2l.plt.contour(x1, x2, f(x1, x2), colors='# 1f77b4')
    d2l.plt.xlabel('x1')
    d2l.plt.ylabel('x2')
```

接下来，我们观察学习率 $\eta=0.1$ 时优化变量 $\boldsymbol{x}$ 的轨迹。可以看到，经过 20 步之后，$\boldsymbol{x}$ 的值接近其位于 [0, 0] 的极小值。虽然进展相当顺利，但相当缓慢。

```
def f_2d(x1, x2): # 目标函数
    return x1 ** 2 + 2 * x2 ** 2

def f_2d_grad(x1, x2): # 目标函数的梯度
    return (2 * x1, 4 * x2)

def gd_2d(x1, x2, s1, s2, f_grad):
    g1, g2 = f_grad(x1, x2)
    return (x1 - eta * g1, x2 - eta * g2, 0, 0)

eta = 0.1
show_trace_2d(f_2d, train_2d(gd_2d, f_grad=f_2d_grad))
epoch 20, x1: -0.057646, x2: -0.000073
```

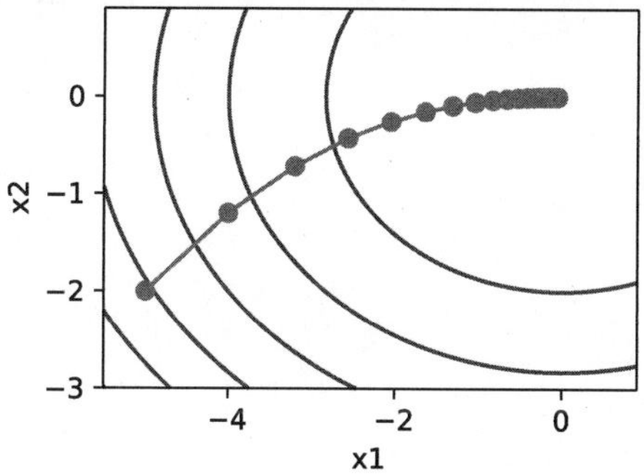

11.3.3　自适应方法

正如我们在 11.3.1 节中所看到的，选择“恰到好处”的学习率 η 是很棘手的。如果我们把它选得太小，就没有什么进展；如果太大，得到的解就会振荡，甚至可能发散。如果我们可以自动确定 η，或者完全不必选择学习率，会怎么样？除了考虑目标函数的值和梯度，同时考虑它的曲率的二阶方法可以帮我们解决这个问题。虽然由于计算成本的原因，这些方法不能直接应用于深度学习，但它们为如何设计高级优化算法提供了有用的思维直觉，这些算法可以模拟下面描述的算法的许多理想特性。

1. 牛顿法

回顾函数 $f: \mathbb{R}^d \rightarrow \mathbb{R}$ 的泰勒展开式，事实上我们可以把它写成

$$f(\boldsymbol{x}+\boldsymbol{\epsilon}) = f(\boldsymbol{x}) + \boldsymbol{\epsilon}^\top \nabla f(\boldsymbol{x}) + \frac{1}{2}\boldsymbol{\epsilon}^\top \nabla^2 f(\boldsymbol{x})\boldsymbol{\epsilon} + O(\|\boldsymbol{\epsilon}\|^3) \tag{11.28}$$

为了避免烦琐的符号，我们将$\boldsymbol{H} \stackrel{\text{def}}{=} \nabla^2 f(\boldsymbol{x})$定义为$f$的黑塞矩阵，它是 $d \times d$ 矩阵。当 d 的值很小且问题很简单时，$\boldsymbol{H}$ 很容易计算。但是对于深度神经网络而言，考虑到 $\boldsymbol{H}$ 可能非常大，$O(d^2)$ 个条目的存储成本会很高，此外通过反向传播进行计算可能雪上加霜。然而，我们姑且先忽略这些考量，看看会得到什么算法。

毕竟，f 的最小值满足 $\nabla f = 0$。遵循 2.4 节中的微积分规则，通过取ϵ对式（11.28）的导数，再忽略不重要的高阶项，我们便得到

$$\nabla f(\boldsymbol{x}) + \boldsymbol{H}\boldsymbol{\epsilon} = 0 \text{且由此，} \boldsymbol{\epsilon} = -\boldsymbol{H}^{-1}\nabla f(\boldsymbol{x}) \tag{11.29}$$

也就是说，作为优化问题的一部分，我们需要对黑塞矩阵 $\boldsymbol{H}$ 求逆。

举一个简单的例子，对于 $f(x) = 1/2x^2$，我们有 $\nabla f(x) = x$ 和 $\boldsymbol{H}$=1。因此，对于任何 x，我们可以得到$\epsilon = -x$。换言之，只需一步就足以完美地收敛，而无须任何调整。我们在这里比较幸运：泰勒展开式是确切的，因为$f(x+\epsilon) = 1/2x^2 + \epsilon x + 1/2\epsilon^2$。

我们看看其他问题。给定一个凸双曲余弦函数 c，其中 c 为某个常数，我们可以看到经过几次迭代后，得到了 $x = 0$ 处的全局极小值。

```
c = torch.tensor(0.5)

def f(x):  # 目标函数
    return torch.cosh(c * x)

def f_grad(x):  # 目标函数的梯度
    return c * torch.sinh(c * x)

def f_hess(x):  # 目标函数的黑塞矩阵
    return c**2 * torch.cosh(c * x)

def newton(eta=1):
    x = 10.0
    results = [x]
    for i in range(10):
        x -= eta * f_grad(x) / f_hess(x)
        results.append(float(x))
    print('epoch 10, x:', x)
    return results

show_trace(newton(), f)
```

```
epoch 10, x: tensor(0.)
```

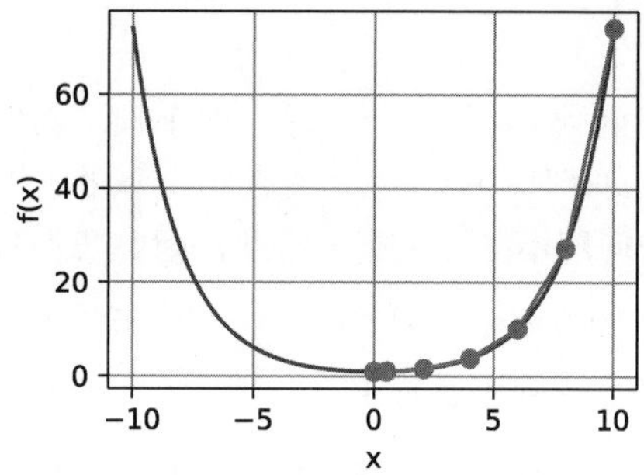

现在我们考虑一个非凸函数，比如 $f(x) = x\cos(cx)$，c 为某个常数。注意，在牛顿法中，我们最终将除以黑塞矩阵。这意味着，如果二阶导数是负的，f 的值可能会增加。这是这个算法的致命缺陷！我们看看实践中会发生什么。

```
c = torch.tensor(0.15 * np.pi)

def f(x):  # 目标函数
    return x * torch.cos(c * x)

def f_grad(x):  # 目标函数的梯度
    return torch.cos(c * x) - c * x * torch.sin(c * x)

def f_hess(x):  # 目标函数的黑塞矩阵
    return - 2 * c * torch.sin(c * x) - x * c**2 * torch.cos(c * x)

show_trace(newton(), f)
```

```
epoch 10, x: tensor(26.8341)
```

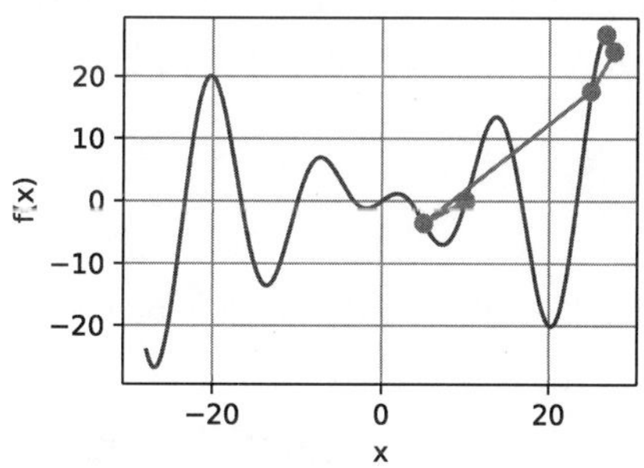

这发生了惊人的错误。我们怎样才能修正它？一种方法是取黑塞矩阵的绝对值来修正，另一种方法是重新引入学习率。这似乎违背了初衷，但不完全是——拥有二阶信息可以使我们在曲率较大时保持谨慎，而在目标函数较平坦时则采用较高的学习率。我们看看在学习率稍低的情况下它是如何生效的，如 $\eta = 0.5$。如我们所见，现在有了一个相当高效的算法。

```
show_trace(newton(0.5), f)
```

```
epoch 10, x: tensor(7.2699)
```

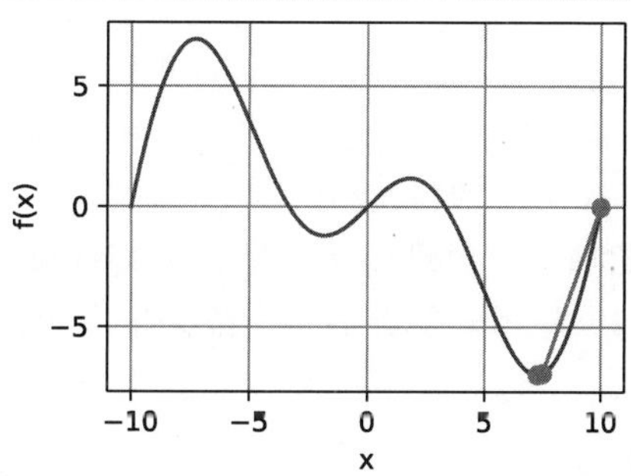

2. 收敛性分析

在此，我们以部分目标凸函数 f 为例，分析它们的牛顿法收敛速度。这些目标凸函数三次可微，而且二阶导数不为零，即 $f''>0$。由于多变量情况下的证明是对以下一维参数情况证明的直接扩展，对我们理解这个问题不能提供更多帮助，因此我们省略了多变量情况下的证明。

用 $x^{(k)}$ 表示 x 在第 k 次迭代时的值，令$e^{(k)} \stackrel{\text{def}}{=} x^{(k)} - x^*$表示第 k 次迭代时与最优解的距离。通过泰勒展开，我们得到条件 $f'(x^*)=0$ 可以写成

$$0 = f'(x^{(k)} - e^{(k)}) = f'(x^{(k)}) - e^{(k)} f''(x^{(k)}) + \frac{1}{2}(e^{(k)})^2 f'''(\xi^{(k)}) \tag{11.30}$$

这对某些$\xi^{(k)} \in [x^{(k)} - e^{(k)}, x^{(k)}]$成立。将式（11.30）并展开除以$f''(x^{(k)})$得到

$$e^{(k)} - \frac{f'(x^{(k)})}{f''(x^{(k)})} = \frac{1}{2}(e^{(k)})^2 \frac{f'''(\xi^{(k)})}{f''(x^{(k)})} \tag{11.31}$$

回想之前的方程$x^{(k+1)} = x^{(k)} - f'(x^{(k)}) / f''(x^{(k)})$。代入这个更新方程，两边取绝对值，我们得到

$$\left|e^{(k+1)}\right| = \frac{1}{2}(e^{(k)})^2 \frac{\left|f'''(\xi^{(k)})\right|}{f''(x^{(k)})} \tag{11.32}$$

因此，每当处于有界区域$\left|f'''(\xi^{(k)})\right| / (2f''(x^{(k)})) \leqslant c$时，我们就有一个二次递减误差

$$|e^{(k+1)}| \leqslant c(e^{(k)})^2 \tag{11.33}$$

优化研究人员称之为“线性”收敛，而将$|e^{(k+1)}| \leqslant \alpha |e^{(k)}|$这样的条件称为“恒定”收敛速度。注意，我们无法估计整体收敛的速度，但是一旦接近极小值，收敛将变得非常快。另外，这种分析要求 f 在高阶导数上表现良好，即确保 f 在如何变化它的值方面没有任何“超常”的特性。

3. 预处理

计算和存储完整黑塞矩阵的成本非常高昂，而改善这个问题的一种方法是“预处理”。它避免了计算整个黑塞矩阵，而只计算“对角线”项，即如下的算法更新：

$$\boldsymbol{x} \leftarrow \boldsymbol{x} - \eta \operatorname{diag}(\boldsymbol{H})^{-1} \nabla f(\boldsymbol{x}) \tag{11.34}$$

虽然这不如完整的牛顿法精确，但比不使用它要好得多。为什么预处理有效呢？假设一个变量以毫米表示高度，另一个变量以公里表示高度的情况。假设这两种自然尺度都以米为单位，那么我们的参数化就出现了严重的不匹配。幸运的是，使用预处理可以消除这种情况。梯度下降的有效预处理相当于为每个变量选择不同的学习率（向量 $\boldsymbol{x}$ 的坐标）。我们将在 11.4 节看到，预处理推动了随机梯度下降优化算法的一些创新。

4. 梯度下降和线搜索

梯度下降的一个关键问题是我们可能会超过目标或进展不足，解决这一问题的简单方法是结合使用线搜索和梯度下降。也就是说，我们使用 $\nabla f(\boldsymbol{x})$ 给出的方向，然后进行二分搜索，以确定哪个学习率 η 能够使 $f(\boldsymbol{x}-\eta\nabla f(\boldsymbol{x}))$ 取得极小值。

经过相关分析和证明，此算法收敛迅速（参见参考文献 [13]）。然而，对深度学习而言，这不太可行，因为线搜索的每一步都需要评估整个数据集上的目标函数，实现它的成本太高昂了。

小结

- 学习率的高低很重要：学习率太高会使模型发散，学习率太低会没有进展。
- 梯度下降会可能陷入局部极小值，而得不到全局极小值。
- 在高维模型中，调整学习率是很复杂的。
- 预处理有助于调节比例。
- 牛顿法在凸问题中一旦开始正常工作，收敛速度就会快得多。
- 对于非凸问题，不要不作任何调整就使用牛顿法。

练习

（1）用不同的学习率和目标函数进行梯度下降实验。

（2）在区间 $[a, b]$ 中实现线搜索以最小化凸函数。

a. 是否需要用导数来进行二分搜索，即决定选择 $[a, (a+b)/2]$ 还是 $[(a+b)/2, b]$。

b. 算法的收敛速度有多快？

c. 实现该算法，并将其应用于求 $\log(\exp(x)+\exp(-2x-3))$ 的极小值。

（3）设计一个定义在 $\mathbb{R}^2$ 上的目标函数，它的梯度下降非常缓慢。（提示：不同坐标的缩放方式不同。）

（4）使用预处理实现牛顿法的轻量版本。

a. 使用对角黑塞矩阵作为预条件子。

b. 使用它的绝对值，而不是实际值（可能带符号）。

c. 将此应用于上述问题。

（5）将上述算法应用于多个目标函数（凸或非凸）。把坐标旋转 45 度会怎么样？

11.4 随机梯度下降

扫码直达讨论区

在前面的章节中，我们一直在训练过程中使用随机梯度下降，但没有解释它为什么起作用。为了澄清这一点，我们在 11.3 节中描述了梯度下降的基本原则。本节继续详细地说明随机梯度下降（stochastic gradient descent）。

```
%matplotlib inline
import math
import torch
from d2l import torch as d2l
```

11.4.1 随机梯度更新

在深度学习中，目标函数通常是训练数据集中每个样本的损失函数的平均值。给定 n 个样本的训练数据集，我们假设 $f_i(\boldsymbol{x})$ 是关于索引的训练样本的损失函数，其中 $\boldsymbol{x}$ 是参数向量。然后我们得到目标函数

$$f(\boldsymbol{x}) = \frac{1}{n}\sum_{i=1}^{n} f_i(\boldsymbol{x}) \tag{11.35}$$

$\boldsymbol{x}$ 的目标函数的梯度计算公式为

$$\nabla f(\boldsymbol{x}) = \frac{1}{n}\sum_{i=1}^{n}\nabla f_i(\boldsymbol{x}) \tag{11.36}$$

如果使用梯度下降法，则每个自变量迭代的计算复杂度为 $O(n)$，它随 n 呈线性增长。因此，当训练数据集较大时，每次迭代的梯度下降计算复杂度将较高。

随机梯度下降（SGD）可降低每次迭代时的计算复杂度。在随机梯度下降的每次迭代中，我们对数据样本随机均匀抽取一个索引 i，其中 $i\in\{1, \cdots, n\}$，并计算梯度 $\nabla f_i(\boldsymbol{x})$ 以更新 $\boldsymbol{x}$：

$$\boldsymbol{x} \leftarrow \boldsymbol{x} - \eta\nabla f_i(\boldsymbol{x}) \tag{11.37}$$

其中，η 是学习率。我们可以看到，每次迭代的计算复杂度从梯度下降的 $O(n)$ 降至常数 $O(1)$。此外，我们要强调，随机梯度 $\nabla f_i(\boldsymbol{x})$ 是对完整梯度 $\nabla f(\boldsymbol{x})$ 的无偏估计，因为

$$\mathbb{E}_i\nabla f_i(\boldsymbol{x}) = \frac{1}{n}\sum_{i=1}^{n}\nabla f_i(\boldsymbol{x}) = \nabla f(\boldsymbol{x}) \tag{11.38}$$

这意味着，平均而言，随机梯度是对梯度的良好估计。

现在，我们将随机梯度下降与梯度下降进行比较，方法是向梯度添加均值为 0、方差为 1 的随机噪声，以模拟随机梯度下降。

```
def f(x1, x2):  # 目标函数
    return x1 ** 2 + 2 * x2 ** 2

def f_grad(x1, x2):  # 目标函数的梯度
    return 2 * x1, 4 * x2
```

```
def sgd(x1, x2, s1, s2, f_grad):
    g1, g2 = f_grad(x1, x2)
    # 模拟有噪声的梯度
    g1 += torch.normal(0.0, 1, (1,))
    g2 += torch.normal(0.0, 1, (1,))
    eta_t = eta * lr()
    return (x1 - eta_t * g1, x2 - eta_t * g2, 0, 0)
```

```
def constant_lr():
    return 1

eta = 0.1
lr = constant_lr  # 常数学习率
d2l.show_trace_2d(f, d2l.train_2d(sgd, steps=50, f_grad=f_grad))
```

```
epoch 50, x1: 0.031187, x2: 0.002974
```

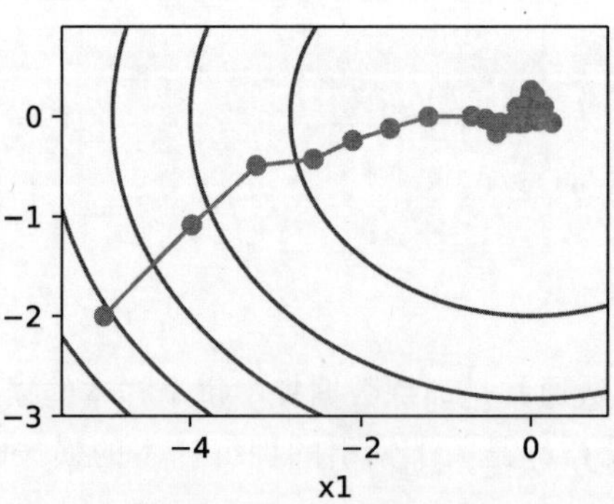

正如我们所看到的，随机梯度下降中变量的轨迹比我们在 11.3 节中观察到的梯度下降中的轨迹嘈杂得多。这是由于梯度的随机性质。也就是说，即使接近极小值，也仍然受到通过 $\eta\nabla f_i(\boldsymbol{x})$ 的瞬间梯度所注入的不确定性的影响。即使经过 50 次迭代，质量也不那么好。更糟糕的是，经过额外的步骤，它不会得到改善。这给我们留下了唯一的选择：改变学习率 η。但

是，如果选择的学习率太低，我们一开始就不会取得任何有意义的进展。如果选择的学习率太高，我们将无法获得一个好的解决方案，如上所示。解决这些相互矛盾的目标的唯一方法是在优化过程中动态降低学习率。

这也是在 sgd 步长函数中添加学习率函数 lr 的原因。在上面的示例中，学习率调度的任何功能都处于休眠状态，因为我们将相关的 lr 函数设置为常量。

11.4.2 动态学习率

用与时间相关的学习率 $\eta(t)$ 取代 η 增加了控制优化算法收敛的复杂性。特别是，我们需要弄清 η 的衰减速度。如果衰减太快，将过早停止优化。如果衰减太慢，会在优化上浪费太多时间。以下是随着时间推移调整 η 时使用的一些基本策略（稍后我们将讨论更高级的策略）：

$$\begin{aligned}
\eta(t) &= \eta_i (t_i \leqslant t \leqslant t_{i+1}), && \text{分段常数} \\
\eta(t) &= \eta_0 \cdot \mathrm{e}^{-\lambda t}, && \text{指数衰减} \\
\eta(t) &= \eta_0 \cdot (\beta t + 1)^{-\alpha}, && \text{多项式衰减}
\end{aligned} \tag{11.39}$$

在第一个分段常数（piecewise constant）中，我们会降低学习率，例如，每当优化进度停顿时。这是训练深度网络的常见策略。或者，我们可以通过指数衰减（exponential decay）来更积极地衰减它。遗憾的是，这往往会导致算法收敛之前过早停止。一个受欢迎的选择是 $\alpha = 0.5$ 的多项式衰减（polynomial decay）。在凸优化的情况下，有许多证据表明在这种衰减速度下表现良好。

我们看看指数衰减在实践中的表现。

```
def exponential_lr():
    # 在函数外部定义，而在内部更新的全局变量
    global t
    t += 1
    return math.exp(-0.1 * t)

t = 1
lr = exponential_lr
d2l.show_trace_2d(f, d2l.train_2d(sgd, steps=1000, f_grad=f_grad))
```

```
epoch 1000, x1: -0.848816, x2: -0.143175
```

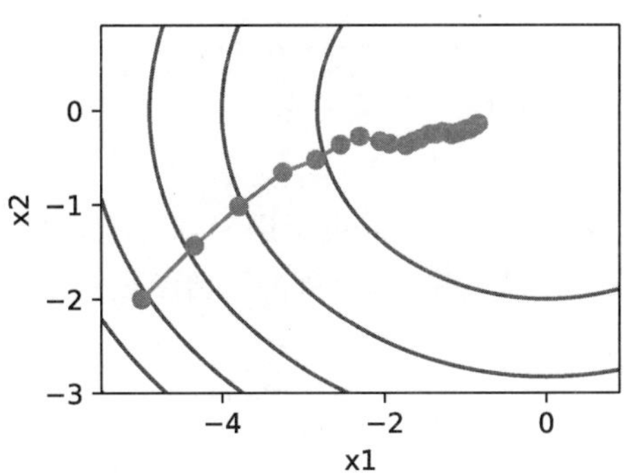

正如预期的那样，参数的方差大大减小，但是，这是以未能收敛到最优解 $\boldsymbol{x} = (0, 0)$ 为代价的。即使经过 1000 次迭代，仍然离最优解很远。事实上，该算法根本无法收敛。另外，如果我们使用多项式衰减，其中学习率随迭代次数的平方根的倒数衰减，那么仅在 50 次迭代之后，就会收敛很好。

```
def polynomial_lr():
    # 在函数外部定义，而在内部更新的全局变量
```

```
    global t
    t += 1
    return (1 + 0.1 * t) ** (-0.5)

t = 1
lr = polynomial_lr
d2l.show_trace_2d(f, d2l.train_2d(sgd, steps=50, f_grad=f_grad))
```

```
epoch 50, x1: -0.031129, x2: -0.003288
```

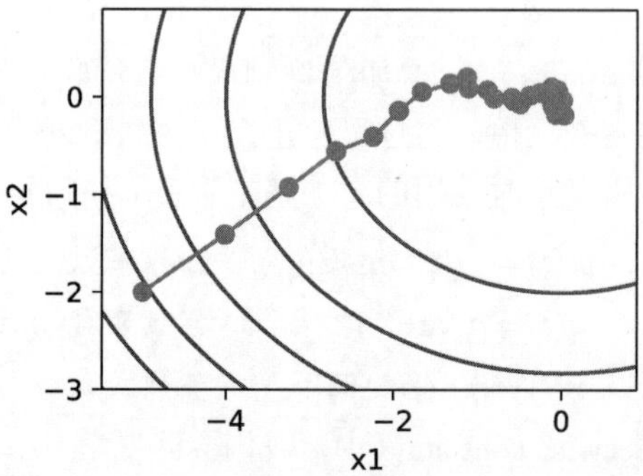

关于如何设置学习率，还有更多的选择。例如，我们可以从较低的学习率开始，然后使其迅速上升，再使它下降，尽管这样会收敛更慢。我们甚至可以在较低和较高的学习率之间切换。现在，我们专注于可以进行全面理论分析的学习率计划，即凸环境下的学习率。对一般的非凸问题，很难获得有意义的收敛保证，因为总体来说，最大限度地减少非线性非凸问题是 NP 困难的。要获得相关的研究调查，可参阅 2015 年 Tibshirani 的出色的讲义和笔记①。

11.4.3　凸目标的收敛性分析

以下对凸目标函数的随机梯度下降的收敛性分析是可选读的，主要用于传达对问题的更多直觉。我们只限于最简单的证明之一[113]。存在着明显更先进的证明技术，例如，当目标函数表现特别好时。

假设所有 $\boldsymbol{\xi}$ 的目标函数 $f(\boldsymbol{\xi}, \boldsymbol{x})$ 在 $\boldsymbol{x}$ 中都是凸的。更具体地说，我们考虑随机梯度下降更新：

$$\boldsymbol{x}_{t+1} = \boldsymbol{x}_t - \eta_t \partial_{\boldsymbol{x}} f(\boldsymbol{\xi}_t, \boldsymbol{x}) \tag{11.40}$$

其中，$f(\boldsymbol{\xi}_t, \boldsymbol{x})$ 是训练样本 $f(\boldsymbol{\xi}_t, \boldsymbol{x})$ 的目标函数：ξ_t 从第 t 步的某个分布中提取，$\boldsymbol{x}$ 是模型参数。用

$$R(\boldsymbol{x}) = E_{\boldsymbol{\xi}}[f(\boldsymbol{\xi}, \boldsymbol{x})] \tag{11.41}$$

表示期望风险，R^* 表示对于 $\boldsymbol{x}$ 的最低风险。最后用 $\boldsymbol{x}^*$ 表示最小值（我们假设它存在于 $\boldsymbol{x}$ 的定义域中）。在这种情况下，我们可以追踪时间 t 处的当前参数 $\boldsymbol{x}_t$ 和风险最小化器 $\boldsymbol{x}^*$ 之间的距离，看看它是否随着时间的推移而改变：

$$\begin{aligned} & \|\boldsymbol{x}_{t+1} - \boldsymbol{x}^*\|^2 \\ = & \|\boldsymbol{x}_t - \eta_t \partial_{\boldsymbol{x}} f(\boldsymbol{\xi}_t, \boldsymbol{x}) - \boldsymbol{x}^*\|^2 \\ = & \|\boldsymbol{x}_t - \boldsymbol{x}^*\|^2 + \eta_t^2 \|\partial_{\boldsymbol{x}} f(\boldsymbol{\xi}_t, \boldsymbol{x})\|^2 - 2\eta_t \left\langle \boldsymbol{x}_t - \boldsymbol{x}^*, \partial_{\boldsymbol{x}} f(\boldsymbol{\xi}_t, \boldsymbol{x}) \right\rangle \end{aligned} \tag{11.42}$$

我们假设随机梯度 $\partial_{\boldsymbol{x}} f(\boldsymbol{\xi}_t, \boldsymbol{x})$ 的 L_2 范数受到某个常数 L 的限制，因此有

$$\eta_t^2 \|\partial_{\boldsymbol{x}} f(\boldsymbol{\xi}_t, \boldsymbol{x})\|^2 \leqslant \eta_t^2 L^2 \tag{11.43}$$

我们最感兴趣的是 $\boldsymbol{x}_t$ 和 $\boldsymbol{x}^*$ 之间的距离如何变化的期望。事实上，对于任何具体的序列，

---

① *Nonconvex?NP!(No Problem!)*。

距离可能会增加，这取决于我们遇到的 ξ_t。因此我们需要点积的边界。因为对于任何凸函数 f，所有 $\boldsymbol{x}$ 和 $\boldsymbol{y}$ 都满足 $f(\boldsymbol{y}) \geqslant f(\boldsymbol{x}) + \langle f'(\boldsymbol{x}), \boldsymbol{y}-\boldsymbol{x} \rangle$，按凸性有

$$f(\xi_t, \boldsymbol{x}^*) \geqslant f(\xi_t, \boldsymbol{x}_t) + \left\langle \boldsymbol{x}^* - \boldsymbol{x}_t, \partial_{\boldsymbol{x}} f(\xi_t, \boldsymbol{x}_t) \right\rangle \tag{11.44}$$

将不等式（11.43）和不等式（11.44）代入式（11.42），在时间 t+1 时获得参数之间距离的边界：

$$\| \boldsymbol{x}_t - \boldsymbol{x}^* \|^2 - \| \boldsymbol{x}_{t+1} - \boldsymbol{x}^* \|^2 \geqslant 2\eta_t (f(\xi_t, \boldsymbol{x}_t) - f(\xi_t, \boldsymbol{x}^*)) - \eta_t^2 L^2 \tag{11.45}$$

这意味着，只要当前损失和最优损失之间的差距超过 $\eta_t L^2/2$，我们就会取得进展。由于这种差距必然会收敛到零，因此学习率 η_t 也需要消失。

接下来，我们根据不等式（11.45）取期望，得到

$$E[\| \boldsymbol{x}_t - \boldsymbol{x}^* \|^2] - E[\| \boldsymbol{x}_{t+1} - \boldsymbol{x}^* \|^2] \geqslant 2\eta_t [E[R(\boldsymbol{x}_t)] - R^*] - \eta_t^2 L^2 \tag{11.46}$$

最后一步是对 $t \in \{1, \cdots, T\}$ 的不等式求和。在求和过程中抵消中间项，然后舍去低阶项，可以得到

$$\| \boldsymbol{x}_1 - \boldsymbol{x}^* \|^2 \geqslant 2\left(\sum_{t=1}^{T} \eta_t \right) [E[R(\boldsymbol{x}_t)] - R^*] - L^2 \sum_{t=1}^{T} \eta_t^2 \tag{11.47}$$

注意，我们利用了给定的 $\boldsymbol{x}_1$，因而可以去掉期望。最后定义

$$\bar{\boldsymbol{x}} \overset{\text{def}}{=} \frac{\sum_{t=1}^{T} \eta_t \boldsymbol{x}_t}{\sum_{t=1}^{T} \eta_t} \tag{11.48}$$

因为有

$$E\left(\frac{\sum_{t=1}^{T} \eta_t R(\boldsymbol{x}_t)}{\sum_{t=1}^{T} \eta_t} \right) = \frac{\sum_{t=1}^{T} \eta_t E[R(\boldsymbol{x}_t)]}{\sum_{t=1}^{T} \eta_t} = E[R(\boldsymbol{x}_t)] \tag{11.49}$$

根据詹森不等式（令式（11.4）中 $i=t$，$\alpha_i = \eta_t / \sum_{t=1}^{T} \eta_t$）和 R 的凸性使其满足 $E[R(\boldsymbol{x}_t)] \geqslant E[R(\bar{\boldsymbol{x}})]$，因此：

$$\sum_{t=1}^{T} \eta_t E[R(\boldsymbol{x}_t)] \geqslant \sum_{t=1}^{T} \eta_t E[R(\bar{\boldsymbol{x}})] \tag{11.50}$$

将其代入不等式（11.47）得到边界：

$$[E[\bar{\boldsymbol{x}}]] - R^* \leqslant \frac{r^2 + L^2 \sum_{t=1}^{T} \eta_t^2}{2\sum_{t=1}^{T} \eta_t} \tag{11.51}$$

其中，$r^2 \overset{\text{def}}{=} \| \boldsymbol{x}_1 - \boldsymbol{x}^* \|^2$是初始选择参数与最终结果之间距离的边界。简而言之，收敛速度取决于随机梯度标准的限制方式（L）以及初始参数值与最优结果的距离（r）。注意，边界由 $\bar{\boldsymbol{x}}$ 而不是 $\boldsymbol{x}_T$ 表示，因为 $\bar{\boldsymbol{x}}$ 是优化路径的平滑版本。只要知道 r、L 和 T，我们就可以选择学习率 $\eta = r / (L\sqrt{T})$，这将带来上界$rL / \sqrt{T}$。也就是说，我们将按照速度$O(1/\sqrt{T})$收敛到最优解。

11.4.4 随机梯度和有限样本

到目前为止，在谈论随机梯度下降时，我们进行得有点快而松散。我们假设从分布 $p(x, y)$ 中抽样得到样本 x_i（通常带有标签 y_i），并且用它来以某种方式更新模型参数。特别是，对于有限的样本数，我们仅仅讨论了由某些允许我们在其上执行随机梯度下降的函数 δ_{x_i} 和 δ_{y_i} 组成的离散分布$p(x, y) - 1/n\sum_{i=1}^{n} \delta_{x_i}(x)\delta_{y_i}(y)$。

但是，这不是我们真正做的。在本节的简单示例中，我们只是将噪声添加到其他非随机梯度上，也就是说，我们假设有成对的 (x_i, y_i)。事实证明，这种做法在这里是合理的（有关详细讨论，请参阅练习）。更麻烦的是，在以前的所有讨论中，我们显然没有这样做。相反，我们遍历了所有实例恰好一次。要了解为什么这更可取，可以反向考虑一下，即我们有替换地从离散分布中抽样 n 个观测值，随机选择一个元素的概率是 $1/n$，因此选择该元素至少一次的概率就是

$$P(\text{选择}i) = 1 - P(\text{忽略}i) = 1 - (1 - 1/n)^n \approx 1 - \mathrm{e}^{-1} \approx 0.63 \tag{11.52}$$

类似的推理表明，选择一些样本（即训练实例）恰好一次的概率是

$$\binom{n}{1}\frac{1}{n}\left(1-\frac{1}{n}\right)^{n-1} = \frac{n}{n-1}\left(1-\frac{1}{n}\right)^{n} \approx \mathrm{e}^{-1} \approx 0.37 \tag{11.53}$$

与无替换抽样相比，这导致方差增加并且数据效率降低。因此，在实践中我们执行无替换抽样（这是本书中的默认选择）。最后要注意一点，重复采用训练数据集的时候，会以不同的随机顺序遍历它。

小结

- 对于凸问题，我们可以证明，对于广泛的学习率选择，随机梯度下降将收敛到最优解。
- 对深度学习而言，情况通常并非如此。但是，对凸问题的分析使我们能够深入了解如何进行优化，即逐步降低学习率，尽管收敛速度不是太快。
- 如果学习率过低或过高，就会出现问题。实际上，通常只有经过多次实验后才能找到合适的学习率。
- 当训练数据集中有更多样本时，计算梯度下降的每次迭代的成本更高，因此在这些情况下，首选随机梯度下降。
- 随机梯度下降的最优性保证在非凸情况下一般不可用，因为需要检查的局部极小值的数量可能是指数级的。

练习

（1）尝试不同的随机梯度下降学习率计划和不同的迭代次数进行实验。特别是，根据迭代次数的函数来绘制与最优解 $(0, 0)$ 的距离。

（2）证明对函数 $f(x_1, x_2) = x_1^2 + 2x_2^2$ 而言，向梯度添加正态噪声等同于最小化损失函数 $f(\boldsymbol{x}, \boldsymbol{w}) = (x_1 - w_1)^2 + 2(x_2 - w_2)^2$，其中 $\boldsymbol{x}$ 是从正态分布中提取的。

（3）从 $\{(x_1, y_1), \cdots, (x_n, y_n)\}$ 分别使用有替换方法以及无替换方法进行抽样，比较随机梯度下降的收敛性。

（4）如果某些梯度（或者更确切地说是与之相关的某些坐标）始终比其他所有梯度都大，应该如何更改随机梯度下降求解器？

（5）假设 $f(x) = x^2(1+\sin x)$。f 有多少个局部极小值？请尝试改变 f 以尽量减少它需要评估的所有局部极小值的数量。

11.5　小批量随机梯度下降

到目前为止，我们在基于梯度的学习方法中遇到了两种极端情况：11.3 节中使用完整数据集来计算梯度并更新参数，11.4 节中一次处理一个训练样本来取得进展。二者各有利弊：每当数据非常相似时，梯度下降并不是

非常“数据高效”，而由于 CPU 和 GPU 无法充分利用向量化，随机梯度下降并不特别“计算高效”。这表明了两者之间可能存在折中方案，其涉及小批量梯度下降（minibatch gradient descent）。

11.5.1 向量化和缓存

使用小批量的决策的核心是计算效率。当考虑与多个 GPU 和多台服务器并行处理时，这一点最容易理解。在这种情况下，我们需要向每个 GPU 发送至少一张图像。有了每台服务器 8 个 GPU 和 16 台服务器，我们就能得到大小为 128 的小批量。

当涉及单个 GPU 甚至 CPU 时，情况会更微妙一些：这些设备有多种类型的内存、通常情况下多种类型的计算单元以及对它们不同的带宽限制。例如，一个 CPU 有少量寄存器（register）、L1 和 L2 缓存以及 L3 缓存（在不同的处理器内核之间共享）。随着缓存的大小的增加，它们的延迟也在增加，同时带宽在减少。可以说，处理器能够执行的操作远比主内存接口所能提供的多得多。

首先，具有 16 个内核和 AVX-512 向量化的 2GHz CPU 每秒可处理高达 $2\times10^9\times16\times32\approx10^{12}$ 字节。同时，GPU 的性能很容易超过该数字的 100 倍。而中端服务器处理器的带宽可能不超过 100GB/s，即不到处理器满负载所需的十分之一。更糟糕的是，并非所有内存接口都是相等的：内存接口通常为 64 位或更宽（例如，在最多 384 位的 GPU 上）。因此读取单字节时会导致由于需要更多的带宽而产生的成本。

其次，第一次存取的额外开销很大，而按序存取（sequential access）或突发读取（burst read）相对开销较小。有关更深入的讨论，请参阅维基百科中对“Cache hierarchy”的介绍。

减少这些限制的方法是使用足够快的 CPU 缓存层次结构来为处理器提供数据。这是深度学习中批量处理背后的推动力。举一个简单的例子：矩阵-矩阵乘法。比如 $\boldsymbol{A}=\boldsymbol{B}\boldsymbol{C}$，我们有很多方法来计算 $\boldsymbol{A}$，例如，可以尝试以下方法。

（1）可以计算$\boldsymbol{A}_{ij}=\boldsymbol{B}_{i,:}\boldsymbol{C}_{:,j}^\top$，也就是说，我们可以通过点积进行按元素计算。

（2）可以计算$\boldsymbol{A}_{:,j}=\boldsymbol{B}\boldsymbol{C}_{:,j}^\top$，也就是说，我们可以一次计算一列。同样，我们可以一次计算一行 $\boldsymbol{A}_{i,:}$。

（3）可以简单地计算 $\boldsymbol{A}=\boldsymbol{B}\boldsymbol{C}$。

（4）可以将 $\boldsymbol{B}$ 和 $\boldsymbol{C}$ 分成多个较小的区块，然后一次计算 $\boldsymbol{A}$ 的一个区块。

如果我们使用第一种选择，每次计算一个元素 $\boldsymbol{A}_{ij}$ 时，都需要将一行向量和一列向量复制到 CPU 中。更糟糕的是，由于矩阵元素是按顺序对齐的，因此当从内存中读取它们时，我们需要访问两个向量中许多不相交的位置。第二种选择相对更有利：我们能够在遍历 $\boldsymbol{B}$ 的同时，将列向量 $\boldsymbol{C}_{:,j}$ 保留在 CPU 缓存中。它将内存带宽需求减半，相应地提高了访问速度。第三种选择表面上是最可取的，然而大多数矩阵可能不能完全放入缓存中。第四种选择提供了一个实践上很有用的方案：我们可以将矩阵的区块移到缓存中，然后在本地将它们相乘。我们来看看这些操作在实践中的效率。

除了计算效率，Python 和深度学习框架本身带来的额外开销也是相当大的。回想一下，每次我们执行代码时，Python 解释器都会向深度学习框架发送一条命令，要求将其插入计算图中并在调度过程中处理它。这样的额外开销可能是非常不利的。总而言之，我们最好用向量化（和矩阵）。

```
%matplotlib inline
import numpy as np
```

```python
import torch
from torch import nn
from d2l import torch as d2l

timer = d2l.Timer()
A = torch.zeros(256, 256)
B = torch.randn(256, 256)
C = torch.randn(256, 256)
```

按元素分配只需分别遍历 $\boldsymbol{B}$ 和 $\boldsymbol{C}$ 的所有行和列，即可将该值分配给 $\boldsymbol{A}$。

```python
# 按元素计算A=BC
timer.start()
for i in range(256):
    for j in range(256):
        A[i, j] = torch.dot(B[i, :], C[:, j])
timer.stop()
```

```
0.9385342597961426
```

更快的策略是执行按列分配。

```python
# 按列计算A=BC
timer.start()
for j in range(256):
    A[:, j] = torch.mv(B, C[:, j])
timer.stop()
```

```
0.006329774856567383
```

最有效的方法是在一个区块中执行整个操作。我们看看它们各自的操作速度。

```python
# 一次性计算A=BC
timer.start()
A = torch.mm(B, C)
timer.stop()

# 乘法和加法作为单独的操作（在实践中融合）
gigaflops = [2/i for i in timer.times]
print(f'performance in Gigaflops: element {gigaflops[0]:.3f}, '
      f'column {gigaflops[1]:.3f}, full {gigaflops[2]:.3f}')
```

```
performance in Gigaflops: element 2.131, column 315.967, full 3903.494
```

11.5.2 小批量

之前我们会理所当然地读取数据的小批量，而不是观测单个数据来更新参数，现在简要解释一下原因。处理单个观测值时需要我们执行许多单一矩阵-向量（甚至向量-向量）乘法，这种耗费相当大，而且对于深度学习框架也需要巨大的开销。这既适用于计算梯度以更新参数，也适用于用神经网络预测。也就是说，每当我们执行 $\boldsymbol{w} \leftarrow \boldsymbol{w} - \eta_t \boldsymbol{g}_t$ 时，耗费巨大，其中

$$\boldsymbol{g}_t = \partial_{\boldsymbol{w}} f(\boldsymbol{x}_t, \boldsymbol{w}) \tag{11.54}$$

我们可以通过将其应用于一个小批量观测值来提高此操作的计算效率。也就是说，我们将梯度 $\boldsymbol{g}_t$ 替换为一个小批量而不是单个观测值：

$$\boldsymbol{g}_t = \partial_{\boldsymbol{w}} \frac{1}{|B_t|} \sum_{i \in B_t} f(\boldsymbol{x}_i, \boldsymbol{w}) \tag{11.55}$$

我们看看这对 $\boldsymbol{g}_t$ 的统计属性有什么影响：由于 $\boldsymbol{x}_t$ 和小批量 B_t 的所有元素都是从训练集中随机抽取的，因此梯度的期望保持不变。此外，方差显著减小。由于小批量梯度由正在被平均计算的 $b:=|B_t|$ 个独立梯度组成，其标准差减小了 $b^{-\frac{1}{2}}$。这本身就是一件好事，因为这意味着更

新与完整的梯度更接近了。

直观来说，这表明选择大型的小批量 B_t 将是普遍可行的。然而，经过一段时间后，与计算成本的线性增长相比，标准差的额外减小是微乎其微的。在实践中我们选择一个足够大的小批量，它可以提供良好的计算效率同时仍适合 GPU 的内存。下面，我们来看看这些高效的代码，在其中我们执行相同的矩阵-矩阵乘法，但是这次将其一次性分为 64 列的“小批量”。

```
timer.start()
for j in range(0, 256, 64):
    A[:, j:j+64] = torch.mm(B, C[:, j:j+64])
timer.stop()
print(f'performance in Gigaflops: block {2 / timer.times[3]:.3f}')
```

```
performance in Gigaflops: block 3171.496
```

显而易见，小批量上的计算基本上与完整矩阵同样有效。需要注意的是，在 7.5 节中，我们使用了一种在很大程度上取决于小批量中的方差的正则化。随着批量大小的增加，方差会减小，随之而来的是批量规范化带来的噪声注入的好处。关于实例，请参阅参考文献 [72]，了解如何重新缩放并计算适当项目。

11.5.3 读取数据集

我们来看看如何从数据集中有效地生成小批量。下面我们使用 NASA 开发的测试机翼的数据集不同飞行器产生的噪声①来比较这些优化算法。为方便起见，我们只使用前 1500 个样本。数据已作预处理：我们减去了均值并将方差重新缩放到 1。

```
#@save
d2l.DATA_HUB['airfoil'] = (d2l.DATA_URL + 'airfoil_self_noise.dat',
                           '76e5be1548fd8222e5074cf0faae75edff8cf93f')

#@save
def get_data_ch11(batch_size=10, n=1500):
    data = np.genfromtxt(d2l.download('airfoil'),
                         dtype=np.float32, delimiter='\t')
    data = torch.from_numpy((data - data.mean(axis=0)) / data.std(axis=0))
    data_iter = d2l.load_array((data[:n, :-1], data[:n, -1]),
                               batch_size, is_train=True)
    return data_iter, data.shape[1]-1
```

11.5.4 从零开始实现

3.2 节中已经实现过小批量随机梯度下降算法。我们在这里将它的输入参数变得更加通用，主要是为了方便本章后面介绍的其他优化算法也可以使用同样的输入。具体来说，我们添加了一个状态输入 `states` 并将超参数放在字典 `hyperparams` 中。此外，我们将在训练函数里对各个小批量样本的损失取平均值，因此优化算法中的梯度不需要除以批量大小。

```
def sgd(params, states, hyperparams):
    for p in params:
        p.data.sub_(hyperparams['lr'] * p.grad)
        p.grad.data.zero_()
```

下面实现一个通用的训练函数，以方便本章后面介绍的其他优化算法使用。它初始化了一个线性回归模型，然后可以使用小批量随机梯度下降以及后续介绍的其他算法来训练模型。

① 可通过搜索“Airfoil+Self-Noise”找到该数据集。

```python
#@save
def train_ch11(trainer_fn, states, hyperparams, data_iter,
               feature_dim, num_epochs=2):
    # 初始化模型
    w = torch.normal(mean=0.0, std=0.01, size=(feature_dim, 1),
                     requires_grad=True)
    b = torch.zeros((1), requires_grad=True)
    net, loss = lambda X: d2l.linreg(X, w, b), d2l.squared_loss
    # 训练模型
    animator = d2l.Animator(xlabel='epoch', ylabel='loss',
                            xlim=[0, num_epochs], ylim=[0.22, 0.35])
    n, timer = 0, d2l.Timer()
    for _ in range(num_epochs):
        for X, y in data_iter:
            l = loss(net(X), y).mean()
            l.backward()
            trainer_fn([w, b], states, hyperparams)
            n += X.shape[0]
            if n % 200 == 0:
                timer.stop()
                animator.add(n/X.shape[0]/len(data_iter),
                             (d2l.evaluate_loss(net, data_iter, loss),))
                timer.start()
    print(f'loss: {animator.Y[0][-1]:.3f}, {timer.avg():.3f} sec/epoch')
    return timer.cumsum(), animator.Y[0]
```

我们来看看批量梯度下降的优化是如何进行的。这可以通过将小批量设置为 1500（即样本总数）来实现。因此，模型参数在每次迭代时只迭代一次。

```python
def train_sgd(lr, batch_size, num_epochs=2):
    data_iter, feature_dim = get_data_ch11(batch_size)
    return train_ch11(
        sgd, None, {'lr': lr}, data_iter, feature_dim, num_epochs)

gd_res = train_sgd(1, 1500, 10)
```

```
loss: 0.246, 0.030 sec/epoch
```

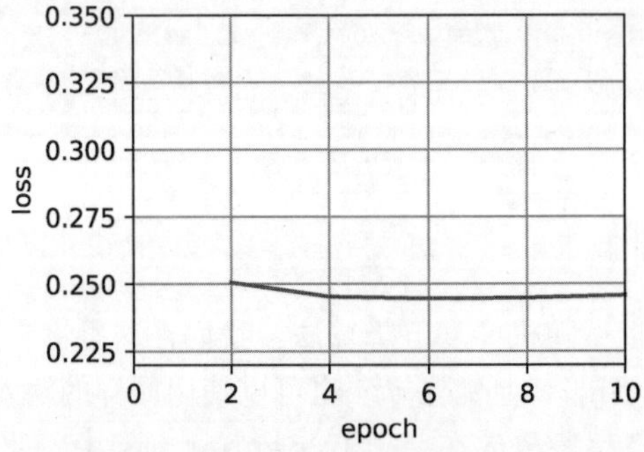

当批量大小为 1 时，优化算法使用的是随机梯度下降。为了简化实现，我们选择了很低的学习率。在随机梯度下降的实验中，每当一个样本被处理，模型参数都会更新。在这个例子中，这相当于每次迭代有 1500 次更新。可以看到，目标函数值的下降在一次迭代后就变得较为平缓。尽管两个例子在一次迭代中都处理了 1500 个样本，但实验中随机梯度下降的一次迭代耗时更多，这是因为随机梯度下降更频繁地更新了参数，而且一次处理单个观测值的效率较低。

```python
sgd_res = train_sgd(0.005, 1)
```

```
loss: 0.245, 0.069 sec/epoch
```

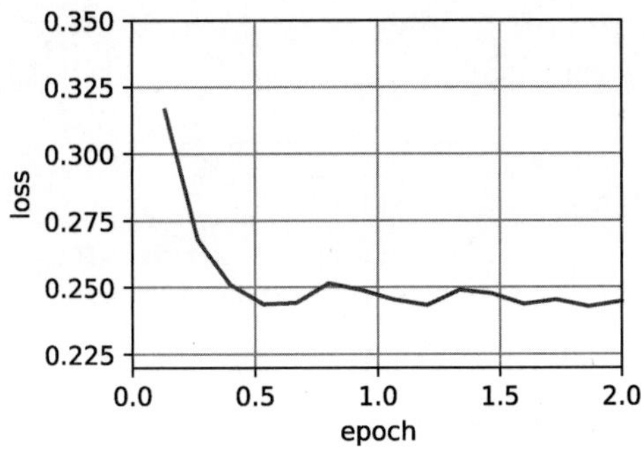

最后，当批量大小为 100 时，我们使用小批量随机梯度下降进行优化。每次迭代所需的时间比随机梯度下降和批量梯度下降所需的时间短。

```
mini1_res = train_sgd(.4, 100)
```

```
loss: 0.244, 0.002 sec/epoch
```

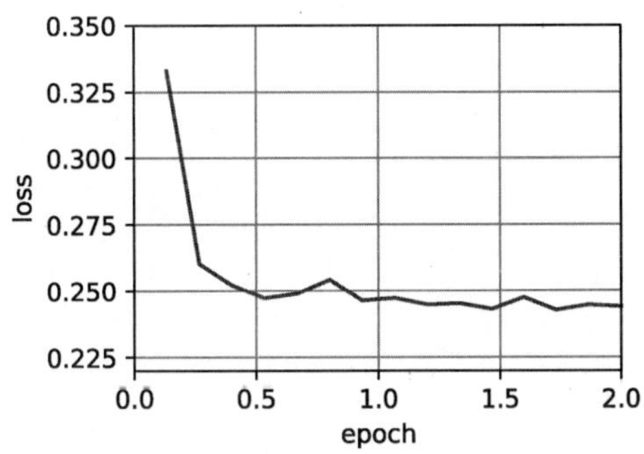

将批量大小减少到 10，每次迭代的时间都会增加，因为每批工作负载的执行效率变得更低。

```
mini2_res = train_sgd(.05, 10)
```

```
loss: 0.242, 0.009 sec/epoch
```

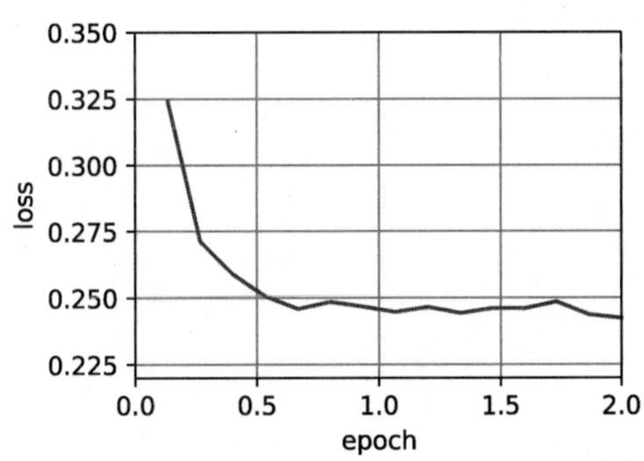

现在我们可以比较前 4 个实验的时间与损失。可以看出，尽管在处理的样本数方面，随机梯度下降的收敛速度快于梯度下降，但与梯度下降相比，它需要更多的时间来达到同样的损失，因为逐样本地计算梯度并不那么有效。小批量随机梯度下降能够平衡收敛速度和计算效率。批量大小为 10 的小批量比随机梯度下降更有效；批量大小为 100 的小批量在运行时间上甚至优于梯度下降。

```
d2l.set_figsize([6, 3])
d2l.plot(*list(map(list, zip(gd_res, sgd_res, mini1_res, mini2_res))),
         'time (sec)', 'loss', xlim=[1e-2, 10],
```

```
        legend=['gd', 'sgd', 'batch size=100', 'batch size=10'])
d2l.plt.gca().set_xscale('log')
```

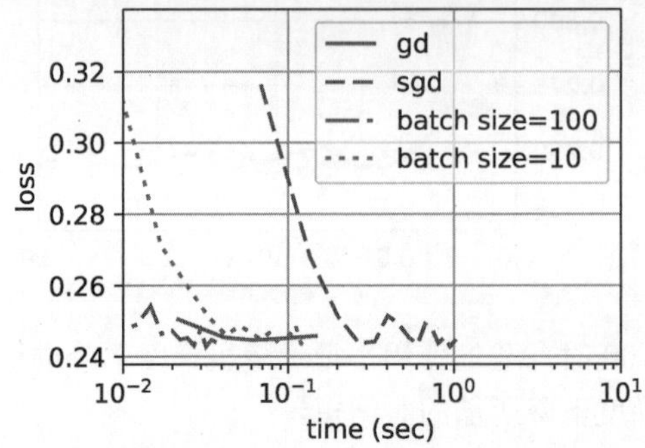

11.5.5 简洁实现

下面用深度学习框架的自带算法实现一个通用的训练函数，我们将在本章中的其他部分使用它。

```
#@save
def train_concise_ch11(trainer_fn, hyperparams, data_iter, num_epochs=4):
    # 初始化模型
    net = nn.Sequential(nn.Linear(5, 1))
    def init_weights(m):
        if type(m) == nn.Linear:
            torch.nn.init.normal_(m.weight, std=0.01)
    net.apply(init_weights)

    optimizer = trainer_fn(net.parameters(), **hyperparams)
    loss = nn.MSELoss(reduction='none')
    animator = d2l.Animator(xlabel='epoch', ylabel='loss',
                            xlim=[0, num_epochs], ylim=[0.22, 0.35])
    n, timer = 0, d2l.Timer()
    for _ in range(num_epochs):
        for X, y in data_iter:
            optimizer.zero_grad()
            out = net(X)
            y = y.reshape(out.shape)
            l = loss(out, y)
            l.mean().backward()
            optimizer.step()
            n += X.shape[0]
            if n % 200 == 0:
                timer.stop()
                # MSELoss计算平方误差时不带系数1/2
                animator.add(n/X.shape[0]/len(data_iter),
                             (d2l.evaluate_loss(net, data_iter, loss) / 2,))
                timer.start()
    print(f'loss: {animator.Y[0][-1]:.3f}, {timer.avg():.3f} sec/epoch')
```

下面使用这个训练函数，复现之前的实验。

```
data_iter, _ = get_data_ch11(10)
trainer = torch.optim.SGD
train_concise_ch11(trainer, {'lr': 0.01}, data_iter)
```

```
loss: 0.242, 0.010 sec/epoch
```

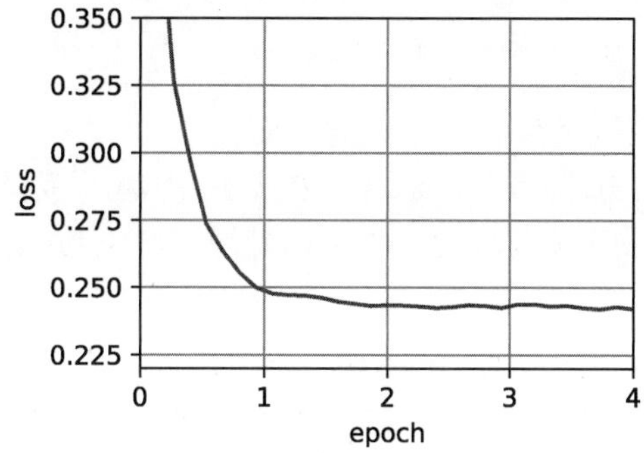

小结

- 由于减少了深度学习框架的额外开销，使用更好的内存定位以及 CPU 和 GPU 上的缓存，向量化使代码更加高效。
- 在随机梯度下降的“统计效率”与大批量一次处理数据的“计算效率”之间需要权衡。小批量随机梯度下降提供了两全其美的答案：计算效率和统计效率。
- 在小批量随机梯度下降中，我们处理通过训练数据的随机排列获得的批量数据（即每个观测值只处理一次，但按随机顺序）。
- 在训练期间降低学习率有助于训练。
- 一般来说，小批量随机梯度下降比随机梯度下降和梯度下降的收敛速度快，收敛风险小。

练习

（1）修改批量大小和学习率，并观测目标函数值的下降率以及每次迭代消耗的时间。

（2）将小批量随机梯度下降与实际从训练集中有替换抽样的变体进行比较，会发现什么？

（3）一个精灵在没通知你的情况下复制了你的数据集（即每个观测出现两次，因而数据集增加到原始大小的两倍，但没有人告诉你），那么随机梯度下降、小批量随机梯度下降和梯度下降的表现将如何变化？

11.6 动量法

扫码直达讨论区

在 11.4 节中，我们详述了如何执行随机梯度下降，即在只有嘈杂的梯度可用的情况下执行优化时会发生什么。对于嘈杂的梯度，我们在选择学习率时需要格外谨慎。如果衰减速度太快，收敛就会停滞。相反，如果太宽松，可能无法收敛到最优解。

11.6.1 基础

本节将探讨更有效的优化算法，尤其是针对实验中常见的某些类型的优化问题。

1. 泄露平均值

11.5 节中我们讨论了小批量随机梯度下降作为加速计算的手段。它也有很好的附带作用，即平均梯度减小了方差。小批量随机梯度下降可以通过以下方式计算：

$$g_{t,t-1} = \partial_w \frac{1}{|B_t|}\sum_{i\in B_t} f(x_i, w_{t-1}) = \frac{1}{|B_t|}\sum_{i\in B_t} h_{i,t-1} \tag{11.56}$$

为了保持记法简单，在这里我们使用 $h_{i,t-1}=\partial_w f(x_i, w_{t-1})$ 作为样本的随机梯度下降，使用时间步 t-1 时更新的权重 w_{t-1}。如果我们能够从方差减小的影响中受益，甚至超过小批量上的梯度平均值，就很理想。完成这项任务的一种选择是用泄露平均值（leaky average）取代梯度计算：

$$v_t = \beta v_{t-1} + g_{t,t-1} \tag{11.57}$$

其中，$\beta\in(0, 1)$。这有效地将瞬时梯度替换为多个"过去"梯度的平均值。v 被称为动量（momentum），它累加了过去的梯度。为了更详细地解释，我们递归地将 v_t 扩展到

$$v_t = \beta^2 v_{t-2} + \beta g_{t-1,t-2} + g_{t,t-1} = \cdots = \sum_{\tau=0}^{t-1} \beta^\tau g_{t-\tau,t-\tau-1} \tag{11.58}$$

其中，较大的 β 相当于长期平均值，而较小的 β 相对于梯度法只是略有修正。新的梯度替换不再指向特定实例下降最陡的方向，而是指向过去梯度的加权平均值的方向。这使我们能够获得对单批量计算平均值的大部分好处，而不产生实际计算其梯度的成本。

上述推理构成了"加速"梯度方法的基础，例如具有动量的梯度。在优化问题条件不佳的情况下（例如，有些方向的进展比其他方向慢得多，类似狭窄的峡谷），"加速"梯度还额外提供更有效的好处。此外，它们允许我们对随后的梯度计算平均值，以获得更稳定的下降方向。实际上，即使是对于无噪声凸问题，加速这方面也是动量如此起效的关键原因之一。

正如人们所期望的，由于其功效，动量是深度学习及其后优化中一个深入研究的主题。例如，请参阅文章"Why Momentum Really Works"[43]，观看深入分析和互动动画。动量是由参考文献 [126] 提出的。参考文献 [114] 在凸优化的背景下进行了详细的理论讨论。长期以来，深度学习的动量一直被认为是有益的。有关实例的详细信息，请参阅参考文献 [157] 的讨论。

2. 条件不佳的问题

为了更好地了解动量法的几何属性，我们复习一下梯度下降，尽管它的目标函数明显不那么令人愉快。回想我们在 11.3 节中使用了 $f(x) = x_1^2 + 2x_2^2$，即中度扭曲的椭球目标。我们通过向 x_1 方向伸展它来进一步扭曲这个函数：

$$f(x) = 0.1x_1^2 + 2x_2^2 \tag{11.59}$$

与之前一样，f 在 (0, 0) 有极小值，该函数在 x_1 方向上非常平坦。我们看看在这个新函数上执行梯度下降时会发生什么。

```
%matplotlib inline
import torch
from d2l import torch as d2l

eta = 0.4
def f_2d(x1, x2):
    return 0.1 * x1 ** 2 + 2 * x2 ** 2
def gd_2d(x1, x2, s1, s2):
    return (x1 - eta * 0.2 * x1, x2 - eta * 4 * x2, 0, 0)

d2l.show_trace_2d(f_2d, d2l.train_2d(gd_2d))
```

```
epoch 20, x1: -0.943467, x2: -0.000073
```

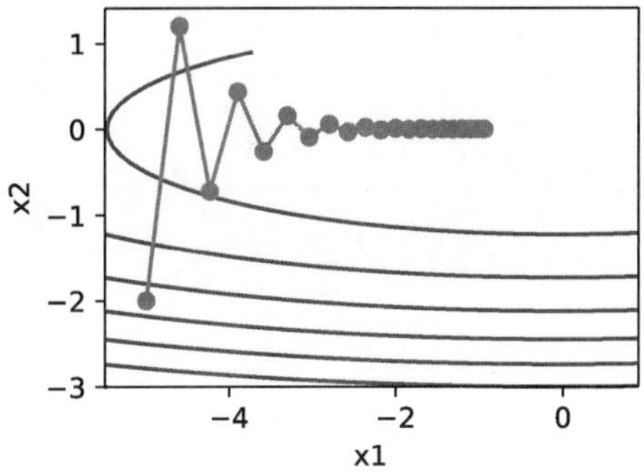

从构造来看，x_2 方向的梯度比水平 x_1 方向的梯度大得多，变化也快得多。因此，我们陷入两难：如果选择较低的学习率，我们可以确保解不会在 x_2 方向发散，但要承受在 x_1 方向的缓慢收敛。相反，如果学习率较高，在 x_1 方向上进展很快，但在 x_2 方向将会发散。下面的例子说明了即使学习率从 0.4 略微提高到 0.6，也会发生变化。x_1 方向上的收敛有所改善，但整体来看解的质量更差了。

```
eta = 0.6
d2l.show_trace_2d(f_2d, d2l.train_2d(gd_2d))
```

```
epoch 20, x1: -0.387814, x2: -1673.365109
```

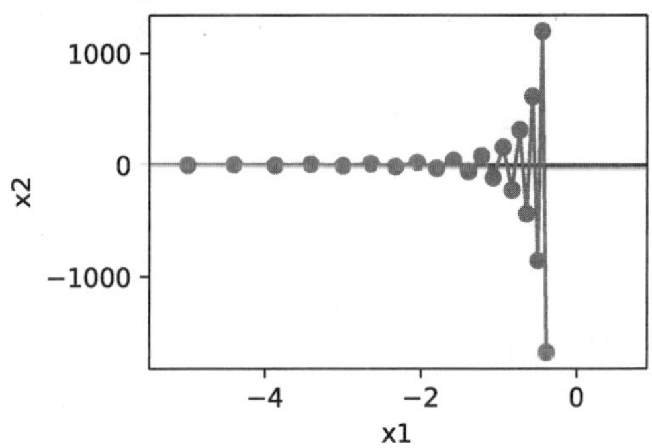

3. 动量法

动量法使我们能够解决上面描述的梯度下降问题。观察上面的优化轨迹，我们可能会直观感觉到计算过去的平均梯度效果会很好。毕竟，在 x_1 方向上，这将聚合非常对齐的梯度，从而增加我们在每一步中覆盖的距离。相反，在梯度振荡的 x_2 方向，由于相互抵消了对方的振荡，聚合梯度将减小步长大小。使用 $\boldsymbol{v}_t$ 而不是梯度 $\boldsymbol{g}_t$ 可以生成以下更新等式：

$$\begin{aligned}\boldsymbol{v}_t &\leftarrow \beta \boldsymbol{v}_{t-1} + \boldsymbol{g}_{t,t-1} \\ \boldsymbol{x}_t &\leftarrow \boldsymbol{x}_{t-1} - \eta_t \boldsymbol{v}_t\end{aligned} \tag{11.60}$$

注意，对于 $\beta = 0$，恢复常规的梯度下降。在深入研究它的数学属性之前，我们快速看一下算法在实验中的表现如何。

```
def momentum_2d(x1, x2, v1, v2):
    v1 = beta * v1 + 0.2 * x1
    v2 = beta * v2 + 4 * x2
    return x1 - eta * v1, x2 - eta * v2, v1, v2

eta, beta = 0.6, 0.5
d2l.show_trace_2d(f_2d, d2l.train_2d(momentum_2d))
```

```
epoch 20, x1: 0.007188, x2: 0.002553
```

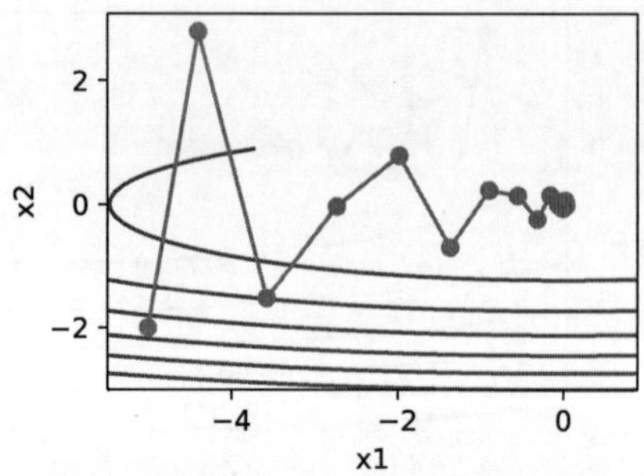

正如所见，尽管学习率与我们以前使用的相同，但是动量法仍然很好地收敛了。我们看看当降低动量参数时会发生什么，将其减半至 $\beta = 0.25$ 会产生一条几乎没有收敛的轨迹。尽管如此，它比没有动量法时解将会发散要好得多。

```
eta, beta = 0.6, 0.25
d2l.show_trace_2d(f_2d, d2l.train_2d(momentum_2d))
```

```
epoch 20, x1: -0.126340, x2: -0.186632
```

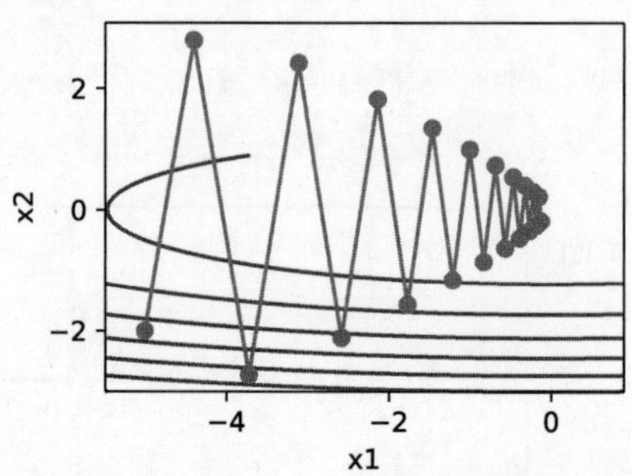

注意，我们可以将动量法与随机梯度下降，特别是小批量随机梯度下降结合起来。唯一的变化是，在这种情况下，我们将梯度 $\boldsymbol{g}_{t,t-1}$ 替换为 $\boldsymbol{g}_t$。为方便起见，我们在时间 $t=0$ 初始化 $\boldsymbol{v}_0=0$。

4. 有效样本权重

回想一下 $\boldsymbol{v}_t=\sum_{\tau=0}^{t-1}\beta^\tau \boldsymbol{g}_{t-\tau,t-\tau-1}$，极限条件下，$\sum_{\tau=0}^{\infty}\beta^\tau=1/(1-\beta)$。换句话说，不同于在梯度下降或者随机梯度下降中取步长 η，我们选取步长 $\eta/(1-\beta)$，同时处理潜在表现可能会更好的下降方向，这是集两种好处于一身的做法。为了说明 β 的不同选择的权重效果如何，请参考下面的图表。

```
d2l.set_figsize()
betas = [0.95, 0.9, 0.6, 0]
for beta in betas:
    x = torch.arange(40).detach().numpy()
    d2l.plt.plot(x, beta ** x, label=f'beta = {beta:.2f}')
d2l.plt.xlabel('time')
d2l.plt.legend();
```

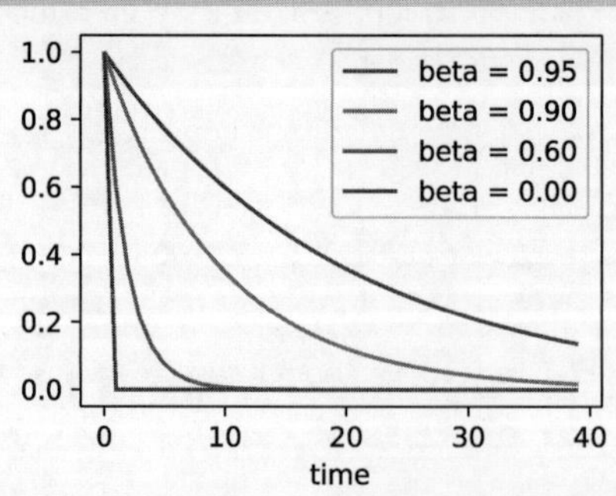

11.6.2 实际实验

我们来看看动量法在实验中是如何操作的。为此，我们需要一个更加可扩展的实现。

1. 从零开始实现

相比于小批量随机梯度下降，动量法需要维护一组辅助变量，即速度。它与梯度以及优化问题的变量具有相同的形状。在下面的实现中，我们称这些变量为 states。

```
def init_momentum_states(feature_dim):
    v_w = torch.zeros((feature_dim, 1))
    v_b = torch.zeros(1)
    return (v_w, v_b)
```

```
def sgd_momentum(params, states, hyperparams):
    for p, v in zip(params, states):
        with torch.no_grad():
            v[:] = hyperparams['momentum'] * v + p.grad
            p[:] -= hyperparams['lr'] * v
        p.grad.data.zero_()
```

我们看看它在实验中是如何操作的。

```
def train_momentum(lr, momentum, num_epochs=2):
    d2l.train_ch11(sgd_momentum, init_momentum_states(feature_dim),
                   {'lr': lr, 'momentum': momentum}, data_iter,
                   feature_dim, num_epochs)

data_iter, feature_dim = d2l.get_data_ch11(batch_size=10)
train_momentum(0.02, 0.5)
```

```
loss: 0.244, 0.012 sec/epoch
```

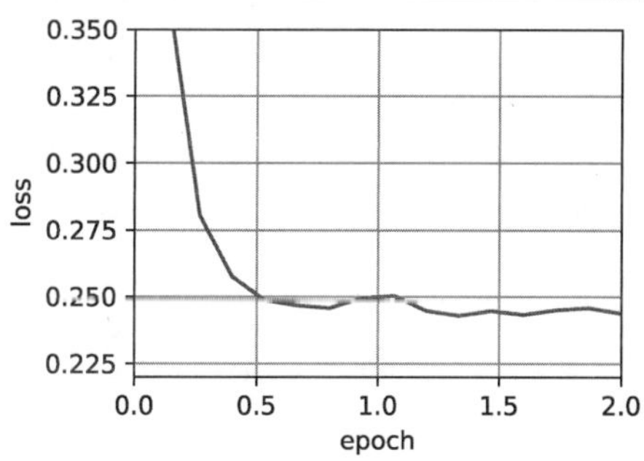

当我们将动量超参数 momentum 增加到 0.9 时，相当于有效样本数增加到 $1/(1-0.9)=10$。我们将学习率略微降至 0.01，以确保可控。

```
train_momentum(0.005, 0.9)
```

```
loss: 0.244, 0.011 sec/epoch
```

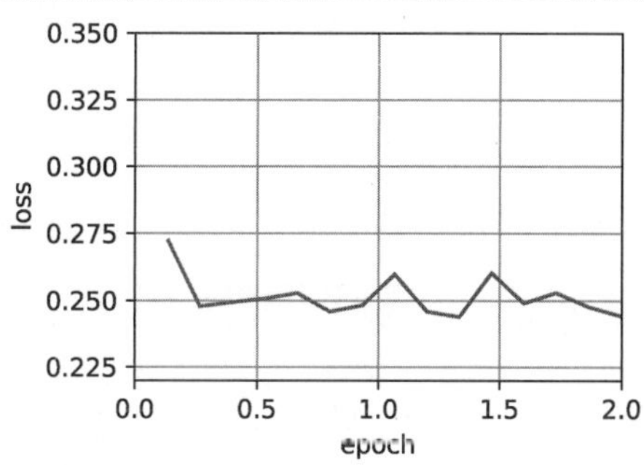

降低学习率进一步解决了任何非平滑优化问题的困难，将其设置为 0.005 会达到良好的收敛性能。

```
train_momentum(0.005, 0.9)
```

```
loss: 0.243, 0.012 sec/epoch
```

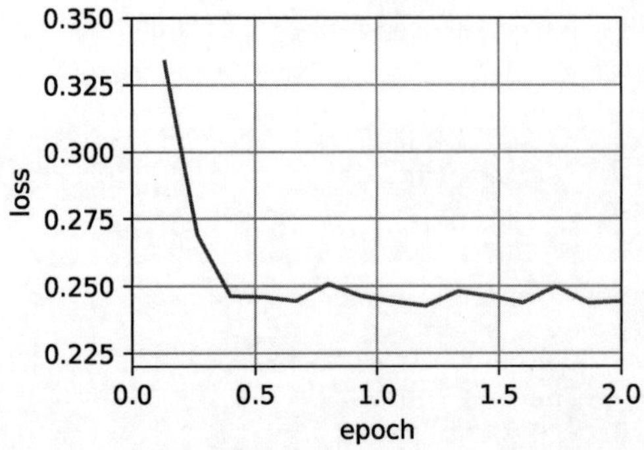

2. 简洁实现

由于深度学习框架中的优化求解器早已构建了动量法，设置匹配参数会产生非常类似的轨迹。

```
trainer = torch.optim.SGD
d2l.train_concise_ch11(trainer, {'lr': 0.005, 'momentum': 0.9}, data_iter)
```

```
loss: 0.248, 0.013 sec/epoch
```

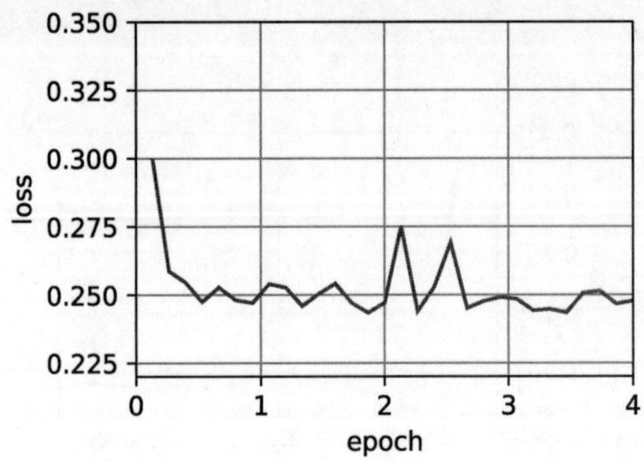

11.6.3 理论分析

$f(x)=0.1x_1^2+2x_2^2$的二维示例似乎相当牵强。下面我们将看到，它在实际生活中非常具有代表性，至少最小化凸二次目标函数的情况下是如此。

1. 凸二次函数

考虑以下函数：

$$h(\boldsymbol{x})=\frac{1}{2}\boldsymbol{x}^\top\boldsymbol{Q}\boldsymbol{x}+\boldsymbol{x}^\top\boldsymbol{c}+b \tag{11.61}$$

这是一个普通的二次函数。对于正定矩阵 $\boldsymbol{Q}\succ 0$，即对于具有正特征值的矩阵，有最小化器为 $\boldsymbol{x}^*=-\boldsymbol{Q}^{-1}\boldsymbol{c}$，最小值为$b-\frac{1}{2}\boldsymbol{c}^\top\boldsymbol{Q}^{-1}\boldsymbol{c}$。因此，我们可以将 h 重写为

$$h(\boldsymbol{x})=\frac{1}{2}(\boldsymbol{x}-\boldsymbol{Q}^{-1}\boldsymbol{c})^\top\boldsymbol{Q}(\boldsymbol{x}-\boldsymbol{Q}^{-1}\boldsymbol{c})+b-\frac{1}{2}\boldsymbol{c}^\top\boldsymbol{Q}^{-1}\boldsymbol{c} \tag{11.62}$$

梯度由 $\partial_x f(\boldsymbol{x}) = \boldsymbol{Q}(\boldsymbol{x} - \boldsymbol{Q}^{-1}\boldsymbol{c})$ 给出。也就是说，它是由 $\boldsymbol{x}$ 和最小化器之间的距离乘以 $\boldsymbol{Q}$ 所得出的。因此，动量法还是 $\boldsymbol{Q}(\boldsymbol{x}_t - \boldsymbol{Q}^{-1}\boldsymbol{c})$ 的线性组合。

由于 $\boldsymbol{Q}$ 是正定的，因此可以通过$\boldsymbol{Q} = \boldsymbol{O}^\top \boldsymbol{\Lambda} \boldsymbol{O}$分解为正交（旋转）矩阵 $\boldsymbol{O}$ 和正特征值的对角矩阵 $\boldsymbol{\Lambda}$。这使我们能够将变量从 $\boldsymbol{x}$ 更改为 $\boldsymbol{z} := \boldsymbol{O}(\boldsymbol{x} - \boldsymbol{Q}^{-1}\boldsymbol{c})$，以获得一个非常简化的表达式：

$$h(\boldsymbol{z}) = \frac{1}{2}\boldsymbol{z}^\top \boldsymbol{\Lambda} \boldsymbol{z} + b' \tag{11.63}$$

这里$b' = b - \frac{1}{2}\boldsymbol{c}^\top \boldsymbol{Q}^{-1}\boldsymbol{c}$。由于 $\boldsymbol{O}$ 只是一个正交矩阵，因此不会在真正意义上扰动梯度。以 $\boldsymbol{z}$ 表示的梯度下降变成

$$\boldsymbol{z}_t = \boldsymbol{z}_{t-1} - \boldsymbol{\Lambda}\boldsymbol{z}_{t-1} = (\boldsymbol{I} - \boldsymbol{\Lambda})\boldsymbol{z}_{t-1} \tag{11.64}$$

这个表达式中的重要事实是梯度下降在不同的特征空间不会混合。也就是说，如果用 $\boldsymbol{Q}$ 的特征系统来表示，优化问题是以逐坐标顺序的方式进行的。这在动量法中也适用。

$$\begin{aligned}\boldsymbol{v}_t &= \beta \boldsymbol{v}_{t-1} + \boldsymbol{\Lambda}\boldsymbol{z}_{t-1} \\ \boldsymbol{z}_t &= \boldsymbol{z}_{t-1} - \eta(\beta \boldsymbol{v}_{t-1} + \boldsymbol{\Lambda}\boldsymbol{z}_{t-1}) \\ &= (\boldsymbol{I} - \eta\boldsymbol{\Lambda})\boldsymbol{z}_{t-1} - \eta\beta\boldsymbol{v}_{t-1}\end{aligned} \tag{11.65}$$

在这样做的过程中，我们只是证明了以下定理：带有或不带有非凸二次函数动量的梯度下降，可以分解为朝二次矩阵特征向量方向坐标顺序的优化。

2. 标量函数

鉴于上述结果，我们看看当最小化函数 $f(x) = 1/2\lambda x^2$ 时会发生什么。对于梯度下降我们有

$$x_{t+1} = x_t - \eta\lambda x_t = (1 - \eta\lambda)x_t \tag{11.66}$$

每当 $|1-\eta\lambda| < 1$ 时，这种优化以指数速度收敛，因为在 t 步之后可以得到 $x_t = (1-\eta\lambda)^t x_0$。这表明了在将学习率 η 提高到 $\eta\lambda = 1$ 之前，收敛速度最初是如何提高的，超过该数值之后，梯度开始发散，对 $\eta\lambda > 2$ 而言，优化问题将会发散。

```
lambdas = [0.1, 1, 10, 19]
eta = 0.1
d2l.set_figsize((6, 4))
for lam in lambdas:
    t = torch.arange(20).detach().numpy()
    d2l.plt.plot(t, (1 - eta * lam) ** t, label=f'lambda = {lam:.2f}')
d2l.plt.xlabel('time')
d2l.plt.legend();
```

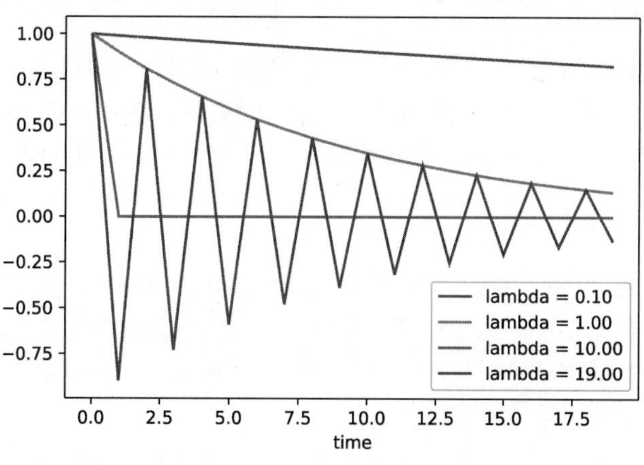

为了分析动量的收敛情况，我们首先用两个标量重写更新方程：一个用于动量 v，另一个用于 x。这产生了

$$\begin{bmatrix} v_{t+1} \\ x_{t+1} \end{bmatrix} = \begin{bmatrix} \beta & \lambda \\ -\eta\beta & (1-\eta\lambda) \end{bmatrix} \begin{bmatrix} v_t \\ x_t \end{bmatrix} = \boldsymbol{R}(\beta,\eta,\lambda) \begin{bmatrix} v_t \\ x_t \end{bmatrix} \tag{11.67}$$

$\boldsymbol{R}$ 表示 2×2 管理的收敛表现。在 t 步之后，最初的值 $[v_0, x_0]$ 变为 $\boldsymbol{R}(\beta, \eta, \lambda)^t[v_0, x_0]$。因此，收敛速度是由 $\boldsymbol{R}$ 的特征值决定的。请参阅文章“*Why Momentum Really Works*”了解精彩动画，参阅参考文献 [37]，了解详细分析。简而言之，当 $0 < \eta\lambda < 2+2\beta$ 时动量收敛，与梯度下降的 $0 < \eta\lambda < 2$ 相比，这是更大范围的可行参数。另外，一般而言较大值的 β 是可取的。

小结

- 动量法用过去梯度的平均值来替换梯度，这大大加快了收敛速度。
- 对于无噪声梯度下降和嘈杂随机梯度下降，动量法都是可取的。
- 动量法可以防止在随机梯度下降的优化过程中停滞的问题。
- 由于对过去的数据进行了指数降权，有效梯度数为 $1/(1-\beta)$。
- 在凸二次问题中，可以对动量法进行明确而详细的分析。
- 动量法的实现非常简单，但它需要我们存储额外的状态向量（动量 $\boldsymbol{v}$）。

练习

（1）使用动量超参数和学习率的其他组合，观察和分析不同的实验结果。

（2）试试梯度下降和动量法来解决一个二次问题，其中有多个特征值，即 $f(x)=\frac{1}{2}\sum_i \lambda_i x_i^2$，例如 $\lambda_i = 2^{-i}$。绘制出 x 的值在初始化 $x_i = 1$ 时如何下降。

（3）推导 $h(\boldsymbol{x})=\frac{1}{2}\boldsymbol{x}^\top\boldsymbol{Q}\boldsymbol{x}+\boldsymbol{x}^\top\boldsymbol{c}+b$ 的最小值和最小化器。

（4）当我们执行带有动量法的随机梯度下降时会有什么变化？当我们使用带有动量法的小批量随机梯度下降时会发生什么？实验参数如何设置？

11.7 AdaGrad算法

扫码直达讨论区

我们从有关特征学习中并不常见的问题入手。

11.7.1 稀疏特征和学习率

假设我们正在训练一个语言模型。为了获得良好的准确性，我们大多希望在训练的过程中降低学习率，速度通常为 $O(t^{-\frac{1}{2}})$ 或更低。现在讨论关于稀疏特征（即只偶尔出现的特征）的模型训练，这对自然语言来说很常见。例如，我们看到“预先条件”这个词比“学习”这个词的可能性要小得多。但是，它在计算广告学和个性化协同过滤等其他领域也很常见。

只有在这些不常见的特征出现时，与其相关的参数才会得到有意义的更新。鉴于学习率下降，我们可能最终会面临这样的情况：常见特征的参数相当迅速地收敛到最佳值，而对于不常见的特征，我们仍缺乏足够的观测以确定其最佳值。换句话说，学习率要么对于常见特征而言降低太慢，要么对于不常见特征而言降低太快。

解决此问题的一个方法是记录我们观察到特定特征的次数，然后将其用作学习率的调整依

据，即我们可以使用大小为$\eta_i = \dfrac{\eta_0}{\sqrt{s(i,t)+c}}$的学习率，而不是$\eta = \dfrac{\eta_0}{\sqrt{t+c}}$。在这里 $s(i, t)$ 记录了截至 t 时我们观测到功能 i 的次数。这其实很容易实施且不产生额外消耗。

AdaGrad 算法[34] 通过将粗略的计数器 $s(i, t)$ 替换为先前观测所得梯度的平方之和来解决这个问题。它使用 $s(i, t+1) = s(i, t) + (\partial_i f(\boldsymbol{x}))^2$ 来调整学习率。这有两个好处：第一，我们不再需要决定梯度何时算足够大；第二，它会随梯度的大小自动变化。通常对应于梯度较大的坐标会显著缩小，而其他梯度较小的坐标则会得到更平滑的处理。在实际应用中，它促成了计算广告学及其相关问题中非常有效的优化程序。但是，它掩盖了 AdaGrad 算法固有的一些额外优势，这些优势在预处理环境中很容易理解。

11.7.2 预处理

凸优化问题有助于分析算法的特点。毕竟对大多数非凸问题来说，获得有意义的理论保证很难，但是直觉和洞察往往会延续。我们来看看最小化$f(\boldsymbol{x}) = \dfrac{1}{2}\boldsymbol{x}^\top \boldsymbol{Q}\boldsymbol{x} + \boldsymbol{c}^\top \boldsymbol{x} + b$这一问题。

正如在 11.6 节中那样，我们可以根据其特征分解$\boldsymbol{Q} = \boldsymbol{U}^\top \boldsymbol{\Lambda}\boldsymbol{U}$重写这个问题，得到一个简化很多的问题，使每个坐标都可以被单独解出：

$$f(\boldsymbol{x}) = \bar{f}(\bar{\boldsymbol{x}}) = \frac{1}{2}\bar{\boldsymbol{x}}^\top \boldsymbol{\Lambda}\bar{\boldsymbol{x}} + \bar{\boldsymbol{c}}^\top \bar{\boldsymbol{x}} + b \tag{11.68}$$

这里我们使用了 $\boldsymbol{x}=\boldsymbol{U}\boldsymbol{x}$，且因此 $\boldsymbol{c}=\boldsymbol{U}\boldsymbol{c}$。修改后优化器为$\bar{\boldsymbol{x}} = -\boldsymbol{\Lambda}^{-1}\bar{\boldsymbol{c}}$且最小值为$-\dfrac{1}{2}\bar{\boldsymbol{c}}^\top \boldsymbol{\Lambda}^{-1}\bar{\boldsymbol{c}} + b$。这样更容易计算，因为 $\boldsymbol{\Lambda}$ 是一个包含 $\boldsymbol{Q}$ 特征值的对角矩阵。

如果稍微扰动 $\boldsymbol{c}$，我们会期望在 f 的最小化器中只产生微小的变化。遗憾的是，情况并非如此。虽然 $\boldsymbol{c}$ 的微小变化导致 $\bar{\boldsymbol{c}}$ 的同样的微小变化，但 f 的（以及 $\bar{f}$ 的）最小化器并非如此。当特征值 $\boldsymbol{\Lambda}_i$ 很大时，我们只会看到$\bar{x}_i$和$\bar{f}$的最小值发生微小变化。相反，对小的 $\boldsymbol{\Lambda}_i$ 来说，$\bar{x}_i$ 的变化可能是剧烈的。最大和最小的特征值之比称为优化问题的条件数（condition number）：

$$\kappa = \frac{\boldsymbol{\Lambda}_1}{\boldsymbol{\Lambda}_d} \tag{11.69}$$

如果条件数 κ 很大，准确解决优化问题就会很难。我们需要确保在获取大量动态特征值的范围时足够谨慎：难道我们不能简单地通过扭曲空间来“修复”这个问题，从而使所有特征值都为 1？理论上这很容易：我们只需要 $\boldsymbol{Q}$ 的特征值和特征向量，即可将问题从 $\boldsymbol{x}$ 整理到$\boldsymbol{z} := \boldsymbol{\Lambda}^{1/2}\boldsymbol{U}\boldsymbol{x}$中的一个。在新的坐标系中，$\boldsymbol{x}^\top \boldsymbol{Q}\boldsymbol{x}$可以被简化为 $\|\boldsymbol{z}\|^2$。可惜，这是一个相当不切实际的想法，因为一般而言，计算特征值和特征向量要比解决实际问题“贵”得多。

虽然准确计算特征值可能代价会很高昂，但即便只是大致猜测并计算它们，也可能比不做任何事情好得多。特别是，我们可以使用 $\boldsymbol{Q}$ 的对角线条目并相应地重新缩放它，这比计算特征值的开销小得多：

$$\widetilde{\boldsymbol{Q}} = \operatorname{diag}^{-\frac{1}{2}}(\boldsymbol{Q})\boldsymbol{Q}\operatorname{diag}^{-\frac{1}{2}}(\boldsymbol{Q}) \tag{11.70}$$

在这种情况下，我们得到了$\widetilde{\boldsymbol{Q}}_{ij} = \boldsymbol{Q}_{ij} / \sqrt{\boldsymbol{Q}_{ii}\boldsymbol{Q}_{jj}}$，特别注意对于所有 i，$\widetilde{\boldsymbol{Q}}_{ii} = 1$。在大多数情况下，这大大简化了条件数。例如，我们之前讨论的示例，它将完全消除当前的问题，因为问题是轴对齐的。

遗憾的是，我们还面临另一个问题：在深度学习中，通常情况下我们甚至无法计算目标函数的二阶导数：对于 $\boldsymbol{x}\in\mathbb{R}^d$，即使只在小批量上，二阶导数可能也需要 $O(d^2)$ 的空间来计算，导致几乎不可行。AdaGrad 算法的巧妙思路是，使用一个代理来表示黑塞矩阵的对角线，这既相对易于计算又高效。

为了了解它是如何生效的，我们来看看$\bar{f}(\bar{\boldsymbol{x}})$。我们有

$$\partial_{\bar{x}} \bar{f}(\bar{\boldsymbol{x}}) = \boldsymbol{\Lambda}\bar{\boldsymbol{x}} + \bar{\boldsymbol{c}} = \boldsymbol{\Lambda}(\bar{\boldsymbol{x}} - \bar{\boldsymbol{x}}_0) \tag{11.71}$$

其中，$\bar{\boldsymbol{x}}_0$是$\bar{f}$的优化器。因此，梯度的大小取决于$\boldsymbol{\Lambda}$和与最佳值的差值。如果$\bar{\boldsymbol{x}} - \bar{\boldsymbol{x}}_0$没有改变，那么这就是我们所求的。毕竟在这种情况下，梯度$\partial_{\bar{x}} \bar{f}(\bar{\boldsymbol{x}})$的大小就足够了。由于 AdaGrad 算法是一种随机梯度下降算法，因此，即使是在最佳值中，我们也会看到具有非零方差的梯度。因此，我们可以放心地使用梯度的方差作为黑塞矩阵比例的替代。详尽的分析 [34]（要花几页解释）超出了本节的范围，请读者参考。

11.7.3　算法

我们接着上面正式开始讨论。我们使用变量 $\boldsymbol{s}_t$ 来累加过去的梯度方差：

$$\begin{aligned}
\boldsymbol{g}_t &= \partial_{\boldsymbol{w}} l(y_t, f(\boldsymbol{x}_t, \boldsymbol{w})) \\
\boldsymbol{s}_t &= \boldsymbol{s}_{t-1} + \boldsymbol{g}_t^2 \\
\boldsymbol{w}_t &= \boldsymbol{w}_{t-1} - \frac{\eta}{\sqrt{\boldsymbol{s}_t + \epsilon}} \cdot \boldsymbol{g}_t
\end{aligned} \tag{11.72}$$

在这里，操作是按照坐标顺序应用的。也就是说，$\boldsymbol{v}^2$ 有条目v_i^2。同样，$1/\sqrt{\boldsymbol{v}}$有条目$1/\sqrt{v_i}$，并且 $\boldsymbol{u} \cdot \boldsymbol{v}$ 有条目 $u_i v_i$。与之前一样，η 是学习率，ϵ是一个为保持数值稳定性而添加的常数，用来确保不会除以 0。最后，我们初始化 $\boldsymbol{s}_0 = \boldsymbol{0}$。

就像在动量法中需要追踪一个辅助变量一样，在 AdaGrad 算法中允许每个坐标有单独的学习率。与 SGD 算法相比，这并没有明显增加 AdaGrad 的计算成本，因为主要的计算量体现在 $l(y_t, f(\boldsymbol{x}_t, \boldsymbol{w}))$ 及其导数上。

注意，在 $\boldsymbol{s}_t$ 中累加平方梯度意味着 $\boldsymbol{s}_t$ 基本上以线性速率增长（由于梯度从最初开始衰减，实际上比线性慢一些）。这产生了一个学习率$O(t^{-\frac{1}{2}})$，但是在单个坐标层面上进行了调整。对于凸问题，这足够了。然而，在深度学习中，我们可能希望更慢地降低学习率。这引出了许多 AdaGrad 算法的变体，我们将在后续章节中讨论它们。现在先看看它在凸二次问题中的表现如何。我们仍然以同一函数为例：

$$f(\boldsymbol{x}) = 0.1x_1^2 + 2x_2^2 \tag{11.73}$$

我们使用与之前相同的学习率来实现 AdaGrad 算法，即 $\eta = 0.4$。可以看到，自变量的迭代轨迹较平滑。但由于 $\boldsymbol{s}_t$ 的累加效果使学习率不断衰减，自变量在迭代后期的移动幅度较小。

```
%matplotlib inline
import math
import torch
from d2l import torch as d2l
def adagrad_2d(x1, x2, s1, s2):
    eps = 1e-6
    g1, g2 = 0.2 * x1, 4 * x2
    s1 += g1 ** 2
    s2 += g2 ** 2
    x1 -= eta / math.sqrt(s1 + eps) * g1
    x2 -= eta / math.sqrt(s2 + eps) * g2
    return x1, x2, s1, s2

def f_2d(x1, x2):
    return 0.1 * x1 ** 2 + 2 * x2 ** 2
```

```
eta = 0.4
d2l.show_trace_2d(f_2d, d2l.train_2d(adagrad_2d))
```

```
epoch 20, x1: -2.382563, x2: -0.158591
```

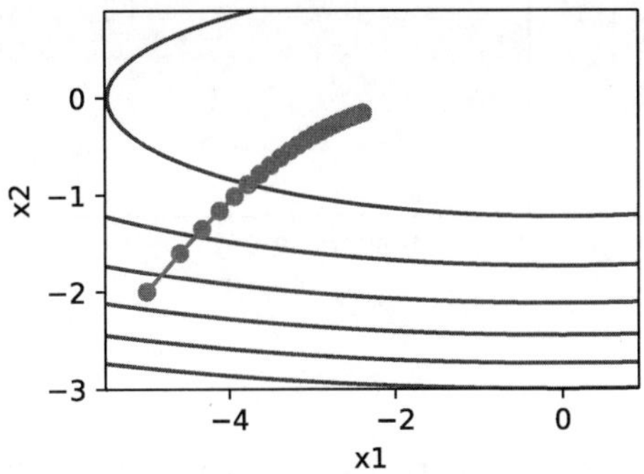

我们将学习率提高到 2，可以看到更好的表现。这表明，即使在无噪声的情况下，学习率的降低也可能相当剧烈，我们需要确保参数能够适当地收敛。

```
eta = 2
d2l.show_trace_2d(f_2d, d2l.train_2d(adagrad_2d))
```

```
epoch 20, x1: -0.002295, x2: -0.000000
```

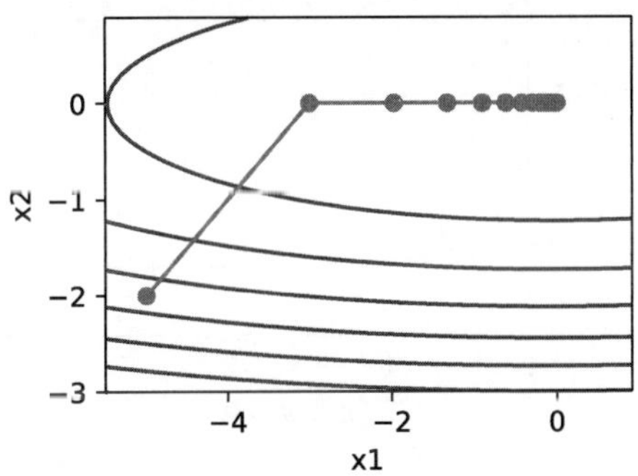

11.7.4 从零开始实现

同动量法一样，AdaGrad 算法需要对每个自变量维护同它形状一样的状态变量。

```
def init_adagrad_states(feature_dim):
    s_w = torch.zeros((feature_dim, 1))
    s_b = torch.zeros(1)
    return (s_w, s_b)

def adagrad(params, states, hyperparams):
    eps = 1e-6
    for p, s in zip(params, states):
        with torch.no_grad():
            s[:] += torch.square(p.grad)
            p[:] -= hyperparams['lr'] * p.grad / torch.sqrt(s + eps)
        p.grad.data.zero_()
```

与 11.5 节中的实验相比，这里使用更高的学习率来训练模型。

```
data_iter, feature_dim = d2l.get_data_ch11(batch_size=10)
d2l.train_ch11(adagrad, init_adagrad_states(feature_dim),
               {'lr': 0.1}, data_iter, feature_dim);
```

```
loss: 0.244, 0.012 sec/epoch
```

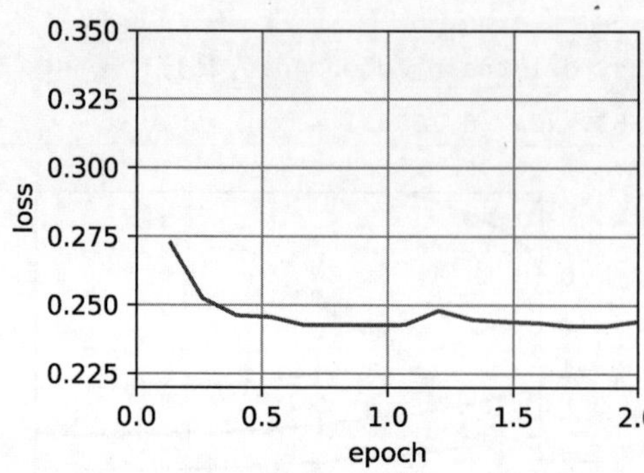

11.7.5 简洁实现

我们可以直接使用深度学习框架中提供的 AdaGrad 算法来训练模型。

```
trainer = torch.optim.Adagrad
d2l.train_concise_ch11(trainer, {'lr': 0.1}, data_iter)
```

```
loss: 0.242, 0.011 sec/epoch
```

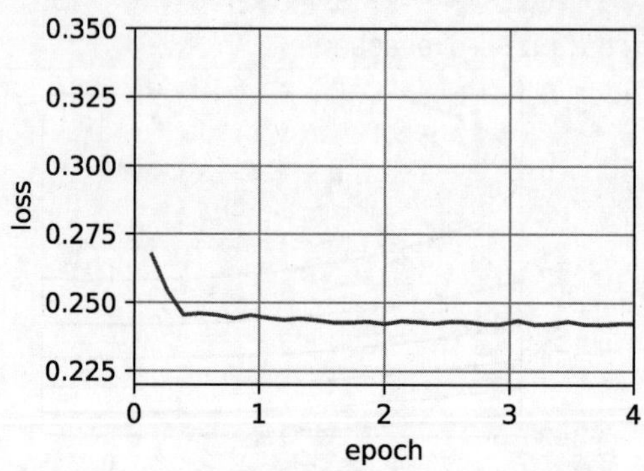

小结

- AdaGrad 算法会在单个坐标层面动态降低学习率。
- AdaGrad 算法利用梯度的大小作为调整进度速率的手段：用较低的学习率来补偿带有较大梯度的坐标。
- 在深度学习问题中，由于内存和计算成本的限制，计算准确的二阶导数通常是不可行的。梯度可以作为一个有效的代理。
- 如果优化问题的结构相当不均匀，AdaGrad 算法可以帮助缓解扭曲。
- AdaGrad 算法对于稀疏特征特别有效，在此情况下由于不常见特征的问题，学习率需要更慢地降低。
- 在深度学习问题上，AdaGrad 算法有时在降低学习率方面可能过于剧烈。我们将在 11.10 节讨论缓解这种情况的策略。

练习

（1）证明对于正交矩阵 $\boldsymbol{U}$ 和向量 $\boldsymbol{c}$，以下等式成立：$\|\boldsymbol{c}-\boldsymbol{\delta}\|_2 = \|\boldsymbol{Uc}-\boldsymbol{U\delta}\|_2$。为什么这意味着在变量的正交变化之后，扰动的程度不会改变？

（2）尝试对函数 $f(\boldsymbol{x}) = 0.1x_1^2 + 2x_2^2$ 以及其旋转 45 度后的函数即 $f(\boldsymbol{x}) = 0.1(x_1 + x_2)^2 + 2(x_1 - x_2)^2$ 使用 AdaGrad 算法。它们的表现会不同吗？

(3) 证明格什戈林圆盘定理，其中提到，矩阵 $\boldsymbol{M}$ 的特征值 λ_i 在至少一个 j 的选项中满足 $|\lambda_i - \boldsymbol{M}_{jj}| \leqslant \sum_{k \neq j} |\boldsymbol{M}_{jk}|$ 的要求。

(4) 关于对角线预处理矩阵 $\mathrm{diag}^{-\frac{1}{2}}(\boldsymbol{M})\boldsymbol{M}\mathrm{diag}^{-\frac{1}{2}}(\boldsymbol{M})$ 的特征值，格什戈林圆盘定理告诉了我们什么？

(5) 尝试对适当的深度网络使用 AdaGrad 算法，例如，6.6 节中应用于 Fashion-MNIST 的深度网络。

(6) 如何修改 AdaGrad 算法，才能使其在学习率方面的衰减不那么剧烈？

11.8 RMSProp算法

扫码直达讨论区

11.7 节中的关键问题之一是，学习率按预定时间表 $O(t^{-\frac{1}{2}})$ 显著降低。虽然这通常适用于凸问题，但对于深度学习中遇到的非凸问题，可能并不理想。然而，作为一个预处理器，AdaGrad 算法按坐标顺序的适应性是非常可取的。

参考文献 [166] 建议以 RMSProp 算法作为将速率调度与坐标自适应学习率分离的简单修复方法。问题在于，AdaGrad 算法将梯度 $\boldsymbol{g}_t$ 的平方累加成状态向量 $\boldsymbol{s}_t = \boldsymbol{s}_{t-1} + \boldsymbol{g}_t^2$。因此，由于缺乏规范化，没有约束力，$\boldsymbol{s}_t$ 持续增长，几乎是在算法收敛时呈线性增长。

解决此问题的一种方法是使用 $\boldsymbol{s}_t / t$。对 $\boldsymbol{g}_t$ 的合理分布来说，它将收敛。遗憾的是，限制行为生效可能需要很长时间，因为该流程记住了值的完整轨迹。另一种方法是按动量法中的方式使用泄露平均值，即 $\boldsymbol{s}_t \leftarrow \gamma \boldsymbol{s}_{t-1} + (1-\gamma)\boldsymbol{g}_t^2$，其中参数 $\gamma > 0$，保持其他部分不变就产生了 RMSProp 算法。

11.8.1 算法

我们详细写出这些方程式：

$$
\begin{aligned}
\boldsymbol{s}_t &\leftarrow \gamma \boldsymbol{s}_{t-1} + (1-\gamma)\boldsymbol{g}_t^2 \\
\boldsymbol{x}_t &\leftarrow \boldsymbol{x}_{t-1} - \frac{\eta}{\sqrt{\boldsymbol{s}_t + \epsilon}} \odot \boldsymbol{g}_t
\end{aligned}
\tag{11.74}
$$

其中，常数 $\epsilon > 0$，通常设置为 10^{-6}，以确保我们不会因零除或步长过大而受到影响。鉴于这种扩展，我们现在可以自由控制学习率 η，而不考虑基于每个坐标应用的缩放。就泄露平均值而言，我们可以采用之前在动量法中适用的相同推理。扩展 $\boldsymbol{s}_t$ 定义可获得

$$
\begin{aligned}
\boldsymbol{s}_t &= (1-\gamma)\boldsymbol{g}_t^2 + \gamma \boldsymbol{s}_{t-1} \\
&= (1-\gamma)(\boldsymbol{g}_t^2 + \gamma \boldsymbol{g}_{t-1}^2 + \gamma^2 \boldsymbol{g}_{t-2} + \cdots)
\end{aligned}
\tag{11.75}
$$

同在 11.6 节一样，我们使用 $1 + \gamma + \gamma^2 + \cdots = 1/(1-\gamma)$。因此，权重总和标准化为且观测值的半衰期为 γ^{-1}。我们图像化各种数值的 γ 在过去 40 个时间步长的权重。

```
import math
import torch
from d2l import torch as d2l
```

```
d2l.set_figsize()
gammas = [0.95, 0.9, 0.8, 0.7]
for gamma in gammas:
```

```
    x = torch.arange(40).detach().numpy()
    d2l.plt.plot(x, (1-gamma) * gamma ** x, label=f'gamma = {gamma:.2f}')
d2l.plt.xlabel('time');
```

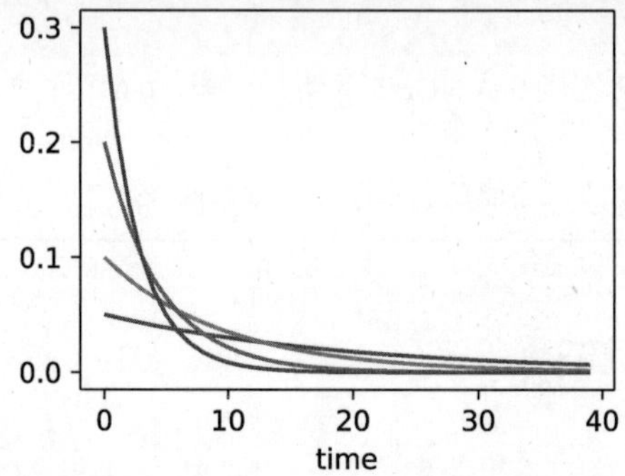

11.8.2 从零开始实现

和之前一样，我们使用二次函数 $f(\boldsymbol{x})=0.1x_1^2+2x_2^2$ 来观察 RMSProp 算法的轨迹。回想在 11.7 节中使用学习率为 0.4 的 AdaGrad 算法时，变量在算法的后期移动非常缓慢，因为学习率衰减太快。RMSProp 算法中不会发生这种情况，因为学习率是单独控制的。

```
def rmsprop_2d(x1, x2, s1, s2):
    g1, g2, eps = 0.2 * x1, 4 * x2, 1e-6
    s1 = gamma * s1 + (1 - gamma) * g1 ** 2
    s2 = gamma * s2 + (1 - gamma) * g2 ** 2
    x1 -= eta / math.sqrt(s1 + eps) * g1
    x2 -= eta / math.sqrt(s2 + eps) * g2
    return x1, x2, s1, s2

def f_2d(x1, x2):
    return 0.1 * x1 ** 2 + 2 * x2 ** 2

eta, gamma = 0.4, 0.9
d2l.show_trace_2d(f_2d, d2l.train_2d(rmsprop_2d))
```

```
epoch 20, x1: -0.010599, x2: 0.000000
```

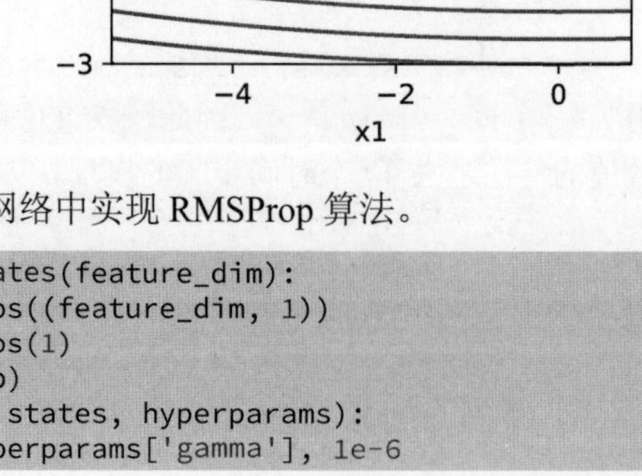

接下来，我们在深度网络中实现 RMSProp 算法。

```
def init_rmsprop_states(feature_dim):
    s_w = torch.zeros((feature_dim, 1))
    s_b = torch.zeros(1)
    return (s_w, s_b)
def rmsprop(params, states, hyperparams):
    gamma, eps = hyperparams['gamma'], 1e-6
```

```
    for p, s in zip(params, states):
        with torch.no_grad():
            s[:] = gamma * s + (1 - gamma) * torch.square(p.grad)
            p[:] -= hyperparams['lr'] * p.grad / torch.sqrt(s + eps)
        p.grad.data.zero_()
```

将初始学习率设置为 0.01，加权项 γ 设置为 0.9。也就是说，$\boldsymbol{s}$ 累加了过去的 $1/(1-\gamma)=10$ 次平方梯度观测值的平均值。

```
data_iter, feature_dim = d2l.get_data_ch11(batch_size=10)
d2l.train_ch11(rmsprop, init_rmsprop_states(feature_dim),
               {'lr': 0.01, 'gamma': 0.9}, data_iter, feature_dim);
```

```
loss: 0.244, 0.013 sec/epoch
```

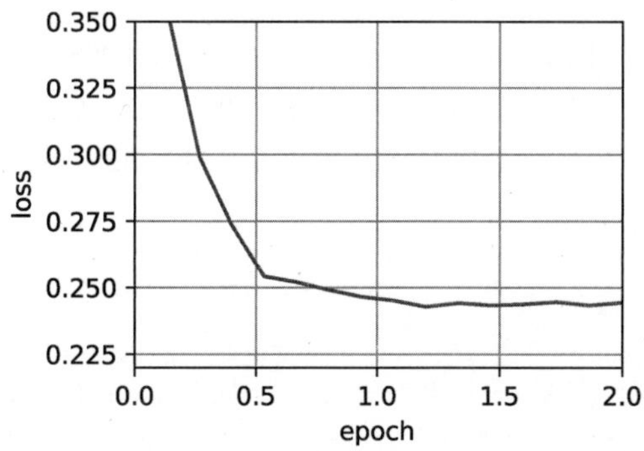

11.8.3　简洁实现

我们可以直接使用深度学习框架中提供的 RMSProp 算法来训练模型。

```
trainer = torch.optim.RMSprop
d2l.train_concise_ch11(trainer, {'lr': 0.01, 'alpha': 0.9},
                       data_iter)
```

```
loss: 0.243, 0.012 sec/epoch
```

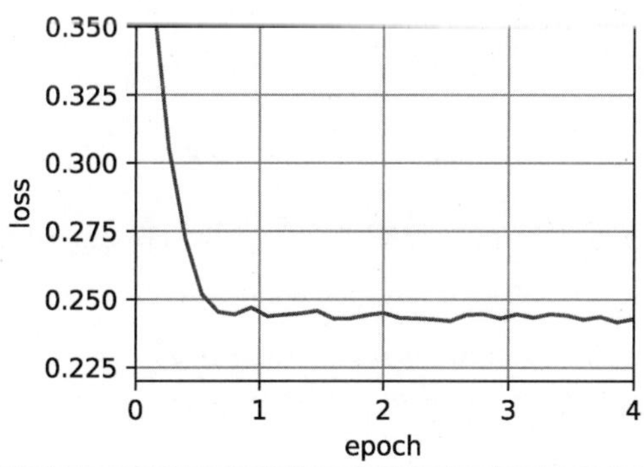

小结

- RMSProp 算法与 AdaGrad 算法非常相似，因为两者都使用梯度的平方来缩放系数。
- RMSProp 算法与动量法都使用泄露平均值。但是，RMSProp 算法使用该技术来调整按系数顺序的预处理器。
- 在实验中，学习率需要由实验者调度。
- 系数 γ 决定了在调整每坐标比例时历史记录的时长。

练习

（1）如果我们设置 $\gamma=1$，实验中会发生什么情况？为什么？

（2）旋转优化问题以最小化 $f(\boldsymbol{x})=0.1(x_1+x_2)^2+2(x_1-x_2)^2$。收敛会发生什么情况？

（3）尝试在真正的机器学习问题上应用 RMSProp 算法时会发生什么情况，例如在 Fashion-MNIST 上的训练。实验中采用不同的取值来调整学习率。

（4）随着优化的进展，需要调整 γ 吗？RMSProp 算法对此的敏感程度如何？

11.9 Adadelta算法

扫码直达讨论区

Adadelta 算法是 AdaGrad 算法（参见 11.7 节）的另一种变体，主要区别在于 Adadelta 算法减少了学习率适应坐标的数量。此外，广义上 Adadelta 算法没有学习率，因为它使用变化量本身作为未来变化的基准。Adadelta 算法是在参考文献 [192] 中提出的。

11.9.1 算法

简而言之，Adadelta 算法使用两个状态变量，其中 $\boldsymbol{s}_t$ 用于存储梯度二阶导数的泄露平均值，$\Delta\boldsymbol{x}_t$ 用于存储模型本身中参数变化二阶导数的泄露平均值。注意，为了与其他出版物和实现兼容，我们使用作者采用的原始符号和命名（没有其他理由让大家使用不同的希腊字母变量来表示在动量法、AdaGrad 算法、RMSProp 算法和 Adadelta 算法中用于相同用途的参数）。

以下是 Adadelta 算法的技术细节。鉴于给定超参数是 ρ，我们获得了与 11.8 节类似的以下泄露更新：

$$\boldsymbol{s}_t=\rho\boldsymbol{s}_{t-1}+(1-\rho)\boldsymbol{g}_t^2 \tag{11.76}$$

与 11.8 节的区别在于，我们使用重新缩放的梯度 $\boldsymbol{g}_t'$ 执行更新，即

$$\boldsymbol{x}_t=\boldsymbol{x}_{t-1}-\boldsymbol{g}_t' \tag{11.77}$$

那么，调整后的梯度 $\boldsymbol{g}_t'$ 是什么？我们可以按如下方式计算它：

$$\boldsymbol{g}_t'=\frac{\sqrt{\Delta\boldsymbol{x}_{t-1}+\epsilon}}{\sqrt{\boldsymbol{s}_t+\epsilon}}\odot\boldsymbol{g}_t \tag{11.78}$$

其中，$\Delta\boldsymbol{x}_{t-1}$ 是重新缩放梯度的平方 $\boldsymbol{g}_t'$ 的泄露平均值。我们将 $\Delta\boldsymbol{x}_0$ 初始化为 0，然后在每个步骤中使用 $\boldsymbol{g}_t'$ 更新它，即

$$\Delta\boldsymbol{x}_t=\rho\Delta\boldsymbol{x}_{t-1}+(1-\rho)\boldsymbol{g}_t'^2 \tag{11.79}$$

ϵ（例如 10^{-5} 这样的小值）是为了保持数值稳定性而加入的。

11.9.2 实现

Adadelta 算法需要为每个变量维护两个状态变量，即 $\boldsymbol{s}_t$ 和 $\Delta\boldsymbol{x}_t$。这将产生以下实现。

```
%matplotlib inline
import torch
from d2l import torch as d2l


def init_adadelta_states(feature_dim):
```

```
    s_w, s_b = torch.zeros((feature_dim, 1)), torch.zeros(1)
    delta_w, delta_b = torch.zeros((feature_dim, 1)), torch.zeros(1)
    return ((s_w, delta_w), (s_b, delta_b))

def adadelta(params, states, hyperparams):
    rho, eps = hyperparams['rho'], 1e-5
    for p, (s, delta) in zip(params, states):
        with torch.no_grad():
            # In-placeupdatesvia[:]
            s[:] = rho * s + (1 - rho) * torch.square(p.grad)
            g = (torch.sqrt(delta + eps) / torch.sqrt(s + eps)) * p.grad
            p[:] -= g
            delta[:] = rho * delta + (1 - rho) * g * g
        p.grad.data.zero_()
```

对于每次参数更新，选择 $\rho = 0.9$ 相当于 10 个半衰期，由此我们得到：

```
data_iter, feature_dim = d2l.get_data_ch11(batch_size=10)
d2l.train_ch11(adadelta, init_adadelta_states(feature_dim),
               {'rho': 0.9}, data_iter, feature_dim);
```

```
loss: 0.243, 0.014 sec/epoch
```

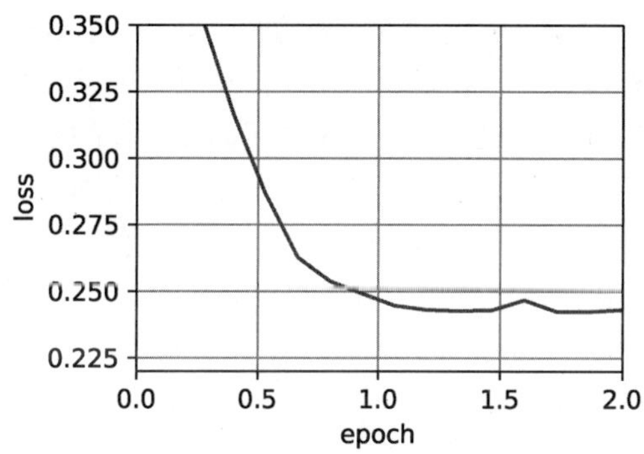

为了简洁实现，我们只需使用高级 API 中的 Adadelta 算法。

```
trainer = torch.optim.Adadelta
d2l.train_concise_ch11(trainer, {'rho': 0.9}, data_iter)
```

```
loss: 0.242, 0.013 sec/epoch
```

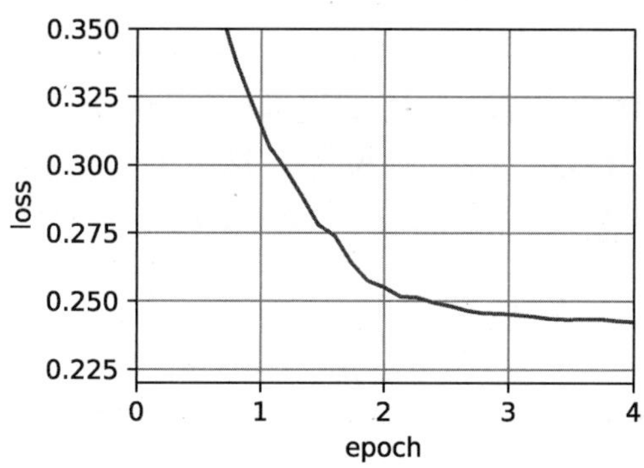

小结

- Adadelta 算法没有学习率参数。相反，它使用参数本身的变化率来调整学习率。
- Adadelta 算法需要两个状态变量来存储梯度的二阶导数和参数的变化。
- Adadelta 算法使用泄露平均值来保持对适当统计数据的运行估计。

练习

（1）调整 ρ 的值，会发生什么情况？

（2）展示如何在不使用 $\boldsymbol{g}_t'$ 的情况下实现算法，为什么这是个好主意？

（3）Adadelta 算法真的是学习率为 0 吗？能找到 Adadelta 算法无法解决的优化问题吗？

（4）将 Adadelta 算法的收敛行为与 AdaGrad 算法和 RMSProp 算法的进行比较。

11.10 Adam算法

扫码直达讨论区

本章我们已经学习了许多有效的优化技术。在本节讨论之前，我们先详细回顾一下这些技术。

- 在 11.4 节中，我们学习了：随机梯度下降在解决优化问题时比梯度下降更有效。
- 在 11.5 节中，我们学习了：在一个小批量中使用更大的观测值集，可以通过向量化提供额外的效率。这是高效的多服务器、多 GPU 和整体并行处理的关键。
- 在 11.6 节中，我们添加了一种机制，用于汇总过去梯度的历史以加速收敛。
- 在 11.7 节中，我们通过缩放每个坐标来实现高效计算的预处理器。
- 在 11.8 节中，我们通过调整学习率来分离每个坐标的缩放。

Adam 算法 [81] 将所有这些技术汇总到一个高效的学习算法中。不出所料，作为深度学习中使用的更强大和有效的优化算法之一，它非常受欢迎，但是它并非没有问题，尤其是参考文献 [132] 表明，有时 Adam 算法可能由于方差控制不良而发散。在完善工作中，参考文献 [191] 为 Adam 算法提供了一个称为 Yogi 的热补丁来解决这些问题。下面我们了解一下 Adam 算法。

11.10.1 算法

Adam 算法的关键组成部分之一是：它使用*指数加权移动平均值*（exponentially weighted moving average，EWMA）来估计梯度的动量和二次矩，即它使用状态变量

$$\begin{aligned} \boldsymbol{v}_t &\leftarrow \beta_1 \boldsymbol{v}_{t-1} + (1-\beta_1)\boldsymbol{g}_t \\ \boldsymbol{s}_t &\leftarrow \beta_2 \boldsymbol{s}_{t-1} + (1-\beta_2)\boldsymbol{g}_t^2 \end{aligned} \tag{11.80}$$

其中，β_1 和 β_2 是非负加权参数。通常将它们设置为 $\beta_1 = 0.9$，$\beta_2 = 0.999$。也就是说，方差估计的移动远远慢于动量估计的移动。注意，如果我们初始化 $\boldsymbol{v}_0 = \boldsymbol{s}_0 = 0$，就会获得一个相当大的初始偏差。我们可以通过使用 $\sum_{i=0}^{t} \beta^i = (1-\beta^t)/(1-\beta)$ 来解决这个问题。相应地，标准化状态变量由式（11.81）获得：

$$\hat{\boldsymbol{v}}_t = \frac{\boldsymbol{v}_t}{1-\beta_1^t}, \hat{\boldsymbol{s}}_t = \frac{\boldsymbol{s}_t}{1-\beta_2^t} \tag{11.81}$$

有了正确的估计，我们就可以写出更新方程。首先，我们以非常类似于 RMSProp 算法的方式重新缩放梯度以获得

$$\boldsymbol{g}_t' = \frac{\eta \hat{\boldsymbol{v}}_t}{\sqrt{\hat{\boldsymbol{s}}_t} + \epsilon} \tag{11.82}$$

与 RMSProp 算法不同，这里的更新使用动量 $\hat{\boldsymbol{v}}_t$ 而不是梯度本身。此外，使用 $1/(\sqrt{\hat{\boldsymbol{s}}_t} + \epsilon)$ 而不是 $1/\sqrt{\hat{\boldsymbol{s}}_t + \epsilon}$ 进行缩放，两者会略有差异，前者在实践中效果略好一些，因此与 RMSProp 算法

有所区分。通常，我们选择 $\epsilon = 10^{-6}$，这是为了在数值稳定性和逼真度之间取得良好的平衡。

最后，我们简单更新：

$$\boldsymbol{x}_t \leftarrow \boldsymbol{x}_{t-1} - \boldsymbol{g}_t' \tag{11.83}$$

回顾 Adam 算法，它的设计灵感很清楚：首先，动量和规模在状态变量中清晰可见，它们相当独特的定义使我们移除偏差（这可以通过稍微不同的初始化和更新条件来修正）。其次，RMSProp 算法中两项的组合都非常简单；最后，明确的学习率 η 使我们能够通过控制步长来解决收敛问题。

11.10.2 实现

从零开始实现 Adam 算法并不难。为方便起见，我们将时间步 t 存储在 hyperparams 字典中。除此之外，一切都很简单。

```
%matplotlib inline
import torch
from d2l import torch as d2l


def init_adam_states(feature_dim):
    v_w, v_b = torch.zeros((feature_dim, 1)), torch.zeros(1)
    s_w, s_b = torch.zeros((feature_dim, 1)), torch.zeros(1)
    return ((v_w, s_w), (v_b, s_b))

def adam(params, states, hyperparams):
    beta1, beta2, eps = 0.9, 0.999, 1e-6
    for p, (v, s) in zip(params, states):
        with torch.no_grad():
            v[:] = beta1 * v + (1 - beta1) * p.grad
            s[:] = beta2 * s + (1 - beta2) * torch.square(p.grad)
            v_bias_corr = v / (1 - beta1 ** hyperparams['t'])
            s_bias_corr = s / (1 - beta2 ** hyperparams['t'])
            p[:] -= hyperparams['lr'] * v_bias_corr / (torch.sqrt(s_bias_corr)
                                                       + eps)
        p.grad.data.zero_()
    hyperparams['t'] += 1
```

现在，我们用以上 Adam 算法来训练模型，这里使用学习率 $\eta = 0.01$。

```
data_iter, feature_dim = d2l.get_data_ch11(batch_size=10)
d2l.train_ch11(adam, init_adam_states(feature_dim),
               {'lr': 0.01, 't': 1}, data_iter, feature_dim);
```

```
loss: 0.246, 0.014 sec/epoch
```

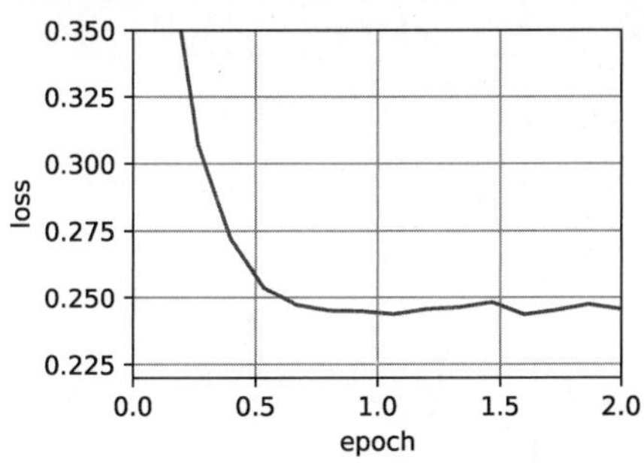

此外，我们可以用深度学习框架自带算法应用 Adam 算法，这里只需要传递配置参数。

```
trainer = torch.optim.Adam
d2l.train_concise_ch11(trainer, {'lr': 0.01}, data_iter)
```

```
loss: 0.242, 0.013 sec/epoch
```

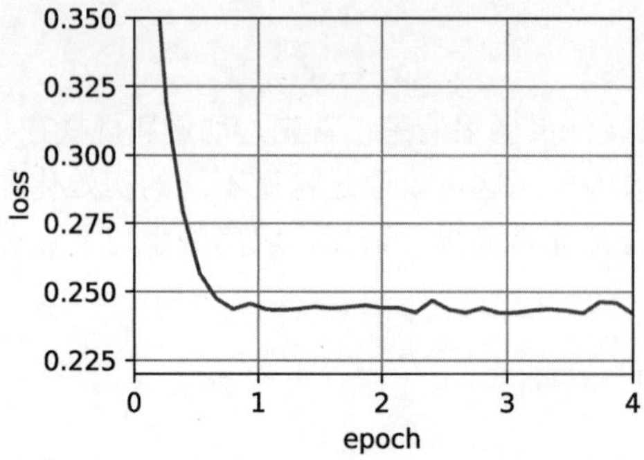

11.10.3 Yogi

Adam 算法也存在一些问题：即使在凸环境下，当 $\boldsymbol{s}_t$ 的二次矩估计值爆炸时，它可能无法收敛。参考文献 [191] 为 $\boldsymbol{s}_t$ 提出了改进更新和参数初始化，建议重写 Adam 算法，更新如下：

$$\boldsymbol{s}_t \leftarrow \boldsymbol{s}_{t-1} + (1-\beta_2)(\boldsymbol{g}_t^2 - \boldsymbol{s}_{t-1}) \tag{11.84}$$

当 $\boldsymbol{g}_t^2$ 具有值很大的变量或更新很稀疏时，$\boldsymbol{s}_t$ 可能会太快地“忘记”过去的值。一个有效的解决方法是将 $\boldsymbol{g}_t^2 - \boldsymbol{s}_{t-1}$ 替换为 $\boldsymbol{g}_t^2 \odot \operatorname{sgn}(\boldsymbol{g}_t^2 - \boldsymbol{s}_{t-1})$。这就是 Yogi 更新，更新的规模不再取决于偏差的量。

$$\boldsymbol{s}_t \leftarrow \boldsymbol{s}_{t-1} + (1-\beta_2)\boldsymbol{g}_t^2 \odot \operatorname{sgn}(\boldsymbol{g}_t^2 - \boldsymbol{s}_{t-1}) \tag{11.85}$$

在该论文中，作者还进一步建议用更大的初始批量来初始化动量，而不仅仅是初始的逐点估计。

```python
def yogi(params, states, hyperparams):
    beta1, beta2, eps = 0.9, 0.999, 1e-3
    for p, (v, s) in zip(params, states):
        with torch.no_grad():
            v[:] = beta1 * v + (1 - beta1) * p.grad
            s[:] = s + (1 - beta2) * torch.sign(
                torch.square(p.grad) - s) * torch.square(p.grad)
            v_bias_corr = v / (1 - beta1 ** hyperparams['t'])
            s_bias_corr = s / (1 - beta2 ** hyperparams['t'])
            p[:] -= hyperparams['lr'] * v_bias_corr / (torch.sqrt(s_bias_corr)
                                                       + eps)
        p.grad.data.zero_()
    hyperparams['t'] += 1

data_iter, feature_dim = d2l.get_data_ch11(batch_size=10)
d2l.train_ch11(yogi, init_adam_states(feature_dim),
               {'lr': 0.01, 't': 1}, data_iter, feature_dim);
```

```
loss: 0.244, 0.015 sec/epoch
```

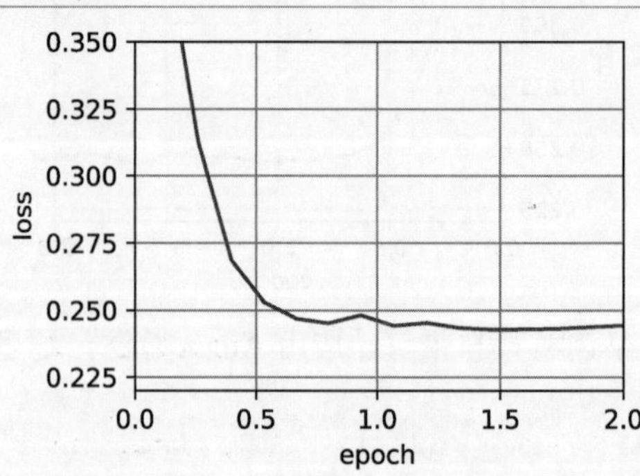

小结

- Adam 算法将许多优化算法的功能结合到了相当强大的更新规则中。
- Adam 算法是在 RMSProp 算法的基础上创建的，还在小批量的随机梯度上使用 EWMA。
- 在估计动量和二次矩时，Adam 算法使用偏差校正来调整缓慢的启动速度。
- 对于具有显著差异的梯度，我们可能会遇到收敛性问题。我们可以通过使用更大的小批量或者切换到改进的估计值 s_t 来修正它们。Yogi 提供了这样的替代方案。

练习

（1）调节学习率，观察并分析实验结果。

（2）尝试重写动量和二次矩更新，从而使其不需要偏差校正。

（3）收敛时为什么需要降低学习率 η？

（4）尝试构造一个使用 Adam 算法会发散而使用 Yogi 会收敛的例子。

11.11 学习率调度器

扫码直达讨论区

到目前为止，我们主要关注如何更新权重向量的优化算法，而不是它们的更新速率。然而，调整学习率通常与实际算法同样重要，有如下几方面需要考虑。

- 学习率的高低很重要。如果它太高，优化就会发散；如果它太低，训练就会需要过长时间，或者我们最终只能得到次优的结果。我们之前看到问题的条件数很重要（参见 11.6 节），直观地说，它是最不敏感与最敏感方向的变化量的比值。
- 衰减速率很重要。如果学习率持续过高，可能最终会在极小值附近弹跳，从而无法达到最优解。11.5 节比较详细地讨论了这一点，在 11.4 节中我们分析了性能保证。简而言之，我们希望速率衰减，但要比$O(t^{-\frac{1}{2}})$慢，这样才能成为解决凸问题的理想选择。
- 初始化很重要。这既涉及参数最初的设置方式（参见 4.8 节），又关系到它们最初的演变方式。这被戏称为预热（warmup），即我们最初开始向着解决方案迈进的速度有多快。一开始的大步可能没有好处，特别是因为最初的参数集是随机的。最初的更新方向可能也是毫无意义的。
- 有许多优化变体可以执行周期性的学习率调整。这超出了本章的范围，我们建议读者阅读参考文献 [74] 来了解个中细节。例如，如何通过对整个路径参数求平均值来获得更优的解。

鉴于管理学习率涉及很多细节，因此大多数深度学习框架都有自动应对这个问题的工具。在本章中，我们将梳理不同的调度策略对准确性的影响，并展示如何通过学习率调度器（learning rate scheduler）来有效管理。

11.11.1 一个简单的问题

我们从一个简单的问题开始，这个问题可以轻松计算，但足以说明要义。为此，我们选择了一个稍微现代的 LeNet 版本（激活函数使用 `relu` 而不是 `sigmoid`，汇聚层使用最大汇聚层而不是平均汇聚层），并应用于 Fashion-MNIST 数据集。此外，我们混合网络以提高性能。由于大多数代码都是标准的，我们只介绍基础知识，而不做进一步的详细讨论。如果需要，可参考第 6 章进行复习。

```
%matplotlib inline
import math
import torch
from torch import nn
from torch.optim import lr_scheduler
from d2l import torch as d2l

def net_fn():
    model = nn.Sequential(
        nn.Conv2d(1, 6, kernel_size=5, padding=2), nn.ReLU(),
        nn.MaxPool2d(kernel_size=2, stride=2),
        nn.Conv2d(6, 16, kernel_size=5), nn.ReLU(),
        nn.MaxPool2d(kernel_size=2, stride=2),
        nn.Flatten(),
        nn.Linear(16 * 5 * 5, 120), nn.ReLU(),
        nn.Linear(120, 84), nn.ReLU(),
        nn.Linear(84, 10))

    return model

loss = nn.CrossEntropyLoss()
device = d2l.try_gpu()

batch_size = 256
train_iter, test_iter = d2l.load_data_fashion_mnist(batch_size=batch_size)

# 代码几乎与定义在6.6节中的train_ch6相同
def train(net, train_iter, test_iter, num_epochs, loss, trainer, device,
          scheduler=None):
    net.to(device)
    animator = d2l.Animator(xlabel='epoch', xlim=[0, num_epochs],
                            legend=['train loss', 'train acc', 'test acc'])

    for epoch in range(num_epochs):
        metric = d2l.Accumulator(3)  # train_loss,train_acc,num_examples
        for i, (X, y) in enumerate(train_iter):
            net.train()
            trainer.zero_grad()
            X, y = X.to(device), y.to(device)
            y_hat = net(X)
            l = loss(y_hat, y)
            l.backward()
            trainer.step()
            with torch.no_grad():
                metric.add(l * X.shape[0], d2l.accuracy(y_hat, y), X.shape[0])
            train_loss = metric[0] / metric[2]
            train_acc = metric[1] / metric[2]
            if (i + 1) % 50 == 0:
                animator.add(epoch + i / len(train_iter),
                             (train_loss, train_acc, None))

        test_acc = d2l.evaluate_accuracy_gpu(net, test_iter)
        animator.add(epoch+1, (None, None, test_acc))

        if scheduler:
            if scheduler.__module__ == lr_scheduler.__name__:
                # UsingPyTorchIn-Builtscheduler
                scheduler.step()
```

```
            else:
                # Usingcustomdefinedscheduler
                for param_group in trainer.param_groups:
                    param_group['lr'] = scheduler(epoch)

        print(f'train loss {train_loss:.3f}, train acc {train_acc:.3f}, '
              f'test acc {test_acc:.3f}')
```

我们来看看如果使用默认设置，调用此算法会发生什么。例如，设置学习率为 0.3 并训练 30 次迭代。注意，在超过了某点、测试精度方面的进展停滞时，训练精度将如何继续提高。两条曲线之间的间隙表示过拟合。

```
lr, num_epochs = 0.3, 30
net = net_fn()
trainer = torch.optim.SGD(net.parameters(), lr=lr)
train(net, train_iter, test_iter, num_epochs, loss, trainer, device)
```

```
train loss 0.114, train acc 0.957, test acc 0.894
```

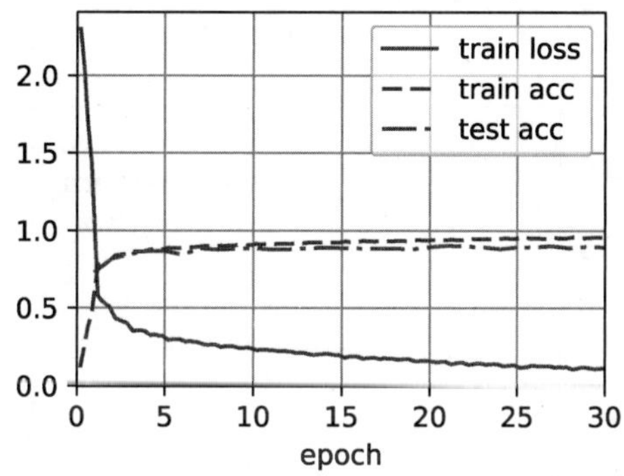

11.11.2 学习率调度器

我们可以在每次迭代（甚至在每个小批量）之后向下调整学习率。例如，以动态的方式来响应优化的进展情况。

```
lr = 0.1
trainer.param_groups[0]["lr"] = lr
print(f'learning rate is now {trainer.param_groups[0]["lr"]:.2f}')
```

```
learning rate is now 0.10
```

更为通常的情况是，我们应该定义一个调度器。当调用更新次数时，它将返回学习率的适当值。我们定义一个简单的方法，将学习率设置为$\eta = \eta_0 (t+1)^{-\frac{1}{2}}$。

```
class SquareRootScheduler:
    def __init__(self, lr=0.1):
        self.lr = lr

    def __call__(self, num_update):
        return self.lr * pow(num_update + 1.0, -0.5)
```

我们在一系列值上绘制它的行为曲线。

```
scheduler = SquareRootScheduler(lr=0.1)
d2l.plot(torch.arange(num_epochs), [scheduler(t) for t in range(num_epochs)])
```

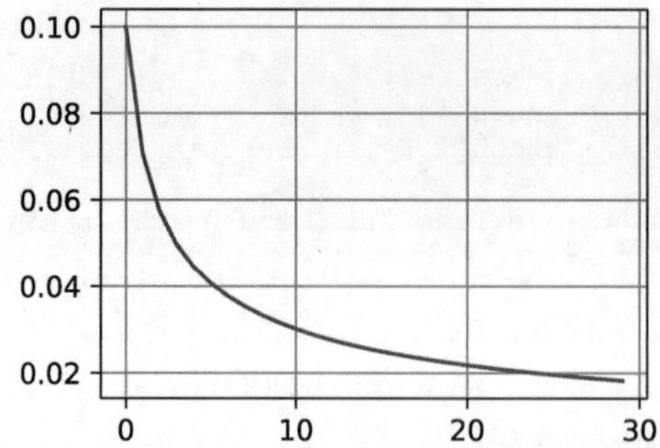

现在我们来看看这对在 Fashion-MNIST 数据集上的训练有何影响。我们只是提供调度器作为训练算法的额外参数。

```
net = net_fn()
trainer = torch.optim.SGD(net.parameters(), lr)
train(net, train_iter, test_iter, num_epochs, loss, trainer, device,
      scheduler)
```

```
train loss 0.272, train acc 0.899, test acc 0.884
```

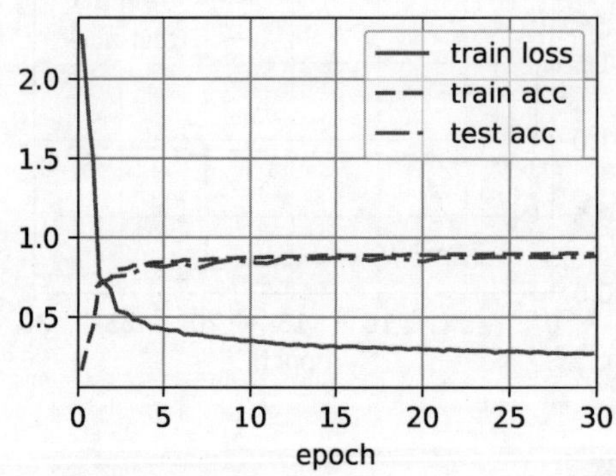

这比之前好一些：曲线比以前平滑，并且过拟合更轻了。遗憾的是，关于为什么在理论上某些策略会导致较轻的过拟合，有一些观点认为，较小的步长将导致参数更接近零，因此更简单。但是，这并不能完全解释这种现象，因为我们并没有真正地提前停止，而只是轻微地降低了学习率。

11.11.3　策略

虽然不可能涵盖所有类型的学习率调度器，但我们会在下面简要概述几种常用的调度器：多项式衰减策略的因子调度器和基于分段常数表的多因子调度器等。此外，余弦学习率调度在实践中的一些问题上运行效果很好。在某些问题上，最好在使用较高的学习率之前预热优化器。

1. 因子调度器

多项式衰减的一种替代方案是乘法衰减，即 $\eta_{t+1} \leftarrow \eta_t \cdot \alpha$，其中 $\alpha \in (0, 1)$。为了防止学习率衰减超出合理的下限，更新方程通常修改为 $\eta_{t+1} \leftarrow \max(\eta_{\min}, \eta_t \cdot \alpha)$。

```
class FactorScheduler:
    def __init__(self, factor=1, stop_factor_lr=1e-7, base_lr=0.1):
        self.factor = factor
        self.stop_factor_lr = stop_factor_lr
        self.base_lr = base_lr
```

```
    def __call__(self, num_update):
        self.base_lr = max(self.stop_factor_lr, self.base_lr * self.factor)
        return self.base_lr

scheduler = FactorScheduler(factor=0.9, stop_factor_lr=1e-2, base_lr=2.0)
d2l.plot(torch.arange(50), [scheduler(t) for t in range(50)])
```

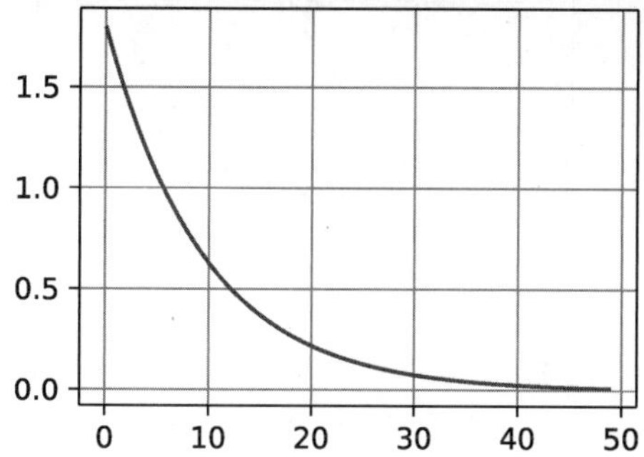

接下来，我们将使用内置的调度器，但在这里仅解释它们的功能。

2. 多因子调度器

训练深度网络的常见策略之一是保持分段恒定的学习率，并且每隔一段时间就一定程度地降低学习率。具体地说，给定一组降低学习率的时间，例如 $s = \{5, 10, 20\}$，当 $t \in s$ 时降低 $\eta_{t+1} \leftarrow \eta_t \cdot \alpha$。假设每步中的值减半，我们可以按如下方式实现这一点。

```
net = net_fn()
trainer = torch.optim.SGD(net.parameters(), lr=0.5)
scheduler = lr_scheduler.MultiStepLR(trainer, milestones=[15, 30], gamma=0.5)

def get_lr(trainer, scheduler):
    lr = scheduler.get_last_lr()[0]
    trainer.step()
    scheduler.step()
    return lr

d2l.plot(torch.arange(num_epochs), [get_lr(trainer, scheduler)
                                    for t in range(num_epochs)])
```

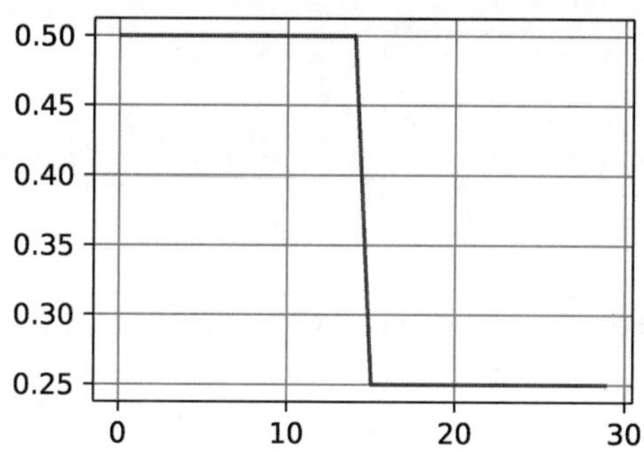

这种分段恒定学习率调度背后的直觉是：让优化持续进行，直到权重向量的分布达到一个驻点，此时，我们才将学习率降低，以获得更高质量的代理，从而达到一个良好的局部极小值。下面的例子展示了如何使用这种方法产生更好的解决方案。

```
train(net, train_iter, test_iter, num_epochs, loss, trainer, device,
      scheduler)
```

```
train loss 0.204, train acc 0.922, test acc 0.891
```

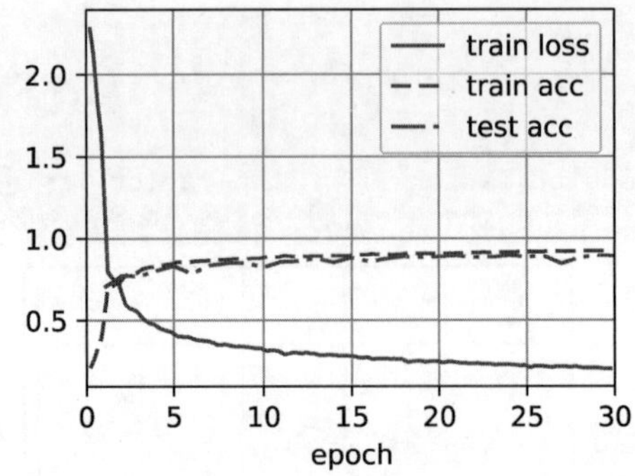

3. 余弦调度器

余弦调度器是参考文献 [99] 提出的一种启发式算法。它所依据的观点是：我们可能不想在一开始就大幅降低学习率，而且可能希望最终能用非常低的学习率来“改进”解决方案。这产生了类似于余弦的调度，函数形式如下所示（学习率的值在 $t\in[0, T]$）：

$$\eta_t = \eta_T + \frac{\eta_0 - \eta_T}{2}(1+\cos(\pi t / T)) \tag{11.86}$$

其中，η_0 是初始学习率，η_T 是 T 时的目标学习率。此外，对于 $t > T$，我们只需将值固定为 η_T 而不再增加。在下面的示例中，我们设置了最大更新步数 $T = 20$。

```
class CosineScheduler:
    def __init__(self, max_update, base_lr=0.01, final_lr=0,
               warmup_steps=0, warmup_begin_lr=0):
        self.base_lr_orig = base_lr
        self.max_update = max_update
        self.final_lr = final_lr
        self.warmup_steps = warmup_steps
        self.warmup_begin_lr = warmup_begin_lr
        self.max_steps = self.max_update - self.warmup_steps

    def get_warmup_lr(self, epoch):
        increase = (self.base_lr_orig - self.warmup_begin_lr) \
                       * float(epoch) / float(self.warmup_steps)
        return self.warmup_begin_lr + increase

    def __call__(self, epoch):
        if epoch < self.warmup_steps:
            return self.get_warmup_lr(epoch)
        if epoch <= self.max_update:
            self.base_lr = self.final_lr + (
                self.base_lr_orig - self.final_lr) * (1 + math.cos(
                math.pi * (epoch - self.warmup_steps) / self.max_steps)) / 2
        return self.base_lr

scheduler = CosineScheduler(max_update=20, base_lr=0.3, final_lr=0.01)
d2l.plot(torch.arange(num_epochs), [scheduler(t) for t in range(num_epochs)])
```

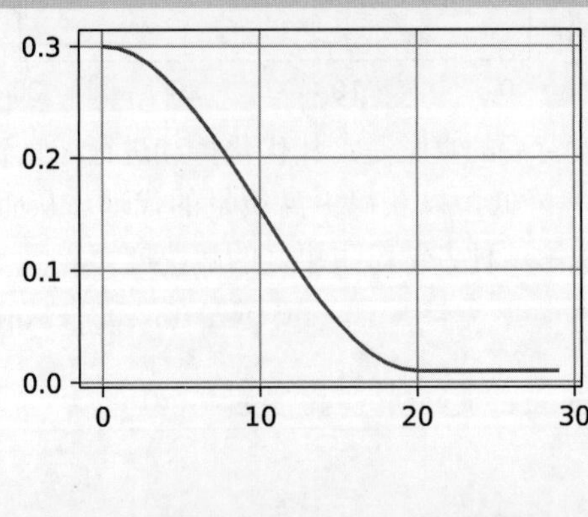

在计算机视觉中，这个调度可能产生改进的结果。但请注意，如下所示，这种改进并不能保证一定成立。

```
net = net_fn()
trainer = torch.optim.SGD(net.parameters(), lr=0.3)
train(net, train_iter, test_iter, num_epochs, loss, trainer, device,
      scheduler)
```

```
train loss 0.270, train acc 0.899, test acc 0.880
```

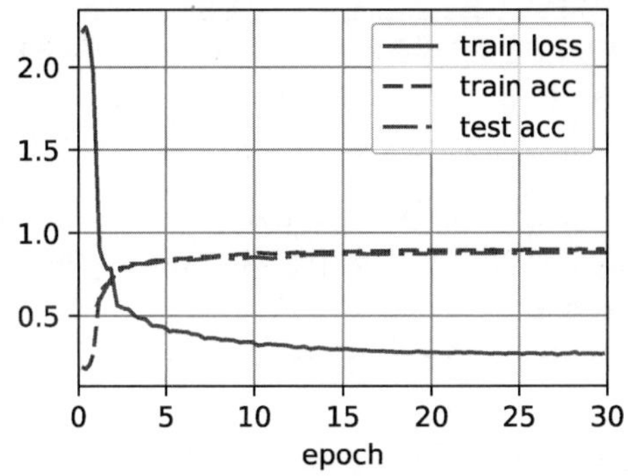

4. 预热

在某些情况下，初始化参数不足以得到良好的解。这对某些高级网络设计来说尤其棘手，可能导致不稳定的优化结果。对此，一方面，我们可以选择一个足够低的学习率，从而防止一开始就发散，但是这样进展太缓慢；另一方面，较高的学习率最初就会导致发散。

摆脱这种困境的一个相当简单的解决方法是使用预热期，在此期间学习率将提高至初始最大值，然后降低直到优化过程结束。为简单起见，通常使用线性递增。这引出了如下所示的时间表。

```
scheduler = CosineScheduler(20, warmup_steps=5, base_lr=0.3, final_lr=0.01)
d2l.plot(torch.arange(num_epochs), [scheduler(t) for t in range(num_epochs)])
```

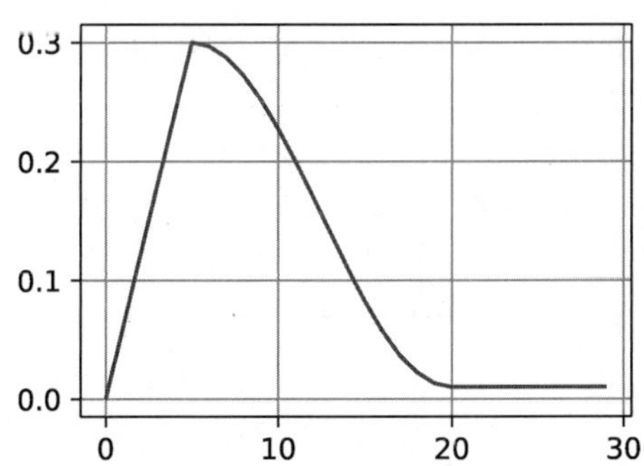

注意，观察前 5 次迭代的性能，网络最初收敛得更好。

```
net = net_fn()
trainer = torch.optim.SGD(net.parameters(), lr=0.3)
train(net, train_iter, test_iter, num_epochs, loss, trainer, device,
      scheduler)
```

```
train loss 0.213, train acc 0.921, test acc 0.890
```

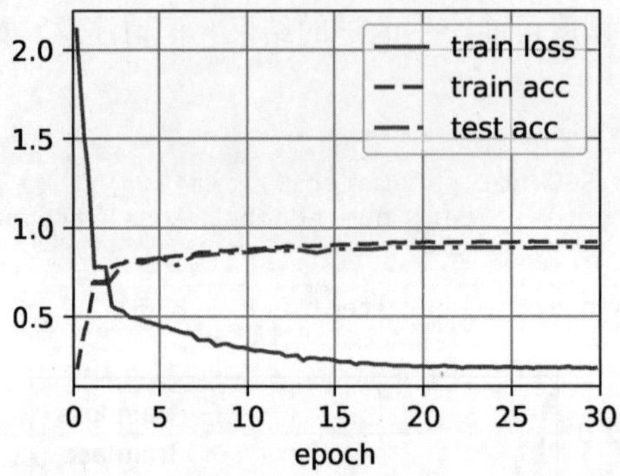

预热可以应用于任何调度器，而不仅仅是余弦调度器。有关学习率调度的更多实验和更详细讨论，参见参考文献 [47]。这篇论文的点睛之笔是：预热阶段限制了非常深度的网络中参数的发散程度。这在直觉上是有道理的：在网络中那些一开始花费最多时间取得进展的部分，随机初始化时会产生巨大程度的发散。

小结

- 在训练期间逐步降低学习率可以提高准确性，并且减少模型的过拟合。
- 在实验中，每当进展趋于稳定时就降低学习率，这是很有效的。从本质上说，这可以确保我们有效地收敛到一个适当的解，也只有这样才能通过降低学习率来减小参数的固有方差。
- 余弦调度器在某些计算机视觉问题中很受欢迎。
- 优化之前的预热期可以防止发散。
- 优化在深度学习中有多种用途。对于同样的训练误差，选择不同的优化算法和学习率调度，除了最大限度地减少训练时间，还可以导致测试集上不同的泛化和过拟合。

练习

（1）尝试给定固定学习率的优化行为。这种情况下可以获得的最佳模型是什么？

（2）如果改变学习率下降的指数，收敛性会如何改变？在实验中为方便起见，使用 `PolyScheduler`。

（3）将余弦调度器应用于大型计算机视觉问题，例如训练 ImageNet 数据集。与其他调度器相比，余弦调度器对性能的影响如何？

（4）预热期应该持续多长时间？

（5）可以尝试把优化和抽样联系起来吗？首先在随机梯度朗之万动力学上使用参考文献 [179] 的结果。

第 12 章

计算性能

在深度学习中，数据集和模型的规模通常都很大，导致计算量也会很大。因此，计算性能非常重要。本章将集中讨论影响计算性能的主要因素：命令式编程、符号式编程、异步计算、自动并行和多 GPU 计算。通过学习本章，对于前几章中实现的模型，可以进一步提高它们的计算性能。例如，我们可以在不影响准确性的前提下，大大减少训练时间。

12.1 编译器和解释器

扫码直达讨论区

到目前为止，本书主要关注的是命令式编程（imperative programming）。命令式编程使用诸如 print、“+”和 if 之类的语句来更改程序的状态。考虑下面这段简单的命令式程序：

```
def add(a, b):
    return a + b

def fancy_func(a, b, c, d):
    e = add(a, b)
    f = add(c, d)
    g = add(e, f)
    return g

print(fancy_func(1, 2, 3, 4))
```

```
10
```

Python 是一种解释型语言（interpreted language）。因此，当对上面的 fancy_func 函数求值时，它按顺序执行函数体中的操作。也就是说，它将通过对 e = add(a, b) 求值，并将结果存储为变量 e，从而更改程序的状态。接下来的两个语句 f = add(c, d) 和 g = add(e, f) 也将执行类似的操作，即执行加法运算并将结果存储为变量。图 12-1 展示了数据流。

尽管命令式编程很方便，但可能效率不高。一方面，Python 会单独执行这 3 个函数的调用，而没有考虑 add 函数在 fancy_func 函数中被重复调用。如果在一个 GPU（甚至多个 GPU）上执行这些命令，那么 Python 解释器产生的开销可能会非常大。另一方面，它需要保存变量 e 和 f 的值，直到 fancy_func 中的所有语句都执行完毕。这是因为程序不知道在执行语句 e = add(a, b) 和 f = add(c, d) 之后，其他部分是否会使用变量 e 和 f。

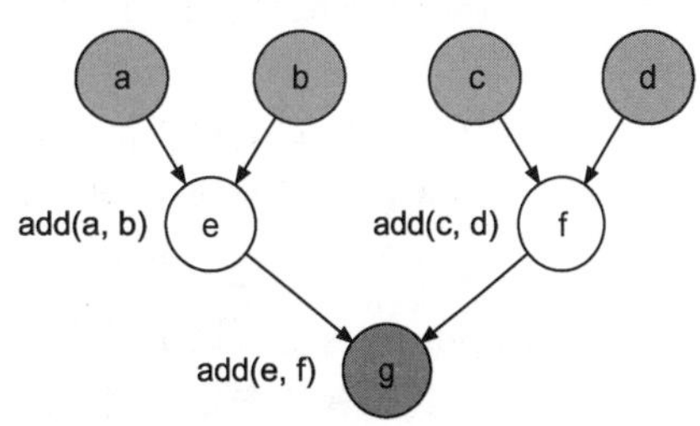

图 12-1　命令式编程中的数据流

12.1.1 符号式编程

考虑另一种选择符号式编程（symbolic programming），即代码通常只在完全定义了过程之后才执行计算。这个策略被多个深度学习框架使用，包括 Theano 和 TensorFlow（后者已经获得了命令式编程的扩展）。

符号式编程一般包括以下步骤：

（1）定义计算流程；

（2）将流程编译成可执行的程序；

（3）给定输入，调用编译好的程序执行。

这将允许进行大量的优化：首先，在大多数情况下，我们可以跳过 Python 解释器，从而消除由于多个更快的 GPU 与单个 CPU 上的单个 Python 线程搭配使用时产生的性能瓶颈；其次，编译器可以将上述代码优化并重写为 `print((1 + 2) + (3 + 4))`，甚至 `print(10)`。因为编译器在将其转换为机器指令之前可以看到完整的代码，所以这种优化是可实现的。例如，只要不再需要某个变量，编译器就可以释放内存（或者不再分配内存），或者将代码转换为一个完全等价的代码片段。下面我们就通过模拟命令式编程来进一步理解符号式编程的概念。

```
def add_():
    return '''
def add(a, b):
    return a + b
'''

def fancy_func_():
    return '''
def fancy_func(a, b, c, d):
    e = add(a, b)
    f = add(c, d)
    g = add(e, f)
    return g
'''

def evoke_():
    return add_() + fancy_func_() + 'print(fancy_func(1, 2, 3, 4))'

prog = evoke_()
print(prog)
y = compile(prog, '', 'exec')
exec(y)
```

```
def add(a, b):
    return a + b

def fancy_func(a, b, c, d):
    e = add(a, b)
    f = add(c, d)
    g = add(e, f)
    return g
print(fancy_func(1, 2, 3, 4))
10
```

命令式（解释型）编程和符号式编程有以下区别。

- 命令式编程更容易使用。在 Python 中，命令式编程的大部分代码都是简单易懂的。命令式编程也更容易调试，这是因为无论是获取和打印所有的中间变量值还是使用 Python 的内置调试工具都更加简单。
- 符号式编程运行效率更高，程序更易于移植。符号式编程更容易在编译期间优化代码，同时还能够将程序移植到与 Python 无关的格式中，从而允许程序在非 Python 环境中运行，避免了任何潜在的与 Python 解释器相关的性能问题。

12.1.2 混合式编程

历史上，大部分深度学习框架都在命令式编程与符号式编程中进行选择。例如，Theano、TensorFlow（灵感来自前者）、Keras 和 CNTK 采用了符号式编程。相反，Chainer 和 PyTorch 采用了命令式编程。在后来的更新版本中，TensorFlow2.0 和 Keras 增加了命令式编程。

如上所述，PyTorch 基于命令式编程并且使用动态计算图。为了能够利用符号式编程的可移植性和效率，开发人员思考能否将这两种编程模式的优点结合起来，于是就产生了 TorchScript。TorchScript 允许用户使用纯命令式编程进行开发和调试，同时能够将大多数程序转换为符号式程序，以便在需要产品级计算性能和部署时使用。

12.1.3 Sequential的混合式编程

要了解混合式编程的工作原理，最简单的方法是考虑具有多层的深度网络。按照惯例，Python 解释器需要执行所有层的代码来生成一条指令，然后将该指令转发到 CPU 或 GPU。对于单个的（快速的）计算设备，这不会导致任何重大问题。另外，如果我们使用先进的 8-GPU 服务器，比如 Amazon EC2 P3dn.24xlarge 实例，Python 将很难使所有的 GPU 都保持忙碌。在这里，瓶颈出现在单线程的 Python 解释器。我们看看如何消除代码中的这个瓶颈。首先，我们定义一个简单的多层感知机。

```
import torch
from torch import nn
from d2l import torch as d2l


# 生产网络的工厂模式
def get_net():
    net = nn.Sequential(nn.Linear(512, 256),
            nn.ReLU(),
            nn.Linear(256, 128),
            nn.ReLU(),
            nn.Linear(128, 2))
    return net

x = torch.randn(size=(1, 512))
net = get_net()
net(x)
```

```
tensor([[ 0.1430, -0.0937]], grad_fn=<AddmmBackward>)
```

通过使用 `torch.jit.script` 函数来转换模型，我们就有能力编译和优化多层感知机中的计算，而模型的计算结果保持不变。

```
net = torch.jit.script(net)
net(x)
```

```
tensor([[ 0.1430, -0.0937]], grad_fn=<AddmmBackward>)
```

我们编写与之前相同的代码，再使用 `torch.jit.script` 函数简单地转换模型。当完成这些任务后，网络就将得到优化（我们将在下面对性能进行基准测试）。

1. 通过混合式编程加速

为了证明通过编译获得了性能上的提高，我们比较混合式编程前后执行 `net(x)` 所需的时间。我们先定义一个度量时间的类，它在本章中在衡量（和改进）模型性能时将非常有用。

```
#@save
class Benchmark:
    """用于度量运行时间"""
    def __init__ (self, description='Done'):
        self.description = description

    def __enter__ (self):
        self.timer = d2l.Timer()
        return self

    def __exit__ (self, *args):
        print(f'{self.description}: {self.timer.stop():.4f} sec')
```

现在我们可以调用网络两次，一次使用 TorchScript，另一次不使用 TorchScript。

```
net = get_net()
with Benchmark('无torchscript'):
    for i in range(1000): net(x)

net = torch.jit.script(net)
with Benchmark('有torchscript'):
    for i in range(1000): net(x)
```

```
无 torchscript: 1.8929 sec
有 torchscript: 1.8184 sec
```

如以上结果所示，在 `nn.Sequential` 的实例被函数 `torch.jit.script` 脚本化后，通过使用符号式编程提高了计算性能。

2. 序列化

编译模型的好处之一是我们可以将模型及其参数序列化（保存）到磁盘。这允许训练好的模型部署到其他设备上，并且还能方便地使用其他前端编程语言。同时，通常编译模型的代码执行速度也比命令式编程更快。我们看看 `save` 的实际功能。

```
net.save('my_mlp')
!ls -lh my_mlp*
```

```
-rw-rw-r-- 1 ubuntu ubuntu 651K Feb 13 18:18 my_mlp
```

小结

- 命令式编程使得新模型的设计变得容易，因为可以依据控制流编写代码，并拥有相对成熟的 Python 软件生态。
- 符号式编程要求我们先定义并且编译程序，然后执行程序，其好处是提高了计算性能。

练习

回顾前几章中读者感兴趣的模型，能提高它们的计算性能吗？

扫码直达讨论区

12.2 异步计算

今天的计算机是高度并行的系统，由多个 CPU 核、多个 GPU、多个处理单元组成。通常每个 CPU 核有多个线程，每个设备通常有多个 GPU，每个 GPU 有多个处理单元。总之，我们可以同时处理许多不同的任务，并且通常是在不同的设备上。遗憾的是，Python 并不善于处理并行和异步代码，至少在没有额外帮助的情况下不是好的选择。归根结底，Python 是单线程的，这在将来也不太可能改变。因此在诸多深度学习框架中，MXNet 和 TensorFlow 之类采用了一种*异步编程*（asynchronous programming）模式来提高性能，而 PyTorch 则使用 Python 自有的调度器来实现不同的性能权衡。对 PyTorch 来说，GPU 操作在默认情况下是异步的。当调用一个使用 GPU 的函数时，操作会到特定的设备上排队，但不一定要等到以后才执行。这允许我们并行执行更多的计算，包括在 CPU 或其他 GPU 上的操作。

因此，需要了解异步编程是如何工作的，通过主动地减少计算需求和相互依赖，有助于我们开发更高效的程序。这能够减小内存开销并提高处理器的利用率。

```
import os
import subprocess
import numpy
import torch
from torch import nn
from d2l import torch as d2l
```

通过后端异步处理

作为热身，考虑一个简单问题：生成一个随机矩阵并将其相乘。我们在 NumPy 和 PyTorch 张量中都这样做，看看它们的区别。注意，PyTorch 的 `tensor` 是在 GPU 上定义的。

```
# GPU计算热身
device = d2l.try_gpu()
a = torch.randn(size=(1000, 1000), device=device)
b = torch.mm(a, a)

with d2l.Benchmark('numpy'):
    for _ in range(10):
        a = numpy.random.normal(size=(1000, 1000))
        b = numpy.dot(a, a)

with d2l.Benchmark('torch'):
    for _ in range(10):
        a = torch.randn(size=(1000, 1000), device=device)
        b = torch.mm(a, a)
```

```
numpy: 0.9732 sec
torch: 0.0011 sec
```

在通过比较 PyTorch 与 NumPy 的基准输出，可以看到 PyTorch 快了几个数量级。NumPy 点积是在 CPU 上执行的，而 PyTorch 矩阵乘法是 GPU 上执行的，后者的速度快得多。但巨大的时间差距表明一定还有其他原因。默认情况下，GPU 操作 PyTorch 中是异步的。强制 PyTorch 在返回之前完成所有计算，这种强制说明了之前发生的情况：计算由后端执行，而前端将控制权返回给了 Python。

```
with d2l.Benchmark():
    for _ in range(10):
        a = torch.randn(size=(1000, 1000), device=device)
        b = torch.mm(a, a)
    torch.cuda.synchronize(device)
```

```
Done: 0.0021 sec
```

广义上说，PyTorch 有一个用于与用户直接交互的前端（如通过 Python），还有一个由系统用来执行计算的后端。如图 12-2 所示，用户可以用各种前端语言（如 Python 和 C++）编写 PyTorch 程序。不管使用的前端编程语言是什么，PyTorch 程序的执行主要发生在 C++ 实现的后端。由前端语言发出的操作被传递到后端执行。后端管理自己的线程，这些线程不断收集和执行排队的任务。注意，要使其工作，后端必须能够跟踪计算图中各个步骤之间的依赖关系。因此，不可能并行化相互依赖的操作。

接下来看看另一个简单例子，以便更好地理解依赖关系图。

```
x = torch.ones((1, 2), device=device)
y = torch.ones((1, 2), device=device)
z = x * y + 2
z
```

```
tensor([[3., 3.]], device='cuda:0')
```

上面的代码片段在图 12-3 中进行了说明。当 Python 前端线程执行前 3 个语句中的某一个语句时，它只是将任务返回到后端队列。当最后一个语句的结果需要被打印出来时，Python 前端线程将等待 C++ 后端线程完成变量 z 的结果计算。这种设计的一个好处是 Python 前端线程不需要执行实际的计算。因此，不管 Python 的性能如何，对程序的整体性能几乎没有影响。图 12-4 展示了前端和后端的交互过程。

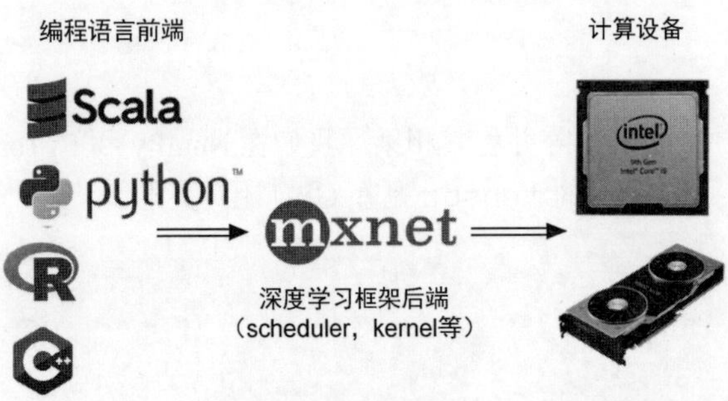

图 12-2　编程语言前端和深度学习框架后端

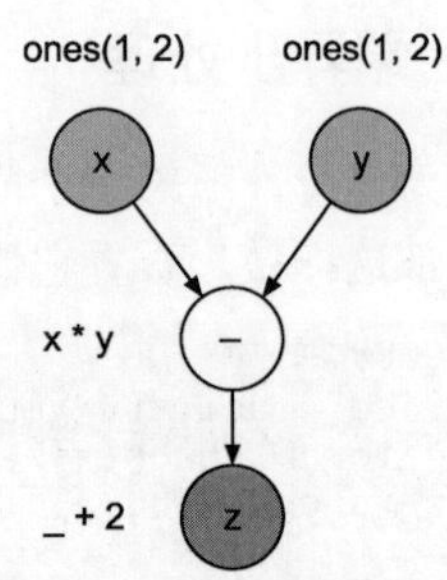

图 12-3　后端跟踪计算图中各个步骤之间的依赖关系

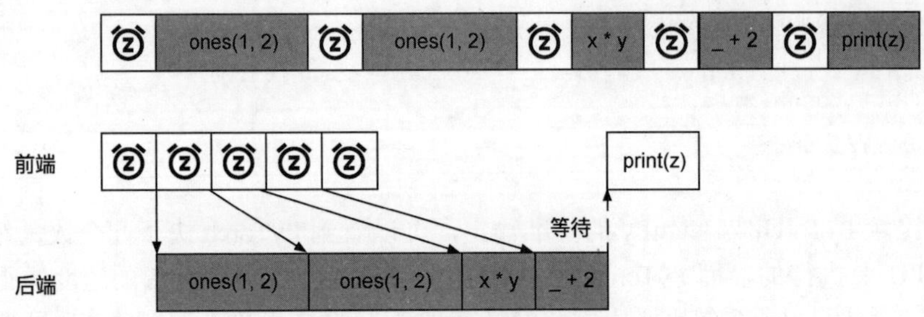

图 12-4　前端和后端的交互过程

小结

- 深度学习框架可以将 Python 前端的控制与后端的执行解耦，使得命令可以快速地异步插入后端、并行执行。
- 异步产生了一个相当灵活的前端，但请注意：过度填充任务队列可能会导致内存消耗过多。建议对每个小批量进行同步，以保持前端和后端大致同步。
- 芯片供应商提供了复杂的性能分析工具，以获得对深度学习效率更精确的洞察。

练习

在 CPU 上，对本节中相同的矩阵乘法操作进行基准测试，仍然可以通过后端观察异步吗？

12.3 自动并行

扫码直达讨论区

深度学习框架（例如，MXNet 和 PyTorch）会在后端自动构建计算图。利用计算图，系统可以了解所有依赖关系，并且可以选择性地并行执行多个不相互依赖的任务以提高速度。例如，图 12-3 独立初始化两个变量。因此，系统可以选择并行执行它们。

通常情况下单个运算符将使用所有 CPU 或单个 GPU 上的所有计算资源。例如，即使在一台机器上有多个 CPU，点运算符（.）也将使用所有 CPU 上的所有核（和线程）。这样的行为同样适用于单个 GPU。因此，并行化对单设备计算机来说并不是很有用，而并行化对于多个设备就很重要了。虽然并行化通常应用于多个 GPU，但增加本地 CPU 以后还将提高少许性能。例如，参考文献 [52] 则把结合 GPU 和 CPU 的训练应用到计算机视觉模型中。借助自动并行化框架的便利性，我们依靠几行 Python 代码就可以实现相同的目标。对自动并行计算的讨论主要集中在使用 CPU 和 GPU 的并行计算上，以及计算和通信的并行化内容。

注意，本节中的实验至少需要两个 GPU 来运行。

```
import torch
from d2l import torch as d2l
```

12.3.1 基于GPU的并行计算

从定义一个具有参考性的用于测试的工作负载开始：下面的 run 函数将执行 10 次矩阵-矩阵乘法时所需使用的数据分配到两个变量（x_gpu1 和 x_gpu2）中，这两个变量分别位于所选的不同设备上。

```
devices = d2l.try_all_gpus()
def run(x):
    return [x.mm(x) for _ in range(50)]

x_gpu1 = torch.rand(size=(4000, 4000), device=devices[0])
x_gpu2 = torch.rand(size=(4000, 4000), device=devices[1])
```

现在使用函数来处理数据。通过在测试之前预热设备（对设备执行一次传递）来确保缓存的作用不影响最终的结果。torch.cuda.synchronize 函数将会等待一个 CUDA 设备上的所有流中的所有核心的计算完成。函数接受一个 device 参数，该参数代表是哪个设备需要同步。如果 device 参数为 None(默认值)，它将使用 current_device 函数找出的当前设备。

```
run(x_gpu1)
run(x_gpu2)  # 预热设备
torch.cuda.synchronize(devices[0])
torch.cuda.synchronize(devices[1])

with d2l.Benchmark('GPU1 time'):
    run(x_gpu1)
    torch.cuda.synchronize(devices[0])

with d2l.Benchmark('GPU2 time'):
```

```
    run(x_gpu2)
    torch.cuda.synchronize(devices[1])
```

```
GPU1 time: 0.5145 sec
GPU2 time: 0.5075 sec
```

如果删除两个任务之间的 synchronize 语句，系统就可以在两个设备上自动实现并行计算。

```
with d2l.Benchmark('GPU1 & GPU2'):
    run(x_gpu1)
    run(x_gpu2)
    torch.cuda.synchronize()
```

```
GPU1 & GPU2: 0.5108 sec
```

在上述情况下，总执行时间小于两个部分执行时间的总和，因为深度学习框架自动调度两个 GPU 设备上的计算，而不需要用户编写复杂的代码。

12.3.2　并行计算与通信

在许多情况下，我们需要在不同的设备之间移动数据，如在 CPU 和 GPU 之间或者在不同的 GPU 之间。例如，当执行分布式优化时，就需要移动数据来聚合多个加速卡上的梯度。我们通过在 GPU 上计算，然后将结果复制回 CPU 来模拟这个过程。

```
def copy_to_cpu(x, non_blocking=False):
    return [y.to('cpu', non_blocking=non_blocking) for y in x]

with d2l.Benchmark('在GPU1上运行'):
    y = run(x_gpu1)
    torch.cuda.synchronize()

with d2l.Benchmark('复制到CPU'):
    y_cpu = copy_to_cpu(y)
    torch.cuda.synchronize()
```

```
在GPU1上运行: 0.5142 sec
复制到CPU: 2.3474 sec
```

这种方式效率不高。注意到当列表中的其余部分还在计算时，就可能已经开始将 y 的部分复制到 CPU 了。例如，当计算一个小批量的（反传）梯度时，某些参数的梯度将比其他参数的梯度更早可用。因此，在 GPU 仍在运行时就开始使用 PCI-Express 带宽来移动数据是有利的。在 PyTorch 中，to 和 copy_ 等函数都允许使用显式的 non_blocking 参数，它使得在不需要同步时调用方可以绕过同步。设置 non_blocking=True 以模拟这个场景。

```
with d2l.Benchmark('在GPU1上运行并复制到CPU'):
    y = run(x_gpu1)
    y_cpu = copy_to_cpu(y, True)
    torch.cuda.synchronize()
```

```
在GPU1上运行并复制到CPU: 1.7795 sec
```

两个操作所需的总时间少于它们各部分操作所需时间的总和。注意，与并行计算的区别是通信操作使用的资源：CPU 和 GPU 之间的总线。事实上，我们可以在两个设备上同时进行计算和通信。如上所述，计算和通信之间存在的依赖关系是必须先计算 y[i]，然后才能将其复制到 CPU。幸运的是，系统可以在计算 y[i] 的同时复制 y[i-1]，以减少总的运行时间。

最后，本节给出了一个简单的两层多层感知机在一个 CPU 和两个 GPU 上训练时的计算图及其依赖关系的例子，如图 12-5 所示。手动调度由此产生的并行程序的工作量将是相当繁重的。这就是基于图的计算后端进行优化的优势所在。

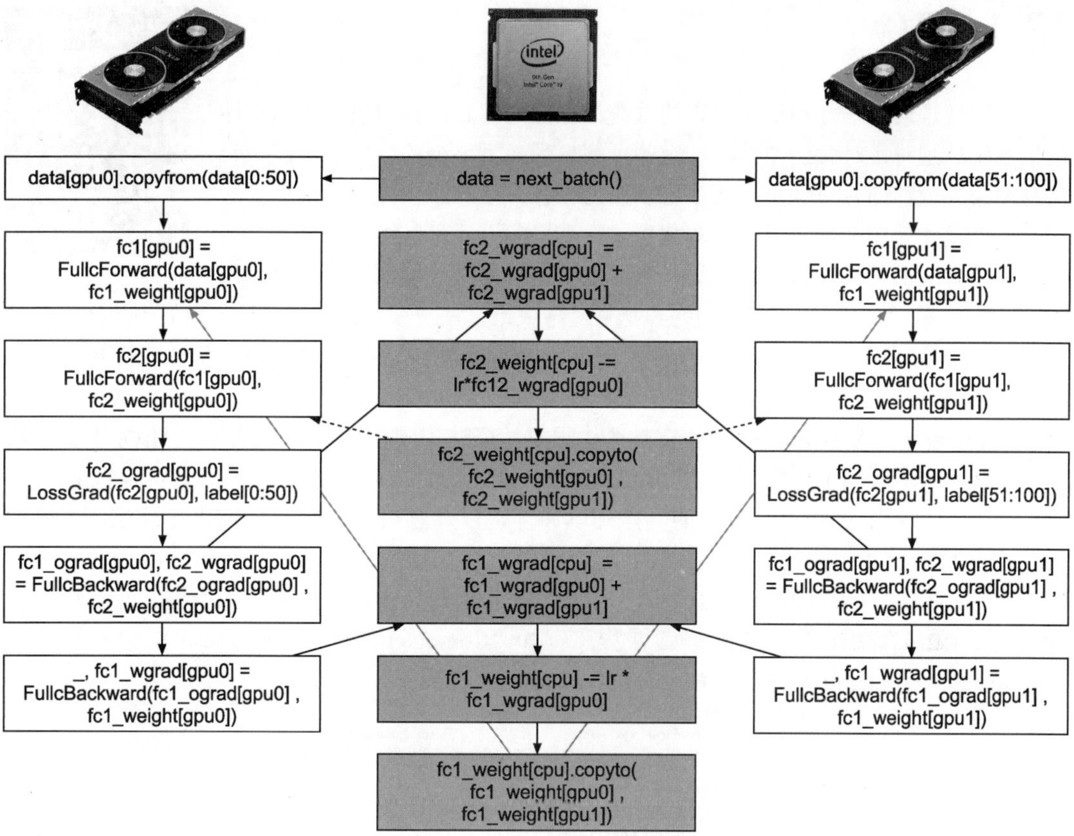

图 12-5 在一个 CPU 和两个 GPU 上的两层的多层感知机的计算图及其依赖关系

小结

- 现代系统拥有多种设备，如多个 GPU 和多个 CPU，可以并行地、异步地使用它们。
- 现代系统还拥有各种通信资源，如 PCI-Express、存储（通常是固态硬盘或网络存储）和网络带宽，为了达到最高效率可以并行使用它们。
- 后端可以通过自动化地并行计算和通信来提高性能。

练习

（1）在本节定义的 `run` 函数中执行了 8 个操作，并且操作之间没有依赖关系。设计一个实验，看看深度学习框架是否会自动并行地执行它们。

（2）当单个运算符的工作量足够小，即使在单个 CPU 或 GPU 上，并行化也会有所帮助。设计一个实验来验证这一点。

（3）设计一个实验，在 CPU 和 GPU 这两种设备上使用并行计算和通信。

（4）使用诸如 NVIDIA 的 Nsight 之类的调试器来验证代码是否有效。

（5）设计并实验具有更加复杂的数据依赖关系的计算任务，以查看是否可以在提高性能的同时获得正确的结果。

12.4 硬件

扫码直达讨论区

很好地理解算法和模型才可以捕获统计方面的问题，构建出具有出色性能的系统。同时，对底层硬件有一定的了解也是必不可少的。本节不能替代硬件和系统设计的相关课程，而是可以作为理解某些算法为什么比其他算法更高效以及如何实现良好吞吐量的起点。一个好的设计可以很容易地在性能上造就数量级的差异，这也是后续产生的能够训练网络（例如，训练时间为 1 周）和无法训练网络（训练时间为 3 个月，导致错过截止期）之间的差异。我们先从计算机的研究开始，然后深入查看 CPU 和 GPU，最后查看数据中心或云中的多台计算机的连接方式。

也可以通过图 12-6 进行简单的了解，图片源自 Colin Scott 的互动帖子“Latency Numbers Every Programmer Should Know”，在帖子中很好地概述了硬件过去十年的进展。原始的数字取自 Jeff Dean 在斯坦福大学的讲座“Building Software Systems at Google and Lessons Learned”。下面的讨论解释了这些数字背后的一些基本原理，以及它们如何指导我们设计算法。下面的讨论是非常笼统和粗略的。显然，它并不能代替一门完整的课程，而只是为了给统计建模者提供足够的信息，从而做出合适的设计决策。对于计算机体系结构的深入概述，建议读者参阅参考文献 [62] 关于该主题的最新课程，例如“Computer Science 152/252: CS152 Computer Architecture and Engineer, CS252 Graduate Computer Architecture”。

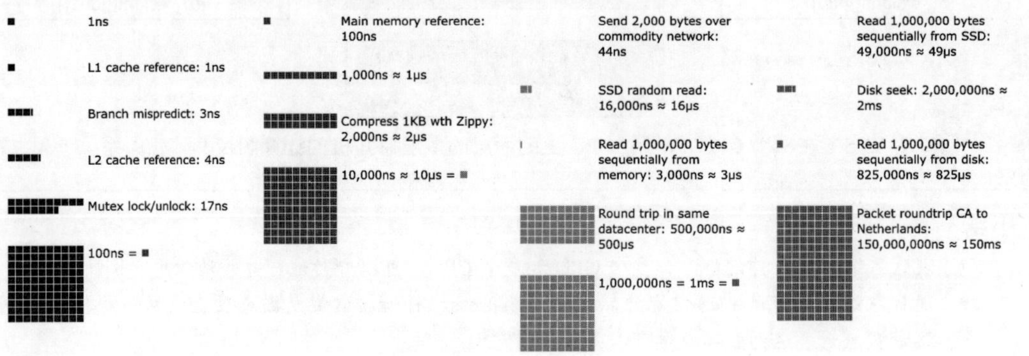

图 12-6　每个程序员都应该知道的延迟数字

12.4.1 计算机

大多数深度学习研究者和实践者都可以使用一台具有相当数量的内存、计算资源、某种形式的加速器（如一个或者多个 GPU）的计算机。计算机由以下关键组件组成。

- 一个中央处理器（也被称为 CPU），它除了能够运行操作系统和许多其他功能，还能够执行给定的程序。它通常由 8 个或更多个核组成。
- 内存（随机访问存储，RAM）用于存储和检索计算结果，如权重向量和激活参数，以及训练数据。
- 一个或多个以太网连接，速度从 1 GB/s 到 100 GB/s 不等。在高端服务器上可能用到更高级的互连。
- 高速扩展总线（PCIe）用于系统连接一个或多个 GPU。服务器最多有 8 个加速卡，通常以更高级的拓扑方式连接，而桌面系统则有 1 个或 2 个加速卡，具体取决于用户的预算和电源负载的大小。

- 持久性存储设备，如磁盘驱动器、固态驱动器，在许多情况下使用高速扩展总线连接，它为系统所需的训练数据和中间检查点所需的存储提供了足够快的传输速度。

如图 12-7 所示，高速扩展总线由直接连接到 CPU 的多个通道组成，将 CPU 与大多数组件（网络、GPU 和存储）连接在一起。例如，AMD 的 Threadripper3 有 64 个 PCIe 4.0 通道，每个通道都能够双向传输 16 Gbit/s 的数据。内存直接连接到 CPU，总带宽高达 100 GB/s。

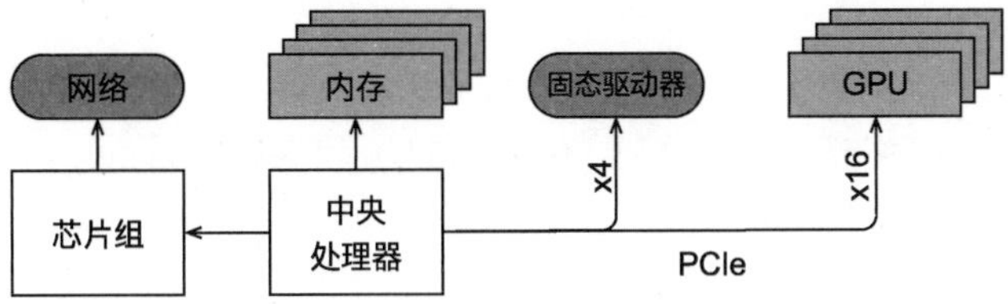

图 12-7 计算机组件的连接

在计算机上运行代码时，需要将数据移动到处理器上（CPU 或 GPU）执行计算，然后将结果从处理器移回到随机访问存储和持久性存储器中。因此，为了获得良好的性能，需要确保每一步工作都能无缝衔接，而不希望系统中的任何一部分成为主要的瓶颈。例如，如果不能快速加载图像，那么处理器就无事可做。同样，如果不能快速移动矩阵到 CPU（或 GPU）上，那么 CPU（或 GPU）就会无法全速运行。最后，如果希望在网络上同步多台计算机，那么网络就不应该拖累计算速度。一种选择是通信和计算交错进行。接下来将详细地介绍各个组件。

12.4.2 内存

最基本的内存主要用于存储需要随时访问的数据。目前，CPU 的内存通常为 DDR4 类型，每个模块提供 20 ～ 25 GB/s 的带宽。每个模块都有一条 64 位总线。通常使用成对的内存模块来允许多个通道。CPU 有 2 ～ 4 个内存通道，也就是说，它们内存带宽的峰值在 40 ～ 100 GB/s。一般每个通道有两个物理存储体（bank）。例如，AMD 的 Zen 3 Threadripper 有 8 个插槽。

虽然这些数字令人印象深刻，但实际上它们只能说明一部分事实。当我们想要从内存中读取一部分信息时，需要先告知内存模块在哪里可以找到信息，也就是说，我们需要先将地址（address）发送到 RAM。然后我们可以选择只读取一条 64 位记录还是一长串记录，后者称为**突发读取**（burst read）。概括地说，向内存发送地址并设置传输大约需要 100 ns（具体数值取决于所用内存芯片的特定定时系数），每个后续传输只需要 0.2ns。总之，第一次读取的成本是后续读取的 500 倍！注意，每秒最多可以执行一千万次随机读取。这说明应该尽可能地避免随机内存访问，而是使用突发模式读取和写入。

当考虑到拥有多个物理存储体时，情况就更加复杂了。每个存储体大多数时候都可以独立地读取内存，这意味着两件事。一方面，如果随机读操作均匀分布在内存中，那么有效的随机读操作次数将增大 4 倍，这就意味着执行随机读取仍然不是一个好主意，因为突发读取的速度也快了 4 倍。另一方面，由于内存对齐是 64 位边界，因此最好将任何数据结构与相同的边界对齐。当设置了适当的标志时，编译器基本上就是自动化地执行对齐操作。我们鼓励好奇的读者回顾一下 Zeshan Chishti 关于 DRAM 的课程“ECE 485/585 Microprocessor System Design”。

GPU 内存的带宽要求甚至更高，因为它们的处理单元比 CPU 多得多。总的来说，解决这些问题有两种选择。首先是使内存总线变得更宽。例如，NVIDIA 的 RTX2080Ti 有一条 352 位总线，这样就可以同时传输更多的信息。其次，GPU 使用特定的高性能内存。对于消费级设备，如 NVIDIA 的 RTX 和 Titan 系列，通常使用 GDDR6 模块，这些模块使用截然不同的接口，直接与专用硅片上的 GPU 连接。这使得它们非常昂贵，通常仅限于高端服务器芯片，如 NVIDIA Volta V100 系列加速卡。毫不意外的是 GPU 的内存通常比 CPU 的内存小得多，因为前者的成本更高。就目的而言，它们的性能与特性大体上是相似的，只是 GPU 的速度更快。就本书而言，我们完全可以忽略细节，因为这些技术细节只在调整 GPU 内核以获得高吞吐量时才起作用。

12.4.3　存储器

随机访问存储的一些关键特性是带宽（bandwidth）和延迟（latency）。存储设备也是如此，只是不同设备之间的特性差异可能更大。

1. 硬盘驱动器

硬盘驱动器（hard disk drive，HDD）已经使用了半个多世纪。简单地说，它们包含许多旋转的盘片，这些盘片的磁头可以放置在任何给定的磁道上进行读写。高端磁盘在 9 个盘片上的容量高达 16 TB。硬盘的主要优点之一是相对便宜，而它们的众多缺点之一是典型的灾难性故障模式和相对较高的读取延迟。

要理解后者，请了解一个事实，即硬盘驱动器的转速约为 7200 RPM（每分钟转数），如果它们转速再快些，就会由于施加在盘片上的离心力而破碎。在访问磁盘上的特定扇区时，还有一个关键问题：需要等待盘片旋转到位（可以移动磁头，但是无法对磁盘加速）。因此，可能需要 8 ms 才能使用请求的数据。一种常见的描述方式是，硬盘驱动器可以以约 100 IOPs（每秒输入 / 输出操作）的速度工作，并且在过去 20 年中这个数字基本上没变。同样糟糕的是，带宽（约为 100 ～ 200 MB/s）也很难增加。毕竟，每个磁头读取一个磁道的比特，因此比特率只随信息密度的平方根缩放。因此，对于非常大的数据集，硬盘驱动器正迅速降级为归档存储 和低级存储。

2. 固态驱动器

固态驱动器（solid state drive，SSD）使用闪存持久地存储信息。这允许更快地访问存储的记录。现代的固态驱动器的 IOPS 可以达到 10 万～ 50 万，比硬盘驱动器快 3 个数量级。而且，它们的带宽可以达到 1 ～ 3 GB/s，比硬盘驱动器快一个数量级。这些改进好得令人难以置信，而事实上受限于固态驱动器的设计方式，它需要满足以下附加条件。

- 固态驱动器以块（256KB 或更大）的方式存储信息。块只能作为一个整体来写入，因此需要耗费大量的时间，导致固态驱动器在按位随机写入时性能非常差。数据写入需要大量时间的原因通常还有块必须被读取、擦除后才能重新写入新的信息。如今对于固态驱动器的控制器和固件已经开发出了缓解这种情况的算法。尽管有了算法，写入速度仍然会比读取速度慢得多，特别是对于 QLC（四层单元）固态驱动器。提高性能的关键是维护操作的“队列”，在队列中尽可能地优先读取和写入大的块。
- 固态驱动器中的存储单元磨损得比较快（通常在写入几千次之后就已经老化了）。磨损程度保护算法能够将老化平摊到许多单元。也就是说，不建议将固态驱动器用于交换分区文件或大型日志文件。
- 带宽的大幅增加迫使计算机设计者将固态驱动器与 PCIe 相连接，这种驱动器称为 NVMe（非易失性内存增强），其最多可以使用 4 个 PCIe 通道。在 PCIe 4.0 上最高可达 8 GB/s。

3. 云存储

云存储提供了一系列可配置的性能。也就是说，虚拟机的存储在数量和速度上都能根据用户需要进行动态分配。建议用户在延迟太高时（例如，在训练期间存在许多小记录时）增加 IOPs 的配置数。

12.4.4 CPU

中央处理器（central processing unit，CPU）是所有计算机的核心。它由许多关键组件组成。处理器核心（processor core）用于执行机器代码。总线（bus）用于连接不同组件（注意，总线会因为处理器型号、各代产品和供应商之间的特定拓扑结构有明显不同）。缓存（cache）相比主内存可实现更高带宽的读取和更低延迟的内存访问。最后，因为高性能线性代数和卷积运算常见于媒体处理和机器学习中，所以几乎所有的现代 CPU 都包含向量处理单元（vector processing unit）来为这些计算提供辅助。

图 12-8 展示了 IntelSkylake 消费级 4 核 CPU。它包含一个集成 GPU、缓存和一个连接 4 核的环总线。例如，以太网、WiFi、蓝牙、SSD 控制器和 USB 这些外围设备要么是芯片组的一部分，要么通过 PCIe 直接连接到 CPU。

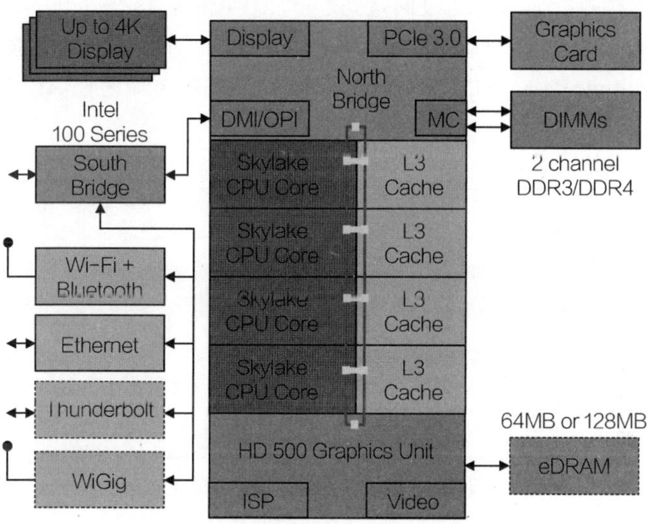

图 12-8 Intel Skylake 消费级 4 核 CPU

1. 微体系结构

每个处理器核心都由一组相当复杂的组件组成。虽然不同时代的产品和供应商的实现细节有所不同，但基本功能都是标准的。前端加载指令并尝试预测将采用哪条路径（例如，为了控制流），然后将指令从汇编代码解码为微指令。汇编代码通常不是处理器执行的最低级别的代码，复杂的微指令可以被解码成一组更低级别的操作，然后由实际的执行核心处理。通常执行核心能够同时执行许多操作，例如，图 12-9 的 ARM Cortex A77 核心可以同时执行多达 8 个操作。

这意味着高效的程序可以在每个时钟周期内执行多条指令，前提是这些指令可以独立执行。不是所有的处理单元都是等同的，一些专用于处理整数指令，而另一些则针对浮点性能进行优化。为了提高吞吐量，处理器还可以在分支指令中同时执行多条代码路径，然后丢弃未选择分支的执行结果。这就是前端的分支预测单元很重要的原因，即只有最有希望的路径才会被继续执行。

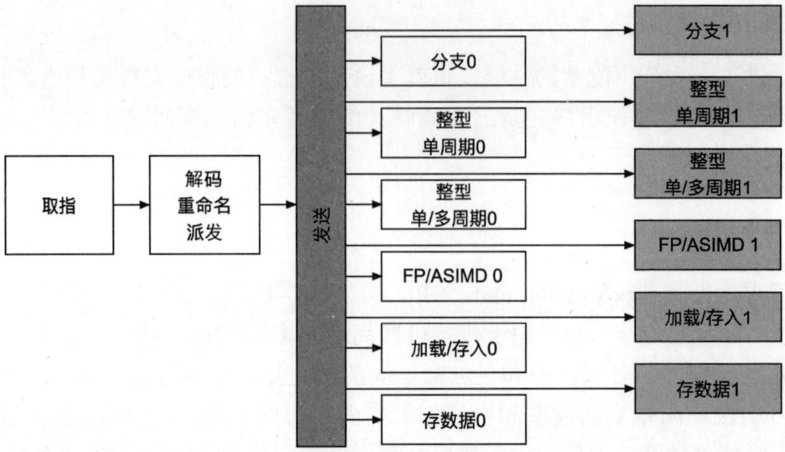

图 12-9　ARM Cortex A77 微体系结构

2. 向量化

深度学习的计算量非常大。因此，为了满足机器学习的需要，CPU 需要在一个时钟周期内执行许多操作。这种执行方式是通过向量处理单元实现的。这些处理单元有不同的名称：在 ARM 上叫作 NEON，在 x86 上被称为 AVX2。一个常见的功能是它们能够执行单指令多数据（single instruction multiple data，SIMD）操作。图 12-10 展示了如何在 ARM 上的一个时钟周期内完成 8 个整数加法。

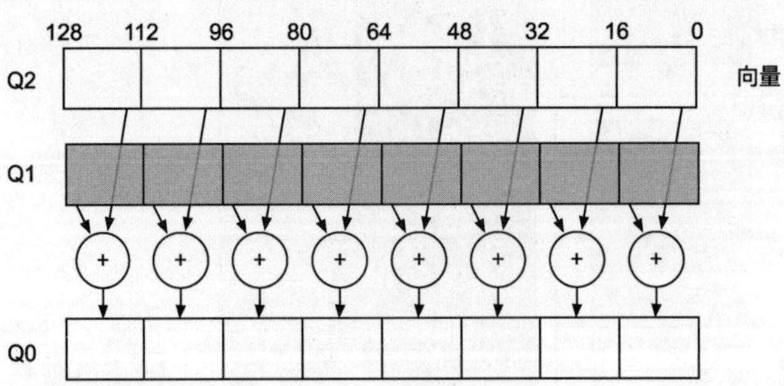

图 12-10　128 位 NEON 向量化

根据体系结构的选择，此类寄存器最长可达 512 位，最多可组合 64 对数字。例如，我们可能会将两个数字相乘，然后与第三个数字相加，这也称为乘加融合（fused multiply-add）运算。Intel 的 OpenVino 就是使用这些处理器来获得可观的吞吐量，以便在服务器级 CPU 上进行深度学习。不过请注意，这种操作能力与 GPU 相比则相形见绌，例如，NVIDIA 的 RTX2080Ti 拥有 4352 个 CUDA 核，每个核都能够在任何时候处理这样的操作。

3. 缓存

考虑以下情况：我们有一个中等规模的 4 核 CPU，如图 12-8 所示，运行在 2 GHz 频率。此外，假设向量处理单元启用了 256 位带宽的 AVX2，其 IPC（指令数 / 时钟周期）计数为 1。进一步假设从内存中获取用于 AVX2 操作的指令至少需要一个寄存器，这意味着 CPU 每个时钟周期需要消耗 4×256 位（即 128 字节）的数据。除非我们能够每秒向处理器传输 $2 \times 10^9 \times 128 = 256 \times 10^9$ 字节，否则用于处理的数据将会不足。遗憾的是，这种芯片的存储器接口仅支持 20～

40 GB/s 的数据传输，即低了一个数量级。解决方法是尽可能避免从内存中加载新数据，而是将数据存放在 CPU 的缓存上。这就是使用缓存的场景。缓存通常涉及以下术语或概念。

- 寄存器严格来说不是缓存的一部分，用于帮助组织指令。也就是说，寄存器是 CPU 可以以时钟速度访问而没有延迟的存储位置。CPU 有数十个寄存器，因此有效地使用寄存器取决于编译器（或程序）。例如，C 语言有一个 `register` 关键字。
- 一级缓存是应对高内存带宽需求的第一道防线。一级缓存很小（常见大小可能是 32 ～ 64 KB），存放内容通常分为数据和指令。当数据在一级缓存中被找到时，其访问速度非常快，如果在这里没有找到数据，搜索将沿着缓存层次结构向下寻找。
- 二级缓存是下一站。根据结构设计和处理器大小的不同，它们可能是独占的，也可能是共享的，即它们可能只能由给定的核访问，或者在多个核之间共享。二级缓存比一级缓存大（通常每个核心 256 ～ 512 KB），而速度较慢。此外，我们首先需要检查以确定数据不在一级缓存中时才会访问二级缓存中的内容，这会增加少量的额外延迟。
- 三级缓存在多个核之间共享，并且可以非常大。AMD 的 EPYC 3 服务器的 CPU 在多个芯片上拥有高达 256 MB 的高速缓存，更常见的范围在 4 ～ 8 MB。

预测下一步需要哪个存储设备是优化芯片设计的关键参数之一。例如，建议以向前的方向遍历内存，因为大多数缓存算法将试图向前读取（read forward）而不是向后读取。同样，将内存访问模式保持在本地也是提高性能的一个好方法。

添加缓存是一把双刃剑，一方面，它能确保处理器核心不缺乏数据；另一方面，它增加了芯片大小，消耗了原本可以用来提高处理能力的面积。此外，缓存未命中的代价可能会很高昂。考虑最坏的情况，如图 12-11 所示的错误共享（false sharing）。当处理器 1 上的线程请求数据时，内存位置缓存在处理器 0 上。为了满足获取数据的需要，处理器 0 需要停止它正在执行的任务，将信息写回主内存，然后让处理器 1 从内存中读取它。在此操作期间，两个处理器都需要等待。与高效的单处理器实现相比，代码在多个处理器上运行的速度可能慢得多。这就是缓存大小（除物理大小之外）有实际限制的另一个原因。

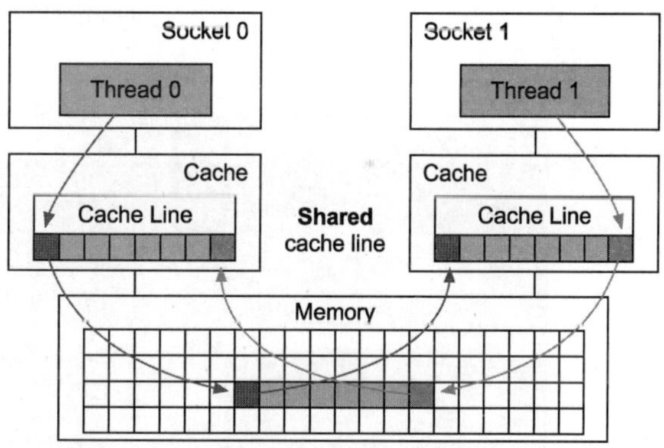

图 12-11 错误共享（图片由英特尔公司提供）

12.4.5 GPU和其他加速卡

毫不夸张地说，如果没有 GPU，深度学习就不会成功。基于同样的原因，有理由认为 GPU 制造商的财富由于深度学习而显著增加。这种硬件和算法的协同进展导致了这样一种情况：无论如何，深度学习都是更可取的统计建模范式。因此，了解 GPU 和其他加速卡（如 TPU [78]）的具体好处是值得的。

值得注意的是，在实践中经常会产生这样一个判别：加速卡是为训练还是推断而优化的。对于后者，我们只需要计算网络中的前向传播，而反向传播不需要存储中间数据。此外，我们可能不需要非常精确的计算（FP16 或 INT8 通常就足够了）。对于前者，训练过程中需要存储所有的中间结果用来计算梯度。而且，累积梯度也需要更高的精确度，以避免数值下溢（或溢出）。这意味着最低要求是 FP16（或 FP16 与 FP32 混合的精确度）。所有这些都需要更快、更大的内存（HBM2 或 GDDR6）和更强的处理能力。例如，NVIDIA 优化了 Turing T4 GPU 用于推断以及 V100 GPU 用于训练。

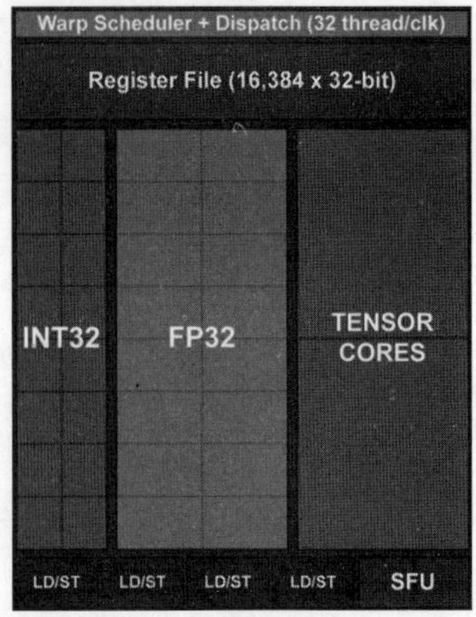

图 12-12　NVIDIA Turing 处理块（图片由英伟达公司提供）

回想一下图 12-10 所示的向量化。向处理器核心中添加向量处理单元可以显著提高吞吐量。例如，在图 12-10 的例子中，我们能够同时执行 16 个操作。首先，如果我们添加的运算不仅优化了向量运算，而且优化了矩阵运算，会有什么好处？稍后我们将讨论基于这个策略引入的张量核（tensor core）。其次，如果我们增加更多的核呢？简而言之，以上就是 GPU 设计决策中的两种策略。图 12-12 给出了基本处理块的示意。它包含 16 个整数单位和 16 个浮点单位。除此之外，两个张量核加速了与深度学习相关的附加操作的狭窄的子集。 每个流式多处理器都由这样的 4 个块组成。

接下来，将 12 个流式多处理器分组为图形处理集群，这些集群构成了高端 TU102 处理器。充足的内存通道和二级缓存完善了配置。图 12-13 展示了相关的细节。设计这种设备的原因之一是可以根据需要独立地添加或删除模块，从而满足设计更紧凑的芯片和处理良品率问题（故障模块可能无法激活）的需要。幸运的是，在 CUDA 和框架代码层之下，这类设备的编程对深度学习的临时研究人员隐藏得很好。特别是，只要有可用的资源，GPU 上就可以同时执行多个程序。尽管如此，了解设备的局限性是值得的，可以避免对应的设备内存的型号不合适。

图 12-13　NVIDIA Turing 架构（图片由英伟达公司提供）

最后值得一提的是张量核，它是最近增加更多优化电路趋势的一个例子，这些优化电路对深度学习特别有效。例如，TPU 添加了用于快速矩阵乘法的脉动阵列 [87]，这种设计是为了支持数量非常小（第一代 TPU 支持数量为 1）的大型操作。而张量核是另一个极端，它针对 4×4 和 16×16 之间的矩阵的小型运算进行了优化，具体取决于它们的数值精确度。图 12-14 给出了优化的示意。

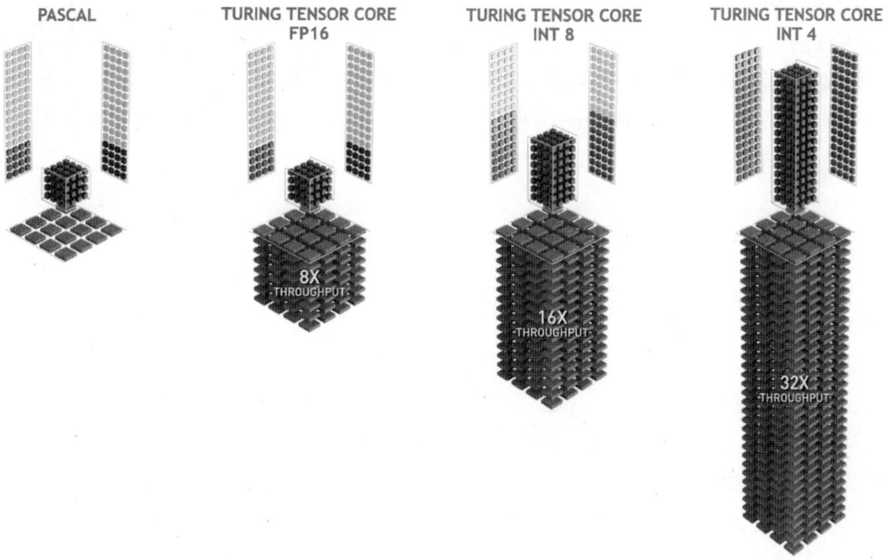

图 12-14 NVIDIA Turing 架构中的张量核（图片由英伟达公司提供）

显然，我们最终会在优化计算时做出某些妥协。其中之一是 GPU 不太擅长处理稀疏数据和中断。尽管有一些明显的特例，如 Gunrock[174]，但 GPU 擅长的高带宽突发读取操作并不适合稀疏矩阵和向量的访问模式。访问稀疏数据和处理中断这两个目标是一个研究活跃的领域，例如 DGL，一个专为图深度学习而设计的库。

12.4.6 网络和总线

当单个设备不足以进行优化时，我们就需要来回传输数据以实现同步处理，于是网络和总线就派上了用场。我们有许多设计参数：带宽、成本、距离和灵活性。应用的末端有 WiFi，它有非常适宜的使用范围，非常容易使用（毕竟没有线缆），而且便宜，但它提供的带宽和延迟相对一般。通常机器学习研究人员都不会用它来构建服务器集群。接下来的内容中将重点关注适合深度学习的互连方式。

- **PCIe**：一种专用总线，用于每个通道点对点连接的高带宽需求（在 16 通道插槽中的 PCIe 4.0 上高达 32 GB/s），延迟为个位数的微秒（如 5μs）。PCIe 链路非常昂贵。处理器拥有的通道数量：AMD 的 EPYC 3 有 128 个通道，Intel 的 Xeon 每个芯片有 48 个通道；在桌面级 CPU 上，通道数量分别是 20（Ryzen9）和 16（Core i9）。由于 GPU 通常有 16 个通道，这就限制了以全带宽与 CPU 连接的 GPU 数量，毕竟，它们还需要与其他高带宽外围设备（如存储和以太网）共享链路。与 RAM 访问一样，由于减小了数据包的开销，因此 PCIe 更适合大批量数据传输。
- **以太网**：连接计算机的最常用的方式。虽然它比 PCIe 慢得多，但它的安装成本非常低，而且具有很强的弹性，覆盖的距离也长得多。低级别服务器的典型带宽为 1Gbit/s。

高端设备（如云上的 Amazon EC2 C5 实例）则进一步增加了开销。与 PCIe 类似，以太网旨在连接两个设备，例如计算机和交换机。

- **交换机**：一种连接多个设备的方式，该连接方式下的任何一对设备都可以同时进行点对点连接（通常是全带宽）。例如，以太网交换机可能以高带宽连接 40 台服务器。注意，交换机并不是传统计算机网络所独有的，即使 PCIe 通道也可以是可交换的，例如：Amazon EC2 P2 实例就是将大量 GPU 连接到主机处理器。
- **NVLink**：PCIe 的替代品，适用于带宽非常高的互连。它为每条链路提供高达 300Gbit/s 的数据传输速率。服务器 GPU（Volta V100）有 6 个链路，而消费级 GPU（RTX 2080Ti）只有一个链路，数据传输速率也降低到 100Gbit/s。建议使用 NCCL 来实现 GPU 之间的高速数据传输。

12.4.7　更多延迟

表 12-1 和表 12-2 中的数据来自 Eliot Eshelman。

表 12-1　常见延迟

操作	延迟	备注
L1 cache reference/hit	1.5 ns	4 cycles
Floating-point add/mult/FMA	1.5 ns	4 cycles
L2 cache reference/hit	5 ns	12 ~ 17 cycles
Branch mispredict	6 ns	15 ~ 20 cycles
L3 cache hit (unshared cache)	16 ns	42 cycles
L3 cache hit (shared in another core)	25 ns	65 cycles
Mutex lock/unlock	25 ns	—
L3 cache hit (modified in another core)	29 ns	75 cycles
L3 cache hit (on a remote CPU socket)	40 ns	100 ~ 300 cycles (40 ~ 116 ns)
QPI hop to a another CPU (per hop)	40 ns	—
64MB memory ref. (local CPU)	46 ns	TinyMemBench on Broadwell E5-2690v4
64MB memory ref. (remote CPU)	70 ns	TinyMemBench on Broadwell E5-2690v4
256MB memory ref. (local CPU)	75 ns	TinyMemBench on Broadwell E5-2690v4
Intel Optane random write	94 ns	UCSD Non-Volatile Systems Lab
256MB memory ref. (remote CPU)	120 ns	TinyMemBench on Broadwell E5-2690v4
Intel Optane random read	305 ns	UCSD Non-Volatile Systems Lab
Send 4KB over 100 Gbps HPC fabric	1 μs	MVAPICH2 over Intel Omni-Path
Compress 1KB with Google Snappy	3 μs	—
Send 4KB over 10 Gbps ethernet	10 μs	—
Write 4KB randomly to NVMe SSD	30 μs	DC P3608 NVMe SSD (QOS 99% is 500μs)
Transfer 1MB to/from NVLink GPU	30 μs	~33GB/s on NVIDIA 40GB NVLink
Transfer 1MB to/from PCI-E GPU	80 μs	~12GB/s on PCIe 3.0 x16 link
Read 4KB randomly from NVMe SSD	120 μs	DC P3608 NVMe SSD (QOS 99%)
Read 1MB sequentially from NVMe SSD	208 μs	~4.8GB/s DC P3608 NVMe SSD
Write 4KB randomly to SATA SSD	500 μs	DC S3510 SATA SSD (QOS 99.9%)
Read 4KB randomly from SATA SSD	500 μs	DC S3510 SATA SSD (QOS 99.9%)

续表

操作	延迟	备注
Round trip within same datacenter	500 μs	One-way ping is ~250μs
Read 1MB sequentially from SATA SSD	2 ms	~550MB/s DC S3510 SATA SSD
Read 1MB sequentially from disk	5 ms	~200MB/s server HDD
Random Disk Access (seek+rotation)	10 ms	—
Send packet CA->Netherlands->CA	150 ms	—

表 12-2 NVIDIA Tesla GPU 的延迟

操作	延迟	备注
GPU Shared Memory access	30 ns	30~90 cycles (bank conflicts add latency)
GPU Global Memory access	200 ns	200~800 cycles
Launch CUDA kernel on GPU	10 μs	Host CPU instructs GPU to start kernel
Transfer 1MB to/from NVLink GPU	30 μs	~33GB/s on NVIDIA 40GB NVLink
Transfer 1MB to/from PCI-E GPU	80 μs	~12GB/s on PCI-Express x16 link

小结

- 设备有运行开销。因此，数据传输要争取量大次少而不是量少次多。这适用于 RAM、固态驱动器、网络和 GPU。
- 向量化是性能的关键。确保充分了解加速卡的特定功能，例如，一些 Intel Xeon CPU 特别适用于 INT8 操作，NVIDIA Volta GPU 擅长 FP16 矩阵操作，NVIDIA Turing 擅长 FP16、INT8 和 INT4 操作。
- 在训练过程中数据范围过小导致的数值溢出可能是个问题（在推断过程中则影响不大）。
- 数据混合现象会导致严重的性能退化。64 位 CPU 应该按照 64 位边界进行内存对齐。在 GPU 上建议保持卷积大小对齐，例如：与张量核对齐。
- 将算法与硬件（例如，内存占用和带宽）相匹配。将命中参数放入缓存后，可以实现很高数量级的加速比。
- 在验证实验结果之前，建议先在纸上勾勒出新算法的性能。关注的原因是数量级及以上的差异。
- 使用调试器跟踪调试以寻找性能的瓶颈。
- 训练硬件和推断硬件在性能和价格方面有不同的优势。

练习

（1）编写 C 语言代码来测试访问对齐的内存和未对齐的内存的速度是否有差异。（提示：小心缓存的影响。）

（2）测试按顺序访问或按给定步幅访问内存时的速度差异。

（3）如何测量 CPU 上的缓存大小？

（4）如何在多个内存通道中分配数据以获得最大带宽？如果有许多小的线程，会如何分配？

（5）一个企业级硬盘正在以 10000RPM 的速度旋转。在最差的情况下，硬盘读取数据所需的最短时间是多长（假设磁头几乎是瞬间移动的）？为什么 2.5 英寸硬盘在商用服务器上越来越流行（相对于 3.5 英寸硬盘和 5.25 英寸硬盘）？

（6）假设硬盘驱动器制造商将信息存储密度从每平方英寸 1 Tbit 增加到每平方英寸 5 Tbit。在一个 2.5 英寸的硬盘上，多少信息能够存储在一个磁道中？内磁道和外磁道有区别吗？

（7）从 8 位数据类型到 16 位数据类型，硅片的数量大约增加了 4 倍，为什么？为什么 NVIDIA 会在其图灵 GPU 中添加 INT4 运算？

（8）在内存中向前读比向后读快多少？该数字在不同的计算机和 CPU 供应商之间是否有所不同？为什么？编写 C 语言代码进行实验。

（9）磁盘的缓存大小能否测量？典型硬盘的缓存大小是多少？固态驱动器需要缓存吗？

（10）测量通过以太网发送消息时的数据包开销。查找 UDP 和 TCP/IP 连接之间的差异。

（11）直接内存访问允许 CPU 以外的设备直接写入（和读取）内存。为什么要这样设计？

（12）看看 Turing T4GPU 的性能数据。为什么从 FP16 到 INT8 和 INT4 的性能只翻倍？

（13）一个数据包从旧金山到阿姆斯特丹的往返旅行需要多长时间？提示：可以假设距离为 10000 公里。

12.5 多GPU训练

扫码直达讨论区

到目前为止，我们讨论了如何在 CPU 和 GPU 上高效地训练模型，同时在 12.3 节中展示了深度学习框架如何在 CPU 和 GPU 之间自动地并行化计算和通信，还在 5.6 节中展示了如何使用 `nvidia-smi` 命令列出计算机上所有可用的 GPU。但是我们没有讨论如何真正实现深度学习训练的并行化。是否有一种方法，可以某种方式分割数据到多个设备上，并使其能够正常工作呢？本节将详细介绍如何从零开始并行地训练网络，这里需要运用小批量随机梯度下降算法（详见 11.5 节），还将介绍如何使用高级 API 并行训练网络（参见 12.6 节）。

12.5.1 问题拆分

我们从一个简单的计算机视觉问题和一个稍稍过时的网络开始。这个网络有多个卷积层和汇聚层，最后可能有几个全连接层，看起来非常类似于 LeNet[88] 或 AlexNet[86]。假设我们有多个 GPU（如果是桌面服务器则有 2 个，Amazon EC2 g4dn.12xlarge 上有 4 个，p3.16xlarge 上有 8 个，p2.16xlarge 上有 16 个）。我们希望以一种方式对训练进行拆分，以实现良好的加速比，同时还能受益于简单且可重复的设计选择。毕竟，多个 GPU 同时增加了内存和计算能力。简而言之，对于需要拆分的小批量训练数据，我们有以下选择。

第一种方法是，在多个 GPU 之间拆分网络。也就是说，每个 GPU 将流入特定层的数据作为输入，跨多个后续层对数据进行处理，然后将数据发送到下一个 GPU。与单个 GPU 的处理能力相比，我们可以用更大的网络处理数据。此外，每个 GPU 的内存占用（memory footprint）可以得到很好的控制，虽然它只是整个网络内存占用的一小部分。

然而，GPU 的接口之间需要的密集同步可能是很难实现的，特别是层之间计算的工作负载不能正确匹配，以及层之间的接口需要大量数据传输的时候（例如：对于激活值和梯度，数据量可能会超出 GPU 总线的带宽）。此外，计算密集型操作的顺序对拆分来说也是非常重要的，这方面的最佳研究可参见参考文献 [109]，其本质仍然是一个困难的问题，目前还不清楚该研究是否能在特定问题上实现良好的线性缩放。综上所述，除非框架或操作系统本身支持将多个 GPU 连接在一起，否则不建议这种方法。

第二种方法是，拆分层内的工作。例如，将问题分散到 4 个 GPU，每个 GPU 生成 16 个通道的数据，而不是在单个 GPU 上计算 64 个通道。对于全连接层，同样可以拆分输出单元的数量。图 12-15 展示了这种设计，其策略用于处理内存占用非常小（当时为 2 GB）的 GPU。当通道或单元的数量不太小时，可以使计算性能有良好的提升。此外，由于可用内存呈线性扩展，多个 GPU 能够处理不断变大的网络。

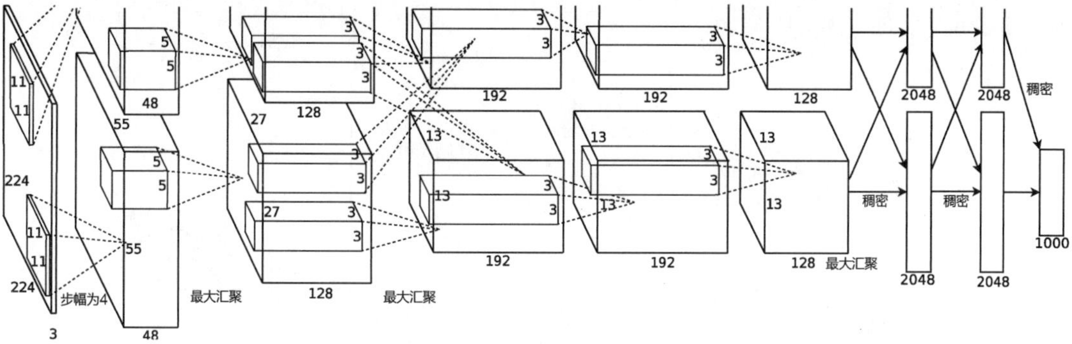

图 12-15 由于 GPU 内存有限，原有 AlexNet 设计中的模型并行化

然而，我们需要大量的同步或屏障操作（barrier operation），因为每一层都依赖所有其他层的输出结果。此外，需要传输的数据量也可能比跨 GPU 拆分层时还要大。因此，鉴于带宽的成本和复杂性，我们同样不推荐这种方法。

第三种方法是，跨多个 GPU 对数据进行拆分。在这种方式下，所有 GPU 尽管有不同的观测结果，但是执行着相同类型的工作。在完成每个小批量数据的训练之后，梯度在 GPU 上聚合。这种方法最简单，并可以应用于任何情况，只需要在每个小批量数据处理之后进行同步。也就是说，当其他梯度参数仍在计算时，完成计算的梯度参数就可以开始交换。而且，GPU 的数量越多，小批量包含的数据量就越大，从而能提高训练效率。但是，添加更多的 GPU 并不能使我们训练更大的模型。

图 12-16 中比较了多个 GPU 上不同的并行方式。总体而言，只要 GPU 的内存足够大，数据并行就是最方便的。有关分布式训练分区的详细描述，可参见参考文献 [90]。在深度学习的早期，GPU 的内存曾经是一个棘手的问题，然而，如今除了非常特殊的情况，这个问题已经解决。下面我们将重点讨论数据并行性。

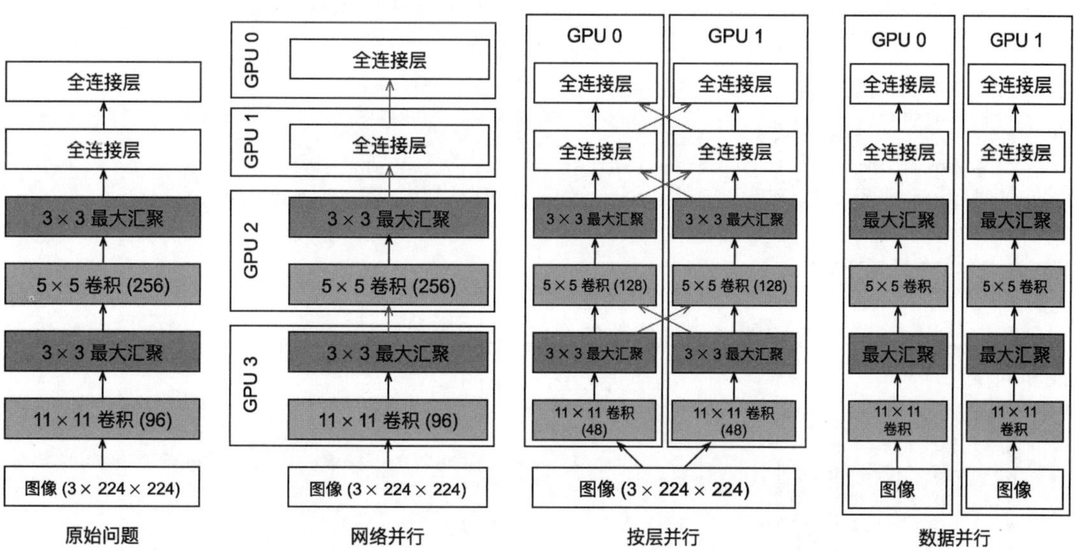

图 12-16 在多个 GPU 上并行化

12.5.2 数据并行性

假设一台机器有 k 个 GPU。给定需要训练的模型，虽然每个 GPU 上的参数值都是相同且同步的，但是每个 GPU 都将独立地维护一组完整的模型参数。图 12-17 展示了在 $k = 2$ 时基于数据并行的方法训练模型。

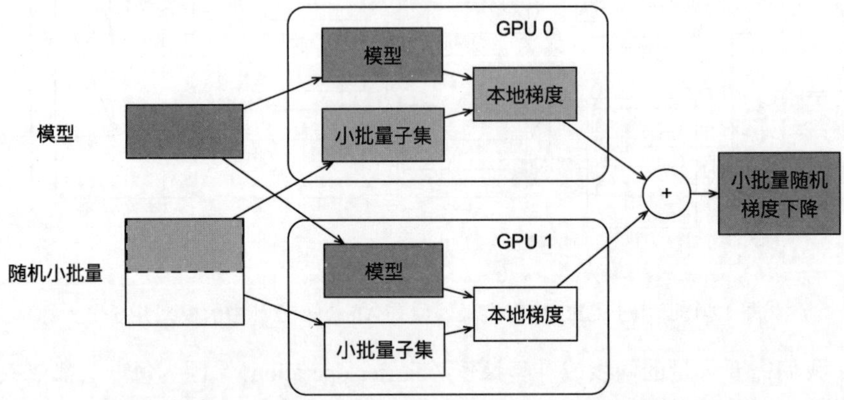

图 12-17　利用两个 GPU 上的数据，并行计算小批量随机梯度下降

一般来说，k 个 GPU 并行训练过程如下：

- 在任何一次训练迭代中，给定的随机小批量样本都将被分成 k 个部分，并均匀地分配到 GPU 上；
- 每个 GPU 根据分配给它的小批量子集，计算模型参数的损失和梯度；
- 将 k 个 GPU 中的局部梯度聚合，以获得当前小批量的随机梯度；
- 聚合梯度被重新分发到每个 GPU 中；
- 每个 GPU 使用这个小批量随机梯度，来更新它所维护的完整的模型参数集。

在实践中请注意，当在 k 个 GPU 上训练时，需要扩大小批量的大小为 k 的倍数，这样每个 GPU 都有相同的工作量，就像在单个 GPU 上训练一样。因此，在 16-GPU 服务器上可以显著地增加小批量数据量的大小，同时可能还需要相应地提高学习率。还请注意，7.5 节中的批量规范化也需要调整，例如，为每个 GPU 保留单独的批量规范化参数。

下面我们将使用一个简单网络来展示多 GPU 训练。

```
%matplotlib inline
import torch
from torch import nn
from torch.nn import functional as F
from d2l import torch as d2l
```

12.5.3 简单网络

我们使用 6.6 节中介绍的（稍加修改的）LeNet，从零开始定义它，从而详细说明参数交换和同步。

```
# 初始化模型参数
scale = 0.01
W1 = torch.randn(size=(20, 1, 3, 3)) * scale
b1 = torch.zeros(20)
W2 = torch.randn(size=(50, 20, 5, 5)) * scale
b2 = torch.zeros(50)
W3 = torch.randn(size=(800, 128)) * scale
```

```
b3 = torch.zeros(128)
W4 = torch.randn(size=(128, 10)) * scale
b4 = torch.zeros(10)
params = [W1, b1, W2, b2, W3, b3, W4, b4]

# 定义模型
def lenet(X, params):
    h1_conv = F.conv2d(input=X, weight=params[0], bias=params[1])
    h1_activation = F.relu(h1_conv)
    h1 = F.avg_pool2d(input=h1_activation, kernel_size=(2, 2), stride=(2, 2))
    h2_conv = F.conv2d(input=h1, weight=params[2], bias=params[3])
    h2_activation = F.relu(h2_conv)
    h2 = F.avg_pool2d(input=h2_activation, kernel_size=(2, 2), stride=(2, 2))
    h2 = h2.reshape(h2.shape[0], -1)
    h3_linear = torch.mm(h2, params[4]) + params[5]
    h3 = F.relu(h3_linear)
    y_hat = torch.mm(h3, params[6]) + params[7]
    return y_hat

# 交叉熵损失函数
loss = nn.CrossEntropyLoss(reduction='none')
```

12.5.4 数据同步

对于高效的多 GPU 训练，需要两个基本操作。第一，我们需要向多个设备分发参数并附加梯度（`get_params`）。如果没有参数，就不可能在 GPU 上评估网络。第二，需要跨多个设备对参数求和，也就是说，需要一个 `allreduce` 函数。

`get_params` 函数定义如下。

```
def get_params(params, device):
    new_params = [p.to(device) for p in params]
    for p in new_params:
        p.requires_grad_()
    return new_params
```

利用 `get_params` 函数将模型参数复制到一个 GPU。

```
new_params = get_params(params, d2l.try_gpu(0))
print('b1 权重:', new_params[1])
print('b1 梯度:', new_params[1].grad)
```

```
b1 权重: tensor([0., 0., 0., 0., 0., 0., 0., 0., 0., 0., 0., 0., 0., 0., 0., 0.,
 ↪0., 0., 0., 0.],
        device='cuda:0', requires_grad=True)
b1 梯度: None
```

由于还没有进行任何计算，因此权重参数的梯度仍然为 0。假设现在有一个向量分布在多个 GPU 上，下面的 `allreduce` 函数将所有向量相加，并将结果广播给所有 GPU。注意，我们需要将数据复制到累积结果的设备上，这样才能使函数正常工作。

```
def allreduce(data):
    for i in range(1, len(data)):
        data[0][:] += data[i].to(data[0].device)
    for i in range(1, len(data)):
        data[i][:] = data[0].to(data[i].device)
```

在不同设备上创建具有不同值的向量并聚合它们。

```
data = [torch.ones((1, 2), device=d2l.try_gpu(i)) * (i + 1) for i in range(2)]
print('allreduce之前：\n', data[0], '\n', data[1])
allreduce(data)
print('allreduce之后：\n', data[0], '\n', data[1])
```

```
allreduce之前：
 tensor([[1., 1.]], device='cuda:0')
 tensor([[2., 2.]], device='cuda:1')
allreduce之后：
 tensor([[3., 3.]], device='cuda:0')
 tensor([[3., 3.]], device='cuda:1')
```

12.5.5 数据分发

我们需要一个简单的工具函数，将一个小批量数据均匀地分布在多个 GPU 上。例如，有两个 GPU 时，我们希望每个 GPU 可以复制一半的数据。因为深度学习框架的内置函数编写代码更方便、更简洁，所以在 4×5 矩阵上使用它进行尝试。

```
data = torch.arange(20).reshape(4, 5)
devices = [torch.device('cuda:0'), torch.device('cuda:1')]
split = nn.parallel.scatter(data, devices)
print('input :', data)
print('load into', devices)
print('output:', split)
```

```
input : tensor([[ 0,  1,  2,  3,  4],
        [ 5,  6,  7,  8,  9],
        [10, 11, 12, 13, 14],
        [15, 16, 17, 18, 19]])
load into [device(type='cuda', index=0), device(type='cuda', index=1)]
output: (tensor([[0, 1, 2, 3, 4],
        [5, 6, 7, 8, 9]], device='cuda:0'), tensor([[10, 11, 12, 13, 14],
        [15, 16, 17, 18, 19]], device='cuda:1'))
```

为了便于以后复用，我们定义了可以同时拆分数据和标签的 `split_batch` 函数。

```
#@save
def split_batch(X, y, devices):
    """将X和y拆分到多个设备上"""
    assert X.shape[0] == y.shape[0]
    return (nn.parallel.scatter(X, devices),
            nn.parallel.scatter(y, devices))
```

12.5.6 训练

现在我们可以在一个小批量上实现多 GPU 训练。在多个 GPU 之间同步数据将使用刚才讨论的辅助函数 `allreduce` 和 `split_and_load`。我们不需要编写任何特定的代码来实现并行性。因为计算图在小批量内的设备之间没有任何依赖关系，所以它是“自动地”并行执行。

```
def train_batch(X, y, device_params, devices, lr):
    X_shards, y_shards = split_batch(X, y, devices)
    # 在每个GPU上分别计算损失
    ls = [loss(lenet(X_shard, device_W), y_shard).sum()
          for X_shard, y_shard, device_W in zip(
              X_shards, y_shards, device_params)]
    for l in ls:  # 反向传播在每个GPU上分别执行
        l.backward()
    # 将每个GPU的所有梯度相加，并将其广播到所有GPU
    with torch.no_grad():
        for i in range(len(device_params[0])):
            allreduce(
                [device_params[c][i].grad for c in range(len(devices))])
    # 在每个GPU上分别更新模型参数
```

```
        for param in device_params:
            d2l.sgd(param, lr, X.shape[0]) # 在这里，我们使用全尺寸的小批量
```

现在，我们可以定义训练函数。与前几章中略有不同的是，训练函数需要分配 GPU 并将所有模型参数复制到所有设备上。显然，每个小批量都使用 `train_batch` 函数来处理多个 GPU。我们只在一个 GPU 上计算模型的精度，而让其他 GPU 保持空闲，尽管这是相对低效的，但是使用方便且代码简洁。

```
def train(num_gpus, batch_size, lr):
    train_iter, test_iter = d2l.load_data_fashion_mnist(batch_size)
    devices = [d2l.try_gpu(i) for i in range(num_gpus)]
    # 将模型参数复制到num_gpus个GPU
    device_params = [get_params(params, d) for d in devices]
    num_epochs = 10
    animator = d2l.Animator('epoch', 'test acc', xlim=[1, num_epochs])
    timer = d2l.Timer()
    for epoch in range(num_epochs):
        timer.start()
        for X, y in train_iter:
            # 为单个小批量执行多GPU训练
            train_batch(X, y, device_params, devices, lr)
            torch.cuda.synchronize()
        timer.stop()
        # 在GPU0上评估模型
        animator.add(epoch + 1, (d2l.evaluate_accuracy_gpu(
            lambda x: lenet(x, device_params[0]), test_iter, devices[0]),))
    print(f'测试精度：{animator.Y[0][-1]:.2f}，{timer.avg():.1f}秒/轮，'
          f'在{str(devices)}')
```

我们看看在单个 GPU 上运行效果得有多好。首先使用的批量大小是 256，学习率是 0.2。

```
train(num_gpus=1, batch_size=256, lr=0.2)
```

```
测试精度：0.85，2.0秒/轮，在[device(type='cuda', index=0)]
```

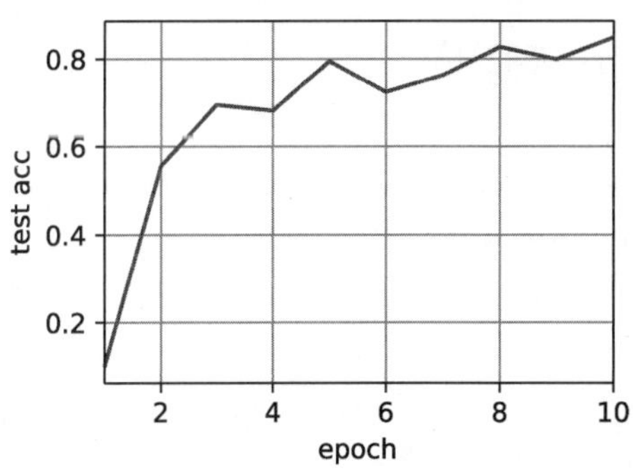

保持批量大小和学习率不变，并增加为两个 GPU，我们可以看到测试精度与之前的实验基本相同。不同的 GPU 个数在算法寻优方面是相同的。遗憾的是，这里没有任何有意义的加速，因为模型实在太小了，而且数据集也太小了。在这个数据集中，我们实现的多 GPU 训练的简单方法受到了 Python 巨大开销的影响。在未来，我们将遇到更复杂的模型和更复杂的并行化方法。尽管如此，我们看看 Fashion-MNIST 数据集上会发生什么。

```
train(num_gpus=2, batch_size=256, lr=0.2)
```

```
测试精度：0.76，2.1秒/轮，在[device(type='cuda', index=0), device(type='cuda', index=1)]
```

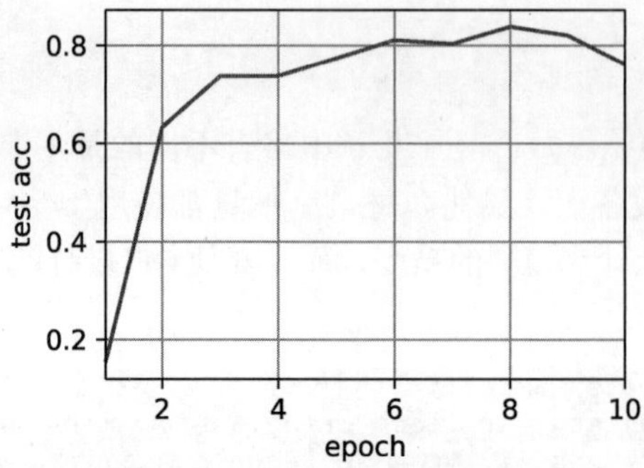

小结

- 有多种方法可以在多个 GPU 上拆分深度网络的训练。拆分可以在层之间、跨层或跨数据上实现。前两者需要对数据传输过程进行严格编排，而最后一种则是最简单的策略。
- 数据并行训练本身不复杂，它通过增加有效的小批量数据量的大小提高了训练效率。
- 在数据并行中，数据需要跨多个 GPU 拆分，其中每个 GPU 执行自己的前向传播和反向传播，随后所有的梯度被聚合，之后聚合结果向所有 GPU 广播。
- 小批量数据量更大时，学习率也需要稍微提高一些。

练习

（1）在 k 个 GPU 上进行训练时，将批量大小从 b 更改为 $k \cdot b$，即按 GPU 的数量进行扩展。

（2）比较不同学习率时模型的精度，随着 GPU 数量的增加，学习率应该如何扩展？

（3）实现一个更高效的 `allreduce` 函数用于在不同的 GPU 上聚合不同的参数？为什么这样的效率更高？

（4）实现模型在多 GPU 下测试精度的计算。

12.6　多GPU的简洁实现

扫码直达讨论区

每个新模型的并行计算都从零开始实现是无趣的。此外，优化同步工具以获得高性能是有好处的。下面我们将展示如何使用深度学习框架的高级 API 来实现这一点，数学原理和算法与 12.5 节中的相同。本节的代码至少需要两个 GPU 来运行。

```
import torch
from torch import nn
from d2l import torch as d2l
```

12.6.1　简单网络

我们使用一个比 12.5 节的 LeNet 更有意义的网络，它依然能够容易地和快速地训练。我们选择的是 ResNet-18[56]。因为输入的图像很小，所以稍微修改了一下。与 7.6 节的区别在于，这里我们在开始时使用了更小的卷积核、步长和填充，而且删除了最大汇聚层。

```
#@save
def resnet18(num_classes, in_channels=1):
    """稍加修改的ResNet-18模型"""
    def resnet_block(in_channels, out_channels, num_residuals,
```

```
                      first_block=False):
        blk = []
        for i in range(num_residuals):
            if i == 0 and not first_block:
                blk.append(d2l.Residual(in_channels, out_channels,
                                        use_1x1conv=True, strides=2))
            else:
                blk.append(d2l.Residual(out_channels, out_channels))
        return nn.Sequential(*blk)

    # 该模型使用了更小的卷积核、步长和填充，而且删除了最大汇聚层
    net = nn.Sequential(
        nn.Conv2d(in_channels, 64, kernel_size=3, stride=1, padding=1),
        nn.BatchNorm2d(64),
        nn.ReLU())
    net.add_module("resnet_block1", resnet_block(
        64, 64, 2, first_block=True))
    net.add_module("resnet_block2", resnet_block(64, 128, 2))
    net.add_module("resnet_block3", resnet_block(128, 256, 2))
    net.add_module("resnet_block4", resnet_block(256, 512, 2))
    net.add_module("global_avg_pool", nn.AdaptiveAvgPool2d((1,1)))
    net.add_module("fc", nn.Sequential(nn.Flatten(),
                                       nn.Linear(512, num_classes)))
    return net
```

12.6.2　网络初始化

我们将在训练回路中初始化网络（参见 4.8 节的初始化方法）。

```
net = resnet18(10)
# 获取GPU列表
devices = d2l.try_all_gpus()
# 我们将在训练代码实现中初始化网络
```

12.6.3　训练

如前所述，用于训练的代码需要执行以下几个基本功能才能实现高效并行。

- 在所有设备上初始化网络参数。
- 在数据集上迭代时，将小批量数据分配到所有设备上。
- 跨设备并行计算损失及其梯度。
- 聚合梯度，并相应地更新参数。

最后，并行地计算精度和发布网络的最终性能。除了需要拆分和聚合数据，训练代码与前几章的实现非常相似。

```
def train(net, num_gpus, batch_size, lr):
    train_iter, test_iter = d2l.load_data_fashion_mnist(batch_size)
    devices = [d2l.try_gpu(i) for i in range(num_gpus)]
    def init_weights(m):
        if type(m) in [nn.Linear, nn.Conv2d]:
            nn.init.normal_(m.weight, std=0.01)
    net.apply(init_weights)
    # 在多个GPU上设置模型
    net = nn.DataParallel(net, device_ids=devices)
    trainer = torch.optim.SGD(net.parameters(), lr)
    loss = nn.CrossEntropyLoss()
    timer, num_epochs = d2l.Timer(), 10
    animator = d2l.Animator('epoch', 'test acc', xlim=[1, num_epochs])
    for epoch in range(num_epochs):
        net.train()
        timer.start()
        for X, y in train_iter:
```

```
            trainer.zero_grad()
            X, y = X.to(devices[0]), y.to(devices[0])
            l = loss(net(X), y)
            l.backward()
            trainer.step()
        timer.stop()
        animator.add(epoch + 1, (d2l.evaluate_accuracy_gpu(net, test_iter),))
    print(f'测试精度：{animator.Y[0][-1]:.2f}，{timer.avg():.1f}秒/轮，'
          f'在{str(devices)}')
```

接下来看看这在实践中是如何操作的。我们先在单个 GPU 上训练网络进行预热。

```
train(net, num_gpus=1, batch_size=256, lr=0.1)
```

```
测试精度：0.91，13.7秒/轮，在[device(type='cuda', index=0)]
```

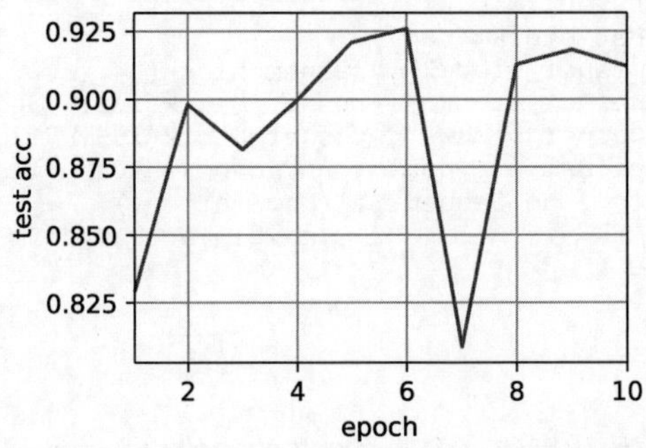

然后我们使用两个 GPU 进行训练。与 12.5 节中评估的 LeNet 相比，ResNet-18 的模型复杂得多。这正是显示并行化优势的地方，计算所需的时间明显长于同步参数所需的时间。因为并行化开销的相关性较小，所以这种操作提高了模型的可伸缩性。

```
train(net, num_gpus=2, batch_size=512, lr=0.2)
```

```
测试精度：0.72，8.1秒/轮，在[device(type='cuda', index=0), device(type='cuda', index=1)]
```

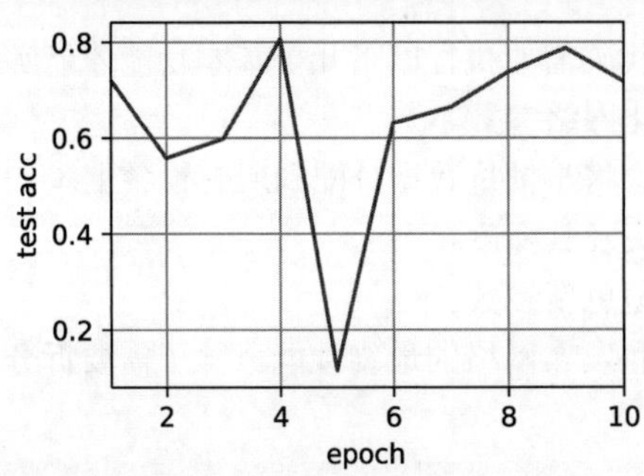

小结

- 神经网络可以在（可找到数据的）单 GPU 上进行自动评估。
- 每台设备上的网络需要先初始化，再尝试访问该设备上的参数，否则会出错。
- 优化算法在多个 GPU 上自动聚合。

练习

（1）本节使用 ResNet-18，请尝试不同的轮数、批量大小和学习率，以及使用更多的 GPU 进行计算。如果使用 16 个 GPU（例如在 Amazon EC2 p2.16xlarge 实例上）尝试此操作，会发生什么？

（2）有时候不同的设备提供了不同的计算能力，我们可以同时使用 GPU 和 CPU，那么应该如何分配工作？为什么？

12.7　参数服务器

扫码直达讨论区

当从一个 GPU 迁移到多个 GPU 以及再迁移到包含多个 GPU 的多个服务器时（可能所有服务器的分布跨越了多个机架和多个网络交换机），分布式并行训练算法也需要变得更加复杂。通过实现细节可以知道，一方面是不同的互连方式的带宽存在极大的差别（例如，NVLink 可以通过设置实现跨 6 条链路的高达 100 GB/s 的带宽，16 通道的 PCIe 4.0 提供 32 GB/s 的带宽，而即使是 100 GbE 高速以太网也只能提供约 10 GB/s 的带宽）；另一方面是期望开发者既能完成统计学习建模又精通系统和网络是不切实际的。

参数服务器的核心思想首先是由参考文献 [152] 在分布式隐变量模型的背景下引入的，然后，参考文献 [1] 中描述了 Push 和 Pull 的语义，参考文献 [90] 中描述了系统和开源库。下面我们就介绍用于提高计算效率的组件。

12.7.1　数据并行训练

我们回顾一下在分布式架构中数据并行的训练方法，因为在实践中它的实现相对简单，所以本节将只对其进行介绍。由于当今的 GPU 拥有大量的内存，因此在实际场景中（不包括图深度学习）只有数据并行这种并行训练策略值得推荐。图 12-18 展示了在 12.5 节中实现的数据并行的变体，其中的关键是梯度的聚合需要在 GPU 0 上完成，然后将更新后的参数广播给所有 GPU。

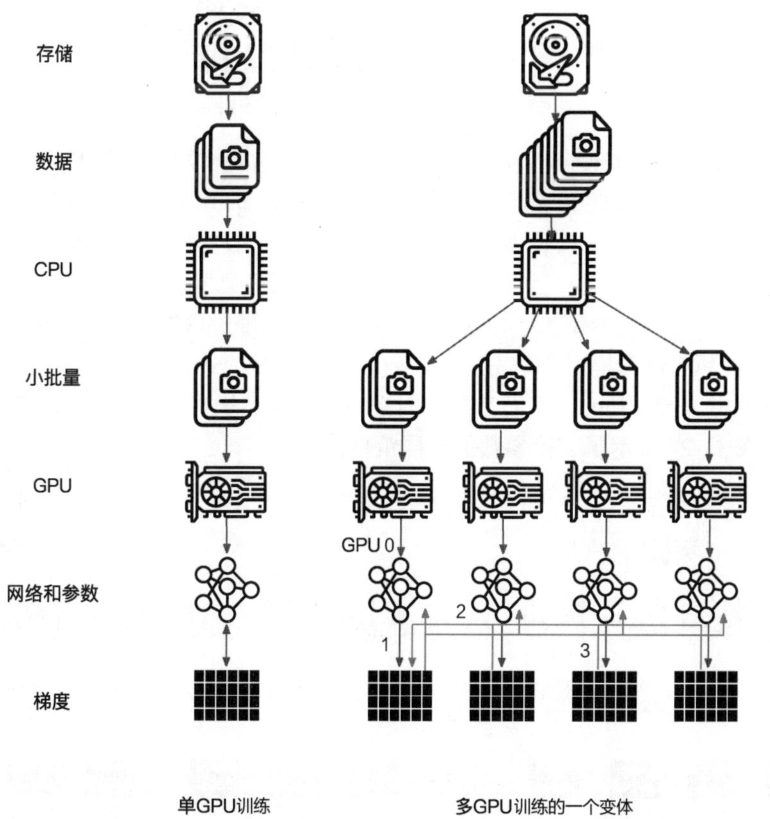

图 12-18　单 GPU 训练和多 GPU 训练的一个变体：（1）计算损失和梯度，（2）所有梯度聚合在一个 GPU 上，（3）参数更新，并将参数重新广播给所有 GPU

回顾来看，选择 GPU 0 进行聚合似乎是个很随意的决定，当然也可以选择在 CPU 上聚合。事实上只要优化算法支持，在实际操作中甚至可以在某个 GPU 上聚合其中一些参数，而在另一个 GPU 上聚合另一些参数。例如，如果有 4 个与参数向量相关的梯度 $\boldsymbol{g}_1, \cdots, \boldsymbol{g}_4$，还可以一个 GPU 对一个 $\boldsymbol{g}_i$（i=1, ⋯, 4）进行梯度聚合。

这样的推断似乎是轻率和武断的，毕竟数学应该是逻辑自洽的。但是，我们处理的是 12.4 节中所述的真实的硬件，其中不同的总线具有不同的带宽。考虑一个图 12-19 所示的真实的四路 GPU 服务器。如果它是全连接的，那么可能具有一个 100 GbE 的网卡，更有代表性的范围是 1 ～ 10 GbE，其有效带宽为 100 MB/s ～ 1 GB/s。因为 CPU 的 PCIe 通道太少（例如，消费级的 Intel CPU 有 24 个通道），无法直接与所有的 GPU 相连接，所以需要复用器。CPU 在 16x Gen3 链路上的带宽为 16 GB/s，这也是每个 GPU 连接到交换机的速度，这意味着 GPU 设备之间的通信更有效。

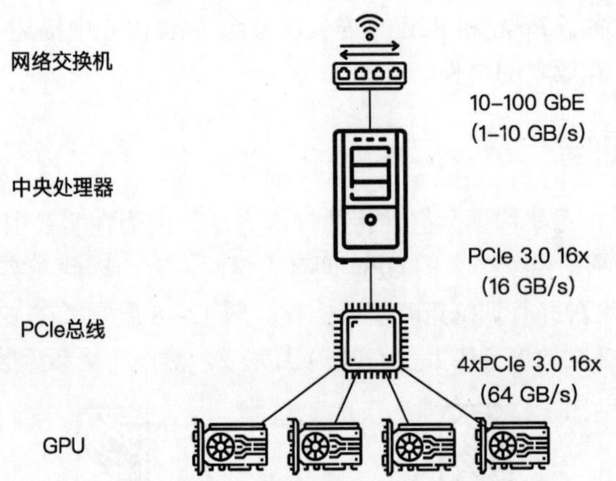

图 12-19　一个四路 GPU 服务器

为了便于讨论，我们假设所有梯度共需 160 MB。在这种情况下，将其中的 3 个 GPU 的梯度发送到第四个 GPU 上需要 30 ms（每次传输需要 10 ms，即 160 MB/16 GB/s=0.01 s），再加上 30 ms 将权重向量传输回来，总共需要 60 ms。如果将所有数据发送到 CPU，总共需要 80 ms，其中将有 40 ms 的惩罚，因为 4 个 GPU 中的每个都需要将数据发送到 CPU。最后，假设能够将梯度分为 4 个部分，每个部分为 40 MB，现在可以在不同的 GPU 上同时聚合每个部分。因为 PCIe 交换机在所有链路提供全带宽操作，所以传输需要 7.5 ms（2.5×3=7.5），而不是 30 ms，因此同步操作总共需要 15 ms。简而言之，同样的参数同步操作基于不同的策略时间可能需要 15 ～ 80 ms。图 12-20 展示了交换参数的不同策略。

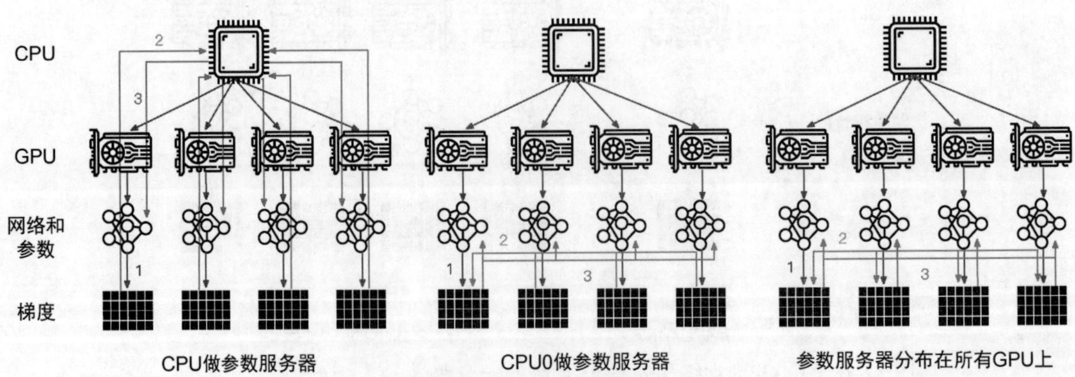

图 12-20　参数同步策略

注意，我们还可以使用另一个工具来改善性能：在深度网络中，从顶部到底部计算所有梯度需要一些时间，因此尚在忙于为某些参数计算梯度时，就可以开始为准备好的参数同步梯度了。要了解详细信息可以参见参考文献 [147]，要知道如何操作可参考 GitHub 中的 horovod 项目。

12.7.2 环同步（ring synchronization）

当谈及现代深度学习硬件的同步问题时，我们经常会遇到大量的定制网络连接。例如，Amazon EC2 p3.16xlarge 和 NVIDIA DGX-2 实例中的连接都使用了图 12-21 中的结构。每个 GPU 通过 PCIe 链路连接到主机 CPU，该链路最快只能以 16 GB/s 的速度运行。此外，每个 GPU 还具有 6 个 NVLink 连接，每个 NVLink 连接都能以 300 Gbit/s 进行双向传输。这相当于每个链路在每个方向的传输速度约为 18 GB/s（300/8/2 ≈ 18）。简而言之，聚合的 NVLink 带宽明显高于 PCIe 带宽，问题在于如何有效地使用它。

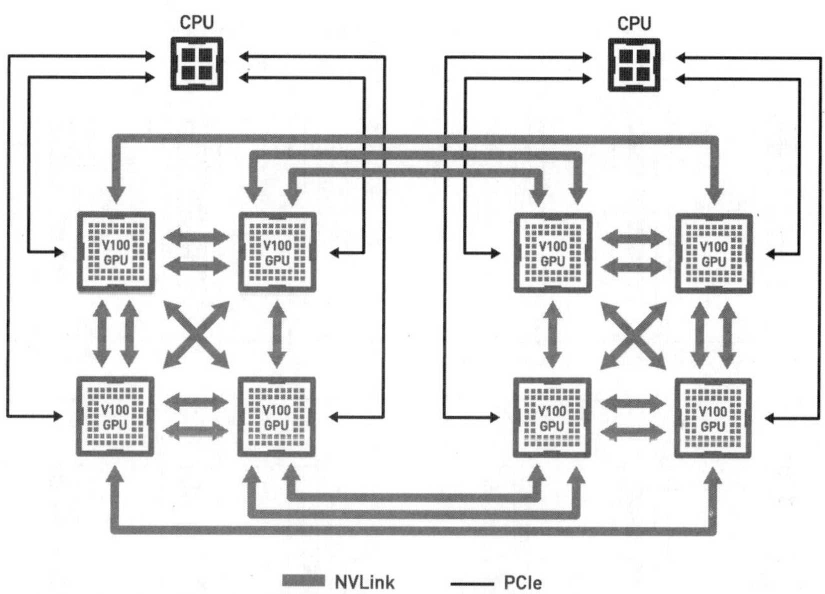

图 12-21 在 8 台 V100 GPU 服务器上连接 NVLink（图片由英伟达公司提供）

参考文献 [173] 的研究结果表明最优的同步策略是将网络分解成两个环，并基于两个环直接同步数据。图 12-22 展示了网络可以分解为一个具有双 NVLink 带宽的环（1-2-3-4-5-6-7-8-1）和一个具有常规带宽的环（1-4-6-3-5-8-2-7-1）。在这种情况下，设计一种高效的同步协议是非常重要的。

考虑下面的思维试验：给定由 n 个计算节点（或 GPU）组成的一个环，梯度可以从第一个节点发送到第二个节点，在第二个节点将本地的梯度与传送的梯度相加并发送到第三个节点，以此类推。在 $n-1$ 步之后，可以在最后访问的节点中找到聚合梯度。也就是说，聚合梯度的时间随节点数呈线性增长。但如果按此操作，算法是相当低效的，因为归根结底，在任何时候都只有一个节点在通信。如果我们将梯度分为 n 个块，并从节点 i 开始同步块 i，会如何？因为每个块的大小是 $1/n$，所以总时间现在是 $(n-1)/n \approx 1$。换句话说，当我们增大环时，聚合梯度所花费的时间不会增加，这是一个相当惊人的结果。图 12-23 说明了 n=4 的步骤顺序。

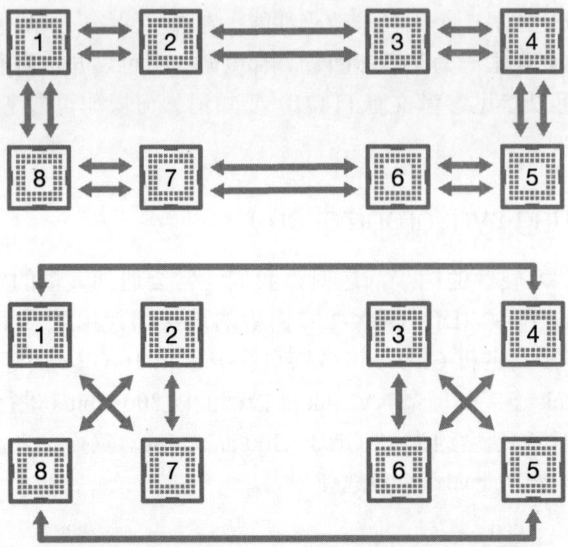

图 12-22 将 NVLink 网络分解为两个环

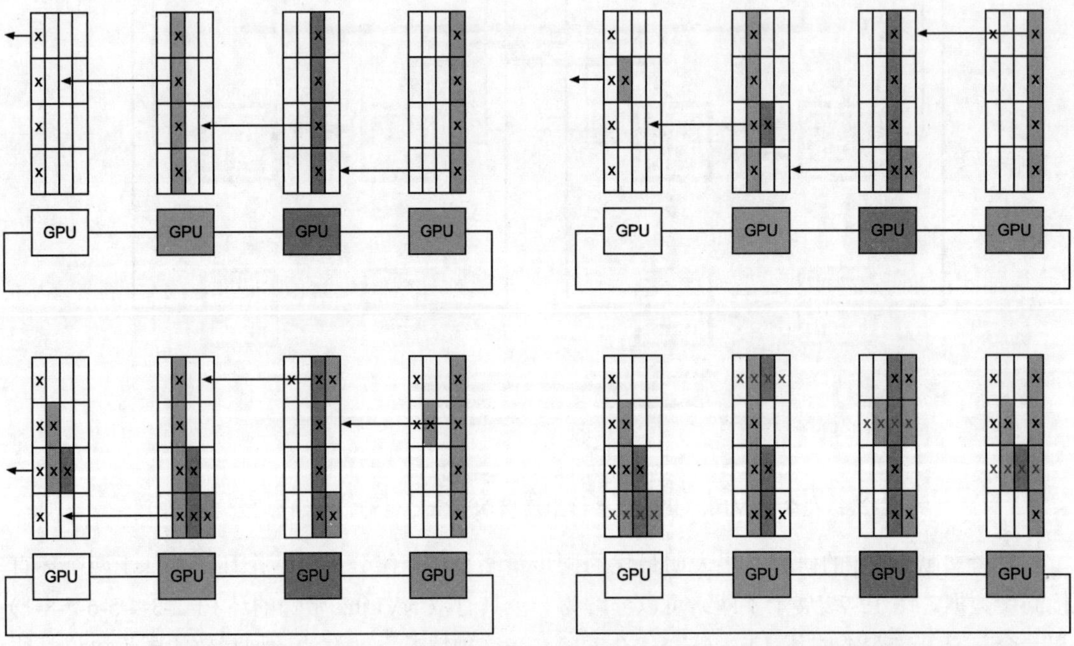

图 12-23 跨 4 个节点的环同步。每个节点开始向其左邻居发送部分梯度，直到在其右邻居中找到聚合梯度

如果我们使用相同的例子，跨 8 个 V100 GPU 同步 160 MB，我们得到的结果约是 6 ms（2× 160 MB/(3×18 GB/s) ≈ 6 ms）。这比使用 PCIe 要好，即使我们现在使用的是 8 个 GPU。注意，这些数字在实践中通常会比理论上差一些，因为深度学习框架无法将通信组合成大的突发传输。

注意，有一种常见的误解认为环同步与其他同步算法在本质上是不同的，实际上与简单的树算法相比，其唯一的区别是同步路径稍微精细一些。

12.7.3 多机训练

新的挑战出现在多台机器上进行分布式训练：我们需要服务器之间相互通信，而这些服务器又只通过相对较低的带宽结构连接，在某些情况下这种连接的速度可能会慢一个数量级，因此跨设备同步是个棘手的问题。毕竟，在不同机器上运行训练代码的速度会有细微的差别。因此，如果想使用分布式优化的同步算法就需要同步（synchronize）这些机器。图 12-24 说明了分布式并行训练是如何实现的。

（1）在每台机器上读取一组（不同的）批量数据，在多个 GPU 之间分割数据并传输到 GPU 的显存中。基于每个 GPU 上的批量数据分别计算预测和梯度。

（2）来自一台机器上的所有本地 GPU 的梯度聚合在一个 GPU 上（或者在不同的 GPU 上聚合梯度的某些部分）。

（3）每台机器的梯度被发送到其本地 CPU 中。

（4）所有 CPU 将梯度发送到中央参数服务器中，由该服务器聚合所有梯度。

（5）使用聚合后的梯度来更新参数，并将更新后的参数广播回各个 CPU 中。

（6）更新后的参数信息发送到本地一个（或多个）GPU 中。

（7）所有 GPU 上的参数更新完成。

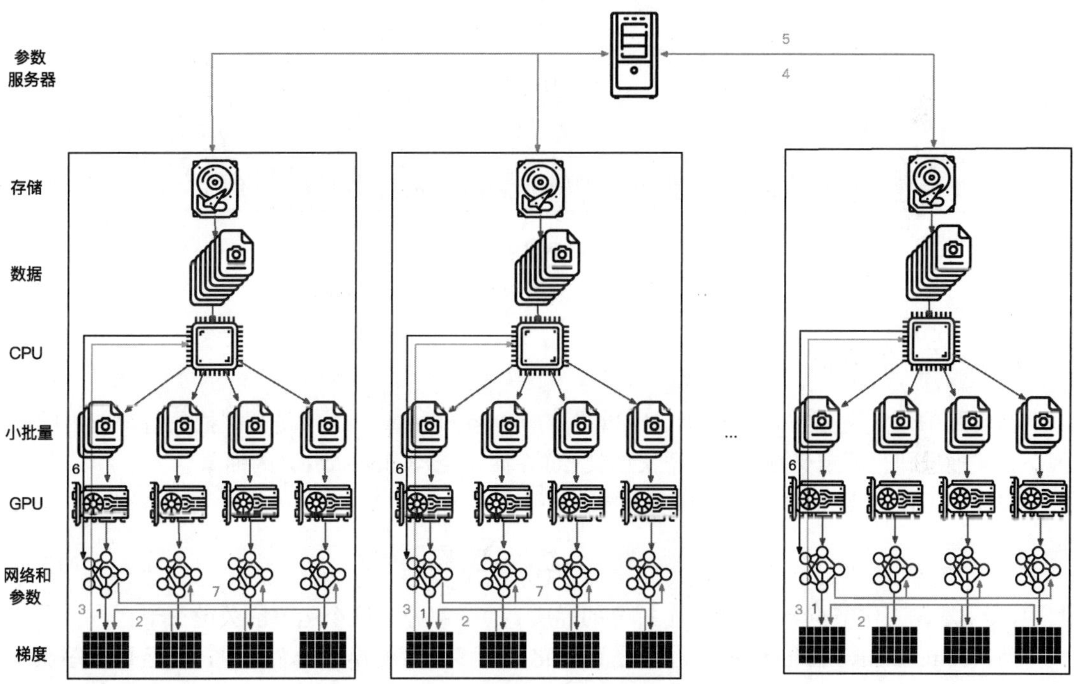

图 12-24 多机多 GPU 分布式并行训练

以上这些操作似乎相当简单，而且事实上它们可以在一台机器内高效地执行，但是当我们考虑多台机器时，就会发现中央参数服务器成为了瓶颈。毕竟，每个服务器的带宽是有限的，因此对 m 个工作节点来说，将所有梯度发送到服务器所需的时间是 $O(m)$。我们可以通过将参数服务器的数量增加到 n 来排除这一障碍。此时，每个服务器只需要存储 $O(1/n)$ 个参数，因此更新和优化的总时间变为 $O(m/n)$，这两个数字的匹配会产生稳定的伸缩性，而不用考虑我们需要处理多少个工作节点。在实际应用中，我们使用同一台机器既作为工作节点又作为服务器。图 12-25 中给出了设计说明，图中单参数服务器成为瓶颈，因为它的带宽是有限的；多参数服务器使用聚合带宽存储部分参数（技术细节参见参考文献 [90]）。特别是，确保多台机器只工作在没有不合理延迟的情况下是相当困难的。

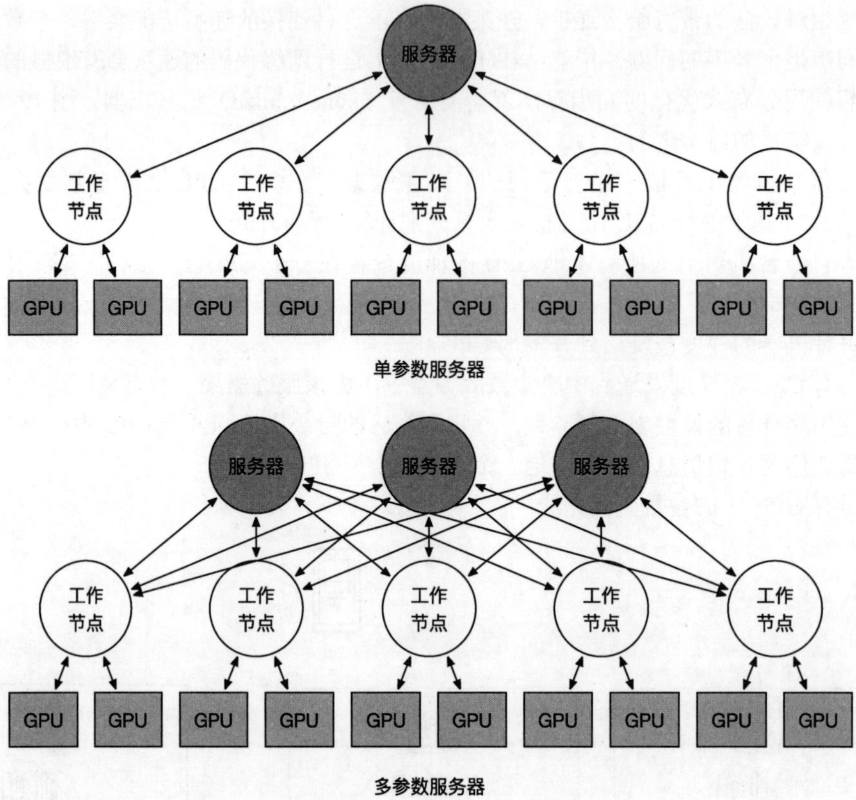

图 12-25　单参数服务器与多参数服务器对比

12.7.4　键-值存储

在实践中，实现分布式多 GPU 训练所需的步骤绝非易事。这就是公共抽象值得使用的原因，公共抽象即重新定义具有更新语义的键-值存储（key-value store）的抽象。

在许多工作节点和 GPU 中，梯度 i 的计算可以定义为

$$\mathbf{g}_i = \sum_{k\in\text{工作节点}} \sum_{j\in\text{GPU}} \mathbf{g}_{ijk} \tag{12.1}$$

其中，$\mathbf{g}_{ijk}$ 是在工作节点 k 的 GPU_j 上拆分的梯度 i 的一部分。这个运算的关键在于它是一个交换归约（commutative reduction），也就是说，它把许多向量变换成一个向量，而运算顺序在完成向量变换时并不重要。这对实现我们的目标来说是非常友好的，因为不需要为何时接收哪个梯度进行细粒度的控制。此外，注意这个操作在不同的 i 之间是独立的。

这就允许我们定义下面两个操作：push（用于累积梯度）和 pull（用于取得聚合梯度）。因为我们有很多层，也就有很多不同的梯度集合，所以需要用一个键 i 来对梯度建索引。这与 Dynamo[29] 中引入的键-值存储之间存在相似性并非巧合。它们都具有许多相似的性质，特别是在多个服务器之间分发参数时。

键-值存储的 push 与 pull 操作描述如下。

- **push(key,value)** 将特定的梯度值从工作节点发送到公共存储，在那里通过某种方式（例如相加）来聚合值。
- **pull(key,value)** 从公共存储中取得某种方式（例如组合来自所有工作节点的梯度）的聚合值。

通过将同步的所有复杂性隐藏在简单的 push 操作和 pull 操作背后，我们可以将统计建模人员（他们希望能够用简单的术语表达优化）和系统工程师（他们需要处理分布式同步中固有的复杂性）的关注点解耦。

小结

- 同步需要高度适应特定的网络基础设施和服务器内的连接，这种适应会严重影响同步所需的时间。
- 环同步对于 p3 和 DGX-2 服务器是最佳的，而对于其他服务器则未必。
- 当添加多个参数服务器以增加带宽时，分层同步策略可以很好地适应。

练习

（1）请尝试进一步提高环同步的性能。（提示：可以双向发送消息。）

（2）计算仍在进行中时，可否允许执行非同步通信？它将如何影响性能？

（3）怎样处理在长时间运行的计算过程中丢失了一台服务器的数据这种问题？尝试设计一种容错机制来避免重启计算？

第 13 章

计算机视觉

近年来，深度学习一直是提高计算机视觉系统性能的变革力量。无论是医疗诊断、自动驾驶，还是智能滤波器、摄像头监控，许多计算机视觉领域的应用都与我们当前和未来的生活密切相关。可以说，最先进的计算机视觉应用与深度学习几乎是不可分割的。鉴于此，本章将重点介绍计算机视觉领域，并探讨最近在学术界和行业中具有影响力的方法和应用。

在第 6 章和第 7 章中，我们研究了计算机视觉中常用的各种卷积神经网络，并将它们应用到简单的图像分类 任务中。我们将介绍两种可以改进模型泛化的方法，即图像增广和微调，并将它们应用于图像分类。由于深度神经网络可以有效地表示多个层次的图像，因此这种分层表示已成功用于各种计算机视觉任务，例如目标检测（object detection）、语义分割（semantic segmentation）和风格迁移（style transfer）。秉承计算机视觉中利用分层表示的关键思想，我们将从目标检测的主要组件和技术开始，继而展示如何使用完全卷积网络对图像进行语义分割，然后解释如何使用风格迁移技术来生成像本书封面这样的图像。最后在本章结尾，我们将本章和前几章的知识应用于两个流行的计算机视觉基准数据集。

13.1 图像增广

扫码直达讨论区

7.1 节提到过大型数据集是成功应用深度神经网络的先决条件。图像增广在对训练图像进行一系列的随机变化之后，生成相似但不同的训练样本，从而扩大了训练集的规模。此外，应用图像增广的原因是，随机改变训练样本可以减少模型对某些属性的依赖，从而提高模型的泛化能力。例如，我们可以以不同的方式裁剪图像，使感兴趣的目标出现在不同的位置，从而减少模型对于目标出现位置的依赖。我们还可以调整亮度、颜色等属性来降低模型对颜色的敏感度。可以说，图像增广技术对于 AlexNet 的成功是必不可少的。本节将讨论这项广泛应用于计算机视觉的技术。

```
%matplotlib inline
import torch
import torchvision
from torch import nn
from d2l import torch as d2l
```

13.1.1 常用的图像增广方法

在探索常用图像增广方法时，我们将使用下面这个大小为 400 像素 ×500 像素的图像作为示例

（另见彩插图 4）。

```
d2l.set_figsize()
img = d2l.Image.open('./img/cat1.jpg')
d2l.plt.imshow(img);
```

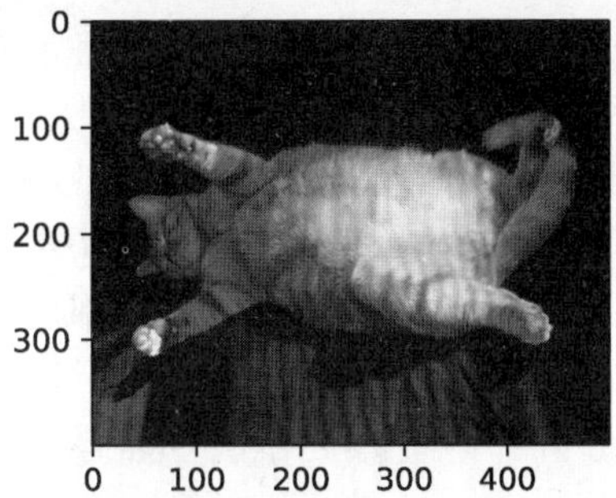

大多数图像增广方法都具有一定的随机性。为了便于观察图像增广的效果，下面我们定义辅助函数 apply，此函数在输入图像 img 上多次运行图像增广方法 aug 并显示所有结果。

```
def apply(img, aug, num_rows=2, num_cols=4, scale=1.5):
    Y = [aug(img) for _ in range(num_rows * num_cols)]
    d2l.show_images(Y, num_rows, num_cols, scale=scale)
```

1. 翻转和裁剪

左右翻转图像通常不会改变图像的类别。这是最早且最广泛使用的图像增广方法之一。接下来，我们使用 transforms 模块来创建 RandomFlipLeftRight 实例，确保使图像向左或向右翻转的概率各占 50%（另见彩插图 5）。

```
apply(img, torchvision.transforms.RandomHorizontalFlip())
```

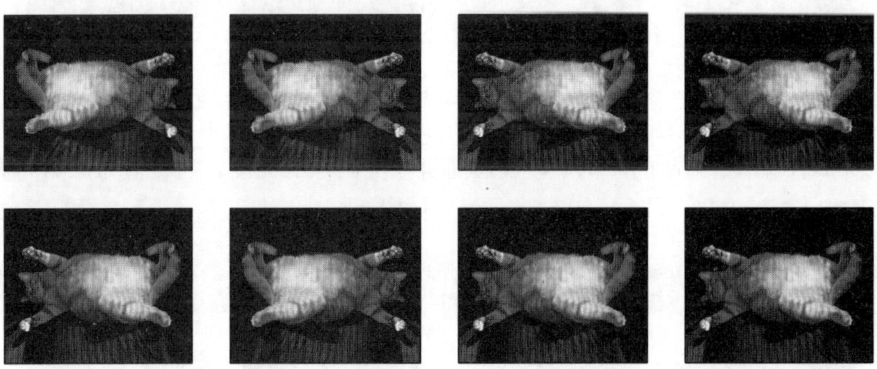

上下翻转图像不如左右图像翻转那样常用。但是，至少对于示例图像，上下翻转不会妨碍识别结果。接下来，我们创建一个 RandomFlipTopBottom 实例，使图像向上或向下翻转的概率各占 50%（另见彩插图 6）。

```
apply(img, torchvision.transforms.RandomVerticalFlip())
```

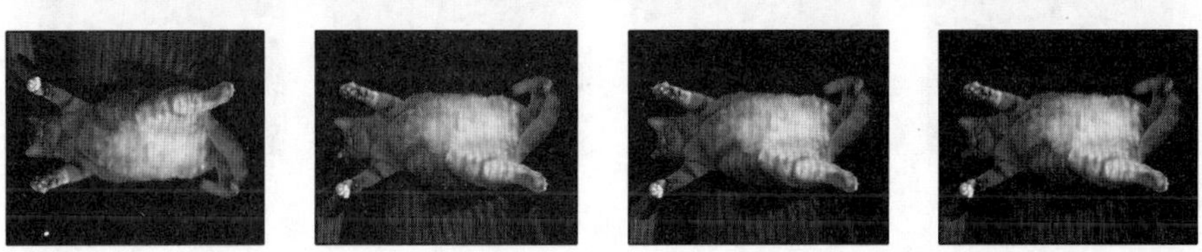

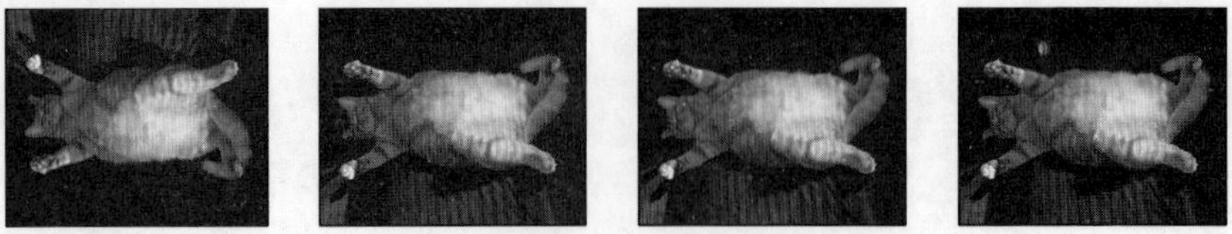

在我们使用的示例图像中，猫位于图像的中间，但并非所有图像都是如此。在 6.5 节中，我们解释了汇聚层可以降低卷积层对目标位置的敏感性。另外，我们可以通过对图像进行随机裁剪，使目标以不同的比例出现在图像的不同位置，这也可以降低模型对目标位置的敏感性。

下面的代码将随机裁剪一个面积为原始面积 10% ～ 100% 的区域（另见彩插图 7），该区域的宽高比在 0.5～2 随机取值。此外，区域的宽度和高度都被缩放为 200 像素。在本节中（除非另有说明），a 和 b 之间的随机数指的是在区间 $[a, b]$ 中通过均匀抽样获得的连续值。

```
shape_aug = torchvision.transforms.RandomResizedCrop(
    (200, 200), scale=(0.1, 1), ratio=(0.5, 2))
apply(img, shape_aug)
```

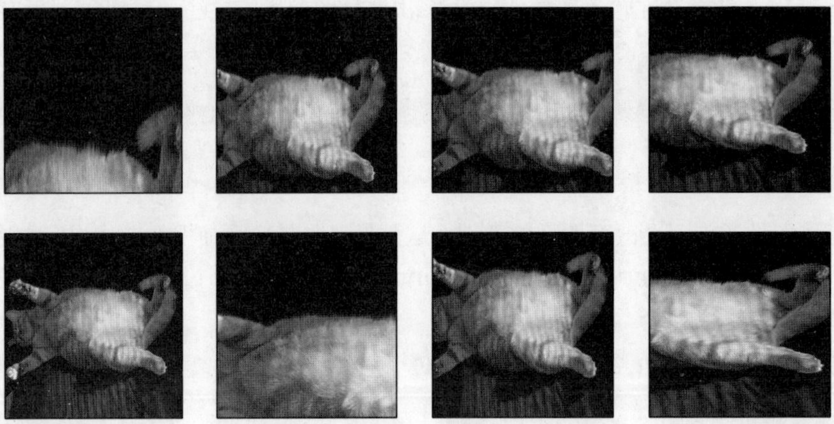

2. 改变颜色

另一种图像增广方法是改变颜色。我们可以改变图像颜色的 4 个方面包括：亮度、对比度、饱和度和色调。在下面的示例中，我们随机改变图像的亮度，随机值为原始图像亮度的 50%（即 1 - 0.5）～ 150%（即 1 + 0.5）（另见彩插图 8）。

```
apply(img, torchvision.transforms.ColorJitter(
    brightness=0.5, contrast=0, saturation=0, hue=0))
```

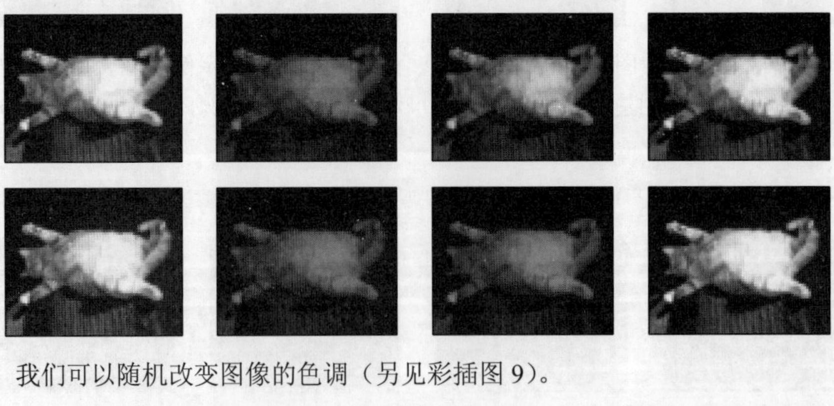

同样，我们可以随机改变图像的色调（另见彩插图 9）。

```
apply(img, torchvision.transforms.ColorJitter(
    brightness=0, contrast=0, saturation=0, hue=0.5))
```

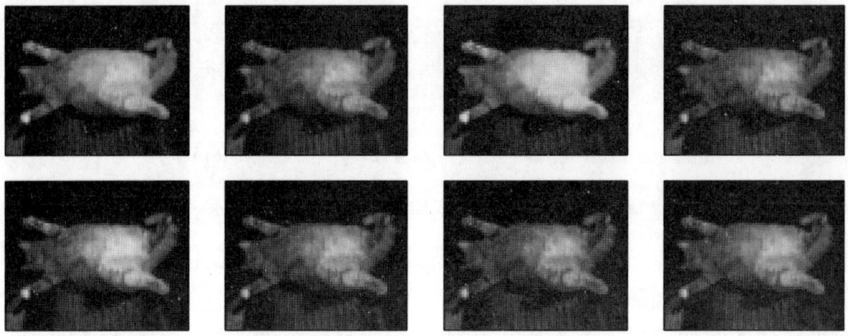

我们还可以创建一个 RandomColorJitter 实例，并设置如何同时随机改变图像的亮度（brightness）、对比度（contrast）、饱和度（saturation）和色调（hue）（另见彩插图 10）。

```
color_aug = torchvision.transforms.ColorJitter(
    brightness=0.5, contrast=0.5, saturation=0.5, hue=0.5)
apply(img, color_aug)
```

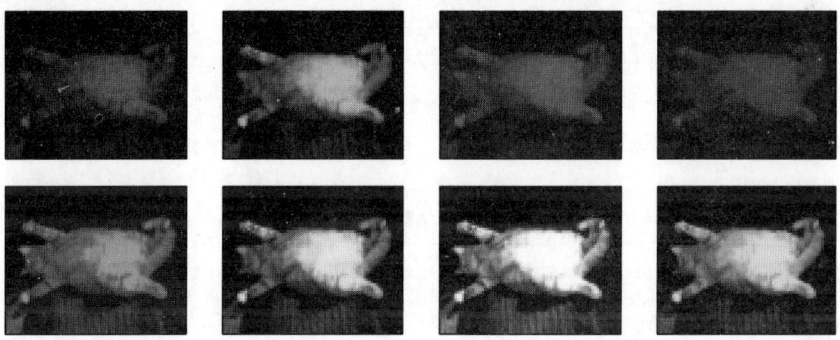

3. 结合多种图像增广方法

在实践中，我们将结合多种图像增广方法。例如，我们可以通过使用一个 Compose 实例来综合上面定义的不同的图像增广方法，并将它们应用于每张图像（另见彩插图 11）。

```
augs = torchvision.transforms.Compose([
    torchvision.transforms.RandomHorizontalFlip(), color_aug, shape_aug])
apply(img, augs)
```

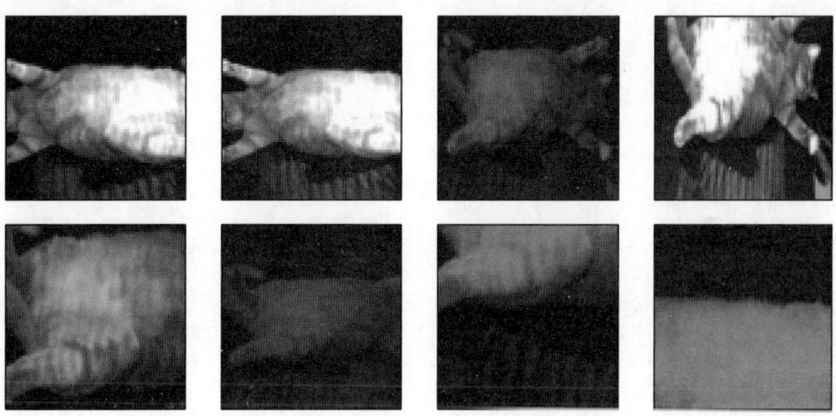

13.1.2 使用图像增广进行训练

我们使用图像增广来训练模型。这里，我们使用 CIFAR-10 数据集，而不是之前使用的 Fashion-MNIST 数据集。这是因为 Fashion-MNIST 数据集中对象的位置和大小已被规范化，而 CIFAR-10 数据集中对象的颜色和大小差异更明显。CIFAR-10 数据集中的前 32 个训练图像如下所示。

```
all_images = torchvision.datasets.CIFAR10(train=True, root="../data",
                                          download=True)
d2l.show_images([all_images[i][0] for i in range(32)], 4, 8, scale=0.8);
```

```
6.6%
```

为了在预测过程中得到确切的结果，我们通常对训练样本只进行图像增广，且在预测过程中不使用随机操作的图像增广。在这里，我们只使用最简单的随机左右翻转。此外，我们使用 `ToTensor` 实例将一批图像转换为深度学习框架所要求的格式，即形状为 (批量大小, 通道数, 高度, 宽度) 的 32 位浮点数，取值范围为 0 ～ 1。

```
train_augs = torchvision.transforms.Compose([
     torchvision.transforms.RandomHorizontalFlip(),
     torchvision.transforms.ToTensor()])

test_augs = torchvision.transforms.Compose([
     torchvision.transforms.ToTensor()])
```

接下来，我们定义一个辅助函数，以便于读取图像和应用图像增广。PyTorch 数据集提供的 `transform` 参数应用图像增广来转换图像。有关 `DataLoader` 的详细介绍，请参阅 3.5 节。

```
def load_cifar10(is_train, augs, batch_size):
    dataset = torchvision.datasets.CIFAR10(root="../data", train=is_train,
                                            transform=augs, download=True)
    dataloader = torch.utils.data.DataLoader(dataset, batch_size=batch_size,
                    shuffle=is_train, num_workers=d2l.get_dataloader_workers())
    return dataloader
```

多 GPU 训练

我们在 CIFAR-10 数据集上训练 7.6 节中的 ResNet-18 模型。回想一下 12.6 节中对多 GPU 训练的介绍。接下来，我们定义一个函数，使用多 GPU 对模型进行训练和评估。

```
#@save
def train_batch_ch13(net, X, y, loss, trainer, devices):
    """用多GPU进行小批量训练"""
    if isinstance(X, list):
        # 微调BERT中所需
        X = [x.to(devices[0]) for x in X]
    else:
        X = X.to(devices[0])
    y = y.to(devices[0])
    net.train()
    trainer.zero_grad()
    pred = net(X)
    l = loss(pred, y)
    l.sum().backward()
    trainer.step()
    train_loss_sum = l.sum()
    train_acc_sum = d2l.accuracy(pred, y)
    return train_loss_sum, train_acc_sum
```

```
#@save
def train_ch13(net, train_iter, test_iter, loss, trainer, num_epochs,
               devices=d2l.try_all_gpus()):
    """用多GPU进行模型训练"""
    timer, num_batches = d2l.Timer(), len(train_iter)
    animator = d2l.Animator(xlabel='epoch', xlim=[1, num_epochs], ylim=[0, 1],
                            legend=['train loss', 'train acc', 'test acc'])
    net = nn.DataParallel(net, device_ids=devices).to(devices[0])
    for epoch in range(num_epochs):
        # 4个维度：存储训练损失、训练准确度、实例数、特征数
        metric = d2l.Accumulator(4)
        for i, (features, labels) in enumerate(train_iter):
            timer.start()
            l, acc = train_batch_ch13(
                net, features, labels, loss, trainer, devices)
            metric.add(l, acc, labels.shape[0], labels.numel())
            timer.stop()
            if (i + 1) % (num_batches // 5) == 0 or i == num_batches - 1:
                animator.add(epoch + (i + 1) / num_batches,
                             (metric[0] / metric[2], metric[1] / metric[3],
                              None))
        test_acc = d2l.evaluate_accuracy_gpu(net, test_iter)
        animator.add(epoch + 1, (None, None, test_acc))
    print(f'loss {metric[0] / metric[2]:.3f}, train acc '
          f'{metric[1] / metric[3]:.3f}, test acc {test_acc:.3f}')
    print(f'{metric[2] * num_epochs / timer.sum():.1f} examples/sec on '
          f'{str(devices)}')
```

现在，我们可以定义 `train_with_data_aug` 函数，使用图像增广来训练模型。该函数获取所有的 GPU，并使用 Adam 算法作为训练的优化算法，将图像增广应用于训练集，最后调用刚刚定义的用于训练和评估模型的 `train_ch13` 函数。

```
batch_size, devices, net = 256, d2l.try_all_gpus(), d2l.resnet18(10, 3)

def init_weights(m):
    if type(m) in [nn.Linear, nn.Conv2d]:
        nn.init.xavier_uniform_(m.weight)

net.apply(init_weights)

def train_with_data_aug(train_augs, test_augs, net, lr=0.001):
    train_iter = load_cifar10(True, train_augs, batch_size)
    test_iter = load_cifar10(False, test_augs, batch_size)
    loss = nn.CrossEntropyLoss(reduction="none")
    trainer = torch.optim.Adam(net.parameters(), lr=lr)
    train_ch13(net, train_iter, test_iter, loss, trainer, 10, devices)
```

我们使用基于随机左右翻转的图像增广来训练模型。

```
train_with_data_aug(train_augs, test_augs, net)
```

```
loss 0.176, train acc 0.939, test acc 0.809
5570.6 examples/sec on [device(type='cuda', index=0s), device(type='cuda', index=1)]
```

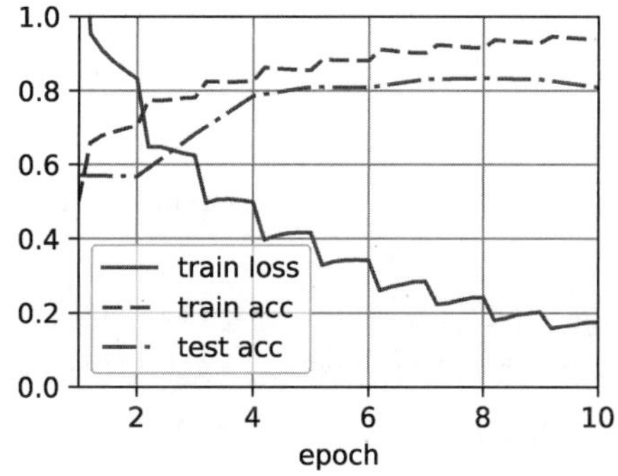

小结

- 图像增广基于现有的训练数据生成随机图像，以提高模型的泛化能力。
- 为了在预测过程中得到确切的结果，我们通常对训练样本只进行图像增广，且在预测过程中不使用带随机操作的图像增广。
- 深度学习框架提供了许多不同的图像增广方法，我们可以结合使用这些方法。

练习

（1）在不使用图像增广的情况下训练模型：`train_with_data_aug(no_aug, no_aug)`。对比使用和不使用图像增广的训练结果和测试精度。这个对比实验能支持图像增广可以缓解过拟合的论点吗？为什么？

（2）在基于 CIFAR-10 数据集的模型训练中结合多种不同的图像增广方法，这样能提高测试精度吗？

（3）参阅深度学习框架的在线文档，其中提供了哪些其他图像增广方法？

13.2 微调

扫码直达讨论区

前面的章节介绍了如何在只有 6 万张图像的 Fashion-MNIST 训练数据集上训练模型，还描述了当下学术界使用最广泛的大规模图像数据集 ImageNet，它有超过 1000 万张图像和 1000 类目标。然而，我们平常接触到的数据集的规模通常在这两个数据集之间。

假如我们想识别图像中不同类型的椅子，然后向用户推荐购买的链接。一种可能的方法是首先识别 100 把普通椅子，为每把椅子拍摄 1000 张不同角度的图像，然后在收集的图像数据集上训练一个分类模型。尽管这个椅子数据集可能大于 Fashion-MNIST 数据集，但实例数量仍然不到 ImageNet 中的十分之一。适合 ImageNet 的复杂模型可能会在这个椅子数据集上过拟合。此外，由于训练样本数量有限，训练模型的精度可能无法满足实际要求。

为了解决上述问题，一种显而易见的解决方案是收集更多的数据。但是，收集和标注数据可能需要耗费大量的时间和金钱。例如，为了收集 ImageNet 数据集，研究人员花费了数百万美元的研究资金。尽管目前的数据收集成本已大幅降低，但仍不能忽视。

另一种解决方案是应用迁移学习（transfer learning）将从源数据集学习的知识迁移到目标数据集。例如，尽管 ImageNet 数据集中的大多数图像与椅子无关，但在此数据集上训练的模型可能会提取更通用的图像特征，这有助于识别边缘、纹理、形状和目标组合。这些类似的特征也可能用于有效地识别椅子。

13.2.1 步骤

本节将介绍迁移学习中的常见技巧：微调（fine-tuning）。如图 13-1 所示，微调包括以下 4 个步骤。

（1）在源数据集（如 ImageNet 数据集）上预训练神经网络模型，即源模型。

（2）创建一个新的神经网络模型，即目标模型。这将复制源模型上的所有模型设计及其参数（输出层除外）。我们假设这些模型参数包含从源数据集中学习的知识，这些知识也将适用于目标数据集。我们还假设源模型的输出层与源数据集的标签密切相关，因此不在目标模型中使用该层。

（3）向目标模型添加输出层，其输出数是目标数据集中的类别数。然后随机初始化该层的模型参数。

（4）在目标数据集（如椅子数据集）上训练目标模型。输出层将从头开始进行训练，而其他所有层的参数将根据源模型的参数进行微调。

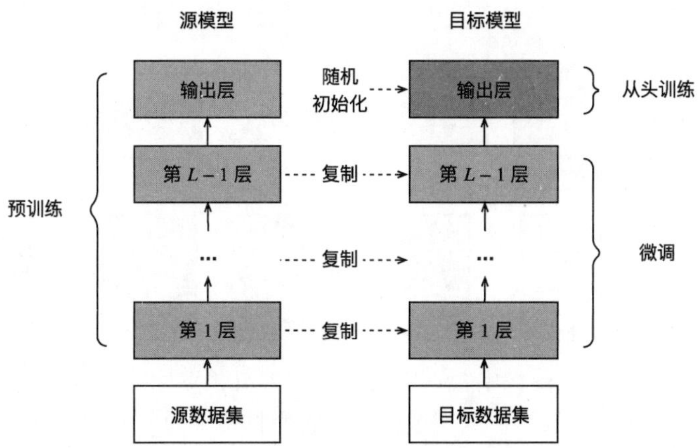

图 13-1 微调

当目标数据集比源数据集小得多时，微调有助于提高模型的泛化能力。

13.2.2 热狗识别

我们通过热狗识别这一具体示例来演示微调。我们将在一个小型数据集上微调 ResNet 模型。该模型已在 ImageNet 数据集上进行了预训练。这个小型数据集包含数千张包含热狗和不包含热狗的图像，我们将使用微调模型来识别图像中是否包含热狗。

```
%matplotlib inline
import os
import torch
import torchvision
from torch import nn
from d2l import torch as d2l
```

1. 获取数据集

我们使用的热狗数据集来源于网络。该数据集包含 1400 张热狗的“正类”图像，以及包含尽可能多的其他食物的“负类”图像。包含两个类别的 1000 张图像用于训练，其余的图像则用于测试。

解压下载的数据集，我们获得了两个文件夹 `hotdog/train` 和 `hotdog/test`。这两个文件夹都有 `hotdog`（有热狗）和 `not-hotdog`（无热狗）两个子文件夹，子文件夹内都包含相应类别的图像。

```
#@save
d2l.DATA_HUB['hotdog'] = (d2l.DATA_URL + 'hotdog.zip',
                         'fba480ffa8aa7e0febbb511d181409f899b9baa5')

data_dir = d2l.download_extract('hotdog')
```

我们创建两个实例来分别读取训练数据集和测试数据集中的所有图像文件。

```
train_imgs = torchvision.datasets.ImageFolder(os.path.join(data_dir, 'train'))
test_imgs = torchvision.datasets.ImageFolder(os.path.join(data_dir, 'test'))
```

下面展示了前 8 张正类样本图像和最后 8 张负类样本图像（另见彩插图 12）。正如读者所看到的，图像的大小和纵横比各不相同。

```
hotdogs = [train_imgs[i][0] for i in range(8)]
not_hotdogs = [train_imgs[-i - 1][0] for i in range(8)]
d2l.show_images(hotdogs + not_hotdogs, 2, 8, scale=1.4);
```

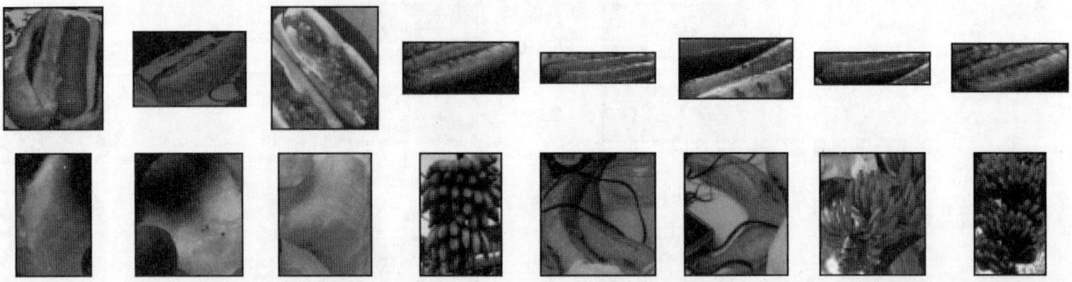

在训练期间，我们首先从图像中裁切随机大小和随机长宽比的区域，然后将该区域缩放为 224 像素 × 224 像素的输入图像。在测试过程中，我们将图像的高度和宽度都缩放为 256 像素，然后裁剪中央 224 像素 × 224 像素的区域作为输入。此外，对于 RGB（红、绿和蓝）颜色通道，我们分别标准化每个通道，具体而言，即该通道的每个值减去该通道的均值，然后将结果除以该通道的标准差。

```
# 使用RGB通道的均值和标准差，以标准化每个通道
normalize = torchvision.transforms.Normalize(
    [0.485, 0.456, 0.406], [0.229, 0.224, 0.225])

train_augs = torchvision.transforms.Compose([
    torchvision.transforms.RandomResizedCrop(224),
    torchvision.transforms.RandomHorizontalFlip(),
    torchvision.transforms.ToTensor(),
    normalize])

test_augs = torchvision.transforms.Compose([
    torchvision.transforms.Resize([256, 256]),
    torchvision.transforms.CenterCrop(224),
    torchvision.transforms.ToTensor(),
    normalize])
```

2. 定义和初始化模型

我们使用在 ImageNet 数据集上预训练的 ResNet-18 作为源模型。在这里，我们指定 `pretrained=True` 以自动下载预训练的模型参数。如果首次使用此模型，则需要连接互联网才能下载。

```
pretrained_net = torchvision.models.resnet18(pretrained=True)
```

预训练的源模型实例包含许多特征层和一个输出层 `fc`。此划分的主要目的是促进对除输出层外所有层的模型参数进行微调。下面给出了源模型的成员变量 `fc`。

```
pretrained_net.fc
```

```
Linear(in_features=512, out_features=1000, bias=True)
```

在 ResNet 的全局平均汇聚层后，全连接层转换为 ImageNet 数据集的 1000 个类别输出。之后，我们构建一个新的神经网络作为目标模型。它的定义方式与预训练源模型的定义方式相同，只是最终层中的输出数量被设置为目标数据集中的类别数（不是 1000 个）。

在下面的代码中，目标模型 finetune_net 中成员变量 features 的参数被初始化为源模型相应层的模型参数。由于模型参数是在 ImageNet 数据集上预训练的，并且足够好，因此通常只需要较低的学习率即可微调这些参数。

成员变量 output 的参数是随机初始化的，通常需要更高的学习率才能从头开始训练。假设 Trainer 实例中的学习率为 η，我们将成员变量 output 中参数的学习率设置为 10η。

```
finetune_net = torchvision.models.resnet18(pretrained=True)
finetune_net.fc = nn.Linear(finetune_net.fc.in_features, 2)
nn.init.xavier_uniform_(finetune_net.fc.weight);
```

3. 微调模型

首先，我们定义一个训练函数 train_fine_tuning，该函数使用微调，因此可以多次调用。

```
# 如果param_group=True，输出层中的模型参数将使用10倍的学习率
def train_fine_tuning(net, learning_rate, batch_size=128, num_epochs=5,
                      param_group=True):
    train_iter = torch.utils.data.DataLoader(torchvision.datasets.ImageFolder(
        os.path.join(data_dir, 'train'), transform=train_augs),
        batch_size=batch_size, shuffle=True)
    test_iter = torch.utils.data.DataLoader(torchvision.datasets.ImageFolder(
        os.path.join(data_dir, 'test'), transform=test_augs),
        batch_size=batch_size)
    devices = d2l.try_all_gpus()
    loss = nn.CrossEntropyLoss(reduction="none")
    if param_group:
        params_1x = [param for name, param in net.named_parameters()
             if name not in ["fc.weight", "fc.bias"]]
        trainer = torch.optim.SGD([{'params': params_1x},
                                   {'params': net.fc.parameters(),
                                    'lr': learning_rate * 10}],
                                lr=learning_rate, weight_decay=0.001)
    else:
        trainer = torch.optim.SGD(net.parameters(), lr=learning_rate,
                                  weight_decay=0.001)
    d2l.train_ch13(net, train_iter, test_iter, loss, trainer, num_epochs,
                   devices)
```

我们使用较低的学习率，通过微调预训练获得的模型参数。

```
train_fine_tuning(finetune_net, 5e-5)
```

```
loss 0.247, train acc 0.914, test acc 0.934
1080.8 examples/sec on [device(type='cuda', index=0), device(type='cuda', index=1)]
```

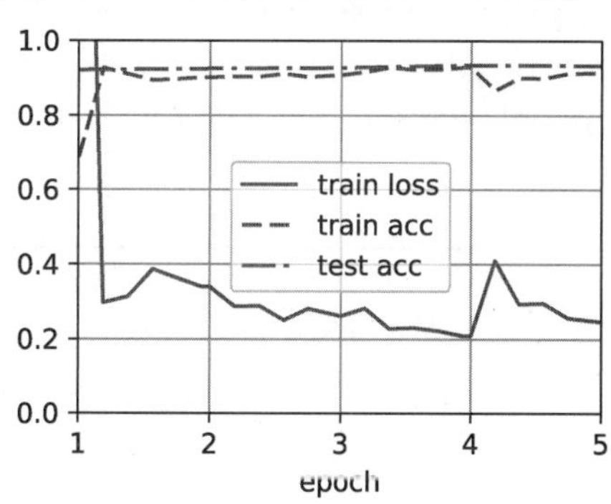

为了进行比较，我们定义了一个相同的模型，但是将其所有模型参数初始化为随机值。由于整个模型需要从头开始训练，因此我们需要使用更高的学习率。

```
scratch_net = torchvision.models.resnet18()
scratch_net.fc = nn.Linear(scratch_net.fc.in_features, 2)
train_fine_tuning(scratch_net, 5e-4, param_group=False)
```

```
loss 0.360, train acc 0.835, test acc 0.836
1672.8 examples/sec on [device(type='cuda', index=0), device(type='cuda', index=1)]
```

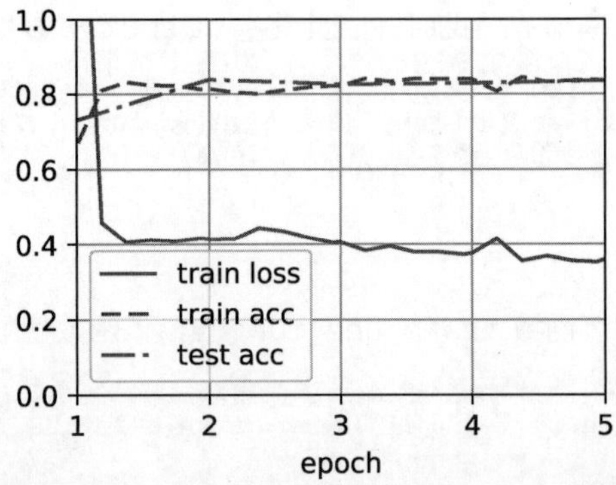

训练结果在意料之中，微调模型往往表现更好，因为它的初始参数值更有效。

小结

- 迁移学习将从源数据集中学习的知识迁移到目标数据集，微调是迁移学习的常见技巧。
- 除输出层外，目标模型从源模型中复制所有模型设计及其参数，并根据目标数据集对这些参数进行微调。但是，目标模型的输出层需要从头开始训练。
- 通常，微调参数使用较低的学习率，而从头开始训练输出层可以使用更高的学习率。

练习

（1）继续提高 finetune_net 的学习率，模型的精度如何变化？

（2）在比较实验中进一步调整 finetune_net 和 scratch_net 的超参数，它们的精度还有不同吗？

（3）将输出层 finetune_net 之前的参数设置为源模型的参数，在训练期间不要更新它们。模型的精度如何变化？（提示：可以使用以下代码。）

```
for param in finetune_net.parameters():
    param.requires_grad = False
```

（4）事实上，ImageNet 数据集中有一个“热狗”类别。我们可以通过以下代码获取其输出层中的相应权重参数，但是如何才能利用这个权重参数呢？

```
weight = pretrained_net.fc.weight
hotdog_w = torch.split(weight.data, 1, dim=0)[934]
hotdog_w.shape
```

```
torch.Size([1, 512])
```

13.3 目标检测和边界框

扫码直达讨论区

7.1 节至 7.4 节介绍了各种图像分类模型。在图像分类任务中，我们假设图像中只有一个主要目标，我们只关注如何识别其类别。然而，很多时候图像中有多个我们感兴趣的目标，我们不仅想知道它们的类别，还想得到它们在图像中的具体位置。在计算机视觉里，我们将这类任务称为目标检测（object detection）或目标识别（object recognition）。

目标检测在多个领域中被广泛使用。例如，在无人驾驶里，我们需要通过识别拍摄到的视频图像中的车辆、行人、道路和障碍物的位置来规划行进线路。机器人也常通过该任务来检测感兴趣的目标。安防领域则需要检测异常目标，如歹徒或者炸弹。

接下来的几节将介绍几种用于目标检测的深度学习方法。我们首先介绍目标的位置。

```
%matplotlib inline
import torch
from d2l import torch as d2l
```

下面加载本节将使用的示例图像。可以看到图像左边是一只狗，右边是一只猫，它们是这张图像里的两个主要目标（另见彩插图 13）。

```
d2l.set_figsize()
img = d2l.plt.imread('./img/catdog.jpg')
d2l.plt.imshow(img);
```

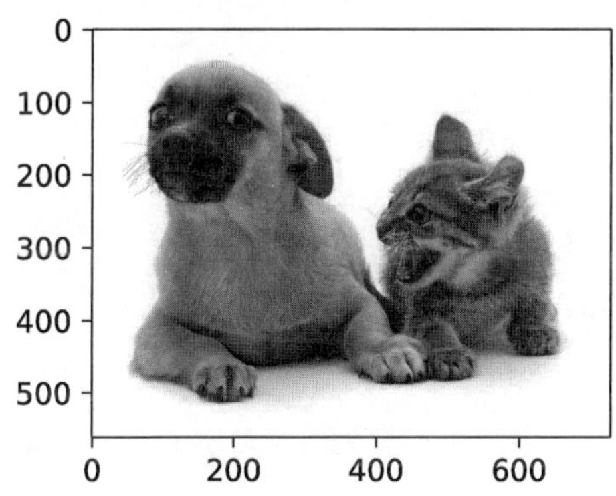

边界框

在目标检测中，我们通常使用边界框（bounding box）来描述对象的空间位置。边界框是矩形的，由矩形左上角以及右下角的 x 坐标和 y 坐标确定。另一种常用的边界框表示法是边界框中心的轴坐标 (x,y) 以及框的宽度和高度。

在这里，我们定义在这两种表示法之间进行转换的函数：box_corner_to_center 从两角表示法转换为中心宽度表示法，而 box_center_to_corner 则反之。输入参数 boxes 可以是长度为 4 的张量，也可以是形状为 $(n, 4)$ 的二维张量，其中 n 是边界框的数量。

```
#@save
def box_corner_to_center(boxes):
    """从(左上,右下)转换到(中间,宽度,高度)"""
    x1, y1, x2, y2 = boxes[:, 0], boxes[:, 1], boxes[:, 2], boxes[:, 3]
    cx = (x1 + x2) / 2
```

```
    cy = (y1 + y2) / 2
    w = x2 - x1
    h = y2 - y1
    boxes = torch.stack((cx, cy, w, h), axis=-1)
    return boxes

#@save
def box_center_to_corner(boxes):
    """从(中间,宽度,高度)转换到(左上,右下)"""
    cx, cy, w, h = boxes[:, 0], boxes[:, 1], boxes[:, 2], boxes[:, 3]
    x1 = cx - 0.5 * w
    y1 = cy - 0.5 * h
    x2 = cx + 0.5 * w
    y2 = cy + 0.5 * h
    boxes = torch.stack((x1, y1, x2, y2), axis=-1)
    return boxes
```

我们将根据坐标信息定义图像中狗和猫的边界框。图像中坐标的原点是图像的左上角，向右的方向为 x 轴的正方向，向下的方向为 y 轴的正方向。

```
# bbox是边界框的英文缩写
dog_bbox, cat_bbox = [60.0, 45.0, 378.0, 516.0], [400.0, 112.0, 655.0, 493.0]
```

我们可以通过两次转换来验证边界框转换函数的正确性。

```
boxes = torch.tensor((dog_bbox, cat_bbox))
box_center_to_corner(box_corner_to_center(boxes)) == boxes
```

```
tensor([[True, True, True, True],
        [True, True, True, True]])
```

我们可以在图中绘出边界框，以检查其是否准确。绘制之前，我们定义一个辅助函数 bbox_to_rect，它将边界框表示成 matplotlib 格式。

```
#@save
def bbox_to_rect(bbox, color):
    # 将边界框(左上x,左上y,右下x,右下y)格式转换成matplotlib格式：((左上x,左上y),宽,高)
    return d2l.plt.Rectangle(
        xy=(bbox[0], bbox[1]), width=bbox[2]-bbox[0], height=bbox[3]-bbox[1],
        fill=False, edgecolor=color, linewidth=2)
```

在图像上添加边界框之后，我们可以看到两个目标的主要轮廓基本上在两个边界框内（另见彩插图 14）。

```
fig = d2l.plt.imshow(img)
fig.axes.add_patch(bbox_to_rect(dog_bbox, 'blue'))
fig.axes.add_patch(bbox_to_rect(cat_bbox, 'red'));
```

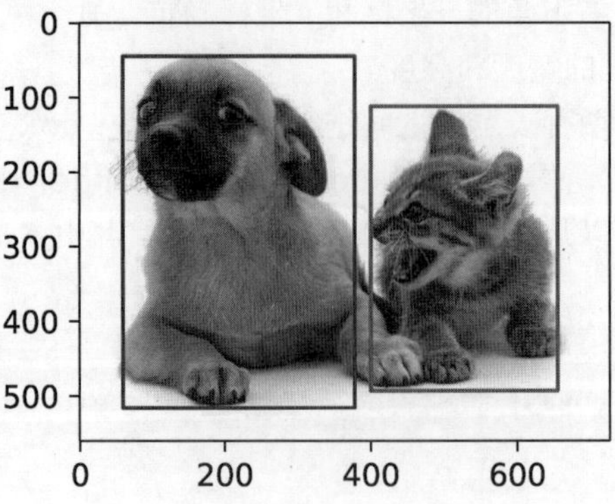

小结

- 目标检测不仅可以识别图像中所有感兴趣的目标，还能识别它们的位置，该位置通常由矩形边界框表示。
- 可以在两种常用的边界框表示（中间，宽度，高度）和（左上，右下）坐标之间进行转换。

练习

（1）找到另一张图像，然后尝试标注包含该目标的边界框。比较标注边界框和标注类别，哪个需要更长的时间？

（2）为什么 box_corner_to_center 和 box_center_to_corner 的输入参数的最内层维度总是 4？

13.4 锚框

扫码直达讨论区

目标检测算法通常会在输入图像中抽样大量的区域，然后判断这些区域中是否包含我们感兴趣的目标，并调整区域边界，从而更准确地预测目标的真实边界框（ground-truth bounding box）。不同的模型所使用的区域抽样方法可能不同。这里我们介绍其中的一种方法：以每个像素为中心，生成多个缩放比和宽高比不同的边界框，这些边界框被称为锚框（anchor box）。我们将在 13.7 节中设计一个基于锚框的目标检测模型。

首先，我们修改输出精度，以获得更简洁的输出。

```
%matplotlib inline
import torch
from d2l import torch as d2l

torch.set_printoptions(2)  # 精简输出精度
```

13.4.1 生成多个锚框

假设输入图像的高度为 h，宽度为 w。我们以图像的每个像素为中心生成不同形状的锚框：缩放比（scale）为 $s\in(0, 1]$，宽高比（aspect ratio）为 $r > 0$。那么锚框的宽度和高度分别为$hs\sqrt{r}$和$hs/\sqrt{r}$。注意，当中心位置给定时，宽度和高度已知的锚框是确定的。

要生成多个不同形状的锚框，我们设置许多缩放比取值 $s_1, \cdots, s_n$ 和许多宽高比取值 $r_1, \cdots, r_m$。当以每个像素为中心使用这些缩放比和宽高比的所有组合时，输入图像将总共有 $w \cdot h \cdot n \cdot m$ 个锚框。尽管这些锚框可能会覆盖所有真实边界框，但计算复杂性很容易过高。在实践中，我们只考虑包含 s_1 或 r_1 的组合：

$$(s_1,r_1),(s_1,r_2),\cdots,(s_1,r_m),(s_2,r_1),(s_3,r_1),\cdots,(s_n,r_1) \tag{13.1}$$

也就是说，以同一像素为中心的锚框的数量是 $n+m-1$。对于整个输入图像，将共生成 $wh(n+m-1)$ 个锚框。

上述生成锚框的方法在下面的 multibox_prior 函数中实现。我们指定输入图像、缩放比列表和宽高比列表，然后此函数将返回所有的锚框。

```
#@save
def multibox_prior(data, sizes, ratios):
    """以每个像素为中心生成具有不同形状的锚框"""
    in_height, in_width = data.shape[-2:]
    device, num_sizes, num_ratios = data.device, len(sizes), len(ratios)
    boxes_per_pixel = (num_sizes + num_ratios - 1)
    size_tensor = torch.tensor(sizes, device=device)
    ratio_tensor = torch.tensor(ratios, device=device)

    # 为了将锚框的中心点移动到像素的中心，需要设置偏移量
    # 因为1像素的高为1且宽为1，我们选择偏移量中心为0.5
    offset_h, offset_w = 0.5, 0.5
    steps_h = 1.0 / in_height  # 在y轴上缩放步长
    steps_w = 1.0 / in_width  # 在x轴上缩放步长

    # 生成锚框的所有中心点
    center_h = (torch.arange(in_height, device=device) + offset_h) * steps_h
    center_w = (torch.arange(in_width, device=device) + offset_w) * steps_w
    shift_y, shift_x = torch.meshgrid(center_h, center_w,indexing='ij')
    shift_y, shift_x = shift_y.reshape(-1), shift_x.reshape(-1)

    # 生成boxes_per_pixel个高和宽
    # 之后用于创建锚框的四角坐标(xmin,xmax,ymin,ymax)
    w = torch.cat((size_tensor * torch.sqrt(ratio_tensor[0]),
                   sizes[0] * torch.sqrt(ratio_tensor[1:])))\
                   * in_height / in_width  # 处理矩形输入
    h = torch.cat((size_tensor / torch.sqrt(ratio_tensor[0]),
                   sizes[0] / torch.sqrt(ratio_tensor[1:])))
    # 除以2来获得半高和半宽
    anchor_manipulations = torch.stack((-w, -h, w, h)).T.repeat(
                                        in_height * in_width, 1) / 2

    # 每个中心点都将有boxes_per_pixel个锚框
    # 所以生成含所有锚框中心点的网格重复了boxes_per_pixel次
    out_grid = torch.stack([shift_x, shift_y, shift_x, shift_y],
                dim=1).repeat_interleave(boxes_per_pixel, dim=0)
    output = out_grid + anchor_manipulations
    return output.unsqueeze(0)
```

可以看到返回的锚框变量 Y 的形状是 (批量大小, 锚框的数量, 4)。

```
img = d2l.plt.imread('./img/catdog.jpg')
h, w = img.shape[:2]

print(h, w)
X = torch.rand(size=(1, 3, h, w))
Y = multibox_prior(X, sizes=[0.75, 0.5, 0.25], ratios=[1, 2, 0.5])
Y.shape
```

```
561 728
```

```
torch.Size([1, 2042040, 4])
```

将锚框变量 Y 的形状更改为 (图像高度, 图像宽度, 以同一像素为中心的锚框的数量, 4) 后，我们可以获得以指定像素的位置为中心的所有锚框。在接下来的内容中，我们访问以 (250, 250) 为中心的第一个锚框。它有 4 个元素：锚框左上角的轴坐标 (x, y) 和右下角的轴坐标 (x, y)。输出中两个轴坐标各自分别除以了图像的宽度和高度。

```
boxes = Y.reshape(h, w, 5, 4)
boxes[250, 250, 0, :]
tensor([0.06, 0.07, 0.63, 0.82])
```

为了显示图像中以某个像素为中心的所有锚框，定义下面的 show_bboxes 函数，以在图像中绘制多个边界框。

```python
#@save
def show_bboxes(axes, bboxes, labels=None, colors=None):
    """显示所有边界框"""
    def _make_list(obj, default_values=None):
        if obj is None:
            obj = default_values
        elif not isinstance(obj, (list, tuple)):
            obj = [obj]
        return obj

    labels = _make_list(labels)
    colors = _make_list(colors, ['b', 'g', 'r', 'm', 'c'])
    for i, bbox in enumerate(bboxes):
        color = colors[i % len(colors)]
        rect = d2l.bbox_to_rect(bbox.detach().numpy(), color)
        axes.add_patch(rect)
        if labels and len(labels) > i:
            text_color = 'k' if color == 'w' else 'w'
            axes.text(rect.xy[0], rect.xy[1], labels[i],
                      va='center', ha='center', fontsize=9, color=text_color,
                      bbox=dict(facecolor=color, lw=0))
```

正如从上面代码中所看到的，变量 `boxes` 中 x 轴和 y 轴的坐标值已分别除以图像的宽度和高度，绘制锚框时，我们需要恢复它们原始的坐标值。因此，在下面定义了变量 `bbox_scale`。现在可以绘制出图像中所有以 (250, 250) 为中心的锚框了。如下所示，缩放比为 0.75 且宽高比为 1 的蓝色锚框较好围绕着图像中的狗（另见彩插图 15）。

```python
d2l.set_figsize()
bbox_scale = torch.tensor((w, h, w, h))
fig = d2l.plt.imshow(img)
show_bboxes(fig.axes, boxes[250, 250, :, :] * bbox_scale,
            ['s=0.75, r=1', 's=0.5, r=1', 's=0.25, r=1', 's=0.75, r=2',
             's=0.75, r=0.5'])
```

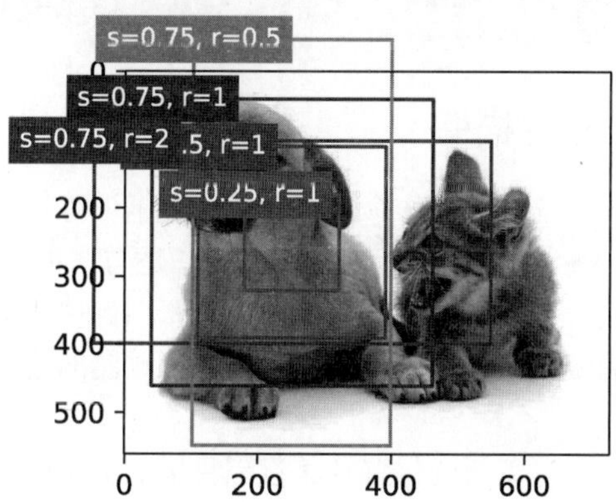

13.4.2 交并比（IoU）

我们刚才提到某个锚框“较好地”覆盖了图像中的狗。如果已知目标的真实边界框，那么这里的“好”该如何量化呢？直观地说，就是可以度量锚框和真实边界框之间的相似性。杰卡德指数（Jaccard index），也称杰卡德相似系数（Jaccard similarity coefficient）可以度量两组的相似性。给定集合 A 和 B，它们的杰卡德指数是它们交集的大小除以它们并集的大小：

$$J(A,B)=\frac{|A\cap B|}{|A\cup B|} \tag{13.2}$$

事实上，我们可以将任何边界框的像素区域视为一组像素。通过这种方式，我们可以通过其像素集的杰卡德指数来度量两个边界框的相似性。对于两个边界框，它们的杰卡德指数通常称为交并比（intersection over union，IoU），即两个边界框相交面积与相并面积之比，如图 13-2 所示。交并比的取值范围在 0 和 1 之间，0 表示两个边界框无重合像素，1 表示两个边界框完全重合。

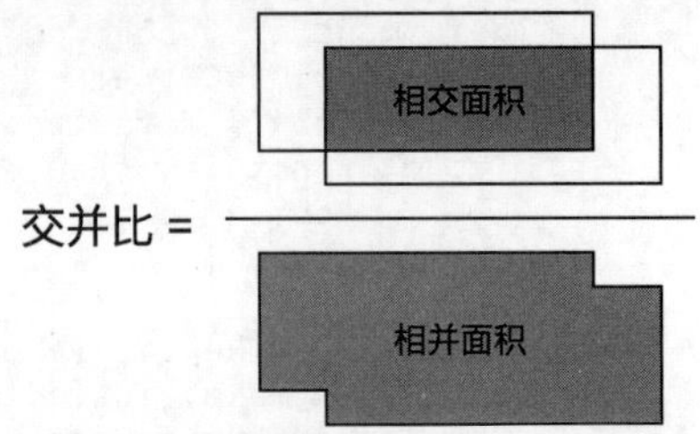

图 13-2　交并比是两个边界框相交面积与相并面积之比

接下来将使用交并比来度量锚框和真实边界框之间，以及不同锚框之间的相似性。给定两个锚框或边界框的列表，以下 box_iou 函数将对于这两个列表计算它们成对的交并比。

```
#@save
def box_iou(boxes1, boxes2):
    """计算两个锚框或边界框列表中成对的交并比"""
    box_area = lambda boxes: ((boxes[:, 2] - boxes[:, 0]) *
                              (boxes[:, 3] - boxes[:, 1]))
    # boxes1、boxes2、areas1和areas2的形状分别为
    # (boxes1的数量, 4)
    # (boxes2的数量, 4)
    # (boxes1的数量, )
    # (boxes2的数量, )
    areas1 = box_area(boxes1)
    areas2 = box_area(boxes2)
    # inter_upperlefts、inter_lowerrights、inters的形状为
    # (boxes1的数量, boxes2的数量, 2)
    inter_upperlefts = torch.max(boxes1[:, None, :2], boxes2[:, :2])
    inter_lowerrights = torch.min(boxes1[:, None, 2:], boxes2[:, 2:])
    inters = (inter_lowerrights - inter_upperlefts).clamp(min=0)
    # inter_areasandunion_areas的形状为(boxes1的数量, boxes2的数量)
    inter_areas = inters[:, :, 0] * inters[:, :, 1]
    union_areas = areas1[:, None] + areas2 - inter_areas
    return inter_areas / union_areas
```

13.4.3　在训练数据中标注锚框

在训练集中，我们将每个锚框视为一个训练样本。为了训练目标检测模型，我们需要每个锚框的类别（class）和偏移量（offset）标签，其中前者是与锚框相关的目标的类别，后者是真实边界框相对于锚框的偏移量。在预测时，我们为每张图像生成多个锚框，预测所有锚框的类别和偏移量，根据预测的偏移量调整它们的位置以获得预测的边界框，最后只输出符合特定条件的预测边界框。

目标检测训练集带有真实边界框的位置及其包围目标的类别的标签。要标注任何生成的锚框，我们可以参考分配到的最接近此锚框的真实边界框的位置和类别标签。下面将介绍一个算法，它能够把最接近的真实边界框分配给锚框。

1. 将真实边界框分配给锚框

给定图像，假设锚框是 $A_1, A_2, \cdots, A_{n_a}$，真实边界框是 $B_1, B_2, \cdots, B_{n_b}$，其中 $n_a \geqslant n_b$。我们定义一个矩阵 $\boldsymbol{X} \in \mathbb{R}^{n_a \times n_b}$，其中第 i 行、第 j 列的元素 x_{ij} 是锚框 A_i 和真实边界框 B_j 的 IoU。该算法包含以下步骤。

（1）在矩阵 $\boldsymbol{X}$ 中找到最大的元素，并将它的行索引和列索引分别表示为 i_1 和 j_1。然后将真实边界框 B_{j_1} 分配给锚框 A_{i_1}。这很直观，因为 A_{i_1} 和 B_{j_1} 是所有锚框中与真实边界框最相近的。

在第一个分配完成后，丢弃矩阵中第 i_1 行和第 j_1 列中的所有元素。

（2）在矩阵 $\boldsymbol{X}$ 中找到剩余元素中的最大元素，并将它的行索引和列索引分别表示为 i_2 和 j_2。我们将真实边界框 B_{j_2} 分配给锚框 A_{i_2}，并丢弃矩阵中第 i_2 行和第 j_2 列中的所有元素。

（3）此时，矩阵 $\boldsymbol{X}$ 中两行和两列中的元素已被丢弃。我们继续，直到丢弃矩阵 $\boldsymbol{X}$ 中 n_b 列中的所有元素。此时已经为这 n_b 个锚框各自分配了一个真实边界框。

（4）只遍历剩余的 n_a-n_b 个锚框。例如，给定任何锚框 A_i，在矩阵 $\boldsymbol{X}$ 的第 i 行中找到与 A_i 的 IoU 最大的真实边界框 B_j，只有当此 IoU 大于预定义的阈值时，才将 B_j 分配给 A_i。

下面用一个具体的例子来说明上述算法。首先，如图 13-3（a）所示，假设矩阵 $\boldsymbol{X}$ 中的最大值为 x_{23}，我们将真实边界框 B_3 分配给锚框 A_2。丢弃矩阵第 2 行和第 3 列中的所有元素，在剩余元素（阴影区域）中找到最大的元素 x_{71}，将真实边界框 B_1 分配给锚框 A_7。接下来，如图 13-3（b）所示，丢弃矩阵第 7 行和第 1 列中的所有元素，在剩余元素（阴影区域）中找到最大的元素 x_{54}，将真实边界框 B_4 分配给锚框 A_5。最后，如图 13-3（c）所示，丢弃矩阵第 5 行和第 4 列中的所有元素，在剩余元素（阴影区域）中找到最大的元素 x_{92}，将真实边界框 B_2 分配给锚框 A_9。之后，我们只需要遍历剩余的锚框 A_1、A_3、A_4、A_6、A_8，然后根据阈值确定是否为它们分配真实边界框。

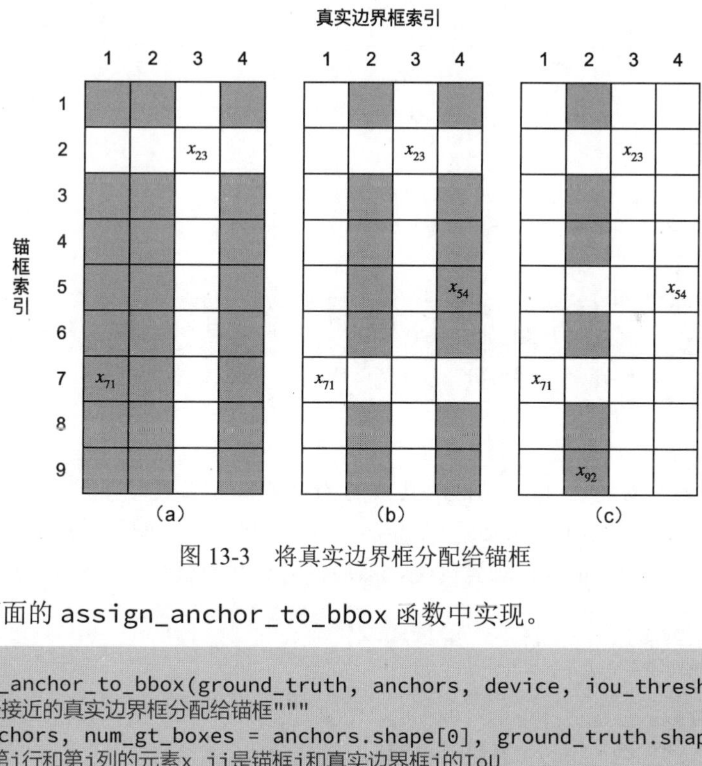

图 13-3 将真实边界框分配给锚框

此算法在下面的 assign_anchor_to_bbox 函数中实现。

```
#@save
def assign_anchor_to_bbox(ground_truth, anchors, device, iou_threshold=0.5):
    """将最接近的真实边界框分配给锚框"""
    num_anchors, num_gt_boxes = anchors.shape[0], ground_truth.shape[0]
    # 位于第i行和第j列的元素x_ij是锚框i和真实边界框j的IoU
    jaccard = box_iou(anchors, ground_truth)
    # 对于每个锚框，分配的真实边界框的张量
    anchors_bbox_map = torch.full((num_anchors,), -1, dtype=torch.long,
                                  device=device)
    # 根据阈值，决定是否分配真实边界框
    max_ious, indices = torch.max(jaccard, dim=1)
    anc_i = torch.nonzero(max_ious >= iou_threshold).reshape(-1)
    box_j = indices[max_ious >= iou_threshold]
    anchors_bbox_map[anc_i] = box_j
    col_discard = torch.full((num_anchors,), -1)
```

```
    row_discard = torch.full((num_gt_boxes,), -1)
    for _ in range(num_gt_boxes):
        max_idx = torch.argmax(jaccard)
        box_idx = (max_idx % num_gt_boxes).long()
        anc_idx = (max_idx / num_gt_boxes).long()
        anchors_bbox_map[anc_idx] = box_idx
        jaccard[:, box_idx] = col_discard
        jaccard[anc_idx, :] = row_discard
    return anchors_bbox_map
```

2. 标注类别和偏移量

现在我们可以为每个锚框标注类别和偏移量了。假设一个锚框 A 被分配了一个真实边界框 B。一方面，锚框 A 的类别将被标注为与 B 相同。另一方面，锚框 A 的偏移量将根据 B 和 A 中心坐标的相对位置以及这两个框的相对大小进行标注。鉴于数据集内不同的框的位置和大小不同，我们可以对那些相对位置和大小应用变换，使其获得分布更均匀且易于拟合的偏移量。这里介绍一种常见的转换。给定框 A 和 B，中心坐标分别为 (x_a, y_a) 和 (x_b, y_b)，宽度分别为 w_a 和 w_b，高度分别为 h_a 和 h_b，可以将 A 的偏移量标注为

$$\left(\frac{\frac{x_b - x_a}{w_a} - \mu_x}{\sigma_x}, \frac{\frac{y_b - y_a}{h_a} - \mu_y}{\sigma_y}, \frac{\log \frac{w_b}{w_a} - \mu_w}{\sigma_w}, \frac{\log \frac{h_b}{h_a} - \mu_h}{\sigma_h}\right) \tag{13.3}$$

其中，常量的默认值为 $\mu_x=\mu_y=\mu_w=\mu_h=0$，$\sigma_x=\sigma_y=0.1$，$\sigma_w=\sigma_h=0.2$。这种转换在下面的 offset_boxes 函数中实现。

```
#@save
def offset_boxes(anchors, assigned_bb, eps=1e-6):
    """对锚框偏移量的转换"""
    c_anc = d2l.box_corner_to_center(anchors)
    c_assigned_bb = d2l.box_corner_to_center(assigned_bb)
    offset_xy = 10 * (c_assigned_bb[:, :2] - c_anc[:, :2]) / c_anc[:, 2:]
    offset_wh = 5 * torch.log(eps + c_assigned_bb[:, 2:] / c_anc[:, 2:])
    offset = torch.cat([offset_xy, offset_wh], axis=1)
    return offset
```

如果一个锚框没有被分配真实边界框，我们只需将锚框的类别标注为背景（background）。背景类别的锚框通常被称为负类锚框，其余的锚框被称为正类锚框。我们使用真实边界框（labels 参数）实现以下 multibox_target 函数，来标注锚框的类别和偏移量（anchors 参数）。此函数将背景类别的索引设置为零，然后将新类别的整数索引递增一。

```
#@save
def multibox_target(anchors, labels):
    """使用真实边界框标注锚框"""
    batch_size, anchors = labels.shape[0], anchors.squeeze(0)
    batch_offset, batch_mask, batch_class_labels = [], [], []
    device, num_anchors = anchors.device, anchors.shape[0]
    for i in range(batch_size):
        label = labels[i, :, :]
        anchors_bbox_map = assign_anchor_to_bbox(
            label[:, 1:], anchors, device)
        bbox_mask = ((anchors_bbox_map >= 0).float().unsqueeze(-1)).repeat(
            1, 4)
        # 将类别标签和分配的边界框坐标初始化为零
        class_labels = torch.zeros(num_anchors, dtype=torch.long,
                                   device=device)
        assigned_bb = torch.zeros((num_anchors, 4), dtype=torch.float32,
                                  device=device)
```

```
        # 使用真实边界框来标注锚框的类别
        # 如果一个锚框没有被分配，标注其为背景类别（值为零）
        indices_true = torch.nonzero(anchors_bbox_map >= 0)
        bb_idx = anchors_bbox_map[indices_true]
        class_labels[indices_true] = label[bb_idx, 0].long() + 1
        assigned_bb[indices_true] = label[bb_idx, 1:]
        # 偏移量转换
        offset = offset_boxes(anchors, assigned_bb) * bbox_mask
        batch_offset.append(offset.reshape(-1))
        batch_mask.append(bbox_mask.reshape(-1))
        batch_class_labels.append(class_labels)
    bbox_offset = torch.stack(batch_offset)
    bbox_mask = torch.stack(batch_mask)
    class_labels = torch.stack(batch_class_labels)
    return (bbox_offset, bbox_mask, class_labels)
```

3. 示例

下面通过一个具体的例子来说明锚框标签。我们已经为加载图像中的狗和猫定义了真实边界框，其中第一个元素是类别（0 代表狗，1 代表猫），其余 4 个元素是左上角和右下角的轴坐标 (x, y)（范围介于 0 和 1 之间）。我们还构建了 5 个锚框，用左上角和右下角的坐标进行标注：$A_0, \cdots, A_4$（索引从 0 开始）。然后我们在图像中绘制这些真实边界框和锚框（另见彩插图 16）。

```
ground_truth = torch.tensor([[0, 0.1, 0.08, 0.52, 0.92],
                             [1, 0.55, 0.2, 0.9, 0.88]])
anchors = torch.tensor([[0, 0.1, 0.2, 0.3], [0.15, 0.2, 0.4, 0.4],
                        [0.63, 0.05, 0.88, 0.98], [0.66, 0.45, 0.8, 0.8],
                        [0.57, 0.3, 0.92, 0.9]])

fig = d2l.plt.imshow(img)
show_bboxes(fig.axes, ground_truth[:, 1:] * bbox_scale, ['dog', 'cat'], 'k')
show_bboxes(fig.axes, anchors * bbox_scale, ['0', '1', '2', '3', '4']);
```

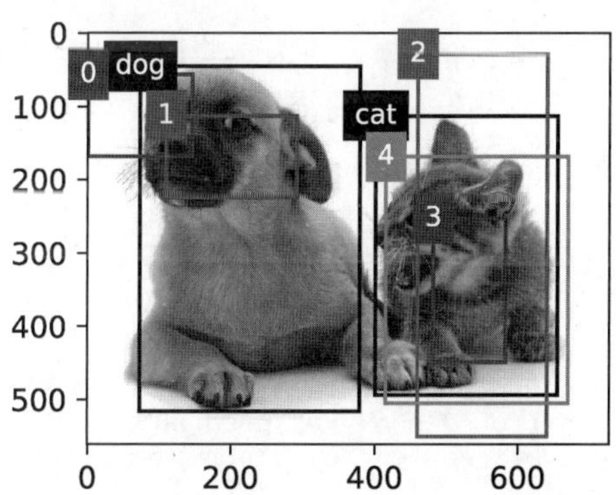

使用上面定义的 `multibox_target` 函数，我们可以根据狗和猫的真实边界框，标注这些锚框的类别和偏移量。在这个例子中，背景、狗和猫的类别索引分别为 0、1 和 2。下面我们为锚框和真实边界框样本添加一个维度。

```
labels = multibox_target(anchors.unsqueeze(dim=0),
                         ground_truth.unsqueeze(dim=0))
```

返回的结果中有 3 个元素，都是张量格式。第三个元素包含标注的输入锚框的类别。

我们根据图像中的锚框和真实边界框的位置来分析下面返回的类别标签。首先，在所有的锚框和真实边界框配对中，锚框 A_4 与猫的真实边界框的 IoU 是最大的。因此，A_4 的类别被标注为猫。去除包含 A_4 或猫的真实边界框的配对，在剩余的配对中，锚框 A_1 和狗的真实边界框有最大的IoU。因此，A_1的类别被标注为狗。接下来，我们需要遍历剩余的3个未标注的锚框：A_0、A_2和A_3。对于A_0，与其拥有最大IoU的真实边界框的类别是狗，但IoU低于预定义的阈值（0.5），因此该类别被标注为背景；对于A_2，与其拥有最大IoU的真实边界框的类别是猫，IoU超过阈值，所以该类别被标注为猫；对于A_3，与其拥有最大IoU的真实边界框的类别是猫，但IoU低于阈值，因此该类别被标注为背景。

```
labels[2]
```

```
tensor([[0, 1, 2, 0, 2]])
```

返回的第二个元素是掩码（mask）变量，形状为(批量大小, 锚框数的4倍)。掩码变量中的元素与每个锚框的4个偏移量一一对应。由于我们不关心对背景的检测，负类的偏移量不应影响目标函数。通过元素乘法，掩码变量中的零将在计算目标函数之前过滤掉负类偏移量。

```
labels[1]
```

```
tensor([[0., 0., 0., 0., 1., 1., 1., 1., 1., 1., 1., 1., 0., 0., 0., 0., 1., 1.,
         1., 1.]])
```

返回的第一个元素包含了为每个锚框标注的4个偏移量。注意，负类锚框的偏移量被标注为零。

```
labels[0]
```

```
tensor([[-0.00e+00, -0.00e+00, -0.00e+00, -0.00e+00,  1.40e+00,  1.00e+01,
          2.59e+00,  7.18e+00, -1.20e+00,  2.69e-01,  1.68e+00, -1.57e+00,
         -0.00e+00, -0.00e+00, -0.00e+00, -0.00e+00, -5.71e-01, -1.00e+00,
          4.17e-06,  6.26e-01]])
```

13.4.4 使用非极大值抑制预测边界框

在预测时，我们先为图像生成多个锚框，再为这些锚框一一预测类别和偏移量。一个预测好的边界框则根据其中某个带有预测偏移量的锚框而生成。下面我们实现offset_inverse函数，该函数将锚框和偏移量预测作为输入，并应用逆偏移变换来返回预测的边界框坐标。

```
#@save
def offset_inverse(anchors, offset_preds):
    """根据带有预测偏移量的锚框来预测边界框"""
    anc = d2l.box_corner_to_center(anchors)
    pred_bbox_xy = (offset_preds[:, :2] * anc[:, 2:] / 10) + anc[:, :2]
    pred_bbox_wh = torch.exp(offset_preds[:, 2:] / 5) * anc[:, 2:]
    pred_bbox = torch.cat((pred_bbox_xy, pred_bbox_wh), axis=1)
    predicted_bbox = d2l.box_center_to_corner(pred_bbox)
    return predicted_bbox
```

当有许多锚框时，可能会输出许多相似的具有明显重叠的预测边界框，它们都围绕着同一目标。为了简化输出，我们可以使用*非极大值抑制*（non-maximum suppression，NMS）合并属于同一目标的相似的预测边界框。

以下是非极大值抑制的工作原理。对于一个预测边界框B，目标检测模型会计算每个类别的预测概率。假设最大的预测概率为p，则该概率所对应的类别B即为预测的类别。具体来说，我们将p称为预测边界框B的*置信度*（confidence）。在同一张图像中，所有预测的非背景边界框都按置信度按降序排序，以生成列表L。然后我们通过以下步骤的操作排序列表L。

（1）从L中选取置信度最高的预测边界框B_1作为基准，然后将所有与B_1的IoU超过预定阈值ϵ的非基准预测边界框从L中移除。这时，L保留了置信度最高的预测边界框，移除了与其过于相似的其他预测边界框。简而言之，那些具有非极大值置信度的边界框被抑制了。

（2）从 L 中选取置信度次高的预测边界框 B_2 作为又一个基准，然后将所有与 B_2 的 IoU 大于ϵ的非基准预测边界框从 L 中移除。

（3）重复上述过程，直到 L 中的所有预测边界框都曾被用作基准。此时，L 中任意一对预测边界框的 IoU 都小于阈值ϵ，因此，没有一对边界框过于相似。

（4）输出列表 L 中的所有预测边界框。

以下 nms 函数按降序对置信度进行排序并返回其索引。

```
#@save
def nms(boxes, scores, iou_threshold):
    """对预测边界框的置信度进行排序"""
    B = torch.argsort(scores, dim=-1, descending=True)
    keep = []  # 保留预测边界框的指标
    while B.numel() > 0:
        i = B[0]
        keep.append(i)
        if B.numel() == 1: break
        iou = box_iou(boxes[i, :].reshape(-1, 4),
                      boxes[B[1:], :].reshape(-1, 4)).reshape(-1)
        inds = torch.nonzero(iou <= iou_threshold).reshape(-1)
        B = B[inds + 1]
    return torch.tensor(keep, device=boxes.device)
```

我们定义以下 multibox_detection 函数来将非极大值抑制应用于预测边界框。这里的实现有点复杂，请不要担心。我们将在实现之后，马上用一个具体的例子来展示它是如何工作的。

```
#@save
def multibox_detection(cls_probs, offset_preds, anchors, nms_threshold=0.5,
                       pos_threshold=0.009999999):
    """使用非极大值抑制来预测边界框"""
    device, batch_size = cls_probs.device, cls_probs.shape[0]
    anchors = anchors.squeeze(0)
    num_classes, num_anchors = cls_probs.shape[1], cls_probs.shape[2]
    out = []
    for i in range(batch_size):
        cls_prob, offset_pred = cls_probs[i], offset_preds[i].reshape(-1, 4)
        conf, class_id = torch.max(cls_prob[1:], 0)
        predicted_bb = offset_inverse(anchors, offset_pred)
        keep = nms(predicted_bb, conf, nms_threshold)

        # 找到所有的non_keep索引，并将类别设置为背景
        all_idx = torch.arange(num_anchors, dtype=torch.long, device=device)
        combined = torch.cat((keep, all_idx))
        uniques, counts = combined.unique(return_counts=True)
        non_keep = uniques[counts == 1]
        all_id_sorted = torch.cat((keep, non_keep))
        class_id[non_keep] = -1
        class_id = class_id[all_id_sorted]
        conf, predicted_bb = conf[all_id_sorted], predicted_bb[all_id_sorted]
        # pos_threshold是一个用于非背景预测的阈值
        below_min_idx = (conf < pos_threshold)
        class_id[below_min_idx] = -1
        conf[below_min_idx] = 1 - conf[below_min_idx]
        pred_info = torch.cat((class_id.unsqueeze(1),
                               conf.unsqueeze(1),
                               predicted_bb), dim=1)
        out.append(pred_info)
    return torch.stack(out)
```

现在，我们将上述算法应用到一个带有 4 个锚框的具体示例中。为简单起见，我们假设预测的偏移量都为零，这意味着预测的边界框即锚框。对于背景、狗和猫中的每个类别，我们还定义了它们的预测概率。

```
anchors = torch.tensor([[0.1, 0.08, 0.52, 0.92], [0.08, 0.2, 0.56, 0.95],
                        [0.15, 0.3, 0.62, 0.91], [0.55, 0.2, 0.9, 0.88]])
offset_preds = torch.tensor([0] * anchors.numel())
cls_probs = torch.tensor([[0] * 4,  # 背景的预测概率
                        [0.9, 0.8, 0.7, 0.1],  # 狗的预测概率
                        [0.1, 0.2, 0.3, 0.9]])  # 猫的预测概率
```

我们可以在图像上绘制这些预测边界框和置信度（另见彩插图 17）。

```
fig = d2l.plt.imshow(img)
show_bboxes(fig.axes, anchors * bbox_scale,
            ['dog=0.9', 'dog=0.8', 'dog=0.7', 'cat=0.9'])
```

现在，我们可以调用 `multibox_detection` 函数来执行非极大值抑制，其中阈值设置为 0.5。注意，我们在示例的张量输入中添加了维度。

我们可以看到返回结果的形状是 (批量大小, 锚框的数量, 6)。最内层维度中的 6 个元素提供了同一预测边界框的输出信息。第一个元素是预测的类别索引，从 0 开始（0 代表狗，1 代表猫），值 -1 表示背景或在非极大值抑制中被移除了。第二个元素是预测的边界框的置信度。其余 4 个元素分别是预测边界框左上角和右下角的轴坐标 (x, y)（范围介于 0 和 1 之间）。

```
output = multibox_detection(cls_probs.unsqueeze(dim=0),
                            offset_preds.unsqueeze(dim=0),
                            anchors.unsqueeze(dim=0),
                            nms_threshold=0.5)
output
```

```
tensor([[[ 0.00,  0.90,  0.10,  0.08,  0.52,  0.92],
         [ 1.00,  0.90,  0.55,  0.20,  0.90,  0.88],
         [-1.00,  0.80,  0.08,  0.20,  0.56,  0.95],
         [-1.00,  0.70,  0.15,  0.30,  0.62,  0.91]]])
```

删除 -1 类别（背景）的预测边界框后，我们可以输出由非极大值抑制保留的最终预测边界框（另见彩插图 18）。

```
fig = d2l.plt.imshow(img)
for i in output[0].detach().numpy():
    if i[0] == -1:
        continue
    label = ('dog=', 'cat=')[int(i[0])] + str(i[1])
    show_bboxes(fig.axes, [torch.tensor(i[2:]) * bbox_scale], label)
```

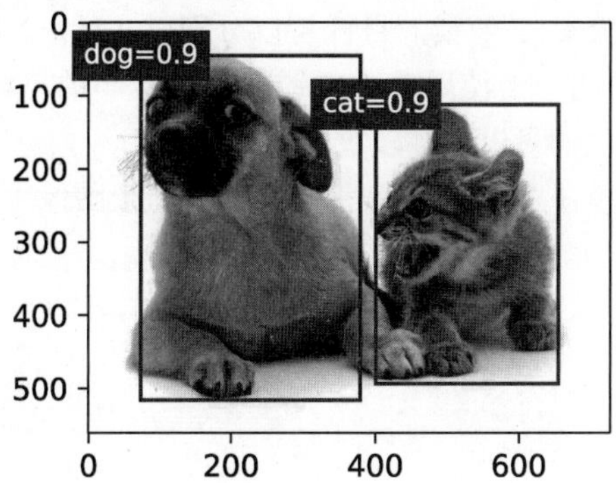

实践中，在执行非极大值抑制前，我们甚至可以将置信度较低的预测边界框移除，从而减少此算法中的计算量。我们也可以对非极大值抑制的输出结果进行后处理。例如，只保留置信度更高的结果作为最终输出。

小结

- 我们以图像的每个像素为中心生成不同形状的锚框。
- 交并比（IoU）也被称为杰卡德指数，用于度量两个边界框的相似性。它是相交面积与相并面积的比率。
- 在训练集中，我们需要给每个锚框两种类型的标签，一种是与锚框中目标检测的类别，另一种是锚框相对于真实边界框的偏移量。
- 预测期间可以使用非极大值抑制（NMS）来移除相似的预测边界框，从而简化输出。

练习

（1）在 `multibox_prior` 函数中更改 `sizes` 和 `ratios` 的值，生成的锚框有什么变化？

（2）构建并可视化两个 IoU 为 0.5 的边界框，它们是怎样重叠的？

（3）在 13.4.3 节和 13.4.4 节中修改变量 `anchors`，结果如何变化？

（4）非极大值抑制是一种贪心算法，它通过移除来抑制预测的边界框。是否存在这样一种可能，即被移除的一些边界框实际上是有用的？如何修改这个算法来柔和地抑制？可以参考 Soft-NMS[9]。

（5）如果非手动，非极大值抑制可以被学习吗？

13.5 多尺度目标检测

扫码直达讨论区

在 13.4 节中，我们以输入图像的每个像素为中心，生成了多个锚框。基本而言，这些锚框代表了图像中不同区域的样本。然而，如果为每个像素都生成锚框，我们最终可能会得到太多需要计算的锚框。想象一个 561 像素×728 像素的输入图像，如果以每个像素为中心生成 5 个形状不同的锚框，就需要在图像上标注和预测超过 200 万个锚框（561×728×5 = 2 042 040）。

13.5.1 多尺度锚框

减少图像上的锚框数量并不困难。例如，我们可以在输入图像中均匀抽样一小部分像素，并以它们为中心生成锚框。此外，在不同尺度下，我们可以生成不同数量和不同大小的锚框。直观地说，比起较大的目标，较小的目标在图像上出现的可能性更为多样。例如，1 像素 ×

1 像素、1 像素×2 像素和 2 像素×2 像素的目标可以分别以 4 种、2 种和 1 种可能的方式出现在 2 像素×2 像素的图像上。因此，当使用较小的锚框检测较小的目标时，我们可以抽样较多的区域，而对于较大的目标，我们可以抽样较少的区域。

为了演示如何在多个尺度下生成锚框，我们先读取一张图像。它的高度和宽度分别为 561 像素和 728 像素。

```
%matplotlib inline
import torch
from d2l import torch as d2l

img = d2l.plt.imread('./img/catdog.jpg')
h, w = img.shape[:2]
h, w
```

```
(561, 728)
```

回想一下，在 6.2 节中，我们将卷积图层的二维数组输出称为特征图。通过定义特征图的形状，我们可以确定任何图像上均匀抽样锚框的中心。

display_anchors 函数定义如下。我们在特征图（fmap）上生成锚框（anchors），每个单位（像素）作为锚框的中心。由于锚框中的轴坐标 (x, y) 值（anchors）已经被除以特征图（fmap）的宽度和高度，因此这些值介于 0 和 1 之间，表示特征图中锚框的相对位置。

由于锚框（anchors）的中心分布于特征图（fmap）上的所有单位，因此这些中心必须根据其相对空间位置在任何输入图像上均匀分布。更具体地说，给定特征图的宽度 fmap_w 和高度 fmap_h，以下函数将均匀地对任何输入图像中 fmap_h 行和 fmap_w 列中的像素进行抽样。以这些均匀抽样的像素为中心，将会生成尺度为 s（假设列表 s 的长度为 1）且宽高比（ratios）不同的锚框。

```
def display_anchors(fmap_w, fmap_h, s):
    d2l.set_figsize()
    # 前两个维度上的值不影响输出
    fmap = torch.zeros((1, 10, fmap_h, fmap_w))
    anchors = d2l.multibox_prior(fmap, sizes=s, ratios=[1, 2, 0.5])
    bbox_scale = torch.tensor((w, h, w, h))
    d2l.show_bboxes(d2l.plt.imshow(img).axes,
                    anchors[0] * bbox_scale)
```

首先，我们考虑检测小目标。为了在显示时更容易分辨，在这里具有不同中心的锚框不会重叠：锚框的尺度设置为 0.15，特征图的高度和宽度均设置为 4。我们可以看到，图像上 4 行和 4 列的锚框的中心是均匀分布的（另见彩插图 19）。

```
display_anchors(fmap_w=4, fmap_h=4, s=[0.15])
```

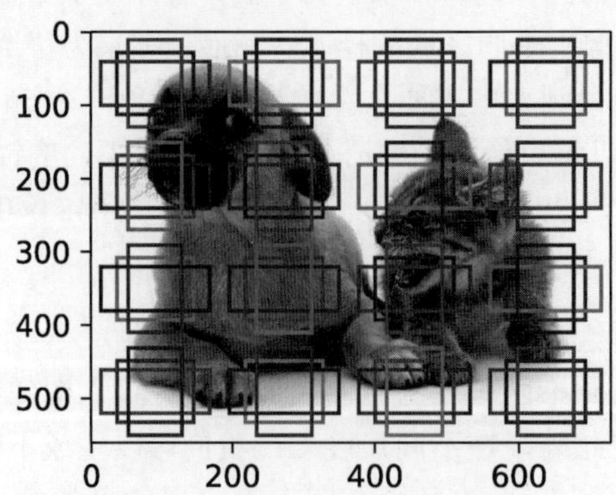

然后，我们将特征图的高度和宽度减小一半，然后使用较大的锚框来检测较大的目标。当尺度设置为 0.4 时，一些锚框将彼此重叠（另见彩插图 20）。

```
display_anchors(fmap_w=2, fmap_h=2, s=[0.4])
```

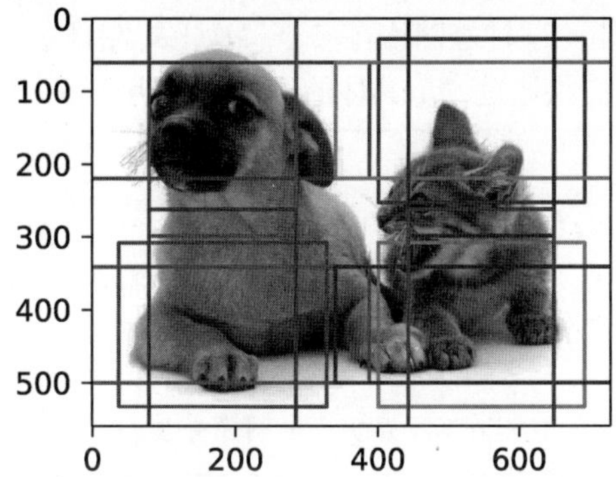

最后，我们将特征图的高度和宽度进一步减小一半，然后将锚框的尺度增加到 0.8。此时，锚框的中心即图像的中心（另见彩插图 21）。

```
display_anchors(fmap_w=1, fmap_h=1, s=[0.8])
```

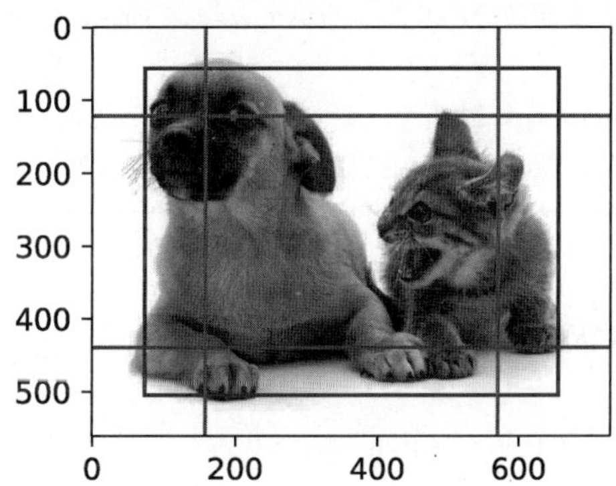

13.5.2　多尺度检测

既然已经生成了多尺度锚框，我们就将使用它们来检测不同尺度下各种大小不同的目标。下面，我们介绍一种基于卷积神经网络（CNN）的多尺度目标检测方法，该方法将在 13.7 节中实现。

在某种规模上，假设我们有 c 张形状为 $h \times w$ 的特征图。使用 13.5.1 节中的方法，我们生成 hw 组锚框，其中每组都有 a 个中心相同的锚框。例如，在 13.5.1 节实验的第一个尺度上，给定 10 个（通道数）4×4 的特征图，我们生成了 16 组锚框，每组包含 3 个中心相同的锚框。接下来，每个锚框都根据真实边界框标注了类别和偏移量。在当前尺度下，目标检测模型需要预测输入图像上 hw 组锚框的类别和偏移量，其中不同组的锚框具有不同的中心。

假设此处的 c 张特征图是 CNN 基于输入图像的前向传播算法获得的中间输出。既然每张特征图上都有 hw 个不同的空间位置，那么相同空间位置可以看作含有 c 个单元。根据 6.2 节中对感受野的定义，特征图在相同空间位置的 c 个单元对于输入图像的感受野相同：它们表征了同一感受野内的输入图像信息。因此，我们可以将特征图在同一空间位置的 c 个单元转换为使用此空间位置生成的 a 个锚框类别和偏移量。本质上，我们用输入图像在某个感受野区域内的信息，来预测输入图像上与该区域位置相近的锚框类别和偏移量。

当不同层的特征图在输入图像上分别拥有不同大小的感受野时，它们可以用于检测不同大小的目标。例如，我们可以设计一个神经网络，其中靠近输出层的特征图单元具有更大的感受野，这样它们就可以从输入图像中检测到较大的目标。

简而言之，我们可以利用深层神经网络在多个层次上对图像进行分层表示，从而实现多尺度目标检测。在 13.7 节，我们将通过一个具体的例子来说明它是如何工作的。

小结

- 在多个尺度下，我们可以生成不同尺度的锚框来检测不同大小的目标。
- 通过定义特征图的形状，我们可以确定任何图像上均匀抽样的锚框的中心。
- 我们使用输入图像在某个感受野区域内的信息，来预测输入图像上与该区域位置相近的锚框类别和偏移量。
- 我们可以通过深入学习，使用在多个层次上的图像分层表示进行多尺度目标检测。

练习

（1）根据我们在 7.1 节中的讨论，深度神经网络学习图像特征级别的抽象层次随网络深度的增加而升级。在多尺度目标检测中，不同尺度的特征映射是否对应于不同的抽象层次？为什么？

（2）在 13.5.1 节中的实验里的第一个尺度（`fmap_w=4`，`fmap_h=4`）下，生成可能重叠的均匀分布的锚框。

（3）给定形状为 $1\times c\times h\times w$ 的特征图变量，其中 c、h 和 w 分别是特征图的通道数、高度和宽度。怎样才能将这个变量转换为锚框类别和偏移量？输出的形状是什么？

13.6　目标检测数据集

扫码直达讨论区

目标检测领域没有像 MNIST 和 Fashion-MNIST 那样的小型数据集。为了快速测试目标检测模型，我们收集并标注了一个小型数据集：首先，我们拍摄了一组香蕉的照片，并生成了 1000 张不同角度和大小的香蕉图像；然后，我们在一些背景图片的随机位置上放一张香蕉的图像；最后，我们在图片上为这些香蕉标注了边界框。

13.6.1　下载数据集

包含所有图像和 CSV 标签文件的香蕉检测数据集可以直接从互联网下载。

```
%matplotlib inline
import os
import pandas as pd
import torch
import torchvision
from d2l import torch as d2l

#@save
d2l.DATA_HUB['banana-detection'] = (
    d2l.DATA_URL + 'banana-detection.zip',
    '5de26c8fce5ccdea9f91267273464dc968d20d72')
```

13.6.2 读取数据集

通过 read_data_bananas 函数，我们读取香蕉检测数据集。该数据集包括一个 CSV 文件，内含目标类别标签和位于左上角和右下角的真实边界框坐标。

```
#@save
def read_data_bananas(is_train=True):
    """读取香蕉检测数据集中的图像和标签"""
    data_dir = d2l.download_extract('banana-detection')
    csv_fname = os.path.join(data_dir, 'bananas_train' if is_train
                             else 'bananas_val', 'label.csv')
    csv_data = pd.read_csv(csv_fname)
    csv_data = csv_data.set_index('img_name')
    images, targets = [], []
    for img_name, target in csv_data.iterrows():
        images.append(torchvision.io.read_image(
            os.path.join(data_dir, 'bananas_train' if is_train else
                         'bananas_val', 'images', f'{img_name}')))
        # 这里的target包含（类别，左上角x，左上角y，右下角x，右下角y）
        # 其中所有图像都具有相同的香蕉类别（索引为0）
        targets.append(list(target))
    return images, torch.tensor(targets).unsqueeze(1) / 256
```

通过使用 read_data_bananas 函数读取图像和标签，以下 BananasDataset 类将允许我们创建一个自定义的 Dataset 实例来加载香蕉检测数据集。

```
#@save
class BananasDataset(torch.utils.data.Dataset):
    """一个用于加载香蕉检测数据集的自定义数据集"""
    def __init__(self, is_train):
        self.features, self.labels = read_data_bananas(is_train)
        print('read ' + str(len(self.features)) + (f' training examples' if
              is_train else f' validation examples'))

    def __getitem__(self, idx):
        return (self.features[idx].float(), self.labels[idx])

    def __len__(self):
        return len(self.features)
```

最后，我们定义 load_data_bananas 函数，以为训练集和测试集返回两个数据加载器实例。对于测试集，无须按随机顺序读取它。

```
#@save
def load_data_bananas(batch_size):
    """加载香蕉检测数据集"""
    train_iter = torch.utils.data.DataLoader(BananasDataset(is_train=True),
                                             batch_size, shuffle=True)
    val_iter = torch.utils.data.DataLoader(BananasDataset(is_train=False),
                                           batch_size)
    return train_iter, val_iter
```

我们读取一个小批量，并打印其中的图像和标签的形状。图像的小批量的形状为 (批量大小, 通道数, 高度, 宽度)，看起来很眼熟：它与之前图像分类任务中的相同。标签的小批量的形状为 (批量大小, m, 5), 其中 m 是数据集的任何图像中边界框可能出现的最大数。

小批量计算虽然高效，但它要求每张图像含有相同数量的边界框，以便放在同一个批量中。通常来说，图像可能具有不同数量的边界框。因此，在达到 m 之前，边界框少于 m 的图像将被非法边界框填充。这样，每个边界框的标签将用长度为 5 的数组表示。数组中的第一个元素是边界框中目标的类别，其中 -1 表示用于填充的非法边界框。数组的其余 4 个元素是边界框左上角和右下角的坐标值 (x, y)（值域为 0 ～ 1）。对于香蕉检测数据集而言，由于每张图像上只有一个边界框，因此 m=1。

```
batch_size, edge_size = 32, 256
train_iter, _ = load_data_bananas(batch_size)
batch = next(iter(train_iter))
batch[0].shape, batch[1].shape
```

```
read 1000 training examples
read 100 validation examples
```

```
(torch.Size([32, 3, 256, 256]), torch.Size([32, 1, 5]))
```

13.6.3　演示

我们展示 10 幅带有真实边界框的图像（另见彩插图 22），可以看到在所有这些图像中香蕉的旋转角度、大小和位置都有所不同。当然，这只是一个简单的人工数据集，实践中真实世界的数据集通常要复杂得多。

```
imgs = (batch[0][0:10].permute(0, 2, 3, 1)) / 255
axes = d2l.show_images(imgs, 2, 5, scale=2)
for ax, label in zip(axes, batch[1][0:10]):
    d2l.show_bboxes(ax, [label[0][1:5] * edge_size], colors=['w'])
```

小结

- 我们收集的香蕉检测数据集可用于演示目标检测模型。
- 用于目标检测的数据加载与图像分类的数据加载类似。但是，在目标检测中，标签还包含真实边界框的信息，它不出现在图像分类中。

练习

（1）在香蕉检测数据集中演示其他带有真实边界框的图像，它们在边界框和目标方面有什么不同？

（2）假设我们想要将数据增强（例如，随机裁剪）应用于目标检测，它与图像分类中的有什么不同？提示：如果裁剪的图像只包含目标的一小部分会怎样？

13.7 单发多框检测（SSD）

扫码直达讨论区

在 13.3 节至 13.6 节中，我们分别介绍了边界框、锚框、多尺度目标检测和目标检测数据集。现在我们已经准备好凭借这些背景知识来设计一个目标检测模型：单发多框检测（SSD）[96]。该模型简单、快速且被广泛使用，尽管只是目标检测模型之一，但本节中的一些设计原则和实现细节也适用于其他模型。

13.7.1 模型

图 13-4 展示了单发多框检测模型的设计。此模型主要由一个基础网络块和数个多尺度特征块组成。基础网络块用于从输入图像中提取特征，因此它可以使用深度卷积神经网络。单发多框检测的论文中选用了在分类层之前截断的 VGG[96]，现在也常用 ResNet 替代。我们可以设计基础网络块，使它输出的高和宽较大，这样，基于该特征图生成的锚框数量较多，可以用来检测较小的目标。接下来的每个多尺度特征块将上一层提供的特征图的高和宽缩小（如减半），并使特征图中每个单元在输入图像上的感受野变得更大。

回想一下在 13.5 节中，通过深度神经网络分层表示图像的多尺度目标检测的设计。由于接近图 13-4 顶部的多尺度特征图较小但具有较大的感受野，因此它们适合检测较少但较大的目标。简而言之，通过多尺度特征块，单发多框检测生成不同大小的锚框，并通过预测边界框的类别和偏移量来检测大小不同的目标，因此这是一个多尺度目标检测模型。

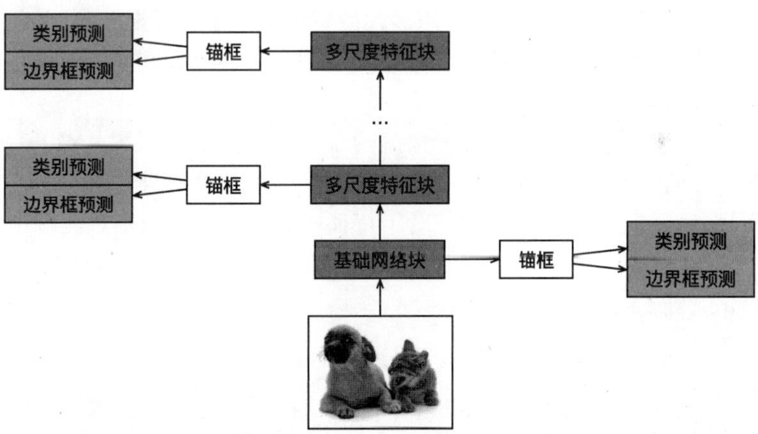

图 13-4　单发多框检测模型主要由一个基础网络块和若干多尺度特征块组成

下面我们介绍图 13-4 中不同模块的实现细节。我们首先讨论如何实现类别预测和边界框预测。

1. 类别预测层

假设目标类别的数量为 q，这样，锚框有 q+1 个类别，其中 0 类是背景。在某个尺度下，假设特征图的高和宽分别为 h 和 w。如果以其中每个单元为中心生成 a 个锚框，那么我们需要对 hwa 个锚框进行分类。如果使用全连接层作为输出，很容易导致模型参数过多。回想 7.3 节介绍的使用卷积层的通道来输出类别预测的方法，单发多框检测正是采用同样的方法来降低模型复杂度。

具体来说，类别预测层使用一个保持输入的宽度和高度不变的卷积层，这样，输出和输入在特征图宽和高上的空间坐标一一对应。考虑输出和输入同一空间坐标 (x, y)：输出特征图上坐标 (x, y) 的通道里包含了以输入特征图上坐标 (x, y) 为中心生成的所有锚框的类别预测。因此输出通道数为 $a(q+1)$，其中索引为 $i(q+1)+j(0 \leqslant j \leqslant q)$ 的通道代表索引为 i 的锚框有关类别索引为 j 的预测。

下面，我们定义这样一个类别预测层，通过参数 num_anchors 和 num_classes 分别指定 a 和 q。该图层使用填充为 1 的 3×3 的卷积层，此卷积层的输入和输出的宽度和高度保持不变。

```
%matplotlib inline
import torch
import torchvision
from torch import nn
from torch.nn import functional as F
from d2l import torch as d2l

def cls_predictor(num_inputs, num_anchors, num_classes):
    return nn.Conv2d(num_inputs, num_anchors * (num_classes + 1),
                     kernel_size=3, padding=1)
```

2. 边界框预测层

边界框预测层的设计与类别预测层的设计类似。唯一不同的是，这里需要为每个锚框预测 4 个偏移量，而不是 q+1 个类别。

```
def bbox_predictor(num_inputs, num_anchors):
    return nn.Conv2d(num_inputs, num_anchors * 4, kernel_size=3, padding=1)
```

3. 连接多尺度的预测

正如我们所提到的，单发多框检测使用多尺度特征图来生成锚框并预测其类别和偏移量。在不同的尺度下，特征图的形状或以同一单元为中心的锚框的数量可能会有所不同。因此，不同尺度下预测输出的形状可能会有所不同。

在以下示例中，我们为同一个小批量构建两个不同比例的特征图（Y1 和 Y2），其中 Y2 的高度和宽度是 Y1 的一半。以类别预测为例，假设 Y1 和 Y2 的每个单元分别生成 5 个和 3 个锚框。进一步假设目标类别的数量为 10，对于特征图 Y1 和 Y2，类别预测输出中的通道数分别为 5×(10+1)=55 和 3×(10+1)=33，其中任一输出的形状是 (批量大小, 通道数, 高度, 宽度)。

```
def forward(x, block):
    return block(x)

Y1 = forward(torch.zeros((2, 8, 20, 20)), cls_predictor(8, 5, 10))
Y2 = forward(torch.zeros((2, 16, 10, 10)), cls_predictor(16, 3, 10))
Y1.shape, Y2.shape
```

```
(torch.Size([2, 55, 20, 20]), torch.Size([2, 33, 10, 10]))
```

正如我们所看到的，除了批量大小这一维度，其他 3 个维度都具有不同的大小。为了将这两个预测输出连接起来以提高计算效率，我们将把这些张量转换为更一致的格式。

通道数包含中心相同的锚框的预测结果。我们首先将通道数移到最后一维。因为不同尺度下批量大小仍保持不变，所以可以将预测结果转换成二维的格式 (批量大小 , 高度 × 宽度 × 通道数)，以便之后在维度 1 上的连接。

```
def flatten_pred(pred):
    return torch.flatten(pred.permute(0, 2, 3, 1), start_dim=1)

def concat_preds(preds):
    return torch.cat([flatten_pred(p) for p in preds], dim=1)
```

这样，尽管 Y1 和 Y2 在通道数、高度和宽度方面具有不同的大小，我们仍然可以在同一个小批量的两个不同尺度下连接这两个预测输出。

```
concat_preds([Y1, Y2]).shape
```

```
torch.Size([2, 25300])
```

4. 高和宽减半块

为了在多个尺度下检测目标，我们在下面定义了高和宽减半块 down_sample_blk，该模块将输入特征图的高度和宽度减半。事实上，该块应用了在 subsec_vgg-blocks 中的 VGG 模块设计。更具体地说，每个高和宽减半块由两个填充为 1 的 3×3 卷积层以及步幅为 2 的 2×2 最大汇聚层组成。我们知道，填充为 1 的 3×3 卷积层不改变特征图的形状，但是，其后的 2×2 最大汇聚层将输入特征图的高度和宽度减少了一半。对于此高和宽减半块的输入和输出的特征图，因为 1×2+(3−1)+(3−1)=6，所以输出中的每个单元在输入上都有一个 6×6 的感受野。因此，高和宽减半块会扩大每个单元在其输出特征图中的感受野。

```
def down_sample_blk(in_channels, out_channels):
    blk = []
    for _ in range(2):
        blk.append(nn.Conv2d(in_channels, out_channels,
                             kernel_size=3, padding=1))
        blk.append(nn.BatchNorm2d(out_channels))
        blk.append(nn.ReLU())
        in_channels = out_channels
    blk.append(nn.MaxPool2d(2))
    return nn.Sequential(*blk)
```

在以下示例中，我们构建的高和宽减半块会改变输入通道的数量，并将输入特征图的高度和宽度减半。

```
forward(torch.zeros((2, 3, 20, 20)), down_sample_blk(3, 10)).shape
```

```
torch.Size([2, 10, 10, 10])
```

5. 基础网络块

基础网络块用于从输入图像中抽取特征。为了计算简洁，我们构建了一个小的基础网络，该网络串联 3 个高和宽减半块，并逐步将通道数翻倍。给定输入图像的大小为 256 像素 ×256 像素，此基础网络块输出的特征图大小为 32 像素 ×32 像素（$256/2^3=32$）。

```
def base_net():
    blk = []
    num_filters = [3, 16, 32, 64]
    for i in range(len(num_filters) - 1):
        blk.append(down_sample_blk(num_filters[i], num_filters[i+1]))
    return nn.Sequential(*blk)

forward(torch.zeros((2, 3, 256, 256)), base_net()).shape
```

```
torch.Size([2, 64, 32, 32])
```

6. 完整的模型

完整的单发多框检测模型由 5 个模块组成。每个模块生成的特征图既用于生成锚框，又用于预测这些锚框的类别和偏移量。在这 5 个模块中，第一个是基础网络块，第二个～第四个是高和宽减半块，最后一个模块使用全局最大汇聚层将高度和宽度都降为 1。从技术上讲，第二个～第五个模块都是图 13-4 中的多尺度特征块。

```
def get_blk(i):
    if i == 0:
        blk = base_net()
    elif i == 1:
        blk = down_sample_blk(64, 128)
    elif i == 4:
        blk = nn.AdaptiveMaxPool2d((1,1))
    else:
        blk = down_sample_blk(128, 128)
    return blk
```

现在为每个模块定义前向传播。与图像分类任务不同，此处的输出包括 CNN 特征图 `Y`、在当前尺度下根据 `Y` 生成的锚框，以及预测的这些锚框的类别和偏移量（基于 `Y`）。

```
def blk_forward(X, blk, size, ratio, cls_predictor, bbox_predictor):
    Y = blk(X)
    anchors = d2l.multibox_prior(Y, sizes=size, ratios=ratio)
    cls_preds = cls_predictor(Y)
    bbox_preds = bbox_predictor(Y)
    return (Y, anchors, cls_preds, bbox_preds)
```

回想一下，在图 13-4 中，一个较接近顶部的多尺度特征块是用于检测较大目标的，因此需要生成更大的锚框。在上面的前向传播中，在每个多尺度特征块上，我们通过调用 `multibox_prior` 函数（见 13.4 节）的 `sizes` 参数传递 2 个比例值的列表。下面，0.2 和 1.05 之间的区间被均匀分成 5 个部分，以确定 5 个模块的在不同尺度下的较小值：0.2、0.37、0.54、0.71 和 0.88。之后，它们的较大值分别由$\sqrt{0.2\times0.37}\approx0.272$、$\sqrt{0.37\times0.54}\approx0.447$等给出。

```
sizes = [[0.2, 0.272], [0.37, 0.447], [0.54, 0.619], [0.71, 0.79],
         [0.88, 0.961]]
ratios = [[1, 2, 0.5]] * 5
num_anchors = len(sizes[0]) + len(ratios[0]) - 1
```

现在，我们就可以按如下方式定义完整的模型 `TinySSD` 了。

```
class TinySSD(nn.Module):
    def __init__(self, num_classes, **kwargs):
        super(TinySSD, self).__init__(**kwargs)
        self.num_classes = num_classes
        idx_to_in_channels = [64, 128, 128, 128, 128]
        for i in range(5):
            # 即赋值语句self.blk_i=get_blk(i)
            setattr(self, f'blk_{i}', get_blk(i))
            setattr(self, f'cls_{i}', cls_predictor(idx_to_in_channels[i],
                                                    num_anchors, num_classes))
            setattr(self, f'bbox_{i}', bbox_predictor(idx_to_in_channels[i],
                                                      num_anchors))

    def forward(self, X):
        anchors, cls_preds, bbox_preds = [None] * 5, [None] * 5, [None] * 5
        for i in range(5):
            # getattr(self,'blk_%d'%i)即访问self.blk_i
            X, anchors[i], cls_preds[i], bbox_preds[i] = blk_forward(
                X, getattr(self, f'blk_{i}'), sizes[i], ratios[i],
                getattr(self, f'cls_{i}'), getattr(self, f'bbox_{i}'))
        anchors = torch.cat(anchors, dim=1)
        cls_preds = concat_preds(cls_preds)
        cls_preds = cls_preds.reshape(
            cls_preds.shape[0], -1, self.num_classes + 1)
        bbox_preds = concat_preds(bbox_preds)
        return anchors, cls_preds, bbox_preds
```

我们创建一个模型实例，然后使用它对一个256像素×256像素的小批量图像X执行前向传播。

如本节前面部分所示，第一个模块输出特征图的大小为32像素×32像素。回想一下，第二到第四个模块为高和宽减半块，第五个模块为全局汇聚层。由于以特征图的每个单元为中心有4个锚框生成，因此在所有5个尺度下，每张图像总共生成$(32^2+16^2+8^2+4^2+1)\times4=5444$个锚框。

```
net = TinySSD(num_classes=1)
X = torch.zeros((32, 3, 256, 256))
anchors, cls_preds, bbox_preds = net(X)

print('output anchors:', anchors.shape)
print('output class preds:', cls_preds.shape)
print('output bbox preds:', bbox_preds.shape)
```

```
output anchors: torch.Size([1, 5444, 4])
output class preds: torch.Size([32, 5444, 2])
output bbox preds: torch.Size([32, 21776])
```

13.7.2 训练模型

下面我们讲述如何训练用于目标检测的单发多框检测模型。

1. 读取数据集和初始化

首先，我们读取13.6节中讲述的香蕉检测数据集。

```
batch_size = 32
train_iter, _ = d2l.load_data_bananas(batch_size)
```

```
read 1000 training examples
read 100 validation examples
```

香蕉检测数据集中，目标的类别数为1。定义好模型后，我们需要初始化其参数并定义优化算法。

```
device, net = d2l.try_gpu(), TinySSD(num_classes=1)
trainer = torch.optim.SGD(net.parameters(), lr=0.2, weight_decay=5e-4)
```

2. 定义损失函数和评价函数

目标检测有两种类型的损失。第一种是有关锚框类别的损失：我们可以简单地复用之前图像分类问题里一直使用的交叉熵损失函数来计算。第二种是有关正类锚框偏移量的损失：预测偏移量是一个回归问题。但是，对于这个回归问题，我们在这里不使用3.1.3节中讲述的平方损失，而是使用L_1范数损失，即预测值和真实值之差的绝对值。掩码变量bbox_masks令负类锚框和填充锚框不参与损失的计算。最后，我们将锚框类别和偏移量的损失相加，以获得模型的最终损失函数。

```
cls_loss = nn.CrossEntropyLoss(reduction='none')
bbox_loss = nn.L1Loss(reduction='none')

def calc_loss(cls_preds, cls_labels, bbox_preds, bbox_labels, bbox_masks):
    batch_size, num_classes = cls_preds.shape[0], cls_preds.shape[2]
    cls = cls_loss(cls_preds.reshape(-1, num_classes),
                   cls_labels.reshape(-1)).reshape(batch_size, -1).mean(dim=1)
    bbox = bbox_loss(bbox_preds * bbox_masks,
                     bbox_labels * bbox_masks).mean(dim=1)
    return cls + bbox
```

我们可以沿用准确率评价分类结果。由于偏移量使用了L_1范数损失，我们使用平均绝对误差来评价边界框的预测结果。这些预测结果是从生成的锚框及其预测偏移量中获得的。

```
def cls_eval(cls_preds, cls_labels):
    # 由于类别预测结果放在最后一维，argmax需要指定最后一维
    return float((cls_preds.argmax(dim=-1).type(
        cls_labels.dtype) == cls_labels).sum())

def bbox_eval(bbox_preds, bbox_labels, bbox_masks):
    return float((torch.abs((bbox_labels - bbox_preds) * bbox_masks)).sum())
```

3. 训练模型

在训练模型时，我们需要在模型的前向传播过程中生成多尺度锚框（anchors），并预测其类别（cls_preds）和偏移量（bbox_preds）。然后，我们根据标签信息 Y 为生成的锚框标注类别（cls_labels）和偏移量（bbox_labels）。最后，我们根据类别和偏移量的预测和标注值计算损失函数。为了代码简洁，这里没有评价测试数据集。

```
num_epochs, timer = 20, d2l.Timer()
animator = d2l.Animator(xlabel='epoch', xlim=[1, num_epochs],
                        legend=['class error', 'bbox mae'])
net = net.to(device)
for epoch in range(num_epochs):
    # 训练精度的和，训练精度的和中的示例数
    # 绝对误差的和，绝对误差的和中的示例数
    metric = d2l.Accumulator(4)
    net.train()
    for features, target in train_iter:
        timer.start()
        trainer.zero_grad()
        X, Y = features.to(device), target.to(device)
        # 生成多尺度锚框，为每个锚框预测类别和偏移量
        anchors, cls_preds, bbox_preds = net(X)
        # 为每个锚框标注类别和偏移量
        bbox_labels, bbox_masks, cls_labels = d2l.multibox_target(anchors, Y)
        # 根据类别和偏移量的预测和标注值计算损失函数
        l = calc_loss(cls_preds, cls_labels, bbox_preds, bbox_labels,
                      bbox_masks)
        l.mean().backward()
        trainer.step()
        metric.add(cls_eval(cls_preds, cls_labels), cls_labels.numel(),
                   bbox_eval(bbox_preds, bbox_labels, bbox_masks),
                   bbox_labels.numel())
    cls_err, bbox_mae = 1 - metric[0] / metric[1], metric[2] / metric[3]
    animator.add(epoch + 1, (cls_err, bbox_mae))
print(f'class err {cls_err:.2e}, bbox mae {bbox_mae:.2e}')
print(f'{len(train_iter.dataset) / timer.stop():.1f} examples/sec on '
      f'{str(device)}')
```

```
class err 3.30e-03, bbox mae 3.12e-03
5463.3 examples/sec on cuda:0
```

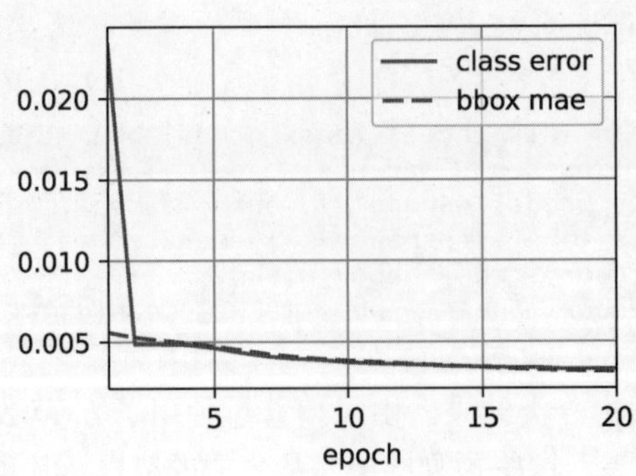

13.7.3 预测目标

在预测阶段，我们希望能把图像中我们感兴趣的所有目标检测出来。下面我们读取并调整测试图像的大小，然后将其转换成卷积层所需的四维格式。

```
X = torchvision.io.read_image('./img/banana.jpg').unsqueeze(0).float()
img = X.squeeze(0).permute(1, 2, 0).long()
```

使用下面的 `multibox_detection` 函数，我们可以根据锚框及其预测偏移量得到预测边界框。然后，通过非极大值抑制来移除相似的预测边界框。

```
def predict(X):
    net.eval()
    anchors, cls_preds, bbox_preds = net(X.to(device))
    cls_probs = F.softmax(cls_preds, dim=2).permute(0, 2, 1)
    output = d2l.multibox_detection(cls_probs, bbox_preds, anchors)
    idx = [i for i, row in enumerate(output[0]) if row[0] != -1]
    return output[0, idx]

output = predict(X)
```

最后，我们筛选出所有置信度不低于 0.9 的边界框作为最终输出。

```
def display(img, output, threshold):
    d2l.set_figsize((5, 5))
    fig = d2l.plt.imshow(img)
    for row in output:
        score = float(row[1])
        if score < threshold:
            continue
        h, w = img.shape[0:2]
        bbox = [row[2:6] * torch.tensor((w, h, w, h), device=row.device)]
        d2l.show_bboxes(fig.axes, bbox, '%.2f' % score, 'w')

display(img, output.cpu(), threshold=0.9)
```

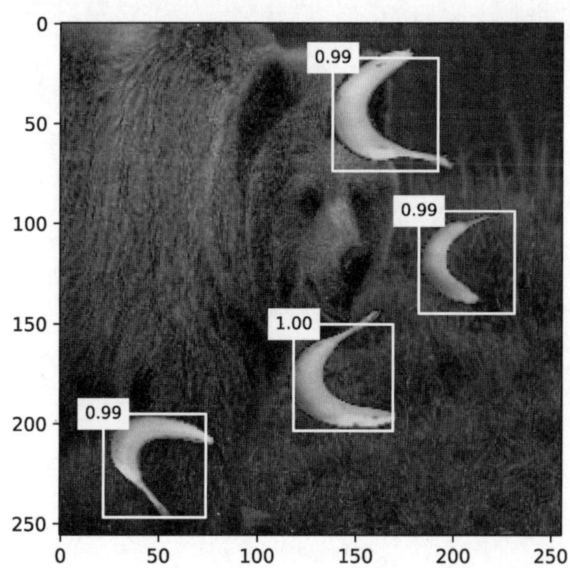

小结

- 单发多框检测是一种多尺度目标检测模型。基于一个基础网络块和数个多尺度特征块，单发多框检测生成不同数量和不同大小的锚框，并通过预测这些锚框的类别和偏移量检测不同大小的目标。
- 在训练单发多框检测模型时，损失函数是根据锚框的类别和偏移量的预测及标注值计算得出的。

练习

（1）能通过改进损失函数来改进单发多框检测模型吗？例如，将预测偏移量用到的 L_1 范数损失替换为平滑 L_1 范数损失，它在零点附近使用平方函数从而更加平滑，这是通过一个超参数 σ 来控制平滑区域的：

$$f(x)=\begin{cases}(\sigma x)^2/2, 当|x|<1/\sigma^2\\|x|-0.5/\sigma^2, 其他\end{cases} \tag{13.4}$$

当 σ 非常大时，这种损失类似于 L_1 范数损失。当较小时，损失函数较平滑。

```
def smooth_l1(data, scalar):
    out = []
    for i in data:
        if abs(i) < 1 / (scalar ** 2):
            out.append(((scalar * i) ** 2) / 2)
        else:
            out.append(abs(i) - 0.5 / (scalar ** 2))
    return torch.tensor(out)

sigmas = [10, 1, 0.5]
lines = ['-', '--', '-.']
x = torch.arange(-2, 2, 0.1)
d2l.set_figsize()

for l, s in zip(lines, sigmas):
    y = smooth_l1(x, scalar=s)
    d2l.plt.plot(x, y, l, label='sigma=%.1f' % s)
d2l.plt.legend();
```

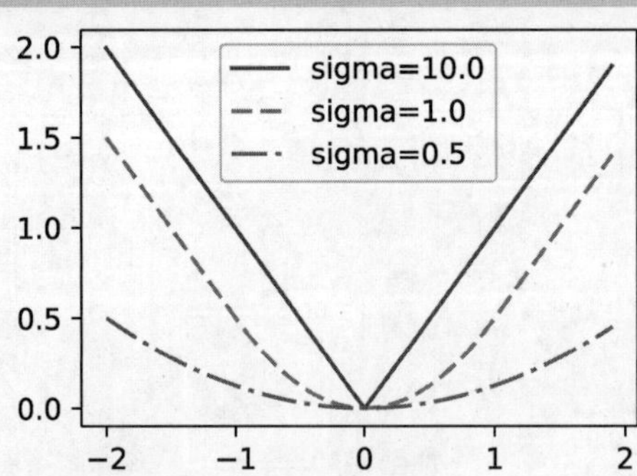

此外，在类别预测时，实验中使用了交叉熵损失：设真实类别 j 的预测概率是 p_j，交叉熵损失为 $-\log p_j$。我们还可以使用焦点损失 [94]。给定超参数 $\gamma>0$ 和 $\alpha>0$，此损失的定义为

$$-\alpha(1-p_j)^\gamma \log p_j \tag{13.5}$$

可以看到，增大 γ 可以有效地减少正类预测概率较大时（例如，$p_j>0.5$）的相对损失，因此训练可以更集中在那些错误分类的困难示例上。

```
def focal_loss(gamma, x):
    return -(1 - x) ** gamma * torch.log(x)
```

```
x = torch.arange(0.01, 1, 0.01)
for l, gamma in zip(lines, [0, 1, 5]):
    y = d2l.plt.plot(x, focal_loss(gamma, x), l, label='gamma=%.1f' % gamma)
d2l.plt.legend();
```

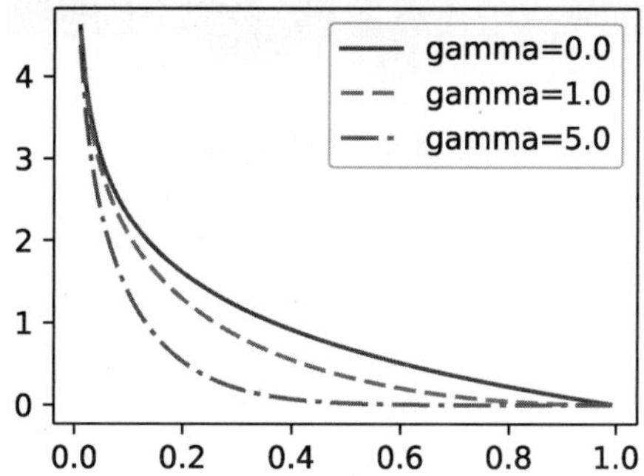

（2）由于篇幅限制，我们在本节中省略了单发多框检测模型的一些实现细节。能否从以下几个方面进一步改进模型。

a. 当目标比图像小得多时，模型可以将输入图像调大。

b. 通常会存在大量的负类锚框，为了使类别分布更加均衡，我们可以将负类锚框的高和宽减半。

c. 在损失函数中，给类别损失和偏移量损失设置不同权重的超参数。

d. 使用其他方法评估目标检测模型，例如单发多框检测论文[96]中的方法。

13.8 区域卷积神经网络（R-CNN）系列

除了 13.7 节中讲述的单发多框检测，区域卷积神经网络（region-based CNN 或 regions with CNN features，R-CNN）[41]也是将深度模型应用于目标检测的开创性工作之一。本节将介绍 R-CNN 及其一系列改进方法：快速的 R-CNN（Fast R-CNN）[40]、更快的 R-CNN（Faster R-CNN）[135]和掩码 R-CNN（Mask R-CNN）[54]。受篇幅所限，我们只着重介绍这些模型的设计思路。

13.8.1 R-CNN

R-CNN 首先从输入图像中选取若干（如 2000 个）提议区域（如锚框也是一种选取方法），并标注它们的类别和边界框（如偏移量）。然后，用卷积神经网络对每个提议区域进行前向传播以提取其特征[41]。

接下来，我们用每个提议区域的特征来预测类别和边界框。图 13-5 展示了 R-CNN 模型。具体来说，R-CNN 包括以下 4 个步骤。

（1）对输入图像使用选择性搜索来选取多个高质量的提议区域[170]。这些提议区域通常是在多个尺度下选取的，并具有不同的形状和大小。每个提议区域都将被标注类别和真实边界框。

（2）选择一个预训练的卷积神经网络，并将其在输出层之前截断。将每个提议区域变形为网络所需的输入尺寸，并通过前向传播输出提取的提议区域特征。

（3）将每个提议区域的特征连同其标注的类别作为一个样本。训练多个支持向量机对目标分类，其中每个支持向量机用来判断样本是否属于某一个类别。

（4）将每个提议区域的特征连同其标注的边界框作为一个样本，训练线性回归模型来预测真实边界框。

图 13-5 R-CNN 模型

尽管 R-CNN 模型通过预训练的卷积神经网络有效地提取了图像特征，但是它的速度很慢。想象一下，我们可能从一张图像中选取出上千个提议区域，这需要上千次的卷积神经网络的前向传播来执行目标检测。这种庞大的计算量使得 R-CNN 在真实世界中难以被广泛应用。

13.8.2 Fast R-CNN

R-CNN 的主要性能瓶颈在于，对每个提议区域，卷积神经网络的前向传播是独立的，而没有共享计算。由于这些区域通常有重叠，独立的特征提取会导致重复计算。Fast R-CNN[40] 对 R-CNN 的主要改进之一是，仅在整张图像上执行卷积神经网络的前向传播。

图 13-6 展示了 Fast R-CNN 模型，它涉及的主要计算如下。

（1）与 R-CNN 相比，Fast R-CNN 用来提取特征的卷积神经网络的输入是整张图像，而不是各个提议区域。此外，这个网络通常会参与训练。假设输入为一张图像，将卷积神经网络的输出的形状为 $1\times c\times h_1\times w_1$。

（2）假设选择性搜索生成了 n 个提议区域。这些形状各异的提议区域在卷积神经网络的输出上分别标出了形状各异的兴趣区域。然后，这些兴趣区域需要进一步提取出形状相同的特征（如指定高度 h_2 和宽度 w_2），以便于连接后输出。为了实现这一目标，Fast R-CNN 引入了兴趣区域汇聚层（RoI pooling）：将卷积神经网络的输出和提议区域作为输入，输出连接后的各个提议区域提取的特征，形状为 $n\times c\times h_2\times w_2$。

（3）通过全连接层将输出形状转换为 $n\times d$，其中超参数取决于模型设计。

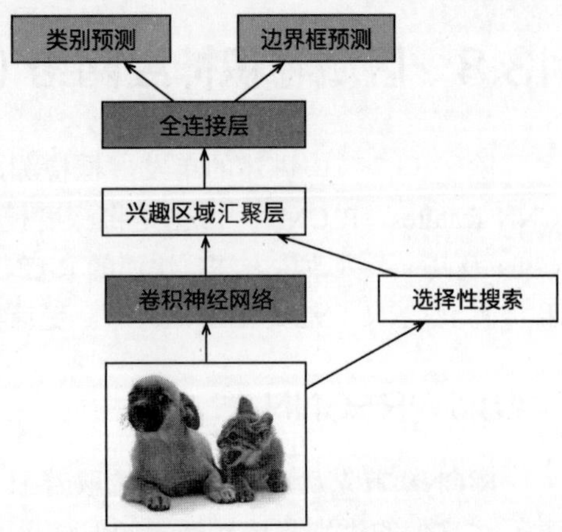

图 13-6 Fast R-CNN 模型

（4）预测 n 个提议区域中每个区域的类别和边界框。具体地说，在预测类别和边界框时，将全连接层的输出分别转换为形状为 $n\times q$（q 是类别的数量）的输出和形状为 $n\times 4$ 的输出，其中预测类别时使用 softmax 回归。

在 Fast R-CNN 中提出的兴趣区域汇聚层与 6.5 节中介绍的汇聚层有所不同。在汇聚层中，我们通过设置汇聚窗口、填充和步幅的大小来间接控制输出形状。而兴趣区域汇聚层对每个区域的输出形状是可以直接指定的。

例如，指定每个区域输出的高度和宽度分别为 h_2 和 w_2。任何形状为 $h\times w$ 的兴趣区域窗口将被划分为 $h_2\times w_2$ 子窗口网格，其中每个子窗口的大小约为 $(h/h_2)\times(w/w_2)$。在实践中，任何子窗口的高度和宽度都应向上取整，其中的最大元素作为该子窗口的输出。因此，兴趣区域汇聚层可从形状各异的兴趣区域中均提取出形状相同的特征。

作为说明性示例，如图 13-7 所示，在 4×4 的输入中，我们选取了左上角 3×3 的兴趣区域。对于该兴趣区域，我们通过 2×2 的兴趣区域汇聚层得到一个 2×2 的输出。注意，划分后的 4 个子窗口中分别含有元素 0、1、4、5（5 最大），2、6（6 最大），8、9（9 最大），以及 10。

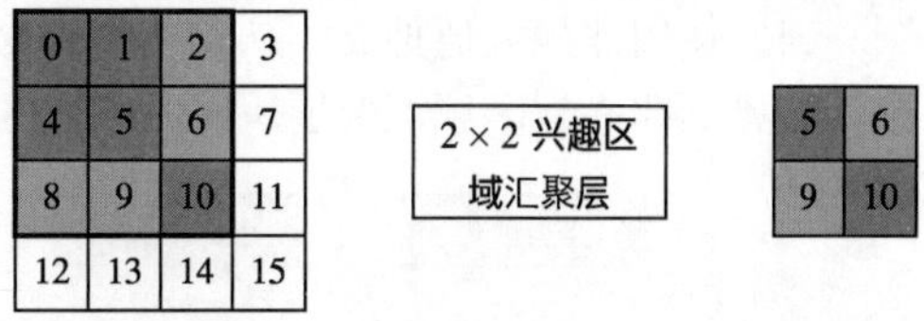

图 13-7　一个 2×2 的兴趣区域汇聚层

下面，我们演示兴趣区域汇聚层的计算方法。假设卷积神经网络提取的特征 X 的高度和宽度都是 4 像素，且只有单通道。

```
import torch
import torchvision

X = torch.arange(16.).reshape(1, 1, 4, 4)
X
```

```
tensor([[[[ 0.,  1.,  2.,  3.],
          [ 4.,  5.,  6.,  7.],
          [ 8.,  9., 10., 11.],
          [12., 13., 14., 15.]]]])
```

我们进一步假设输入图像的高度和宽度都是 40 像素，且选择性搜索在此图像上生成了两个提议区域。每个区域由 5 个元素表示：区域目标类别、左上角和右下角的坐标 (x,y)。

```
rois = torch.Tensor([[0, 0, 0, 20, 20], [0, 0, 10, 30, 30]])
```

由于 X 的高度和宽度是输入图像高度和宽度的 1/10，因此，两个提议区域的坐标先按 `spatial_scale` 乘以 0.1。然后，在 X 上分别标出这两个兴趣区域 `X[:, :, 0:3, 0:3]` 和 `X[:, :, 1:4, 0:4]`。最后，在 2×2 的兴趣区域汇聚层中，每个兴趣区域被划分为子窗口网格，并进一步提取相同形状 2×2 的特征。

```
torchvision.ops.roi_pool(X, rois, output_size=(2, 2), spatial_scale=0.1)
```

```
tensor([[[[ 5.,  6.],
          [ 9., 10.]]],


        [[[ 9., 11.],
          [13., 15.]]]])
```

13.8.3 Faster R-CNN

为了较精确地检测目标结果，Fast R-CNN 模型通常需要在选择性搜索中生成大量的提议区域。Faster R-CNN[135] 提出将选择性搜索替换为区域提议网络（region proposal network），从而减少提议区域的生成数量，并确保目标检测的精确度。

图 13-8 展示了 Faster R-CNN 模型。与 Fast R-CNN 相比，Faster R-CNN 只是将生成提议区域的方法从选择性搜索改为区域提议网络，模型的其余部分保持不变。具体来说，区域提议网络的计算步骤如下。

（1）使用填充为 1 的 3×3 卷积层转换卷积神经网络的输出，并将输出通道数记为 c。这样，卷积神经网络为图像提取的特征图中的每个单元均得到一个长度为 c 的新特征。

（2）以特征图的每个像素为中心，生成多个不同大小和宽高比的锚框并标注它们。

（3）使用锚框中心单元长度为 c 的特征，分别预测该锚框的二元类别（含目标还是背景）和边界框。

（4）使用非极大值抑制，从预测类别为目标的预测边界框中移除相似的结果。最终输出的预测边界框即兴趣区域汇聚层所需的提议区域。

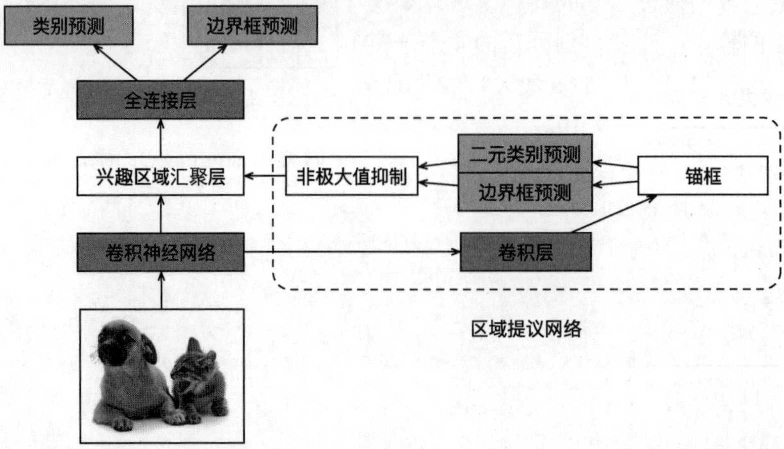

图 13-8　Faster R-CNN 模型

值得一提的是，区域提议网络作为 Faster R-CNN 模型的一部分，是和整个模型一起训练得到的。换句话说，Faster R-CNN 的目标函数不仅包括目标检测中的类别预测和边界框预测，还包括区域提议网络中锚框的二元类别预测和边界框预测。作为端到端训练的结果，区域提议网络能够学习如何生成高质量的提议区域，从而在减少从数据中学习的提议区域的数量的情况下，仍确保目标检测的精确度。

13.8.4 Mask R-CNN

如果在训练集中还标注了每个目标在图像上的像素级位置，那么 Mask R-CNN[54] 能够有效地利用这些详尽的标注信息进一步提升目标检测的精确度。

如图 13-9 所示，Mask R-CNN 是基于 Faster R-CNN 改进而来的。具体来说，Mask R-CNN 将兴趣区域汇聚层替换为兴趣区域对齐层，使用双线性插值（bilinear interpolation）来保留特征图上的空间信息，从而更适于像素级预测。兴趣区域对齐层的输出包含了所有与兴趣区域的形状相同的特征图，它们不仅被用于预测每个兴趣区域的类别和边界框，还通过额外的全卷积网络预测目标的像素级位置。本章的后续章节将更详细地介绍如何使用全卷积网络预测图像中像素级的语义。

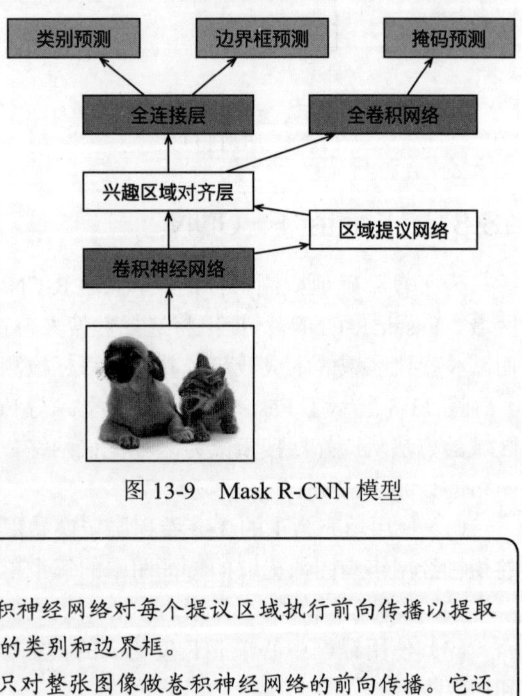

图 13-9　Mask R-CNN 模型

小结

- R-CNN 对图像选取若干提议区域，使用卷积神经网络对每个提议区域执行前向传播以提取其特征，然后再用这些特征来预测提议区域的类别和边界框。
- Fast R-CNN 对 R-CNN 的一个主要改进是：只对整张图像做卷积神经网络的前向传播。它还引入了兴趣区域汇聚层，从而为具有不同形状的兴趣区域提取相同形状的特征。

- Faster R-CNN 将 Fast R-CNN 中使用的选择性搜索替换为参与训练的区域提议网络，这样后者可以在减少提议区域数量的情况下仍能确保目标检测的精确度。
- Mask R-CNN 在 Faster R-CNN 的基础上引入了一个全卷积网络，从而借助目标的像素级位置进一步提升目标检测的精确度。

练习

（1）我们能否将目标检测视为回归问题（例如，预测边界框和类别的概率）？（可以参考 YOLO 模型 [133] 的设计。）

（2）将单发多框检测与本节介绍的方法进行比较，它们的主要区别是什么？（可以参考参考文献 [195] 中的图 2。）

13.9 语义分割和数据集

扫码直达讨论区

在 13.3 节～13.8 节中讨论的目标检测问题中，我们一直使用矩形边界框来标注和预测图像中的目标。本节将探讨**语义分割**（semantic segmentation）问题，它重点关注如何将图像分割成属于不同语义类别的区域。与目标检测不同，语义分割可以识别并理解图像中每个像素的内容：其语义区域的标注和预测是像素级的。图 13-10 展示了语义分割中图像有关狗、猫和背景的标签。与目标检测相比，语义分割标注的像素级的边界框显然更加精细。

图 13-10 语义分割中图像有关狗、猫和背景的标签

13.9.1 图像分割和实例分割

计算机视觉领域还有两个与语义分割相似的重要问题，即**图像分割**（image segmentation）和**实例分割**（instance segmentation）。我们在这里将它们与语义分割简单区分一下。

- 图像分割将图像划分为若干组成区域，这类问题的方法通常利用图像中像素之间的相关性。它在训练时不需要有关图像像素的标签信息，在预测时也无法保证分割出的区域具有我们希望得到的语义。以图 13-10 中的图像作为输入，图像分割可能会将狗分为两个区域：一个区域覆盖以黑色为主的嘴和眼睛，另一个区域覆盖以黄色为主的其余部分身体。
- 实例分割也称为同时检测并分割（simultaneous detection and segmentation），它研究如何识别图像中各个目标实例的像素级区域。与语义分割不同，实例分割不仅需要区分语义，还要区分不同的目标实例。例如，如果图像中有两只狗，则实例分割需要区分像素属于两只狗中的哪一只。

13.9.2 Pascal VOC2012 语义分割数据集

最重要的语义分割数据集之一是 Pascal VOC2012。下面我们深入了解一下这个数据集。

```
%matplotlib inline
import os
import torch
import torchvision
from d2l import torch as d2l
```

数据集的 tar 文件大小约为 2 GB，下载可能需要一段时间。提取出的数据集位于 ../data/VOCdevkit/VOC2012。

```
#@save
d2l.DATA_HUB['voc2012'] = (d2l.DATA_URL + 'VOCtrainval_11-May-2012.tar',
                           '4e443f8a2eca6b1dac8a6c57641b67dd40621a49')

voc_dir = d2l.download_extract('voc2012', 'VOCdevkit/VOC2012')
```

进入路径 ../data/VOCdevkit/VOC2012 之后，我们可以看到数据集的不同组件。ImageSets/Segmentation 路径包含用于训练和测试的样本的文本文件，而 `JPEGImages` 和 `SegmentationClass` 路径分别存储每个示例的输入图像和标签。此处的标签也采用图像格式，其大小和所标注的输入图像的大小相同。此外，标签中颜色相同的像素属于同一个语义类别。下面将 `read_voc_images` 函数定义为将所有输入的图像和标签读入内存。

```
#@save
def read_voc_images(voc_dir, is_train=True):
    """读取所有VOC图像并标注"""
    txt_fname = os.path.join(voc_dir, 'ImageSets', 'Segmentation',
                             'train.txt' if is_train else 'val.txt')
    mode = torchvision.io.image.ImageReadMode.RGB
    with open(txt_fname, 'r') as f:
        images = f.read().split()
    features, labels = [], []
    for i, fname in enumerate(images):
        features.append(torchvision.io.read_image(os.path.join(
            voc_dir, 'JPEGImages', f'{fname}.jpg')))
        labels.append(torchvision.io.read_image(os.path.join(
            voc_dir, 'SegmentationClass' ,f'{fname}.png'), mode))
    return features, labels

train_features, train_labels = read_voc_images(voc_dir, True)
```

下面我们绘制前 5 个输入图像及其标签。在标签图像中，白色和黑色分别表示边界框和背景，其他颜色则对应不同的类别（另见彩插图 23）。

```
n = 5
imgs = train_features[0:n] + train_labels[0:n]
imgs = [img.permute(1,2,0) for img in imgs]
d2l.show_images(imgs, 2, n);
```

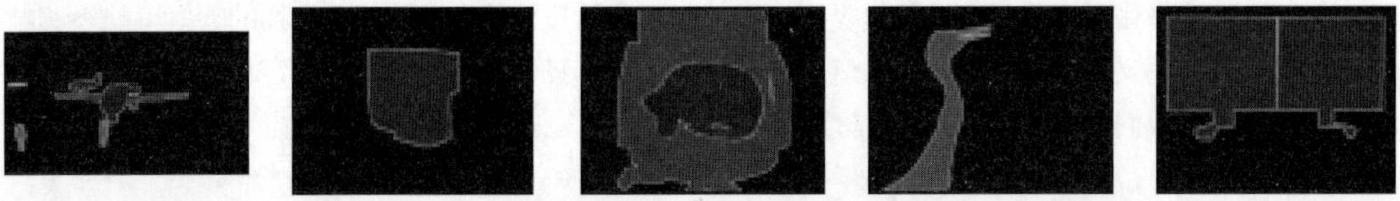

接下来，我们列举 RGB 颜色值和类别名。

```
#@save
VOC_COLORMAP = [[0, 0, 0], [128, 0, 0], [0, 128, 0], [128, 128, 0],
                [0, 0, 128], [128, 0, 128], [0, 128, 128], [128, 128, 128],
                [64, 0, 0], [192, 0, 0], [64, 128, 0], [192, 128, 0],
                [64, 0, 128], [192, 0, 128], [64, 128, 128], [192, 128, 128],
                [0, 64, 0], [128, 64, 0], [0, 192, 0], [128, 192, 0],
                [0, 64, 128]]

#@save
VOC_CLASSES = ['background', 'aeroplane', 'bicycle', 'bird', 'boat',
               'bottle', 'bus', 'car', 'cat', 'chair', 'cow',
               'diningtable', 'dog', 'horse', 'motorbike', 'person',
               'potted plant', 'sheep', 'sofa', 'train', 'tv/monitor']
```

通过上面定义的两个常量，可以方便地查找标签中每个像素的类别索引。我们定义了 `voc_colormap2label` 函数来构建从上述 RGB 颜色值到类别索引的映射，而 `voc_label_indices` 函数将 RGB 值映射到在 Pascal VOC2012 数据集中的类别索引。

```
#@save
def voc_colormap2label():
    """构建从RGB到VOC类别索引的映射"""
    colormap2label = torch.zeros(256 ** 3, dtype=torch.long)
    for i, colormap in enumerate(VOC_COLORMAP):
        colormap2label[
            (colormap[0] * 256 + colormap[1]) * 256 + colormap[2]] = i
    return colormap2label

#@save
def voc_label_indices(colormap, colormap2label):
    """将VOC标签中的RGB值映射到它们的类别索引"""
    colormap = colormap.permute(1, 2, 0).numpy().astype('int32')
    idx = ((colormap[:, :, 0] * 256 + colormap[:, :, 1]) * 256
           + colormap[:, :, 2])
    return colormap2label[idx]
```

例如，在第一张样本图像中，飞机头部区域的类别索引为 1，背景索引为 0。

```
y = voc_label_indices(train_labels[0], voc_colormap2label())
y[105:115, 130:140], VOC_CLASSES[1]
```

```
(tensor([[0, 0, 0, 0, 0, 0, 0, 0, 0, 1],
         [0, 0, 0, 0, 0, 0, 0, 1, 1, 1],
         [0, 0, 0, 0, 0, 0, 1, 1, 1, 1],
         [0, 0, 0, 0, 0, 1, 1, 1, 1, 1],
         [0, 0, 0, 0, 0, 1, 1, 1, 1, 1],
         [0, 0, 0, 0, 1, 1, 1, 1, 1, 1],
         [0, 0, 0, 0, 0, 1, 1, 1, 1, 1],
         [0, 0, 0, 0, 0, 1, 1, 1, 1, 1],
         [0, 0, 0, 0, 0, 0, 1, 1, 1, 1],
         [0, 0, 0, 0, 0, 0, 0, 0, 1, 1]]),
 'aeroplane')
```

1. 预处理数据

在之前的实验（例如 7.1 节至 7.4 节中）我们通过再缩放图像使其符合模型的输入形状。然而在语义分割中，这样做需要将预测的像素类别重新映射回原始尺寸的输入图像。这样的映射可能不够精确，尤其在不同语义的分割区域。为了避免出现这个问题，我们将图像裁剪为固定尺寸，而不是再缩放。具体来说，我们使用图像增广中的随机裁剪，裁剪输入图像和标签的相同区域（另见彩插图 24）。

```
#@save
def voc_rand_crop(feature, label, height, width):
    """随机裁剪特征和标签图像"""
    rect = torchvision.transforms.RandomCrop.get_params(
        feature, (height, width))
    feature = torchvision.transforms.functional.crop(feature, *rect)
    label = torchvision.transforms.functional.crop(label, *rect)
    return feature, label
```

```
imgs = []
for _ in range(n):
    imgs += voc_rand_crop(train_features[0], train_labels[0], 200, 300)

imgs = [img.permute(1, 2, 0) for img in imgs]
d2l.show_images(imgs[::2] + imgs[1::2], 2, n);
```

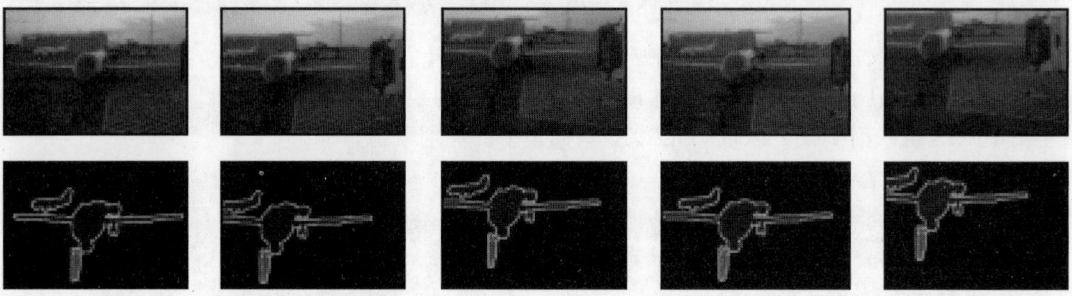

2. 自定义语义分割数据集类

我们通过继承高级 API 提供的 Dataset 类，自定义一个语义分割数据集类 VOCSegDataset。通过实现 `__getitem__` 函数，我们可以任意访问数据集中索引为 idx 的输入图像及其每个像素的类别索引。由于数据集中有些图像的尺寸可能小于随机裁剪所指定的输出尺寸，这些样本可以通过自定义的 filter 函数移除。此外，我们还定义了 normalize_image 函数，从而对输入图像的 RGB 3 个通道的值分别进行标准化。

```
#@save
class VOCSegDataset(torch.utils.data.Dataset):
    """一个用于加载VOC数据集的自定义数据集"""

    def __init__(self, is_train, crop_size, voc_dir):
        self.transform = torchvision.transforms.Normalize(
            mean=[0.485, 0.456, 0.406], std=[0.229, 0.224, 0.225])
        self.crop_size = crop_size
        features, labels = read_voc_images(voc_dir, is_train=is_train)
        self.features = [self.normalize_image(feature)
                         for feature in self.filter(features)]
        self.labels = self.filter(labels)
        self.colormap2label = voc_colormap2label()
        print('read ' + str(len(self.features)) + ' examples')

    def normalize_image(self, img):
        return self.transform(img.float() / 255)

    def filter(self, imgs):
        return [img for img in imgs if (
            img.shape[1] >= self.crop_size[0] and
            img.shape[2] >= self.crop_size[1])]
```

```
    def __getitem__(self, idx):
        feature, label = voc_rand_crop(self.features[idx], self.labels[idx],
                                       *self.crop_size)
        return (feature, voc_label_indices(label, self.colormap2label))

    def __len__(self):
        return len(self.features)
```

3. 读取数据集

我们通过自定义的 `VOCSegDataset` 类来分别创建训练集和测试集的实例。假设我们指定随机裁剪的输出图像的大小为 320 像素 × 480 像素，下面我们可以查看训练集和测试集所保留的样本数。

```
crop_size = (320, 480)
voc_train = VOCSegDataset(True, crop_size, voc_dir)
voc_test = VOCSegDataset(False, crop_size, voc_dir)
```

```
read 1114 examples
read 1078 examples
```

假设批量大小为 64，我们定义训练集的迭代器。打印第一个小批量的形状时会发现：与图像分类或目标检测不同，这里的标签是一个三维数组。

```
batch_size = 64
train_iter = torch.utils.data.DataLoader(voc_train, batch_size, shuffle=True,
                                    drop_last=True,
                                    num_workers=d2l.get_dataloader_workers())
for X, Y in train_iter:
    print(X.shape)
    print(Y.shape)
    break
```

```
torch.Size([64, 3, 320, 480])
torch.Size([64, 320, 480])
```

4. 整合所有组件

最后，我们定义以下 `load_data_voc` 函数来加载并读取 Pascal VOC2012 语义分割数据集。它返回训练集和测试集的数据迭代器。

```
#@save
def load_data_voc(batch_size, crop_size):
    """加载VOC语义分割数据集"""
    voc_dir = d2l.download_extract('voc2012', os.path.join(
        'VOCdevkit', 'VOC2012'))
    num_workers = d2l.get_dataloader_workers()
    train_iter = torch.utils.data.DataLoader(
        VOCSegDataset(True, crop_size, voc_dir), batch_size,
        shuffle=True, drop_last=True, num_workers=num_workers)
    test_iter = torch.utils.data.DataLoader(
        VOCSegDataset(False, crop_size, voc_dir), batch_size,
        drop_last=True, num_workers=num_workers)
    return train_iter, test_iter
```

小结

- 语义分割通过将图像划分为属于不同语义类别的区域，来识别并理解图像中像素级的内容。
- 语义分割的一个重要的数据集叫作 Pascal VOC2012。
- 由于语义分割的输入图像和标签在像素上一一对应，输入图像会被随机裁剪为固定尺寸而不是再缩放。

练习

（1）如何在自动驾驶和医疗图像诊断中应用语义分割？还能想到语义分割在其他领域的应用吗？

（2）回想一下 13.1 节中对图像增广的描述。图像分类中使用的哪种图像增广方法是难以用于语义分割的？

13.10　转置卷积

扫码直达讨论区

到目前为止，我们所见到的卷积神经网络层，例如卷积层（见 6.2 节）和汇聚层（见 6.5 节），通常会减小下采样输入图像的空间维度（高和宽）。然而，如果输入图像和输出图像的空间维度相同，在以像素级分类的语义分割中将会很方便。例如，输出像素所处的通道维可以保有输入像素在同一位置上的分类结果。

为了实现这一点，尤其是在空间维度被卷积神经网络层缩小后，我们可以使用另一种类型的卷积神经网络层，它可以增加上采样中间层特征图的空间维度。本节将介绍转置卷积（transposed convolution）[35]，用于逆转下采样导致的空间维度减小。

```
import torch
from torch import nn
from d2l import torch as d2l
```

13.10.1　基本操作

我们暂时忽略通道，从基本的转置卷积开始，设步幅为 1 且没有填充。假设我们有一个 $n_h \times n_w$ 的输入张量和一个 $k_h \times k_w$ 的卷积核。以步幅为 1 滑动卷积核窗口，每行 n_w 次，每列 n_h 次，共产生 $n_h n_w$ 个中间结果。每个中间结果都是一个 $(n_h+k_h-1)\times(n_w+k_w-1)$ 的张量，初始化为 0。为了计算每个中间张量，输入张量中的每个元素都要乘以卷积核，从而使所得的 $k_h \times k_w$ 张量替换中间张量的一部分。注意，每个中间张量被替换部分的位置与输入张量中元素的位置相对应。最后，所有中间结果相加以获得最终结果。

例如，图 13-11 解释了如何为 2×2 的输入张量计算卷积核为 2×2 的转置卷积。

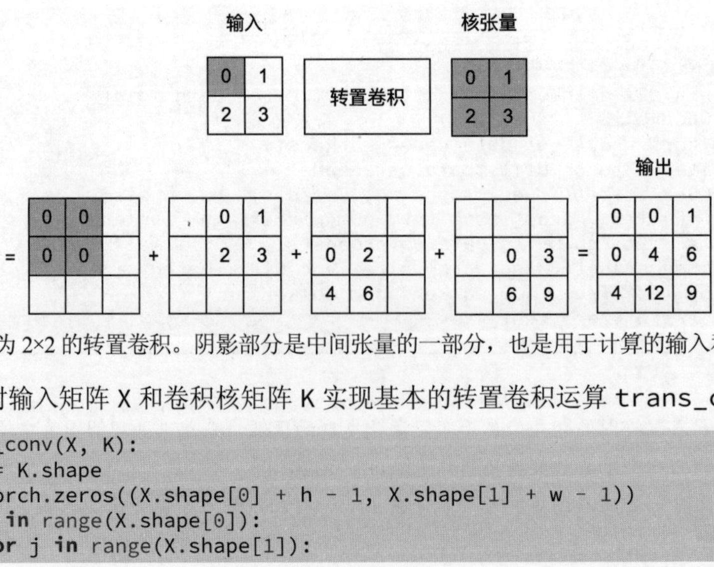

图 13-11　卷积核为 2×2 的转置卷积。阴影部分是中间张量的一部分，也是用于计算的输入和卷积核张量元素

我们可以对输入矩阵 X 和卷积核矩阵 K 实现基本的转置卷积运算 `trans_conv`。

```
def trans_conv(X, K):
    h, w = K.shape
    Y = torch.zeros((X.shape[0] + h - 1, X.shape[1] + w - 1))
    for i in range(X.shape[0]):
        for j in range(X.shape[1]):
```

```
            Y[i: i + h, j: j + w] += X[i, j] * K
    return Y
```

与通过卷积核“减少”输入元素的常规卷积（6.2 节）相比，转置卷积通过卷积核“广播”输入元素，从而产生大于输入的输出。我们可以通过图 13-11 来构建输入张量 X 和卷积核张量 K，从而验证上述实现的输出。转置卷积的实现是基本的二维转置卷积运算。

```
X = torch.tensor([[0.0, 1.0], [2.0, 3.0]])
K = torch.tensor([[0.0, 1.0], [2.0, 3.0]])
trans_conv(X, K)
```

```
tensor([[ 0.,  0.,  1.],
        [ 0.,  4.,  6.],
        [ 4., 12.,  9.]])
```

或者，当输入 X 和卷积核 K 都是四维张量时，我们可以使用高级 API 获得相同的结果。

```
X, K = X.reshape(1, 1, 2, 2), K.reshape(1, 1, 2, 2)
tconv = nn.ConvTranspose2d(1, 1, kernel_size=2, bias=False)
tconv.weight.data = K
tconv(X)
```

```
tensor([[[[ 0.,  0.,  1.],
          [ 0.,  4.,  6.],
          [ 4., 12.,  9.]]]], grad_fn=<SlowConvTranspose2DBackward>)
```

13.10.2 填充、步幅和多通道

与常规卷积不同，在转置卷积中，填充被应用于输出（常规卷积将填充应用于输入）。例如，当将高和宽两侧的填充数指定为 1 时，转置卷积的输出中将删除最先和最后的行与列。

```
tconv = nn.ConvTranspose2d(1, 1, kernel_size=2, padding=1, bias=False)
tconv.weight.data = K
tconv(X)
tensor([[[[4.]]]], grad_fn=<SlowConvTranspose2DBackward>)
```

在转置卷积中，步幅被指定为中间结果（输出），而不是输入。使用与图 13-11 中相同的输入和卷积核张量，将步幅从 1 更改为 2 会增加中间张量的高和权重，输出张量如图 13-12 所示。

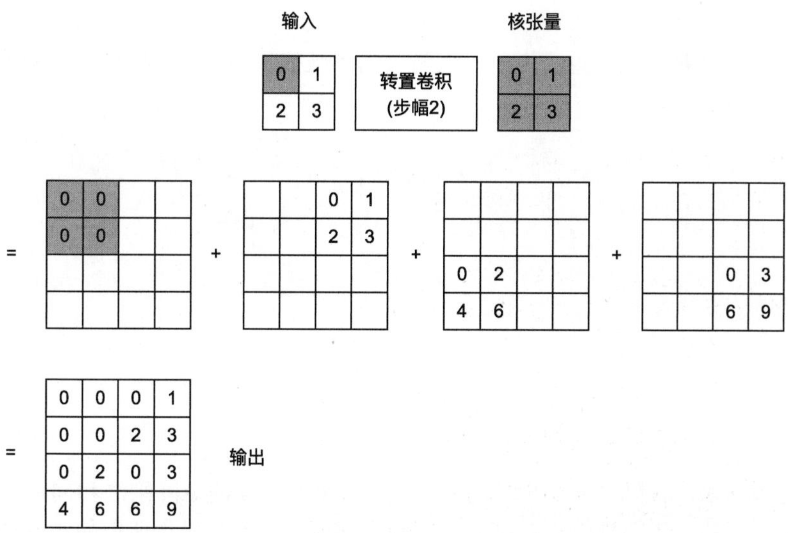

图 13-12 卷积核为 2×2，步幅为 2 的转置卷积。阴影部分是中间张量的一部分，也是用于计算的输入和卷积核张量元素

以下代码可以验证图 13-12 中步幅为 2 的转置卷积的输出。

```
tconv = nn.ConvTranspose2d(1, 1, kernel_size=2, stride=2, bias=False)
tconv.weight.data = K
tconv(X)
```

```
tensor([[[[0., 0., 0., 1.],
          [0., 0., 2., 3.],
          [0., 2., 0., 3.],
          [4., 6., 6., 9.]]]], grad_fn=<SlowConvTranspose2DBackward>)
```

对于多个输入和输出通道，转置卷积与常规卷积以相同的方式工作。假设输入有 c_i 个通道，且转置卷积为每个输入通道分配了一个 $k_h \times k_w$ 的卷积核张量。当指定多个输出通道时，每个输出通道将有一个 $c_i \times k_h \times k_w$ 的卷积核。

同样，如果我们将 X 代入卷积层 f 来输出 Y = f(X)，并创建一个与 f 具有相同的超参数但输出通道数是 X 中通道数的转置卷积层 g，那么 g(Y) 的形状将与 X 相同。下面的示例可以说明这一点。

```
X = torch.rand(size=(1, 10, 16, 16))
conv = nn.Conv2d(10, 20, kernel_size=5, padding=2, stride=3)
tconv = nn.ConvTranspose2d(20, 10, kernel_size=5, padding=2, stride=3)
tconv(conv(X)).shape == X.shape
```

```
True
```

13.10.3　与矩阵变换的联系

转置卷积为何以矩阵变换命名呢？我们首先看看如何使用矩阵乘法来实现卷积。在下面的示例中，我们定义了一个 3×3 的输入 X 和 2×2 的卷积核 K，然后使用 `corr2d` 函数计算卷积输出 Y。

```
X = torch.arange(9.0).reshape(3, 3)
K = torch.tensor([[1.0, 2.0], [3.0, 4.0]])
Y = d2l.corr2d(X, K)
Y
```

```
tensor([[27., 37.],
        [57., 67.]])
```

接下来，我们将卷积核 K 重写为包含大量 0 的稀疏权重矩阵 W。权重矩阵的形状是 (4, 9)，其中非 0 元素来自卷积核 K。

```
def kernel2matrix(K):
    k, W = torch.zeros(5), torch.zeros((4, 9))
    k[:2], k[3:5] = K[0, :], K[1, :]
    W[0, :5], W[1, 1:6], W[2, 3:8], W[3, 4:] = k, k, k, k
    return W

W = kernel2matrix(K)
W
```

```
tensor([[1., 2., 0., 3., 4., 0., 0., 0., 0.],
        [0., 1., 2., 0., 3., 4., 0., 0., 0.],
        [0., 0., 0., 1., 2., 0., 3., 4., 0.],
        [0., 0., 0., 0., 1., 2., 0., 3., 4.]])
```

逐行连接输入 X，获得了一个长度为 9 的矢量。然后，W 的矩阵乘法和向量化的 X 给出了一个长度为 4 的向量。重塑它之后，可以获得与上面的原始卷积操作所得的相同结果 Y：我们刚刚使用矩阵乘法实现了卷积。

```
Y == torch.matmul(W, X.reshape(-1)).reshape(2, 2)
```

```
tensor([[True, True],
        [True, True]])
```

同样，我们可以使用矩阵乘法来实现转置卷积。在下面的示例中，我们将上面的常规卷积 2×2 的输出 Y 作为转置卷积的输入。想要通过矩阵乘法来实现它，我们只需要将权重矩阵 W 的形状转置为 (9, 4)。

```
Z = trans_conv(Y, K)
Z == torch.matmul(W.T, Y.reshape(-1)).reshape(3, 3)
```

```
tensor([[True, True, True],
        [True, True, True],
        [True, True, True]])
```

抽象来看，给定输入向量 $\boldsymbol{x}$ 和权重矩阵 $\boldsymbol{W}$，卷积的前向传播函数可以通过将其输入与权重矩阵相乘并输出向量 $\boldsymbol{y}=\boldsymbol{W}\boldsymbol{x}$ 来实现。由于反向传播遵循链式法则和 $\nabla_{\boldsymbol{x}}\boldsymbol{y}=\boldsymbol{W}^\top$，卷积的反向传播函数可以通过将其输入与转置的权重矩阵 $\boldsymbol{W}^\top$相乘来实现。因此，转置卷积层能够交换卷积层的前向传播函数和反向传播函数：它的前向传播函数和反向传播函数将输入向量分别与 $\boldsymbol{W}^\top$和 $\boldsymbol{W}$ 相乘。

小结

- 与通过卷积核减少输入元素的常规卷积相反，转置卷积通过卷积核广播输入元素，从而产生形状大于输入的输出。
- 如果我们将 X 输入卷积层 f 来获得输出 $\mathrm{Y}=f(\mathrm{X})$ 并创建一个与 f 有相同的超参数但输出通道数是 X 中通道数的转置卷积层 g，那么 $g(\mathrm{Y})$ 的形状将与 X 相同。
- 我们可以使用矩阵乘法来实现卷积。转置卷积层能够交换卷积层的前向传播函数和反向传播函数。

练习

（1）在 13.10.3 节中，卷积输入 X 和转置的卷积输出 Z 具有相同的形状，它们的数值也相同吗？为什么？

（2）使用矩阵乘法来实现卷积是否有效率？为什么？

13.11 全卷积网络

扫码直达讨论区

如 13.9 节中所介绍的那样，语义分割是对图像中的每个像素分类。全卷积网络（fully convolutional network，FCN）采用卷积神经网络实现了从图像像素到像素类别的转换 [98]。与我们之前在图像分类或目标检测部分介绍的卷积神经网络不同，全卷积网络将中间层特征图的高和宽转换回输入图像的尺寸：这是通过在 13.10 节中引入的转置卷积（transposed convolution）实现的。因此，输出的类别预测与输入图像在像素级上具有一一对应关系：通道维的输出即该位置对应像素的类别预测。

```
%matplotlib inline
import torch
import torchvision
from torch import nn
from torch.nn import functional as F
from d2l import torch as d2l
```

13.11.1　构建模型

下面我们了解一下全卷积网络模型最基本的设计。

如图 13-13 所示，全卷积网络先使用卷积神经网络提取图像特征，然后通过 1×1 卷积层将通道数转换为类别数，最后在 13.10 节中通过转置卷积层将特征图的高和宽转换为输入图像的大小。因此，模型输出图像与输入图像的高和宽相同，且最终输出通道包含了该空间位置像素的类别预测。

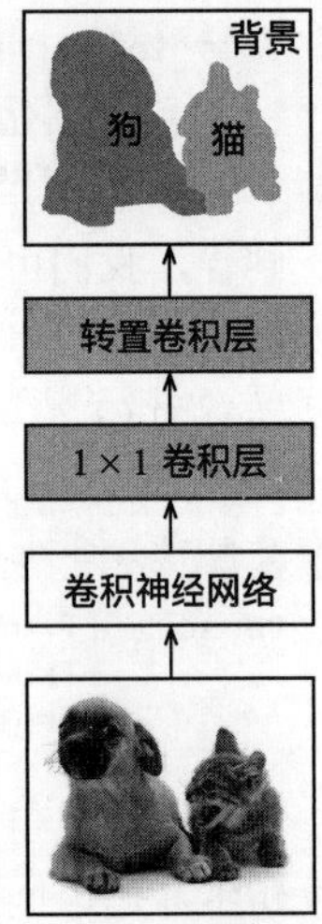

图 13-13　全卷积网络

下面我们使用在 ImageNet 数据集上预训练的 ResNet-18 模型来提取图像特征，并将该网络记为 `pretrained_net`。ResNet-18 模型的最后几层包括全局平均汇聚层和全连接层，而全卷积网络中不需要它们。

```
pretrained_net = torchvision.models.resnet18(pretrained=True)
list(pretrained_net.children())[-3:]
```

```
[Sequential(
   (0): BasicBlock(
     (conv1): Conv2d(256, 512, kernel_size=(3, 3), stride=(2, 2), padding=(1, 1),
 ↪bias=False)
     (bn1): BatchNorm2d(512, eps=1e-05, momentum=0.1, affine=True, track_running_
 ↪stats=True)
     (relu): ReLU(inplace=True)
     (conv2): Conv2d(512, 512, kernel_size=(3, 3), stride=(1, 1), padding=(1, 1),
 ↪bias=False)
     (bn2): BatchNorm2d(512, eps=1e-05, momentum=0.1, affine=True, track_running_
stats=True)
     (downsample): Sequential(
       (0): Conv2d(256, 512, kernel_size=(1, 1), stride=(2, 2), bias=False)
       (1): BatchNorm2d(512, eps=1e-05, momentum=0.1, affine=True, track_running_
 ↪stats=True)
     )
   )
   (1): BasicBlock(
     (conv1): Conv2d(512, 512, kernel_size=(3, 3), stride=(1, 1), padding=(1, 1),
 ↪bias=False)
     (bn1): BatchNorm2d(512, eps=1e-05, momentum=0.1, affine=True, track_running_
 ↪stats=True)
     (relu): ReLU(inplace=True)
     (conv2): Conv2d(512, 512, kernel_size=(3, 3), stride=(1, 1), padding=(1, 1),
 ↪bias=False)
     (bn2): BatchNorm2d(512, eps=1e-05, momentum=0.1, affine=True, track_running_
 ↪stats=True)
   )
 ),
 AdaptiveAvgPool2d(output_size=(1, 1)),
 Linear(in_features=512, out_features=1000, bias=True)]
```

接下来，我们创建一个全卷积网络 net，它复制了 ResNet-18 模型中的大部分预训练层，除了最后的全局平均汇聚层和最接近输出的全连接层。

```
net = nn.Sequential(*list(pretrained_net.children())[:-2])
```

给定高为 320 和宽为 480 的输入，`net` 的前向传播将输入的高和宽减小至原来的 1/32，即 10 和 15。

```
X = torch.rand(size=(1, 3, 320, 480))
net(X).shape
```

```
torch.Size([1, 512, 10, 15])
```

接下来使用 1×1 卷积层将输出通道数转换为 Pascal VOC2012 数据集的类别数（21）。最后需要将特征图的高和宽增大至 32 倍，从而将其转换回输入图像的高和宽。回想一下 6.3 节中卷积层输出形状的计算方法：由于 (320−64+16×2+32)/32=10 且 (480−64+16×2+32)/32=15，我们构建一个步幅为 32 的转置卷积层，并将卷积核的高和宽设为 64，填充为 16。我们可以看到如果步幅为 s，填充为 $s/2$（假设 $s/2$ 是整数）且卷积核的高和宽为 $2s$，转置卷积核会将输入的高和宽分别放大 s 倍。

```
num_classes = 21
net.add_module('final_conv', nn.Conv2d(512, num_classes, kernel_size=1))
net.add_module('transpose_conv', nn.ConvTranspose2d(num_classes, num_classes,
                                    kernel_size=64, padding=16, stride=32))
```

13.11.2 初始化转置卷积层

在图像处理中，我们有时需要将图像放大，即上采样（upsampling）。双线性插值（bilinear interpolation）是常用的上采样方法之一，它也经常用于初始化转置卷积层。

为了说明双线性插值，假设给定输入图像，我们想要计算上采样输出图像上的每个像素。

（1）将输出图像的坐标 (x, y) 映射到输入图像的坐标 (x', y') 上。例如，根据输入与输出的尺寸之比来映射。注意，映射后的 x' 和 y' 是实数。

（2）在输入图像上找到离坐标 (x', y') 最近的 4 像素。

（3）输出图像在坐标 (x, y) 上的像素依据输入图像上这 4 像素及其与 (x', y') 的相对距离来计算。

双线性插值的上采样可以通过转置卷积层实现，卷积核由以下 `bilinear_kernel` 函数构建。由于篇幅限制，我们只给出 `bilinear_kernel` 函数的实现，不讨论其算法的原理。

```
def bilinear_kernel(in_channels, out_channels, kernel_size):
    factor = (kernel_size + 1) // 2
    if kernel_size % 2 == 1:
        center = factor - 1
    else:
        center = factor - 0.5
    og = (torch.arange(kernel_size).reshape(-1, 1),
          torch.arange(kernel_size).reshape(1, -1))
    filt = (1 - torch.abs(og[0] - center) / factor) * \
           (1 - torch.abs(og[1] - center) / factor)
    weight = torch.zeros((in_channels, out_channels,
                          kernel_size, kernel_size))
    weight[range(in_channels), range(out_channels), :, :] = filt
    return weight
```

我们用双线性插值的上采样实验它由转置卷积层实现。我们构建一个将输入的高和宽分别放大两倍的转置卷积层，并将其卷积核用 `bilinear_kernel` 函数初始化。

```
conv_trans = nn.ConvTranspose2d(3, 3, kernel_size=4, padding=1, stride=2,
                                bias=False)
conv_trans.weight.data.copy_(bilinear_kernel(3, 3, 4));
```

读取图像 `X`，将上采样的结果记作 `Y`。为了打印图像，我们需要调整通道维的位置。

```
img = torchvision.transforms.ToTensor()(d2l.Image.open('./img/catdog.jpg'))
X = img.unsqueeze(0)
Y = conv_trans(X)
out_img = Y[0].permute(1, 2, 0).detach()
```

可以看到，转置卷积层将图像的高和宽分别放大了两倍。除了坐标刻度不同，双线性插值放大的图像和在 13.3 节中打印出的原图看上去没什么区别。

```
d2l.set_figsize()
print('input image shape:', img.permute(1, 2, 0).shape)
d2l.plt.imshow(img.permute(1, 2, 0));
print('output image shape:', out_img.shape)
d2l.plt.imshow(out_img);
```

```
input image shape: torch.Size([561, 728, 3])
output image shape: torch.Size([1122, 1456, 3])
```

全卷积网络用双线性插值的上采样初始化转置卷积层。对于 1×1 卷积层，我们使用 Xavier 初始化参数。

```
W = bilinear_kernel(num_classes, num_classes, 64)
net.transpose_conv.weight.data.copy_(W);
```

13.11.3　读取数据集

我们用 13.9 节中介绍的语义分割读取数据集。指定随机裁剪的输出图像的大小为 320 像素 × 480 像素：高和宽都可以被 32 整除。

```
batch_size, crop_size = 32, (320, 480)
train_iter, test_iter = d2l.load_data_voc(batch_size, crop_size)
```

```
read 1114 examples
read 1078 examples
```

13.11.4　训练

现在我们可以训练全卷积网络了。这里的损失函数和准确率计算与图像分类中的并没有本质上的不同，因为我们使用转置卷积层的通道来预测像素的类别，所以需要在损失计算中指定通道维。此外，模型基于每个像素的预测类别是否正确来计算准确率。

```
def loss(inputs, targets):
    return F.cross_entropy(inputs, targets, reduction='none').mean(1).mean(1)

num_epochs, lr, wd, devices = 5, 0.001, 1e-3, d2l.try_all_gpus()
trainer = torch.optim.SGD(net.parameters(), lr=lr, weight_decay=wd)
```

```
d2l.train_ch13(net, train_iter, test_iter, loss, trainer, num_epochs, devices)
```

```
loss 0.444, train acc 0.861, test acc 0.843
276.7 examples/sec on [device(type='cuda', index=0), device(type='cuda', index=1)]
```

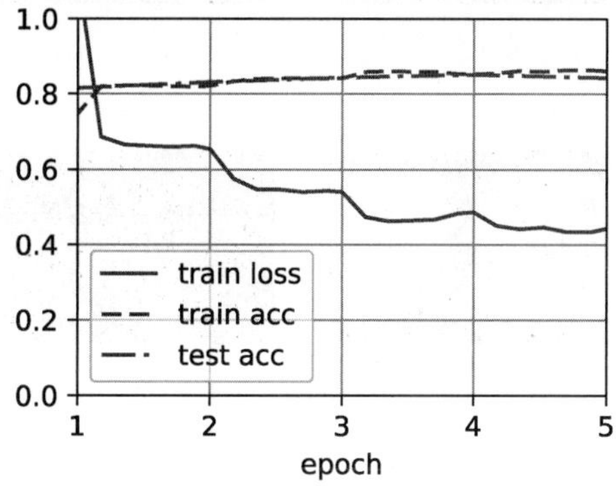

13.11.5 预测

在预测时，我们需要将输入图像在各个通道进行标准化，并转换成卷积神经网络所需的四维输入格式。

```
def predict(img):
    X = test_iter.dataset.normalize_image(img).unsqueeze(0)
    pred = net(X.to(devices[0])).argmax(dim=1)
    return pred.reshape(pred.shape[1], pred.shape[2])
```

为了给每个像素可视化预测的类别，我们将预测类别映射回它们在数据集中的标注颜色。

```
def label2image(pred):
    colormap = torch.tensor(d2l.VOC_COLORMAP, device=devices[0])
    X = pred.long()
    return colormap[X, :]
```

测试数据集中的图像大小和形状各异。由于模型使用了步幅为 32 的转置卷积层，因此当输入图像的高或宽无法被 32 整除时，转置卷积层输出的高或宽会与输入图像的大小有偏差。为了解决这个问题，我们可以在图像中截取多块高和宽为 32 的整数倍的矩形区域，并分别对这些区域中的像素进行前向传播。注意，这些区域的并集需要完整覆盖输入图像。当一个像素被多个区域所覆盖时，它在不同区域前向传播中转置卷积层输出的平均值可以作为 softmax 运算的输入，从而预测类别。

为简单起见，我们只读取几张较大的测试图像，并从图像的左上角开始截取形状为 320×480 的区域用于预测。对于这些测试图像，我们逐一打印它们截取的区域，再打印预测结果，最后打印标注的类别（另见彩插图 25）。

```
voc_dir = d2l.download_extract('voc2012', 'VOCdevkit/VOC2012')
test_images, test_labels = d2l.read_voc_images(voc_dir, False)
n, imgs = 4, []
for i in range(n):
    crop_rect = (0, 0, 320, 480)
    X = torchvision.transforms.functional.crop(test_images[i], *crop_rect)
    pred = label2image(predict(X))
    imgs += [X.permute(1,2,0), pred.cpu(),
             torchvision.transforms.functional.crop(
                 test_labels[i], *crop_rect).permute(1,2,0)]
d2l.show_images(imgs[::3] + imgs[1::3] + imgs[2::3], 3, n, scale=2);
```

小结

- 全卷积网络先使用卷积神经网络提取图像特征，然后通过 1×1 卷积层将通道数转换为类别数，最后通过转置卷积层将特征图的高和宽转换为输入图像的大小。
- 在全卷积网络中，我们可以将转置卷积层初始化为双线性插值的上采样。

练习

（1）如果将转置卷积层改用 Xavier 初始化，结果有什么变化？

（2）调节超参数，能进一步提升模型的精确度吗？

（3）预测测试图像中所有像素的类别。

（4）最初的全卷积网络的论文中[93]还使用了某些卷积神经网络中间层的输出，尝试实现这个想法。

13.12　风格迁移

扫码直达讨论区

摄影爱好者也许接触过滤波器。它能改变照片的颜色风格，从而使风景照更加锐利或者令人像更加美白。但一个滤波器通常只能改变照片的某个方面。如果要使照片呈现出理想中的风格，可能需要尝试大量不同的组合。这个过程的复杂程度不亚于模型调参。

本节将介绍如何使用卷积神经网络，自动将一张图像中的风格应用在另一张图像上，即风格迁移（style transfer）[38]。这里我们需要两张输入图像：一张是内容图像，另一张是风格图像。我们将使用神经网络修改内容图像，使其在风格上接近风格图像。例如，图 13-14 中的内容图像为本书作者在西雅图郊区的雷尼尔山国家公园拍摄的风景照，而风格图像则是一幅主题为秋天橡树的油画。最终输出的合成图像应用了风格图像的油画笔触让整体颜色更加鲜艳，同时保留了内容图像中物体主体的形状（另见彩插图 26）。

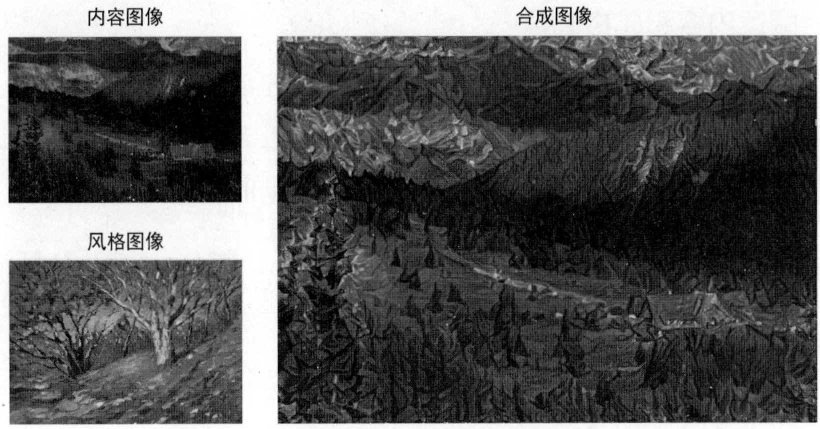

图 13-14 输入内容图像和风格图像，输出风格迁移后的合成图像

13.12.1 方法

图 13-15 用简单的例子说明了基于卷积神经网络的风格迁移方法。首先，我们初始化合成图像，例如将其初始化为内容图像。该合成图像是风格迁移过程中唯一需要更新的变量，即风格迁移所需迭代的模型参数。然后，我们选择一个预训练的卷积神经网络来提取图像的特征，其中的模型参数在训练中无须更新。这个深度卷积神经网络凭借多个层逐级提取图像的特征，我们可以选择其中某些层的输出作为内容特征或风格特征。以图 13-15 为例，这里选取的预训练的神经网络含有 3 个卷积层，其中第二层输出内容特征，第一层和第三层输出风格特征（另见彩插图 27）。

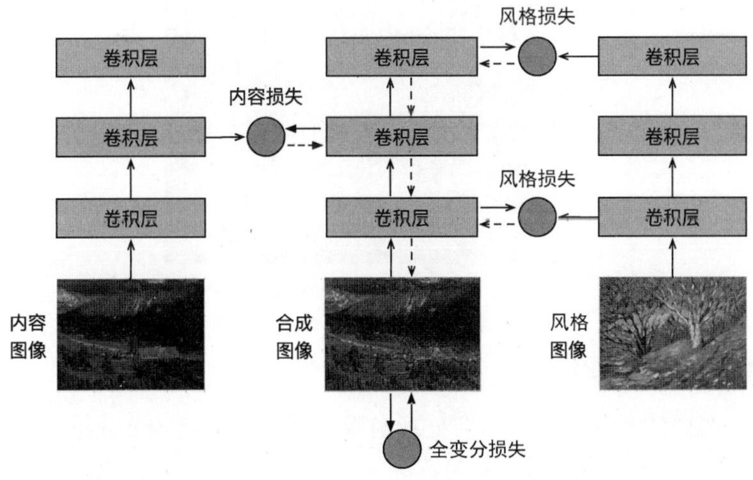

图 13-15 基于卷积神经网络的风格迁移。实线箭头和虚线箭头分别表示前向传播和反向传播

接下来，我们通过前向传播（实线箭头方向）计算风格迁移的损失函数，并通过反向传播（虚线箭头方向）迭代模型参数，即不断更新合成图像。风格迁移常用的损失函数由 3 个部分组成：

（1）内容损失使合成图像与内容图像在内容特征上接近；

（2）风格损失使合成图像与风格图像在风格特征上接近；

（3）全变分损失则有助于减少合成图像中的噪点。

最后，当模型训练结束时，我们输出风格迁移的模型参数，即得到最终的合成图像。

下面，我们将通过代码来进一步了解风格迁移的技术细节。

13.12.2　阅读内容和风格图像

首先，我们读取内容图像和风格图像。从打印出的图像坐标轴可以看出，它们的大小不一样（另见彩插图 28 和彩插图 29）。

```
%matplotlib inline
import torch
import torchvision
from torch import nn
from d2l import torch as d2l

d2l.set_figsize()
content_img = d2l.Image.open('./img/rainier.jpg')
d2l.plt.imshow(content_img);
```

```
style_img = d2l.Image.open('./img/autumn-oak.jpg')
d2l.plt.imshow(style_img);
```

13.12.3　预处理和后处理

下面，定义图像的预处理函数和后处理函数。预处理函数 `preprocess` 对输入图像在 RGB 3 个通道分别进行标准化，并将结果转换成卷积神经网络可接受的输入格式。后处理函数 `postprocess` 则将输出图像中的像素值还原回标准化之前的值。由于图像打印函数要求每个像素的浮点数值范围为 0 ～ 1，我们对小于 0 和大于 1 的值分别取 0 和 1。

```
rgb_mean = torch.tensor([0.485, 0.456, 0.406])
rgb_std = torch.tensor([0.229, 0.224, 0.225])

def preprocess(img, image_shape):
    transforms = torchvision.transforms.Compose([
        torchvision.transforms.Resize(image_shape),
        torchvision.transforms.ToTensor(),
        torchvision.transforms.Normalize(mean=rgb_mean, std=rgb_std)])
    return transforms(img).unsqueeze(0)
```

```python
def postprocess(img):
    img = img[0].to(rgb_std.device)
    img = torch.clamp(img.permute(1, 2, 0) * rgb_std + rgb_mean, 0, 1)
    return torchvision.transforms.ToPILImage()(img.permute(2, 0, 1))
```

13.12.4 提取图像特征

我们使用基于 ImageNet 数据集预训练的 VGG-19 模型来提取图像特征[38]。

```python
pretrained_net = torchvision.models.vgg19(pretrained=True)
```

为了提取图像的内容特征和风格特征，我们可以选择 VGG 网络中某些层的输出。一般来说，越靠近输入层，越容易提取图像的局部细节信息；反之，越靠近输出层，则越容易提取图像的全局信息。为了避免合成图像过多保留内容图像的细节，我们选择 VGG 较靠近输出的层，即内容层，来输出图像的内容特征。我们还从 VGG 中选择不同层的输出来匹配局部和全局的风格，这些图层也称为风格层。正如 7.2 节中所介绍的，VGG 网络使用了 5 个卷积块。实验中，我们选择第四卷积块的最后一个卷积层作为内容层，选择每个卷积块的第一个卷积层作为风格层。这些层的索引可以通过打印 `pretrained_net` 实例获取。

```python
style_layers, content_layers = [0, 5, 10, 19, 28], [25]
```

使用 VGG 层提取特征时，我们只需要用到从输入层到最靠近输出层的内容层或风格层之间的所有层。下面构建一个新的网络 `net`，它只保留需要用到的 VGG 的所有层。

```python
net = nn.Sequential(*[pretrained_net.features[i] for i in
                      range(max(content_layers + style_layers) + 1)])
```

给定输入 `X`，如果我们简单地调用前向传播 `net(X)`，只能获得最后一层的输出。由于还需要中间层的输出，因此这里我们逐层计算，并保留内容层和风格层的输出。

```python
def extract_features(X, content_layers, style_layers):
    contents = []
    styles = []
    for i in range(len(net)):
        X = net[i](X)
        if i in style_layers:
            styles.append(X)
        if i in content_layers:
            contents.append(X)
    return contents, styles
```

下面定义两个函数：`get_contents` 函数对内容图像提取内容特征；`get_styles` 函数对风格图像提取风格特征。因为在训练时无须改变预训练的 VGG 的模型参数，所以我们可以在训练开始之前就提取出内容特征和风格特征。由于合成图像是风格迁移所需迭代的模型参数，我们只能在训练过程中通过调用 `extract_features` 函数来提取合成图像的内容特征和风格特征。

```python
def get_contents(image_shape, device):
    content_X = preprocess(content_img, image_shape).to(device)
    contents_Y, _ = extract_features(content_X, content_layers, style_layers)
    return content_X, contents_Y

def get_styles(image_shape, device):
    style_X = preprocess(style_img, image_shape).to(device)
    _, styles_Y = extract_features(style_X, content_layers, style_layers)
    return style_X, styles_Y
```

13.12.5 定义损失函数

下面我们介绍风格迁移的损失函数。它由内容损失、风格损失和全变分损失这 3 个部分组成。

1. 内容损失

与线性回归中的损失函数类似，内容损失通过平方误差函数度量合成图像与内容图像在内容特征上的差异。平方误差函数的两个输入均为 extract_features 函数计算所得到的内容层的输出。

```
def content_loss(Y_hat, Y):
    # 我们从动态计算梯度的树中分离目标
    # 这是一个规定的值，而不是一个变量
    return torch.square(Y_hat - Y.detach()).mean()
```

2. 风格损失

风格损失与内容损失类似，通过平方误差函数度量合成图像与风格图像在风格特征上的差异。为了表示风格层输出的风格，我们先通过 extract_features 函数计算风格层的输出。假设该输出的样本数为 1，通道数为 c，高和宽分别为 h 和 w，我们可以将此输出转换为矩阵 $\boldsymbol{X}$，其有 c 行和 hw 列。这个矩阵可以被看作由 c 个长度为 hw 的向量 $\boldsymbol{x}_1, \cdots, \boldsymbol{x}_c$ 组合而成，其中向量 $\boldsymbol{x}_i$ 表示通道 i 上的风格特征。

在这些向量的格拉姆矩阵 $\boldsymbol{X}\boldsymbol{X}^\top \in \mathbb{R}^{c\times c}$ 中，i 行 j 列的元素 x_{ij}，即向量 $\boldsymbol{x}_i$ 和 $\boldsymbol{x}_j$ 的内积，表示通道 i 和通道 j 上风格特征的相关性。我们用这样的格拉姆矩阵来表示风格层输出的风格。需要注意的是，当 hw 的值较大时，格拉姆矩阵中的元素容易出现较大的值；此外，格拉姆矩阵的高和宽皆为通道数 c。为了让风格损失不受这些值的大小的影响，下面定义 gram 函数将格拉姆矩阵除以矩阵中元素的个数，即 chw。

```
def gram(X):
    num_channels, n = X.shape[1], X.numel() // X.shape[1]
    X = X.reshape((num_channels, n))
    return torch.matmul(X, X.T) / (num_channels * n)
```

自然地，风格损失的平方误差函数的两个格拉姆矩阵输入分别基于合成图像与风格图像的风格层输出。这里假设基于风格图像的格拉姆矩阵 gram_Y 已经预先计算好了。

```
def style_loss(Y_hat, gram_Y):
    return torch.square(gram(Y_hat) - gram_Y.detach()).mean()
```

3. 全变分损失

有时候，学习的合成图像中有大量高频噪点，即特别亮或者特别暗的像素。一种常见的去噪方法是全变分去噪（total variation denoising）：假设 $x_{i,j}$ 表示坐标 (i, j) 处的像素值，降低全变分损失

$$\sum_{i,j} |x_{i,j} - x_{i+1,j}| + |x_{i,j} - x_{i,j+1}| \tag{13.6}$$

能够尽可能使邻近的像素值接近。

```
def tv_loss(Y_hat):
    return 0.5 * (torch.abs(Y_hat[:, :, 1:, :] - Y_hat[:, :, :-1, :]).mean() +
                  torch.abs(Y_hat[:, :, :, 1:] - Y_hat[:, :, :, :-1]).mean())
```

4. 损失函数

风格迁移的损失函数是内容损失、风格损失和全变分损失的加权和。通过调节这些权重超参数，我们可以权衡合成图像在保留内容、迁移风格以及去噪这 3 方面的相对重要性。

```
content_weight, style_weight, tv_weight = 1, 1e3, 10

def compute_loss(X, contents_Y_hat, styles_Y_hat, contents_Y, styles_Y_gram):
    # 分别计算内容损失、风格损失和全变分损失
    contents_l = [content_loss(Y_hat, Y) * content_weight for Y_hat, Y in zip(
        contents_Y_hat, contents_Y)]
    styles_l = [style_loss(Y_hat, Y) * style_weight for Y_hat, Y in zip(
        styles_Y_hat, styles_Y_gram)]
    tv_l = tv_loss(X) * tv_weight
    # 对所有损失求和
    l = sum(10 * styles_l + contents_l + [tv_l])
    return contents_l, styles_l, tv_l, l
```

13.12.6 初始化合成图像

在风格迁移中，合成图像是训练期间唯一需要更新的变量。因此，我们可以定义一个简单的模型 SynthesizedImage，并将合成图像视为模型参数。模型的前向传播只需返回模型参数。

```
class SynthesizedImage(nn.Module):
    def __init__(self, img_shape, **kwargs):
        super(SynthesizedImage, self).__init__(**kwargs)
        self.weight = nn.Parameter(torch.rand(*img_shape))

    def forward(self):
        return self.weight
```

下面我们定义 get_inits 函数。该函数创建了合成图像的模型实例，并将其初始化为图像 X。风格图像在各个风格层的格拉姆矩阵 styles_Y_gram 将在训练前预先计算好。

```
def get_inits(X, device, lr, styles_Y):
    gen_img = SynthesizedImage(X.shape).to(device)
    gen_img.weight.data.copy_(X.data)
    trainer = torch.optim.Adam(gen_img.parameters(), lr=lr)
    styles_Y_gram = [gram(Y) for Y in styles_Y]
    return gen_img(), styles_Y_gram, trainer
```

13.12.7 训练模型

在训练模型进行风格迁移时，我们不断提取合成图像的内容特征和风格特征，然后计算损失函数。下面定义了训练循环。

```
def train(X, contents_Y, styles_Y, device, lr, num_epochs, lr_decay_epoch):
    X, styles_Y_gram, trainer = get_inits(X, device, lr, styles_Y)
    scheduler = torch.optim.lr_scheduler.StepLR(trainer, lr_decay_epoch, 0.8)
    animator = d2l.Animator(xlabel='epoch', ylabel='loss',
                            xlim=[10, num_epochs],
                            legend=['content', 'style', 'TV'],
                            ncols=2, figsize=(7, 2.5))
    for epoch in range(num_epochs):
        trainer.zero_grad()
        contents_Y_hat, styles_Y_hat = extract_features(
            X, content_layers, style_layers)
        contents_l, styles_l, tv_l, l = compute_loss(
            X, contents_Y_hat, styles_Y_hat, contents_Y, styles_Y_gram)
        l.backward()
        trainer.step()
        scheduler.step()
        if (epoch + 1) % 10 == 0:
            animator.axes[1].imshow(postprocess(X))
            animator.add(epoch + 1, [float(sum(contents_l)),
```

```
                                   float(sum(styles_l)), float(tv_l)])
    return X
```

现在我们训练模型。将内容图像和风格图像的高和宽分别调整为 300 像素和 450 像素，用内容图像来初始化合成图像。

```
device, image_shape = d2l.try_gpu(), (300, 450)
net = net.to(device)
content_X, contents_Y = get_contents(image_shape, device)
_, styles_Y = get_styles(image_shape, device)
output = train(content_X, contents_Y, styles_Y, device, 0.3, 500, 50)
```

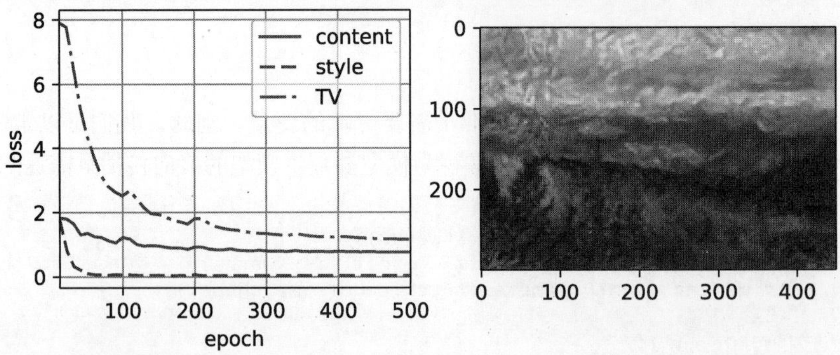

可以看到，合成图像保留了内容图像的风景和物体，并同时迁移了风格图像的色彩（另见彩插图 30），例如，合成图像具有与风格图像中一样的色彩块，其中一些甚至具有画笔笔触的细微纹理。

小结

- 风格迁移常用的损失函数由 3 个部分组成：(1) 内容损失使合成图像与内容图像在内容特征上接近；(2) 风格损失令合成图像与风格图像在风格特征上接近；(3) 全变分损失则有助于减少合成图像中的噪点。
- 我们可以通过预训练的卷积神经网络来提取图像的特征，并通过最小化损失函数来不断更新合成图像来作为模型参数。
- 我们使用格拉姆矩阵表示风格层输出的风格。

练习

(1) 选择不同的内容层和风格层，输出有什么变化？

(2) 调整损失函数中的权重超参数，输出保留了更多内容还是减少了更多噪点？

(3) 替换实验中的内容图像和风格图像，能创作出更有趣的合成图像吗？

(4) 我们可以对文本使用风格迁移吗？（提示：可以参阅调查报告 [68]。）

13.13　实战 Kaggle竞赛：图像分类（CIFAR-10）

扫码直达讨论区

在前几节中，我们一直在使用深度学习框架的高级 API 直接获取张量格式的图像数据集。但是在实践中，图像数据集通常以图像文件的形式出现。本节将从原始图像文件开始，逐步组织、读取并将它们转换为张量格式。

我们在 13.1 节中对 CIFAR-10 数据集做了一个实验。CIFAR-10 是计算机视觉领域中的一个重要的数据集。本节将运用我们在前几节中学习的知识来参加 CIFAR-10 图像分类问题的 Kaggle 竞赛，竞赛的网址是 https://www.kaggle.com/c/cifar-10。

图 13-16 显示了竞赛网站页面上的信息。为了能提交结果，需要先注册一个 Kaggle 账号。

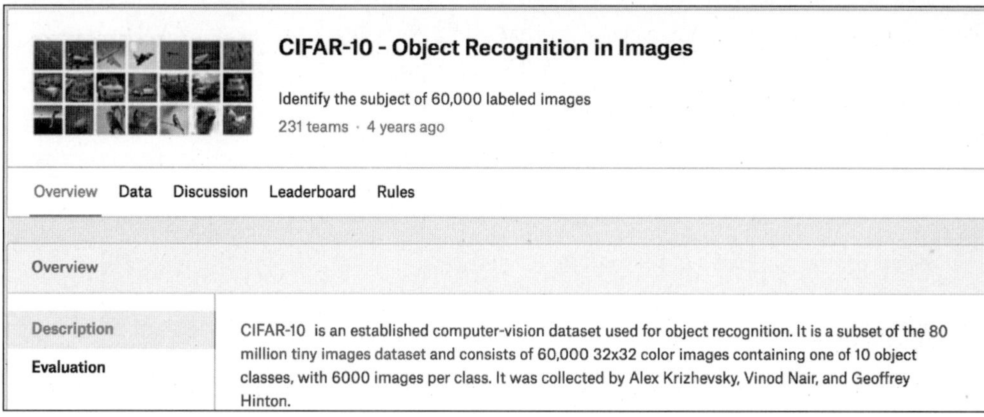

图 13-16 CIFAR-10 图像分类竞赛页面上的信息。竞赛用的数据集可通过单击“Data”选项卡获取

然后，导入竞赛所需的包和模块：

```
import collections
import math
import os
import shutil
import pandas as pd
import torch
import torchvision
from torch import nn
from d2l import torch as d2l
```

13.13.1 获取并组织数据集

竞赛数据集分为训练集和测试集，其中训练集包含 5 万张图像，测试集包含 30 万张图像。在测试集中，1 万张图像将被用于评估，而剩余的 29 万张图像将不会被用于评估，包含它们只是为了防止手动标注测试集并提交标注结果。两个数据集中的图像都采用 png 格式，高度和宽度均为 32 像素并有 3 个颜色通道（RGB）。这些图像共涵盖 10 个类别：飞机、汽车、鸟类、猫、鹿、狗、青蛙、马、船和卡车。图 13-16 的左上角显示了数据集中飞机、汽车和鸟类的一些图像。

1. 下载数据集

登录 Kaggle 后，我们可以单击图 13-16 中显示的 CIFAR-10 图像分类竞赛页面上的“Data”选项卡，然后单击“Download All”按钮下载数据集。在 ../data 中解压下载的文件并在其中解压缩 train.7z 和 test.7z 后，在以下路径中可以找到整个数据集。

- ../data/cifar-10/train/[1-50000].png。
- ../data/cifar-10/test/[1-300000].png。
- ../data/cifar-10/trainLabels.csv。
- ../data/cifar-10/sampleSubmission.csv。

train 和 test 文件夹分别包含训练图像和测试图像，trainLabels.csv 含有训练图像的标签，

sample_submission.csv 是提交文件的范例。

为了便于入门，我们提供包含前 1 000 个训练图像和 5 个随机测试图像的数据集的小规模样本。要使用 Kaggle 竞赛的完整数据集，需要将以下 demo 变量设置为 False。

```
#@save
d2l.DATA_HUB['cifar10_tiny'] = (d2l.DATA_URL + 'kaggle_cifar10_tiny.zip',
                                '2068874e4b9a9f0fb07ebe0ad2b29754449ccacd')

# 如果使用Kaggle竞赛的完整数据集，设置demo为False
demo = True

if demo:
    data_dir = d2l.download_extract('cifar10_tiny')
else:
    data_dir = '../data/cifar-10/'
```

2. 整理数据集

我们需要整理数据集来训练和测试模型。首先，我们用以下函数读取 CSV 文件中的标签，它返回一个字典，该字典将文件名中不带扩展名的部分映射到其标签。

```
#@save
def read_csv_labels(fname):
    """读取fname来给标签字典返回一个文件名"""
    with open(fname, 'r') as f:
        # 跳过文件头行(列名)
        lines = f.readlines()[1:]
    tokens = [l.rstrip().split(',') for l in lines]
    return dict(((name, label) for name, label in tokens))

labels = read_csv_labels(os.path.join(data_dir, 'trainLabels.csv'))
print('# 训练样本:',len(labels))
print('# 类别 :', len(set(labels.values())))
```

```
# 训练样本 : 1000
# 类别 : 10
```

接下来，我们定义 reorg_train_valid 函数来将验证集从原始的训练集中拆分出来。此函数中的参数 valid_ratio 是验证集中的样本数与原始训练集中的样本数之比。具体地说，令 n 等于样本数最少的类别中的图像数量，而 r 是比率，验证集将为每个类别拆分出 $\max(\lfloor nr \rfloor,1)$ 张图像。我们以 valid_ratio=0.1 为例，由于原始训练集有 5 万张图像，因此 train_valid_test/train 路径中将有 4.5 万张图像用于训练，而剩余的 5 000 张图像将作为路径 train_valid_test/valid 下的验证集。组织数据集后，同类别的图像将被放置在同一文件夹下。

```
#@save
def copyfile(filename, target_dir):
    """将文件复制到目标目录"""
    os.makedirs(target_dir, exist_ok=True)
    shutil.copy(filename, target_dir)
#@save
def reorg_train_valid(data_dir, labels, valid_ratio):
    """将验证集从原始训练集中拆分出来"""
    # 训练数据集中样本数最少的类别中的样本数
    n = collections.Counter(labels.values()).most_common()[-1][1]
    # 验证集中每个类别的样本数
    n_valid_per_label = max(1, math.floor(n * valid_ratio))
    label_count = {}
```

```
    for train_file in os.listdir(os.path.join(data_dir, 'train')):
        label = labels[train_file.split('.')[0]]
        fname = os.path.join(data_dir, 'train', train_file)
        copyfile(fname, os.path.join(data_dir, 'train_valid_test',
                                     'train_valid', label))
        if label not in label_count or label_count[label] < n_valid_per_label:
            copyfile(fname, os.path.join(data_dir, 'train_valid_test',
                                         'valid', label))
            label_count[label] = label_count.get(label, 0) + 1
        else:
            copyfile(fname, os.path.join(data_dir, 'train_valid_test',
                                         'train', label))
    return n_valid_per_label
```

下面的 reorg_test 函数用来在预测期间整理测试集，以方便读取。

```
#@save
def reorg_test(data_dir):
    """在预测期间整理测试集，以方便读取"""
    for test_file in os.listdir(os.path.join(data_dir, 'test')):
        copyfile(os.path.join(data_dir, 'test', test_file),
                 os.path.join(data_dir, 'train_valid_test', 'test',
                              'unknown'))
```

最后，我们用一个函数来调用前面定义的函数 read_csv_labels、reorg_train_valid 和 reorg_test。

```
def reorg_cifar10_data(data_dir, valid_ratio):
    labels = read_csv_labels(os.path.join(data_dir, 'trainLabels.csv'))
    reorg_train_valid(data_dir, labels, valid_ratio)
    reorg_test(data_dir)
```

在这里，我们只将样本数据集的批量大小设置为 32。在实际的训练和测试中，应该使用 Kaggle 竞赛的完整数据集，并将 batch_size 设置为更大的整数，例如 128。我们将 10% 的训练样本作为调整超参数的验证集。

```
batch_size = 32 if demo else 128
valid_ratio = 0.1
reorg_cifar10_data(data_dir, valid_ratio)
```

13.13.2 图像增广

我们使用图像增广来解决过拟合问题。例如，在训练中，我们可以随机水平翻转图像。我们还可以对彩色图像的 3 个 RGB 通道执行标准化。下面，我们列出了其中一些可以调整的操作。

```
transform_train = torchvision.transforms.Compose([
    # 在高度和宽度上将图像放大到40像素的正方形
    torchvision.transforms.Resize(40),
    # 随机裁剪出一个高度和宽度均为40像素的正方形图像
    # 生成一个面积为原始图像面积0.64～1倍的小正方形
    # 然后将其缩放为高度和宽度均为32像素的正方形
    torchvision.transforms.RandomResizedCrop(32, scale=(0.64, 1.0),
                                             ratio=(1.0, 1.0)),
    torchvision.transforms.RandomHorizontalFlip(),
    torchvision.transforms.ToTensor(),
    # 标准化图像的每个通道
    torchvision.transforms.Normalize([0.4914, 0.4822, 0.4465],
                                     [0.2023, 0.1994, 0.2010])])
```

在测试期间，我们只对图像执行标准化，以消除评估结果中的随机性。

```
transform_test = torchvision.transforms.Compose([
    torchvision.transforms.ToTensor(),
    torchvision.transforms.Normalize([0.4914, 0.4822, 0.4465],
                                     [0.2023, 0.1994, 0.2010])])
```

13.13.3　读取数据集

接下来，我们读取由原始图像组成的数据集，其中每个样本都包括一张图像和一个标签。

```
train_ds, train_valid_ds = [torchvision.datasets.ImageFolder(
    os.path.join(data_dir, 'train_valid_test', folder),
    transform=transform_train) for folder in ['train', 'train_valid']]

valid_ds, test_ds = [torchvision.datasets.ImageFolder(
    os.path.join(data_dir, 'train_valid_test', folder),
    transform=transform_test) for folder in ['valid', 'test']]
```

在训练期间，我们需要指定上面定义的所有图像增广操作。当验证集在超参数调整过程中用于模型评估时，不应引入图像增广的随机性。在最终预测之前，我们根据训练集和验证集组合而成的训练模型进行训练，以充分利用所有标注的数据。

```
train_iter, train_valid_iter = [torch.utils.data.DataLoader(
    dataset, batch_size, shuffle=True, drop_last=True)
    for dataset in (train_ds, train_valid_ds)]

valid_iter = torch.utils.data.DataLoader(valid_ds, batch_size, shuffle=False,
                                         drop_last=True)

test_iter = torch.utils.data.DataLoader(test_ds, batch_size, shuffle=False,
                                        drop_last=False)
```

13.13.4　定义模型

我们定义 7.6 节中介绍的 Resnet-18 模型。

```
def get_net():
    num_classes = 10
    net = d2l.resnet18(num_classes, 3)
    return net

loss = nn.CrossEntropyLoss(reduction="none")
```

13.13.5　定义训练函数

我们将根据模型在验证集上的表现来选择模型并调整超参数。下面定义模型训练函数 `train`。

```
def train(net, train_iter, valid_iter, num_epochs, lr, wd, devices, lr_period,
          lr_decay):
    trainer = torch.optim.SGD(net.parameters(), lr=lr, momentum=0.9,
                              weight_decay=wd)
    scheduler = torch.optim.lr_scheduler.StepLR(trainer, lr_period, lr_decay)
    num_batches, timer = len(train_iter), d2l.Timer()
    legend = ['train loss', 'train acc']
    if valid_iter is not None:
        legend.append('valid acc')
    animator = d2l.Animator(xlabel='epoch', xlim=[1, num_epochs],
                            legend=legend)
    net = nn.DataParallel(net, device_ids=devices).to(devices[0])
    for epoch in range(num_epochs):
```

```
        net.train()
        metric = d2l.Accumulator(3)
        for i, (features, labels) in enumerate(train_iter):
            timer.start()
            l, acc = d2l.train_batch_ch13(net, features, labels,
                                          loss, trainer, devices)
            metric.add(l, acc, labels.shape[0])
            timer.stop()
            if (i + 1) % (num_batches // 5) == 0 or i == num_batches - 1:
                animator.add(epoch + (i + 1) / num_batches,
                             (metric[0] / metric[2], metric[1] / metric[2],
                              None))
        if valid_iter is not None:
            valid_acc = d2l.evaluate_accuracy_gpu(net, valid_iter)
            animator.add(epoch + 1, (None, None, valid_acc))
        scheduler.step()
    measures = (f'train loss {metric[0] / metric[2]:.3f}, '
                f'train acc {metric[1] / metric[2]:.3f}')
    if valid_iter is not None:
        measures += f', valid acc {valid_acc:.3f}'
    print(measures + f'\n{metric[2] * num_epochs / timer.sum():.1f}'
          f' examples/sec on {str(devices)}')
```

13.13.6　训练和验证模型

现在，我们可以训练和验证模型了。以下所有超参数都可以调整，例如，我们可以增加训练轮数。当 `lr_period` 和 `lr_decay` 分别设置为 4 和 0.9 时，优化算法的学习率将在每 4 轮后乘以 0.9。为便于演示，我们在这里只训练 20 轮。

```
devices, num_epochs, lr, wd = d2l.try_all_gpus(), 20, 2e-4, 5e-4
lr_period, lr_decay, net = 4, 0.9, get_net()
train(net, train_iter, valid_iter, num_epochs, lr, wd, devices, lr_period,
      lr_decay)
```

```
train loss 0.728, train acc 0.751, valid acc 0.438
921.1 examples/sec on [device(type='cuda', index=0), device(type='cuda', index=1)]
```

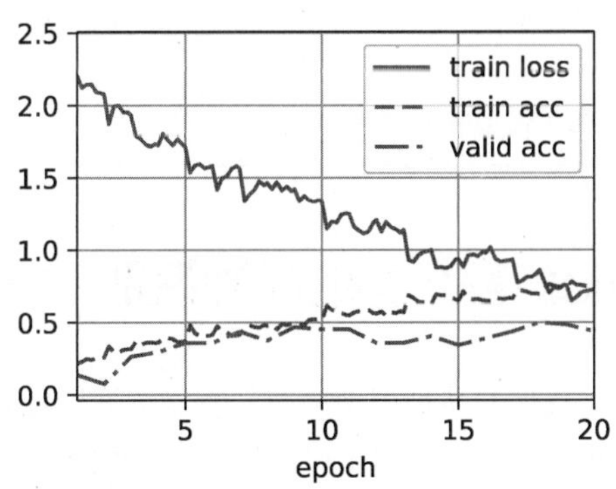

13.13.7　在Kaggle上对测试集进行分类并提交结果

在获得具有超参数的满意的模型后，我们使用所有标注的数据（包括验证集）来重新训练模型并对测试集进行分类。

```
net, preds = get_net(), []
train(net, train_valid_iter, None, num_epochs, lr, wd, devices, lr_period,
      lr_decay)
```

```
    for X, _ in test_iter:
        y_hat = net(X.to(devices[0]))
        preds.extend(y_hat.argmax(dim=1).type(torch.int32).cpu().numpy())
    sorted_ids = list(range(1, len(test_ds) + 1))
    sorted_ids.sort(key=lambda x: str(x))
    df = pd.DataFrame({'id': sorted_ids, 'label': preds})
    df['label'] = df['label'].apply(lambda x: train_valid_ds.classes[x])
    df.to_csv('submission.csv', index=False)
```

```
train loss 0.734, train acc 0.744
1131.2 examples/sec on [device(type='cuda', index=0), device(type='cuda', index=1)]
```

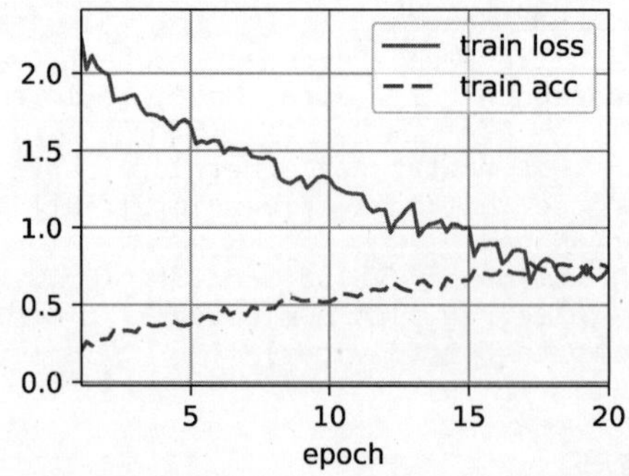

向 Kaggle 提交结果的方法与 4.10 节中的方法类似，上面的代码将生成一个 `submission.csv` 文件，其格式符合 Kaggle 竞赛的要求。

小结

- 将包含原始图像文件的数据集组织为所需格式后，我们可以读取它们。
- 我们可以在图像分类竞赛中使用卷积神经网络和图像增广。

练习

（1）在这场 Kaggle 竞赛中使用完整的 CIFAR-10 数据集。将超参数设为 `batch_size = 128`，`num_epochs = 100`，`lr = 0.1`，`lr_period = 50`，`lr_decay = 0.1`。看看在这场竞赛中能达到的精度和排名，能进一步改进吗？

（2）不使用图像增广时，能获得怎样的精度？

13.14　实战Kaggle竞赛：狗的品种识别（ImageNet Dogs）

本节我们将在 Kaggle 上实战狗的品种识别问题。本次竞赛网址是 https://www.kaggle.com/c/dog-breed-identification。图 13-17 显示了狗的品种识别竞赛网页上的信息。需要一个 Kaggle 账号才能提交结果。

扫码直达讨论区

在这场竞赛中，我们将识别 120 类不同品种的狗。这个数据集实际上是著名的 ImageNet 数据集的子集。与 13.13 节中 CIFAR-10 数据集中的图像不同，ImageNet 数据集中的图像更高更宽，且大小不一。

```
import os
import torch
import torchvision
from torch import nn
from d2l import torch as d2l
```

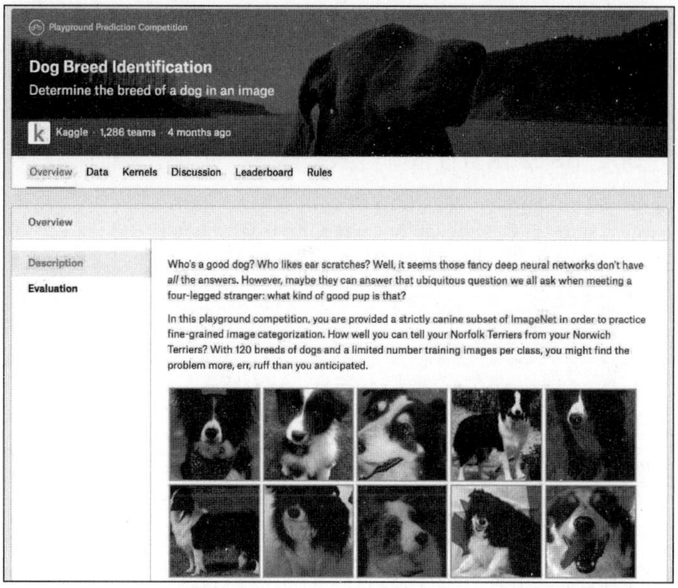

图 13-17　狗的品种识别竞赛网站，可以通过单击“data”选项卡来获得竞赛数据集

13.14.1 获取和整理数据集

竞赛数据集分为训练集和测试集，分别包含 RGB（彩色）通道的 10 222 张和 10 357 张 JPEG 图像。在训练数据集中，有 120 种犬类，品种如拉布拉多、贵宾、腊肠、萨摩耶、哈士奇、吉娃娃和约克夏等。

1. 下载数据集

登录 Kaggle 后，可以单击图 13-17 中显示的竞赛页面上的“data”选项卡，然后单击“Download All”按钮下载数据集。在 ../data 中解压下载的文件后，将在以下路径中找到整个数据集。

- ../data/dog-breed-identification/labels.csv。
- ../data/dog-breed-identification/sample_submission.csv。
- ../data/dog-breed-identification/train。
- ../data/dog-breed-identification/test。

上述结构与 13.13 节的 CIFAR-10 类似，其中文件夹 train/ 和 test/ 分别包含训练图像和测试图像，labels.csv 包含训练图像的标签。

同样，为了便于入门，我们提供完整数据集的小规模样本：train_valid_test_tiny.zip。如果要在 Kaggle 竞赛中使用完整的数据集，则需要将下面的 demo 变量设置为 False。

```
#@save
d2l.DATA_HUB['dog_tiny'] = (d2l.DATA_URL + 'kaggle_dog_tiny.zip',
                            '0cb91d09b814ecdc07b50f31f8dcad3e81d6a86d')

# 如果使用Kaggle竞赛的完整数据集，请将下面的变量设置为False
demo = True
if demo:
    data_dir = d2l.download_extract('dog_tiny')
else:
    data_dir = os.path.join('..', 'data', 'dog-breed-identification')
```

2. 整理数据集

我们可以像 13.13 节中所做的那样整理数据集，即从原始训练集中拆分验证集，然后将图像移到按标签分组的子文件夹中。

下面的 `reorg_dog_data` 函数读取训练数据标签、拆分出验证集并整理训练集。

```
def reorg_dog_data(data_dir, valid_ratio):
    labels = d2l.read_csv_labels(os.path.join(data_dir, 'labels.csv'))
    d2l.reorg_train_valid(data_dir, labels, valid_ratio)
    d2l.reorg_test(data_dir)

batch_size = 32 if demo else 128
valid_ratio = 0.1
reorg_dog_data(data_dir, valid_ratio)
```

13.14.2 图像增广

回想一下，这个狗品种数据集是 ImageNet 数据集的子集，其图像大于 13.13 节中 CIFAR-10 数据集的图像。下面我们看一下如何在相对较大的图像上使用图像增广。

```
transform_train = torchvision.transforms.Compose([
    # 随机裁剪图像，所得图像为原始图像面积的0.08～1倍，高宽比为3/4～4/3
    # 然后，缩放图像以创建224像素x224像素的新图像
    torchvision.transforms.RandomResizedCrop(224, scale=(0.08, 1.0),
                                             ratio=(3.0/4.0, 4.0/3.0)),
    torchvision.transforms.RandomHorizontalFlip(),
    # 随机改变亮度、对比度和饱和度
    torchvision.transforms.ColorJitter(brightness=0.4,
                                       contrast=0.4,
                                       saturation=0.4),
    # 添加随机噪声
    torchvision.transforms.ToTensor(),
    # 标准化图像的每个通道
    torchvision.transforms.Normalize([0.485, 0.456, 0.406],
                                     [0.229, 0.224, 0.225])])
```

测试时，我们只使用确定性的图像预处理操作。

```
transform_test = torchvision.transforms.Compose([
    torchvision.transforms.Resize(256),
    # 从图像中心裁剪224像素x224像素的图像
    torchvision.transforms.CenterCrop(224),
    torchvision.transforms.ToTensor(),
    torchvision.transforms.Normalize([0.485, 0.456, 0.406],
                                     [0.229, 0.224, 0.225])])
```

13.14.3 读取数据集

与 13.13 节一样，我们可以读取整理后的含原始图像文件的数据集。

```
train_ds, train_valid_ds = [torchvision.datasets.ImageFolder(
    os.path.join(data_dir, 'train_valid_test', folder),
    transform=transform_train) for folder in ['train', 'train_valid']]

valid_ds, test_ds = [torchvision.datasets.ImageFolder(
    os.path.join(data_dir, 'train_valid_test', folder),
    transform=transform_test) for folder in ['valid', 'test']]
```

下面我们创建数据加载器实例的方式与 13.13 节相同。

```
train_iter, train_valid_iter = [torch.utils.data.DataLoader(
    dataset, batch_size, shuffle=True, drop_last=True)
    for dataset in (train_ds, train_valid_ds)]

valid_iter = torch.utils.data.DataLoader(valid_ds, batch_size, shuffle=False,
                                         drop_last=True)

test_iter = torch.utils.data.DataLoader(test_ds, batch_size, shuffle=False,
                                        drop_last=False)
```

13.14.4 微调预训练模型

同样，本次竞赛的数据集是 ImageNet 数据集的子集。因此，我们可以使用 13.2 节中讨论的方法在完整 ImageNet 数据集上选择预训练的模型，然后使用该模型提取图像特征，以便将其输入定制的小规模输出网络中。深度学习框架的高级 API 提供了在 ImageNet 数据集上预训练的各种模型，在这里，我们选择预训练的 ResNet-34 模型，只需重复使用此模型的输出层（即提取的特征）的输入。然后，我们可以用一个可以训练的小型自定义输出网络（例如堆叠两个全连接层）替换原始输出层。与 13.2 节中的实验不同，以下不重新训练用于特征提取的预训练模型，这节省了梯度下降的时间和内存空间。

回想一下，我们使用 3 个 RGB 通道的均值和标准差来对完整的 ImageNet 数据集进行图像标准化。事实上，这也符合 ImageNet 上预训练模型的标准化操作。

```
def get_net(devices):
    finetune_net = nn.Sequential()
    finetune_net.features = torchvision.models.resnet34(pretrained=True)
    # 定义一个新的输出网络，共有120个输出类别
    finetune_net.output_new = nn.Sequential(nn.Linear(1000, 256),
                                            nn.ReLU(),
                                            nn.Linear(256, 120))
    # 将模型参数分配给用于计算的CPU或GPU
    finetune_net = finetune_net.to(devices[0])
    # 冻结参数
    for param in finetune_net.features.parameters():
        param.requires_grad = False
    return finetune_net
```

在计算损失之前，我们需要先获取预训练模型的输出层的输入（即提取的特征），然后使用此特征作为小型自定义输出网络的输入来计算损失。

```
loss = nn.CrossEntropyLoss(reduction='none')

def evaluate_loss(data_iter, net, devices):
    l_sum, n = 0.0, 0
    for features, labels in data_iter:
        features, labels = features.to(devices[0]), labels.to(devices[0])
        outputs = net(features)
        l = loss(outputs, labels)
        l_sum += l.sum()
        n += labels.numel()
    return (l_sum / n).to('cpu')
```

13.14.5 定义训练函数

我们将根据模型在验证集上的表现选择模型并调整超参数。模型训练函数 `train` 只迭代小型自定义输出网络的参数。

```
def train(net, train_iter, valid_iter, num_epochs, lr, wd, devices, lr_period,
          lr_decay):
    # 只训练小型自定义输出网络
    net = nn.DataParallel(net, device_ids=devices).to(devices[0])
    trainer = torch.optim.SGD((param for param in net.parameters()
                               if param.requires_grad), lr=lr,
                              momentum=0.9, weight_decay=wd)
    scheduler = torch.optim.lr_scheduler.StepLR(trainer, lr_period, lr_decay)
    num_batches, timer = len(train_iter), d2l.Timer()
    legend = ['train loss']
    if valid_iter is not None:
        legend.append('valid loss')
    animator = d2l.Animator(xlabel='epoch', xlim=[1, num_epochs],
                            legend=legend)
    for epoch in range(num_epochs):
        metric = d2l.Accumulator(2)
        for i, (features, labels) in enumerate(train_iter):
            timer.start()
            features, labels = features.to(devices[0]), labels.to(devices[0])
            trainer.zero_grad()
            output = net(features)
            l = loss(output, labels).sum()
            l.backward()
            trainer.step()
            metric.add(l, labels.shape[0])
            timer.stop()
            if (i + 1) % (num_batches // 5) == 0 or i == num_batches - 1:
                animator.add(epoch + (i + 1) / num_batches,
                             (metric[0] / metric[1], None))
        measures = f'train loss {metric[0] / metric[1]:.3f}'
        if valid_iter is not None:
            valid_loss = evaluate_loss(valid_iter, net, devices)
            animator.add(epoch + 1, (None, valid_loss.detach().cpu()))
        scheduler.step()
    if valid_iter is not None:
        measures += f', valid loss {valid_loss:.3f}'
    print(measures + f'\n{metric[1] * num_epochs / timer.sum():.1f}'
          f' examples/sec on {str(devices)}')
```

13.14.6 训练和验证模型

现在我们可以训练和验证模型了，以下超参数都是可调的，例如，我们可以增加迭代次数。另外，由于 `lr_period` 和 `lr_decay` 分别设置为 2 和 0.9，因此优化算法的学习率将在每两次迭代后乘以 0.9。

```
devices, num_epochs, lr, wd = d2l.try_all_gpus(), 10, 1e-4, 1e-4
lr_period, lr_decay, net = 2, 0.9, get_net(devices)
train(net, train_iter, valid_iter, num_epochs, lr, wd, devices, lr_period,
      lr_decay)
```

```
train loss 1.254, valid loss 1.433
734.3 examples/sec on [device(type='cuda', index=0), device(type='cuda', index=1)]
```

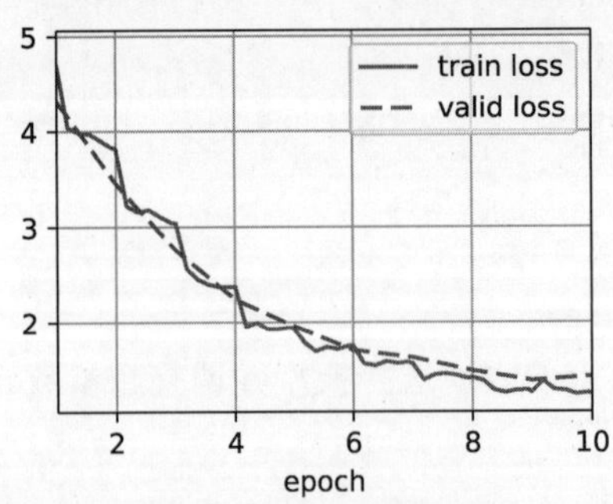

13.14.7 对测试集分类并在Kaggle提交结果

与 13.13 节中的最后一步类似，最终所有标注的数据（包括验证集）都用于训练模型和对测试集进行分类。我们将使用训练好的自定义输出网络进行分类。

```
net = get_net(devices)
train(net, train_valid_iter, None, num_epochs, lr, wd, devices, lr_period,
      lr_decay)

preds = []
for data, label in test_iter:
    output = torch.nn.functional.softmax(net(data.to(devices[0])), dim=1)
    preds.extend(output.cpu().detach().numpy())
ids = sorted(os.listdir(
    os.path.join(data_dir, 'train_valid_test', 'test', 'unknown')))
with open('submission.csv', 'w') as f:
    f.write('id,' + ','.join(train_valid_ds.classes) + '\n')
    for i, output in zip(ids, preds):
        f.write(i.split('.')[0] + ',' + ','.join(
            [str(num) for num in output]) + '\n')
```

```
train loss 1.202
1017.2 examples/sec on [device(type='cuda', index=0), device(type='cuda', index=1)]
```

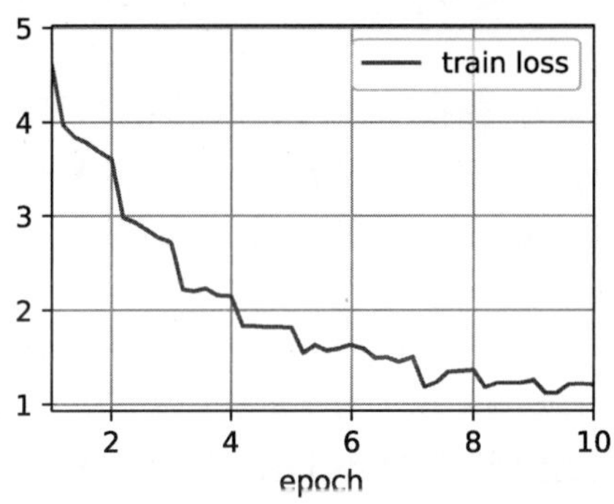

上面的代码将生成一个 submission.csv 文件，以 4.10 节中描述的方式在 Kaggle 上提交。

小结

- ImageNet 数据集中的图像比 CIFAR-10 图像尺寸大，我们可能会修改不同数据集上任务的图像增广操作。
- 要对 ImageNet 数据集的子集进行分类，我们可以利用完整 ImageNet 数据集上的预训练模型来提取特征，并仅训练小型自定义输出网络，这将减少计算时间并节省内存空间。

练习

（1）尝试使用完整 Kaggle 竞赛数据集，增加 `batch_size`（批量大小）和 `num_epochs`（迭代次数），或者设计其他超参数为 `lr = 0.01`、`lr_period = 10` 和 `lr_decay = 0.1` 时，能获得什么结果？

（2）如果使用更深的预训练模型，会得到更好的结果吗？如何调整超参数？能进一步改进结果吗？

第 14 章

自然语言处理：预训练

人与人之间需要交流。出于人类的这种基本需要，每天都有大量的书面文本产生，比如，社交媒体、聊天应用、电子邮件、产品评论、新闻文章、研究论文和书籍中的丰富文本。使计算机能够理解这些文本以提供帮助或基于人类语言做出决策变得至关重要。

自然语言处理是指研究使用自然语言的计算机和人类之间的交互。在实践中，使用自然语言处理技术来处理和分析文本数据是非常常见的，例如 8.3 节的语言模型和 9.5 节的机器翻译模型。

要理解文本，我们可以从学习它的表示开始。利用来自大型语料库的现有文本序列，自监督学习（self-supervised learning）已被广泛用于预训练文本表示，例如通过使用周围文本的其他部分来预测文本的隐藏部分。通过这种方式，模型可以从海量文本数据中有监督地学习，而不需要昂贵的标签标注！

本章我们将看到：当将每个单词或子词视为单个词元时，可以在大型语料库上使用 word2vec、GloVe 或子词嵌入模型预先训练每个词元的表示。经过预训练后，每个词元的表示可以是一个向量，无论上下文是什么，它都保持不变。例如，“bank”（可以译作“银行”或者“河岸”）的向量表示在“go to the bank to deposit some money”（去银行存点钱）和“go to the bank to sit down”（去河岸坐下来）中是相同的。因此，许多较新的预训练模型使相同词元的表示适应于不同的上下文，其中包括基于 Transformer 编码器的更深度的自监督模型 BERT。在本章中，我们将重点讨论如何预训练文本的这种表示，如图 14-1 所示。

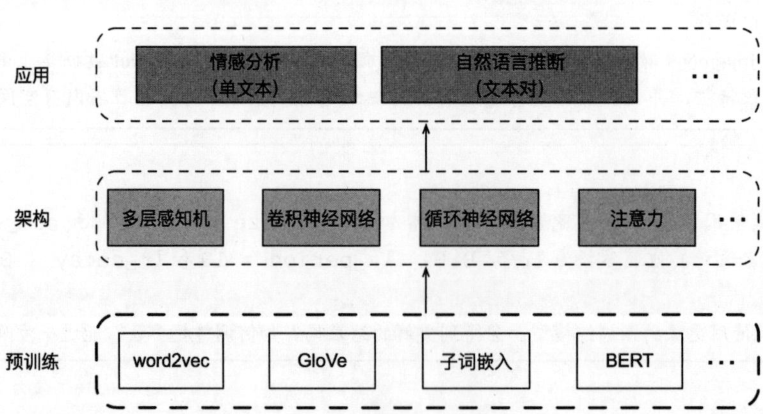

图 14-1　预训练好的文本表示可以放入各种深度学习架构，应用于不同的自然语言处理任务（本章主要研究上游文本的预训练）

我们将在第 15 章中介绍预训练好的文本表示。

14.1 词嵌入（word2vec）

扫码直达讨论区

自然语言是用来表达人脑思维的复杂系统。在这个系统中，词是意义的基本单元。顾名思义，**词向量**是用于表示词意义的向量，并且还可以被认为是词的特征向量或表示。将词映射到实向量的技术称为**词嵌入**。近年来，词嵌入逐渐成为自然语言处理的基础知识。

14.1.1 为何独热向量是一个糟糕的选择

在 8.5 节中，我们使用独热向量来表示词（字符就是词）。假设词表中不同词的数量（词表大小）为 N，每个词对应一个 0 ～ N-1 的不同整数（索引）。为了得到索引为 i 的任意词的独热向量表示，我们创建了一个值全为 0 的长度为 N 的向量，并将位置 i 的元素设置为 1。这样，每个词都被表示为一个长度为 N 的向量，可以直接由神经网络使用。

虽然独热向量很容易构建，但它通常不是一个好的选择，其中一个主要原因是独热向量不能准确表达不同词之间的相似度，如我们经常使用的“余弦相似度”。对于向量 $\boldsymbol{x}, \boldsymbol{y}\in\mathbb{R}^d$，它们的余弦相似度是它们之间夹角的余弦：

$$\frac{\boldsymbol{x}^\top \boldsymbol{y}}{\|\boldsymbol{x}\|\|\boldsymbol{y}\|}\in[-1,1] \tag{14.1}$$

由于任意两个不同词的独热向量之间的余弦相似度为 0，因此独热向量不能对词之间的相似度进行编码。

14.1.2 自监督的word2vec

word2vec 工具是为了解决上述问题而提出的。它将每个词映射到一个固定长度的向量，这些向量能更好地表达不同词之间的相似度和类比关系。word2vec 工具包含两个模型，即**跳元模型**（skip-gram）[108] 和**连续词袋模型**（CBOW）[107]。对于在语义上有意义的表示，它们的训练依赖条件概率，条件概率可以被看作使用语料库中的一些词来预测另一些词。由于使用不带标签的数据，因此跳元模型和连续词袋模型都是自监督模型。

下面，我们将介绍这两种模型及其训练方法。

14.1.3 跳元模型

跳元模型假设一个词可以用来在文本序列中生成其周围的词。以文本序列“the”“man”“loves”“his”“son”为例，假设中心词选择“loves”，并将上下文窗口设置为 2，如图 14-2 所示，给定中心词“loves”，跳元模型考虑生成上下文词“the”“man”“his”“son”的条件概率：

$$P(\text{"the"},\text{"man"},\text{"his"},\text{"son"}\mid\text{"loves"}) \tag{14.2}$$

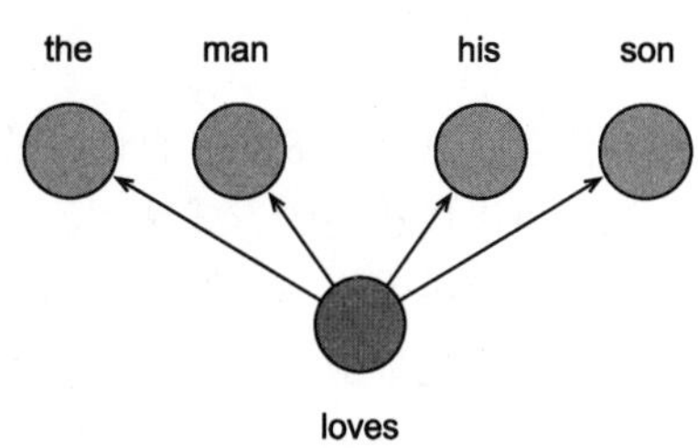

图 14-2 跳元模型在给定中心词的情况下考虑生成周围上下文词的条件概率

假设上下文词是在给定中心词的情况下独立生成的（即条件独立性）。在这种情况下，上述条件概率可以重写为

$$P(\text{"the"}\mid\text{"loves"})\cdot P(\text{"man"}\mid\text{"loves"})\cdot P(\text{"his"}\mid\text{"loves"})\cdot P(\text{"son"}\mid\text{"loves"}) \tag{14.3}$$

在跳元模型中，每个词都有两个 d 维向量表示，用于计算条件概率。具体地说，对于词表中索引为 i 的任何词，分别用 $\boldsymbol{v}_i\in\mathbb{R}^d$ 和 $\boldsymbol{u}_i\in\mathbb{R}^d$ 表示其用作中心词和上下文词时的两个向量。给定中心词 w_c（词表中的索引为 c），生成任何上下文词 w_o（词表中的索引为 o）的条件概率可以通过对向量点积的 softmax 操作来建模：

$$P(w_o \mid w_c) = \frac{\exp(\boldsymbol{u}_o^\top \boldsymbol{v}_c)}{\sum_{i\in\mathcal{V}} \exp(\boldsymbol{u}_i^\top \boldsymbol{v}_c)} \tag{14.4}$$

其中，词表索引集 $\mathcal{V}=\{0, 1, \cdots, |\mathcal{V}|-1\}$。给定长度为 T 的文本序列，其中时间步 t 处的词表示为 $w^{(t)}$。假设上下文词是在给定任何中心词的情况下独立生成的。对于上下文窗口 m，跳元模型的似然函数是在给定任何中心词的情况下生成所有上下文词的概率：

$$\prod_{t=1}^{T} \prod_{-m\leqslant j\leqslant m,\ j\neq 0} P(w^{(t+j)} \mid w^{(t)}) \tag{14.5}$$

其中，可以省略小于 1 或大于 T 的任何时间步。

训练

跳元模型参数是词表中每个词的中心词向量和上下文词向量。在训练中，我们通过最大化似然函数（即极大似然估计）来学习模型参数。这相当于最小化以下损失函数：

$$-\sum_{t=1}^{T} \sum_{-m\leqslant j\leqslant m,\ j\neq 0} \log P(w^{(t+j)} \mid w^{(t)}) \tag{14.6}$$

当使用随机梯度下降来最小化损失时，在每次迭代中可以随机抽样一个较短的子序列来计算该子序列的（随机）梯度，以更新模型参数。为了计算该（随机）梯度，我们需要获得对数条件概率对于中心词向量和上下文词向量的梯度。通常，根据式（14.4），涉及中心词 w_c 和上下文词 w_o 的对数条件概率为

$$\log P(w_o \mid w_c) = \boldsymbol{u}_o^\top \boldsymbol{v}_c - \log\left(\sum_{i\in V} \exp(\boldsymbol{u}_i^\top \boldsymbol{v}_c)\right) \tag{14.7}$$

通过求微分，我们可以获得其对于中心词向量 $\boldsymbol{v}_c$ 的梯度：

$$\begin{aligned}\frac{\partial \log P(w_o \mid w_c)}{\partial v_c} &= u_o - \frac{\sum_{j\in V} \exp(u_j^\top v_c) u_j}{\sum_{j\in V} \exp(u_i^\top v_c)} \\ &= u_o - \sum_{j\in V} \left(\frac{\exp(u_j^\top v_c)}{\sum_{i\in V} \exp(u_i^\top v_c)}\right) u_j \\ &= u_o - \sum_{j\in V} P(w_j \mid w_c) u_j\end{aligned} \tag{14.8}$$

注意，式（14.8）中的计算需要词表中以 w_c 为中心词的所有词的条件概率。其他词向量的梯度可以以相同的方式获得。

对词表中索引为 i 的词进行训练后，得到 $\boldsymbol{v}_i$（作为中心词）和 $\boldsymbol{u}_i$（作为上下文词）两个词向量。在自然语言处理应用中，跳元模型的中心词向量通常作为词表示。

14.1.4　连续词袋模型

连续词袋模型（CBOW）类似于跳元模型。与跳元模型的主要区别在于，连续词袋模型假设中心词是基于其在文本序列中的周围上下文词生成的。例如，在文本序列“the”“man”“loves”“his”“son”中，在“loves”为中心词且上下文窗口为 2 的情况下，连续词袋模型考

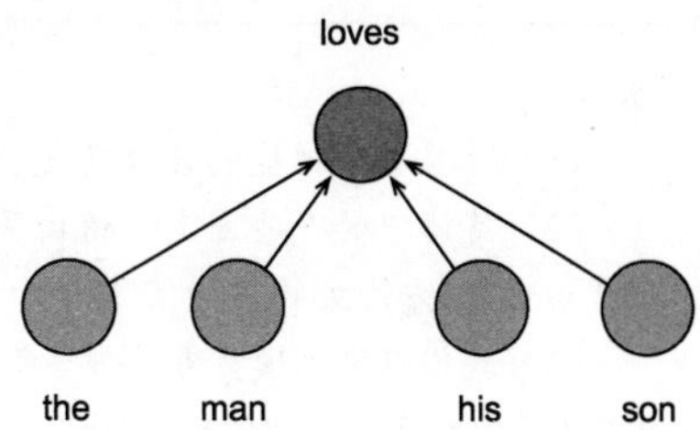

图 14-3 连续词袋模型考虑给定周围上下文词生成中心词的条件概率

虑基于上下文词“the”“man”“his”“son”（如图 14-3 所示）生成中心词“loves”的条件概率，即：

$$P(\text{"loves"} \mid \text{"the"},\text{"man"},\text{"his"},\text{"son"}) \tag{14.9}$$

由于连续词袋模型中存在多个上下文词，因此在计算条件概率时需要对这些上下文词向量进行平均。具体地说，对于词表中索引 i 的任意词，分别用 $\boldsymbol{v}_i \in \mathbb{R}^d$ 和 $\boldsymbol{u}_i \in \mathbb{R}^d$ 表示用作上下文词和中心词的两个向量（符号与跳元模型中的相反）。给定上下文词 $w_{o_1}, \cdots, w_{o_{2m}}$（在词表中的索引是 $o_1, \cdots, o_{2m}$）生成任意中心词 w_c（在词表中的索引是 c）的条件概率可以由以下公式建模：

$$P(w_c \mid w_{o_1}, \cdots, w_{o_{2m}}) = \frac{\exp\left(\frac{1}{2m}\boldsymbol{u}_c^\top(\boldsymbol{v}_{o_1} + \cdots + \boldsymbol{v}_{o_{2m}})\right)}{\sum_{i\in V}\exp\left(\frac{1}{2m}\boldsymbol{u}_i^\top(\boldsymbol{v}_{o_1} + \cdots + \boldsymbol{v}_{o_{2m}})\right)} \tag{14.10}$$

为简洁起见，我们设$\mathcal{W}_o = \{w_{o_1}, \cdots, w_{o_{2m}}\}$，$\bar{\boldsymbol{v}}_o = \left(\boldsymbol{v}_{o_1} + \cdots + \boldsymbol{v}_{o_{2m}}\right)/(2m)$，那么式（14.10）可以简化为

$$P(w_c \mid \mathcal{W}_o) = \frac{\exp(\boldsymbol{u}_c^\top \bar{\boldsymbol{v}}_o)}{\sum_{i\in V}\exp(\boldsymbol{u}_i^\top \bar{\boldsymbol{v}}_o)} \tag{14.11}$$

给定长度为 T 的文本序列，其中时间步 t 处的词表示为 $w^{(t)}$。对于上下文窗口 m，连续词袋模型的似然函数是在给定其上下文词的情况下生成所有中心词的条件概率：

$$\prod_{t=1}^{T} P(w^{(t)} \mid w^{(t-m)}, \cdots, w^{(t-1)}, w^{(t+1)}, \cdots, w^{(t+m)}) \tag{14.12}$$

训练

训练连续词袋模型与训练跳元模型几乎是一样的。连续词袋模型的极大似然估计等价于最小化以下损失函数：

$$-\sum_{t=1}^{T} \log, P(w^{(t)} \mid w^{(t-m)}, \cdots, w^{(t-1)}, w^{(t+1)}, \cdots, w^{(t+m)}) \tag{14.13}$$

注意：

$$\log P(w_c \mid \mathcal{W}_o) = \boldsymbol{u}_c^\top \bar{\boldsymbol{v}}_o - \log\left(\sum_{i\in V}\exp(\boldsymbol{u}_i^\top \bar{\boldsymbol{v}}_o)\right) \tag{14.14}$$

通过求微分，我们可以获得其对于任意上下文词向量 $\boldsymbol{v}_{o_i}(i=1, \cdots, 2m)$ 的梯度，如下：

$$\frac{\partial \log P(w_c \mid \mathcal{W}_o)}{\partial \boldsymbol{v}_{o_i}} = \frac{1}{2m}\left(\boldsymbol{u}_c - \sum_{j\in V}\frac{\exp(\boldsymbol{u}_j^\top \bar{\boldsymbol{v}}_o)\boldsymbol{u}_j}{\sum_{i\in V}\exp(\boldsymbol{u}_i^\top \bar{\boldsymbol{v}}_o)}\right) = \frac{1}{2m}\left(\boldsymbol{u}_c - \sum_{j\in V}P(w_j \mid \mathcal{W}_o)\boldsymbol{u}_j\right) \tag{14.15}$$

其他词向量的梯度可以以相同的方式获得。与跳元模型不同，连续词袋模型通常使用上下文词向量作为词表示。

小结

- 词向量是用于表示词意义的向量，也可以看作词的特征向量。将词映射到实向量的技术称为词嵌入。
- word2vec 工具包含跳元模型和连续词袋模型。
- 跳元模型假设一个词可用于在文本序列中生成其周围的词；而连续词袋模型假设基于上下文词来生成中心词。

练习

（1）计算每个梯度的复杂度是多少？如果词表很大，会有什么问题呢？

（2）英语中的一些固定短语由多个词组成，例如“new york”。如何训练它们的词向量？（提示：查看 word2vec 论文的第四节[108]。）

（3）我们以跳元模型为例来思考 word2vec 设计。跳元模型中两个词向量的点积与余弦相似度之间有什么关系？对于语义相似的一对词，为什么它们的词向量（由跳元模型训练）的余弦相似度可能很高？

14.2　近似训练

扫码直达讨论区

回想一下我们在 14.1 节中的讨论。跳元模型的主要思想是使用 softmax 运算来计算基于给定的中心词 w_c 生成上下文词 w_o 的条件概率（如式（14.4）），对应的对数损失在式（14.7）给出。

由于 softmax 操作的性质，上下文词可以是词表 V 中的任意项，式（14.7）包含与整个词表大小一样多的项的求和。因此，式（14.8）中跳元模型的梯度计算和式（14.15）中的连续词袋模型的梯度计算都包含求和。遗憾的是，在一个词表上（通常有数十万甚至数百万个词）求和的梯度的计算成本是巨大的！

为了降低上述计算复杂度，本节将介绍两种近似训练方法：负采样和层序 softmax。由于跳元模型和连续词袋模型的相似性，我们将以跳元模型为例来描述这两种近似训练方法。

14.2.1　负采样

负采样修改了原目标函数。给定中心词 w_c 的上下文窗口，任意上下文词 w_o 来自该中心词的上下文窗口的被认为是由下式建模概率的事件：

$$P(D=1|w_c,w_o)=\sigma(\boldsymbol{u}_o^\top \boldsymbol{v}_c) \tag{14.16}$$

其中，σ 使用了 sigmoid 激活函数的定义：

$$\sigma(x)=\frac{1}{1+\exp(-x)} \tag{14.17}$$

我们从最大化文本序列中所有这些事件的联合概率开始训练词嵌入。具体而言，给定长度为 T 的文本序列，以 $w^{(t)}$ 表示时间步 t 的词，并使上下文窗口为 m，考虑最大化联合概率：

$$\prod_{t=1}^{T} \prod_{-m\leqslant j\leqslant m,\ j\neq 0} P(D=1|w^{(t)},w^{(t+j)}) \tag{14.18}$$

然而，式（14.18）只考虑那些正样本的事件。仅当所有词向量都等于无穷大时，式（14.18）中的联合概率才最大化为 1。当然，这样的结果毫无意义。为了使目标函数更有意义，负采样添加了从预定义分布中采样的负样本。

用 S 表示上下文词 w_o 来自中心词 w_c 的上下文窗口的事件。对于这个涉及 w_o 的事件，从预定义分布 $P(w)$ 中采样 K 个不是来自这个上下文窗口的噪声词。用 N_k 表示噪声词 w_k（$k=1,\cdots,K$）不是来自 w_c 的上下文窗口的事件。假设正样本和负样本 $S,N_1,\cdots,N_K$ 的这些事件是相互独立的。负采样将式（14.18）中的联合概率（仅涉及正样本）重写为

$$\prod_{t=1}^{T} \prod_{-m\leqslant j\leqslant m,\ j\neq 0} P(w^{(t+j)}|w^{(t)}) \tag{14.19}$$

通过事件 $S, N_1, \cdots, N_K$ 近似条件概率：

$$P(w^{(t+j)} | w^{(t)}) = P(D=1 | w^{(t)}, w^{(t+j)}) \prod_{k=1,\, w_k \sim P(w)}^{K} P(D=0 | w^{(t)}, w_k) \tag{14.20}$$

分别用 i_t 和 h_k 表示词 $w^{(t)}$ 和噪声词 w_k 在文本序列的时间步 t 处的索引。式（14.20）中关于条件概率的对数损失为

$$\begin{aligned} -\log P(w^{(t+j)} | w^{(t)}) &= -\log P(D=1 | w^{(t)}, w^{(t+j)}) - \prod_{k=1,\, w_k \sim P(w)}^{K} \log P(D=0 | w^{(t)}, w_k) \\ &= -\log \sigma(\boldsymbol{u}_{i_{t+j}}^\top \boldsymbol{v}_{i_t}) - \prod_{k=1,\, w_k \sim P(w)}^{K} \log(1-\sigma(\boldsymbol{u}_{h_k}^\top \boldsymbol{v}_{i_t})) \\ &= -\log \sigma(\boldsymbol{u}_{i_{t+j}}^\top \boldsymbol{v}_{i_t}) - \prod_{k=1,\, w_k \sim P(w)}^{K} \log \sigma(-\boldsymbol{u}_{h_k}^\top \boldsymbol{v}_{i_t}) \end{aligned} \tag{14.21}$$

我们可以看到，现在每个训练步的梯度计算成本与词表大小无关，而是线性依赖 K。当将超参数 K 设置为较小的值时，在负采样的每个训练步处的梯度的计算成本较小。

14.2.2 层序softmax

作为另一种近似训练方法，*层序* softmax（hierarchical softmax）使用二叉树（图 14-4 中展示的数据结构），其中树的每个叶节点表示词表 V 中的一个词。

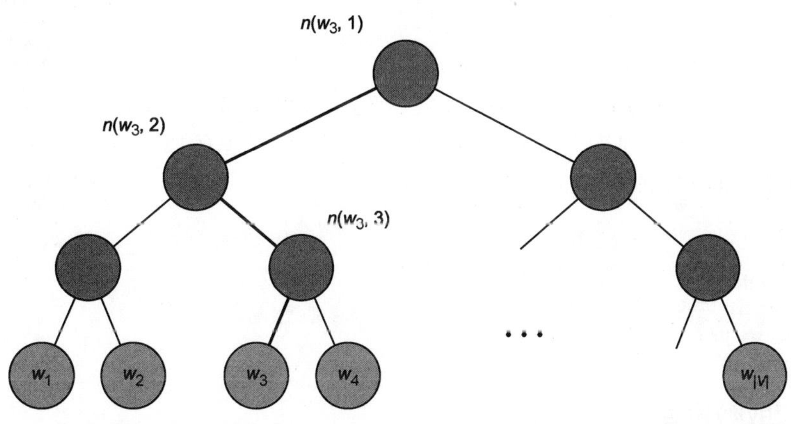

图 14-4 用于近似训练的层序 softmax，其中树的每个叶节点表示词表中的一个词

用 $L(w)$ 表示二叉树中表示词 w 的从根节点到叶节点的路径上的节点数（包括两端）。设 $n(w,j)$ 为该路径上的第 j 个节点，其上下文词向量为 $\boldsymbol{u}_{n(w,j)}$。例如，图 14-4 中的 $L(w_3)=4$。层序 softmax 将式（14.4）中的条件概率近似为

$$P(w_o | w_c) = \prod_{j=1}^{L(w_o)-1} \sigma\left([\![n(w_o, j+1) = \text{leftChild}(n(w_o, j))]\!] \cdot \boldsymbol{u}_{n(w_o,j)}^\top \boldsymbol{v}_c\right) \tag{14.22}$$

其中，函数 σ 在式（14.17）中定义，leftChild(n) 是节点 n 的左子节点：如果 x 为真，$[\![x]\!]=1$；否则$[\![x]\!]=-1$。

为了说明，我们计算图 14-4 中给定词 w_c 生成词 w_3 的条件概率。这需要 w_c 的词向量 $\boldsymbol{v}_c$ 和从根节点到 w_3 的路径（图 14-4 中加粗的路径）上的非叶节点向量之间的点积，该路径依次向左、向右和向左遍历：

$$P(w_3 | w_c) = \sigma(\boldsymbol{u}_{n(w_3,1)}^\top \boldsymbol{v}_c) \cdot \sigma(-\boldsymbol{u}_{n(w_3,2)}^\top \boldsymbol{v}_c) \cdot \sigma(\boldsymbol{u}_{n(w_3,3)}^\top \boldsymbol{v}_c) \tag{14.23}$$

由 $\sigma(x)+\sigma(-x)=1$，基于任意词 w_c 生成词表 V 中所有词的条件概率总和为 1：

$$\sum_{w\in V} P(w \mid w_c) = 1 \tag{14.24}$$

幸运的是，对于二叉树结构，$L(w_o)-1$ 大约与 $O(\log_2|V|)$ 是一个数量级。当词表大小 V 很大时，与没有近似训练的相比，使用层序 softmax 的每个训练步的计算成本显著降低。

小结

- 负采样通过考虑相互独立的事件来构造损失函数，这些事件同时涉及正样本和负样本。训练的计算量与每一步的噪声词数呈线性关系。
- 层序 softmax 使用二叉树中从根节点到叶节点的路径构造损失函数。训练的计算成本取决于词表大小的对数。

练习

（1）如何在负采样中对噪声词进行采样？
（2）验证式（14.24）是否有效。
（3）如何分别使用负采样和层序 softmax 训练连续词袋模型？

14.3　用于预训练词嵌入的数据集

扫码直达讨论区

现在我们已经了解了 word2vec 模型的技术细节和大致的训练方法，我们来看看它的实现。具体地说，我们将以 14.1 节的跳元模型和 14.2 节的负采样为例。本节从用于预训练词嵌入模型的数据集开始：数据的原始格式将被转换为可以在训练期间迭代的小批量。

```
import math
import os
import random
import torch
from d2l import torch as d2l
```

14.3.1　读取数据集

我们在这里使用的数据集是 Penn Tree Bank（PTB）。该语料库取自“华尔街日报”的文章，分为训练集、验证集和测试集。在原始格式中，文本文件的每一行表示由空格分隔的一句话。在这里，我们将每个词视为一个词元。

```
#@save
d2l.DATA_HUB['ptb'] = (d2l.DATA_URL + 'ptb.zip',
                       '319d85e578af0cdc590547f26231e4e31cdf1e42')

#@save
def read_ptb():
    """将PTB数据集加载到文本行的列表中"""
    data_dir = d2l.download_extract('ptb')
    # 读取训练集
    with open(os.path.join(data_dir, 'ptb.train.txt')) as f:
        raw_text = f.read()
    return [line.split() for line in raw_text.split('\n')]
```

```
sentences = read_ptb()
f'# sentences数: {len(sentences)}'
```

```
'# sentences数: 42069'
```

在读取训练集之后，我们为语料库构建了一个词表，其中出现次数少于 10 次的任何词都将由 '<unk>' 词元替换。注意，原始数据集还包含表示稀有（未知）词的 '<unk>' 词元。

```
vocab = d2l.Vocab(sentences, min_freq=10)
f'vocab size: {len(vocab)}'
```

```
'vocab size: 6719'
```

14.3.2 下采样

文本数据通常有“the”“a”和“in”等高频词，它们在非常大型的语料库中甚至可能出现数十亿次。然而，这些词经常在上下文窗口中与许多不同的词共同出现，提供的有用信息很少。例如，考虑上下文窗口中的词“chip”，直观地说，它与低频词“intel”的共现比与高频词“a”的共现在训练中更有用。此外，大量（高频）词的训练速度很慢。因此，当训练词嵌入模型时，可以对高频词进行下采样 [108]。具体地说，数据集中的每个词 w_i 将以下述概率被丢弃

$$P(w_i) = \max\left(1 - \sqrt{\frac{t}{f(w_i)}}, 0\right) \tag{14.25}$$

其中，$f(w_i)$ 是 w_i 的词数与数据集中的总词数的比率，常量 t 是超参数（在实验中为 10^{-4}）。我们可以看到，只有当 $f(w_i) > t$ 时，（高频）词 w_i 才会被丢弃，且该词的 $f(w_i)$ 越高，被丢弃的概率就越大。

```
#@save
def subsample(sentences, vocab):
    """下采样高频词"""
    # 排除未知词元'<unk>'
    sentences = [[token for token in line if vocab[token] != vocab.unk]
                 for line in sentences]
    counter = d2l.count_corpus(sentences)
    num_tokens = sum(counter.values())

    # 如果在下采样期间保留词元，则返回True
    def keep(token):
        return(random.uniform(0, 1) <
               math.sqrt(1e-4 / counter[token] * num_tokens))

    return ([[token for token in line if keep(token)] for line in sentences],
            counter)

subsampled, counter = subsample(sentences, vocab)
```

下面的代码片段绘制了下采样前后每句话的词元数量的直方图。正如预期的那样，下采样通过删除高频词来显著缩短句子，这将使训练加速。

```
d2l.show_list_len_pair_hist(
    ['origin', 'subsampled'], '# tokenspersentence',
    'count', sentences, subsampled);
```

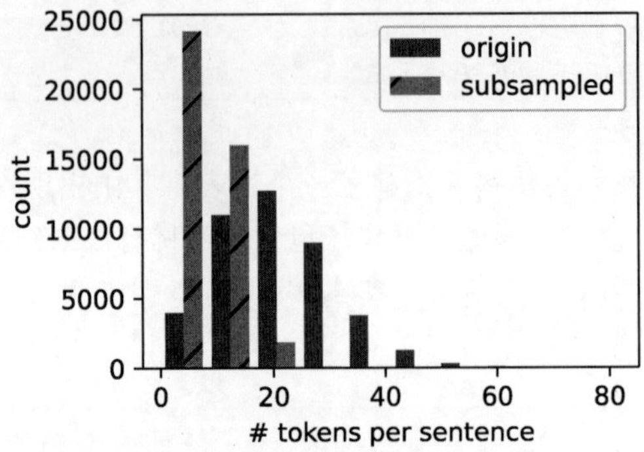

对于单个词元，高频词“the”的采样率不到 1/20。

```
def compare_counts(token):
    return (f'"{token}"的数量：'
            f'之前={sum([l.count(token) for l in sentences])}, '
            f'之后={sum([l.count(token) for l in subsampled])}')

compare_counts('the')
```

```
'"the"的数量：之前=50770, 之后=2003'
```

相比之下，低频词“join”则被完全保留。

```
compare_counts('join')
```

```
'"join"的数量：之前=45, 之后=45'
```

在下采样之后，我们将词元映射到它们在语料库中的索引。

```
corpus = [vocab[line] for line in subsampled]
corpus[:3]
```

```
[[], [71, 2115, 274, 406], [22, 12, 140, 5277, 3054, 1580, 95]]
```

14.3.3 中心词和上下文词的提取

下面的 get_centers_and_contexts 函数从 corpus 中提取所有中心词及其上下文词。它随机采样 1 ～ max_window_size 的整数作为上下文窗口。对于任一中心词，与其距离不超过采样上下文窗口大小的词为其上下文词。

```
#@save
def get_centers_and_contexts(corpus, max_window_size):
    """返回跳元模型中的中心词和上下文词"""
    centers, contexts = [], []
    for line in corpus:
        # 要形成“中心词-上下文词”对，每个句子至少需要两个词
        if len(line) < 2:
            continue
        centers += line
        for i in range(len(line)):  # 上下文窗口中间i
            window_size = random.randint(1, max_window_size)
            indices = list(range(max(0, i - window_size),
                                 min(len(line), i + 1 + window_size)))
            # 从上下文词中排除中心词
            indices.remove(i)
            contexts.append([line[idx] for idx in indices])
    return centers, contexts
```

接下来，我们创建一个人工数据集，包含 7 个词和 3 个词的两个句子。设置最大上下文窗口大小为 2，并打印所有中心词及其上下文词。

```
tiny_dataset = [list(range(7)), list(range(7, 10))]
print('数据集', tiny_dataset)
for center, context in zip(*get_centers_and_contexts(tiny_dataset, 2)):
    print('中心词', center, '的上下文词是', context)
```

```
数据集 [[0, 1, 2, 3, 4, 5, 6], [7, 8, 9]]
中心词 0 的上下文词是 [1]
中心词 1 的上下文词是 [0, 2, 3]
中心词 2 的上下文词是 [0, 1, 3, 4]
中心词 3 的上下文词是 [2, 4]
中心词 4 的上下文词是 [3, 5]
中心词 5 的上下文词是 [4, 6]
中心词 6 的上下文词是 [5]
中心词 7 的上下文词是 [8]
中心词 8 的上下文词是 [7, 9]
中心词 9 的上下文词是 [7, 8]
```

在 PTB 数据集上进行训练时，我们将最大上下文窗口大小设置为 5。下面提取数据集中的所有中心词及其上下文词。

```
all_centers, all_contexts = get_centers_and_contexts(corpus, 5)
f'# “中心词-上下文词对”的数量: {sum([len(contexts) for contexts in all_contexts])}'
```

```
'# “中心词-上下文词对”的数量: 1500845'
```

14.3.4 负采样

我们使用负采样进行近似训练。为了根据预定义的分布对噪声词进行采样，我们定义以下 `RandomGenerator` 类，其中（可能未规范化的）采样分布通过变量 `sampling_weights` 传递。

```
#@save
class RandomGenerator:
    """根据n个采样权重在{1,…,n}中随机抽取"""
    def __init__(self, sampling_weights):
        # 排除
        self.population = list(range(1, len(sampling_weights) + 1))
        self.sampling_weights = sampling_weights
        self.candidates = []
        self.i = 0

    def draw(self):
        if self.i == len(self.candidates):
            # 缓存k个随机采样结果
            self.candidates = random.choices(
                self.population, self.sampling_weights, k=10000)
            self.i = 0
        self.i += 1
        return self.candidates[self.i - 1]
```

例如，我们可以在索引 1、2 和 3 中绘制 10 个随机变量 X，采样概率分别为 $P(X=1)=2/9$，$P(X=2)=3/9$ 和 $P(X=3)=4/9$，如下所示。

```
#@save
generator = RandomGenerator([2, 3, 4])
[generator.draw() for _ in range(10)]
```

```
[2, 1, 2, 1, 3, 2, 1, 3, 3, 3]
```

对于一对中心词和上下文词，我们随机抽取了 K 个（实验中为 5 个）噪声词。根据 word2vec 论文中的建议，将噪声词 w 的采样概率 $P(w)$ 设置为其在词表中出现的相对频率，其幂为 0.75[108]。

```
#@save
def get_negatives(all_contexts, vocab, counter, K):
    """返回负采样中的噪声词"""
    # 索引为1、2…（索引0是词表中排除的未知标记）
    sampling_weights = [counter[vocab.to_tokens(i)]**0.75
                        for i in range(1, len(vocab))]
    all_negatives, generator = [], RandomGenerator(sampling_weights)
    for contexts in all_contexts:
        negatives = []
        while len(negatives) < len(contexts) * K:
            neg = generator.draw()
            # 噪声词不能是上下文词
            if neg not in contexts:
                negatives.append(neg)
        all_negatives.append(negatives)
    return all_negatives

all_negatives = get_negatives(all_contexts, vocab, counter, 5)
```

14.3.5　小批量加载训练实例

在提取所有中心词及其上下文词和采样噪声词后，将它们转换成小批量的样本，在训练过程中可以迭代加载。

在小批量中，第 i 个样本包括中心词及其 n_i 个上下文词和 m_i 个噪声词。由于上下文窗口大小不同，n_i+m_i 对于不同的 i 是不同的，因此，对于每个样本，我们在 contexts_negatives 个变量中将其上下文词和噪声词连接起来，并填充零，直到连接长度达到 $\max_i n_i+m_i$(max_len)。为了在计算损失时排除填充，我们定义了掩码变量 masks。在 masks 中的元素和 contexts_negatives 中的元素之间存在一一对应关系，其中 masks 中的 0（否则为 1）对应于 contexts_negatives 中的填充。

为了区分正负样本，我们在 contexts_negatives 中通过一个 labels 变量将上下文词与噪声词分开。类似于 masks，在 labels 中的元素和 contexts_negatives 中的元素之间也存在一一对应关系，其中 labels 中的 1（否则为 0）对应于 contexts_negatives 中的上下文词的正样本。

上述思想在下面的 batchify 函数中实现。其输入 data 是长度等于批量大小的列表，其中每个元素是由中心词 center 及其上下文词 context 和噪声词 negative 组成的样本。此函数返回一个可以在训练期间加载用于计算的小批量，例如包括掩码变量。

```
#@save
def batchify(data):
    """返回带有负采样的跳元模型的小批量样本"""
    max_len = max(len(c) + len(n) for _, c, n in data)
    centers, contexts_negatives, masks, labels = [], [], [], []
    for center, context, negative in data:
        cur_len = len(context) + len(negative)
        centers += [center]
        contexts_negatives += \
            [context + negative + [0] * (max_len - cur_len)]
        masks += [[1] * cur_len + [0] * (max_len - cur_len)]
        labels += [[1] * len(context) + [0] * (max_len - len(context))]
    return (torch.tensor(centers).reshape((-1, 1)), torch.tensor(
        contexts_negatives), torch.tensor(masks), torch.tensor(labels))
```

我们使用一个小批量的两个样本来测试此函数。

```
x_1 = (1, [2, 2], [3, 3, 3, 3])
x_2 = (1, [2, 2, 2], [3, 3])
batch = batchify((x_1, x_2))

names = ['centers', 'contexts_negatives', 'masks', 'labels']
for name, data in zip(names, batch):
    print(name, '=', data)
centers = tensor([[1],
        [1]])
contexts_negatives = tensor([[2, 2, 3, 3, 3, 3],
        [2, 2, 2, 3, 3, 0]])
masks = tensor([[1, 1, 1, 1, 1, 1],
        [1, 1, 1, 1, 1, 0]])
labels = tensor([[1, 1, 0, 0, 0, 0],
        [1, 1, 1, 0, 0, 0]])
```

14.3.6 整合代码

最后，我们定义了读取 PTB 数据集并返回数据迭代器和词表的 `load_data_ptb` 函数。

```
#@save
def load_data_ptb(batch_size, max_window_size, num_noise_words):
    """下载PTB数据集，然后将其加载到内存中"""
    num_workers = d2l.get_dataloader_workers()
    sentences = read_ptb()
    vocab = d2l.Vocab(sentences, min_freq=10)
    subsampled, counter = subsample(sentences, vocab)
    corpus = [vocab[line] for line in subsampled]
    all_centers, all_contexts = get_centers_and_contexts(
        corpus, max_window_size)
    all_negatives = get_negatives(
        all_contexts, vocab, counter, num_noise_words)

    class PTBDataset(torch.utils.data.Dataset):
        def __init__(self, centers, contexts, negatives):
            assert len(centers) == len(contexts) == len(negatives)
            self.centers = centers
            self.contexts = contexts
            self.negatives = negatives

        def __getitem__(self, index):
            return (self.centers[index], self.contexts[index],
                    self.negatives[index])

        def __len__(self):
            return len(self.centers)

    dataset = PTBDataset(all_centers, all_contexts, all_negatives)

    data_iter = torch.utils.data.DataLoader(
        dataset, batch_size, shuffle=True,
        collate_fn=batchify, num_workers=num_workers)
    return data_iter, vocab
```

让我们打印数据迭代器的第一个小批量。

```
data_iter, vocab = load_data_ptb(512, 5, 5)
for batch in data_iter:
    for name, data in zip(names, batch):
        print(name, 'shape:', data.shape)
    break
```

```
centers shape: torch.Size([512, 1])
contexts_negatives shape: torch.Size([512, 60])
masks shape: torch.Size([512, 60])
labels shape: torch.Size([512, 60])
```

小结

- 高频词在训练中可能不是那么有用，我们可以对它们进行下采样，以便在训练中加速。
- 为了提高计算效率，我们以小批量方式加载样本。我们可以定义其他变量来区分填充标记和非填充标记，以及正样本和负样本。

练习

（1）如果不使用下采样，本节中代码的运行时间会发生什么变化？

（2）RandomGenerator 类缓存 k 个随机采样结果。将 k 设置为其他值，看看它将如何影响数据加载速度。

（3）本节代码中的哪些其他超参数可能会影响数据加载速度？

14.4 预训练word2vec

扫码直达讨论区

我们继续实现 14.1 节中定义的跳元模型，然后将在 PTB 数据集上使用负采样预训练 word2vec。

我们先通过调用 d2l.load_data_ptb 函数来获得该数据集的数据迭代器和词表，该函数在 14.3 节中进行了介绍。

```
import math
import torch
from torch import nn
from d2l import torch as d2l

batch_size, max_window_size, num_noise_words = 512, 5, 5
data_iter, vocab = d2l.load_data_ptb(batch_size, max_window_size,
                                     num_noise_words)
```

14.4.1 跳元模型

我们通过嵌入层和批量矩阵乘法来实现跳元模型。我们先回顾一下嵌入层是如何工作的。

1. 嵌入层

如 9.7 节中所述，嵌入层将词元的索引映射到其特征向量。该层的权重是一个矩阵，其行数等于字典大小（input_dim），列数等于每个标记的向量维数（output_dim）。在词嵌入模型训练之后，这个权重就是我们所需要的。

```
embed = nn.Embedding(num_embeddings=20, embedding_dim=4)
print(f'Parameter embedding_weight ({embed.weight.shape}, '
      f'dtype={embed.weight.dtype})')
```

```
Parameter embedding_weight (torch.Size([20, 4]), dtype=torch.float32)
```

嵌入层的输入是词元（词）的索引。对于任何词元索引 i，其向量表示可以从嵌入层中的权重矩阵的第 i 行获得。由于向量维度（output_dim）被设置为 4，因此当小批量词元索引的形状为 (2, 3) 时，嵌入层返回具有形状 (2, 3, 4) 的向量。

```
x = torch.tensor([[1, 2, 3], [4, 5, 6]])
embed(x)
```

```
tensor([[[-0.0392, -1.1604, -1.1019, -0.1218],
         [ 0.0238, -0.6987, -1.2403,  1.9227],
         [-0.6347, -0.7061, -0.0268,  0.2036]],

        [[-0.6492, -1.4000,  0.2660,  0.0304],
         [-0.6746, -0.2586, -0.3860,  0.5103],
         [-0.7325,  0.4527, -0.3542,  1.5703]]], grad_fn=<EmbeddingBackward>)
```

2. 定义前向传播

在前向传播中，跳元模型的输入包括形状为 (批量大小, 1) 的中心词索引 center 和形状为 (批量大小, max_len) 的上下文词与噪声词索引 contexts_and_negatives，其中 max_ len 在 14.3.5 节中定义。这两个变量先通过嵌入层从词元索引转换成向量，然后它们的批量矩阵乘法（在 10.2.4 节中描述）返回形状为 (批量大小, 1, max_len) 的输出。输出中的每个元素是中心词向量和上下文词或噪声词向量的点积。

```
def skip_gram(center, contexts_and_negatives, embed_v, embed_u):
    v = embed_v(center)
    u = embed_u(contexts_and_negatives)
    pred = torch.bmm(v, u.permute(0, 2, 1))
    return pred
```

我们为一些样例输入打印此 skip_gram 函数的输出形状。

```
skip_gram(torch.ones((2, 1), dtype=torch.long),
          torch.ones((2, 4), dtype=torch.long), embed, embed).shape
```

```
torch.Size([2, 1, 4])
```

14.4.2 训练

在训练带负采样的跳元模型之前，我们先定义它的损失函数。

1. 二元交叉熵损失

根据 14.2.1 节中负采样损失函数的定义，我们将使用二元交叉熵损失。

```
class SigmoidBCELoss(nn.Module):
    # 带掩码的二元交叉熵损失
    def __init__(self):
        super().__init__()

    def forward(self, inputs, target, mask=None):
        out = nn.functional.binary_cross_entropy_with_logits(
            inputs, target, weight=mask, reduction="none")
        return out.mean(dim=1)

loss = SigmoidBCELoss()
```

回想一下我们在 14.3.5 节中对掩码变量和标签变量的描述。下面计算给定变量的二进制交叉熵损失。

```
pred = torch.tensor([[1.1, -2.2, 3.3, -4.4]] * 2)
label = torch.tensor([[1.0, 0.0, 0.0, 0.0], [0.0, 1.0, 0.0, 0.0]])
mask = torch.tensor([[1, 1, 1, 1], [1, 1, 0, 0]])
loss(pred, label, mask) * mask.shape[1] / mask.sum(axis=1)
```

```
tensor([0.9352, 1.8462])
```

下面显示了如何使用二元交叉熵损失中的 Sigmoid 激活函数（以较低效率的方式）计算上

述结果。我们可以将这两个输出视为两个规范化的损失，在非掩码预测上进行平均。

```
def sigmd(x):
    return -math.log(1 / (1 + math.exp(-x)))

print(f'{(sigmd(1.1) + sigmd(2.2) + sigmd(-3.3) + sigmd(4.4)) / 4:.4f}')
print(f'{(sigmd(-1.1) + sigmd(-2.2)) / 2:.4f}')
```

```
0.9352
1.8462
```

2. 初始化模型参数

我们定义了两个嵌入层，将词表中的所有词分别作为中心词和上下文词使用。词向量维度 embed_size 被设置为 100。

```
embed_size = 100
net = nn.Sequential(nn.Embedding(num_embeddings=len(vocab),
                                 embedding_dim=embed_size),
                    nn.Embedding(num_embeddings=len(vocab),
                                 embedding_dim=embed_size))
```

3. 定义训练阶段代码

训练阶段的代码实现定义如下。由于填充的存在，损失函数的计算与以前的训练函数略有不同。

```
def train(net, data_iter, lr, num_epochs, device=d2l.try_gpu()):
    def init_weights(m):
        if type(m) == nn.Embedding:
            nn.init.xavier_uniform_(m.weight)
    net.apply(init_weights)
    net = net.to(device)
    optimizer = torch.optim.Adam(net.parameters(), lr=lr)
    animator = d2l.Animator(xlabel='epoch', ylabel='loss',
                            xlim=[1, num_epochs])
    # 规范化的损失之和，规范化的损失数
    metric = d2l.Accumulator(2)
    for epoch in range(num_epochs):
        timer, num_batches = d2l.Timer(), len(data_iter)
        for i, batch in enumerate(data_iter):
            optimizer.zero_grad()
            center, context_negative, mask, label = [
                data.to(device) for data in batch]

            pred = skip_gram(center, context_negative, net[0], net[1])
            l = (loss(pred.reshape(label.shape).float(), label.float(), mask)
                 / mask.sum(axis=1) * mask.shape[1])
            l.sum().backward()
            optimizer.step()
            metric.add(l.sum(), l.numel())
            if (i + 1) % (num_batches // 5) == 0 or i == num_batches - 1:
                animator.add(epoch + (i + 1) / num_batches,
                             (metric[0] / metric[1],))
    print(f'loss {metric[0] / metric[1]:.3f}, '
          f'{metric[1] / timer.stop():.1f} tokens/sec on {str(device)}')
```

现在，我们可以使用负采样来训练跳元模型。

```
lr, num_epochs = 0.002, 5
train(net, data_iter, lr, num_epochs)
```

```
loss 0.410, 357136.3 tokens/sec on cuda:0
```

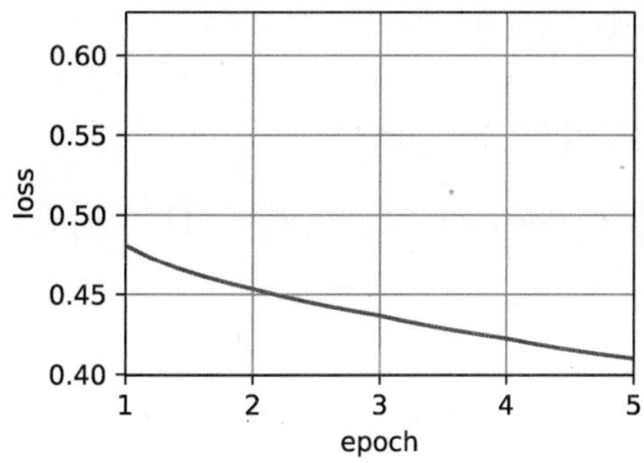

14.4.3　应用词嵌入

在训练 word2vec 模型之后，我们可以使用训练好模型中词向量的余弦相似度来从词表中找到与输入词语义最相似的词。

```
def get_similar_tokens(query_token, k, embed):
    W = embed.weight.data
    x = W[vocab[query_token]]
    # 计算余弦相似度。增加1e-9以获得数值稳定性
    cos = torch.mv(W, x) / torch.sqrt(torch.sum(W * W, dim=1) *
                                      torch.sum(x * x) + 1e-9)
    topk = torch.topk(cos, k=k+1)[1].cpu().numpy().astype('int32')
    for i in topk[1:]:  # 删除输入词
        print(f'cosine sim={float(cos[i]):.3f}: {vocab.to_tokens(i)}')

get_similar_tokens('chip', 3, net[0])
```

```
cosine sim=0.703: disks
cosine sim=0.700: microprocessor
cosine sim=0.693: mainframe
```

小结

- 我们可以使用嵌入层和二元交叉熵损失来训练带负采样的跳元模型。
- 词嵌入的应用包括基于词向量的余弦相似度为给定词找到语义相似的词。

练习

（1）使用训练好的模型，找出其他与输入词在语义上相似的词。能通过调优超参数来改进结果吗？

（2）当训练语料库很大时，在更新模型参数时，我们经常对当前小批量的中心词进行上下文词和噪声词的采样。换言之，同一中心词在不同的训练迭代中可以有不同的上下文词或噪声词。这种方法的好处是什么？尝试实现这种训练方法。

14.5　全局向量的词嵌入（GloVe）

扫码直达讨论区

上下文窗口内的词共现可以承载丰富的语义信息。例如，在一个大型语料库中，“固体”比“气体”更有可能与“冰”共现，但“气体”一词与“蒸汽”的共现频率可能比与“冰”的共现频率高。此外，可以预先计算此类共现的全局语料库统计数据：这可以提高训练效率。为了利用整个语料库中的统计信息进行词嵌入，我们首先回顾 14.1.3 节中的跳元模型，但是

使用全局语料库统计（如共现计数）来解释它。

14.5.1 带全局语料库统计的跳元模型

用 q_{ij} 表示词 w_j 的条件概率 $P(w_j \mid w_i)$，在跳元模型中给定词 w_i，我们有

$$q_{ij} = \frac{\exp(\boldsymbol{u}_j^\top \boldsymbol{v}_i)}{\sum_{k \in V} \exp(\boldsymbol{u}_k^\top \boldsymbol{v}_i)} \tag{14.26}$$

其中，对于任意索引 i，向量 $\boldsymbol{v}_i$ 和 $\boldsymbol{u}_i$ 分别表示词 w_i 作为中心词和上下文词，且 $V=\{0, 1, \cdots, |V|-1\}$ 是词表的索引集。

考虑词 w_i 可能在语料库中出现多次。在整个语料库中，所有以 w_i 为中心词的上下文词形成一个词索引的多重集 C_i，该索引允许同一元素的多个实例。对于任何元素，其实例数称为其重数。例如，假设词 w_i 在语料库中出现两次，并且在两个上下文窗口中以 w_i 为其中心词的上下文词索引是 k, j, m, k 和 k, l, k, j，那么，多重集 $C_i=\{j, j, k, k, k, k, l, m\}$，其中元素 j, k, l, m 的重数分别为 2、4、1、1。

现在，我们将多重集 C_i 中的元素 j 的重数表示为 x_{ij}。这是词 w_j（作为上下文词）和词 w_i（作为中心词）在整个语料库的同一上下文窗口中的全局共现计数。使用这样的全局语料库统计，跳元模型的损失函数等价于

$$-\sum_{i \in V} \sum_{j \in V} x_{ij} \log q_{ij} \tag{14.27}$$

我们用 x_i 表示上下文窗口中的所有上下文词的数量，其中 w_i 作为它们的中心词出现，这相当于 $|C_i|$。假设 p_{ij} 为用于生成上下文词 w_j 的条件概率 x_{ij}/x_i。给定中心词 w_i，式（14.27）可以重写为

$$-\sum_{i \in V} x_i \sum_{j \in V} p_{ij} \log q_{ij} \tag{14.28}$$

在式（14.28）中，$-\sum_{j \in V} p_{ij} \log q_{ij}$ 计算全局语料库统计的条件分布 p_{ij} 和模型预测的条件分布 q_{ij} 的交叉熵。如上所述，这一损失也按 x_i 加权。在式（14.28）中最小化损失函数将使预测的条件分布接近全局语料库统计中的条件分布。

虽然交叉熵损失函数通常用于度量概率分布之间的距离，但在这里可能不是一个好的选择。一方面，正如我们在 14.2 节中提到的，规范化 q_{ij} 在于整个词表的求和，这在计算成本上可能非常高昂。另一方面，来自大型语料库的大量罕见事件往往被交叉熵损失建模，从而赋予过大的权重。

14.5.2 GloVe模型

鉴于此，GloVe 模型基于平方损失 [121] 对跳元模型做了 3 个修改。

（1）使用变量 $p'_{ij} = x_{ij}$ 和 $q'_{ij} = \exp(\boldsymbol{u}_j^\top \boldsymbol{v}_i)$ 而非概率分布，并取两者的对数。所以平方损失项是 $(\log p'_{ij} - \log q'_{ij})^2 = (\boldsymbol{u}_j^\top \boldsymbol{v}_i - \log x_{ij})^2$。

（2）为每个词 w_i 添加两个标量模型参数：中心词偏置 b_i 和上下文词偏置 c_i。

（3）用权重函数 $h(x_{ij})$ 替换每个损失项的权重，其中 $h(x)$ 在 [0,1] 递增。

整合代码，训练 GloVe 是为了尽量降低以下损失：

$$\sum_{i \in V} \sum_{j \in V} h(x_{ij}) \left(\boldsymbol{u}_j^\top \boldsymbol{v}_i + b_i + c_j - \log x_{ij}\right)^2 \tag{14.29}$$

对于权重函数，建议的选择是：当 $x < c$（例如，$c = 100$）时，$h(x) = (x / c)^{\alpha}$（例如，$\alpha = 0.75$）；否则 $h(x) = 1$。在这种情况下，由于 $h(0) = 0$，为了提高计算效率，可以省略任意 x_{ij}=0 的平方损失项。例如，当使用小批量随机梯度下降进行训练时，在每次迭代中，我们随机抽样一小批量非零的 x_{ij} 来计算梯度并更新模型参数。注意，这些非零的 x_{ij} 是预先计算的全局语料库统计数据，因此，GloVe 模型被称为全局向量。

应该强调的是，当词 w_i 出现在词 w_j 的上下文窗口时，词 w_j 也出现在词 w_i 的上下文窗口。因此，$x_{ij} = x_{ji}$。与拟合非对称条件概率 p_{ij} 的 word2vec 不同，GloVe 拟合对称概率 $\log x_{ij}$。因此，在 GloVe 模型中，任意词的中心词向量和上下文词向量在数学上是等价的。但在实际应用中，由于初始值不同，同一个词经过训练后，在这两个向量中可能得到不同的值：GloVe 将它们相加作为输出向量。

14.5.3 从共现概率比值理解GloVe模型

我们也可以从另一个角度来理解 GloVe 模型。使用 14.5.1 节中的相同符号，假设 $p_{ij} \overset{\text{def}}{=} P(w_j | w_i)$为生成上下文词 w_j 的条件概率，给定 w_i 作为语料库中的中心词。表 14-1 根据大量语料库的统计数据，列出了给定词“ice”和“steam”的共现概率及其比值。

表 14-1 大型语料库中的词 - 词共现概率及其比值（根据 [Pennington.Socher.Manning.2014] 中的表 1 改编）

w_k=	solid	gas	water	fashion
$p_1 = P(w_k \mid \text{ice})$	0.00019	0.000066	0.003	0.000017
$p_2 = P(w_k \mid \text{steam})$	0.000022	0.00078	0.0022	0.000018
p_1 / p_2	8.9	0.085	1.36	0.96

从表 14-1 中，我们可以观察到以下几点。

- 对于与“ice”相关但与“gas”无关的词 w_k，例如 w_k = solid，预计会有较大的共现概率的比值，例如 8.9。
- 对于与“steam”相关但与“ice”无关的词 w_k，例如 w_k = gas，预计会有较小的共现概率的比值，例如 0.085。
- 对于同时与“ice”和“steam”相关的词 w_k，例如 w_k = water，预计其共现概率的比值接近 1，例如 1.36。
- 对于与“ice”和“steam”都不相关的词 w_k，例如 w_k = fashion，预计其共现概率的比值接近 1，例如 0.96。

由此可见，共现概率的比值能够直观地表达词与词之间的关系。因此，我们可以设计 3 个词向量的函数来拟合这个比值。对于共现概率的比值 p_{ij} / p_{ik}，w_i 是中心词，w_j 和 w_k 是上下文词，我们希望使用某个函数 f 来拟合该比值：

$$f(\boldsymbol{u}_j, \boldsymbol{u}_k, \boldsymbol{v}_i) \approx \frac{p_{ij}}{p_{ik}} \tag{14.30}$$

在 f 的许多可能的设计中，我们只在以下几点中选择了一个合理的选择。因为共现概率的比值是标量，所以我们要求 f 是标量函数，例如 $f(\boldsymbol{u}_j, \boldsymbol{u}_k, \boldsymbol{v}_i) = f((\boldsymbol{u}_j - \boldsymbol{u}_k)^\top \boldsymbol{v}_i)$。在式（14.30）中交换词索引 j 和 k，必须保持 $f(x)f(-x)$=1，所以一种可能性是 $f(x)$=exp(x)，即

$$f(\boldsymbol{u}_j, \boldsymbol{u}_k, \boldsymbol{v}_i) = \frac{\exp\left(\boldsymbol{u}_j^\top \boldsymbol{v}_i\right)}{\exp\left(\boldsymbol{u}_k^\top \boldsymbol{v}_i\right)} \approx \frac{p_{ij}}{p_{ik}} \tag{14.31}$$

现在选择$\exp(\boldsymbol{u}_j^\top \boldsymbol{v}_i) \approx \alpha p_{ij}$，其中 α 是常数。从 $p_{ij}=x_{ij}/x_i$ 开始，两边取对数得到$\boldsymbol{u}_j^\top \boldsymbol{v}_i \approx \log\alpha + \log x_{ij} - \log x_i$。我们可以使用附加的偏置项来拟合 $-\log\alpha+\log x_i$，如中心词偏置 b_i 和上下文词偏置 c_j：

$$\boldsymbol{u}_j^\top \boldsymbol{v}_i + b_i + c_j \approx \log x_{ij} \tag{14.32}$$

通过对式（14.32）的加权平方误差的度量，得到了式（14.29）的 GloVe 损失函数。

小结

- 诸如词 - 词共现计数的全局语料库统计可以用来解释跳元模型。
- 交叉熵损失可能不是度量两种概率分布差异的好选择，特别是对于大型语料库。GloVe 使用平方损失来拟合预先计算的全局语料库统计数据。
- 对于 GloVe 中的任意词，中心词向量和上下文词向量在数学上是等价的。
- GloVe 可以用词 - 词共现概率的比值来解释。

练习

（1）如果词 w_i 和 w_j 在同一上下文窗口中同时出现，我们如何使用它们在文本序列中的距离来重新设计计算条件概率 p_{ij} 的方法？（提示：参见 GloVe 论文 [121] 的 4.2 节。）

（2）对于任何一个词，它的中心词偏置和上下文词偏置在数学上是等价的吗？为什么？

14.6　子词嵌入

扫码直达讨论区

在英语中，“helps”“helped”和“helping”等词都是同一个词“help”的变形形式。“dog”和“dogs”之间的关系与“cat”和“cats”之间的关系相同，“boy”和“boyfriend”之间的关系与“girl”和“girlfriend”之间的关系相同。在法语和西班牙语等其他语言中，许多动词有 40 多种变形形式，而在芬兰语中，名词最多可能有 15 种变形形式。在语言学中，形态学研究词形成和词汇关系。但是，word2vec 和 GloVe 都没有对词的内部结构进行探讨。

14.6.1　fastText模型

回想一下词在 word2vec 中是如何表示的。在跳元模型和连续词袋模型中，同一词的不同变形形式直接由不同的向量表示，不需要共享参数。为了使用形态信息，fastText 模型提出了一种子词嵌入方法，其中子词是一个字符 n-gram[10]。fastText 可以被认为是子词级跳元模型，而非学习词级向量表示，其中每个中心词由其子词级向量之和表示。

我们以词“where”为例来说明如何获得 fastText 模型中每个中心词的子词。首先，在词的开头和末尾添加特殊字符“<”和“>”，以将前缀和后缀与其他子词区分开来。然后，从词中提取字符 n-gram。例如，n=3 时，我们将获得长度为 3 的所有子词：“<wh”“whe”“her”“ere”“re>”和特殊子词“<where>”。

在 fastText 模型中，对于任意词 w，用 G_w 表示其长度在 3 ～ 6 的所有子词与其特殊子词的并集。词表是所有词的子词的集合。假设 $\boldsymbol{z}_g$ 是词表中的子词 g 的向量，则跳元模型中作为中心词的词 w 的向量 $\boldsymbol{v}_w$ 是其子词向量的和：

$$\boldsymbol{v}_w = \sum_{g\in G_w} \boldsymbol{z}_g \tag{14.33}$$

fastText 模型的其余部分与跳元模型相同。与跳元模型相比，fastText 模型的词量更大，模型参数也更多。此外，为了计算一个词的表示，它的所有子词向量都必须求和，这导致了更高的计算复杂度。然而，由于具有相似结构的词之间共享来自子词的参数，罕见词甚至词表外的词在 fastText 模型中可能获得更好的向量表示。

14.6.2 字节对编码

在 fastText 模型中，提取的所有子词都必须是指定的长度，例如 3 ～ 6，因此词表大小不能预定义。为了在固定大小的词表中允许可变长度的子词，我们可以应用一种称为字节对编码（byte pair encoding，BPE）的压缩算法来提取子词 [146]。

字节对编码执行训练数据集的统计分析，以发现词内的公共符号，如任意长度的连续字符。从长度为 1 的符号开始，字节对编码迭代地合并出现最频繁的连续符号对以生成新的更长的符号。注意，为了提高效率，不考虑跨越词边界的符号对。最后，我们可以使用像子词这样的符号来切分词。字节对编码及其变体已经用于诸如 GPT-2[130] 和 RoBERTa[97] 等自然语言处理预训练模型中的输入表示。下面，我们将说明字节对编码是如何工作的。

首先，我们将符号词表初始化为所有英文小写字符、特殊的词尾符号 `'_'` 和特殊的未知符号 `'[UNK]'`。

```
import collections

symbols = ['a', 'b', 'c', 'd', 'e', 'f', 'g', 'h', 'i', 'j', 'k', 'l', 'm',
           'n', 'o', 'p', 'q', 'r', 's', 't', 'u', 'v', 'w', 'x', 'y', 'z',
           '_', '[UNK]']
```

因为我们不考虑跨越词边界的符号对，所以我们只需要一个词典 `raw_token_freqs` 将词映射到数据集中的频率（出现次数）。注意，特殊符号 `'_'` 被附加到每个词的尾部，以便我们可以容易地从输出符号序列（例如 a_tall er_man）恢复词序列。由于我们仅从单个字符和特殊符号的词开始合并处理，因此在每个词（词典 `token_freqs` 的键）内的每对连续字符之间插入空格。换句话说，空格是词中符号之间的分隔符。

```
raw_token_freqs = {'fast_': 4, 'faster_': 3, 'tall_': 5, 'taller_': 4}
token_freqs = {}
for token, freq in raw_token_freqs.items():
    token_freqs[' '.join(list(token))] = raw_token_freqs[token]
token_freqs
```

```
{'f a s t _': 4, 'f a s t e r _': 3, 't a l l _': 5, 't a l l e r _': 4}
```

我们定义以下 `get_max_freq_pair` 函数，其返回词内出现最频繁的连续符号对，其中词来自输入词典 `token_freqs` 的键。

```
def get_max_freq_pair(token_freqs):
    pairs = collections.defaultdict(int)
    for token, freq in token_freqs.items():
        symbols = token.split()
        for i in range(len(symbols) - 1):
            # pairs的键是两个连续符号的元组
            pairs[symbols[i], symbols[i + 1]] += freq
    return max(pairs, key=pairs.get)  # 具有最大值的pairs键
```

作为基于连续符号频率的贪心方法，字节对编码将使用以下 `merge_symbols` 函数来合并出现最频繁的连续符号对以生成新符号。

```python
def merge_symbols(max_freq_pair, token_freqs, symbols):
    symbols.append(''.join(max_freq_pair))
    new_token_freqs = dict()
    for token, freq in token_freqs.items():
        new_token = token.replace(' '.join(max_freq_pair),
                                  ''.join(max_freq_pair))
        new_token_freqs[new_token] = token_freqs[token]
    return new_token_freqs
```

现在，我们对词典 token_freqs 的键迭代地执行字节对编码算法。在第一次迭代中，最频繁的连续符号对是 't' 和 'a'，因此字节对编码将它们合并以生成新符号 'ta'。在第二次迭代中，字节对编码继续合并 'ta' 和 'l' 以生成另一个新符号 'tal'。

```python
num_merges = 10
for i in range(num_merges):
    max_freq_pair = get_max_freq_pair(token_freqs)
    token_freqs = merge_symbols(max_freq_pair, token_freqs, symbols)
    print(f'合并# {i+1}:',max_freq_pair)
```

```
合并# 1: ('t', 'a')
合并# 2: ('ta', 'l')
合并# 3: ('tal', 'l')
合并# 4: ('f', 'a')
合并# 5: ('fa', 's')
合并# 6: ('fas', 't')
合并# 7: ('e', 'r')
合并# 8: ('er', '_')
合并# 9: ('tall', '_')
合并# 10: ('fast', '_')
```

在字节对编码算法的 10 次迭代之后，我们可以看到列表 symbols 现在多包含了 10 个从其他符号迭代合并而来的符号。

```python
print(symbols)
```

```
['a', 'b', 'c', 'd', 'e', 'f', 'g', 'h', 'i', 'j', 'k', 'l', 'm', 'n', 'o', 'p',
 ↪'q', 'r', 's', 't', 'u', 'v', 'w', 'x', 'y', 'z', '_', '[UNK]', 'ta', 'tal', 'tall',
 ↪'fa', 'fas', 'fast', 'er', 'er_', 'tall_', 'fast_']
```

对于在词典 raw_token_freqs 的键中指定的同一数据集，作为字节对编码算法的执行结果，数据集中的每个词现在被子词“fast_”“fast”“er_”“tall_”和“tall”切分。例如，词“faster_”和“taller_”分别被切分为“fast er_”和“tall er_”。

```python
print(list(token_freqs.keys()))
```

```
['fast_', 'fast er_', 'tall_', 'tall er_']
```

注意，字节对编码的结果取决于正在使用的数据集。我们还可以使用从一个数据集学习的子词来切分另一个数据集的词。作为一种贪心方法，下面的 segment_BPE 函数尝试将词从输入参数 symbols 分成可能最长的子词。

```python
def segment_BPE(tokens, symbols):
    outputs = []
    for token in tokens:
        start, end = 0, len(token)
        cur_output = []
        # 具有符号中可能最长子词的词元段
        while start < len(token) and start < end:
            if token[start: end] in symbols:
                cur_output.append(token[start: end])
                start = end
                end = len(token)
            else:
```

```
            end -= 1
        if start < len(token):
            cur_output.append('[UNK]')
        outputs.append(' '.join(cur_output))
    return outputs
```

我们使用列表 symbols 中的子词（从前面提到的数据集学习）来表示另一个数据集的 tokens。

```
tokens = ['tallest_', 'fatter_']
print(segment_BPE(tokens, symbols))
```

```
['tall e s t _', 'fa t t er_']
```

小结

- fastText 模型提出了一种子词嵌入方法：基于 word2vec 中的跳元模型，将中心词表示为其子词向量之和。
- 字节对编码执行训练数据集的统计分析，以发现词内的公共符号。作为一种贪心方法，字节对编码迭代地合并出现最频繁的连续符号对。
- 子词嵌入可以提高罕见词和词典外词的表示质量。

练习

（1）例如，英语中大约有 3×10^8 种可能的六元组。子词太多会有什么问题呢？如何解决这个问题？（提示：请参阅 fastText 论文 3.2 节末尾[10]。）

（2）如何在连续词袋模型的基础上设计一个子词嵌入模型？

（3）要获得大小为 m 的词表，当初始符号词表大小为 n 时，需要多少步合并操作？

（4）如何扩展字节对编码的思想来提取短语？

14.7　词的相似度和类比任务

扫码直达讨论区

在 14.4 节中，我们在一个小型数据集上训练了一个 word2vec 模型，并使用它为一个输入词寻找语义相似的词。实际上，在大型语料库上预先训练的词向量可以应用于下游的自然语言处理任务，这将在后面的第 15 章中讨论。为了直观地演示大型语料库中预训练词向量的语义，我们将预训练词向量应用到词的相似度和类比任务中。

```
import os
import torch
from torch import nn
from d2l import torch as d2l
```

14.7.1　加载预训练词向量

以下列出维度为 50、100 和 300 的预训练 GloVe 嵌入，可从 GloVe 网站下载。预训练的 fastText 嵌入有多种语言，这里我们使用可以从 fastText 网站下载 300 维的英文版本（wiki.en）。

```
#@save
d2l.DATA_HUB['glove.6b.50d'] = (d2l.DATA_URL + 'glove.6B.50d.zip',
                                '0b8703943ccdb6eb788e6f091b8946e82231bc4d')
```

```
#@save
d2l.DATA_HUB['glove.6b.100d'] = (d2l.DATA_URL + 'glove.6B.100d.zip',
                                 'cd43bfb07e44e6f27cbcc7bc9ae3d80284fdaf5a')

#@save
d2l.DATA_HUB['glove.42b.300d'] = (d2l.DATA_URL + 'glove.42B.300d.zip',
                                  'b5116e234e9eb9076672cfeabf5469f3eec904fa')

#@save
d2l.DATA_HUB['wiki.en'] = (d2l.DATA_URL + 'wiki.en.zip',
                           'c1816da3821ae9f43899be655002f6c723e91b88')
```

为了加载这些预训练的 GloVe 嵌入和 fastText 嵌入，我们定义了以下 TokenEmbedding 类。

```
#@save
class TokenEmbedding:
    """GloVe嵌入"""
    def __init__(self, embedding_name):
        self.idx_to_token, self.idx_to_vec = self._load_embedding(
            embedding_name)
        self.unknown_idx = 0
        self.token_to_idx = {token: idx for idx, token in
                             enumerate(self.idx_to_token)}

    def _load_embedding(self, embedding_name):
        idx_to_token, idx_to_vec = ['<unk>'], []
        data_dir = d2l.download_extract(embedding_name)
        # GloVe网站：Glove:Global Vectors for Word Representation
        # fastText网站
        with open(os.path.join(data_dir, 'vec.txt'), 'r') as f:
            for line in f:
                elems = line.rstrip().split(' ')
                token, elems = elems[0], [float(elem) for elem in elems[1:]]
                # 跳过标题信息，例如fastText中的首行
                if len(elems) > 1:
                    idx_to_token.append(token)
                    idx_to_vec.append(elems)
        idx_to_vec = [[0] * len(idx_to_vec[0])] + idx_to_vec
        return idx_to_token, torch.tensor(idx_to_vec)

    def __getitem__(self, tokens):
        indices = [self.token_to_idx.get(token, self.unknown_idx)
                   for token in tokens]
        vecs = self.idx_to_vec[torch.tensor(indices)]
        return vecs

    def __len__(self):
        return len(self.idx_to_token)
```

下面我们加载 50 维的 GloVe 嵌入（在维基百科的子集上预训练）。创建 TokenEmbedding 实例时，如果尚未下载指定的嵌入文件，则必须下载该文件。

```
glove_6b50d = TokenEmbedding('glove.6b.50d')
```

输出词表大小。词表包含 40 万个词（词元）和 1 个特殊的未知词元。

```
len(glove_6b50d)
```

```
400001
```

我们可以得到词表中某个词的索引，反之亦然。

```
glove_6b50d.token_to_idx['beautiful'], glove_6b50d.idx_to_token[3367]
```

```
(3367, 'beautiful')
```

14.7.2 应用预训练词向量

使用加载的 GloVe 向量，我们将通过下面的词相似度和词类比任务来展示词向量的语义。

1. 词相似度

与 14.4.3 节类似，为了根据词向量之间的余弦相似度为输入词查找语义相似的词，我们实现了以下 knn（k 近邻）函数。

```
def knn(W, x, k):
    # 增加1e-9以获得数值稳定性
    cos = torch.mv(W, x.reshape(-1,)) / (
        torch.sqrt(torch.sum(W * W, axis=1) + 1e-9) *
        torch.sqrt((x * x).sum()))
    _, topk = torch.topk(cos, k=k)
    return topk, [cos[int(i)] for i in topk]
```

然后，我们使用 TokenEmbedding 的实例 embed 中预训练好的词向量来搜索语义相似的词。

```
def get_similar_tokens(query_token, k, embed):
    topk, cos = knn(embed.idx_to_vec, embed[[query_token]], k + 1)
    for i, c in zip(topk[1:], cos[1:]):  # 删除输入词
        print(f'{embed.idx_to_token[int(i)]}: cosine相似度={float(c):.3f}')
```

glove_6b50d 中预训练词向量的词表包含 40 万个词和 1 个特殊的未知词元。删除输入词和未知词元后，我们在词表中找到与“chip”一词语义最相似的 3 个词。

```
get_similar_tokens('chip', 3, glove_6b50d)
```

```
chips: cosine相似度=0.856
intel: cosine相似度=0.749
electronics: cosine相似度=0.749
```

下面输出与“baby”和“beautiful”相似的词。

```
get_similar_tokens('baby', 3, glove_6b50d)
```

```
babies: cosine相似度=0.839
boy: cosine相似度=0.800
girl: cosine相似度=0.792
```

```
get_similar_tokens('beautiful', 3, glove_6b50d)
```

```
lovely: cosine相似度=0.921
gorgeous: cosine相似度=0.893
wonderful: cosine相似度=0.830
```

2. 词类比

除了找到语义相似的词，我们还可以将词向量应用到词类比任务中。例如，“man”:“woman”::“son”:“daughter”是一个词的类比。“man”是对“woman”的类比，“son”是对“daughter”的类比。具体来说，词类比任务可以定义为：对于词类比 $a : b :: c : d$，给定前 3 个词 a、b 和 c，找到 d。用 $\text{vec}(w)$ 表示词 w 的向量，为了完成这个类比，我们将找到一个词，其向量与 $\text{vec}(c) + \text{vec}(b) - \text{vec}(a)$ 的结果最相似。

```
def get_analogy(token_a, token_b, token_c, embed):
    vecs = embed[[token_a, token_b, token_c]]
    x = vecs[1] - vecs[0] + vecs[2]
    topk, cos = knn(embed.idx_to_vec, x, 1)
    return embed.idx_to_token[int(topk[0])]  # 删除未知词
```

我们使用加载的词向量来验证“male-female”类比。

```
get_analogy('man', 'woman', 'son', glove_6b50d)
```

```
'daughter'
```

下面完成“首都-国家”的类比：“beijing”:“china”::“tokyo”:“japan”。这说明了预训练词向量中的语义。

```
get_analogy('beijing', 'china', 'tokyo', glove_6b50d)
```

```
'japan'
```

另外，对于“bad”:“worst”::“big”:“biggest”等“形容词-形容词最高级”的类比，预训练词向量可以捕获到句法信息。

```
get_analogy('bad', 'worst', 'big', glove_6b50d)
```

```
'biggest'
```

为了演示在预训练词向量中捕获到的过去式概念，我们可以使用“现在式-过去式”的类比来测试句法：“do”:“did”::“go”:“went”。

```
get_analogy('do', 'did', 'go', glove_6b50d)
```

```
'went'
```

小结

- 在实践中，在大型语料库上预训练的词向量可以应用于下游的自然语言处理任务。
- 预训练的词向量可以应用于词的相似度和类比任务。

练习

（1）使用 `TokenEmbedding('wiki.en')` 测试 fastText 结果。

（2）当词表的规模非常大时，我们怎样才能更快地找到语义相似的词或完成一个词的类比任务呢？

14.8 来自Transformer的双向编码器表示（BERT）

扫码直达讨论区

我们已经介绍了几种用于自然语言理解的词嵌入模型。在预训练之后，输出可以被认为是一个矩阵，其中每一行都是一个表示预定义词表中词的向量。事实上，这些词嵌入模型都是与上下文无关的。我们先来说明这个性质。

14.8.1 从上下文无关到上下文敏感

回想一下 14.4 节和 14.7 节中的实验。例如，word2vec 和 GloVe 都将相同的预训练向量分配给同一个词，而不考虑词的上下文（如果有的话）。形式上，任何词元 x 的上下文无关表示是函数 $f(x)$，其仅将 x 作为其输入。考虑到自然语言中丰富的多义现象和复杂的语义，上下文无关表示具有明显的局限性。例如，在“a crane is flying”（一只鹤在飞）和“a crane driver came”（一名吊车司机来了）的上下文中，“crane”一词有完全不同的含义。因此，同一个词可以根据上下文被赋予不同的表示。

这推动了“上下文敏感”词表示的发展，其中词的表示取决于它们的上下文。因此，词元 x 的上下文敏感表示是函数 $f(x, c(x))$，其取决于 x 及其上下文函数 $c(x)$。流行的上下文敏感表示包括 TagLM（language-model-augmented sequence tagger，语言模型增强的序列标记器）[122]、CoVe（context vector，上下文向量）[103] 和 ELMo（embeddings from language models，来自语言模型的嵌入）[124]。

例如，通过将整个序列作为输入，ELMo 是为输入序列中的每个词分配一个表示的函数。具体来说，ELMo 将来自预训练的双向长短期记忆网络（LSTM）的所有中间层表示组合为输出表示。然后，ELMo 表示将作为附加特征添加到下游任务的现有监督模型中，例如通过将 ELMo 表示和现有模型中词元的原始表示（例如 GloVe）连接起来。一方面，在加入 ELMo 表示后，冻结了预训练的双向 LSTM 模型中的所有权重。另一方面，现有的监督模型是专门为给定的任务定制的。利用当时不同任务的不同最佳模型，添加 ELMo 改进了 6 种自然语言处理任务的技术水平，这 6 种任务是情感分析、自然语言推断、语义角色标注、共指消解、命名实体识别和问答。

14.8.2 从特定于任务到不可知任务

尽管 ELMo 显著改进了各种自然语言处理任务的解决方案，但每个解决方案仍然依赖一个特定于任务的架构。然而，为每个自然语言处理任务设计一个特定的架构实际上并不是一件容易的事。生成式预训练（generative pre training，GPT）模型为上下文敏感表示设计了通用的任务无关模型 [129]。GPT 建立在 Transformer 解码器的基础上，预训练了一个用于表示文本序列的语言模型。当将 GPT 应用于下游任务时，语言模型的输出将被送到一个附加的线性输出层，以预测任务的标签。与 ELMo 冻结预训练模型参数不同，GPT 在下游任务的有监督学习过程中对预训练 Transformer 解码器中的所有参数进行微调。GPT 在自然语言推断、问答、句子相似性和分类等 12 项任务上进行了评估，并在对模型架构进行最小更改的情况下改进了其中 9 项任务的最新水平。

然而，由于语言模型的自回归特性，GPT 只能向前看（从左到右）。在“i went to the bank to deposit cash”（我去银行存现金）和“i went to the bank to sit down”（我去河岸边坐下）的上下文中，由于“bank”对其左边的上下文敏感，GPT 将返回相同的“bank”表示，尽管它有不同的含义。

14.8.3 BERT：将ELMo与GPT结合起来

如我们所见，ELMo 对上下文进行双向编码，但使用特定于任务的架构；而 GPT 是任务无关的，但是从左到右对上下文进行编码。BERT（来自 Transformer 的双向编码器表示）结合了这两者的优点。它对上下文进行双向编码，并且对于大多数的自然语言处理任务 [30] 只需要对架构进行最小更改。通过使用预训练的 Transformer 编码器，BERT 能够基于其双向上下文表示任何词元。在下游任务的有监督学习过程中，BERT 在以下两个方面与 GPT 相似：首先，BERT 表示将被输入一个添加的输出层中，根据任务的性质对模型架构进行最小的更改，例如预测每个词元与预测整个序列；其次，对预训练 Transformer 编码器的所有参数进行微调，而额外的输出层将从零开始训练。图 14-5 展示了 ELMo、GPT 和 BERT 之间的差异。

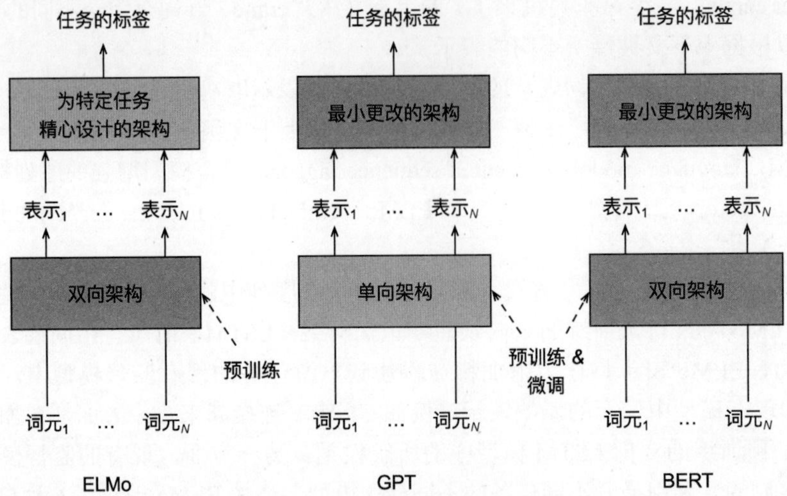

图 14-5　ELMo、GPT 和 BERT 的比较

BERT 进一步改进了 11 项自然语言处理任务的技术水平，这些任务分为以下几大类：(1) 单一文本分类（如情感分析）；(2) 文本对分类（如自然语言推断）；(3) 问答；(4) 文本标注（如命名实体识别）。从上下文敏感的 ELMo 到任务不可知的 GPT 和 BERT，它们都是在 2018 年提出的。概念上简单但经验上强大的自然语言深度表示预训练已经彻底改变了各种自然语言处理任务的解决方案。

在本章的其余部分，我们将深入了解 BERT 的训练前准备。在第 15 章中解释自然语言处理应用时，我们将说明针对下游应用的 BERT 微调。

```
import torch
from torch import nn
from d2l import torch as d2l
```

14.8.4　输入表示

在自然语言处理中，有些任务（如情感分析）以单个文本作为输入，而有些任务（如自然语言推断）以文本对作为输入。BERT 输入序列明确地表示单个文本或文本对。当输入为单个文本时，BERT 输入序列是特殊类别词元 `'<cls>'`、文本序列的标记以及特殊分隔词元 `'<sep>'` 的连接。当输入为文本对时，BERT 输入序列是 `'<cls>'`、第一个文本序列的标记、`'<sep>'`、第二个文本序列的标记以及 `'<sep>'` 的连接。我们始终如一地将“BERT 输入序列”与其他类型的“序列”区分开来。例如，一个 BERT 输入序列可以包括一个文本序列或两个文本序列。

对于文本对，根据输入序列学习的段嵌入 $\boldsymbol{e}_A$ 和 $\boldsymbol{e}_B$ 分别被添加到第一个文本序列和第二个文本序列的词元嵌入中。对于单个文本，仅使用 $\boldsymbol{e}_A$。

下面的 `get_tokens_and_segments` 将一个句子或两个句子作为输入，然后返回 BERT 输入序列的标记及其相应的段索引。

```
#@save
def get_tokens_and_segments(tokens_a, tokens_b=None):
    """获取输入序列的词元及其段索引"""
    tokens = ['<cls>'] + tokens_a + ['<sep>']
    # 0和1分别标记段A和B
    segments = [0] * (len(tokens_a) + 2)
```

```
    if tokens_b is not None:
        tokens += tokens_b + ['<sep>']
        segments += [1] * (len(tokens_b) + 1)
    return tokens, segments
```

BERT 选择 Transformer 编码器作为其双向架构。在 Transformer 编码器中常见的是，位置嵌入被添加到输入序列的每个位置。然而，与原始的 Transformer 编码器不同，BERT 使用可学习的位置嵌入。总之，图 14-6 表明 BERT 输入序列的嵌入是词元嵌入、段嵌入和位置嵌入的和。

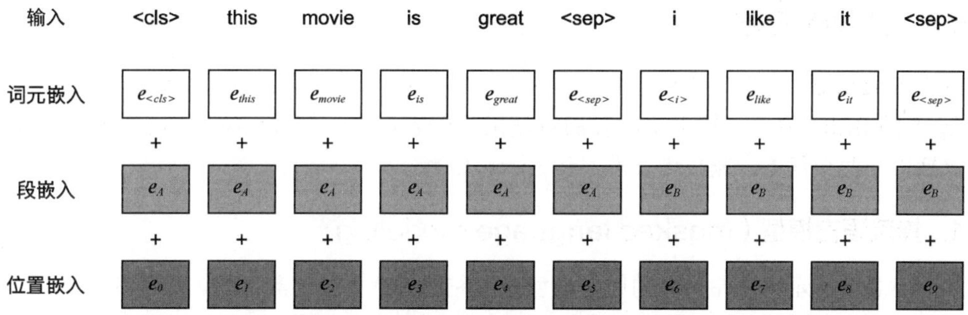

图 14-6　BERT 输入序列的嵌入是词元嵌入、段嵌入和位置嵌入的和

下面的 BERTEncoder 类类似于 10.7 节中实现的 TransformerEncoder 类。但是，与 TransformerEncoder 不同，BERTEncoder 使用段嵌入和可学习的位置嵌入。

```
#@save
class BERTEncoder(nn.Module):
    """BERT编码器"""
    def __init__(self, vocab_size, num_hiddens, norm_shape, ffn_num_input,
                 ffn_num_hiddens, num_heads, num_layers, dropout,
                 max_len=1000, key_size=768, query_size=768, value_size=768,
                 **kwargs):
        super(BERTEncoder, self).__init__(**kwargs)
        self.token_embedding = nn.Embedding(vocab_size, num_hiddens)
        self.segment_embedding = nn.Embedding(2, num_hiddens)
        self.blks = nn.Sequential()
        for i in range(num_layers):
            self.blks.add_module(f"{i}", d2l.EncoderBlock(
                key_size, query_size, value_size, num_hiddens, norm_shape,
                ffn_num_input, ffn_num_hiddens, num_heads, dropout, True))
        # 在BERT中，位置嵌入是可学习的，因此我们创建一个足够长的位置嵌入参数
        self.pos_embedding = nn.Parameter(torch.randn(1, max_len,
                                                      num_hiddens))

    def forward(self, tokens, segments, valid_lens):
        # 在以下代码段中，X的形状保持不变，为(批量大小, 最大序列长度, num_hiddens)
        X = self.token_embedding(tokens) + self.segment_embedding(segments)
        X = X + self.pos_embedding.data[:, :X.shape[1], :]
        for blk in self.blks:
            X = blk(X, valid_lens)
        return X
```

假设词表大小为 10 000，为了演示 BERTEncoder 的前向推断，我们创建一个实例并初始化它的参数。

```
vocab_size, num_hiddens, ffn_num_hiddens, num_heads = 10000, 768, 1024, 4
norm_shape, ffn_num_input, num_layers, dropout = [768], 768, 2, 0.2
encoder = BERTEncoder(vocab_size, num_hiddens, norm_shape, ffn_num_input,
                      ffn_num_hiddens, num_heads, num_layers, dropout)
```

我们将 tokens 定义为长度为 8 的两个输入序列，其中每个词元是词表的索引。使用输入 tokens 的 BERTEncoder 的前向推断返回编码结果，其中每个词元由向量表示，其长度由超参数 num_hiddens 定义，此超参数通常称为 Transformer 编码器的隐藏大小（隐藏单元数）。

```
tokens = torch.randint(0, vocab_size, (2, 8))
segments = torch.tensor([[0, 0, 0, 0, 1, 1, 1, 1], [0, 0, 0, 1, 1, 1, 1, 1]])
encoded_X = encoder(tokens, segments, None)
encoded_X.shape
torch.Size([2, 8, 768])
```

14.8.5 预训练任务

BERTEncoder 的前向推断给出了输入文本的每个词元以及插入的特殊标记 '<cls>' 和 '<seq>' 的 BERT 表示。接下来，我们将使用这些表示来计算预训练 BERT 的损失函数。预训练包括以下两个任务：掩蔽语言模型和下一句预测。

1. 掩蔽语言模型（masked language modeling）

如 14.8.3 节所示，从左到右的语言模型使用左侧的上下文预测词元。为了双向编码上下文以表示每个词元，BERT 随机掩蔽词元并使用来自双向上下文的词元以自监督的方式预测掩蔽词元。此任务称为掩蔽语言模型。

在这个预训练任务中，将随机选择 15% 的词元作为预测的掩蔽词元。要预测一个掩蔽词元而不使用标签作弊，一个简单的方法是总是用一个特殊的词元 '<mask>' 替换输入序列中的词元。然而，人造特殊词元 '<mask>' 不会出现在微调中。为了避免预训练和微调之间的这种不匹配，如果为预测而掩蔽词元（例如，在“this movie is great”中选择掩蔽和预测“great”），则在输入中将其替换为：

- 80% 的时间为特殊的 '<mask>' 词元（例如，“this movie is great”变为“this movie is<mask>”；
- 10% 的时间为随机词元（例如，“this movie is great”变为“this movie is drink”）；
- 10% 的时间为不变的标签词元（例如，“this movie is great”变为“this movie is great”）。

注意，在 15% 的时间中，又有 10% 的时间插入了随机词元。这种偶然的噪声鼓励 BERT 在其双向上下文编码中不那么偏向于掩蔽词元（尤其是当标签词元保持不变时）。

我们实现下面的 MaskLM 类来预测 BERT 预训练的掩蔽语言模型任务中的掩蔽标记。预测使用单隐藏层的多层感知机（self.mlp）。在前向推断中，它需要两个输入：BERTEncoder 的编码结果和用于预测的词元位置。输出是这些位置的预测结果。

```
#@save
class MaskLM(nn.Module):
    """BERT的掩蔽语言模型任务"""
    def __init__(self, vocab_size, num_hiddens, num_inputs=768, **kwargs):
        super(MaskLM, self).__init__(**kwargs)
        self.mlp = nn.Sequential(nn.Linear(num_inputs, num_hiddens),
                                 nn.ReLU(),
                                 nn.LayerNorm(num_hiddens),
                                 nn.Linear(num_hiddens, vocab_size))

    def forward(self, X, pred_positions):
        num_pred_positions = pred_positions.shape[1]
        pred_positions = pred_positions.reshape(-1)
```

```
        batch_size = X.shape[0]
        batch_idx = torch.arange(0, batch_size)
        # 假设batch_size=2，num_pred_positions=3
        # 那么batch_idx是np.array（[0,0,0,1,1,1]）
        batch_idx = torch.repeat_interleave(batch_idx, num_pred_positions)
        masked_X = X[batch_idx, pred_positions]
        masked_X = masked_X.reshape((batch_size, num_pred_positions, -1))
        mlm_Y_hat = self.mlp(masked_X)
        return mlm_Y_hat
```

为了演示 MaskLM 的前向推断，我们创建其实例 mlm 并对其进行初始化。回想一下，来自 BERTEncoder 的前向推断 encoded_X 表示 2 个 BERT 输入序列。我们将 mlm_positions 定义为在 encoded_X 的任一输入序列中预测的 3 个索引。mlm 的前向推断返回 encoded_X 的所有掩蔽位置 mlm_positions 处的预测结果 mlm_Y_hat。对于每个预测，结果的大小等于词表的大小。

```
mlm = MaskLM(vocab_size, num_hiddens)
mlm_positions = torch.tensor([[1, 5, 2], [6, 1, 5]])
mlm_Y_hat = mlm(encoded_X, mlm_positions)
mlm_Y_hat.shape
```

```
torch.Size([2, 3, 10000])
```

通过掩码下的预测词元 mlm_Y 的真实标签 mlm_Y_hat，我们可以计算在 BERT 预训练中的掩蔽语言模型任务的交叉熵损失。

```
mlm_Y = torch.tensor([[7, 8, 9], [10, 20, 30]])
loss = nn.CrossEntropyLoss(reduction='none')
mlm_l = loss(mlm_Y_hat.reshape((-1, vocab_size)), mlm_Y.reshape(-1))
mlm_l.shape
```

```
torch.Size([6])
```

2. 下一句预测（next sentence prediction）

尽管掩蔽语言建模能够编码双向上下文来表示词，但它不能显式地对文本对之间的逻辑关系进行建模。为了帮助理解两个文本序列之间的关系，BERT 在预训练中考虑了一个二分类任务——下一句预测。在为预训练生成句子对时，有一半的时间它们确实是标记为“真”的连续句子；在另一半的时间里，第二个句子是从语料库中随机抽取的，标记为“假”。

下面的 NextSentencePred 类使用单隐藏层的多层感知机来预测第二个句子是否是 BERT 输入序列中第一个句子的下一个句子。由于 Transformer 编码器中的自注意力机制，特殊词元 '<cls>' 的 BERT 表示已经对输入的两个句子进行了编码。因此，多层感知机分类器的输出层（self.output）以 X 作为输入，其中 X 是多层感知机隐藏层的输出，而多层感知机隐藏层的输入是编码后的 '<cls>' 词元。

```
#@save
class NextSentencePred(nn.Module):
    """BERT的下一句预测任务"""
    def __init__(self, num_inputs, **kwargs):
        super(NextSentencePred, self).__init__(**kwargs)
        self.output = nn.Linear(num_inputs, 2)

    def forward(self, X):
        # X的形状为(batchsize, num_hiddens)
        return self.output(X)
```

我们可以看到，NextSentencePred 实例的前向推断返回每个 BERT 输入序列的二分类预测。

```
encoded_X = torch.flatten(encoded_X, start_dim=1)
# NSP的输入形状为(batchsize, num_hiddens)
nsp = NextSentencePred(encoded_X.shape[-1])
nsp_Y_hat = nsp(encoded_X)
nsp_Y_hat.shape
```

```
torch.Size([2, 2])
```

还可以计算两个二分类的交叉熵损失。

```
nsp_y = torch.tensor([0, 1])
nsp_l = loss(nsp_Y_hat, nsp_y)
nsp_l.shape
```

```
torch.Size([2])
```

值得注意的是，上述两个预训练任务中的所有标签都可以从预训练语料库中获得，而无须人工标注。原始的 BERT 已经在图书语料库 [197] 和英文维基百科的合集上进行了预训练。这两个文本语料库非常庞大：它们分别有 8 亿个词和 25 亿个词。

14.8.6　整合代码

在预训练 BERT 时，最终的损失函数是掩蔽语言模型损失函数和下一句预测损失函数的线性组合。现在我们可以通过实例化 `BERTEncoder`、`MaskLM` 和 `NextSentencePred` 这 3 个类来定义 `BERTModel` 类。前向推断返回编码后的 BERT 表示 `encoded_X`、掩蔽语言模型预测 `mlm_Y_hat` 和下一句预测 `nsp_Y_hat`。

```
#@save
class BERTModel(nn.Module):
    """BERT模型"""
    def __init__(self, vocab_size, num_hiddens, norm_shape, ffn_num_input,
                 ffn_num_hiddens, num_heads, num_layers, dropout,
                 max_len=1000, key_size=768, query_size=768, value_size=768,
                 hid_in_features=768, mlm_in_features=768,
                 nsp_in_features=768):
        super(BERTModel, self).__init__()
        self.encoder = BERTEncoder(vocab_size, num_hiddens, norm_shape,
                    ffn_num_input, ffn_num_hiddens, num_heads, num_layers,
                    dropout, max_len=max_len, key_size=key_size,
                    query_size=query_size, value_size=value_size)
        self.hidden = nn.Sequential(nn.Linear(hid_in_features, num_hiddens),
                                    nn.Tanh())
        self.mlm = MaskLM(vocab_size, num_hiddens, mlm_in_features)
        self.nsp = NextSentencePred(nsp_in_features)

    def forward(self, tokens, segments, valid_lens=None,
                pred_positions=None):
        encoded_X = self.encoder(tokens, segments, valid_lens)
        if pred_positions is not None:
            mlm_Y_hat = self.mlm(encoded_X, pred_positions)
        else:
            mlm_Y_hat = None
        # 用于下一句预测的多层感知机分类器的隐藏层，0是'<cls>'标记的索引
        nsp_Y_hat = self.nsp(self.hidden(encoded_X[:, 0, :]))
        return encoded_X, mlm_Y_hat, nsp_Y_hat
```

小结

- word2vec 和 GloVe 等词嵌入模型与上下文无关。它们将相同的预训练向量赋给同一个词，而不考虑词的上下文（如果有的话）。它们很难处理好自然语言中的一词多义或复杂语义。

- 对于上下文敏感的词表示，如 ELMo 和 GPT，词的表示依赖它们的上下文。
- ELMo 对上下文进行双向编码，但使用特定于任务的架构（然而，为每个自然语言处理任务设计一个特定的架构实际上并不容易）；而 GPT 是任务无关的，但是从左到右对上下文进行编码。
- BERT 结合了 ELMo 与 GPT 的优点：它对上下文进行双向编码，并且对大量自然语言处理任务进行最小的架构更改。
- BERT 输入序列的嵌入是词元嵌入、段嵌入和位置嵌入的和。
- 预训练包括两个任务：掩蔽语言模型和下一句预测。前者能够对双向上下文编码来表示词，而后者则显式地对文本对之间的逻辑关系进行建模。

练习

（1）为什么 BERT 成功了？

（2）在其他所有条件相同的情况下，掩蔽语言模型比从左到右的语言模型需要更多还是更少的预训练步骤来收敛？为什么？

（3）在 BERT 的原始实现中，`BERTEncoder` 中的位置前馈网络（通过 `d2l.EncoderBlock`）和 `MaskLM` 中的全连接层都使用高斯误差线性单元（Gaussian error linear unit，GELU）[61] 作为激活函数。研究 GELU 与 ReLU 之间的差异。

14.9 用于预训练BERT的数据集

扫码直达讨论区

为了预训练 14.8 节中实现的 BERT 模型，我们需要以理想的格式生成数据集，以便于两个预训练任务：掩蔽语言模型和下一句预测。一方面，最初的 BERT 模型是在两个庞大的图书语料库和英语维基百科（参见 14.8.5 节）的合集上预训练的，但它很难吸引本书的大多数读者。另一方面，现成的预训练 BERT 模型可能不适合医学等特定领域的应用。因此，在定制的数据集上对 BERT 进行预训练变得越来越流行。为了方便 BERT 预训练的演示，我们使用较小的语料库 WikiText-2[106]。

与 14.3 节中用于预训练 word2vec 的 PTB 数据集相比，WikiText-2 保留了原来的标点符号，适合于下一句预测；保留了原来的大小写字母和数字；大了一倍以上。

```
import os
import random
import torch
from d2l import torch as d2l
```

在 WikiText-2 数据集中，每行代表一个段落，其中在任意标点符号及其前面的词元之间插入空格。保留至少有两个句子的段落。为简单起见，我们仅使用句号作为分隔符来拆分句子。我们将更复杂的句子拆分技术的讨论留在本节末尾的练习中。

```
#@save
d2l.DATA_HUB['wikitext-2'] = (
    'https://s3.amazonaws.com/research.metamind.io/wikitext/'
    'wikitext-2-v1.zip', '3c914d17d80b1459be871a5039ac23e752a53cbe')

#@save
def _read_wiki(data_dir):
    file_name = os.path.join(data_dir, 'wiki.train.tokens')
    with open(file_name, 'r') as f:
```

```
        lines = f.readlines()
    # 大写字母转换为小写字母
    paragraphs = [line.strip().lower().split(' . ')
                  for line in lines if len(line.split(' . ')) >= 2]
    random.shuffle(paragraphs)
    return paragraphs
```

14.9.1　为预训练任务定义辅助函数

下面我们首先为 BERT 的两个预训练任务实现辅助函数。这些辅助函数将在稍后将原始文本语料库转换为理想格式的数据集时调用，以预训练 BERT。

1. 生成下一句预测任务的数据

根据前面的描述，_get_next_sentence 函数生成二分类任务的训练样本。

```
#@save
def _get_next_sentence(sentence, next_sentence, paragraphs):
    if random.random() < 0.5:
        is_next = True
    else:
        # paragraphs是三重列表的嵌套
        next_sentence = random.choice(random.choice(paragraphs))
        is_next = False
    return sentence, next_sentence, is_next
```

下面的函数通过调用 _get_next_sentence 函数从输入 paragraph 生成用于下一句预测的训练样本。这里 paragraph 是句子列表，其中每个句子都是词元列表。自变量 max_len 指定预训练期间 BERT 输入序列的最大长度。

```
#@save
def _get_nsp_data_from_paragraph(paragraph, paragraphs, vocab, max_len):
    nsp_data_from_paragraph = []
    for i in range(len(paragraph) - 1):
        tokens_a, tokens_b, is_next = _get_next_sentence(
            paragraph[i], paragraph[i + 1], paragraphs)
        # 考虑1个'<cls>'词元和2个'<sep>'词元
        if len(tokens_a) + len(tokens_b) + 3 > max_len:
            continue
        tokens, segments = d2l.get_tokens_and_segments(tokens_a, tokens_b)
        nsp_data_from_paragraph.append((tokens, segments, is_next))
    return nsp_data_from_paragraph
```

2. 生成掩蔽语言模型任务的数据

为了从 BERT 输入序列生成掩蔽语言模型的训练样本，我们定义以下 _replace_mlm_tokens 函数。在其输入中，tokens 是表示 BERT 输入序列的词元的列表，candidate_pred_positions 是不包括特殊词元的 BERT 输入序列的词元索引的列表（特殊词元在掩蔽语言模型任务中不被预测），num_mlm_preds 指示预测的数量（选择 15% 要预测的随机词元）。在定义掩蔽语言模型任务之后，在每个预测位置，输入可以由特殊的“掩码”词元或随机词元替换，或者保持不变。最后，该函数返回可能替换后的输入词元、发生预测的词元索引和这些预测的标签。

```
#@save
def _replace_mlm_tokens(tokens, candidate_pred_positions, num_mlm_preds,
                        vocab):
    # 为掩蔽语言模型的输入创建新的词元副本，其中输入可能包含替换的'<mask>'词元或随机词元
```

```
    mlm_input_tokens = [token for token in tokens]
    pred_positions_and_labels = []
    # 打乱后用于在掩蔽语言模型任务中获取15%的随机词元进行预测
    random.shuffle(candidate_pred_positions)
    for mlm_pred_position in candidate_pred_positions:
        if len(pred_positions_and_labels) >= num_mlm_preds:
            break
        masked_token = None
        # 80%的时间：将词元替换为'<mask>'词元
        if random.random() < 0.8:
            masked_token = '<mask>'
        else:
            # 10%的时间：保持词元不变
            if random.random() < 0.5:
                masked_token = tokens[mlm_pred_position]
            # 10%的时间：用随机词元替换该词
            else:
                masked_token = random.choice(vocab.idx_to_token)
        mlm_input_tokens[mlm_pred_position] = masked_token
        pred_positions_and_labels.append(
            (mlm_pred_position, tokens[mlm_pred_position]))
    return mlm_input_tokens, pred_positions_and_labels
```

通过调用前述的 `_replace_mlm_tokens` 函数，以下函数将 BERT 输入序列（`tokens`）作为输入，并返回输入词元的索引（在上面描述的可能的词元替换之后）、发生预测的词元索引以及这些预测的标签索引。

```
#@save
def _get_mlm_data_from_tokens(tokens, vocab):
    candidate_pred_positions = []
    # tokens是一个字符串列表
    for i, token in enumerate(tokens):
        # 在掩蔽语言模型任务中不会预测特殊词元
        if token in ['<cls>', '<sep>']:
            continue
        candidate_pred_positions.append(i)
    # 掩蔽语言模型任务中预测15%的随机词元
    num_mlm_preds = max(1, round(len(tokens) * 0.15))
    mlm_input_tokens, pred_positions_and_labels = _replace_mlm_tokens(
        tokens, candidate_pred_positions, num_mlm_preds, vocab)
    pred_positions_and_labels = sorted(pred_positions_and_labels,
                                       key=lambda x: x[0])
    pred_positions = [v[0] for v in pred_positions_and_labels]
    mlm_pred_labels = [v[1] for v in pred_positions_and_labels]
    return vocab[mlm_input_tokens], pred_positions, vocab[mlm_pred_labels]
```

14.9.2 将文本转换为预训练数据集

现在我们几乎准备好为 BERT 预训练定制一个 `Dataset` 类。在此之前，我们仍然需要定义辅助函数 `_pad_bert_inputs` 来将特殊的 `'<mask>'` 词元附加到输入。该函数的参数 `examples` 包含来自两个预训练任务的辅助函数 `_get_nsp_data_from_paragraph` 和 `_get_mlm_data_from_tokens` 的输出。

```
#@save
def _pad_bert_inputs(examples, max_len, vocab):
    max_num_mlm_preds = round(max_len * 0.15)
    all_token_ids, all_segments, valid_lens,  = [], [], []
    all_pred_positions, all_mlm_weights, all_mlm_labels = [], [], []
    nsp_labels = []
    for (token_ids, pred_positions, mlm_pred_label_ids, segments,
         is_next) in examples:
```

```
        all_token_ids.append(torch.tensor(token_ids + [vocab['<pad>']] * (
            max_len - len(token_ids)), dtype=torch.long))
        all_segments.append(torch.tensor(segments + [0] * (
            max_len - len(segments)), dtype=torch.long))
        # valid_lens不包括'<pad>'的计数
        valid_lens.append(torch.tensor(len(token_ids), dtype=torch.float32))
        all_pred_positions.append(torch.tensor(pred_positions + [0] * (
            max_num_mlm_preds - len(pred_positions)), dtype=torch.long))
        # 填充词元的预测将通过乘以权重0在损失中过滤掉
        all_mlm_weights.append(
            torch.tensor([1.0] * len(mlm_pred_label_ids) + [0.0] * (
                max_num_mlm_preds - len(pred_positions)),
                dtype=torch.float32))
        all_mlm_labels.append(torch.tensor(mlm_pred_label_ids + [0] * (
            max_num_mlm_preds - len(mlm_pred_label_ids)), dtype=torch.long))
        nsp_labels.append(torch.tensor(is_next, dtype=torch.long))
    return (all_token_ids, all_segments, valid_lens, all_pred_positions,
            all_mlm_weights, all_mlm_labels, nsp_labels)
```

将用于生成两个预训练任务的训练样本的辅助函数和用于填充输入的辅助函数放在一起，我们定义以下 `_WikiTextDataset` 类为用于预训练 BERT 的 WikiText-2 数据集。通过实现 `__getitem__` 函数，我们可以任意访问 WikiText-2 语料库的一对句子生成的预训练（掩蔽语言模型和下一句预测）样本。

最初的 BERT 模型使用词表大小为 30 000 的 WordPiece 嵌入 [185]。WordPiece 的词元化方法是对 14.6.2 节中原有的字节对编码算法稍作修改。为简单起见，我们使用 `d2l.tokenize` 函数进行词元化。出现次数少于 5 次的不频繁词元将被过滤掉。

```
#@save
class _WikiTextDataset(torch.utils.data.Dataset):
    def __init__(self, paragraphs, max_len):
        # 输入paragraphs[i]是代表段落的句子字符串列表
        # 而输出paragraphs[i]是代表段落的句子列表，其中每个句子都是词元列表
        paragraphs = [d2l.tokenize(
            paragraph, token='word') for paragraph in paragraphs]
        sentences = [sentence for paragraph in paragraphs
                     for sentence in paragraph]
        self.vocab = d2l.Vocab(sentences, min_freq=5, reserved_tokens=[
            '<pad>', '<mask>', '<cls>', '<sep>'])
        # 获取下一句预测任务的数据
        examples = []
        for paragraph in paragraphs:
            examples.extend(_get_nsp_data_from_paragraph(
                paragraph, paragraphs, self.vocab, max_len))
        # 获取掩蔽语言模型任务的数据
        examples = [(_get_mlm_data_from_tokens(tokens, self.vocab)
                      + (segments, is_next))
                     for tokens, segments, is_next in examples]
        # 填充输入
        (self.all_token_ids, self.all_segments, self.valid_lens,
         self.all_pred_positions, self.all_mlm_weights,
         self.all_mlm_labels, self.nsp_labels) = _pad_bert_inputs(
            examples, max_len, self.vocab)

    def __getitem__(self, idx):
        return (self.all_token_ids[idx], self.all_segments[idx],
                self.valid_lens[idx], self.all_pred_positions[idx],
                self.all_mlm_weights[idx], self.all_mlm_labels[idx],
                self.nsp_labels[idx])

    def __len__(self):
        return len(self.all_token_ids)
```

通过使用 `_read_wiki` 函数和 `_WikiTextDataset` 类，我们定义下面的 `load_data_wiki` 来下载并生成 WikiText-2 数据集，以从中生成预训练样本。

```
#@save
def load_data_wiki(batch_size, max_len):
    """加载WikiText-2数据集"""
    num_workers = d2l.get_dataloader_workers()
    data_dir = d2l.download_extract('wikitext-2', 'wikitext-2')
    paragraphs = _read_wiki(data_dir)
    train_set = _WikiTextDataset(paragraphs, max_len)
    train_iter = torch.utils.data.DataLoader(train_set, batch_size,
                                        shuffle=True, num_workers=num_workers)
    return train_iter, train_set.vocab
```

将批量大小设置为 512，将 BERT 输入序列的最大长度设置为 64，我们打印出小批量的 BERT 预训练样本的形状。注意，在每个 BERT 输入序列中，为掩蔽语言模型任务预测 10（约等于 64×0.15）个位置。

```
batch_size, max_len = 512, 64
train_iter, vocab = load_data_wiki(batch_size, max_len)

for (tokens_X, segments_X, valid_lens_x, pred_positions_X, mlm_weights_X,
     mlm_Y, nsp_y) in train_iter:
    print(tokens_X.shape, segments_X.shape, valid_lens_x.shape,
          pred_positions_X.shape, mlm_weights_X.shape, mlm_Y.shape,
          nsp_y.shape)
    break
```

```
torch.Size([512, 64]) torch.Size([512, 64]) torch.Size([512]) torch.
↪Size([512, 10]) torch.Size([512, 10]) torch.Size([512, 10]) torch.Size([512])
```

最后，我们来看一下词量。即使在过滤掉不频繁的词元之后，它仍然比 PTB 数据集大两倍以上。

```
len(vocab)
```

```
20256
```

小结

- 与 PTB 数据集相比，WikiText-2 数据集保留了原来的标点符号、大小写字母和数字，并且比 PTB 数据集大两倍多。
- 我们可以任意访问从 WikiText-2 语料库中的一对句子生成的预训练（掩蔽语言模型和下一句预测）样本。

练习

（1）为简单起见，句号用作拆分句子的唯一分隔符。尝试其他的句子拆分技术，比如 Spacy 和 NLTK。以 NLTK 为例，需要先安装 NLTK：`pip install nltk`。在代码中先 `import nltk`。然后下载 Punkt 语句词元分析器：`nltk.download('punkt')`。要拆分句子，比如 `sentences = 'This is great ! Why not ?'`，调用 `nltk.tokenize.sent_tokenize(sentences)` 将返回两个句子字符串的列表：`['This is great !', 'Why not ?']`。

（2）如果我们不过滤掉一些不常见的词元，词量会有多大？

14.10 预训练BERT

扫码直达讨论区

在本节中，我们将利用 14.8 节中实现的 BERT 模型和 14.9 节中从 WikiText-2 数据集生成的预训练样本，在 WikiText-2 数据集上对 BERT 进行预训练。

```
import torch
from torch import nn
from d2l import torch as d2l
```

我们先加载 WikiText-2 数据集作为小批量的预训练样本，用于掩蔽语言模型和下一句预测。批量大小是 512，BERT 输入序列的最大长度是 64。注意，在原始 BERT 模型中，输入序列的最大长度是 512。

```
batch_size, max_len = 512, 64
train_iter, vocab = d2l.load_data_wiki(batch_size, max_len)
```

14.10.1 预训练BERT

原始 BERT[30] 有两个不同大小版本的模型。基本模型（$\text{BERT}_{\text{BASE}}$）使用 12 层（Transformer 编码器块）、768 个隐藏单元（隐藏大小）和 12 个自注意头。大模型（$\text{BERT}_{\text{LARGE}}$）使用 24 层、1024 个隐藏单元和 16 个自注意头。值得注意的是，前者有 1.1 亿个参数，后者有 3.4 亿个参数。为了便于演示，我们定义了一个小型的 BERT，使用了 2 层、128 个隐藏单元和 2 个自注意头。

```
net = d2l.BERTModel(len(vocab), num_hiddens=128, norm_shape=[128],
                    ffn_num_input=128, ffn_num_hiddens=256, num_heads=2,
                    num_layers=2, dropout=0.2, key_size=128, query_size=128,
                    value_size=128, hid_in_features=128, mlm_in_features=128,
                    nsp_in_features=128)
devices = d2l.try_all_gpus()
loss = nn.CrossEntropyLoss()
```

在定义训练代码实现之前，我们定义一个辅助函数 `_get_batch_loss_bert`。给定训练样本，该函数计算掩蔽语言模型和下一句预测任务的损失。注意，BERT 预训练的最终损失是掩蔽语言模型损失和下一句预测任务损失的和。

```
#@save
def _get_batch_loss_bert(net, loss, vocab_size, tokens_X,
                         segments_X, valid_lens_x,
                         pred_positions_X, mlm_weights_X,
                         mlm_Y, nsp_y):
    # 前向传播
    _, mlm_Y_hat, nsp_Y_hat = net(tokens_X, segments_X,
                                  valid_lens_x.reshape(-1),
                                  pred_positions_X)
    # 计算掩蔽语言模型损失
    mlm_l = loss(mlm_Y_hat.reshape(-1, vocab_size), mlm_Y.reshape(-1)) *\
    mlm_weights_X.reshape(-1, 1)
    mlm_l = mlm_l.sum() / (mlm_weights_X.sum() + 1e-8)
    # 计算下一句预测任务损失
    nsp_l = loss(nsp_Y_hat, nsp_y)
    l = mlm_l + nsp_l
    return mlm_l, nsp_l, l
```

通过调用上述辅助函数，下面的 `train_bert` 函数定义了在 WikiText-2（`train_iter`）数据集上预训练 BERT（`net`）的过程。训练 BERT 可能需要很长时间。以下函数的输入 num_steps 指定了训练的迭代次数，而不是像 train_ch13 函数那样指定训练的轮数（参见 13.1 节）。

```
def train_bert(train_iter, net, loss, vocab_size, devices, num_steps):
    net = nn.DataParallel(net, device_ids=devices).to(devices[0])
    trainer = torch.optim.Adam(net.parameters(), lr=0.01)
    step, timer = 0, d2l.Timer()
    animator = d2l.Animator(xlabel='step', ylabel='loss',
                            xlim=[1, num_steps], legend=['mlm', 'nsp'])
    # 掩蔽语言模型损失的和，下一句预测任务损失的和，句子对的数量，计数
    metric = d2l.Accumulator(4)
    num_steps_reached = False
    while step < num_steps and not num_steps_reached:
        for tokens_X, segments_X, valid_lens_x, pred_positions_X,\
            mlm_weights_X, mlm_Y, nsp_y in train_iter:
            tokens_X = tokens_X.to(devices[0])
            segments_X = segments_X.to(devices[0])
            valid_lens_x = valid_lens_x.to(devices[0])
            pred_positions_X = pred_positions_X.to(devices[0])
            mlm_weights_X = mlm_weights_X.to(devices[0])
            mlm_Y, nsp_y = mlm_Y.to(devices[0]), nsp_y.to(devices[0])
            trainer.zero_grad()
            timer.start()
            mlm_l, nsp_l, l = _get_batch_loss_bert(
                net, loss, vocab_size, tokens_X, segments_X, valid_lens_x,
                pred_positions_X, mlm_weights_X, mlm_Y, nsp_y)
            l.backward()
            trainer.step()
            metric.add(mlm_l, nsp_l, tokens_X.shape[0], 1)
            timer.stop()
            animator.add(step + 1,
                         (metric[0] / metric[3], metric[1] / metric[3]))
            step += 1
            if step == num_steps:
                num_steps_reached = True
                break

    print(f'MLM loss {metric[0] / metric[3]:.3f}, '
          f'NSP loss {metric[1] / metric[3]:.3f}')
    print(f'{metric[2] / timer.sum():.1f} sentence pairs/sec on '
          f'{str(devices)}')
```

在预训练过程中，我们可以绘制出掩蔽语言模型损失和下一句预测任务损失。

```
train_bert(train_iter, net, loss, len(vocab), devices, 50)
```

```
MLM loss 5.477, NSP loss 0.772
3204.9 sentence pairs/sec on [device(type='cuda', index=0), device(type='cuda',
↪index=1)]
```

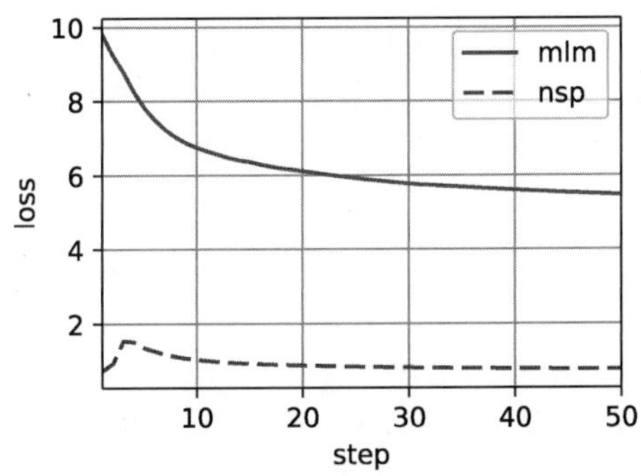

14.10.2　用BERT表示文本

在预训练 BERT 之后，我们可以用它来表示单个文本、文本对或其中的任何词元。下面的函数返回 tokens_a 和 tokens_b 中所有词元的 BERT（net）表示。

```
def get_bert_encoding(net, tokens_a, tokens_b=None):
    tokens, segments = d2l.get_tokens_and_segments(tokens_a, tokens_b)
    token_ids = torch.tensor(vocab[tokens], device=devices[0]).unsqueeze(0)
    segments = torch.tensor(segments, device=devices[0]).unsqueeze(0)
    valid_len = torch.tensor(len(tokens), device=devices[0]).unsqueeze(0)
    encoded_X, _, _ = net(token_ids, segments, valid_len)
    return encoded_X
```

考虑“a crane is flying”这个句子。回想一下 14.8.4 节中讨论的 BERT 的输入表示。插入特殊标记 '<cls>'（用于分类）和 '<sep>'（用于分隔）后，BERT 输入序列的长度为 6。因为 0 是 '<cls>' 词元，所以 encoded_text[:, 0, :] 是整个输入句子的 BERT 表示。为了评估一词多义词元 'crane'，我们还打印出了该词元的 BERT 表示的前三个元素。

```
tokens_a = ['a', 'crane', 'is', 'flying']
encoded_text = get_bert_encoding(net, tokens_a)
# 词元：'<cls>'、'a'、'crane'、'is'、'flying'、'<sep>'
encoded_text_cls = encoded_text[:, 0, :]
encoded_text_crane = encoded_text[:, 2, :]
encoded_text.shape, encoded_text_cls.shape, encoded_text_crane[0][:3]
```

```
(torch.Size([1, 6, 128]),
 torch.Size([1, 128]),
 tensor([ 0.4013,  1.6060, -0.4781], device='cuda:0', grad_fn=<SliceBackward>))
```

现在考虑句子“a crane driver came”和“he just left”。类似地，encoded_pair[:, 0, :] 是来自预训练 BERT 的整个句子对的编码结果。注意，多义词元 'crane' 的前三个元素与上下文不同时的不同，这支持了 BERT 表示是上下文敏感的。

```
tokens_a, tokens_b = ['a', 'crane', 'driver', 'came'], ['he', 'just', 'left']
encoded_pair = get_bert_encoding(net, tokens_a, tokens_b)
# 词元：'<cls>'、'a'、'crane'、'driver'、'came'、'<sep>'、'he'、'just'、'left'、'<sep>'
encoded_pair_cls = encoded_pair[:, 0, :]
encoded_pair_crane = encoded_pair[:, 2, :]
encoded_pair.shape, encoded_pair_cls.shape, encoded_pair_crane[0][:3]
```

```
(torch.Size([1, 10, 128]),
 torch.Size([1, 128]),
 tensor([ 0.5539,  0.9607, -1.1501], device='cuda:0', grad_fn=<SliceBackward>))
```

在第 15 章中，我们将为下游自然语言处理应用微调预训练的 BERT 模型。

小结

- 原始的 BERT 有两个版本，其中基本模型有 1.1 亿个参数，大模型有 3.4 亿个参数。
- 在预训练 BERT 之后，我们可以用它来表示单个文本、文本对或其中的任何词元。
- 在实验中，同一个词元在不同的上下文中具有不同的 BERT 表示，这支持了 BERT 表示是上下文敏感的。

练习

（1）在实验中，我们可以看到掩蔽语言模型损失明显大于下一句预测任务损失，为什么？

（2）将 BERT 输入序列的最大长度设置为 512（与原始 BERT 模型相同）。使用原始 BERT 模型的配置，如 $\text{BERT}_{\text{LARGE}}$。运行此部分时是否会出错？为什么？

第 15 章 自然语言处理：应用

前面我们学习了如何在文本序列中表示词元，并在第 14 章中训练了词元的表示。这样的预训练文本表示可以通过不同模型架构，放入不同的下游自然语言处理任务。

第 14 章我们提及了一些自然语言处理应用，这些应用没有预训练，只是为了解释深度学习架构。例如，在第 8 章中，我们依赖循环神经网络设计语言模型来生成类似中篇小说的文本。在第 9 章和第 10 章中，我们还设计了基于循环神经网络和注意力机制的机器翻译模型。

然而，本书并不打算全面涵盖所有此类应用，而是侧重于*如何应用深度语言表征学习来解决自然语言处理问题*。在给定预训练的文本表示的情况下，本章将探讨两种流行且具有代表性的下游自然语言处理任务：情感分析和自然语言推断。通过它们分别分析单个文本和文本对之间的关系。

如图 15-1 所示，本章将重点讲述使用不同类型的深度学习架构（如多层感知机、卷积神经网络、循环神经网络和注意力）设计自然语言处理模型。尽管在图 15-1 中，可以将任何预训练的文本表示与任何应用的架构相结合，但我们选择了其中的一些具有代表性的组合。具体来说，我们将探索基于循环神经网络和卷积神经网络的流行架构进行情感分析。对于自然语言推断，我们选择注意力和多层感知机来演示如何分析文本对。最后，我们介绍如何为广泛的自然语言处理应用，如在序列级（单个文本和文本对分类）和词元级（文本标注和问答）上对预训练 BERT 模型进行微调。作为一个具体的经验示例，我们将针对自然语言推断对 BERT 进行微调。

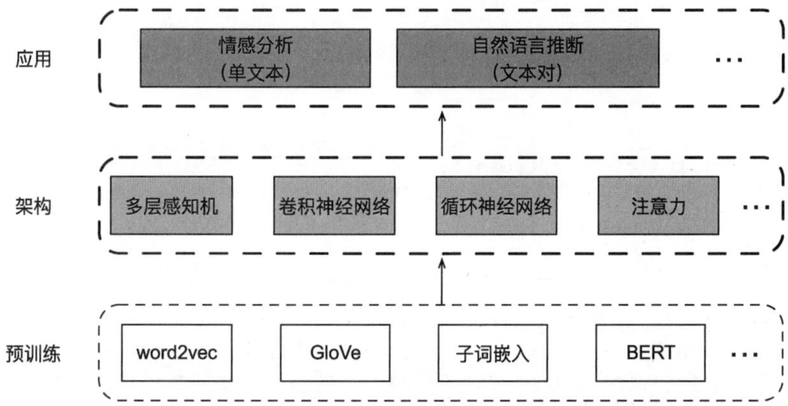

图 15-1 预训练文本表示可以通过不同模型架构，放入不同的下游自然语言处理应用（本章重点介绍如何为不同的下游应用设计模型）

正如我们在 14.8 节中介绍的那样，对于广泛的自然语言处理应用，BERT 只需要对架构进行最小的更改，然而，这一好处的获得是以微调下游应用的大量 BERT 参数为代价的。当空间或时间有限时，基于多层感知机、卷积神经网络、循环神经网络和注意力的精心构建的模型更具可行性。下面，我们从情感分析应用开始，分别解读基于循环神经网络和卷积神经网络的模型设计。

15.1　情感分析及数据集

扫码直达讨论区

随着在线社交媒体和评论平台的快速发展，大量评论数据被记录下来。这些数据具有支持决策过程的巨大潜力。情感分析（sentiment analysis）研究人们在文本中（如产品评论、博客评论和论坛讨论等）“隐藏”的情绪，它广泛应用于政治（如公众对政策的情绪分析）、金融（如市场情绪分析）和营销（如产品研究和品牌管理）等领域。

由于情感可以被分类为离散的极性或尺度（例如积极的和消极的），我们可以将情感分析看作一项文本分类任务，它将可变长度的文本序列转换为固定长度的文本类别。在本章中，我们将使用斯坦福大学的大型电影评论数据集（Large Movie Review Dataset）进行情感分析。它由一个训练集和一个测试集组成，其中包含从 IMDb 下载的 2.5 万条个电影评论。在这两个数据集中，“积极”和“消极”标签的数量相同，两种标签表示不同的情感极性。

```
import os
import torch
from torch import nn
from d2l import torch as d2l
```

15.1.1　读取数据集

首先，下载并提取路径 ../data/aclImdb 下的 IMDb 评论数据集。

```
#@save
d2l.DATA_HUB['aclImdb'] = (
    'http://ai.stanford.edu/~amaas/data/sentiment/aclImdb_v1.tar.gz',
    '01ada507287d82875905620988597833ad4e0903')

data_dir = d2l.download_extract('aclImdb', 'aclImdb')
```

接下来，读取训练集和测试集，其中每个样本都是一个评论及其标签：1 表示积极，0 表示消极。

```
#@save
def read_imdb(data_dir, is_train):
    """读取IMDb评论数据集的文本序列和标签"""
    data, labels = [], []
    for label in ('pos', 'neg'):
        folder_name = os.path.join(data_dir, 'train' if is_train else 'test',
                                   label)
        for file in os.listdir(folder_name):
            with open(os.path.join(folder_name, file), 'rb') as f:
                review = f.read().decode('utf-8').replace('\n', '')
                data.append(review)
```

```
                labels.append(1 if label == 'pos' else 0)
    return data, labels

train_data = read_imdb(data_dir, is_train=True)
print('训练集数目：', len(train_data[0]))
for x, y in zip(train_data[0][:3], train_data[1][:3]):
    print('标签：', y, 'review:', x[0:60])
```

```
训练集数目： 25000
标签： 1 review: Henry Hathaway was daring, as well as enthusiastic, for his
标签： 1 review: An unassuming, subtle and lean film, "The Man in the White S
标签： 1 review: Eddie Murphy really made me laugh my ass off on this HBO sta
```

15.1.2 预处理数据集

将每个词作为一个词元，过滤掉出现次数不到 5 次的词，我们从训练集中创建一个词表。

```
train_tokens = d2l.tokenize(train_data[0], token='word')
vocab = d2l.Vocab(train_tokens, min_freq=5, reserved_tokens=['<pad>'])
```

在词元化之后，我们绘制评论词元长度的直方图。

```
d2l.set_figsize()
d2l.plt.xlabel('# tokensperreview')
d2l.plt.ylabel('count')
d2l.plt.hist([len(line) for line in train_tokens], bins=range(0, 1000, 50));
```

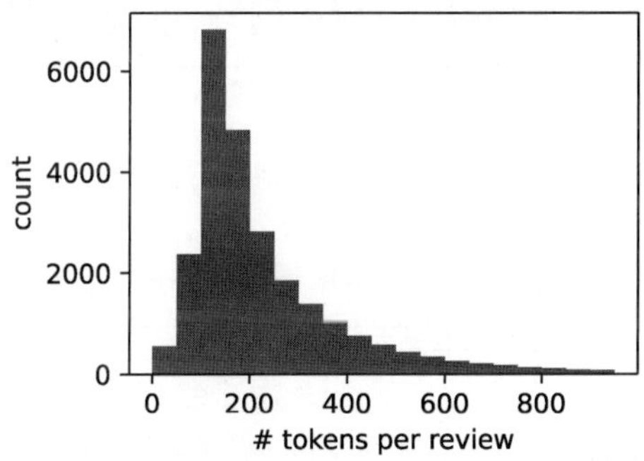

正如我们所料，评论的长度各不相同。为了每次处理一小批量的评论，我们通过截断和填充将每个评论的长度设置为 500。这类似于 9.5 节中对机器翻译数据集的预处理步骤。

```
num_steps = 500  # 序列长度
train_features = torch.tensor([d2l.truncate_pad(
    vocab[line], num_steps, vocab['<pad>']) for line in train_tokens])
print(train_features.shape)
```

```
torch.Size([25000, 500])
```

15.1.3 创建数据迭代器

现在我们可以创建数据迭代器了。在每次迭代中，都会返回一小批量样本。

```
train_iter = d2l.load_array((train_features,
    torch.tensor(train_data[1])), 64)

for X, y in train_iter:
    print('X:', X.shape, ', y:', y.shape)
    break
print('小批量数目：', len(train_iter))
```

```
X: torch.Size([64, 500]) , y: torch.Size([64])
小批量数目： 391
```

15.1.4 整合代码

最后，我们将上述步骤封装到 `load_data_imdb` 函数中。它返回训练和测试数据迭代器以及 IMDb 评论数据集的词表。

```python
#@save
def load_data_imdb(batch_size, num_steps=500):
    """返回数据迭代器和IMDb评论数据集的词表"""
    data_dir = d2l.download_extract('aclImdb', 'aclImdb')
    train_data = read_imdb(data_dir, True)
    test_data = read_imdb(data_dir, False)
    train_tokens = d2l.tokenize(train_data[0], token='word')
    test_tokens = d2l.tokenize(test_data[0], token='word')
    vocab = d2l.Vocab(train_tokens, min_freq=5)
    train_features = torch.tensor([d2l.truncate_pad(
        vocab[line], num_steps, vocab['<pad>']) for line in train_tokens])
    test_features = torch.tensor([d2l.truncate_pad(
        vocab[line], num_steps, vocab['<pad>']) for line in test_tokens])
    train_iter = d2l.load_array((train_features, torch.tensor(train_data[1])),
                                batch_size)
    test_iter = d2l.load_array((test_features, torch.tensor(test_data[1])),
                               batch_size,
                               is_train=False)
    return train_iter, test_iter, vocab
```

小结

- 情感分析研究人们在文本中所表达的情感，这被认为是一个文本分类问题，它将可变长度的文本序列转换为固定长度的文本类别。
- 经过预处理后，我们可以使用词表将 IMDb 评论数据集加载到数据迭代器中。

练习

（1）我们可以修改本节中的哪些超参数来加速训练情感分析模型？

（2）请实现一个函数来将 Amazon reviews 的数据集（可搜索“Web data: Amazon reviews”找到该数据集网址）加载到数据迭代器中进行情感分析。

15.2 情感分析：使用循环神经网络

扫码直达讨论区

与词的相似度和类比任务一样，我们也可以将预先训练的词向量应用于情感分析。由于 15.1 节中的 IMDb 评论数据集不是很大，使用在大规模语料库上预训练的文本表示可以减少模型过拟合。作为图 15-2 中所示的具体示例，我们将使用预训练的 GloVe 模型来表示每个词元，并将这些词元表示送入多层双向循环神经网络以获得文本序列表示，该文本序列表示将被转换为情感分析输出[102]。对于相同的下游应用，我们稍后将考虑不同的架构选择。

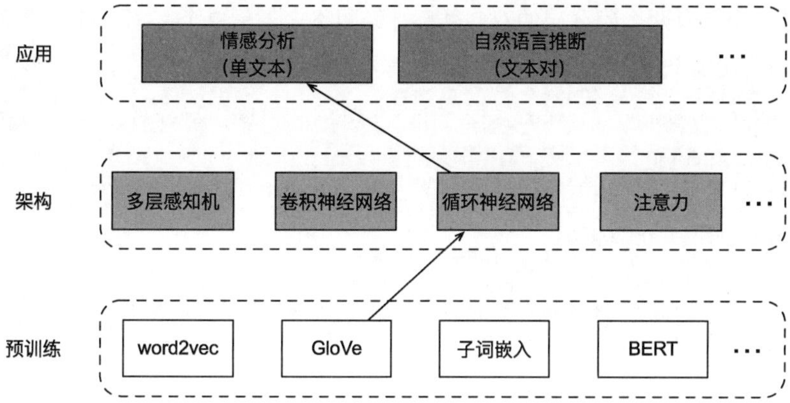

图 15-2 将 GloVe 放入基于循环神经网络的架构进行情感分析

```
import torch
from torch import nn
from d2l import torch as d2l

batch_size = 64
train_iter, test_iter, vocab = d2l.load_data_imdb(batch_size)
```

15.2.1 使用循环神经网络表示单个文本

在文本分类任务（如情感分析）中，可变长度的文本序列将被转换为固定长度的类别。在下面的 BiRNN 类中，虽然文本序列的每个词元经由嵌入层（`self.embedding`）获得其单独的预训练 GloVe 表示，但是整个序列由双向循环神经网络（`self.encoder`）编码。具体地说，双向长短期记忆网络在初始和最终的时间步的隐状态（在最后一层）被连接起来作为文本序列的表示。然后，通过一个具有两个输出（分别表示积极和消极）的全连接层（`self.decoder`），将此单一文本表示转换为输出类别。

```
class BiRNN(nn.Module):
    def __init__(self, vocab_size, embed_size, num_hiddens,
                 num_layers, **kwargs):
        super(BiRNN, self).__init__(**kwargs)
        self.embedding = nn.Embedding(vocab_size, embed_size)
        # 将bidirectional设置为True以获取双向循环神经网络
        self.encoder = nn.LSTM(embed_size, num_hiddens, num_layers=num_layers,
                                bidirectional=True)
        self.decoder = nn.Linear(4 * num_hiddens, 2)

    def forward(self, inputs):
        # inputs的形状为(批量大小，时间步数)
        # 因为长短期记忆网络要求其输入的第一个维度是时间维
        # 所以在获得词元表示之前，输入会被转置
        # 输出形状为(时间步数，批量大小，词向量维度)
        embeddings = self.embedding(inputs.T)
        self.encoder.flatten_parameters()
        # 返回上一个隐藏层在不同时间步的隐状态
        # outputs的形状为(时间步数，批量大小，2×隐藏单元数)
        outputs, _ = self.encoder(embeddings)
        # 连接初始和最终的时间步的隐状态，作为全连接层的输入
        # 其形状为(批量大小，4×隐藏单元数)
        encoding = torch.cat((outputs[0], outputs[-1]), dim=1)
        outs = self.decoder(encoding)
        return outs
```

我们构建一个具有两个隐藏层的双向循环神经网络来表示单个文本以进行情感分析。

```
embed_size, num_hiddens, num_layers = 100, 100, 2
devices = d2l.try_all_gpus()
net = BiRNN(len(vocab), embed_size, num_hiddens, num_layers)
```

```
def init_weights(m):
    if type(m) == nn.Linear:
        nn.init.xavier_uniform_(m.weight)
    if type(m) == nn.LSTM:
        for param in m._flat_weights_names:
            if "weight" in param:
                nn.init.xavier_uniform_(m._parameters[param])
net.apply(init_weights);
```

15.2.2　加载预训练的词向量

下面我们为词表中的词加载预训练的 100 维（需要与 embed_size 一致）的 GloVe 嵌入。

```
glove_embedding = d2l.TokenEmbedding('glove.6b.100d')
```

打印词表中所有词向量的形状。

```
embeds = glove_embedding[vocab.idx_to_token]
embeds.shape
```

```
torch.Size([49346, 100])
```

我们使用这些预训练的词向量来表示评论中的词元，并且在训练期间不更新这些向量。

```
net.embedding.weight.data.copy_(embeds)
net.embedding.weight.requires_grad = False
```

15.2.3　训练和评估模型

现在我们可以训练双向循环神经网络以进行情感分析。

```
lr, num_epochs = 0.01, 5
trainer = torch.optim.Adam(net.parameters(), lr=lr)
loss = nn.CrossEntropyLoss(reduction="none")
d2l.train_ch13(net, train_iter, test_iter, loss, trainer, num_epochs,
    devices)
```

```
loss 0.286, train acc 0.882, test acc 0.855
736.4 examples/sec on [device(type='cuda', index=0), device(type='cuda', index=1)]
```

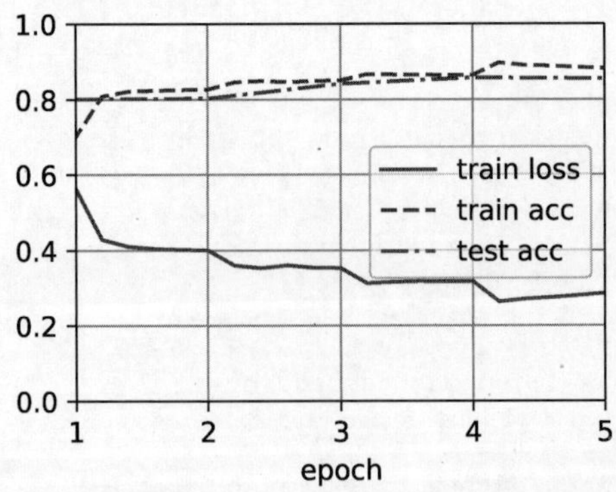

我们定义以下函数来使用训练好的模型 net 预测文本序列的情感。

```
#@save
def predict_sentiment(net, vocab, sequence):
    """预测文本序列的情感"""
    sequence = torch.tensor(vocab[sequence.split()], device=d2l.try_gpu())
    label = torch.argmax(net(sequence.reshape(1, -1)), dim=1)
    return 'positive' if label == 1 else 'negative'
```

最后，我们使用训练好的模型对两个简单的句子进行情感预测。

```
predict_sentiment(net, vocab, 'this movie is so great')
```

```
'positive'
```

```
predict_sentiment(net, vocab, 'this movie is so bad')
```

```
'negative'
```

小结

- 预训练的词向量可以表示文本序列中的各个词元。
- 双向循环神经网络可以表示文本序列。例如通过连接初始和最终的时间步的隐状态，可以使用全连接层将该单个文本表示转换为类别。

练习

（1）增加迭代轮数可以提高训练和测试的精度吗？调优其他超参数呢？

（2）使用较大的预训练词向量，例如 300 维的 GloVe 嵌入，是否能提高分类精度？

（3）是否可以通过 spaCy 词元化来提高分类精度？需要安装 Spacy（`pip install spacy`）和英语语言包（`python -m spacy download en`）。在代码中，首先导入 Spacy（`import spacy`），然后加载 Spacy 英语软件包（`spacy_en = spacy.load('en')`），最后定义函数 `def tokenizer(text): return [tok.text for tok in spacy_en.tokenizer(text)]` 并替换原来的 `tokenizer` 函数。注意 GloVe 和 spaCy 中短语标记的不同形式。例如，短语标记“new york”在 GloVe 中的形式是“new-york”，而在 spaCy 词元化之后的形式是“new york”。

15.3 情感分析：使用卷积神经网络

扫码直达讨论区

在第 6 章中，我们探讨了使用二维卷积神经网络处理二维图像数据的机制，并将其应用于局部特征，如相邻像素。虽然卷积神经网络最初是为计算机视觉设计的，但它也被广泛用于自然语言处理，简单地说，只要将任何文本序列想象成一维图像即可。通过这种方式，一维卷积神经网络可以处理文本中的局部特征，例如 n 元语法。

本节将使用 textCNN 模型来演示如何设计一个表示单个文本 [80] 的卷积神经网络架构。与图 15-2 中使用带有 GloVe 预训练的循环神经网络架构进行情感分析相比，图 15-3 中唯一的区别在于架构的选择。

```
import torch
from torch import nn
from d2l import torch as d2l

batch_size = 64
train_iter, test_iter, vocab = d2l.load_data_imdb(batch_size)
```

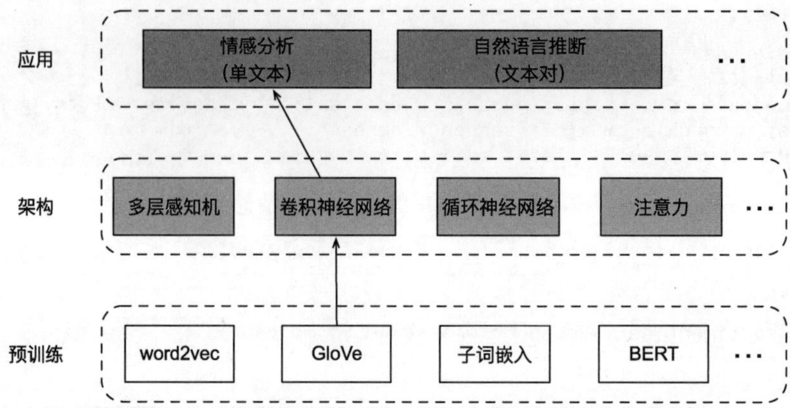

图 15-3　将 GloVe 放入基于卷积神经网络的架构进行情感分析

15.3.1　一维卷积

在介绍该模型之前，我们先看看一维卷积是如何工作的。注意，这只是基于互相关运算的二维卷积的特例。

如图 15-4 所示，在一维的情况下，卷积窗口在输入张量上从左向右滑动。在滑动期间，卷积窗口中某个位置包含的输入子张量（例如图 15-4 中的 0 和 1）和核张量（例如图 15-4 中的 1 和 2）按元素相乘（$0\times1+1\times2$）。这些乘法的总和在输出张量的相应位置给出单个标量值（例如图 15-4 中的 2）。

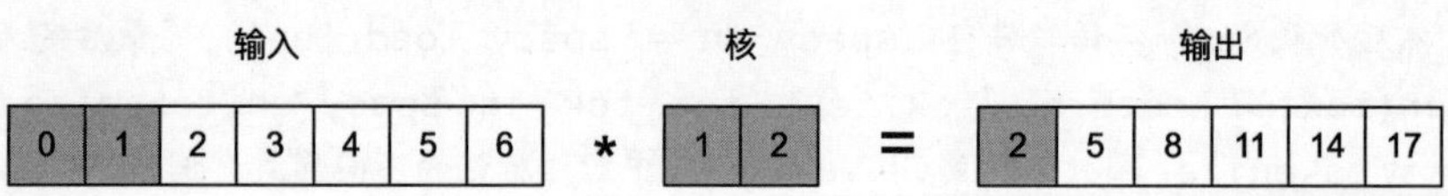

图 15-4　一维互相关运算。阴影部分是第一个输出元素以及用于输出计算的输入和核张量元素：$0\times1+1\times2=2$

我们在下面的 `corr1d` 函数中实现一维互相关运算。给定输入张量 `X` 和核张量 `K`，它返回输出张量 `Y`。

```
def corr1d(X, K):
    w = K.shape[0]
    Y = torch.zeros((X.shape[0] - w + 1))
    for i in range(Y.shape[0]):
        Y[i] = (X[i: i + w] * K).sum()
    return Y
```

我们可以从图 15-4 构造输入张量 `X` 和核张量 `K` 来验证上述一维互相关运算实现的输出。

```
X, K = torch.tensor([0, 1, 2, 3, 4, 5, 6]), torch.tensor([1, 2])
corr1d(X, K)
```

```
tensor([ 2.,  5.,  8., 11., 14., 17.])
```

对于任何具有多个通道的一维输入，卷积核需要具有相同数量的输入通道。然后，对于每个通道，对输入的一维张量和卷积核的一维张量执行互相关运算，将所有通道上的结果相加以生成一维输出张量。图 15-5 展示了具有 3 个输入通道的一维互相关运算。

我们可以实现多个输入通道的一维互相关运算，并在图 15-5 中验证结果。

```
def corr1d_multi_in(X, K):
    # 先遍历'X'和'K'的第0维（通道维），然后把它们加在一起
    return sum(corr1d(x, k) for x, k in zip(X, K))
```

```
X = torch.tensor([[0, 1, 2, 3, 4, 5, 6],
              [1, 2, 3, 4, 5, 6, 7],
              [2, 3, 4, 5, 6, 7, 8]])
K = torch.tensor([[1, 2], [3, 4], [-1, -3]])
corr1d_multi_in(X, K)
```

```
tensor([ 2.,  8., 14., 20., 26., 32.])
```

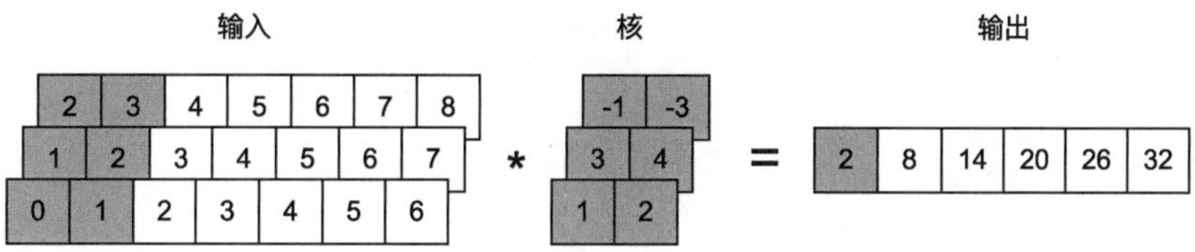

图 15-5 具有 3 个输入通道的一维互相关运算。阴影部分是第一个输出元素以及用于输出计算的输入和核张量元素：2×(−1)+3×(−3)+1×3+2×4+0×1+1×2=2

注意，多输入通道的一维互相关等同于单输入通道的二维互相关。例如，图 15-5 中的多输入通道一维互相关的等价形式是图 15-6 中的单输入通道二维互相关，其中卷积核的高度必须与输入张量的高度相同。

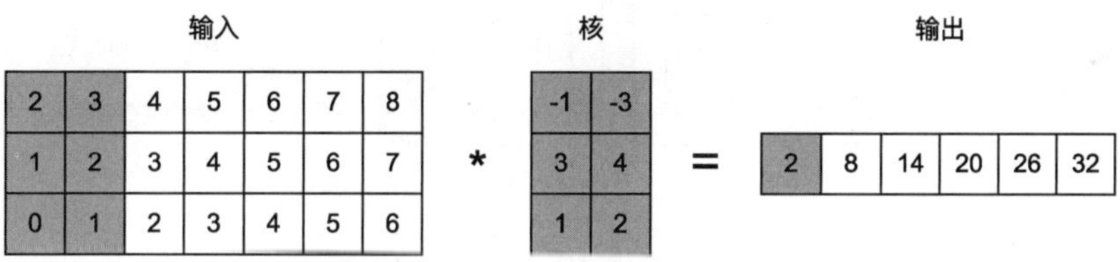

图 15-6 具有单个输入通道的二维互相关运算。阴影部分是第一个输出元素以及用于输出计算的输入和核张量元素：2×(−1)+3×(−3)+1×3+2×4+0×1+1×2=2

图 15-4 和图 15-5 中的输出都只有一个通道。与 `subsec_multi-output-channels` 中描述的具有多个输出通道的二维卷积相同，我们也可以为一维卷积指定多个输出通道。

15.3.2 最大时间汇聚层

类似地，我们可以使用汇聚层从序列表示中提取最大值，作为跨时间步的最重要特征。textCNN 中使用的最大时间汇聚层的工作原理类似于一维全局汇聚 [25]。对于每个通道在不同时间步存储值的多通道输入，每个通道的输出是该通道的最大值。注意，最大时间汇聚层允许在不同通道上使用不同数量的时间步。

15.3.3 textCNN模型

使用一维卷积和最大时间汇聚层，textCNN 模型将单个预训练的词元表示作为输入，然后获得并转换用于下游应用的序列表示。

对于具有由 d 维向量表示的 n 个词元的单个文本序列，输入张量的宽度、高度和通道数分别为 n、1 和 d。textCNN 模型将输入转换为输出，步骤如下。

（1）定义多个一维卷积核，并分别对输入执行卷积运算。具有不同宽度的卷积核可以捕获不同数目的相邻词元之间的局部特征。

（2）在所有输出通道上执行最大时间汇聚层，然后将所有标量汇聚输出连接为向量。

（3）使用全连接层将连接后的向量转换为输出类别。暂退法可以用来减少过拟合。

图 15-7 通过一个具体的例子说明了 textCNN 的模型架构。输入是具有 11 个词元的句子，其中每个词元由六维向量表示。因此，我们有一个宽度为 11 的 6 个通道的输入。定义两个宽度分别为 2 和 4 的一维卷积核，它们分别具有 4 个和 5 个输出通道，产生 4 个宽度为 11−2+1=10 的输出通道和 5 个宽度为 11−4+1=8 的输出通道。尽管这 9 个通道的宽度不同，但最大时间汇聚层给出了一个连接的九维向量，该向量最终被转换为用于二元情感预测的二维输出向量。

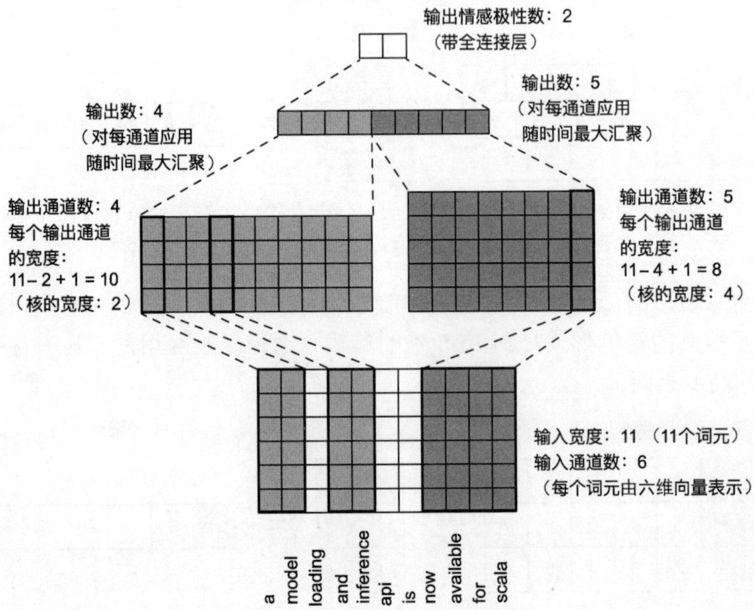

图 15-7　textCNN 的模型架构

1. 定义模型

我们在下面的 TextCNN 类中实现 textCNN 模型。与 15.2 节的双向循环神经网络模型相比，除了用卷积层代替循环神经网络层，我们还使用了两个嵌入层：一个是可训练权重，另一个是固定权重。

```
class TextCNN(nn.Module):
    def __init__(self, vocab_size, embed_size, kernel_sizes, num_channels,
                 **kwargs):
        super(TextCNN, self).__init__(**kwargs)
        self.embedding = nn.Embedding(vocab_size, embed_size)
        # 这个嵌入层不需要训练
        self.constant_embedding = nn.Embedding(vocab_size, embed_size)
        self.dropout = nn.Dropout(0.5)
        self.decoder = nn.Linear(sum(num_channels), 2)
        # 最大时间汇聚层没有参数，因此可以共享此实例
        self.pool = nn.AdaptiveAvgPool1d(1)
        self.relu = nn.ReLU()
        # 创建多个一维卷积层
        self.convs = nn.ModuleList()
        for c, k in zip(num_channels, kernel_sizes):
            self.convs.append(nn.Conv1d(2 * embed_size, c, k))

    def forward(self, inputs):
        # 沿着向量维度将两个嵌入层连接起来
        # 每个嵌入层的输出形状都为(批量大小，词元数量，词元向量维度)
        embeddings = torch.cat((
            self.embedding(inputs), self.constant_embedding(inputs)), dim=2)
```

```
        # 根据一维卷积层的输入格式，重新排列张量，以便通道作为第二维
        embeddings = embeddings.permute(0, 2, 1)
        # 每个一维卷积层在最大时间汇聚层合并后，获得的张量形状为(批量大小, 通道数, 1)
        # 删除最后一个维度并沿通道维度连接
        encoding = torch.cat([
            torch.squeeze(self.relu(self.pool(conv(embeddings))), dim=-1)
            for conv in self.convs], dim=1)
        outputs = self.decoder(self.dropout(encoding))
        return outputs
```

我们创建一个 textCNN 实例。它有 3 个卷积层，卷积核宽度分别为 3、4 和 5，均有 100 个输出通道。

```
embed_size, kernel_sizes, nums_channels = 100, [3, 4, 5], [100, 100, 100]
devices = d2l.try_all_gpus()
net = TextCNN(len(vocab), embed_size, kernel_sizes, nums_channels)

def init_weights(m):
    if type(m) in (nn.Linear, nn.Conv1d):
        nn.init.xavier_uniform_(m.weight)

net.apply(init_weights);
```

2. 加载预训练词向量

与 15.2 节相同，我们加载预训练的 100 维 GloVe 嵌入作为初始化的词元表示。这些词元表示（嵌入权重）在 embedding 中将被训练，在 constant_embedding 中将被固定。

```
glove_embedding = d2l.TokenEmbedding('glove.6b.100d')
embeds = glove_embedding[vocab.idx_to_token]
net.embedding.weight.data.copy_(embeds)
net.constant_embedding.weight.data.copy_(embeds)
net.constant_embedding.weight.requires_grad = False
```

3. 训练和评估模型

现在我们可以训练 textCNN 模型以进行情感分析。

```
lr, num_epochs = 0.001, 5
trainer = torch.optim.Adam(net.parameters(), lr=lr)
loss = nn.CrossEntropyLoss(reduction="none")
d2l.train_ch13(net, train_iter, test_iter, loss, trainer, num_epochs, devices)
```

```
loss 0.065, train acc 0.979, test acc 0.873
3537.6 examples/sec on [device(type='cuda', index=0), device(type='cuda', index=1)]
```

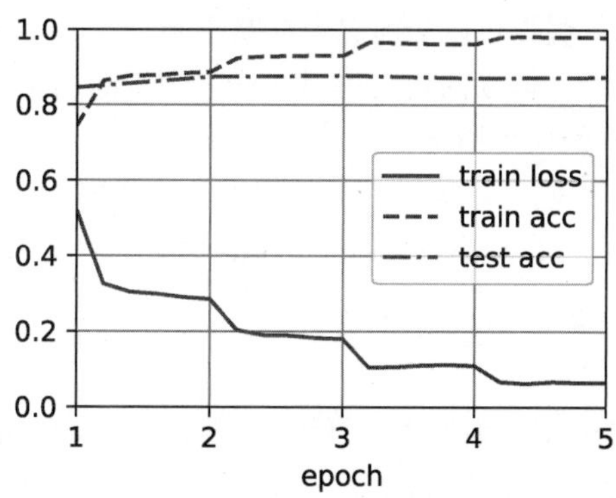

下面，我们使用训练好的模型来预测两个简单句子的情感。

```
d2l.predict_sentiment(net, vocab, 'this movie is so great')
```

```
'positive'
```

```
d2l.predict_sentiment(net, vocab, 'this movie is so bad')
```

```
'negative'
```

小结

- 一维卷积神经网络可以处理文本中的局部特征，例如 n 元语法。
- 多输入通道的一维互相关等价于单输入通道的二维互相关。
- 最大时间汇聚层允许在不同通道上使用不同数量的时间步长。
- textCNN 模型使用一维卷积层和最大时间汇聚层将单个词元表示转换为下游应用输出。

练习

（1）调整超参数，并比较 15.2 节中用于情感分析的架构和本节中用于情感分析的架构，例如比较在分类精确度和计算效率方面。

（2）请尝试用 15.2 节练习中介绍的方法进一步提高模型的分类精确度。

（3）在输入表示中添加位置编码，这是否能提高分类精确度？

15.4 自然语言推断与数据集

扫码直达讨论区

在 15.1 节中，我们讨论了情感分析问题。这个任务的目的是将单个文本序列分类到预定义的类别中，例如一组情感极性中。然而，当需要决定一个句子是否可以从另一个句子推断出来，或者需要通过识别语义等价的句子来消除句子间的冗余时，仅知道如何对一个文本序列进行分类是不够的，而是需要能够对成对的文本序列进行推断。

15.4.1 自然语言推断

自然语言推断（natural language inference）主要研究假设（hypothesis）是否可以从前提（premise）中推断出来，其中假设和前提都是文本序列。换言之，自然语言推断决定了一对文本序列之间的逻辑关系。这类关系通常分为以下 3 种类型。

- 蕴涵（entailment）：假设可以从前提中推断出来。
- 矛盾（contradiction）：假设的否定可以从前提中推断出来。
- 中性（neutral）：其他所有情况。

自然语言推断也被称为识别文本蕴涵任务。例如，下面的一个文本对将被贴上“蕴涵”的标签，因为假设中的“示爱”可以从前提中的“拥抱”中推断出来。

前提：两个人拥抱在一起。

假设：两个人在示爱。

下面是一个“矛盾”的例子，因为“运行编码示例”表示“不睡觉”，而不是“睡觉”。

前提：一名男子正在运行 *Dive Into Deep Learning* 的编码示例。

假设：该男子正在睡觉。

第三个例子展示了一种“中性”关系，因为“正在为我们表演”这一事实无法推断出“有名”或“不有名”。

前提：音乐家们正在为我们表演。

假设：音乐家很有名。

自然语言推断一直是理解自然语言的中心话题。从信息检索到开放领域的问答，它有着广泛的应用。为了研究这个问题，我们先研究一个流行的自然语言推断基准数据集。

15.4.2 斯坦福自然语言推断（SNLI）数据集

斯坦福自然语言推断（Stanford natural language inference，SNLI）数据集是由 50 多万个带标签的英语句子对组成的集合[12]。我们在路径 ../data/snli_1.0 中下载并存储提取的 SNLI 数据集。

```
import os
import re
import torch
from torch import nn
from d2l import torch as d2l

#@save
d2l.DATA_HUB['SNLI'] = (
    'https://nlp.stanford.edu/projects/snli/snli_1.0.zip',
    '9fcde07509c7e87ec61c640c1b2753d9041758e4')

data_dir = d2l.download_extract('SNLI')
```

1. 读取数据集

原始的 SNLI 数据集包含的信息比我们在实验中真正需要的信息丰富得多。因此，我们定义函数 `read_snli` 仅提取数据集的一部分，然后返回前提、假设及其标签的列表。

```
#@save
def read_snli(data_dir, is_train):
    """将SNLI数据集解析为前提、假设和标签"""
    def extract_text(s):
        # 删除我们不会使用的信息
        s = re.sub('\\(', '', s)
        s = re.sub('\\)', '', s)
        # 用一个空格替换两个或多个连续的空格
        s = re.sub('\\s{2,}', ' ', s)
        return s.strip()
    label_set = {'entailment': 0, 'contradiction': 1, 'neutral': 2}
    file_name = os.path.join(data_dir, 'snli_1.0_train.txt'
                             if is_train else 'snli_1.0_test.txt')
    with open(file_name, 'r') as f:
        rows = [row.split('\t') for row in f.readlines()[1:]]
    premises = [extract_text(row[1]) for row in rows if row[0] in label_set]
    hypotheses = [extract_text(row[2]) for row in rows if row[0] \
                  in label_set]
    labels = [label_set[row[0]] for row in rows if row[0] in label_set]
    return premises, hypotheses, labels
```

现在我们打印前三对前提和假设，以及它们的标签（`'0'`、`'1'` 和 `'2'` 分别对应 `'entailment'`、`'contradiction'` 和 `'neutral'`，分别对应于蕴涵、矛盾和中性）。

```
train_data = read_snli(data_dir, is_train=True)
```

```
for x0, x1, y in zip(train_data[0][:3], train_data[1][:3], train_data[2][:3]):
    print('前提：', x0)
    print('假设：', x1)
    print('标签：', y)
```

```
前提：  A person on a horse jumps over a broken down airplane .
假设：  A person is training his horse for a competition .
标签：  2
前提：  A person on a horse jumps over a broken down airplane .
假设：  A person is at a diner , ordering an omelette .
标签：  1
前提：  A person on a horse jumps over a broken down airplane .
假设：  A person is outdoors , on a horse .
标签：  0
```

训练集约有 55 万对，测试集约有 1 万对。下面的结果表明了训练集和测试集中的 3 个表示蕴涵、矛盾和中性的标签是平衡的。

```
test_data = read_snli(data_dir, is_train=False)
for data in [train_data, test_data]:
    print([[row for row in data[2]].count(i) for i in range(3)])
```

```
[183416, 183187, 182764]
[3368, 3237, 3219]
```

2. 定义用于加载数据集的类

下面我们来定义一个用于加载 SNLI 数据集的类。类构造函数中的变量 num_steps 指定文本序列的长度，使得每个小批量序列具有相同的形状。换句话说，在较长序列中的前 num_steps 个标记之后的标记将被截断，而特殊标记 '<pad>' 将被附加到较短的序列后，直到序列长度变为 num_steps。通过实现 __getitem__ 功能，我们可以任意访问带有索引 idx 的前提、假设和标签。

```
#@save
class SNLIDataset(torch.utils.data.Dataset):
    """用于加载SNLI数据集的自定义数据集"""
    def __init__(self, dataset, num_steps, vocab=None):
        self.num_steps = num_steps
        all_premise_tokens = d2l.tokenize(dataset[0])
        all_hypothesis_tokens = d2l.tokenize(dataset[1])
        if vocab is None:
            self.vocab = d2l.Vocab(all_premise_tokens + \
                all_hypothesis_tokens, min_freq=5, reserved_tokens=['<pad>'])
        else:
            self.vocab = vocab
        self.premises = self._pad(all_premise_tokens)
        self.hypotheses = self._pad(all_hypothesis_tokens)
        self.labels = torch.tensor(dataset[2])
        print('read ' + str(len(self.premises)) + ' examples')

    def _pad(self, lines):
        return torch.tensor([d2l.truncate_pad(
            self.vocab[line], self.num_steps, self.vocab['<pad>'])
                         for line in lines])

    def __getitem__(self, idx):
        return (self.premises[idx], self.hypotheses[idx]), self.labels[idx]

    def __len__(self):
        return len(self.premises)
```

3. 整合代码

现在，我们可以调用 `read_snli` 函数和 `SNLIDataset` 类来下载 SNLI 数据集，并返回训练集和测试集的 `DataLoader` 实例，以及训练集的词表。值得注意的是，我们必须使用从训练集构造的词表作为测试集的词表。因此，在训练集中训练的模型将不知道来自测试集的任何新词元。

```
#@save
def load_data_snli(batch_size, num_steps=50):
    """下载SNLI数据集并返回数据迭代器和词表"""
    num_workers = d2l.get_dataloader_workers()
    data_dir = d2l.download_extract('SNLI')
    train_data = read_snli(data_dir, True)
    test_data = read_snli(data_dir, False)
    train_set = SNLIDataset(train_data, num_steps)
    test_set = SNLIDataset(test_data, num_steps, train_set.vocab)
    train_iter = torch.utils.data.DataLoader(train_set, batch_size,
                                             shuffle=True,
                                             num_workers=num_workers)
    test_iter = torch.utils.data.DataLoader(test_set, batch_size,
                                            shuffle=False,
                                            num_workers=num_workers)
    return train_iter, test_iter, train_set.vocab
```

在这里，我们将批量大小设置为 128，将序列长度设置为 50，并调用 `load_data_snli` 函数来获取数据迭代器和词表。然后我们打印词表大小。

```
train_iter, test_iter, vocab = load_data_snli(128, 50)
len(vocab)
```

```
read 549367 examples
read 9824 examples
```

```
18678
```

现在我们打印第一个小批量的形状。与情感分析不同，我们有分别代表前提和假设的两个输入 `X[0]` 和 `X[1]`。

```
for X, Y in train_iter:
    print(X[0].shape)
    print(X[1].shape)
    print(Y.shape)
    break
```

```
torch.Size([128, 50])
torch.Size([128, 50])
torch.Size([128])
```

小结

- 自然语言推断研究“假设”是否可以从“前提”推断出来，其中两者都是文本序列。
- 在自然语言推断中，前提和假设之间的关系包括蕴涵、矛盾和中性。
- 斯坦福自然语言推断（SNLI）数据集是一个比较流行的自然语言推断基准数据集。

练习

（1）机器翻译长期以来一直是基于翻译输出和翻译真实值之间的表面 n 元语法匹配来进行评估的。可以设计一种用自然语言推断来评价机器翻译结果的方法吗？

（2）我们如何更改超参数以减小词表大小？

15.5　自然语言推断：使用注意力

扫码直达讨论区

我们在 15.4 节中介绍了自然语言推断任务和 SNLI 数据集。鉴于许多模型都是基于复杂而深度的架构，Parikh 等人提出用注意力机制解决自然语言推断问题，并称之为"可分解注意力模型"[117]。这使得模型无循环层或卷积层，在 SNLI 数据集上以更少的参数实现了当时的最佳结果。本节将描述并实现这种基于注意力的自然语言推断方法（使用多层感知机），如图 15-8 所示。

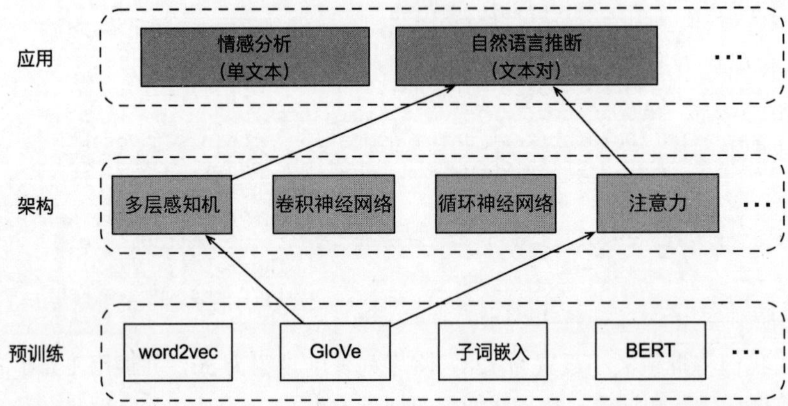

图 15-8　将预训练 GloVe 送入基于注意力和多层感知机的自然语言推断架构

15.5.1　模型

与保留前提和假设中词元的顺序相比，我们可以将一个文本序列中的词元与另一个文本序列中的每个词元对齐，然后比较和聚合这些信息，以预测前提和假设之间的逻辑关系。与机器翻译中源句和目标句之间的词元对齐类似，前提和假设的词元之间对齐可以通过注意力机制灵活地完成。

图 15-9 描述了使用注意力机制的自然语言推断方法。从高层次上讲，它由 3 个联合训练的步骤组成：注意、比较和聚合。下面我们就一步步地对它们进行说明。

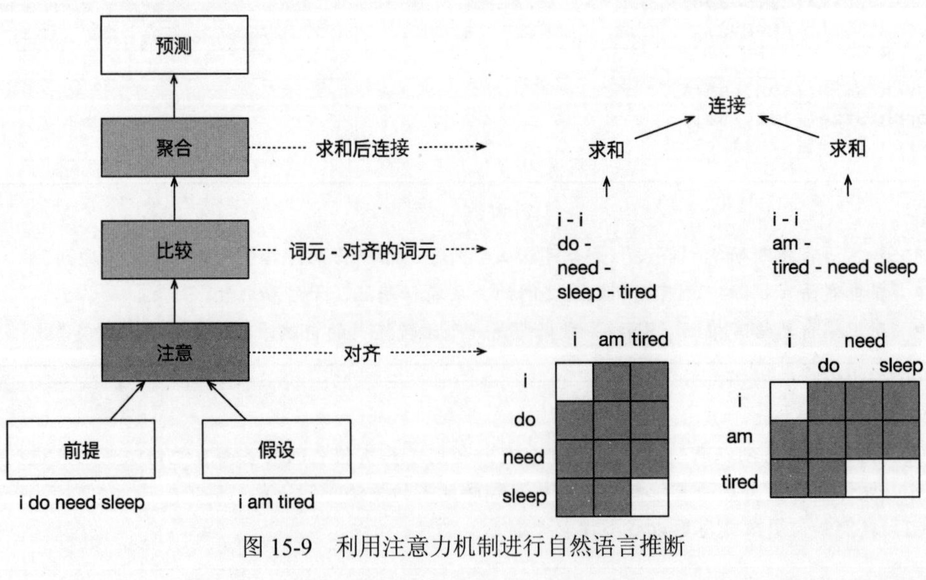

图 15-9　利用注意力机制进行自然语言推断

```
import torch
from torch import nn
from torch.nn import functional as F
from d2l import torch as d2l
```

1. 注意

第一步是将一个文本序列中的词元与另一个序列中的每个词元对齐。假定前提是“我确实需要睡眠”，假设是“我累”。由于语义上的相似性，我们不妨将假设中的“我”与前提中的“我”对齐，将假设中的“累”与前提中的“睡眠”对齐。同样，我们可能希望将前提中的“我”与假设中的“我”对齐，将前提中的“需要”和“睡眠”与假设中的“累”对齐。注意，这种对齐是使用加权平均的“软”对齐，其中理想情况下较大的权重与要对齐的词元相关联。为了便于演示，图 15-9 以“硬”对齐的方式展示了这种对齐方式。

现在，我们详细地描述使用注意力机制的软对齐。用 $\boldsymbol{A}=(\boldsymbol{a}_1, \cdots, \boldsymbol{a}_m)$ 和 $\boldsymbol{B}=(\boldsymbol{b}_1, \cdots, \boldsymbol{b}_n)$ 分别表示前提和假设，其词元数量分别为 m 和 n，其中 $\boldsymbol{a}_i,\boldsymbol{b}_j\in\mathbb{R}^d$（$i=1, \cdots, m, j=1, \cdots, n$）是 d 维的词向量。对于软对齐，我们将注意力权重 $e_{ij}\in\mathbb{R}$ 计算为

$$e_{ij} = f(\boldsymbol{a}_i)^\top f(\boldsymbol{b}_j) \tag{15.1}$$

其中，函数 f 是在下面的 mlp 函数中定义的多层感知机。输出维度 f 由 mlp 函数的 num_hiddens 参数指定。

```
def mlp(num_inputs, num_hiddens, flatten):
    net = []
    net.append(nn.Dropout(0.2))
    net.append(nn.Linear(num_inputs, num_hiddens))
    net.append(nn.ReLU())
    if flatten:
        net.append(nn.Flatten(start_dim=1))
    net.append(nn.Dropout(0.2))
    net.append(nn.Linear(num_hiddens, num_hiddens))
    net.append(nn.ReLU())
    if flatten:
        net.append(nn.Flatten(start_dim=1))
    return nn.Sequential(*net)
```

值得注意的是，在式（15.1）中，f 分别输入 $\boldsymbol{a}_i$ 和 $\boldsymbol{b}_j$，而不是将它们作为一对放在一起作为输入。这种分解技巧导致 f 只有 $m+n$ 次计算（线性复杂度），而不是 mn 次计算（二次复杂度）。

对式（15.1）中的注意力权重进行规范化，我们计算假设中所有词元向量的加权平均值，以获得假设的表示，该假设与前提中索引为 i 的词元进行软对齐：

$$\boldsymbol{\beta}_i = \sum_{j=1}^{n}\frac{\exp(e_{ij})}{\sum_{k=1}^{m}\exp(e_{ik})}\boldsymbol{b}_j \tag{15.2}$$

同样，我们计算假设中索引为 j 的每个词元与前提词元的软对齐：

$$\boldsymbol{\alpha}_j = \sum_{i=1}^{m}\frac{\exp(e_{ij})}{\sum_{k=1}^{m}\exp(e_{kj})}\boldsymbol{a}_i \tag{15.3}$$

下面我们定义 Attend 类来计算假设（beta）与输入前提 A 的软对齐以及前提（alpha）与输入假设 B 的软对齐。

```
class Attend(nn.Module):
    def __init__(self, num_inputs, num_hiddens, **kwargs):
        super(Attend, self).__init__(**kwargs)
        self.f = mlp(num_inputs, num_hiddens, flatten=False)
```

```
    def forward(self, A, B):
        # A/B的形状为(批量大小, 序列A/B的词元数, embed_size)
        # f_A/f_B的形状为(批量大小, 序列A/B的词元数, num_hiddens)
        f_A = self.f(A)
        f_B = self.f(B)
        # e的形状为(批量大小, 序列A的词元数, 序列B的词元数)
        e = torch.bmm(f_A, f_B.permute(0, 2, 1))
        # beta的形状为(批量大小, 序列A的词元数, embed_size)
        # 意味着序列B被软对齐到序列A的每个词元(beta的第一个维度)
        beta = torch.bmm(F.softmax(e, dim=-1), B)
        # beta的形状为(批量大小, 序列B的词元数, embed_size)
        # 意味着序列A被软对齐到序列B的每个词元(alpha的第一个维度)
        alpha = torch.bmm(F.softmax(e.permute(0, 2, 1), dim=-1), A)
        return beta, alpha
```

2. 比较

在这一步中，我们将一个序列中的词元与与该词元软对齐的另一个序列进行比较。注意，在软对齐中，一个序列中的所有词元（尽管可能具有不同的注意力权重）将与另一个序列中的词元进行比较。为便于演示，图 15-9 对词元以硬的方式对齐。例如，上述的注意（attending）步骤确定前提中的“需要”和“睡眠”都与假设中的“累”对齐，则将对“累-需要睡眠”进行比较。

在比较步骤中，我们将来自一个序列的词元的连接（运算符 [·, ·]）和来自另一个序列的对齐的词元送入函数 g（一个多层感知机）：

$$\begin{aligned} \boldsymbol{v}_{A,i} &= g([\boldsymbol{a}_i, \boldsymbol{\beta}_i]), i=1,\cdots,m \\ \boldsymbol{v}_{B,j} &= g([\boldsymbol{b}_j, \boldsymbol{\alpha}_j]), j=1,\cdots,n \end{aligned} \tag{15.4}$$

在式（15.4）中，$\boldsymbol{v}_{A,i}$ 是指，所有假设中的词元与前提中词元 i 软对齐，再与词元 i 的比较；而 $\boldsymbol{v}_{B,j}$ 是指，所有前提中的词元与假设中词元 j 软对齐，再与词元 j 的比较。下面的 Compare 类定义了比较步骤。

```
class Compare(nn.Module):
    def __init__(self, num_inputs, num_hiddens, **kwargs):
        super(Compare, self).__init__(**kwargs)
        self.g = mlp(num_inputs, num_hiddens, flatten=False)

    def forward(self, A, B, beta, alpha):
        V_A = self.g(torch.cat([A, beta], dim=2))
        V_B = self.g(torch.cat([B, alpha], dim=2))
        return V_A, V_B
```

3. 聚合

现在我们有两组比较向量 $\boldsymbol{v}_{A,i}$（i=1, ⋯, m）和 $\boldsymbol{v}_{B,j}$（j=1, ⋯, n）。在最后一步中，我们将聚合这些信息以推断逻辑关系。首先，我们对这两组比较向量求和：

$$\boldsymbol{v}_A = \sum_{i=1}^{m} \boldsymbol{v}_{A,i}, \quad \boldsymbol{v}_B = \sum_{j=1}^{n} \boldsymbol{v}_{B,j} \tag{15.5}$$

接下来，我们将两个求和结果的连接提供给函数 h（一个多层感知机），以获得逻辑关系的分类结果：

$$\hat{\boldsymbol{y}} = h([\boldsymbol{v}_A, \boldsymbol{v}_B]) \tag{15.6}$$

聚合步骤在以下 Aggregate 类中定义。

```
class Aggregate(nn.Module):
    def __init__(self, num_inputs, num_hiddens, num_outputs, **kwargs):
        super(Aggregate, self).__init__(**kwargs)
        self.h = mlp(num_inputs, num_hiddens, flatten=True)
        self.linear = nn.Linear(num_hiddens, num_outputs)

    def forward(self, V_A, V_B):
        # 对两组比较向量分别求和
        V_A = V_A.sum(dim=1)
        V_B = V_B.sum(dim=1)
        # 将两个求和结果的连接送到多层感知机中
        Y_hat = self.linear(self.h(torch.cat([V_A, V_B], dim=1)))
        return Y_hat
```

4. 整合代码

通过将注意步骤、比较步骤和聚合步骤组合在一起，我们定义了可分解注意力模型来联合训练这 3 个步骤。

```
class DecomposableAttention(nn.Module):
    def __init__(self, vocab, embed_size, num_hiddens, num_inputs_attend=100,
                 num_inputs_compare=200, num_inputs_agg=400, **kwargs):
        super(DecomposableAttention, self).__init__(**kwargs)
        self.embedding = nn.Embedding(len(vocab), embed_size)
        self.attend = Attend(num_inputs_attend, num_hiddens)
        self.compare = Compare(num_inputs_compare, num_hiddens)
        # 有3种可能的输出：蕴涵、矛盾和中性
        self.aggregate = Aggregate(num_inputs_agg, num_hiddens, num_outputs=3)

    def forward(self, X):
        premises, hypotheses = X
        A = self.embedding(premises)
        B = self.embedding(hypotheses)
        beta, alpha = self.attend(A, B)
        V_A, V_B = self.compare(A, B, beta, alpha)
        Y_hat = self.aggregate(V_A, V_B)
        return Y_hat
```

15.5.2 训练和评估模型

现在，我们将在 SNLI 数据集上对定义好的可分解注意力模型进行训练和评估。我们从读取数据集开始。

1. 读取数据集

我们使用 15.4 节中定义的函数下载并读取 SNLI 数据集。批量大小和序列长度分别设置为 256 和 50。

```
batch_size, num_steps = 256, 50
train_iter, test_iter, vocab = d2l.load_data_snli(batch_size, num_steps)
```

```
read 549367 examples
read 9824 examples
```

2. 创建模型

我们使用预训练好的 100 维 GloVe 嵌入来表示输入词元。我们将向量 $\boldsymbol{a}_j$ 和 $\boldsymbol{b}_j$ 在式（15.1）中的维数预定义为 100。式（15.1）中的函数 f 和式（15.4）中的函数 g 的输出维度被设置为 200。

然后我们创建一个模型实例，初始化它的参数，并加载 GloVe 嵌入来初始化输入词元的向量。

```
embed_size, num_hiddens, devices = 100, 200, d2l.try_all_gpus()
net = DecomposableAttention(vocab, embed_size, num_hiddens)
glove_embedding = d2l.TokenEmbedding('glove.6b.100d')
embeds = glove_embedding[vocab.idx_to_token]
net.embedding.weight.data.copy_(embeds);
```

3. 训练和评估模型

与 12.5 节中接受单一输入（如文本序列或图像）的 `split_batch` 函数不同，我们定义了一个 `split_batch_multi_inputs` 函数以小批量接受多个输入，如前提和假设。

现在我们可以在 SNLI 数据集上训练和评估模型。

```
lr, num_epochs = 0.001, 4
trainer = torch.optim.Adam(net.parameters(), lr=lr)
loss = nn.CrossEntropyLoss(reduction="none")
d2l.train_ch13(net, train_iter, test_iter, loss, trainer, num_epochs,
    devices)
```

```
loss 0.495, train acc 0.806, test acc 0.824
21312.0 examples/sec on [device(type='cuda', index=0), device(type='cuda', index=1)]
```

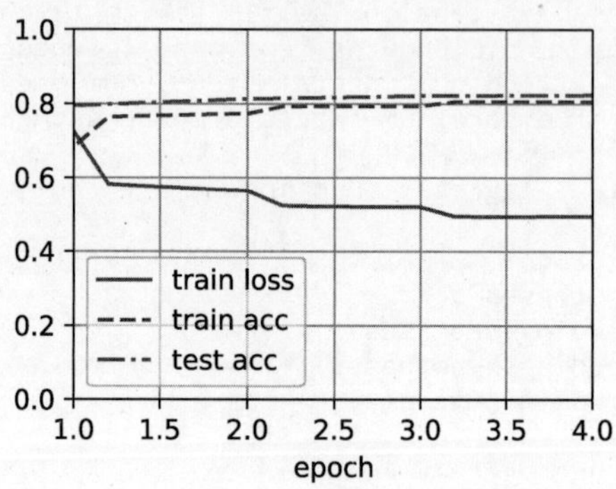

4. 使用模型

最后，定义预测函数，输出一对前提和假设之间的逻辑关系。

```
#@save
def predict_snli(net, vocab, premise, hypothesis):
    """预测前提和假设之间的逻辑关系"""
    net.eval()
    premise = torch.tensor(vocab[premise], device=d2l.try_gpu())
    hypothesis = torch.tensor(vocab[hypothesis], device=d2l.try_gpu())
    label = torch.argmax(net([premise.reshape((1, -1)),
                           hypothesis.reshape((1, -1))]), dim=1)
    return 'entailment' if label == 0 else 'contradiction' if label == 1 \
            else 'neutral'
```

我们可以使用训练好的模型来获得对示例句子的自然语言推断结果。

```
predict_snli(net, vocab, ['he', 'is', 'good', '.'], ['he', 'is', 'bad', '.'])
```

```
'contradiction'
```

小结

- 可分解注意力模型包括 3 个步骤来预测前提和假设之间的逻辑关系，这 3 个步骤是注意、比较和聚合。

- 通过注意力机制，我们可以将一个文本序列中的词元与另一个文本序列中的每个词元对齐，反之亦然。这种对齐是使用加权平均的软对齐，其中理想情况下较大的权重与要对齐的词元相关联。
- 在计算注意力权重时，分解技巧会带来比二次复杂度更理想的线性复杂度。
- 我们可以使用预训练好的词向量作为下游自然语言处理任务（如自然语言推断）的输入表示。

练习

（1）使用其他超参数组合训练模型，能在测试集上获得更高的精度吗？

（2）自然语言推断的可分解注意力模型的主要缺点是什么？

（3）假设我们想要获得任何一对句子的语义相似级别（例如，用 0 ～ 1 的连续值表示）。我们应该如何收集和标注数据集？请尝试设计一个有注意力机制的模型。

15.6 针对序列级和词元级应用微调BERT

扫码直达讨论区

在本章的前几节中，我们为自然语言处理应用设计了不同的模型，例如基于循环神经网络、卷积神经网络、注意力和多层感知机。这些模型在有空间或时间限制的情况下是有帮助的，但是，为每个自然语言处理任务精心设计一个特定的模型实际上是不可行的。在 14.8 节中，我们介绍了一个名为 BERT 的预训练模型，该模型可以对广泛的自然语言处理任务进行最小的架构更改。一方面，在提出时，BERT 改进了各种自然语言处理任务的技术水平。另一方面，正如在 14.10 节中指出的那样，原始 BERT 模型的两个版本分别带有 1.1 亿和 3.4 亿个参数。因此，当有足够的计算资源时，我们可以考虑为下游自然语言处理应用微调 BERT。

下面我们将自然语言处理应用的子集概括为序列级和词元级。在序列级，介绍在单文本分类任务和文本对分类（或回归）任务中，如何将文本输入的 BERT 表示转换为输出标签。在词元级，我们将简要介绍新的应用，如文本标注和问答，并说明 BERT 如何表示它们的输入并转换为输出标签。在微调期间，不同应用之间的 BERT 所需的“最小的架构更改”是额外的全连接层。在下游应用的有监督学习期间，额外层的参数是从零开始学习的，而预训练 BERT 模型中的所有参数都是微调的。

15.6.1 单文本分类

单文本分类将单个文本序列作为输入，并输出其分类结果。除了我们在本章中探讨的情感分析，语言可接受性语料库（corpus of linguistic acceptability，COLA）也是一个单文本分类的数据集，它判断给定的句子在语法上是否可以接受[175]。例如，“I should study.”是可以接受的，但是“I should studying.”是不可以接受的。

14.8 节讲述了 BERT 的输入表示。BERT 输入序列明确地表示单个文本或文本对，其中特殊分类标记 `'<cls>'` 用于序列分类，而 `'<sep>'` 标记单个文本的结束或分隔成对文本。如图 15-10 所示，在单文本分类应用中，特殊分类标记 `'<cls>'` 的 BERT 表示对整个输入文本序列的信息进行编码。作为输入单个文本的表示，它将被送入由全连接（稠密）层组成的小型多层感知机中，以输出所有离散标签值的分布。

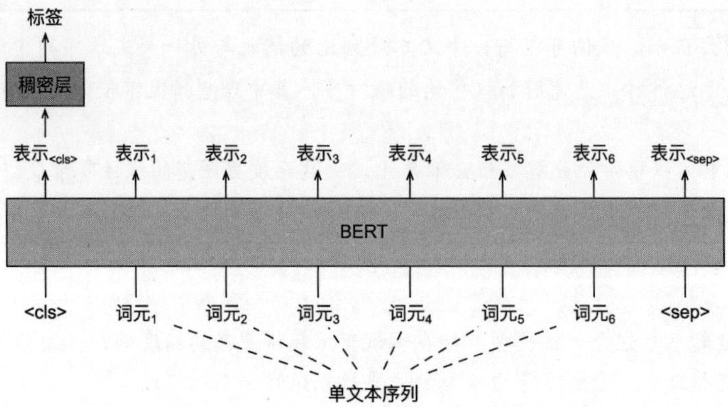

图 15-10　微调 BERT 用于单文本分类应用，如情感分析和测试语言可接受性（这里假设输入的单个文本有 6 个词元）

15.6.2　文本对分类或回归

在本章中，我们还研究了自然语言推断。它属于文本对分类，这是一种对文本进行分类的应用类型。

以一对文本作为输入但输出连续值，语义文本相似度是一个流行的“文本对回归”任务。这项任务评估句子的语义相似度。例如，在语义文本相似度基准（semantic textual similarity benchmark）数据集中，句子对的相似度得分位于从 0（无语义重叠）到 5（语义等价）的分数区间 [19]。我们的目标是预测这些得分。来自语义文本相似度基准数据集的样本包括“句子 1, 句子 2, 相似度得分”：

“A plane is taking off.”,“An air plane is taking off.”, 5.000

“A woman is eating something.”,“A woman is eating meat.”, 3.000

“A woman is dancing.”,“A man is talking.”, 0.000

与图 15-10 中的单文本分类相比，图 15-11 中的文本对分类的 BERT 微调在输入表示上有所不同。对于文本对回归任务（如语义文本相似度），可以应用细微的更改，例如输出连续的标签值和使用均方损失，它们在回归中很常见。

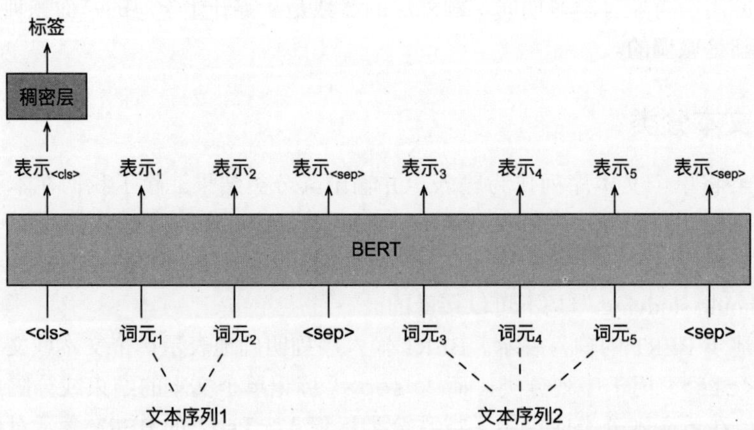

图 15-11　微调 BERT 用于文本对分类或回归应用，如自然语言推断和语义文本相似度（这里假设输入文本对分别有 2 个词元和 3 个词元）

15.6.3 文本标注

现在我们考虑词元级任务，比如文本标注（text tagging），其中每个词元都被分配了一个标签。在文本标注任务中，词性标注为每个词分配词性标记（例如，形容词和限定词）。根据词在句子中的作用。如，在 Penn Treebank II 标注集中，句子“John Smith's car is new”应该被标注为“NNP NNP POS NN VB JJ”，其中 NNP 表示名词专有单数，NNP POS 表示所有格结尾，NN 表示名词单数或不可数名词，VB 表示动词原形，JJ 表示形容词。

图 15-12 中说明了微调 BERT 用于文本标注应用。与图 15-10 相比，唯一的区别在于，在文本标注中，输入文本的每个词元的 BERT 表示被送到相同的额外稠密层中，以输出词元的标签，例如词性标签。

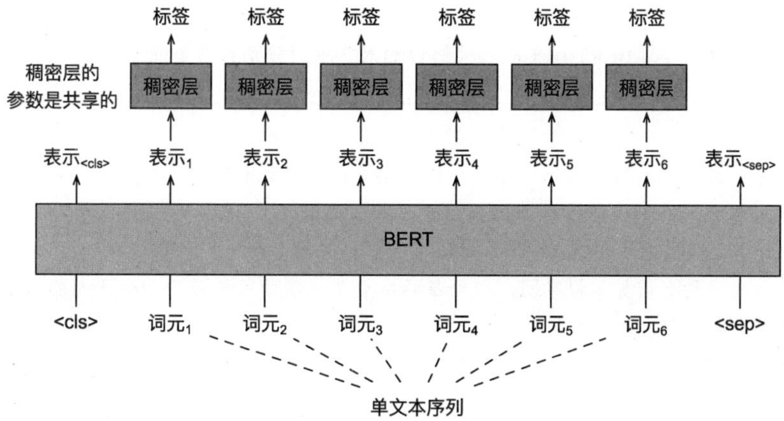

图 15-12 微调 BERT 用于文本标注应用，如词性标注（这里假设输入的单个文本有 6 个词元）

15.6.4 问答

作为另一个词元级应用，问答反映阅读理解能力。例如，斯坦福问答数据集（Stanford question answering dataset，SQuAD v1.1）由阅读段落和问题组成，其中每个问题的答案只是段落中的一段文本（文本片段）[131]。例如，考虑一段话：“Some experts report that a mask's efficacy is inconclusive.However, mask makers insist that their products, such as N95 respirator masks, can guard against the virus.”（一些专家报告说口罩的功效是不确定的。然而，口罩制造商坚持他们的产品，如 N95 口罩，可以预防病毒。）还有一个问题“Who say that N95 respirator masks can guard against the virus?”（谁说 N95 口罩可以预防病毒？）。答案应该是文章中的文本片段“mask makers”（口罩制造商）。因此，SQuAD v1.1 的目标是在给定问题和段落的情况下预测段落中文本片段的开始和结束的位置。

为了微调 BERT 进行问答，在 BERT 的输入中，将问题和段落分别作为第一个和第二个文本序列。为了预测文本片段开始的位置，相同的额外的全连接层将把来自位置 i 的任何词元的 BERT 表示转换成标量分数 s_i。文章中所有词元的分数还通过 softmax 转换成概率分布，从而为段落中的每个词元位置 i 分配作为文本片段开始的概率 p_i。预测文本片段的结束与上面相同，只是其额外的全连接层中的参数与用于预测开始位置的参数无关。当预测结束时，位置 i 的词元由相同的全连接层转换成标量分数 e_i。图 15-13 展示了用于问答的微调 BERT。

对于问答，有监督学习的训练目标就像最大化真实值的开始和结束位置的对数似然一样简单。当预测片段时，我们可以计算从位置 i 到位置 j 的有效片段的分数 $s_i + e_j$（$i \leqslant j$），并输出分数最大的跨度。

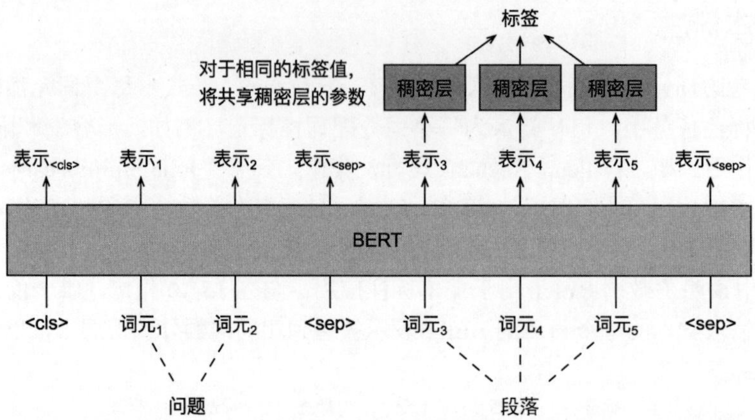

图 15-13　微调 BERT 用于问答（假设输入文本对分别有 2 个词元和 3 个词元）

小结

- 对于序列级和词元级自然语言处理应用，BERT 只需要最小的架构更改（额外的全连接层），如单文本分类（例如，情感分析和测试语言可接受性）、文本对分类或回归（例如，自然语言推断和语义文本相似度）、文本标注（例如，词性标注）和问答。
- 在下游应用的有监督学习期间，额外层的参数是从零开始学习的，而预训练 BERT 模型中的所有参数都是微调的。

练习

（1）我们为新闻文章设计一个搜索引擎算法。当系统接收到查询（例如，“病毒暴发期间的石油行业”）时，它应该返回与该查询最相关的新闻文章的排序列表。假设我们有一个巨大的新闻文章池和大量的查询。为了简化问题，假设为每个查询标注了最相关的文章。如何在算法设计中应用负采样（见 14.2.1 节）和 BERT？

（2）我们如何利用 BERT 来训练语言模型？

（3）我们能在机器翻译中利用 BERT 吗？

15.7　自然语言推断：微调BERT

扫码直达讨论区

在本章的前几节中，我们已经为 SNLI 数据集（15.4 节）上的自然语言推断任务设计了一个基于注意力的架构（15.5 节）。现在，我们通过微调 BERT 来重新审视这项任务。正如在 15.6 节中讨论的那样，自然语言推断是一个序列级的文本对分类问题，而微调 BERT 只需要一个额外的基于多层感知机的架构，如图 15-14 所示。

本节将下载一个预训练好的小版本的 BERT，然后对其进行微调，以便在 SNLI 数据集上进行自然语言推断。

```
import json
import multiprocessing
import os
import torch
from torch import nn
from d2l import torch as d2l
```

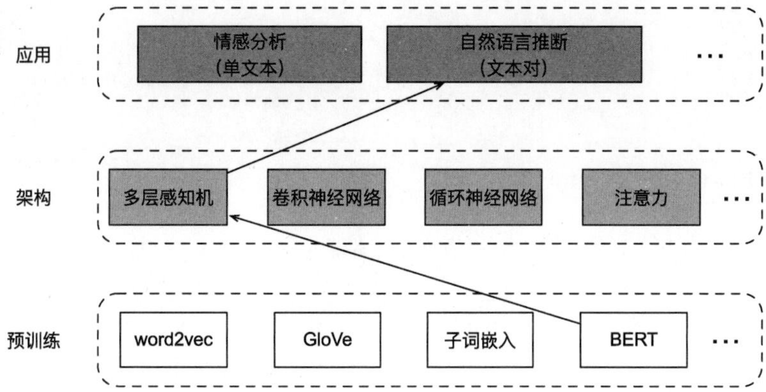

图 15-14 将预训练 BERT 提供给基于多层感知机的自然语言推断架构

15.7.1 加载预训练的BERT

我们已经在 14.9 节和 14.10 节的 WikiText-2 数据集上预训练 BERT（注意，原始的 BERT 模型是在更大的语料库上预训练的）。正如在 14.10 节中所讨论的，原始的 BERT 模型有数以亿计的参数。下面，我们提供了两个版本的预训练的 BERT：bert.base 与原始的 BERT 基本模型一样大，需要大量的计算资源才能进行微调，而 bert.small 是一个小版本，以便于演示。

```
d2l.DATA_HUB['bert.base'] = (d2l.DATA_URL + 'bert.base.torch.zip',
                             '225d66f04cae318b841a13d32af3acc165f253ac')
d2l.DATA_HUB['bert.small'] = (d2l.DATA_URL + 'bert.small.torch.zip',
                              'c72329e68a732bef0452e4b96a1c341c8910f81f')
```

两个预训练好的 BERT 模型都包含一个定义词表的 vocab.json 文件和一个预训练参数的 pretrained.params 文件。我们实现以下 `load_pretrained_model` 函数来加载预先训练好的 BERT 参数。

```
def load_pretrained_model(pretrained_model, num_hiddens, ffn_num_hiddens,
                          num_heads, num_layers, dropout, max_len, devices):
    data_dir = d2l.download_extract(pretrained_model)
    # 定义空词表以加载预定义词表
    vocab = d2l.Vocab()
    vocab.idx_to_token = json.load(open(os.path.join(data_dir,
        'vocab.json')))
    vocab.token_to_idx = {token: idx for idx, token in enumerate(
        vocab.idx_to_token)}
    bert = d2l.BERTModel(len(vocab), num_hiddens, norm_shape=[256],
                         ffn_num_input=256, ffn_num_hiddens=ffn_num_hiddens,
                         num_heads=4, num_layers=2, dropout=0.2,
                         max_len=max_len, key_size=256, query_size=256,
                         value_size=256, hid_in_features=256,
                         mlm_in_features=256, nsp_in_features=256)
    # 加载预训练BERT参数
    bert.load_state_dict(torch.load(os.path.join(data_dir,
                                                 'pretrained.params')))
    return bert, vocab
```

为了便于在大多数机器上演示，我们将在本节中加载和微调经过预训练 BERT 的小版本（bert.small）。在练习中，我们将展示如何微调大得多的 bert.base 以显著提高测试精确度。

```
devices = d2l.try_all_gpus()
bert, vocab = load_pretrained_model(
    'bert.small', num_hiddens=256, ffn_num_hiddens=512, num_heads=4,
    num_layers=2, dropout=0.1, max_len=512, devices=devices)
```

15.7.2 微调BERT的数据集

对于 SNLI 数据集的下游任务自然语言推断，我们定义了一个定制的数据集类 SNLIBERTDataset。在每个样本中，前提和假设形成一对文本序列，并被打包成一个 BERT 输入序列，如图 15-11 所示。回想 14.8.4 节，段索引用于区分 BERT 输入序列中的前提和假设。利用预定义的 BERT 输入序列的最大长度（max_len），持续移除输入文本对中较长文本的最后一个标记，直到满足 max_len。为了加速生成用于微调 BERT 的 SNLI 数据集，我们使用 4 个工作进程并行生成训练样本或测试样本。

```
class SNLIBERTDataset(torch.utils.data.Dataset):
    def __init__(self, dataset, max_len, vocab=None):
        all_premise_hypothesis_tokens = [[
            p_tokens, h_tokens] for p_tokens, h_tokens in zip(
            *[d2l.tokenize([s.lower() for s in sentences])
              for sentences in dataset[:2]])]

        self.labels = torch.tensor(dataset[2])
        self.vocab = vocab
        self.max_len = max_len
        (self.all_token_ids, self.all_segments,
         self.valid_lens) = self._preprocess(all_premise_hypothesis_tokens)
        print('read ' + str(len(self.all_token_ids)) + ' examples')

    def _preprocess(self, all_premise_hypothesis_tokens):
        pool = multiprocessing.Pool(4)  # 使用4个进程
        out = pool.map(self._mp_worker, all_premise_hypothesis_tokens)
        all_token_ids = [
            token_ids for token_ids, segments, valid_len in out]
        all_segments = [segments for token_ids, segments, valid_len in out]
        valid_lens = [valid_len for token_ids, segments, valid_len in out]
        return (torch.tensor(all_token_ids, dtype=torch.long),
                torch.tensor(all_segments, dtype=torch.long),
                torch.tensor(valid_lens))

    def _mp_worker(self, premise_hypothesis_tokens):
        p_tokens, h_tokens = premise_hypothesis_tokens
        self._truncate_pair_of_tokens(p_tokens, h_tokens)
        tokens, segments = d2l.get_tokens_and_segments(p_tokens, h_tokens)
        token_ids = self.vocab[tokens] + [self.vocab['<pad>']] \
                             * (self.max_len - len(tokens))
        segments = segments + [0] * (self.max_len - len(segments))
        valid_len = len(tokens)
        return token_ids, segments, valid_len

    def _truncate_pair_of_tokens(self, p_tokens, h_tokens):
        # 为BERT输入中的'<CLS>'、'<SEP>'和'<SEP>'词元保留位置
        while len(p_tokens) + len(h_tokens) > self.max_len - 3:
            if len(p_tokens) > len(h_tokens):
                p_tokens.pop()
            else:
                h_tokens.pop()

    def __getitem__(self, idx):
        return (self.all_token_ids[idx], self.all_segments[idx],
                self.valid_lens[idx]), self.labels[idx]

    def __len__(self):
        return len(self.all_token_ids)
```

下载完 SNLI 数据集后，我们通过实例化 SNLIBERTDataset 类来生成训练样本和测试样本。这些样本将在自然语言推断的训练和测试期间进行小批量读取。

```
# 如果出现显存不足错误，请减小batch_size在原始的BERT模型中，max_len=512
batch_size, max_len, num_workers = 512, 128, d2l.get_dataloader_workers()
data_dir = d2l.download_extract('SNLI')
train_set = SNLIBERTDataset(d2l.read_snli(data_dir, True), max_len, vocab)
test_set = SNLIBERTDataset(d2l.read_snli(data_dir, False), max_len, vocab)
train_iter = torch.utils.data.DataLoader(train_set, batch_size, shuffle=True,
                                   num_workers=num_workers)
test_iter = torch.utils.data.DataLoader(test_set, batch_size,
                                  num_workers=num_workers)
```

```
read 549367 examples
read 9824 examples
```

15.7.3 微调BERT

如图 15-11 所示，用于自然语言推断的微调 BERT 只需要一个额外的多层感知机，该多层感知机由两个全连接层组成（参见下面 BERTClassifier 类中的 self.hidden 和 self.output）。这个多层感知机将特殊的 '<cls>' 词元的 BERT 表示进行了转换，该词元同时将前提和假设的信息编码为自然语言推断的蕴涵、矛盾和中性。

```
class BERTClassifier(nn.Module):
    def __init__(self, bert):
        super(BERTClassifier, self).__init__()
        self.encoder = bert.encoder
        self.hidden = bert.hidden
        self.output = nn.Linear(256, 3)

    def forward(self, inputs):
        tokens_X, segments_X, valid_lens_x = inputs
        encoded_X = self.encoder(tokens_X, segments_X, valid_lens_x)
        return self.output(self.hidden(encoded_X[:, 0, :]))
```

下面预训练的 BERT 模型 bert 被送到用于下游应用的 BERTClassifier 实例 net 中。在 BERT 微调的常见实现中，只有额外的多层感知机（net.output）的输出层的参数将从零开始学习。预训练 BERT 编码器（net.encoder）和额外的多层感知机的隐藏层（net.hidden）的所有参数都将进行微调。

```
net = BERTClassifier(bert)
```

回想一下，在 14.8 节中，MaskLM 类和 NextSentencePred 类在其使用的多层感知机中都有一些参数。这些参数是预训练 BERT 模型 bert 中参数的一部分，因此是 net 中的参数的一部分。然而，这些参数仅用于计算预训练过程中的掩蔽语言模型损失和下一句预测任务损失。这两个损失函数与微调下游应用无关，因此当微调 BERT 时，MaskLM 和 NextSentencePred 中采用的多层感知机的参数不会更新（陈旧的）。

为了允许具有陈旧梯度的参数，标志 ignore_stale_grad=True 在 step 函数 d2l.train_batch_ch13 中被设置。我们通过该函数使用 SNLI 的训练集（train_iter）和测试集（test_iter）对 net 模型进行训练和评估。由于计算资源有限，训练和测试精确度可以进一步提高：我们把对它的讨论留在练习中。

```
lr, num_epochs = 1e-4, 5
trainer = torch.optim.Adam(net.parameters(), lr=lr)
loss = nn.CrossEntropyLoss(reduction='none')
```

```
d2l.train_ch13(net, train_iter, test_iter, loss, trainer, num_epochs,
    devices)
```

```
loss 0.516, train acc 0.792, test acc 0.784
9326.5 examples/sec on [device(type='cuda', index=0), device(type='cuda', index=1)]
```

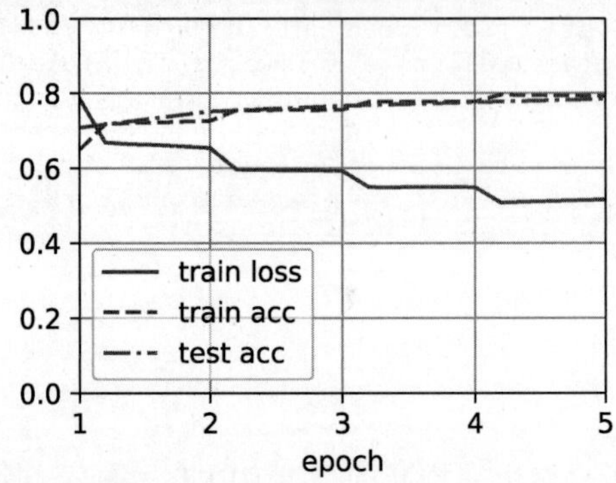

小结

- 我们可以针对下游应用对预训练的 BERT 模型进行微调，例如在 SNLI 数据集上进行自然语言推断。
- 在微调过程中，BERT 模型成为下游应用模型的一部分。仅与训练前损失相关的参数在微调期间不会更新。

练习

（1）如果你的计算资源允许，请微调一个更大的预训练 BERT 模型，该模型与原始的 BERT 基本模型一样大。修改 `load_pretrained_model` 函数中的参数设置：将 `bert.small` 替换为 `bert.base`，将 `num_hiddens=256`、`ffn_num_hiddens=512`、`num_heads=4` 和 `num_layers=2` 分别增加到 768、3072、12 和 12。通过增加微调迭代次数（可能还会调优其他超参数），可以获得高于 0.86 的测试精确度吗？

（2）如何根据一对序列的长度比值截断它们？将此截断方法与 `SNLIBERTDataset` 类中使用的方法进行比较，它们的利弊各是什么？

附录 A

深度学习工具

为了充分利用《动手学深度学习》，本书将在本附录中介绍不同工具，例如如何运行这本交互式开源书和为本书做贡献。

A.1 使用Jupyter记事本

扫码直达讨论区

本节介绍如何使用 Jupyter 记事本编辑和运行本书各章中的代码。确保你已按照安装部分中的说明安装了 Jupyter 并下载了代码。如果你想了解更多关于 Jupyter 的信息，请参阅其文档中的优秀教程。

A.1.1 在本地编辑和运行代码

假设本书代码的本地路径为 xx/yy/d2l-zh/。使用 shell 将目录更改为此路径（`cd xx/yy/d2l-zh`）并执行命令 `jupyter notebook`。如果浏览器未自动打开，需要打开 http://localhost:8888。此时你将看到 Jupyter 的界面以及包含本书代码的所有文件夹，如图 A-1 所示。

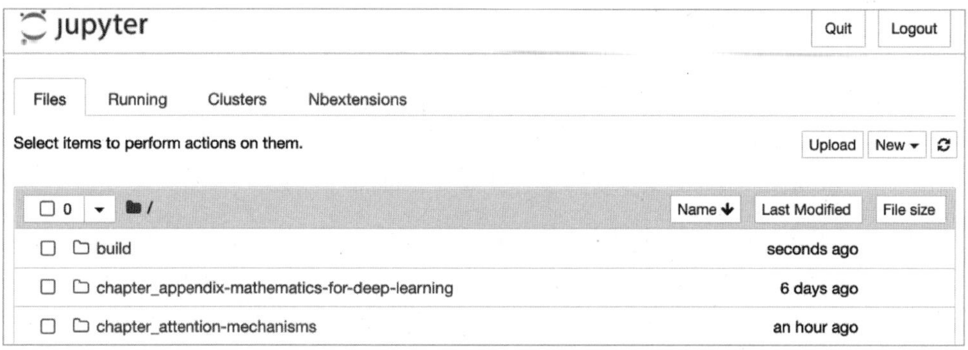

图 A-1　包含本书代码的文件夹

你可以通过单击网页上显示的文件夹来访问 Notebook 文件。它们通常有后缀“.ipynb”。为简洁起见，我们创建了一个临时的 test.ipynb 文件。单击后显示的内容如图 A-2 所示。此 Notebook 包括一个标记单元格和一个代码单元格。标记单元格中的内容包括“This Is a Title”和“This is text.”。代码单元格包含两行 Python 代码。

双击标记单元格以进入编辑模式。在单元格末尾添加一个新的文本字符串“Hello world.”，如图 A-3 所示。

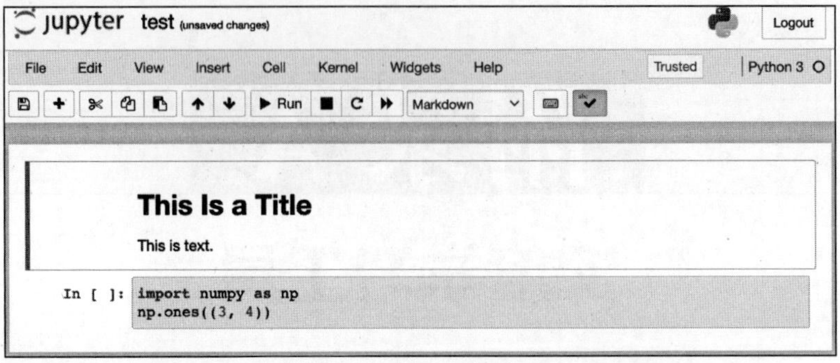

图 A-2　test.ipynb 文件中的 Markdown 和代码块

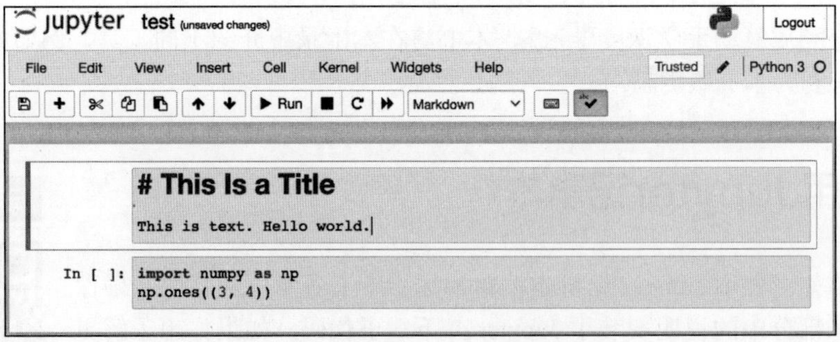

图 A-3　编辑 Markdown 单元格

单击菜单栏中的“Cell”→“Run Cells”以运行编辑后的单元格，如图 A-4 所示。

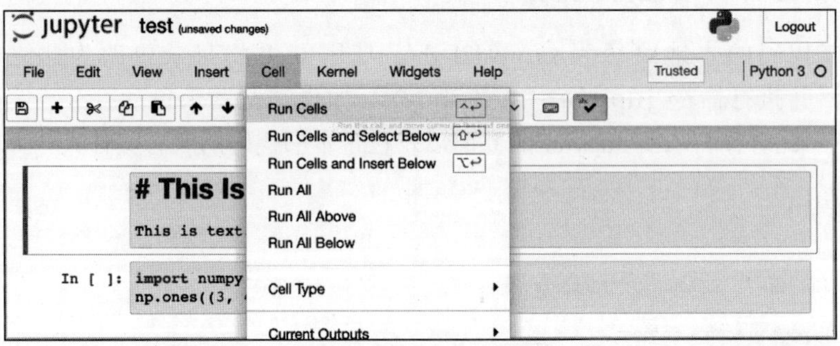

图 A-4　运行单元格

运行后，Markdown 单元格如图 A-5 所示。

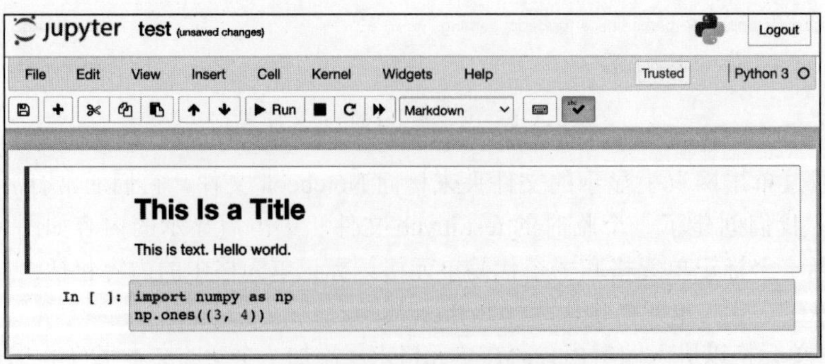

图 A-5　编辑后的 Markdown 单元格

接下来，单击代码单元格。将最后一行代码后的元素乘以 2，如图 A-6 所示。

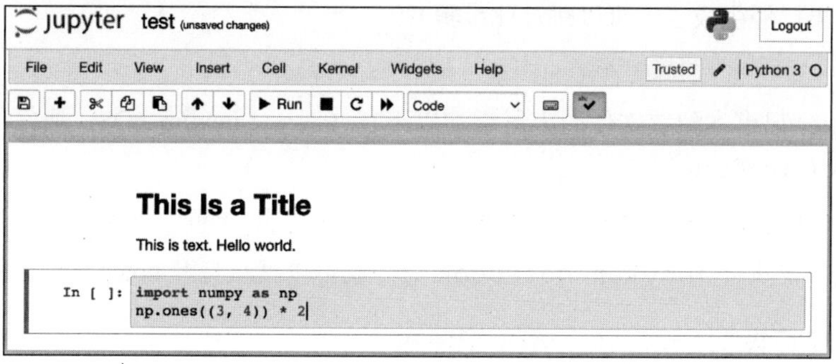

图 A-6 编辑代码单元格

你还可以使用快捷键（默认情况下为 Ctrl+Enter 组合键）运行单元格，并从图 A-7 获取输出结果。

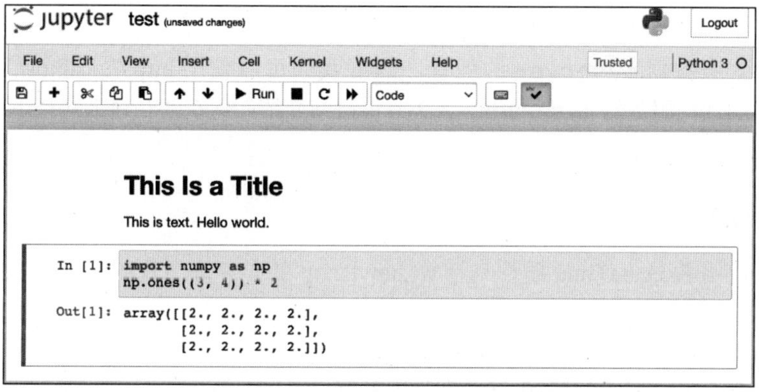

图 A-7 运行代码单元格以获得输出

当一个 Notebook 包含更多单元格时，我们可以单击菜单栏中的“Kernel”→“Restart & Run All”来运行整个 Notebook 中的所有单元格。通过单击菜单栏中的“Help”→“Edit Keyboard Shortcuts”，可以根据你的首选项编辑快捷键。

A.1.2 高级选项

除了本地编辑，还有两件事非常重要：以 Markdown 格式编辑 Notebook 和远程运行 Jupyter。当我们想要在运行速度更快的服务器上运行代码时，后者很重要。前者之所以很重要，是因为 Jupyter 原生的 ipynb 格式存储了大量辅助数据，这些数据实际上并不特定于 Notebook 中的内容，主要与代码的运行方式和运行位置有关。这让 Git 感到困惑，并且使得合并贡献非常困难。幸运的是，还有另一种选择——在 Markdown 中进行本地编辑。

1. Jupyter 中的 markdown 文件

如果你希望对本书的内容有所贡献，则需要在 GitHub 上修改源文件（md 文件，而不是 ipynb 文件）。使用 notedown 插件，我们可以直接在 Jupyter 中修改 md 格式的 Notebook 文件。

首先，安装 notedown 插件，运行 Jupyter 记事本并加载插件：

```
pip install d2l-notedown  # 你可能需要卸载原始notedown
jupyter notebook --NotebookApp.contents_manager_class='notedown.NotedownContentsManager'
```

要在运行 Jupyter 记事本时默认打开 notedown 插件，首先，需要生成一个 Jupyter 记事本配置文件（如果已经生成了，可以跳过此步骤）：

```
jupyter notebook --generate-config
```

然后，在 Jupyter 记事本配置文件的末尾添加以下行（对于 Linux/macOS，通常位于 ~/.jupyter/jupyter_notebook_config.py）：

```
c.NotebookApp.contents_manager_class = 'notedown.NotedownContentsManager'
```

在这之后，只需要执行 `jupyter notebook` 命令就可以默认打开 notedown 插件。

2. 在远程服务器上运行 Jupyter 记事本

有时，你可能希望在远程服务器上运行 Jupyter 记事本，并通过本地计算机上的浏览器访问它。如果本地计算机上安装了 Linux 或 macOS 操作系统（Windows 也可以通过 Putty 等第三方软件支持此功能），则可以使用端口转发：

```
ssh myserver -L 8888:localhost:8888
```

以上是远程服务器 `myserver` 的地址。然后我们可以使用 http://localhost:8888 访问运行 Jupyter 记事本的远程服务器 `myserver`。A.2 节将详细介绍如何在亚马逊云科技上运行 Jupyter 记事本。

3. 执行时间

我们可以使用 ExecuteTime 插件来计算 Jupyter 记事本中每个代码单元格的运行时间。使用以下命令安装插件：

```
pip install jupyter_contrib_nbextensions
jupyter contrib nbextension install --user
jupyter nbextension enable execute_time/ExecuteTime
```

小结

- 使用 Jupyter 记事本工具，我们可以编辑、运行和为本书做贡献。
- 使用端口转发在远程服务器上运行 Jupyter 记事本。

练习

（1）在本地计算机上使用 Jupyter 记事本编辑并运行本书中的代码。

（2）使用 Jupyter 记事本通过端口转发来远程编辑和运行本书中的代码。

（3）对于两个方矩阵，测量 $\boldsymbol{A}^\top\boldsymbol{B}$ 与 $\boldsymbol{AB}$ 在 $\mathbb{R}^{1024\times1024}$ 中的运行时间，哪一个更快？

A.2 使用Amazon SageMaker

扫码直达讨论区

深度学习程序可能需要很多计算资源，这很容易超出你的本地计算机所能提供的资源范围。云计算服务允许你使用功能更强大的计算机更轻松地运行本书的 GPU 密集型代码。本节将介绍如何使用 Amazon SageMaker 运行本书的代码。

A.2.1 注册

我们首先需要在亚马逊云科技官网注册一个账号。为了增加安全性，鼓励使用双因素身份验证。设置详细的计费和支出警报也是一个好主意，以避免任何意外，例如忘记停止运行实例。登录亚马逊云科技账号后，转到控制台（console）并搜索“Amazon SageMaker”（图A-8），然后单击它打开 SageMaker 面板。

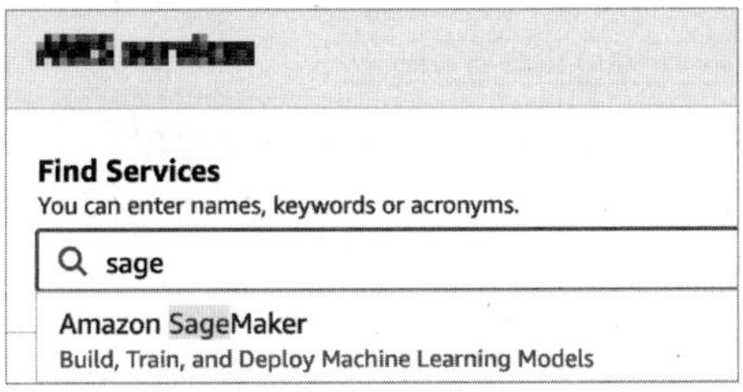

图 A-8 搜索并打开 SageMaker 面板

A.2.2 创建SageMaker实例

接下来，我们创建一个 Notebook 实例，如图 A-9 所示。

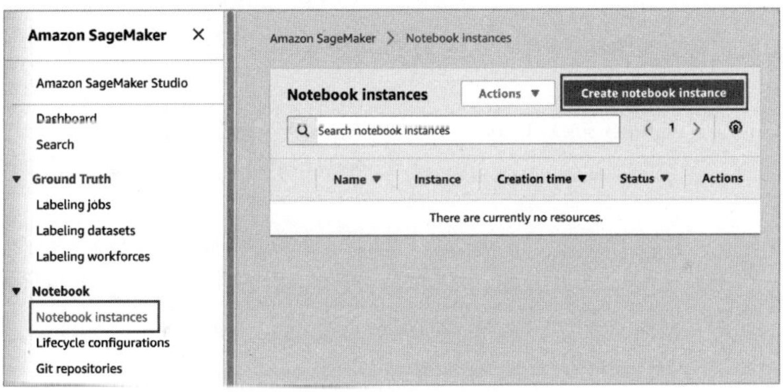

图 A-9 创建一个 SageMaker 实例

SageMaker 提供多个具有不同计算能力和价格的实例类型。创建 Notebook 实例时，可以指定其名称和类型。在图 A-10 中，我们选择“ml.p3.2xlarge”：使用一个 Tesla V100 GPU 和一个 8 核 CPU，这个实例的性能足够本书的大部分内容使用。

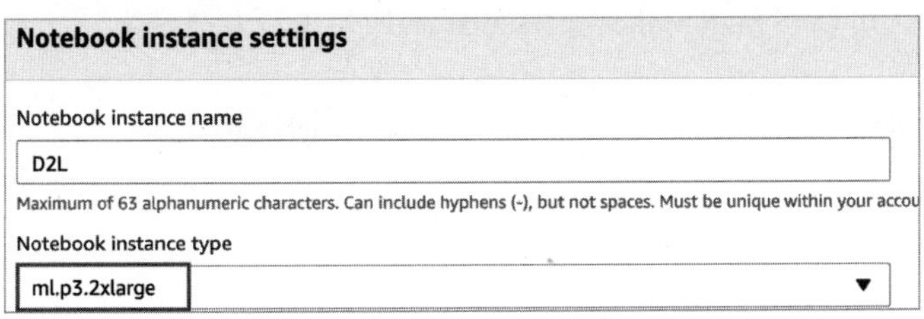

图 A-10 选择实例类型

用于与 SageMaker 一起运行的 ipynb 格式的本书可从 https://github.com/d2l-ai/d2l-pytorch-sagemaker 获得。我们可以指定此 GitHub 存储库 URL（图 A-11），以允许 SageMaker 在创建实例时克隆它。

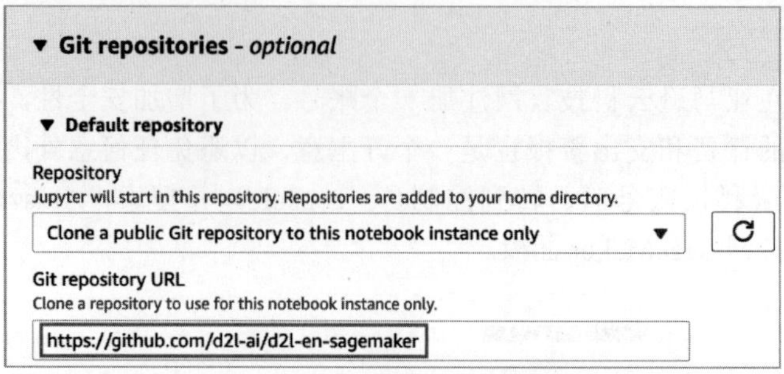

图 A-11　指定 GitHub 存储库

A.2.3　运行和停止实例

创建实例可能需要几分钟的时间。当实例准备就绪时，单击它旁边的“Open Jupyter”链接（图A-12），以便在此实例上编辑并运行本书的所有Jupyter记事本（类似于A.1节中的步骤）。

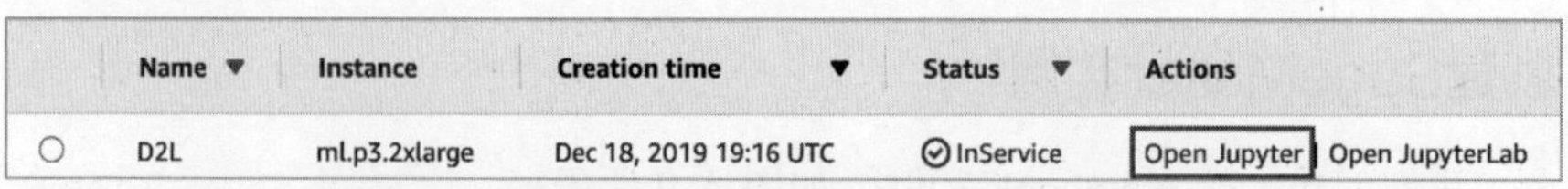

图 A-12　在创建的 SageMaker 实例上打开 Jupyter

完成后不要忘记停止实例以避免进一步收费（图 A-13）。

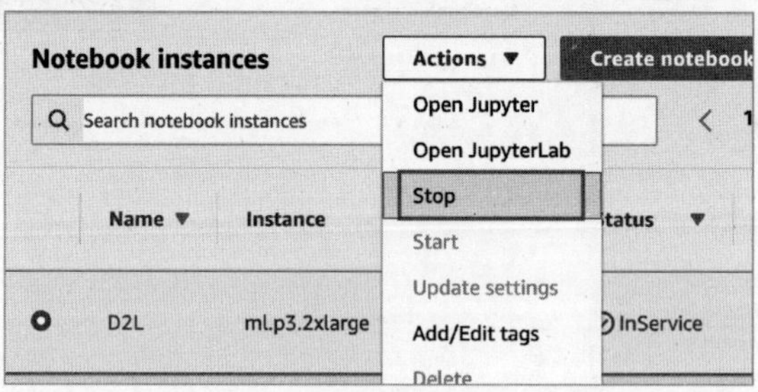

图 A-13　停止 SageMaker 实例

A.2.4　更新Notebook

这本开源书的 Notebook 将定期在 GitHub 上的 d2l-ai/d2l-pytorch-sagemaker 存储库中更新。要更新至最新版本，可以在 SageMaker 实例（图 A-14）上打开终端。

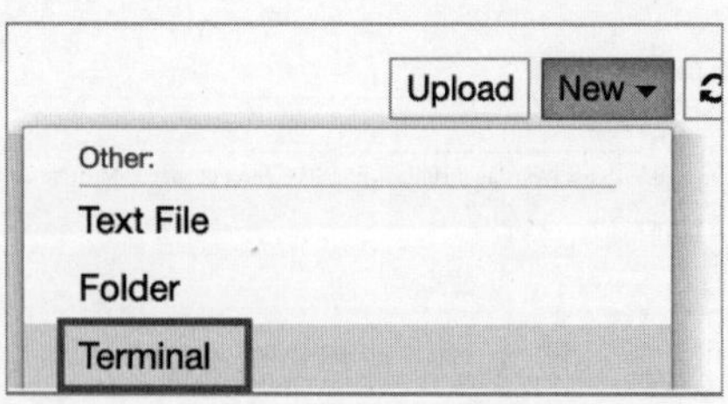

图 A-14　在 SageMaker 实例上打开终端

你可能希望在从远程存储库提取更新之前提交本地更改，如果不需要，可以在终端中使用以下命令放弃所有本地更改：

```
cd SageMaker/d2l-pytorch-sagemaker/
git reset --hard
git pull
```

小结

- 我们可以使用 Amazon SageMaker 创建一个 GPU 的 Notebook 实例来运行本书的密集型代码。
- 我们可以通过 Amazon SageMaker 实例上的终端更新 Notebook。

练习

（1）使用 Amazon SageMaker 编辑并运行任何需要 GPU 的部分。

（2）打开终端以访问保存本书所有 Notebook 的本地目录。

A.3 使用Amazon EC2实例

扫码直达讨论区

本节将展示如何在原始 Linux 机器上安装所有库。回想一下，A.2 节讨论了如何使用 Amazon SageMaker，而在云上自己构建实例的成本更低。本节展示包括 3 个步骤。

（1）从 Amazon EC2 请求 GPU Linux 实例。

（2）安装 CUDA（或使用预装 CUDA 的 Amazon 系统映像）。

（3）安装深度学习框架和其他库以运行本书的代码。

此过程也适用于其他实例（和其他云），尽管需要一些细微的修改。在继续操作之前，需要创建一个亚马逊云科技账号。要获得有关更多详细信息，请参阅 A.2 节。

A.3.1 创建和运行EC2实例

登录到你的亚马逊云科技账号后，单击“EC2”（在图 A-15 中用方框标记）进入 EC2 面板。

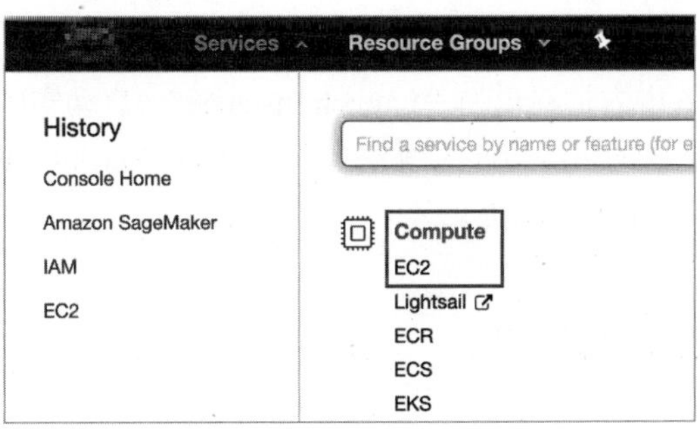

图 A-15 打开 EC2 控制台

图 A-16 显示 EC2 面板，敏感账号信息变为灰色。

1. 预置位置

选择附近的数据中心以降低延迟，例如“Oregon”（俄勒冈）（图 A-16 右上角的方框）。如果你位于中国，你可以选择附近的亚太地区（例如首尔或东京）的数据中心。注意，某些数据中心可能没有 GPU 实例。

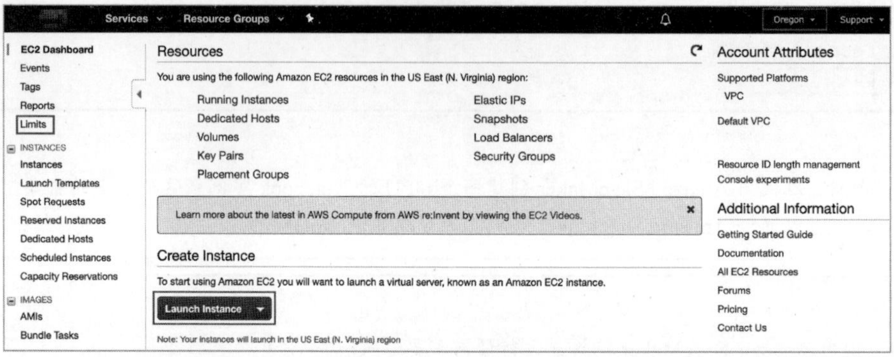

图 A-16　EC2 面板

2. 增加限制

在选择实例之前，请单击图 A-16 所示左侧栏中的"Limits"（限制）标签查看是否有数量限制。图 A-17 显示了此类限制的一个例子。账号目前无法按地域打开 p2.xlarge 实例。如果你需要打开一个或多个实例，可单击"Request limit increase"（请求增加限制）链接，申请更高的实例配额。一般来说，需要一个工作日的时间来处理申请。

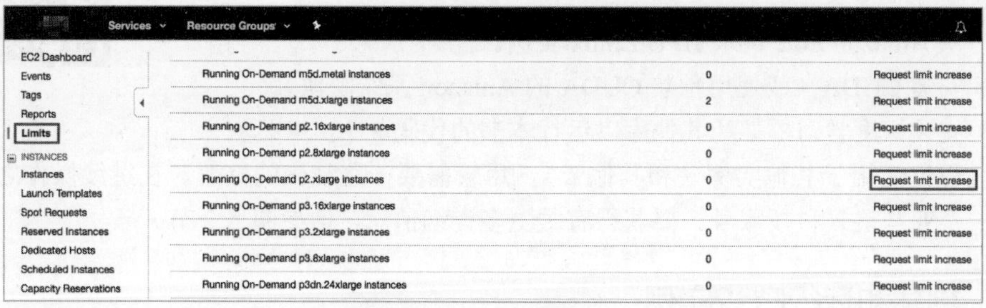

图 A-17　实例数量限制

3. 启动实例

接下来，单击图 A-16 中方框标记的"Launch Instance"（启动实例）按钮，启动你的实例。

我们首先选择一个合适的 Amazon 系统映像（Amazon Machine Image，AMI）。在搜索框中输入"Ubuntu"（图 A-18 中的方框标记）。

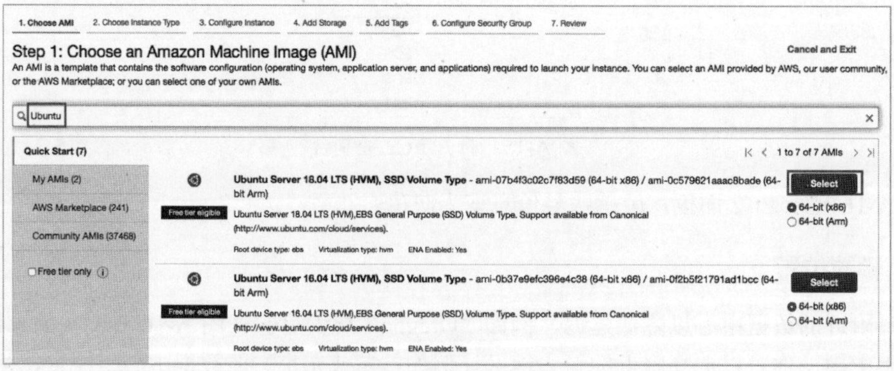

图 A-18　选择一个 AMI

EC2 提供了许多不同的实例配置可供选择。对初学者来说，这有时会让人感到困惑。表 A-1 列出了不同的 EC2 实例类型。

表 A-1　不同的 EC2 实例类型

名称	GPU	备注
g2	Grid K520	过时的
p2	Kepler K80	旧的 GPU 但 Spot 实例通常很便宜
g3	Maxwell M60	好的平衡
p3	Volta V100	FP16 的高性能
g4	Turing T4	FP16/INT8 推理优化

所有这些服务器都有多种类型，图 A-19 显示了使用的 GPU 数量。例如，p2.xlarge 有 1 个 GPU，而 p2.16xlarge 有 16 个 GPU 和更多内存。有关更多详细信息，请参阅“Amazon EC2 实例类型”文档。

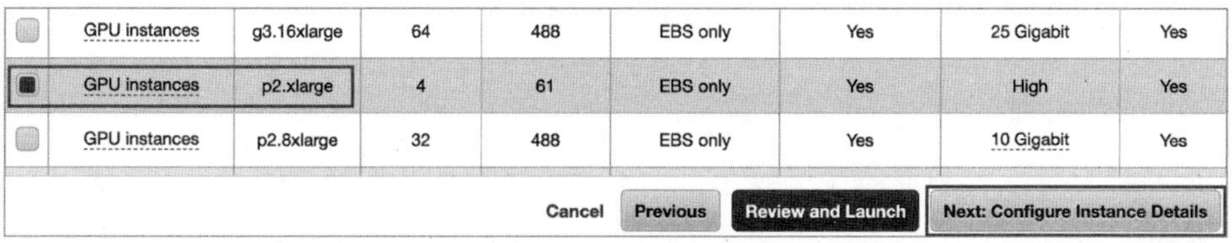

图 A-19　选择一个实例

注意，你应该使用支持 GPU 的实例以及合适的驱动程序和支持 GPU 的深度学习框架。否则，你将感受不到使用 GPU 的任何好处。

到目前为止，我们已经完成了启动 EC2 实例的 7 个步骤中的前两个步骤，如图 A-20 顶部所示。在本例中，我们保留“3. Configure Instance”（配置实例）、“5. Add Tags”（添加标签）和“6. Configure Security Group”（配置安全组）步骤的默认配置。单击“4.Add Storage”（添加存储）并将默认硬盘大小增加到 64GB（图 A-20 中的红色框标记）。注意，CUDA 本身已经占用了 4GB 空间。

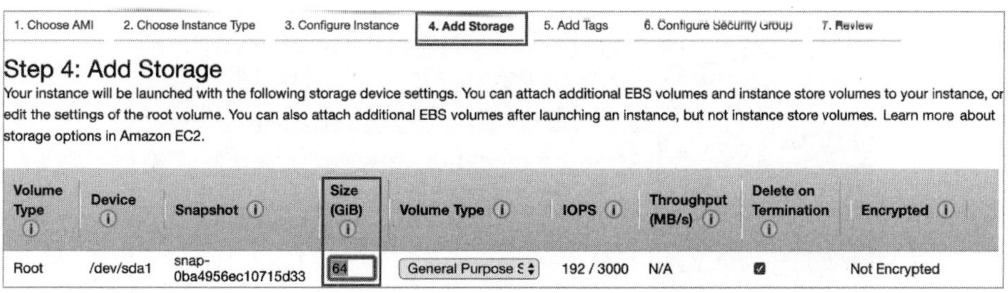

图 A-20　修改硬盘大小

最后，进入“7. Review”（查看），单击“Launch”（启动），即可启动配置好的实例。系统现在将提示你选择用于访问实例的密钥对。如果你没有密钥对，请在图 A-21 的第一个下拉菜单中选择“Create a new key pair”（新建密钥对），即可生成密钥对。之后，你可以在此菜单中选择“Choose an existing key pair”（选择现有密钥对），然后选择之前生成的密钥对。单击“Launch Instances”（启动实例）即可启动创建的实例。

如果生成了新密钥对，请确保下载密钥对并将其存储在安全位置。这是你通过 SSH 连接到服务器的唯一方式。单击图 A-22 中显示的实例 ID 可查看该实例的状态。

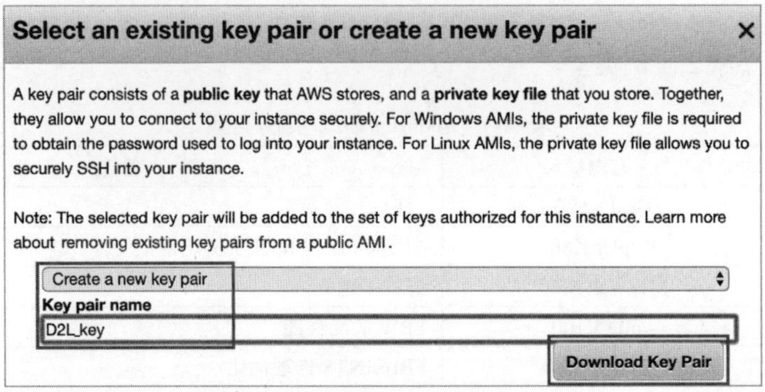

图 A-21　选择一个密钥对

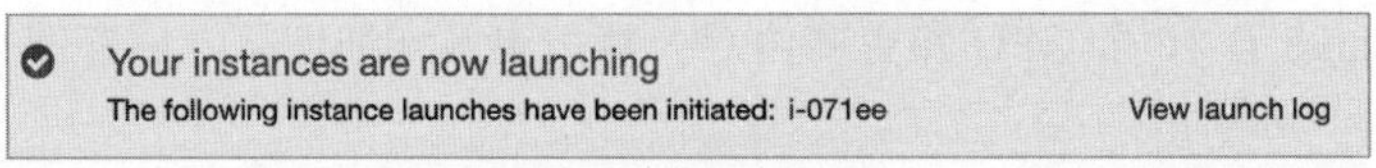

图 A-22　单击实例 ID

4. 连接到实例

如图 A-23 所示，实例状态变为绿色后，右键单击实例，选择“Connect”（连接）查看实例访问方式。

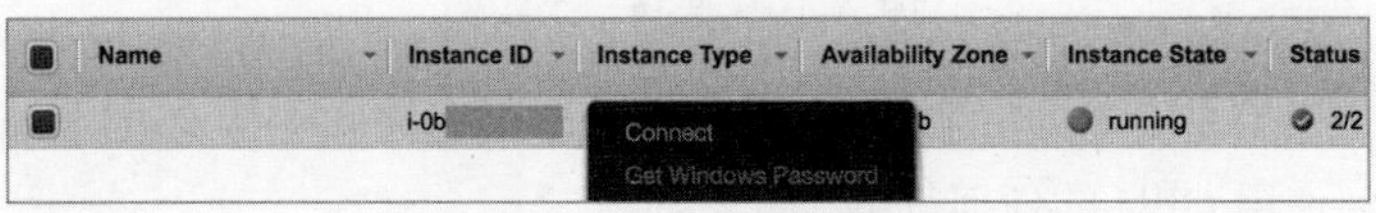

图 A-23　查看实例访问方法

如果这是一个新密钥，那么它必须是不可公开查看的，才能使 SSH 工作。转到存储 D2L_key.pem 的文件夹，并执行以下命令以使密钥不可公开查看：

```
chmod 400 D2L_key.pem
```

现在，复制图 A-24 下方红色框中的 ssh 命令并粘贴到命令行：

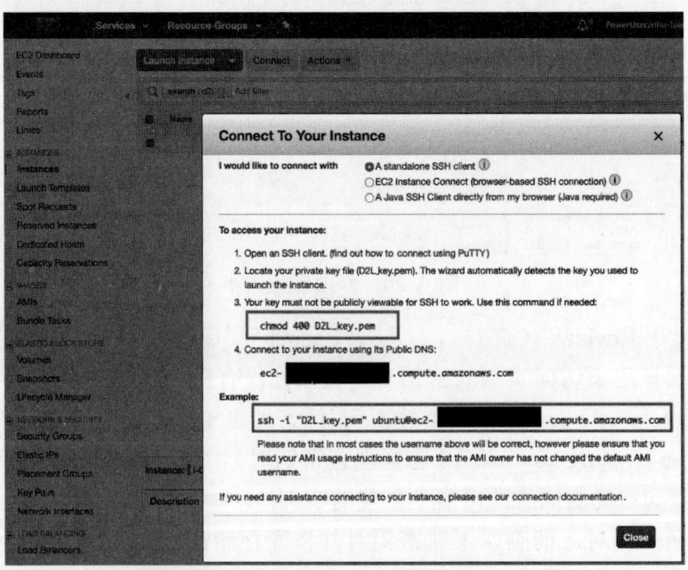

图 A-24　查看实例访问和启动方法

```
ssh -i "D2L_key.pem" ubuntu@ec2-xx-xxx-xxx-xxx.y.compute.amazonaws.com
```

当命令行提示“Are you sure you want to continue connecting (yes/no)”（你确定要继续连接吗？（是 / 否））时，输入“yes”并按 Enter 键登录实例。

你的服务器现在已就绪。

A.3.2 安装CUDA

在安装 CUDA 之前，请确保使用最新的驱动程序更新实例。

```
sudo apt-get update && sudo apt-get install -y build-essential git libgfortran3
```

我们在这里下载 CUDA 10.1。访问 NVIDIA 的官方存储库（CUDA Toolkit Archive 页面）以找到下载链接，如图 A-25 所示。

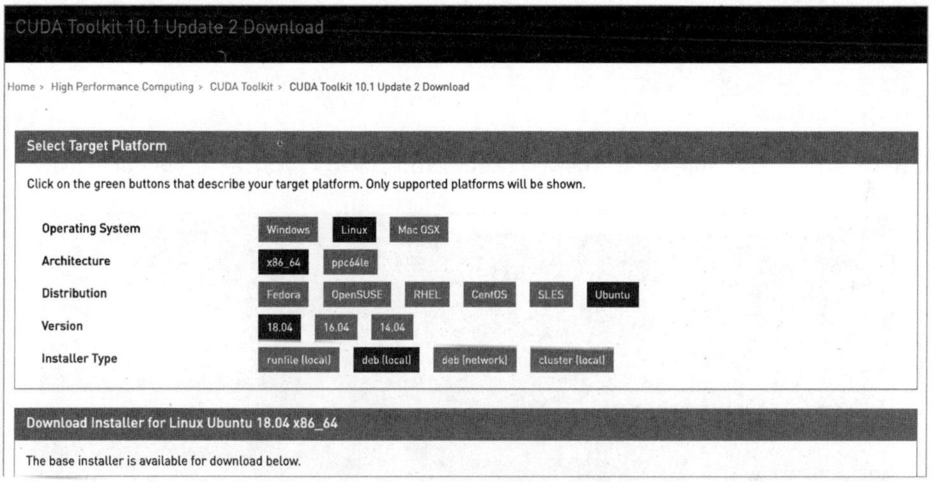

图 A-25 查找 CUDA 10.1 下载地址

将说明复制并粘贴到终端上，以安装 CUDA 10.1。

```
# 链接和文件名可能会发生更改，以NVIDIA的官网为准
wget https://developer.download.nvidia.com/compute/cuda/repos/ubuntu1804/x86_64/
cuda-ubuntu1804.pin
sudo mv cuda-ubuntu1804.pin /etc/apt/preferences.d/cuda-repository-pin-600
wget http://developer.download.nvidia.com/compute/cuda/10.1/Prod/local_
installers/cuda-repo-ubuntu1804-10-1-local-10.1.243-418.87.00_1.0-1_amd64.deb
sudo dpkg -i cuda-repo-ubuntu1804-10-1-local-10.1.243-418.87.00_1.0-1_amd64.deb
sudo apt-key add /var/cuda-repo-10-1-local-10.1.243-418.87.00/7fa2af80.pub
sudo apt-get update
sudo apt-get -y install cuda
```

安装程序后，执行以下命令查看 GPU：

```
nvidia-smi
```

最后，将 CUDA 添加到库路径以帮助其他库找到它。

```
echo "export LD_LIBRARY_PATH=\${LD_LIBRARY_PATH}:/usr/local/cuda/lib64" >> ~/.bashrc
```

A.3.3 安装库以运行代码

要运行本书的代码，只需在 EC2 实例上为 Linux 用户执行安装中的步骤，并使用以下提

示在远程 Linux 服务器上工作。

- 要在 Miniconda 安装页面下载 bash 脚本，请右键单击下载链接并选择“copy Link address”，然后执行 `wget [copied link address]`。
- 运行 `~/miniconda3/bin/conda init`，你可能需要执行 `source~/.bashrc`，而不是关闭并重新打开当前 shell。

A.3.4　远程运行Jupyter记事本

要远程运行 Jupyter 记事本，你需要使用 SSH 端口转发。毕竟，云中的服务器没有显示器或键盘。为此，请从你的台式机（或笔记本电脑）登录到你的服务器，如下所示：

```
# 此命令必须在本地命令行中执行
ssh -i "/path/to/key.pem" ubuntu@ec2-xx-xxx-xxx-xxx.y.compute.amazonaws.com -L 8889:
localhost:8888
```

接下来，转到 EC2 实例上本书下载的代码所在的位置，然后运行：

```
conda activate d2l
jupyter notebook
```

图 A-26 显示了运行 Jupyter 记事本后可能的输出。最后一行是端口 8888 的 URL。

图 A-26　运行 Jupyter 记事本后可能的输出（最后一行是端口 8888 的 URL）

由于你使用端口转发到端口 8889，请复制图 A-26 红色框中的最后一行，将 URL 中的“8888”替换为“8889”，然后在本地浏览器中打开它。

A.3.5　关闭未使用的实例

由于云服务是按使用时间计费的，你应该关闭不使用的实例。注意，还有其他选择。

- “Stopping”（停止）实例意味着你可以重新启动它。这类似于关闭常规服务器的电源。但是，停止的实例仍将按保留的硬盘空间收取少量费用。
- “Terminating”（终止）实例将删除与其关联的所有数据，这包括磁盘，因此你不能再次启动它。只有在你知道将来不需要它的情况下才这样做。

如果你想要将该实例用作更多实例的模板，请右键单击图 A-23 中的例子，然后选择“Image”→“Create”以创建该实例的镜像。完成后，选择“Instance State”→“Terminating”以终止实例。下次要使用此实例时，可以按照本节中的步骤基于保存的镜像创建实例。唯一的区别是，在图 A-18 所示的“1.Choose AMI”中，你必须使用左侧的“My AMIs”选项来选择你保存的镜像。创建的实例将保留镜像硬盘上存储的信息。例如，你不必重新安装 CUDA 和其他运行时环境。

小结

- 我们可以按需启动和停止实例，而不必购买和配置我们自己的计算机。
- 在使用支持 GPU 的深度学习框架之前，我们需要安装 CUDA。
- 我们可以使用端口转发在远程服务器上运行 Jupyter 记事本。

练习

（1）云提供了便利，但价格并不便宜。了解如何启动 Amazon EC2 Spot 实例以降低成本。

（2）尝试使用不同的 GPU 服务器，它们有多快？

（3）尝试使用多 GPU 服务器，为此能扩展到什么程度？

A.4 选择服务器和GPU

深度学习训练通常需要大量的计算。目前，GPU 是深度学习最具成本效益的硬件加速器。与 CPU 相比，GPU 更便宜，性能更高，通常超过一个数量级。此外，一台服务器可以支持多个 GPU，高端服务器最多支持 8 个 GPU。更典型的是工程工作站最多支持 4 个 GPU，这是因为热量、冷却和电源需求会迅速增加，超出办公楼所能支持的承载范围。对于更大规模的部署，云计算（例如，亚马逊的 Amazon EC2 P3 和 G4 实例）是一个更实用的解决方案。

A.4.1 选择服务器

通常不需要购买具有多个线程的高端 CPU，因为大部分计算都发生在 GPU 上。这就是说，由于 Python 中的全局解释器锁（GIL），CPU 的单线程性能在有 4 ～ 8 个 GPU 的情况下可能很重要。在所有的条件都一样的情况下，这意味着核数较少但时钟频率较高的 CPU 可能是更经济的选择。例如，当在 6 核 4 GHz 和 8 核 3.5 GHz 的 CPU 之间进行选择时，前者更可取，即使其聚合速度较低。一个重要的考虑因素是，GPU 的使用功率很大，从而消耗大量的热量，这需要非常好的冷却系统和足够大的机箱来支持使用 GPU。如有可能，请遵循以下指南。

（1）电源。GPU 的使用功率很大。每个设备预计高达 350 W（检查显卡的峰值需求而不是一般需求，因为高效代码可能会消耗大量功率）。如果电源功率不能满足需求，系统会变得不稳定。

（2）机箱大小。GPU 很大，辅助电源连接器通常需要额外的空间。此外，大型机箱更容易冷却。

（3）GPU 散热。如果有大量的 GPU，可能需要投资水冷。此外，即使风扇较少，也应以“公版设计”为目标，因为它们足够薄，可以在设备之间进气。当使用多风扇 GPU 并安装多个 GPU 时，它可能太厚而无法获得足够的空气。

（4）PCIe 插槽。在 GPU 之间来回移动数据（以及在 GPU 之间交换数据）需要大量带宽。建议使用 16 通道的 PCIe 3.0 插槽。当安装了多个 GPU 时，请务必仔细阅读主板说明，以确保在同时使用多个 GPU 时 16 倍带宽仍然可用，并且使用的是 PCIe 3.0，而不是用于附加插槽的

PCIe 2.0。在安装多个 GPU 的情况下，一些主板的带宽降级到 8 倍甚至 4 倍。这其中的部分原因是 CPU 提供的 PCIe 通道数量限制。

简而言之，下面是构建深度学习服务器的一些建议。

- *初学者*。购买低功率的低端 GPU（适合深度学习的廉价游戏 GPU，功率为 150 ～ 200 W）。如果幸运的话，大家现在常用的计算机将支持它。
- 1 个 GPU。一个 4 核的低端 CPU 就足够了，大多数主板也足够了。以至少 32 GB 的 DRAM 为目标，投资 SSD 进行本地数据访问。功率为 600 W 的电源应足够。买一个有多风扇的 GPU。
- 2 个 GPU。一个 4 ～ 6 核的低端 CPU 就足够了。可以考虑 64 GB 的 DRAM 并投资于 SSD。两个高端 GPU 将需要 1000 W 的电源功率。对于主板，请确保它们具有两个 PCIe 3.0×16 插槽。如果可以，请使用 PCIe 3.0×16 插槽之间有两个可用空间（60 mm 间距）的主板，以提供额外的空气。在这种情况下，购买两个具有多风扇的 GPU。
- 4 个 GPU。确保购买的 CPU 具有相对较快的单线程速度（即较高的时钟频率）。可能需要具有更多 PCIe 通道的 CPU，例如 AMD Threadripper。可能需要相对昂贵的主板才能获得 4 个 PCIe 3.0×16 插槽，因为它们可能需要一个 PLX 来多路复用 PCIe 通道。购买带有公版设计的 GPU，这些 GPU 很窄，并且让空气进入 GPU 之间。需要一个功率 1600 ～ 2000 W 的电源，办公室的插座可能不支持。此服务器可能在运行时声音很大、温度很高。不要把它放在桌子下面。建议使用 128 GB 的 DRAM。获取一个用于本地存储的 SSD（1 ～ 2 TB NVMe）和 RAID 配置的硬盘来存储数据。
- 8 个 GPU。需要购买带有多个冗余电源的专用多 GPU 服务器机箱（例如，每个电源功率为 1600 W 时为 2+1）。这将需要双插槽服务器 CPU、256 GB ECC DRAM 和快速网卡（建议使用 10 GBE），并且需要检查服务器是否支持 GPU 的物理外形。用户 GPU 和服务器 GPU 之间的气流和布线位置存在显著差异（例如，RTX 2080 和 Tesla V100）。这意味着可能无法在服务器中安装消费级 GPU，因为电源线间隙不足或缺少合适的接线（本书一位合著者痛苦地发现了这一点）。

A.4.2　选择GPU

目前，AMD 和 NVIDIA 是专用 GPU 的两大主要制造商。NVIDIA 是第一个进入深度学习领域的公司，通过 CUDA 为深度学习框架提供更好的支持。因此，大多数用户选择 NVIDIA GPU。

NVIDIA 提供两种类型的 GPU，分别针对个人用户（例如，通过 GTX 和 RTX 系列）和企业用户（通过其 Tesla 系列）。这两种类型的 GPU 提供了相当的计算能力。但是，企业用户 GPU 通常使用强制（被动）冷却、更多内存和 ECC（纠错）内存。这些 GPU 更适用于数据中心，通常成本是个人用户 GPU 的十倍。

如果是一个拥有 100 个服务器的大公司，则应该考虑英伟达 Tesla 系列，或者在云中使用 GPU 服务器。对于实验室或有 10 多个服务器的中小型公司，英伟达 RTX 系列可能是最具成本效益的，可以购买超微或华硕机箱的预配置服务器，这些服务器可以有效地容纳 4 ～ 8 个 GPU。

GPU 供应商通常每一两年发布一代，例如 2017 年发布的 GTX 1000（Pascal）系列和 2019 年发布的 RTX 2000（Turing）系列。每个系列都提供多种不同的型号，以提供不同的性能级别。

GPU 性能主要体现在以下 3 个参数的组合。

（1）计算能力。通常大家会追求 32 位浮点计算能力。16 位浮点（FP16）训练也进入了主流。如果只对预测感兴趣，还可以使用 8 位整数计算能力。最新一代 Turing GPU 提供 4-bit 加速。遗憾的是，目前训练低精度网络的算法还没有普及。

（2）内存大小。随着模型变大或训练期间使用的批量变大，将需要更多的 GPU 内存。检查 HBM2（高带宽内存）与 GDDR6（图形 DDR）内存。HBM2 速度更快，但成本更高。

（3）内存带宽。当有足够的内存带宽时，才能最大限度地利用计算能力。如果使用 GDDR6，请确保宽内存总线。

对于大多数用户，只需看一下计算能力就足够了。注意，许多 GPU 提供不同类型的加速。例如，NVIDIA 的张量核将运算符子集的速度提高了 5 倍。确保所使用的库支持这一点。GPU 内存应不小于 4 GB（8 GB 更好）。尽量避免将 GPU 也用于显示 GUI（改用内置显卡）。如果无法避免，请添加额外的 2 GB RAM 以确保安全。

图 A-27 比较了各种 GTX 900、GTX 1000 和 RTX 2000 系列的（GFlops）和价格（Price）。价格是维基百科上的建议价格（另见彩插图 31）。

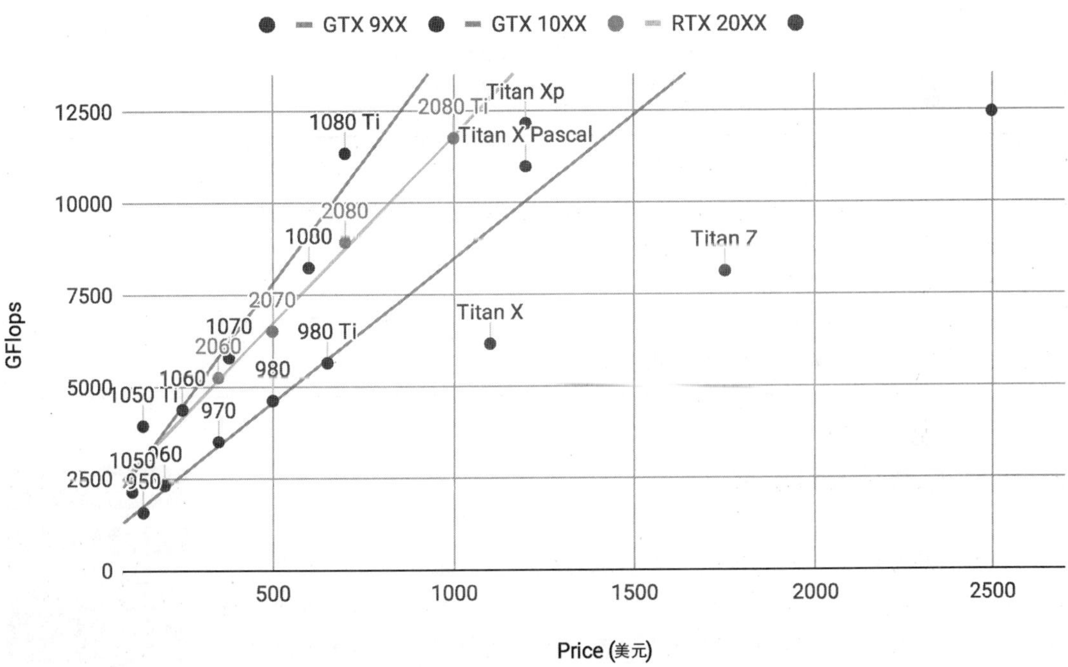

图 A-27 浮点计算能力和价格比较

由图 A-27 可以看出以下规律。

（1）在每个系列中，价格和性能大致成正比。Titan 因拥有大 GPU 内存而有相当的溢价。然而，通过比较 980 Ti 和 1080 Ti 可以看出，较新型号具有更好的成本效益。RTX 2000 系列的价格似乎没有多大提高，然而，它提供了更优秀的低精度性能（FP16、INT8 和 INT4）。

（2）GTX 1000 系列的性价比大约是 900 系列的两倍。

（3）对于 RTX 2000 系列，浮点计算能力是价格的“仿射”函数。

图 A-28 显示了功率与计算量基本呈线性关系（另见彩插图 32）。其次，后一代型号更有效率。这似乎与对应于 RTX 2000 系列的图表相矛盾，然而，这是 TensorCore 不成比例的大功率的结果。

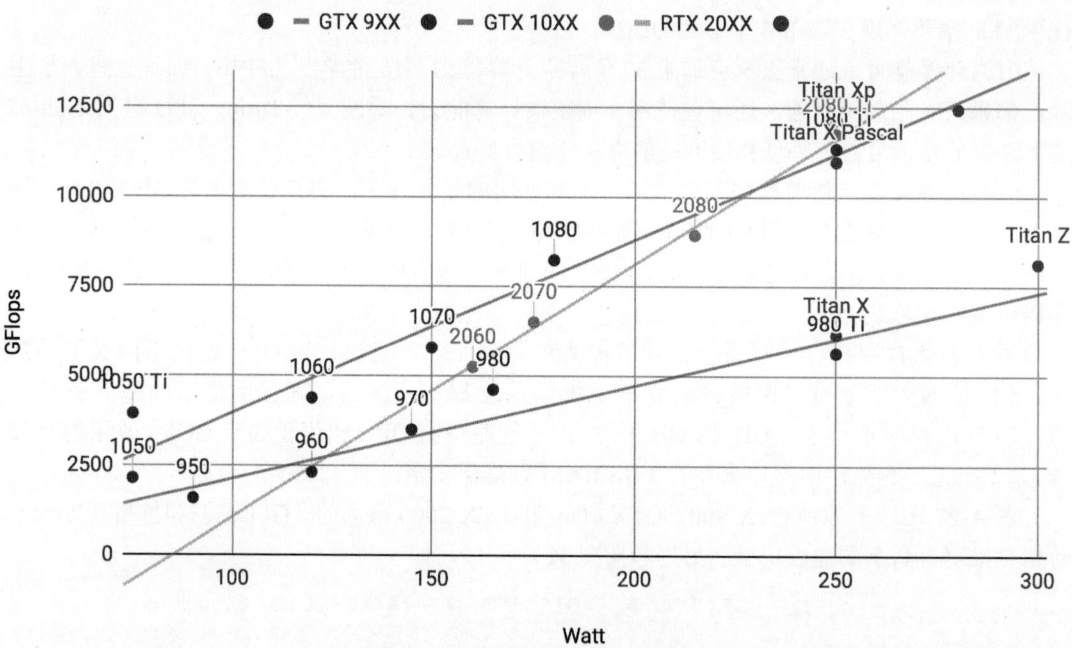

图 A-28　浮点计算能力和功率

> **小结**
>
> - 在构建服务器时，注意电源、PCIe 总线通道、CPU 单线程速度和散热。
> - 如果可能，应该购买最新一代的 GPU。
> - 使用云进行大型部署。
> - 高密度服务器可能不与所有 GPU 兼容。在购买之前，请检查一下机械规格和散热规格。
> - 为提高效率，请使用 FP16 或更低的精度。

A.5　为本书做贡献

扫码直达讨论区

读者们的投稿大大帮助我们改进了本书的质量。如果你发现笔误、无效的链接、一些你认为我们遗漏了引文的地方、代码看起来不优雅或者解释不清楚的地方，请回复我们以帮助读者。在常规书籍中，两次印刷之间的间隔（即修订笔误的间隔）常常需要几年，但本书的改进通常只需几小时到几天的时间。由于版本控制和持续自动集成（CI）测试，这一切颇为高效。为此，你需要向 GitHub 存储库提交一个 pull 请求（pull request）①。当你的 pull 请求被作者合并到代码库中时，你将成为贡献者②。

A.5.1　提交微小更改

最常见的贡献是编辑一句话或修正笔误。我们建议你在 GitHub 存储库③中查找源文件，以

① 在GitHub中的d2l-ai/d2l-zh存储库中点击“Pull requests”找到该页面。

② 在GitHub中的d2l-ai/d2l-zh存储库中点击“Insights”，页面跳转后点击“Contributors”找到该页面。

③ GitHub中的d2l-ai/d2l-zh存储库。

定位源文件（一个 Markdown 文件）。然后单击右上角的“Edit this file”按钮，在 Markdown 文件中进行更改（见图 A-29）。

完成后，在页面底部的“Propose file change”（提交文件修改）面板中填写更改说明，然后单击“Propose file change”按钮。它会重定向到新页面以查看你的更改。如果一切正常，你可以通过单击“Create pull request”按钮提交 pull 请求。

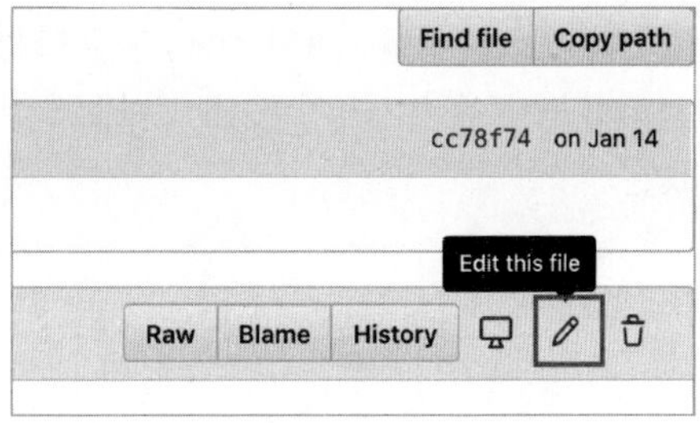

图 A-29 在 GitHub 上编辑文件

A.5.2 大量文本或代码修改

如果你计划修改大量文本或代码，那么你需要更多地了解本书使用的格式。源文件基于 Markdown 格式，并通过 d2lbook[①]包提供了一组扩展，例如引用公式、图、章节和引文。你可以使用任何 Markdown 编辑器打开这些文件并进行更改。

如果你想要更改代码，我们建议你使用 Jupyter 记事本打开这些标记文件，如 A.1 节中所述。这样你就可以运行并测试你的更改。请记住在提交更改之前清除所有输出，我们的 CI 系统将执行你更新的部分以生成输出。

某些部分可能支持多个框架实现。如果你不使用 MXNet 添加的新代码块，请使用 #@tab 来标记代码块的起始行。例如 `#@tab pytorch` 用于标记一个 PyTorch 代码块，`#@tab tensorflow` 用于标记一个 TensorFlow 代码块，或者 `#@tab all` 用于标记所有实现的共享代码块。你可以参考 d2lbook[②]包了解更多信息。

A.5.3 提交主要更改

我们建议你使用标准的 Git 流程提交大量修改。简而言之，该过程的工作方式如图 A-30 所示。

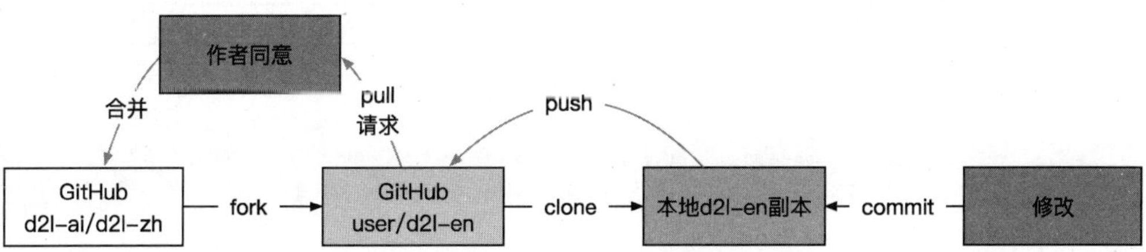

图 A-30 为本书做贡献

我们将向你详细介绍这些步骤。如果你已经熟悉 Git，可以跳过本部分。在介绍时，我们假设贡献者的用户名为“astonzhang”。

1. 安装 Git

Git 开源书描述了如何安装 Git。这通常通过 Ubuntu Linux 上的 `apt install git`，在 macOS 上安装 Xcode 开发人员工具或使用 GitHub 的桌面客户端来实现。如果你没有 GitHub 账号，则需要注册一个账号。

① 可通过搜索“Markdown Cells-D2L”找到该页面。

② 可通过搜索“Group Code Blocks into Tabs-D2L”找到该页面。

2. 登录 GitHub

在浏览器中输入本书代码存储库的地址（https://github.com/d2l-ai/d2l-zh/）。单击图 A-31 右上角方框中的“Fork”按钮，以复制本书的存储库。这将是你的副本，你可以随心所欲地更改它。

图 A-31　代码存储库页面

现在，本书的代码库将被分叉（即复制）到你的用户名下面，例如 astonzhang/d2l-en 显示在图 A-32 的左上角。

图 A-32　分叉代码存储库

3. 克隆存储库

要克隆存储库（即制作本地副本），我们需要获取其存储库地址。单击图 A-33 右下角的“Clone or download”按钮显示此信息。如果你决定将此分支保留更长时间，请确保你的本地副本与主存储库保持最新。现在，只需按照安装中的说明开始。主要区别在于，你现在下载的是你自己的存储库分支。

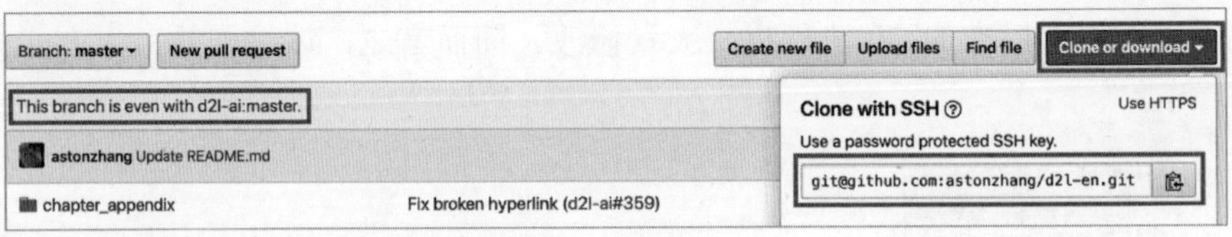

图 A-33　克隆存储库

```
# 将your_github_username替换为你的GitHub用户名
git clone https://github.com/your_github_username/d2l-en.git
```

4. 编辑和推送

现在是编辑这本书的时候了。最好按照 A.1 节中的说明在 Jupyter 记事本中编辑它。进行更改并检查它是否正常。假设我们已经修改了文件 ~/d2l-en/chapter_appendix_tools/how-to-contribute.md 中的一个拼写错误，你可以检查你更改了哪些文件。

此时，Git 将提示 chapter_appendix_tools/how-to-contribute.md 文件已被修改。

```
mylaptop:d2l-en me$ git status
On branch master
Your branch is up-to-date with 'origin/master'.

Changes not staged for commit:
  (use "git add <file>..." to update what will be committed)
  (use "git checkout -- <file>..." to discard changes in working directory)

    modified:   chapter_appendix_tools/how-to-contribute.md
```

在确认这是你想要的之后，执行以下命令：

```
git add chapter_appendix_tools/how-to-contribute.md
git commit -m 'fix typo in git documentation'
git push
```

然后，更改后的代码将位于存储库的个人分支中。要请求添加更改，你必须为本书的官方存储库创建一个 pull 请求。

5. 提交 pull 请求

进入 GitHub 上的存储库分支，选择“New pull request”，如图 A-34 所示。这将打开一个页面，显示你的编辑与本书主存储库中的当前内容之间的更改。

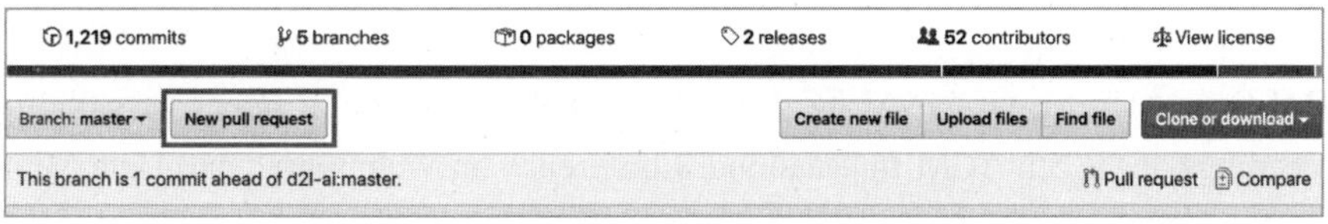

图 A-34 新的 pull 请求

最后，单击“Create pull request”按钮提交 pull 请求，如图 A-35 所示。请务必描述你在 pull 请求中所做的更改。这将使作者更容易审阅它，并将其与本书合并。根据更改的不同，这可能会立即被接受，也可能会被拒绝，或者更有可能的是，你会收到一些关于更改的反馈。一旦你把它们合并了，你就完成了。

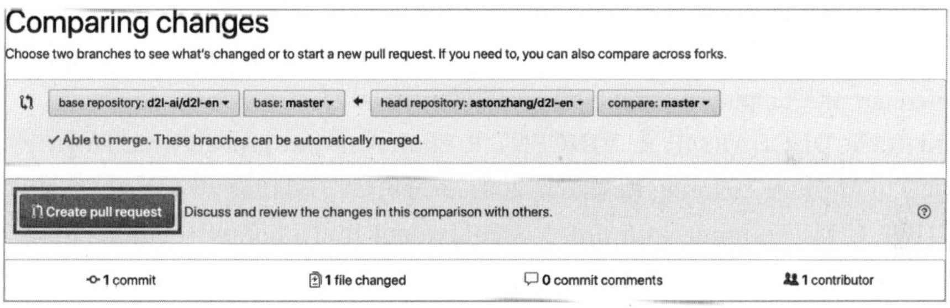

图 A-35 创建 pull 请求

小结

- 你可以使用 GitHub 为本书做贡献。
- 你可以直接在 GitHub 上编辑文件以进行微小更改。
- 要进行重大更改，请分叉存储库，在本地编辑内容，并在准备好后再做出贡献。
- 尽量不要提交巨大的 pull 请求，因为这会使它们难以理解和合并。最好拆分为几个小部分。

练习

（1）启动并分支 `d2l-ai/d2l-zh` 存储库。

（2）如果发现任何需要改进的地方（例如，缺少引用），请提交 pull 请求。

（3）通常更好的做法是使用新分支创建 pull 请求。学习如何用 Git 分支来做这件事。

参考文献

[1] AHMED A, ALY M, GONZALEZ J, et al. Scalable inference in latent variable models[C]//Proceedings of the 5th ACM International Conference on Web Search and Data Mining. ACM, 2012: 123-132.

[2] AJI S M, MCELIECE R J. The generalized distributive law[J]. IEEE Transactions on Information Theory, 2000, 46(2): 325-343.

[3] BA J L, KIROS J R, HINTON G E. Layer normalization[J]. arXiv preprint arXiv:1607.06450, 2016.

[4] BAHDANAU D, CHO K, BENGIO Y. Neural machine translation by jointly learning to align and translate[J]. arXiv preprint, 2014, arXiv:1409.0473.

[5] BAY H, TUYTELAARS T, VAN GOOL L. Surf: Speeded up robust features[C]//European Conference on Computer Vision. Springer, 2006: 404-417.

[6] BENGIO Y, DUCHARME R, VINCENT P, et al. A neural probabilistic language model[J]. Journal of Machine Learning Research, 2003, 3(Feb): 1137-1155.

[7] BISHOP C M. Training with noise is equivalent to Tikhonov regularization[J]. Neural Computation, 1995, 7(1): 108-116.

[8] BISHOP C M. Pattern recognition and machine learning[M]. Springer, 2006.

[9] BODLA N, SINGH B, CHELLAPPA R, et al. Soft-NMS-improving object detection with one line of code[C]//Proceedings of the IEEE International Conference on Computer Vision. 2017: 5561-5569.

[10] BOJANOWSKI P, GRAVE E, JOULIN A, et al. Enriching word vectors with subword information[J]. Transactions of the Association for Computational Linguistics, 2017, 5: 135-146.

[11] BOLLOBAS B. Linear analysis[M]. Cambridge University Press, Cambridge, 1999.

[12] BOWMAN S R, ANGELI G, POTTS C, et al. A large annotated corpus for learning natural language inference[J]. arXiv preprint, 2015, arXiv:1508.05326.

[13] BOYD S, VANDENBERGHE L. Convex optimization[M]. Cambridge, England: Cambridge University Press, 2004.

[14] BROWN N, SANDHOLM T. Libratus: The superhuman AI for no-limit poker.[C]//IJCAI. 2017: 5226-5228.

[15] BROWN P F, COCKE J, DELLA PIETRA S A, et al. A statistical approach to language

translation[C]//Coling Budapest 1988 Volume 1: International Conference on Computational Linguistics. 1988.

[16] BROWN P F, COCKE J, DELLA PIETRA S A, et al. A statistical approach to machine translation[J]. Computational Linguistics, 1990, 16(2): 79-85.

[17] CAMPBELL M, HOANE JR A J, HSU F H. Deep blue[J]. Artificial Intelligence, 2002, 134(1-2): 57-83.

[18] CANNY J. A computational approach to edge detection[M]//Readings in Computer Vision. Elsevier, 1987: 184-203.

[19] CER D, DIAB M, AGIRRE E, et al. Semeval-2017 task 1: Semantic textual similarity multilingual and crosslingual focused evaluation [C]//Proceedings of the 11th International Workshop on Semantic Evaluation (SemEval-2017). 2017: 1-14.

[20] CHENG J, DONG L, LAPATA M. Long short-term memory-networks for machine reading[C]// Proceedings of the 2016 Conference on Empirical Methods in Natural Language Processing. 2016: 551-561.

[21] CHO K, VAN MERRIENBOER B,BAHDANAU D, et al. On the properties of neural machine translation: Encoder-decoder approaches[J]. arXiv preprint, 2014a, arXiv:1409.1259.

[22] CHO K, VAN MERRIENBOER B, GULCEHRE C, et al. Learning phrase representationsusing rnn encoder-decoder for statistical machine translation[J]. arXiv preprint, 2014b, arXiv:1406.1078.

[23] CHOWDHURY G G. Introduction to modern information retrieval[M]. Facet Publishing, 2010.

[24] CHUNG J, GULCEHRE C, CHO K, et al. Empirical evaluation of gated recurrent neural networks on sequence modeling[J]. arXiv preprint, 2014, arXiv:1412.3555.

[25] COLLOBERT R, WESTON J, BOTTOU L, et al. Natural language processing (almost) from scratch[J]. Journal of Machine Learning Research, 2011, 12(ARTICLE): 2493-2537.

[26] CSISZAR I. Axiomatic characterizations of information measures[J]. Entropy, 2008, 10(3): 261-273.

[27] DALAL N, TRIGGS B. Histograms of oriented gradients for human detection[C]//2005 IEEE Computer Society Conference on Computer Vision and Pattern Recognition (CVPR’ 05): volume 1. IEEE, 2005: 886-893.

[28] DE COCK D. Ames, iowa: Alternative to the boston housing data as an end of semester regression project[J]. Journal of Statistics Education, 2011, 19(3).

[29] DECANDIA G, HASTORUN D, JAMPANI M, et al. Dynamo: Amazon’s highly available key-value store[C]//ACM SIGOPS Operating Systems review: volume 41. ACM, 2007: 205-220.

[30] DEVLIN J, CHANG M W, LEE K, et al. Bert: Pre-training of deep bidirectional transformers for language understanding[J]. arXiv preprint, 2018, arXiv:1810.04805.

[31] DOERSCH C, GUPTA A, EFROS A A. Unsupervised visual representation learning by context prediction[C]//Proceedings of the IEEE International Conference on Computer Vision. 2015: 1422-1430.

[32] DOSOVITSKIY A, BEYER L, KOLESNIKOV A, et al. An image is worth 16x16 words: Transformers for image recognition at scale[C]//International Conference on Learning Representations. 2021.

[33] DOUCET A, DE FREITAS N, GORDON N. An introduction to sequential monte carlo methods[M]//Sequential Monte Carlo Methods in Practice. Springer, 2001: 3-14.

[34] DUCHI J, HAZAN E, SINGER Y. Adaptive subgradient methods for online learning and stochastic optimization[J]. Journal of Machine Learning Research, 2011, 12(Jul): 2121-2159.

[35] DUMOULIN V, VISIN F. A guide to convolution arithmetic for deep learning[J]. arXiv preprint, 2016, arXiv:1603.07285.

[36] EDELMAN B, OSTROVSKY M, SCHWARZ M. Internet advertising and the generalized second-price auction: Selling billions of dollars worth of keywords[J]. American Economic Review, 2007, 97(1): 242-259.

[37] FLAMMARION N, BACH F. From averaging to acceleration, there is only a step-size[C]// Conference on Learning Theory. 2015: 658-695.

[38] GATYS L A, ECKER A S, BETHGE M. Image style transfer using convolutional neural networks[C]//Proceedings of the IEEE Conference on Computer Vision and Pattern Recognition. 2016: 2414-2423.

[39] GINIBRE J. Statistical ensembles of complex, quaternion, and real matrices[J]. Journal of Mathematical Physics, 1965, 6(3): 440-449.

[40] GIRSHICK R. Fast r-cnn[C]//Proceedings of the IEEE International Conference on Computer Vision. 2015: 1440-1448.

[41] GIRSHICK R, DONAHUE J, DARRELL T, et al. Rich feature hierarchies for accurate object detection and semantic segmentation [C]//Proceedings of the IEEE Conference on Computer Vision and Pattern Recognition. 2014: 580-587.

[42] GLOROT X, BENGIO Y. Understanding the difficulty of training deep feedforward neural networks[C]//Proceedings of the 13th International Conference on Artificial Intelligence and Statistics. 2010: 249-256.

[43] GOH G. Why momentum really works[J/OL]. Distill, 2017. DOI: 10.23915/distill.00006.

[44] GOLDBERG D, NICHOLS D, OKI B M, et al. Using collaborative filtering to weave an information tapestry[J]. Communications of the ACM, 1992, 35(12): 61-71.

[45] GOODFELLOW I, BENGIO Y, COURVILLE A. Deep learning[M/OL]. MIT Press, 2016.

[46] GOODFELLOW I, POUGET-ABADIE J, MIRZA M, et al. Generative adversarial nets[C]// Advances in Neural Information Processing Systems. 2014: 2672-2680.

[47] GOTMARE A, KESKAR N S, XIONG C, et al. A closer look at deep learning heuristics: Learning rate restarts, warmup and distillation [J]. arXiv preprint, 2018, arXiv:1810.13243.

[48] GRAVES A. Generating sequences with recurrent neural networks[J]. arXiv preprint, 2013, arXiv:1308.0850.

[49] GRAVES A, SCHMIDHUBER J. Framewise phoneme classification with bidirectional LSTM and other neural network architectures[J]. Neural Networks, 2005, 18(5-6): 602-610.

[50] GUNAWARDANA A, SHANI G. Evaluating recommender systems[M]//Recommender Systems Handbook. Springer, 2015: 265-308.

[51] GUO H, TANG R, YE Y, et al. Deepfm: a factorizationmachine based neural network for ctr prediction[C]//Proceedings of the 26th International Joint Conference on Artificial Intelligence. AAAI Press, 2017: 1725-1731.

[52] HADJIS S, ZHANG C, MITLIAGKAS I, et al. Omnivore: An optimizer for multi-device deep learning on cpus and gpus[J]. arXiv preprint, 2016, arXiv:1606.04487.

[53] HAZAN E, RAKHLIN A, BARTLETT P L. Adaptive online gradient descent[C]//Advances in Neural Information Processing Systems. 2008: 65-72.

[54] HE K, GKIOXARI G, DOLLAR P, et al. Mask'r-cnn[C]//Proceedings of the IEEE International Conference on Computer Vision. 2017b: 2961 2969.

[55] HE K, ZHANG X, REN S, et al. Deep residual learning for image recognition[C]//Proceedings of the IEEE Conference on Computer Vision and Pattern Recognition. 2016a: 770-778.

[56] HE K, ZHANG X, REN S, et al. Delving deep into rectifiers: Surpassing human-level performance on imagenet classification[C]//Proceedings of the IEEE International Conference on Computer Vision. 2015: 1026-1034.

[57] HE K, ZHANG X, REN S, et al. Identity mappings in deep residual networks[C]//European Conference on Computer Vision. Springer, 2016b: 630-645.

[58] HE X, CHUA T S. Neural factorization machines for sparse predictive analytics[C]// Proceedings of the 40th International ACM SIGIR Conference on Research and Development in Information Retrieval. ACM, 2017a: 355-364.

[59] HE X, LIAO L, ZHANG H, et al. Neural collaborative filtering[C]//Proceedings of the 26th International Conference on World Wide Web. International World Wide Web Conferences Steering Committee, 2017c: 173-182.

[60] HEBB D O, HEBB D. The organization of behavior: volume 65 [M]. Wiley New York, 1949.

[61] HENDRYCKS D, GIMPEL K. Gaussian error linear units (gelus)[J]. arXiv preprint, 2016, arXiv:1606.08415.

[62] HENNESSY J L, PATTERSON D A. Computer architecture: a quantitative approach[M]. Elsevier, 2011.

[63] HERLOCKER J L, KONSTAN J A, BORCHERS A, et al. An algorithmic framework for performing collaborative filtering[C]//22nd Annual International ACM SIGIR Conference on Research and Development in Information Retrieval, SIGIR 1999. Association for Computing Machinery, Inc, 1999: 230-237.

[64] HIDASI B, KARATZOGLOU A, BALTRUNAS L, et al. Session-based recommendations with recurrent neural networks[J]. arXiv preprint, 2015, arXiv:1511.06939.

[65] HOCHREITER S, BENGIO Y, FRASCONI P, et al. Gradient flow in recurrent nets: the difficulty of learning long-term dependencies[M]. A Field Guide to Dynamical Recurrent Neural Networks. IEEE Press, 2001.

[66] HOCHREITER S, SCHMIDHUBER J. Long short-term memory[J]. Neural computation, 1997, 9(8): 1735-1780.

[67] HOYER P O, JANZING D, MOOIJ J M, et al. Nonlinear causal discovery with additive noise models[C]//Advances in Neural Information Processing Systems. 2009: 689-696.

[68] HU J, SHEN L, SUN G. Squeeze-and-excitation networks[C]// Proceedings of the IEEE Conference on Computer Vision and Pattern Recognition. 2018: 7132-7141.

[69] HU Y, KOREN Y, VOLINSKY C. Collaborative Filtering for implicit feedback datasets[C]// 2008 8th IEEE International Conference on Data Mining. IEEE, 2008: 263-272.

[70] HU Z, LEE R K W, AGGARWAL C C, et al. Text style transfer: A review and experimental evaluation[J]. arXiv preprint, 2020, arXiv:2010.12742.

[71] HUANG G, LIU Z, VAN DER MAATEN L, et al. Densely connected convolutional networks[C]//Proceedings of the IEEE Conference on Computer Vision and Pattern Recognition. 2017: 4700-4708.

[72] IOFFE S. Batch renormalization: Towards reducing minibatch dependence in batchnormalized models[C]//Advances in Neural Information Processing Systems. 2017: 1945-1953.

[73] IOFFE S, SZEGEDY C. Batch normalization: Accelerating deep network training by reducing internal covariate shift[J]. arXiv preprint, 2015, arXiv:1502.03167.

[74] IZMAILOV P, PODOPRIKHIN D, GARIPOV T, et al. Averaging weights leads to wider optima and better generalization[J]. arXiv preprint, 2018, arXiv:1803.05407.

[75] JAEGER H. Tutorial on training recurrent neural networks, covering bppt, rtrl, ekf and the "echo state network" approach: volume 5[M]. GMD-Forschungszentrum Informationstechnik Bonn, 2002.

[76] JAMES W. The principles of psychology: volume 1[M]. Cosimo, Inc., 2007.

[77] JIA X, SONG S, HE W, et al. Highly scalable deep learning training system with mixed-precision: Training imagenet in four minutes[J]. arXiv preprint, 2018, arXiv:1807.11205.

[78] JOUPPI N P, YOUNG C, PATIL N, et al. In-datacenter performance analysis of a tensor processing unit[C]//2017 ACM/IEEE 44th Annual International Symposium on Computer Architecture (ISCA). IEEE, 2017: 1-12.

[79] KARRAS T, AILA T, LAINE S, et al. Progressive growing of gans for improved quality, stability, and variation[J]. arXiv preprint, 2017, arXiv:1710.10196.

[80] KIM Y. Convolutional neural networks for sentence classification[J]. arXiv preprint, 2014, arXiv:1408.5882.

[81] KINGMA D P, BA J. Adam: A method for stochastic optimization[J]. arXiv preprint, 2014, arXiv:1412.6980.

[82] KOLLER D, FRIEDMAN N. Probabilistic graphical models: principles and techniques[M]. MIT Press, 2009.

[83] KOLTER Z. Linear algebra review and reference[J]. Available Online: 2008.

[84] KOREN Y. Collaborative filtering with temporal dynamics[C]//Proceedings of the 15th ACM SIGKDD International Conference on Knowledge Discovery and Data Mining. ACM, 2009b: 447-456.

[85] KOREN Y, BELL R, VOLINSKY C. Matrix factorization techniques for recommender systems[J]. Computer, 2009a(8): 30-37.

[86] KRIZHEVSKY A, SUTSKEVER I, HINTON G E. Imagenet classification with deep convolutional neural networks[C]//Advances in Neural Information Processing Systems. 2012: 1097-1105.

[87] KUNG S Y. Vlsi array processors[J]. Englewood Cliffs, NJ, Prentice Hall, 1988, 685 p. Research Supported by the Semiconductor Research Corp., SDIO, NSF, and US Navy., 1988.

[88] LECUN Y, BOTTOU L, BENGIO Y, et al. Gradient-based learning applied to document recognition[J]. Proceedings of the IEEE, 1998, 86(11): 2278-2324.

[89] LI M. Scaling distributed machine learning with system and algorithm co-design[D]. PhD Thesis, CMU, 2017.

[90] LI M, ANDERSEN D G, PARK J W, et al. Scaling distributed machine learning with the parameter server[C]//11th USENIX Symposium on Operating Systems Design and Implementation (OSDI 14). 2014: 583-598.

[91] LIN M, CHEN Q, YAN S. Network in network[J]. arXiv preprint, 2013, arXiv:1312.4400.

[92] LIN T Y, GOYAL P, GIRSHICK R, et al. Focal loss for dense object detection[C]//Proceedings of the IEEE International Conference on Computer Vision. 2017b: 2980-2988.

[93] LIN Y, LV F, ZHU S, et al. Imagenet classification: fast descriptor coding and large-scale SVM training[J]. Large Scale Visual Recognition Challenge, 2010.

[94] LIN Z, FENG M, SANTOS C N D, et al. A structured self-attentive sentence embedding[J]. arXiv preprint, 2017a, arXiv:1703.03130.

[95] LIPTON Z C, STEINHARDT J. Troubling trends in machine learning scholarship[J]. arXiv preprint, 2018, arXiv:1807.03341.

[96] LIU W, ANGUELOV D, ERHAN D, et al. Ssd: Single shot multibox detector[C]//European Conference on Computer Vision. Springer, 2016: 21-37.

[97] LIU Y, OTT M, GOYAL N, et al. Roberta: A robustly optimized bert pretraining approach[J]. arXiv preprint, 2019, arXiv:1907.11692.

[98] LONG J, SHELHAMER E, DARRELL T. Fully convolutional networks for semantic segmentation[C]//Proceedings of the IEEE Conference on Computer Vision and Pattern Recognition. 2015: 3431-3440.

[99] LOSHCHILOV I, HUTTER F. Sgdr: Stochastic gradient descent with warm restarts[J]. arXiv preprint, 2016, arXiv:1608.03983.

[100] LOWE D G. Distinctive image features from scale-invariant keypoints[J]. International Journal of Computer Vision, 2004, 60(2): 91-110.

[101] LUO P, WANG X, SHAO W, et al. Towards understanding regularization in batch normalization[J]. arXiv preprint, 2018.

[102] MAAS A L, DALY R E, PHAM P T, et al. Learning word vectors for sentiment analysis[C]// Proceedings of the 49th Annual Meeting of the Association for Computational Linguistics: Human Language Technologies-Volume 1. Association for Computational Linguistics, 2011: 142-150.

[103] MCCANN B, BRADBURY J, XIONG C, et al. Learned in translation: Contextualized word vectors[C]//Advances in Neural Information Processing Systems. 2017: 6294-6305.

[104] MCCULLOCH W S, PITTS W. A logical calculus of the ideas immanent in nervous activity[J]. The bulletin of mathematical biophysics, 1943, 5(4): 115-133.

[105] MCMAHAN H B, HOLT G, SCULLEY D, et al. Ad click prediction: a view from the trenches [C]//Proceedings of the 19th ACM SIGKDD International Conference on Knowledge Discovery and Data Mining. ACM, 2013: 1222-1230.

[106] MERITY S, XIONG C, BRADBURY J, et al. Pointer sentinel mixture models[J]. arXiv preprint, 2016, arXiv:1609.07843.

[107] MIKOLOV T, CHEN K, CORRADO G, et al. Efficient estimation of word representations in

vector space[J]. arXiv preprint, 2013a, arXiv:1301.3781.

[108] MIKOLOV T, SUTSKEVER I, CHEN K, et al. Distributed representations of words and phrases and their compositionality [C]//Advances in Neural Information Processing Systems. 2013b: 3111-3119.

[109] MIRHOSEINI A, PHAM H, LE Q V, et al. Device placement optimization with reinforcement learning[C]//Proceedings of the 34th International Conference on Machine Learning-Volume 70. 2017: 2430-2439.

[110] MNIH V, HEESS N, GRAVES A, et al. Recurrent models of visual attention[C]//Advances in Neural Information Processing Systems. 2014: 2204 2212.

[111] MOREY R D, HOEKSTRA R, ROUDER J N, et al. The fallacy of placing confidence in confidence intervals[J]. Psychonomic Bulletin & Review, 2016, 23(1): 103-123.

[112] NADARAYA E A. On estimating regression[J]. Theory of Probability & Its Applications, 1964, 9(1): 141-142.

[113] NESTEROV Y. Lectures on convex optimization: volume 137[M]. Springer, 2018.

[114] NESTEROV Y, VIAL J P. Confidence level solutions for stochastic programming, stochastic programming e-print series[Z]. 2000.

[115] NEYMAN J. Outline of a theory of statistical estimation based on the classical theory of probability[J]. Philosophical Transactions of the Royal Society of London. Series A, Mathematical and Physical Sciences, 1937, 236(767): 333-380.

[116] PAPINENI K, ROUKOS S, WARD T, et al. Bleu: a method for automatic evaluation of machine translation[C]//Proceedings of the 40th Annual Meeting of the Association for Computational Linguistics. 2002: 311-318.

[117] PARIKH A P, TACKSTROM O, DASD, et al. A decomposable attention model for natural language inference[J]. arXiv preprint, 2016, arXiv:1606.01933.

[118] PARK T, LIU M Y, WANG T C, et al. Semantic image synthesis with spatially-adaptive normalization[C]//Proceedings of the IEEE Conference on Computer Vision and Pattern Recognition. 2019: 2337-2346.

[119] PAULUS R, XIONG C, SOCHER R. A deep reinforced model for abstractive summarization[J]. arXiv preprint, 2017, arXiv:1705.04304.

[120] PENNINGTON J, SCHOENHOLZ S, GANGULI S. Resurrecting the sigmoid in deep learning through dynamical isometry: theory and practice[C]//Advances in Neural Information Processing Systems. 2017: 4785-4795.

[121] PENNINGTON J, SOCHER R, MANNING C. Glove: Global vectors for word representation[C]//Proceedings of the 2014 conference on empirical methods in natural language processing (EMNLP). 2014: 1532-1543.

[122] PETERS J, JANZING D, SCHOLKOPF B. El-ements of causal inference: foundations and learning algorithms[M]. MIT Press, 2017b.

[123] PETERS M, AMMAR W, BHAGAVATULA C, et al. Semi-supervised sequence tagging with bidirectional language models[C]// Proceedings of the 55th Annual Meeting of the Association for Computational Linguistics (Volume 1: Long Papers). 2017a: 1756-1765.

[124] PETERS M, NEUMANN M, IYYER M, et al. Deep contextualized word representations[C]//

Proceedings of the 2018 Conference of the North American Chapter of the Association for Computational Linguistics: Human Language Technologies, Volume 1 (Long Papers). 2018: 2227-2237.

[125] PETERSEN K B, PEDERSEN M S, et al. The matrix cookbook[J]. Technical University of Denmark, 2008, 7(15): 510.

[126] POLYAK B T. Some methods of speeding up the convergence of iteration methods[J]. USSR Computational Mathematics and Mathematical Physics, 1964, 4(5): 1-17.

[127] QUADRANA M, CREMONESI P, JANNACH D. Sequence-aware recommender systems[J]. ACM Computing Surveys (CSUR), 2018, 51(4): 66.

[128] RADFORD A, METZ L, CHINTALA S. Unsupervised representation learning with deep convolutional generative adversarial networks[J]. arXiv preprint, 2015, arXiv:1511.06434.

[129] RADFORD A, NARASIMHAN K, SALIMANS T, et al. Improving language understanding by generative pre-training[J]. OpenAI, 2018.

[130] RADFORD A, WU J, CHILD R, et al. Language models are unsupervised multitask learners[J]. OpenAI Blog, 2019, 1(8): 9.

[131] RAJPURKAR P, ZHANG J, LOPYREV K, et al. Squad: 100,000+ questions for machine comprehension of text[J]. arXiv preprint, 2016, arXiv:1606.05250.

[132] REDDI S J, KALE S, KUMAR S. On the convergence of adam and beyond[J]. arXiv preprint, 2019, arXiv:1904.09237.

[133] REDMON J, DIVVALA S, GIRSHICK R, et al. You only look once: Unified, real-time object detection[C]//Proceedings of the IEEE conference on computer vision and pattern recognition. 2016: 779-788.

[134] REED S, DE FREITAS N. Neural programmer-interpreters [J]. arXiv preprint, 2015, arXiv:1511.06279.

[135] REN S, HE K, GIRSHICK R, et al. Faster R-CNN: Towards real-time object detection with region proposal networks[C]//Advances in Neural Information Processing Systems. 2015: 91-99.

[136] RENDLE S. Factorization machines[C]//2010 IEEE International Conference on Data Mining. IEEE, 2010: 995-1000.

[137] RENDLE S, FREUDENTHALER C, GANTNER Z, et al. Bpr: Bayesian personalized ranking from implicit feedback [C]//Proceedings of the 25th Conference on Uncertainty in Artificial Intelligence. AUAI Press, 2009: 452-461.

[138] RUMELHART D E, HINTON G E, WILLIAMS R J, et al. Learning representations by back-propagating errors[J]. Cognitive Modeling, 1988, 5(3): 1.

[139] RUSSELL S J, NORVIG P. Artificial intelligence: a modern approach[M]. Malaysia; Pearson Education Limited,, 2016.

[140] SALTON G, WONG A, YANG C S. A vector space model for automatic indexing[J]. Communications of the ACM, 1975, 18(11): 613-620.

[141] SANTURKAR S, TSIPRAS D, ILYAS A, et al. How does batch normalization help optimization?[C]//Advances in Neural Information Processing Systems. 2018: 2483-2493.

[142] SARWAR B M, KARYPIS G, KONSTAN J A, et al. Item-based collaborative filtering

recommendation algorithms.[J]. Www, 2001, 1: 285-295.

[143] SCHEIN A I, POPESCUL A, UNGAR L H, et al. Methods and metrics for cold-start recommendations[C]//Proceedings of the 25th Annual International ACM SIGIR Conference on Research and Development in Information Retrieval. ACM, 2002: 253-260.

[144] SCHUSTER M, PALIWAL K K. Bidirectional recurrent neural networks[J]. IEEE Transactions on Signal Processing, 1997, 45(11): 2673-2681.

[145] SEDHAIN S, MENON A K, SANNER S, et al. Autorec: Autoencoders meet collaborative filtering[C]//Proceedings of the 24th International Conference on World Wide Web. ACM, 2015: 111-112.

[146] SENNRICH R, HADDOW B, BIRCH A. Neural machine translation of rare words with subword units[J]. arXiv preprint, 2015, arXiv:1508.07909.

[147] SERGEEV A, DEL BALSO M. Horovod: fast and easy distributed deep learning in tensorflow[J]. arXiv preprint, 2018, arXiv:1802.05799.

[148] SHANNON C E. A mathematical theory of communication[J]. The Bell System Technical Journal, 1948, 27(3): 379-423.

[149] SHAO H, YAO S, SUN D, et al. Controlvae: Controllable variational autoencoder[C]// Proceedings of the 37th International Conference on Machine Learning. JMLR. org, 2020.

[150] SILVER D, HUAND A, MADDISON C J, et al. Mastering the game of go with deep neural networks and tree search[J]. Nature, 2016, 529(7587): 484.

[151] SIMONYAN K, ZISSERMAN A. Very deep convolutional networks for large-scale image recognition[J]. arXiv preprint, 2014, arXiv:1409.1556.

[152] SMOLA A, NARAYANAMURTHY S. An architecture for parallel topic models[J]. Proceedings of the VLDB Endowment, 2010, 3(1-2): 703-710.

[153] SRIVASTAVA N, HINTON G, KRIZHEVSKY A, et al. Dropout: a simple way to prevent neural networks from overfitting[J]. The Journal of Machine Learning Research, 2014, 15(1): 1929-1958.

[154] STRANG G. Introduction to linear algebra: volume 3[M]. Wellesley-Cambridge Press Wellesley, MA, 1993.

[155] SU X, KHOSHGOFTAAR T M. A survey of collaborative filtering techniques[J]. Advances in Artificial Intelligence, 2009, 2009.

[156] SUKHBAATAR S, WESTON J, FERGUS R, et al. End-to-end memory networks[C]// Advances in Neural Information Processing Systems. 2015: 2440-2448.

[157] SUTSKEVER I, MARTENS J, DAHL G, et al. On the importance of initialization and momentum in deep learning[C]//International Conference on Machine Learning. 2013: 1139-1147.

[158] SUTSKEVER I, VINYALS O, LE Q V. Sequence to sequence learning with neural networks [C]//Advances in Neural Information Processing Systems. 2014: 3104-3112.

[159] SZEGEDY C, IOFFE S, VANHOUCKE V, et al. Inception-v4, inception-resnet and the impact of residual connections on learning[C]// 31st AAAI Conference on Artificial Intelligence. 2017.

[160] SZEGEDY C, LIU W, JIA Y, et al. Going deeper with convolutions[C]//Proceedings of the IEEE Conference on Computer Vision and Pattern Recognition. 2015: 1-9.

[161] SZEGEDY C, VANHOUCKE V, IOFFE S, et al. Rethinking the inception architecture for computer vision[C]//Proceedings of the IEEE Conference on Computer Vision and Pattern Recognition. 2016: 2818-2826.

[162] TALLEC C, OLLIVIER Y. Unbiasing truncated backpropagation through time[J]. arXiv preprint, 2017, arXiv:1705.08209.

[163] TANG J, WANG K. Personalized top-n sequential recommendation via convolutional sequence embedding[C]//Proceedings of the 11th ACM International Conference on Web Search and Data Mining. ACM, 2018: 565-573.

[164] TAY Y, DEHGHANI M, BAHRI D, et al. Efficient transformers: A survey[J]. arXiv preprint, 2020, arXiv:2009.06732.

[165] TEYE M, AZIZPOUR H, SMITH K. Bayesian uncertainty estimation for batch normalized deep networks[J]. arXiv preprint, 2018, arXiv:1802.06455.

[166] TIELEMAN T, HINTON G. Lecture 6.5-rmsprop: Divide the gradient by a running average of its recent magnitude[J]. COURSERA: Neural Networks for Machine Learning, 2012, 4(2): 26-31.

[167] TOSCHER A, JAHRER M, BELL R M. The bigchaossolution to the netflix grand prize[J]. Netflix Prize Documentation, 2009: 1-52.

[168] TREISMAN A M, GELADE G. A feature-integration theory of attention[J]. Cognitive Psychology, 1980, 12(1): 97-136.

[169] TURING A. Computing machinery and intelligence[J]. Mind, 1950, 59(236): 433.

[170] UIJLINGS J R, VAN DE SANDE K E, GEVERS T, et al. Selective search for object recognition[J]. International Journal of Computer Vision, 2013, 104(2): 154-171.

[171] VAN LOAN C F, GOLUB G H. Matrix computations [M]. Johns Hopkins University Press, 1983.

[172] VASWANI A, SHAZEER N, PARMAR N, et al. Attention is all you need[C]//Advances in Neural Information Processing Systems. 2017: 5998-6008.

[173] WANG L, LI M, LIBERTY E, et al. Optimal message scheduling for aggregation[J]. NETWORKS, 2018, 2(3): 2-3.

[174] WANG Y, DAVIDSON A, PAN Y, et al. Gunrock: A high-performance graph processing library on the GPU[C]//ACM SIGPLAN Notices: volume 51. ACM, 2016: 11.

[175] WARSTADT A, SINGH A, BOWMAN S R. Neural network acceptability judgments[J]. Transactions of the Association for Computational Linguistics, 2019, 7: 625-641.

[176] WASSERMAN L. All of statistics: a concise course in statistical inference[M]. Springer Science & Business Media, 2013.

[177] WATKINS C J, DAYAN P. Q-learning[J]. Machine learning, 1992, 8(3-4): 279-292.

[178] WATSON G S. Smooth regression analysis[J]. Sankhyā: The Indian Journal of Statistics, Series A, 1964: 359-372.

[179] WELLING M, TEH Y W. Bayesian learning via stochastic gradient langevin dynamics[C]// Proceedings of the 28th International Conference on Machine Learning (ICML-11). 2011: 681-688.

[180] WERBOS P J. Backpropagation through time: what it does and how to do it[J]. Proceedings of the IEEE, 1990, 78(10): 1550-1560.

[181] WIGNER E P. On the distribution of the roots of certain symmetric matrices[C]// Ann. Math.

1958: 325-327.

[182] WILLIAMS S, WATERMAN A, PATTERSON D. Roofline: An insightful visual performance model for floating-point programs and multicore architectures[R]. Lawrence Berkeley National Lab.(LBNL), Berkeley, CA (United States), 2009.

[183] WOOD F, GASTHAUS J, ARCHAMBEAU C, et al. The sequence memoizer[J]. Communications of the ACM, 2011, 54 (2): 91-98.

[184] WU C Y, AHMED A, BEUTEL A, et al. Recurrent recommender networks[C]//Proceedings of the 10th ACM International Conference on Web Search and Data Mining. ACM, 2017: 495-503.

[185] WU Y, SCHUSTER M, CHEN Z, et al. Google's neural machine translation system: Bridging the gap between human and machine translation[J]. arXiv preprint, 2016, arXiv:1609.08144.

[186] XIAO H, RASUL K, VOLLGRAF R. Fashion-mnist: a novel image dataset for benchmarking machine learning algorithms[J]. arXiv preprint, 2017, arXiv:1708.07747.

[187] XIAO L, BAHRI Y, SOHL-DICKSTEIN J, et al. Dynamical isometry and a mean field theory of CNNs: How to train 10,000-layer vanilla convolutional neural networks[C]//International Conference on Machine Learning. 2018: 5393-5402.

[188] XIONG W, WU L, ALLEVA F, et al. The Microsoft 2017 conversational speech recognition system[C]//2018 IEEE International Conference on Acoustics, Speech and Signal Processing (ICASSP). IEEE, 2018: 5934-5938.

[189] YE M, YIN P, LEE W C, et al. Exploiting geographical influence for collaborative point-of-interest recommendation[C]//Proceedings of the 34th International ACM SIGIR Conference on Research and Development in Information Retrieval. ACM, 2011: 325-334.

[190] YOU Y, GITMAN I, GINSBURG B. Large batch training of convolutional networks[J]. arXiv preprint, 2017, arXiv:1708.03888.

[191] ZAHEER M, REDDI S, SACHAN D, et al. Adaptive methods for nonconvex optimization[C]//Advances in Neural Information Processing Systems. 2018: 9793-9803.

[192] ZEILER M D. Adadelta: an adaptive learning rate method[J]. arXiv preprint, 2012, arXiv:1212.5701.

[193] ZHANG A, TAY Y, ZHANG S, et al. Beyond fully-connected layers with quaternions: Parameterization of hypercomplex multiplications with 1/n parameters[C]//International Conference on Learning Representations. 2021.

[194] ZHANG S, YAO L, SUN A, et al. Deep learning based recommender system: A survey and new perspectives[J]. ACM Computing Surveys (CSUR), 2019, 52(1): 5.

[195] ZHAO Z Q, ZHENG P, XU S T, et al. Object detection with deep learning: A review[J]. IEEE Transactions on Neural Networks and Learning Systems, 2019, 30(11): 3212-3232.

[196] ZHU J Y, PARK T, ISOLA P, et al. Unpaired imageto-image translation using cycle-consistent adversarial networks[C]//Proceedings of the IEEE International Conference on Computer Vision. 2017: 2223-2232.

[197] ZHU Y, KIROS R, ZEMEL R, et al. Aligning books and movies: Towards story-like visual explanations by watching movies and reading books[C]//Proceedings of the IEEE International Conference on Computer Vision. 2015: 19-27.